결정적 선택의 순간, 꼭 필요한 초과학적 해결서

복권행운택일지

로또복권 당첨 1등번호 선택 룰

2024 갑진년 6월부터 ~ 12월까지

백초율력학당 편집부

합격운 사업운 금전운 취업운 애정운 협상운 건강운 당첨운 이동운

급변하는 위기와 기회가 공존하는 지금 시기에
사업경영자 / 직장인 / 사회생활 하다가
중대한 선택의 귀로에서 고민 갈등 될 때
이 한권이면 매일매일이 유익하고 편리합니다!

상상신화북스

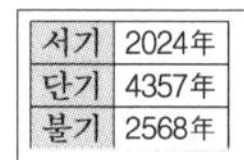

서기	2024年
단기	4357年
불기	2568年

2024年 甲辰年 달 력 CALENDAR

正月

일	월	화	수	목	금	토
-	1	2	3	4	5	6
7	8	9	10	11	12	13
14	15	16	17	18	19	20
21	22	23	24	25	26	27
28	29	30	31	-	-	-

二月

일	월	화	수	목	금	토
-	-	-	-	1	2	3
4	5	6	7	8	9	10
11	12	13	14	15	16	17
18	19	20	21	22	23	24
25	26	27	28	29	-	-

三月

일	월	화	수	목	금	토
-	-	-	-	-	1	2
3	4	5	6	7	8	9
10	11	12	13	14	15	16
17	18	19	20	21	22	23
24/31	25	26	27	28	39	30

四月

일	월	화	수	목	금	토
-	1	2	3	4	5	6
7	8	9	10	11	12	13
14	15	16	17	18	19	20
21	22	23	24	25	26	27
28	29	30	-	-	-	-

五月

일	월	화	수	목	금	토
-	-	-	1	2	3	4
5	6	7	8	9	10	11
12	13	14	15	16	17	18
19	20	21	22	23	24	25
26	27	28	29	30	31	-

六月

일	월	화	수	목	금	토
-	-	-	-	-	-	1
2	3	4	5	6	7	8
9	10	11	12	13	14	15
16	17	18	19	20	21	22
23/30	24	25	26	27	28	29

七月

일	월	화	수	목	금	토
-	1	2	3	4	5	6
7	8	9	10	11	12	13
14	15	16	17	18	19	20
21	22	23	24	25	26	27
28	29	30	31	-	-	-

八月

일	월	화	수	목	금	토
-	-	-	-	1	2	3
4	5	6	7	8	9	10
11	12	13	14	15	16	17
18	19	20	21	22	23	24
25	26	27	28	29	30	31

九月

일	월	화	수	목	금	토
1	2	3	4	5	6	7
8	9	10	11	12	13	14
15	16	17	18	19	20	21
22	23	24	25	26	27	28
29	30	-	-	-	-	-

十月

일	월	화	수	목	금	토
-	-	1	2	3	4	5
6	7	8	9	10	11	12
13	14	15	16	17	18	19
20	21	22	23	24	25	26
27	28	29	30	31	-	-

十一

일	월	화	수	목	금	토
-	-	-	-	-	1	2
3	4	5	6	7	8	9
10	11	12	13	14	15	16
17	18	19	20	21	22	23
24	25	26	27	28	39	30

十二

일	월	화	수	목	금	토
1	2	3	4	5	6	7
8	9	10	11	12	13	14
15	16	17	18	19	20	21
22	23	24	25	26	27	28
29	30	31	-	-	-	-

서기	2024年
단기	4357年
불기	2568年

2024年 甲辰年 당해 연령 대조견표

나이	干支	띠	年度	納音
1세	甲辰	용	2024	복등화
2세	癸卯	토끼	2023	금박금
3세	壬寅	호랑	2022	금박금
4세	辛丑	소	2021	벽상토
5세	庚子	쥐	2020	벽상토
6세	己亥	돼지	2019	평지목
7세	戊戌	개	2018	평지목
8세	丁酉	닭	2017	산하화
9세	丙申	원숭	2016	산하화
10	乙未	양	2015	사중금
11	甲午	말	2014	사중금
12	癸巳	뱀	2013	장류수
13	壬辰	용	2012	장류수
14	辛卯	토끼	2011	송백목
15	庚寅	호랑	2010	송백목
16	己丑	소	2009	벽력화
17	戊子	쥐	2008	벽력화
18	丁亥	돼지	2007	옥상토
19	丙戌	개	2006	옥상토
20	乙酉	닭	2005	천중수
21	甲申	원숭	2004	천중수
22	癸未	양	2003	양류목
23	壬午	말	2002	양류목
24	辛巳	뱀	2001	백랍금
25	庚辰	용	2000	백랍금
26	己卯	토끼	1999	성두토
27	戊寅	호랑	1998	성두토
28	丁丑	소	1997	간하수
29	丙子	쥐	1996	간하수
30	乙亥	돼지	1995	산두화
31	甲戌	개	1994	산두화
32	癸酉	닭	1993	검봉금
33	壬申	원숭	1992	검봉금
34	辛未	양	1991	노방토
35	庚午	말	1990	노방토
36	己巳	뱀	1989	대림목
37	戊辰	용	1988	대림목
38	丁卯	토끼	1987	노중화
39	丙寅	호랑	1986	노중화
40	乙丑	소	1985	해중금
41	甲子	쥐	1984	해중금
42	癸亥	돼지	1983	대해수
43	壬戌	개	1982	대해수
44	辛酉	닭	1981	석류목
45	庚申	원숭	1980	석류목
46	己未	양	1979	천상화
47	戊午	말	1978	천상화
48	丁巳	뱀	1977	사중토
49	丙辰	용	1976	사중토
50	乙卯	토끼	1975	대계수
51	甲寅	호랑	1974	대계수
52	癸丑	소	1973	상자목
53	壬子	쥐	1972	상자목
54	辛亥	돼지	1971	차천금
55	庚戌	개	1970	차천금
56	己酉	닭	1969	대역토
57	戊申	원숭	1968	대역토
58	丁未	양	1967	천하수
59	丙午	말	1966	천하수
60	乙巳	뱀	1965	복등화
61	甲辰	용	1964	복등화
62	癸卯	토끼	1963	금박금
63	壬寅	호랑	1962	금박금
64	辛丑	소	1961	벽상토
65	庚子	쥐	1960	벽상토
66	己亥	돼지	1959	평지목
67	戊戌	개	1958	평지목
68	丁酉	닭	1957	산하화
69	丙申	원숭	1956	산하화
70	乙未	양	1955	사중금
71	甲午	말	1954	사중금
72	癸巳	뱀	1953	장류수
73	壬辰	용	1952	장류수
74	辛卯	토끼	1951	송백목
75	庚寅	호랑	1950	송백목
76	己丑	소	1949	벽력화
77	戊子	쥐	1948	벽력화
78	丁亥	돼지	1947	옥상토
79	丙戌	개	1946	옥상토
80	乙酉	닭	1945	천중수
81	甲申	원숭	1944	천중수
82	癸未	양	1943	양류목
83	壬午	말	1942	양류목
84	辛巳	뱀	1941	백납금
85	庚辰	용	1940	백납금
86	己卯	토끼	1939	성두토
87	戊寅	호랑	1938	성두토
88	丁丑	소	1937	간하수
89	丙子	쥐	1936	간하수
90	乙亥	돼지	1935	산두화
91	甲戌	개	1934	산두화
92	癸酉	닭	1933	검봉금
93	壬申	원숭	1932	검봉금
94	辛未	양	1931	노방토
95	庚午	말	1930	노방토
96	己巳	뱀	1929	대림목
97	戊辰	용	1928	대림목
98	丁卯	토끼	1927	노중화
99	丙寅	호랑	1926	노중화
100	乙丑	소	1925	해중금
101	甲子	쥐	1924	해중금

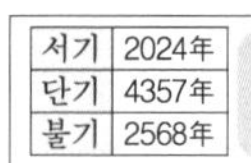

서기	2024年
단기	4357年
불기	2568年

甲辰年 태세 神방위 吉凶表

순산라후·오귀
파패 力士
역 사

博士
박 사

	三殺(겁살)	복병 좌살	三殺(재살) 상문살	좌살 대화	三殺(세살)	
巽	巳	丙	午	丁	未	坤
辰 (황번·태세·세형 월건)	二黑		七赤		九紫	申 (지관부 · 관부)
乙						庚
卯 (구퇴 · 육해살 병부살)	一白		三碧		五黃	酉 (사부 · 소모 · 지덕)
甲						辛
寅 (태음 · 세마 조객살)	六白		八白		四綠	戌 (세파 · 표미 · 잠관 월파)
艮	丑	癸	子	壬	亥	乾
		향살	大將軍 오귀 백호대살	향살	천관부 잠명	

주 서
奏書

잠 실
蠶室

방위名	방위向	해 설
대장군방 오귀, 백호살	正北 (子)方	금년은 還宮月(환궁월)이 꺼리는 방위로 子方 정북쪽으로 건축물을 신축하거나 증개축하거나 리모델링이나 달아내면 좋지 않다.
삼살방 겁살, 재살, 세살	巳午未(南)方	(겁살, 재살, 세살)세살을 三殺이라 부르는데 음양택을 막론하고, 산소 좌살로 쓰던가, 건물의 좌향을 쓰던지하면 상복을 입던가, 가내흉액이 따라 대흉하다. 이 방위를 곧바로 건드리던가, 이사를 하던지, 사업장 방향이 되면 극흉하여 불행이 따르고, 재운불길, 금전손재가 발생한다. 피하는 것이 상책이다.
상문방, 비렴	南쪽(午)方	남동쪽이 상문방과 비렴방이다. 이사를 하거나 흙 다루는 집수리를 하거나 문상이나 문병을 가던가, 영안설치를 하던가 묘를 쓰면 질병과 액운이 따른다.
조객, 태음, 세마방	東北쪽(寅)方	동북쪽이 조객방과 태음, 세마방이다. 이 방향으로 이사를 하거나 사업장을 내거나 직장 방향이 되면, 액운이 발생한다. 또한 여행이나 문상이나 문병을 가는 것도 좋지 않은데 금년은 역마도 이 방위로 동향하여 액운이 다소 절충된다.
육해, 병부방 세형, 구퇴, 태세	寅卯辰(卯)方	금년은 정동쪽에 육해살과 병부살, 구퇴가 들어오고, 동남쪽에 세형과 태세와 월건부가 들어온다. 이 살이 들어오는 방향은 맹독한 음귀가 머물러 건축방향을 쓰거나, 파고 자르거나 뚫고 고치거나 이사하면 가족에게 우환 질병이 따르고, 예상치 못한 손재나 액운이 발생한다.
세파방 표미, 잠관	西北쪽(戌)方	서북쪽은 세파살이 머무는 방향으로 음귀가 따르는데 매사에 꺼리는 방위이다. 이 방향으로 건축을 짓거나 리모델링이나 고치거나 이사를 가면 동토가 나고 질병과 관재구설 등 위태로워진다. 또 사람이 들어오면 우환이 발생하고 흉하다.
사부, 지관부 소모, 지덕	正西쪽(申酉)方	금년은 정서쪽에 사부살로 지관부와 소모와 지덕이 자리한다. 이 방향에 건축을 헐거나 고치거나 파거나 세우거나 터에 충격을 꺼린다. 동토가 있기는 하나 지덕은 길신에 해당하므로 액운 힘이 약하게 작용한다.

나이별 금신방위 길흉표와 삼재드는 띠 

금신金神은 12방위로 분할하여 각 방위마다 지신들이 강력한 권력을 지니고서 맡은 구역을 다스리는 각 神을 의미한다. 금신이 관리하는 방위는 해마다 바뀌는데 태세의 천간天干에 따라 결정된다. 각 神마다 파괴와 살육을 위조로 하여 전쟁이나 초상, 홍수, 가뭄, 돌림병, 천재지변 등을 관장한다. 고대부터 금신이 관할하는 곳에서는 성을 쌓거나 못을 박는 일이나 집 등을 신축이나 수리하는 것을 피하였고, 공사를 시작하거나 군대를 훈련하고 전쟁에 출정하는 것을 금하기도 하였고, 이사나 혼인, 출행이나 입관식 등을 함부로 하면 큰 피해를 당하기에 금기시 했다.

방위		해당하는 나이	길흉	뜻 풀이
東	암검살 육해 병부	8 17 26 35 44 53 62 71 80 89 특히 이 나이 사람은 동쪽방, 밤길을 더욱 조심하여야 한다.	흉 ✕	재난, 재해, 사고, 파괴 등 사고가 발생하는 방위이고, 깨지고 이별하고, 원망하는 사건 발생. 상갓집이나 문병은 좋지 않다. 우환이 따른다.
西	오황살 소모 지덕	12 21 30 39 48 57 66 75 84 93	보통	대체로 무난하다. 하지만 흙을 파거나 운반, 수리는 나쁨, 특히 창고짓기, 수리는 피해야 한다.
南	삼살방 상문방	5 14 23 32 41 50 59 68 77 86 특히 이 나이 사람은 정동쪽이나 동남쪽, 남동쪽을 조심하여야 한다. 이 쪽의 상갓집 문상을 피하고, 문병, 출행도 더욱 조심하여야 한다.	대흉 ✕✕	이 방위로 이사나 여행은 필히 피해야한다. 건축물 달아내거나 수리, 영안설치, 묘지 이장 등 흉하다. 손재나 질병이 따른다.
北	대장군 백호 오귀	6 15 24 33 42 51 60 69 78 87 특히 이 나이 사람은 북쪽을 더욱 조심하여야 한다.	대흉 ✕	건축물 달아내거나 고치는 일, 흙 다루는 일은 금물, 또는 집 짓는 일은 흉하다. 이 방향에서 사람이 들어오면 우환이나 관재가 발생한다.
南東	겁 살 태세 세형	9 18 27 36 45 54 63 72 81 90 특히 이 나이 사람은 삼살의 겁살에 세형살이 겹치니 주의요한다.	흉 ✕	이 방향에 사업장, 점포는 금전손실이 따르고, 산소 일, 묘 쓰는 일(남의 묘라도)은 매우 꺼리고 흉하다.
西南	세살 지관부	7 16 25 34 43 52 61 70 79 88	대길 ◉	서남쪽은 대체로 좋은 방향이고 무난하다.
西北	세파살 표미	11 20 29 38 47 56 65 74 83 92	흉 ✕✕	서북, 북서쪽 방향은 건축물 달아내거나 고치는 일, 흙 파는 일은 금물, 또는 사업장 개업은 흉.
東北	조객살 세마살 태음살	13 22 31 40 49 58 67 76 85 94 특히 이 나이 사람은 동북쪽을 조심하여야 한다. 이 쪽의 상갓집 문상을 피하고, 문병, 출행도 더욱 조심하여야 한다.	흉 ✕✕	동북쪽으로 여행이나 이사하는 것을 꺼린다. 사고와 병고가 따르니 절대 피하여야 한다. 특히 상갓집 문상, 또는 문병도 피해야 한다.
중앙	본명방	10 19 28 37 46 55 64 73 82 91 특히 이 나이사람은 중앙방을 더욱 조심하여야 한다. [현재 살고 있는 집주변 방향]	불길	무엇이든 시작하려하나 분수에 맞게 움직이면 좋고 귀인의 도움도 있다. 욕심을 부리면 실패와 사면초가 반복한다. 분수를 지키고 자중요함.

삼재의 원리

갑진년엔 **원숭이띠, 쥐띠, 용띠**가 삼재

삼재三災란 인간사에서 12년 주기로 돌아오게 되는데, 즉 9년이 지나고 10년째가 되면 삼재년이 돌아온다. 누구든지 12년을 주기로 3년씩의 삼재기간을 겪어야 하는데, 삼재가 오면 천재, 지재, 인재 등의 지변을 겪게 되는데, 이는 인간의 의지나 능력으로서는 감당하기 어려운 액운이 닥쳐서 곤경에 처하게 되므로 미리 주의하고 조심하는 것이 현명하다.

삼재의 첫 번째 천재지변은 하늘에서 내리는 재앙으로 물이나 불, 추위 등을 말하고, 지재재변은 교통횡액이나 화재, 인화폭발사고, 건축물붕괴사고 등이고, 인재지변은 관재구설이나 파탄, 이별, 불치병, 죽음 등으로 겪는 재앙을 의미한다.

태어난 해 띠	들어오는 年 해	묵는 年 해	나가는 年 해
신자진생	寅年 호랑이해	卯年 토끼해	辰年 용해
사유축생	亥年 돼지해	子年 쥐해	丑年 소해
인오술생	申年 원숭이해	酉年 닭해	戌年 개해
해묘미생	巳年 뱀해	午年 말해	未年 양해

띠	신살	출생년 (띠별 甲辰년 일년 운세)
쥐띠 子年生	장성운	운이 좋을 때는 승승장구하고, 나쁠 때는 손재나 우환, 관재구설 등 재앙이 살 낙지는 운이나 저절로 처리가 되는 운이기도 하다. 초년 호강하면 말년 곤궁하고, 초년 고생하면 말년에는 영화를 누린다, 금년운은 사람을 너무 믿고 상대하다가는 마음에 상처만 받고, 내 고집대로 우기다가 후회하는 운이므로 사람과의 교제, 연계 관계에 있어서 조심해야 한다. 방해자가 있다.
		공직, 직장, 법관, 군인, 경찰 등은 승진 영전되는 최고의 운이다. 사업, 상업가들은 확장성업이 따르며 정성과 덕을 쌓으면 더욱 좋은 운이 된다. 하지만 여자에게는 남편을 갈아치우는 경우가 있고, 여자가 칼을 찬 격이니 남을 극하고 고집, 독행으로 밀어붙이는 바람에 결국 고독을 자초하지만 사회 진출은 영달하고 神기운이 있어 생각지 않은 일이 발생하고 이유없이 몸이 아프기도 하다.
소띠 丑年生	출세운	드디어 꽃피는 봄이 왔구나~ 인덕이 없어 잘한 일에도 공이 없고 남 좋은 일만 했으나 이젠 귀인을 만났으니 복을 받아 보상을 받게 되고 꿈꿔왔던 것을 가질 수 있겠다. 직장운도 좋고 성공할 수 있겠다. 동서남북 사방 어디에 가더라도 재수가 따르지만 경솔하게 남의 말만 듣고 믿으면 실망하고 실패히고 시기당하기 쉬우니 매사 신중하게 행동해야 한다.
		말 타고 금의환향하는 성공의 대길 운이라 학문, 공부, 재능, 예술, 직장, 사업 등 각 분야에 입신양명하는, 명예가 높아지고 발전 통달하는 승승장구의 행운이 따르는 해이다.
범띠 寅年生	역마운	부모덕이 없어 초년에 풍파를 많이 겪기도 하나 불쌍한 사람을 보면 아낌없이 동정을 베푼다. 금년운은 관청구설과 송사문제가 발생하여 손해만 보게 되고 이득은 없으니 실속을 챙기고 그 누구하고도 다투지 마라. 일 년 내내 마음이 불안하고 좌불안석이고, 안정이 안 된다. 가정사 부부관계에서도 마찬가지이다. 한발 물러서는 것이 이기는 것이다. 이동은 괜찮다.
		살고있는 터에 이동운이 들었으니 이사 원행, 이동, 해외여행, 왕래, 거래, 관광, 무역, 운수, 통신, 광고, 선전의 변화를 할 수 있는 해이다. 가정에는 무관심하고, 외부지출이 심하여 방랑, 객사하는 수도 종종 발생한다. 여자는 일찍 부모를 떠나고 조산하기 쉽다.
토끼띠 卯年生	고행운	맡은 일에 대하여 세밀하고 재주가 엿보이며, 명예를 중히 여기고 의를 지키면 길한 운이지만 허황된 욕심을 부리다가 일을 그르치는 경우가 많으니 성공하였을 때를 염두에 두어 모든 일에 성실히 근면하면 무난하다. 금년 운은 부모님이 생존해 계시면 성심껏 효도하라. 황천 간 뒤에 후회하면 무슨 소용인가! 집안에 우환, 병자, 즉 환자가 발생할 운이다. 돌아가셨다면 제사를 성심껏 지내고, 조상해원을 해드리면 큰 음덕을 볼 수 있다.
		남모르게 고생이 심하고 해로운 일이 뒤따르니 따라서 건강상 고초와 어려움을 많이 겪게 되고 열심히 노력해도 인덕이 없고 풍파가 심하고 고력이 많다. 가까운 친족에게 상처를 받게 된다.
용띠 辰年生	부귀운	청렴정직하나 과격한 성격으로 구설을 많이 듣지만 너그럽게 이해하는 사람은 크게 성공한다. 금년운은 집안에 운기가 좋아서 금은보화가 창고에 쌓이는 격이니 재물운이 최상이다. 하지만 너무 경거망동하면 손실을 보는 수도 있으니 무리하지 마라. 미리 주의해야 한다.
		예전처럼 부유한 영화가 다시 복귀할 수 있는 재도전의 해이다. 육친의 덕이 있고, 재복신이 따르며, 뜻하는 바가 순조로이 풀린다. 가정이나 직업, 사업 등 매사 하는 일과 건강상에 기쁘고 행운이 따른다. 적절한 투자는 보탬이 되고, 날로 번창과 영달이 보장되어 부귀하고 평안락한 태평성대의 길조 운이다.
뱀띠 巳年生	겁탈운	금년운은 횡재만 기대하고 노력을 게을리 하면 후회하게 되며 크게 후회하게 되는 운이다. 특히 부동산에 투자하여 한몫 잡으려는 생각을 가지고 있다면 미리 아예 기대조차 하지 마라. 원래는 재물이 따르는 명이나 금년에는 빼앗길 운이다. 이사하면 손해 본다
		갑작스럽게 발생히는 시고 재난 횡액 재액을 당할 운이 도래하였다. 겁탈, 강탈, 폭행, 폭력, 난투, 관재, 질병, 불화, 방황, 돌발사고, 교통사고, 해상사고로 인하여 비명횡사 주의 수이니 매사 주의요망이다, 사기 당하고, 손재수가 있다.

띠	신살	출생년 (띠별 甲辰년 일년 운세)
말띠 午年生	재난운	자존심이 강하여 인간을 직접적 상대하는 사업을 하는 것보다 사무직, 기술직, 교육직, 문학, 예술계의 직업이 보편적으로 잘 맞는다. 재수는 좋으나 남의 말을 듣다가 실패하던지 관재구설이 생길 운이니 모든 일에 신중해야 한다. 남쪽으로 움직이면 열 받는 일만 생긴다.
		화재위험, 수재난, 낙상, 상해, 관재, 횡액, 급질병, 실물, 손재, 손실, 사고로 인한 재앙이 도사리고 있다. 밤낮으로 시비구설수가 따르니 매사 남과 대화 중엔 신중해야 하고 남을 배려히여야 한다. 이동 변동수도 있으니 움직이는 것이 좋다. 새로운 일 시작하던가, 사업확장이나 변경을 하면 모두 깨질 운이다. 기다려야 한다.
양띠 未年生	천문운	겉보다 속이 밝고 연구궁리가 깊으며 물려받은 유산이 있더라도 소소한 것이나 자수성가하는 운. 몸은 비록 바삐 고달프지만 노력하면 할수록 보람되고 결실이 있다. 이기적으로 이간질, 배신 행위가 발생하여 주위사람에게 억울한 오명을 남기게 되어 관재구설이나 형옥이 따른다. 하는 일마다 잘 진행이 안 되어 심기가 불편해지고 친인척이 마가 되고 복병이다.
		천상운과 조상이 돕는 자리로 다른 일로는 좋은 해는 아니다. 특히 사업을 새로 시작하는 것은 금물이다. 하지만 학업운, 공부, 명예, 출세, 교육, 학원, 연구, 연수, 발명, 예체능, 예술 쪽으로는 조상의 도움으로 효과적이다.
원숭띠 申年生	장생운	남에게 굽히기를 싫어하여 미움을 받는 경우도 종종 있으나 의협심도 많아 남을 도와주겠다고 마음 한번 먹으면 자신이 손해를 보더라도 불사한다. 너무 일을 서두르는 경향이 있는데 차분히 순리대로 하면 모두 해결된다. 섣불리 착수하다가는 실패하는 경우도 많다. 금년은 건강에 적신호이니 미리 건강검진을 받는 것이 좋고, 배를 타거나 물을 건너는 것은 나쁨.
		자신을 잘 알릴 수 있는 홍보의 해이다. 소질 있거나 갈고 닦은 부분에 응모하면 좋은 결과를 얻을 수 있다. 성장과 발달, 지속적 성취, 총명과 온후, 상속 원만, 합격과 자격증 획득 등 발전과 화합하는 영달하는 보람된 해이다.
닭띠 酉年生	화류운	왕이 되었다가 말단으로 좌천까지 하게 되는 희비가 엇갈리는 극과 극을 겪게 되는 한해이다. 좋았다 나빴다를 연속하며 새로운 일에 도전해보지만 지금은 자중하고 앞으로의 일을 관망하는 것이 유리하다. 큰 갑부는 기대하기 어려우나 돈은 많이 쓰고 산다. 금년에 이사는 하지 않는 것이 좋은데 특히 서쪽으로의 이동은 더욱 나쁘다. 여행도 나쁘고 집수리도 나쁘다.
		모든 이에게 예뻐 보이는 해가 되어 인기가 있게 되고 사람들이 잘 따른다. 따라서 주색 즉 색정사를 주의해야 하고, 도박이나 유흥, 경마, 마약, 방탕, 낭비로 인하여 파산이 염려된다. 하지만 연예인이나 인기직업, 화려한 직업에 종사하는 사람은 아주 좋은 해이다.
개띠 戌年生	고독운	교재가 활발하며 좌절하지 않고 확고한 신념으로 밀고 나가는 끈기가 있으며, 모아놓은 재산은 없어도 남보다 잘 먹고 잘 입고 잘 쓰는 경향이 있다. 금년에는 금전재수가 좋아서 뜻밖에 큰 돈을 만지게 된다. 저축할 돈으로 미련하게 확장 투자하면 오히려 손해만 가져올 수 있다.
		은은하게 달빛이 창가에 젖어 들어 평온은 하나 고독과 적막의 외로움도 면하기 어렵다. 보이지 않는 곳에서 도와주는 후원자가 있겠다. 하지만 이별수, 작별, 요양, 수양으로 고립된 환경에 처할 운이니, 공부하던지 단단히 대비해야 한다. 필히 서북쪽 상갓집은 피해야 좋다.
돼지띠 亥年生	망신운	부지런하고 외교수단도 좋으나 인덕이 없어 실패를 당하는 경우가 있으며, 외화내빈격이라서 남모르는 근심으로 속을 끓고 산다. 병마가 접근하니 건강을 미리 챙겨야 질병으로 겪을 큰 고통을 대비할 수 있다. 금전재수는 대체로 좋은 편이나 그렇다고 경거망동을 하면 안 되고 성실하게 꾸준히 인내심을 가지고 정진하면 좋은 결실을 얻게 되는 행운의 해로 만들수 있는 기회의 해이기도 하다.
		금전운은 있지만 주색잡기, 구설수, 이별수, 도난수, 실물수, 사기수, 실패수, 질병액, 수술할 수 등으로 망신을 당할 수이니 부부간에 상부상처가 심히 염려되기도 한다. 때로는 노력해도 그 댓가 결과가 없는 수도 있으니 신중히 처세하여야 할 운이다.

서기	2024年
단기	4357年
불기	2568年

甲辰年 핵심래정택일지의 용어 해설표

번호	용어	해설
1	오늘 吉方	당일에 해당되는 방향에 그날만의 運이 좋게 작용하므로 해당방향을 택함이 유리함
2	오늘 凶方	당일에 해당되는 방향에 그날만의 運이 흉하게 작용하므로 해당방향을 피함이 좋다.
3	오늘 吉色	당일에 해당되는 색의 옷을 입거나 색을 선택하면 吉하다.
4	황도 길흉	모든 택일에 황도일은 吉하고, 흑도일은 흉하니 피하는 것이 좋다.
5	28수성, 건제12신	모든 택일의 길흉을 조견표를 참조하여 대입 응용 사용한다.
6	결혼주당	결혼, 약혼, 재혼 등할 때 보는 법이다. 당일에 해당되는 사람이 불리
7	이사주당	이사주당은 이사, 입주할 때 보는 법이다.
8	안장주당	이장, 매장, 안장, 개토, 가토를 할 때 보는 법, 당일에 해당되는 사람이 불리
9	천구하식일	천상의 개가 내려와 기복, 고사나 제사 음식에 먼저 입을 대니 피하는 것이 좋다.
10	대공망일	모든 神이 쉬는 날.(흙, 나무, 돌, 쇠등에 아무 탈이 없는 날)
11	복 단 일	福이 끊어지는 날. 결혼, 출행, 승선 등 좋은 일은 피하는 것이 좋다.
12	오늘 神殺	오늘일진에 해당하는 神殺로 해당 귀신(殺鬼)들이 작용하는 날.
13	육도환생처	당일일진과 같은 사람의 前生인연처, 이날 출생자도 해당 처에서 환생함.
14	축원인도불	당일일진에 활약하시는 부처님의 원력, 해당 佛의 정근하면 吉. 오늘기도 德도 동일
15	칠성하강일	칠성님하강하시는 날(수명장수, 자손창성, 자손점지, 액운소멸기도에 吉日)
16	산신하강일	팔도명산 산신님하강하시는 날(산제, 산신기도, 신가림, 재수치성에 吉日)
17	용왕축원일	사해용왕님 활동하시는 날(용왕제, 용신기도, 배풍어제, 水神께 정성 吉日)
18	조왕하강일	조왕님 하강하시는 날(조왕신은 부엌, 주방, 그 집의 먹을 식량을 담당하신다)
19	나한하강일	나한하강일에 불공드리면 다른 날보다 기도 德이 두 배하다.(천도재, 각 불공)
20	길흉 불공제식행사	◎표가 되어 있는 날은 吉한 날이니 택일하여 사용한다. ×표는 흉한 날.
21	길흉 일반행사	◎표가 되어 있는 날은 吉한 날이니 택일하여 사용한다. ×표는 흉한 날.
22	기복(祈福)	각종 고사나 제를 드리는 吉日. 神들의 활약이 큰 날.
23	상장(上章)	소장, 민원신청, 논문 의견서, 창작품출품, 청원서, 진정서등 제출에 吉日
24	신축, 상량	건축, 집 지을 때 ◎표시가 있는 날이 길한 날이다. (-)표시는 좋지도 나쁘지도 않다는 뜻.
25	개업 준공	사업이든 영업이든 준공식이든 개업식할 때 ◎표시가 있는 날이 길한 날이다.
26	점 안 식	불상을 모시거나 神佛을 모시고자 점안식을 할 때 ×표는 흉한 날.
27	수술, 침	질병치료, 입원, 수술, 침, 복약 등에 ◎표시가 있는 날이 길한 날이다.
28	합 방	머리 좋고, 훌륭한 자식을 잉태하기 위해 합방하면 좋은 날이다. 필히◎표시
29	여행, 등산, 승선	원행, 여행, 출장 등 길흉일을 판단 사용할 것(등산, 승선×표는 흉한 날.)
30	동 토	신축, 개축, 증축, 개옥, 수리 등에 길흉일을 판단 사용할 것. ×표는 흉한 날.
31	이사, 수리	이사, 새집입주, 집수리, 기계수리, 전자제품수리에 ◎표시가 있는 날이 吉한 날
32	이 장	이장, 매장, 안장, 개토, 가토를 할 때 吉凶일을 판단 사용할 것. ×표는 흉한 날.
33	사주단자채단	결혼식 前에 사주단자를 보내기 좋은 날로 골라 사용한다. ×표는 흉한 날.
34	이력서제출일	취업이력서, 구직, 논문작성, 원고출품에 ◎표시가 있는 날이 길한 날이다.

오늘 행운 복권 운세 용어 해설

오늘 여기에 추천되는 나이나 띠들은 우주 天氣천기에 맞춰진 하루 중, 가장 재수 좋은, 행운 기운을 추천하고 확률이 높다는 것을 소개, 알려드리는 것이니 참조만 하시기 바랍니다.

[여기대로 했다가 실패했다고 항의하시면 안됩니다. 100%라는 것은 없습니다]

오늘 만나면 협상이 잘되는 띠	해당 띠를 만나면 원하는대로 조율과 협상이 순조롭다.
오늘 만나면 협상이 불리한 띠	해당 띠를 만나면 원하는대로 안되고 협상 조율이 불리.
오늘 만나면 이로운 해결신띠	당일 어려운 일이 닥쳤을 때 도움을 받을 수 있는 띠.
오늘 행운 방위	금전재수 행운방이니 자신의 집에서 해당 방위에서 사라.
오늘 행운 복권방	해당 방향이 재수 좋은 방향이니 이 방향 복권방이 좋다
운이 따르는 복권방이나 지역이름	지역이름에 해당하는 자음이 들어가는 지역 명이나 상호
오늘 행운이 따르는 금전운 시간	하루 중에서도 해당 시간이 재수좋은 시간이다.
오늘 재수 좋은 띠	말그대로 오늘 재수 좋고 행운이 따르는 띠이다.
오늘 재수 나쁜 띠	말그대로 오늘 재수 없고 행운이 따르지 않는 띠이다.
당첨운 • 합격운	확률 높은 띠는 복권 사는 것과 배팅에 좋으니 추천 한다. 확률 낮은 띠는 복권 사는 것을 반대 한다.
오늘 사면 수익률 높은 우량주	해당 관련 주를 추천한다.
주식 배팅 좋은 나이	말그대로 오늘 재수 좋고 행운이 따르니 주식 사는 것 추천함
주식 배팅 나쁜 나이	말그대로 오늘 재수 나쁘고 행운이 안 따르니 주식 사지 말 것
오늘 복권 사면 좋은 나이	말그대로 오늘 재수 좋고 행운이 따르니 복권 사는 것 추천함
오늘 복권 사면 나쁜 나이	말그대로 오늘 재수 나쁘고 행운이 안 따르니 복권 사지 말 것
소개팅•맞선•데이트•친목•모임	좋은 띠들은 모임을 하면 일이 순조롭게 풀린다.

차 례

결정적 선택의 순간
꼭 필요한 초과학적 해결서

로또복권 당첨 1등번호 선택룰

복권행운택일지

갑진년 하반기

2024년 06월 ~ 12월

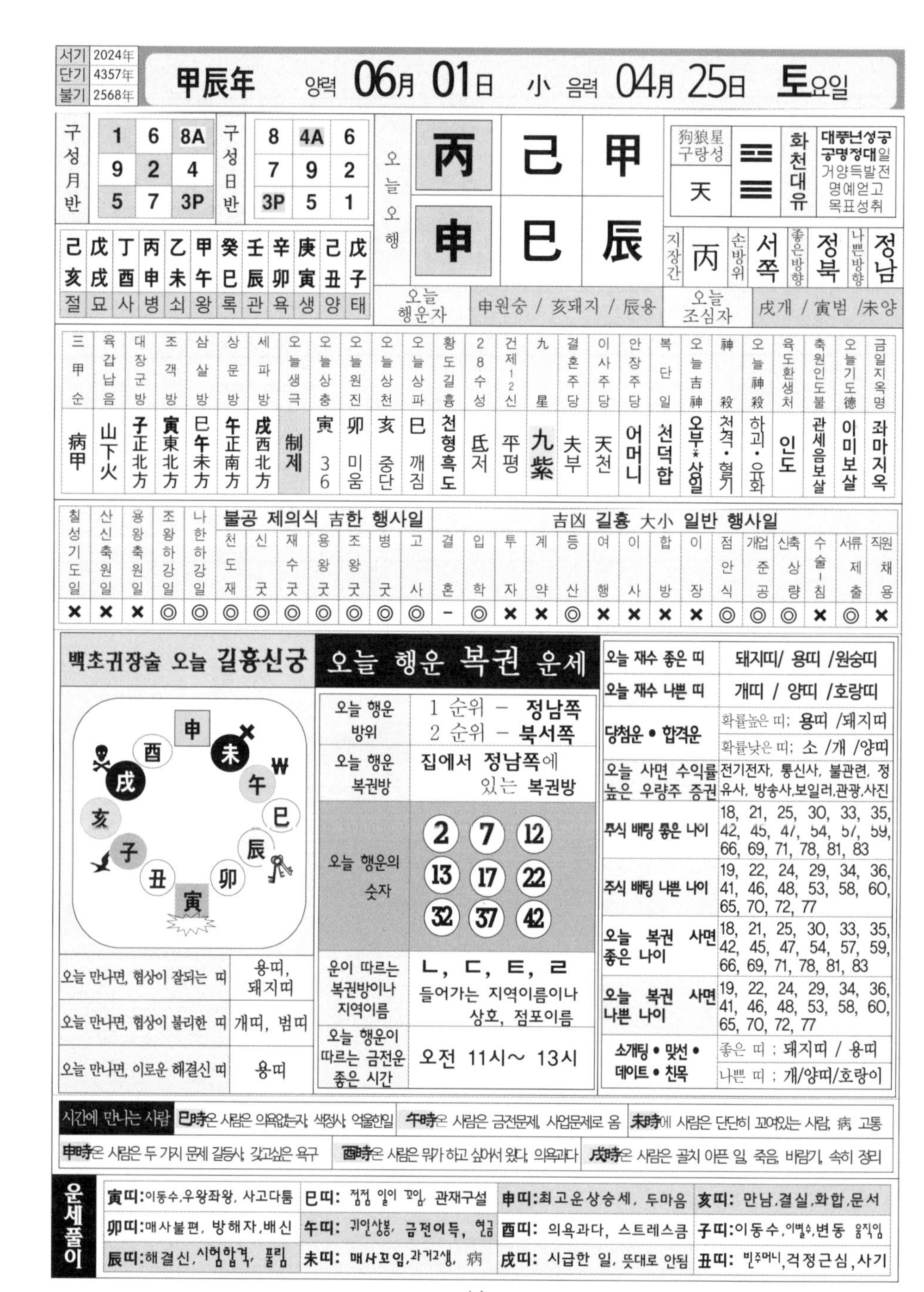

서기	2024年
단기	4357年
불기	2568年

甲辰年 양력 06月 01日 小 음력 04月 25日 토요일

구성月반				구성日반		
1	6	8A		8	4A	6
9	2	4		7	9	2
5	7	3P		3P	5	1

오늘오행		
丙	己	甲
申	巳	辰

狗狼星 구랑성	天
화천대유	대풍년성공 공명정대일 거양득발전 명예얻고 목표성취

지장간	손방위	좋은방향	나쁜방향
丙	서쪽	정북	정남

己亥	戊戌	丁酉	丙申	乙未	甲午	癸巳	壬辰	辛卯	庚寅	己丑	戊子
절	묘	사	병	쇠	왕	록	관	욕	생	양	태

오늘 행운자	申원숭 / 亥돼지 / 辰용	오늘 조심자	戌개 / 寅범 /未양

三甲순	육갑납음	대장군방	조객방	삼살방	상문방	세파방	오늘생극	오늘상충	오늘원진	오늘상천	오늘상파	황도길흉	28수성	건제12신	九星	결혼주당	이사주당	안장주당	복단일	오늘吉神	神殺	오늘神殺	육도환생처	축원인도불	오늘기도德	금일지옥명
病甲	山下火	子正北方	寅東北方	巳午未方	午正南方	戌西北方	制제	寅 36	卯 미움	亥 중단	巳 깨짐	천형흑도	氐저	平평	九紫	夫부	天천	어머니	천덕합	오부*상일	천격·혈기	하괴·유화	인도	관세음보살	이미보살	좌마지옥

칠성기도일	산신축원일	용왕축원일	조왕하강일	나한하강일	불공 제의식 吉한 행사일							吉凶 길흉 大小 일반 행사일														
					천도재	신굿	재수굿	용왕굿	조왕굿	병굿	고사	결혼	입학	투자	계약	등산	여행	이사	합방	이장	점안식	개업준공	신축상량	수술-침	서류제출	직원채용
×	×	×	◎	◎	◎	◎	◎	◎	◎	◎	◎	-	◎	×	×	◎	×	×	×	×	◎	◎	◎	×	◎	×

백초귀장술 오늘 길흉신궁

오늘 만나면, 협상이 잘되는 띠	용띠, 돼지띠
오늘 만나면, 협상이 불리한 띠	개띠, 범띠
오늘 만나면, 이로운 해결신 띠	용띠

오늘 행운 복권 운세

오늘 행운 방위	1 순위 – 정남쪽 2 순위 – 북서쪽
오늘 행운 복권방	집에서 정남쪽에 있는 복권방
오늘 행운의 숫자	2 7 12 13 17 22 32 37 42
운이 따르는 복권방이나 지역이름	ㄴ, ㄷ, ㅌ, ㄹ 들어가는 지역이름이나 상호, 점포이름
오늘 행운이 따르는 금전운 좋은 시간	오전 11시~ 13시

오늘 재수 좋은 띠	돼지띠/ 용띠 /원숭띠
오늘 재수 나쁜 띠	개띠 / 양띠 /호랑띠
당첨운 • 합격운	확률높은 띠; 용띠 /돼지띠 확률낮은 띠; 소 /개 /양띠
오늘 사면 수익률 높은 우량주 증권	전기전자, 통신사, 불관련, 정유사, 방송사,보일러,관광,사진
주식 배팅 좋은 나이	18, 21, 25, 30, 33, 35, 42, 45, 47, 54, 57, 59, 66, 69, 71, 78, 81, 83
주식 배팅 나쁜 나이	19, 22, 24, 29, 34, 36, 41, 46, 48, 53, 58, 60, 65, 70, 72, 77
오늘 복권 사면 좋은 나이	18, 21, 25, 30, 33, 35, 42, 45, 47, 54, 57, 59, 66, 69, 71, 78, 81, 83
오늘 복권 사면 나쁜 나이	19, 22, 24, 29, 34, 36, 41, 46, 48, 53, 58, 60, 65, 70, 72, 77
소개팅 • 맞선 • 데이트 • 친목	좋은 띠 ; 돼지띠 / 용띠 나쁜 띠 ; 개/양띠/호랑이

시간에 만나는 사람	巳時온 사람은 의욕없는자, 색정사, 억울한일	午時온 사람은 금전문제, 사업문제로 옴	未時에 사람은 단단히 꼬여있는 사람, 病, 고통
	申時온 사람은 두 가지 문제 갈등사, 갖고싶은 욕구	酉時온 사람은 뭔가 하고 싶어서 왔다, 의욕과다	戌時온 사람은 골치 아픈 일, 죽음, 비람기, 속히 정리

운세풀이			
寅띠:이동수,우왕좌왕, 사고다툼	巳띠: 점점 일이 꼬임, 관재구설	申띠:최고운상승세, 두마음	亥띠: 만남,결실,화합,문서
卯띠:매사불편, 방해자,배신	午띠: 귀인상봉, 금전이득, 현금	酉띠: 의욕과다, 스트레스큼	子띠:이동수,이별수,변동 움직임
辰띠:해결신,시험합격, 풀림	未띠: 매사꼬임,과거고생, 病	戌띠: 시급한 일, 뜻대로 안됨	丑띠: 빈주머니,걱정근심,사기

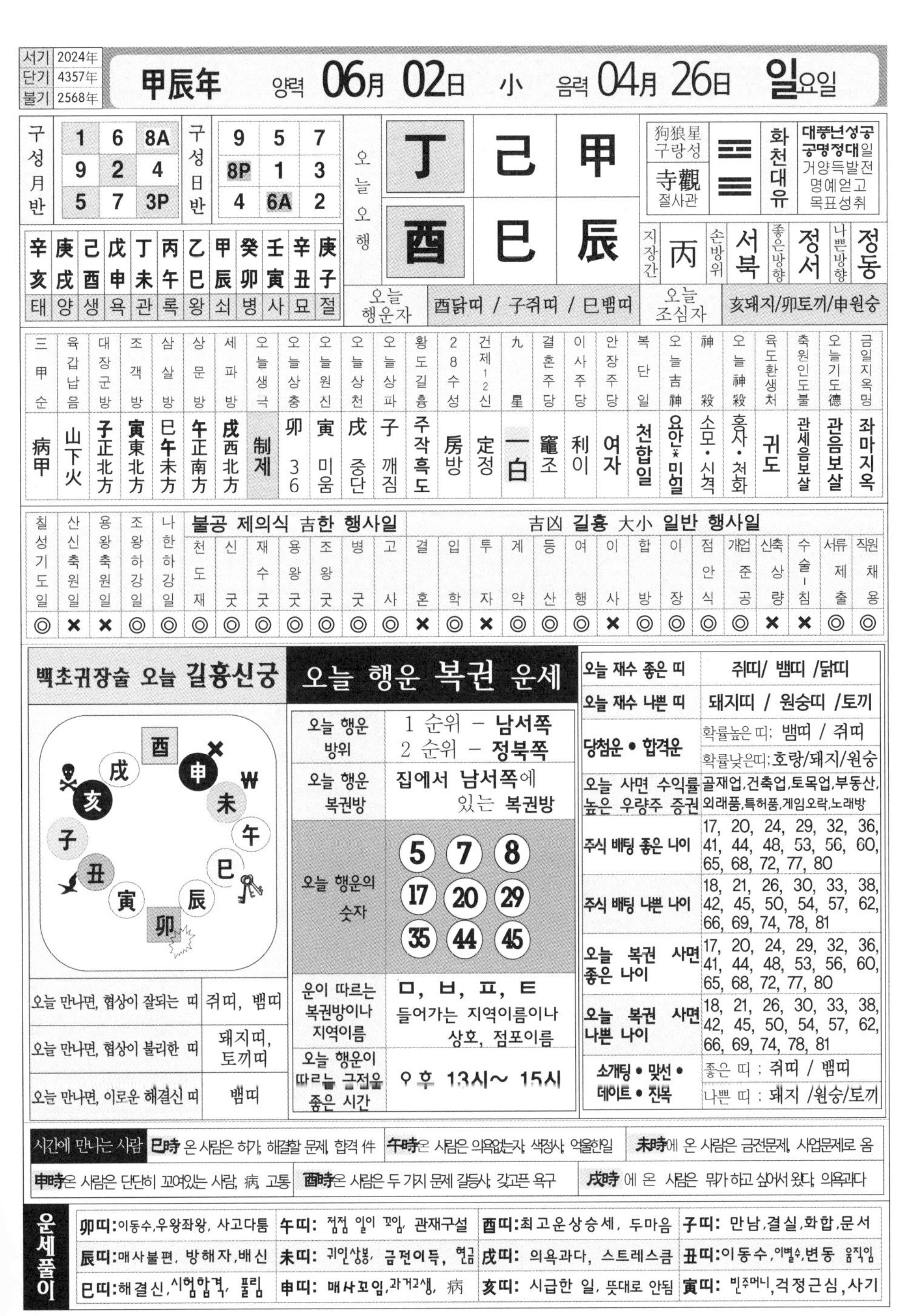

서기	2024年
단기	4357年
불기	2568年

甲辰年 양력 **06**月 **02**日 小 음력 **04**月 **26**日 **일**요일

구성月반			구성日반		
1	6	8A	9	5	7
9	2	4	8P	1	3
5	7	3P	4	6A	2

오늘오행		
丁	己	甲
酉	巳	辰

狗狼星 구랑성	寺觀 절사관	화천대유	대풍년성공 공명정대일 거양득발전 명예얻고 목표성취

辛亥	庚戌	己酉	戊申	丁未	丙午	乙巳	甲辰	癸卯	壬寅	辛丑	庚子
태	양	생	욕	관	록	왕	쇠	병	사	묘	절

지장간	손방위	좋은방향	나쁜방향
丙	서북	정서	정동

오늘 행운자	酉닭띠 / 子쥐띠 / 巳뱀띠	오늘 조심자	亥돼지/卯토끼/申원숭

삼갑순	육갑납음	대장군방	조객방	삼살방	상문방	세파방	오늘생극	오늘상충	오늘원진	오늘상천	오늘상파	황도길흉	28수성	건제12신	九星	결혼주당	이사주당	안장주당	복단일	오늘吉神	神殺	오늘神殺	육도환생처	축원인도불	오늘기도德	금일지옥명
病甲	山下火	子正北方	寅東北方	巳午未方	午正南方	戌西北方	制제	卯 36	寅 미움	戌 중단	子 깨짐	주작흑도	房방	定정	一白	竈조	利이	여자	천합일	요안*미얼	소모·시격	홍사·천화	귀도	관세음보살	관음보살	좌마지옥

칠성기도일	산신축원일	용왕축원일	조왕하강일	나한하강일	불공 제의식 吉한 행사일: 천도재	신굿	재수굿	용왕굿	조왕굿	병굿	고사	吉凶 길흉 大小 일반 행사일: 결혼	입학	투자	계약	등산	여행	이사	합방	이장	점안식	개업준공	신축상량	수술-침	서류제출	직원채용
◎	×	×	◎	◎	◎	◎	◎	◎	◎	◎	◎	×	◎	×	◎	◎	◎	×	◎	◎	◎	◎	×	×	◎	◎

백초귀장술 오늘 길흉신궁

오늘 만나면, 협상이 잘되는 띠	쥐띠, 뱀띠
오늘 만나면, 협상이 불리한 띠	돼지띠, 토끼띠
오늘 만나면, 이로운 해결신 띠	뱀띠

오늘 행운 복권 운세

오늘 행운 방위	1 순위 – 남서쪽 2 순위 – 정북쪽
오늘 행운 복권방	집에서 남서쪽에 있는 복권방
오늘 행운의 숫자	5 7 8 17 20 29 35 44 45
운이 따르는 복권방이나 지역이름	ㅁ, ㅂ, ㅍ, ㅌ 들어가는 지역이름이나 상호, 점포이름
오늘 행운이 따르는 금전운 좋은 시간	오후 13시~ 15시

오늘 재수 좋은 띠	쥐띠/ 뱀띠 /닭띠
오늘 재수 나쁜 띠	돼지띠 / 원숭띠 /토끼
당첨운 • 합격운	확률높은 띠: 뱀띠 / 쥐띠 확률낮은띠: 호랑/돼지/원숭
오늘 사면 수익률 높은 우량주 증권	골재업,건축업,토목업,부동산,외래품,특허품,게임오락,노래방
주식 배팅 좋은 나이	17, 20, 24, 29, 32, 36, 41, 44, 48, 53, 56, 60, 65, 68, 72, 77, 80
주식 배팅 나쁜 나이	18, 21, 26, 30, 33, 38, 42, 45, 50, 54, 57, 62, 66, 69, 74, 78, 81
오늘 복권 사면 좋은 나이	17, 20, 24, 29, 32, 36, 41, 44, 48, 53, 56, 60, 65, 68, 72, 77, 80
오늘 복권 사면 나쁜 나이	18, 21, 26, 30, 33, 38, 42, 45, 50, 54, 57, 62, 66, 69, 74, 78, 81
소개팅 • 맞선 • 데이트 • 친목	좋은 띠 ; 쥐띠 / 뱀띠 나쁜 띠 ; 돼지 /원숭/토끼

시간에 만나는 사람		
巳時 온 사람은 허가, 해결할 문제, 합격 件	午時온 사람은 의욕없는자, 색정사, 억울한일	未時에 온 사람은 금전문제, 사업문제로 옴
申時온 사람은 단단히 꼬여있는 사람, 病, 고통	酉時온 사람은 두 가지 문제 갈등사, 갖고픈 욕구	戌時 에 온 사람은 뭔가 하고 싶어서 왔다, 의욕과다

운세풀이			
卯띠:이동수,우왕좌왕, 사고다툼	午띠: 점점 일이 꼬임, 관재구설	酉띠:최고운상승세, 두마음	子띠: 만남,결실,화합,문서
辰띠:매사불편, 방해자,배신	未띠: 귀인상봉, 금전이득, 현금	戌띠: 의욕과다, 스트레스큼	丑띠:이동수,이별수,변동 움직임
巳띠:해결신,시험합격, 풀림	申띠: 매사꼬임,과거고생, 病	亥띠: 시급한 일, 뜻대로 안됨	寅띠: 빈주머니,걱정근심,사기

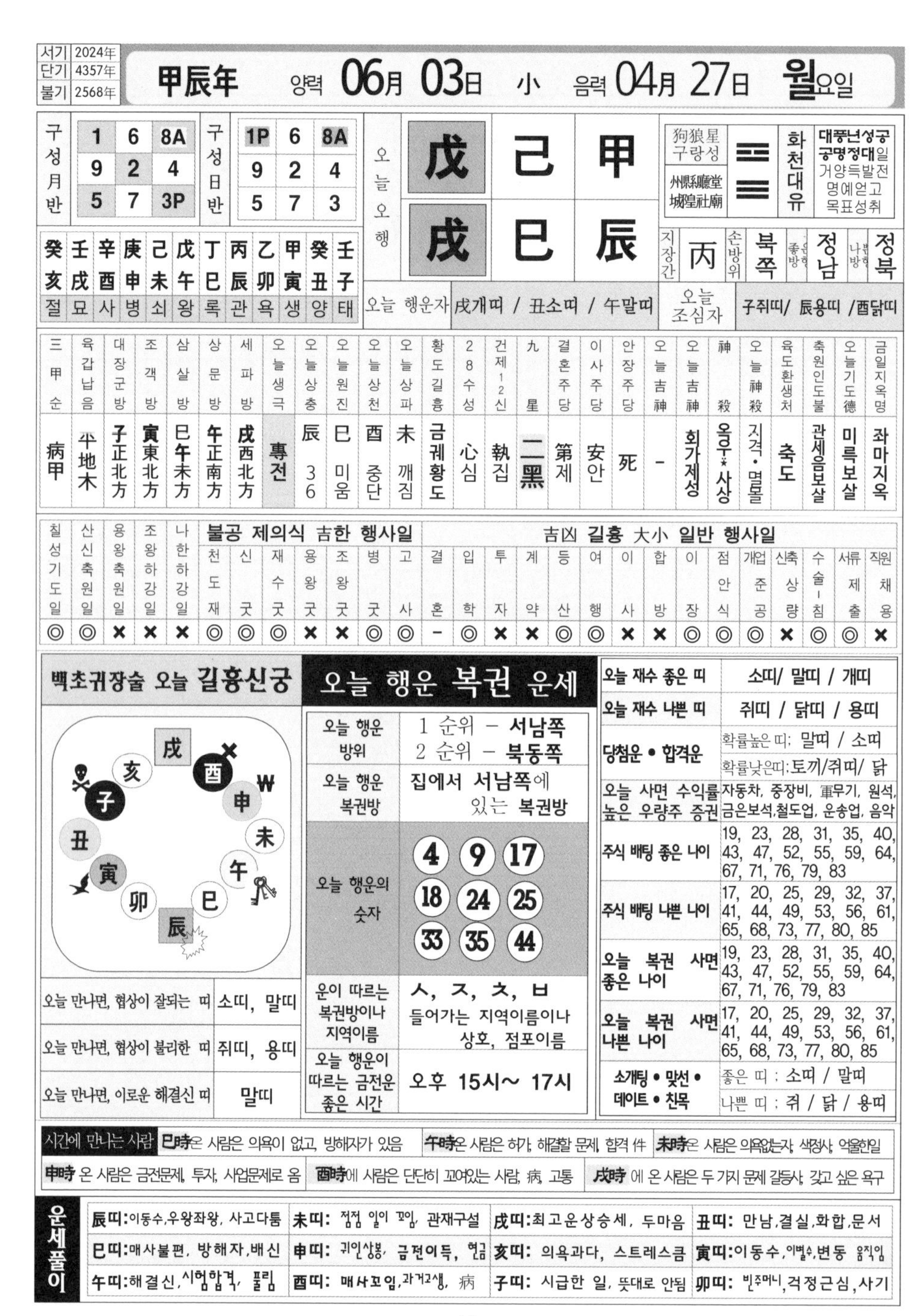

서기	2024年
단기	4357年
불기	2568年

甲辰年 양력 **06月 03日** 小 음력 **04月 27日** **월**요일

구성月반		
1	6	8A
9	2	4
5	7	3P

구성日반		
1P	6	8A
9	2	4
5	7	3

오늘오행		
戊	己	甲
戊	巳	辰

狗狼星 구랑성	州縣廳堂 城隍社廟	화천대유	대풍년성공 공명정대일 거양득발전 명예얻고 목표성취

지장간	丙	손방위	북쪽	좋은방향	정남	나쁜방향	정북

癸亥	壬戌	辛酉	庚申	己未	戊午	丁巳	丙辰	乙卯	甲寅	癸丑	壬子
절	묘	사	병	쇠	왕	록	관	욕	생	양	태

오늘 행운자	戌개띠 / 丑소띠 / 午말띠	오늘 조심자	子쥐띠/ 辰용띠 /酉닭띠

三甲순	육갑납음	대장군방	조객방	삼살방	상문방	세파방	오늘생극	오늘상충	오늘원진	오늘상천	오늘상파	황도길흉	28수성	건제12신	九星	결혼주당	이사주당	안장주당	오늘吉神	오늘吉神	神殺	오늘神殺	육도환생처	축원인도불	오늘기도德	금일지옥명
病甲	平地木	子正北方	寅東北方	巳午未方	午正南方	戌西北方	專전	辰 36	巳 미움	酉 중단	未 깨짐	금궤황도	心심	執집	二黑	第제	安안	死	-	회가제성	옥우*사상	지격·멸몰	축도	관세음보살	미륵보살	좌마지옥

칠성기도일	산신축원일	용왕축원일	조왕하강일	나한하강일	천도재	신굿	재수굿	용왕굿	조왕굿	병굿	고사	결혼	입학	투자	계약	등산	여행	이사	합방	이장	점안식	개업준공	신축상량	수술-침	서류제출	직원채용
◎	◎	×	×	×	◎	◎	◎	×	×	◎	◎	-	◎	×	×	◎	◎	×	×	◎	◎	◎	×	◎	◎	×

(천도재~고사: 불공 제의식 吉한 행사일 / 결혼~직원채용: 吉凶 길흉 大小 일반 행사일)

백초귀장술 오늘 길흉신궁

오늘 만나면, 협상이 잘되는 띠	소띠, 말띠
오늘 만나면, 협상이 불리한 띠	쥐띠, 용띠
오늘 만나면, 이로운 해결신 띠	말띠

오늘 행운 복권 운세

오늘 행운 방위	1 순위 – 서남쪽 2 순위 – 북동쪽
오늘 행운 복권방	집에서 서남쪽에 있는 복권방
오늘 행운의 숫자	4, 9, 17, 18, 24, 25, 33, 35, 44
운이 따르는 복권방이나 지역이름	ㅅ, ㅈ, ㅊ, ㅂ 들어가는 지역이름이나 상호, 점포이름
오늘 행운이 따르는 금전운 좋은 시간	오후 15시~ 17시

오늘 재수 좋은 띠	소띠/ 말띠 / 개띠
오늘 재수 나쁜 띠	쥐띠 / 닭띠 / 용띠
당첨운 • 합격운	확률높은 띠: 말띠 / 소띠 확률낮은띠: 토끼/쥐띠/ 닭
오늘 사면 수익률 높은 우량주 증권	자동차, 중장비, 軍무기, 원석, 금은보석,철도업, 운송업, 음악
주식 배팅 좋은 나이	19, 23, 28, 31, 35, 40, 43, 47, 52, 55, 59, 64, 67, 71, 76, 79, 83
주식 배팅 나쁜 나이	17, 20, 25, 29, 32, 37, 41, 44, 49, 53, 56, 61, 65, 68, 73, 77, 80, 85
오늘 복권 사면 좋은 나이	19, 23, 28, 31, 35, 40, 43, 47, 52, 55, 59, 64, 67, 71, 76, 79, 83
오늘 복권 사면 나쁜 나이	17, 20, 25, 29, 32, 37, 41, 44, 49, 53, 56, 61, 65, 68, 73, 77, 80, 85
소개팅 • 맞선 • 데이트 • 친목	좋은 띠 : 소띠 / 말띠 나쁜 띠 : 쥐 / 닭 / 용띠

시간에 만나는 사람	巳時은 사람은 의욕이 없고, 방해자가 있음	午時온 사람은 허가, 해결할 문제, 합격 件	未時온 사람은 의욕없는자, 색정사, 억울한일
	申時 온 사람은 금전문제, 투자, 사업문제로 옴	酉時에 사람은 단단히 꼬여있는 사람, 病, 고통	戌時 에 온 사람은 두 가지 문제 갈등사, 갖고 싶은 욕구

운세풀이			
辰띠:이동수,우왕좌왕, 사고다툼	未띠: 점점 일이 꼬임, 관재구설	戌띠:최고운상승세, 두마음	丑띠: 만남,결실,화합,문서
巳띠:매사불편, 방해자,배신	申띠: 귀인상봉, 금전이득, 현금	亥띠: 의욕과다, 스트레스큼	寅띠:이동수,이별수,변동 움직임
午띠:해결신,시험합격, 풀림	酉띠: 매사꼬임,과거고생, 病	子띠: 시급한 일, 뜻대로 안됨	卯띠: 빈주머니,걱정근심,사기

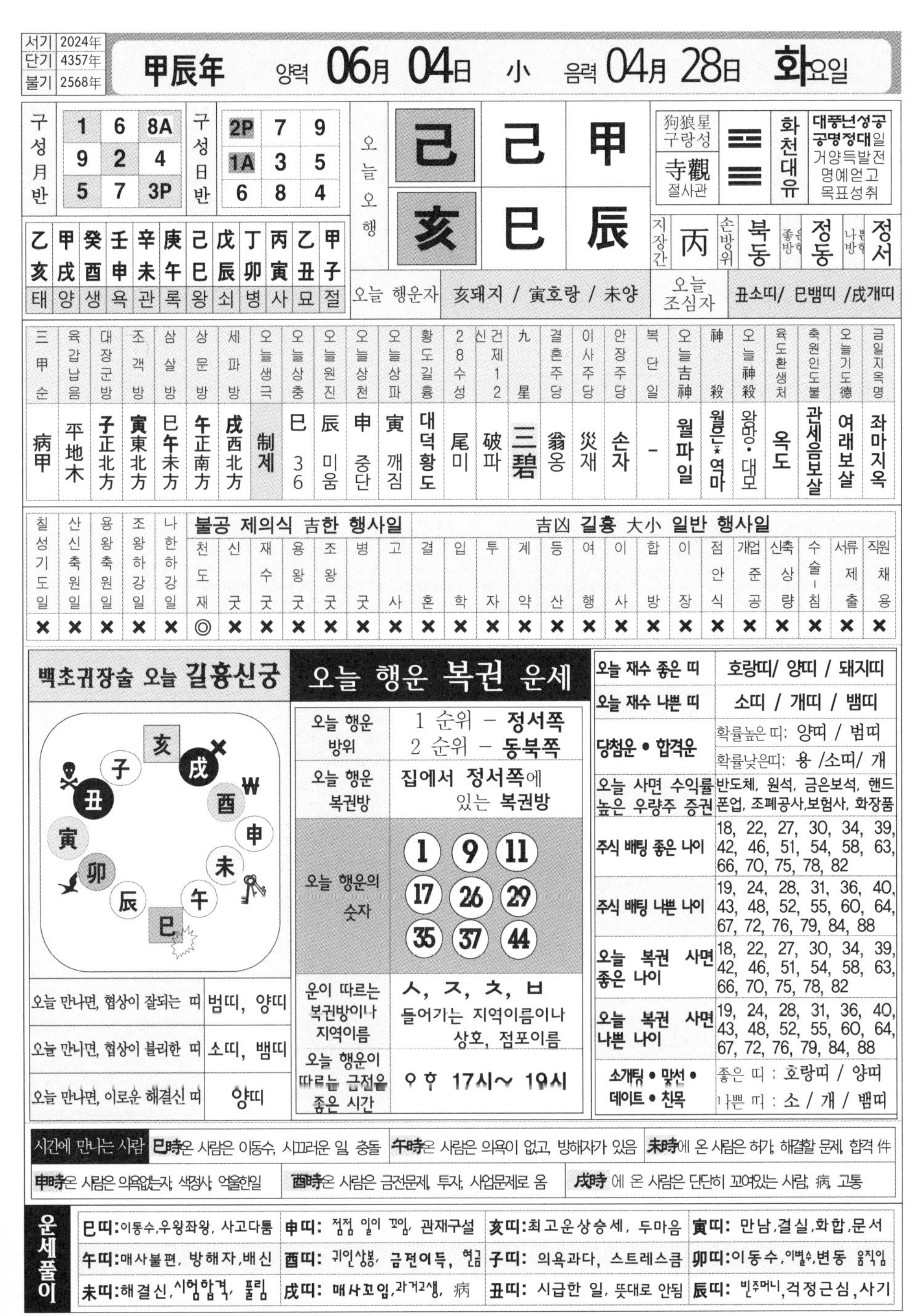

서기	2024年
단기	4357年
불기	2568年

甲辰年 양력 **06月 04日** 小 음력 **04月 28日** **화요일**

구성월반

1	6	8A
9	2	4
5	7	3P

구성일반

2P	7	9
1A	3	5
6	8	4

오늘오행

己	己	甲
亥	巳	辰

狗狼星 구랑성	寺觀 절사관	화천대유	대풍년성공 공명정대일 거양득발전 명예얻고 목표성취

지장간	손방위	좋은방향	나쁜방향
丙	북동	정동	정서

乙亥	甲戌	癸酉	壬申	辛未	庚午	己巳	戊辰	丁卯	丙寅	乙丑	甲子
태	양	생	욕	관	록	왕	쇠	병	사	묘	절

오늘 행운자: 亥돼지 / 寅호랑 / 未양

오늘 조심자: 丑소띠/ 巳뱀띠 /戌개띠

三甲순	육갑납음	대장군방	조객방	삼살방	상문방	세파방	오늘생극	오늘상충	오늘원진	오늘상천	오늘상파	황도길흉	28수성	건제12	九星	결혼주당	이사주당	안장주당	복단일	오늘吉神	神殺	오늘神殺	육도환생처	축원인도불	오늘기도德	금일지옥명
病甲	平地木	子正北方	寅東北方	巳午未方	午正南方	戌西北方	制제	巳 36	辰 미움	申 중단	寅 깨짐	대덕황도	尾미	破파	三碧	翁옹	災재	손자	-	월파일	월흔*역마	왕망·대모	옥도	관세음보살	여래보살	좌마지옥

칠성기도일	산신축원일	용왕축원일	조왕하강일	나한하강일	천도재	신굿	재수굿	용왕굿	조왕굿	병굿	고사	결혼	입학	투자	계약	등산	여행	이사	합방	이장	점안식	개업준공	신축상량	수술-침	서류제출	직원채용
×	×	×	×	×	◎	×	×	×	×	×	×	×	×	×	×	×	×	×	×	×	×	×	×	×	×	×

(불공 제의식 吉한 행사일: 천도재 ~ 고사 / 吉凶 길흉 大小 일반 행사일: 결혼 ~ 직원채용)

백초귀장술 오늘 길흉신궁

오늘 만나면, 협상이 잘되는 띠	범띠, 양띠
오늘 만나면, 협상이 불리한 띠	소띠, 뱀띠
오늘 만나면, 이로운 해결신 띠	양띠

오늘 행운 복권 운세

오늘 행운 방위	1 순위 – 정서쪽 2 순위 – 동북쪽
오늘 행운 복권방	집에서 정서쪽에 있는 복권방
오늘 행운의 숫자	1, 9, 11, 17, 26, 29, 35, 37, 44
운이 따르는 복권방이나 지역이름	ㅅ, ㅈ, ㅊ, ㅂ 들어가는 지역이름이나 상호, 점포이름
오늘 행운이 따르는 금전운 좋은 시간	酉 17시~ 19시

오늘 재수 좋은 띠	호랑띠/ 양띠 / 돼지띠
오늘 재수 나쁜 띠	소띠 / 개띠 / 뱀띠
당첨운 • 합격운	확률높은 띠: 양띠 / 범띠 확률낮은띠: 용 /소띠/ 개
오늘 사면 수익률 높은 우량주 증권	반도체, 원석, 금은보석, 핸드폰업, 조폐공사,보험사, 화장품
주식 배팅 좋은 나이	18, 22, 27, 30, 34, 39, 42, 46, 51, 54, 58, 63, 66, 70, 75, 78, 82
주식 배팅 나쁜 나이	19, 24, 28, 31, 36, 40, 43, 48, 52, 55, 60, 64, 67, 72, 76, 79, 84, 88
오늘 복권 사면 좋은 나이	18, 22, 27, 30, 34, 39, 42, 46, 51, 54, 58, 63, 66, 70, 75, 78, 82
오늘 복권 사면 나쁜 나이	19, 24, 28, 31, 36, 40, 43, 48, 52, 55, 60, 64, 67, 72, 76, 79, 84, 88
소개팅 • 맞선 • 데이트 • 친목	좋은 띠 : 호랑띠 / 양띠 나쁜 띠 : 소 / 개 / 뱀띠

시간에 만나는 사람

- **巳時**은 사람은 이동수, 시끄러운 일, 충돌
- **午時**은 사람은 의욕이 없고, 방해자가 있음
- **未時**에 온 사람은 허가, 해결할 문제, 합격 件
- **申時**은 사람은 의욕없는자, 색정사, 억울한일
- **酉時**은 사람은 금전문제, 투자, 사업문제로 옴
- **戌時** 에 온 사람은 단단히 꼬여있는 사람, 病, 고통

운세풀이

巳띠:이동수,우왕좌왕, 사고다툼	**申띠**: 점점 일이 꼬임, 관재구설	**亥띠**:최고운상승세, 두마음	**寅띠**: 만남,결실,화합,문서
午띠:매사불편, 방해자,배신	**酉띠**: 귀인상봉, 금전이득, 현금	**子띠**: 의욕과다, 스트레스큼	**卯띠**:이동수,이별수,변동 움직임
未띠:해결신,시험합격, 풀림	**戌띠**: 매사꼬임,과거고생, 病	**丑띠**: 시급한 일, 뜻대로 안됨	**辰띠**: 빈주머니,걱정근심,사기

서기	2024年
단기	4357年
불기	2568年

甲辰年 陽曆 06月 05日 음력 04月 29日 水요일

망종 芒種 13 時 10分 入

구성월반		
9	5	7
8	1	3
4	6AP	2

구성일반		
3A	8P	1
2	4	6
7	9	5

오늘오행	日	月	年
천간	庚	庚	甲
지지	子	午	辰

狗狼星 구랑성	中庭廳 관청마당	화천대유	**대풍년성공 공명정대**일 거양득발전 명예얻고 목표성취

지장간	丙	손방위	없음	좋은방향	정북	나쁜방향	정남

丁亥	丙戌	乙酉	甲申	癸未	壬午	辛巳	庚辰	己卯	戊寅	丁丑	丙子
병	쇠	왕	록	관	욕	생	양	태	절	묘	사

오늘 행운자	子쥐띠 / 卯토끼/ 申원숭	오늘 조심자	寅범 / 午말 / 亥돼지

三甲순	육갑납음	대장군방	조객방	삼살방	상문방	세파방	오늘생극	오늘상충	오늘원진	오늘상천	오늘상파	황도길흉	28수성	건제12신	九星	결혼주당	이사주당	안장주당	복단일	神神	神殺	오늘神殺	육도환생처	축원인도불	오늘기도德	금일지옥명
病甲	壁上土	子正北方	寅東北方	巳午未方	午正南方	戌西北方	寶보	午 36	未 미움	未 중단	酉 깨짐	금궤황도	箕기	破파	四綠	堂당	師사	남자	-	월파일	수사·처화	천적·검봉	천도	대세지보살	아미보살	독사지옥

칠성기도일	산신축원일	용왕축원일	조왕하강일	나한하강일	불공 제의식 吉한 행사일: 천도재	신굿	재수굿	용왕굿	조왕굿	병굿	吉凶 길흉 大小 일반 행사일: 고사	결혼	입학	투자	계약	등산	여행	이사	합방	이장	점안식	개업준공	신축상량	수술-침	서류제출	직원채용
×	×	◎	×	×	×	×	×	×	×	×	×	×	×	×	×	×	×	×	×	×	×	×	×	×	×	×

백초귀장술 오늘 길흉신궁

子 亥 戌 酉 申 未 午 巳 辰 卯 寅 丑

오늘 만나면, 협상이 잘되는 띠	토끼, 원숭
오늘 만나면, 협상이 불리한 띠	호랑띠, 말띠
오늘 만나면, 이로운 해결신 띠	원숭이띠

오늘 행운 복권 운세

오늘 행운 방위	1 순위 – 서북쪽 2 순위 – 정동쪽
오늘 행운 복권방	집에서 서북쪽에 있는 복권방
오늘 행운의 숫자	5 10 14 15 20 26 32 36 41
운이 따르는 복권방이나 지역이름	ㅁ, ㅂ, ㅍ, ㅌ 들어가는 지역이름이나 상호, 점포이름
오늘 행운이 따르는 금전운 좋은 시간	오후 19시~ 21시

오늘 재수 좋은 띠	토끼띠/ 원숭띠 / 쥐띠
오늘 재수 나쁜 띠	호랑띠 / 돼지띠 / 말
당첨운 • 합격운	확률높은 띠: 원숭 / 토끼 확률낮은띠:호랑 /돼지/뱀
오늘 사면 수익률 높은 우량주 증권	골재업,건축업,토목업,부동산,증권사, 금융가, 토지산업
주식 배팅 좋은 나이	17, 21, 26, 29, 33, 38, 41, 45, 50, 53, 57, 62, 65, 69, 74, 77, 81, 86
주식 배팅 나쁜 나이	18, 23, 27, 30, 35, 39, 42, 47, 51, 54, 59, 63, 66, 71, 75, 78, 83
오늘 복권 사면 좋은 나이	17, 21, 26, 29, 33, 38, 41, 45, 50, 53, 57, 62, 65, 69, 74, 77, 81, 86
오늘 복권 사면 나쁜 나이	18, 23, 27, 30, 35, 39, 42, 47, 51, 54, 59, 63, 66, 71, 75, 78, 83
소개팅 • 맞선 • 데이트 • 친목	좋은 띠 : 토끼 / 원숭이 나쁜 띠 : 돼지 /호랑/ 말

시간에 만나는 사람	**巳時**에 사람은 빈주머니, 헛 공사, 사기	**午時**온 사람은 변동수, 시끄러운 일, 사고주의, 관재수	**未時**에 온 사람 방해자, 배신자, 의욕상실
	申時에 온 사람은 허가, 해결할 문제, 합격 件	**酉時**에 온 사람은 의욕없는 자, 색정사, 억울한 일	**戌時** 에 온 사람은 금전문제, 투자, 사업문제로 옴

운세풀이			
午띠:이동수,우왕좌왕, 사고다툼	**酉띠:** 점점 일이 꼬임, 관재구설	**子띠:**최고운상승세, 두마음	**卯띠:** 만남,결실,화합,문서
未띠:매사불편, 방해자,배신	**戌띠:**귀인상봉, 금전이득, 현금	**丑띠:** 의욕과다, 스트레스큼	**辰띠:**이동수,이별수,변동 움직임
申띠:해결신,시험합격, 풀림	**亥띠:** 매사꼬임,과거고생, 病	**寅띠:** 시급한 일, 뜻대로 안됨	**巳띠:** 빈주머니,걱정근심,사기

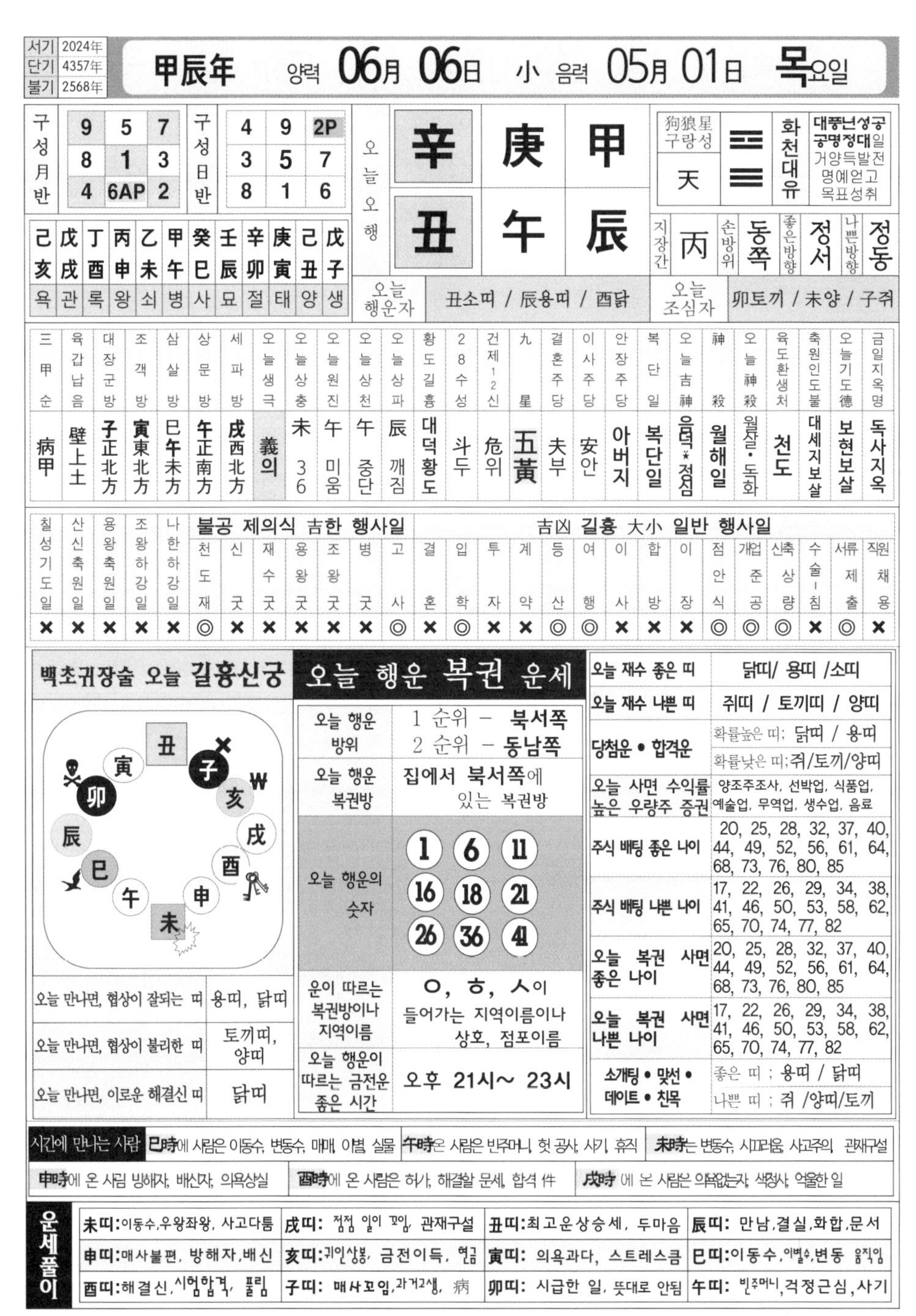

서기	2024年
단기	4357年
불기	2568年

甲辰年 양력 06月 06日 小 음력 05月 01日 목요일

구성月반			구성日반		
9	5	7	4	9	2P
8	1	3	3	5	7
4	6AP	2	8	1	6

오늘 오행			
辛	庚	甲
丑	午	辰

狗狼星 구랑성	天	☰☷	화천대유	대풍년성공 공명정대일 거양득발전 명예얻고 목표성취

지장간	손방위	좋은방향	나쁜방향
丙	동쪽	정서	정동

己亥	戊戌	丁酉	丙申	乙未	甲午	癸巳	壬辰	辛卯	庚寅	己丑	戊子
욕	관	록	왕	쇠	병	사	묘	절	태	양	생

오늘 행운자	丑소띠 / 辰용띠 / 酉닭	오늘 조심자	卯토끼 / 未양 / 子쥐

三甲순	육갑납음	대장군방	조객방	삼살방	상문방	세파방	오늘생극	오늘상충	오늘원진	오늘상천	오늘상파	황도길흉	28수성	건제12신	九星	결혼주당	이사주당	안장주당	복단일	오늘吉神	神殺	오늘神殺	육도환생처	축원인도불	오늘기도德	금일지옥명
病甲	壁上土	子正北方	寅東北方	巳午未方	午正南方	戌西北方	義의	未 36	午 미움	午 중단	辰 깨짐	대덕황도	斗두	危위	五黃	夫부	安안	아버지	복단일	음덕*정심	월해일	월살·도화	천도	대세지보살	보현보살	독사지옥

칠성기도일	산신축원일	용왕축원일	조왕하강일	나한하강일	불공 제의식 吉한 행사일							吉凶 길흉 大小 일반 행사일														
					천도재	신굿	재수굿	용왕굿	조왕굿	병굿	고사	결혼	입학	투자	계약	등산	여행	이사	합방	이장	점안식	개업준공	신축상량	수술-침	서류제출	직원채용
×	×	×	×	×	◎	×	×	×	×	×	◎	×	◎	×	×	◎	◎	×	×	×	◎	◎	◎	×	◎	×

백초귀장술 오늘 길흉신궁

오늘 만나면, 협상이 잘되는 띠	용띠, 닭띠
오늘 만나면, 협상이 불리한 띠	토끼띠, 양띠
오늘 만나면, 이로운 해결신 띠	닭띠

오늘 행운 복권 운세

오늘 행운 방위	1 순위 – 북서쪽 2 순위 – 동남쪽
오늘 행운 복권방	집에서 북서쪽에 있는 복권방
오늘 행운의 숫자	1 6 11 16 18 21 26 36 41
운이 따르는 복권방이나 지역이름	ㅇ, ㅎ, ㅅ이 들어가는 지역이름이나 상호, 점포이름
오늘 행운이 따르는 금전운 좋은 시간	오후 21시~ 23시

오늘 재수 좋은 띠	닭띠/ 용띠 /소띠
오늘 재수 나쁜 띠	쥐띠 / 토끼띠 / 양띠
당첨운 • 합격운	확률높은 띠; 닭띠 / 용띠 확률낮은 띠; 쥐/토끼/양띠
오늘 사면 수익률 높은 우량주 증권	양조주조사, 선박업, 식품업, 예술업, 무역업, 생수업, 음료
주식 배팅 좋은 나이	20, 25, 28, 32, 37, 40, 44, 49, 52, 56, 61, 64, 68, 73, 76, 80, 85
주식 배팅 나쁜 나이	17, 22, 26, 29, 34, 38, 41, 46, 50, 53, 58, 62, 65, 70, 74, 77, 82
오늘 복권 사면 좋은 나이	20, 25, 28, 32, 37, 40, 44, 49, 52, 56, 61, 64, 68, 73, 76, 80, 85
오늘 복권 사면 나쁜 나이	17, 22, 26, 29, 34, 38, 41, 46, 50, 53, 58, 62, 65, 70, 74, 77, 82
소개팅 • 맞선 • 데이트 • 친목	좋은 띠 ; 용띠 / 닭띠 나쁜 띠 ; 쥐 /양띠/토끼

시간에 만나는 사람 巳時에 사람은 이동수, 변동수, 매매, 이별, 실물 午時온 사람은 빈주머니, 헛 공사, 사기, 휴직 未時는 변동수, 시끄러움, 사고주의, 관재구설

申時에 온 사람 방해자, 배신자, 의욕상실 酉時에 온 사람은 허가, 해결할 문세, 합석 件 戌時 에 온 사람은 의욕없는자, 색정사, 억울한 일

운세풀이				
	未띠:이동수,우왕좌왕, 사고다툼	戌띠: 점점 일이 꼬임, 관재구설	丑띠:최고운상승세, 두마음	辰띠: 만남,결실,화합,문서
	申띠:매사불편, 방해자,배신	亥띠:귀인상봉, 금전이득, 현금	寅띠: 의욕과다, 스트레스큼	巳띠:이동수,이별수,변동 움직임
	酉띠:해결신,시험합격, 풀림	子띠: 매사꼬임,과거고생, 病	卯띠: 시급한 일, 뜻대로 안됨	午띠: 빈주머니,걱정근심,사기

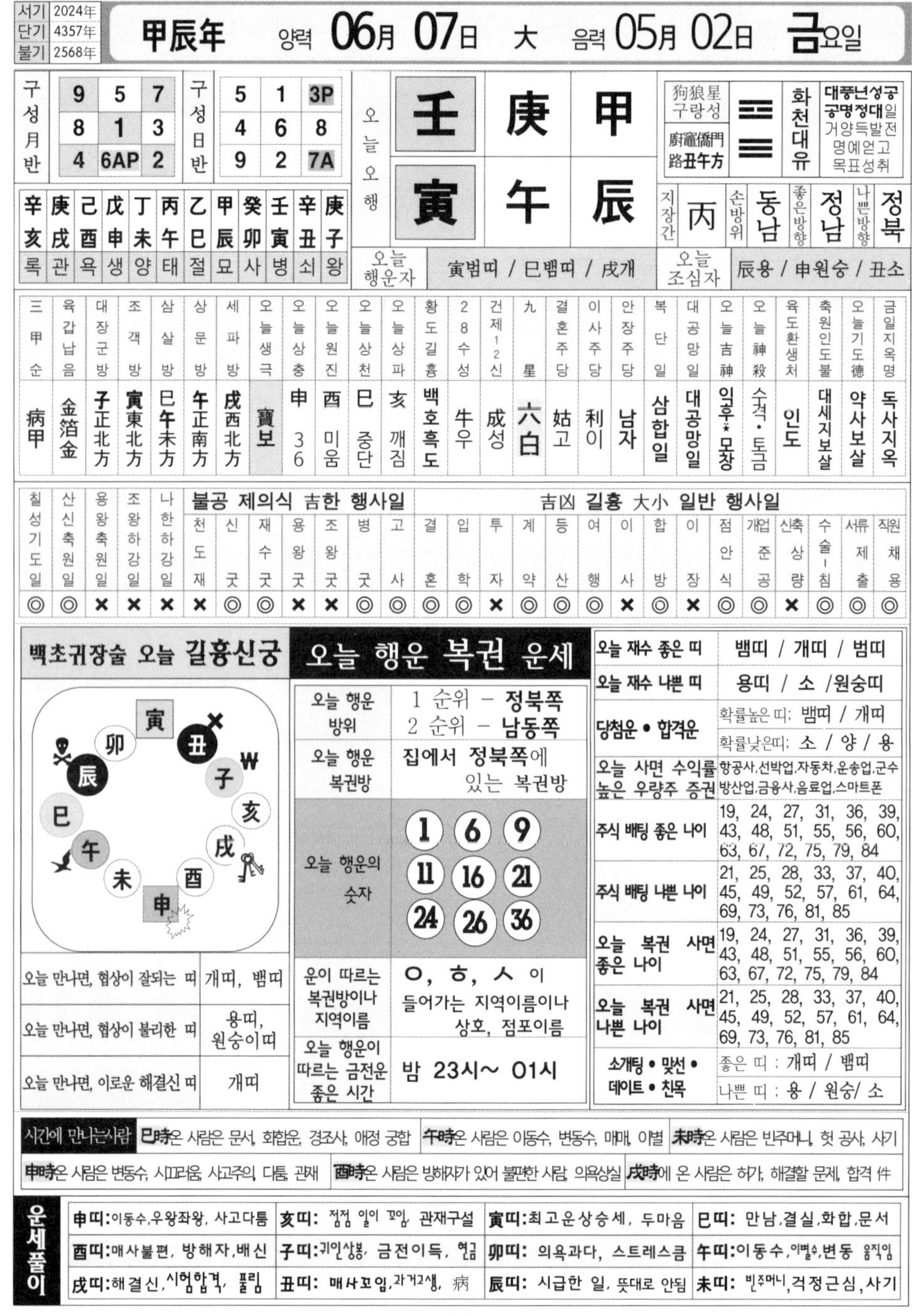

서기	2024年
단기	4357年
불기	2568年

甲辰年 양력 **06月 07日** 大 음력 **05月 02日** **금**요일

구성월반

9	5	7
8	1	3
4	6AP	2

구성일반

5	1	3P
4	6	8
9	2	7A

오늘오행

壬	庚	甲
寅	午	辰

狗狼星 구랑성: 廚竈僑門路丑午方

화천대유: 대풍년성공 공명정대일 거양득발전 명예얻고 목표성취

지장간: 丙 | 손방위: 동남 | 좋은방향: 정남 | 나쁜방향: 정북

辛亥	庚戌	己酉	戊申	丁未	丙午	乙巳	甲辰	癸卯	壬寅	辛丑	庚子
록	관	욕	생	양	태	절	묘	사	병	쇠	왕

오늘 행운자: 寅범띠 / 巳뱀띠 / 戌개

오늘 조심자: 辰용 / 申원숭 / 丑소

三甲순	육갑납음	대장군방	조객방	삼살방	상문방	세파방	오늘생극	오늘상충	오늘원진	오늘상천	오늘상파	황도길흉	28수성	건제12신	九星	결혼주당	이사주당	안장주당	복단일	대공망일	오늘吉神	오늘神殺	육도환생처	축원인도불	오늘기도德	금일지옥명
病甲	金箔金	子正北方	寅東北方	巳午未方	午正南方	戌西北方	寶보	申 36	酉 미움	巳 중단	亥 깨짐	백호흑도	牛우	成성	六白	姑고	利이	남자	삼합일	대공망일	익후·모창	수격·토금	인도	대세지보살	약사보살	독사지옥

칠성기도일	산신축원일	용왕축원일	조왕하강일	나한하강일	불공 제의식 吉한 행사일: 천도재	신굿	재수굿	용왕굿	조왕굿	병굿	고사	吉凶 길흉 大小 일반 행사일: 결혼	입학	투자	계약	등산	여행	이사	합방	이장	점안식	개업준공	신축상량	수술-침	서류제출	직원채용
◎	◎	×	×	×	×	◎	◎	×	×	◎	◎	◎	◎	×	◎	◎	◎	×	◎	×	◎	◎	×	◎	◎	◎

백초귀장술 오늘 길흉신궁

寅
卯
丑
辰
子
巳
亥
午
戌
未
酉
申

오늘 만나면, 협상이 잘되는 띠	개띠, 뱀띠
오늘 만나면, 협상이 불리한 띠	용띠, 원숭이띠
오늘 만나면, 이로운 해결신 띠	개띠

오늘 행운 복권 운세

오늘 행운 방위	1 순위 – 정북쪽 2 순위 – 남동쪽
오늘 행운 복권방	집에서 정북쪽에 있는 복권방
오늘 행운의 숫자	1 6 9 11 16 21 24 26 36
운이 따르는 복권방이나 지역이름	ㅇ, ㅎ, ㅅ 이 들어가는 지역이름이나 상호, 점포이름
오늘 행운이 따르는 금전운 좋은 시간	밤 23시~ 01시

오늘 재수 좋은 띠	뱀띠 / 개띠 / 범띠
오늘 재수 나쁜 띠	용띠 / 소 /원숭이띠
당첨운 • 합격운	확률높은 띠: 뱀띠 / 개띠 확률낮은띠: 소 / 양 / 용
오늘 사면 수익률 높은 우량주 증권	항공사,선박업,자동차,운송업,군수방산업,금융사,음료업,스마트폰
주식 배팅 좋은 나이	19, 24, 27, 31, 36, 39, 43, 48, 51, 55, 56, 60, 63, 67, 72, 75, 79, 84
주식 배팅 나쁜 나이	21, 25, 28, 33, 37, 40, 45, 49, 52, 57, 61, 64, 69, 73, 76, 81, 85
오늘 복권 사면 좋은 나이	19, 24, 27, 31, 36, 39, 43, 48, 51, 55, 56, 60, 63, 67, 72, 75, 79, 84
오늘 복권 사면 나쁜 나이	21, 25, 28, 33, 37, 40, 45, 49, 52, 57, 61, 64, 69, 73, 76, 81, 85
소개팅 • 맞선 • 데이트 • 친목	좋은 띠 : 개띠 / 뱀띠 나쁜 띠 : 용 / 원숭/ 소

시간에 만나는사람

巳時온 사람은 문서, 화합운, 경조사, 애정 궁합 | **午時**온 사람은 이동수, 변동수, 매매, 이별 | **未時**온 사람은 빈주머니, 헛 공사, 사기

申時온 사람은 변동수, 시끄러움, 사고주의, 다툼, 관재 | **酉時**온 사람은 방해자가 있어 불편한 사람, 의욕상실 | **戌時**에 온 사람은 허가, 해결할 문제, 합격 件

운세풀이

申띠: 이동수,우왕좌왕, 사고다툼	**亥띠:** 점점 일이 꼬임, 관재구설	**寅띠:** 최고운상승세, 두마음	**巳띠:** 만남,결실,화합,문서
酉띠: 매사불편, 방해자,배신	**子띠:** 귀인상봉, 금전이득, 현금	**卯띠:** 의욕과다, 스트레스큼	**午띠:** 이동수,이별수,변동 움직임
戌띠: 해결신,시험합격, 풀림	**丑띠:** 매사꼬임,과거고생, 病	**辰띠:** 시급한 일, 뜻대로 안됨	**未띠:** 빈주머니,걱정근심,사기

서기 2024年	단기 4357年	불기 2568年

甲辰年 양력 **06月 08日** 大 음력 **05月 03日** **토요일**

구성월반		
9	5	7
8	1	3
4	6AP	2

구성일반		
6	2	4
5	7	9AP
1	3	8

癸	壬	辛	庚	己	戊	丁	丙	乙	甲	癸	壬
亥	戌	酉	申	未	午	巳	辰	卯	寅	丑	子
왕	쇠	병	사	묘	절	태	양	생	욕	관	록

오늘 오행: 癸 庚 甲 / 卯 午 辰

狗狼星 구랑성	天	풍화가인	가정 가족에게관심과 세심한배려 필요 정서적 현모양처

지장간: 丙 | 손방위: 남쪽 | 좋은방향: 정동 | 나쁜방향: 정서

오늘 행운자: 卯토끼띠 /午말띠 /亥돼지

오늘 조심자: 巳뱀 / 酉닭 / 寅범

三甲순	육갑납음	대장군방	조객방	삼실방	상문방	세파방	오늘생극	오늘상충	오늘원진	오늘상천	오늘상파	황도길흉	28수성	건제12신	九星	결혼주당	이사주당	안장주당	대공망일	오늘吉神	神殺	오늘神殺	육도환생처	축원인도불	오늘기도德	금일지옥명
病甲	金箔金	子正北方	寅東北方	巳午未方	午正南方	戌西北方	寶보	酉 36	申 미움	辰 중단	午 깨짐	옥당황도	女여	收수	七赤	堂당	天천	손자	대공망일	지창*속세	하괴·혈기	왕망·구감	귀도	대세지보살	문수보살	독사지옥

칠성기도일	산신축원일	용왕축원일	조왕하강일	나한하강일	천도재	신굿	재수굿	용왕굿	조왕굿	병굿	고사	결혼	입학	투자	계약	등산	여행	이사	합방	이장	점안식	개업준공	신축상량	수술-침	서류제출	직원채용
◎	◎	◎	◎	◎	◎	◎	◎	◎	◎	◎	◎	◎	◎	×	-	◎	◎	×	×	◎	◎	◎	◎	◎	◎	-

(불공 제의식 吉한 행사일: 천도재 ~ 고사 / 吉凶 길흉 大小 일반 행사일: 결혼 ~ 직원채용)

백초귀장술 오늘 길흉신궁

卯, 寅, 丑, 子, 亥, 戌, 酉, 申, 未, 午, 巳, 辰

오늘 만나면, 협상이 잘되는 띠	말띠, 돼지
오늘 만나면, 협상이 불리한 띠	닭띠, 뱀띠
오늘 만나면, 이로운 애물신 띠	돼지띠

오늘 행운 복권 운세

오늘 행운 방위	1 순위 - 북동쪽 2 순위 - 정남쪽
오늘 행운 복권방	집에서 북동쪽에 있는 복권방
오늘 행운의 숫자	3 8 11 13 18 23 28 38 43
운이 따르는 복권방이나 지역이름	ㄱ, ㅋ, ㅎ이 들어가는 지역이름이나 상호, 점포이름
오늘 행운이 따르는 금전운 좋은 시간	오전 01시~ 03시

오늘 재수 좋은 띠	토끼띠/ 말띠 / 돼지띠
오늘 재수 나쁜 띠	범띠 / 닭띠 / 뱀띠
당첨운 • 합격운	확률높은 띠: 돼지 / 말띠 확률낮은띠: 원숭/뱀/ 범
오늘 사면 수익률 높은 우량주 증권	목재업, 가구업, 섬유업, 비철금속업, 교육, 식품, 무역, 의류 물산
주식 배팅 좋은 나이	18, 23, 26, 30, 35, 38, 42, 47, 50, 54, 59, 62, 66, 71, 74, 78, 83, 86
주식 배팅 나쁜 나이	20, 24, 27, 32, 36, 39, 44, 48, 51, 56, 60, 63, 68, 72, 75, 80, 84, 87
오늘 복권 사면 좋은 나이	18, 23, 26, 30, 35, 38, 42, 47, 50, 54, 59, 62, 66, 71, 74, 78, 83, 86
오늘 복권 사면 나쁜 나이	20, 24, 27, 32, 36, 39, 44, 48, 51, 56, 60, 63, 68, 72, 75, 80, 84, 87
소개팅 • 맞선 • 데이트 • 친목	좋은 띠 : 돼지띠 / 말띠 나쁜 띠 : 범 / 닭 / 뱀띠

시간에만나는사람: **巳時**온 사람은 골치 아픈 일, 죽음, 바람끼 **午時**온 사람은 문서, 화합운, 경조사, 애정 궁합 **未時**에 사람은 이동수, 변동수, 매매, 이별 **申時**온 사람은 빈주머니, 헛 공사, 사기, 실물 **酉時**온 사람은 변동수, 시끄러운 일, 사고주의, 다툼, 관재 **戌時** 온 사람은 방해자가 있어 불편한 사람, 의욕상실

운세풀이

酉띠:이동수,우왕좌왕, 사고다툼	**子띠:** 점점 일이 꼬임, 관재구설	**卯띠:**최고운상승세, 두마음	**午띠:** 만남,결실,화합,문서
戌띠:매사불편, 방해자,배신	**丑띠:**귀인상봉, 금전이득, 현금	**辰띠:** 의욕과다, 스트레스큼	**未띠:**이동수,이별수,변동 움직임
亥띠:해결신,시험합격, 풀림	**寅띠:** 매사꼬임,과거고생, 病	**巳띠:** 시급한 일, 뜻대로 안됨	**申띠:** 빈주머니,걱정근심,사기

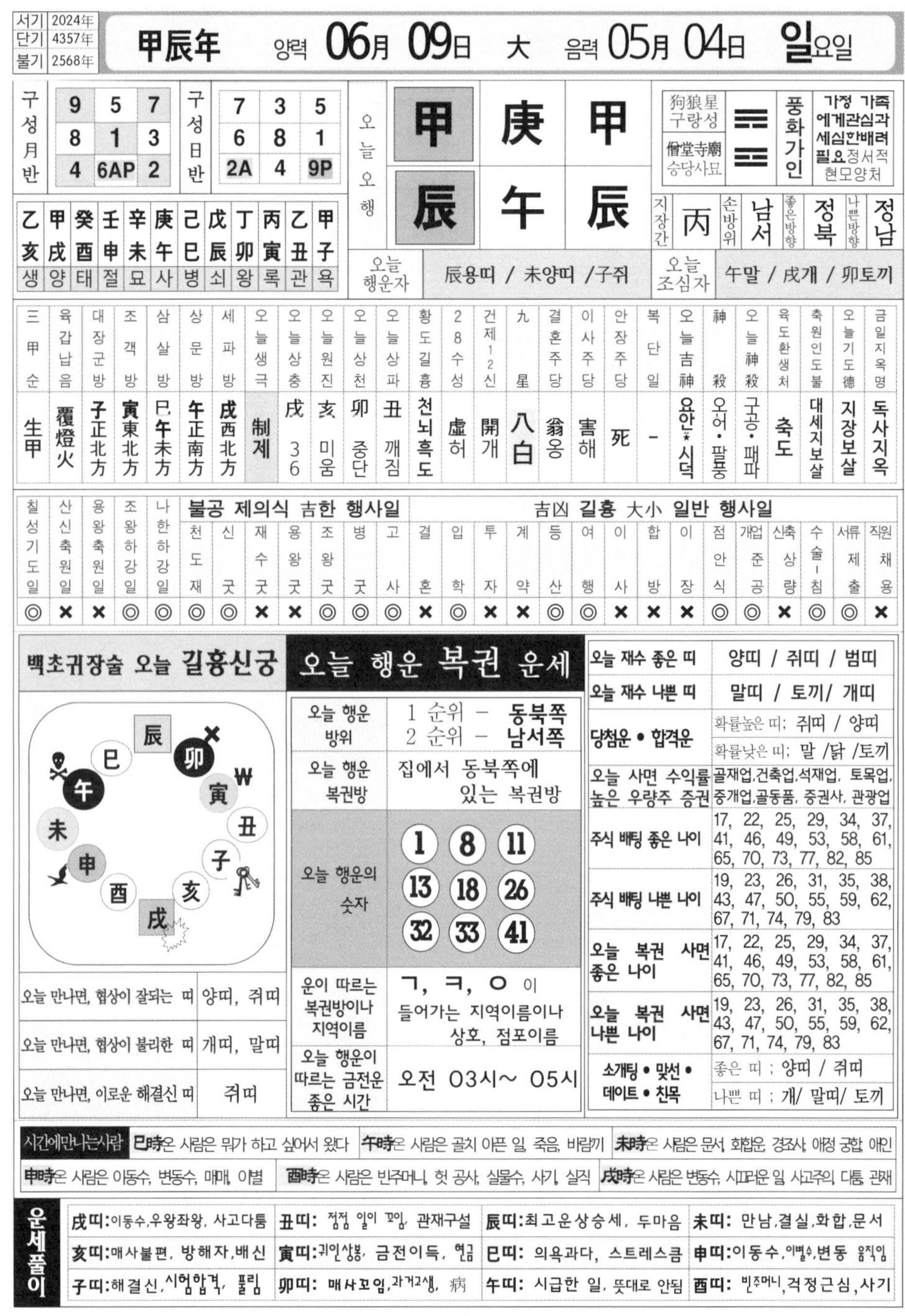

서기	2024年
단기	4357年
불기	2568年

甲辰年 양력 **06月 09日** 大 음력 **05月 04日** **일**요일

구성월반			구성일반		
9	5	7	7	3	5
8	1	3	6	8	1
4	6AP	2	2A	4	9P

오늘오행

甲	庚	甲
辰	午	辰

狗狼星 구랑성	僧堂寺廟 승당사묘

풍화가인 — 가정 가족에게관심과 세심한배려 필요 정서적 현모양처

乙亥	甲戌	癸酉	壬申	辛未	庚午	己巳	戊辰	丁卯	丙寅	乙丑	甲子
생	양	태	절	묘	사	병	쇠	왕	록	관	욕

지장간	丙	손방위	남서	좋은방향	정북	나쁜방향	정남

오늘 행운자	辰용띠 / 未양띠 /子쥐	오늘 조심자	午말 / 戌개 / 卯토끼

三甲순	육갑납음	대장군방	조객방	삼살방	상문방	세파방	오늘생극	오늘상충	오늘원진	오늘상천	오늘상파	황도길흉	28수성	건제12신	九星	결혼주당	이사주당	안장주당	복단일	오늘吉神	神殺	오늘神殺	육도환생처	축원인도불	오늘기도德	금일지옥명
生甲	覆燈火	子正北方	寅東北方	巳午未方	午正南方	戌西北方	制제	戌 36	亥 미움	卯 중단	丑 깨짐	천뇌흑도	虛허	開개	八白	翁옹	害해	死	-	요안*시덕	오어·팔풍	구공·패파	축도	대세지보살	지장보살	독사지옥

칠성기도일	산신축원일	용왕축원일	조왕하강일	나한하강일	천도재	신굿	재수굿	용왕굿	조왕굿	병굿	고사	결혼	입학	투자	계약	등산	여행	이사	합방	이장	점안식	개업준공	신축상량	수술-침	서류제출	직원채용
					불공 제의식 吉한 행사일							吉凶 길흉 大小 일반 행사일														
◎	×	×	◎	◎	◎	◎	×	×	◎	◎	◎	×	◎	×	×	◎	◎	×	×	×	◎	◎	×	◎	◎	×

백초귀장술 오늘 길흉신궁

오늘 만나면, 협상이 잘되는 띠	양띠, 쥐띠
오늘 만나면, 협상이 불리한 띠	개띠, 말띠
오늘 만나면, 이로운 해결신 띠	쥐띠

오늘 행운 복권 운세

오늘 행운 방위	1 순위 – 동북쪽 2 순위 – 남서쪽
오늘 행운 복권방	집에서 동북쪽에 있는 복권방
오늘 행운의 숫자	1 8 11 13 18 26 32 33 41
운이 따르는 복권방이나 지역이름	ㄱ, ㅋ, ㅇ 이 들어가는 지역이름이나 상호, 점포이름
오늘 행운이 따르는 금전운 좋은 시간	오전 03시~ 05시

오늘 재수 좋은 띠	양띠 / 쥐띠 / 범띠
오늘 재수 나쁜 띠	말띠 / 토끼/ 개띠
당첨운 • 합격운	확률높은 띠; 쥐띠 / 양띠 확률낮은 띠; 말 /닭 /토끼
오늘 사면 수익률 높은 우량주 증권	골재업,건축업,석재업, 토목업, 중개업,골동품, 증권사, 관광업
주식 배팅 좋은 나이	17, 22, 25, 29, 34, 37, 41, 46, 49, 53, 58, 61, 65, 70, 73, 77, 82, 85
주식 배팅 나쁜 나이	19, 23, 26, 31, 35, 38, 43, 47, 50, 55, 59, 62, 67, 71, 74, 79, 83
오늘 복권 사면 좋은 나이	17, 22, 25, 29, 34, 37, 41, 46, 49, 53, 58, 61, 65, 70, 73, 77, 82, 85
오늘 복권 사면 나쁜 나이	19, 23, 26, 31, 35, 38, 43, 47, 50, 55, 59, 62, 67, 71, 74, 79, 83
소개팅 • 맞선 • 데이트 • 친목	좋은 띠 ; 양띠 / 쥐띠 나쁜 띠 ; 개/ 말띠/ 토끼

시간에만나는사람 **巳時**은 사람은 뭐가 하고 싶어서 왔다 **午時**은 사람은 골치 아픈 일, 죽음, 바람끼 **未時**은 사람은 문서, 화합운, 경조사, 애정 궁합, 애인 **申時**은 사람은 이동수, 변동수, 매매, 이별 **酉時**은 사람은 빈주머니, 헛 공사, 실물수, 사기, 실직 **戌時**은 사람은 변동수, 시끄러운 일, 사고주의, 다툼, 관재

운세풀이

戌띠:이동수,우왕좌왕, 사고다툼	**丑띠:** 점점 일이 꼬임, 관재구설	**辰띠:**최고운상승세, 두마음	**未띠:** 만남,결실,화합,문서
亥띠:매사불편, 방해자,배신	**寅띠:**귀인상봉, 금전이득, 현금	**巳띠:** 의욕과다, 스트레스큼	**申띠:**이동수,이별수,변동 움직임
子띠:해결신,시험합격, 풀림	**卯띠:** 매사꼬임,과거고생, 病	**午띠:** 시급한 일, 뜻대로 안됨	**酉띠:** 빈주머니,걱정근심,사기

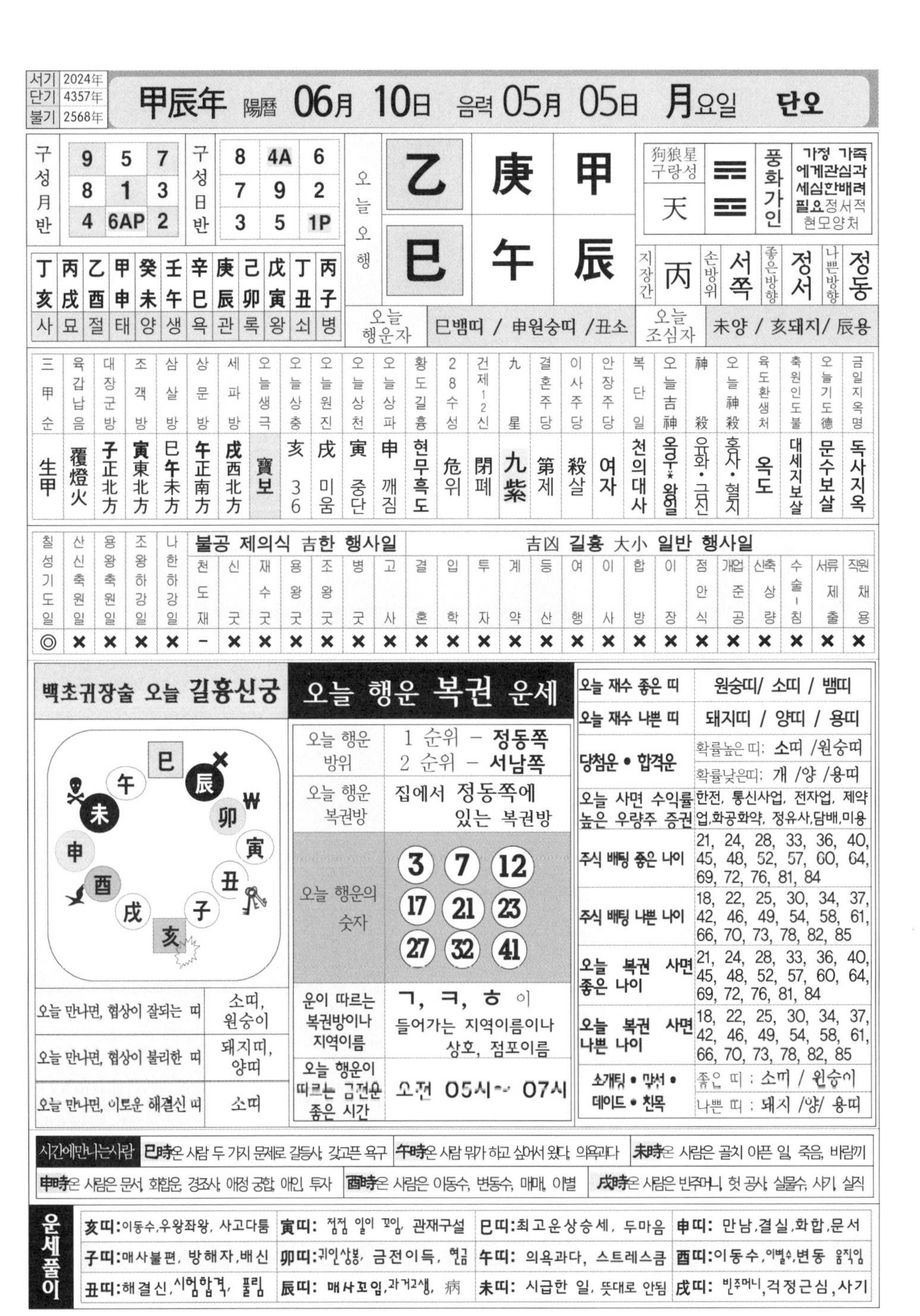

서기	2024年
단기	4357年
불기	2568年

甲辰年 陽曆 **06月 10日** 음력 **05月 05日** **月**요일 **단오**

구성월반

9	5	7
8	1	3
4	6AP	2

구성일반

8	4A	6
7	9	2
3	5	1P

오늘오행

乙	庚	甲
巳	午	辰

狗狼星 구랑성: 天 — 풍화가인 — 가정 가족에게관심과 세심한배려 필요 정서적 현모양처

지장간: 丙 | 손방위: 서쪽 | 좋은방향: 정서 | 나쁜방향: 정동

丁亥	丙戌	乙酉	甲申	癸未	壬午	辛巳	庚辰	己卯	戊寅	丁丑	丙子
사	묘	절	태	양	생	욕	관	록	왕	쇠	병

오늘 행운자: 巳뱀띠 / 申원숭띠 / 丑소

오늘 조심자: 未양 / 亥돼지 / 辰용

三甲순	육갑납음	대장군방	조객방	삼살방	상문방	세파방	오늘생극	오늘상충	오늘원진	오늘상천	오늘상파	황도길흉	28수성	건제12신	九星	결혼주당	이사주당	안장주당	복단일	오늘吉神	神殺	오늘神殺	육도환생처	축원인도불	오늘기도德	금일지옥명
生甲	覆燈火	子正北方	寅東北方	巳午未方	午正南方	戌西北方	寶보	亥 36	戌 미움	寅 중단	申 깨짐	현무흑도	危위	閉폐	九紫	第제	殺살	여자	천의대사	옥우·왕일	유화·금신	홍사·혈지	옥도	대세지보살	문수보살	독사지옥

칠성기도일	산신축원일	용왕축원일	조왕하강일	나한하강일	천도재	신굿	재수굿	용왕굿	조왕굿	병굿	고사	결혼	입학	투자	계약	등산	여행	이사	합방	이장	점안식	개업준공	신축상량	수술-침	서류제출	직원채용
◎	×	×	×	×	–	×	×	×	×	×	×	×	×	×	×	×	×	×	×	×	×	×	×	×	×	×

(불공 제의식 吉한 행사일: 천도재 ~ 고사 / 吉凶 길흉 大小 일반 행사일: 결혼 ~ 직원채용)

백초귀장술 오늘 길흉신궁

오늘 만나면, 협상이 잘되는 띠	소띠, 원숭이
오늘 만나면, 협상이 불리한 띠	돼지띠, 양띠
오늘 만나면, 이로운 해결신 띠	소띠

오늘 행운 복권 운세

오늘 행운 방위	1 순위 – 정동쪽 2 순위 – 서남쪽
오늘 행운 복권방	집에서 정동쪽에 있는 복권방
오늘 행운의 숫자	3 7 12 17 21 23 27 32 41
운이 따르는 복권방이나 지역이름	ㄱ, ㅋ, ㅎ 이 들어가는 지역이름이나 상호, 점포이름
오늘 행운이 따르는 금전운 좋은 시간	오전 05시~ 07시

오늘 재수 좋은 띠	원숭띠/ 소띠 / 뱀띠
오늘 재수 나쁜 띠	돼지띠 / 양띠 / 용띠
당첨운 • 합격운	확률높은 띠: 소띠 /원숭띠 확률낮은띠: 개 /양 /용띠
오늘 사면 수익률 높은 우량주 증권	한전, 통신사업, 전자업, 제약업,화공화약, 정유사,담배,미용
주식 배팅 좋은 나이	21, 24, 28, 33, 36, 40, 45, 48, 52, 57, 60, 64, 69, 72, 76, 81, 84
주식 배팅 나쁜 나이	18, 22, 25, 30, 34, 37, 42, 46, 49, 54, 58, 61, 66, 70, 73, 78, 82, 85
오늘 복권 사면 좋은 나이	21, 24, 28, 33, 36, 40, 45, 48, 52, 57, 60, 64, 69, 72, 76, 81, 84
오늘 복권 사면 나쁜 나이	18, 22, 25, 30, 34, 37, 42, 46, 49, 54, 58, 61, 66, 70, 73, 78, 82, 85
소개팅 • 맞선 • 데이트 • 친목	좋은 띠 : 소띠 / 원숭이 나쁜 띠 : 돼지 /양/ 용띠

시간에만나는사람 **巳時**은 사람 두 가지 문제로 갈등사, 갖고픈 욕구 **午時**은 사람 뭐가 하고 싶어서 왔다, 의욕과다 **未時**은 사람은 골치 아픈 일, 죽음, 바람끼 **申時**은 사람은 문서, 화합운, 경조사, 애정 궁합, 애인, 투자 **酉時**은 사람은 이동수, 변동수, 매매, 이별 **戌時**은 사람은 빈주머니, 헛 공사, 실물수, 사기, 실직

운세풀이

亥띠: 이동수,우왕좌왕, 사고다툼	**寅띠:** 점점 일이 꼬임, 관재구설	**巳띠:** 최고운상승세, 두마음	**申띠:** 만남,결실,화합,문서
子띠: 매사불편, 방해자,배신	**卯띠:** 귀인상봉, 금전이득, 현금	**午띠:** 의욕과다, 스트레스큼	**酉띠:** 이동수,이별수,변동 움직임
丑띠: 해결신,시험합격, 풀림	**辰띠:** 매사꼬임,과거고생, 病	**未띠:** 시급한 일, 뜻대로 안됨	**戌띠:** 빈주머니,걱정근심,사기

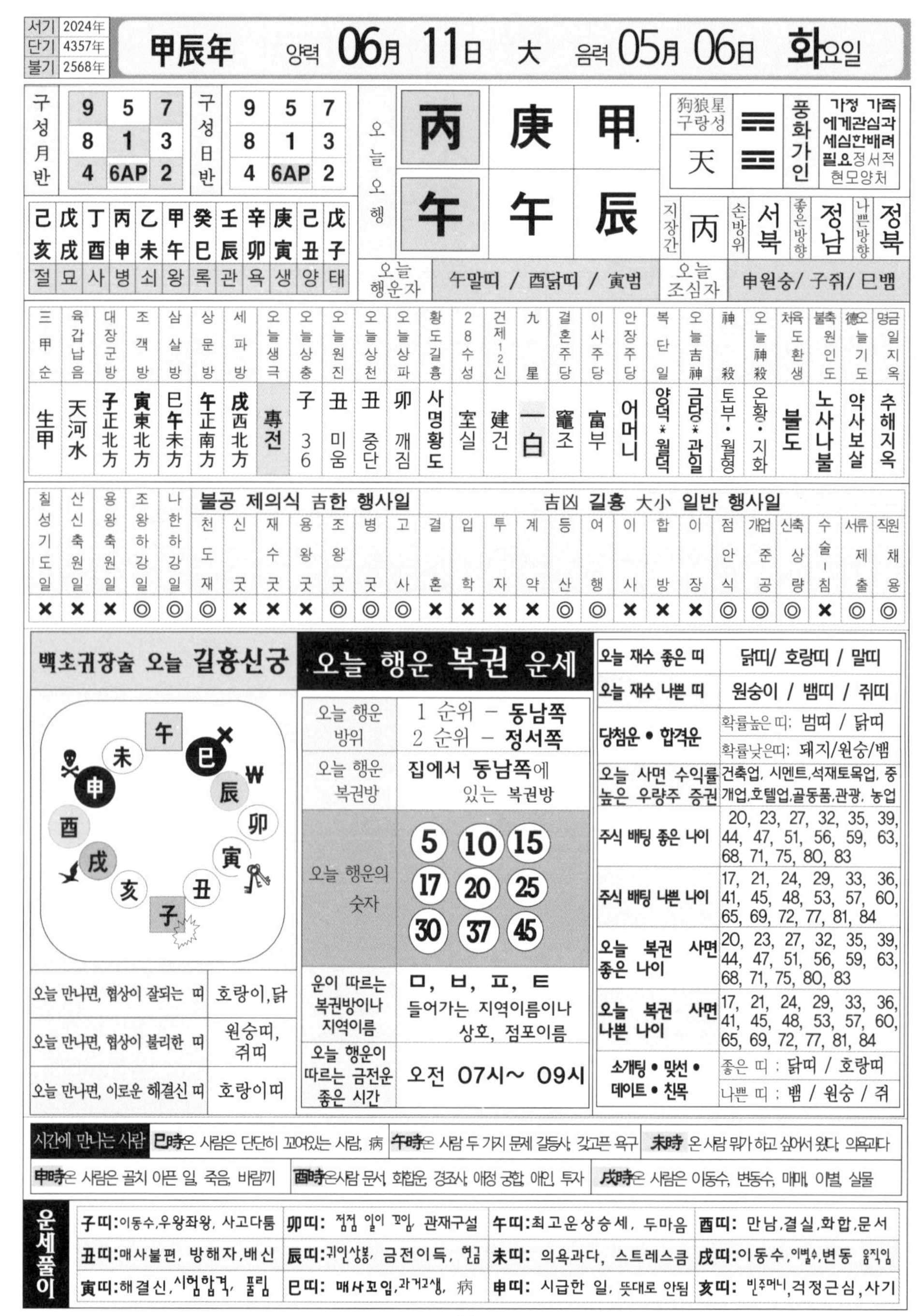

서기	2024年
단기	4357年
불기	2568年

甲辰年 양력 **06月 11日** 大 음력 **05月 06日** **화**요일

구성월반				구성일반		
	9	5	7		9	5	7
	8	1	3		8	1	3
	4	6AP	2		4	6AP	2

己	戊	丁	丙	乙	甲	癸	壬	辛	庚	己	戊
亥	戌	酉	申	未	午	巳	辰	卯	寅	丑	子
절	묘	사	병	쇠	왕	록	관	욕	생	양	태

오늘오행			
	丙	庚	甲
	午	午	辰

狗狼星 구랑성	天	☰ ☲	풍화가인	가정 가족에게관심과 세심한배려 필요 정서적 현모양처

지장간	丙	손방위	서북	좋은방향	정남	나쁜방향	정북

오늘 행운자	午말띠 / 酉닭띠 / 寅범	오늘 조심자	申원숭/ 子쥐/ 巳뱀

三甲순	육갑납음	대장군방	조객방	삼살방	상문방	세파방	오늘생극	오늘상충	오늘원진	오늘상천	오늘상파	황도길흉	28수성	건제12신	九星	결혼주당	이사주당	안장주당	복단일	오늘吉神	神殺	오늘神殺	처육도환생	불축원인도	德오늘기도	명금일지옥
生甲	天河水	子正北方	寅東北方	巳午未方	午正南方	戌西北方	專전	子 36	丑 미움	丑 중단	卯 깨짐	사명황도	室실	建건	一白	竈조	富부	어머니	양덕*월덕	금당*관일	토부·월형	오황·지화	불도	노사나불	약사보살	추해지옥

칠성기도일	산신축원일	용왕축원일	조왕하강일	나한하강일	불공 제의식 吉한 행사일							吉凶 길흉 大小 일반 행사일														
					천도재	신굿	재수굿	용왕굿	조왕굿	병굿	고사	결혼	입학	투자	계약	등산	여행	이사	합방	이장	점안식	개업준공	신축상량	수술-침	서류제출	직원채용
×	×	×	◎	◎	◎	×	×	×	◎	◎	◎	×	×	×	×	◎	◎	×	×	×	◎	◎	◎	×	◎	◎

백초귀장술 오늘 길흉신궁

오늘 만나면, 협상이 잘되는 띠	호랑이,닭
오늘 만나면, 협상이 불리한 띠	원숭띠, 쥐띠
오늘 만나면, 이로운 해결신 띠	호랑이띠

오늘 행운 복권 운세

오늘 행운 방위	1 순위 – 동남쪽 2 순위 – 정서쪽
오늘 행운 복권방	집에서 동남쪽에 있는 복권방
오늘 행운의 숫자	5 10 15 17 20 25 30 37 45
운이 따르는 복권방이나 지역이름	ㅁ, ㅂ, ㅍ, ㅌ 들어가는 지역이름이나 상호, 점포이름
오늘 행운이 따르는 금전운 좋은 시간	오전 07시~ 09시

오늘 재수 좋은 띠	닭띠/ 호랑띠 / 말띠
오늘 재수 나쁜 띠	원숭이 / 뱀띠 / 쥐띠
당첨운 • 합격운	확률높은 띠: 범띠 / 닭띠
	확률낮은띠: 돼지/원숭/뱀
오늘 사면 수익률 높은 우량주 증권	건축업, 시멘트,석재토목업, 중개업,호텔업,골동품,관광, 농업
주식 배팅 좋은 나이	20, 23, 27, 32, 35, 39, 44, 47, 51, 56, 59, 63, 68, 71, 75, 80, 83
주식 배팅 나쁜 나이	17, 21, 24, 29, 33, 36, 41, 45, 48, 53, 57, 60, 65, 69, 72, 77, 81, 84
오늘 복권 사면 좋은 나이	20, 23, 27, 32, 35, 39, 44, 47, 51, 56, 59, 63, 68, 71, 75, 80, 83
오늘 복권 사면 나쁜 나이	17, 21, 24, 29, 33, 36, 41, 45, 48, 53, 57, 60, 65, 69, 72, 77, 81, 84
소개팅 • 맞선 • 데이트 • 친목	좋은 띠 : 닭띠 / 호랑띠
	나쁜 띠 : 뱀 / 원숭 / 쥐

시간에 만나는 사람	巳時온 사람은 단단히 꼬여있는 사람, 病	午時온 사람 두 가지 문제 갈등사, 갖고픈 욕구	未時 온 사람 뭐가 하고 싶어서 왔다, 의욕과다
	申時온 사람은 골치 아픈 일, 죽음, 바람끼	酉時온사람 문서, 화합운, 경조사, 애정 궁합, 애인, 투자	戌時온 사람은 이동수, 변동수, 매매, 이별, 실물

운세풀이				
	子띠:이동수,우왕좌왕, 사고다툼	卯띠: 점점 일이 꼬임, 관재구설	午띠:최고운상승세, 두마음	酉띠: 만남,결실,화합,문서
	丑띠:매사불편, 방해자,배신	辰띠:귀인상봉, 금전이득, 현금	未띠: 의욕과다, 스트레스큼	戌띠:이동수,이별수,변동 움직임
	寅띠:해결신,시험합격, 풀림	巳띠: 매사꼬임,과거고생, 病	申띠: 시급한 일, 뜻대로 안됨	亥띠: 빈주머니,걱정근심,사기

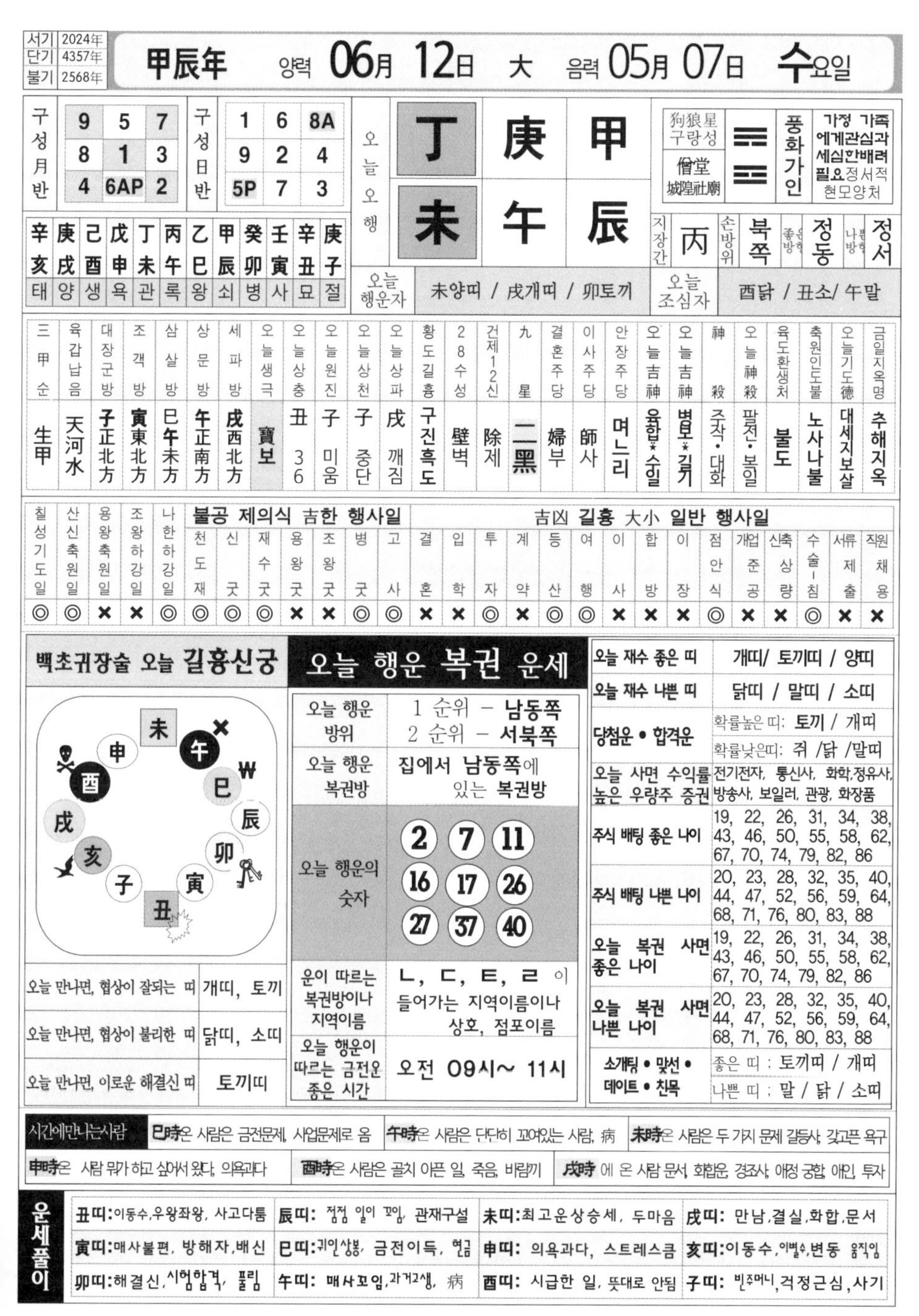

서기	2024年
단기	4357年
불기	2568年

甲辰年 양력 **06月 12日** 大 음력 **05月 07日** **수**요일

구성月반				구성日반			
	9	5	7		1	6	8A
	8	1	3		9	2	4
	4	6AP	2		5P	7	3

오늘오행			
	丁	庚	甲
	未	午	辰

狗狼星 구랑성	☰☴	풍화가인	가정 가족에게관심과 세심한배려 필요 정서적 현모양처
僧堂 城隍社廟			

지장간	丙	손방위	북쪽	좋은방향	정동	나쁜방향	정서

辛亥	庚戌	己酉	戊申	丁未	丙午	乙巳	甲辰	癸卯	壬寅	辛丑	庚子
태	양	생	욕	관	록	왕	쇠	병	사	묘	절

오늘 행운자	未양띠 / 戌개띠 / 卯토끼	오늘 조심자	酉닭 / 丑소/ 午말

三甲순	육갑납음	대장군방	조객방	삼살방	상문방	세파방	오늘생극	오늘상충	오늘원진	오늘상천	오늘상파	황도길흉	28수성	건제12신	九星	결혼주당	이사주당	안장주당	오늘吉神	오늘吉神	神殺	오늘神殺	육도환생처	축원인도불	오늘기도德	금일지옥명
生甲	天河水	子正北方	寅東北方	巳午未方	午正南方	戌西北方	寶보	丑 36	子 미움	子 중단	戌 깨짐	구진흑도	壁벽	除제	二黑	婦부	師사	며느리	육합*수일	병보*길기	주작•대화	팔전•보일	불도	노사나불	대세지보살	추해지옥

칠성기도일	산신축원일	용왕축원일	조왕하강일	나한하강일	불공 제의식 吉한 행사일							吉凶 길흉 大小 일반 행사일														
					천도재	신굿	재수굿	용왕굿	조왕굿	병굿	고사	결혼	입학	투자	계약	등산	여행	이사	합방	이장	점안식	개업준공	신축상량	수술-침	서류제출	직원채용
◎	◎	×	×	◎	◎	◎	◎	×	×	◎	◎	×	×	◎	×	◎	◎	×	×	×	◎	×	×	◎	×	×

백초귀장술 오늘 길흉신궁

오늘 만나면, 협상이 잘되는 띠	개띠, 토끼
오늘 만나면, 협상이 불리한 띠	닭띠, 소띠
오늘 만나면, 이로운 해결신 띠	토끼띠

오늘 행운 복권 운세

오늘 행운 방위	1 순위 - 남동쪽 2 순위 - 서북쪽
오늘 행운 복권방	집에서 남동쪽에 있는 복권방
오늘 행운의 숫자	2 7 11 16 17 26 27 37 40
운이 따르는 복권방이나 지역이름	ㄴ, ㄷ, ㅌ, ㄹ 이 들어가는 지역이름이나 상호, 점포이름
오늘 행운이 따르는 금전운 좋은 시간	오전 09시~ 11시

오늘 재수 좋은 띠	개띠/ 토끼띠 / 양띠
오늘 재수 나쁜 띠	닭띠 / 말띠 / 소띠
당첨운 • 합격운	확률높은 띠: 토끼 / 개띠 확률낮은띠: 쥐 /닭 /말띠
오늘 사면 수익률 높은 우량주 증권	전기전자, 통신사, 화학,정유사, 방송사, 보일러, 관광, 화장품
주식 배팅 좋은 나이	19, 22, 26, 31, 34, 38, 43, 46, 50, 55, 58, 62, 67, 70, 74, 79, 82, 86
주식 배팅 나쁜 나이	20, 23, 28, 32, 35, 40, 44, 47, 52, 56, 59, 64, 68, 71, 76, 80, 83, 88
오늘 복권 사면 좋은 나이	19, 22, 26, 31, 34, 38, 43, 46, 50, 55, 58, 62, 67, 70, 74, 79, 82, 86
오늘 복권 사면 나쁜 나이	20, 23, 28, 32, 35, 40, 44, 47, 52, 56, 59, 64, 68, 71, 76, 80, 83, 88
소개팅 • 맞선 • 데이트 • 친목	좋은 띠 : 토끼띠 / 개띠 나쁜 띠 : 말 / 닭 / 소띠

시간에만나는사람	**巳時**온 사람은 금전문제, 사업문제로 옴	**午時**온 사람은 단단히 꼬여있는 사람, 病	**未時**온 사람은 두 가지 문제 갈등사, 갖고픈 욕구
申時온 사람 뭔가 하고 싶어서 왔다, 의욕과다	**酉時**온 사람은 골치 아픈 일, 죽음, 바람끼	**戌時** 에 온 사람 문서, 화합운, 경조사, 애정 궁합, 애인, 투자	

운세풀이				
	丑띠: 이동수,우왕좌왕, 사고다툼	**辰띠:** 점점 일이 꼬임, 관재구설	**未띠:** 최고운상승세, 두마음	**戌띠:** 만남,결실,화합,문서
	寅띠: 매사불편, 방해자,배신	**巳띠:** 귀인상봉, 금전이득, 현금	**申띠:** 의욕과다, 스트레스큼	**亥띠:** 이동수, 이별수,변동 움직임
	卯띠: 해결신, 시험합격, 풀림	**午띠:** 매사꼬임, 과거고생, 病	**酉띠:** 시급한 일, 뜻대로 안됨	**子띠:** 빈주머니,걱정근심,사기

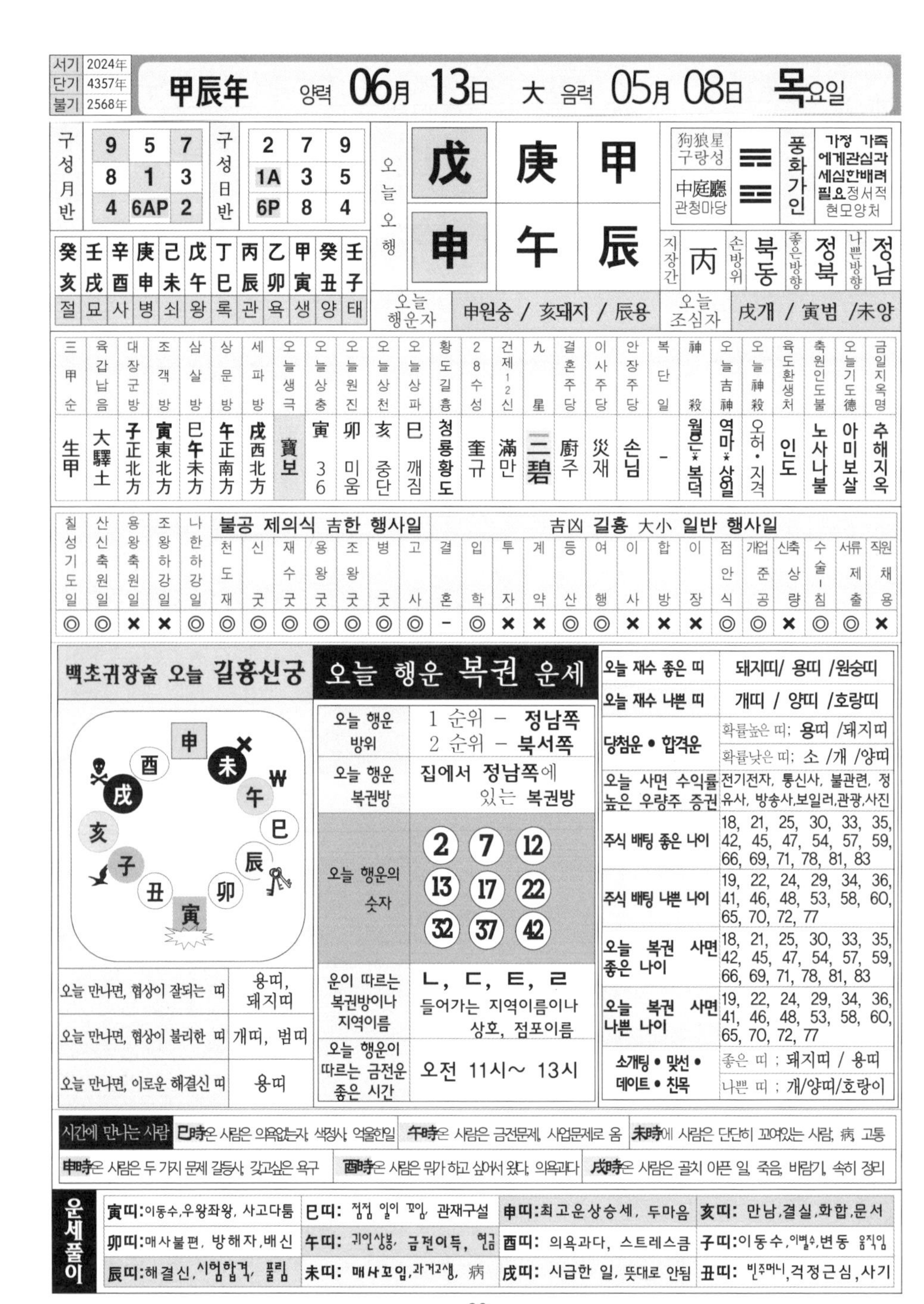

서기	2024年
단기	4357年
불기	2568年

甲辰年 양력 06月 13日 大 음력 05月 08日 목요일

구성月반		
9	5	7
8	1	3
4	6AP	2

구성日반		
2	7	9
1A	3	5
6P	8	4

오늘오행		
戊	庚	甲
申	午	辰

狗狼星 구랑성 / 中庭廳 관청마당 — 풍화가인: 가정 가족에게관심과 세심한배려 필요정서적 현모양처

지장간	손방위	좋은방향	나쁜방향
丙	북동	정북	정남

癸亥	壬戌	辛酉	庚申	己未	戊午	丁巳	丙辰	乙卯	甲寅	癸丑	壬子
절	묘	사	병	쇠	왕	록	관	욕	생	양	태

오늘 행운자: 申원숭 / 亥돼지 / 辰용
오늘 조심자: 戌개 / 寅범 /未양

三甲순	육갑납음	대장군방	조객방	삼살방	상문방	세파방	오늘생극	오늘상충	오늘원진	오늘상천	오늘상파	황도길흉	28수성	건제12신	九星	결혼주당	이사주당	안장주당	복단일	神殺	오늘吉神	오늘神殺	육도환생처	축원인도불	오늘기도德	금일지옥명
生甲	大驛土	子正北方	寅東北方	巳午未方	午正南方	戌西北方	寶보	寅 36	卯 미움	亥 중단	巳 깨짐	청룡황도	奎규	滿만	三碧	廚주	災재	손님	-	월은*복덕	역마*상일	오허·지격	인도	노사나불	아미보살	추해지옥

칠성기도일	산신축원일	용왕축원일	조왕하강일	나한하강일	불공 제의식 吉한 행사일: 천도재	신굿	재수굿	용왕굿	조왕굿	병굿	고사	吉凶 길흉 大小 일반 행사일: 결혼	입학	투자	계약	등산	여행	이사	합방	이장	점안식	개업준공	신축상량	수술-침	서류제출	직원채용
◎	◎	×	×	◎	◎	◎	◎	◎	◎	◎	◎	–	◎	×	×	◎	◎	×	×	×	◎	◎	×	◎	◎	×

백초귀장술 오늘 길흉신궁

申 酉 未 午 ₩ 戌 巳 亥 辰 子 卯 丑 寅

오늘 만나면, 협상이 잘되는 띠	용띠, 돼지띠
오늘 만나면, 협상이 불리한 띠	개띠, 범띠
오늘 만나면, 이로운 해결신 띠	용띠

오늘 행운 복권 운세

오늘 행운 방위	1 순위 – 정남쪽 / 2 순위 – 북서쪽
오늘 행운 복권방	집에서 정남쪽에 있는 복권방
오늘 행운의 숫자	2 7 12 13 17 22 32 37 42
운이 따르는 복권방이나 지역이름	ㄴ, ㄷ, ㅌ, ㄹ 들어가는 지역이름이나 상호, 점포이름
오늘 행운이 따르는 금전운 좋은 시간	오전 11시~ 13시

오늘 재수 좋은 띠	돼지띠/ 용띠 /원숭띠
오늘 재수 나쁜 띠	개띠 / 양띠 /호랑띠
당첨운 • 합격운	확률높은 띠; 용띠 /돼지띠 확률낮은 띠; 소 /개 /양띠
오늘 사면 수익률 높은 우량주 증권	전기전자, 통신사, 불관련, 정유사, 방송사,보일러,관광,사진
주식 배팅 좋은 나이	18, 21, 25, 30, 33, 35, 42, 45, 47, 54, 57, 59, 66, 69, 71, 78, 81, 83
주식 배팅 나쁜 나이	19, 22, 24, 29, 34, 36, 41, 46, 48, 53, 58, 60, 65, 70, 72, 77
오늘 복권 사면 좋은 나이	18, 21, 25, 30, 33, 35, 42, 45, 47, 54, 57, 59, 66, 69, 71, 78, 81, 83
오늘 복권 사면 나쁜 나이	19, 22, 24, 29, 34, 36, 41, 46, 48, 53, 58, 60, 65, 70, 72, 77
소개팅 • 맞선 • 데이트 • 친목	좋은 띠 ; 돼지띠 / 용띠 나쁜 띠 ; 개/양띠/호랑이

시간에 만나는 사람
- 巳時온 사람은 의욕없는자, 색정사, 억울한일
- 午時온 사람은 금전문제, 사업문제로 옴
- 未時에 사람은 단단히 꼬여있는 사람, 病, 고통
- 申時온 사람은 두 가지 문제 갈등사, 갖고싶은 욕구
- 酉時온 사람은 뭔가 하고 싶어서 왔다, 의욕과다
- 戌時온 사람은 골치 아픈 일, 죽음, 바람기, 속히 정리

운세풀이

寅띠:이동수,우왕좌왕, 사고다툼	巳띠: 점점 일이 꼬임, 관재구설	申띠:최고운상승세, 두마음	亥띠: 만남,결실,화합,문서
卯띠:매사불편, 방해자,배신	午띠: 귀인상봉, 금전이득, 현금	酉띠: 의욕과다, 스트레스금	子띠:이동수,이별수,변동 움직임
辰띠:해결신,시험합격, 풀림	未띠: 매사꼬임,과거고생, 病	戌띠: 시급한 일, 뜻대로 안됨	丑띠: 빈주머니,걱정근심,사기

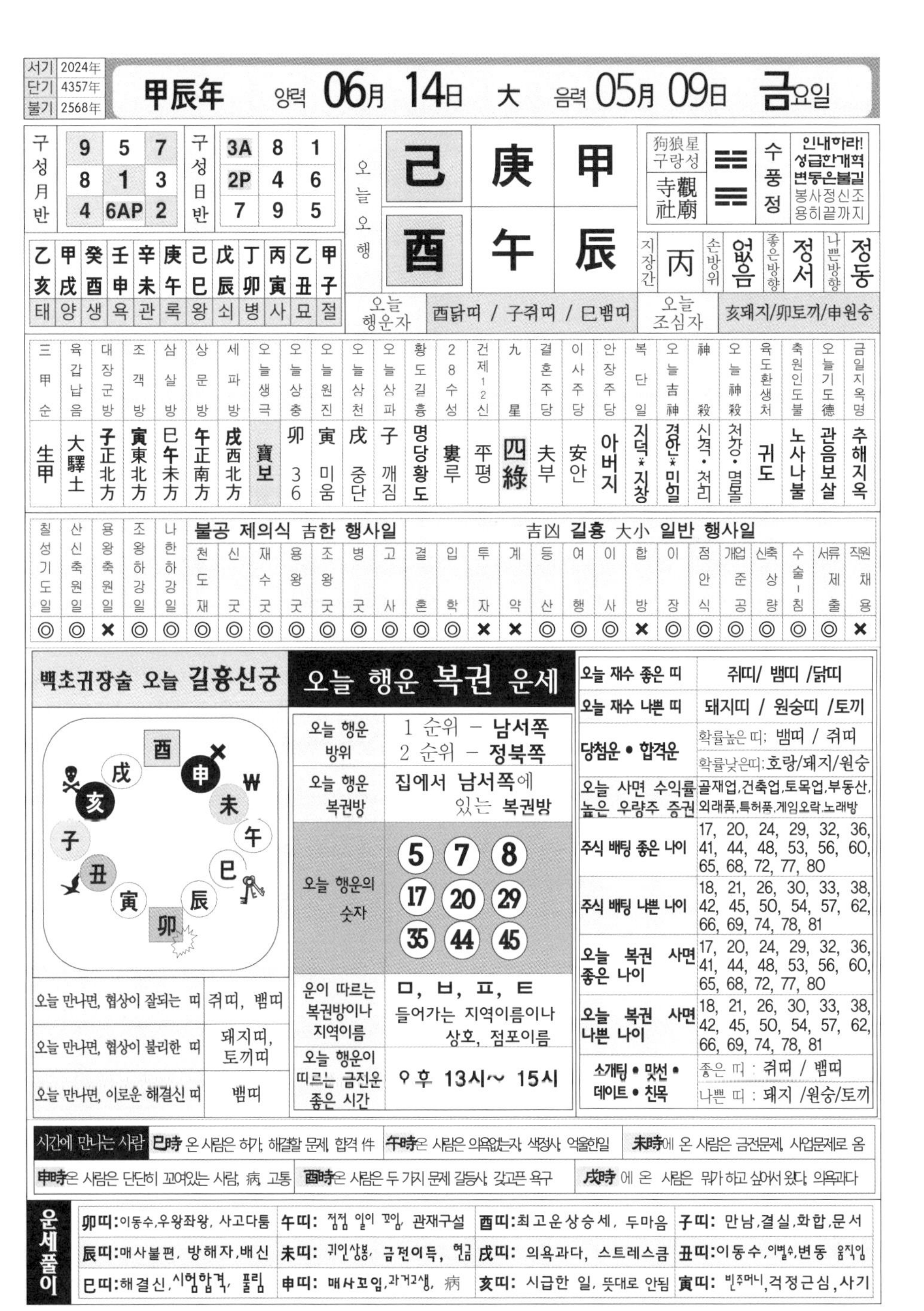

서기	2024年
단기	4357年
불기	2568年

甲辰年 양력 **06月 14日** 大 음력 **05月 09日** **금**요일

구성月반				구성日반			
	9	5	7		3A	8	1
	8	1	3		2P	4	6
	4	6AP	2		7	9	5

오늘오행			
천간	己	庚	甲
지지	酉	午	辰

狗狼星 구랑성: 寺觀祠廟 / 수풍정 / 인내하라! 성급한개혁 변동은불길 봉사정신조용히끝까지

지장간	손방위	좋은방향	나쁜방향
丙	없음	정서	정동

乙亥	甲戌	癸酉	壬申	辛未	庚午	己巳	戊辰	丁卯	丙寅	乙丑	甲子
태	양	생	욕	관	록	왕	쇠	병	사	묘	절

오늘 행운자: 酉닭띠 / 子쥐띠 / 巳뱀띠
오늘 조심자: 亥돼지/卯토끼/申원숭

三甲순	육갑납음	대장군방	조객방	삼살방	상문방	세파방	오늘생극	오늘상충	오늘원진	오늘상천	오늘상파	황도길흉	28수성	건제12신	九星	결혼주당	이사주당	안장주당	복단일	오늘吉神	神殺	오늘神殺	육도환생처	축원인도불	오늘기도德	금일지옥명
生甲	大驛土	子正北方	寅東北方	巳午未方	午正南方	戌西北方	寶보	卯 36	寅 미움	戌 중단	子 깨짐	명당황도	婁루	平평	四綠	夫부	安안	아버지	지덕*지창	경안*민일	시격·천리	천강·멸몰	귀도	노사나불	관음보살	추해지옥

칠성기도일	산신축원일	용왕축원일	조왕하강일	나한하강일	불공 제의식 吉한 행사일: 천도재	신굿	재수굿	용왕굿	조왕굿	병굿	고사	吉凶 길흉 大小 일반 행사일: 결혼	입학	투자	계약	등산	여행	이사	합방	이장	점안식	개업준공	신축상량	수술-침	서류제출	직원채용
◎	◎	×	◎	◎	◎	◎	◎	◎	◎	◎	◎	◎	◎	×	×	◎	◎	◎	×	◎	◎	◎	◎	◎	◎	×

백초귀장술 오늘 길흉신궁

酉 申 未 午 巳 辰 卯 寅 丑 子 亥 戌 ₩

오늘 만나면, 협상이 잘되는 띠	쥐띠, 뱀띠
오늘 만나면, 협상이 불리한 띠	돼지띠, 토끼띠
오늘 만나면, 이로운 해결신 띠	뱀띠

오늘 행운 복권 운세

오늘 행운 방위	1 순위 – 남서쪽 2 순위 – 정북쪽
오늘 행운 복권방	집에서 남서쪽에 있는 복권방
오늘 행운의 숫자	5 7 8 17 20 29 35 44 45
운이 따르는 복권방이나 지역이름	ㅁ, ㅂ, ㅍ, ㅌ 들어가는 지역이름이나 상호, 점포이름
오늘 행운이 따르는 금전운 좋은 시간	오후 13시~ 15시

오늘 재수 좋은 띠	쥐띠/ 뱀띠 /닭띠
오늘 재수 나쁜 띠	돼지띠 / 원숭띠 /토끼
당첨운 • 합격운	확률높은 띠: 뱀띠 / 쥐띠 확률낮은띠: 호랑/돼지/원숭
오늘 사면 수익률 높은 우량주 증권	골재업,건축업,토목업,부동산,외래품,특허품,게임오락,노래방
주식 배팅 좋은 나이	17, 20, 24, 29, 32, 36, 41, 44, 48, 53, 56, 60, 65, 68, 72, 77, 80
주식 배팅 나쁜 나이	18, 21, 26, 30, 33, 38, 42, 45, 50, 54, 57, 62, 66, 69, 74, 78, 81
오늘 복권 사면 좋은 나이	17, 20, 24, 29, 32, 36, 41, 44, 48, 53, 56, 60, 65, 68, 72, 77, 80
오늘 복권 사면 나쁜 나이	18, 21, 26, 30, 33, 38, 42, 45, 50, 54, 57, 62, 66, 69, 74, 78, 81
소개팅 • 맞선 • 데이트 • 친목	좋은 띠 : 쥐띠 / 뱀띠 나쁜 띠 : 돼지 /원숭/토끼

시간에 만나는 사람

- **巳時** 온 사람은 허가, 해결할 문제, 합격 件
- **午時**온 사람은 의욕없는자, 색정사, 억울한일
- **未時**에 온 사람은 금전문제, 사업문제로 옴
- **申時**온 사람은 단단히 꼬여있는 사람, 病, 고통
- **酉時**온 사람은 두 가지 문제 갈등사, 갖고픈 욕구
- **戌時** 에 온 사람은 뭔가 하고 싶어서 왔다, 의욕과다

운세풀이

卯띠: 이동수,우왕좌왕, 사고다툼	**午띠:** 점점 일이 꼬임, 관재구설	**酉띠:** 최고운상승세, 두마음	**子띠:** 만남,결실,화합,문서
辰띠: 매사불편, 방해자,배신	**未띠:** 귀인상봉, 금전이득, 현금	**戌띠:** 의욕과다, 스트레스큼	**丑띠:** 이동수,이별수,변동 움직임
巳띠: 해결신,시험합격, 풀림	**申띠:** 매사꼬임,과거고생, 病	**亥띠:** 시급한 일, 뜻대로 안됨	**寅띠:** 빈주머니,걱정근심,사기

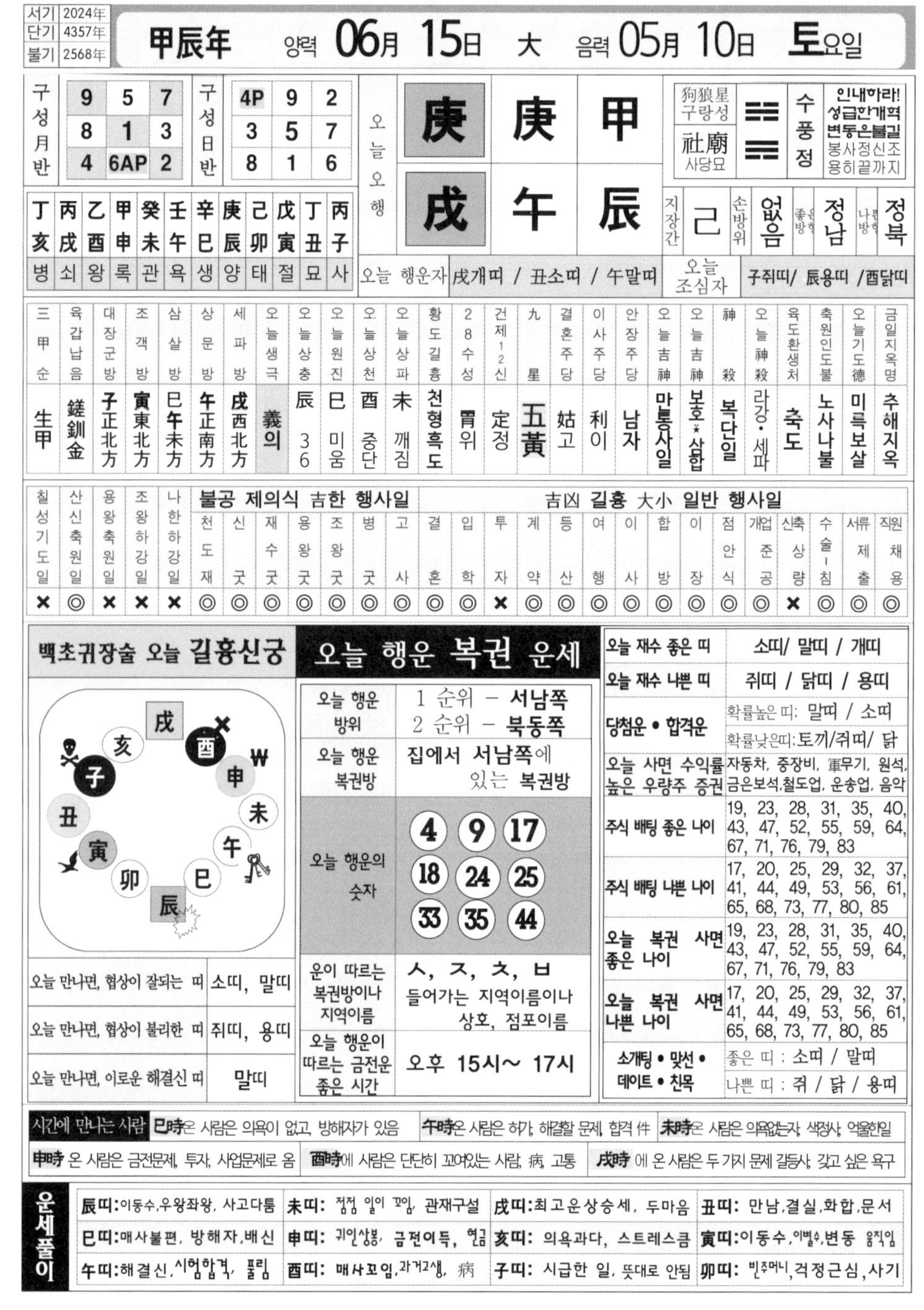

서기	2024年
단기	4357年
불기	2568年

甲辰年 양력 **06月 15日** 大 음력 **05月 10日** **토**요일

구성月반		
9	5	7
8	1	3
4	6AP	2

구성日반		
4P	9	2
3	5	7
8	1	6

오늘오행			
	庚	庚	甲
	戊	午	辰

狗狼星 구랑성 / 社廟 사당묘	☵ ☴	수풍정	인내하라! 성급한개혁 변동은불길 봉사정신조용히끝까지

지장간	己	손방위	없음	좋은방향	정남	나쁜방향	정북

丁亥	丙戌	乙酉	甲申	癸未	壬午	辛巳	庚辰	己卯	戊寅	丁丑	丙子
병	쇠	왕	록	관	욕	생	양	태	절	묘	사

오늘 행운자	戌개띠 / 丑소띠 / 午말띠	오늘 조심자	子쥐띠/ 辰용띠 /酉닭띠

三甲순	육갑납음	대장군방	조객방	삼살방	상문방	세파방	오늘생극	오늘상충	오늘원진	오늘상천	오늘상파	황도길흉	28수성	건제12신	九星	결혼주당	이사주당	안장주당	오늘吉神	오늘吉神	神殺	오늘神殺	육도환생처	축원인도불	오늘기도德	금일지옥명
生甲	鏟釧金	子正北方	寅東北方	巳午未方	午正南方	戌西北方	義의	辰 36	巳 미움	酉 중단	未 깨짐	천형흑도	胃위	定정	五黃	姑고	利이	남자	만통사일	보호*상합	복단일	라강·세파	축도	노사나불	미륵보살	추해지옥

칠성기도일	산신축원일	용왕축원일	조왕하강일	나한하강일	불공 제의식 吉한 행사일							吉凶 길흉 大小 일반 행사일														
					천도재	신굿	재수굿	용왕굿	조왕굿	병굿	고사	결혼	입학	투자	계약	등산	여행	이사	합방	이장	점안식	개업준공	신축상량	수술-침	서류제출	직원채용
×	◎	×	×	×	◎	◎	◎	◎	◎	◎	◎	◎	◎	×	◎	◎	◎	◎	◎	◎	◎	◎	×	◎	◎	◎

백초귀장술 오늘 길흉신궁

오늘 만나면, 협상이 잘되는 띠	소띠, 말띠
오늘 만나면, 협상이 불리한 띠	쥐띠, 용띠
오늘 만나면, 이로운 해결신 띠	말띠

오늘 행운 복권 운세

오늘 행운 방위	1 순위 – 서남쪽 2 순위 – 북동쪽
오늘 행운 복권방	집에서 서남쪽에 있는 복권방
오늘 행운의 숫자	4 9 17 18 24 25 33 35 44
운이 따르는 복권방이나 지역이름	ㅅ, ㅈ, ㅊ, ㅂ 들어가는 지역이름이나 상호, 점포이름
오늘 행운이 따르는 금전운 좋은 시간	오후 15시~ 17시

오늘 재수 좋은 띠	소띠/ 말띠 / 개띠
오늘 재수 나쁜 띠	쥐띠 / 닭띠 / 용띠
당첨운 • 합격운	확률높은 띠: 말띠 / 소띠 확률낮은띠: 토끼/쥐띠/ 닭
오늘 사면 수익률 높은 우량주 증권	자동차, 중장비, 重무기, 원석, 금은보석,철도업, 운송업, 음악
주식 배팅 좋은 나이	19, 23, 28, 31, 35, 40, 43, 47, 52, 55, 59, 64, 67, 71, 76, 79, 83
주식 배팅 나쁜 나이	17, 20, 25, 29, 32, 37, 41, 44, 49, 53, 56, 61, 65, 68, 73, 77, 80, 85
오늘 복권 사면 좋은 나이	19, 23, 28, 31, 35, 40, 43, 47, 52, 55, 59, 64, 67, 71, 76, 79, 83
오늘 복권 사면 나쁜 나이	17, 20, 25, 29, 32, 37, 41, 44, 49, 53, 56, 61, 65, 68, 73, 77, 80, 85
소개팅 • 맞선 • 데이트 • 친목	좋은 띠 : 소띠 / 말띠 나쁜 띠 : 쥐 / 닭 / 용띠

시간에 만나는 사람	巳時은 사람은 의욕이 없고, 방해자가 있음	午時은 사람은 허가, 해결할 문제, 합격 件	未時은 사람은 의욕없는자, 색정사, 억울한일
申時 온 사람은 금전문제, 투자, 사업문제로 옴	酉時에 사람은 단단히 꼬여있는 사람, 病, 고통	戌時 에 온 사람은 두 가지 문제 갈등사, 갖고 싶은 욕구	

운세풀이				
	辰띠:이동수,우왕좌왕, 사고다툼	未띠: 점점 일이 꼬임, 관재구설	戌띠:최고운상승세, 두마음	丑띠: 만남,결실,화합,문서
	巳띠:매사불편, 방해자,배신	申띠: 귀인상봉, 금전이득, 현금	亥띠: 의욕과다, 스트레스큼	寅띠:이동수,이별수,변동 움직임
	午띠:해결신,시험합격, 풀림	酉띠: 매사꼬임,과거고생, 病	子띠: 시급한 일, 뜻대로 안됨	卯띠: 빈주머니,걱정근심,사기

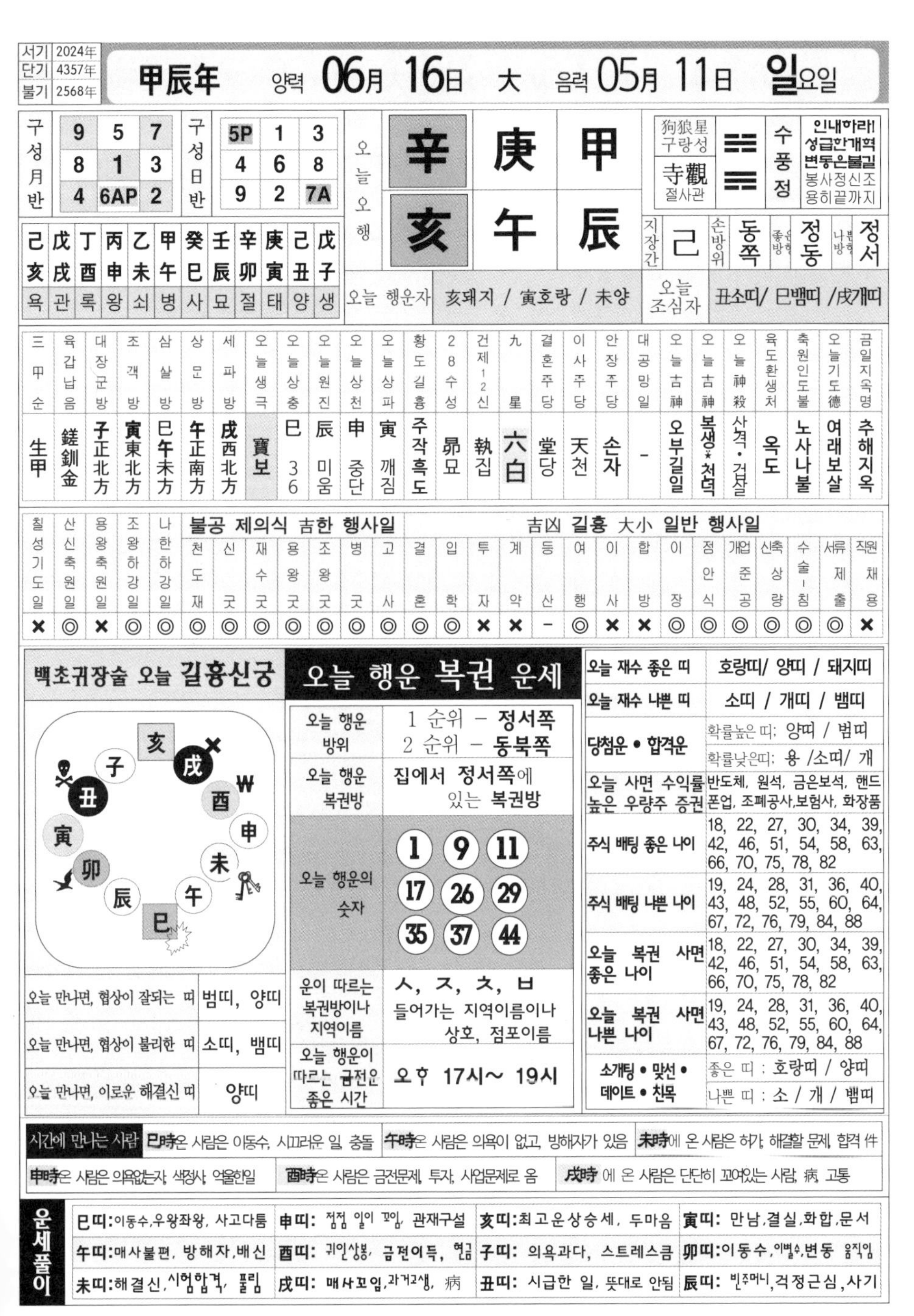

서기	2024年
단기	4357年
불기	2568年

甲辰年 양력 **06月 16日** 大 음력 **05月 11日** **일**요일

구성월반

9	5	7
8	1	3
4	6AP	2

구성일반

5P	1	3
4	6	8
9	2	7A

己亥	戊戌	丁酉	丙申	乙未	甲午	癸巳	壬辰	辛卯	庚寅	己丑	戊子
욕	관	록	왕	쇠	병	사	묘	절	태	양	생

오늘오행

辛	庚	甲
亥	午	辰

狗狼星 구랑성 / 寺觀 절사관 — ䷯ 수풍정 — 인내하라! 성급한개혁 변동은불길 봉사정신조용히끝까지

지장간	손방위	좋은방향	나쁜방향
己	동쪽	정동	정서

오늘 행운자: 亥돼지 / 寅호랑 / 未양

오늘 조심자: 丑소띠/ 巳뱀띠 /戌개띠

三甲순	육갑납음	대장군방	조객방	삼살방	상문방	세파방	오늘생극	오늘상충	오늘원진	오늘상천	오늘상파	황도길흉	28수성	건제12신	九星	결혼주당	이사주당	안장주당	대공망일	오늘吉神	오늘吉神	오늘神殺	육도환생처	축원인도불	오늘기도德	금일지옥명
生甲	鋥釧金	子正北方	寅東北方	巳午未方	午正南方	戌西北方	寶보	巳 36	辰 미움	申 중단	寅 깨짐	주작흑도	昴묘	執집	六白	堂당	天천	손자	-	오부길일	복생*천덕	사격·겁살	옥도	노사나불	여래보살	추해지옥

칠성기도일	산신축원일	용왕축원일	조왕하강일	나한하강일	불공 제의식 吉한 행사일: 천도재	신굿	재수굿	용왕굿	조왕굿	병굿	吉凶 길흉 大小 일반 행사일: 고사	결혼	입학	투자	계약	등산	여행	이사	합방	이장	점안식	개업준공	신축상량	수술-침	서류제출	직원채용
×	◎	×	◎	◎	◎	◎	◎	◎	◎	◎	◎	◎	◎	×	×	-	◎	×	×	◎	◎	◎	◎	◎	◎	×

백초귀장술 오늘 길흉신궁

오늘 만나면, 협상이 잘되는 띠	범띠, 양띠
오늘 만나면, 협상이 불리한 띠	소띠, 뱀띠
오늘 만나면, 이로운 해결신 띠	양띠

오늘 행운 복권 운세

오늘 행운 방위	1 순위 – 정서쪽 2 순위 – 동북쪽
오늘 행운 복권방	집에서 정서쪽에 있는 복권방
오늘 행운의 숫자	1, 9, 11, 17, 26, 29, 35, 37, 44
운이 따르는 복권방이나 지역이름	ㅅ, ㅈ, ㅊ, ㅂ 들어가는 지역이름이나 상호, 점포이름
오늘 행운이 따르는 금전운 좋은 시간	오후 17시~ 19시

오늘 재수 좋은 띠	호랑띠/ 양띠 / 돼지띠
오늘 재수 나쁜 띠	소띠 / 개띠 / 뱀띠
당첨운 • 합격운	확률높은 띠: 양띠 / 범띠 확률낮은띠: 용 /소띠/ 개
오늘 사면 수익률 높은 우량주 증권	반도체, 원석, 금은보석, 핸드폰업, 조폐공사,보험사, 화장품
주식 배팅 좋은 나이	18, 22, 27, 30, 34, 39, 42, 46, 51, 54, 58, 63, 66, 70, 75, 78, 82
주식 배팅 나쁜 나이	19, 24, 28, 31, 36, 40, 43, 48, 52, 55, 60, 64, 67, 72, 76, 79, 84, 88
오늘 복권 사면 좋은 나이	18, 22, 27, 30, 34, 39, 42, 46, 51, 54, 58, 63, 66, 70, 75, 78, 82
오늘 복권 사면 나쁜 나이	19, 24, 28, 31, 36, 40, 43, 48, 52, 55, 60, 64, 67, 72, 76, 79, 84, 88
소개팅 • 맞선 • 데이트 • 친목	좋은 띠 : 호랑띠 / 양띠 나쁜 띠 : 소 / 개 / 뱀띠

시간에 만나는 사람 巳時은 사람은 이동수, 시끄러운 일, 충돌 | 午時은 사람은 의욕이 없고, 방해자가 있음 | 未時에 온 사람은 허가, 해결할 문제, 합격 件

申時은 사람은 의욕없는자, 색정사, 억울한일 | 酉時은 사람은 금전문제, 투자, 사업문제로 옴 | 戌時 에 온 사람은 단단히 꼬여있는 사람, 病, 고통

운세풀이

巳띠: 이동수,우왕좌왕, 사고다툼	申띠: 점점 일이 꼬임, 관재구설	亥띠: 최고운상승세, 두마음	寅띠: 만남,결실,화합,문서
午띠: 매사불편, 방해자,배신	酉띠: 귀인상봉, 금전이득, 현금	子띠: 의욕과다, 스트레스큼	卯띠: 이동수,이별수,변동 움직임
未띠: 해결신,시험합격, 풀림	戌띠: 매사꼬임,과거고생, 病	丑띠: 시급한 일, 뜻대로 안됨	辰띠: 빈주머니,걱정근심,사기

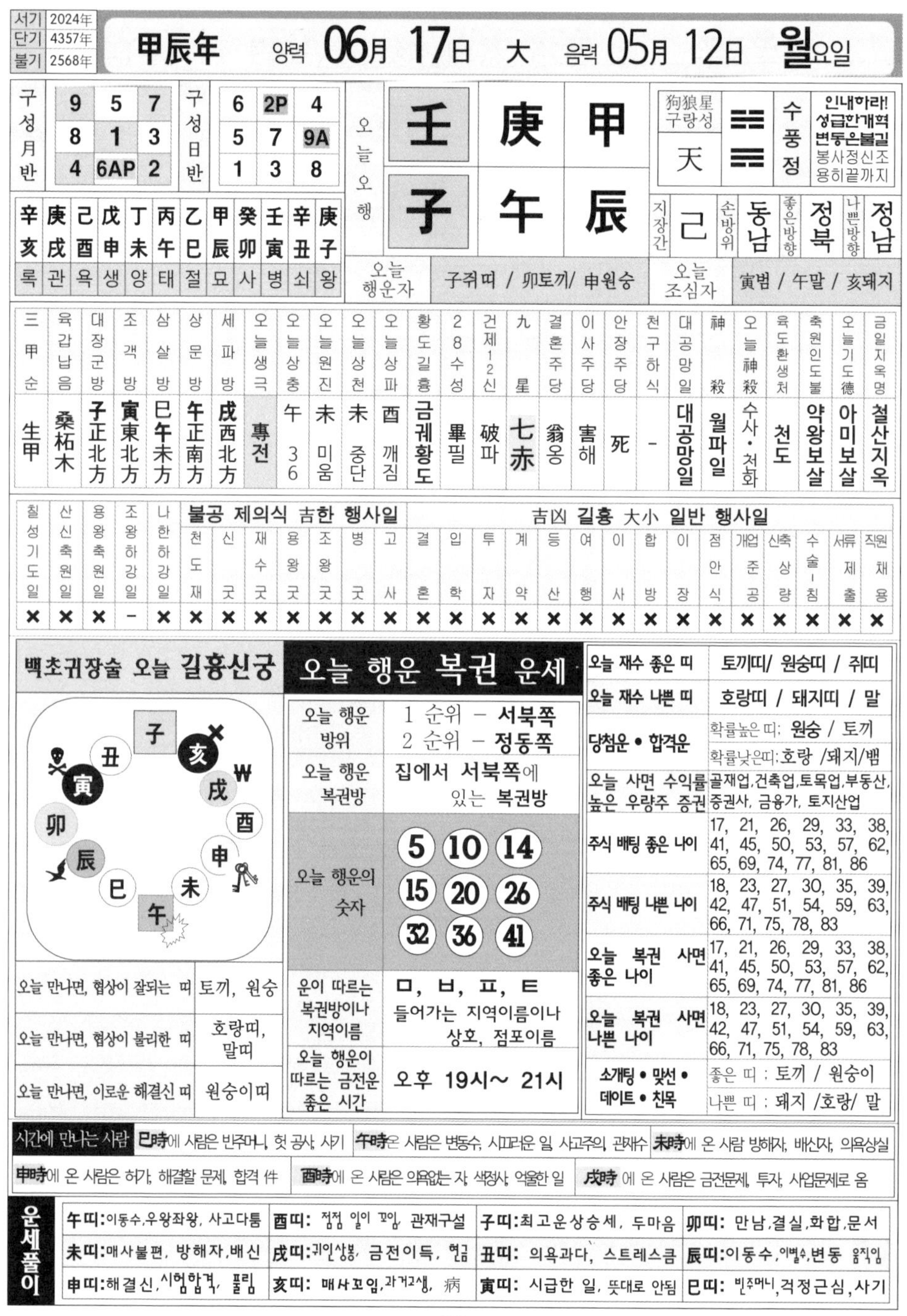

서기	2024年
단기	4357年
불기	2568年

甲辰年 양력 **06月 17日** 大 음력 **05月 12日 월**요일

구성월반			구성일반		
9	5	7	6	2P	4
8	1	3	5	7	9A
4	6AP	2	1	3	8

오늘오행		
壬	庚	甲
子	午	辰

狗狼星 구랑성	天	☵☴	수풍정	인내하라! 성급한개혁 변동은불길 봉사정신조용히끝까지

지장간	손방위	좋은방향	나쁜방향
己	동남	정북	정남

辛亥	庚戌	己酉	戊申	丁未	丙午	乙巳	甲辰	癸卯	壬寅	辛丑	庚子
록	관	욕	생	양	태	절	묘	사	병	쇠	왕

오늘 행운자	子쥐띠 / 卯토끼/ 申원숭	오늘 조심자	寅범 / 午말 / 亥돼지

三甲순	육갑납음	대장군방	조객방	삼살방	상문방	세파방	오늘생극	오늘상충	오늘원진	오늘상천	오늘상파	황도길흉	28수성	건제12신	九星	결혼주당	이사주당	안장주당	천구하식	대공망일	神殺	오늘神殺	육도환생처	축원인도불	오늘기도德	금일지옥명
生甲	桑柘木	子正北方	寅東北方	巳午未方	午正南方	戌西北方	專전	午 36	未 미움	未 중단	酉 깨짐	금궤황도	畢필	破파	七赤	翁옹	害해	死	-	대공망일	월파일	수사·처화	천도	약왕보살	아미보살	철산지옥

칠성기도일	산신축원일	용왕축원일	조왕하강일	나한하강일	불공 제의식 吉한 행사일: 천도재	신굿	재수굿	용왕굿	조왕굿	병굿	고사	吉凶 길흉 大小 일반 행사일: 결혼	입학	투자	계약	등산	여행	이사	합방	이장	점안식	개업준공	신축상량	수술-침	서류제출	직원채용
×	×	×	–	×	×	×	×	×	×	×	×	×	×	×	×	×	×	×	×	×	×	×	×	×	×	×

백초귀장술 오늘 길흉신궁

오늘 만나면, 협상이 잘되는 띠	토끼, 원숭
오늘 만나면, 협상이 불리한 띠	호랑띠, 말띠
오늘 만나면, 이로운 해결신 띠	원숭이띠

오늘 행운 복권 운세

오늘 행운 방위	1 순위 – 서북쪽 2 순위 – 정동쪽
오늘 행운 복권방	집에서 서북쪽에 있는 복권방
오늘 행운의 숫자	5 10 14 15 20 26 32 36 41
운이 따르는 복권방이나 지역이름	ㅁ, ㅂ, ㅍ, ㅌ 들어가는 지역이름이나 상호, 점포이름
오늘 행운이 따르는 금전운 좋은 시간	오후 19시~ 21시

오늘 재수 좋은 띠	토끼띠/ 원숭띠 / 쥐띠
오늘 재수 나쁜 띠	호랑띠 / 돼지띠 / 말
당첨운 • 합격운	확률높은 띠: 원숭 / 토끼 확률낮은띠: 호랑 /돼지/뱀
오늘 사면 수익률 높은 우량주 증권	골재업,건축업,토목업,부동산,증권사, 금융가, 토지산업
주식 배팅 좋은 나이	17, 21, 26, 29, 33, 38, 41, 45, 50, 53, 57, 62, 65, 69, 74, 77, 81, 86
주식 배팅 나쁜 나이	18, 23, 27, 30, 35, 39, 42, 47, 51, 54, 59, 63, 66, 71, 75, 78, 83
오늘 복권 사면 좋은 나이	17, 21, 26, 29, 33, 38, 41, 45, 50, 53, 57, 62, 65, 69, 74, 77, 81, 86
오늘 복권 사면 나쁜 나이	18, 23, 27, 30, 35, 39, 42, 47, 51, 54, 59, 63, 66, 71, 75, 78, 83
소개팅 • 맞선 • 데이트 • 친목	좋은 띠 : 토끼 / 원숭이 나쁜 띠 : 돼지 /호랑/ 말

시간에 만나는 사람 **巳時**에 사람은 빈주머니, 헛 공사, 사기 **午時**은 사람은 변동수, 시끄러운 일, 사고주의, 관재수 **未時**에 온 사람 방해자, 배신자, 의욕상실 **申時**에 온 사람은 허가, 해결할 문제, 합격 件 **酉時**에 온 사람은 의욕없는 자, 색정사, 억울한 일 **戌時** 에 온 사람은 금전문제, 투자, 사업문제로 옴

운세풀이

午띠: 이동수,우왕좌왕, 사고다툼	**酉띠:** 점점 일이 꼬임, 관재구설	**子띠:** 최고운상승세, 두마음	**卯띠:** 만남,결실,화합,문서
未띠: 매사불편, 방해자,배신	**戌띠:** 귀인상봉, 금전이득, 현금	**丑띠:** 의욕과다, 스트레스큼	**辰띠:** 이동수,이별수,변동 움직임
申띠: 해결신,시험합격, 풀림	**亥띠:** 매사꼬임,과거고생, 病	**寅띠:** 시급한 일, 뜻대로 안됨	**巳띠:** 빈주머니,걱정근심,사기

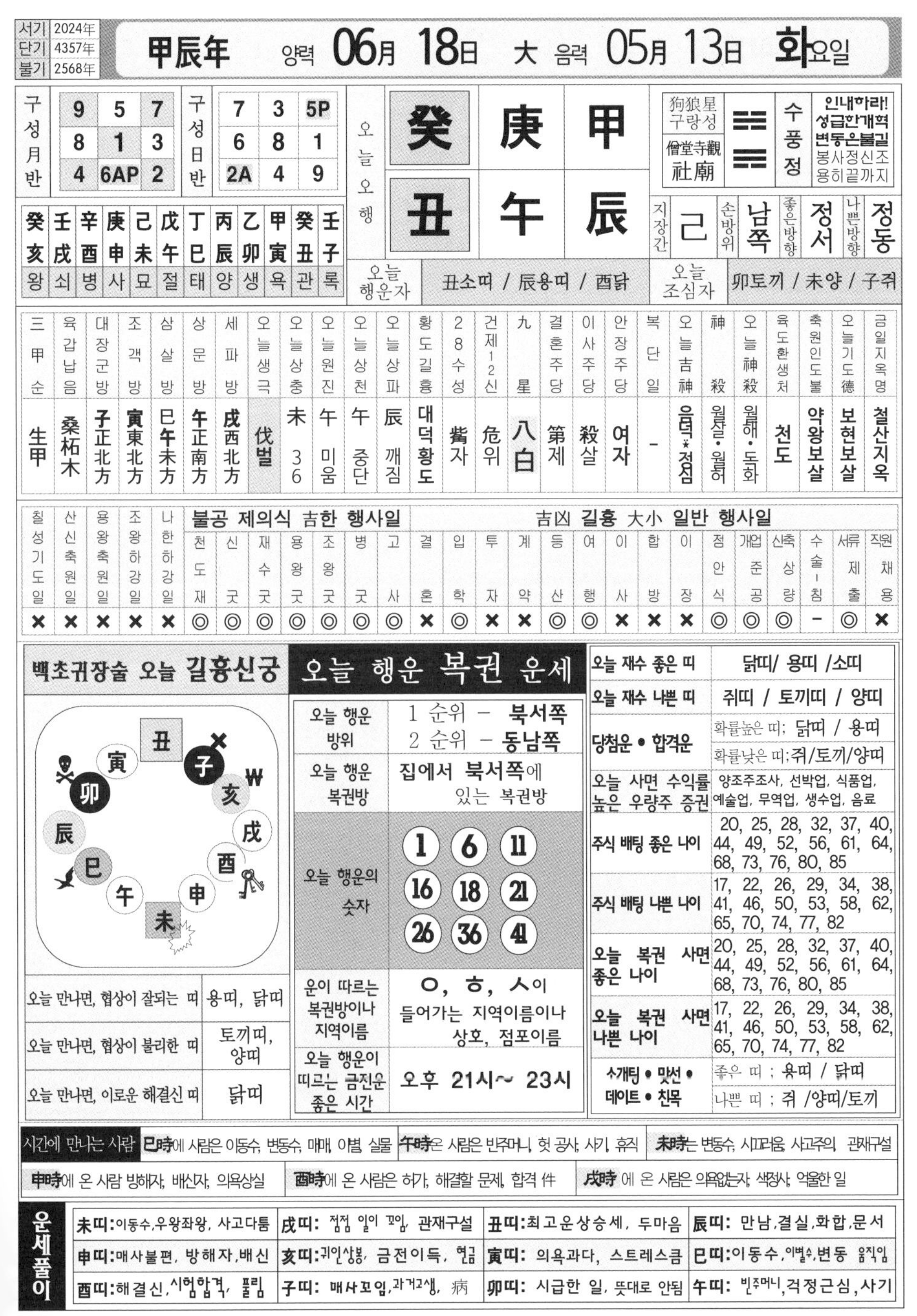

서기	2024年
단기	4357年
불기	2568年

甲辰年 양력 06月 18日 大 음력 05月 13日 화요일

구성月반		
9	5	7
8	1	3
4	6AP	2

구성日반		
7	3	5P
6	8	1
2A	4	9

오늘오행		
癸	庚	甲
丑	午	辰

狗狼星 구랑성	☰☰	수풍정	인내하라! 성급한개혁 변동은불길 봉사정신조 용히끝까지
僧堂寺觀 社廟			

지장간	손방위	좋은방향	나쁜방향
己	남쪽	정서	정동

癸亥	壬戌	辛酉	庚申	己未	戊午	丁巳	丙辰	乙卯	甲寅	癸丑	壬子
왕	쇠	병	사	묘	절	태	양	생	욕	관	록

오늘 행운자	丑소띠 / 辰용띠 / 酉닭	오늘 조심자	卯토끼 / 未양 / 子쥐

三甲순	육갑납음	대장군방	조객방	삼살방	상문방	세파방	오늘생극	오늘상충	오늘원진	오늘상천	오늘상파	황도길흉	28수성	건제12신	九星	결혼주당	이사주당	안장주당	복단일	오늘吉神	神殺	오늘神殺	육도환생처	축원인도불	오늘기도德	금일지옥명
生甲	桑柘木	子正北方	寅東北方	巳午未方	午正南方	戌西北方	伐벌	未 36	午 미움	午 중단	辰 깨짐	대덕황도	觜자	危위	八白	第제	殺살	여자	-	음덕·⭐정심	월살·월허	월해·도화	천도	약왕보살	보현보살	철산지옥

칠성기도일	산신축원일	용왕축원일	조왕하강일	나한하강일	천도재	신굿	재수굿	용왕굿	조왕굿	병굿	고사	결혼	입학	투자	계약	등산	여행	이사	합방	이장	점안식	개업준공	신축상량	수술·침	서류제출	직원채용
					불공 제의식 吉한 행사일							吉凶 길흉 大小 일반 행사일														
×	×	×	×	×	◎	◎	◎	◎	◎	◎	◎	×	◎	×	×	◎	◎	×	×	×	◎	◎	◎	—	◎	×

백초귀장술 오늘 길흉신궁

오늘 만나면, 협상이 잘되는 띠	용띠, 닭띠
오늘 만나면, 협상이 불리한 띠	토끼띠, 양띠
오늘 만나면, 이로운 해결신 띠	닭띠

오늘 행운 복권 운세

오늘 행운 방위	1 순위 – 북서쪽 2 순위 – 동남쪽
오늘 행운 복권방	집에서 북서쪽에 있는 복권방
오늘 행운의 숫자	1, 6, 11, 16, 18, 21, 26, 36, 41
운이 따르는 복권방이나 지역이름	ㅇ, ㅎ, ㅅ이 들어가는 지역이름이나 상호, 점포이름
오늘 행운이 따르는 금전운 좋은 시간	오후 21시~ 23시

오늘 재수 좋은 띠	닭띠/ 용띠 /소띠
오늘 재수 나쁜 띠	쥐띠 / 토끼띠 / 양띠
당첨운 • 합격운	확률높은 띠; 닭띠 / 용띠 확률낮은 띠;쥐/토끼/양띠
오늘 사면 수익률 높은 우량주 증권	양조주조사, 선박업, 식품업, 예술업, 무역업, 생수업, 음료
주식 배팅 좋은 나이	20, 25, 28, 32, 37, 40, 44, 49, 52, 56, 61, 64, 68, 73, 76, 80, 85
주식 배팅 나쁜 나이	17, 22, 26, 29, 34, 38, 41, 46, 50, 53, 58, 62, 65, 70, 74, 77, 82
오늘 복권 사면 좋은 나이	20, 25, 28, 32, 37, 40, 44, 49, 52, 56, 61, 64, 68, 73, 76, 80, 85
오늘 복권 사면 나쁜 나이	17, 22, 26, 29, 34, 38, 41, 46, 50, 53, 58, 62, 65, 70, 74, 77, 82
소개팅 • 맛선 • 데이트 • 친목	좋은 띠 ; 용띠 / 닭띠 나쁜 띠 ; 쥐 /양띠/토끼

시간에 만나는 사람	巳時에 사람은 이동수, 변동수, 매매, 이별, 실물	午時온 사람은 빈주머니, 헛 공사, 사기, 휴직	未時는 변동수, 시끄러움, 사고주의, 관재구설
	申時에 온 사람 방해자, 배신자, 의욕상실	酉時에 온 사람은 허가, 해결할 문제, 합격 件	戌時 에 온 사람은 의욕없는자, 색정사, 억울한 일

운세풀이				
	未띠:이동수,우왕좌왕, 사고다툼	戌띠: 점점 일이 꼬임, 관재구설	丑띠:최고운상승세, 두마음	辰띠: 만남,결실,화합,문서
	申띠:매사불편, 방해자,배신	亥띠:귀인상봉, 금전이득, 현금	寅띠: 의욕과다, 스트레스큼	巳띠:이동수,이별수,변동 움직임
	酉띠:해결신,시험합격, 풀림	子띠: 매사꼬임,과거고생, 病	卯띠: 시급한 일, 뜻대로 안됨	午띠: 빈주머니,걱정근심,사기

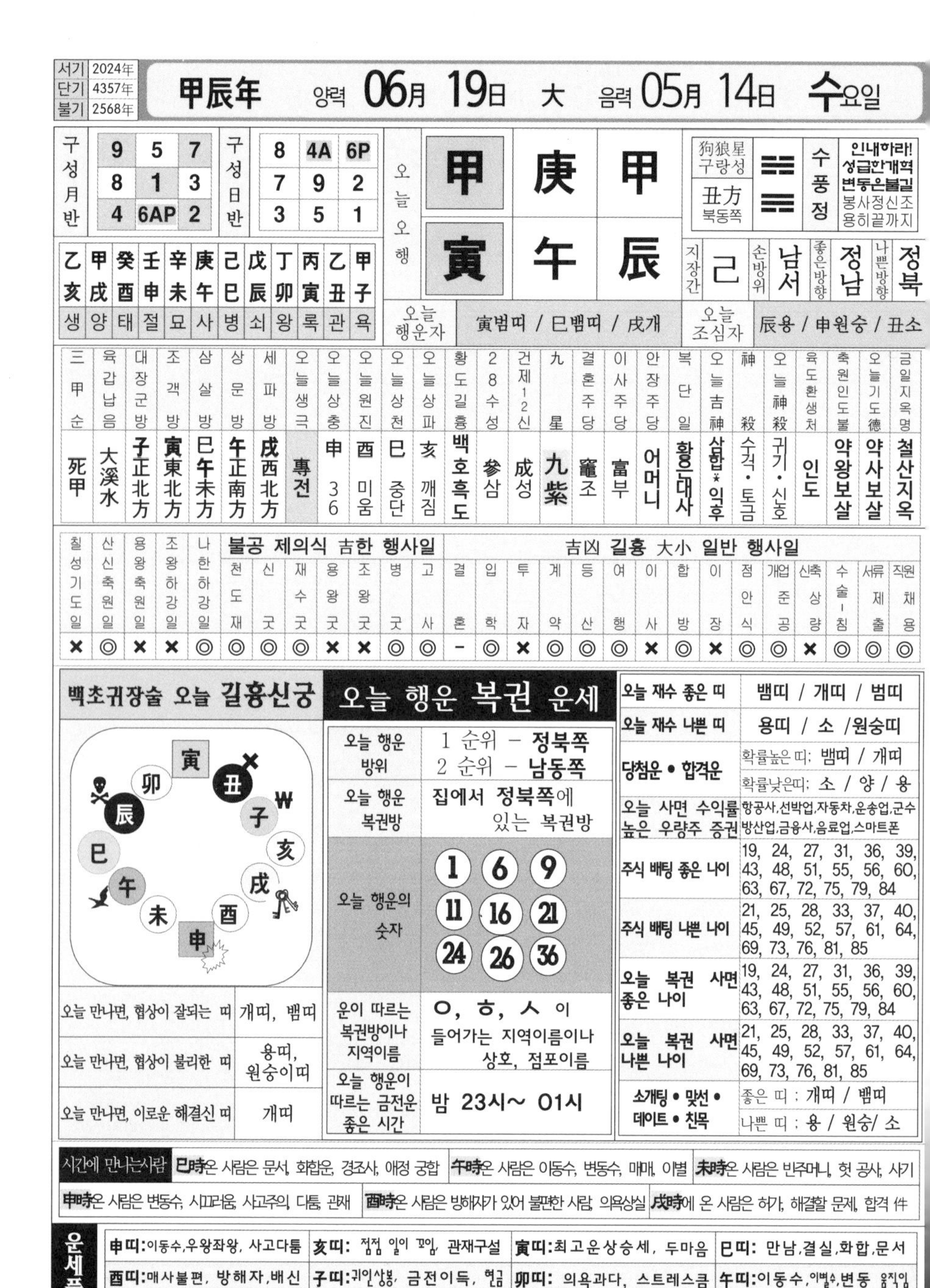

서기	2024年
단기	4357年
불기	2568年

甲辰年 양력 **06月 19日** 大 음력 **05月 14日** **수요일**

구성月반				구성日반			
	9	5	7		8	4A	6P
	8	1	3		7	9	2
	4	6AP	2		3	5	1

오늘오행			
	甲	庚	甲
	寅	午	辰

狗狼星 구랑성	丑方 북동쪽	☲☴	수풍정	인내하라! 성급한개혁 변동은불길 봉사정신조 용히끝까지

지장간	己	손방위	남서	좋은방향	정남	나쁜방향	정북

乙亥	甲戌	癸酉	壬申	辛未	庚午	己巳	戊辰	丁卯	丙寅	乙丑	甲子
생	양	태	절	묘	사	병	쇠	왕	록	관	욕

오늘 행운자	寅범띠 / 巳뱀띠 / 戌개	오늘 조심자	辰용 / 申원숭 / 丑소

三甲순	육갑납음	대장군방	조객방	삼살방	상문방	세파방	오늘생극	오늘상충	오늘원진	오늘상천	오늘상파	황도길흉	28수성	건제12신	九星	결혼주당	이사주당	안장주당	복단일	오늘吉神	神殺	오늘神殺	육도환생처	축원인도불	오늘기도德	금일지옥명
死甲	大溪水	子正北方	寅東北方	巳午未方	午正南方	戌西北方	專전	申 36	酉 미움	巳 중단	亥 깨짐	백호흑도	參삼	成성	九紫	竈조	富부	어머니	황은대사	삼합*익후	수격·토금	귀기·신호	인도	약왕보살	약사보살	철산지옥

칠성기도일	산신축원일	용왕축원일	조왕하강일	나한하강일	불공 제의식 吉한 행사일							吉凶 길흉 大小 일반 행사일														
					천도재	신굿	재수굿	용왕굿	조왕굿	병굿	고사	결혼	입학	투자	계약	등산	여행	이사	합방	이장	점안식	개업준공	신축상량	수술-침	서류제출	직원채용
×	◎	×	×	◎	◎	◎	◎	×	×	◎	◎	–	◎	×	◎	◎	◎	×	◎	×	◎	◎	×	◎	◎	◎

백초귀장술 오늘 길흉신궁

오늘 만나면, 협상이 잘되는 띠	개띠, 뱀띠
오늘 만나면, 협상이 불리한 띠	용띠, 원숭이띠
오늘 만나면, 이로운 해결신 띠	개띠

오늘 행운 복권 운세

오늘 행운 방위	1 순위 – 정북쪽 2 순위 – 남동쪽
오늘 행운 복권방	집에서 정북쪽에 있는 복권방
오늘 행운의 숫자	1 6 9 11 16 21 24 26 36
운이 따르는 복권방이나 지역이름	ㅇ, ㅎ, ㅅ 이 들어가는 지역이름이나 상호, 점포이름
오늘 행운이 따르는 금전운 좋은 시간	밤 23시~ 01시

오늘 재수 좋은 띠	뱀띠 / 개띠 / 범띠
오늘 재수 나쁜 띠	용띠 / 소 /원숭띠
당첨운 • 합격운	확률높은 띠: 뱀띠 / 개띠 확률낮은띠: 소 / 양 / 용
오늘 사면 수익률 높은 우량주 증권	항공사,선박업,자동차,운송업,군수 방산업,금융사,음료업,스마트폰
주식 배팅 좋은 나이	19, 24, 27, 31, 36, 39, 43, 48, 51, 55, 56, 60, 63, 67, 72, 75, 79, 84
주식 배팅 나쁜 나이	21, 25, 28, 33, 37, 40, 45, 49, 52, 57, 61, 64, 69, 73, 76, 81, 85
오늘 복권 사면 좋은 나이	19, 24, 27, 31, 36, 39, 43, 48, 51, 55, 56, 60, 63, 67, 72, 75, 79, 84
오늘 복권 사면 나쁜 나이	21, 25, 28, 33, 37, 40, 45, 49, 52, 57, 61, 64, 69, 73, 76, 81, 85
소개팅 • 맞선 • 데이트 • 친목	좋은 띠 : 개띠 / 뱀띠 나쁜 띠 : 용 / 원숭/ 소

시간에 만나는사람 **巳時**온 사람은 문서, 화합운, 경조사, 애정 궁합 **午時**온 사람은 이동수, 변동수, 매매, 이별 **未時**온 사람은 빈주머니, 헛 공사, 사기 **申時**온 사람은 변동수, 시끄러움, 사고주의, 다툼, 관재 **酉時**온 사람은 방해자가 있어 불편한 사람, 의욕상실 **戌時**에 온 사람은 허가, 해결할 문제, 합격 件

운세풀이

申띠: 이동수,우왕좌왕, 사고다툼	**亥띠:** 점점 일이 꼬임, 관재구설	**寅띠:** 최고운상승세, 두마음	**巳띠:** 만남,결실,화합,문서
酉띠: 매사불편, 방해자,배신	**子띠:** 귀인상봉, 금전이득, 현금	**卯띠:** 의욕과다, 스트레스큼	**午띠:** 이동수,이별수,변동 움직임
戌띠: 해결신,시험합격, 풀림	**丑띠:** 매사꼬임,과거고생, 病	**辰띠:** 시급한 일, 뜻대로 안됨	**未띠:** 빈주머니,걱정근심,사기

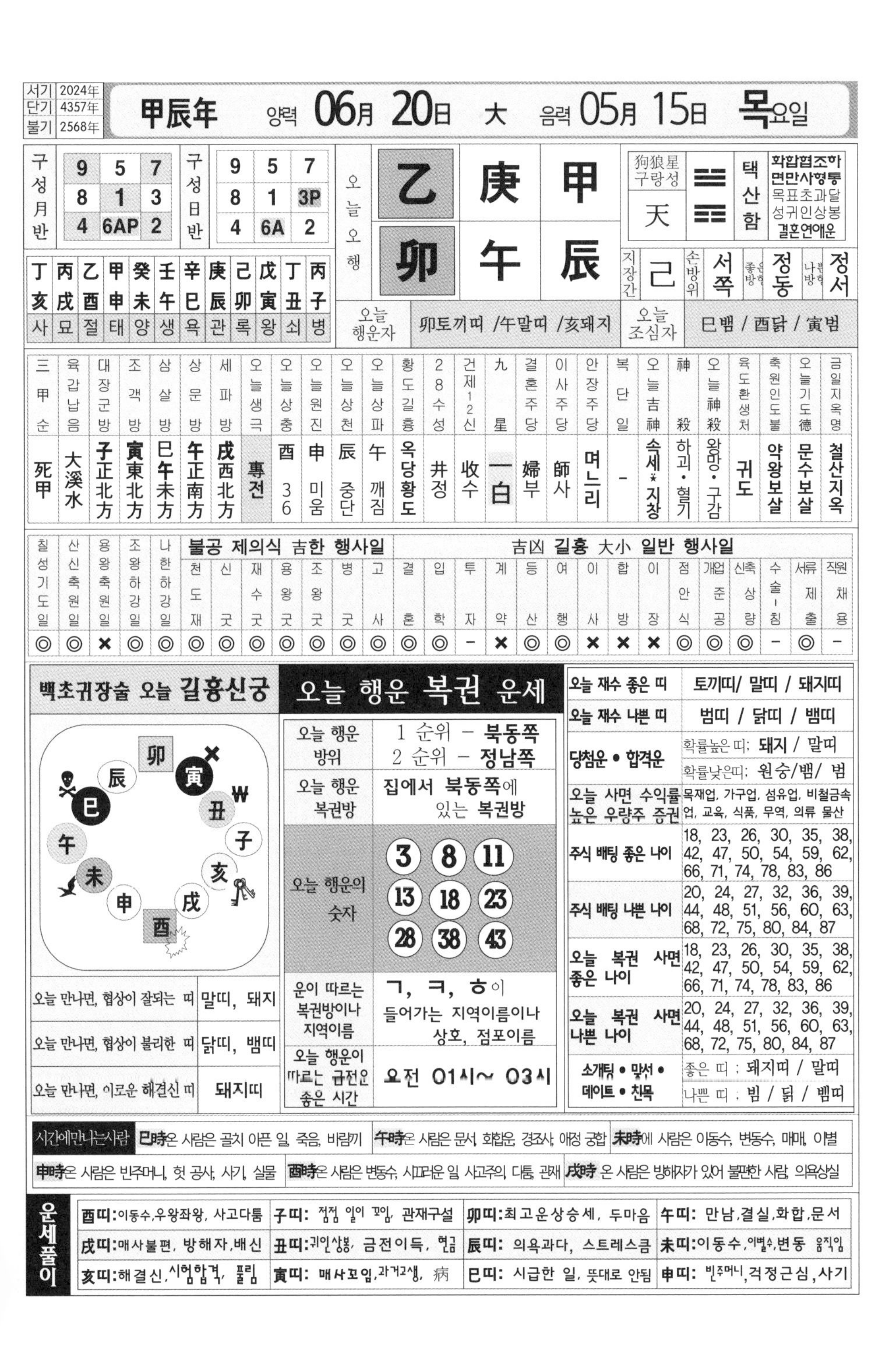

서기	2024年
단기	4357年
불기	2568年

甲辰年 양력 06月 20日 大 음력 05月 15日 목요일

구성月반		
9	5	7
8	1	3
4	6AP	2

구성日반		
9	5	7
8	1	3P
4	6A	2

丁	丙	乙	甲	癸	壬	辛	庚	己	戊	丁	丙
亥	戌	酉	申	未	午	巳	辰	卯	寅	丑	子
사	묘	절	태	양	생	욕	관	록	왕	쇠	병

오늘오행

乙	庚	甲
卯	午	辰

狗狼星 구랑성	☱☶	택산함	화합협조하면만사형통 목표초과달성귀인상봉 결혼연애운
天			

지장간	己	손방위	서쪽	좋은방향	정동	나쁜방향	정서

오늘 행운자	卯토끼띠 /午말띠 /亥돼지	오늘 조심자	巳뱀 / 酉닭 / 寅범

三甲순	육갑납음	대장군방	조객방	삼살방	상문방	세파방	오늘생극	오늘상충	오늘원진	오늘상천	오늘상파	황도길흉	28수성	건제12신	九星	결혼주당	이사주당	안장주당	복단일	오늘吉神	神殺	오늘神殺	육도환생처	축원인도불	오늘기도德	금일지옥명
死甲	大溪水	子正北方	寅東北方	巳午未方	午正南方	戌西北方	專전	酉 36	申 미움	辰 중단	午 깨짐	옥당황도	井정	收수	一白	婦부	師사	며느리	-	속세*지창	하괴·혈기	왕망·구감	귀도	약왕보살	문수보살	철산지옥

칠성기도일	산신축원일	용왕축원일	조왕하강일	나한하강일	불공 제의식 吉한 행사일							吉凶 길흉 大小 일반 행사일														
					천도재	신굿	재수굿	용왕굿	조왕굿	병굿	고사	결혼	입학	투자	계약	등산	여행	이사	합방	이장	점안식	개업준공	신축상량	수술-침	서류제출	직원채용
◎	◎	×	◎	◎	◎	◎	◎	◎	◎	◎	◎	◎	◎	-	×	◎	◎	×	×	×	◎	◎	◎	-	◎	-

백초귀장술 오늘 길흉신궁

卯 寅 丑 子 亥 戌 酉 申 未 午 巳 辰

오늘 만나면, 협상이 잘되는 띠	말띠, 돼지
오늘 만나면, 협상이 불리한 띠	닭띠, 뱀띠
오늘 만나면, 이로운 해결신 띠	돼지띠

오늘 행운 복권 운세

오늘 행운 방위	1 순위 - 북동쪽 2 순위 - 정남쪽
오늘 행운 복권방	집에서 북동쪽에 있는 복권방
오늘 행운의 숫자	3 8 11 13 18 23 28 38 43
운이 따르는 복권방이나 지역이름	ㄱ, ㅋ, ㅎ이 들어가는 지역이름이나 상호, 점포이름
오늘 행운이 따르는 금전운 좋은 시간	오전 01시~ 03시

오늘 재수 좋은 띠	토끼띠/ 말띠 / 돼지띠
오늘 재수 나쁜 띠	범띠 / 닭띠 / 뱀띠
당첨운 • 합격운	확률높은 띠; 돼지 / 말띠 확률낮은띠; 원숭/뱀/ 범
오늘 사면 수익률 높은 우량주 증권	목재업, 가구업, 섬유업, 비철금속업, 교육, 식품, 무역, 의류 물산
주식 배팅 좋은 나이	18, 23, 26, 30, 35, 38, 42, 47, 50, 54, 59, 62, 66, 71, 74, 78, 83, 86
주식 배팅 나쁜 나이	20, 24, 27, 32, 36, 39, 44, 48, 51, 56, 60, 63, 68, 72, 75, 80, 84, 87
오늘 복권 사면 좋은 나이	18, 23, 26, 30, 35, 38, 42, 47, 50, 54, 59, 62, 66, 71, 74, 78, 83, 86
오늘 복권 사면 나쁜 나이	20, 24, 27, 32, 36, 39, 44, 48, 51, 56, 60, 63, 68, 72, 75, 80, 84, 87
소개팅 • 맞선 • 데이트 • 친목	좋은 띠 : 돼지띠 / 말띠 나쁜 띠 : 범 / 닭 / 뱀띠

시간에만나는사람	巳時은 사람은 골치 아픈 일, 죽음, 바람끼	午時은 사람은 문서, 화합운, 경조사, 애정 궁합	未時에 사람은 이동수, 변동수, 매매, 이별
申時은 사람은 빈주머니, 헛 공사, 사기, 실물	酉時은 사람은 변동수, 시끄러운 일, 사고주의, 다툼, 관재	戌時 온 사람은 방해자가 있어 불편한 사람, 의욕상실	

운세풀이				
	酉띠:이동수,우왕좌왕, 사고다툼	子띠: 점점 일이 꼬임, 관재구설	卯띠:최고운상승세, 두마음	午띠: 만남,결실,화합,문서
	戌띠:매사불편, 방해자,배신	丑띠:귀인상봉, 금전이득, 현금	辰띠: 의욕과다, 스트레스큼	未띠:이동수,이별수,변동 움직임
	亥띠:해결신,시험합격, 풀림	寅띠: 매사꼬임,과거고생, 病	巳띠: 시급한 일, 뜻대로 안됨	申띠: 빈주머니,걱정근심,사기

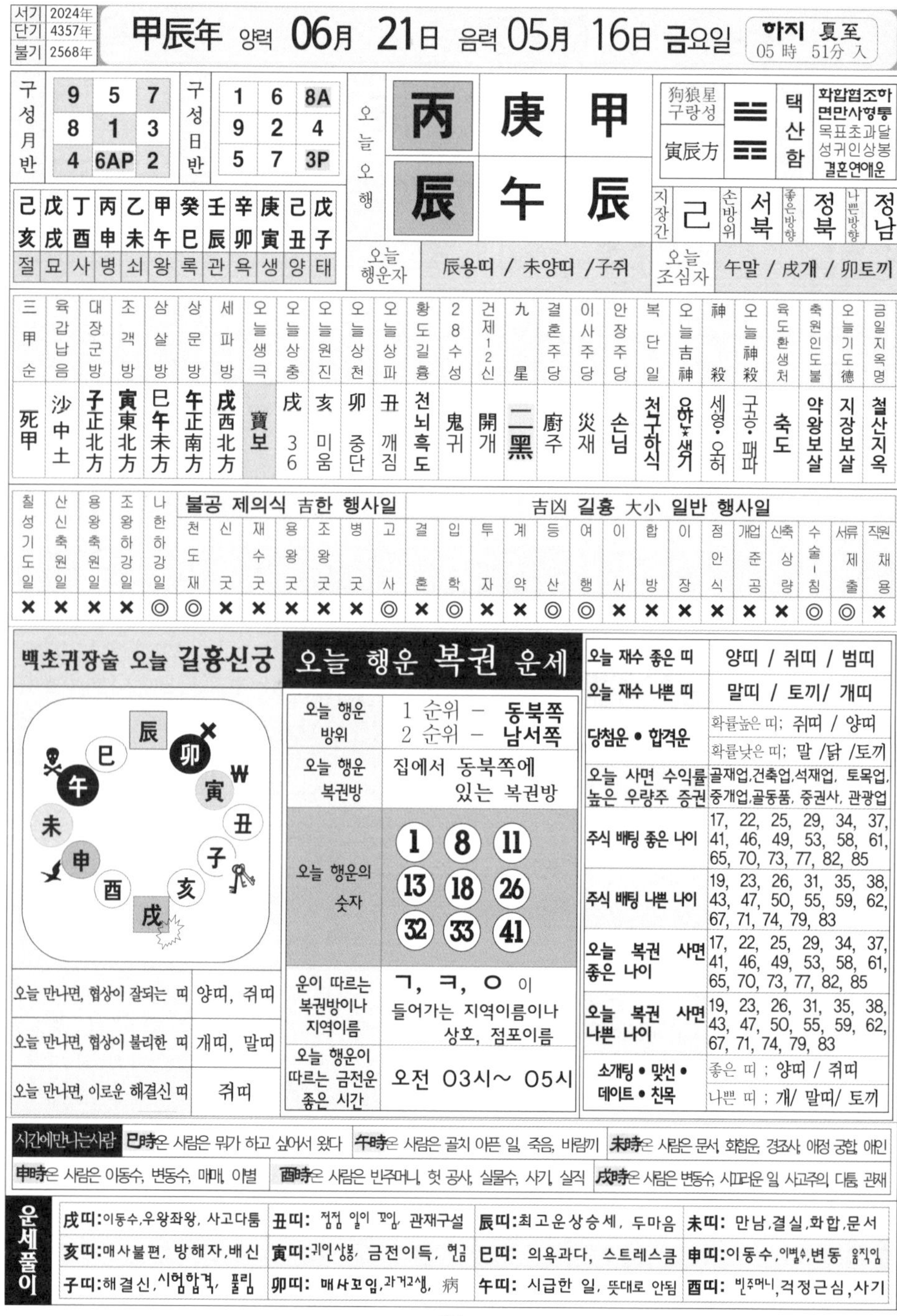

서기	2024年
단기	4357年
불기	2568年

甲辰年 양력 06月 21日 음력 05月 16日 금요일

하지 夏至 05時 51分 入

구성월반			구성일반		
9	5	7	1	6	8A
8	1	3	9	2	4
4	6AP	2	5	7	3P

오늘오행		
丙	庚	甲
辰	午	辰

狗狼星 구랑성	☱☶	택산함	화합협조하 면만사형통 목표초과달 성귀인상봉 결혼연애운
寅辰方			

지장간	손방위	좋은방향	나쁜방향
己	서북	정북	정남

己亥	戊戌	丁酉	丙申	乙未	甲午	癸巳	壬辰	辛卯	庚寅	己丑	戊子
절	묘	사	병	쇠	왕	록	관	욕	생	양	태

오늘 행운자: 辰용띠 / 未양띠 /子쥐

오늘 조심자: 午말 / 戌개 / 卯토끼

三甲순	육갑납음	대장군방	조객방	삼살방	상문방	세파방	오늘생극	오늘상충	오늘원진	오늘상천	오늘상파	황도길흉	28수성	건제12신	九星	결혼주당	이사주당	안장주당	복단일	오늘吉神	神殺	오늘神殺	육도환생처	축원인도불	오늘기도德	금일지옥명
死甲	沙中土	子正北方	寅東北方	巳午未方	午正南方	戌西北方	寶보	戌 36	亥 미움	卯 중단	丑 깨짐	천뇌흑도	鬼귀	開개	二黑	廚주	災재	손님	천구하식	육합★생기	세영·오허	구공·패파	축도	약왕보살	지장보살	철산지옥

칠성기도일	산신축원일	용왕축원일	조왕하강일	나한하강일	불공 제의식 吉한 행사일: 천도재	신굿	재수굿	용왕굿	조왕굿	병굿	고사	吉凶 길흉 大小 일반 행사일: 결혼	입학	투자	계약	등산	여행	이사	합방	이장	점안식	개업준공	신축상량	수술-침	서류제출	직원채용
×	×	×	×	◎	◎	×	×	×	×	×	◎	×	◎	×	×	◎	◎	×	×	×	×	×	×	◎	◎	×

백초귀장술 오늘 길흉신궁

오늘 만나면, 협상이 잘되는 띠	양띠, 쥐띠
오늘 만나면, 협상이 불리한 띠	개띠, 말띠
오늘 만나면, 이로운 해결신 띠	쥐띠

오늘 행운 복권 운세

오늘 행운 방위	1 순위 – 동북쪽 2 순위 – 남서쪽
오늘 행운 복권방	집에서 동북쪽에 있는 복권방
오늘 행운의 숫자	1 8 11 13 18 26 32 33 41
운이 따르는 복권방이나 지역이름	ㄱ, ㅋ, ㅇ 이 들어가는 지역이름이나 상호, 점포이름
오늘 행운이 따르는 금전운 좋은 시간	오전 03시~ 05시

오늘 재수 좋은 띠	양띠 / 쥐띠 / 범띠
오늘 재수 나쁜 띠	말띠 / 토끼/ 개띠
당첨운 • 합격운	확률높은 띠; 쥐띠 / 양띠 확률낮은 띠; 말 /닭 /토끼
오늘 사면 수익률 높은 우량주 증권	골재업,건축업,석재업, 토목업, 중개업,골동품, 증권사, 관광업
주식 배팅 좋은 나이	17, 22, 25, 29, 34, 37, 41, 46, 49, 53, 58, 61, 65, 70, 73, 77, 82, 85
주식 배팅 나쁜 나이	19, 23, 26, 31, 35, 38, 43, 47, 50, 55, 59, 62, 67, 71, 74, 79, 83
오늘 복권 사면 좋은 나이	17, 22, 25, 29, 34, 37, 41, 46, 49, 53, 58, 61, 65, 70, 73, 77, 82, 85
오늘 복권 사면 나쁜 나이	19, 23, 26, 31, 35, 38, 43, 47, 50, 55, 59, 62, 67, 71, 74, 79, 83
소개팅 • 맞선 • 데이트 • 친목	좋은 띠 ; 양띠 / 쥐띠 나쁜 띠 ; 개/ 말띠/ 토끼

시간에만나는사람 **巳時**은 사람은 뭐가 하고 싶어서 왔다 **午時**은 사람은 골치 아픈 일, 죽음, 바람끼 **未時**은 사람은 문서, 화합운, 경조사, 애정 궁합, 애인

申時은 사람은 이동수, 변동수, 매매, 이별 **酉時**은 사람은 빈주머니, 헛 공사, 실물수, 사기, 실직 **戌時**은 사람은 변동수, 시끄러운 일 사고주의 다툼, 관재

운세풀이

戌띠: 이동수,우왕좌왕, 사고다툼	**丑띠:** 점점 일이 꼬임, 관재구설	**辰띠:** 최고운상승세, 두마음	**未띠:** 만남,결실,화합,문서
亥띠: 매사불편, 방해자,배신	**寅띠:** 귀인상봉, 금전이득, 현금	**巳띠:** 의욕과다, 스트레스큼	**申띠:** 이동수,이별수,변동 움직임
子띠: 해결신,시험합격, 풀림	**卯띠:** 매사꼬임,과거고생, 病	**午띠:** 시급한 일, 뜻대로 안됨	**酉띠:** 빈주머니,걱정근심,사기

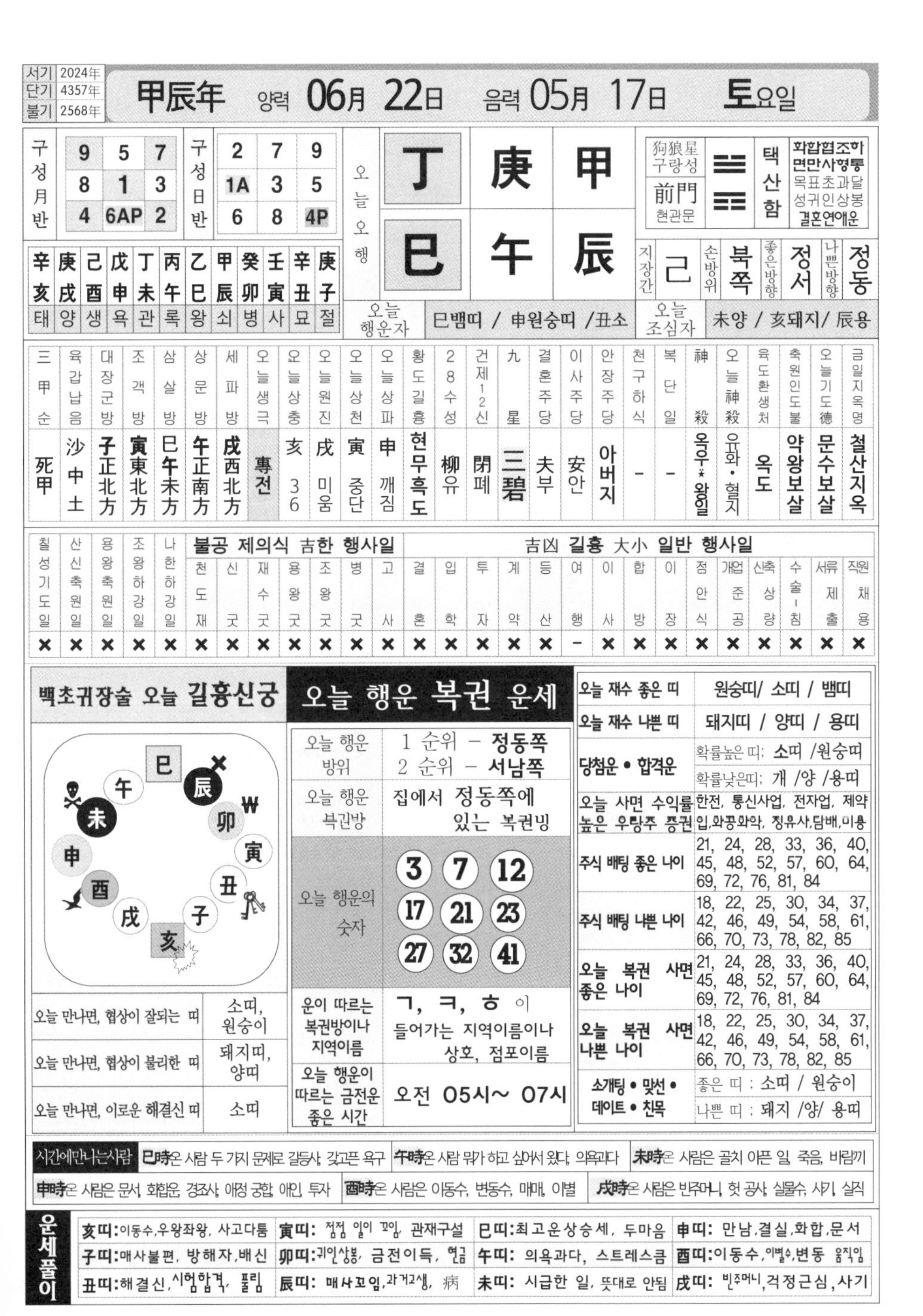

서기	2024年
단기	4357年
불기	2568年

甲辰年 양력 06月 22日 음력 05月 17日 토요일

구성月반

9	5	7
8	1	3
4	6AP	2

구성日반

2	7	9
1A	3	5
6	8	4P

오늘 오행

丁	庚	甲
巳	午	辰

狗狼星 구랑성 / 前門 현관문 / ☱☶ 택산함 / 화합협조하 면만사형통 목표초과달 성귀인상봉 결혼연애운

지장간: 己 / 손방위: 북쪽 / 좋은방향: 정서 / 나쁜방향: 정동

辛亥	庚戌	己酉	戊申	丁未	丙午	乙巳	甲辰	癸卯	壬寅	辛丑	庚子
태	양	생	욕	관	록	왕	쇠	병	사	묘	절

오늘 행운자: 巳뱀띠 / 申원숭띠 /丑소

오늘 조심자: 未양 / 亥돼지/ 辰용

三甲순	육갑납음	대장군방	조객방	삼살방	상문방	세파방	오늘생극	오늘상충	오늘원진	오늘상천	오늘상파	황도길흉	28수성	건제12신	九星	결혼주당	이사주당	안장주당	천구하식	복단일	神殺	오늘神殺	육도환생처	축원인도불	오늘기도德	금일지옥명
死甲	沙中土	子正北方	寅東北方	巳午未方	午正南方	戌西北方	專전	亥 36	戌 미움	寅 중단	申 깨짐	현무흑도	柳유	閉폐	三碧	夫부	安안	아버지	–	–	옥우*왕일	유화·혈지	옥도	약왕보살	문수보살	철산지옥

칠성기도일	산신축원일	용왕축원일	조왕하강일	나한하강일	불공 제의식 吉한 행사일							吉凶 길흉 大小 일반 행사일														
					천도재	신굿	재수굿	용왕굿	조왕굿	병굿	고사	결혼	입학	투자	계약	등산	여행	이사	합방	이장	점안식	개업준공	신축상량	수술-침	서류제출	직원채용
×	×	×	×	×	×	×	×	×	×	×	×	×	×	×	×	×	–	×	×	×	×	×	×	×	×	×

백초귀장술 오늘 길흉신궁

오늘 만나면, 협상이 잘되는 띠	소띠, 원숭이
오늘 만나면, 협상이 불리한 띠	돼지띠, 양띠
오늘 만나면, 이로운 해결신 띠	소띠

오늘 행운 복권 운세

오늘 행운 방위	1 순위 – 정동쪽 2 순위 – 서남쪽
오늘 행운 복권방	집에서 정동쪽에 있는 복권방
오늘 행운의 숫자	3 7 12 17 21 23 27 32 41
운이 따르는 복권방이나 지역이름	ㄱ, ㅋ, ㅎ 이 들어가는 지역이름이나 상호, 점포이름
오늘 행운이 따르는 금전운 좋은 시간	오전 05시~ 07시

오늘 재수 좋은 띠	원숭띠/ 소띠 / 뱀띠
오늘 재수 나쁜 띠	돼지띠 / 양띠 / 용띠
당첨운 • 합격운	확률높은 띠: 소띠 /원숭띠 확률낮은띠: 개 /양 /용띠
오늘 사면 수익률 높은 우량주 증권	한전, 통신사업, 전자업, 제약업,화공화학, 정유사,담배,미용
주식 배팅 좋은 나이	21, 24, 28, 33, 36, 40, 45, 48, 52, 57, 60, 64, 69, 72, 76, 81, 84
주식 배팅 나쁜 나이	18, 22, 25, 30, 34, 37, 42, 46, 49, 54, 58, 61, 66, 70, 73, 78, 82, 85
오늘 복권 사면 좋은 나이	21, 24, 28, 33, 36, 40, 45, 48, 52, 57, 60, 64, 69, 72, 76, 81, 84
오늘 복권 사면 나쁜 나이	18, 22, 25, 30, 34, 37, 42, 46, 49, 54, 58, 61, 66, 70, 73, 78, 82, 85
소개팅 • 맞선 • 데이트 • 친목	좋은 띠 : 소띠 / 원숭이 나쁜 띠 : 돼지 /양/ 용띠

시간에만나는사람 **巳時**온 사람 두 가지 문제로 갈등사, 갖고픈 욕구 **午時**온 사람 뭐가 하고 싶어서 왔다, 의욕과다 **未時**온 사람은 골치 아픈 일, 죽음, 바람끼

申時온 사람은 문서, 화합운, 경조사, 애정 궁합, 애인, 투자 **酉時**온 사람은 이동수, 변동수, 매매, 이별 **戌時**온 사람은 빈주머니, 헛 공사, 실물수, 사기, 실직

운세풀이

亥띠:이동수,우왕좌왕, 사고다툼	寅띠: 점점 일이 꼬임, 관재구설	巳띠:최고운상승세, 두마음	申띠: 만남,결실,화합,문서
子띠:매사불편, 방해자,배신	卯띠:귀인상봉, 금전이득, 현금	午띠: 의욕과다, 스트레스큼	酉띠:이동수,이별수,변동 움직임
丑띠:해결신,시험합격, 풀림	辰띠: 매사꼬임,과거고생, 病	未띠: 시급한 일, 뜻대로 안됨	戌띠: 빈주머니,걱정근심,사기

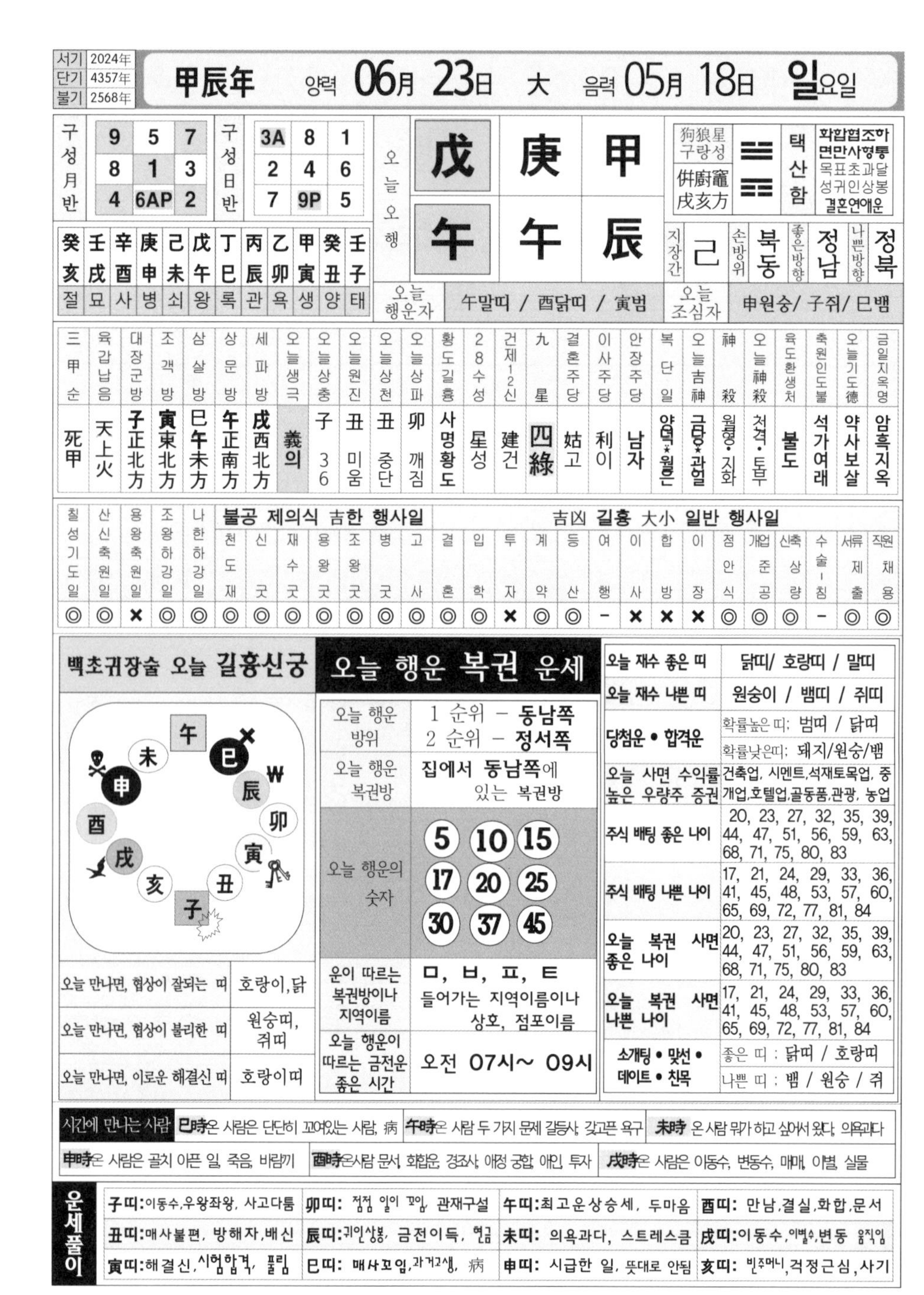

서기	2024年	甲辰年	양력 06月 23日	大	음력 05月 18日	일요일
단기	4357年					
불기	2568年					

구성월반

9	5	7
8	1	3
4	6AP	2

구성일반

3A	8	1
2	4	6
7	9P	5

오늘오행

戊	庚	甲
午	午	辰

狗狼星 구랑성	☰☰	택산함	화합협조하 면만사형통 목표초과달 성귀인상봉 결혼연애운
倂廚竈 戊亥方			

지장간	己	손방위	북동	좋은방향	정남	나쁜방향	정북

癸亥	壬戌	辛酉	庚申	己未	戊午	丁巳	丙辰	乙卯	甲寅	癸丑	壬子
절	묘	사	병	쇠	왕	록	관	욕	생	양	태

오늘 행운자	午말띠 / 酉닭띠 / 寅범	오늘 조심자	申원숭/ 子쥐/ 巳뱀

三甲순	육갑납음	대장군방	조객방	삼살방	상문방	세파방	오늘생극	오늘상충	오늘원진	오늘상천	오늘상파	황도길흉	28수성	건제12신	九星	결혼주당	이사주당	안장주당	복단일	오늘吉神	神殺	오늘神殺	육도환생처	축원인도불	오늘기도德	금일지옥명
死甲	天上火	子正北方	寅東北方	巳午未方	午正南方	戌西北方	義의	子 36	丑 미움	丑 중단	卯 깨짐	사명황도	星성	建건	四綠	姑고	利이	남자	양덕*월은	금당*관일	월형·지화	천격·토부	불도	석가여래	약사보살	암흑지옥

칠성기도일	산신축원일	용왕축원일	조왕하강일	나한하강일	천도재	신굿	재수굿	용왕굿	조왕굿	병굿	고사	결혼	입학	투자	계약	등산	여행	이사	합방	이장	점안식	개업준공	신축상량	수술-침	서류제출	직원채용
					불공 제의식 吉한 행사일							吉凶 길흉 大小 일반 행사일														
◎	◎	×	◎	◎	◎	◎	◎	◎	◎	◎	◎	◎	◎	×	◎	◎	-	×	×	×	◎	◎	◎	-	◎	◎

백초귀장술 오늘 길흉신궁

오늘 만나면, 협상이 잘되는 띠	호랑이,닭
오늘 만나면, 협상이 불리한 띠	원숭띠, 쥐띠
오늘 만나면, 이로운 해결신 띠	호랑이띠

오늘 행운 복권 운세

오늘 행운 방위	1 순위 – 동남쪽 2 순위 – 정서쪽
오늘 행운 복권방	집에서 동남쪽에 있는 복권방
오늘 행운의 숫자	5 10 15 17 20 25 30 37 45
운이 따르는 복권방이나 지역이름	ㅁ, ㅂ, ㅍ, ㅌ 들어가는 지역이름이나 상호, 점포이름
오늘 행운이 따르는 금전운 좋은 시간	오전 07시~ 09시

오늘 재수 좋은 띠	닭띠/ 호랑띠 / 말띠
오늘 재수 나쁜 띠	원숭이 / 뱀띠 / 쥐띠
당첨운 • 합격운	확률높은 띠: 범띠 / 닭띠 확률낮은띠: 돼지/원숭/뱀
오늘 사면 수익률 높은 우량주 증권	건축업, 시멘트,석재토목업, 중개업,호텔업,골동품,관광, 농업
주식 배팅 좋은 나이	20, 23, 27, 32, 35, 39, 44, 47, 51, 56, 59, 63, 68, 71, 75, 80, 83
주식 배팅 나쁜 나이	17, 21, 24, 29, 33, 36, 41, 45, 48, 53, 57, 60, 65, 69, 72, 77, 81, 84
오늘 복권 사면 좋은 나이	20, 23, 27, 32, 35, 39, 44, 47, 51, 56, 59, 63, 68, 71, 75, 80, 83
오늘 복권 사면 나쁜 나이	17, 21, 24, 29, 33, 36, 41, 45, 48, 53, 57, 60, 65, 69, 72, 77, 81, 84
소개팅 • 맞선 • 데이트 • 친목	좋은 띠 : 닭띠 / 호랑띠 나쁜 띠 : 뱀 / 원숭 / 쥐

시간에 만나는 사람	巳時은 사람은 단단히 꼬여있는 사람, 病	午時은 사람 두 가지 문제 갈등사, 갖고픈 욕구	未時 온 사람 뭔가 하고 싶어서 왔다, 의욕과다
	申時은 사람은 골치 아픈 일, 죽음, 바람끼	酉時은사람 문서, 화합운, 경조사, 애정 궁합, 애인, 투자	戌時은 사람은 이동수, 변동수, 매매, 이별, 실물

운세풀이			
子띠:이동수,우왕좌왕, 사고다툼	卯띠: 점점 일이 꼬임, 관재구설	午띠:최고운상승세, 두마음	酉띠: 만남,결실,화합,문서
丑띠:매사불편, 방해자,배신	辰띠:귀인상봉, 금전이득, 현금	未띠: 의욕과다, 스트레스큼	戌띠:이동수,이별수,변동 움직임
寅띠:해결신,시험합격, 풀림	巳띠: 매사꼬임,과거고생, 病	申띠: 시급한 일, 뜻대로 안됨	亥띠: 빈주머니,걱정근심,사기

서기	2024年
단기	4357年
불기	2568年

甲辰年 양력 06月 24日 大 음력 05月 19日 월요일

구성月반		
9	5	7
8	1	3
4	6AP	2

구성日반		
4	9	2
3	5	7
8P	1	6

乙亥	甲戌	癸酉	壬申	辛未	庚午	己巳	戊辰	丁卯	丙寅	乙丑	甲子
태	양	생	욕	관	록	왕	쇠	병	사	묘	절

오늘 오행: 己 庚 甲 / 未 午 辰

狗狼星 구랑성	井 물가	택산함	화합협조하 면만사형통 목표초과달 성귀인상봉 결혼연애운

지장간	己	손방위	없음	좋은방향	정동	나쁜방향	정서

오늘 행운자	未양띠 / 戌개띠 / 卯토끼	오늘 조심자	酉닭 / 丑소/ 午말

三甲순	육갑납음	대장군방	조객방	삼살방	상문방	세파방	오늘생극	오늘상충	오늘원진	오늘상천	오늘상파	황도길흉	28수성	건제12신	九星	결혼주당	이사주당	안장주당	복단일	오늘吉神	오늘吉神	오늘神殺	육도환생처	축원인도불	오늘기도德	금일지옥명
死甲	天上火	子正北方	寅東北方	巳午未方	午正南方	戌西北方	專전	丑 36	子 미움	子 중단	戌 깨짐	구진흑도	張장	除제	五黃	堂당	天천	손자	복단일	육합*수일	길기*병보	구천주작	불도	석가여래	대세지보살	암흑지옥

칠성기도일	산신축원일	용왕축원일	조왕하강일	나한하강일	불공 제의식 吉한 행사일: 천도재	신굿	재수굿	용왕굿	조왕굿	병굿	고사	吉凶 길흉 大小 일반 행사일: 결혼	입학	투자	계약	등산	여행	이사	합방	이장	점안식	개업준공	신축상량	수술-침	서류제출	직원채용
◎	◎	×	×	◎	◎	◎	◎	×	×	◎	◎	◎	◎	◎	◎	◎	◎	◎	×	◎	◎	◎	×	◎	◎	-

백초귀장술 오늘 길흉신궁

未 午 巳 辰 卯 寅 丑 子 亥 戌 酉 申

오늘 만나면, 협상이 잘되는 띠	개띠, 토끼
오늘 만나면, 협상이 불리한 띠	닭띠, 소띠
오늘 만나면, 이로운 해결신 띠	토끼띠

오늘 행운 복권 운세

오늘 행운 방위	1 순위 - 남동쪽 2 순위 - 서북쪽
오늘 행운 복권방	집에서 남동쪽에 있는 복권방
오늘 행운의 숫자	2, 7, 11, 16, 17, 26, 27, 37, 40
운이 따르는 복권방이나 지역이름	ㄴ, ㄷ, ㅌ, ㄹ 이 들어가는 지역이름이나 상호, 점포이름
오늘 행운이 따르는 금전운 좋은 시간	오전 09시~ 11시

오늘 재수 좋은 띠	개띠/ 토끼띠 / 양띠
오늘 재수 나쁜 띠	닭띠 / 말띠 / 소띠
당첨운 • 합격운	확률높은 띠: 토끼 / 개띠 확률낮은띠: 쥐 /닭 /말띠
오늘 사면 수익률 높은 우량주 증권	전기전자, 통신사, 화학,정유사, 방송사, 보일러, 관광, 화장품
주식 배팅 좋은 나이	19, 22, 26, 31, 34, 38, 43, 46, 50, 55, 58, 62, 67, 70, 74, 79, 82, 86
주식 배팅 나쁜 나이	20, 23, 28, 32, 35, 40, 44, 47, 52, 56, 59, 64, 68, 71, 76, 80, 83, 88
오늘 복권 사면 좋은 나이	19, 22, 26, 31, 34, 38, 43, 46, 50, 55, 58, 62, 67, 70, 74, 79, 82, 86
오늘 복권 사면 나쁜 나이	20, 23, 28, 32, 35, 40, 44, 47, 52, 56, 59, 64, 68, 71, 76, 80, 83, 88
소개팅 • 맞선 • 데이트 • 친목	좋은 띠 : 토끼띠 / 개띠 나쁜 띠 : 말 / 닭 / 소띠

시간에만나는사람

- 巳時온 사람은 금전문제, 사업문제로 옴
- 午時온 사람은 단단히 꼬여있는 사람, 病
- 未時온 사람은 두 가지 문제 갈등사, 갖고픈 욕구
- 申時온 사람 뭐가 하고 싶어서 왔다, 의욕과다
- 酉時온 사람은 골치 아픈 일, 죽음, 바람끼
- 戌時 에 온 사람 문서, 회합운, 경조사, 애정 궁합, 애인, 투자

운세풀이

丑띠:이동수,우왕좌왕, 사고다툼	辰띠: 점점 일이 꼬임, 관재구설	未띠:최고운상승세, 두마음	戌띠: 만남,결실,화합,문서
寅띠:매사불편, 방해자,배신	巳띠:귀인상봉, 금전이득, 현금	申띠: 의욕과다, 스트레스큼	亥띠:이동수,이별수,변동 움직임
卯띠:해결신,시험합격, 풀림	午띠: 매사꼬임,과거고생, 病	酉띠: 시급한 일, 뜻대로 안됨	子띠: 빈주머니,걱정근심,사기

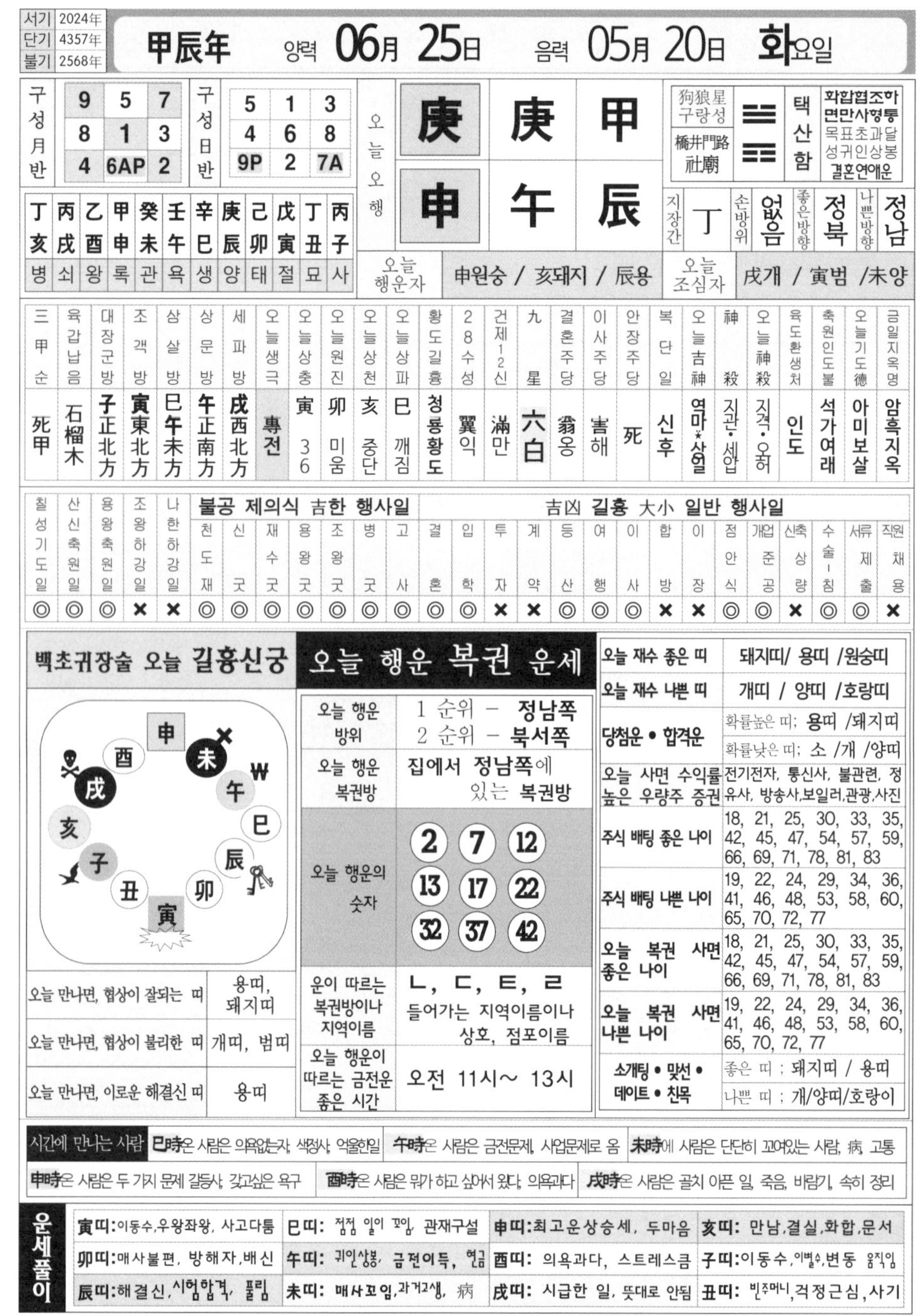

서기	2024年
단기	4357年
불기	2568年

甲辰年 양력 **06月 25日** 음력 **05月 20日** **화**요일

구성월반		
9	5	7
8	1	3
4	6AP	2

구성일반		
5	1	3
4	6	8
9P	2	7A

丁亥	丙戌	乙酉	甲申	癸未	壬午	辛巳	庚辰	己卯	戊寅	丁丑	丙子
병	쇠	왕	록	관	욕	생	양	태	절	묘	사

오늘오행			
	庚	庚	甲
	申	午	辰

狗狼星 구랑성	橋井門路 祉廟	택산함	화합협조하면만사형통 목표초과달성귀인상봉 결혼연애운

지장간	손방위	좋은방향	나쁜방향
丁	없음	정북	정남

오늘 행운자	申원숭 / 亥돼지 / 辰용	오늘 조심자	戌개 / 寅범 /未양

三甲순	육갑납음	대장군방	조객방	삼살방	상문방	세파방	오늘생극	오늘상충	오늘원진	오늘상천	오늘상파	황도길흉	28수성	건제12신	九星	결혼주당	이사주당	안장주당	복단일	오늘吉神	神殺	오늘神殺	육도환생처	축원인도불	오늘기도德	금일지옥명
死甲	石榴木	子正北方	寅東北方	巳午未方	午正南方	戌西北方	專전	寅 36	卯 미움	亥 중단	巳 깨짐	청룡황도	翼익	滿만	六白	翁옹	害해	死	신후	역마*상일	지관·세압	지격·오허	인도	석가여래	아미보살	암흑지옥

칠성기도일	산신축원일	용왕축원일	조왕하강일	나한하강일	불공 제의식 吉한 행사일							吉凶 길흉 大小 일반 행사일														
					천도재	신굿	재수굿	용왕굿	조왕굿	병굿	고사	결혼	입학	투자	계약	등산	여행	이사	합방	이장	점안식	개업준공	신축상량	수술-침	서류제출	직원채용
◎	◎	◎	×	×	◎	◎	◎	◎	◎	◎	◎	◎	◎	×	×	◎	◎	◎	×	×	◎	◎	×	◎	◎	×

백초귀장술 오늘 길흉신궁

오늘 만나면, 협상이 잘되는 띠	용띠, 돼지띠
오늘 만나면, 협상이 불리한 띠	개띠, 범띠
오늘 만나면, 이로운 해결신 띠	용띠

오늘 행운 복권 운세

오늘 행운 방위	1 순위 - 정남쪽 2 순위 - 북서쪽
오늘 행운 복권방	집에서 정남쪽에 있는 복권방
오늘 행운의 숫자	2, 7, 12, 13, 17, 22, 32, 37, 42
운이 따르는 복권방이나 지역이름	ㄴ, ㄷ, ㅌ, ㄹ 들어가는 지역이름이나 상호, 점포이름
오늘 행운이 따르는 금전운 좋은 시간	오전 11시~ 13시

오늘 재수 좋은 띠	돼지띠/ 용띠 /원숭띠
오늘 재수 나쁜 띠	개띠 / 양띠 /호랑띠
당첨운 • 합격운	확률높은 띠; 용띠 /돼지띠 확률낮은 띠; 소 /개 /양띠
오늘 사면 수익률 높은 우량주 증권	전기전자, 통신사, 불관련, 정유사, 방송사,보일러,관광,사진
주식 배팅 좋은 나이	18, 21, 25, 30, 33, 35, 42, 45, 47, 54, 57, 59, 66, 69, 71, 78, 81, 83
주식 배팅 나쁜 나이	19, 22, 24, 29, 34, 36, 41, 46, 48, 53, 58, 60, 65, 70, 72, 77
오늘 복권 사면 좋은 나이	18, 21, 25, 30, 33, 35, 42, 45, 47, 54, 57, 59, 66, 69, 71, 78, 81, 83
오늘 복권 사면 나쁜 나이	19, 22, 24, 29, 34, 36, 41, 46, 48, 53, 58, 60, 65, 70, 72, 77
소개팅 • 맞선 • 데이트 • 친목	좋은 띠 ; 돼지띠 / 용띠 나쁜 띠 ; 개/양띠/호랑이

시간에 만나는 사람 **巳時**은 사람은 의욕없는자, 색정사, 억울한일 **午時**은 사람은 금전문제, 사업문제로 옴 **未時**에 사람은 단단히 꼬여있는 사람, 病, 고통 **申時**은 사람은 두 가지 문제 갈등사, 갖고싶은 욕구 **酉時**은 사람은 뭔가 하고 싶어서 왔다, 의욕과다 **戌時**은 사람은 골치 아픈 일, 죽음, 바람기, 속히 정리

운세풀이

寅띠: 이동수,우왕좌왕, 사고다툼	**巳띠:** 점점 일이 꼬임, 관재구설	**申띠:** 최고운상승세, 두마음	**亥띠:** 만남,결실,화합,문서
卯띠: 매사불편, 방해자,배신	**午띠:** 귀인상봉, 금전이득, 현금	**酉띠:** 의욕과다, 스트레스큼	**子띠:** 이동수,이별수,변동 움직임
辰띠: 해결신,시험합격, 풀림	**未띠:** 매사꼬임,과거고생, 病	**戌띠:** 시급한 일, 뜻대로 안됨	**丑띠:** 빈주머니,걱정근심,사기

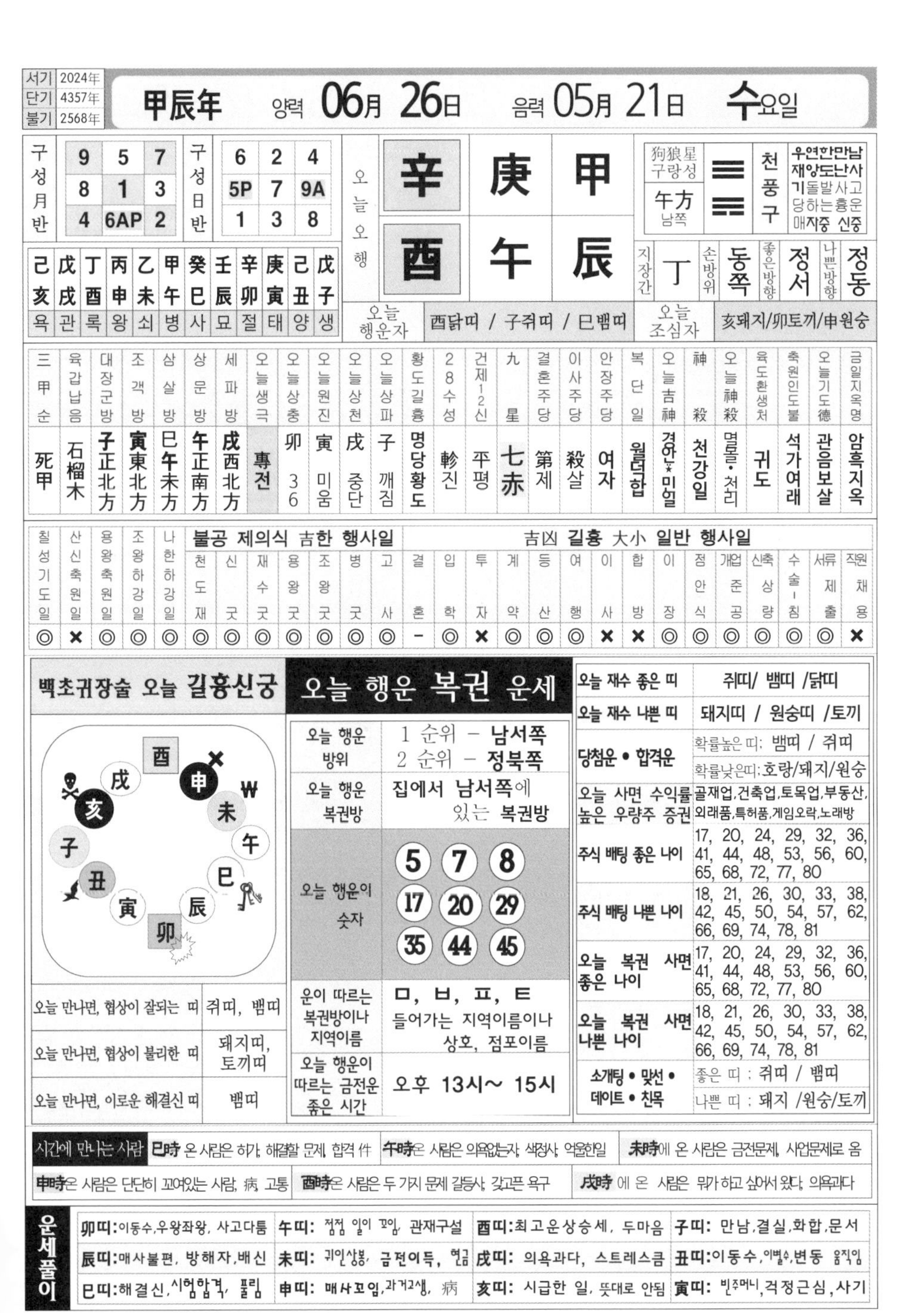

서기	2024年
단기	4357年
불기	2568年

甲辰年 양력 06月 26日 음력 05月 21日 수요일

구성月반		
9	5	7
8	1	3
4	6AP	2

구성日반		
6	2	4
5P	7	9A
1	3	8

己亥	戊戌	丁酉	丙申	乙未	甲午	癸巳	壬辰	辛卯	庚寅	己丑	戊子
욕	관	록	왕	쇠	병	사	묘	절	태	양	생

오늘 오행

辛	庚	甲
酉	午	辰

狗狼星 구랑성	☰ ☵	천풍구	우연한만남 재앙도난사기돌발사고 당하는흉운 매자중 신중
午方 남쪽			

지장간	丁	손방위	동쪽	좋은방향	정서	나쁜방향	정동

오늘 행운자	酉닭띠 / 子쥐띠 / 巳뱀띠	오늘 조심자	亥돼지/卯토끼/申원숭

三甲순	육갑납음	대장군방	조객방	삼살방	상문방	세파방	오늘생극	오늘상충	오늘원진	오늘상천	오늘상파	황도길흉	28수성	건제12신	九星	결혼주당	이사주당	안장주당	복단일	오늘吉神	神殺	오늘神殺	육도환생처	축원인도불	오늘기도德	금일지옥명
死甲	石榴木	子正北方	寅東北方	巳午未方	午正南方	戌西北方	專전	卯 36	寅 미움	戌 중단	子 깨짐	명당황도	軫진	平평	七赤	第제	殺살	여자	월덕합	경안☆민일	천강일	멸몰·천리	귀도	석가여래	관음보살	암흑지옥

칠성기도일	산신축원일	용왕축원일	조왕하강일	나한하강일	불공 제의식 吉한 행사일							吉凶 길흉 大小 일반 행사일														
					천도재	신굿	재수굿	용왕굿	조왕굿	병굿	고사	결혼	입학	투자	계약	등산	여행	이사	합방	이장	점안식	개업준공	신축상량	수술-침	서류제출	직원채용
◎	×	◎	◎	◎	◎	◎	◎	◎	◎	◎	◎	-	◎	×	◎	◎	◎	×	×	◎	◎	◎	◎	◎	◎	×

백초귀장술 오늘 길흉신궁

酉 申 戌 亥 未 ₩ 子 午 丑 巳 寅 辰 卯

오늘 만나면, 협상이 잘되는 띠	쥐띠, 뱀띠
오늘 만나면, 협상이 불리한 띠	돼지띠, 토끼띠
오늘 만나면, 이로운 해결신 띠	뱀띠

오늘 행운 복권 운세

오늘 행운 방위	1 순위 – 남서쪽 2 순위 – 정북쪽
오늘 행운 복권방	집에서 남서쪽에 있는 복권방
오늘 행운의 숫자	5 7 8 17 20 29 35 44 45
운이 따르는 복권방이나 지역이름	ㅁ, ㅂ, ㅍ, ㅌ 들어가는 지역이름이나 상호, 점포이름
오늘 행운이 따르는 금전운 좋은 시간	오후 13시~ 15시

오늘 재수 좋은 띠	쥐띠/ 뱀띠 /닭띠
오늘 재수 나쁜 띠	돼지띠 / 원숭띠 /토끼
당첨운 • 합격운	확률높은 띠: 뱀띠 / 쥐띠 확률낮은띠: 호랑/돼지/원숭
오늘 사면 수익률 높은 우량주 증권	골재업,건축업,토목업,부동산,외래품,특허품,게임오락,노래방
주식 배팅 좋은 나이	17, 20, 24, 29, 32, 36, 41, 44, 48, 53, 56, 60, 65, 68, 72, 77, 80
주식 배팅 나쁜 나이	18, 21, 26, 30, 33, 38, 42, 45, 50, 54, 57, 62, 66, 69, 74, 78, 81
오늘 복권 사면 좋은 나이	17, 20, 24, 29, 32, 36, 41, 44, 48, 53, 56, 60, 65, 68, 72, 77, 80
오늘 복권 사면 나쁜 나이	18, 21, 26, 30, 33, 38, 42, 45, 50, 54, 57, 62, 66, 69, 74, 78, 81
소개팅 • 맞선 • 데이트 • 친목	좋은 띠 ; 쥐띠 / 뱀띠 나쁜 띠 ; 돼지 /원숭/토끼

시간에 만나는 사람	巳時 온 사람은 허가, 해결할 문제, 합격 件	午時은 사람은 의욕없는자, 색정사, 억울한일	未時에 온 사람은 금전문제, 사업문제로 옴
申時은 사람은 단단히 꼬여있는 사람, 病, 고통	酉時은 사람은 두 가지 문제 갈등사, 갖고픈 욕구	戌時 에 온 사람은 뭔가 하고 싶어서 왔다, 의욕과다	

운세풀이			
卯띠:이동수,우왕좌왕, 사고다툼	午띠: 점점 일이 꼬임, 관재구설	酉띠:최고운상승세, 두마음	子띠: 만남,결실,화합,문서
辰띠:매사불편, 방해자,배신	未띠: 귀인상봉, 금전이득, 현금	戌띠: 의욕과다, 스트레스큼	丑띠:이동수,이별수,변동 움직임
巳띠:해결신,시험합격, 풀림	申띠: 매사꼬임,과거고생, 病	亥띠: 시급한 일, 뜻대로 안됨	寅띠: 빈주머니,걱정근심,사기

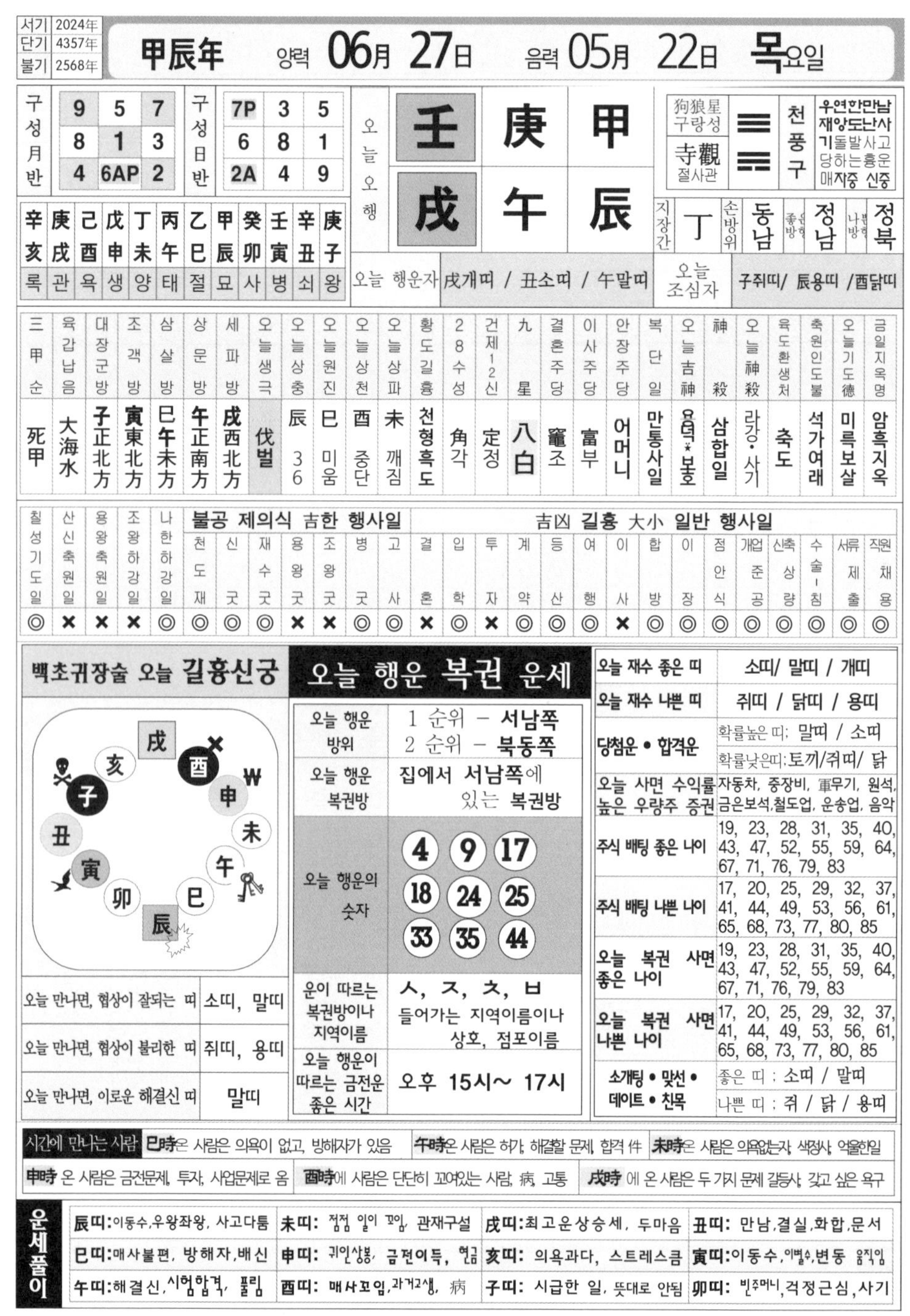

서기	2024年
단기	4357年
불기	2568年

甲辰年 양력 **06月 27日** 음력 **05月 22日** **목**요일

구성월반				구성일반			
	9	5	7		7P	3	5
	8	1	3		6	8	1
	4	6AP	2		2A	4	9

오늘 오행

壬	庚	甲
戌	午	辰

狗狼星 구랑성	寺觀 절사관	천풍구	우연한만남 재앙도난사기돌발사고 당하는흉운 매자중 신중

지장간	丁	손방위	동남	좋은방향	정남	나쁜방향	정북

辛亥	庚戌	己酉	戊申	丁未	丙午	乙巳	甲辰	癸卯	壬寅	辛丑	庚子
록	관	욕	생	양	태	절	묘	사	병	쇠	왕

오늘 행운자	戌개띠 / 丑소띠 / 午말띠	오늘 조심자	子쥐띠/ 辰용띠 /酉닭띠

三甲순	육갑납음	대장군방	조객방	삼살방	상문방	세파방	오늘생극	오늘상충	오늘원진	오늘상천	오늘상파	황도길흉	28수성	건제12신	九星	결혼주당	이사주당	안장주당	복단일	오늘吉神	神殺	오늘神殺	육도환생처	축원인도불	오늘기도德	금일지옥명
死甲	大海水	子正北方	寅東北方	巳午未方	午正南方	戌西北方	伐벌	辰 36	巳 미움	酉 중단	未 깨짐	천형흑도	角각	定정	八白	竈조	富부	어머니	만통사일	요덕*보호	삼합일	라강·사기	축도	석가여래	미륵보살	암흑지옥

칠성기도일	산신축원일	용왕축원일	조왕하강일	나한하강일	천도재	신굿	재수굿	용왕굿	조왕굿	병굿	고사	결혼	입학	투자	계약	등산	여행	이사	합방	이장	점안식	개업준공	신축상량	수술·침	서류제출	직원채용
					불공 제의식 吉한 행사일							吉凶 길흉 大小 일반 행사일														
◎	×	×	×	◎	◎	◎	◎	×	×	◎	◎	×	◎	×	◎	◎	◎	×	◎	◎	◎	◎	◎	◎	◎	◎

백초귀장술 오늘 길흉신궁

오늘 만나면, 협상이 잘되는 띠	소띠, 말띠
오늘 만나면, 협상이 불리한 띠	쥐띠, 용띠
오늘 만나면, 이로운 해결신 띠	말띠

오늘 행운 복권 운세

오늘 행운 방위	1 순위 – 서남쪽 2 순위 – 북동쪽
오늘 행운 복권방	집에서 서남쪽에 있는 복권방
오늘 행운의 숫자	4 9 17 18 24 25 33 35 44
운이 따르는 복권방이나 지역이름	ㅅ, ㅈ, ㅊ, ㅂ 들어가는 지역이름이나 상호, 점포이름
오늘 행운이 따르는 금전운 좋은 시간	오후 15시~ 17시

오늘 재수 좋은 띠	소띠/ 말띠 / 개띠
오늘 재수 나쁜 띠	쥐띠 / 닭띠 / 용띠
당첨운 • 합격운	확률높은 띠: 말띠 / 소띠 확률낮은띠: 토끼/쥐띠/ 닭
오늘 사면 수익률 높은 우량주 증권	자동차, 중장비, 軍무기, 원석, 금은보석,철도업, 운송업, 음악
주식 배팅 좋은 나이	19, 23, 28, 31, 35, 40, 43, 47, 52, 55, 59, 64, 67, 71, 76, 79, 83
주식 배팅 나쁜 나이	17, 20, 25, 29, 32, 37, 41, 44, 49, 53, 56, 61, 65, 68, 73, 77, 80, 85
오늘 복권 사면 좋은 나이	19, 23, 28, 31, 35, 40, 43, 47, 52, 55, 59, 64, 67, 71, 76, 79, 83
오늘 복권 사면 나쁜 나이	17, 20, 25, 29, 32, 37, 41, 44, 49, 53, 56, 61, 65, 68, 73, 77, 80, 85
소개팅 • 맞선 • 데이트 • 친목	좋은 띠 : 소띠 / 말띠 나쁜 띠 : 쥐 / 닭 / 용띠

시간에 만나는 사람	**巳時**온 사람은 의욕이 없고, 방해자가 있음	**午時**온 사람은 허가, 해결할 문제, 합격 件	**未時**온 사람은 의욕없는자, 색정사, 억울한일
	申時 온 사람은 금전문제, 투자, 사업문제로 옴	**酉時**에 사람은 단단히 꼬여있는 사람, 病, 고통	**戌時** 에 온 사람은 두 가지 문제 갈등사, 갖고 싶은 욕구

운세풀이				
	辰띠:이동수,우왕좌왕, 사고다툼	**未띠:** 점점 일이 꼬임, 관재구설	**戌띠:**최고운상승세, 두마음	**丑띠:** 만남,결실,화합,문서
	巳띠:매사불편, 방해자,배신	**申띠:** 귀인상봉, 금전이득, 현금	**亥띠:** 의욕과다, 스트레스큼	**寅띠:**이동수,이별수,변동 움직임
	午띠:해결신,시험합격, 풀림	**酉띠:** 매사꼬임,과거고생, 病	**子띠:** 시급한 일, 뜻대로 안됨	**卯띠:** 빈주머니,걱정근심,사기

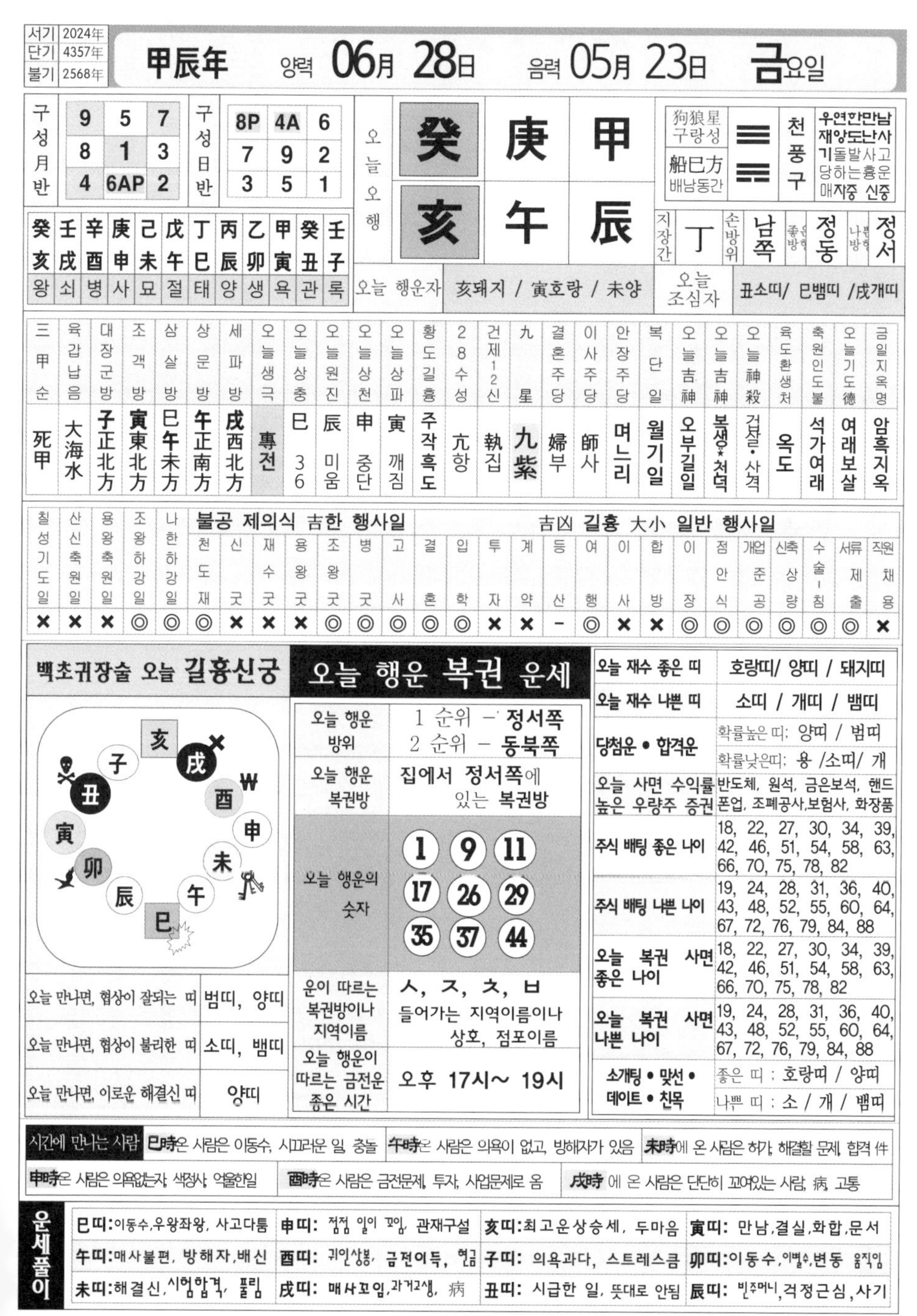

서기	2024年
단기	4357年
불기	2568年

甲辰年 양력 **06月 28日** 음력 **05月 23日** **금**요일

구성月반		
9	5	7
8	1	3
4	6AP	2

구성日반		
8P	4A	6
7	9	2
3	5	1

오늘오행		
癸	庚	甲
亥	午	辰

狗狼星 구랑성	船巳方 배남동간	천풍구	우연한만남 재앙도난사기돌발사고 당하는흉운 매자중 신중

지장간	손방위	좋은방향	나쁜방향
丁	남쪽	정동	정서

癸亥	壬戌	辛酉	庚申	己未	戊午	丁巳	丙辰	乙卯	甲寅	癸丑	壬子
왕	쇠	병	사	묘	절	태	양	생	욕	관	록

오늘 행운자	亥돼지 / 寅호랑 / 未양
오늘 조심자	丑소띠/ 巳뱀띠 /戌개띠

三甲순	육갑납음	대장군방	조객방	삼살방	상문방	세파방	오늘생극	오늘상충	오늘원진	오늘상천	오늘상파	황도길흉	28수성	건제12신	九星	결혼주당	이사주당	안장주당	복단일	오늘吉神	오늘吉神	오늘神殺	육도환생처	축원인도불	오늘기도德	금일지옥명
死甲	大海水	子正北方	寅東北方	巳午未方	午正南方	戌西北方	專전	巳 36	辰 미움	申 중단	寅 깨짐	주작흑도	亢항	執집	九紫	婦부	師사	며느리	월기일	오부길일	복생*천덕	겁살·사격	옥도	석가여래	여래보살	암흑지옥

칠성기도일	산신축원일	용왕축원일	조왕하강일	나한하강일	불공 제의식 吉한 행사일: 천도재	신굿	재수굿	용왕굿	조왕굿	병굿	吉凶 길흉 大小 일반 행사일: 고사	결혼	입학	투자	계약	등산	여행	이사	합방	이장	점안식	개업준공	신축상량	수술-침	서류제출	직원채용
×	×	×	◎	◎	◎	×	×	×	◎	◎	◎	◎	◎	×	×	–	◎	×	×	◎	◎	◎	◎	◎	◎	×

백초귀장술 오늘 길흉신궁

오늘 만나면, 협상이 잘되는 띠	범띠, 양띠
오늘 만나면, 협상이 불리한 띠	소띠, 뱀띠
오늘 만나면, 이로운 해결신 띠	양띠

오늘 행운 복권 운세

오늘 행운 방위	1 순위 – 정서쪽 2 순위 – 동북쪽
오늘 행운 복권방	집에서 정서쪽에 있는 복권방
오늘 행운의 숫자	1, 9, 11, 17, 26, 29, 35, 37, 44
운이 따르는 복권방이나 지역이름	ㅅ, ㅈ, ㅊ, ㅂ 들어가는 지역이름이나 상호, 점포이름
오늘 행운이 따르는 금전운 좋은 시간	오후 17시~ 19시

오늘 재수 좋은 띠	호랑띠/ 양띠 / 돼지띠
오늘 재수 나쁜 띠	소띠 / 개띠 / 뱀띠
당첨운 • 합격운	확률높은 띠: 양띠 / 범띠 확률낮은띠: 용 /소띠/ 개
오늘 사면 수익률 높은 우량주 증권	반도체, 원석, 금은보석, 핸드폰업, 조폐공사,보험사, 화장품
주식 배팅 좋은 나이	18, 22, 27, 30, 34, 39, 42, 46, 51, 54, 58, 63, 66, 70, 75, 78, 82
주식 배팅 나쁜 나이	19, 24, 28, 31, 36, 40, 43, 48, 52, 55, 60, 64, 67, 72, 76, 79, 84, 88
오늘 복권 사면 좋은 나이	18, 22, 27, 30, 34, 39, 42, 46, 51, 54, 58, 63, 66, 70, 75, 78, 82
오늘 복권 사면 나쁜 나이	19, 24, 28, 31, 36, 40, 43, 48, 52, 55, 60, 64, 67, 72, 76, 79, 84, 88
소개팅 • 맞선 • 데이트 • 친목	좋은 띠 : 호랑띠 / 양띠 나쁜 띠 : 소 / 개 / 뱀띠

시간에 만나는 사람	**巳時**온 사람은 이동수, 시끄러운 일, 충돌	**午時**온 사람은 의욕이 없고, 방해자가 있음	**未時**에 온 사람은 허가, 해결할 문제, 합격 件
	申時온 사람은 의욕없는자, 색정사, 억울한일	**酉時**온 사람은 금전문제, 투자, 사업문제로 옴	**戌時** 에 온 사람은 단단히 꼬여있는 사람, 病, 고통

운세풀이			
巳띠:이동수,우왕좌왕, 사고다툼	**申띠:** 점점 일이 꼬임, 관재구설	**亥띠:**최고운상승세, 두마음	**寅띠:** 만남,결실,화합,문서
午띠:매사불편, 방해자,배신	**酉띠:** 귀인상봉, 금전이득, 현금	**子띠:** 의욕과다, 스트레스큼	**卯띠:**이동수,이별수,변동 움직임
未띠:해결신,시험합격, 풀림	**戌띠:** 매사꼬임,과거고생, 病	**丑띠:** 시급한 일, 뜻대로 안됨	**辰띠:** 빈주머니,걱정근심,사기

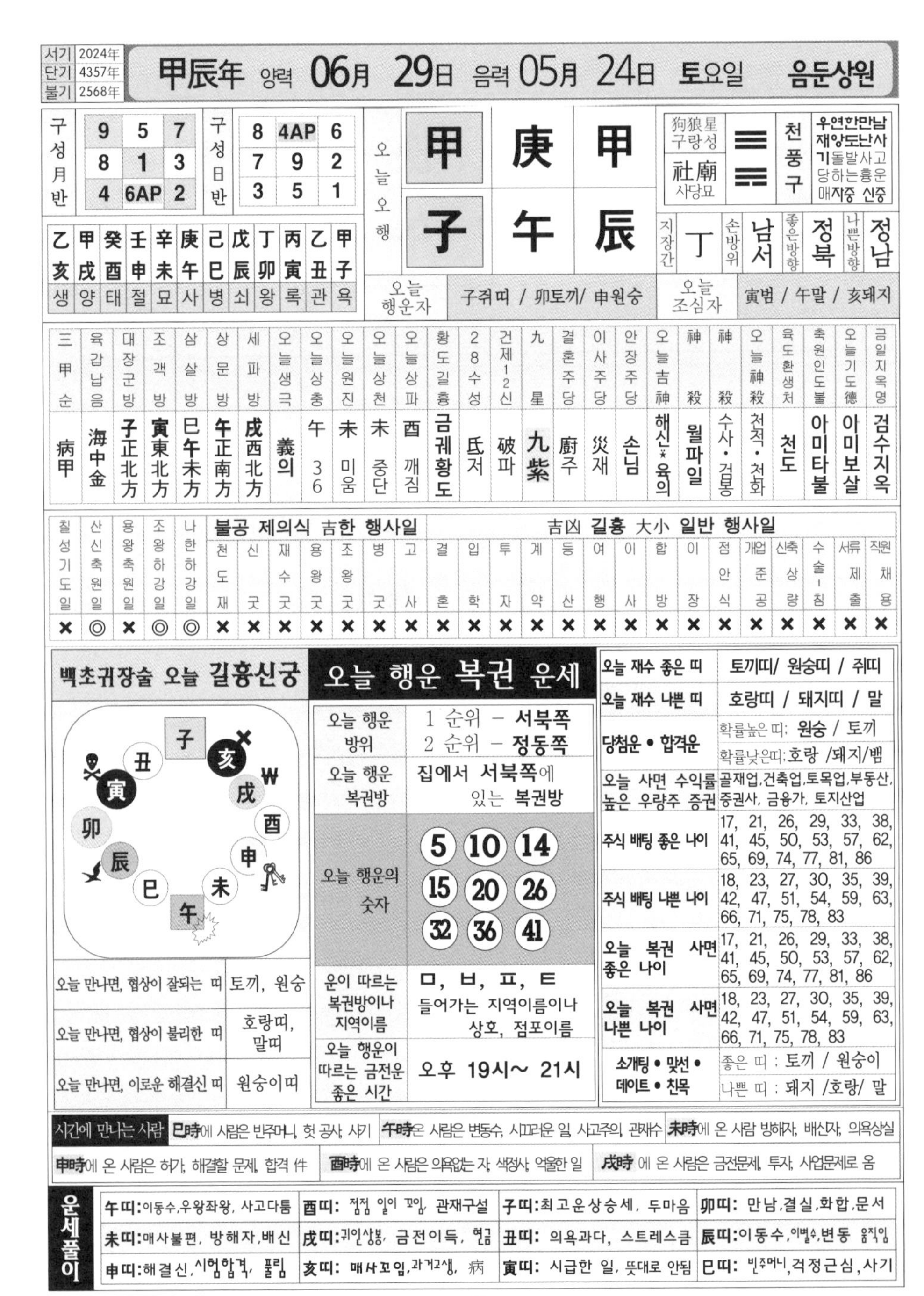

서기	2024年
단기	4357年
불기	2568年

甲辰年 양력 06月 29日 음력 05月 24日 토요일 음둔상원

구성月반		
9	5	7
8	1	3
4	6AP	2

구성日반		
8	4AP	6
7	9	2
3	5	1

오늘오행		
甲	庚	甲
子	午	辰

狗狼星 구랑성	社廟 사당묘	☰ ☷	천풍구	우연한만남 재앙도난사 기돌발사고 당하는흉운 매자중 신중

지장간	손방위	좋은방향	나쁜방향
丁	남서	정북	정남

乙亥	甲戌	癸酉	壬申	辛未	庚午	己巳	戊辰	丁卯	丙寅	乙丑	甲子
생	양	태	절	묘	사	병	쇠	왕	록	관	욕

오늘 행운자	子쥐띠 / 卯토끼/ 申원숭	오늘 조심자	寅범 / 午말 / 亥돼지

三甲순	육갑납음	대장군방	조객방	삼살방	상문방	세파방	오늘생극	오늘상충	오늘원진	오늘상천	오늘상파	황도길흉	28수성
病甲	海中金	子正北方	寅東北方	巳午未方	午正南方	戌西北方	義의	午 36	未 미움	未 중단	酉 깨짐	금궤황도	氐저

건제12신	九星	결혼주당	이사주당	안장주당	오늘吉神	神殺	神殺	오늘神殺	육도환생처	축원인도불	오늘기도德	금일지옥명
破파	九紫	廚주	災재	손님	해신*육의	월파일	수사·겁봉	천적·천화	천도	아미타불	아미보살	검수지옥

칠성기도일	산신축원일	용왕축원일	조왕하강일	나한하강일
×	◎	×	◎	◎

불공 제의식 吉한 행사일

천도재	신굿	재수굿	용왕굿	조왕굿	병굿	고사
×	×	×	×	×	×	×

吉凶 길흉 大小 일반 행사일

결혼	입학	투자	계약	등산	여행	이사	합방	이장	점안식	개업준공	신축상량	수술-침	서류제출	직원채용
×	×	×	×	×	×	×	×	×	×	×	×	×	×	×

백초귀장술 오늘 길흉신궁

子 丑 寅 卯 辰 巳 午 未 申 酉 戌 亥 ₩

오늘 만나면, 협상이 잘되는 띠	토끼, 원숭
오늘 만나면, 협상이 불리한 띠	호랑띠, 말띠
오늘 만나면, 이로운 해결신 띠	원숭이띠

오늘 행운 복권 운세

오늘 행운 방위	1 순위 – 서북쪽 2 순위 – 정동쪽
오늘 행운 복권방	집에서 서북쪽에 있는 복권방
오늘 행운의 숫자	5 10 14 15 20 26 32 36 41
운이 따르는 복권방이나 지역이름	ㅁ, ㅂ, ㅍ, ㅌ 들어가는 지역이름이나 상호, 점포이름
오늘 행운이 따르는 금전운 좋은 시간	오후 19시~ 21시

오늘 재수 좋은 띠	토끼띠/ 원숭띠 / 쥐띠
오늘 재수 나쁜 띠	호랑띠 / 돼지띠 / 말
당첨운 • 합격운	확률높은 띠: 원숭 / 토끼 확률낮은띠: 호랑 /돼지/뱀
오늘 사면 수익률 높은 우량주 증권	골재업,건축업,토목업,부동산, 증권사, 금융가, 토지산업
주식 배팅 좋은 나이	17, 21, 26, 29, 33, 38, 41, 45, 50, 53, 57, 62, 65, 69, 74, 77, 81, 86
주식 배팅 나쁜 나이	18, 23, 27, 30, 35, 39, 42, 47, 51, 54, 59, 63, 66, 71, 75, 78, 83
오늘 복권 사면 좋은 나이	17, 21, 26, 29, 33, 38, 41, 45, 50, 53, 57, 62, 65, 69, 74, 77, 81, 86
오늘 복권 사면 나쁜 나이	18, 23, 27, 30, 35, 39, 42, 47, 51, 54, 59, 63, 66, 71, 75, 78, 83
소개팅 • 맞선 • 데이트 • 친목	좋은 띠 : 토끼 / 원숭이 나쁜 띠 : 돼지 /호랑/ 말

시간에 만나는 사람 巳時에 사람은 빈주머니, 헛 공사, 사기 | 午時온 사람은 변동수, 시끄러운 일, 사고주의, 관재수 | 未時에 온 사람 방해자, 배신자, 의욕상실 | 申時에 온 사람은 허가, 해결할 문제, 합격 件 | 酉時에 온 사람은 의욕없는 자, 색정사, 억울한 일 | 戌時 에 온 사람은 금전문제, 투자, 사업문제로 옴

운세풀이

午띠:이동수,우왕좌왕, 사고다툼	酉띠: 점점 일이 꼬임, 관재구설	子띠:최고운상승세, 두마음	卯띠: 만남,결실,화합,문서
未띠:매사불편, 방해자,배신	戌띠:귀인상봉, 금전이득, 현금	丑띠: 의욕과다, 스트레스큼	辰띠:이동수,이별수,변동 움직임
申띠:해결신,시험합격, 풀림	亥띠: 매사꼬임,과거고생, 病	寅띠: 시급한 일, 뜻대로 안됨	巳띠: 빈주머니,걱정근심,사기

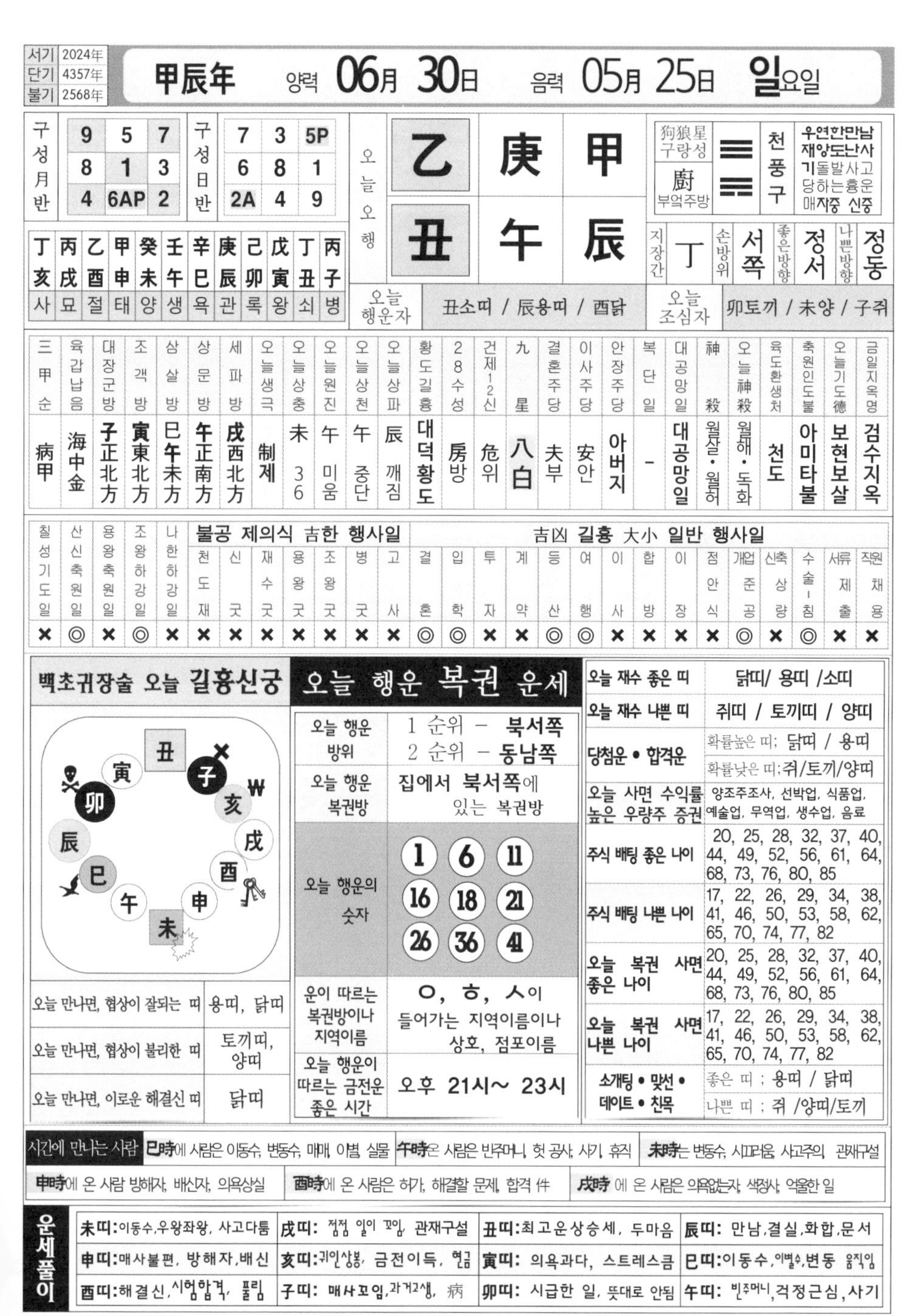

서기	2024年
단기	4357年
불기	2568年

甲辰年 양력 **06月 30日** 음력 **05月 25日** **일**요일

구성月반		
9	5	7
8	1	3
4	6AP	2

구성日반		
7	3	5P
6	8	1
2A	4	9

오늘오행		
乙	庚	甲
丑	午	辰

狗狼星 구랑성	廚 부엌주방	☰ ☷	천풍구	우연한만남 재앙도난사기돌발사고 당하는흉운 매자중 신중

지장간	丁	손방위	서쪽	좋은방향	정서	나쁜방향	정동

丁亥	丙戌	乙酉	甲申	癸未	壬午	辛巳	庚辰	己卯	戊寅	丁丑	丙子
사	묘	절	태	양	생	욕	관	록	왕	쇠	병

오늘 행운자	丑소띠 / 辰용띠 / 酉닭	오늘 조심자	卯토끼 / 未양 / 子쥐

三甲순	육갑납음	대장군방	조객방	삼살방	상문방	세파방	오늘생극	오늘상충	오늘원진	오늘상천	오늘상파	황도길흉	28수성	건제12신	九星	결혼주당	이사주당	안장주당	복단일	대공망일	神殺	오늘神殺	육도환생처	축원인도불	오늘기도德	금일지옥명
病甲	海中金	子正北方	寅東北方	巳午未方	午正南方	戌西北方	制제	未 36	午 미움	午 중단	辰 깨짐	대덕황도	房방	危위	八白	夫부	安안	아버지	-	대공망일	월살·월허	월해·도화	천도	아미타불	보현보살	검수지옥

칠성기도일	산신축원일	용왕축원일	조왕하강일	나한하강일	천도재	신굿	재수굿	용왕굿	조왕굿	병굿	고사	결혼	입학	투자	계약	등산	여행	이사	합방	이장	점안식	개업준공	신축상량	수술·침	서류제출	직원채용
					불공 제의식 吉한 행사일							吉凶 길흉 大小 일반 행사일														
×	◎	×	◎	×	×	×	×	×	×	×	×	◎	◎	×	×	◎	◎	×	×	×	×	◎	×	◎	×	×

백초귀장술 오늘 길흉신궁

오늘 만나면, 협상이 잘되는 띠	용띠, 닭띠
오늘 만나면, 협상이 불리한 띠	토끼띠, 양띠
오늘 만나면, 이로운 해결신 띠	닭띠

오늘 행운 복권 운세

오늘 행운 방위	1 순위 - 북서쪽 2 순위 - 동남쪽
오늘 행운 복권방	집에서 북서쪽에 있는 복권방
오늘 행운의 숫자	1, 6, 11, 16, 18, 21, 26, 36, 41
운이 따르는 복권방이나 지역이름	ㅇ, ㅎ, ㅅ이 들어가는 지역이름이나 상호, 점포이름
오늘 행운이 따르는 금전운 좋은 시간	오후 21시~ 23시

오늘 재수 좋은 띠	닭띠/ 용띠 /소띠
오늘 재수 나쁜 띠	쥐띠 / 토끼띠 / 양띠
당첨운 • 합격운	확률높은 띠; 닭띠 / 용띠 확률낮은 띠;쥐/토끼/양띠
오늘 사면 수익률 높은 우량주 증권	양조주조사, 선박업, 식품업, 예술업, 무역업, 생수업, 음료
주식 배팅 좋은 나이	20, 25, 28, 32, 37, 40, 44, 49, 52, 56, 61, 64, 68, 73, 76, 80, 85
주식 배팅 나쁜 나이	17, 22, 26, 29, 34, 38, 41, 46, 50, 53, 58, 62, 65, 70, 74, 77, 82
오늘 복권 사면 좋은 나이	20, 25, 28, 32, 37, 40, 44, 49, 52, 56, 61, 64, 68, 73, 76, 80, 85
오늘 복권 사면 나쁜 나이	17, 22, 26, 29, 34, 38, 41, 46, 50, 53, 58, 62, 65, 70, 74, 77, 82
소개팅 • 맞선 • 데이트 • 친목	좋은 띠 ; 용띠 / 닭띠 나쁜 띠 ; 쥐 /양띠/토끼

시간에 만나는 사람	巳時에 사람은 이동수, 변동수, 매매, 이별, 실물	午時온 사람은 빈주머니, 헛 공사, 사기, 휴직	未時는 변동수, 시끄러움, 사고주의, 관재구설
	申時에 온 사람 방해자, 배신자, 의욕상실	酉時에 온 사람은 허가, 해결할 문제, 합격 件	戌時 에 온 사람은 의욕없는자, 색정사, 억울한 일

운세풀이			
未띠:이동수,우왕좌왕, 사고다툼	戌띠: 점점 일이 꼬임, 관재구설	丑띠:최고운상승세, 두마음	辰띠: 만남,결실,화합,문서
申띠:매사불편, 방해자,배신	亥띠:귀인상봉, 금전이득, 현금	寅띠: 의욕과다, 스트레스큼	巳띠:이동수,이별수,변동 움직임
酉띠:해결신,시험합격, 풀림	子띠: 매사꼬임,과거고생, 病	卯띠: 시급한 일, 뜻대로 안됨	午띠: 빈주머니,걱정근심,사기

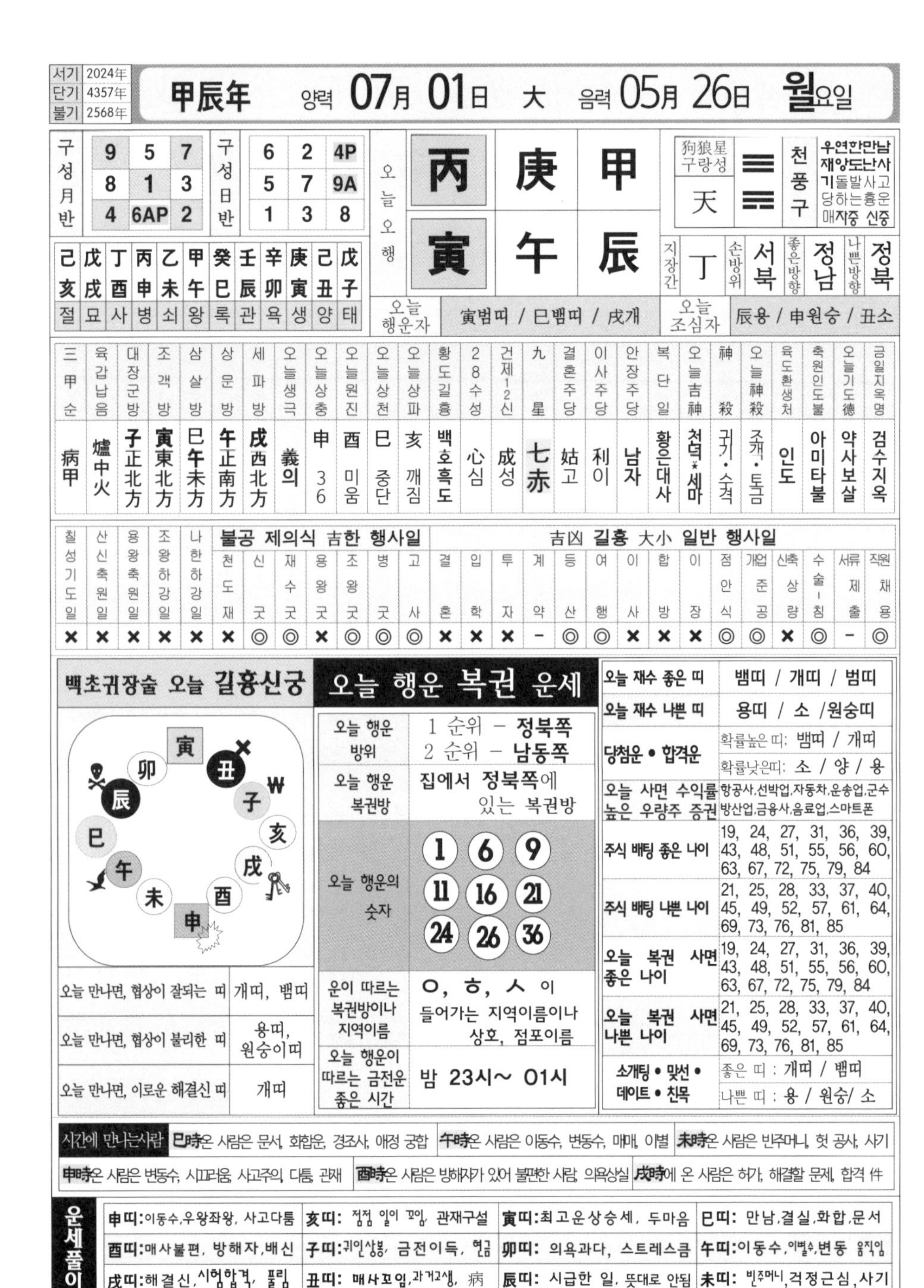

서기	2024年
단기	4357年
불기	2568年

甲辰年 양력 **07月 01日** 大 음력 **05月 26日** **월**요일

구성월반		
9	5	7
8	1	3
4	6AP	2

구성일반		
6	2	4P
5	7	9A
1	3	8

오늘오행		
丙	庚	甲
寅	午	辰

狗狼星 구랑성	괘	천풍구	
天	☰ ☴	천풍구	우연한만남 재앙도난사기돌발사고 당하는흉운 매자중 신중

지장간	손방위	좋은방향	나쁜방향
丁	서북	정남	정북

己亥	戊戌	丁酉	丙申	乙未	甲午	癸巳	壬辰	辛卯	庚寅	己丑	戊子
절	묘	사	병	쇠	왕	록	관	욕	생	양	태

오늘 행운자: 寅범띠 / 巳뱀띠 / 戌개

오늘 조심자: 辰용 / 申원숭 / 丑소

三甲순	육갑납음	대장군방	조객방	삼살방	상문방	세파방	오늘생극	오늘상충	오늘원진	오늘상천	오늘상파	황도길흉	28수성	건제12신	九星	결혼주당	이사주당	안장주당	복단일	오늘吉神	神殺	오늘神殺	육도환생처	축원인도불	오늘기도德	금일지옥명
病甲	爐中火	子正北方	寅東北方	巳午未方	午正南方	戌西北方	義의	申 36	酉 미움	巳 중단	亥 깨짐	백호흑도	心심	成성	七赤	姑고	利이	남자	황은대사	천덕*세마	귀기·수격	조객·토금	인도	아미타불	약사보살	검수지옥

칠성기도일	산신축원일	용왕축원일	조왕하강일	나한하강일	불공 제의식 吉한 행사일: 천도재	신굿	재수굿	용왕굿	조왕굿	병굿	고사	吉凶 길흉 大小 일반 행사일: 결혼	입학	투자	계약	등산	여행	이사	합방	이장	점안식	개업준공	신축상량	수술-침	서류제출	직원채용
×	×	×	×	×	×	◎	◎	×	◎	◎	◎	×	×	×	-	◎	◎	×	×	×	◎	◎	×	◎	-	◎

백초귀장술 오늘 길흉신궁

오늘 만나면, 협상이 잘되는 띠	개띠, 뱀띠
오늘 만나면, 협상이 불리한 띠	용띠, 원숭이띠
오늘 만나면, 이로운 해결신 띠	개띠

오늘 행운 복권 운세

오늘 행운 방위	1 순위 – 정북쪽 2 순위 – 남동쪽
오늘 행운 복권방	집에서 정북쪽에 있는 복권방
오늘 행운의 숫자	1 6 9 11 16 21 24 26 36
운이 따르는 복권방이나 지역이름	ㅇ, ㅎ, ㅅ 이 들어가는 지역이름이나 상호, 점포이름
오늘 행운이 따르는 금전운 좋은 시간	밤 23시~ 01시

오늘 재수 좋은 띠	뱀띠 / 개띠 / 범띠
오늘 재수 나쁜 띠	용띠 / 소 /원숭띠
당첨운 • 합격운	확률높은 띠: 뱀띠 / 개띠 확률낮은띠: 소 / 양 / 용
오늘 사면 수익률 높은 우량주 증권	항공사,선박업,자동차,운송업,군수 방산업,금융사,음료업,스마트폰
주식 배팅 좋은 나이	19, 24, 27, 31, 36, 39, 43, 48, 51, 55, 56, 60, 63, 67, 72, 75, 79, 84
주식 배팅 나쁜 나이	21, 25, 28, 33, 37, 40, 45, 49, 52, 57, 61, 64, 69, 73, 76, 81, 85
오늘 복권 사면 좋은 나이	19, 24, 27, 31, 36, 39, 43, 48, 51, 55, 56, 60, 63, 67, 72, 75, 79, 84
오늘 복권 사면 나쁜 나이	21, 25, 28, 33, 37, 40, 45, 49, 52, 57, 61, 64, 69, 73, 76, 81, 85
소개팅 • 맞선 • 데이트 • 친목	좋은 띠 : 개띠 / 뱀띠 나쁜 띠 : 용 / 원숭/ 소

시간에 만나는사람 **巳時**온 사람은 문서, 화합운, 경조사, 애정 궁합 **午時**온 사람은 이동수, 변동수, 매매, 이별 **未時**온 사람은 빈주머니, 헛 공사, 사기 **申時**온 사람은 변동수, 시끄러움, 사고주의, 다툼, 관재 **酉時**온 사람은 방해자가 있어 불편한 사람, 의욕상실 **戌時**에 온 사람은 허가, 해결할 문제, 합격 件

운세풀이

申띠: 이동수,우왕좌왕, 사고다툼	**亥띠:** 점점 일이 꼬임, 관재구설	**寅띠:** 최고운상승세, 두마음	**巳띠:** 만남,결실,화합,문서
酉띠: 매사불편, 방해자,배신	**子띠:** 귀인상봉, 금전이득, 현금	**卯띠:** 의욕과다, 스트레스큼	**午띠:** 이동수,이별수,변동 움직임
戌띠: 해결신,시험합격, 풀림	**丑띠:** 매사꼬임,과거고생, 病	**辰띠:** 시급한 일, 뜻대로 안됨	**未띠:** 빈주머니,걱정근심,사기

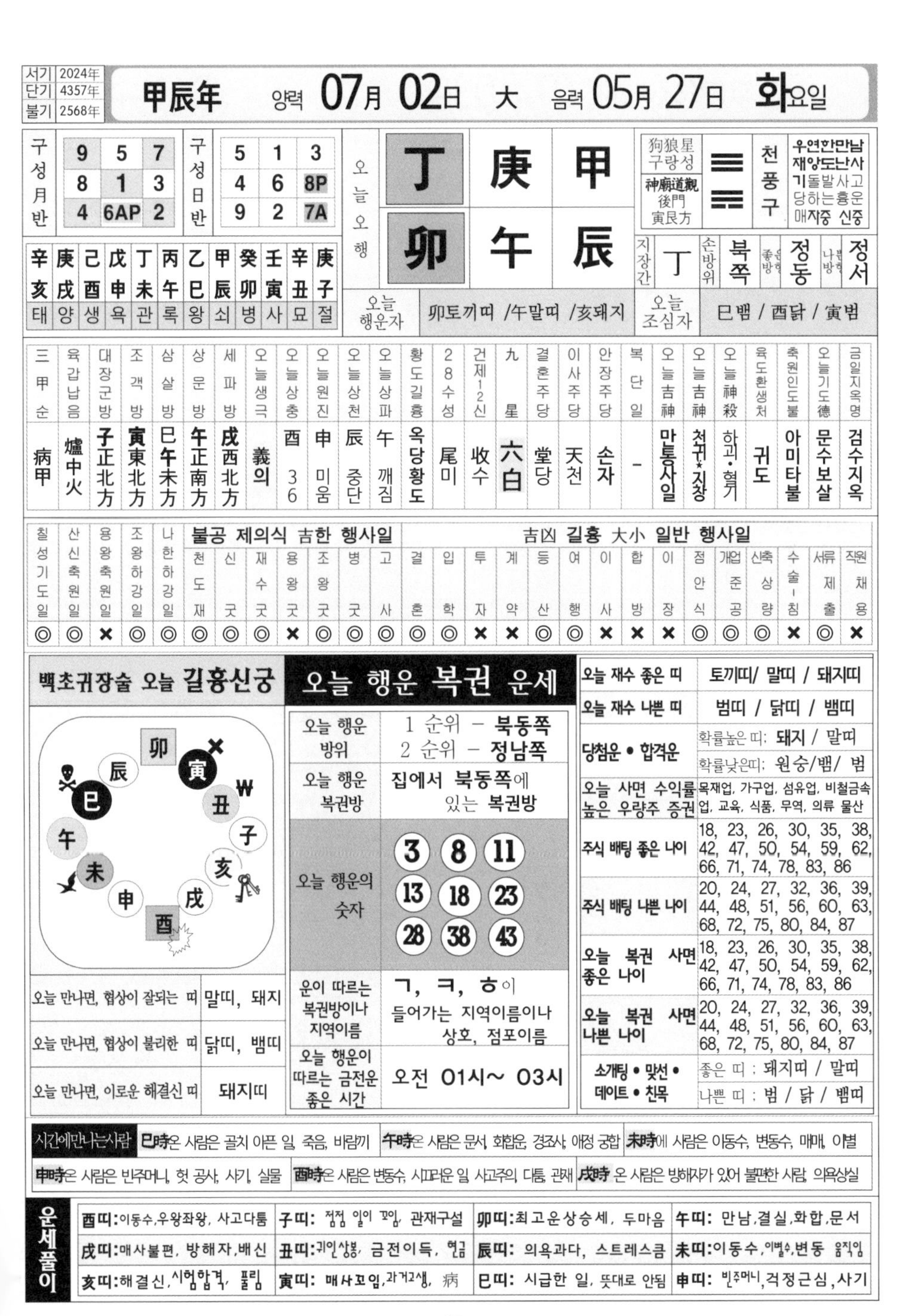

서기	2024年
단기	4357年
불기	2568年

甲辰年 양력 07月 02日 大 음력 05月 27日 화요일

구성月반

9	5	7
8	1	3
4	6AP	2

구성日반

5	1	3
4	6	8P
9	2	7A

辛亥	庚戌	己酉	戊申	丁未	丙午	乙巳	甲辰	癸卯	壬寅	辛丑	庚子
태	양	생	욕	관	록	왕	쇠	병	사	묘	절

오늘오행

丁	庚	甲
卯	午	辰

狗狼星 구랑성	神廟道觀 後門 寅艮方	천풍구	우연한만남 재앙도난사 기돌발사고 당하는흉운 매자중 신중

지장간	손방위	좋은방향	나쁜방향
丁	북쪽	정동	정서

오늘 행운자	卯토끼띠 /午말띠 /亥돼지	오늘 조심자	巳뱀 / 酉닭 / 寅범

三甲순	육갑납음	대장군방	조객방	삼살방	상문방	세파방	오늘생극	오늘상충	오늘원진	오늘상천	오늘상파	황도길흉	28수성	건제12신	九星	결혼주당	이사주당	안장주당	복단일	오늘吉神	오늘吉神	오늘神殺	육도환생처	축원인도불	오늘기도德	금일지옥명
病甲	爐中火	子正北方	寅東北方	巳午未方	午正南方	戌西北方	義의	酉 36	申 미움	辰 중단	午 깨짐	옥당황도	尾미	收수	六白	堂당	天천	손자	-	만통사일	천귀★지창	하괴·혈기	귀도	아미타불	문수보살	검수지옥

칠성기도일	산신축원일	용왕축원일	조왕하강일	나한하강일	불공 제의식 吉한 행사일: 천도재	신굿	재수굿	용왕굿	조왕굿	병굿	고사	吉凶 길흉 大小 일반 행사일: 결혼	입학	투자	계약	등산	여행	이사	합방	이장	점안식	개업준공	신축상량	수술-침	서류제출	직원채용
◎	◎	×	◎	◎	◎	◎	◎	×	◎	◎	◎	◎	◎	×	×	◎	◎	×	×	×	◎	◎	◎	×	◎	×

백초귀장술 오늘 길흉신궁

오늘 만나면, 협상이 잘되는 띠	말띠, 돼지
오늘 만나면, 협상이 불리한 띠	닭띠, 뱀띠
오늘 만나면, 이로운 해결신 띠	돼지띠

오늘 행운 복권 운세

오늘 행운 방위	1 순위 – 북동쪽 2 순위 – 정남쪽
오늘 행운 복권방	집에서 북동쪽에 있는 복권방
오늘 행운의 숫자	3 8 11 13 18 23 28 38 43
운이 따르는 복권방이나 지역이름	ㄱ, ㅋ, ㅎ이 들어가는 지역이름이나 상호, 점포이름
오늘 행운이 따르는 금전운 좋은 시간	오전 01시~ 03시

오늘 재수 좋은 띠	토끼띠/ 말띠 / 돼지띠
오늘 재수 나쁜 띠	범띠 / 닭띠 / 뱀띠
당첨운 • 합격운	확률높은 띠: 돼지 / 말띠 확률낮은띠: 원숭/뱀/ 범
오늘 사면 수익률 높은 우량주 증권	목재업, 가구업, 섬유업, 비철금속업, 교육, 식품, 무역, 의류 물산
주식 배팅 좋은 나이	18, 23, 26, 30, 35, 38, 42, 47, 50, 54, 59, 62, 66, 71, 74, 78, 83, 86
주식 배팅 나쁜 나이	20, 24, 27, 32, 36, 39, 44, 48, 51, 56, 60, 63, 68, 72, 75, 80, 84, 87
오늘 복권 사면 좋은 나이	18, 23, 26, 30, 35, 38, 42, 47, 50, 54, 59, 62, 66, 71, 74, 78, 83, 86
오늘 복권 사면 나쁜 나이	20, 24, 27, 32, 36, 39, 44, 48, 51, 56, 60, 63, 68, 72, 75, 80, 84, 87
소개팅 • 맞선 • 데이트 • 친목	좋은 띠 : 돼지띠 / 말띠 나쁜 띠 : 범 / 닭 / 뱀띠

시간에만나는사람 巳時온 사람은 골치 아픈 일, 죽음, 바람끼 | 午時온 사람은 문서, 화합운, 경조사, 애정 궁합 | 未時에 사람은 이동수, 변동수, 매매, 이별 | 申時온 사람은 빈주머니, 헛 공사, 사기, 실물 | 酉時온 사람은 변동수, 시끄러운 일, 사고주의, 다툼, 관재 | 戌時 온 사람은 방해자가 있어 불편한 사람, 의욕상실

운세풀이

酉띠: 이동수,우왕좌왕, 사고다툼	子띠: 점점 일이 꼬임, 관재구설	卯띠: 최고운상승세, 두마음	午띠: 만남,결실,화합,문서
戌띠: 매사불편, 방해자,배신	丑띠: 귀인상봉, 금전이득, 현금	辰띠: 의욕과다, 스트레스큼	未띠: 이동수,이별수,변동 움직임
亥띠: 해결신,시험합격, 풀림	寅띠: 매사꼬임,과거고생, 病	巳띠: 시급한 일, 뜻대로 안됨	申띠: 빈주머니,걱정근심,사기

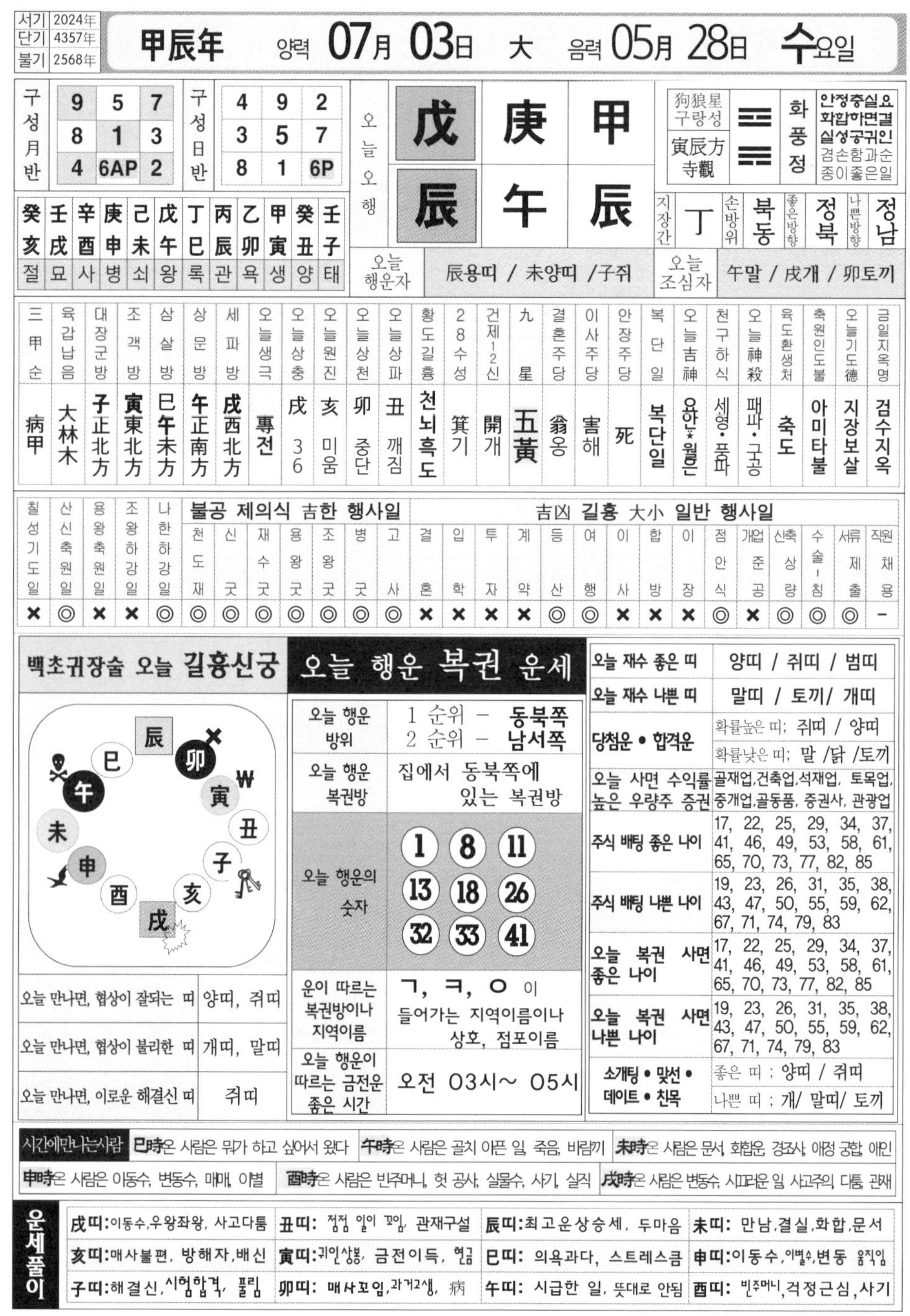

서기	2024年
단기	4357年
불기	2568年

甲辰年 양력 **07月 03日** 大 음력 **05月 28日** **수**요일

구성월반			구성일반		
9	5	7	4	9	2
8	1	3	3	5	7
4	6AP	2	8	1	6P

오늘오행		
戊	庚	甲
辰	午	辰

狗狼星 구랑성	寅辰方 寺觀	화풍정	안정중실요 화합하면결 실성공귀인 겸손함과순 종이좋은일

癸亥	壬戌	辛酉	庚申	己未	戊午	丁巳	丙辰	乙卯	甲寅	癸丑	壬子
절	묘	사	병	쇠	왕	록	관	욕	생	양	태

지장간	손방위	좋은방향	나쁜방향
丁	북동	정북	정남

오늘 행운자	辰용띠 / 未양띠 /子쥐
오늘 조심자	午말 / 戌개 / 卯토끼

三甲순	육갑납음	대장군방	조객방	삼살방	상문방	세파방	오늘생극	오늘상충	오늘원진	오늘상천	오늘상파	황도길흉	28수성	건제12신	九星	결혼주당	이사주당	안장주당	복단일	오늘吉神	천구하식	오늘神殺	육도환생처	축원인도불	오늘기도德	금일지옥명
病甲	大林木	子正北方	寅東北方	巳午未方	午正南方	戌西北方	專전	戌 36	亥 미움	卯 중단	丑 깨짐	천뇌흑도	箕기	開개	五黃	翁옹	害해	死	복단일	요안*월은	세영·풍파	패파·구공	축도	아미타불	지장보살	검수지옥

칠성기도일	산신축원일	용왕축원일	조왕하강일	나한하강일	천도재	신굿	재수굿	용왕굿	조왕굿	병굿	고사	결혼	입학	투자	계약	등산	여행	이사	합방	이장	점안식	개업준공	신축상량	수술-침	서류제출	직원채용
					불공 제의식 吉한 행사일							吉凶 길흉 大小 일반 행사일														
×	◎	×	×	◎	◎	◎	◎	◎	◎	◎	◎	×	×	×	×	◎	◎	×	×	×	◎	×	◎	◎	◎	-

백초귀장술 오늘 길흉신궁

오늘 만나면, 협상이 잘되는 띠	양띠, 쥐띠
오늘 만나면, 협상이 불리한 띠	개띠, 말띠
오늘 만나면, 이로운 해결신 띠	쥐띠

오늘 행운 복권 운세

오늘 행운 방위	1 순위 – 동북쪽 2 순위 – 남서쪽
오늘 행운 복권방	집에서 동북쪽에 있는 복권방
오늘 행운의 숫자	1 8 11 13 18 26 32 33 41
운이 따르는 복권방이나 지역이름	ㄱ, ㅋ, ㅇ 이 들어가는 지역이름이나 상호, 점포이름
오늘 행운이 따르는 금전운 좋은 시간	오전 03시~ 05시

오늘 재수 좋은 띠	양띠 / 쥐띠 / 범띠
오늘 재수 나쁜 띠	말띠 / 토끼/ 개띠
당첨운 • 합격운	확률높은 띠; 쥐띠 / 양띠 확률낮은 띠; 말 /닭 /토끼
오늘 사면 수익률 높은 우량주 증권	골재업,건축업,석재업, 토목업, 중개업,골동품, 증권사, 관광업
주식 배팅 좋은 나이	17, 22, 25, 29, 34, 37, 41, 46, 49, 53, 58, 61, 65, 70, 73, 77, 82, 85
주식 배팅 나쁜 나이	19, 23, 26, 31, 35, 38, 43, 47, 50, 55, 59, 62, 67, 71, 74, 79, 83
오늘 복권 사면 좋은 나이	17, 22, 25, 29, 34, 37, 41, 46, 49, 53, 58, 61, 65, 70, 73, 77, 82, 85
오늘 복권 사면 나쁜 나이	19, 23, 26, 31, 35, 38, 43, 47, 50, 55, 59, 62, 67, 71, 74, 79, 83
소개팅 • 맞선 • 데이트 • 친목	좋은 띠 ; 양띠 / 쥐띠 나쁜 띠 ; 개/ 말띠/ 토끼

시간에만나는사람	巳時온 사람은 뭐가 하고 싶어서 왔다	午時온 사람은 골치 아픈 일, 죽음, 바람끼	未時온 사람은 문서, 화합운, 경조사, 애정 궁합, 애인
	申時온 사람은 이동수, 변동수, 매매, 이별	酉時온 사람은 빈주머니, 헛 공사, 실물수, 사기, 실직	戌時온 사람은 변동수, 시끄러운 일 사고주의, 다툼, 관재

운세풀이			
戌띠:이동수,우왕좌왕, 사고다툼	丑띠: 점점 일이 꼬임, 관재구설	辰띠:최고운상승세, 두마음	未띠: 만남,결실,화합,문서
亥띠:매사불편, 방해자,배신	寅띠:귀인상봉, 금전이득, 현금	巳띠: 의욕과다, 스트레스큼	申띠:이동수,이별수,변동 움직임
子띠:해결신,시험합격, 풀림	卯띠: 매사꼬임,과거고생, 病	午띠: 시급한 일, 뜻대로 안됨	酉띠: 빈주머니,걱정근심,사기

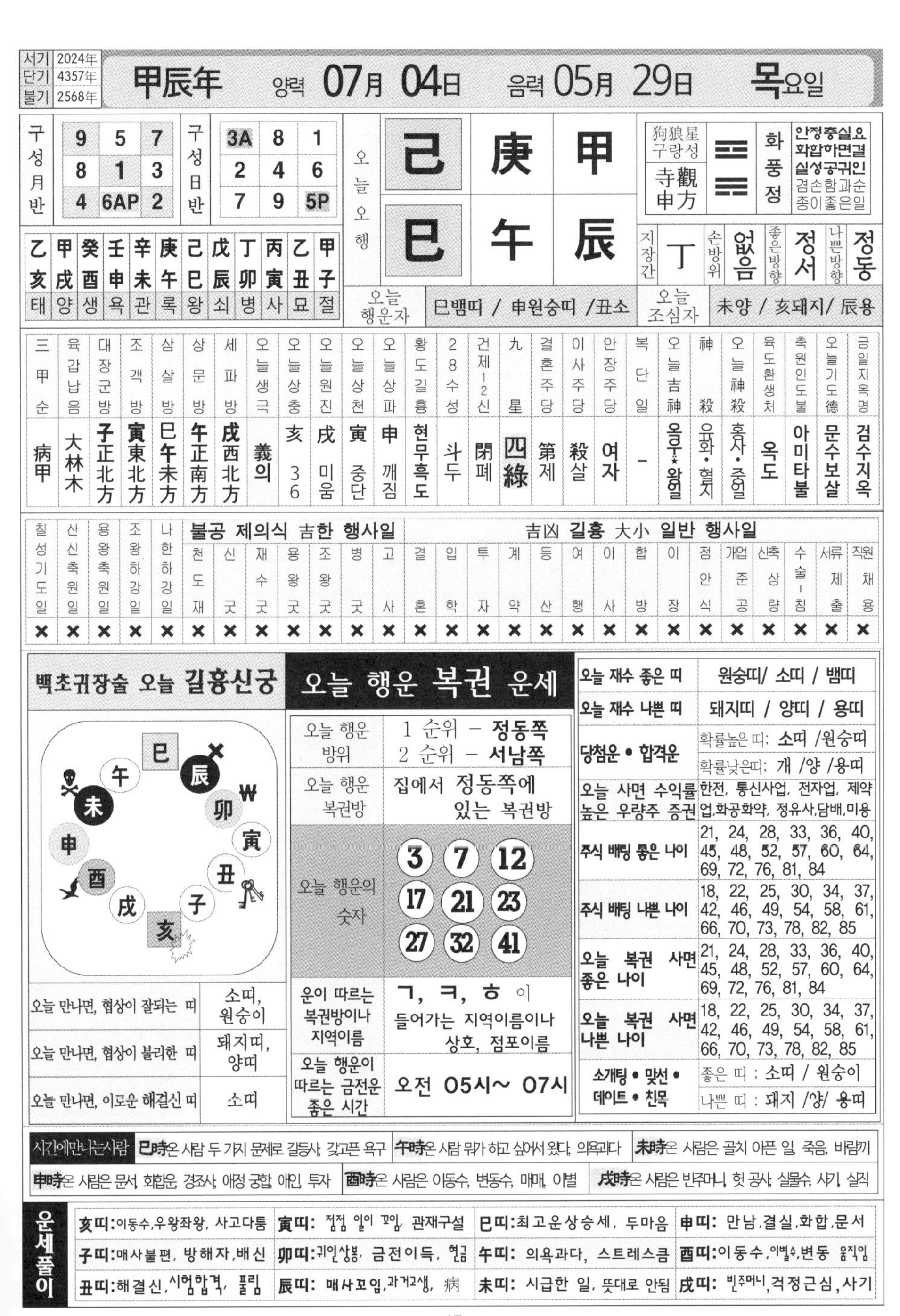

서기	2024年
단기	4357年
불기	2568年

甲辰年 양력 07月 04日 음력 05月 29日 목요일

구성月반			
	9	5	7
	8	1	3
	4	6AP	2

구성日반			
	3A	8	1
	2	4	6
	7	9	5P

오늘오행			
	己	庚	甲
	巳	午	辰

狗狼星 구랑성	寺觀 申方	☴ ☲	화풍정	안정충실요 화합하면결 실성공귀인 겸손함과순 종이좋은일

지장간	손방위	좋은방향	나쁜방향
丁	없음	정서	정동

乙亥	甲戌	癸酉	壬申	辛未	庚午	己巳	戊辰	丁卯	丙寅	乙丑	甲子
태	양	생	욕	관	록	왕	쇠	병	사	묘	절

오늘 행운자	巳뱀띠 / 申원숭띠 /丑소
오늘 조심자	未양 / 亥돼지/ 辰용

三甲순	육갑납음	대장군방	조객방	삼살방	상문방	세파방	오늘생극	오늘상충	오늘원진	오늘상천	오늘상파	황도길흉	28수성	건제12신	九星	결혼주당	이사주당	안장주당	복단일	오늘吉神	神殺	오늘神殺	육도환생처	축원인도불	오늘기도德	금일지옥명
病甲	大林木	子正北方	寅東北方	巳午未方	午正南方	戌西北方	義의	亥 36	戌 미움	寅 중단	申 깨짐	현무흑도	斗두	閉폐	四綠	第제	殺살	여자	–	옥우·왕일	육화·혈지	홍사·중일	옥도	아미타불	문수보살	검수지옥

칠성기도일	산신축원일	용왕축원일	조왕하강일	나한하강일	불공 제의식 吉한 행사일: 천도재	신굿	재수굿	용왕굿	조왕굿	병굿	고사	吉凶 길흉 大小 일반 행사일: 결혼	입학	투자	계약	등산	여행	이사	합방	이장	점안식	개업준공	신축상량	수술-침	서류제출	직원채용
×	×	×	×	×	×	×	×	×	×	×	×	×	×	×	×	×	×	×	×	×	×	×	×	×	×	×

백초귀장술 오늘 길흉신궁

오늘 만나면, 협상이 잘되는 띠	소띠, 원숭이
오늘 만나면, 협상이 불리한 띠	돼지띠, 양띠
오늘 만나면, 이로운 해결신 띠	소띠

오늘 행운 복권 운세

오늘 행운 방위	1 순위 – 정동쪽 2 순위 – 서남쪽
오늘 행운 복권방	집에서 정동쪽에 있는 복권방
오늘 행운의 숫자	3 7 12 17 21 23 27 32 41
운이 따르는 복권방이나 지역이름	ㄱ, ㅋ, ㅎ 이 들어가는 지역이름이나 상호, 점포이름
오늘 행운이 따르는 금전운 좋은 시간	오전 05시~ 07시

오늘 재수 좋은 띠	원숭띠/ 소띠 / 뱀띠
오늘 재수 나쁜 띠	돼지띠 / 양띠 / 용띠
당첨운 • 합격운	확률높은 띠: 소띠 /원숭띠 확률낮은띠: 개 /양 /용띠
오늘 사면 수익률 높은 우량주 증권	한전, 통신사업, 전자업, 제약업,화공화약, 정유사,담배,미용
주식 배팅 좋은 나이	21, 24, 28, 33, 36, 40, 45, 48, 52, 57, 60, 64, 69, 72, 76, 81, 84
주식 배팅 나쁜 나이	18, 22, 25, 30, 34, 37, 42, 46, 49, 54, 58, 61, 66, 70, 73, 78, 82, 85
오늘 복권 사면 좋은 나이	21, 24, 28, 33, 36, 40, 45, 48, 52, 57, 60, 64, 69, 72, 76, 81, 84
오늘 복권 사면 나쁜 나이	18, 22, 25, 30, 34, 37, 42, 46, 49, 54, 58, 61, 66, 70, 73, 78, 82, 85
소개팅 • 맞선 • 데이트 • 친목	좋은 띠 : 소띠 / 원숭이 나쁜 띠 : 돼지 /양/ 용띠

시간에만나는사람
- 巳時은 사람 두 가지 문제로 갈등사, 갖고픈 욕구
- 午時은 사람 뭔가 하고 싶어서 왔다, 의욕과다
- 未時은 사람은 골치 아픈 일, 죽음, 바람끼
- 申時은 사람은 문서, 화합운, 경조사, 애정 궁합, 애인, 투자
- 酉時은 사람은 이동수, 변동수, 매매, 이별
- 戌時은 사람은 빈주머니, 헛 공사, 실물수, 사기, 실직

운세풀이

亥띠:이동수,우왕좌왕, 사고다툼	寅띠: 점점 일이 꼬임, 관재구설	巳띠:최고운상승세, 두마음	申띠: 만남,결실,화합,문서
子띠:매사불편, 방해자,배신	卯띠:귀인상봉, 금전이득, 현금	午띠: 의욕과다, 스트레스큼	酉띠:이동수,이별수,변동 움직임
丑띠:해결신,시험합격, 풀림	辰띠: 매사꼬임,과거고생, 病	未띠: 시급한 일, 뜻대로 안됨	戌띠: 빈주머니,걱정근심,사기

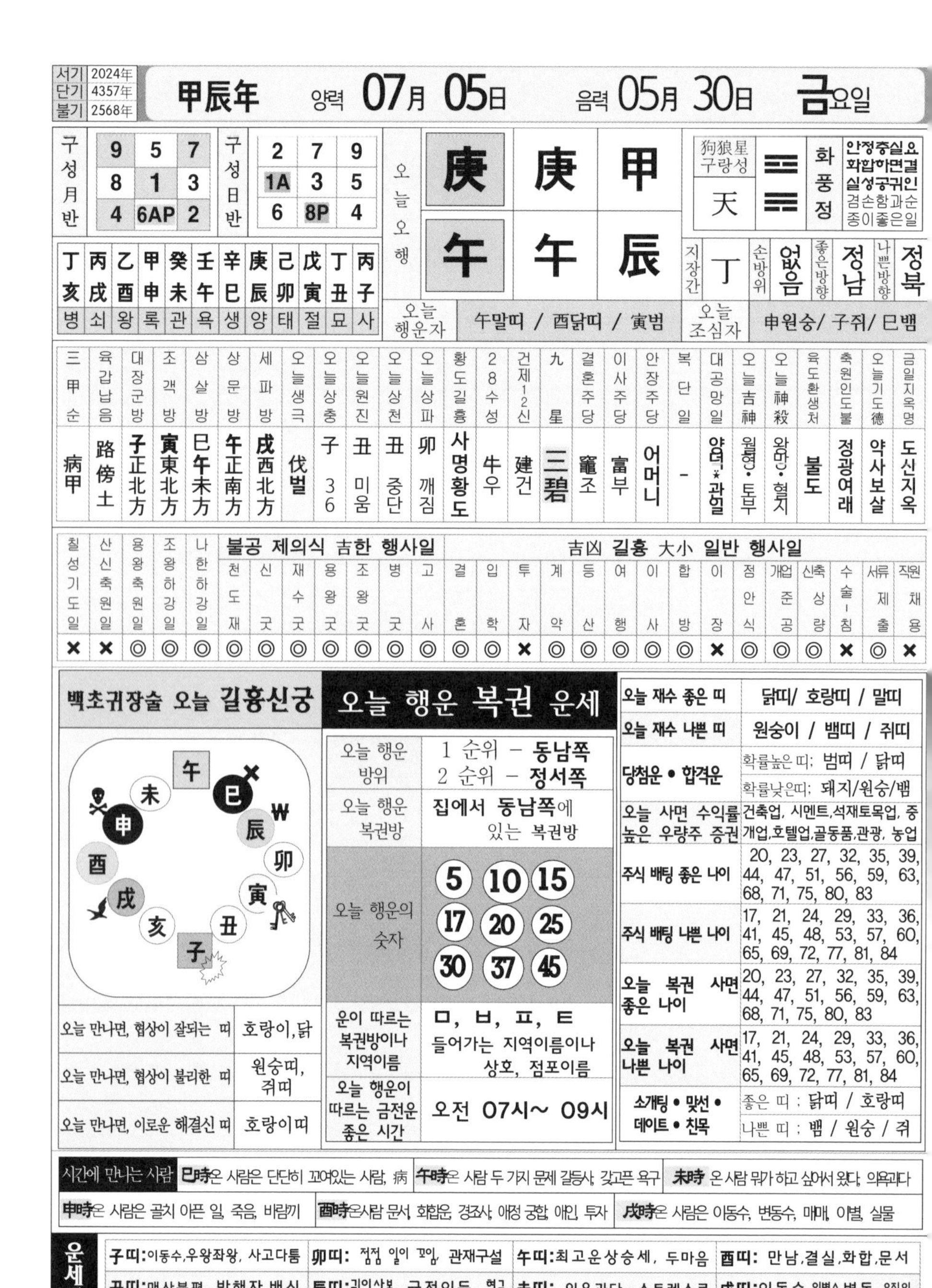

서기	2024年
단기	4357年
불기	2568年

甲辰年 양력 **07月 05日** 음력 **05月 30日** **금**요일

구성월반		
9	5	7
8	1	3
4	6AP	2

구성일반		
2	7	9
1A	3	5
6	8P	4

丁亥	丙戌	乙酉	甲申	癸未	壬午	辛巳	庚辰	己卯	戊寅	丁丑	丙子
병	쇠	왕	록	관	욕	생	양	태	절	묘	사

오늘오행

庚	庚	甲
午	午	辰

狗狼星 구랑성	天	화풍정	안정중실요 화합하면결 실성공귀인 겸손함과순 종이좋은일

지장간	丁	손방위	없음	좋은방향	정남	나쁜방향	정북

오늘 행운자	午말띠 / 酉닭띠 / 寅범	오늘 조심자	申원숭/ 子쥐/ 巳뱀

三甲순	육갑납음	대장군방	조객방	삼살방	상문방	세파방	오늘생극	오늘상충	오늘원진	오늘상천	오늘상파	황도길흉	28수성	건제12신	九星	결혼주당	이사주당	안장주당	복단일	대공망일	오늘吉神	오늘神殺	육도환생처	축원인도불	오늘기도德	금일지옥명
病甲	路傍土	子正北方	寅東北方	巳午未方	午正南方	戌西北方	伐벌	子 36	丑 미움	丑 중단	卯 깨짐	사명황도	牛우	建건	三碧	竈조	富부	어머니	-	양덕·관일	월령·토부	왕망·혈지	불도	정광여래	약사보살	도산지옥

칠성기도일	산신축원일	용왕축원일	조왕하강일	나한하강일	불공 제의식 吉한 행사일: 천도재	신굿	재수굿	용왕굿	조왕굿	병굿	고사	吉凶 길흉 大小 일반 행사일: 결혼	입학	투자	계약	등산	여행	이사	합방	이장	점안식	개업준공	신축상량	수술-침	서류제출	직원채용
×	×	◎	◎	◎	◎	◎	◎	◎	◎	◎	◎	◎	◎	×	◎	◎	◎	◎	◎	×	◎	◎	◎	×	◎	×

백초귀장술 오늘 길흉신궁

오늘 만나면, 협상이 잘되는 띠	호랑이,닭
오늘 만나면, 협상이 불리한 띠	원숭띠, 쥐띠
오늘 만나면, 이로운 해결신 띠	호랑이띠

오늘 행운 복권 운세

오늘 행운 방위	1 순위 – 동남쪽 2 순위 – 정서쪽
오늘 행운 복권방	집에서 동남쪽에 있는 복권방
오늘 행운의 숫자	5 10 15 17 20 25 30 37 45
운이 따르는 복권방이나 지역이름	ㅁ, ㅂ, ㅍ, ㅌ 들어가는 지역이름이나 상호, 점포이름
오늘 행운이 따르는 금전운 좋은 시간	오전 07시~ 09시

오늘 재수 좋은 띠	닭띠/ 호랑띠 / 말띠
오늘 재수 나쁜 띠	원숭이 / 뱀띠 / 쥐띠
당첨운 • 합격운	확률높은 띠: 범띠 / 닭띠 확률낮은띠: 돼지/원숭/뱀
오늘 사면 수익률 높은 우량주 증권	건축업, 시멘트,석재토목업, 중개업,호텔업,골동품,관광, 농업
주식 배팅 좋은 나이	20, 23, 27, 32, 35, 39, 44, 47, 51, 56, 59, 63, 68, 71, 75, 80, 83
주식 배팅 나쁜 나이	17, 21, 24, 29, 33, 36, 41, 45, 48, 53, 57, 60, 65, 69, 72, 77, 81, 84
오늘 복권 사면 좋은 나이	20, 23, 27, 32, 35, 39, 44, 47, 51, 56, 59, 63, 68, 71, 75, 80, 83
오늘 복권 사면 나쁜 나이	17, 21, 24, 29, 33, 36, 41, 45, 48, 53, 57, 60, 65, 69, 72, 77, 81, 84
소개팅 • 맞선 • 데이트 • 친목	좋은 띠 : 닭띠 / 호랑띠 나쁜 띠 : 뱀 / 원숭 / 쥐

시간에 만나는 사람	**巳時**온 사람은 단단히 꼬여있는 사람, 病	**午時**온 사람 두 가지 문제 갈등사, 갖고픈 욕구	**未時** 온 사람 뭔가 하고 싶어서 왔다, 의욕과다
申時온 사람은 골치 아픈 일, 죽음, 바람끼	**酉時**온사람 문서, 화합운, 경조사, 애정 궁합, 애인, 투자	**戌時**온 사람은 이동수, 변동수, 매매, 이별, 실물	

운세풀이

子띠:이동수,우왕좌왕, 사고다툼	**卯띠:** 점점 일이 꼬임, 관재구설	**午띠:**최고운상승세, 두마음	**酉띠:** 만남,결실,화합,문서
丑띠:매사불편, 방해자,배신	**辰띠:**귀인상봉, 금전이득, 현금	**未띠:** 의욕과다, 스트레스큼	**戌띠:**이동수,이별수,변동 움직임
寅띠:해결신,시험합격, 풀림	**巳띠:** 매사꼬임,과거고생, 病	**申띠:** 시급한 일, 뜻대로 안됨	**亥띠:** 빈주머니,걱정근심,사기

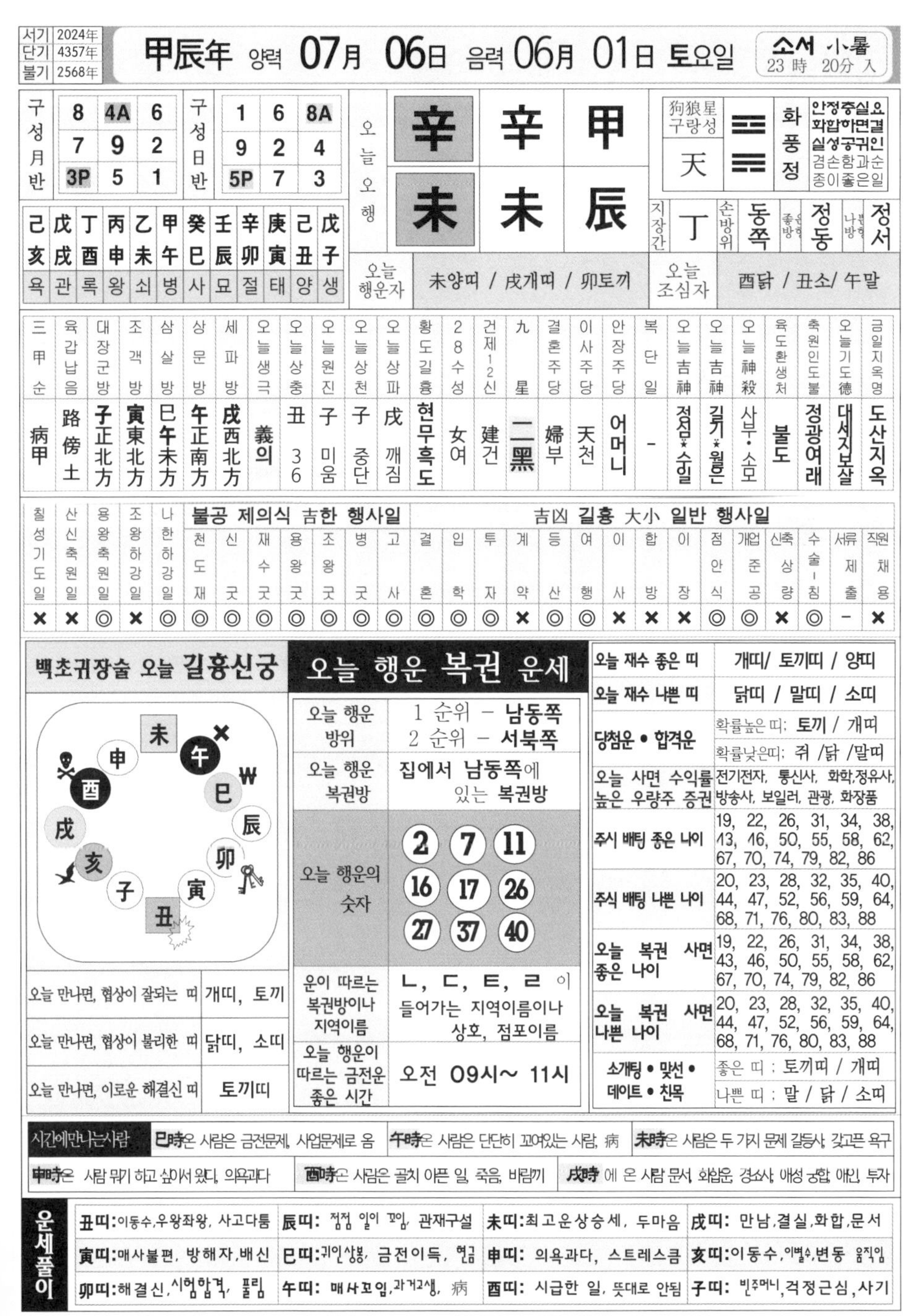

서기	2024年
단기	4357年
불기	2568年

甲辰年 양력 07月 06日 음력 06月 01日 토요일

소서 小暑 23 時 20分 入

구성月반		
8	4A	6
7	9	2
3P	5	1

구성日반		
1	6	8A
9	2	4
5P	7	3

己	戊	丁	丙	乙	甲	癸	壬	辛	庚	己	戊
亥	戌	酉	申	未	午	巳	辰	卯	寅	丑	子
욕	관	록	왕	쇠	병	사	묘	절	태	양	생

오늘 오행

辛	辛	甲
未	未	辰

狗狼星 구랑성	괘	화풍정	안정중실요 화합하면결 실성공귀인 겸손함과순 종이좋은일
天	☴☲		

지장간	손방위	좋은방향	나쁜방향
丁	동쪽	정동	정서

오늘 행운자	未양띠 / 戌개띠 / 卯토끼	오늘 조심자	酉닭 / 丑소/ 午말

三甲순	육갑납음	대장군방	조객방	삼살방	상문방	세파방	오늘생극	오늘상충	오늘원진	오늘상천	오늘상파	황도길흉	28수성
病甲	路傍土	子正北方	寅東北方	巳午未方	午正南方	戌西北方	義의	丑 36	子 미움	子 중단	戌 깨짐	현무흑도	女여

건제12신	九星	결혼주당	이사주당	안장주당	복단일	오늘吉神	오늘吉神	오늘神殺	육도환생처	축원인도불	오늘기도德	금일지옥명
建건	二黑	婦부	天천	어머니	-	정심*수일	길기*월은	삼부·소모	불도	정광여래	대세지보살	도산지옥

칠성기도일	산신축원일	용왕축원일	조왕하강일	나한하강일	불공 제의식 吉한 행사일						
					천도재	신굿	재수굿	용왕굿	조왕굿	병굿	고사
×	×	◎	×	◎	◎	◎	◎	◎	◎	◎	◎

吉凶 길흉 大小 일반 행사일														
결혼	입학	투자	계약	등산	여행	이사	합방	이장	점안식	개업준공	신축상량	수술-침	서류제출	직원채용
◎	◎	◎	×	◎	◎	×	×	×	◎	◎	×	◎	-	×

백초귀장술 오늘 길흉신궁

오늘 만나면, 협상이 잘되는 띠	개띠, 토끼
오늘 만나면, 협상이 불리한 띠	닭띠, 소띠
오늘 만나면, 이로운 해결신 띠	토끼띠

오늘 행운 복권 운세

오늘 행운 방위	1 순위 – 남동쪽 2 순위 – 서북쪽
오늘 행운 복권방	집에서 남동쪽에 있는 복권방
오늘 행운의 숫자	2 7 11 16 17 26 27 37 40
운이 따르는 복권방이나 지역이름	ㄴ, ㄷ, ㅌ, ㄹ 이 들어가는 지역이름이나 상호, 점포이름
오늘 행운이 따르는 금전운 좋은 시간	오전 09시~ 11시

오늘 재수 좋은 띠	개띠/ 토끼띠 / 양띠
오늘 재수 나쁜 띠	닭띠 / 말띠 / 소띠
당첨운 • 합격운	확률높은 띠: 토끼 / 개띠 확률낮은띠: 쥐 /닭 /말띠
오늘 사면 수익률 높은 우량주 증권	전기전자, 통신사, 화학,정유사, 방송사, 보일러, 관광, 화장품
주시 배팅 좋은 나이	19, 22, 26, 31, 34, 38, 43, 46, 50, 55, 58, 62, 67, 70, 74, 79, 82, 86
주식 배팅 나쁜 나이	20, 23, 28, 32, 35, 40, 44, 47, 52, 56, 59, 64, 68, 71, 76, 80, 83, 88
오늘 복권 사면 좋은 나이	19, 22, 26, 31, 34, 38, 43, 46, 50, 55, 58, 62, 67, 70, 74, 79, 82, 86
오늘 복권 사면 나쁜 나이	20, 23, 28, 32, 35, 40, 44, 47, 52, 56, 59, 64, 68, 71, 76, 80, 83, 88
소개팅 • 맞선 • 데이트 • 친목	좋은 띠 : 토끼띠 / 개띠 나쁜 띠 : 말 / 닭 / 소띠

시간에만나는사람	巳時온 사람은 금전문제, 사업문제로 옴	午時온 사람은 단단히 꼬여있는 사람, 病	未時온 사람은 두 가지 문제 갈등사, 갖고픈 욕구
申時온 사람 뭐기 하고 싶어서 왔다, 의욕과다	酉時온 사람은 골치 아픈 일, 죽음, 바람끼	戌時 에 온 사람 문서, 화합운, 경소사, 애성 궁합, 애인, 투자	

운세풀이			
丑띠:이동수,우왕좌왕, 사고다툼	辰띠: 점점 일이 꼬임, 관재구설	未띠:최고운상승세, 두마음	戌띠: 만남,결실,화합,문서
寅띠:매사불편, 방해자,배신	巳띠:귀인상봉, 금전이득, 현금	申띠: 의욕과다, 스트레스큼	亥띠:이동수,이별수,변동 움직임
卯띠:해결신,시험합격, 풀림	午띠: 매사꼬임,과거고생, 病	酉띠: 시급한 일, 뜻대로 안됨	子띠: 빈주머니,걱정근심,사기

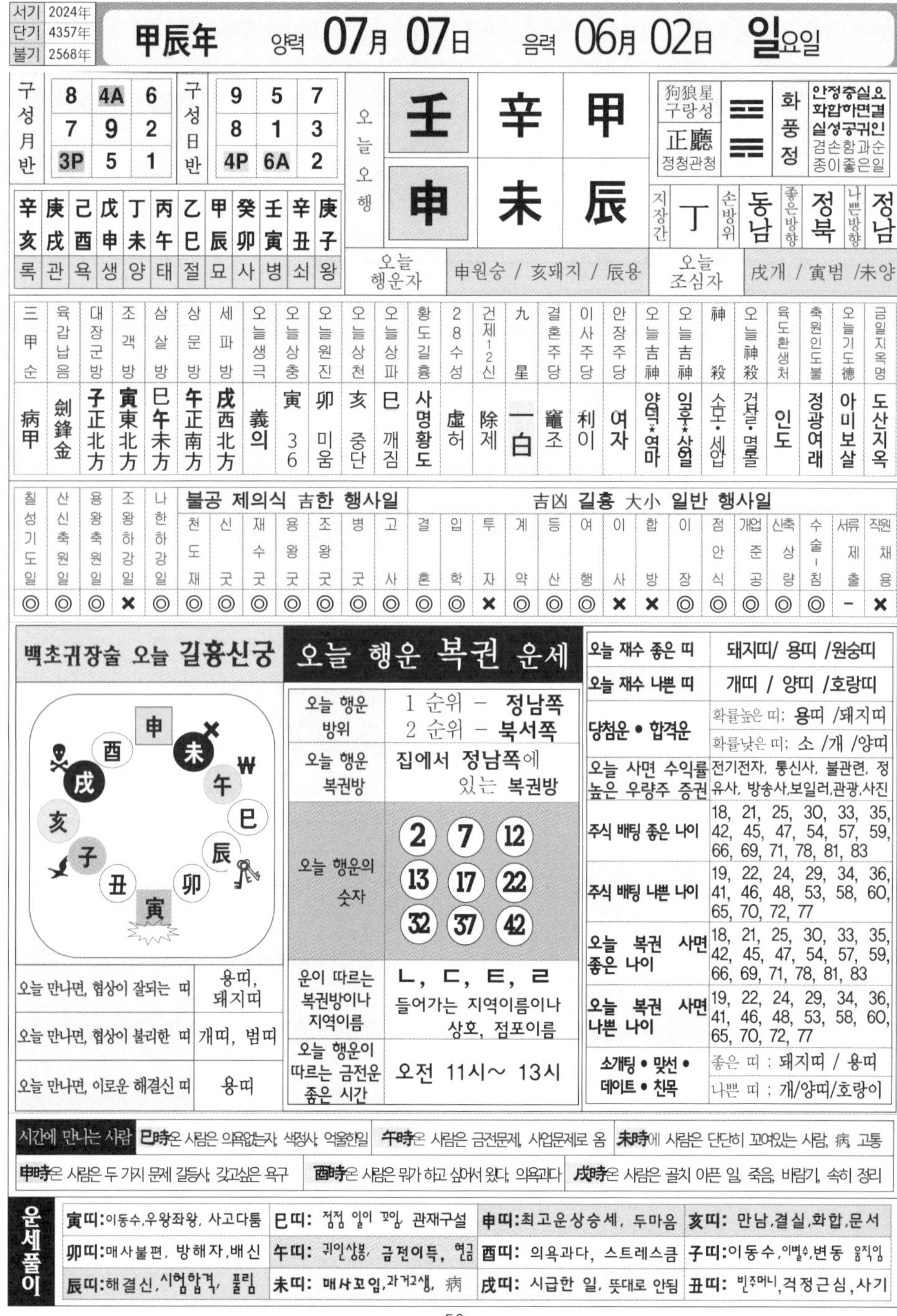

서기	2024年
단기	4357年
불기	2568年

甲辰年 양력 **07月 07日** 음력 **06月 02日** **일**요일

구성월반				구성일반			
	8	4A	6		9	5	7
	7	9	2		8	1	3
	3P	5	1		4P	6A	2

오늘오행			
천간	壬	辛	甲
지지	申	未	辰

狗狼星 구랑성	正聽 정청관청	화풍정	안정중실요 화합하면결 실성공귀인 겸손함과순 종이좋은일

지장간	손방위	좋은방향	나쁜방향
丁	동남	정북	정남

辛亥	庚戌	己酉	戊申	丁未	丙午	乙巳	甲辰	癸卯	壬寅	辛丑	庚子
록	관	욕	생	양	태	절	묘	사	병	쇠	왕

오늘 행운자	申원숭 / 亥돼지 / 辰용	오늘 조심자	戌개 / 寅범 /未양

三甲순	육갑납음	대장군방	조객방	삼살방	상문방	세파방	오늘생극	오늘상충	오늘원진	오늘상천	오늘상파	황도길흉	28수성	건제12신	九星	결혼주당	이사주당	안장주당	오늘吉神	오늘吉神	神殺	오늘神殺	육도환생처	축원인도불	오늘기도德	금일지옥명
病甲	劍鋒金	子正北方	寅東北方	巳午未方	午正南方	戌西北方	義의	寅 36	卯 미움	亥 중단	巳 깨짐	사명황도	虛허	除제	一白	竈조	利이	여자	양덕*역마	임후*상일	소모·세압	겁살·멸몰	인도	정광여래	아미보살	도산지옥

칠성기도일	산신축원일	용왕축원일	조왕하강일	나한하강일	불공 제의식 吉한 행사일							吉凶 길흉 大小 일반 행사일														
					천도재	신굿	재수굿	용왕굿	조왕굿	병굿	고사	결혼	입학	투자	계약	등산	여행	이사	합방	이장	점안식	개업준공	신축상량	수술-침	서류제출	직원채용
◎	◎	◎	×	◎	◎	◎	◎	◎	◎	◎	◎	◎	◎	×	◎	◎	◎	×	×	◎	◎	◎	◎	◎	-	×

백초귀장술 오늘 길흉신궁

오늘 만나면, 협상이 잘되는 띠	용띠, 돼지띠
오늘 만나면, 협상이 불리한 띠	개띠, 범띠
오늘 만나면, 이로운 해결신 띠	용띠

오늘 행운 복권 운세

오늘 행운 방위	1 순위 – 정남쪽 2 순위 – 북서쪽
오늘 행운 복권방	집에서 정남쪽에 있는 복권방
오늘 행운의 숫자	2, 7, 12, 13, 17, 22, 32, 37, 42
운이 따르는 복권방이나 지역이름	ㄴ, ㄷ, ㅌ, ㄹ 들어가는 지역이름이나 상호, 점포이름
오늘 행운이 따르는 금전운 좋은 시간	오전 11시~ 13시

오늘 재수 좋은 띠	돼지띠/ 용띠 /원숭띠
오늘 재수 나쁜 띠	개띠 / 양띠 /호랑띠
당첨운 • 합격운	확률높은 띠; 용띠 /돼지띠 확률낮은 띠; 소 /개 /양띠
오늘 사면 수익률 높은 우량주 증권	전기전자, 통신사, 불관련, 정유사, 방송사,보일러,관광,사진
주식 배팅 좋은 나이	18, 21, 25, 30, 33, 35, 42, 45, 47, 54, 57, 59, 66, 69, 71, 78, 81, 83
주식 배팅 나쁜 나이	19, 22, 24, 29, 34, 36, 41, 46, 48, 53, 58, 60, 65, 70, 72, 77
오늘 복권 사면 좋은 나이	18, 21, 25, 30, 33, 35, 42, 45, 47, 54, 57, 59, 66, 69, 71, 78, 81, 83
오늘 복권 사면 나쁜 나이	19, 22, 24, 29, 34, 36, 41, 46, 48, 53, 58, 60, 65, 70, 72, 77
소개팅 • 맞선 • 데이트 • 친목	좋은 띠 ; 돼지띠 / 용띠 나쁜 띠 ; 개/양띠/호랑이

시간에 만나는 사람 **巳時**은 사람은 의욕없는자, 색정사, 억울한일 **午時**은 사람은 금전문제, 사업문제로 옴 **未時**에 사람은 단단히 꼬여있는 사람, 病 고통

申時은 사람은 두 가지 문제 갈등사, 갖고싶은 욕구 **酉時**은 사람은 뭐가 하고 싶어서 왔다, 의욕과다 **戌時**은 사람은 골치 아픈 일, 죽음, 바람기, 속히 정리

운세풀이

寅띠: 이동수,우왕좌왕, 사고다툼	**巳띠:** 점점 일이 꼬임, 관재구설	**申띠:** 최고운상승세, 두마음	**亥띠:** 만남,결실,화합,문서
卯띠: 매사불편, 방해자,배신	**午띠:** 귀인상봉, 금전이득, 현금	**酉띠:** 의욕과다, 스트레스큼	**子띠:** 이동수,이별수,변동 움직임
辰띠: 해결신,시험합격, 풀림	**未띠:** 매사꼬임,과거고생, 病	**戌띠:** 시급한 일, 뜻대로 안됨	**丑띠:** 빈주머니,걱정근심,사기

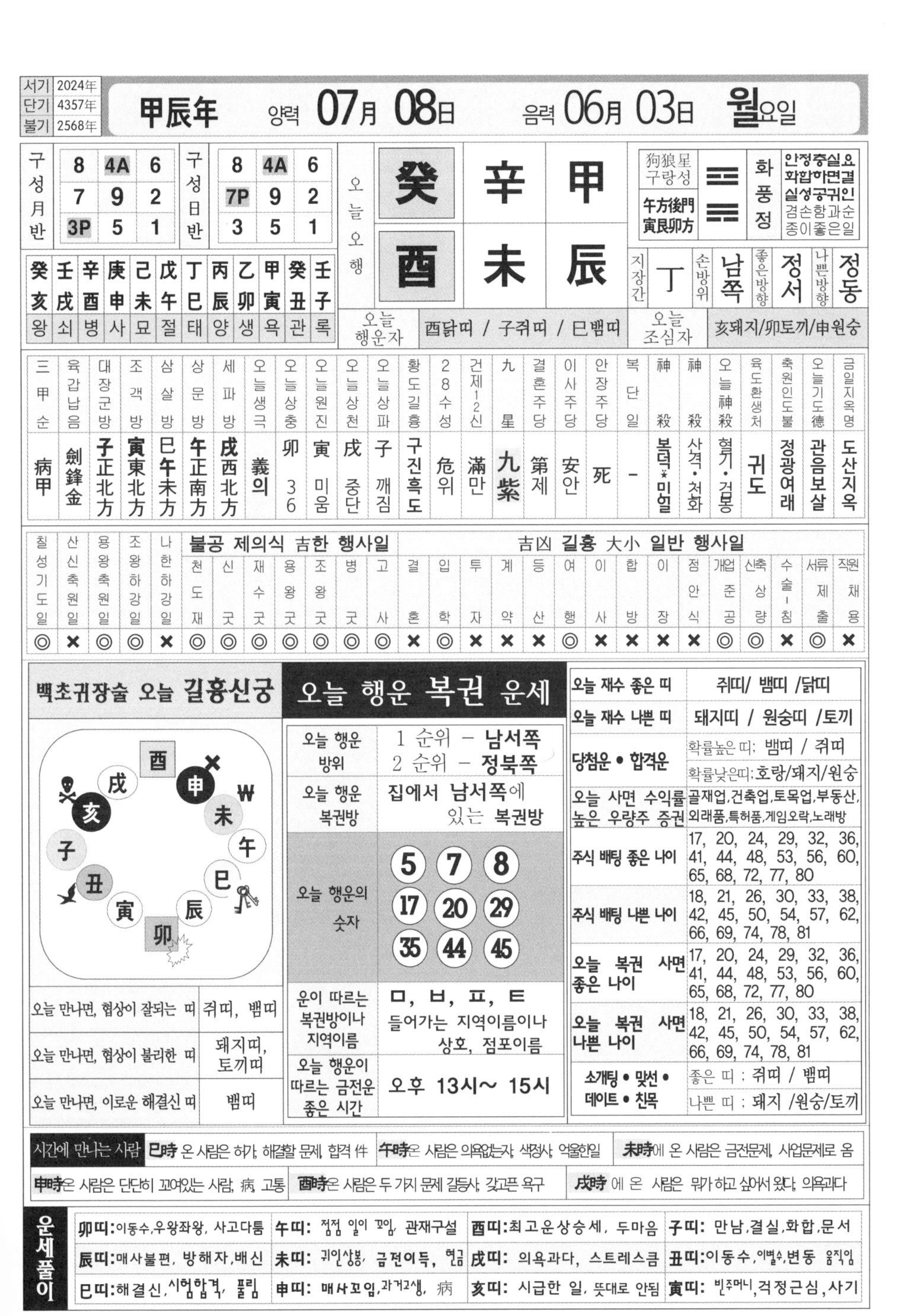

서기	2024年
단기	4357年
불기	2568年

甲辰年 양력 07月 08日 음력 06月 03日 월요일

구성月반				구성日반			
	8	4A	6		8	4A	6
	7	9	2		7P	9	2
	3P	5	1		3	5	1

오늘오행			
천간	癸	辛	甲
지지	酉	未	辰

狗狼星 구랑성: 午方後門 寅艮卯方

화풍정: 안정충실요 화합하면결 실성공귀인 겸손함과순 종이좋은일

癸亥	壬戌	辛酉	庚申	己未	戊午	丁巳	丙辰	乙卯	甲寅	癸丑	壬子
왕	쇠	병	사	묘	절	태	양	생	욕	관	록

지장간	손방위	좋은방향	나쁜방향
丁	남쪽	정서	정동

오늘 행운자	酉닭띠 / 子쥐띠 / 巳뱀띠	오늘 조심자	亥돼지/卯토끼/申원숭

三甲순	육갑납음	대장군방	조객방	삼살방	상문방	세파방	오늘생극	오늘상충	오늘원진	오늘상천	오늘상파	황도길흉	28수성	건제12신	九星	결혼주당	이사주당	안장주당	복단일	神殺	神殺	오늘神殺	육도환생처	축원인도불	오늘기도德	금일지옥명
病甲	劍鋒金	子正北方	寅東北方	巳午未方	午正南方	戌西北方	義의	卯 36	寅 미움	戌 중단	子 깨짐	구진흑도	危위	滿만	九紫	第제	安안	死	–	복덕*미얼	사격·천화	혈기·검봉	귀도	정광여래	관음보살	도산지옥

칠성기도일	산신축원일	용왕축원일	조왕하강일	나한하강일
◎	×	◎	◎	×

불공 제의식 吉한 행사일

천도재	신굿	재수굿	용왕굿	조왕굿	병굿	고사
◎	◎	◎	◎	◎	◎	◎

吉凶 길흉 大小 일반 행사일

결혼	입학	투자	계약	등산	여행	이사	합방	이장	점안식	개업준공	신축상량	수술-침	서류제출	직원채용
×	◎	×	×	×	◎	×	×	×	×	◎	◎	×	◎	×

백초귀장술 오늘 길흉신궁

酉 申 W 未 午 巳 辰 卯 寅 丑 子 亥 戌

오늘 만나면, 협상이 잘되는 띠	쥐띠, 뱀띠
오늘 만나면, 협상이 불리한 띠	돼지띠, 토끼띠
오늘 만나면, 이로운 해결신 띠	뱀띠

오늘 행운 복권 운세

오늘 행운 방위	1 순위 – 남서쪽 2 순위 – 정북쪽
오늘 행운 복권방	집에서 남서쪽에 있는 복권방
오늘 행운의 숫자	5, 7, 8, 17, 20, 29, 35, 44, 45
운이 따르는 복권방이나 지역이름	ㅁ, ㅂ, ㅍ, ㅌ 들어가는 지역이름이나 상호, 점포이름
오늘 행운이 따르는 금전운 좋은 시간	오후 13시~ 15시

오늘 재수 좋은 띠	쥐띠/ 뱀띠 /닭띠
오늘 재수 나쁜 띠	돼지띠 / 원숭띠 /토끼
당첨운 • 합격운	확률높은 띠: 뱀띠 / 쥐띠 확률낮은띠: 호랑/돼지/원숭
오늘 사면 수익률 높은 우량주 증권	골재업,건축업,토목업,부동산,외래품,특허품,게임오락,노래방
주식 배팅 좋은 나이	17, 20, 24, 29, 32, 36, 41, 44, 48, 53, 56, 60, 65, 68, 72, 77, 80
주식 배팅 나쁜 나이	18, 21, 26, 30, 33, 38, 42, 45, 50, 54, 57, 62, 66, 69, 74, 78, 81
오늘 복권 사면 좋은 나이	17, 20, 24, 29, 32, 36, 41, 44, 48, 53, 56, 60, 65, 68, 72, 77, 80
오늘 복권 사면 나쁜 나이	18, 21, 26, 30, 33, 38, 42, 45, 50, 54, 57, 62, 66, 69, 74, 78, 81
소개팅 • 맞선 • 데이트 • 친목	좋은 띠 : 쥐띠 / 뱀띠 나쁜 띠 : 돼지 /원숭/토끼

시간에 만나는 사람

- 巳時 온 사람은 허가, 해결할 문제, 합격 件
- 午時은 사람은 의욕없는자, 색정사, 억울한일
- 未時에 온 사람은 금전문제, 사업문제로 옴
- 申時은 사람은 단단히 꼬여있는 사람, 病, 고통
- 酉時은 사람은 두 가지 문제 갈등사, 갖고픈 욕구
- 戌時 에 온 사람은 뭐가 하고 싶어서 왔다, 의욕과다

운세풀이

卯띠: 이동수,우왕좌왕, 사고다툼	午띠: 점점 일이 꼬임, 관재구설	酉띠: 최고운상승세, 두마음	子띠: 만남,결실,화합,문서
辰띠: 매사불편, 방해자,배신	未띠: 귀인상봉, 금전이득, 현금	戌띠: 의욕과다, 스트레스큼	丑띠: 이동수,이별수,변동 움직임
巳띠: 해결신,시험합격, 풀림	申띠: 매사꼬임,과거고생, 病	亥띠: 시급한 일, 뜻대로 안됨	寅띠: 빈주머니,걱정근심,사기

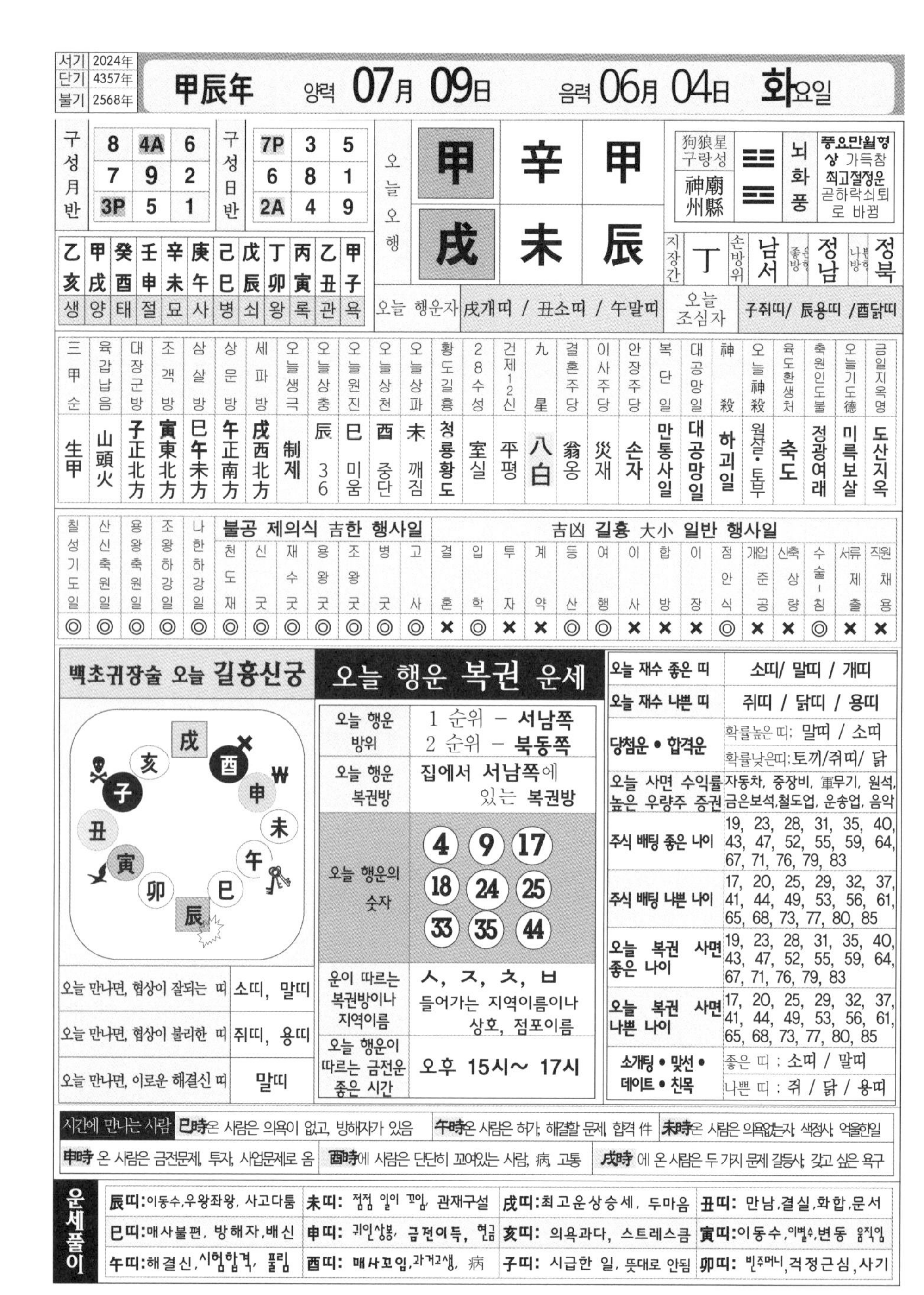

서기	2024年
단기	4357年
불기	2568年

甲辰年 양력 07月 09日 음력 06月 04日 화요일

구성月반				구성日반		
8	4A	6		7P	3	5
7	9	2		6	8	1
3P	5	1		2A	4	9

오늘오행		
甲	辛	甲
戊	未	辰

狗狼星 구랑성	神廟州縣	뇌화풍	**풍요만월형상** 가득참 **최고절정운** 곧하락쇠퇴로 바뀜

지장간	丁	손방위	남서	좋은방향	정남	나쁜방향	정북

乙亥	甲戌	癸酉	壬申	辛未	庚午	己巳	戊辰	丁卯	丙寅	乙丑	甲子
생	양	태	절	묘	사	병	쇠	왕	록	관	욕

오늘 행운자	戌개띠 / 丑소띠 / 午말띠	오늘 조심자	子쥐띠/ 辰용띠 /酉닭띠

三甲순	육갑납음	대장군방	조객방	삼살방	상문방	세파방	오늘생극	오늘상충	오늘원진	오늘상천	오늘상파	황도길흉	28수성
生甲	山頭火	子正北方	寅東北方	巳午未方	午正南方	戌西北方	制제	辰 36	巳 미움	酉 중단	未 깨짐	청룡황도	室실

건제12신	九星	결혼주당	이사주당	안장주당	복단일	대공망일	神殺	오늘神殺	육도환생처	축원인도불	오늘기도德	금일지옥명
平평	八白	翁옹	災재	손자	만통사일	대공망일	하괴일	월살·토부	축도	정광여래	미륵보살	도산지옥

칠성기도일	산신축원일	용왕축원일	조왕하강일	나한하강일	불공 제의식 吉한 행사일						
					천도재	신굿	재수굿	용왕굿	조왕굿	병굿	고사
◎	◎	◎	◎	◎	◎	◎	◎	◎	◎	◎	◎

吉凶 길흉 大小 일반 행사일														
결혼	입학	투자	계약	등산	여행	이사	합방	이장	점안식	개업준공	신축상량	수술-침	서류제출	직원채용
×	◎	×	×	◎	◎	×	×	×	◎	×	×	◎	×	×

백초귀장술 오늘 길흉신궁

오늘 만나면, 협상이 잘되는 띠	소띠, 말띠
오늘 만나면, 협상이 불리한 띠	쥐띠, 용띠
오늘 만나면, 이로운 해결신 띠	말띠

오늘 행운 복권 운세

오늘 행운 방위	1 순위 – 서남쪽 2 순위 – 북동쪽
오늘 행운 복권방	집에서 서남쪽에 있는 복권방
오늘 행운의 숫자	4 9 17 18 24 25 33 35 44
운이 따르는 복권방이나 지역이름	ㅅ, ㅈ, ㅊ, ㅂ 들어가는 지역이름이나 상호, 점포이름
오늘 행운이 따르는 금전운 좋은 시간	오후 15시~ 17시

오늘 재수 좋은 띠	소띠/ 말띠 / 개띠
오늘 재수 나쁜 띠	쥐띠 / 닭띠 / 용띠
당첨운 • 합격운	확률높은 띠: 말띠 / 소띠 확률낮은띠:토끼/쥐띠/ 닭
오늘 사면 수익률 높은 우량주 증권	자동차, 중장비, 軍무기, 원석, 금은보석,철도업, 운송업, 음악
주식 배팅 좋은 나이	19, 23, 28, 31, 35, 40, 43, 47, 52, 55, 59, 64, 67, 71, 76, 79, 83
주식 배팅 나쁜 나이	17, 20, 25, 29, 32, 37, 41, 44, 49, 53, 56, 61, 65, 68, 73, 77, 80, 85
오늘 복권 사면 좋은 나이	19, 23, 28, 31, 35, 40, 43, 47, 52, 55, 59, 64, 67, 71, 76, 79, 83
오늘 복권 사면 나쁜 나이	17, 20, 25, 29, 32, 37, 41, 44, 49, 53, 56, 61, 65, 68, 73, 77, 80, 85
소개팅 • 맞선 • 데이트 • 친목	좋은 띠 ; 소띠 / 말띠 나쁜 띠 ; 쥐 / 닭 / 용띠

시간에 만나는 사람	**巳時**온 사람은 의욕이 없고, 방해자가 있음	**午時**온 사람은 허가, 해결할 문제, 합격 件	**未時**온 사람은 의욕없는자, 색정사, 억울한일
	申時 온 사람은 금전문제, 투자, 사업문제로 옴	**酉時**에 사람은 단단히 꼬여있는 사람, 病, 고통	**戌時** 에 온 사람은 두 가지 문제 갈등사, 갖고 싶은 욕구

운세풀이			
辰띠:이동수,우왕좌왕, 사고다툼	**未띠:** 점점 일이 꼬임, 관재구설	**戌띠:**최고운상승세, 두마음	**丑띠:** 만남,결실,화합,문서
巳띠:매사불편, 방해자,배신	**申띠:** 귀인상봉, 금전이득, 현금	**亥띠:** 의욕과다, 스트레스큼	**寅띠:**이동수,이별수,변동 움직임
午띠:해결신,시험합격, 풀림	**酉띠:** 매사꼬임,과거고생, 病	**子띠:** 시급한 일, 뜻대로 안됨	**卯띠:** 빈주머니,걱정근심,사기

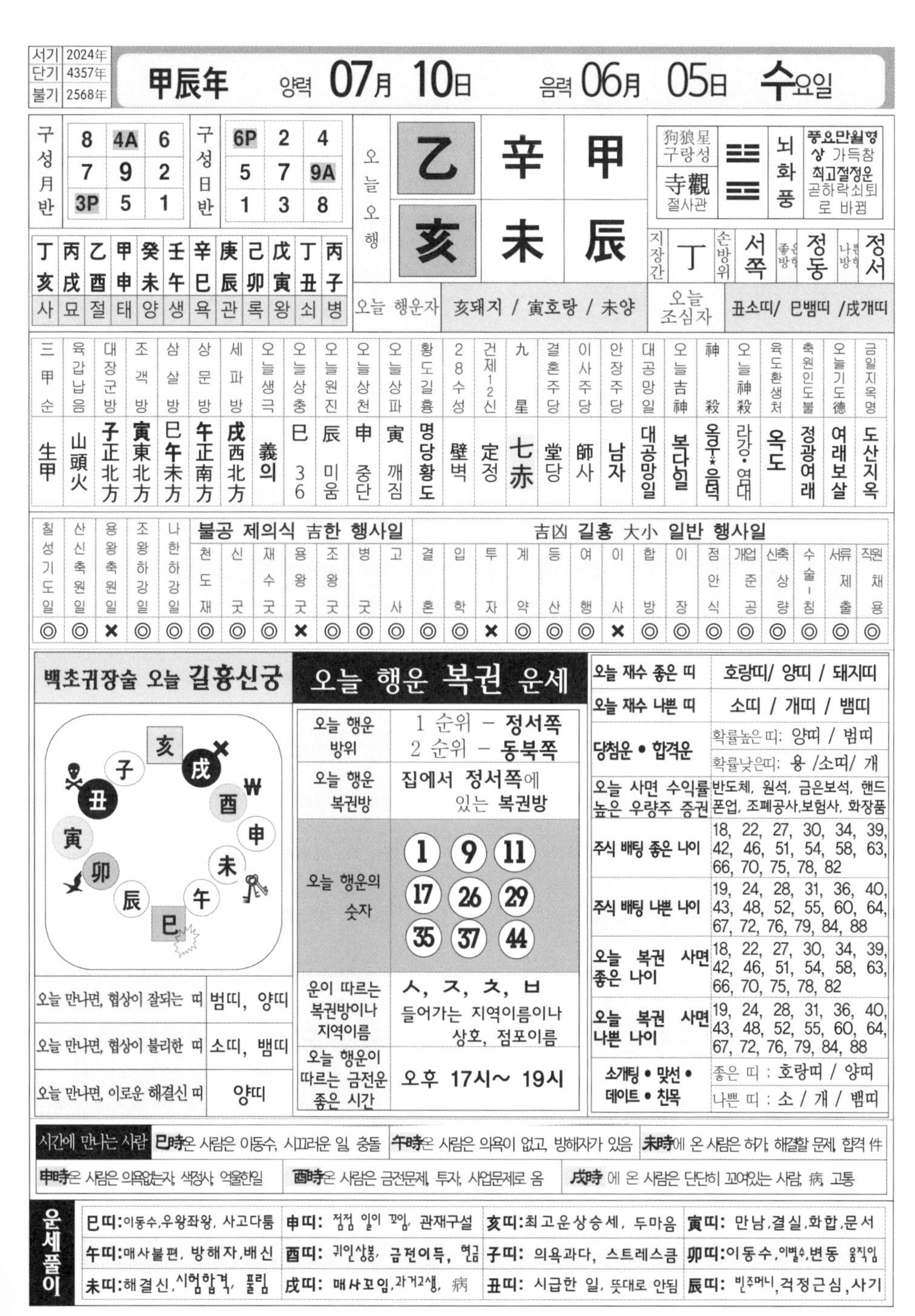

서기	2024年
단기	4357年
불기	2568年

甲辰年 양력 07月 10日 음력 06月 05日 수요일

구성월반		
8	4A	6
7	9	2
3P	5	1

구성일반		
6P	2	4
5	7	9A
1	3	8

오늘오행		
乙	辛	甲
亥	未	辰

狗狼星 구랑성	寺觀 절사관
괘	뇌화풍
풍요만월형상 가득참 최고절정운 곧하락쇠퇴로 바뀜	

지장간	丁	손방위	서쪽	좋은방향	정동	나쁜방향	정서

丁亥	丙戌	乙酉	甲申	癸未	壬午	辛巳	庚辰	己卯	戊寅	丁丑	丙子
사	묘	절	태	양	생	욕	관	록	왕	쇠	병

오늘 행운자	亥돼지 / 寅호랑 / 未양	오늘 조심자	丑소띠/ 巳뱀띠 /戌개띠

三甲순	육갑납음	대장군방	조객방	삼살방	상문방	세파방	오늘생극	오늘상충	오늘원진	오늘상천	오늘상파	황도길흉	28수성	건제12신	九星	결혼주당	이사주당	안장주당	대공망일	오늘吉神	神殺	오늘神殺	육도환생처	축원인도불	오늘기도德	금일지옥명
生甲	山頭火	子正北方	寅東北方	巳午未方	午正南方	戌西北方	義의	巳 36	辰 미움	申 중단	寅 깨짐	명당황도	壁벽	定정	七赤	堂당	師사	남자	대공망일	복단일	옥우·음덕	라강·염대	옥도	정광여래	여래보살	도산지옥

칠성기도일	산신축원일	용왕축원일	조왕하강일	나한하강일	불공 제의식 吉한 행사일							吉凶 길흉 大小 일반 행사일														
					천도재	신굿	재수굿	용왕굿	조왕굿	병굿	고사	결혼	입학	투자	계약	등산	여행	이사	합방	이장	점안식	개업준공	신축상량	수술-침	서류제출	직원채용
◎	◎	×	◎	◎	◎	◎	◎	×	◎	◎	◎	◎	◎	×	◎	◎	◎	×	◎	◎	◎	◎	◎	◎	◎	◎

백초귀장술 오늘 길흉신궁

오늘 만나면, 협상이 잘되는 띠	범띠, 양띠
오늘 만나면, 협상이 불리한 띠	소띠, 뱀띠
오늘 만나면, 이로운 해결신 띠	양띠

오늘 행운 복권 운세

오늘 행운 방위	1 순위 – 정서쪽 2 순위 – 동북쪽
오늘 행운 복권방	집에서 정서쪽에 있는 복권방
오늘 행운의 숫자	1 9 11 17 26 29 35 37 44
운이 따르는 복권방이나 지역이름	ㅅ, ㅈ, ㅊ, ㅂ 들어가는 지역이름이나 상호, 점포이름
오늘 행운이 따르는 금전운 좋은 시간	오후 17시~ 19시

오늘 재수 좋은 띠	호랑띠/ 양띠 / 돼지띠
오늘 재수 나쁜 띠	소띠 / 개띠 / 뱀띠
당첨운 • 합격운	확률높은 띠: 양띠 / 범띠 확률낮은띠: 용 /소띠/ 개
오늘 사면 수익률 높은 우량주 증권	반도체, 원석, 금은보석, 핸드폰업, 조폐공사,보험사, 화장품
주식 배팅 좋은 나이	18, 22, 27, 30, 34, 39, 42, 46, 51, 54, 58, 63, 66, 70, 75, 78, 82
주식 배팅 나쁜 나이	19, 24, 28, 31, 36, 40, 43, 48, 52, 55, 60, 64, 67, 72, 76, 79, 84, 88
오늘 복권 사면 좋은 나이	18, 22, 27, 30, 34, 39, 42, 46, 51, 54, 58, 63, 66, 70, 75, 78, 82
오늘 복권 사면 나쁜 나이	19, 24, 28, 31, 36, 40, 43, 48, 52, 55, 60, 64, 67, 72, 76, 79, 84, 88
소개팅 • 맞선 • 데이트 • 친목	좋은 띠 : 호랑띠 / 양띠 나쁜 띠 : 소 / 개 / 뱀띠

시간에 만나는 사람	巳時온 사람은 이동수, 시끄러운 일, 충돌	午時온 사람은 의욕이 없고, 방해자가 있음	未時에 온 사람은 허가, 해결할 문제, 합격 件
申時온 사람은 의욕없는자, 색정사, 억울한일	酉時온 사람은 금전문제, 투자, 사업문제로 옴	戌時 에 온 사람은 단단히 꼬여있는 사람, 病, 고통	

운세풀이			
巳띠:이동수,우왕좌왕, 사고다툼	申띠: 점점 일이 꼬임, 관재구설	亥띠:최고운상승세, 두마음	寅띠: 만남,결실,화합,문서
午띠:매사불편, 방해자,배신	酉띠: 귀인상봉, 금전이득, 현금	子띠: 의욕과다, 스트레스큼	卯띠:이동수,이별수,변동 움직임
未띠:해결신,시험합격, 풀림	戌띠: 매사꼬임,과거고생, 病	丑띠: 시급한 일, 뜻대로 안됨	辰띠: 빈주머니,걱정근심,사기

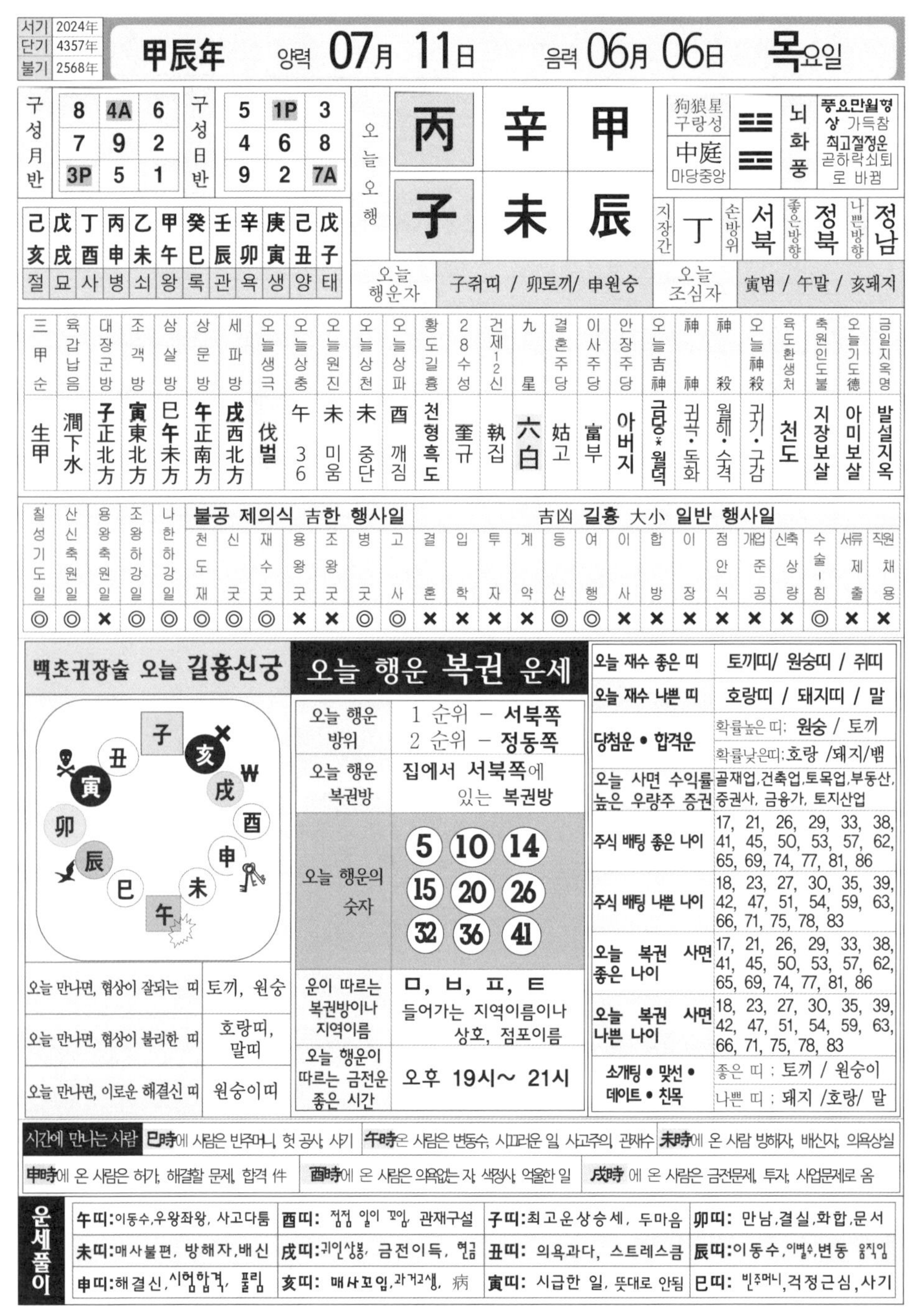

서기 2024年	단기 4357年	불기 2568年

甲辰年 양력 **07月 11日** 음력 **06月 06日** **목**요일

구성月반

8	4A	6
7	9	2
3P	5	1

구성日반

5	1P	3
4	6	8
9	2	7A

己亥	戊戌	丁酉	丙申	乙未	甲午	癸巳	壬辰	辛卯	庚寅	己丑	戊子
절	묘	사	병	쇠	왕	록	관	욕	생	양	태

오늘오행

丙	辛	甲
子	未	辰

狗狼星 구랑성 / 中庭 마당중앙 / ☳☲ 뇌화풍 / 풍요만월영상 가득참 최고절정운 곧하락쇠퇴로 바뀜

지장간	丁	손방위	서북	좋은방향	정북	나쁜방향	정남

오늘 행운자	子쥐띠 / 卯토끼/ 申원숭	오늘 조심자	寅범 / 午말 / 亥돼지

三甲순	육갑납음	대장군방	조객방	삼살방	상문방	세파방	오늘생극	오늘상충	오늘원진	오늘상천	오늘상파	황도길흉	28수성	건제12신	九星	결혼주당	이사주당	안장주당	오늘吉神	神神	神殺	오늘神殺	육도환생처	축원인도불	오늘기도德	금일지옥명
生甲	潤下水	子正北方	寅東北方	巳午未方	午正南方	戌西北方	伐벌	午 36	未 미움	未 중단	酉 깨짐	천형흑도	奎규	執집	六白	姑고	富부	아버지	금당*월덕	귀곡·도화	월해·수격	귀기·구감	천도	지장보살	아미보살	발설지옥

칠성기도일	산신축원일	용왕축원일	조왕하강일	나한하강일	천도재	신굿	재수굿	용왕굿	조왕굿	병굿	고사	결혼	입학	투자	계약	등산	여행	이사	합방	이장	점안식	개업준공	신축상량	수술-침	서류제출	직원채용
					불공 제의식 吉한 행사일							吉凶 길흉 大小 일반 행사일														
◎	◎	×	◎	◎	◎	◎	◎	×	×	◎	◎	×	×	×	×	◎	◎	×	×	×	×	×	×	◎	×	×

백초귀장술 오늘 길흉신궁

오늘 만나면, 협상이 잘되는 띠	토끼, 원숭
오늘 만나면, 협상이 불리한 띠	호랑띠, 말띠
오늘 만나면, 이로운 해결신 띠	원숭이띠

오늘 행운 복권 운세

오늘 행운 방위	1 순위 – 서북쪽 2 순위 – 정동쪽
오늘 행운 복권방	집에서 서북쪽에 있는 복권방
오늘 행운의 숫자	5 10 14 15 20 26 32 36 41
운이 따르는 복권방이나 지역이름	ㅁ, ㅂ, ㅍ, ㅌ 들어가는 지역이름이나 상호, 점포이름
오늘 행운이 따르는 금전운 좋은 시간	오후 19시~ 21시

오늘 재수 좋은 띠	토끼띠/ 원숭띠 / 쥐띠
오늘 재수 나쁜 띠	호랑띠 / 돼지띠 / 말
당첨운 • 합격운	확률높은 띠: 원숭 / 토끼 확률낮은띠: 호랑 /돼지/뱀
오늘 사면 수익률 높은 우량주 증권	골재업,건축업,토목업,부동산,증권사, 금융가, 토지산업
주식 배팅 좋은 나이	17, 21, 26, 29, 33, 38, 41, 45, 50, 53, 57, 62, 65, 69, 74, 77, 81, 86
주식 배팅 나쁜 나이	18, 23, 27, 30, 35, 39, 42, 47, 51, 54, 59, 63, 66, 71, 75, 78, 83
오늘 복권 사면 좋은 나이	17, 21, 26, 29, 33, 38, 41, 45, 50, 53, 57, 62, 65, 69, 74, 77, 81, 86
오늘 복권 사면 나쁜 나이	18, 23, 27, 30, 35, 39, 42, 47, 51, 54, 59, 63, 66, 71, 75, 78, 83
소개팅 • 맞선 • 데이트 • 친목	좋은 띠 : 토끼 / 원숭이 나쁜 띠 : 돼지 /호랑/ 말

시간에 만나는 사람	巳時에 사람은 빈주머니, 헛 공사, 사기	午時은 사람은 변동수, 시끄러운 일, 사고주의, 관재수	未時에 온 사람 방해자, 배신자, 의욕상실
	申時에 온 사람은 허가, 해결할 문제, 합격 件	酉時에 온 사람은 의욕없는 자, 색정사, 억울한 일	戌時 에 온 사람은 금전문제, 투자, 사업문제로 옴

운세풀이				
	午띠:이동수,우왕좌왕, 사고다툼	酉띠: 점점 일이 꼬임, 관재구설	子띠:최고운상승세, 두마음	卯띠: 만남,결실,화합,문서
	未띠:매사불편, 방해자,배신	戌띠:귀인상봉, 금전이득, 현금	丑띠: 의욕과다, 스트레스큼	辰띠:이동수,이별수,변동 움직임
	申띠:해결신,시험합격, 풀림	亥띠: 매사꼬임,과거고생, 病	寅띠: 시급한 일, 뜻대로 안됨	巳띠: 빈주머니,걱정근심,사기

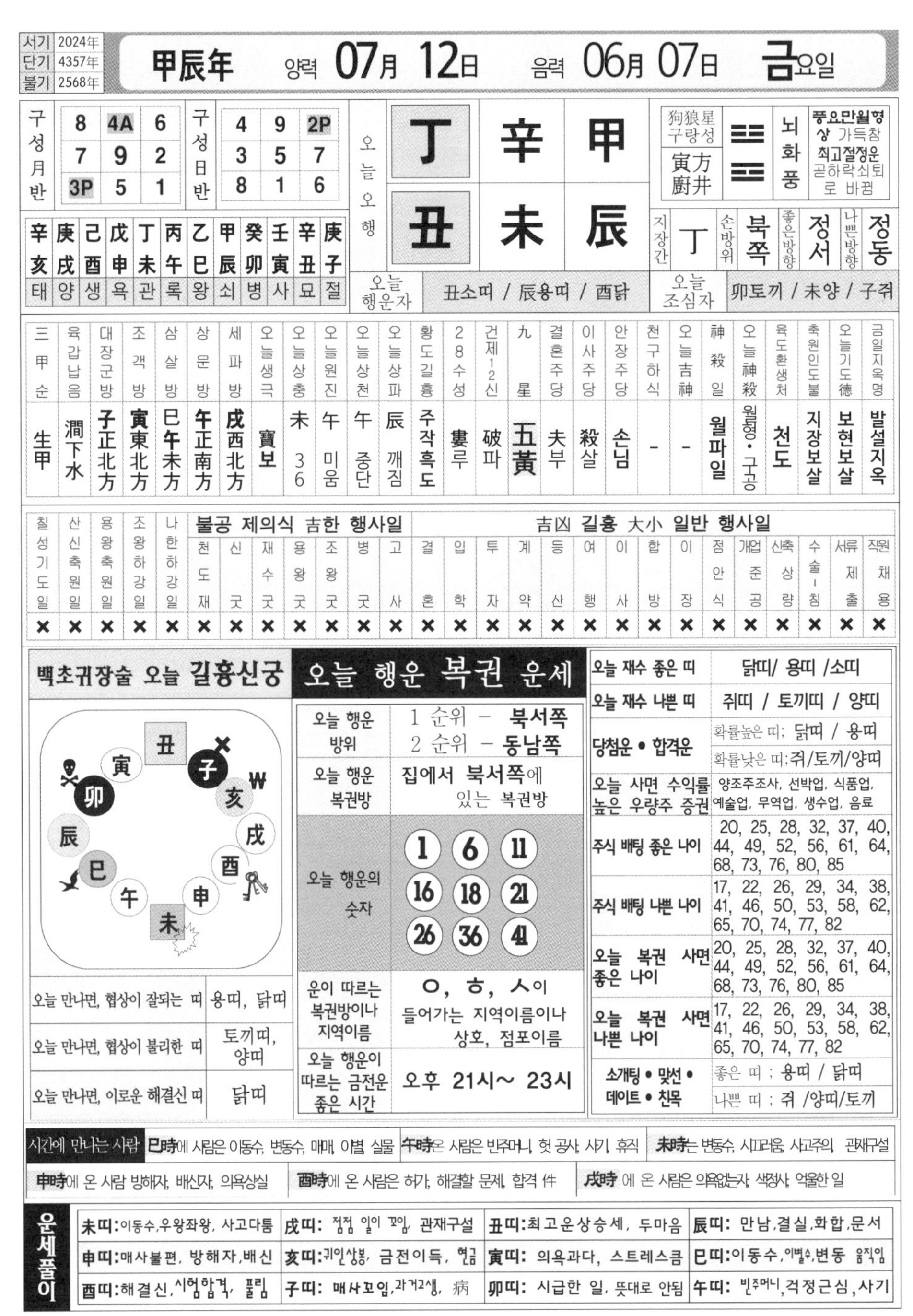

서기	2024年
단기	4357年
불기	2568年

甲辰年 양력 07月 12日 음력 06月 07日 금요일

구성月반		
8	4A	6
7	9	2
3P	5	1

구성日반		
4	9	2P
3	5	7
8	1	6

오늘오행		
丁	辛	甲
丑	未	辰

狗狼星 구랑성	寅方 廚井	☳☲	뇌화풍	풍요만월형상 가득참 최고절정운 곧하락쇠퇴로 바뀜

지장간	丁	손방위	북쪽	좋은방향	정서	나쁜방향	정동

辛亥	庚戌	己酉	戊申	丁未	丙午	乙巳	甲辰	癸卯	壬寅	辛丑	庚子
태	양	생	욕	관	록	왕	쇠	병	사	묘	절

오늘 행운자	丑소띠 / 辰용띠 / 酉닭	오늘 조심자	卯토끼 / 未양 / 子쥐

三甲순	육갑납음	대장군방	조객방	삼살방	상문방	세파방	오늘생극	오늘상충	오늘원진	오늘상천	오늘상파	황도길흉	28수성	건제12신	九星	결혼주당	이사주당	안장주당	천구하식	오늘吉神	神殺일	오늘神殺	육도환생처	축원인도불	오늘기도德	금일지옥명
生甲	澗下水	子正北方	寅東北方	巳午未方	午正南方	戌西北方	寶보	未 36	午 미움	午 중단	辰 깨짐	주작흑도	婁루	破파	五黃	夫부	殺살	손님	-	-	월파일	월형·구공	천도	지장보살	보현보살	발설지옥

칠성기도일	산신축원일	용왕축원일	조왕하강일	나한하강일	불공 제의식 吉한 행사일							吉凶 길흉 大小 일반 행사일														
					천도재	신굿	재수굿	용왕굿	조왕굿	병굿	고사	결혼	입학	투자	계약	등산	여행	이사	합방	이장	점안식	개업준공	신축상량	수술·침	서류제출	직원채용
×	×	×	×	×	×	×	×	×	×	×	×	×	×	×	×	×	×	×	×	×	×	×	×	×	×	×

백초귀장술 오늘 길흉신궁

오늘 만나면, 협상이 잘되는 띠	용띠, 닭띠
오늘 만나면, 협상이 불리한 띠	토끼띠, 양띠
오늘 만나면, 이로운 해결신 띠	닭띠

오늘 행운 복권 운세

오늘 행운 방위	1 순위 – 북서쪽 2 순위 – 동남쪽
오늘 행운 복권방	집에서 북서쪽에 있는 복권방
오늘 행운의 숫자	1 6 11 16 18 21 26 36 41
운이 따르는 복권방이나 지역이름	ㅇ, ㅎ, ㅅ이 들어가는 지역이름이나 상호, 점포이름
오늘 행운이 따르는 금전운 좋은 시간	오후 21시~ 23시

오늘 재수 좋은 띠	닭띠/ 용띠 /소띠
오늘 재수 나쁜 띠	쥐띠 / 토끼띠 / 양띠
당첨운 • 합격운	확률높은 띠; 닭띠 / 용띠 확률낮은 띠;쥐/토끼/양띠
오늘 사면 수익률 높은 우량주 증권	양조주조사, 선박업, 식품업, 예술업, 무역업, 생수업, 음료
주식 배팅 좋은 나이	20, 25, 28, 32, 37, 40, 44, 49, 52, 56, 61, 64, 68, 73, 76, 80, 85
주식 배팅 나쁜 나이	17, 22, 26, 29, 34, 38, 41, 46, 50, 53, 58, 62, 65, 70, 74, 77, 82
오늘 복권 사면 좋은 나이	20, 25, 28, 32, 37, 40, 44, 49, 52, 56, 61, 64, 68, 73, 76, 80, 85
오늘 복권 사면 나쁜 나이	17, 22, 26, 29, 34, 38, 41, 46, 50, 53, 58, 62, 65, 70, 74, 77, 82
소개팅 • 맞선 • 데이트 • 친목	좋은 띠 ; 용띠 / 닭띠 나쁜 띠 ; 쥐 /양띠/토끼

시간에 만나는 사람	巳時에 사람은 이동수, 변동수, 매매, 이별, 실물	午時온 사람은 빈주머니, 헛 공사, 사기, 휴직	未時는 변동수, 시끄러움, 사고주의, 관재구설
	申時에 온 사람 방해자, 배신자, 의욕상실	酉時에 온 사람은 허가, 해결할 문제, 합격 件	戌時 에 온 사람은 의욕없는자, 색정사, 억울한 일

운세풀이			
未띠:이동수,우왕좌왕, 사고다툼	戌띠: 점점 일이 꼬임, 관재구설	丑띠:최고운상승세, 두마음	辰띠: 만남,결실,화합,문서
申띠:매사불편, 방해자,배신	亥띠:귀인상봉, 금전이득, 현금	寅띠: 의욕과다, 스트레스큼	巳띠:이동수,이별수,변동 움직임
酉띠:해결신,시험합격, 풀림	子띠: 매사꼬임,과거고생, 病	卯띠: 시급한 일, 뜻대로 안됨	午띠: 빈주머니,걱정근심,사기

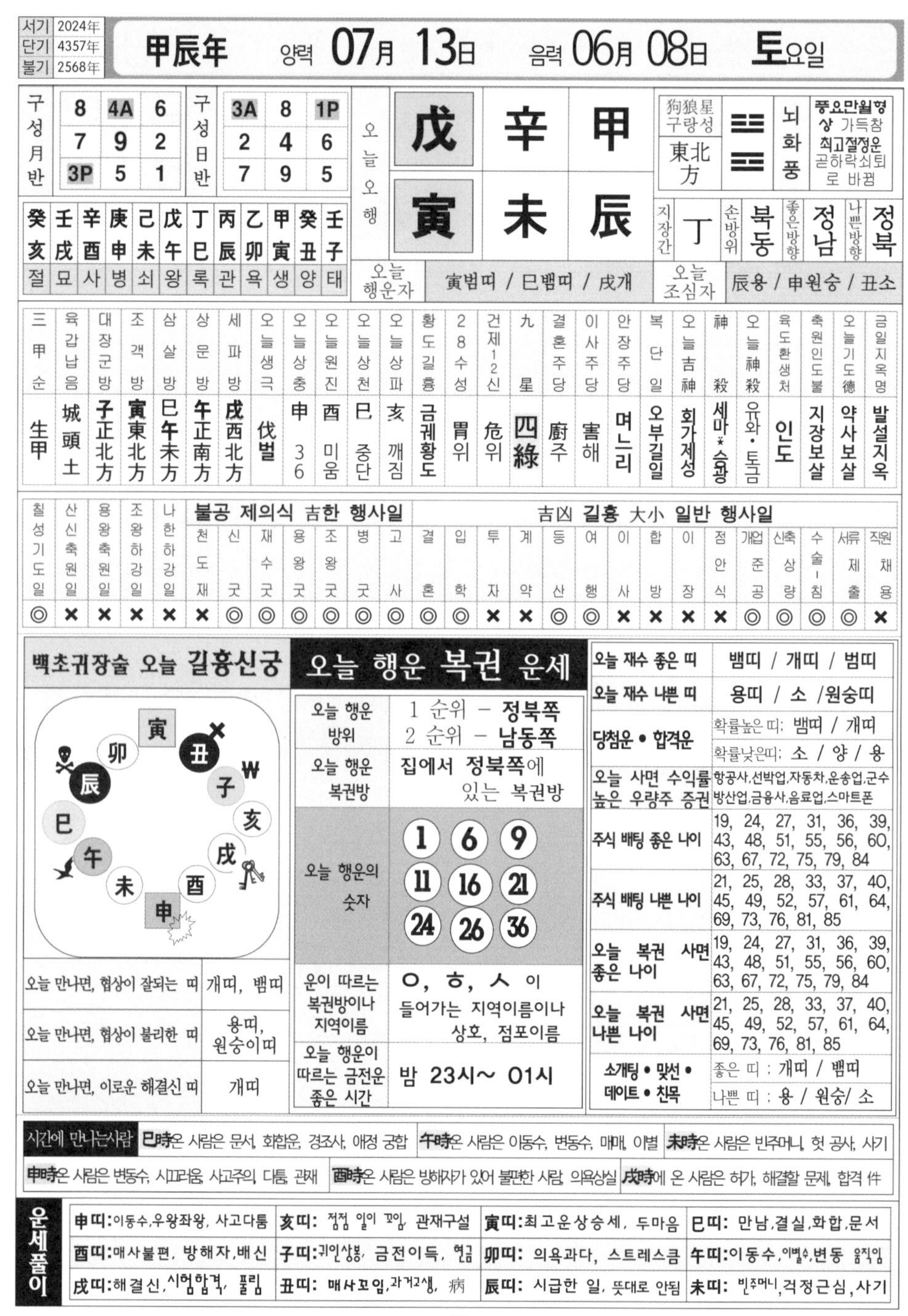

서기	2024年
단기	4357年
불기	2568年

甲辰年 양력 **07月 13日** 음력 **06月 08日** **토**요일

구성월반			구성일반		
8	4A	6	3A	8	1P
7	9	2	2	4	6
3P	5	1	7	9	5

오늘오행		
戊	辛	甲
寅	未	辰

狗狼星 구랑성	東北方
☳☲	뇌화풍
풍요만월형상 가득참 최고절정운 곧하락쇠퇴로 바뀜	

지장간	손방위	좋은방향	나쁜방향
丁	북동	정남	정북

癸亥	壬戌	辛酉	庚申	己未	戊午	丁巳	丙辰	乙卯	甲寅	癸丑	壬子
절	묘	사	병	쇠	왕	록	관	욕	생	양	태

오늘 행운자	寅범띠 / 巳뱀띠 / 戌개
오늘 조심자	辰용 / 申원숭 / 丑소

三甲순	육갑납음	대장군방	조객방	삼살방	상문방	세파방	오늘생극	오늘상충	오늘원진	오늘상천	오늘상파	황도길흉	28수성	건제12신	九星	결혼주당	이사주당	안장주당	복단일	오늘吉神	神殺	오늘神殺	육도환생처	축원인도불	오늘기도德	금일지옥명
生甲	城頭土	子正北方	寅東北方	巳午未方	午正南方	戌西北方	伐벌	申 36	酉 미움	巳 중단	亥 깨짐	금궤황도	胃위	危위	四綠	廚주	害해	며느리	오부길일	회가제성	세마★승광	유화·토금	인도	지장보살	약사보살	발설지옥

칠성기도일	산신축원일	용왕축원일	조왕하강일	나한하강일	불공 제의식 吉한 행사일: 천도재	신굿	재수굿	용왕굿	조왕굿	병굿	고사	吉凶 길흉 大小 일반 행사일: 결혼	입학	투자	계약	등산	여행	이사	합방	이장	점안식	개업준공	신축상량	수술-침	서류제출	직원채용
◎	×	×	×	×	×	◎	◎	◎	◎	◎	◎	◎	◎	×	×	◎	◎	×	×	×	×	◎	◎	◎	◎	×

백초귀장술 오늘 길흉신궁

寅 丑 子 亥 戌 酉 申 未 午 巳 辰 卯

오늘 만나면, 협상이 잘되는 띠	개띠, 뱀띠
오늘 만나면, 협상이 불리한 띠	용띠, 원숭이띠
오늘 만나면, 이로운 해결신 띠	개띠

오늘 행운 복권 운세

오늘 행운 방위	1 순위 - 정북쪽 2 순위 - 남동쪽
오늘 행운 복권방	집에서 정북쪽에 있는 복권방
오늘 행운의 숫자	1, 6, 9, 11, 16, 21, 24, 26, 36
운이 따르는 복권방이나 지역이름	ㅇ, ㅎ, ㅅ 이 들어가는 지역이름이나 상호, 점포이름
오늘 행운이 따르는 금전운 좋은 시간	밤 23시~ 01시

오늘 재수 좋은 띠	뱀띠 / 개띠 / 범띠
오늘 재수 나쁜 띠	용띠 / 소 /원숭띠
당첨운 • 합격운	확률높은 띠: 뱀띠 / 개띠 확률낮은띠: 소 / 양 / 용
오늘 사면 수익률 높은 우량주 증권	항공사,선박업,자동차,운송업,군수방산업,금융사,음료업,스마트폰
주식 배팅 좋은 나이	19, 24, 27, 31, 36, 39, 43, 48, 51, 55, 56, 60, 63, 67, 72, 75, 79, 84
주식 배팅 나쁜 나이	21, 25, 28, 33, 37, 40, 45, 49, 52, 57, 61, 64, 69, 73, 76, 81, 85
오늘 복권 사면 좋은 나이	19, 24, 27, 31, 36, 39, 43, 48, 51, 55, 56, 60, 63, 67, 72, 75, 79, 84
오늘 복권 사면 나쁜 나이	21, 25, 28, 33, 37, 40, 45, 49, 52, 57, 61, 64, 69, 73, 76, 81, 85
소개팅 • 맞선 • 데이트 • 친목	좋은 띠 : 개띠 / 뱀띠 나쁜 띠 : 용 / 원숭/ 소

시간에 만나는사람 **巳時**온 사람은 문서, 화합운, 경조사, 애정 궁합 **午時**온 사람은 이동수, 변동수, 매매, 이별 **未時**온 사람은 빈주머니, 헛 공사, 사기 **申時**온 사람은 변동수, 시끄러움, 사고주의, 다툼, 관재 **酉時**온 사람은 방해자가 있어 불편한 사람, 의욕상실 **戌時**에 온 사람은 허가, 해결할 문제, 합격 件

운세풀이

申띠: 이동수,우왕좌왕, 사고다툼	**亥띠:** 점점 일이 꼬임, 관재구설	**寅띠:** 최고운상승세, 두마음	**巳띠:** 만남,결실,화합,문서
酉띠: 매사불편, 방해자,배신	**子띠:** 귀인상봉, 금전이득, 현금	**卯띠:** 의욕과다, 스트레스큼	**午띠:** 이동수,이별수,변동 움직임
戌띠: 해결신,시험합격, 풀림	**丑띠:** 매사꼬임,과거고생, 病	**辰띠:** 시급한 일, 뜻대로 안됨	**未띠:** 빈주머니,걱정근심,사기

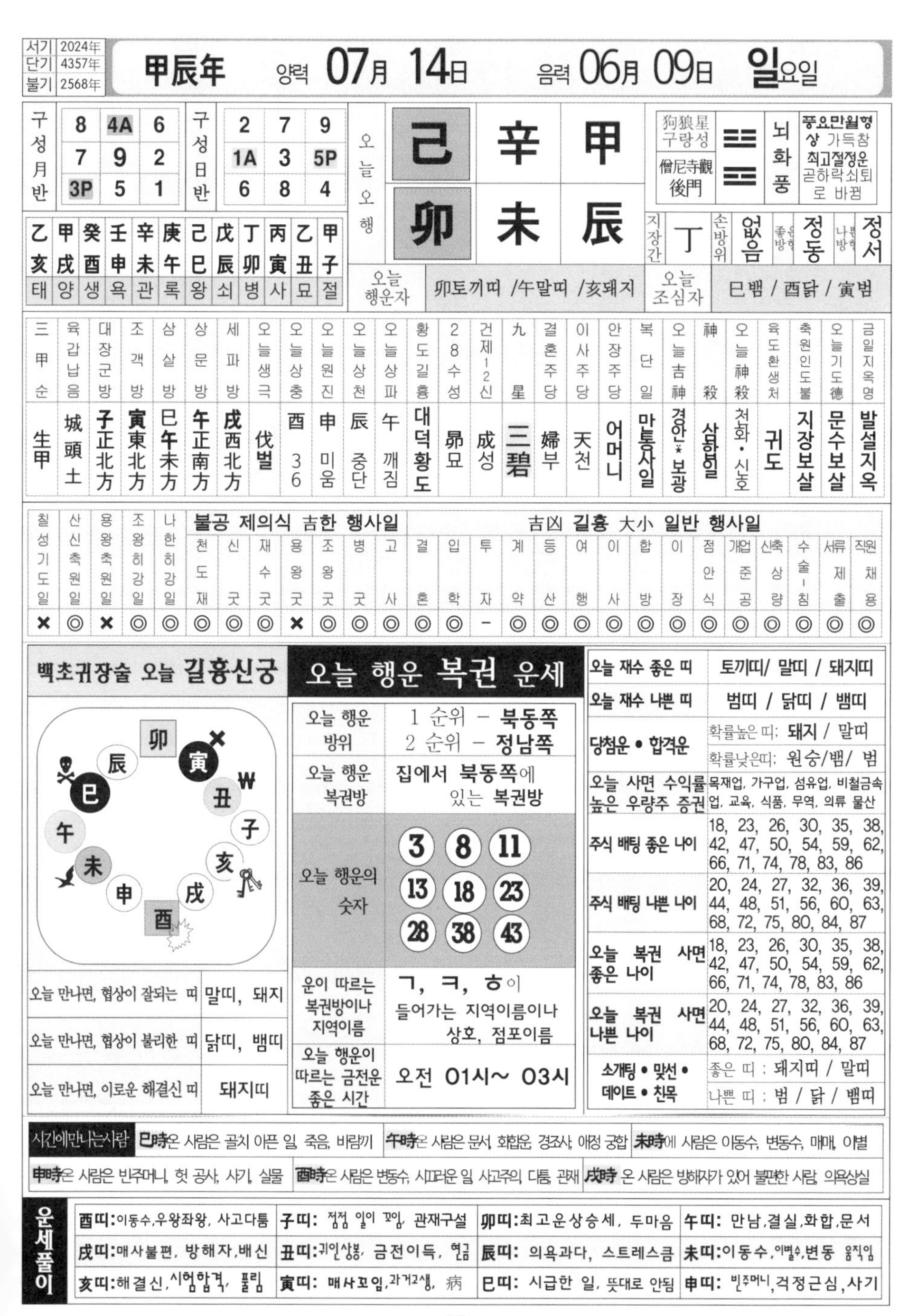

서기	2024年
단기	4357年
불기	2568年

甲辰年 양력 07月 14日 음력 06月 09日 일요일

구성月반		
8	4A	6
7	9	2
3P	5	1

구성日반		
2	7	9
1A	3	5P
6	8	4

오늘오행		
己	辛	甲
卯	未	辰

狗狼星 구랑성	☳	뇌화풍	풍요만월형상 가득참 최고절정운 곧하락쇠퇴로 바뀜
僧尼寺觀後門	☴		

지장간	손방위	좋은방향	나쁜방향
丁	없음	정동	정서

乙亥	甲戌	癸酉	壬申	辛未	庚午	己巳	戊辰	丁卯	丙寅	乙丑	甲子
태	양	생	욕	관	록	왕	쇠	병	사	묘	절

오늘 행운자	卯토끼띠 /午말띠 /亥돼지	오늘 조심자	巳뱀 / 酉닭 / 寅범

三甲순	육갑납음	대장군방	조객방	삼살방	상문방	세파방	오늘생극	오늘상충	오늘원진	오늘상천	오늘상파	황도길흉	28수성	건제12신	九星	결혼주당	이사주당	안장주당	복단일	오늘吉神	神殺	오늘神殺	육도환생처	축원인도불	오늘기도德	금일지옥명
生甲	城頭土	子正北方	寅東北方	巳午未方	午正南方	戌西北方	伐벌	酉 36	申 미움	辰 중단	午 깨짐	대덕황도	昴묘	成성	三碧	婦부	天천	어머니	만통사일	경안*보광	상화일	천화·신호	귀도	지장보살	문수보살	발설지옥

칠성기도일	산신축원일	용왕축원일	조왕히강일	나한히강일	불공 제의식 吉한 행사일: 천도재	신굿	재수굿	용왕굿	조왕굿	병굿	고사	吉凶 길흉 大小 일반 행사일: 결혼	입학	투자	계약	등산	여행	이사	합방	이장	점안식	개업준공	신축상량	수술·침	서류제출	직원채용
×	◎	×	◎	◎	◎	◎	◎	×	◎	◎	◎	◎	◎	−	◎	◎	◎	◎	◎	◎	◎	◎	◎	◎	◎	◎

백초귀장술 오늘 길흉신궁

오늘 만나면, 협상이 잘되는 띠	말띠, 돼지
오늘 만나면, 협상이 불리한 띠	닭띠, 뱀띠
오늘 만나면, 이로운 해결신 띠	돼지띠

오늘 행운 복권 운세

오늘 행운 방위	1 순위 – 북동쪽 2 순위 – 정남쪽
오늘 행운 복권방	집에서 북동쪽에 있는 복권방
오늘 행운의 숫자	3 8 11 13 18 23 28 38 43
운이 따르는 복권방이나 지역이름	ㄱ, ㅋ, ㅎ이 들어가는 지역이름이나 상호, 점포이름
오늘 행운이 따르는 금전운 좋은 시간	오전 01시~ 03시

오늘 재수 좋은 띠	토끼띠/ 말띠 / 돼지띠
오늘 재수 나쁜 띠	범띠 / 닭띠 / 뱀띠
당첨운 • 합격운	확률높은 띠: 돼지 / 말띠 확률낮은띠: 원숭/뱀/ 범
오늘 사면 수익률 높은 우량주 증권	목재업, 가구업, 섬유업, 비철금속업, 교육, 식품, 무역, 의류 물산
주식 배팅 좋은 나이	18, 23, 26, 30, 35, 38, 42, 47, 50, 54, 59, 62, 66, 71, 74, 78, 83, 86
주식 배팅 나쁜 나이	20, 24, 27, 32, 36, 39, 44, 48, 51, 56, 60, 63, 68, 72, 75, 80, 84, 87
오늘 복권 사면 좋은 나이	18, 23, 26, 30, 35, 38, 42, 47, 50, 54, 59, 62, 66, 71, 74, 78, 83, 86
오늘 복권 사면 나쁜 나이	20, 24, 27, 32, 36, 39, 44, 48, 51, 56, 60, 63, 68, 72, 75, 80, 84, 87
소개팅 • 맞선 • 데이트 • 친목	좋은 띠 : 돼지띠 / 말띠 나쁜 띠 : 범 / 닭 / 뱀띠

시간에만나는사람	巳時온 사람은 골치 아픈 일, 죽음, 바람끼	午時온 사람은 문서, 화합운, 경조사, 애정 궁합	未時에 사람은 이동수, 변동수, 매매, 이별
	申時온 사람은 빈주머니, 헛 공사, 사기, 실물	酉時온 사람은 변동수, 시끄러운 일 사고주의, 다툼, 관재	戌時 온 사람은 방해자가 있어 불편한 사람, 의욕상실

운세풀이			
酉띠: 이동수, 우왕좌왕, 사고다툼	子띠: 점점 일이 꼬임, 관재구설	卯띠: 최고운상승세, 두마음	午띠: 만남, 결실, 화합, 문서
戌띠: 매사불편, 방해자, 배신	丑띠: 귀인상봉, 금전이득, 현금	辰띠: 의욕과다, 스트레스큼	未띠: 이동수, 이별수, 변동 움직임
亥띠: 해결신, 시험합격, 풀림	寅띠: 매사꼬임, 과거고생, 病	巳띠: 시급한 일, 뜻대로 안됨	申띠: 빈주머니, 걱정근심, 사기

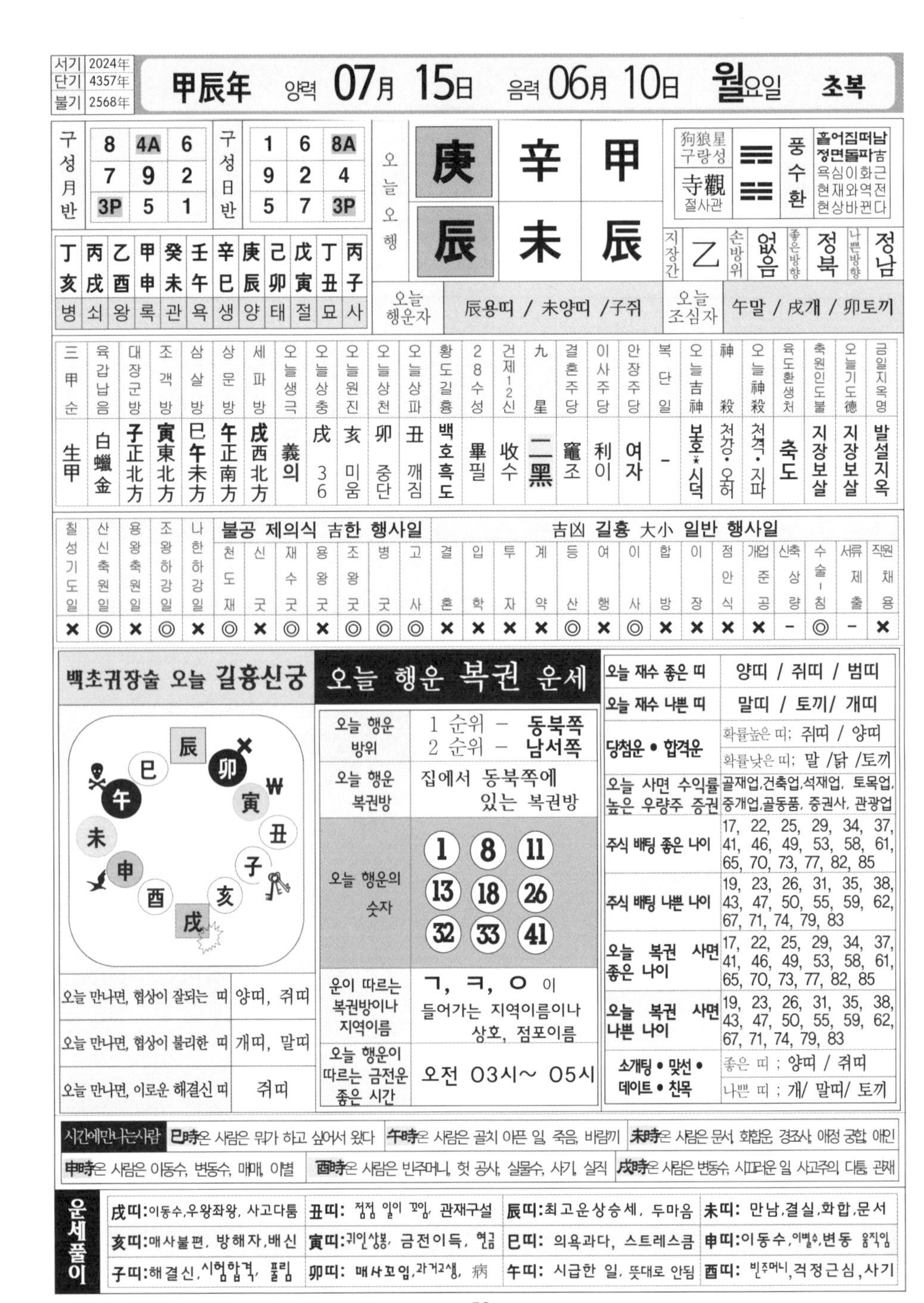

서기	2024年
단기	4357年
불기	2568年

甲辰年 양력 **07月 15日** 음력 **06月 10日** **월**요일 **초복**

구성月반		
8	4A	6
7	9	2
3P	5	1

구성日반		
1	6	8A
9	2	4
5	7	3P

오늘오행		
庚	辛	甲
辰	未	辰

狗狼星 구랑성 寺觀 절사관 | 풍수환 | 흩어짐떠남 정면돌파吉 욕심이화근 현재와역전 현상바뀐다

지장간	손방위	좋은방향	나쁜방향
乙	없음	정북	정남

丁亥	丙戌	乙酉	甲申	癸未	壬午	辛巳	庚辰	己卯	戊寅	丁丑	丙子
병	쇠	왕	록	관	욕	생	양	태	절	묘	사

오늘 행운자	辰용띠 / 未양띠 /子쥐	오늘 조심자	午말 / 戌개 / 卯토끼

三甲순	육갑납음	대장군방	조객방	삼살방	상문방	세파방	오늘생극	오늘상충	오늘원진	오늘상천	오늘상파	황도길흉	28수성	건제12신	九星	결혼주당	이사주당	안장주당	복단일	오늘吉神	神殺	오늘神殺	육도환생처	축원인도불	오늘기도德	금일지옥명
生甲	白蠟金	子正北方	寅東北方	巳午未方	午正南方	戌西北方	義 의	戌 36	亥 미움	卯 중단	丑 깨짐	백호흑도	畢 필	收 수	二黑	竈 조	利 이	여자	-	보호*시덕	천강·오허	천격·지파	축도	지장보살	지장보살	발설지옥

칠성기도일	산신축원일	용왕축원일	조왕하강일	나한하강일
×	◎	×	◎	×

불공 제의식 吉한 행사일

천도재	신굿	재수굿	용왕굿	조왕굿	병굿	고사
◎	×	◎	×	◎	◎	◎

吉凶 길흉 大小 일반 행사일

결혼	입학	투자	계약	등산	여행	이사	합방	이장	점안식	개업준공	신축상량	수술·침	서류제출	직원채용
×	×	×	×	◎	×	◎	×	×	×	×	-	◎	-	×

백초귀장술 오늘 길흉신궁

오늘 만나면, 협상이 잘되는 띠	양띠, 쥐띠
오늘 만나면, 협상이 불리한 띠	개띠, 말띠
오늘 만나면, 이로운 해결신 띠	쥐띠

오늘 행운 복권 운세

오늘 행운 방위	1 순위 - 동북쪽 2 순위 - 남서쪽
오늘 행운 복권방	집에서 동북쪽에 있는 복권방
오늘 행운의 숫자	1, 8, 11, 13, 18, 26, 32, 33, 41
운이 따르는 복권방이나 지역이름	ㄱ, ㅋ, ㅇ 이 들어가는 지역이름이나 상호, 점포이름
오늘 행운이 따르는 금전운 좋은 시간	오전 03시~ 05시

오늘 재수 좋은 띠	양띠 / 쥐띠 / 범띠
오늘 재수 나쁜 띠	말띠 / 토끼/ 개띠
당첨운 • 합격운	확률높은 띠; 쥐띠 / 양띠 확률낮은 띠; 말 /닭 /토끼
오늘 사면 수익률 높은 우량주 증권	골재업,건축업,석재업, 토목업, 중개업,골동품, 증권사, 관광업
주식 배팅 좋은 나이	17, 22, 25, 29, 34, 37, 41, 46, 49, 53, 58, 61, 65, 70, 73, 77, 82, 85
주식 배팅 나쁜 나이	19, 23, 26, 31, 35, 38, 43, 47, 50, 55, 59, 62, 67, 71, 74, 79, 83
오늘 복권 사면 좋은 나이	17, 22, 25, 29, 34, 37, 41, 46, 49, 53, 58, 61, 65, 70, 73, 77, 82, 85
오늘 복권 사면 나쁜 나이	19, 23, 26, 31, 35, 38, 43, 47, 50, 55, 59, 62, 67, 71, 74, 79, 83
소개팅 • 맞선 • 데이트 • 친목	좋은 띠 ; 양띠 / 쥐띠 나쁜 띠 ; 개/ 말띠/ 토끼

시간에만나는사람

- **巳時**온 사람은 뭔가 하고 싶어서 왔다
- **午時**온 사람은 골치 아픈 일, 죽음, 바람끼
- **未時**온 사람은 문서, 화합운, 경조사, 애정 궁합, 애인
- **申時**온 사람은 이동수, 변동수, 매매, 이별
- **酉時**온 사람은 빈주머니, 헛 공사, 실물수, 사기, 실직
- **戌時**온 사람은 변동수, 시끄러운 일 사고주의 다툼, 관재

운세풀이

戌띠: 이동수,우왕좌왕, 사고다툼	**丑띠:** 점점 일이 꼬임, 관재구설	**辰띠:** 최고운상승세, 두마음	**未띠:** 만남,결실,화합,문서
亥띠: 매사불편, 방해자,배신	**寅띠:** 귀인상봉, 금전이득, 혈급	**巳띠:** 의욕과다, 스트레스큼	**申띠:** 이동수,이별수,변동 움직임
子띠: 해결신,시험합격, 풀림	**卯띠:** 매사꼬임,과거고생, 病	**午띠:** 시급한 일, 뜻대로 안됨	**酉띠:** 빈주머니,걱정근심,사기

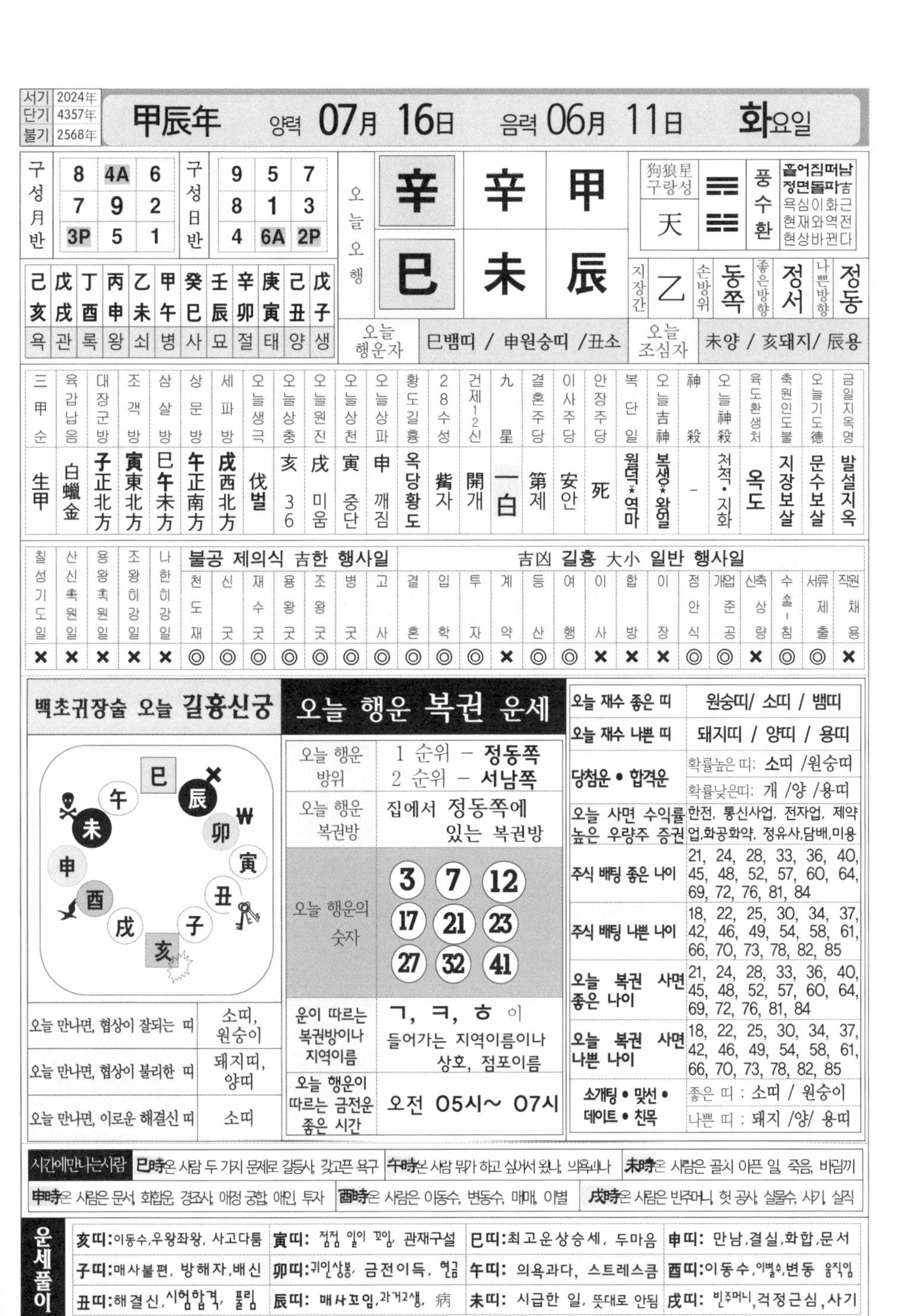

서기	2024年
단기	4357年
불기	2568年

甲辰年 양력 07月 16日 음력 06月 11日 화요일

구성월반				구성일반			
	8	4A	6		9	5	7
	7	9	2		8	1	3
	3P	5	1		4	6A	2P

오늘오행			
	辛	辛	甲
	巳	未	辰

狗狼星 구랑성	天	☵☶	풍수환	흩어짐떠남 정면돌파吉 욕심이화근 현재와역전 현상바뀐다

지장간	乙	손방위	동쪽	좋은방향	정서	나쁜방향	정동

己亥	戊戌	丁酉	丙申	乙未	甲午	癸巳	壬辰	辛卯	庚寅	己丑	戊子
욕	관	록	왕	쇠	병	사	묘	절	태	양	생

오늘 행운자	巳뱀띠 / 申원숭띠 /丑소	오늘 조심자	未양 / 亥돼지/ 辰용

三甲순	육갑납음	대장군방	조객방	삼살방	상문방	세파방	오늘생극	오늘상충	오늘원진	오늘상천	오늘상파	황도길흉	28수성
生甲	白蠟金	子正北方	寅東北方	巳午未方	午正南方	戌西北方	伐벌	亥 36	戌 미움	寅 중단	申 깨짐	옥당황도	觜자

건제12신	九星	결혼주당	이사주당	안장주당	복단일	오늘吉神	神殺	오늘神殺	육도환생처	축원인도불	오늘기도德	금일지옥명
開개	一白	第제	安안	死	월덕*역마	복생*왕일	–	천적·지화	옥도	지장보살	문수보살	발설지옥

칠성기도일	산신축원일	용왕축원일	조왕히강일	나한히강일	불공 제의식 吉한 행사일: 천도재	신굿	재수굿	용왕굿	조왕굿	병굿	고사
×	×	×	×	×	◎	◎	◎	◎	◎	◎	◎

吉凶 길흉 大小 일반 행사일: 결혼	입학	투자	계약	등산	여행	이사	합방	이장	점안식	개업준공	신축상량	수술-침	서류제출	직원채용
◎	◎	◎	×	◎	◎	×	×	×	◎	◎	×	◎	◎	×

백초귀장술 오늘 길흉신궁

오늘 만나면, 협상이 잘되는 띠	소띠, 원숭이
오늘 만나면, 협상이 불리한 띠	돼지띠, 양띠
오늘 만나면, 이로운 해결신 띠	소띠

오늘 행운 복권 운세

오늘 행운 방위	1 순위 – 정동쪽 2 순위 – 서남쪽
오늘 행운 복권방	집에서 정동쪽에 있는 복권방
오늘 행운의 숫자	3, 7, 12, 17, 21, 23, 27, 32, 41
운이 따르는 복권방이나 지역이름	ㄱ, ㅋ, ㅎ 이 들어가는 지역이름이나 상호, 점포이름
오늘 행운이 따르는 금전운 좋은 시간	오전 05시~ 07시

오늘 재수 좋은 띠	원숭띠/ 소띠 / 뱀띠
오늘 재수 나쁜 띠	돼지띠 / 양띠 / 용띠
당첨운 • 합격운	확률높은 띠: 소띠 /원숭띠 확률낮은띠: 개 /양 /용띠
오늘 사면 수익률 높은 우량주 증권	한전, 통신사업, 전자업, 제약업,화공화약, 정유사,담배,미용
주식 배팅 좋은 나이	21, 24, 28, 33, 36, 40, 45, 48, 52, 57, 60, 64, 69, 72, 76, 81, 84
주식 배팅 나쁜 나이	18, 22, 25, 30, 34, 37, 42, 46, 49, 54, 58, 61, 66, 70, 73, 78, 82, 85
오늘 복권 사면 좋은 나이	21, 24, 28, 33, 36, 40, 45, 48, 52, 57, 60, 64, 69, 72, 76, 81, 84
오늘 복권 사면 나쁜 나이	18, 22, 25, 30, 34, 37, 42, 46, 49, 54, 58, 61, 66, 70, 73, 78, 82, 85
소개팅 • 맞선 • 데이트 • 친목	좋은 띠 : 소띠 / 원숭이 나쁜 띠 : 돼지 /양/ 용띠

시간에만나는사람	巳時온 사람 두 가지 문제로 갈등사, 갖고픈 욕구	午時온 사람 뭔가 하고 싶어서 왔나, 의욕과나	未時온 사람은 골시 아픈 일, 죽음, 바람끼
	申時온 사람은 문서, 화합운, 경조사, 애정 궁합, 애인, 투자	酉時온 사람은 이동수, 변동수, 매매, 이별	戌時온 사람은 빈주머니, 헛 공사, 실물수, 사기, 실직

운세풀이				
	亥띠:이동수,우왕좌왕, 사고다툼	寅띠: 점점 일이 꼬임, 관재구설	巳띠:최고운상승세, 두마음	申띠: 만남,결실,화합,문서
	子띠:매사불편, 방해자,배신	卯띠:귀인상봉, 금전이득, 현금	午띠: 의욕과다, 스트레스큼	酉띠:이동수,이별수,변동 움직임
	丑띠:해결신,시험합격, 풀림	辰띠: 매사꼬임,과거고생, 病	未띠: 시급한 일, 뜻대로 안됨	戌띠: 빈주머니,걱정근심,사기

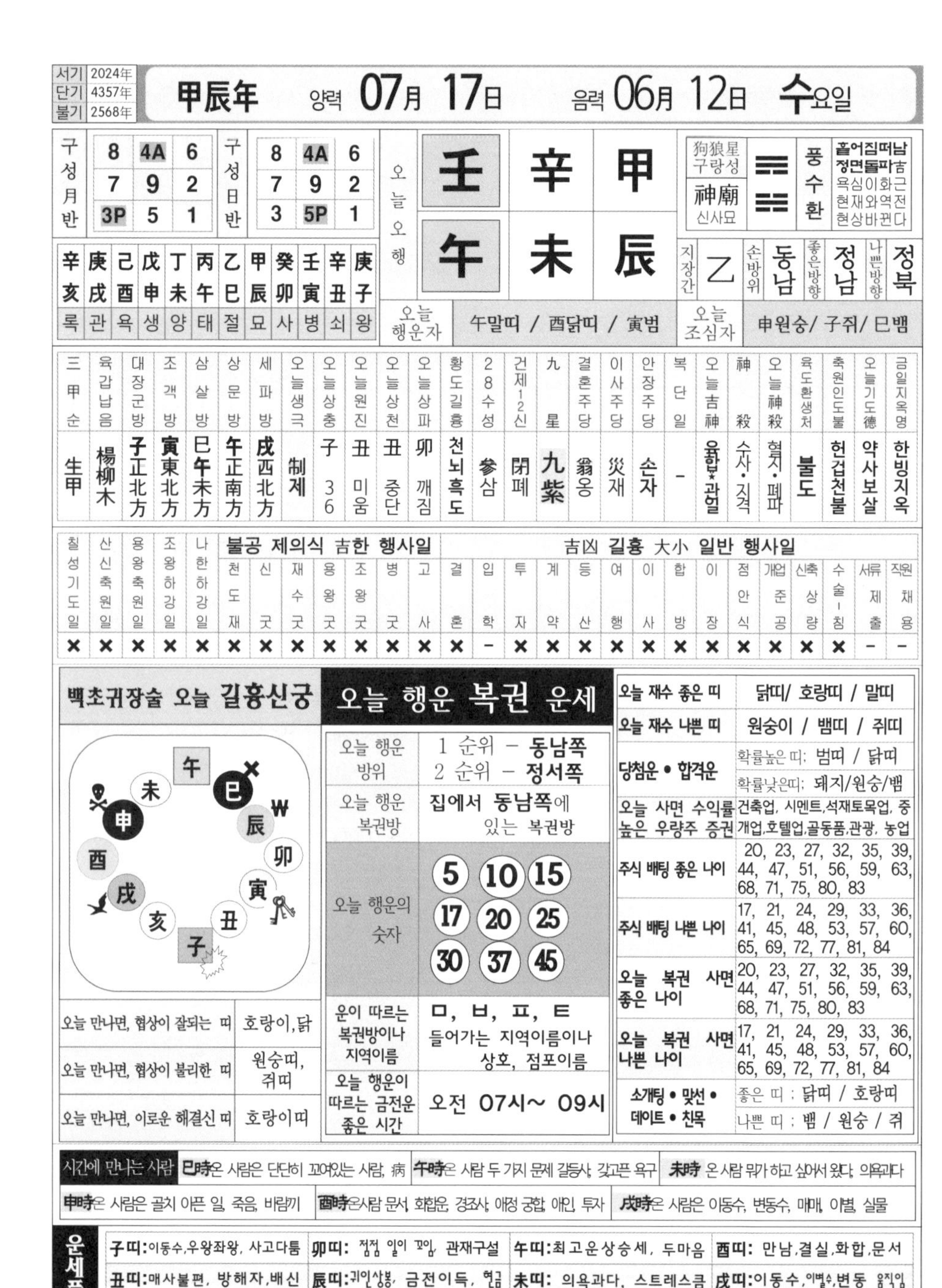

서기	2024年
단기	4357年
불기	2568年

甲辰年 양력 07月 17日 음력 06月 12日 수요일

구성月반			구성日반		
8	4A	6	8	4A	6
7	9	2	7	9	2
3P	5	1	3	5P	1

오늘오행		
壬	辛	甲
午	未	辰

狗狼星 구랑성	☰	풍수환	흩어짐떠남 정면돌파吉 욕심이화근 현재와역전 현상바뀐다
神廟 신사묘	☵		

지장간	손방위	좋은방향	나쁜방향
乙	동남	정남	정북

辛亥	庚戌	己酉	戊申	丁未	丙午	乙巳	甲辰	癸卯	壬寅	辛丑	庚子
록	관	욕	생	양	태	절	묘	사	병	쇠	왕

오늘 행운자	午말띠 / 酉닭띠 / 寅범	오늘 조심자	申원숭/ 子쥐/ 巳뱀

三甲순	육갑납음	대장군방	조객방	삼살방	상문방	세파방	오늘생극	오늘상충	오늘원진	오늘상천	오늘상파	황도길흉	28수성	건제12신	九星	결혼주당	이사주당	안장주당	복단일	오늘吉神	神殺	오늘神殺	육도환생처	축원인도불	오늘기도德	금일지옥명
生甲	楊柳木	子正北方	寅東北方	巳午未方	午正南方	戌西北方	制제	子 36	丑 미움	丑 중단	卯 깨짐	천뇌흑도	參삼	閉폐	九紫	翁옹	災재	손자	-	육합*관엘	수사·지격	혈지·폐파	불도	헌겁천불	약사보살	한빙지옥

칠성기도일	산신축원일	용왕축원일	조왕하강일	나한하강일	불공 제의식 吉한 행사일							吉凶 길흉 大小 일반 행사일														
					천도재	신굿	재수굿	용왕굿	조왕굿	병굿	고사	결혼	입학	투자	계약	등산	여행	이사	합방	이장	점안식	개업준공	신축상량	수술-침	서류제출	직원채용
×	×	×	×	×	×	×	×	×	×	×	×	×	-	×	×	×	×	×	×	×	×	×	×	×	-	-

백초귀장술 오늘 길흉신궁

오늘 만나면, 협상이 잘되는 띠	호랑이,닭
오늘 만나면, 협상이 불리한 띠	원숭띠, 쥐띠
오늘 만나면, 이로운 해결신 띠	호랑이띠

오늘 행운 복권 운세

오늘 행운 방위	1 순위 – 동남쪽 2 순위 – 정서쪽
오늘 행운 복권방	집에서 동남쪽에 있는 복권방
오늘 행운의 숫자	5 10 15 17 20 25 30 37 45
운이 따르는 복권방이나 지역이름	ㅁ, ㅂ, ㅍ, ㅌ 들어가는 지역이름이나 상호, 점포이름
오늘 행운이 따르는 금전운 좋은 시간	오전 07시~ 09시

오늘 재수 좋은 띠	닭띠/ 호랑띠 / 말띠
오늘 재수 나쁜 띠	원숭이 / 뱀띠 / 쥐띠
당첨운 • 합격운	확률높은 띠: 범띠 / 닭띠 확률낮은띠: 돼지/원숭/뱀
오늘 사면 수익률 높은 우량주 증권	건축업, 시멘트,석재토목업, 중개업,호텔업,골동품,관광, 농업
주식 배팅 좋은 나이	20, 23, 27, 32, 35, 39, 44, 47, 51, 56, 59, 63, 68, 71, 75, 80, 83
주식 배팅 나쁜 나이	17, 21, 24, 29, 33, 36, 41, 45, 48, 53, 57, 60, 65, 69, 72, 77, 81, 84
오늘 복권 사면 좋은 나이	20, 23, 27, 32, 35, 39, 44, 47, 51, 56, 59, 63, 68, 71, 75, 80, 83
오늘 복권 사면 나쁜 나이	17, 21, 24, 29, 33, 36, 41, 45, 48, 53, 57, 60, 65, 69, 72, 77, 81, 84
소개팅 • 맞선 • 데이트 • 친목	좋은 띠 : 닭띠 / 호랑띠 나쁜 띠 : 뱀 / 원숭 / 쥐

시간에 만나는 사람	巳時은 사람은 단단히 꼬여있는 사람, 病	午時은 사람 두 가지 문제 갈등사, 갖고픈 욕구	未時 온 사람 뭔가 하고 싶어서 왔다, 의욕과다
	申時온 사람은 골치 아픈 일, 죽음, 바람끼	酉時온사람 문서, 화합운, 경조사, 애정 궁합, 애인, 투자	戌時온 사람은 이동수, 변동수, 매매, 이별, 실물

운세풀이			
子띠:이동수,우왕좌왕, 사고다툼	卯띠: 점점 일이 꼬임, 관재구설	午띠:최고운상승세, 두마음	酉띠: 만남,결실,화합,문서
丑띠:매사불편, 방해자,배신	辰띠:귀인상봉, 금전이득, 현금	未띠: 의욕과다, 스트레스큼	戌띠:이동수,이별수,변동 움직임
寅띠:해결신,시험합격, 풀림	巳띠: 매사꼬임,과거고생, 病	申띠: 시급한 일, 뜻대로 안됨	亥띠: 빈주머니,걱정근심,사기

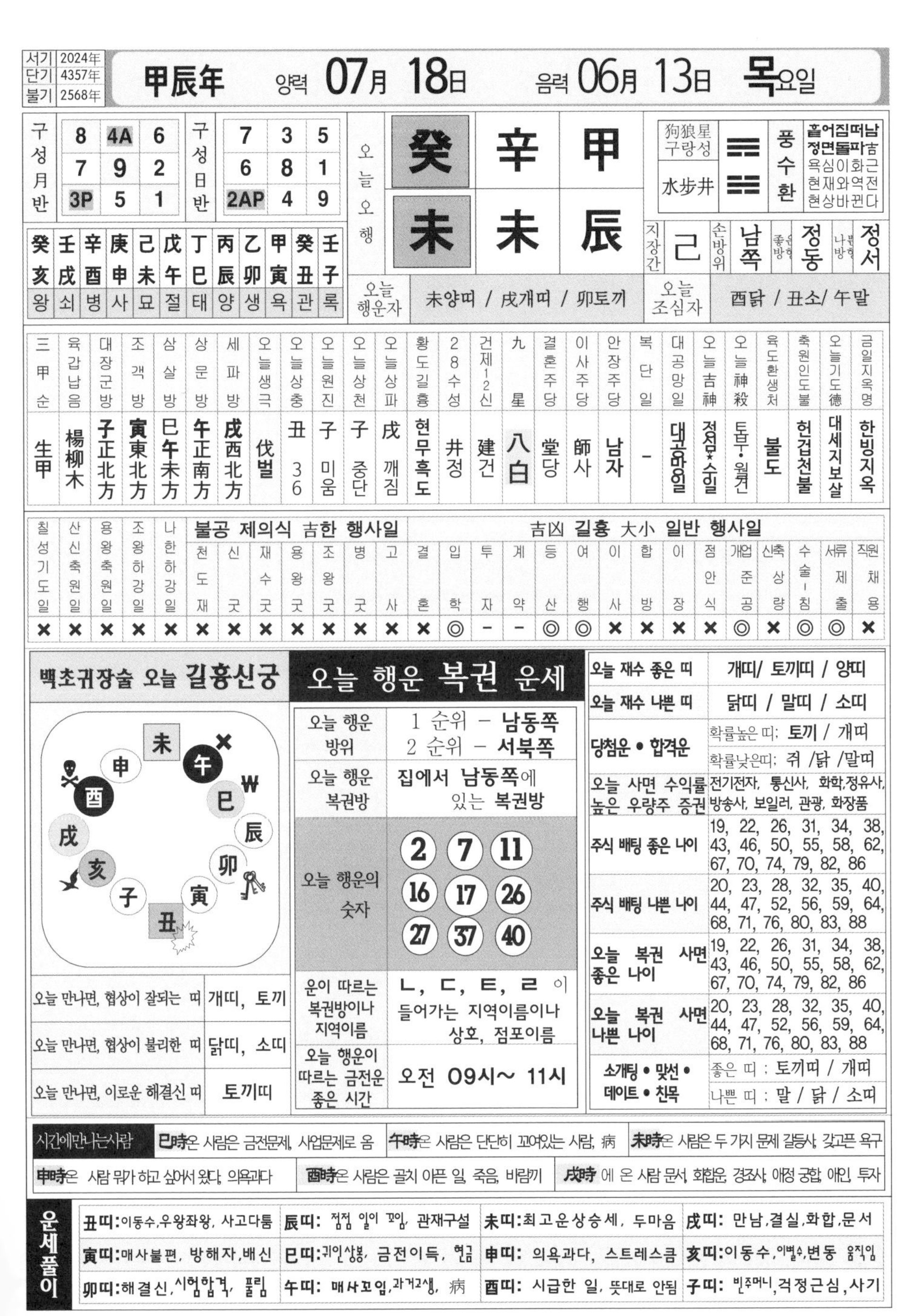

서기	2024年
단기	4357年
불기	2568年

甲辰年 양력 **07月 18日** 음력 **06月 13日** **목**요일

구성月반			구성日반		
8	4A	6	7	3	5
7	9	2	6	8	1
3P	5	1	2AP	4	9

오늘오행

癸	辛	甲
未	未	辰

狗狼星 구랑성	☰	풍수환	흩어짐떠남 정면돌파吉 욕심이화근 현재와역전 현상바뀐다
水步井	☵		

지장간: 己 / 손방위: 남쪽 / 좋은방향: 정동 / 나쁜방향: 정서

癸亥	壬戌	辛酉	庚申	己未	戊午	丁巳	丙辰	乙卯	甲寅	癸丑	壬子
왕	쇠	병	사	묘	절	태	양	생	욕	관	록

오늘 행운자: 未양띠 / 戌개띠 / 卯토끼

오늘 조심자: 酉닭 / 丑소/ 午말

三甲순	육갑납음	대장군방	조객방	삼살방	상문방	세파방	오늘생극	오늘상충	오늘원진	오늘상천	오늘상파	황도길흉	28수성	건제12신	九星	결혼주당	이사주당	안장주당	복단일	대공망일	오늘吉神	오늘神殺	육도환생처	축원인도불	오늘기도德	금일지옥명
生甲	楊柳木	子正北方	寅東北方	巳午未方	午正南方	戌西北方	伐벌	丑 36	子 미움	子 중단	戌 깨짐	현무흑도	井정	建건	八白	堂당	師사	남자	–	대공망일	정심★수일	토부·월건	불도	헌겁천불	대세지보살	한빙지옥

칠성기도일	산신축원일	용왕축원일	조왕하강일	나한하강일	불공 제의식 吉한 행사일: 천도재	신굿	재수굿	용왕굿	조왕굿	병굿	고사	吉凶 길흉 大小 일반 행사일: 결혼	입학	투자	계약	등산	여행	이사	합방	이장	점안식	개업준공	신축상량	수술-침	서류제출	직원채용
×	×	×	×	×	×	×	×	×	×	×	×	×	◎	–	–	◎	◎	×	×	×	×	◎	×	◎	◎	×

백초귀장술 오늘 길흉신궁

未, 午, 巳, 辰, 卯, 寅, 丑, 子, 亥, 戌, 酉, 申

오늘 만나면, 협상이 잘되는 띠	개띠, 토끼
오늘 만나면, 협상이 불리한 띠	닭띠, 소띠
오늘 만나면, 이로운 해결신 띠	토끼띠

오늘 행운 복권 운세

오늘 행운 방위	1 순위 – 남동쪽 2 순위 – 서북쪽
오늘 행운 복권방	집에서 남동쪽에 있는 복권방
오늘 행운의 숫자	2, 7, 11, 16, 17, 26, 27, 37, 40
운이 따르는 복권방이나 지역이름	ㄴ, ㄷ, ㅌ, ㄹ 이 들어가는 지역이름이나 상호, 점포이름
오늘 행운이 따르는 금전운 좋은 시간	오전 09시~ 11시

오늘 재수 좋은 띠	개띠/ 토끼띠 / 양띠
오늘 재수 나쁜 띠	닭띠 / 말띠 / 소띠
당첨운 • 합격운	확률높은 띠: 토끼 / 개띠 확률낮은띠: 쥐 /닭 /말띠
오늘 사면 수익률 높은 우량주 증권	전기전자, 통신사, 화학,정유사, 방송사, 보일러, 관광, 화장품
주식 배팅 좋은 나이	19, 22, 26, 31, 34, 38, 43, 46, 50, 55, 58, 62, 67, 70, 74, 79, 82, 86
주식 배팅 나쁜 나이	20, 23, 28, 32, 35, 40, 44, 47, 52, 56, 59, 64, 68, 71, 76, 80, 83, 88
오늘 복권 사면 좋은 나이	19, 22, 26, 31, 34, 38, 43, 46, 50, 55, 58, 62, 67, 70, 74, 79, 82, 86
오늘 복권 사면 나쁜 나이	20, 23, 28, 32, 35, 40, 44, 47, 52, 56, 59, 64, 68, 71, 76, 80, 83, 88
소개팅 • 맞선 • 데이트 • 친목	좋은 띠 : 토끼띠 / 개띠 나쁜 띠 : 말 / 닭 / 소띠

시간에만나는사람	巳時온 사람은 금전문제, 사업문제로 옴	午時온 사람은 단단히 꼬여있는 사람, 病	未時온 사람은 두 가지 문제 갈등사, 갖고픈 욕구
申時온 사람 뭐가 하고 싶어서 왔다, 의욕과다	酉時온 사람은 골치 아픈 일, 죽음, 바람끼	戌時에 온 사람 문서, 화합운, 경조사, 애정 궁합, 애인, 투자	

운세풀이				
	丑띠: 이동수,우왕좌왕, 사고다툼	辰띠: 점점 일이 꼬임, 관재구설	未띠: 최고운상승세, 두마음	戌띠: 만남,결실,화합,문서
	寅띠: 매사불편, 방해자,배신	巳띠: 귀인상봉, 금전이득, 현금	申띠: 의욕과다, 스트레스큼	亥띠: 이동수,이별수,변동 움직임
	卯띠: 해결신,시험합격, 풀림	午띠: 매사꼬임,과거고생, 病	酉띠: 시급한 일, 뜻대로 안됨	子띠: 빈주머니,걱정근심,사기

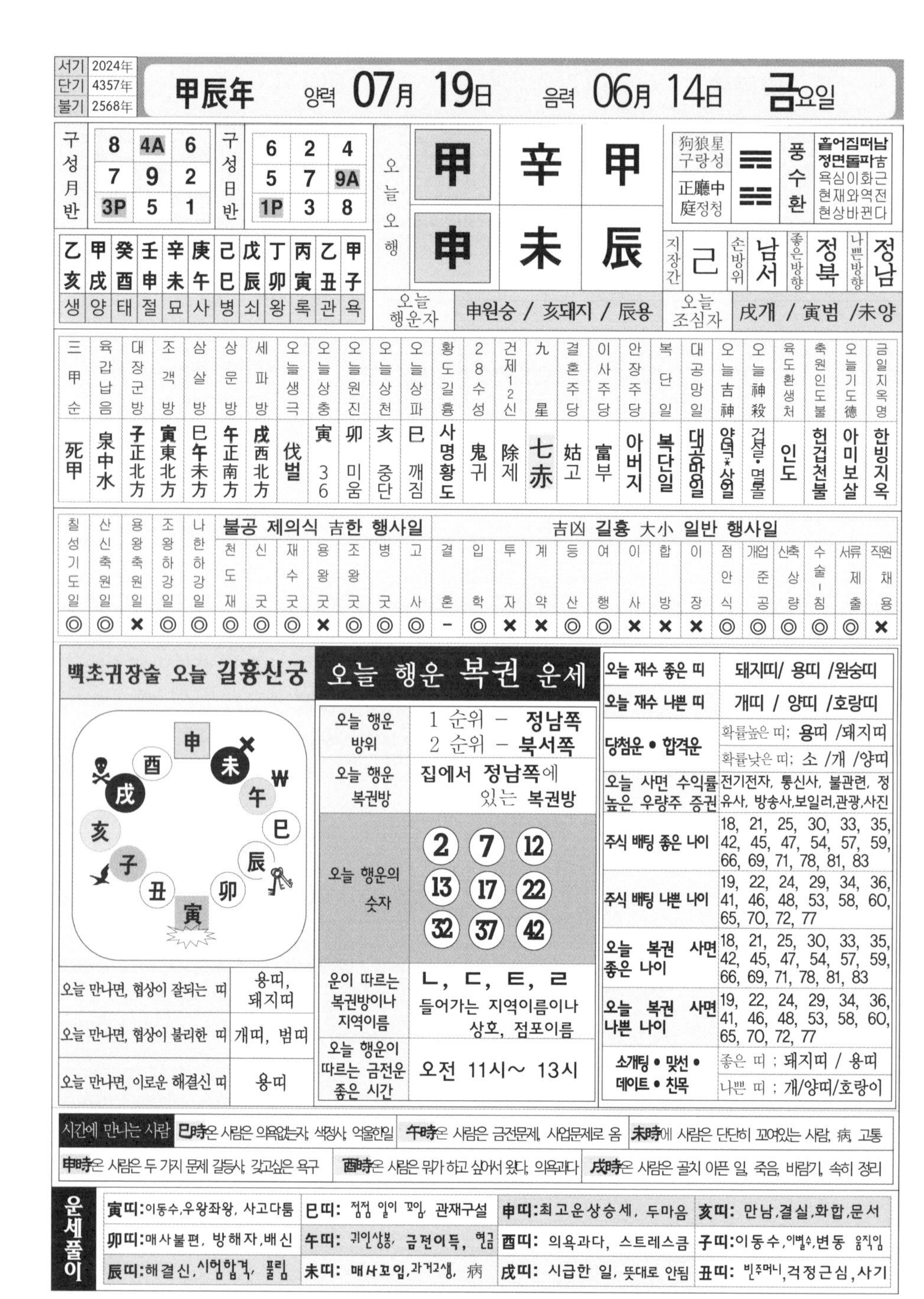

서기	2024年
단기	4357年
불기	2568年

甲辰年 양력 **07月 19日** 음력 **06月 14日** **금**요일

구성月반		
8	4A	6
7	9	2
3P	5	1

구성日반		
6	2	4
5	7	9A
1P	3	8

오늘오행		
甲	辛	甲
申	未	辰

狗狼星 구랑성	正廳中庭 정청	풍수환	흩어짐떠남 정면돌파吉 욕심이화근 현재와역전 현상바뀐다

지장간	손방위	좋은방향	나쁜방향
己	남서	정북	정남

乙亥	甲戌	癸酉	壬申	辛未	庚午	己巳	戊辰	丁卯	丙寅	乙丑	甲子
생	양	태	절	묘	사	병	쇠	왕	록	관	욕

오늘 행운자: 申원숭 / 亥돼지 / 辰용
오늘 조심자: 戌개 / 寅범 /未양

三甲순	육갑납음	대장군방	조객방	삼살방	상문방	세파방	오늘생극	오늘상충	오늘원진	오늘상천	오늘상파	황도길흉	28수성
死甲	泉中水	子正北方	寅東北方	巳午未方	午正南方	戌西北方	伐벌	寅 36	卯 미움	亥 중단	巳 깨짐	사명황도	鬼귀

건제12신	九星	결혼주당	이사주당	안장주당	복단일	대공망일	오늘吉神	오늘神殺	육도환생처	축원인도불	오늘기도德	금일지옥명
除제	七赤	姑고	富부	아버지	복단일	대공망일	양덕*상일	겁살•멸몰	인도	헌겁천불	아미보살	한빙지옥

칠성기도일	산신축원일	용왕축원일	조왕하강일	나한하강일
◎	◎	×	◎	◎

불공 제의식 吉한 행사일

천도재	신굿	재수굿	용왕굿	조왕굿	병굿	고사
◎	◎	◎	×	◎	◎	◎

吉凶 길흉 大小 일반 행사일

결혼	입학	투자	계약	등산	여행	이사	합방	이장	점안식	개업준공	신축상량	수술-침	서류제출	직원채용
–	◎	×	×	◎	◎	×	×	×	◎	◎	◎	◎	◎	×

백초귀장술 오늘 길흉신궁

오늘 만나면, 협상이 잘되는 띠	용띠, 돼지띠
오늘 만나면, 협상이 불리한 띠	개띠, 범띠
오늘 만나면, 이로운 해결신 띠	용띠

오늘 행운 복권 운세

오늘 행운 방위	1 순위 – 정남쪽 2 순위 – 북서쪽
오늘 행운 복권방	집에서 정남쪽에 있는 복권방
오늘 행운의 숫자	2 7 12 13 17 22 32 37 42
운이 따르는 복권방이나 지역이름	ㄴ, ㄷ, ㅌ, ㄹ 들어가는 지역이름이나 상호, 점포이름
오늘 행운이 따르는 금전운 좋은 시간	오전 11시~ 13시

오늘 재수 좋은 띠	돼지띠/ 용띠 /원숭띠
오늘 재수 나쁜 띠	개띠 / 양띠 /호랑띠
당첨운 • 합격운	확률높은 띠; 용띠 /돼지띠 확률낮은 띠; 소 /개 /양띠
오늘 사면 수익률 높은 우량주 증권	전기전자, 통신사, 불관련, 정유사, 방송사,보일러,관광,사진
주식 배팅 좋은 나이	18, 21, 25, 30, 33, 35, 42, 45, 47, 54, 57, 59, 66, 69, 71, 78, 81, 83
주식 배팅 나쁜 나이	19, 22, 24, 29, 34, 36, 41, 46, 48, 53, 58, 60, 65, 70, 72, 77
오늘 복권 사면 좋은 나이	18, 21, 25, 30, 33, 35, 42, 45, 47, 54, 57, 59, 66, 69, 71, 78, 81, 83
오늘 복권 사면 나쁜 나이	19, 22, 24, 29, 34, 36, 41, 46, 48, 53, 58, 60, 65, 70, 72, 77
소개팅 • 맞선 • 데이트 • 친목	좋은 띠 ; 돼지띠 / 용띠 나쁜 띠 ; 개/양띠/호랑이

시간에 만나는 사람

- **巳時**온 사람은 의욕없는자, 색정사, 억울한일
- **午時**온 사람은 금전문제, 사업문제로 옴
- **未時**에 사람은 단단히 꼬여있는 사람, 病, 고통
- **申時**온 사람은 두 가지 문제 갈등사, 갖고싶은 욕구
- **酉時**온 사람은 뭐가 하고 싶어서 왔다, 의욕과다
- **戌時**온 사람은 골치 아픈 일, 죽음, 바람기, 속히 정리

운세풀이

寅띠: 이동수,우왕좌왕, 사고다툼	**巳띠:** 점점 일이 꼬임, 관재구설	**申띠:** 최고운상승세, 두마음	**亥띠:** 만남,결실,화합,문서
卯띠: 매사불편, 방해자,배신	**午띠:** 귀인상봉, 금전이득, 현금	**酉띠:** 의욕과다, 스트레스큼	**子띠:** 이동수,이별수,변동 움직임
辰띠: 해결신,시험합격, 풀림	**未띠:** 매사꼬임,과거고생, 病	**戌띠:** 시급한 일, 뜻대로 안됨	**丑띠:** 빈주머니,걱정근심,사기

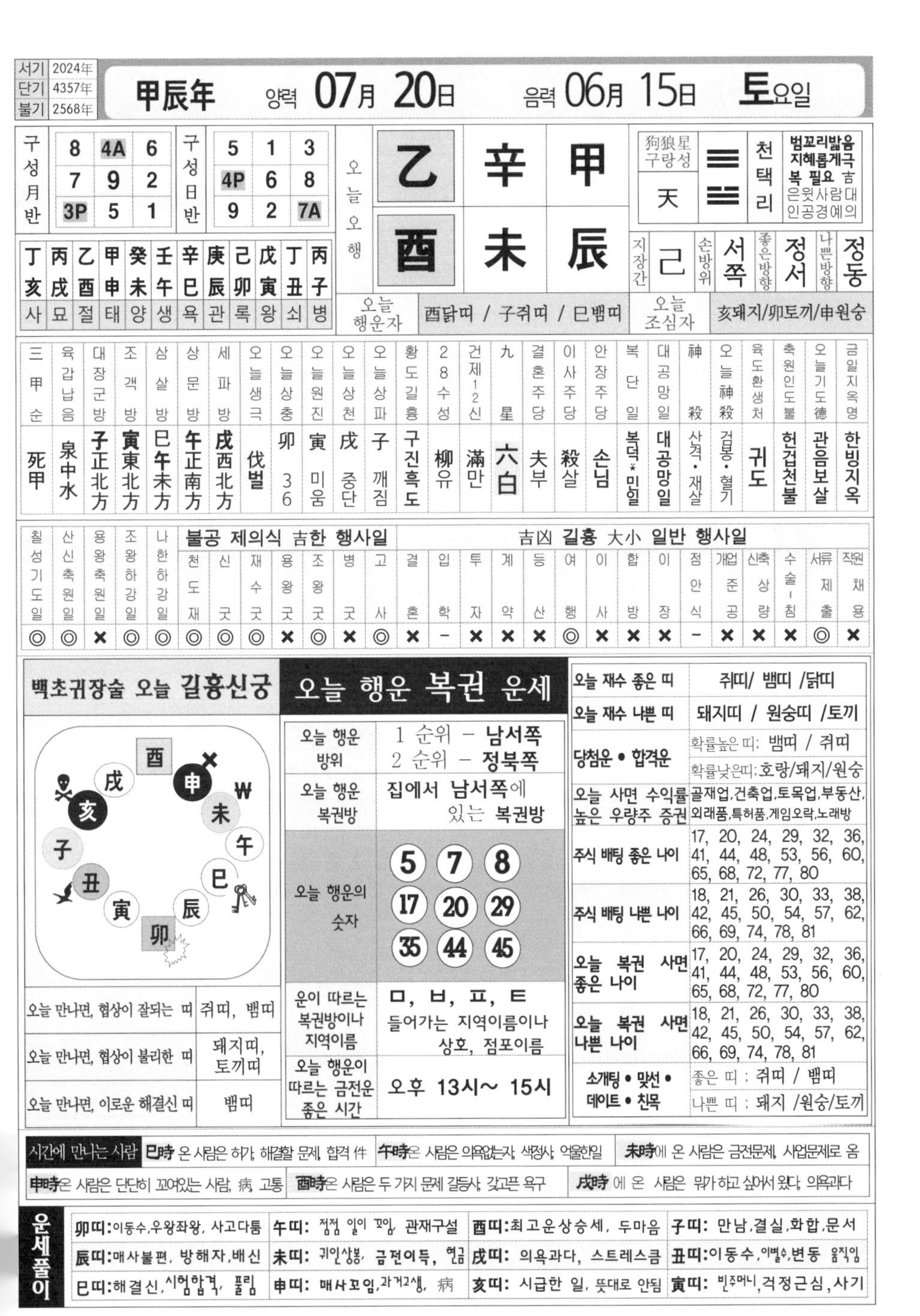

서기	2024年
단기	4357年
불기	2568年

甲辰年 양력 07月 20日 음력 06月 15日 토요일

구성月반

8	4A	6
7	9	2
3P	5	1

구성日반

5	1	3
4P	6	8
9	2	7A

오늘 오행

乙	辛	甲
酉	未	辰

狗狼星 구랑성	天	☰ ☷	천택리	범꼬리밟음 지혜롭게극복 필요 吉 은윗사람대인공경예의

지장간	己	손방위	서쪽	좋은방향	정서	나쁜방향	정동

丁亥	丙戌	乙酉	甲申	癸未	壬午	辛巳	庚辰	己卯	戊寅	丁丑	丙子
사	묘	절	태	양	생	욕	관	록	왕	쇠	병

오늘 행운자	酉닭띠 / 子쥐띠 / 巳뱀띠	오늘 조심자	亥돼지/卯토끼/申원숭

三甲순	육갑납음	대장군방	조객방	삼살방	상문방	세파방	오늘생극	오늘상충	오늘원진	오늘상천	오늘상파	황도길흉	28수성	건제12신	九星	결혼주당	이사주당	안장주당	복단일	대공망일	神殺	오늘神殺	육도환생처	축원인도불	오늘기도德	금일지옥명
死甲	泉中水	子正北方	寅東北方	巳午未方	午正南方	戌西北方	伐벌	卯 36	寅 미움	戌 중단	子 깨짐	구진흑도	柳유	滿만	六白	夫부	殺살	손님	복덕*민일	대공망일	산격·재살	검봉·혈기	귀도	헌겁천불	관음보살	한빙지옥

칠성기도일	산신축원일	용왕축원일	조왕하강일	나한하강일	불공 제의식 吉한 행사일: 천도재	신굿	재수굿	용왕굿	조왕굿	병굿	고사	吉凶 길흉 大小 일반 행사일: 결혼	입학	투자	계약	등산	여행	이사	합방	이장	점안식	개업준공	신축상량	수술-침	서류제출	직원채용
◎	◎	×	◎	◎	◎	◎	◎	×	◎	×	◎	×	–	×	×	×	◎	×	×	×	–	×	×	×	◎	×

백초귀장술 오늘 길흉신궁

酉 申 未 午 巳 辰 卯 寅 丑 子 亥 戌

오늘 만나면, 협상이 잘되는 띠	쥐띠, 뱀띠
오늘 만나면, 협상이 불리한 띠	돼지띠, 토끼띠
오늘 만나면, 이로운 해결신 띠	뱀띠

오늘 행운 복권 운세

오늘 행운 방위	1 순위 – 남서쪽 2 순위 – 정북쪽
오늘 행운 복권방	집에서 남서쪽에 있는 복권방
오늘 행운의 숫자	5 7 8 17 20 29 35 44 45
운이 따르는 복권방이나 지역이름	ㅁ, ㅂ, ㅍ, ㅌ 들어가는 지역이름이나 상호, 점포이름
오늘 행운이 따르는 금전운 좋은 시간	오후 13시~ 15시

오늘 재수 좋은 띠	쥐띠/ 뱀띠 /닭띠
오늘 재수 나쁜 띠	돼지띠 / 원숭띠 /토끼
당첨운 • 합격운	확률높은 띠: 뱀띠 / 쥐띠 확률낮은띠: 호랑/돼지/원숭
오늘 사면 수익률 높은 우량주 증권	골재업,건축업,토목업,부동산,외래품,특허품,게임오락,노래방
주식 배팅 좋은 나이	17, 20, 24, 29, 32, 36, 41, 44, 48, 53, 56, 60, 65, 68, 72, 77, 80
주식 배팅 나쁜 나이	18, 21, 26, 30, 33, 38, 42, 45, 50, 54, 57, 62, 66, 69, 74, 78, 81
오늘 복권 사면 좋은 나이	17, 20, 24, 29, 32, 36, 41, 44, 48, 53, 56, 60, 65, 68, 72, 77, 80
오늘 복권 사면 나쁜 나이	18, 21, 26, 30, 33, 38, 42, 45, 50, 54, 57, 62, 66, 69, 74, 78, 81
소개팅 • 맞선 • 데이트 • 친목	좋은 띠 ; 쥐띠 / 뱀띠 나쁜 띠 ; 돼지 /원숭/토끼

시간에 만나는 사람

巳時 온 사람은 허가, 해결할 문제, 합격 件	午時온 사람은 의욕없는자, 색정사, 억울한일	未時에 온 사람은 금전문제, 사업문제로 옴
申時온 사람은 단단히 꼬여있는 사람, 病, 고통	酉時온 사람은 두 가지 문제 갈등사, 갖고픈 욕구	戌時 에 온 사람은 뭔가 하고 싶어서 왔다, 의욕과다

운세풀이

卯띠:이동수,우왕좌왕, 사고다툼	午띠: 점점 일이 꼬임, 관재구설	酉띠:최고운상승세, 두마음	子띠: 만남,결실,화합,문서
辰띠:매사불편, 방해자,배신	未띠: 귀인상봉, 금전이득, 현금	戌띠: 의욕과다, 스트레스큼	丑띠:이동수,이별수,변동 움직임
巳띠:해결신,시험합격, 풀림	申띠: 매사꼬임,과거고생, 病	亥띠: 시급한 일, 뜻대로 안됨	寅띠: 빈주머니,걱정근심,사기

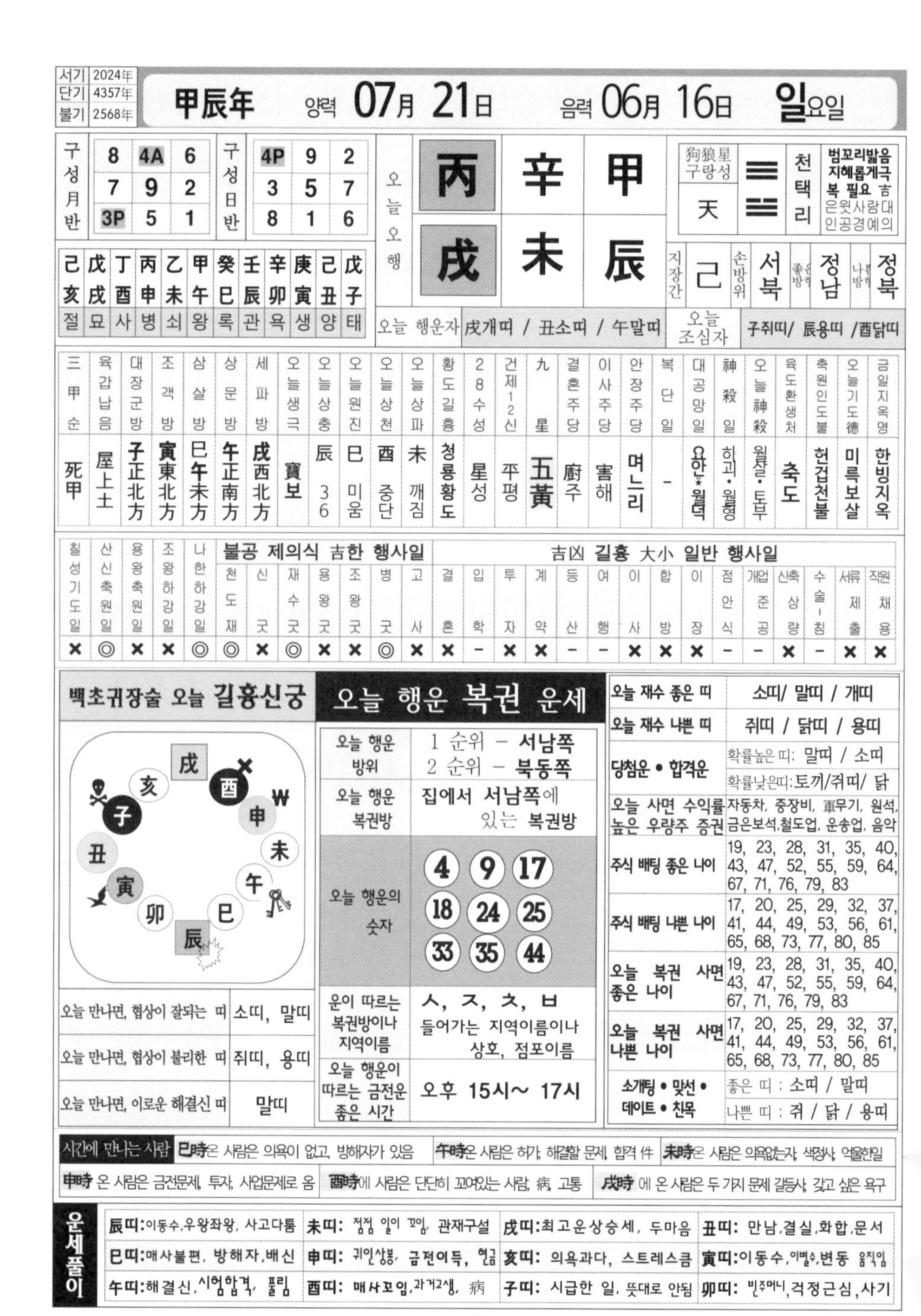

서기	2024年
단기	4357年
불기	2568年

甲辰年 양력 **07月 21日** 음력 **06月 16日** **일**요일

구성月반			구성日반		
8	4A	6	4P	9	2
7	9	2	3	5	7
3P	5	1	8	1	6

오늘오행		
丙	辛	甲
戊	未	辰

狗狼星 구랑성	天
천택리	범꼬리밟음 지혜롭게극복 필요 吉 은윗사람대인공경예의

己亥	戊戌	丁酉	丙申	乙未	甲午	癸巳	壬辰	辛卯	庚寅	己丑	戊子
절	묘	사	병	쇠	왕	록	관	욕	생	양	태

지장간	손방위	좋은방향	나쁜방향
己	서북	정남	정북

오늘 행운자: 戌개띠 / 丑소띠 / 午말띠
오늘 조심자: 子쥐띠/ 辰용띠 /酉닭띠

三甲순	육갑납음	대장군방	조객방	삼살방	상문방	세파방	오늘생극	오늘상충	오늘원진	오늘상천	오늘상파	황도길흉	28수성	건제12신	九星	결혼주당	이사주당	안장주당	복단일	대공망일	神殺일	오늘神殺	육도환생처	축원인도불	오늘기도德	금일지옥명
死甲	屋上土	子正北方	寅東北方	巳午未方	午正南方	戌西北方	寶보	辰 36	巳 미움	酉 중단	未 깨짐	청룡황도	星성	平평	五黃	廚주	害해	며느리	-	요안·월덕	하괴·월형	월살·토부	축도	헌겁천불	미륵보살	한빙지옥

칠성기도일	산신축원일	용왕축원일	조왕하강일	나한하강일	불공 제의식 吉한 행사일: 천도재	신굿	재수굿	용왕굿	조왕굿	병굿	고사	吉凶 길흉 大小 일반 행사일: 결혼	입학	투자	계약	등산	여행	이사	합방	이장	점안식	개업준공	신축상량	수술-침	서류제출	직원채용
×	◎	×	×	◎	◎	×	◎	×	×	◎	×	×	-	×	×	-	-	×	×	×	-	-	×	-	×	×

백초귀장술 오늘 길흉신궁

오늘 만나면, 협상이 잘되는 띠	소띠, 말띠
오늘 만나면, 협상이 불리한 띠	쥐띠, 용띠
오늘 만나면, 이로운 해결신 띠	말띠

오늘 행운 복권 운세

오늘 행운 방위	1 순위 - 서남쪽 2 순위 - 북동쪽
오늘 행운 복권방	집에서 서남쪽에 있는 복권방
오늘 행운의 숫자	4, 9, 17, 18, 24, 25, 33, 35, 44
운이 따르는 복권방이나 지역이름	ㅅ, ㅈ, ㅊ, ㅂ 들어가는 지역이름이나 상호, 점포이름
오늘 행운이 따르는 금전운 좋은 시간	오후 15시~ 17시

오늘 재수 좋은 띠	소띠/ 말띠 / 개띠
오늘 재수 나쁜 띠	쥐띠 / 닭띠 / 용띠
당첨운 • 합격운	확률높은 띠: 말띠 / 소띠 확률낮은띠: 토끼/쥐띠/ 닭
오늘 사면 수익률 높은 우량주 증권	자동차, 중장비, 軍무기, 원석, 금은보석,철도업, 운송업, 음악
주식 배팅 좋은 나이	19, 23, 28, 31, 35, 40, 43, 47, 52, 55, 59, 64, 67, 71, 76, 79, 83
주식 배팅 나쁜 나이	17, 20, 25, 29, 32, 37, 41, 44, 49, 53, 56, 61, 65, 68, 73, 77, 80, 85
오늘 복권 사면 좋은 나이	19, 23, 28, 31, 35, 40, 43, 47, 52, 55, 59, 64, 67, 71, 76, 79, 83
오늘 복권 사면 나쁜 나이	17, 20, 25, 29, 32, 37, 41, 44, 49, 53, 56, 61, 65, 68, 73, 77, 80, 85
소개팅 • 맞선 • 데이트 • 친목	좋은 띠 : 소띠 / 말띠 나쁜 띠 : 쥐 / 닭 / 용띠

시간에 만나는 사람

巳時온 사람은 의욕이 없고, 방해자가 있음	**午時**온 사람은 허가, 해결할 문제, 합격 件	**未時**온 사람은 의욕없는자, 색정사, 억울한일
申時 온 사람은 금전문제, 투자, 사업문제로 옴	**酉時**에 사람은 단단히 꼬여있는 사람, 病, 고통	**戌時** 에 온 사람은 두 가지 문제 갈등사, 갖고 싶은 욕구

운세풀이

辰띠:이동수,우왕좌왕, 사고다툼	**未띠:** 점점 일이 꼬임, 관재구설	**戌띠:**최고운상승세, 두마음	**丑띠:** 만남,결실,화합,문서
巳띠:매사불편, 방해자,배신	**申띠:** 귀인상봉, 금전이득, 현금	**亥띠:** 의욕과다, 스트레스큼	**寅띠:**이동수,이별수,변동 움직임
午띠:해결신,시험합격, 풀림	**酉띠:** 매사꼬임,과거고생, 病	**子띠:** 시급한 일, 뜻대로 안됨	**卯띠:** 빈주머니,걱정근심,사기

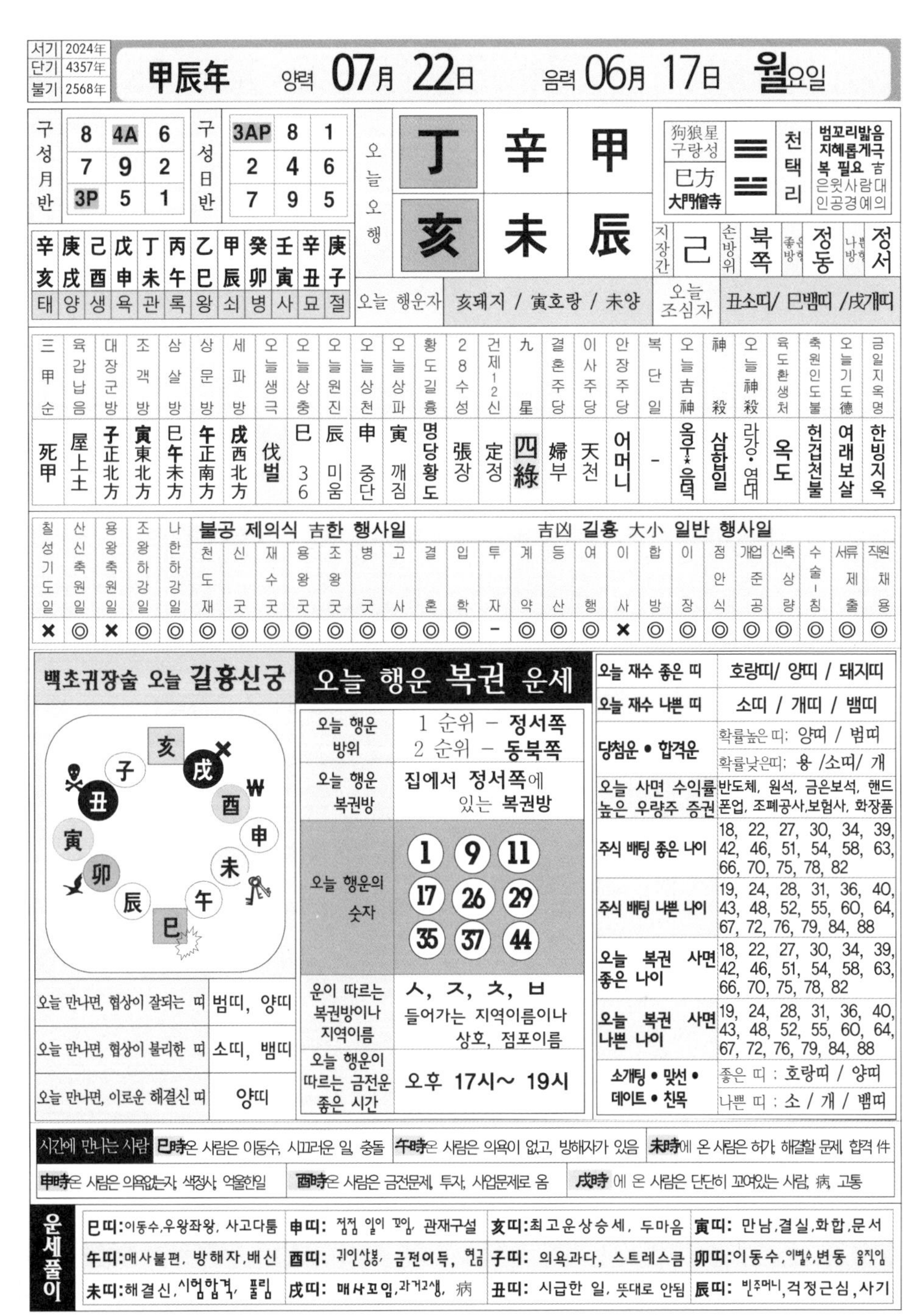

서기	2024年
단기	4357年
불기	2568年

甲辰年 양력 **07月 22日** 음력 **06月 17日** **월**요일

구성月반			구성日반		
8	4A	6	3AP	8	1
7	9	2	2	4	6
3P	5	1	7	9	5

오늘오행		
丁	辛	甲
亥	未	辰

狗狼星 구랑성	巳方 大門僧寺	☱	천택리	범꼬리밟음 지혜롭게극복 필요 吉 은윗사람대인공경예의

지장간	손방위	좋은방향	나쁜방향
己	북쪽	정동	정서

辛亥	庚戌	己酉	戊申	丁未	丙午	乙巳	甲辰	癸卯	壬寅	辛丑	庚子
태	양	생	욕	관	록	왕	쇠	병	사	묘	절

오늘 행운자	亥돼지 / 寅호랑 / 未양	오늘 조심자	丑소띠/ 巳뱀띠 /戌개띠

三甲순	육갑납음	대장군방	조객방	삼살방	상문방	세파방	오늘생극	오늘상충	오늘원진	오늘상천	오늘상파	황도길흉	28수성	건제12신	九星	결혼주당	이사주당	안장주당	복단일	오늘吉神	神殺	오늘神殺	육도환생처	축원인도불	오늘기도德	금일지옥명
死甲	屋上土	子正北方	寅東北方	巳午未方	午正南方	戌西北方	伐벌	巳 36	辰 미움	申 중단	寅 깨짐	명당황도	張장	定정	四綠	婦부	天천	어머니	-	옥우·음덕	삼합일	라강·염대	옥도	헌겁천불	여래보살	한빙지옥

칠성기도일	산신축원일	용왕축원일	조왕하강일	나한하강일	불공 제의식 吉한 행사일					吉凶 길흉 大小 일반 행사일																
					천도재	신굿	재수굿	용왕굿	조왕굿	병굿	고사	결혼	입학	투자	계약	등산	여행	이사	합방	이장	점안식	개업준공	신축상량	수술-침	서류제출	직원채용
×	◎	×	◎	◎	◎	◎	◎	◎	◎	◎	◎	◎	◎	–	◎	◎	◎	×	◎	◎	◎	◎	◎	◎	◎	◎

백초귀장술 오늘 길흉신궁

오늘 만나면, 협상이 잘되는 띠	범띠, 양띠
오늘 만나면, 협상이 불리한 띠	소띠, 뱀띠
오늘 만나면, 이로운 해결신 띠	양띠

오늘 행운 복권 운세

오늘 행운 방위	1 순위 – 정서쪽 2 순위 – 동북쪽
오늘 행운 복권방	집에서 정서쪽에 있는 복권방
오늘 행운의 숫자	1, 9, 11, 17, 26, 29, 35, 37, 44
운이 따르는 복권방이나 지역이름	ㅅ, ㅈ, ㅊ, ㅂ 들어가는 지역이름이나 상호, 점포이름
오늘 행운이 따르는 금전운 좋은 시간	오후 17시~ 19시

오늘 재수 좋은 띠	호랑띠/ 양띠 / 돼지띠
오늘 재수 나쁜 띠	소띠 / 개띠 / 뱀띠
당첨운 • 합격운	확률높은 띠: 양띠 / 범띠 확률낮은띠: 용 /소띠/ 개
오늘 사면 수익률 높은 우량주 증권	반도체, 원석, 금은보석, 핸드폰업, 조폐공사,보험사, 화장품
주식 배팅 좋은 나이	18, 22, 27, 30, 34, 39, 42, 46, 51, 54, 58, 63, 66, 70, 75, 78, 82
주식 배팅 나쁜 나이	19, 24, 28, 31, 36, 40, 43, 48, 52, 55, 60, 64, 67, 72, 76, 79, 84, 88
오늘 복권 사면 좋은 나이	18, 22, 27, 30, 34, 39, 42, 46, 51, 54, 58, 63, 66, 70, 75, 78, 82
오늘 복권 사면 나쁜 나이	19, 24, 28, 31, 36, 40, 43, 48, 52, 55, 60, 64, 67, 72, 76, 79, 84, 88
소개팅 • 맞선 • 데이트 • 친목	좋은 띠 : 호랑띠 / 양띠 나쁜 띠 : 소 / 개 / 뱀띠

시간에 만나는 사람	**巳時**온 사람은 이동수, 시끄러운 일, 충돌	**午時**온 사람은 의욕이 없고, 방해자가 있음	**未時**에 온 사람은 허가, 해결할 문제, 합격 件
	申時온 사람은 의욕없는자, 색정사, 억울한일	**酉時**온 사람은 금전문제, 투자, 사업문제로 옴	**戌時** 에 온 사람은 단단히 꼬여있는 사람, 病, 고통

운세풀이			
巳띠:이동수,우왕좌왕, 사고다툼	**申띠**: 점점 일이 꼬임, 관재구설	**亥띠**:최고운상승세, 두마음	**寅띠**: 만남,결실,화합,문서
午띠:매사불편, 방해자,배신	**酉띠**: 귀인상봉, 금전이득, 현금	**子띠**: 의욕과다, 스트레스큼	**卯띠**:이동수,이별수,변동 움직임
未띠:해결신,시험합격, 풀림	**戌띠**: 매사꼬임,과거고생, 病	**丑띠**: 시급한 일, 뜻대로 안됨	**辰띠**: 빈주머니,걱정근심,사기

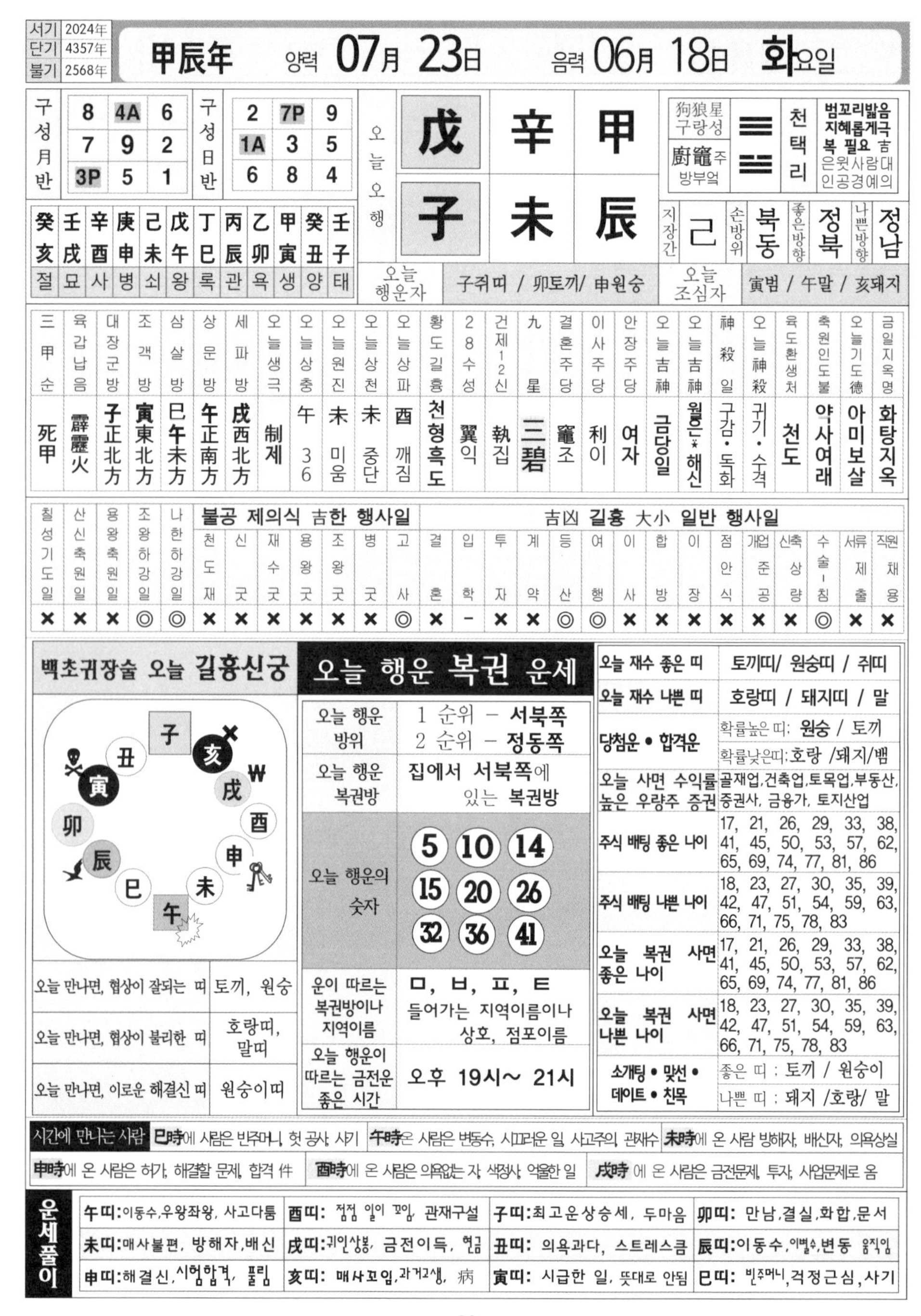

서기	2024年
단기	4357年
불기	2568年

甲辰年 양력 **07月 23日** 음력 **06月 18日** **화**요일

구성월반				구성日반			
	8	4A	6		2	7P	9
	7	9	2		1A	3	5
	3P	5	1		6	8	4

癸亥	壬戌	辛酉	庚申	己未	戊午	丁巳	丙辰	乙卯	甲寅	癸丑	壬子
절	묘	사	병	쇠	왕	록	관	욕	생	양	태

오늘오행			
	戊	辛	甲
	子	未	辰

狗狼星 구랑성	廚竈주 방부엌	☰ ☷	천택리	범꼬리밟음 지혜롭게극복 필요 吉 은윗사람대인공경예의

지장간	己	손방위	북동	좋은방향	정북	나쁜방향	정남

오늘 행운자	子쥐띠 / 卯토끼/ 申원숭	오늘 조심자	寅범 / 午말 / 亥돼지

三甲순	육갑납음	대장군방	조객방	삼살방	상문방	세파방	오늘생극	오늘상충	오늘원진	오늘상천	오늘상파	황도길흉	28수성	건제12신	九星	결혼주당	이사주당	안장주당	오늘吉神	오늘吉神	神殺일	오늘神殺	육도환생처	축원인도불	오늘기도德	금일지옥명
死甲	霹靂火	子正北方	寅東北方	巳午未方	午正南方	戌西北方	制제	午 36	未 미움	未 중단	酉 깨짐	천형흑도	翼익	執집	三碧	竈조	利이	여자	금당일	월은*해신	구감·도화	귀기·수격	천도	약사여래	아미보살	화탕지옥

칠성기도일	산신축원일	용왕축원일	조왕하강일	나한하강일	불공 제의식 吉한 행사일							吉凶 길흉 大小 일반 행사일														
					천도재	신굿	재수굿	용왕굿	조왕굿	병굿	고사	결혼	입학	투자	계약	등산	여행	이사	합방	이장	점안식	개업준공	신축상량	수술-침	서류제출	직원채용
×	×	×	◎	◎	×	×	×	×	×	×	◎	×	-	×	×	◎	◎	×	×	×	×	×	×	◎	×	×

백초귀장술 오늘 길흉신궁

子 丑 亥 寅 ₩ 戌 卯 酉 辰 申 巳 未 午

오늘 만나면, 협상이 잘되는 띠	토끼, 원숭
오늘 만나면, 협상이 불리한 띠	호랑띠, 말띠
오늘 만나면, 이로운 해결신 띠	원숭이띠

오늘 행운 복권 운세

오늘 행운 방위	1 순위 - 서북쪽 2 순위 - 정동쪽
오늘 행운 복권방	집에서 서북쪽에 있는 복권방
오늘 행운의 숫자	5 10 14 15 20 26 32 36 41
운이 따르는 복권방이나 지역이름	ㅁ, ㅂ, ㅍ, ㅌ 들어가는 지역이름이나 상호, 점포이름
오늘 행운이 따르는 금전운 좋은 시간	오후 19시~ 21시

오늘 재수 좋은 띠	토끼띠/ 원숭띠 / 쥐띠
오늘 재수 나쁜 띠	호랑띠 / 돼지띠 / 말
당첨운 • 합격운	확률높은 띠: 원숭 / 토끼 확률낮은띠: 호랑 /돼지/뱀
오늘 사면 수익률 높은 우량주 증권	골재업,건축업,토목업,부동산, 증권사, 금융가, 토지산업
주식 배팅 좋은 나이	17, 21, 26, 29, 33, 38, 41, 45, 50, 53, 57, 62, 65, 69, 74, 77, 81, 86
주식 배팅 나쁜 나이	18, 23, 27, 30, 35, 39, 42, 47, 51, 54, 59, 63, 66, 71, 75, 78, 83
오늘 복권 사면 좋은 나이	17, 21, 26, 29, 33, 38, 41, 45, 50, 53, 57, 62, 65, 69, 74, 77, 81, 86
오늘 복권 사면 나쁜 나이	18, 23, 27, 30, 35, 39, 42, 47, 51, 54, 59, 63, 66, 71, 75, 78, 83
소개팅 • 맞선 • 데이트 • 친목	좋은 띠 : 토끼 / 원숭이 나쁜 띠 : 돼지 /호랑/ 말

시간에 만나는 사람	**巳時**에 사람은 빈주머니, 헛 공사, 사기	**午時**온 사람은 변동수, 시끄러운 일, 사고주의, 관재수	**未時**에 온 사람 방해자, 배신자, 의욕상실
	申時에 온 사람은 허가, 해결할 문제, 합격 件	**酉時**에 온 사람은 의욕없는 자, 색정사, 억울한 일	**戌時** 에 온 사람은 금전문제, 투자, 사업문제로 옴

운세풀이				
	午띠:이동수,우왕좌왕, 사고다툼	**酉띠:** 점점 일이 꼬임, 관재구설	**子띠:**최고운상승세, 두마음	**卯띠:** 만남,결실,화합,문서
	未띠:매사불편, 방해자,배신	**戌띠:**귀인상봉, 금전이득, 현금	**丑띠:** 의욕과다, 스트레스큼	**辰띠:**이동수,이별수,변동 움직임
	申띠:해결신,시험합격, 풀림	**亥띠:** 매사꼬임,과거고생, 病	**寅띠:** 시급한 일, 뜻대로 안됨	**巳띠:** 빈주머니,걱정근심,사기

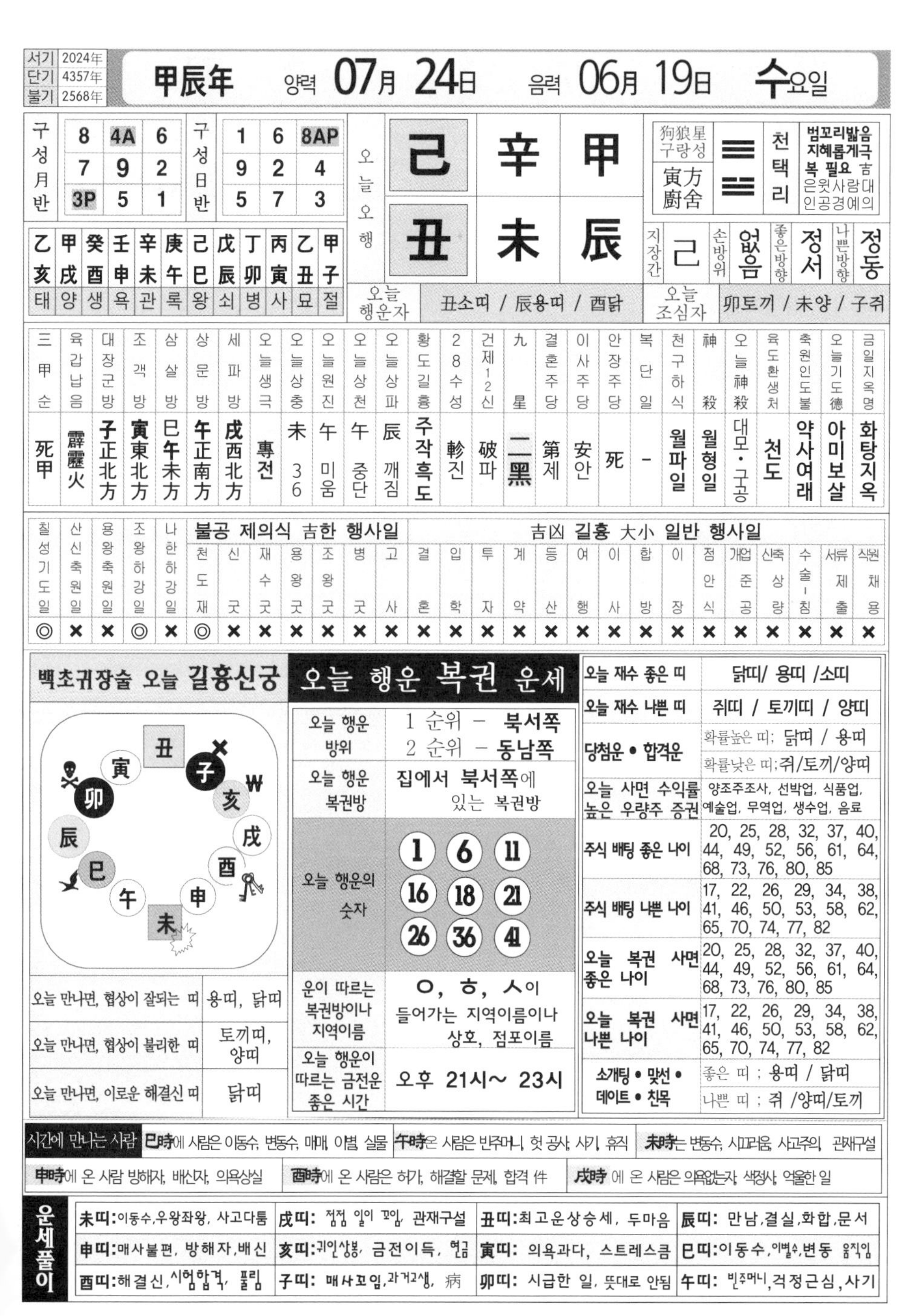

서기	2024年
단기	4357年
불기	2568年

甲辰年 양력 **07月 24日** 음력 **06月 19日** **수**요일

구성月반		
8	4A	6
7	9	2
3P	5	1

구성日반		
1	6	8AP
9	2	4
5	7	3

오늘오행		
己	辛	甲
丑	未	辰

狗狼星 구랑성	寅方 廚舍	☰ ☷	천택리	범꼬리밟음 지혜롭게극복 필요 吉 은윗사람대인공경예의

지장간	己	손방위	없음	좋은방향	정서	나쁜방향	정동

乙亥	甲戌	癸酉	壬申	辛未	庚午	己巳	戊辰	丁卯	丙寅	乙丑	甲子
태	양	생	욕	관	록	왕	쇠	병	사	묘	절

오늘 행운자	丑소띠 / 辰용띠 / 酉닭	오늘 조심자	卯토끼 / 未양 / 子쥐

三甲순	육갑납음	대장군방	조객방	삼살방	상문방	세파방	오늘생극	오늘상충	오늘원진	오늘상천	오늘상파	황도길흉	28수성	건제12신	九星	결혼주당	이사주당	안장주당	복단일	천구하식	神殺	오늘神殺	육도환생처	축원인도불	오늘기도德	금일지옥명
死甲	霹靂火	子正北方	寅東北方	巳午未方	午正南方	戌西北方	專전	未 36	午 미움	午 중단	辰 깨짐	주작흑도	軫진	破파	二黑	第제	安안	死	-	월파일	월형일	대모·구공	천도	약사여래	아미보살	화탕지옥

칠성기도일	산신축원일	용왕축원일	조왕하강일	나한하강일	불공 제의식 吉한 행사일: 천도재	신굿	재수굿	용왕굿	조왕굿	병굿	고사	吉凶 길흉 大小 일반 행사일: 결혼	입학	투자	계약	등산	여행	이사	합방	이장	점안식	개업준공	신축상량	수술-침	서류제출	식원채용
◎	×	×	◎	×	◎	×	×	×	×	×	×	×	×	×	×	×	×	×	×	×	×	×	×	×	×	×

백초귀장술 오늘 길흉신궁

오늘 만나면, 협상이 잘되는 띠	용띠, 닭띠
오늘 만나면, 협상이 불리한 띠	토끼띠, 양띠
오늘 만나면, 이로운 해결신 띠	닭띠

오늘 행운 복권 운세

오늘 행운 방위	1 순위 - 북서쪽 2 순위 - 동남쪽
오늘 행운 복권방	집에서 북서쪽에 있는 복권방
오늘 행운의 숫자	1, 6, 11, 16, 18, 21, 26, 36, 41
운이 따르는 복권방이나 지역이름	ㅇ, ㅎ, ㅅ이 들어가는 지역이름이나 상호, 점포이름
오늘 행운이 따르는 금전운 좋은 시간	오후 21시~ 23시

오늘 재수 좋은 띠	닭띠/ 용띠 /소띠
오늘 재수 나쁜 띠	쥐띠 / 토끼띠 / 양띠
당첨운 • 합격운	확률높은 띠; 닭띠 / 용띠 확률낮은 띠;쥐/토끼/양띠
오늘 사면 수익률 높은 우량주 증권	양조주조사, 선박업, 식품업, 예술업, 무역업, 생수업, 음료
주식 배팅 좋은 나이	20, 25, 28, 32, 37, 40, 44, 49, 52, 56, 61, 64, 68, 73, 76, 80, 85
주식 배팅 나쁜 나이	17, 22, 26, 29, 34, 38, 41, 46, 50, 53, 58, 62, 65, 70, 74, 77, 82
오늘 복권 사면 좋은 나이	20, 25, 28, 32, 37, 40, 44, 49, 52, 56, 61, 64, 68, 73, 76, 80, 85
오늘 복권 사면 나쁜 나이	17, 22, 26, 29, 34, 38, 41, 46, 50, 53, 58, 62, 65, 70, 74, 77, 82
소개팅 • 맞선 • 데이트 • 친목	좋은 띠 ; 용띠 / 닭띠 나쁜 띠 ; 쥐 /양띠/토끼

시간에 만나는 사람	巳時에 사람은 이동수, 변동수, 매매, 이별, 실물	午時은 사람은 빈주머니, 헛 공사, 사기, 휴직	未時는 변동수, 시끄러움, 사고주의, 관재구설
	申時에 온 사람 방해자, 배신자, 의욕상실	酉時에 온 사람은 허가, 해결할 문제, 합격 件	戌時 에 온 사람은 의욕없는자, 색정사, 억울한 일

운세풀이			
未띠:이동수,우왕좌왕, 사고다툼	戌띠: 점점 일이 꼬임, 관재구설	丑띠:최고운상승세, 두마음	辰띠: 만남,결실,화합,문서
申띠:매사불편, 방해자,배신	亥띠:귀인상봉, 금전이득, 현금	寅띠: 의욕과다, 스트레스큼	巳띠:이동수,이별수,변동 움직임
酉띠:해결신,시험합격, 풀림	子띠: 매사꼬임,과거고생, 病	卯띠: 시급한 일, 뜻대로 안됨	午띠: 빈주머니,걱정근심,사기

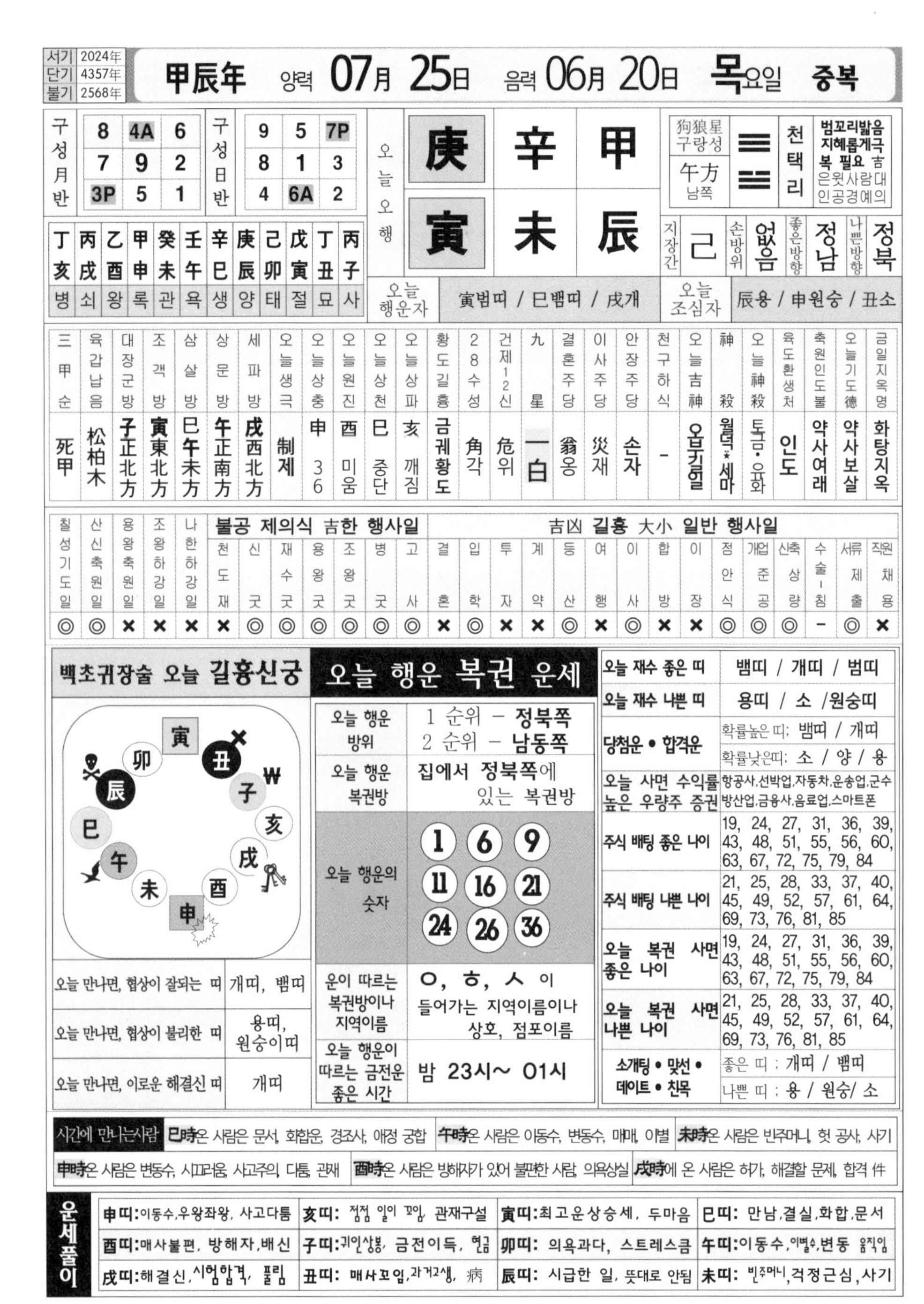

서기	2024年
단기	4357年
불기	2568年

甲辰年 양력 07月 25日 음력 06月 20日 목요일 중복

구성월반			
	8	4A	6
	7	9	2
	3P	5	1

구성일반			
	9	5	7P
	8	1	3
	4	6A	2

丁亥	丙戌	乙酉	甲申	癸未	壬午	辛巳	庚辰	己卯	戊寅	丁丑	丙子
병	쇠	왕	록	관	욕	생	양	태	절	묘	사

오늘오행

庚	辛	甲
寅	未	辰

狗狼星 구랑성	午方 남쪽	천택리	범꼬리밟음 지혜롭게극복 필요 吉 은윗사람대인공경예의

지장간	己	손방위	없음	좋은방향	정남	나쁜방향	정북

오늘 행운자	寅범띠 / 巳뱀띠 / 戌개	오늘 조심자	辰용 / 申원숭 / 丑소

三甲순	육갑납음	대장군방	조객방	삼살방	상문방	세파방	오늘생극	오늘상충	오늘원진	오늘상천	오늘상파	황도길흉	28수성	건제12신	九星	결혼주당	이사주당	안장주당	천구하식	오늘吉神	神殺	오늘神殺	육도환생처	축원인도불	오늘기도德	금일지옥명
死甲	松柏木	子正北方	寅東北方	巳午未方	午正南方	戌西北方	制제	申 36	酉 미움	巳 중단	亥 깨짐	금궤황도	角각	危위	一白	翁옹	災재	손자	-	오부길일	월덕*세마	토금·유화	인도	약사여래	약사보살	화탕지옥

칠성기도일	산신축원일	용왕축원일	조왕하강일	나한하강일	천도재	신굿	재수굿	용왕굿	조왕굿	병굿	고사	결혼	입학	투자	계약	등산	여행	이사	합방	이장	점안식	개업준공	신축상량	수술-침	서류제출	직원채용
					불공 제의식 吉한 행사일							吉凶 길흉 大小 일반 행사일														
◎	◎	×	×	×	×	◎	◎	◎	◎	◎	◎	×	◎	×	×	◎	×	◎	×	×	◎	◎	◎	-	◎	×

백초귀장술 오늘 길흉신궁

오늘 만나면, 협상이 잘되는 띠	개띠, 뱀띠
오늘 만나면, 협상이 불리한 띠	용띠, 원숭이띠
오늘 만나면, 이로운 해결신 띠	개띠

오늘 행운 복권 운세

오늘 행운 방위	1 순위 - 정북쪽 2 순위 - 남동쪽
오늘 행운 복권방	집에서 정북쪽에 있는 복권방
오늘 행운의 숫자	1 6 9 11 16 21 24 26 36
운이 따르는 복권방이나 지역이름	ㅇ, ㅎ, ㅅ 이 들어가는 지역이름이나 상호, 점포이름
오늘 행운이 따르는 금전운 좋은 시간	밤 23시~ 01시

오늘 재수 좋은 띠	뱀띠 / 개띠 / 범띠
오늘 재수 나쁜 띠	용띠 / 소 /원숭띠
당첨운 • 합격운	확률높은 띠: 뱀띠 / 개띠 확률낮은띠: 소 / 양 / 용
오늘 사면 수익률 높은 우량주 증권	항공사,선박업,자동차,운송업,군수방산업,금융사,음료업,스마트폰
주식 배팅 좋은 나이	19, 24, 27, 31, 36, 39, 43, 48, 51, 55, 56, 60, 63, 67, 72, 75, 79, 84
주식 배팅 나쁜 나이	21, 25, 28, 33, 37, 40, 45, 49, 52, 57, 61, 64, 69, 73, 76, 81, 85
오늘 복권 사면 좋은 나이	19, 24, 27, 31, 36, 39, 43, 48, 51, 55, 56, 60, 63, 67, 72, 75, 79, 84
오늘 복권 사면 나쁜 나이	21, 25, 28, 33, 37, 40, 45, 49, 52, 57, 61, 64, 69, 73, 76, 81, 85
소개팅 • 맞선 • 데이트 • 친목	좋은 띠 : 개띠 / 뱀띠 나쁜 띠 : 용 / 원숭/ 소

시간에 만나는사람	巳時온 사람은 문서, 화합운, 경조사, 애정 궁합	午時온 사람은 이동수, 변동수, 매매, 이별	未時온 사람은 빈주머니, 헛 공사, 사기
申時온 사람은 변동수, 시끄러움, 사고주의, 다툼, 관재	酉時온 사람은 방해자가 있어 불편한 사람, 의욕상실	戌時에 온 사람은 허가, 해결할 문제, 합격 件	

운세풀이				
	申띠:이동수,우왕좌왕, 사고다툼	亥띠: 점점 일이 꼬임, 관재구설	寅띠:최고운상승세, 두마음	巳띠: 만남,결실,화합,문서
	酉띠:매사불편, 방해자,배신	子띠:귀인상봉, 금전이득, 현금	卯띠: 의욕과다, 스트레스큼	午띠:이동수,이별수,변동 움직임
	戌띠:해결신,시험합격, 풀림	丑띠: 매사꼬임,과거고생, 病	辰띠: 시급한 일, 뜻대로 안됨	未띠: 빈주머니,걱정근심,사기

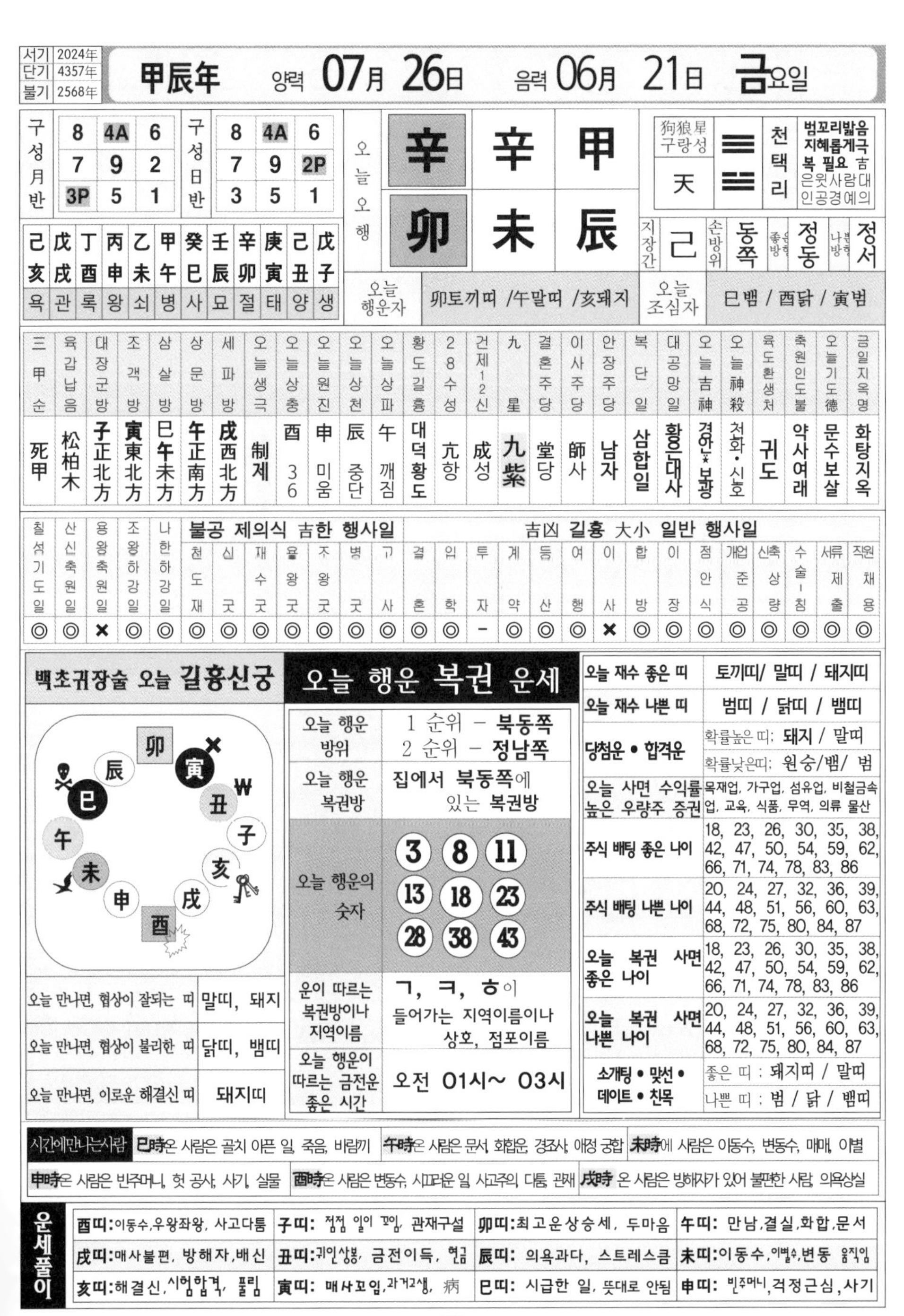

서기	2024年
단기	4357年
불기	2568年

甲辰年 양력 **07月 26日** 음력 **06月 21日** **금**요일

구성月반				구성日반		
	8	4A	6	8	4A	6
	7	9	2	7	9	2P
	3P	5	1	3	5	1

己	戊	丁	丙	乙	甲	癸	壬	辛	庚	己	戊
亥	戌	酉	申	未	午	巳	辰	卯	寅	丑	子
욕	관	록	왕	쇠	병	사	묘	절	태	양	생

오늘오행

辛	辛	甲
卯	未	辰

狗狼星 구랑성	天	☰ ☵	천택리	범꼬리밟음 지혜롭게극복 필요 吉 은윗사람대인공경예의

지장간	己	손방위	동쪽	좋은방향	정동	나쁜방향	정서

오늘 행운자	卯토끼띠 /午말띠 /亥돼지	오늘 조심자	巳뱀 / 酉닭 / 寅범

三甲순	육갑납음	대장군방	조객방	삼살방	상문방	세파방	오늘생극	오늘상충	오늘원진	오늘상천	오늘상파	황도길흉	28수성	건제12신	九星	결혼주당	이사주당	안장주당	복단일	대공망일	오늘吉神	오늘神殺	육도환생처	축원인도불	오늘기도德	금일지옥명
死甲	松柏木	子正北方	寅東北方	巳午未方	午正南方	戌西北方	制제	酉 36	申 미움	辰 중단	午 깨짐	대덕황도	亢항	成성	九紫	堂당	師사	남자	삼합일	황은대사	경안*보광	천화·신호	귀도	약사여래	문수보살	화탕지옥

칠석기도일	산신축원일	용왕축원일	조왕하강일	나한하강일	불공 제의식 吉한 행사일							吉凶 길흉 大小 일반 행사일														
					천도재	신굿	재수굿	용왕굿	조왕굿	병굿	고사	결혼	입학	투자	계약	등산	여행	이사	합방	이장	점안식	개업준공	신축상량	수술-침	서류제출	직원채용
◎	◎	×	◎	◎	◎	◎	◎	◎	◎	◎	◎	◎	◎	-	◎	◎	◎	×	◎	◎	◎	◎	◎	◎	◎	◎

백초귀장술 오늘 길흉신궁

오늘 만나면, 협상이 잘되는 띠	말띠, 돼지
오늘 만나면, 협상이 불리한 띠	닭띠, 뱀띠
오늘 만나면, 이로운 해결신 띠	돼지띠

오늘 행운 복권 운세

오늘 행운 방위	1 순위 – 북동쪽 2 순위 – 정남쪽
오늘 행운 복권방	집에서 북동쪽에 있는 복권방
오늘 행운의 숫자	3 8 11 13 18 23 28 38 43
운이 따르는 복권방이나 지역이름	ㄱ, ㅋ, ㅎ이 들어가는 지역이름이나 상호, 점포이름
오늘 행운이 따르는 금전운 좋은 시간	오전 01시~ 03시

오늘 재수 좋은 띠	토끼띠/ 말띠 / 돼지띠
오늘 재수 나쁜 띠	범띠 / 닭띠 / 뱀띠
당첨운 • 합격운	확률높은 띠: 돼지 / 말띠 확률낮은띠: 원숭/뱀/ 범
오늘 사면 수익률 높은 우량주 증권	목재업, 가구업, 섬유업, 비철금속업, 교육, 식품, 무역, 의류 물산
주식 배팅 좋은 나이	18, 23, 26, 30, 35, 38, 42, 47, 50, 54, 59, 62, 66, 71, 74, 78, 83, 86
주식 배팅 나쁜 나이	20, 24, 27, 32, 36, 39, 44, 48, 51, 56, 60, 63, 68, 72, 75, 80, 84, 87
오늘 복권 사면 좋은 나이	18, 23, 26, 30, 35, 38, 42, 47, 50, 54, 59, 62, 66, 71, 74, 78, 83, 86
오늘 복권 사면 나쁜 나이	20, 24, 27, 32, 36, 39, 44, 48, 51, 56, 60, 63, 68, 72, 75, 80, 84, 87
소개팅 • 맞선 • 데이트 • 친목	좋은 띠 : 돼지띠 / 말띠 나쁜 띠 : 범 / 닭 / 뱀띠

시간에만나는사람	**巳時**온 사람은 골치 아픈 일, 죽음, 바람끼	**午時**온 사람은 문서, 화합운, 경조사, 애정 궁합	**未時**에 사람은 이동수, 변동수, 매매, 이별
申時온 사람은 빈주머니, 헛 공사, 사기, 실물	**酉時**온 사람은 변동수, 시끄러운 일, 사고주의, 다툼, 관재	**戌時** 온 사람은 방해자가 있어 불편한 사람, 의욕상실	

운세풀이

酉띠: 이동수,우왕좌왕, 사고다툼	**子띠:** 점점 일이 꼬임, 관재구설	**卯띠:** 최고운상승세, 두마음	**午띠:** 만남,결실,화합,문서
戌띠: 매사불편, 방해자,배신	**丑띠:** 귀인상봉, 금전이득, 현금	**辰띠:** 의욕과다, 스트레스큼	**未띠:** 이동수,이별수,변동 움직임
亥띠: 해결신,시험합격, 풀림	**寅띠:** 매사꼬임,과거고생, 病	**巳띠:** 시급한 일, 뜻대로 안됨	**申띠:** 빈주머니,걱정근심,사기

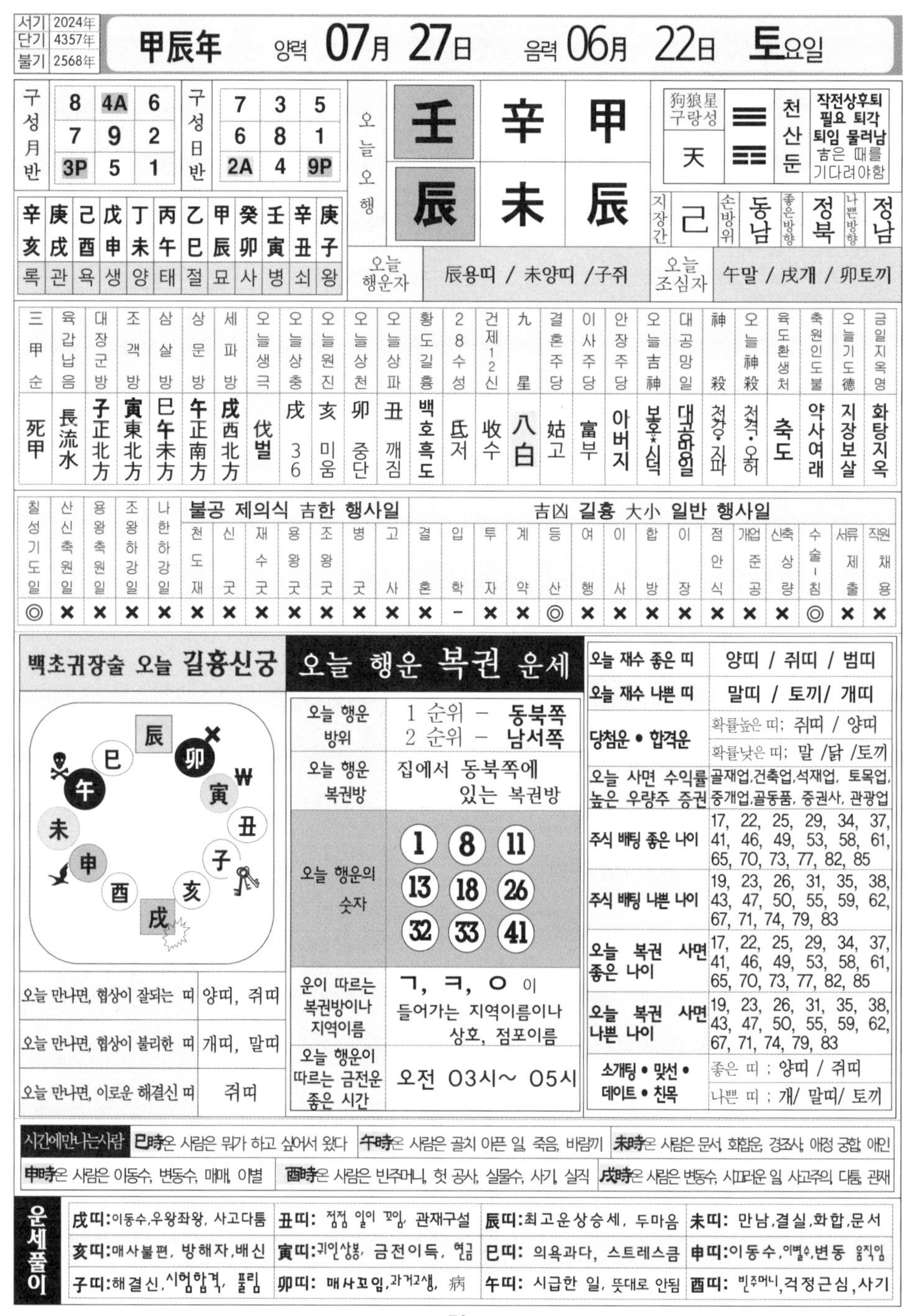

서기	2024年
단기	4357年
불기	2568年

甲辰年 양력 **07月 27日** 음력 **06月 22日** **토요일**

구성月반		
8	4A	6
7	9	2
3P	5	1

구성日반		
7	3	5
6	8	1
2A	4	9P

辛	庚	己	戊	丁	丙	乙	甲	癸	壬	辛	庚
亥	戌	酉	申	未	午	巳	辰	卯	寅	丑	子
록	관	욕	생	양	태	절	묘	사	병	쇠	왕

오늘오행

壬	辛	甲
辰	未	辰

狗狼星 구랑성	天	☰ ☷	천산둔	작전상후퇴 필요 퇴각 퇴임 물러남 좋은 때를 기다려야함

지장간	己	손방위	동남	좋은방향	정북	나쁜방향	정남

오늘 행운자	辰용띠 / 未양띠 /子쥐	오늘 조심자	午말 / 戌개 / 卯토끼

三甲순	육갑납음	대장군방	조객방	삼살방	상문방	세파방	오늘생극	오늘상충	오늘원진	오늘상천	오늘상파	황도길흉	28수성	건제12신	九星	결혼주당	이사주당	안장주당	오늘吉神	대공망일	神殺	오늘神殺	육도환생처	축원인도불	오늘기도德	금일지옥명
死甲	長流水	子正北方	寅東北方	巳午未方	午正南方	戌西北方	伐벌	戌 36	亥 미움	卯 중단	丑 깨짐	백호흑도	氐저	收수	八白	姑고	富부	아버지	보호·시덕	대공망일	천강·지파	천격·오허	축도	약사여래	지장보살	화탕지옥

칠성기도일	산신축원일	용왕축원일	조왕하강일	나한하강일	불공 제의식 吉한 행사일: 천도재	신굿	재수굿	용왕굿	조왕굿	병굿	고사	吉凶 길흉 大小 일반 행사일: 결혼	입학	투자	계약	등산	여행	이사	합방	이장	점안식	개업준공	신축상량	수술-침	서류제출	직원채용
◎	×	×	×	×	×	×	×	×	×	×	×	×	−	×	×	◎	×	×	×	×	×	×	×	◎	×	×

백초귀장술 오늘 길흉신궁

오늘 만나면, 협상이 잘되는 띠	양띠, 쥐띠
오늘 만나면, 협상이 불리한 띠	개띠, 말띠
오늘 만나면, 이로운 해결신 띠	쥐띠

오늘 행운 복권 운세

오늘 행운 방위	1 순위 − 동북쪽 2 순위 − 남서쪽
오늘 행운 복권방	집에서 동북쪽에 있는 복권방
오늘 행운의 숫자	1 8 11 13 18 26 32 33 41
운이 따르는 복권방이나 지역이름	ㄱ, ㅋ, ㅇ 이 들어가는 지역이름이나 상호, 점포이름
오늘 행운이 따르는 금전운 좋은 시간	오전 03시~ 05시

오늘 재수 좋은 띠	양띠 / 쥐띠 / 범띠
오늘 재수 나쁜 띠	말띠 / 토끼/ 개띠
당첨운 • 합격운	확률높은 띠; 쥐띠 / 양띠 확률낮은 띠; 말 /닭 /토끼
오늘 사면 수익률 높은 우량주 증권	골재업,건축업,석재업, 토목업, 중개업,골동품, 증권사, 관광업
주식 배팅 좋은 나이	17, 22, 25, 29, 34, 37, 41, 46, 49, 53, 58, 61, 65, 70, 73, 77, 82, 85
주식 배팅 나쁜 나이	19, 23, 26, 31, 35, 38, 43, 47, 50, 55, 59, 62, 67, 71, 74, 79, 83
오늘 복권 사면 좋은 나이	17, 22, 25, 29, 34, 37, 41, 46, 49, 53, 58, 61, 65, 70, 73, 77, 82, 85
오늘 복권 사면 나쁜 나이	19, 23, 26, 31, 35, 38, 43, 47, 50, 55, 59, 62, 67, 71, 74, 79, 83
소개팅 • 맞선 • 데이트 • 친목	좋은 띠 ; 양띠 / 쥐띠 나쁜 띠 ; 개/ 말띠/ 토끼

시간에만나는사람 巳時온 사람은 뭐가 하고 싶어서 왔다 | 午時온 사람은 골치 아픈 일, 죽음, 바람끼 | 未時온 사람은 문서, 화합운, 경조사, 애정 궁합, 애인 | 申時온 사람은 이동수, 변동수, 매매, 이별 | 酉時온 사람은 빈주머니, 헛 공사, 실물수, 사기, 실직 | 戌時온 사람은 변동수, 시끄러운 일, 사고주의, 다툼, 관재

운세풀이			
戌띠:이동수,우왕좌왕, 사고다툼	丑띠: 점점 일이 꼬임, 관재구설	辰띠:최고운상승세, 두마음	未띠: 만남,결실,화합,문서
亥띠:매사불편, 방해자,배신	寅띠:귀인상봉, 금전이득, 현금	巳띠: 의욕과다, 스트레스큼	申띠:이동수,이별수,변동 움직임
子띠:해결신,시험합격, 풀림	卯띠: 매사꼬임,과거고생, 病	午띠: 시급한 일, 뜻대로 안됨	酉띠: 빈주머니,걱정근심,사기

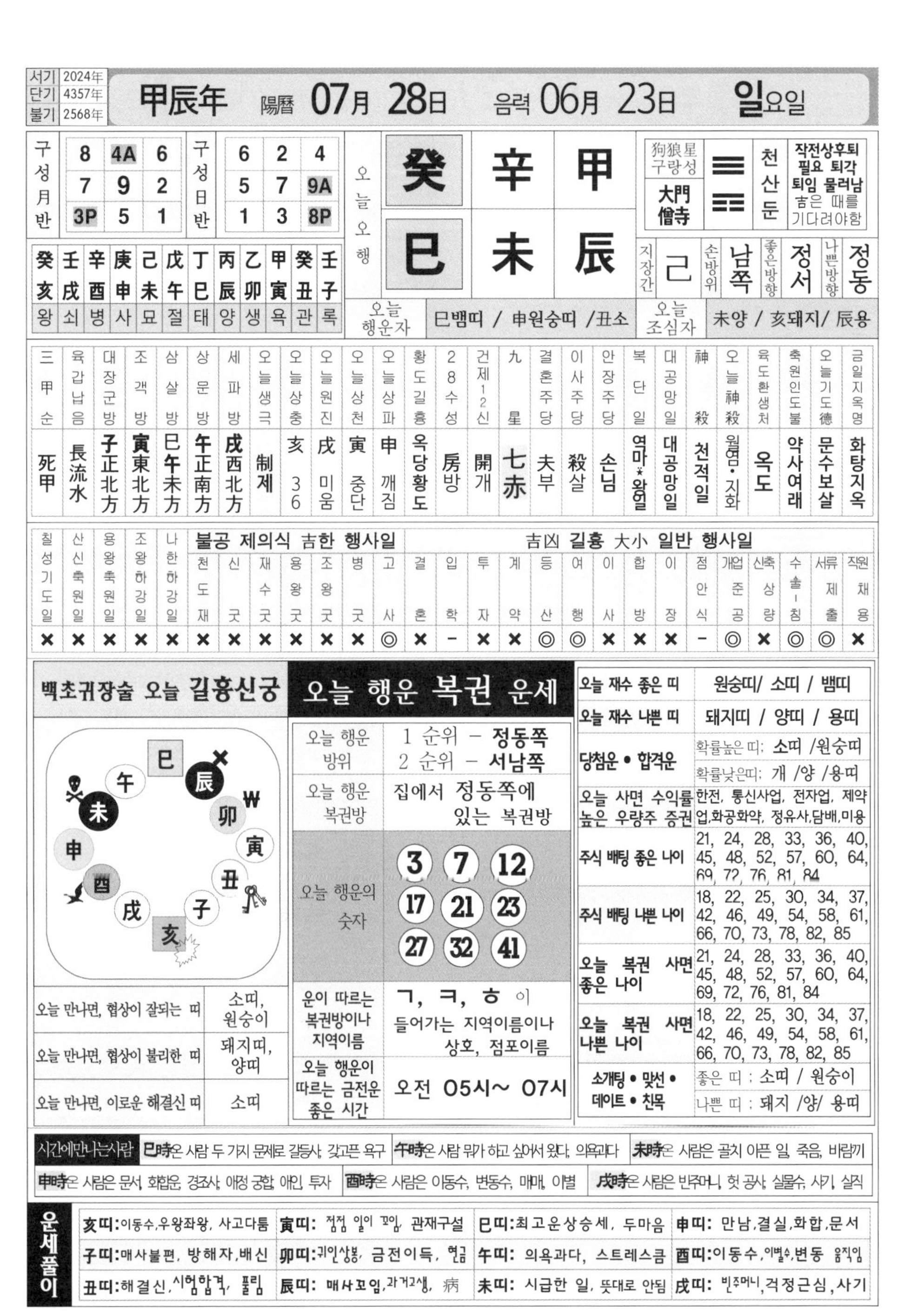

서기	2024年	甲辰年 陽曆 07月 28日 음력 06月 23日 일요일
단기	4357年	
불기	2568年	

구성월반			구성일반		
8	4A	6	6	2	4
7	9	2	5	7	9A
3P	5	1	1	3	8P

오늘오행

癸	辛	甲
巳	未	辰

狗狼星 구랑성: 大門 僧寺 | 천산둔 | 작전상후퇴 필요 퇴각 퇴임 물러남 吉은 때를 기다려야함

지장간: 己 | 손방위: 남쪽 | 좋은방향: 정서 | 나쁜방향: 정동

癸亥	壬戌	辛酉	庚申	己未	戊午	丁巳	丙辰	乙卯	甲寅	癸丑	壬子
왕	쇠	병	사	묘	절	태	양	생	욕	관	록

오늘 행운자: 巳뱀띠 / 申원숭띠 /丑소

오늘 조심자: 未양 / 亥돼지/ 辰용

三甲순	육갑납음	대장군방	조객방	삼살방	상문방	세파방	오늘생극	오늘상충	오늘원진	오늘상천	오늘상파	황도길흉	28수성	건제12신	九星	결혼주당	이사주당	안장주당	복단일	대공망일	神殺	오늘神殺	육도환생처	축원인도불	오늘기도德	금일지옥명
死甲	長流水	子正北方	寅東北方	巳午未方	午正南方	戌西北方	制제	亥 36	戌 미움	寅 중단	申 깨짐	옥당황도	房방	開개	七赤	夫부	殺살	손님	역마*왕일	대공망일	천적일	월염•지화	옥도	약사여래	문수보살	화탕지옥

칠성기도일	산신축원일	용왕축원일	조왕하강일	나한하강일	불공 제의식 吉한 행사일: 천도재	신굿	재수굿	용왕굿	조왕굿	병굿	고사	吉凶 길흉 大小 일반 행사일: 결혼	입학	투자	계약	등산	여행	이사	합방	이장	점안식	개업준공	신축상량	수술-침	서류제출	직원채용
×	×	×	×	×	×	×	×	×	×	×	◎	×	−	×	×	◎	◎	×	×	×	−	◎	×	◎	◎	×

백초귀장술 오늘 길흉신궁

오늘 만나면, 협상이 잘되는 띠	소띠, 원숭이
오늘 만나면, 협상이 불리한 띠	돼지띠, 양띠
오늘 만나면, 이로운 해결신 띠	소띠

오늘 행운 복권 운세

오늘 행운 방위	1 순위 − 정동쪽 2 순위 − 서남쪽
오늘 행운 복권방	집에서 정동쪽에 있는 복권방
오늘 행운의 숫자	3, 7, 12, 17, 21, 23, 27, 32, 41
운이 따르는 복권방이나 지역이름	ㄱ, ㅋ, ㅎ 이 들어가는 지역이름이나 상호, 점포이름
오늘 행운이 따르는 금전운 좋은 시간	오전 05시~ 07시

오늘 재수 좋은 띠	원숭띠/ 소띠 / 뱀띠
오늘 재수 나쁜 띠	돼지띠 / 양띠 / 용띠
당첨운 • 합격운	확률높은 띠: 소띠 /원숭띠 확률낮은띠: 개 /양 /용띠
오늘 사면 수익률 높은 우량주 증권	한전, 통신사업, 전자업, 제약업,화공화약, 정유사,담배,미용
주식 배팅 좋은 나이	21, 24, 28, 33, 36, 40, 45, 48, 52, 57, 60, 64, 69, 72, 76, 81, 84
주식 배팅 나쁜 나이	18, 22, 25, 30, 34, 37, 42, 46, 49, 54, 58, 61, 66, 70, 73, 78, 82, 85
오늘 복권 사면 좋은 나이	21, 24, 28, 33, 36, 40, 45, 48, 52, 57, 60, 64, 69, 72, 76, 81, 84
오늘 복권 사면 나쁜 나이	18, 22, 25, 30, 34, 37, 42, 46, 49, 54, 58, 61, 66, 70, 73, 78, 82, 85
소개팅 • 맞선 • 데이트 • 친목	좋은 띠 : 소띠 / 원숭이 나쁜 띠 : 돼지 /양/ 용띠

시간에만나는사람

- 巳時온 사람 두 가지 문제로 갈등사, 갖고픈 욕구
- 午時온 사람 뭔가 하고 싶어서 왔다, 의욕과다
- 未時온 사람은 골치 아픈 일, 죽음, 바람끼
- 申時온 사람은 문서, 화합운, 경조사, 애정 궁합, 애인, 투자
- 酉時온 사람은 이동수, 변동수, 매매, 이별
- 戌時온 사람은 빈주머니, 헛 공사, 실물수, 사기, 실직

운세풀이

亥띠:이동수,우왕좌왕, 사고다툼	寅띠: 점점 일이 꼬임, 관재구설	巳띠:최고운상승세, 두마음	申띠: 만남,결실,화합,문서
子띠:매사불편, 방해자,배신	卯띠:귀인상봉, 금전이득, 현금	午띠: 의욕과다, 스트레스큼	酉띠:이동수,이별수,변동 움직임
丑띠:해결신,시험합격, 풀림	辰띠: 매사꼬임,과거고생, 病	未띠: 시급한 일, 뜻대로 안됨	戌띠: 빈주머니,걱정근심,사기

서기 2024年 / 단기 4357年 / 불기 2568年	甲辰年	양력 07月 29日	음력 06月 24日	월요일

구성월반

8	4A	6
7	9	2
3P	5	1

구성日반

5	1	3
4	6	8
9	2P	7A

오늘오행

甲	辛	甲
午	未	辰

狗狼星 구랑성	괘		
戌亥方	☰ ☶	천산둔	작전상후퇴 필요 퇴각 퇴임 물러남 吉은 때를 기다려야함

지장간	손방위	좋은방향	나쁜방향
己	남서	정남	정북

乙亥	甲戌	癸酉	壬申	辛未	庚午	己巳	戊辰	丁卯	丙寅	乙丑	甲子
생	양	태	절	묘	사	병	쇠	왕	록	관	욕

오늘 행운자	午말띠 / 酉닭띠 / 寅범	오늘 조심자	申원숭/ 子쥐/ 巳뱀

三甲순	육갑납음	대장군방	조객방	삼살방	상문방	세파방	오늘생극	오늘상충	오늘원진	오늘상천	오늘상파	황도길흉	28수성	건제12신	九星	결혼주당	이사주당	안장주당	대공망일	오늘吉神	오늘吉神	오늘神殺	육도환생처	축원인도불	오늘기도德	금일지옥명
病甲	砂中金	子正北方	寅東北方	巳午未方	午正南方	戌西北方	寶보	子 36	丑 미움	丑 중단	卯 깨짐	천뇌흑도	心심	閉폐	六白	廚주	害해	며느리	대공망일	천덕*관일	수사일	왕망・혈지	불도	관세음보살	약사보살	좌마지옥

칠성기도일	산신축원일	용왕축원일	조왕하강일	나한하강일	불공 제의식 吉한 행사일: 천도재	신굿	재수굿	용왕굿	조왕굿	병굿	고사	吉凶 길흉 大小 일반 행사일: 결혼	입학	투자	계약	등산	여행	이사	합방	이장	점안식	개업준공	신축상량	수술-침	서류제출	직원채용
×	◎	×	◎	◎	◎	×	×	×	×	×	×	×	×	×	×	×	×	×	×	×	×	×	×	×	×	×

백초귀장술 오늘 길흉신궁

오늘 만나면, 협상이 잘되는 띠	호랑이,닭
오늘 만나면, 협상이 불리한 띠	원숭띠, 쥐띠
오늘 만나면, 이로운 해결신 띠	호랑이띠

오늘 행운 복권 운세

오늘 행운 방위	1 순위 – 동남쪽 2 순위 – 정서쪽
오늘 행운 복권방	집에서 동남쪽에 있는 복권방
오늘 행운의 숫자	5 10 15 17 20 25 30 37 45
운이 따르는 복권방이나 지역이름	ㅁ, ㅂ, ㅍ, ㅌ 들어가는 지역이름이나 상호, 점포이름
오늘 행운이 따르는 금전운 좋은 시간	오전 07시~ 09시

오늘 재수 좋은 띠	닭띠/ 호랑띠 / 말띠
오늘 재수 나쁜 띠	원숭이 / 뱀띠 / 쥐띠
당첨운 • 합격운	확률높은 띠: 범띠 / 닭띠 확률낮은띠: 돼지/원숭/뱀
오늘 사면 수익률 높은 우량주 증권	건축업, 시멘트,석재토목업, 중개업,호텔업,골동품,관광, 농업
주식 배팅 좋은 나이	20, 23, 27, 32, 35, 39, 44, 47, 51, 56, 59, 63, 68, 71, 75, 80, 83
주식 배팅 나쁜 나이	17, 21, 24, 29, 33, 36, 41, 45, 48, 53, 57, 60, 65, 69, 72, 77, 81, 84
오늘 복권 사면 좋은 나이	20, 23, 27, 32, 35, 39, 44, 47, 51, 56, 59, 63, 68, 71, 75, 80, 83
오늘 복권 사면 나쁜 나이	17, 21, 24, 29, 33, 36, 41, 45, 48, 53, 57, 60, 65, 69, 72, 77, 81, 84
소개팅 • 맞선 • 데이트 • 친목	좋은 띠 : 닭띠 / 호랑띠 나쁜 띠 : 뱀 / 원숭 / 쥐

시간에 만나는 사람		
巳時은 사람은 단단히 꼬여있는 사람, 病	午時은 사람 두 가지 문제 갈등사, 갖고픈 욕구	未時 온 사람 뭐가 하고 싶어서 왔다, 의욕과다
申時은 사람은 골치 아픈 일, 죽음, 바람끼	酉時은사람 문서, 화합운, 경조사, 애정 궁합, 애인, 투자	戌時은 사람은 이동수, 변동수, 매매, 이별, 실물

운세풀이

子띠:이동수,우왕좌왕, 사고다툼	卯띠: 점점 일이 꼬임, 관재구설	午띠:최고운상승세, 두마음	酉띠: 만남,결실,화합,문서
丑띠:매사불편, 방해자,배신	辰띠:귀인상봉, 금전이득, 현금	未띠: 의욕과다, 스트레스큼	戌띠:이동수,이별수,변동 움직임
寅띠:해결신,시험합격, 풀림	巳띠: 매사꼬임,과거고생, 病	申띠: 시급한 일, 뜻대로 안됨	亥띠: 빈주머니,걱정근심,사기

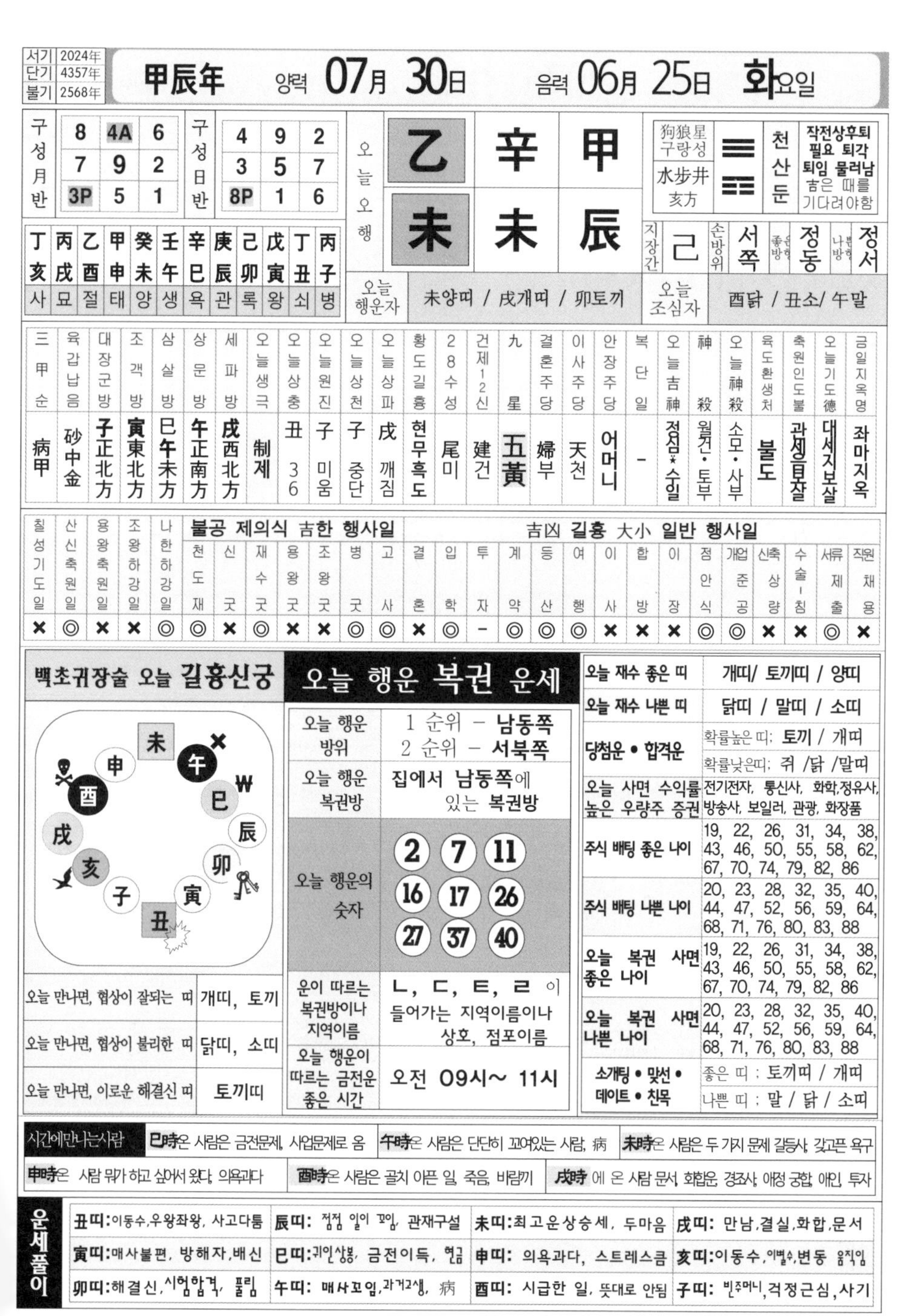

서기	2024年
단기	4357年
불기	2568年

甲辰年 양력 **07月 30日** 음력 **06月 25日** **화요일**

구성월반				구성일반		
8	4A	6		4	9	2
7	9	2		3	5	7
3P	5	1		8P	1	6

오늘오행		
乙	辛	甲
未	未	辰

狗狼星 구랑성	水步井 亥方	☰ ☶	천산둔	작전상후퇴 필요 퇴각 퇴임 물러남 吉은 때를 기다려야함

지장간	손방위	좋은방향	나쁜방향
己	서쪽	정동	정서

丁亥	丙戌	乙酉	甲申	癸未	壬午	辛巳	庚辰	己卯	戊寅	丁丑	丙子
사	묘	절	태	양	생	욕	관	록	왕	쇠	병

오늘 행운자	未양띠 / 戌개띠 / 卯토끼	오늘 조심자	酉닭 / 丑소/ 午말

三甲순	육갑납음	대장군방	조객방	삼살방	상문방	세파방	오늘생극	오늘상충	오늘원진	오늘상천	오늘상파	황도길흉	28수성	건제12신	九星	결혼주당	이사주당	안장주당	복단일	오늘吉神	神殺	오늘神殺	육도환생처	축원인도불	오늘기도德	금일지옥명
病甲	砂中金	子正北方	寅東北方	巳午未方	午正南方	戌西北方	制제	丑 36	子 미움	子 중단	戌 깨짐	현무흑도	尾미	建건	五黃	婦부	天천	어머니	-	정심*수일	월건·토부	소모·사부	불도	관세음보살	대세지보살	좌마지옥

칠성기도일	산신축원일	용왕축원일	조왕하강일	나한하강일	천도재	신굿	재수굿	용왕굿	조왕굿	병굿	고사	결혼	입학	투자	계약	등산	여행	이사	합방	이장	점안식	개업준공	신축상량	수술-침	서류제출	직원채용
					불공 제의식 吉한 행사일							吉凶 길흉 大小 일반 행사일														
×	◎	×	×	◎	◎	×	◎	×	×	◎	◎	×	◎	-	◎	◎	◎	×	×	×	◎	◎	×	×	◎	×

백초귀장술 오늘 길흉신궁

오늘 만나면, 협상이 잘되는 띠	개띠, 토끼
오늘 만나면, 협상이 불리한 띠	닭띠, 소띠
오늘 만나면, 이로운 해결신 띠	토끼띠

오늘 행운 복권 운세

오늘 행운 방위	1 순위 – 남동쪽 2 순위 – 서북쪽
오늘 행운 복권방	집에서 남동쪽에 있는 복권방
오늘 행운의 숫자	2 7 11 16 17 26 27 37 40
운이 따르는 복권방이나 지역이름	ㄴ, ㄷ, ㅌ, ㄹ 이 들어가는 지역이름이나 상호, 점포이름
오늘 행운이 따르는 금전운 좋은 시간	오전 09시~ 11시

오늘 재수 좋은 띠	개띠/ 토끼띠 / 양띠
오늘 재수 나쁜 띠	닭띠 / 말띠 / 소띠
당첨운 • 합격운	확률높은 띠: 토끼 / 개띠 확률낮은띠: 쥐 /닭 /말띠
오늘 사면 수익률 높은 우량주 증권	전기전자, 통신사, 화학,정유사, 방송사, 보일러, 관광, 화장품
주식 배팅 좋은 나이	19, 22, 26, 31, 34, 38, 43, 46, 50, 55, 58, 62, 67, 70, 74, 79, 82, 86
주식 배팅 나쁜 나이	20, 23, 28, 32, 35, 40, 44, 47, 52, 56, 59, 64, 68, 71, 76, 80, 83, 88
오늘 복권 사면 좋은 나이	19, 22, 26, 31, 34, 38, 43, 46, 50, 55, 58, 62, 67, 70, 74, 79, 82, 86
오늘 복권 사면 나쁜 나이	20, 23, 28, 32, 35, 40, 44, 47, 52, 56, 59, 64, 68, 71, 76, 80, 83, 88
소개팅 • 맞선 • 데이트 • 친목	좋은 띠 : 토끼띠 / 개띠 나쁜 띠 : 말 / 닭 / 소띠

시간에만나는사람	巳時은 사람은 금전문제, 사업문제로 옴	午時은 사람은 단단히 꼬여있는 사람, 病	未時은 사람은 두 가지 문제 갈등사, 갖고픈 욕구
	申時은 사람 뭐가 하고 싶어서 왔다, 의욕과다	酉時은 사람은 골치 아픈 일, 죽음, 바람끼	戌時 에 온 사람 문서, 화합운, 경조사, 애정 궁합, 애인, 투자

운세풀이			
丑띠:이동수,우왕좌왕, 사고다툼	辰띠: 점점 일이 꼬임, 관재구설	未띠:최고운상승세, 두마음	戌띠: 만남,결실,화합,문서
寅띠:매사불편, 방해자,배신	巳띠:귀인상봉, 금전이득, 현금	申띠: 의욕과다, 스트레스큼	亥띠:이동수,이별수,변동 움직임
卯띠:해결신,시험합격, 풀림	午띠: 매사꼬임,과거고생, 病	酉띠: 시급한 일, 뜻대로 안됨	子띠: 빈주머니,걱정근심,사기

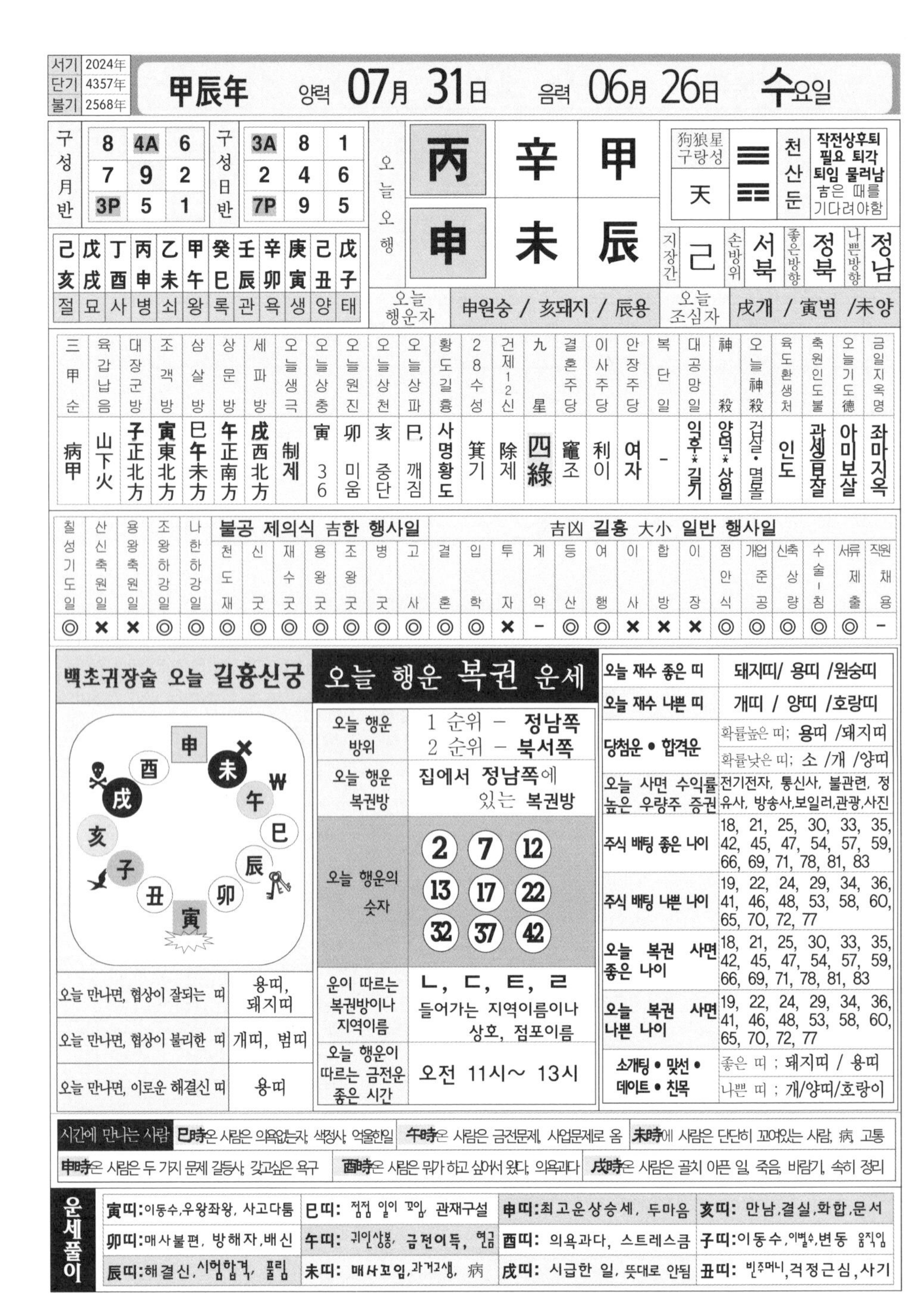

서기	2024年
단기	4357年
불기	2568年

甲辰年 양력 **07月 31日** 음력 **06月 26日** **수**요일

구성月반		
8	4A	6
7	9	2
3P	5	1

구성日반		
3A	8	1
2	4	6
7P	9	5

己亥	戊戌	丁酉	丙申	乙未	甲午	癸巳	壬辰	辛卯	庚寅	己丑	戊子
절	묘	사	병	쇠	왕	록	관	욕	생	양	태

오늘 오행

丙	辛	甲
申	未	辰

狗狼星 구랑성	天

천산둔: **작전상후퇴 필요 퇴각 퇴임 물러남** 좋은 때를 기다려야함

지장간	손방위	좋은방향	나쁜방향
己	서북	정북	정남

오늘 행운자: 申원숭 / 亥돼지 / 辰용

오늘 조심자: 戌개 / 寅범 /未양

三甲순	육갑납음	대장군방	조객방	삼살방	상문방	세파방	오늘생극	오늘상충	오늘원진	오늘상천	오늘상파	황도길흉	28수성	건제12신	九星	결혼주당	이사주당	안장주당	복단일	대공망일	神殺	오늘神殺	육도환생처	축원인도불	오늘기도德	금일지옥명
病甲	山下火	子正北方	寅東北方	巳午未方	午正南方	戌西北方	制제	寅 36	卯 미움	亥 중단	巳 깨짐	사명황도	箕기	除제	四綠	竈조	利이	여자	-	익후*길기	양덕*상일	겁살·멸몰	인도	관세음보살	아미보살	좌마지옥

칠성기도일	산신축원일	용왕축원일	조왕하강일	나한하강일	천도재	신굿	재수굿	용왕굿	조왕굿	병굿	고사	결혼	입학	투자	계약	등산	여행	이사	합방	이장	점안식	개업준공	신축상량	수술-침	서류제출	직원채용
◎	×	×	◎	◎	◎	◎	◎	◎	◎	◎	◎	◎	◎	×	-	◎	◎	×	×	×	◎	◎	◎	◎	◎	-

(천도재~고사: 불공 제의식 吉한 행사일 / 결혼~직원채용: 吉凶 길흉 大小 일반 행사일)

백초귀장술 오늘 길흉신궁

오늘 만나면, 협상이 잘되는 띠	용띠, 돼지띠
오늘 만나면, 협상이 불리한 띠	개띠, 범띠
오늘 만나면, 이로운 해결신 띠	용띠

오늘 행운 복권 운세

오늘 행운 방위	1 순위 – 정남쪽 2 순위 – 북서쪽
오늘 행운 복권방	집에서 정남쪽에 있는 복권방
오늘 행운의 숫자	2, 7, 12, 13, 17, 22, 32, 37, 42
운이 따르는 복권방이나 지역이름	ㄴ, ㄷ, ㅌ, ㄹ 들어가는 지역이름이나 상호, 점포이름
오늘 행운이 따르는 금전운 좋은 시간	오전 11시~ 13시

오늘 재수 좋은 띠	돼지띠/ 용띠 /원숭띠
오늘 재수 나쁜 띠	개띠 / 양띠 /호랑띠
당첨운 • 합격운	확률높은 띠; 용띠 /돼지띠 확률낮은 띠; 소 /개 /양띠
오늘 사면 수익률 높은 우량주 증권	전기전자, 통신사, 불관련, 정유사, 방송사,보일러,관광,사진
주식 배팅 좋은 나이	18, 21, 25, 30, 33, 35, 42, 45, 47, 54, 57, 59, 66, 69, 71, 78, 81, 83
주식 배팅 나쁜 나이	19, 22, 24, 29, 34, 36, 41, 46, 48, 53, 58, 60, 65, 70, 72, 77
오늘 복권 사면 좋은 나이	18, 21, 25, 30, 33, 35, 42, 45, 47, 54, 57, 59, 66, 69, 71, 78, 81, 83
오늘 복권 사면 나쁜 나이	19, 22, 24, 29, 34, 36, 41, 46, 48, 53, 58, 60, 65, 70, 72, 77
소개팅 • 맞선 • 데이트 • 친목	좋은 띠 ; 돼지띠 / 용띠 나쁜 띠 ; 개/양띠/호랑이

시간에 만나는 사람

巳時은 사람은 의욕없는자, 색정사, 억울한일 | **午時**은 사람은 금전문제, 사업문제로 옴 | **未時**에 사람은 단단히 꼬여있는 사람, 病, 고통

申時은 사람은 두 가지 문제 갈등사, 갖고싶은 욕구 | **酉時**은 사람은 뭔가 하고 싶어서 왔다, 의욕과다 | **戌時**은 사람은 골치 아픈 일, 죽음, 바람기, 속히 정리

운세풀이

寅띠: 이동수,우왕좌왕, 사고다툼	**巳띠:** 점점 일이 꼬임, 관재구설	**申띠:** 최고운상승세, 두마음	**亥띠:** 만남,결실,화합,문서
卯띠: 매사불편, 방해자,배신	**午띠:** 귀인상봉, 금전이득, 현금	**酉띠:** 의욕과다, 스트레스큼	**子띠:** 이동수,이별수,변동 움직임
辰띠: 해결신,시험합격, 풀림	**未띠:** 매사꼬임,과거고생, 病	**戌띠:** 시급한 일, 뜻대로 안됨	**丑띠:** 빈주머니,걱정근심,사기

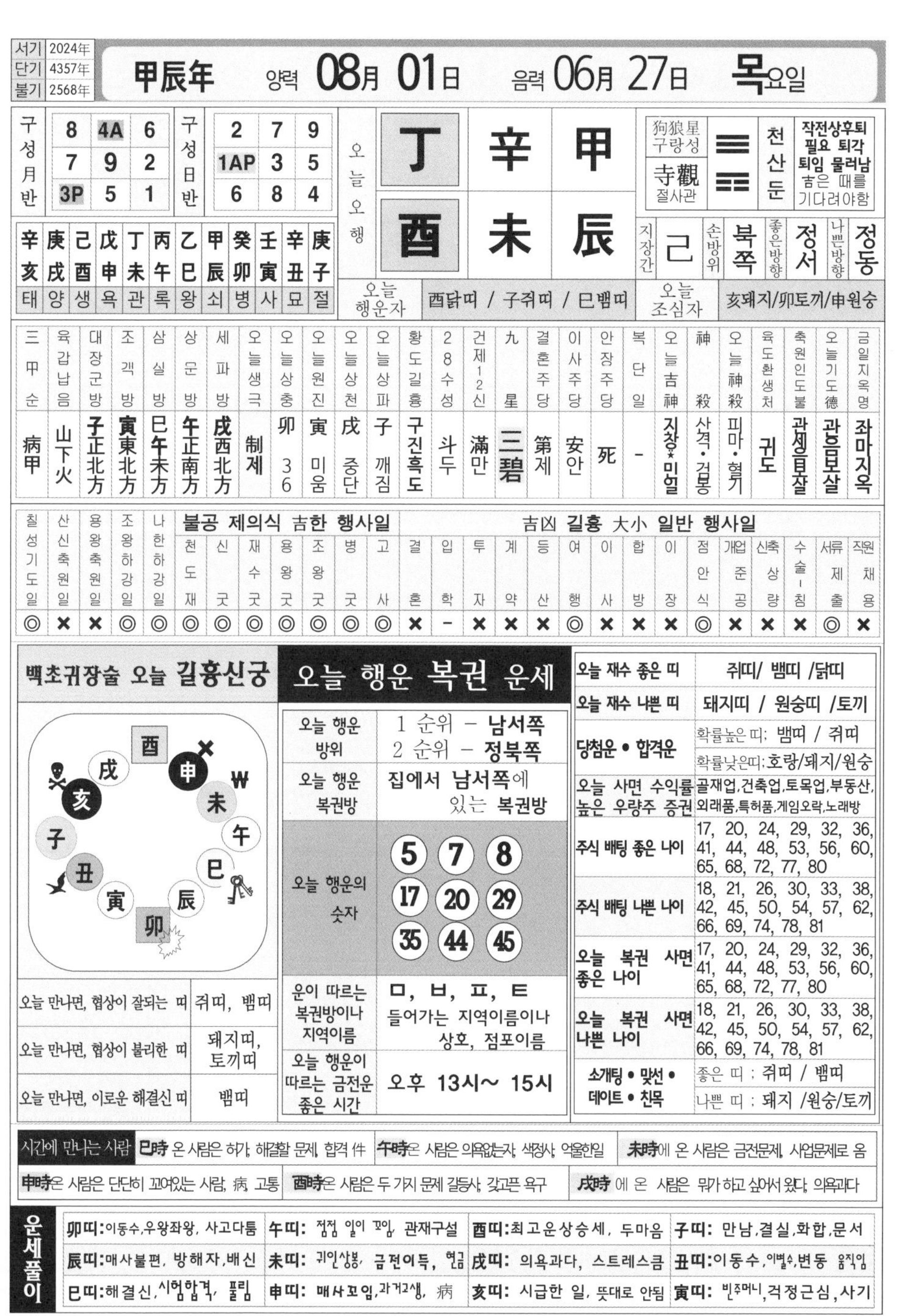

서기	2024年
단기	4357年
불기	2568年

甲辰年 양력 08月 01日 음력 06月 27日 목요일

구성월반				구성日반			
	8	4A	6		2	7	9
	7	9	2		1AP	3	5
	3P	5	1		6	8	4

오늘오행			
	丁	辛	甲
	酉	未	辰

狗狼星 구랑성	寺觀 절사관	천산둔	작전상후퇴 필요 퇴각 퇴임 물러남 吉은 때를 기다려야함

지장간	己	손방위	북쪽	좋은방향	정서	나쁜방향	정동

辛亥	庚戌	己酉	戊申	丁未	丙午	乙巳	甲辰	癸卯	壬寅	辛丑	庚子
태	양	생	욕	관	록	왕	쇠	병	사	묘	절

오늘 행운자	酉닭띠 / 子쥐띠 / 巳뱀띠	오늘 조심자	亥돼지/卯토끼/申원숭

三巾순	육갑납음	대장군방	조객방	삼실방	상문방	세파방	오늘생극	오늘상충	오늘원진	오늘상천	오늘상파	황도길흉	28수성	건제12신	九星	결혼주당	이사주당	안장주당	복단일	오늘吉神	神殺	오늘神殺	육도환생처	축원인도불	오늘기도德	금일지옥명
病甲	山下火	子正北方	寅東北方	巳午未方	午正南方	戌西北方	制제	卯 36	寅 미움	戌 중단	子 깨짐	구진흑도	斗두	滿만	三碧	第제	安안	死	-	지창·미일	사격·검봉	피마·혈기	귀도	관세음보살	관음보살	좌마지옥

칠성기도일	산신축원일	용왕축원일	조왕하강일	나한하강일	불공 제의식 吉한 행사일: 천도재	신굿	재수굿	용왕굿	조왕굿	병굿	고사	吉凶 길흉 大小 일반 행사일: 결혼	입학	투자	계약	등산	여행	이사	합방	이장	점안식	개업준공	신축상량	수술·침	서류제출	직원채용
◎	×	×	◎	◎	◎	◎	◎	◎	◎	◎	◎	×	-	×	×	×	◎	×	×	×	◎	×	×	×	◎	×

백초귀장술 오늘 길흉신궁

오늘 만나면, 협상이 잘되는 띠	쥐띠, 뱀띠
오늘 만나면, 협상이 불리한 띠	돼지띠, 토끼띠
오늘 만나면, 이로운 해결신 띠	뱀띠

오늘 행운 복권 운세

오늘 행운 방위	1 순위 – 남서쪽 2 순위 – 정북쪽
오늘 행운 복권방	집에서 남서쪽에 있는 복권방
오늘 행운의 숫자	5, 7, 8, 17, 20, 29, 35, 44, 45
운이 따르는 복권방이나 지역이름	ㅁ, ㅂ, ㅍ, ㅌ 들어가는 지역이름이나 상호, 점포이름
오늘 행운이 따르는 금전운 좋은 시간	오후 13시~ 15시

오늘 재수 좋은 띠	쥐띠/ 뱀띠 /닭띠
오늘 재수 나쁜 띠	돼지띠 / 원숭띠 /토끼
당첨운 • 합격운	확률높은 띠: 뱀띠 / 쥐띠 확률낮은띠: 호랑/돼지/원숭
오늘 사면 수익률 높은 우량주 증권	골재업,건축업,토목업,부동산,외래품,특허품,게임오락,노래방
주식 배팅 좋은 나이	17, 20, 24, 29, 32, 36, 41, 44, 48, 53, 56, 60, 65, 68, 72, 77, 80
주식 배팅 나쁜 나이	18, 21, 26, 30, 33, 38, 42, 45, 50, 54, 57, 62, 66, 69, 74, 78, 81
오늘 복권 사면 좋은 나이	17, 20, 24, 29, 32, 36, 41, 44, 48, 53, 56, 60, 65, 68, 72, 77, 80
오늘 복권 사면 나쁜 나이	18, 21, 26, 30, 33, 38, 42, 45, 50, 54, 57, 62, 66, 69, 74, 78, 81
소개팅 • 맞선 • 데이트 • 친목	좋은 띠 : 쥐띠 / 뱀띠 나쁜 띠 : 돼지 /원숭/토끼

시간에 만나는 사람	巳時 온 사람은 허가, 해결할 문제, 합격 件	午時온 사람은 의욕없는자, 색정사, 억울한일	未時에 온 사람은 금전문제, 사업문제로 옴
	申時온 사람은 단단히 꼬여있는 사람, 病, 고통	酉時온 사람은 두 가지 문제 갈등사, 갖고픈 욕구	戌時 에 온 사람은 뭔가 하고 싶어서 왔다, 의욕과다

운세풀이				
	卯띠:이동수,우왕좌왕, 사고다툼	午띠: 점점 일이 꼬임, 관재구설	酉띠:최고운상승세, 두마음	子띠: 만남,결실,화합,문서
	辰띠:매사불편, 방해자,배신	未띠: 귀인상봉, 금전이득, 현금	戌띠: 의욕과다, 스트레스큼	丑띠:이동수,이별수,변동 움직임
	巳띠:해결신,시험합격, 풀림	申띠: 매사꼬임,과거고생, 病	亥띠: 시급한 일, 뜻대로 안됨	寅띠: 빈주머니,걱정근심,사기

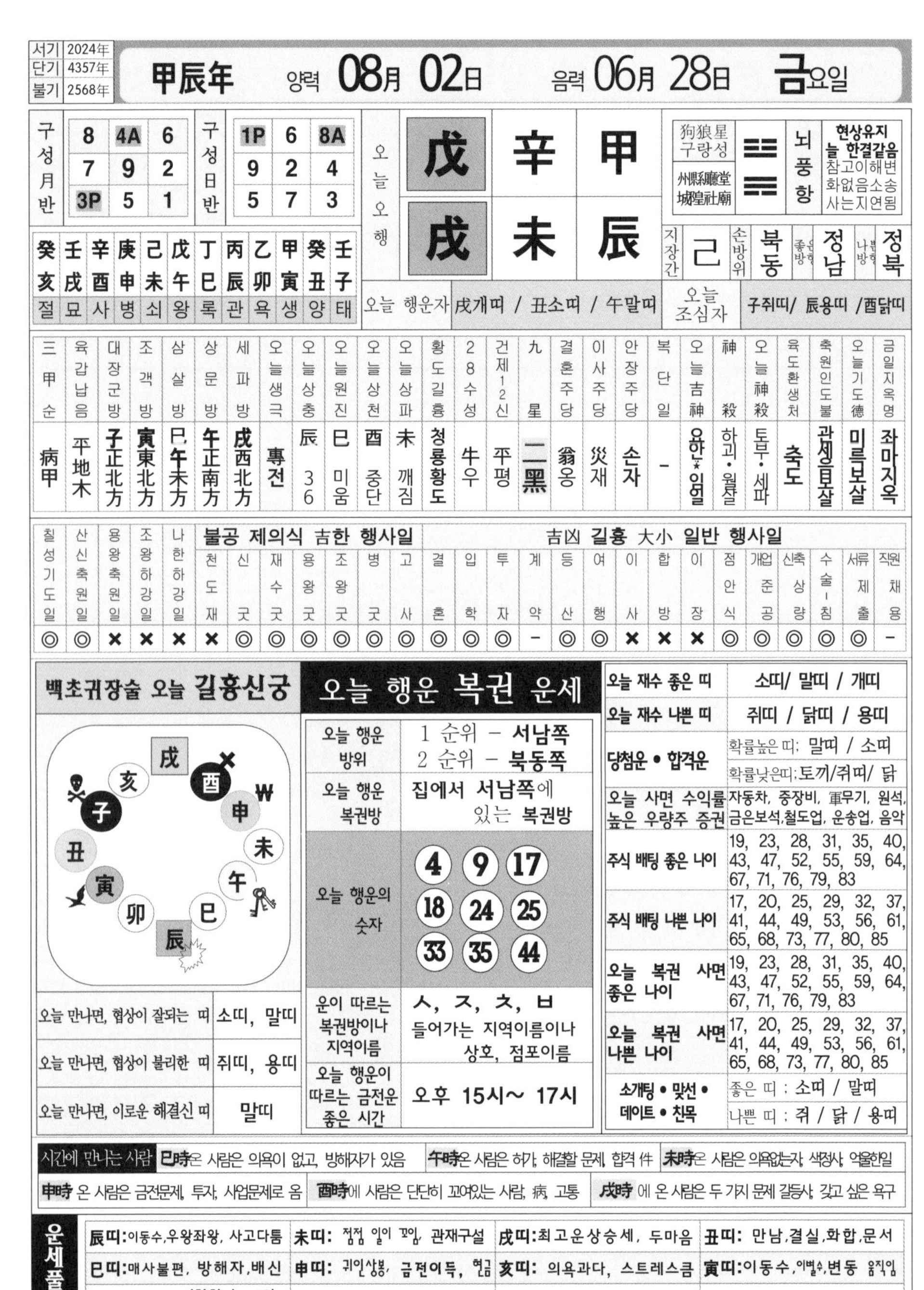

서기	2024年
단기	4357年
불기	2568年

甲辰年 양력 **08月 02日** 음력 **06月 28日** **금**요일

구성月반				구성日반		
	8	4A	6		1P	6	8A
	7	9	2		9	2	4
	3P	5	1		5	7	3

癸	壬	辛	庚	己	戊	丁	丙	乙	甲	癸	壬
亥	戌	酉	申	未	午	巳	辰	卯	寅	丑	子
절	묘	사	병	쇠	왕	록	관	욕	생	양	태

오늘오행

戊	辛	甲
戊	未	辰

狗狼星 구랑성	州縣廳堂 城隍社廟	☳ ☴	뇌풍항	현상유지 늘 한결같음 참고이해변 화없음소송 사는지연됨

지장간 己 | 손방위 북동 | 좋은방향 정남 | 나쁜방향 정북

오늘 행운자 戊개띠 / 丑소띠 / 午말띠

오늘 조심자 子쥐띠/ 辰용띠 /酉닭띠

三甲순	육갑납음	대장군방	조객방	삼살방	상문방	세파방	오늘생극	오늘상충	오늘원진	오늘상천	오늘상파	황도길흉	28수성	건제12신	九星	결혼주당	이사주당	안장주당	복단일	오늘吉神	神殺	오늘神殺	육도환생처	축원인도불	오늘기도德	금일지옥명
病甲	平地木	子正北方	寅東北方	巳午未方	午正南方	戌西北方	専전	辰 36	巳 미움	酉 중단	未 깨짐	청룡황도	牛우	平평	二黑	翁옹	災재	손자	-	요안*일얼	하괴·월살	토부·세파	축도	관세음보살	미륵보살	좌마지옥

칠성기도일	산신축원일	용왕축원일	조왕하강일	나한하강일	불공 제의식 吉한 행사일: 천도재	신굿	재수굿	용왕굿	조왕굿	병굿	고사	吉凶 길흉 大小 일반 행사일: 결혼	입학	투자	계약	등산	여행	이사	합방	이장	점안식	개업준공	신축상량	수술-침	서류제출	직원채용
◎	◎	×	×	×	×	◎	◎	◎	◎	◎	◎	◎	◎	◎	-	◎	◎	×	×	×	◎	◎	◎	◎	◎	-

백초귀장술 오늘 길흉신궁

오늘 만나면, 협상이 잘되는 띠	소띠, 말띠
오늘 만나면, 협상이 불리한 띠	쥐띠, 용띠
오늘 만나면, 이로운 해결신 띠	말띠

오늘 행운 복권 운세

오늘 행운 방위	1 순위 – 서남쪽 2 순위 – 북동쪽
오늘 행운 복권방	집에서 서남쪽에 있는 복권방
오늘 행운의 숫자	4 9 17 18 24 25 33 35 44
운이 따르는 복권방이나 지역이름	ㅅ, ㅈ, ㅊ, ㅂ 들어가는 지역이름이나 상호, 점포이름
오늘 행운이 따르는 금전운 좋은 시간	오후 15시~ 17시

오늘 재수 좋은 띠	소띠/ 말띠 / 개띠
오늘 재수 나쁜 띠	쥐띠 / 닭띠 / 용띠
당첨운 • 합격운	확률높은 띠: 말띠 / 소띠 확률낮은띠:토끼/쥐띠/ 닭
오늘 사면 수익률 높은 우량주 증권	자동차, 중장비, 軍무기, 원석, 금은보석,철도업, 운송업, 음악
주식 배팅 좋은 나이	19, 23, 28, 31, 35, 40, 43, 47, 52, 55, 59, 64, 67, 71, 76, 79, 83
주식 배팅 나쁜 나이	17, 20, 25, 29, 32, 37, 41, 44, 49, 53, 56, 61, 65, 68, 73, 77, 80, 85
오늘 복권 사면 좋은 나이	19, 23, 28, 31, 35, 40, 43, 47, 52, 55, 59, 64, 67, 71, 76, 79, 83
오늘 복권 사면 나쁜 나이	17, 20, 25, 29, 32, 37, 41, 44, 49, 53, 56, 61, 65, 68, 73, 77, 80, 85
소개팅 • 맞선 • 데이트 • 친목	좋은 띠 : 소띠 / 말띠 나쁜 띠 : 쥐 / 닭 / 용띠

시간에 만나는 사람	巳時은 사람은 의욕이 없고, 방해자가 있음	午時은 사람은 허가, 해결할 문제, 합격 件	未時은 사람은 의욕없는자, 색정사, 억울한일
	申時 온 사람은 금전문제, 투자, 사업문제로 옴	酉時에 사람은 단단히 꼬여있는 사람, 病, 고통	戌時 에 온 사람은 두 가지 문제 갈등사, 갖고 싶은 욕구

운세풀이				
	辰띠:이동수,우왕좌왕, 사고다툼	未띠: 점점 일이 꼬임, 관재구설	戌띠:최고운상승세, 두마음	丑띠: 만남,결실,화합,문서
	巳띠:매사불편, 방해자,배신	申띠: 귀인상봉, 금전이득, 현금	亥띠: 의욕과다, 스트레스큼	寅띠:이동수,이별수,변동 움직임
	午띠:해결신,시험합격, 풀림	酉띠: 매사꼬임,과거고생, 病	子띠: 시급한 일, 뜻대로 안됨	卯띠: 빈주머니,걱정근심,사기

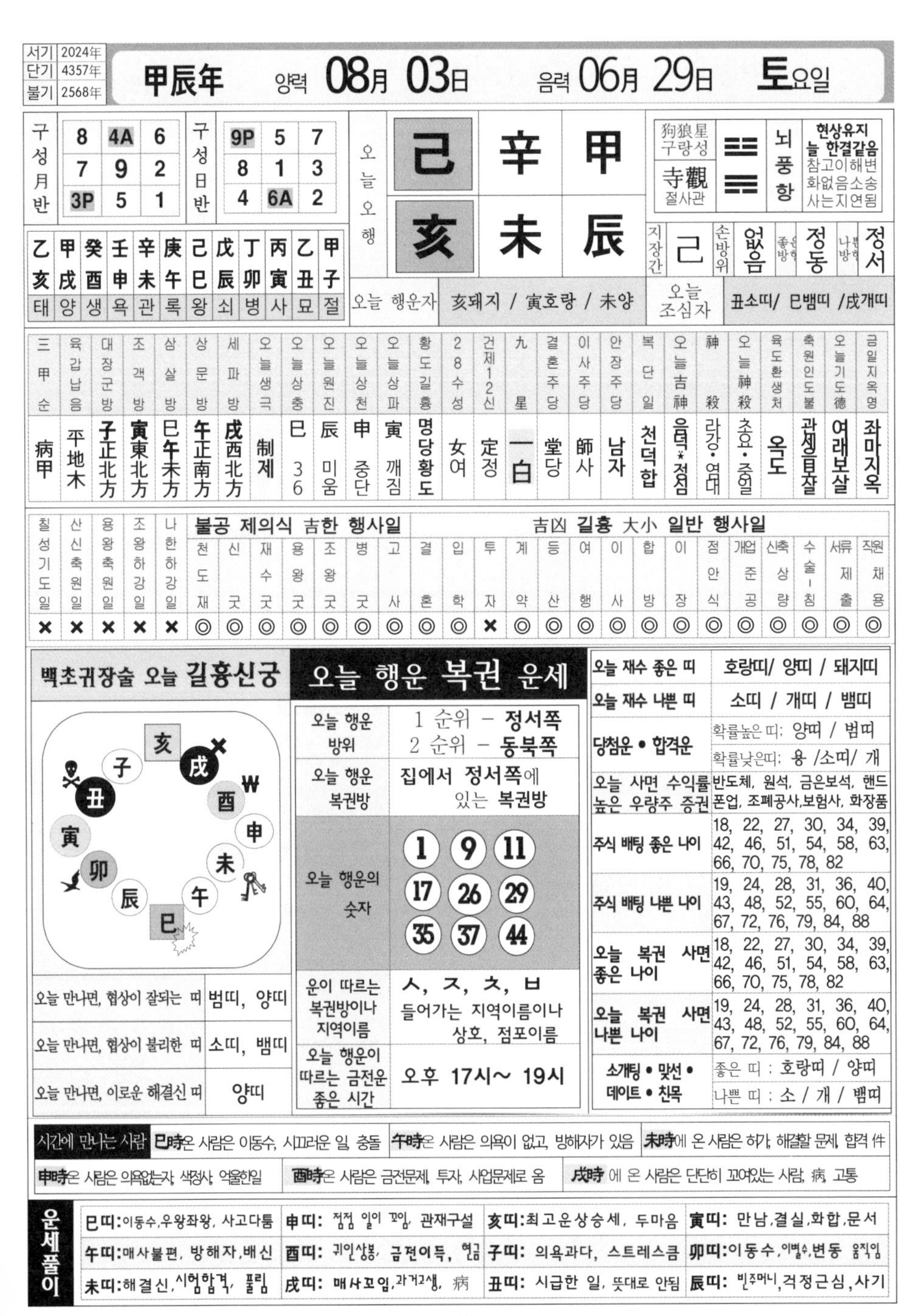

서기	2024年
단기	4357年
불기	2568年

甲辰年 양력 **08月 03日** 음력 **06月 29日** **토**요일

구성月반

8	4A	6
7	9	2
3P	5	1

구성日반

9P	5	7
8	1	3
4	6A	2

오늘 오행

己	辛	甲
亥	未	辰

狗狼星 구랑성 / 寺觀 절사관 / 뇌풍항 / **현상유지 늘 한결같음** 참고이해변화없음소송사는지연됨

지장간: 己 / 손방위: 없음 / 좋은방향: 정동 / 나쁜방향: 정서

乙亥	甲戌	癸酉	壬申	辛未	庚午	己巳	戊辰	丁卯	丙寅	乙丑	甲子
태	양	생	욕	관	록	왕	쇠	병	사	묘	절

오늘 행운자: 亥돼지 / 寅호랑 / 未양

오늘 조심자: 丑소띠/ 巳뱀띠 /戌개띠

三甲순	육갑납음	대장군방	조객방	삼살방	상문방	세파방	오늘생극	오늘상충	오늘원진	오늘상천	오늘상파	황도길흉	28수성	건제12신	九星	결혼주당	이사주당	안장주당	복단일	오늘吉神	神殺	오늘神殺	육도환생처	축원인도불	오늘기도德	금일지옥명
病甲	平地木	子正北方	寅東北方	巳午未方	午正南方	戌西北方	制제	巳 36	辰 미움	申 중단	寅 깨짐	명당황도	女여	定정	一白	堂당	師사	남자	천덕합	음덕★정심	라강·염대	초요·중일	옥도	관세음보살	여래보살	좌마지옥

칠성기도일	산신축원일	용왕축원일	조왕하강일	나한하강일	불공 제의식 吉한 행사일: 천도재	신굿	재수굿	용왕굿	조왕굿	병굿	고사	吉凶 길흉 大小 일반 행사일: 결혼	입학	투자	계약	등산	여행	이사	합방	이장	점안식	개업준공	신축상량	수술-침	서류제출	직원채용
×	×	×	×	×	◎	◎	◎	◎	◎	◎	◎	◎	◎	×	◎	◎	◎	◎	◎	◎	◎	◎	◎	◎	◎	◎

백초귀장술 오늘 길흉신궁

오늘 만나면, 협상이 잘되는 띠	범띠, 양띠
오늘 만나면, 협상이 불리한 띠	소띠, 뱀띠
오늘 만나면, 이로운 해결신 띠	양띠

오늘 행운 복권 운세

오늘 행운 방위	1 순위 – **정서쪽** 2 순위 – **동북쪽**
오늘 행운 복권방	집에서 **정서쪽**에 있는 **복권방**
오늘 행운의 숫자	1, 9, 11, 17, 26, 29, 35, 37, 44
운이 따르는 복권방이나 지역이름	ㅅ, ㅈ, ㅊ, ㅂ 들어가는 지역이름이나 상호, 점포이름
오늘 행운이 따르는 금전운 좋은 시간	오후 17시~ 19시

오늘 재수 좋은 띠	호랑띠/ 양띠 / 돼지띠
오늘 재수 나쁜 띠	소띠 / 개띠 / 뱀띠
당첨운 • 합격운	확률높은 띠: 양띠 / 범띠 확률낮은띠: 용 /소띠/ 개
오늘 사면 수익률 높은 우량주 증권	반도체, 원석, 금은보석, 핸드폰업, 조폐공사,보험사, 화장품
주식 배팅 좋은 나이	18, 22, 27, 30, 34, 39, 42, 46, 51, 54, 58, 63, 66, 70, 75, 78, 82
주식 배팅 나쁜 나이	19, 24, 28, 31, 36, 40, 43, 48, 52, 55, 60, 64, 67, 72, 76, 79, 84, 88
오늘 복권 사면 좋은 나이	18, 22, 27, 30, 34, 39, 42, 46, 51, 54, 58, 63, 66, 70, 75, 78, 82
오늘 복권 사면 나쁜 나이	19, 24, 28, 31, 36, 40, 43, 48, 52, 55, 60, 64, 67, 72, 76, 79, 84, 88
소개팅 • 맞선 • 데이트 • 친목	좋은 띠 : 호랑띠 / 양띠 나쁜 띠 : 소 / 개 / 뱀띠

시간에 만나는 사람

- **巳時**온 사람은 이동수, 시끄러운 일, 충돌
- **午時**온 사람은 의욕이 없고, 방해자가 있음
- **未時**에 온 사람은 허가, 해결할 문제, 합격 件
- **申時**온 사람은 의욕없는자, 색정사, 억울한일
- **酉時**온 사람은 금전문제, 투자, 사업문제로 옴
- **戌時** 에 온 사람은 단단히 꼬여있는 사람, 病, 고통

운세풀이

巳띠:이동수,우왕좌왕, 사고다툼	**申띠:** 점점 일이 꼬임, 관재구설	**亥띠:**최고운상승세, 두마음	**寅띠:** 만남,결실,화합,문서
午띠:매사불편, 방해자,배신	**酉띠:** 귀인상봉, 금전이득, 현금	**子띠:** 의욕과다, 스트레스큼	**卯띠:**이동수,이별수,변동 움직임
未띠:해결신,시험합격, 풀림	**戌띠:** 매사꼬임,과거고생, 病	**丑띠:** 시급한 일, 뜻대로 안됨	**辰띠:** 빈주머니,걱정근심,사기

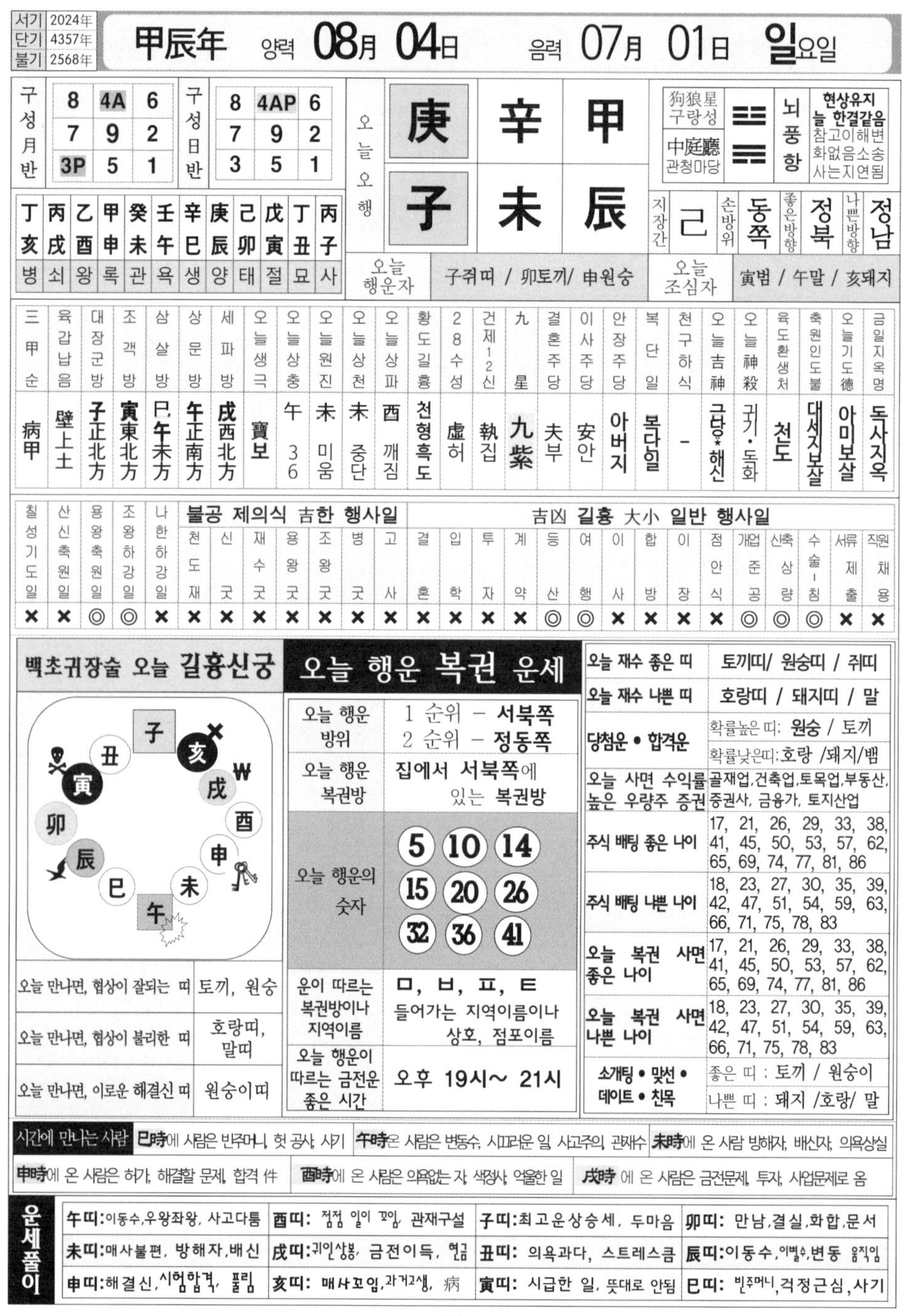

서기	2024年
단기	4357年
불기	2568年

甲辰年 양력 **08月 04日** 음력 **07月 01日 일요일**

구성월반

8	4A	6
7	9	2
3P	5	1

구성日반

8	4AP	6
7	9	2
3	5	1

오늘오행

庚	辛	甲
子	未	辰

狗狼星 구랑성 / 中庭廳 관청마당 — 뇌풍항 — 현상유지 늘 한결같음 참고이해변화없음소송사는지연됨

丁亥	丙戌	乙酉	甲申	癸未	壬午	辛巳	庚辰	己卯	戊寅	丁丑	丙子
병	쇠	왕	록	관	욕	생	양	태	절	묘	사

지장간	손방위	좋은방향	나쁜방향
己	동쪽	정북	정남

오늘 행운자	子쥐띠 / 卯토끼/ 申원숭	오늘 조심자	寅범 / 午말 / 亥돼지

三甲순	육갑납음	대장군방	조객방	삼살방	상문방	세파방	오늘생극	오늘상충	오늘원진	오늘상천	오늘상파	황도길흉	28수성	건제12신	九星	결혼주당	이사주당	안장주당	복단일	천구하식	오늘吉神	오늘神殺	육도환생처	축원인도불	오늘기도德	금일지옥명
病甲	壁上土	子正北方	寅東北方	巳,午未方	午正南方	戌西北方	寶보	午 36	未 미움	未 중단	酉 깨짐	천형흑도	虛허	執집	九紫	夫부	安안	아버지	복단일	-	금당*해신	귀기·도화	천도	대세지보살	아미보살	독사지옥

칠성기도일	산신축원일	용왕축원일	조왕하강일	나한하강일	천도재	신굿	재수굿	용왕굿	조왕굿	병굿	고사	결혼	입학	투자	계약	등산	여행	이사	합방	이장	점안식	개업준공	신축상량	수술-침	서류제출	직원채용
✕	✕	◎	◎	✕	✕	✕	✕	✕	✕	✕	✕	✕	✕	✕	✕	◎	◎	✕	✕	✕	✕	◎	◎	◎	✕	✕

(천도재~고사: 불공 제의식 吉한 행사일 / 결혼~직원채용: 吉凶 길흉 大小 일반 행사일)

백초귀장술 오늘 길흉신궁

오늘 만나면, 협상이 잘되는 띠	토끼, 원숭
오늘 만나면, 협상이 불리한 띠	호랑띠, 말띠
오늘 만나면, 이로운 해결신 띠	원숭이띠

오늘 행운 복권 운세

오늘 행운 방위	1 순위 – 서북쪽 2 순위 – 정동쪽
오늘 행운 복권방	집에서 서북쪽에 있는 복권방
오늘 행운의 숫자	5 10 14 15 20 26 32 36 41
운이 따르는 복권방이나 지역이름	ㅁ, ㅂ, ㅍ, ㅌ 들어가는 지역이름이나 상호, 점포이름
오늘 행운이 따르는 금전운 좋은 시간	오후 19시~ 21시

오늘 재수 좋은 띠	토끼띠/ 원숭띠 / 쥐띠
오늘 재수 나쁜 띠	호랑띠 / 돼지띠 / 말
당첨운 • 합격운	확률높은 띠: 원숭 / 토끼 확률낮은띠:호랑 /돼지/뱀
오늘 사면 수익률 높은 우량주 증권	골재업,건축업,토목업,부동산,증권사, 금융가, 토지산업
주식 배팅 좋은 나이	17, 21, 26, 29, 33, 38, 41, 45, 50, 53, 57, 62, 65, 69, 74, 77, 81, 86
주식 배팅 나쁜 나이	18, 23, 27, 30, 35, 39, 42, 47, 51, 54, 59, 63, 66, 71, 75, 78, 83
오늘 복권 사면 좋은 나이	17, 21, 26, 29, 33, 38, 41, 45, 50, 53, 57, 62, 65, 69, 74, 77, 81, 86
오늘 복권 사면 나쁜 나이	18, 23, 27, 30, 35, 39, 42, 47, 51, 54, 59, 63, 66, 71, 75, 78, 83
소개팅 • 맞선 • 데이트 • 친목	좋은 띠 : 토끼 / 원숭이 나쁜 띠 : 돼지 /호랑/ 말

시간에 만나는 사람 巳時에 사람은 빈주머니, 헛 공사, 사기 | 午時은 사람은 변동수, 시끄러운 일, 사고주의, 관재수 | 未時에 온 사람 방해자, 배신자, 의욕상실

申時에 온 사람은 허가, 해결할 문제, 합격 件 | 酉時에 온 사람은 의욕없는 자, 색정사, 억울한 일 | 戌時 에 온 사람은 금전문제, 투자, 사업문제로 옴

운세풀이

午띠:이동수,우왕좌왕, 사고다툼	酉띠: 점점 일이 꼬임, 관재구설	子띠:최고운상승세, 두마음	卯띠: 만남,결실,화합,문서
未띠:매사불편, 방해자,배신	戌띠:귀인상봉, 금전이득, 현금	丑띠: 의욕과다, 스트레스큼	辰띠:이동수,이별수,변동 움직임
申띠:해결신,시험합격, 풀림	亥띠: 매사꼬임,과거고생, 病	寅띠: 시급한 일, 뜻대로 안됨	巳띠: 빈주머니,걱정근심,사기

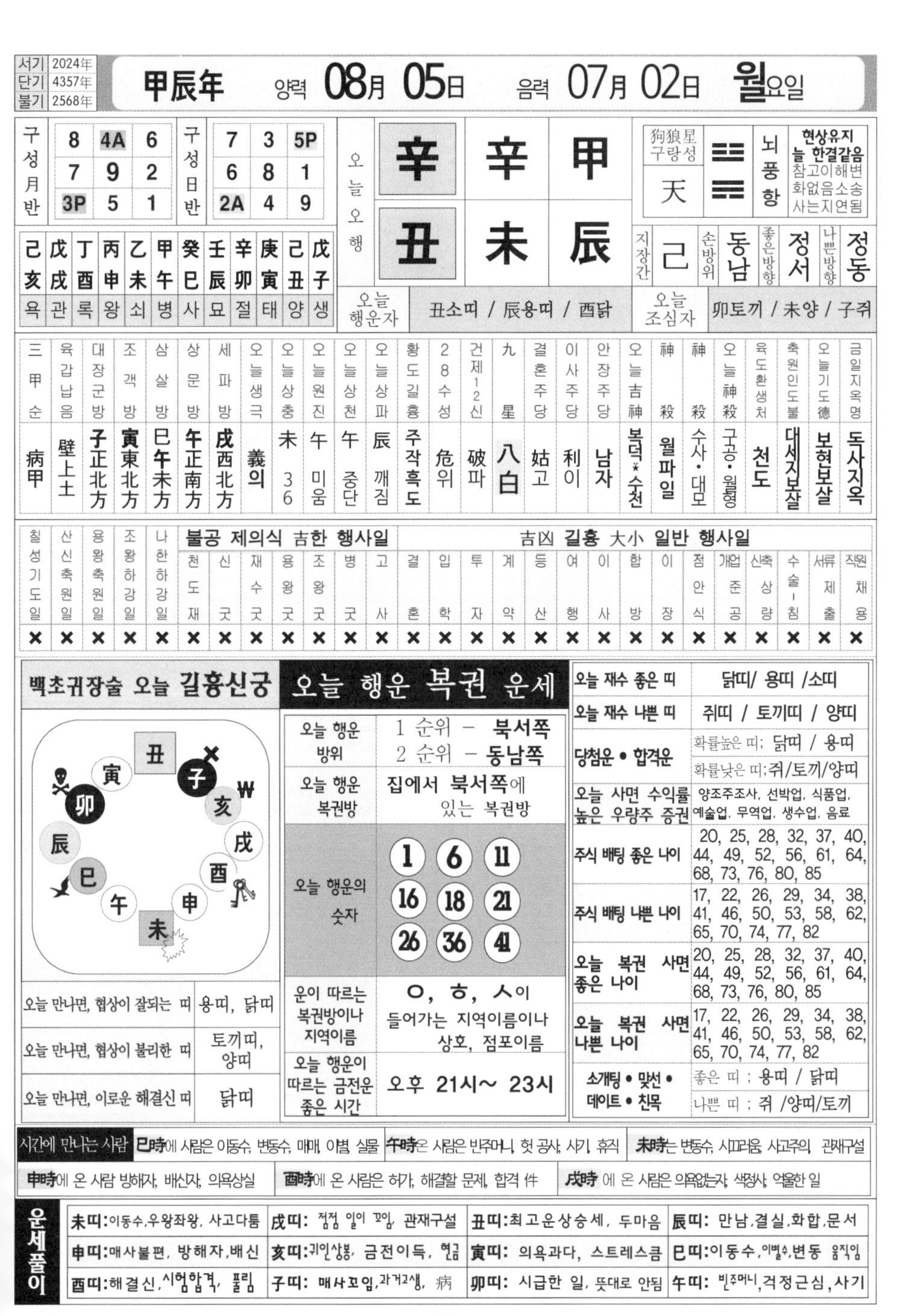

서기 2024年	단기 4357年	불기 2568年

甲辰年 양력 **08月 05日** 음력 **07月 02日** **월**요일

구성月반		
8	4A	6
7	9	2
3P	5	1

구성日반		
7	3	5P
6	8	1
2A	4	9

오늘오행		
辛	辛	甲
丑	未	辰

狗狼星 구랑성	卦		
天	☳☴	뇌풍항	**현상유지 늘 한결같음** 참고이해변 화없음소송 사는지연됨

지장간	손방위	좋은방향	나쁜방향
己	동남	정서	정동

己亥	戊戌	丁酉	丙申	乙未	甲午	癸巳	壬辰	辛卯	庚寅	己丑	戊子
욕	관	록	왕	쇠	병	사	묘	절	태	양	생

오늘 행운자	丑소띠 / 辰용띠 / 酉닭
오늘 조심자	卯토끼 / 未양 / 子쥐

三甲순	육갑납음	대장군방	조객방	삼살방	상문방	세파방	오늘생극	오늘상충	오늘원진	오늘상천	오늘상파	황도길흉	28수성	건제12신	九星	결혼주당	이사주당	안장주당	오늘吉神	神殺	神殺	오늘神殺	육도환생처	축원인도불	오늘기도德	금일지옥명
病甲	壁上土	子正北方	寅東北方	巳午未方	午正南方	戌西北方	義의	未 36	午 미움	午 중단	辰 깨짐	주작흑도	危위	破파	八白	姑고	利이	남자	복덕*수천	월파일	수사·대모	구공·월형	천도	대세지보살	보현보살	도사지옥

칠성기도일	산신축원일	용왕축원일	조왕하강일	나한하강일	불공 제의식 吉한 행사일: 천도재	신굿	재수굿	용왕굿	조왕굿	병굿	고사	吉凶 길흉 大小 일반 행사일: 결혼	입학	투자	계약	등산	여행	이사	합방	이장	점안식	개업준공	신축상량	수술-침	서류제출	직원채용
×	×	×	×	×	×	×	×	×	×	×	×	×	×	×	×	×	×	×	×	×	×	×	×	×	×	×

백초귀장술 오늘 길흉신궁

오늘 만나면, 협상이 잘되는 띠	용띠, 닭띠
오늘 만나면, 협상이 불리한 띠	토끼띠, 양띠
오늘 만나면, 이로운 해결신 띠	닭띠

오늘 행운 복권 운세

오늘 행운 방위	1 순위 - 북서쪽 2 순위 - 동남쪽
오늘 행운 복권방	집에서 북서쪽에 있는 복권방
오늘 행운의 숫자	1, 6, 11, 16, 18, 21, 26, 36, 41
운이 따르는 복권방이나 지역이름	ㅇ, ㅎ, ㅅ이 들어가는 지역이름이나 상호, 점포이름
오늘 행운이 따르는 금전운 좋은 시간	오후 21시~ 23시

오늘 재수 좋은 띠	닭띠/ 용띠 /소띠
오늘 재수 나쁜 띠	쥐띠 / 토끼띠 / 양띠
당첨운 • 합격운	확률높은 띠; 닭띠 / 용띠 확률낮은 띠;쥐/토끼/양띠
오늘 사면 수익률 높은 우량주 증권	양조주조사, 선박업, 식품업, 예술업, 무역업, 생수업, 음료
주식 배팅 좋은 나이	20, 25, 28, 32, 37, 40, 44, 49, 52, 56, 61, 64, 68, 73, 76, 80, 85
주식 배팅 나쁜 나이	17, 22, 26, 29, 34, 38, 41, 46, 50, 53, 58, 62, 65, 70, 74, 77, 82
오늘 복권 사면 좋은 나이	20, 25, 28, 32, 37, 40, 44, 49, 52, 56, 61, 64, 68, 73, 76, 80, 85
오늘 복권 사면 나쁜 나이	17, 22, 26, 29, 34, 38, 41, 46, 50, 53, 58, 62, 65, 70, 74, 77, 82
소개팅 • 맞선 • 데이트 • 친목	좋은 띠 ; 용띠 / 닭띠 나쁜 띠 ; 쥐 /양띠/토끼

시간에 만나는 사람	巳時에 사람은 이동수, 변동수, 매매, 이별, 실물	午時온 사람은 빈주머니, 헛 공사, 사기, 휴직	未時는 변동수, 시끄러움, 사고주의, 관재구설
	申時에 온 사람 방해자, 배신자, 의욕상실	酉時에 온 사람은 허가, 해결할 문제, 합격 件	戌時 에 온 사람은 의욕없는자, 색정사, 억울한 일

운세풀이			
未띠:이동수,우왕좌왕, 사고다툼	戌띠: 점점 일이 꼬임, 관재구설	丑띠:최고운상승세, 두마음	辰띠: 만남,결실,화합,문서
申띠:매사불편, 방해자,배신	亥띠:귀인상봉, 금전이득, 현금	寅띠: 의욕과다, 스트레스큼	巳띠:이동수,이별수,변동 움직임
酉띠:해결신,시험합격, 풀림	子띠: 매사꼬임,과거고생, 病	卯띠: 시급한 일, 뜻대로 안됨	午띠: 빈주머니,걱정근심,사기

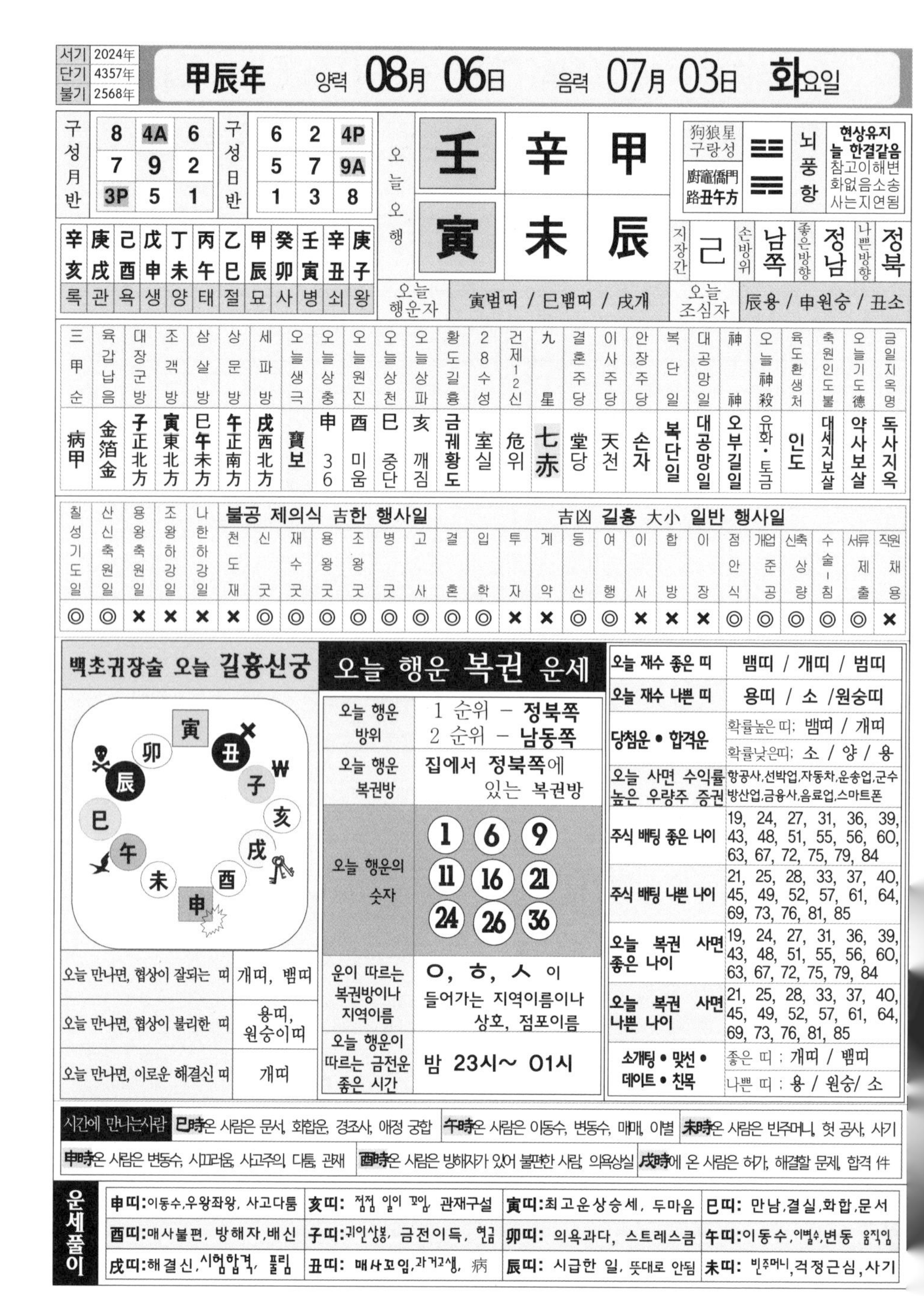

서기	2024年
단기	4357年
불기	2568年

甲辰年 양력 **08月 06日** 음력 **07月 03日** **화**요일

구성月반		
8	4A	6
7	9	2
3P	5	1

구성日반		
6	2	4P
5	7	9A
1	3	8

辛亥	庚戌	己酉	戊申	丁未	丙午	乙巳	甲辰	癸卯	壬寅	辛丑	庚子
록	관	욕	생	양	태	절	묘	사	병	쇠	왕

오늘오행

壬	辛	甲
寅	未	辰

狗狼星 구랑성	☰	뇌풍항	현상유지 늘 한결같음 참고이해변 화없음소송 사는지연됨
廚竈僑門路丑午方	☰		

지장간	己	손방위	남쪽	좋은방향	정남	나쁜방향	정북

오늘 행운자	寅범띠 / 巳뱀띠 / 戌개	오늘 조심자	辰용 / 申원숭 / 丑소

三甲순	육갑납음	대장군방	조객방	삼살방	상문방	세파방	오늘생극	오늘상충	오늘원진	오늘상천	오늘상파	황도길흉	28수성	건제12신	九星	결혼주당	이사주당	안장주당	복단일	대공망일	神神	오늘神殺	육도환생처	축원인도불	오늘기도德	금일지옥명
病甲	金箔金	子正北方	寅東北方	巳午未方	午正南方	戌西北方	寶보	申 36	酉 미움	巳 중단	亥 깨짐	금궤황도	室실	危위	七赤	堂당	天천	손자	복단일	대공망일	오부길일	유화·토금	인도	대세지보살	약사보살	독사지옥

칠성기도일	산신축원일	용왕축원일	조왕하강일	나한하강일	천도재	신굿	재수굿	용왕굿	조왕굿	병굿	고사	결혼	입학	투자	계약	등산	여행	이사	합방	이장	점안식	개업준공	신축상량	수술-침	서류제출	직원채용
◎	◎	×	×	×	×	◎	◎	◎	◎	◎	◎	◎	◎	×	×	◎	◎	×	×	×	◎	◎	◎	◎	◎	×

(불공 제의식 吉한 행사일: 천도재 ~ 고사 / 吉凶 길흉 大小 일반 행사일: 결혼 ~ 직원채용)

백초귀장술 오늘 길흉신궁

오늘 만나면, 협상이 잘되는 띠	개띠, 뱀띠
오늘 만나면, 협상이 불리한 띠	용띠, 원숭이띠
오늘 만나면, 이로운 해결신 띠	개띠

오늘 행운 복권 운세

오늘 행운 방위	1 순위 - 정북쪽 2 순위 - 남동쪽
오늘 행운 복권방	집에서 정북쪽에 있는 복권방
오늘 행운의 숫자	1 6 9 11 16 21 24 26 36
운이 따르는 복권방이나 지역이름	ㅇ, ㅎ, ㅅ 이 들어가는 지역이름이나 상호, 점포이름
오늘 행운이 따르는 금전운 좋은 시간	밤 23시~ 01시

오늘 재수 좋은 띠	뱀띠 / 개띠 / 범띠
오늘 재수 나쁜 띠	용띠 / 소 /원숭띠
당첨운 • 합격운	확률높은 띠: 뱀띠 / 개띠 확률낮은띠: 소 / 양 / 용
오늘 사면 수익률 높은 우량주 증권	항공사,선박업,자동차,운송업,군수방산업,금융사,음료업,스마트폰
주식 배팅 좋은 나이	19, 24, 27, 31, 36, 39, 43, 48, 51, 55, 56, 60, 63, 67, 72, 75, 79, 84
주식 배팅 나쁜 나이	21, 25, 28, 33, 37, 40, 45, 49, 52, 57, 61, 64, 69, 73, 76, 81, 85
오늘 복권 사면 좋은 나이	19, 24, 27, 31, 36, 39, 43, 48, 51, 55, 56, 60, 63, 67, 72, 75, 79, 84
오늘 복권 사면 나쁜 나이	21, 25, 28, 33, 37, 40, 45, 49, 52, 57, 61, 64, 69, 73, 76, 81, 85
소개팅 • 맞선 • 데이트 • 친목	좋은 띠 : 개띠 / 뱀띠 나쁜 띠 : 용 / 원숭/ 소

시간에 만나는사람 巳時온 사람은 문서, 화합운, 경조사, 애정 궁합 午時온 사람은 이동수, 변동수, 매매, 이별 未時온 사람은 빈주머니, 헛 공사, 사기 申時온 사람은 변동수, 시끄러움, 사고주의, 다툼, 관재 酉時온 사람은 방해자가 있어 불편한 사람, 의욕상실 戌時에 온 사람은 허가, 해결할 문제, 합격 件

운세풀이

申띠:이동수,우왕좌왕, 사고다툼	亥띠: 점점 일이 꼬임, 관재구설	寅띠:최고운상승세, 두마음	巳띠: 만남,결실,화합,문서
酉띠:매사불편, 방해자,배신	子띠:귀인상봉, 금전이득, 현금	卯띠: 의욕과다, 스트레스큼	午띠:이동수,이별수,변동 움직임
戌띠:해결신,시험합격, 풀림	丑띠: 매사꼬임,과거고생, 病	辰띠: 시급한 일, 뜻대로 안됨	未띠: 빈주머니,걱정근심,사기

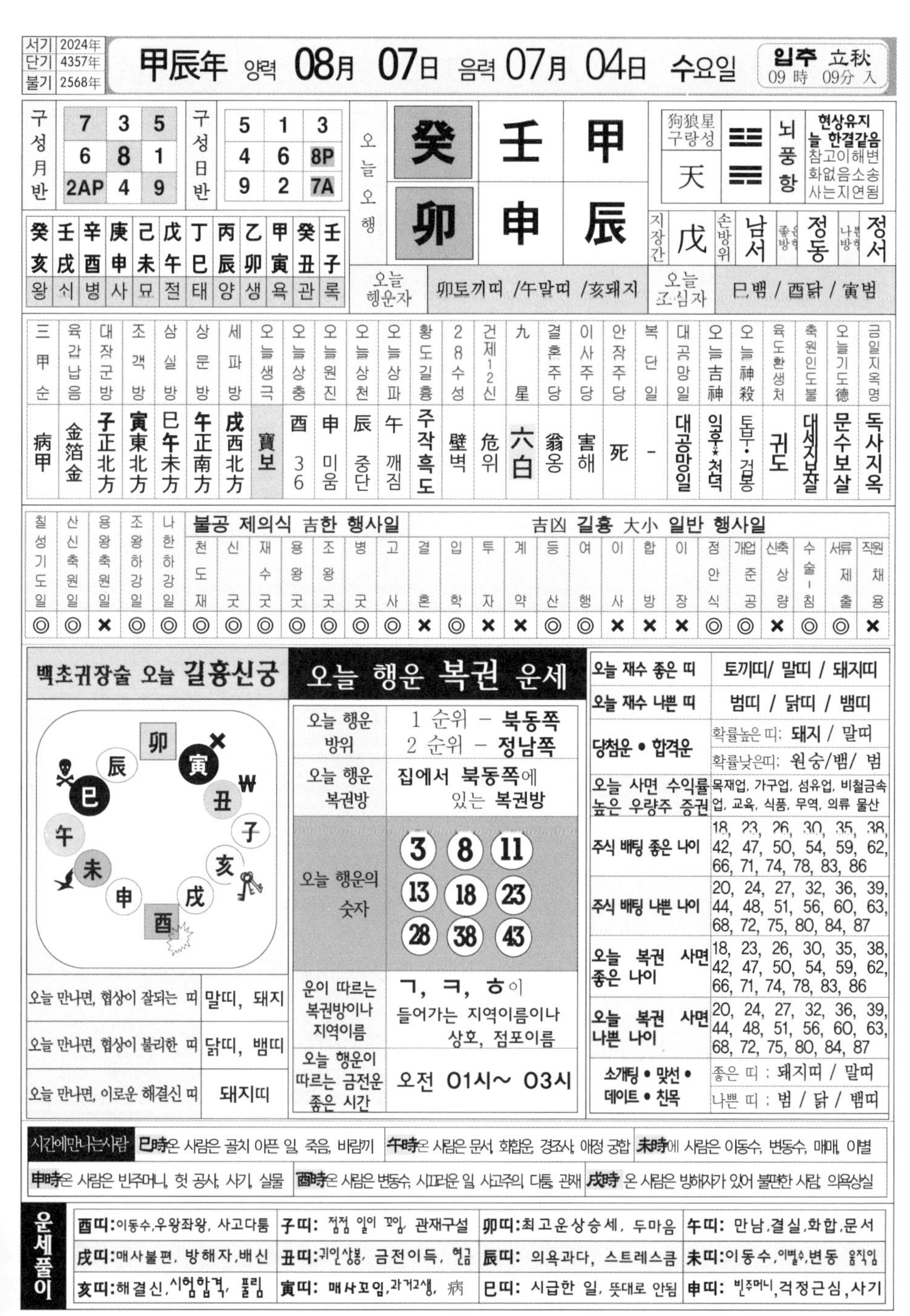

서기	2024年
단기	4357年
불기	2568年

甲辰年 양력 08月 07日 음력 07月 04日 수요일

입추 立秋 09時 09分 入

구성月반		
7	3	5
6	8	1
2AP	4	9

구성日반		
5	1	3
4	6	8P
9	2	7A

오늘오행		
癸	壬	甲
卯	申	辰

狗狼星 구랑성	天
괘	뇌풍항
풀이	**현상유지 늘 한결같음** 참고이해변화없음소송사는지연됨
지장간	戊
손방위	남서
좋은방향	정동
나쁜방향	정서

癸亥	壬戌	辛酉	庚申	己未	戊午	丁巳	丙辰	乙卯	甲寅	癸丑	壬子
왕	쇠	병	사	묘	절	태	양	생	욕	관	록

오늘 행운자	卯토끼띠 /午말띠 /亥돼지
오늘 조심자	巳뱀 / 酉닭 / 寅범

三甲순	육갑납음	대장군방	조객방	삼실방	상문방	세파방	오늘생극	오늘상충	오늘원진	오늘상천	오늘상파	황도길흉	28수성	건제12신	九星	결혼주당	이사주당	안장주당	복단일	대공망일	오늘吉神	오늘神殺	육도환생처	축원인도불	오늘기도德	금일지옥명
病甲	金箔金	子正北方	寅東北方	巳午未方	午正南方	戌西北方	寶보	酉 36	申 미움	辰 중단	午 깨짐	주작흑도	壁벽	危위	六白	翁옹	害해	死	-	대공망일	익후★천덕	토부·검봉	귀도	대세지보살	문수보살	독사지옥

칠성기도일	산신축원일	용왕축원일	조왕하강일	나한하강일	불공 제의식 吉한 행사일: 천도재	신굿	재수굿	용왕굿	조왕굿	병굿	고사	吉凶 길흉 大小 일반 행사일: 결혼	입학	투자	계약	등산	여행	이사	합방	이장	점안식	개업준공	신축상량	수술·침	서류제출	직원채용
◎	◎	×	◎	◎	◎	◎	◎	◎	◎	◎	◎	×	◎	×	×	◎	◎	×	×	×	◎	◎	×	◎	◎	×

백초귀장술 오늘 길흉신궁

오늘 만나면, 협상이 잘되는 띠	말띠, 돼지
오늘 만나면, 협상이 불리한 띠	닭띠, 뱀띠
오늘 만나면, 이로운 해결신 띠	돼지띠

오늘 행운 복권 운세

오늘 행운 방위	1 순위 - **북동쪽** 2 순위 - **정남쪽**
오늘 행운 복권방	집에서 **북동쪽**에 있는 **복권방**
오늘 행운의 숫자	3 8 11 13 18 23 28 38 43
운이 따르는 복권방이나 지역이름	ㄱ, ㅋ, ㅎ이 들어가는 지역이름이나 상호, 점포이름
오늘 행운이 따르는 금전운 좋은 시간	오전 01시~ 03시

오늘 재수 좋은 띠	토끼띠/ 말띠 / 돼지띠
오늘 재수 나쁜 띠	범띠 / 닭띠 / 뱀띠
당첨운 • 합격운	확률높은 띠: 돼지 / 말띠 확률낮은띠: 원숭/뱀/ 범
오늘 사면 수익률 높은 우량주 증권	목재업, 가구업, 섬유업, 비철금속업, 교육, 식품, 무역, 의류 물산
주식 배팅 좋은 나이	18, 23, 26, 30, 35, 38, 42, 47, 50, 54, 59, 62, 66, 71, 74, 78, 83, 86
주식 배팅 나쁜 나이	20, 24, 27, 32, 36, 39, 44, 48, 51, 56, 60, 63, 68, 72, 75, 80, 84, 87
오늘 복권 사면 좋은 나이	18, 23, 26, 30, 35, 38, 42, 47, 50, 54, 59, 62, 66, 71, 74, 78, 83, 86
오늘 복권 사면 나쁜 나이	20, 24, 27, 32, 36, 39, 44, 48, 51, 56, 60, 63, 68, 72, 75, 80, 84, 87
소개팅 • 맞선 • 데이트 • 친목	좋은 띠 : 돼지띠 / 말띠 나쁜 띠 : 범 / 닭 / 뱀띠

시간에만나는사람 **巳時**온 사람은 골치 아픈 일, 죽음, 바람끼 **午時**온 사람은 문서, 화합운, 경조사, 애정 궁합 **未時**에 사람은 이동수, 변동수, 매매, 이별
申時온 사람은 빈주머니, 헛 공사, 사기, 실물 **酉時**온 사람은 변동수, 시끄러운 일, 사고주의, 다툼, 관재 **戌時** 온 사람은 방해자가 있어 불편한 사람, 의욕상실

운세풀이			
酉띠: 이동수,우왕좌왕, 사고다툼	**子띠:** 점점 일이 꼬임, 관재구설	**卯띠:** 최고운상승세, 두마음	**午띠:** 만남,결실,화합,문서
戌띠: 매사불편, 방해자,배신	**丑띠:** 귀인상봉, 금전이득, 현금	**辰띠:** 의욕과다, 스트레스큼	**未띠:** 이동수, 이별수,변동 움직임
亥띠: 해결신, 시험합격, 풀림	**寅띠:** 매사꼬임, 과거고생, 病	**巳띠:** 시급한 일, 뜻대로 안됨	**申띠:** 빈주머니, 걱정근심, 사기

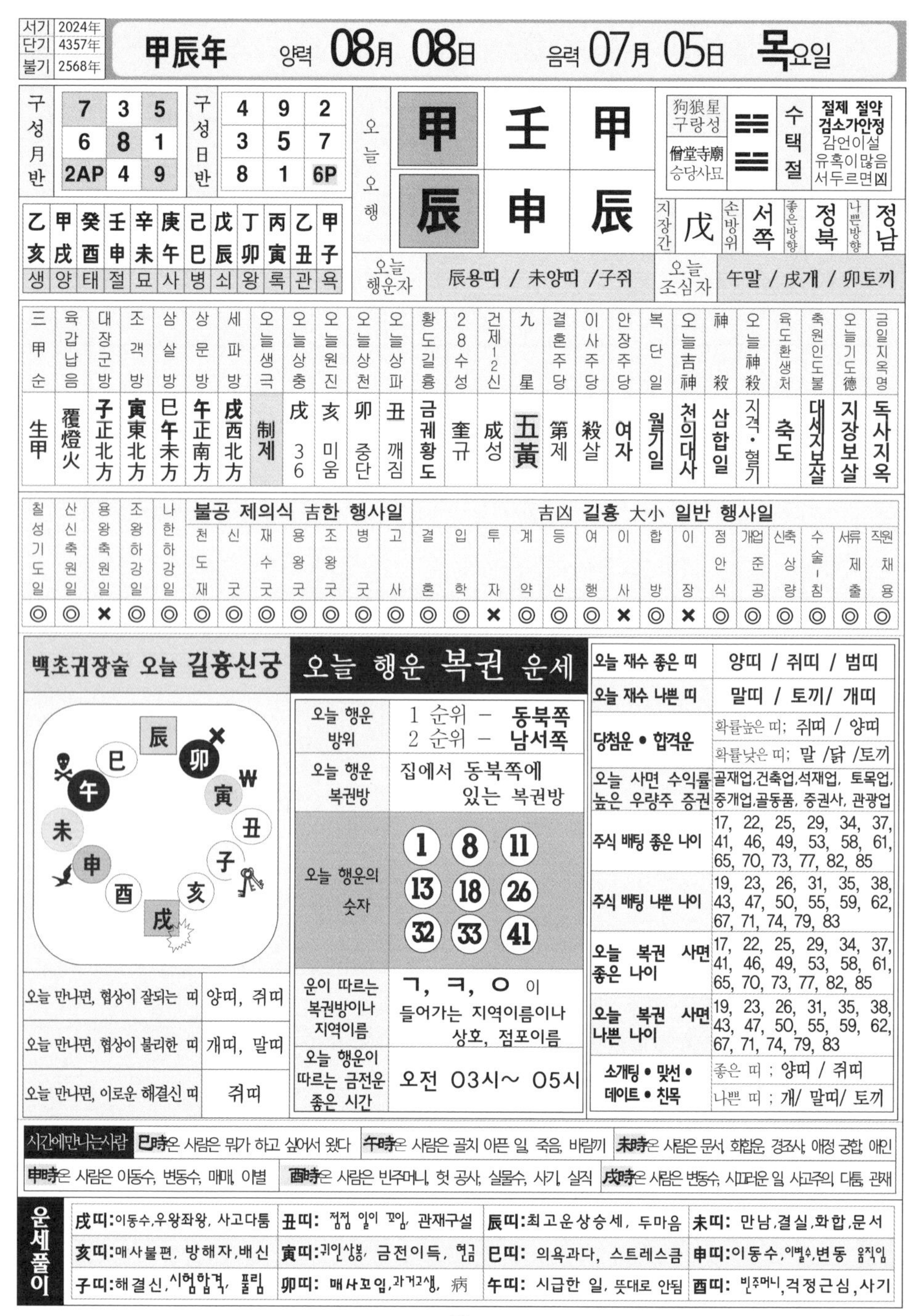

서기	2024年	甲辰年	양력 08月 08日	음력 07月 05日	목요일
단기	4357年				
불기	2568年				

구성월반			구성일반		
7	3	5	4	9	2
6	8	1	3	5	7
2AP	4	9	8	1	6P

오늘오행		
甲	壬	甲
辰	申	辰

狗狼星 구랑성	僧堂寺廟 승당사묘	수택절	절제 절약 검소가안정 감언이설 유혹이많음 서두르면凶

지장간	손방위	좋은방향	나쁜방향
戊	서쪽	정북	정남

乙亥	甲戌	癸酉	壬申	辛未	庚午	己巳	戊辰	丁卯	丙寅	乙丑	甲子
생	양	태	절	묘	사	병	쇠	왕	록	관	욕

오늘 행운자	辰용띠 / 未양띠 /子쥐	오늘 조심자	午말 / 戌개 / 卯토끼

三甲순	육갑납음	대장군방	조객방	삼살방	상문방	세파방	오늘생극	오늘상충	오늘원진	오늘상천	오늘상파	황도길흉	28수성	건제12신	九星	결혼주당	이사주당	안장주당	복단일	오늘吉神	神殺	오늘神殺	육도환생처	축원인도불	오늘기도德	금일지옥명
生甲	覆燈火	子正北方	寅東北方	巳午未方	午正南方	戌西北方	制제	戌 36	亥 미움	卯 중단	丑 깨짐	금궤황도	奎규	成성	五黃	第제	殺살	여자	월기일	천의대사	삼합일	지격·혈기	축도	대세지보살	지장보살	독사지옥

칠성기도일	산신축원일	용왕축원일	조왕하강일	나한하강일	불공 제의식 吉한 행사일							吉凶 길흉 大小 일반 행사일														
					천도재	신굿	재수굿	용왕굿	조왕굿	병굿	고사	결혼	입학	투자	계약	등산	여행	이사	합방	이장	점안식	개업준공	신축상량	수술-침	서류제출	직원채용
◎	◎	×	◎	◎	◎	◎	◎	◎	◎	◎	◎	◎	◎	×	◎	◎	◎	×	◎	×	◎	◎	◎	◎	◎	◎

백초귀장술 오늘 길흉신궁

오늘 만나면, 협상이 잘되는 띠	양띠, 쥐띠
오늘 만나면, 협상이 불리한 띠	개띠, 말띠
오늘 만나면, 이로운 해결신 띠	쥐띠

오늘 행운 복권 운세

오늘 행운 방위	1 순위 - 동북쪽 / 2 순위 - 남서쪽
오늘 행운 복권방	집에서 동북쪽에 있는 복권방
오늘 행운의 숫자	1 8 11 13 18 26 32 33 41
운이 따르는 복권방이나 지역이름	ㄱ, ㅋ, ㅇ 이 들어가는 지역이름이나 상호, 점포이름
오늘 행운이 따르는 금전운 좋은 시간	오전 03시~ 05시

오늘 재수 좋은 띠	양띠 / 쥐띠 / 범띠
오늘 재수 나쁜 띠	말띠 / 토끼/ 개띠
당첨운 • 합격운	확률높은 띠; 쥐띠 / 양띠 확률낮은 띠; 말 /닭 /토끼
오늘 사면 수익률 높은 우량주 증권	골재업,건축업,석재업, 토목업, 중개업,골동품, 증권사, 관광업
주식 배팅 좋은 나이	17, 22, 25, 29, 34, 37, 41, 46, 49, 53, 58, 61, 65, 70, 73, 77, 82, 85
주식 배팅 나쁜 나이	19, 23, 26, 31, 35, 38, 43, 47, 50, 55, 59, 62, 67, 71, 74, 79, 83
오늘 복권 사면 좋은 나이	17, 22, 25, 29, 34, 37, 41, 46, 49, 53, 58, 61, 65, 70, 73, 77, 82, 85
오늘 복권 사면 나쁜 나이	19, 23, 26, 31, 35, 38, 43, 47, 50, 55, 59, 62, 67, 71, 74, 79, 83
소개팅 • 맞선 • 데이트 • 친목	좋은 띠 ; 양띠 / 쥐띠 나쁜 띠 ; 개/ 말띠/ 토끼

시간에만나는사람		
巳時은 사람은 뭐가 하고 싶어서 왔다	午時은 사람은 골치 아픈 일, 죽음, 바람끼	未時은 사람은 문서, 화합운, 경조사, 애정 궁합, 애인
申時은 사람은 이동수, 변동수, 매매, 이별	酉時은 사람은 빈주머니, 헛 공사, 실물수, 사기, 실직	戌時은 사람은 변동수, 시끄러운 일 사고주의, 다툼, 관재

운세풀이			
戌띠: 이동수,우왕좌왕, 사고다툼	丑띠: 점점 일이 꼬임, 관재구설	辰띠: 최고운상승세, 두마음	未띠: 만남,결실,화합,문서
亥띠: 매사불편, 방해자,배신	寅띠: 귀인상봉, 금전이득, 현금	巳띠: 의욕과다, 스트레스큼	申띠: 이동수,이별수,변동 움직임
子띠: 해결신,시험합격, 풀림	卯띠: 매사꼬임,과거고생, 病	午띠: 시급한 일, 뜻대로 안됨	酉띠: 빈주머니,걱정근심,사기

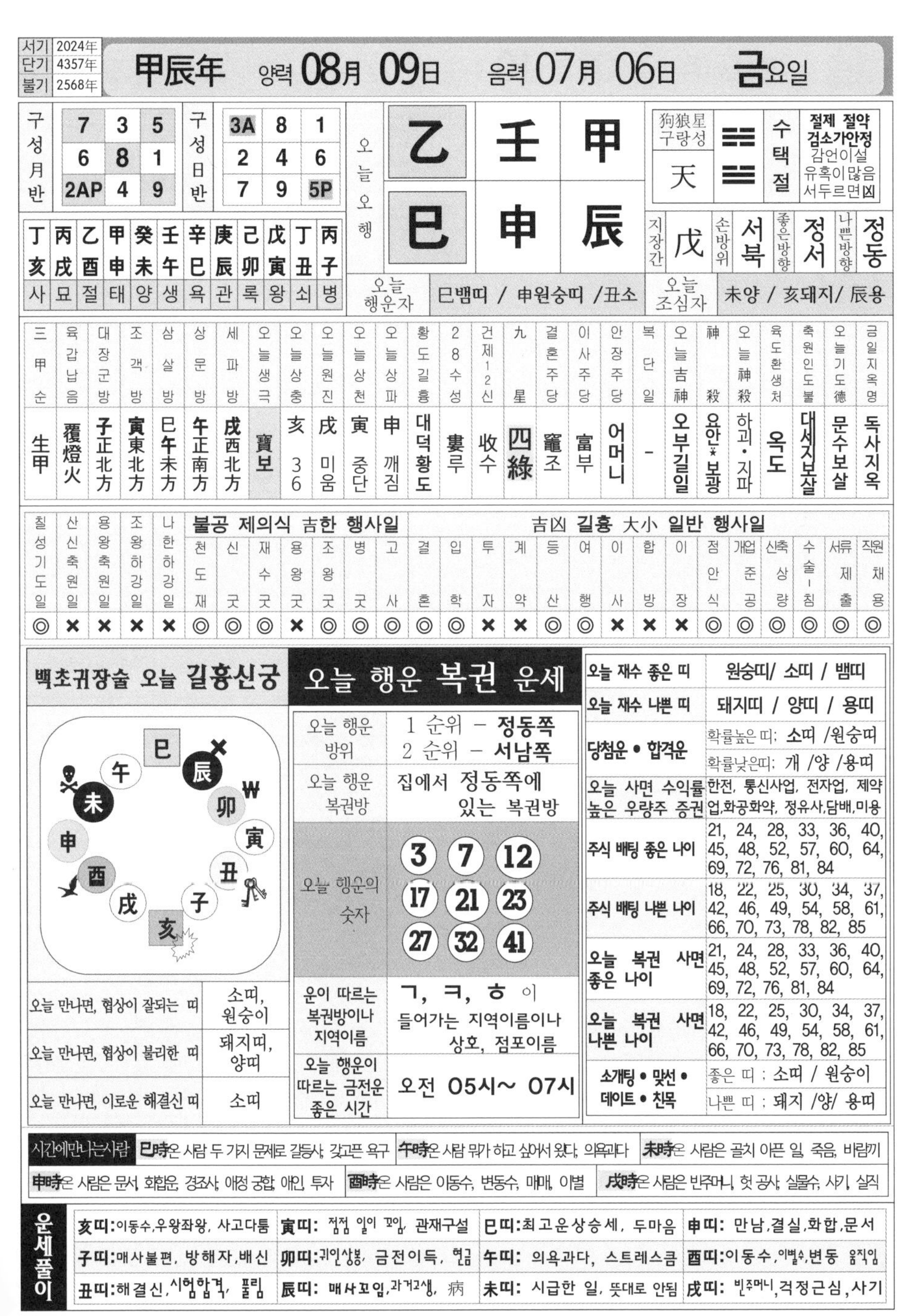

서기	2024年
단기	4357年
불기	2568年

甲辰年 양력 08月 09日 음력 07月 06日 금요일

구성月반		
7	3	5
6	8	1
2AP	4	9

구성日반		
3A	8	1
2	4	6
7	9	5P

丁亥	丙戌	乙酉	甲申	癸未	壬午	辛巳	庚辰	己卯	戊寅	丁丑	丙子
사	묘	절	태	양	생	욕	관	록	왕	쇠	병

오늘오행		
乙	壬	甲
巳	申	辰

狗狼星 구랑성	天
☱☵	수택절
절제 절약 검소가안정	감언이설 유혹이많음 서두르면凶

지장간	손방위	좋은방향	나쁜방향
戊	서북	정서	정동

오늘 행운자	巳뱀띠 / 申원숭띠 /丑소
오늘 조심자	未양 / 亥돼지/ 辰용

三甲순	육갑납음	대장군방	조객방	삼살방	상문방	세파방	오늘생극	오늘상충	오늘원진	오늘상천	오늘상파	황도길흉	28수성	건제12신	九星	결혼주당	이사주당	안장주당	복단일	오늘吉神	神殺	오늘神殺	육도환생처	축원인도불	오늘기도德	금일지옥명
生甲	覆燈火	子正北方	寅東北方	巳午未方	午正南方	戌西北方	寶보	亥 36	戌 미움	寅 중단	申 깨짐	대덕황도	婁루	收수	四綠	竈조	富부	어머니	-	오부길일	요안*보광	하괴·지파	옥도	대세지보살	문수보살	독사지옥

칠성기도일	산신축원일	용왕축원일	조왕하강일	나한하강일	천도재	신굿	재수굿	용왕굿	조왕굿	병굿	고사	결혼	입학	투자	계약	등산	여행	이사	합방	이장	점안식	개업준공	신축상량	수술-침	서류제출	직원채용
					불공 제의식 吉한 행사일							吉凶 길흉 大小 일반 행사일														
◎	×	×	×	×	◎	◎	◎	×	◎	◎	◎	◎	◎	×	×	◎	◎	×	×	×	◎	◎	◎	◎	◎	◎

백초귀장술 오늘 길흉신궁

오늘 만나면, 협상이 잘되는 띠	소띠, 원숭이
오늘 만나면, 협상이 불리한 띠	돼지띠, 양띠
오늘 만나면, 이로운 해결신 띠	소띠

오늘 행운 복권 운세

오늘 행운 방위	1 순위 - 정동쪽 2 순위 - 서남쪽
오늘 행운 복권방	집에서 정동쪽에 있는 복권방
오늘 행운의 숫자	3 7 12 17 21 23 27 32 41
운이 따르는 복권방이나 지역이름	ㄱ, ㅋ, ㅎ 이 들어가는 지역이름이나 상호, 점포이름
오늘 행운이 따르는 금전운 좋은 시간	오전 05시~ 07시

오늘 재수 좋은 띠	원숭띠/ 소띠 / 뱀띠
오늘 재수 나쁜 띠	돼지띠 / 양띠 / 용띠
당첨운 • 합격운	확률높은 띠: 소띠 /원숭띠 확률낮은띠: 개 /양 /용띠
오늘 사면 수익률 높은 우량주 증권	한전, 통신사업, 전자업, 제약업,화공화약, 정유사,담배,미용
주식 배팅 좋은 나이	21, 24, 28, 33, 36, 40, 45, 48, 52, 57, 60, 64, 69, 72, 76, 81, 84
주식 배팅 나쁜 나이	18, 22, 25, 30, 34, 37, 42, 46, 49, 54, 58, 61, 66, 70, 73, 78, 82, 85
오늘 복권 사면 좋은 나이	21, 24, 28, 33, 36, 40, 45, 48, 52, 57, 60, 64, 69, 72, 76, 81, 84
오늘 복권 사면 나쁜 나이	18, 22, 25, 30, 34, 37, 42, 46, 49, 54, 58, 61, 66, 70, 73, 78, 82, 85
소개팅 • 맞선 • 데이트 • 친목	좋은 띠 ; 소띠 / 원숭이 나쁜 띠 ; 돼지 /양/ 용띠

시간에만나는사람	巳時은 사람 두 가지 문제로 갈등사, 갖고픈 욕구	午時은 사람 뭔가 하고 싶어서 왔다, 의욕과다	未時은 사람은 골치 아픈 일, 죽음, 바람끼
	申時은 사람은 문서, 화합운, 경조사, 애정 궁합, 애인, 투자	酉時은 사람은 이동수, 변동수, 매매, 이별	戌時은 사람은 빈주머니, 헛 공사, 실물수, 사기, 실직

운세풀이			
亥띠:이동수,우왕좌왕, 사고다툼	寅띠: 점점 일이 꼬임, 관재구설	巳띠:최고운상승세, 두마음	申띠: 만남,결실,화합,문서
子띠:매사불편, 방해자,배신	卯띠:귀인상봉, 금전이득, 현금	午띠: 의욕과다, 스트레스큼	酉띠:이동수,이별수,변동 움직임
丑띠:해결신,시험합격, 풀림	辰띠: 매사꼬임,과거고생, 病	未띠: 시급한 일, 뜻대로 안됨	戌띠: 빈주머니,걱정근심,사기

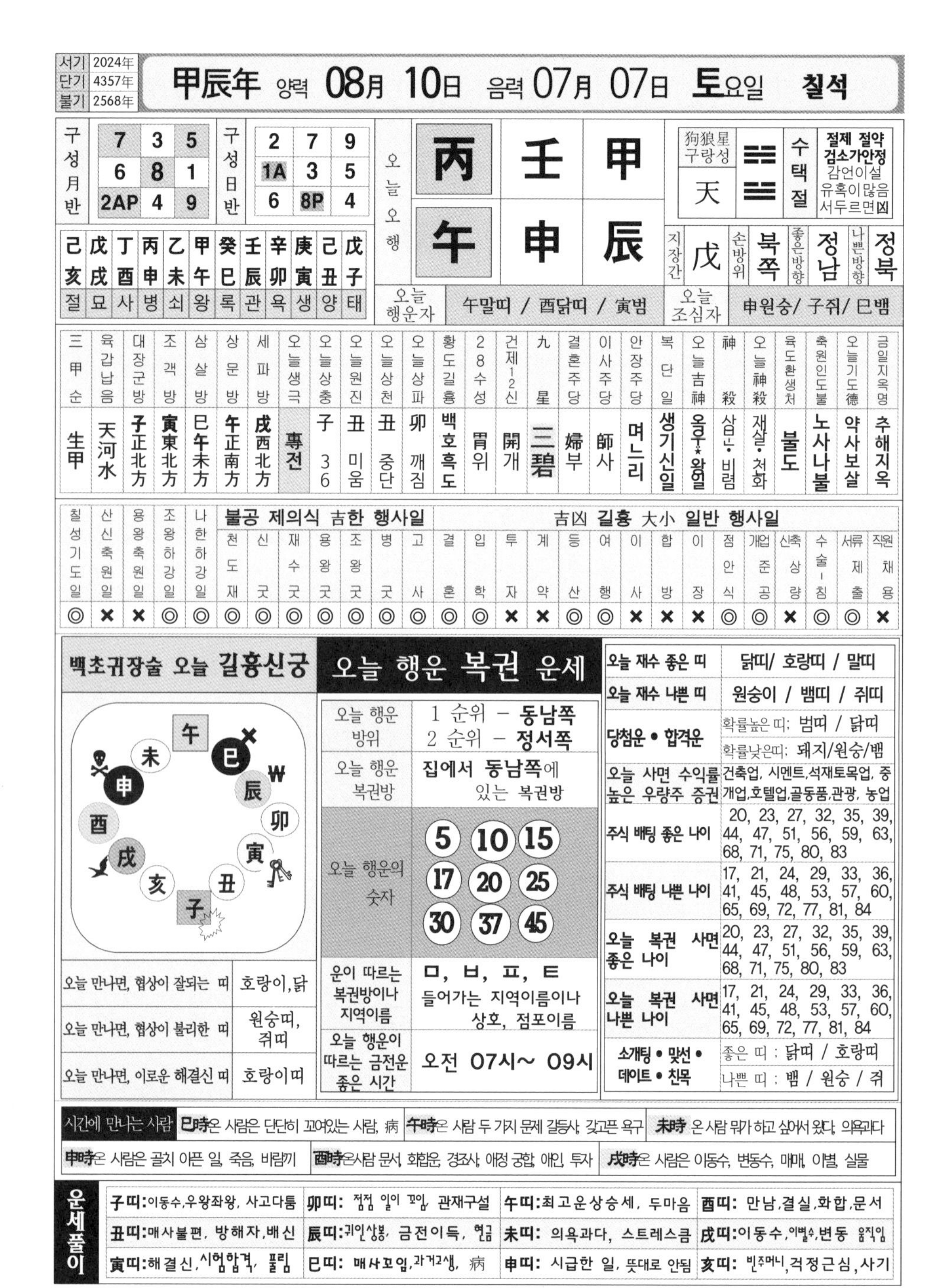

서기	2024年
단기	4357年
불기	2568年

甲辰年 양력 08月 10日 음력 07月 07日 土요일 칠석

구성월반

7	3	5
6	8	1
2AP	4	9

구성일반

2	7	9
1A	3	5
6	8P	4

오늘오행

丙	壬	甲
午	申	辰

狗狼星 구랑성	天
수택절	절제 절약 검소가안정 감언이설 유혹이많음 서두르면凶

己亥	戊戌	丁酉	丙申	乙未	甲午	癸巳	壬辰	辛卯	庚寅	己丑	戊子
절	묘	사	병	쇠	왕	록	관	욕	생	양	태

지장간	손방위	좋은방향	나쁜방향
戊	북쪽	정남	정북

오늘 행운자	午말띠 / 酉닭띠 / 寅범
오늘 조심자	申원숭/ 子쥐/ 巳뱀

三甲순	육갑납음	대장군방	조객방	삼살방	상문방	세파방	오늘생극	오늘상충	오늘원진	오늘상천	오늘상파	황도길흉	28수성	건제12신	九星	결혼주당	이사주당	안장주당	복단일	오늘吉神	神殺	오늘神殺	육도환생처	축원인도불	오늘기도德	금일지옥명
生甲	天河水	子正北方	寅東北方	巳午未方	午正南方	戌西北方	專전	子 36	丑 미움	丑 중단	卯 깨짐	백호흑도	胃위	開개	三碧	婦부	師사	며느리	생기신일	옥우*왕일	삼합·비렴	재살·천화	불도	노사나불	약사보살	추해지옥

칠성기도일	산신축원일	용왕축원일	조왕하강일	나한하강일	불공 제의식 吉한 행사일: 천도재	신굿	재수굿	용왕굿	조왕굿	병굿	고사	吉凶 길흉 大小 일반 행사일: 결혼	입학	투자	계약	등산	여행	이사	합방	이장	점안식	개업준공	신축상량	수술·침	서류제출	직원채용
◎	×	×	◎	◎	◎	◎	◎	◎	◎	◎	◎	◎	◎	×	×	◎	◎	×	×	×	◎	◎	×	◎	◎	×

백초귀장술 오늘 길흉신궁

오늘 만나면, 협상이 잘되는 띠	호랑이,닭
오늘 만나면, 협상이 불리한 띠	원숭띠, 쥐띠
오늘 만나면, 이로운 해결신 띠	호랑이띠

오늘 행운 복권 운세

오늘 행운 방위	1 순위 – 동남쪽 2 순위 – 정서쪽
오늘 행운 복권방	집에서 동남쪽에 있는 복권방
오늘 행운의 숫자	5 10 15 17 20 25 30 37 45
운이 따르는 복권방이나 지역이름	ㅁ, ㅂ, ㅍ, ㅌ 들어가는 지역이름이나 상호, 점포이름
오늘 행운이 따르는 금전운 좋은 시간	오전 07시~ 09시

오늘 재수 좋은 띠	닭띠/ 호랑띠 / 말띠
오늘 재수 나쁜 띠	원숭이 / 뱀띠 / 쥐띠
당첨운 • 합격운	확률높은 띠: 범띠 / 닭띠 확률낮은띠: 돼지/원숭/뱀
오늘 사면 수익률 높은 우량주 증권	건축업, 시멘트,석재토목업, 중개업,호텔업,골동품,관광, 농업
주식 배팅 좋은 나이	20, 23, 27, 32, 35, 39, 44, 47, 51, 56, 59, 63, 68, 71, 75, 80, 83
주식 배팅 나쁜 나이	17, 21, 24, 29, 33, 36, 41, 45, 48, 53, 57, 60, 65, 69, 72, 77, 81, 84
오늘 복권 사면 좋은 나이	20, 23, 27, 32, 35, 39, 44, 47, 51, 56, 59, 63, 68, 71, 75, 80, 83
오늘 복권 사면 나쁜 나이	17, 21, 24, 29, 33, 36, 41, 45, 48, 53, 57, 60, 65, 69, 72, 77, 81, 84
소개팅 • 맞선 • 데이트 • 친목	좋은 띠 : 닭띠 / 호랑띠 나쁜 띠 : 뱀 / 원숭 / 쥐

시간에 만나는 사람	巳時은 사람은 단단히 꼬여있는 사람, 病	午時은 사람 두 가지 문제 갈등사, 갖고픈 욕구	未時 온 사람 뭐가 하고 싶어서 왔다, 의욕과다
	申時온 사람은 골치 아픈 일, 죽음, 바람끼	酉時온사람 문서, 화합운, 경조사, 애정 궁합, 애인, 투자	戌時온 사람은 이동수, 변동수, 매매, 이별, 실물

운세풀이			
子띠: 이동수,우왕좌왕, 사고다툼	卯띠: 점점 일이 꼬임, 관재구설	午띠: 최고운상승세, 두마음	酉띠: 만남,결실,화합,문서
丑띠: 매사불편, 방해자,배신	辰띠: 귀인상봉, 금전이득, 현금	未띠: 의욕과다, 스트레스큼	戌띠: 이동수, 이별수,변동 움직임
寅띠: 해결신, 시험합격, 풀림	巳띠: 매사꼬임,과거고생, 病	申띠: 시급한 일, 뜻대로 안됨	亥띠: 빈주머니, 걱정근심, 사기

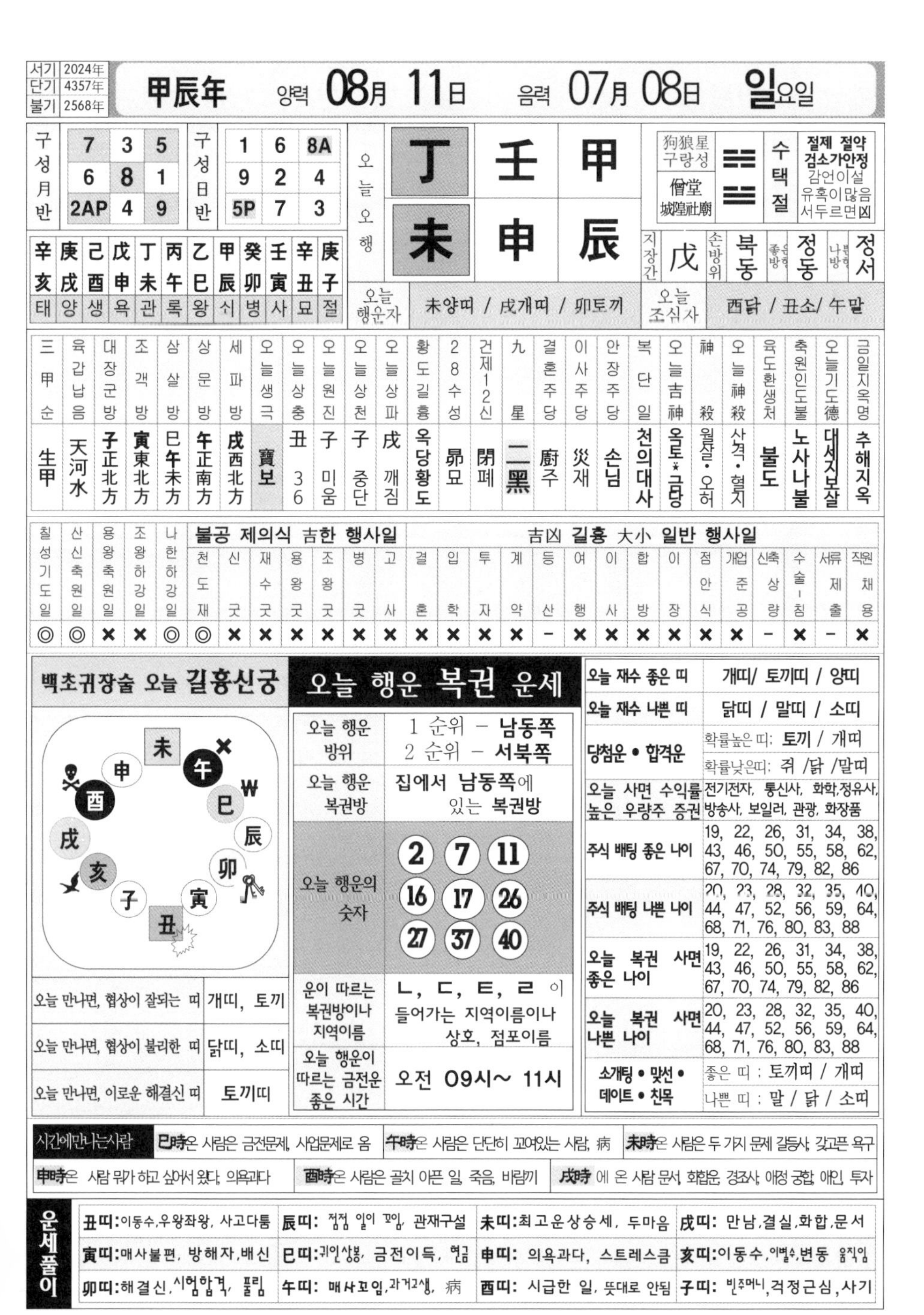

서기	2024年
단기	4357年
불기	2568年

甲辰年 양력 08月 11日 음력 07月 08日 일요일

구성월반		
7	3	5
6	8	1
2AP	4	9

구성日반		
1	6	8A
9	2	4
5P	7	3

오늘오행		
丁	壬	甲
未	申	辰

狗狼星 구랑성 / 僧堂 城隍社廟 / 수택절 / 절제 절약 검소가 안정 감언이설 유혹이 많음 서두르면 凶

지장간	손방위	좋은방향	나쁜방향
戊	북동	정동	정서

辛亥	庚戌	己酉	戊申	丁未	丙午	乙巳	甲辰	癸卯	壬寅	辛丑	庚子
태	양	생	욕	관	록	왕	쇠	병	사	묘	절

오늘 행운자: 未양띠 / 戌개띠 / 卯토끼
오늘 조심자: 酉닭 / 丑소/ 午말

三甲순	육갑납음	대장군방	조객방	삼살방	상문방	세파방	오늘생극	오늘상충	오늘원진	오늘상천	오늘상파	황도길흉	28수성	건제12신	九星	결혼주당	이사주당	안장주당	복단일	오늘吉神	神殺	오늘神殺	육도환생처	축원인도불	오늘기도德	금일지옥명
生甲	天河水	子正北方	寅東北方	巳午未方	午正南方	戌西北方	寶보	丑 36	子 미움	子 중단	戌 깨짐	옥당황도	昴묘	閉폐	二黑	廚주	災재	손님	천의대사	옥토*금당	월살·오허	사격·혈지	불도	노사나불	대세지보살	추해지옥

칠성기도일	산신축원일	용왕축원일	조왕하강일	나한하강일	천도재	신굿	재수굿	용왕굿	조왕굿	병굿	고사	결혼	입학	투자	계약	등산	여행	이사	합방	이장	점안식	개업준공	신축상량	수술-침	서류제출	직원채용
◎	◎	×	×	◎	◎	×	×	×	×	×	×	×	×	×	×	-	×	×	×	×	×	×	-	×	-	×

(불공 제의식 吉한 행사일: 천도재 ~ 고사 / 吉凶 길흉 大小 일반 행사일: 결혼 ~ 직원채용)

백초귀장술 오늘 길흉신궁

오늘 만나면, 협상이 잘되는 띠	개띠, 토끼
오늘 만나면, 협상이 불리한 띠	닭띠, 소띠
오늘 만나면, 이로운 해결신 띠	토끼띠

오늘 행운 복권 운세

오늘 행운 방위	1 순위 – 남동쪽 2 순위 – 서북쪽
오늘 행운 복권방	집에서 남동쪽에 있는 복권방
오늘 행운의 숫자	2 7 11 16 17 26 27 37 40
운이 따르는 복권방이나 지역이름	ㄴ, ㄷ, ㅌ, ㄹ 이 들어가는 지역이름이나 상호, 점포이름
오늘 행운이 따르는 금전운 좋은 시간	오전 09시~ 11시

오늘 재수 좋은 띠	개띠/ 토끼띠 / 양띠
오늘 재수 나쁜 띠	닭띠 / 말띠 / 소띠
당첨운 • 합격운	확률높은 띠: 토끼 / 개띠 확률낮은띠: 쥐 /닭 /말띠
오늘 사면 수익률 높은 우량주 증권	전기전자, 통신사, 화학,정유사, 방송사, 보일러, 관광, 화장품
주식 배팅 좋은 나이	19, 22, 26, 31, 34, 38, 43, 46, 50, 55, 58, 62, 67, 70, 74, 79, 82, 86
주식 배팅 나쁜 나이	20, 23, 28, 32, 35, 40, 44, 47, 52, 56, 59, 64, 68, 71, 76, 80, 83, 88
오늘 복권 사면 좋은 나이	19, 22, 26, 31, 34, 38, 43, 46, 50, 55, 58, 62, 67, 70, 74, 79, 82, 86
오늘 복권 사면 나쁜 나이	20, 23, 28, 32, 35, 40, 44, 47, 52, 56, 59, 64, 68, 71, 76, 80, 83, 88
소개팅 • 맞선 • 데이트 • 친목	좋은 띠 : 토끼띠 / 개띠 나쁜 띠 : 말 / 닭 / 소띠

시간에만나는사람

巳時온 사람은 금전문제, 사업문제로 옴 | 午時온 사람은 단단히 꼬여있는 사람, 病 | 未時온 사람은 두 가지 문제 갈등사, 갖고픈 욕구
申時온 사람 뭐가 하고 싶어서 왔다, 의욕과다 | 酉時온 사람은 골치 아픈 일, 죽음, 바람끼 | 戌時에 온 사람 문서, 화합운, 경조사, 애정 궁합, 애인, 투자

운세풀이

丑띠:이동수,우왕좌왕, 사고다툼	辰띠: 점점 일이 꼬임, 관재구설	未띠:최고운상승세, 두마음	戌띠: 만남,결실,화합,문서
寅띠:매사불편, 방해자,배신	巳띠:귀인상봉, 금전이득, 현금	申띠: 의욕과다, 스트레스큼	亥띠:이동수,이별수,변동 움직임
卯띠:해결신,시험합격, 풀림	午띠: 매사꼬임,과거고생, 病	酉띠: 시급한 일, 뜻대로 안됨	子띠: 빈주머니,걱정근심,사기

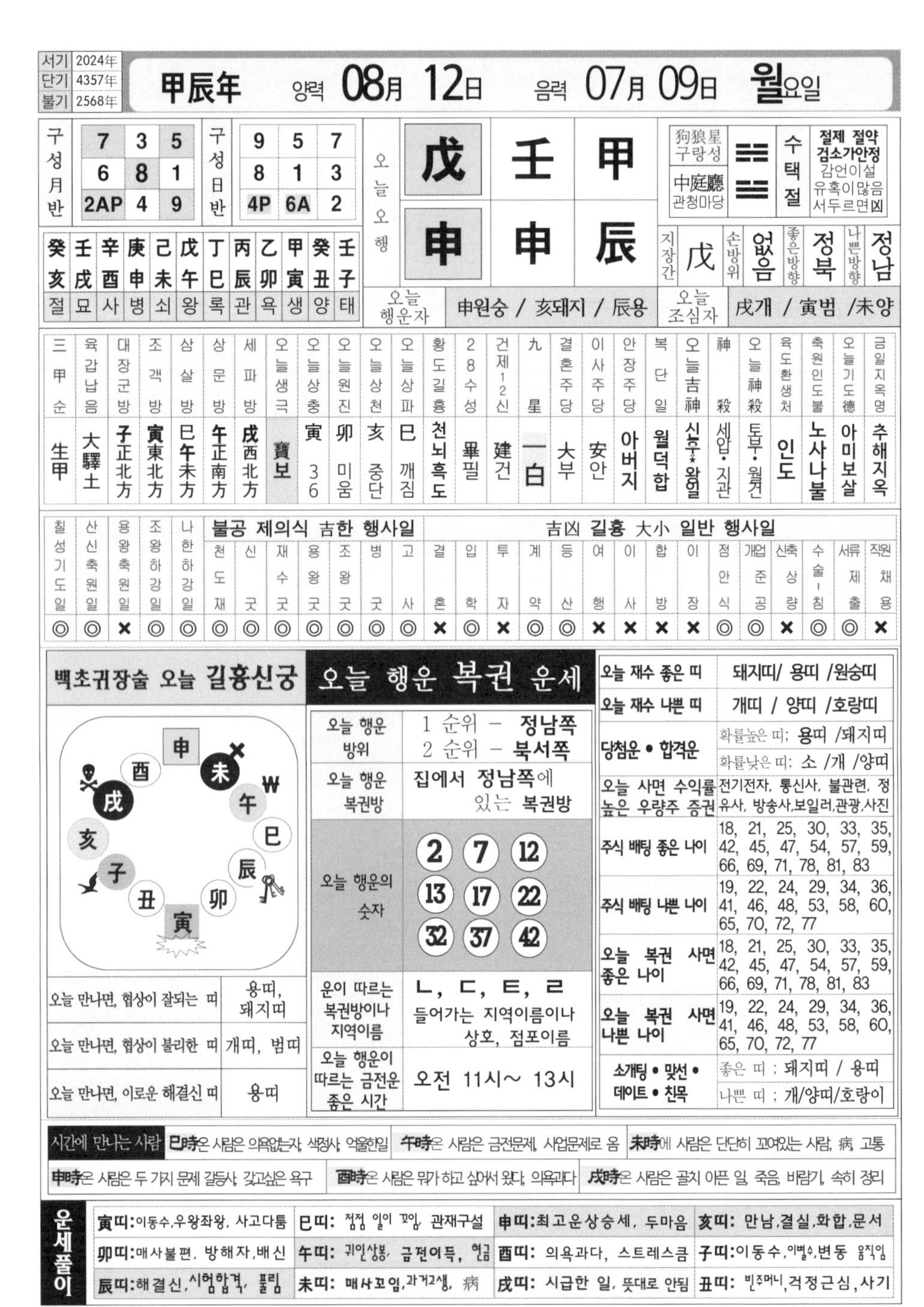

서기	2024年
단기	4357年
불기	2568年

甲辰年 양력 08月 12日 음력 07月 09日 월요일

구성月반		
7	3	5
6	8	1
2AP	4	9

구성日반		
9	5	7
8	1	3
4P	6A	2

癸	壬	辛	庚	己	戊	丁	丙	乙	甲	癸	壬
亥	戌	酉	申	未	午	巳	辰	卯	寅	丑	子
절	묘	사	병	쇠	왕	록	관	욕	생	양	태

오늘오행

戊	壬	甲
申	申	辰

狗狼星 구랑성	☰	수택절	절제 절약 검소가안정 감언이설 유혹이많음 서두르면凶
中庭廳 관청마당	☱		

지장간	손방위	좋은방향	나쁜방향
戊	없음	정북	정남

오늘 행운자	申원숭 / 亥돼지 / 辰용
오늘 조심자	戌개 / 寅범 /未양

三甲순	육갑납음	대장군방	조객방	삼살방	상문방	세파방	오늘생극	오늘상충	오늘원진	오늘상천	오늘상파	황도길흉	28수성
生甲	大驛土	子正北方	寅東北方	巳午未方	午正南方	戌西北方	寶보	寅 36	卯 미움	亥 중단	巳 깨짐	천뇌흑도	畢필

건제12신	九星	결혼주당	이사주당	안장주당	복단일	오늘吉神	神殺	오늘神殺	육도환생처	축원인도불	오늘기도德	금일지옥명
建건	一白	大부	安안	아버지	월덕합	신후*왕일	세압·지관	토부·월건	인도	노사나불	아미보살	추해지옥

칠성기도일	산신축원일	용왕축원일	조왕하강일	나한하강일	불공 제의식 吉한 행사일: 천도재	신굿	재수굿	용왕굿	조왕굿	병굿	고사
◎	◎	×	◎	◎	◎	◎	◎	◎	◎	◎	◎

吉凶 길흉 大小 일반 행사일: 결혼	입학	투자	계약	등산	여행	이사	합방	이장	점안식	개업준공	신축상량	수술·침	서류제출	직원채용
×	◎	×	◎	◎	×	×	×	×	◎	◎	×	◎	◎	×

백초귀장술 오늘 길흉신궁

오늘 만나면, 협상이 잘되는 띠	용띠, 돼지띠
오늘 만나면, 협상이 불리한 띠	개띠, 범띠
오늘 만나면, 이로운 해결신 띠	용띠

오늘 행운 복권 운세

오늘 행운 방위	1 순위 – 정남쪽 2 순위 – 북서쪽
오늘 행운 복권방	집에서 정남쪽에 있는 복권방
오늘 행운의 숫자	2, 7, 12, 13, 17, 22, 32, 37, 42
운이 따르는 복권방이나 지역이름	ㄴ, ㄷ, ㅌ, ㄹ 들어가는 지역이름이나 상호, 점포이름
오늘 행운이 따르는 금전운 좋은 시간	오전 11시~ 13시

오늘 재수 좋은 띠	돼지띠/ 용띠 /원숭띠
오늘 재수 나쁜 띠	개띠 / 양띠 /호랑띠
당첨운 • 합격운	확률높은 띠; 용띠 /돼지띠 확률낮은 띠; 소 /개 /양띠
오늘 사면 수익률 높은 우량주 증권	전기전자, 통신사, 불관련, 정유사, 방송사,보일러,관광,사진
주식 배팅 좋은 나이	18, 21, 25, 30, 33, 35, 42, 45, 47, 54, 57, 59, 66, 69, 71, 78, 81, 83
주식 배팅 나쁜 나이	19, 22, 24, 29, 34, 36, 41, 46, 48, 53, 58, 60, 65, 70, 72, 77
오늘 복권 사면 좋은 나이	18, 21, 25, 30, 33, 35, 42, 45, 47, 54, 57, 59, 66, 69, 71, 78, 81, 83
오늘 복권 사면 나쁜 나이	19, 22, 24, 29, 34, 36, 41, 46, 48, 53, 58, 60, 65, 70, 72, 77
소개팅 • 맞선 • 데이트 • 친목	좋은 띠 ; 돼지띠 / 용띠 나쁜 띠 ; 개/양띠/호랑이

시간에 만나는 사람		
巳時온 사람은 의욕없는자, 색정사, 억울한일	午時온 사람은 금전문제, 사업문제로 옴	未時에 사람은 단단히 꼬여있는 사람, 病, 고통
申時온 사람은 두 가지 문제 갈등사, 갖고싶은 욕구	酉時온 사람은 뭔가 하고 싶어서 왔다, 의욕과다	戌時온 사람은 골치 아픈 일, 죽음, 바람기, 속히 정리

운세풀이			
寅띠:이동수,우왕좌왕, 사고다툼	巳띠: 점점 일이 꼬임, 관재구설	申띠:최고운상승세, 두마음	亥띠: 만남,결실,화합,문서
卯띠:매사불편, 방해자,배신	午띠: 귀인상봉, 금전이득, 현금	酉띠: 의욕과다, 스트레스큼	子띠:이동수,이별수,변동 움직임
辰띠:해결신,시험합격, 풀림	未띠: 매사꼬임,과거고생, 病	戌띠: 시급한 일, 뜻대로 안됨	丑띠: 빈주머니,걱정근심,사기

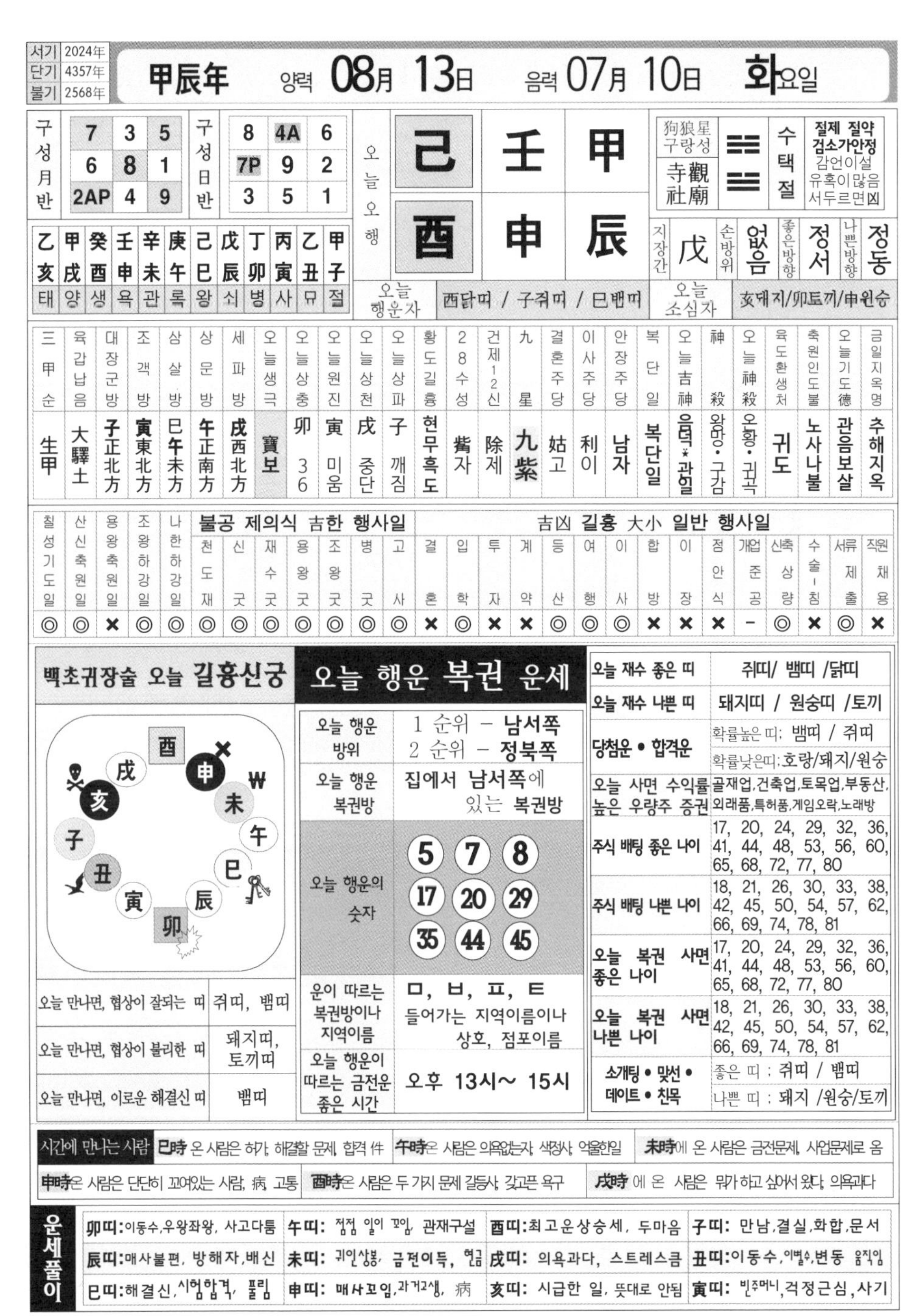

서기	2024年
단기	4357年
불기	2568年

甲辰年 양력 08月 13日 음력 07月 10日 화요일

구성月반				구성日반			
	7	3	5		8	4A	6
	6	8	1		7P	9	2
	2AP	4	9		3	5	1

오늘오행			
	己	壬	甲
	酉	申	辰

狗狼星 구랑성	寺觀社廟	☵☱	수택절	질제 질약 검소가안정 감언이설 유혹이많음 서두르면凶

乙	甲	癸	壬	辛	庚	己	戊	丁	丙	乙	甲
亥	戌	酉	申	未	午	巳	辰	卯	寅	丑	子
태	양	생	욕	관	록	왕	쇠	병	사	묘	절

지장간	戊	손방위	없음	좋은방향	정서	나쁜방향	정동

오늘 행운자	酉닭띠 / 子쥐띠 / 巳뱀띠	오늘 소심자	亥돼지/卯토끼/申원숭

三甲순	육갑납음	대장군방	조객방	삼살방	상문방	세파방	오늘생극	오늘상충	오늘원진	오늘상천	오늘상파	황도길흉	28수성	건제12신	九星	결혼주당	이사주당	안장주당	복단일	오늘吉神	神殺	오늘神殺	육도환생처	축원인도불	오늘기도德	금일지옥명
生甲	大驛土	子正北方	寅東北方	巳午未方	午正南方	戌西北方	寶보	卯 36	寅 미움	戌 중단	子 깨짐	현무흑도	觜자	除제	九紫	姑고	利이	남자	복단일	음덕*관일	왕망·구감	오황·귀곡	귀도	노사나불	관음보살	추해지옥

칠성기도일	산신축원일	용왕축원일	조왕하강일	나한하강일	불공 제의식 吉한 행사일: 천도재	신굿	재수굿	용왕굿	조왕굿	병굿	고사	吉凶 길흉 大小 일반 행사일: 결혼	입학	투자	계약	등산	여행	이사	합방	이장	점안식	개업준공	신축상량	수술-침	서류제출	직원채용
◎	◎	×	◎	◎	◎	◎	◎	◎	◎	◎	◎	×	◎	×	×	◎	◎	◎	×	×	×	-	◎	×	◎	×

백초귀장술 오늘 길흉신궁

오늘 만나면, 협상이 잘되는 띠	쥐띠, 뱀띠
오늘 만나면, 협상이 불리한 띠	돼지띠, 토끼띠
오늘 만나면, 이로운 해결신 띠	뱀띠

오늘 행운 복권 운세

오늘 행운 방위	1 순위 – 남서쪽 2 순위 – 정북쪽
오늘 행운 복권방	집에서 남서쪽에 있는 복권방
오늘 행운의 숫자	5 7 8 17 20 29 35 44 45
운이 따르는 복권방이나 지역이름	ㅁ, ㅂ, ㅍ, ㅌ 들어가는 지역이름이나 상호, 점포이름
오늘 행운이 따르는 금전운 좋은 시간	오후 13시~ 15시

오늘 재수 좋은 띠	쥐띠/ 뱀띠 /닭띠
오늘 재수 나쁜 띠	돼지띠 / 원숭띠 /토끼
당첨운 • 합격운	확률높은 띠: 뱀띠 / 쥐띠 확률낮은띠: 호랑/돼지/원숭
오늘 사면 수익률 높은 우량주 증권	골재업,건축업,토목업,부동산, 외래품,특허품,게임오락,노래방
주식 배팅 좋은 나이	17, 20, 24, 29, 32, 36, 41, 44, 48, 53, 56, 60, 65, 68, 72, 77, 80
주식 배팅 나쁜 나이	18, 21, 26, 30, 33, 38, 42, 45, 50, 54, 57, 62, 66, 69, 74, 78, 81
오늘 복권 사면 좋은 나이	17, 20, 24, 29, 32, 36, 41, 44, 48, 53, 56, 60, 65, 68, 72, 77, 80
오늘 복권 사면 나쁜 나이	18, 21, 26, 30, 33, 38, 42, 45, 50, 54, 57, 62, 66, 69, 74, 78, 81
소개팅 • 맞선 • 데이트 • 친목	좋은 띠 : 쥐띠 / 뱀띠 나쁜 띠 : 돼지 /원숭/토끼

시간에 만나는 사람 **巳時** 온 사람은 허가, 해결할 문제, 합격 件 **午時**온 사람은 의욕없는자, 색정사, 억울한일 **未時**에 온 사람은 금전문제, 사업문제로 옴 **申時**온 사람은 단단히 꼬여있는 사람, 病, 고통 **酉時**온 사람은 두 가지 문제 갈등사, 갖고픈 욕구 **戌時** 에 온 사람은 뭔가 하고 싶어서 왔다, 의욕과다

운세풀이				
	卯띠: 이동수,우왕좌왕, 사고다툼	**午띠:** 점점 일이 꼬임, 관재구설	**酉띠:** 최고운상승세, 두마음	**子띠:** 만남,결실,화합,문서
	辰띠: 매사불편, 방해자,배신	**未띠:** 귀인상봉, 금전이득, 현금	**戌띠:** 의욕과다, 스트레스큼	**丑띠:** 이동수,이별수,변동 움직임
	巳띠: 해결신,시험합격, 풀림	**申띠:** 매사꼬임,과거고생, 病	**亥띠:** 시급한 일, 뜻대로 안됨	**寅띠:** 빈주머니,걱정근심,사기

서기	2024年
단기	4357年
불기	2568年

甲辰年 양력 08月 14日 음력 07月 11日 수요일 말복

구성월반			
	7	3	5
	6	8	1
	2AP	4	9

구성일반			
	7P	3	5
	6	8	1
	2A	4	9

오늘 오행			
	庚	壬	甲
	戌	申	辰

狗狼星 구랑성	社廟 사당묘	수택절	절제 절약 검소가안정 감언이설 유혹이많음 서두르면凶

지장간	壬	손방위	동쪽	좋은 방향	정남	나쁜 방향	정북

丁亥	丙戌	乙酉	甲申	癸未	壬午	辛巳	庚辰	己卯	戊寅	丁丑	丙子
병	쇠	왕	록	관	욕	생	양	태	절	묘	사

오늘 행운자	戌개띠 / 丑소띠 / 午말띠	오늘 조심자	子쥐띠/ 辰용띠 /酉닭띠

三甲순	육갑납음	대장군방	조객방	삼살방	상문방	세파방	오늘생극	오늘상충	오늘원진	오늘상천	오늘상파	황도길흉	28수성	건제12신	九星	결혼주당	이사주당	안장주당	오늘吉神	오늘吉神	神殺	오늘神殺	육도환생처	축원인도불	오늘기도德	금일지옥명
生甲	鏟釧金	子正北方	寅東北方	巳午未方	午正南方	戌西北方	義의	辰 36	巳 미움	酉 중단	未 깨짐	사명황도	參삼	滿만	八白	堂당	天천	손자	양덕*천귀	경안*순일	천석·수격	구공·염대	축도	노사나불	미륵보살	추해지옥

칠성기도일	산신축원일	용왕축원일	조왕하강일	나한하강일	천도재	신굿	재수굿	용왕굿	조왕굿	병굿	고사	결혼	입학	투자	계약	등산	여행	이사	합방	이장	점안식	개업준공	신축상량	수술-침	서류제출	직원채용
					불공 제의식 吉한 행사일							吉凶 길흉 大小 일반 행사일														
×	◎	◎	◎	◎	◎	◎	◎	◎	◎	◎	◎	-	◎	◎	-	◎	◎	×	×	-	◎	◎	◎	◎	◎	◎

백초귀장술 오늘 길흉신궁

戌 酉 申 ₩ 未 午 巳 辰 卯 寅 丑 子 亥

오늘 만나면, 협상이 잘되는 띠	소띠, 말띠
오늘 만나면, 협상이 불리한 띠	쥐띠, 용띠
오늘 만나면, 이로운 해결신 띠	말띠

오늘 행운 복권 운세

오늘 행운 방위	1 순위 – 서남쪽 2 순위 – 북동쪽
오늘 행운 복권방	집에서 서남쪽에 있는 복권방
오늘 행운의 숫자	4 9 17 18 24 25 33 35 44
운이 따르는 복권방이나 지역이름	ㅅ, ㅈ, ㅊ, ㅂ 들어가는 지역이름이나 상호, 점포이름
오늘 행운이 따르는 금전운 좋은 시간	오후 15시~ 17시

오늘 재수 좋은 띠	소띠/ 말띠 / 개띠
오늘 재수 나쁜 띠	쥐띠 / 닭띠 / 용띠
당첨운 • 합격운	확률높은 띠: 말띠 / 소띠 확률낮은띠: 토끼/쥐띠/ 닭
오늘 사면 수익률 높은 우량주 증권	자동차, 중장비, 軍무기, 원석, 금은보석,철도업, 운송업, 음악
주식 배팅 좋은 나이	19, 23, 28, 31, 35, 40, 43, 47, 52, 55, 59, 64, 67, 71, 76, 79, 83
주식 배팅 나쁜 나이	17, 20, 25, 29, 32, 37, 41, 44, 49, 53, 56, 61, 65, 68, 73, 77, 80, 85
오늘 복권 사면 좋은 나이	19, 23, 28, 31, 35, 40, 43, 47, 52, 55, 59, 64, 67, 71, 76, 79, 83
오늘 복권 사면 나쁜 나이	17, 20, 25, 29, 32, 37, 41, 44, 49, 53, 56, 61, 65, 68, 73, 77, 80, 85
소개팅 • 맞선 • 데이트 • 친목	좋은 띠 : 소띠 / 말띠 나쁜 띠 : 쥐 / 닭 / 용띠

시간에 만나는 사람	巳時은 사람은 의욕이 없고, 방해자가 있음	午時온 사람은 허가, 해결할 문제, 합격 件	未時은 사람은 의욕없는자, 색정사, 억울한일
	申時 온 사람은 금전문제, 투자, 사업문제로 옴	酉時에 사람은 단단히 꼬여있는 사람, 病, 고통	戌時 에 온 사람은 두 가지 문제 갈등사, 갖고 싶은 욕구

운세풀이				
	辰띠:이동수,우왕좌왕, 사고다툼	未띠: 점점 일이 꼬임, 관재구설	戌띠:최고운상승세, 두마음	丑띠: 만남,결실,화합,문서
	巳띠:매사불편, 방해자,배신	申띠: 귀인상봉, 금전이득, 현금	亥띠: 의욕과다, 스트레스큼	寅띠:이동수,이별수,변동 움직임
	午띠:해결신,시험합격, 풀림	酉띠: 매사꼬임,과거고생, 病	子띠: 시급한 일, 뜻대로 안됨	卯띠: 빈주머니,걱정근심,사기

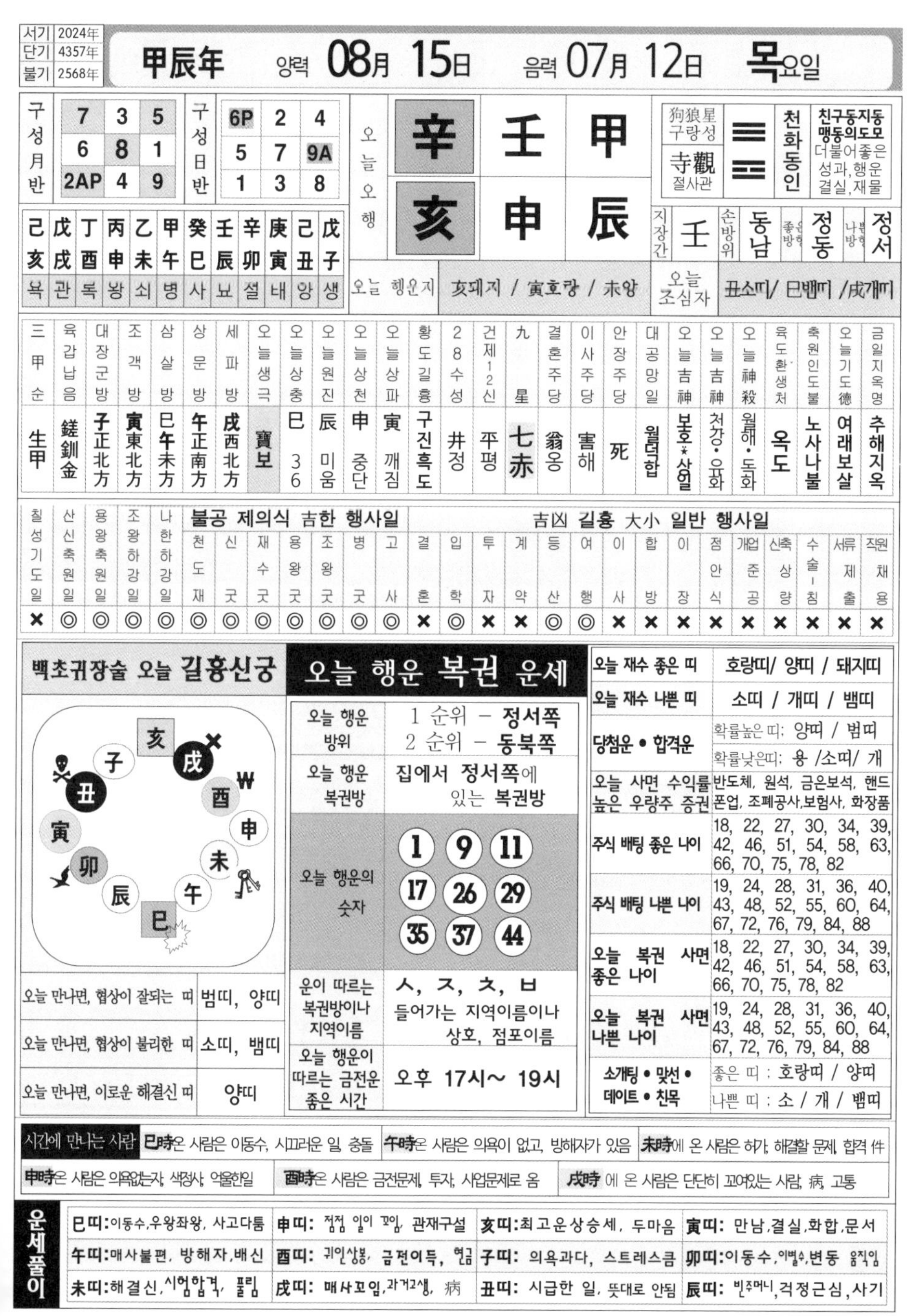

서기	2024年
단기	4357年
불기	2568年

甲辰年 양력 **08月 15日** 음력 **07月 12日** **목**요일

구성月반

7	3	5
6	8	1
2AP	4	9

구성日반

6P	2	4
5	7	9A
1	3	8

오늘오행

辛	壬	甲
亥	申	辰

狗狼星 구랑성 / 寺觀 절사관 — 천화동인 — 친구동지동맹동의도모 더불어좋은 성과,행운 결실,재물

지장간	손방위	좋은방향	나쁜방향
壬	동남	정동	정서

己亥	戊戌	丁酉	丙申	乙未	甲午	癸巳	壬辰	辛卯	庚寅	己丑	戊子
목	관	록	왕	쇠	병	사	묘	절	태	양	생

오늘 행운지: 亥돼지 / 寅호랑 / 未양

오늘 조심자: 丑소띠/ 巳뱀띠 /戌개띠

三甲순	육갑납음	대장군방	조객방	삼살방	상문방	세파방	오늘생극	오늘상충	오늘원진	오늘상천	오늘상파	황도길흉	28수성	건제12신	九星	결혼주당	이사주당	안장주당	대공망일	오늘吉神	오늘吉神	오늘神殺	육도환생처	축원인도불	오늘기도德	금일지옥명
生甲	鏟釧金	子正北方	寅東北方	巳午未方	午正南方	戌西北方	寶보	巳 36	辰 미움	申 중단	寅 깨짐	구진흑도	井정	平평	七赤	翁옹	害해	死	월덕합	보호*상일	천강·유화	월해·도화	옥도	노사나불	여래보살	추해지옥

칠성기도일	산신축원일	용왕축원일	조왕하강일	나한하강일	불공 제의식 吉한 행사일: 천도재	신굿	재수굿	용왕굿	조왕굿	병굿	고사	吉凶 길흉 大小 일반 행사일: 결혼	입학	투자	계약	등산	여행	이사	합방	이장	점안식	개업준공	신축상량	수술-침	서류제출	직원채용
×	◎	◎	◎	◎	◎	◎	◎	◎	◎	◎	◎	×	◎	×	×	◎	◎	×	×	×	×	×	×	×	×	×

백초귀장술 오늘 길흉신궁

오늘 만나면, 협상이 잘되는 띠	범띠, 양띠
오늘 만나면, 협상이 불리한 띠	소띠, 뱀띠
오늘 만나면, 이로운 해결신 띠	양띠

오늘 행운 복권 운세

오늘 행운 방위	1 순위 – 정서쪽 2 순위 – 동북쪽
오늘 행운 복권방	집에서 정서쪽에 있는 복권방
오늘 행운의 숫자	1 9 11 17 26 29 35 37 44
운이 따르는 복권방이나 지역이름	ㅅ, ㅈ, ㅊ, ㅂ 들어가는 지역이름이나 상호, 점포이름
오늘 행운이 따르는 금전운 좋은 시간	오후 17시~ 19시

오늘 재수 좋은 띠	호랑띠/ 양띠 / 돼지띠
오늘 재수 나쁜 띠	소띠 / 개띠 / 뱀띠
당첨운 • 합격운	확률높은 띠: 양띠 / 범띠 확률낮은띠: 용 /소띠/ 개
오늘 사면 수익률 높은 우량주 증권	반도체, 원석, 금은보석, 핸드폰업, 조폐공사,보험사, 화장품
주식 배팅 좋은 나이	18, 22, 27, 30, 34, 39, 42, 46, 51, 54, 58, 63, 66, 70, 75, 78, 82
주식 배팅 나쁜 나이	19, 24, 28, 31, 36, 40, 43, 48, 52, 55, 60, 64, 67, 72, 76, 79, 84, 88
오늘 복권 사면 좋은 나이	18, 22, 27, 30, 34, 39, 42, 46, 51, 54, 58, 63, 66, 70, 75, 78, 82
오늘 복권 사면 나쁜 나이	19, 24, 28, 31, 36, 40, 43, 48, 52, 55, 60, 64, 67, 72, 76, 79, 84, 88
소개팅 • 맞선 • 데이트 • 친목	좋은 띠 : 호랑띠 / 양띠 나쁜 띠 : 소 / 개 / 뱀띠

시간에 만나는 사람

巳時은 사람은 이동수, 시끄러운 일, 충돌	午時은 사람은 의욕이 없고, 방해자가 있음	未時에 온 사람은 허가, 해결할 문제, 합격 件
申時은 사람은 의욕없는자, 색정사, 억울한일	酉時은 사람은 금전문제, 투자, 사업문제로 옴	戌時 에 온 사람은 단단히 꼬여있는 사람, 病, 고통

운세풀이

巳띠:이동수,우왕좌왕, 사고다툼	申띠: 점점 일이 꼬임, 관재구설	亥띠:최고운상승세, 두마음	寅띠: 만남,결실,화합,문서
午띠:매사불편, 방해자,배신	酉띠: 귀인상봉, 금전이득, 현금	子띠: 의욕과다, 스트레스큼	卯띠:이동수,이별수,변동 움직임
未띠:해결신,시험합격, 풀림	戌띠: 매사꼬임,과거고생, 病	丑띠: 시급한 일, 뜻대로 안됨	辰띠: 빈주머니,걱정근심,사기

서기	2024年
단기	4357年
불기	2568年

甲辰年 양력 08月 16日 음력 07月 13日 금요일

구성月반		
7	3	5
6	8	1
2AP	4	9

구성日반		
5	1P	3
4	6	8
9	2	7A

오늘오행		
壬	壬	甲
子	申	辰

狗狼星 구랑성	天
천화동인	친구동지동맹동의도모 더불어좋은 성과,행운 결실,재물
지장간	壬
손방위	남쪽
좋은방향	정북
나쁜방향	정남

辛亥	庚戌	己酉	戊申	丁未	丙午	乙巳	甲辰	癸卯	壬寅	辛丑	庚子
록	관	욕	생	양	태	절	묘	사	병	쇠	왕

오늘 행운자	子쥐띠 / 卯토끼/ 申원숭
오늘 조심자	寅범 / 午말 / 亥돼지

三甲순	육갑납음	대장군방	조객방	삼살방	상문방	세파방	오늘생극	오늘상충	오늘원진	오늘상천	오늘상파	황도길흉	28수성	건제12신	九星	결혼주당	이사주당	안장주당	천구하식	대공망일	神殺	오늘神殺	육도환생처	축원인도불	오늘기도德	금일지옥명
生甲	桑柘木	子正北方	寅東北方	巳午未方	午正南方	戌西北方	專전	午 36	未 미움	木 중단	酉 깨짐	청룡황도	鬼귀	定정	六白	第제	殺살	여자	황은대사	대공망일	복생*미일	오귀·사기	천도	약왕보살	아미보살	철산지옥

칠성기도일	산신축원일	용왕축원일	조왕하강일	나한하강일	천도재	신굿	재수굿	용왕굿	조왕굿	병굿	고사	결혼	입학	투자	계약	등산	여행	이사	합방	이장	점안식	개업준공	신축상량	수술-침	서류제출	직원채용
					불공 제의식 吉한 행사일							吉凶 길흉 大小 일반 행사일														
×	×	×	×	◎	◎	◎	◎	◎	◎	◎	◎	◎	◎	×	◎	◎	◎	×	◎	◎	◎	◎	×	◎	◎	◎

백초귀장술 오늘 길흉신궁

오늘 만나면, 협상이 잘되는 띠	토끼, 원숭
오늘 만나면, 협상이 불리한 띠	호랑띠, 말띠
오늘 만나면, 이로운 해결신 띠	원숭이띠

오늘 행운 복권 운세

오늘 행운 방위	1 순위 – 서북쪽 2 순위 – 정동쪽
오늘 행운 복권방	집에서 서북쪽에 있는 복권방
오늘 행운의 숫자	5 10 14 15 20 26 32 36 41
운이 따르는 복권방이나 지역이름	ㅁ, ㅂ, ㅍ, ㅌ 들어가는 지역이름이나 상호, 점포이름
오늘 행운이 따르는 금전운 좋은 시간	오후 19시~ 21시

오늘 재수 좋은 띠	토끼띠/ 원숭띠 / 쥐띠
오늘 재수 나쁜 띠	호랑띠 / 돼지띠 / 말
당첨운 • 합격운	확률높은 띠: 원숭 / 토끼 확률낮은띠: 호랑 /돼지/뱀
오늘 사면 수익률 높은 우량주 증권	골재업,건축업,토목업,부동산,증권사, 금융가, 토지산업
주식 배팅 좋은 나이	17, 21, 26, 29, 33, 38, 41, 45, 50, 53, 57, 62, 65, 69, 74, 77, 81, 86
주식 배팅 나쁜 나이	18, 23, 27, 30, 35, 39, 42, 47, 51, 54, 59, 63, 66, 71, 75, 78, 83
오늘 복권 사면 좋은 나이	17, 21, 26, 29, 33, 38, 41, 45, 50, 53, 57, 62, 65, 69, 74, 77, 81, 86
오늘 복권 사면 나쁜 나이	18, 23, 27, 30, 35, 39, 42, 47, 51, 54, 59, 63, 66, 71, 75, 78, 83
소개팅 • 맞선 • 데이트 • 친목	좋은 띠 : 토끼 / 원숭이 나쁜 띠 : 돼지 /호랑/ 말

시간에 만나는 사람	巳時에 사람은 빈주머니, 헛 공사, 사기	午時온 사람은 변동수, 시끄러운 일, 사고주의, 관재수	未時에 온 사람 방해자, 배신자, 의욕상실
申時에 온 사람은 허가, 해결할 문제, 합격 件	酉時에 온 사람은 의욕없는 자, 색정사, 억울한 일	戌時 에 온 사람은 금전문제, 투자, 사업문제로 옴	

운세풀이			
午띠:이동수,우왕좌왕, 사고다툼	酉띠: 점점 일이 꼬임, 관재구설	子띠:최고운상승세, 두마음	卯띠: 만남,결실,화합,문서
未띠:매사불편, 방해자,배신	戌띠:귀인상봉, 금전이득, 현금	丑띠: 의욕과다, 스트레스큼	辰띠:이동수,이별수,변동 움직임
申띠:해결신,시험합격, 풀림	亥띠: 매사꼬임,과거고생, 病	寅띠: 시급한 일, 뜻대로 안됨	巳띠: 빈주머니,걱정근심,사기

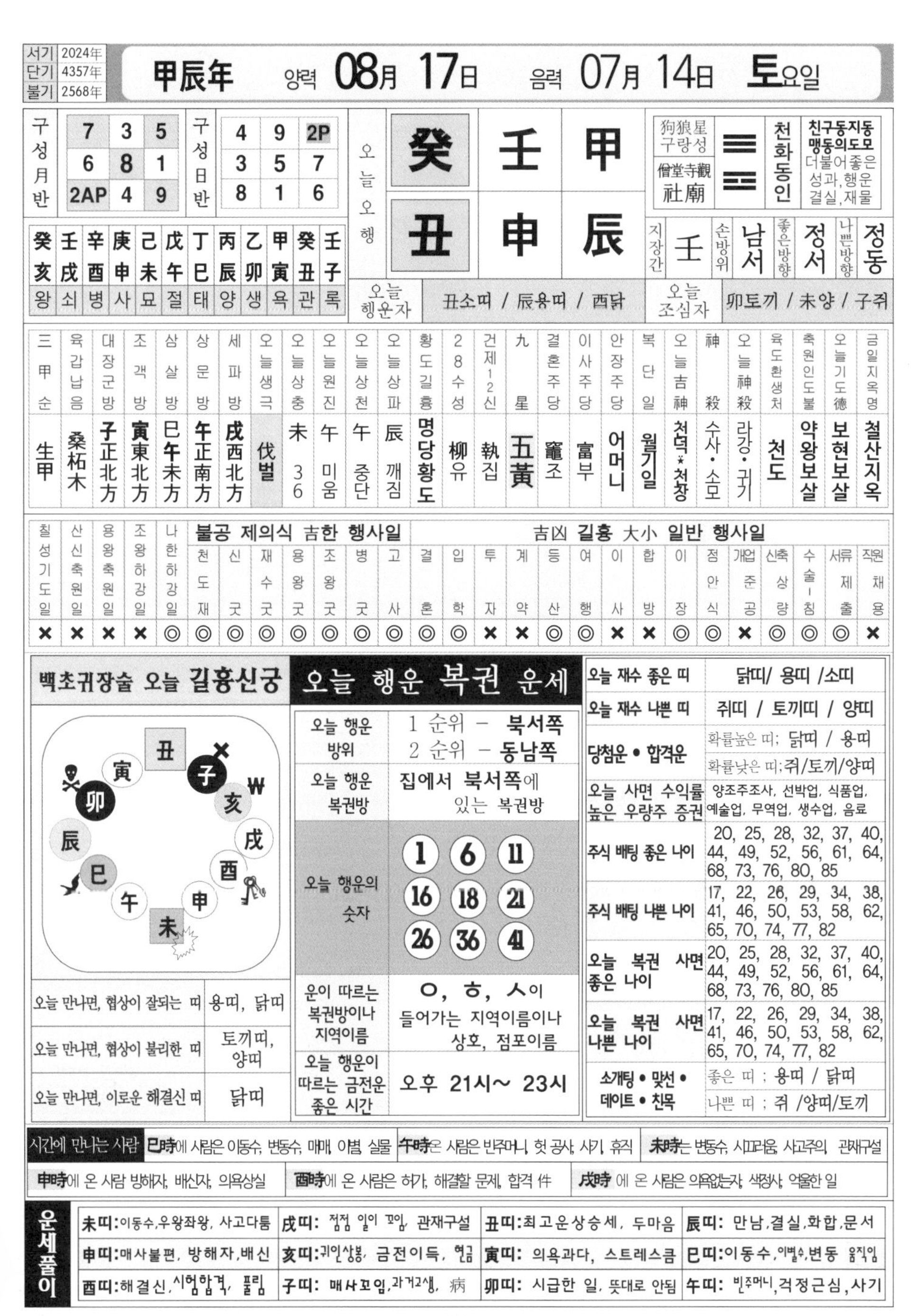

서기	2024年
단기	4357年
불기	2568年

甲辰年 양력 08月 17日 음력 07月 14日 토요일

구성월반

7	3	5
6	8	1
2AP	4	9

구성일반

4	9	2P
3	5	7
8	1	6

오늘오행

癸	壬	甲
丑	申	辰

狗狼星 구랑성	☰	천화동인	친구동지동맹동의도모 더불어좋은 성과,행운 결실,재물
僧堂寺觀 社廟	☲		

지장간	壬	손방위	남서	좋은방향	정서	나쁜방향	정동

癸亥	壬戌	辛酉	庚申	己未	戊午	丁巳	丙辰	乙卯	甲寅	癸丑	壬子
왕	쇠	병	사	묘	절	태	양	생	욕	관	록

오늘 행운자	丑소띠 / 辰용띠 / 酉닭	오늘 조심자	卯토끼 / 未양 / 子쥐

三甲순	육갑납음	대장군방	조객방	삼살방	상문방	세파방	오늘생극	오늘상충	오늘원진	오늘상천	오늘상파	황도길흉	28수성	건제12신	九星	결혼주당	이사주당	안장주당	복단일	오늘吉神	神殺	오늘神殺	육도환생처	축원인도불	오늘기도德	금일지옥명
生甲	桑柘木	子正北方	寅東北方	巳午未方	午正南方	戌西北方	伐벌	未 36	午 미움	午 중단	辰 깨짐	명당황도	柳유	執집	五黃	竈조	富부	어머니	월기일	천덕*천창	수사·소모	라강·귀기	천도	약왕보살	보현보살	철산지옥

칠성기도일	산신축원일	용왕축원일	조왕하강일	나한하강일	불공 제의식 吉한 행사일							吉凶 길흉 大小 일반 행사일														
					천도재	신굿	재수굿	용왕굿	조왕굿	병굿	고사	결혼	입학	투자	계약	등산	여행	이사	합방	이장	점안식	개업준공	신축상량	수술-침	서류제출	직원채용
×	×	×	×	◎	◎	◎	◎	◎	◎	◎	◎	◎	◎	×	×	◎	◎	×	×	◎	◎	×	◎	◎	◎	×

백초귀장술 오늘 길흉신궁

오늘 만나면, 협상이 잘되는 띠	용띠, 닭띠
오늘 만나면, 협상이 불리한 띠	토끼띠, 양띠
오늘 만나면, 이로운 해결신 띠	닭띠

오늘 행운 복권 운세

오늘 행운 방위	1 순위 – 북서쪽 2 순위 – 동남쪽
오늘 행운 복권방	집에서 북서쪽에 있는 복권방
오늘 행운의 숫자	1 6 11 16 18 21 26 36 41
운이 따르는 복권방이나 지역이름	ㅇ, ㅎ, ㅅ이 들어가는 지역이름이나 상호, 점포이름
오늘 행운이 따르는 금전운 좋은 시간	오후 21시~ 23시

오늘 재수 좋은 띠	닭띠/ 용띠 /소띠
오늘 재수 나쁜 띠	쥐띠 / 토끼띠 / 양띠
당첨운 • 합격운	확률높은 띠; 닭띠 / 용띠 확률낮은 띠; 쥐/토끼/양띠
오늘 사면 수익률 높은 우량주 증권	양조주조사, 선박업, 식품업, 예술업, 무역업, 생수업, 음료
주식 배팅 좋은 나이	20, 25, 28, 32, 37, 40, 44, 49, 52, 56, 61, 64, 68, 73, 76, 80, 85
주식 배팅 나쁜 나이	17, 22, 26, 29, 34, 38, 41, 46, 50, 53, 58, 62, 65, 70, 74, 77, 82
오늘 복권 사면 좋은 나이	20, 25, 28, 32, 37, 40, 44, 49, 52, 56, 61, 64, 68, 73, 76, 80, 85
오늘 복권 사면 나쁜 나이	17, 22, 26, 29, 34, 38, 41, 46, 50, 53, 58, 62, 65, 70, 74, 77, 82
소개팅 • 맞선 • 데이트 • 친목	좋은 띠 ; 용띠 / 닭띠 나쁜 띠 ; 쥐 /양띠/토끼

시간에 만나는 사람	巳時에 사람은 이동수, 변동수, 매매, 이별, 실물	午時온 사람은 빈주머니, 헛 공사, 사기, 휴직	未時는 변동수, 시끄러움, 사고주의, 관재구설
申時에 온 사람 방해자, 배신자, 의욕상실	酉時에 온 사람은 허가, 해결할 문제, 합격 件	戌時 에 온 사람은 의욕없는자, 색정사, 억울한 일	

운세풀이

未띠:이동수,우왕좌왕, 사고다툼	戌띠: 점점 일이 꼬임, 관재구설	丑띠:최고운상승세, 두마음	辰띠: 만남,결실,화합,문서
申띠:매사불편, 방해자,배신	亥띠:귀인상봉, 금전이득, 현금	寅띠: 의욕과다, 스트레스큼	巳띠:이동수,이별수,변동 움직임
酉띠:해결신,시험합격, 풀림	子띠: 매사꼬임,과거고생, 病	卯띠: 시급한 일, 뜻대로 안됨	午띠: 빈주머니,걱정근심,사기

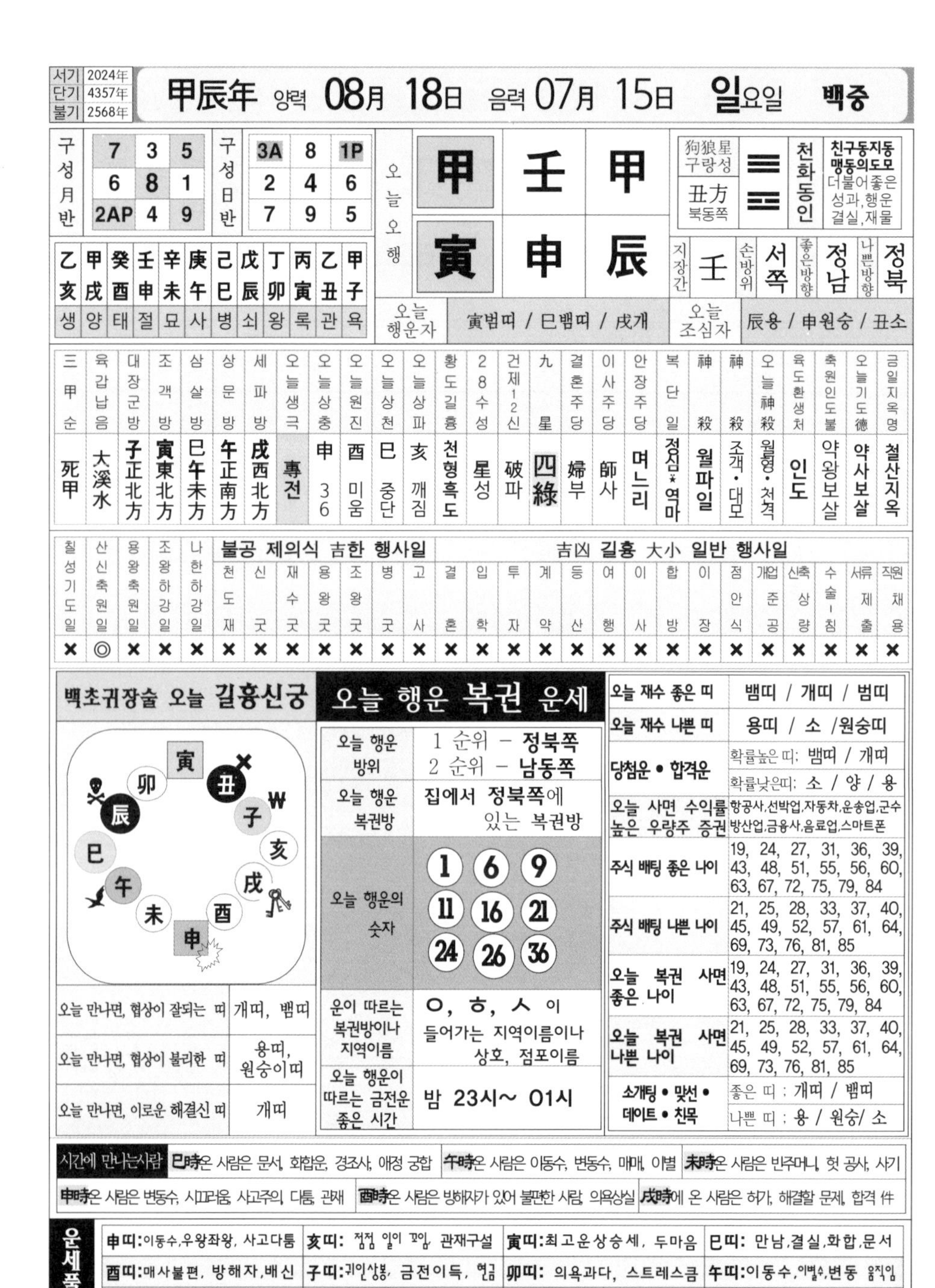

서기	2024年
단기	4357年
불기	2568年

甲辰年 양력 **08月 18日** 음력 **07月 15日** **일**요일 **백중**

구성月반		
7	3	5
6	8	1
2AP	4	9

구성日반		
3A	8	1P
2	4	6
7	9	5

乙亥	甲戌	癸酉	壬申	辛未	庚午	己巳	戊辰	丁卯	丙寅	乙丑	甲子
생	양	태	절	묘	사	병	쇠	왕	록	관	욕

오늘오행

甲	壬	甲
寅	申	辰

狗狼星 구랑성	丑方 북동쪽	천화동인	친구동지동맹동의도모 더불어좋은 성과,행운 결실,재물

지장간	壬	손방위	서쪽	좋은방향	정남	나쁜방향	정북

오늘 행운자	寅범띠 / 巳뱀띠 / 戌개	오늘 조심자	辰용 / 申원숭 / 丑소

三甲순	육갑납음	대장군방	조객방	삼살방	상문방	세파방	오늘생극	오늘상충	오늘원진	오늘상천	오늘상파	황도길흉	28수성	건제12신	九星	결혼주당	이사주당	안장주당	복단일	神殺	神殺	오늘神殺	육도환생처	축원인도불	오늘기도德	금일지옥명
死甲	大溪水	子正北方	寅東北方	巳午未方	午正南方	戌西北方	專전	申 36	酉 미움	巳 중단	亥 깨짐	천형흑도	星성	破파	四綠	婦부	師사	며느리	정심*역마	월파일	조객·대모	월형·천격	인도	약왕보살	약사보살	철산지옥

칠성기도일	산신축원일	용왕축원일	조왕하강일	나한하강일	불공 제의식 吉한 행사일: 천도재	신굿	재수굿	용왕굿	조왕굿	병굿	고사	吉凶 길흉 大小 일반 행사일: 결혼	입학	투자	계약	등산	여행	이사	합방	이장	점안식	개업준공	신축상량	수술-침	서류제출	직원채용
×	◎	×	×	×	×	×	×	×	×	×	×	×	×	×	×	×	×	×	×	×	×	×	×	×	×	×

백초귀장술 오늘 길흉신궁

오늘 만나면, 협상이 잘되는 띠	개띠, 뱀띠
오늘 만나면, 협상이 불리한 띠	용띠, 원숭이띠
오늘 만나면, 이로운 해결신 띠	개띠

오늘 행운 복권 운세

오늘 행운 방위	1 순위 – 정북쪽 2 순위 – 남동쪽
오늘 행운 복권방	집에서 정북쪽에 있는 복권방
오늘 행운의 숫자	1 6 9 11 16 21 24 26 36
운이 따르는 복권방이나 지역이름	ㅇ, ㅎ, ㅅ 이 들어가는 지역이름이나 상호, 점포이름
오늘 행운이 따르는 금전운 좋은 시간	밤 23시~ 01시

오늘 재수 좋은 띠	뱀띠 / 개띠 / 범띠
오늘 재수 나쁜 띠	용띠 / 소 /원숭띠
당첨운 • 합격운	확률높은 띠: 뱀띠 / 개띠 확률낮은띠: 소 / 양 / 용
오늘 사면 수익률 높은 우량주 증권	항공사,선박업,자동차,운송업,군수방산업,금융사,음료업,스마트폰
주식 배팅 좋은 나이	19, 24, 27, 31, 36, 39, 43, 48, 51, 55, 56, 60, 63, 67, 72, 75, 79, 84
주식 배팅 나쁜 나이	21, 25, 28, 33, 37, 40, 45, 49, 52, 57, 61, 64, 69, 73, 76, 81, 85
오늘 복권 사면 좋은 나이	19, 24, 27, 31, 36, 39, 43, 48, 51, 55, 56, 60, 63, 67, 72, 75, 79, 84
오늘 복권 사면 나쁜 나이	21, 25, 28, 33, 37, 40, 45, 49, 52, 57, 61, 64, 69, 73, 76, 81, 85
소개팅 • 맞선 • 데이트 • 친목	좋은 띠 ; 개띠 / 뱀띠 나쁜 띠 ; 용 / 원숭/ 소

시간에 만나는사람	巳時온 사람은 문서, 회합운, 경조사, 애정 궁합	午時온 사람은 이동수, 변동수, 매매, 이별	未時온 사람은 빈주머니, 헛 공사, 사기
	申時온 사람은 변동수, 시끄러움, 사고주의, 다툼, 관재	酉時온 사람은 방해자가 있어 불편한 사람, 의욕상실	戌時에 온 사람은 허가, 해결할 문제, 합격 件

운세풀이			
申띠:이동수,우왕좌왕, 사고다툼	亥띠: 점점 일이 꼬임, 관재구설	寅띠:최고운상승세, 두마음	巳띠: 만남,결실,화합,문서
酉띠:매사불편, 방해자,배신	子띠:귀인상봉, 금전이득, 현금	卯띠: 의욕과다, 스트레스큼	午띠:이동수,이별수,변동 움직임
戌띠:해결신,시험합격, 풀림	丑띠: 매사꼬임,과거고생, 病	辰띠: 시급한 일, 뜻대로 안됨	未띠: 빈주머니,걱정근심,사기

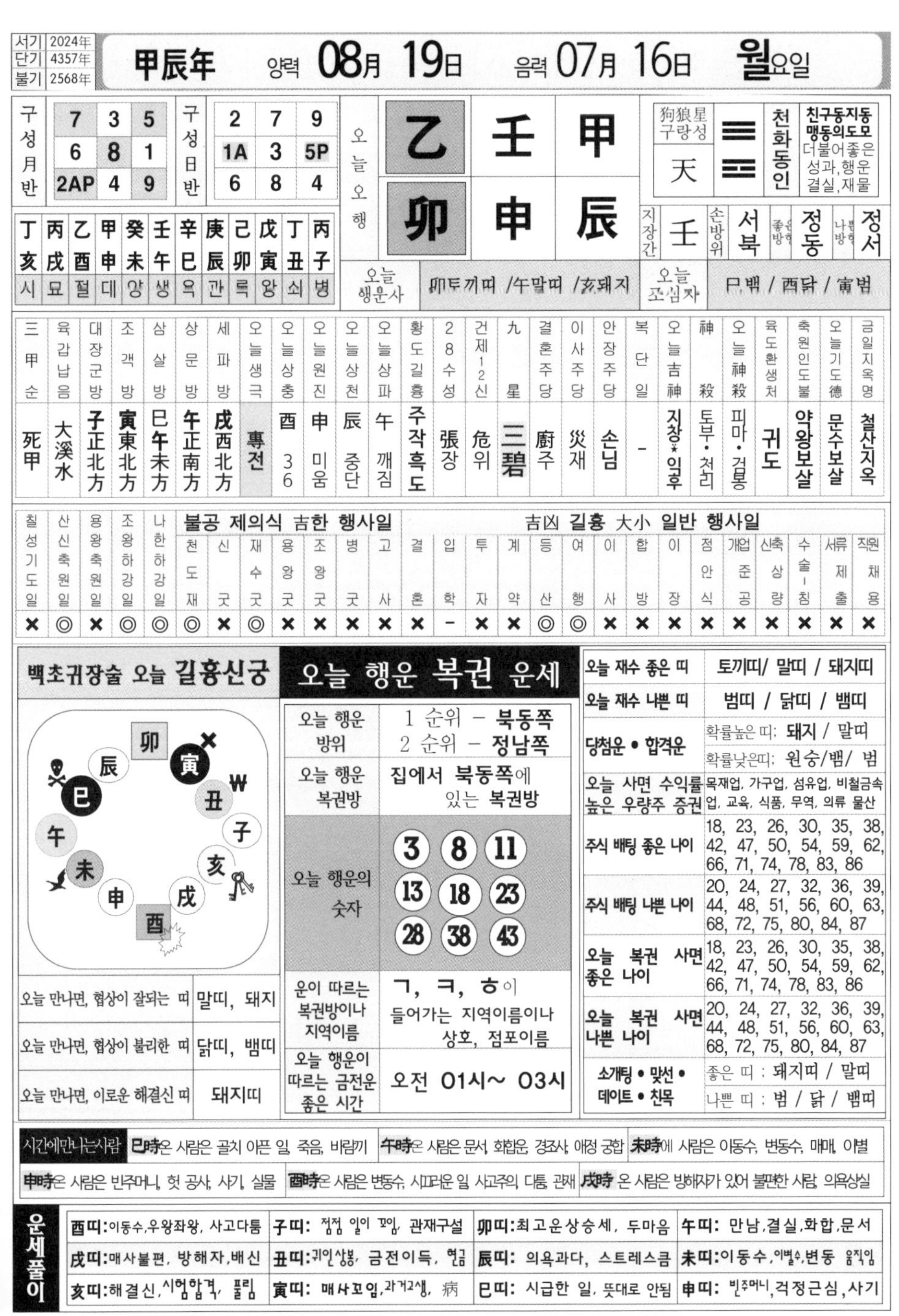

서기	2024年
단기	4357年
불기	2568年

甲辰年 양력 **08月 19日** 음력 **07月 16日** **월**요일

구성月반			구성日반		
7	3	5	2	7	9
6	8	1	1A	3	5P
2AP	4	9	6	8	4

오늘오행		
乙	壬	甲
卯	申	辰

狗狼星 구랑성	天	천화동인	친구동지동맹동의도모 더불어좋은 성과,행운 결실,재물

지장간	壬	손방위	서북	좋은방향	정동	나쁜방향	정서

丁亥	丙戌	乙酉	甲申	癸未	壬午	辛巳	庚辰	己卯	戊寅	丁丑	丙子
시	묘	절	대	양	생	욕	관	록	왕	쇠	병

오늘 행운사	卯토끼띠 /午말띠 /亥돼지	오늘 조심자	巳뱀 / 酉닭 / 寅범

三甲순	육갑납음	대장군방	조객방	삼살방	상문방	세파방	오늘생극	오늘상충	오늘원진	오늘상천	오늘상파	황도길흉	28수성	건제12신	九星	결혼주당	이사주당	안장주당	복단일	오늘吉神	神殺	오늘神殺	육도환생처	축원인도불	오늘기도德	금일지옥명
死甲	大溪水	子正北方	寅東北方	巳午未方	午正南方	戌西北方	專전	酉 36	申 미움	辰 중단	午 깨짐	주작흑도	張장	危위	三碧	廚주	災재	손님	–	지창*익후	토부·처리	피마·검봉	귀도	약왕보살	문수보살	철산지옥

칠성기도일	산신축원일	용왕축원일	조왕하강일	나한하강일	불공 제의식 吉한 행사일: 천도재	신굿	재수굿	용왕굿	조왕굿	병굿	고사	吉凶 길흉 大小 일반 행사일: 결혼	입학	투자	계약	등산	여행	이사	합방	이장	점안식	개업준공	신축상량	수술-침	서류제출	직원채용
×	◎	×	◎	◎	◎	×	◎	×	×	×	×	×	–	×	×	◎	◎	×	×	×	×	×	×	×	×	×

백초귀장술 오늘 길흉신궁

오늘 만나면, 협상이 잘되는 띠	말띠, 돼지
오늘 만나면, 협상이 불리한 띠	닭띠, 뱀띠
오늘 만나면, 이로운 해결신 띠	돼지띠

오늘 행운 복권 운세

오늘 행운 방위	1 순위 – 북동쪽 2 순위 – 정남쪽
오늘 행운 복권방	집에서 북동쪽에 있는 복권방
오늘 행운의 숫자	3, 8, 11, 13, 18, 23, 28, 38, 43
운이 따르는 복권방이나 지역이름	ㄱ, ㅋ, ㅎ이 들어가는 지역이름이나 상호, 점포이름
오늘 행운이 따르는 금전운 좋은 시간	오전 01시~ 03시

오늘 재수 좋은 띠	토끼띠/ 말띠 / 돼지띠
오늘 재수 나쁜 띠	범띠 / 닭띠 / 뱀띠
당첨운 • 합격운	확률높은 띠: 돼지 / 말띠 확률낮은띠: 원숭/뱀/ 범
오늘 사면 수익률 높은 우량주 증권	목재업, 가구업, 섬유업, 비철금속업, 교육, 식품, 무역, 의류 물산
주식 배팅 좋은 나이	18, 23, 26, 30, 35, 38, 42, 47, 50, 54, 59, 62, 66, 71, 74, 78, 83, 86
주식 배팅 나쁜 나이	20, 24, 27, 32, 36, 39, 44, 48, 51, 56, 60, 63, 68, 72, 75, 80, 84, 87
오늘 복권 사면 좋은 나이	18, 23, 26, 30, 35, 38, 42, 47, 50, 54, 59, 62, 66, 71, 74, 78, 83, 86
오늘 복권 사면 나쁜 나이	20, 24, 27, 32, 36, 39, 44, 48, 51, 56, 60, 63, 68, 72, 75, 80, 84, 87
소개팅 • 맞선 • 데이트 • 친목	좋은 띠 : 돼지띠 / 말띠 나쁜 띠 : 범 / 닭 / 뱀띠

시간에만나는사람	巳時온 사람은 골치 아픈 일, 죽음, 바람끼	午時온 사람은 문서, 화합운, 경조사, 애정 궁합	未時에 사람은 이동수, 변동수, 매매, 이별
	申時온 사람은 빈주머니, 헛 공사, 사기, 실물	酉時온 사람은 변동수, 시끄러운 일 사고주의, 다툼, 관재	戌時 온 사람은 방해자가 있어 불편한 사람, 의욕상실

운세풀이				
	酉띠: 이동수,우왕좌왕, 사고다툼	子띠: 점점 일이 꼬임, 관재구설	卯띠: 최고운상승세, 두마음	午띠: 만남,결실,화합,문서
	戌띠: 매사불편, 방해자,배신	丑띠: 귀인상봉, 금전이득, 현금	辰띠: 의욕과다, 스트레스큼	未띠: 이동수,이별수,변동 움직임
	亥띠: 해결신,시험합격, 풀림	寅띠: 매사꼬임,과거고생, 病	巳띠: 시급한 일, 뜻대로 안됨	申띠: 빈주머니,걱정근심,사기

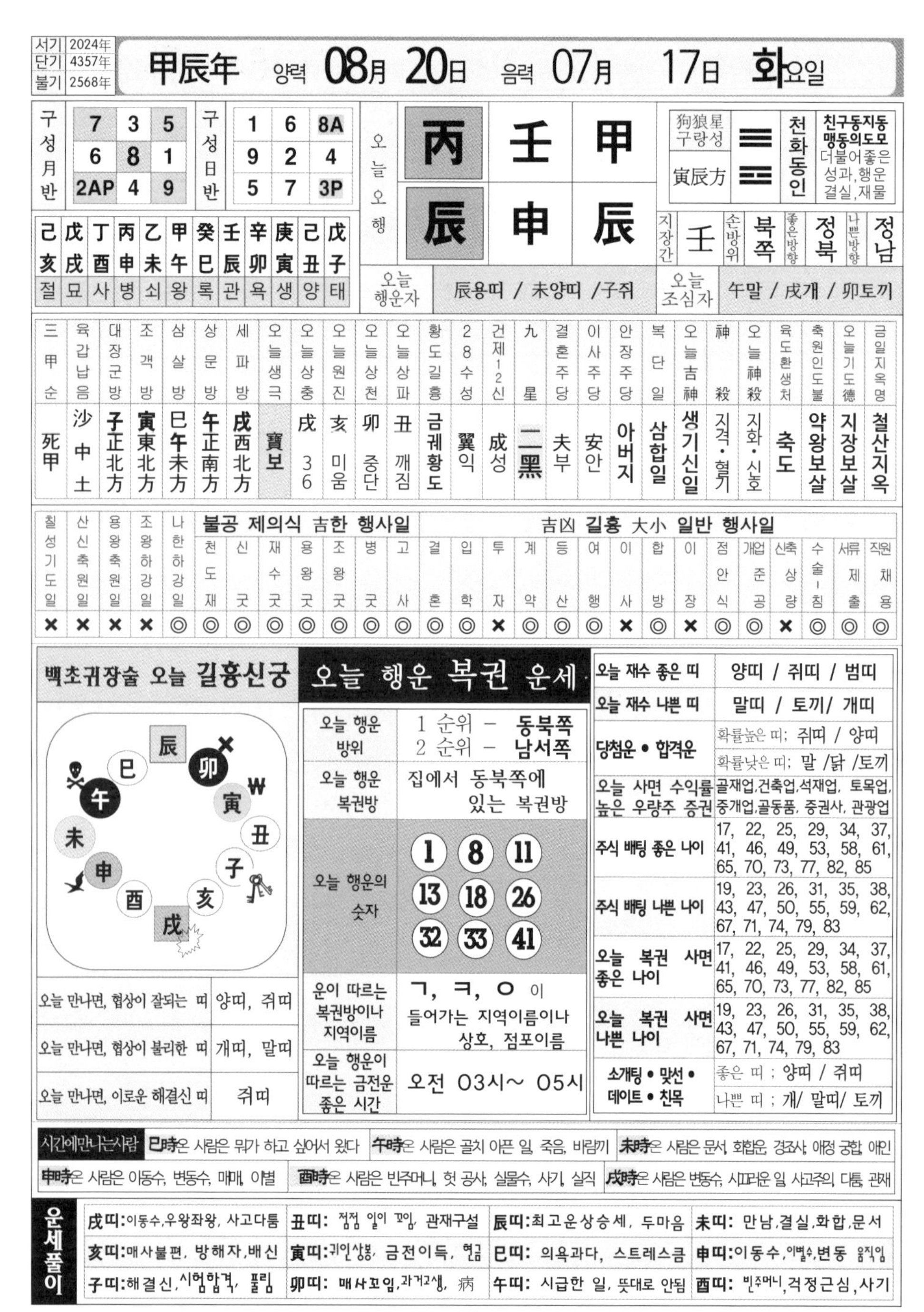

서기	2024年
단기	4357年
불기	2568年

甲辰年 양력 **08月 20日** 음력 **07月 17日 화요일**

구성月반		
7	3	5
6	8	1
2AP	4	9

구성日반		
1	6	8A
9	2	4
5	7	3P

오늘오행		
丙	壬	甲
辰	申	辰

狗狼星 구랑성	☰	천화동인	친구동지동맹동의도모 더불어좋은 성과,행운 결실,재물
寅辰方	☲		

지장간	손방위	좋은방향	나쁜방향
壬	북쪽	정북	정남

己亥	戊戌	丁酉	丙申	乙未	甲午	癸巳	壬辰	辛卯	庚寅	己丑	戊子
절	묘	사	병	쇠	왕	록	관	욕	생	양	태

오늘 행운자	辰용띠 / 未양띠 /子쥐
오늘 조심자	午말 / 戌개 / 卯토끼

三甲순	육갑납음	대장군방	조객방	삼살방	상문방	세파방	오늘생극	오늘상충	오늘원진	오늘상천	오늘상파	황도길흉	28수성	건제12신	九星	결혼주당	이사주당	안장주당	복단일	오늘吉神	神殺	오늘神殺	육도환생처	축원인도불	오늘기도德	금일지옥명
死甲	沙中土	子正北方	寅東北方	巳午未方	午正南方	戌西北方	寶보	戌 36	亥 미움	卯 중단	丑 깨짐	금궤황도	翼익	成성	二黑	夫부	安안	아버지	삼합일	생기신일	지격·혈기	지화·신호	축도	약왕보살	지장보살	철산지옥

칠성기도일	산신축원일	용왕축원일	조왕하강일	나한하강일	불공 제의식 吉한 행사일							吉凶 길흉 大小 일반 행사일														
					천도재	신굿	재수굿	용왕굿	조왕굿	병굿	고사	결혼	입학	투자	계약	등산	여행	이사	합방	이장	점안식	개업준공	신축상량	수술-침	서류제출	직원채용
×	×	×	×	◎	◎	◎	◎	◎	◎	◎	◎	◎	◎	×	◎	◎	◎	×	◎	×	◎	◎	×	◎	◎	◎

백초귀장술 오늘 길흉신궁

오늘 만나면, 협상이 잘되는 띠	양띠, 쥐띠
오늘 만나면, 협상이 불리한 띠	개띠, 말띠
오늘 만나면, 이로운 해결신 띠	쥐띠

오늘 행운 복권 운세

오늘 행운 방위	1 순위 – 동북쪽 2 순위 – 남서쪽
오늘 행운 복권방	집에서 동북쪽에 있는 복권방
오늘 행운의 숫자	1 8 11 13 18 26 32 33 41
운이 따르는 복권방이나 지역이름	ㄱ, ㅋ, ㅇ 이 들어가는 지역이름이나 상호, 점포이름
오늘 행운이 따르는 금전운 좋은 시간	오전 03시~ 05시

오늘 재수 좋은 띠	양띠 / 쥐띠 / 범띠
오늘 재수 나쁜 띠	말띠 / 토끼/ 개띠
당첨운 • 합격운	확률높은 띠; 쥐띠 / 양띠 확률낮은 띠; 말 /닭 /토끼
오늘 사면 수익률 높은 우량주 증권	골재업,건축업,석재업, 토목업, 중개업,골동품, 증권사, 관광업
주식 배팅 좋은 나이	17, 22, 25, 29, 34, 37, 41, 46, 49, 53, 58, 61, 65, 70, 73, 77, 82, 85
주식 배팅 나쁜 나이	19, 23, 26, 31, 35, 38, 43, 47, 50, 55, 59, 62, 67, 71, 74, 79, 83
오늘 복권 사면 좋은 나이	17, 22, 25, 29, 34, 37, 41, 46, 49, 53, 58, 61, 65, 70, 73, 77, 82, 85
오늘 복권 사면 나쁜 나이	19, 23, 26, 31, 35, 38, 43, 47, 50, 55, 59, 62, 67, 71, 74, 79, 83
소개팅 • 맞선 • 데이트 • 친목	좋은 띠 ; 양띠 / 쥐띠 나쁜 띠 ; 개/ 말띠/ 토끼

시간에만나는사람 **巳時**은 사람은 뭐가 하고 싶어서 왔다 **午時**은 사람은 골치 아픈 일, 죽음, 바람끼 **未時**은 사람은 문서, 화합운, 경조사, 애정 궁합, 애인 **申時**은 사람은 이동수, 변동수, 매매, 이별 **酉時**은 사람은 빈주머니, 헛 공사, 실물수, 사기, 실직 **戌時**은 사람은 변동수, 시끄러운 일 사고주의 다툼, 관재

운세풀이

戌띠: 이동수,우왕좌왕, 사고다툼	**丑띠:** 점점 일이 꼬임, 관재구설	**辰띠:** 최고운상승세, 두마음	**未띠:** 만남,결실,화합,문서
亥띠: 매사불편, 방해자,배신	**寅띠:** 귀인상봉, 금전이득, 현금	**巳띠:** 의욕과다, 스트레스큼	**申띠:** 이동수,이별수,변동 움직임
子띠: 해결신,시험합격, 풀림	**卯띠:** 매사꼬임,과거고생, 病	**午띠:** 시급한 일, 뜻대로 안됨	**酉띠:** 빈주머니,걱정근심,사기

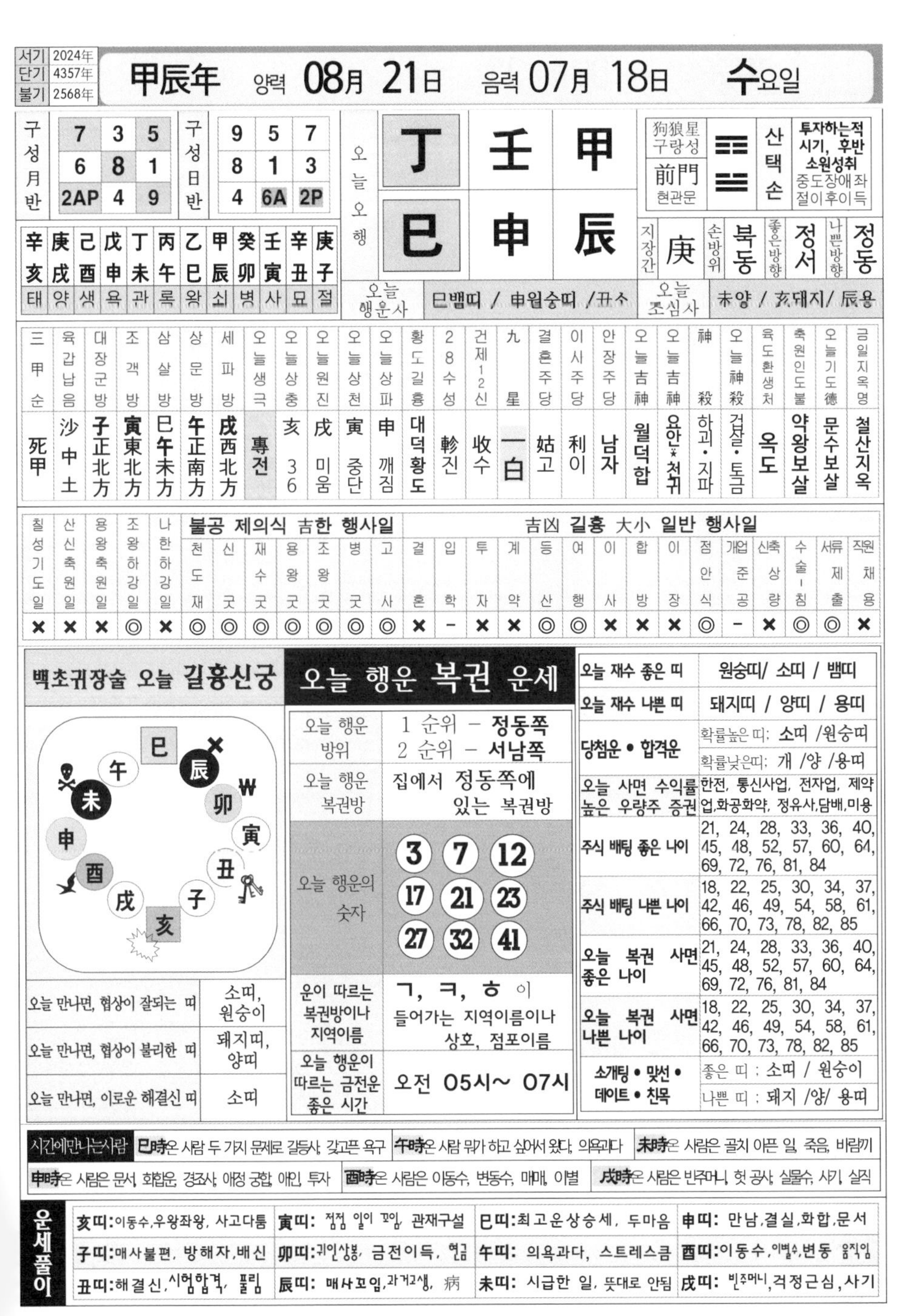

서기	2024年
단기	4357年
불기	2568年

甲辰年 양력 08月 21日 음력 07月 18日 수요일

구성월반				구성일반			
	7	3	5		9	5	7
	6	8	1		8	1	3
	2AP	4	9		4	6A	2P

辛亥	庚戌	己酉	戊申	丁未	丙午	乙巳	甲辰	癸卯	壬寅	辛丑	庚子
태	양	생	욕	관	록	왕	쇠	병	사	묘	절

오늘오행			
	丁	壬	甲
	巳	申	辰

狗狼星 구랑성	前門 현관문	☶☱	산택손	투자하는적 시기, 후반 소원성취 중도장애좌절이후이득

지장간	庚	손방위	북동	좋은방향	정서	나쁜방향	정동

오늘 행운사	巳뱀띠 / 申원숭띠 /丑소	오늘 조심사	未양 / 亥돼지/ 辰용

三甲순	육갑납음	대장군방	조객방	삼살방	상문방	세파방	오늘생극	오늘상충	오늘원진	오늘상천	오늘상파	황도길흉	28수성	건제12신	九星
死甲	沙中土	子正北方	寅東北方	巳午未方	午正南方	戌西北方	專전	亥 36	戌 미움	寅 중단	申 깨짐	대덕황도	軫진	收수	一白

결혼주당	이사주당	안장주당	오늘吉神	오늘吉神	神殺	오늘神殺	육도환생처	축원인도불	오늘기도德	금일지옥명
姑고	利이	남자	월덕합	요안*천귀	하괴·지파	겁살·토금	옥도	약왕보살	문수보살	철산지옥

칠성기도일	산신축원일	용왕축원일	조왕하강일	나한하강일	불공 제의식 吉한 행사일						
					천도재	신굿	재수굿	용왕굿	조왕굿	병굿	고사
×	×	×	◎	×	◎	◎	◎	◎	◎	◎	◎

吉凶 길흉 大小 일반 행사일															
결혼	입학	투자	계약	등산	여행	이사	합방	이장	점안식	개업준공	신축상량	수술-침	서류제출	직원채용	
×	–	×	×	◎	◎	×	×	×	◎	–	×	◎	◎	×	

백초귀장술 오늘 길흉신궁

오늘 만나면, 협상이 잘되는 띠	소띠, 원숭이
오늘 만나면, 협상이 불리한 띠	돼지띠, 양띠
오늘 만나면, 이로운 해결신 띠	소띠

오늘 행운 복권 운세

오늘 행운 방위	1 순위 – 정동쪽 2 순위 – 서남쪽
오늘 행운 복권방	집에서 정동쪽에 있는 복권방
오늘 행운의 숫자	3 7 12 17 21 23 27 32 41
운이 따르는 복권방이나 지역이름	ㄱ, ㅋ, ㅎ 이 들어가는 지역이름이나 상호, 점포이름
오늘 행운이 따르는 금전운 좋은 시간	오전 05시~ 07시

오늘 재수 좋은 띠	원숭띠/ 소띠 / 뱀띠
오늘 재수 나쁜 띠	돼지띠 / 양띠 / 용띠
당첨운 • 합격운	확률높은 띠: 소띠 /원숭띠 확률낮은띠: 개 /양 /용띠
오늘 사면 수익률 높은 우량주 증권	한전, 통신사업, 전자업, 제약업,화공화약, 정유사,담배,미용
주식 배팅 좋은 나이	21, 24, 28, 33, 36, 40, 45, 48, 52, 57, 60, 64, 69, 72, 76, 81, 84
주식 배팅 나쁜 나이	18, 22, 25, 30, 34, 37, 42, 46, 49, 54, 58, 61, 66, 70, 73, 78, 82, 85
오늘 복권 사면 좋은 나이	21, 24, 28, 33, 36, 40, 45, 48, 52, 57, 60, 64, 69, 72, 76, 81, 84
오늘 복권 사면 나쁜 나이	18, 22, 25, 30, 34, 37, 42, 46, 49, 54, 58, 61, 66, 70, 73, 78, 82, 85
소개팅 • 맞선 • 데이트 • 친목	좋은 띠 : 소띠 / 원숭이 나쁜 띠 : 돼지 /양/ 용띠

시간에만나는사람	巳時은 사람 두 가지 문제로 갈등사, 갖고픈 욕구	午時은 사람 뭔가 하고 싶어서 왔다, 의욕과다	未時은 사람은 골치 아픈 일, 죽음, 바람끼
申時은 사람은 문서, 화합운, 경조사, 애정 궁합, 애인, 투자	酉時은 사람은 이동수, 변동수, 매매, 이별	戌時은 사람은 빈주머니, 헛 공사, 실물수, 사기, 실직	

운세풀이				
	亥띠:이동수,우왕좌왕, 사고다툼	寅띠: 점점 일이 꼬임, 관재구설	巳띠:최고운상승세, 두마음	申띠: 만남,결실,화합,문서
	子띠:매사불편, 방해자,배신	卯띠:귀인상봉, 금전이득, 현금	午띠: 의욕과다, 스트레스큼	酉띠:이동수,이별수,변동 움직임
	丑띠:해결신,시험합격, 풀림	辰띠: 매사꼬임,과거고생, 病	未띠: 시급한 일, 뜻대로 안됨	戌띠: 빈주머니,걱정근심,사기

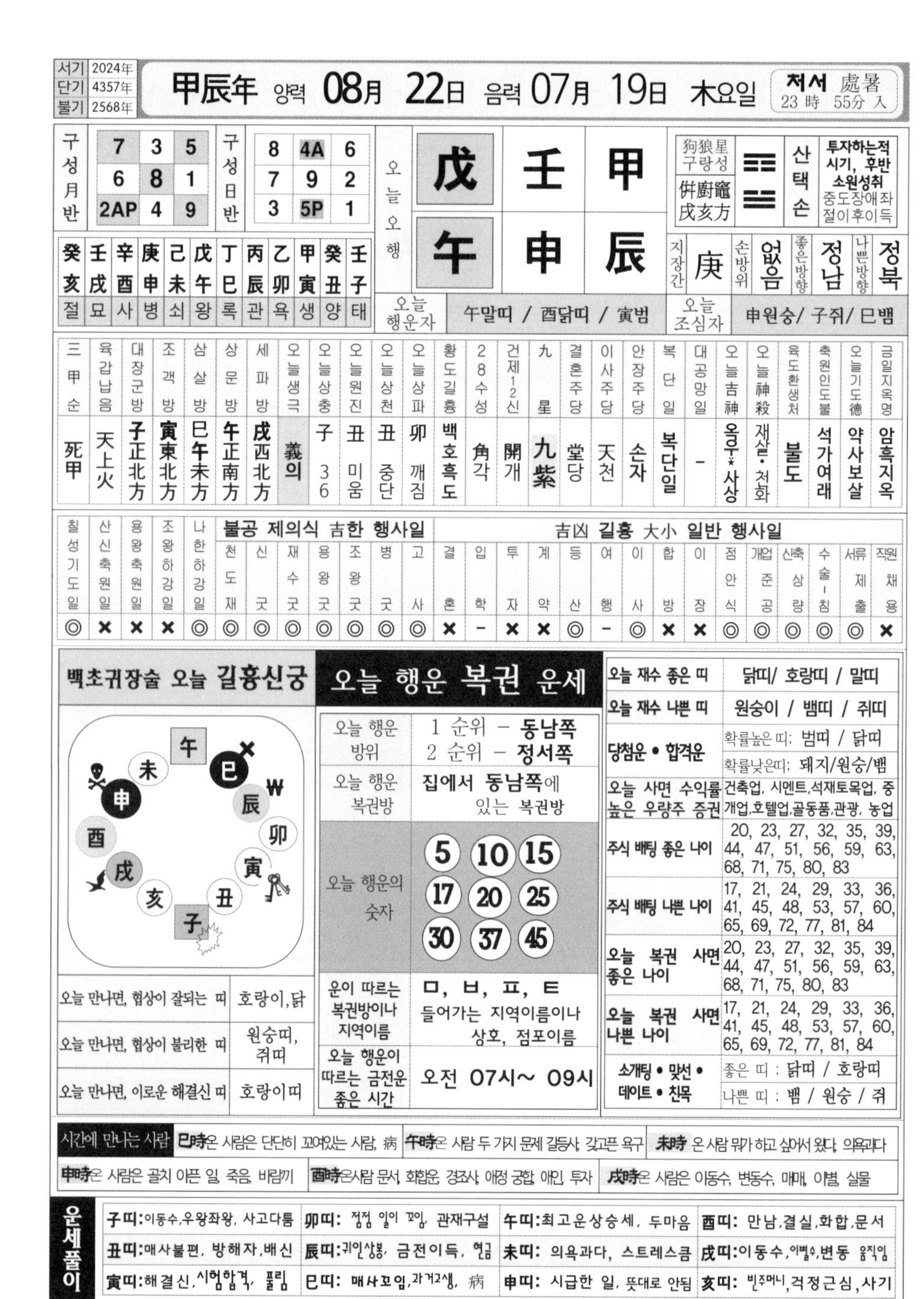

서기 2024年 / 단기 4357年 / 불기 2568年	甲辰年 양력 08月 22日 음력 07月 19日 木요일	처서 處暑 23時 55分 入

구성월반

7	3	5
6	8	1
2AP	4	9

구성일반

8	4A	6
7	9	2
3	5P	1

오늘오행

戊	壬	甲
午	申	辰

狗狼星 구랑성	倂廚竈 戌亥方	산택손	투자하는적시기, 후반소원성취 중도장애좌절이후이득

지장간	손방위	좋은방향	나쁜방향
庚	없음	정남	정북

癸亥	壬戌	辛酉	庚申	己未	戊午	丁巳	丙辰	乙卯	甲寅	癸丑	壬子
절	묘	사	병	쇠	왕	록	관	욕	생	양	태

오늘 행운자: 午말띠 / 酉닭띠 / 寅범

오늘 조심자: 申원숭/ 子쥐/ 巳뱀

三甲순	육갑납음	대장군방	조객방	삼살방	상문방	세파방	오늘생극	오늘상충	오늘원진	오늘상천	오늘상파	황도길흉	28수성	건제12신	九星	결혼주당	이사주당	안장주당	복단일	대공망일	오늘吉神	오늘神殺	육도환생처	축원인도불	오늘기도德	금일지옥명
死甲	天上火	子正北方	寅東北方	巳午未方	午正南方	戌西北方	義의	子 36	丑 미움	丑 중단	卯 깨짐	백호흑도	角각	開개	九紫	堂당	天천	손자	복단일	-	옥우*사상	재살*천화	불도	석가여래	약사보살	암흑지옥

칠성기도일	산신축원일	용왕축원일	조왕하강일	나한하강일	천도재	신굿	재수굿	용왕굿	조왕굿	병굿	고사	결혼	입학	투자	계약	등산	여행	이사	합방	이장	점안식	개업준공	신축상량	수술-침	서류제출	직원채용
◎	×	×	×	◎	◎	◎	◎	◎	◎	◎	◎	×	-	×	×	◎	-	◎	×	×	◎	◎	◎	◎	◎	×

(천도재~고사: 불공 제의식 吉한 행사일 / 결혼~직원채용: 吉凶 길흉 大小 일반 행사일)

백초귀장술 오늘 길흉신궁

午 未 巳 申 辰 酉 卯 戌 寅 亥 丑 子

오늘 만나면, 협상이 잘되는 띠	호랑이,닭
오늘 만나면, 협상이 불리한 띠	원숭띠, 쥐띠
오늘 만나면, 이로운 해결신 띠	호랑이띠

오늘 행운 복권 운세

오늘 행운 방위	1 순위 – 동남쪽 2 순위 – 정서쪽
오늘 행운 복권방	집에서 동남쪽에 있는 복권방
오늘 행운의 숫자	5 10 15 17 20 25 30 37 45
운이 따르는 복권방이나 지역이름	ㅁ, ㅂ, ㅍ, ㅌ 들어가는 지역이름이나 상호, 점포이름
오늘 행운이 따르는 금전운 좋은 시간	오전 07시~ 09시

오늘 재수 좋은 띠	닭띠/ 호랑띠 / 말띠
오늘 재수 나쁜 띠	원숭이 / 뱀띠 / 쥐띠
당첨운 • 합격운	확률높은 띠: 범띠 / 닭띠 확률낮은띠: 돼지/원숭/뱀
오늘 사면 수익률 높은 우량주 증권	건축업, 시멘트,석재토목업, 중개업,호텔업,골동품,관광, 농업
주식 배팅 좋은 나이	20, 23, 27, 32, 35, 39, 44, 47, 51, 56, 59, 63, 68, 71, 75, 80, 83
주식 배팅 나쁜 나이	17, 21, 24, 29, 33, 36, 41, 45, 48, 53, 57, 60, 65, 69, 72, 77, 81, 84
오늘 복권 사면 좋은 나이	20, 23, 27, 32, 35, 39, 44, 47, 51, 56, 59, 63, 68, 71, 75, 80, 83
오늘 복권 사면 나쁜 나이	17, 21, 24, 29, 33, 36, 41, 45, 48, 53, 57, 60, 65, 69, 72, 77, 81, 84
소개팅 • 맞선 • 데이트 • 친목	좋은 띠 : 닭띠 / 호랑띠 나쁜 띠 : 뱀 / 원숭 / 쥐

시간에 만나는 사람

- 巳時은 사람은 단단히 꼬여있는 사람, 病
- 午時은 사람 두 가지 문제 갈등사, 갖고픈 욕구
- 未時 온 사람 뭔가 하고 싶어서 왔다, 의욕과다
- 申時온 사람은 골치 아픈 일, 죽음, 바람끼
- 酉時온사람 문서, 화합운, 경조사, 애정 궁합, 애인, 투자
- 戌時온 사람은 이동수, 변동수, 매매, 이별, 실물

운세풀이

子띠: 이동수,우왕좌왕, 사고다툼	卯띠: 점점 일이 꼬임, 관재구설	午띠: 최고운상승세, 두마음	酉띠: 만남,결실,화합,문서
丑띠: 매사불편, 방해자,배신	辰띠: 귀인상봉, 금전이득, 현금	未띠: 의욕과다, 스트레스큼	戌띠: 이동수,이별수,변동 움직임
寅띠: 해결신,시험합격, 풀림	巳띠: 매사꼬임,과거고생, 病	申띠: 시급한 일, 뜻대로 안됨	亥띠: 빈주머니,걱정근심,사기

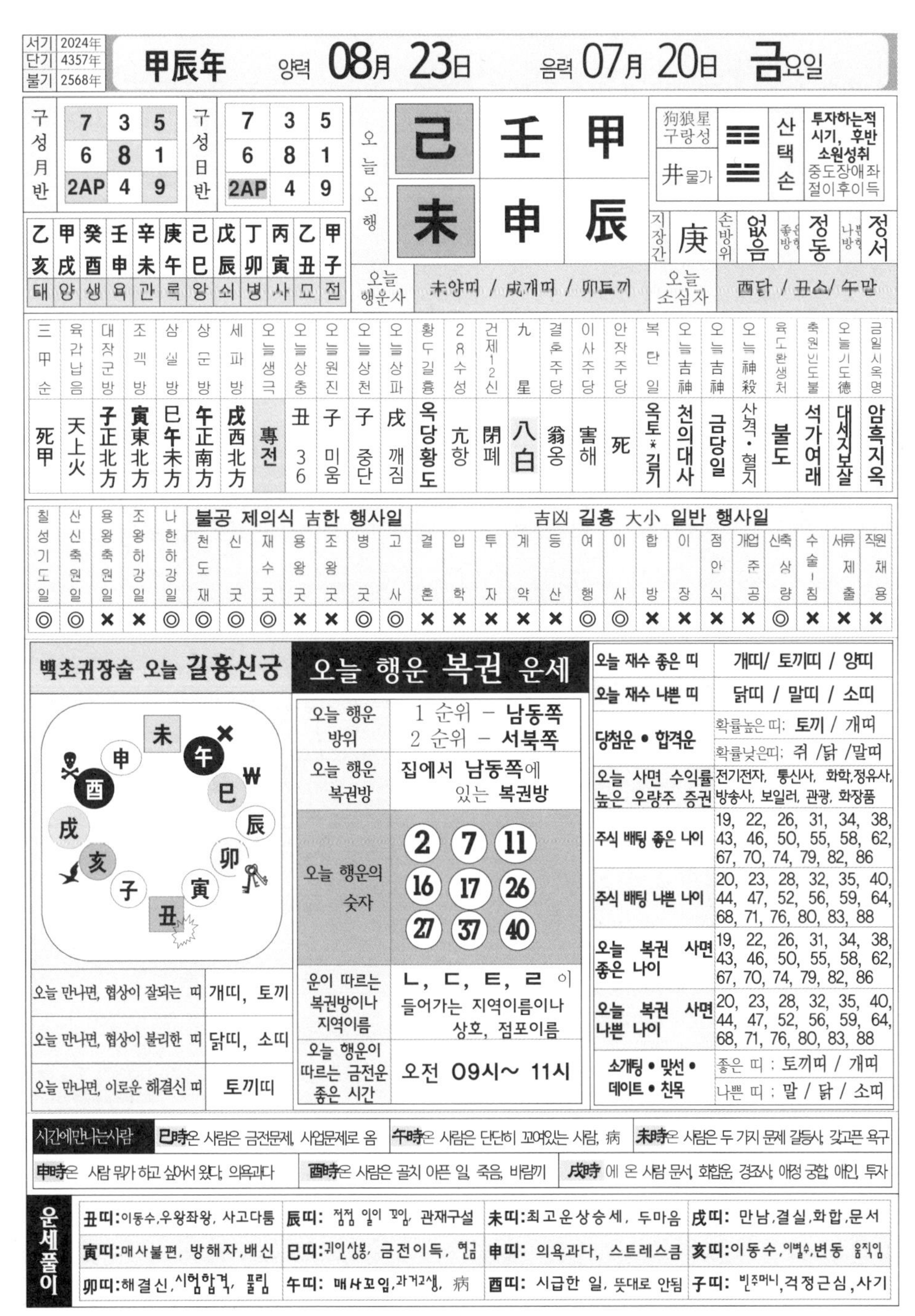

서기	2024年
단기	4357年
불기	2568年

甲辰年 양력 **08月 23日** 음력 **07月 20日** **금**요일

구성月반		
7	3	5
6	8	1
2AP	4	9

구성日반		
7	3	5
6	8	1
2AP	4	9

오늘오행		
己	壬	甲
未	申	辰

狗狼星 구랑성	井물가	☶☱ 산택손	투자하는적 시기, 후반 소원성취 중도장애좌절이후이득

지장간	庚	손방위	없음	좋은방향	정동	나쁜방향	정서

乙亥	甲戌	癸酉	壬申	辛未	庚午	己巳	戊辰	丁卯	丙寅	乙丑	甲子
태	양	생	욕	관	록	왕	쇠	병	사	묘	절

오늘 행운사	未양띠 / 戌개띠 / 卯토끼	오늘 소심자	酉닭 / 丑소/ 午말

三甲순	육갑납음	대장군방	조객방	삼살방	상문방	세파방	오늘생극	오늘상충	오늘원진	오늘상천	오늘상파	황도길흉	28수성	건제12신	九星	결혼주당	이사주당	안장주당	복단일	오늘吉神	오늘吉神	오늘神殺	육도환생처	축원빈도불	오늘기도德	금일시옥명
死甲	天上火	子正北方	寅東北方	巳午未方	午正南方	戌西北方	專전	丑 36	子 미움	子 중단	戌 깨짐	옥당황도	亢항	閉폐	八白	翁옹	害해	死	옥토*길기	천의대사	금당일	산격·혈지	불도	석가여래	대세지보살	암흑지옥

칠성기도일	산신축원일	용왕축원일	조왕하강일	나한하강일	불공 제의식 吉한 행사일							吉凶 길흉 大小 일반 행사일														
					천도재	신굿	재수굿	용왕굿	조왕굿	병굿	고사	결혼	입학	투자	계약	등산	여행	이사	합방	이장	점안식	개업준공	신축상량	수술-침	서류제출	직원채용
◎	◎	×	×	◎	◎	◎	◎	×	×	◎	◎	×	×	×	×	×	◎	◎	×	×	×	×	◎	×	×	×

백초귀장술 오늘 길흉신궁

오늘 만나면, 협상이 잘되는 띠	개띠, 토끼
오늘 만나면, 협상이 불리한 띠	닭띠, 소띠
오늘 만나면, 이로운 해결신 띠	토끼띠

오늘 행운 복권 운세

오늘 행운 방위	1 순위 – 남동쪽 2 순위 – 서북쪽
오늘 행운 복권방	집에서 남동쪽에 있는 복권방
오늘 행운의 숫자	2 7 11 16 17 26 27 37 40
운이 따르는 복권방이나 지역이름	ㄴ, ㄷ, ㅌ, ㄹ 이 들어가는 지역이름이나 상호, 점포이름
오늘 행운이 따르는 금전운 좋은 시간	오전 09시~ 11시

오늘 재수 좋은 띠	개띠/ 토끼띠 / 양띠
오늘 재수 나쁜 띠	닭띠 / 말띠 / 소띠
당첨운 • 합격운	확률높은 띠: 토끼 / 개띠 확률낮은띠: 쥐 /닭 /말띠
오늘 사면 수익률 높은 우량주 증권	전기전자, 통신사, 화학,정유사, 방송사, 보일러, 관광, 화장품
주식 배팅 좋은 나이	19, 22, 26, 31, 34, 38, 43, 46, 50, 55, 58, 62, 67, 70, 74, 79, 82, 86
주식 배팅 나쁜 나이	20, 23, 28, 32, 35, 40, 44, 47, 52, 56, 59, 64, 68, 71, 76, 80, 83, 88
오늘 복권 사면 좋은 나이	19, 22, 26, 31, 34, 38, 43, 46, 50, 55, 58, 62, 67, 70, 74, 79, 82, 86
오늘 복권 사면 나쁜 나이	20, 23, 28, 32, 35, 40, 44, 47, 52, 56, 59, 64, 68, 71, 76, 80, 83, 88
소개팅 • 맞선 • 데이트 • 친목	좋은 띠 : 토끼띠 / 개띠 나쁜 띠 : 말 / 닭 / 소띠

시간에만나는사람	巳時온 사람은 금전문제, 사업문제로 옴	午時온 사람은 단단히 꼬여있는 사람, 病	未時온 사람은 두 가지 문제 갈등사, 갖고픈 욕구
申時온 사람 뭔가 하고 싶어서 왔다, 의욕과다	酉時온 사람은 골치 아픈 일, 죽음, 바람끼	戌時 에 온 사람 문서, 화합운, 경조사, 애정 궁합, 애인, 투자	

운세풀이			
丑띠:이동수,우왕좌왕, 사고다툼	辰띠: 점점 일이 꼬임, 관재구설	未띠:최고운상승세, 두마음	戌띠: 만남,결실,화합,문서
寅띠:매사불편, 방해자,배신	巳띠:귀인상봉, 금전이득, 현금	申띠: 의욕과다, 스트레스큼	亥띠:이동수,이별수,변동 움직임
卯띠:해결신,시험합격, 풀림	午띠: 매사꼬임,과거고생, 病	酉띠: 시급한 일, 뜻대로 안됨	子띠: 빈주머니,걱정근심,사기

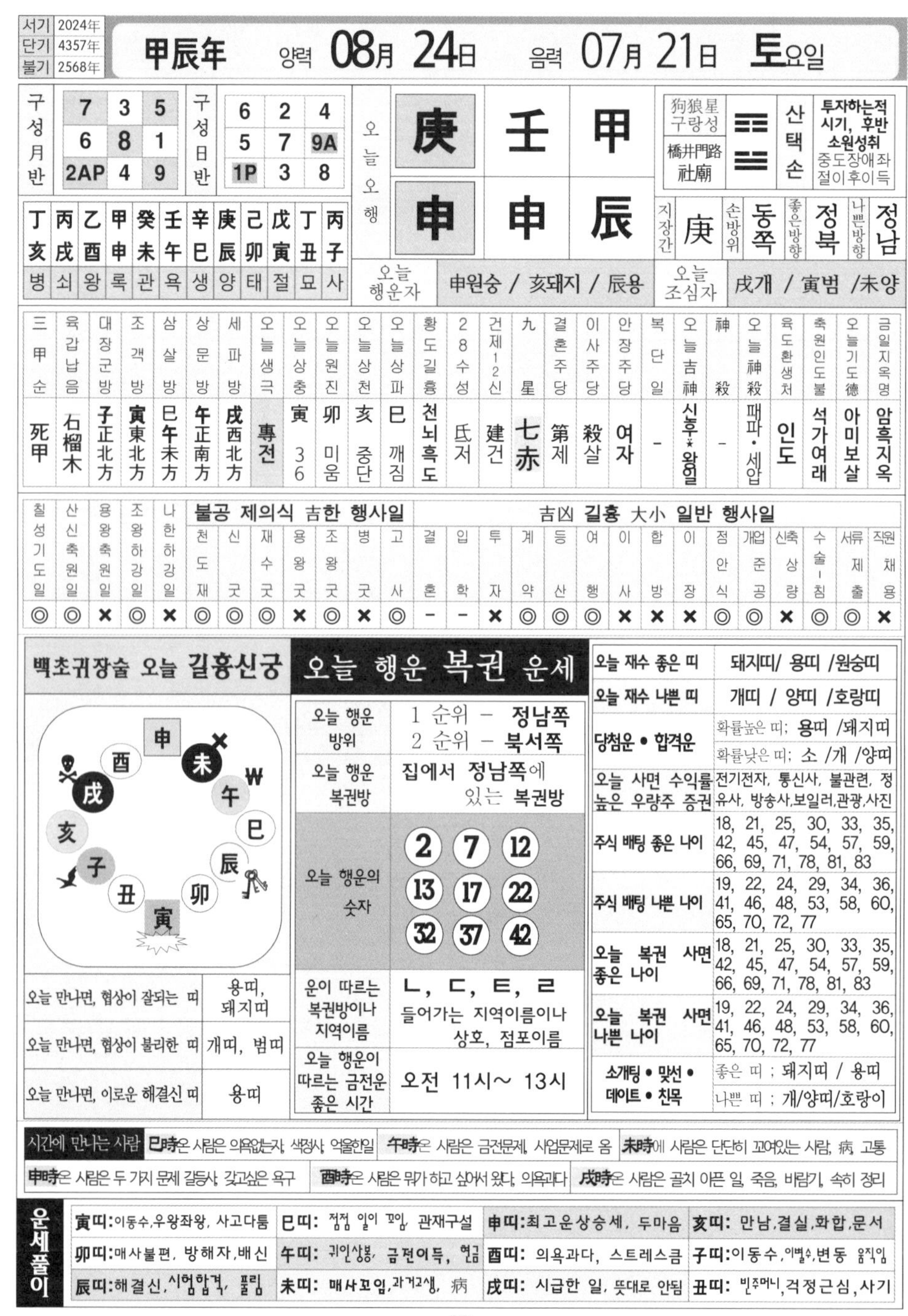

서기	2024年
단기	4357年
불기	2568年

甲辰年 양력 **08月 24日** 음력 **07月 21日** **토**요일

구성월반		
7	3	5
6	8	1
2AP	4	9

구성日반		
6	2	4
5	7	9A
1P	3	8

오늘오행			
	庚	壬	甲
	申	申	辰

狗狼星 구랑성	橋井門路 社廟	산택손	투자하는적시기, 후반 소원성취 중도장애좌절이후이득

지장간	庚	손방위	동쪽	좋은방향	정북	나쁜방향	정남

丁亥	丙戌	乙酉	甲申	癸未	壬午	辛巳	庚辰	己卯	戊寅	丁丑	丙子
병	쇠	왕	록	관	욕	생	양	태	절	묘	사

오늘 행운자	申원숭 / 亥돼지 / 辰용	오늘 조심자	戌개 / 寅범 /未양

三甲순	육갑납음	대장군방	조객방	삼살방	상문방	세파방	오늘생극	오늘상충	오늘원진	오늘상천	오늘상파	황도길흉	28수성	건제12신	九星	결혼주당	이사주당	안장주당	복단일	오늘吉神	神殺	오늘神殺	육도환생처	축원인도불	오늘기도德	금일지옥명
死甲	石榴木	子正北方	寅東北方	巳午未方	午正南方	戌西北方	專전	寅 36	卯 미움	亥 중단	巳 깨짐	천뇌흑도	氐저	建건	七赤	第제	殺살	여자	–	신후*왕일	–	패파·세압	인도	석가여래	아미보살	암흑지옥

칠성기도일	산신축원일	용왕축원일	조왕하강일	나한하강일	불공 제의식 吉한 행사일							吉凶 길흉 大小 일반 행사일														
					천도재	신굿	재수굿	용왕굿	조왕굿	병굿	고사	결혼	입학	투자	계약	등산	여행	이사	합방	이장	점안식	개업준공	신축상량	수술-침	서류제출	직원채용
◎	◎	×	◎	×	◎	◎	◎	×	◎	×	◎	–	–	×	◎	◎	◎	×	×	×	◎	◎	×	◎	◎	×

백초귀장술 오늘 길흉신궁

오늘 만나면, 협상이 잘되는 띠	용띠, 돼지띠
오늘 만나면, 협상이 불리한 띠	개띠, 범띠
오늘 만나면, 이로운 해결신 띠	용띠

오늘 행운 복권 운세

오늘 행운 방위	1 순위 – 정남쪽 2 순위 – 북서쪽
오늘 행운 복권방	집에서 정남쪽에 있는 복권방
오늘 행운의 숫자	2, 7, 12, 13, 17, 22, 32, 37, 42
운이 따르는 복권방이나 지역이름	ㄴ, ㄷ, ㅌ, ㄹ 들어가는 지역이름이나 상호, 점포이름
오늘 행운이 따르는 금전운 좋은 시간	오전 11시~ 13시

오늘 재수 좋은 띠	돼지띠/ 용띠 /원숭띠
오늘 재수 나쁜 띠	개띠 / 양띠 /호랑띠
당첨운 • 합격운	확률높은 띠; 용띠 /돼지띠 확률낮은 띠; 소 /개 /양띠
오늘 사면 수익률 높은 우량주 증권	전기전자, 통신사, 불관련, 정유사, 방송사,보일러,관광,사진
주식 배팅 좋은 나이	18, 21, 25, 30, 33, 35, 42, 45, 47, 54, 57, 59, 66, 69, 71, 78, 81, 83
주식 배팅 나쁜 나이	19, 22, 24, 29, 34, 36, 41, 46, 48, 53, 58, 60, 65, 70, 72, 77
오늘 복권 사면 좋은 나이	18, 21, 25, 30, 33, 35, 42, 45, 47, 54, 57, 59, 66, 69, 71, 78, 81, 83
오늘 복권 사면 나쁜 나이	19, 22, 24, 29, 34, 36, 41, 46, 48, 53, 58, 60, 65, 70, 72, 77
소개팅 • 맞선 • 데이트 • 친목	좋은 띠 ; 돼지띠 / 용띠 나쁜 띠 ; 개/양띠/호랑이

시간에 만나는 사람	巳時은 사람은 의욕없는자, 색정사, 억울한일	午時은 사람은 금전문제, 사업문제로 옴	未時에 사람은 단단히 꼬여있는 사람, 病, 고통
申時은 사람은 두 가지 문제 갈등사, 갖고싶은 욕구	酉時은 사람은 뭔가 하고 싶어서 왔다, 의욕과다	戌時은 사람은 골치 아픈 일, 죽음, 바람기, 속히 정리	

운세풀이			
寅띠:이동수,우왕좌왕, 사고다툼	巳띠: 점점 일이 꼬임, 관재구설	申띠:최고운상승세, 두마음	亥띠: 만남,결실,화합,문서
卯띠:매사불편, 방해자,배신	午띠: 귀인상봉, 금전이득, 현금	酉띠: 의욕과다, 스트레스큼	子띠:이동수,이별수,변동 움직임
辰띠:해결신,시험합격, 풀림	未띠: 매사꼬임,과거고생, 病	戌띠: 시급한 일, 뜻대로 안됨	丑띠: 빈주머니,걱정근심,사기

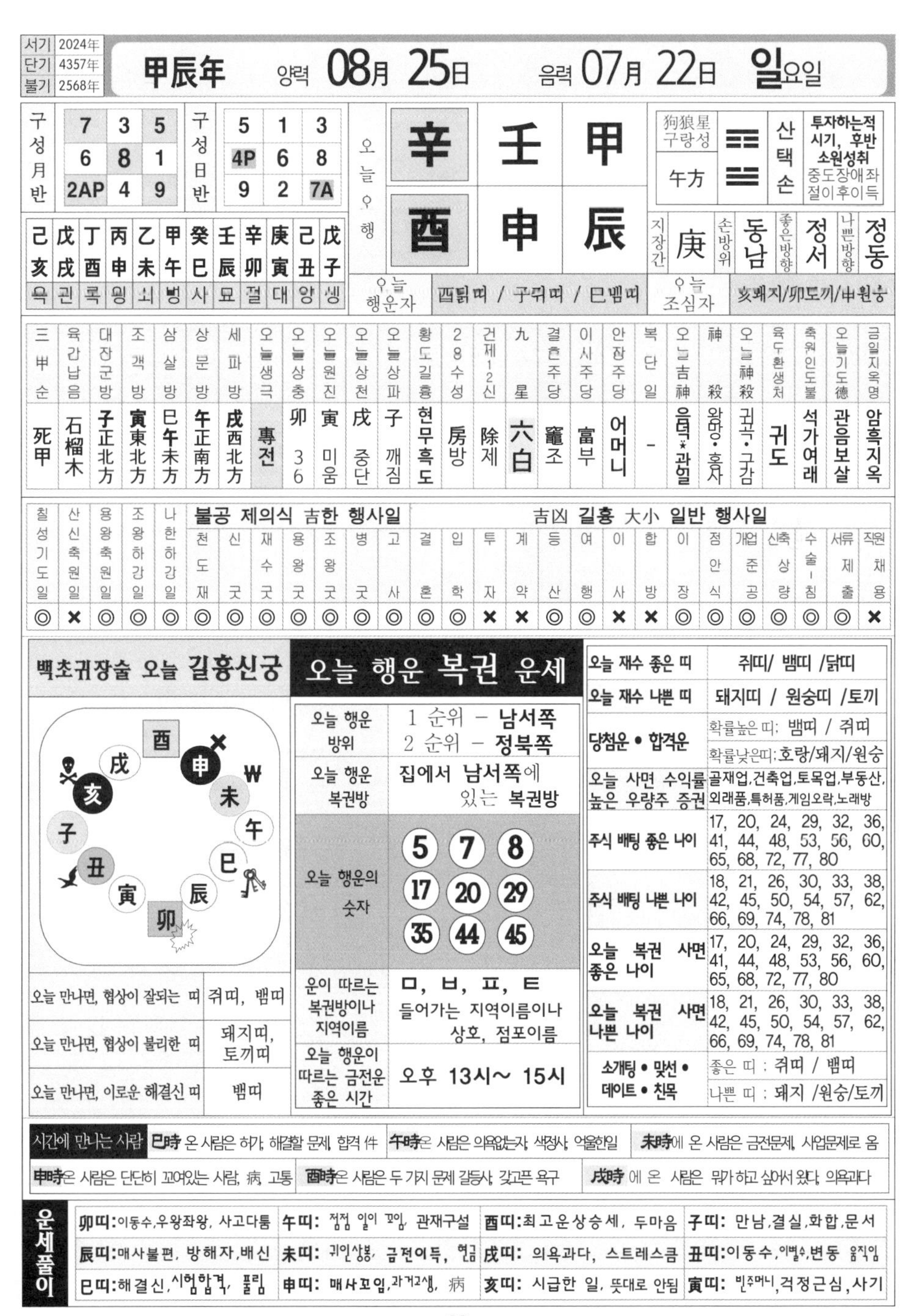

서기	2024年
단기	4357年
불기	2568年

甲辰年 양력 **08月 25日** 음력 **07月 22日** **일**요일

구성月반		
7	3	5
6	8	1
2AP	4	9

구성日반		
5	1	3
4P	6	8
9	2	7A

오늘오행		
辛	壬	甲
酉	申	辰

狗狼星 구랑성	午方	산택손	**투자하는적 시기, 후반 소원성취** 중도장애좌 절이후이득

지장간	손방위	좋은방향	나쁜방향
庚	동남	정서	정동

己亥	戊戌	丁酉	丙申	乙未	甲午	癸巳	壬辰	辛卯	庚寅	己丑	戊子
욕	관	록	왕	쇠	병	사	묘	절	대	양	생

오늘 행운자: 酉닭띠 / 子쥐띠 / 巳뱀띠

오늘 조심자: 亥돼지/卯토끼/申원숭

三甲순	육갑납음	대장군방	조객방	삼살방	상문방	세파방	오늘생극	오늘상충	오늘원진	오늘상천	오늘상파	황도길흉	28수성	건제12신	九星	결혼주당	이사주당	안장주당	복단일	오늘吉神	神殺	오늘神殺	육두환생처	축원인도불	오늘기도德	금일지옥명
死甲	石榴木	子正北方	寅東北方	巳午未方	午正南方	戌西北方	專전	卯 36	寅 미움	戌 중단	子 깨짐	현무흑도	房방	除제	六白	竈조	富부	어머니	-	음덕*관일	왕망·홍사	귀곡·구감	귀도	석가여래	관음보살	암흑지옥

칠성기도일	산신축원일	용왕축원일	조왕하강일	나한하강일	불공 제의식 吉한 행사일: 천도재	신굿	재수굿	용왕굿	조왕굿	병굿	고사	吉凶 길흉 大小 일반 행사일: 결혼	입학	투자	계약	등산	여행	이사	합방	이장	점안식	개업준공	신축상량	수술-침	서류제출	직원채용
◎	×	◎	◎	◎	◎	◎	◎	◎	◎	◎	◎	◎	◎	×	×	◎	◎	×	×	◎	◎	◎	◎	◎	◎	×

백초귀장술 오늘 길흉신궁

酉 戌 申 亥 未 子 午 丑 巳 寅 辰 卯 ₩

오늘 만나면, 협상이 잘되는 띠	쥐띠, 뱀띠
오늘 만나면, 협상이 불리한 띠	돼지띠, 토끼띠
오늘 만나면, 이로운 해결신 띠	뱀띠

오늘 행운 복권 운세

오늘 행운 방위	1 순위 – **남서쪽** 2 순위 – **정북쪽**
오늘 행운 복권방	집에서 **남서쪽**에 있는 복권방
오늘 행운의 숫자	5 7 8 17 20 29 35 44 45
운이 따르는 복권방이나 지역이름	ㅁ, ㅂ, ㅍ, ㅌ 들어가는 지역이름이나 상호, 점포이름
오늘 행운이 따르는 금전운 좋은 시간	오후 13시~ 15시

오늘 재수 좋은 띠	쥐띠/ 뱀띠 /닭띠
오늘 재수 나쁜 띠	돼지띠 / 원숭띠 /토끼
당첨운 • 합격운	확률높은 띠: 뱀띠 / 쥐띠 확률낮은띠: 호랑/돼지/원숭
오늘 사면 수익률 높은 우량주 증권	골재업,건축업,토목업,부동산,외래품,특허품,게임오락,노래방
주식 배팅 좋은 나이	17, 20, 24, 29, 32, 36, 41, 44, 48, 53, 56, 60, 65, 68, 72, 77, 80
주식 배팅 나쁜 나이	18, 21, 26, 30, 33, 38, 42, 45, 50, 54, 57, 62, 66, 69, 74, 78, 81
오늘 복권 사면 좋은 나이	17, 20, 24, 29, 32, 36, 41, 44, 48, 53, 56, 60, 65, 68, 72, 77, 80
오늘 복권 사면 나쁜 나이	18, 21, 26, 30, 33, 38, 42, 45, 50, 54, 57, 62, 66, 69, 74, 78, 81
소개팅 • 맞선 • 데이트 • 친목	좋은 띠 : 쥐띠 / 뱀띠 나쁜 띠 : 돼지 /원숭/토끼

시간에 만나는 사람

- **巳時** 온 사람은 허가, 해결할 문제, 합격 件
- **午時**은 사람은 의욕없는자, 색정사, 억울한일
- **未時**에 온 사람은 금전문제, 사업문제로 옴
- **申時**은 사람은 단단히 꼬여있는 사람, 病, 고통
- **酉時**은 사람은 두 가지 문제 갈등사, 갖고픈 욕구
- **戌時** 에 온 사람은 뭔가 하고 싶어서 왔다, 의욕과다

운세풀이

卯띠:이동수,우왕좌왕, 사고다툼	**午띠:** 점점 일이 꼬임, 관재구설	**酉띠:**최고운상승세, 두마음	**子띠:** 만남,결실,화합,문서
辰띠:매사불편, 방해자,배신	**未띠:** 귀인상봉, 금전이득, 현금	**戌띠:** 의욕과다, 스트레스큼	**丑띠:**이동수,이별수,변동 움직임
巳띠:해결신,시험합격, 풀림	**申띠:** 매사꼬임,과거고생, 病	**亥띠:** 시급한 일, 뜻대로 안됨	**寅띠:** 빈주머니,걱정근심,사기

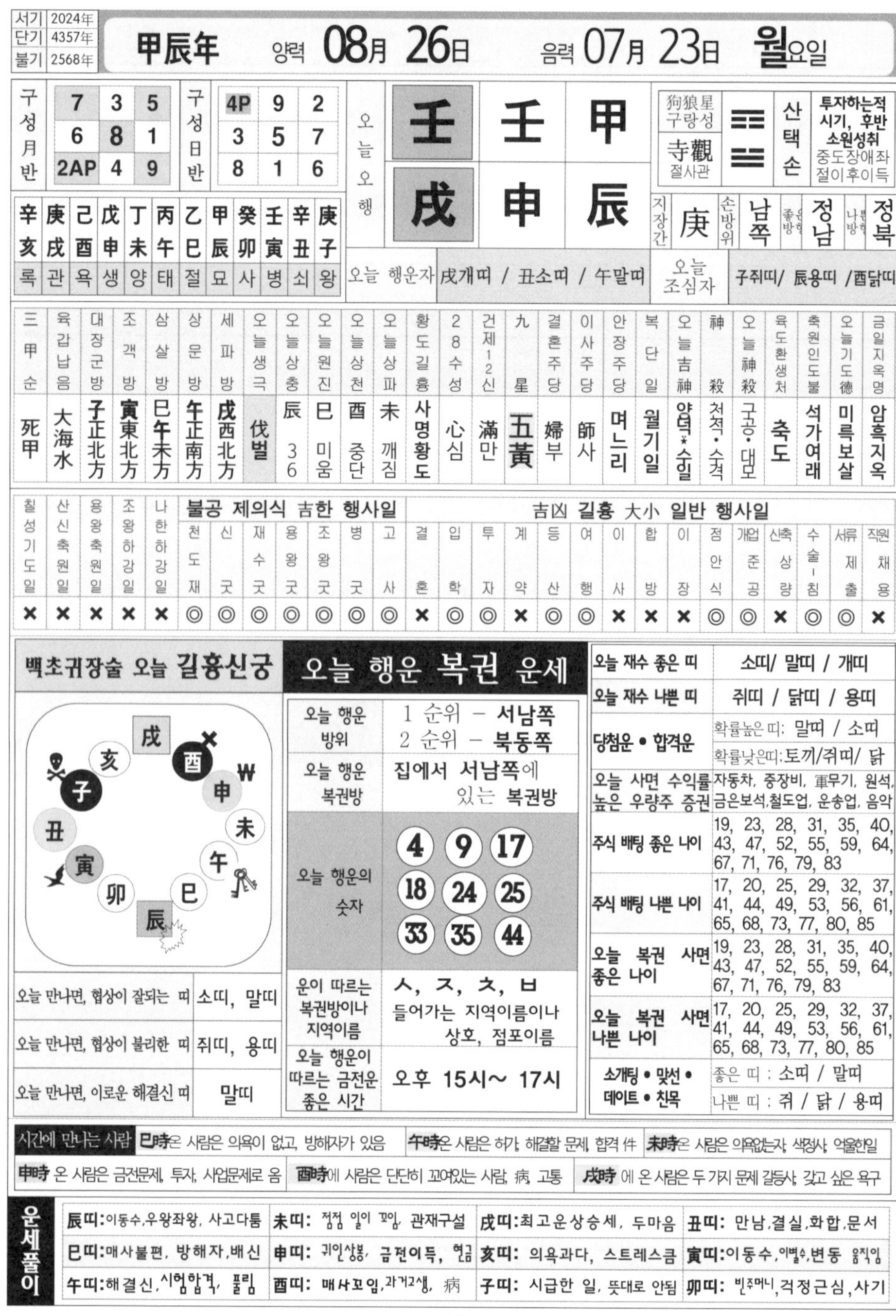

서기 2024年 / 단기 4357年 / 불기 2568年	甲辰年 양력 08月 26日 음력 07月 23日 월요일

구성月반		
7	3	5
6	8	1
2AP	4	9

구성日반		
4P	9	2
3	5	7
8	1	6

오늘오행		
壬	壬	甲
戊	申	辰

狗狼星 구랑성	寺觀 절사관	산택손	투자하는적 시기, 후반 소원성취 중도장애좌절이후이득

지장간	손방위	좋은방향	나쁜방향
庚	남쪽	정남	정북

辛亥	庚戌	己酉	戊申	丁未	丙午	乙巳	甲辰	癸卯	壬寅	辛丑	庚子
록	관	욕	생	양	태	절	묘	사	병	쇠	왕

오늘 행운자	戌개띠 / 丑소띠 / 午말띠	오늘 조심자	子쥐띠/ 辰용띠 /酉닭띠

三甲순	육갑납음	대장군방	조객방	삼살방	상문방	세파방	오늘생극	오늘상충	오늘원진	오늘상천	오늘상파	황도길흉	28수	건제12신	九星	결혼주당	이사주당	안장주당	복단일	오늘吉神	神殺	오늘神殺	육도환생처	축원인도불	오늘기도德	금일지옥명
死甲	大海水	子正北方	寅東北方	巳午未方	午正南方	戌西北方	伐벌	辰 36	巳 미움	酉 중단	未 깨짐	사명황도	心심	滿만	五黃	婦부	師사	며느리	월기일	양덕*순일	천적·수격	구공·대모	축도	석가여래	미륵보살	암흑지옥

칠성기도일	산신축원일	용왕축원일	조왕하강일	나한하강일	불공 제의식 吉한 행사일: 천도재	신굿	재수굿	용왕굿	조왕굿	병굿	고사	吉凶 길흉 大小 일반 행사일: 결혼	입학	투자	계약	등산	여행	이사	합방	이장	점안식	개업준공	신축상량	수술-침	서류제출	직원채용
×	×	×	×	×	◎	◎	◎	◎	◎	◎	◎	×	◎	◎	×	◎	◎	×	×	×	◎	◎	×	◎	◎	×

백초귀장술 오늘 길흉신궁

오늘 만나면, 협상이 잘되는 띠	소띠, 말띠
오늘 만나면, 협상이 불리한 띠	쥐띠, 용띠
오늘 만나면, 이로운 해결신 띠	말띠

오늘 행운 복권 운세

오늘 행운 방위	1 순위 - 서남쪽 2 순위 - 북동쪽
오늘 행운 복권방	집에서 서남쪽에 있는 복권방
오늘 행운의 숫자	4 9 17 18 24 25 33 35 44
운이 따르는 복권방이나 지역이름	ㅅ, ㅈ, ㅊ, ㅂ 들어가는 지역이름이나 상호, 점포이름
오늘 행운이 따르는 금전운 좋은 시간	오후 15시~ 17시

오늘 재수 좋은 띠	소띠/ 말띠 / 개띠
오늘 재수 나쁜 띠	쥐띠 / 닭띠 / 용띠
당첨운 • 합격운	확률높은 띠: 말띠 / 소띠 확률낮은띠: 토끼/쥐띠/ 닭
오늘 사면 수익률 높은 우량주 증권	자동차, 중장비, 軍무기, 원석, 금은보석,철도업, 운송업, 음악
주식 배팅 좋은 나이	19, 23, 28, 31, 35, 40, 43, 47, 52, 55, 59, 64, 67, 71, 76, 79, 83
주식 배팅 나쁜 나이	17, 20, 25, 29, 32, 37, 41, 44, 49, 53, 56, 61, 65, 68, 73, 77, 80, 85
오늘 복권 사면 좋은 나이	19, 23, 28, 31, 35, 40, 43, 47, 52, 55, 59, 64, 67, 71, 76, 79, 83
오늘 복권 사면 나쁜 나이	17, 20, 25, 29, 32, 37, 41, 44, 49, 53, 56, 61, 65, 68, 73, 77, 80, 85
소개팅 • 맞선 • 데이트 • 친목	좋은 띠 : 소띠 / 말띠 나쁜 띠 : 쥐 / 닭 / 용띠

시간에 만나는 사람	巳時온 사람은 의욕이 없고, 방해자가 있음	午時온 사람은 허가, 해결할 문제, 합격 件	未時온 사람은 의욕없는자, 색정사, 억울한일
申時 온 사람은 금전문제, 투자, 사업문제로 옴	酉時에 사람은 단단히 꼬여있는 사람, 病, 고통	戌時 에 온 사람은 두 가지 문제 갈등사, 갖고 싶은 욕구	

운세풀이			
辰띠:이동수,우왕좌왕, 사고다툼	未띠: 점점 일이 꼬임, 관재구설	戌띠:최고운상승세, 두마음	丑띠: 만남,결실,화합,문서
巳띠:매사불편, 방해자,배신	申띠: 귀인상봉, 금전이득, 현금	亥띠: 의욕과다, 스트레스금	寅띠:이동수,이별수,변동 움직임
午띠:해결신,시험합격, 풀림	酉띠: 매사꼬임,과거고생, 病	子띠: 시급한 일, 뜻대로 안됨	卯띠: 빈주머니,걱정근심,사기

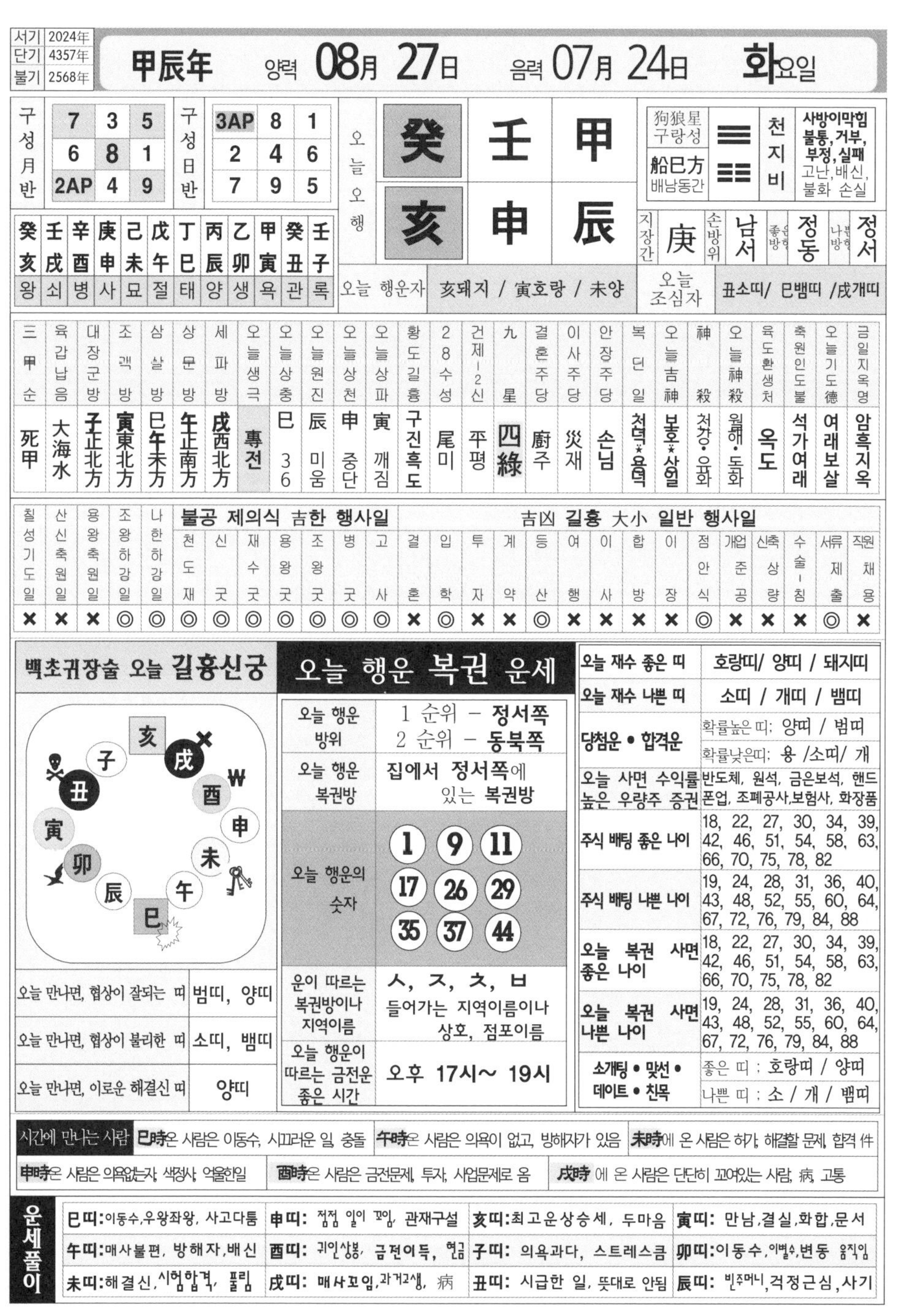

서기	2024年
단기	4357年
불기	2568年

甲辰年 양력 08月 27日 음력 07月 24日 화요일

구성월반				구성일반			
	7	3	5		3AP	8	1
	6	8	1		2	4	6
	2AP	4	9		7	9	5

오늘오행			
	癸	壬	甲
	亥	申	辰

狗狼星 구랑성	☰	천지비	사방이막힘 불통,거부, 부정,실패 고난,배신, 불화 손실
船巳方 배남동간	☷		

지장간	庚	손방위	남서	좋은방향	정동	나쁜방향	정서

癸亥	壬戌	辛酉	庚申	己未	戊午	丁巳	丙辰	乙卯	甲寅	癸丑	壬子
왕	쇠	병	사	묘	절	태	양	생	욕	관	록

오늘 행운자	亥돼지 / 寅호랑 / 未양	오늘 조심자	丑소띠/ 巳뱀띠 /戌개띠

三甲순	육갑납음	대장군방	조객방	삼살방	상문방	세파방	오늘생극	오늘상충	오늘원진	오늘상천	오늘상파	황도길흉	28수성	건제12신	九星	결혼주당	이사주당	안장주당	복단일	오늘吉神	神殺	오늘神殺	육도환생처	축원인도불	오늘기도德	금일지옥명
死甲	大海水	子正北方	寅東北方	巳午未方	午正南方	戌西北方	專전	巳 36	辰 미움	申 중단	寅 깨짐	구진흑도	尾미	平평	四綠	廚주	災재	손님		천덕*용덕	보호*상얼	천강·유화	월해·도화	옥도	석가여래	여래보살	암흑지옥

칠성기도일	산신축원일	용왕축원일	조왕하강일	나한하강일	불공 제의식 吉한 행사일: 천도재	신굿	재수굿	용왕굿	조왕굿	병굿	고사	吉凶 길흉 大小 일반 행사일: 결혼	입학	투자	계약	등산	여행	이사	합방	이장	점안식	개업준공	신축상량	수술-침	서류제출	직원채용
×	×	×	◎	◎	◎	◎	◎	◎	◎	◎	◎	×	◎	×	×	◎	×	×	×	×	◎	×	×	×	◎	×

백초귀장술 오늘 길흉신궁

亥 戌 酉 申 未 午 巳 辰 卯 寅 丑 子

오늘 만나면, 협상이 잘되는 띠	범띠, 양띠
오늘 만나면, 협상이 불리한 띠	소띠, 뱀띠
오늘 만나면, 이로운 해결신 띠	양띠

오늘 행운 복권 운세

오늘 행운 방위	1 순위 – 정서쪽 2 순위 – 동북쪽
오늘 행운 복권방	집에서 정서쪽에 있는 복권방
오늘 행운의 숫자	1 9 11 17 26 29 35 37 44
운이 따르는 복권방이나 지역이름	ㅅ, ㅈ, ㅊ, ㅂ 들어가는 지역이름이나 상호, 점포이름
오늘 행운이 따르는 금전운 좋은 시간	오후 17시~ 19시

오늘 재수 좋은 띠	호랑띠/ 양띠 / 돼지띠
오늘 재수 나쁜 띠	소띠 / 개띠 / 뱀띠
당첨운 • 합격운	확률높은 띠: 양띠 / 범띠 확률낮은띠: 용 /소띠/ 개
오늘 사면 수익률 높은 우량주 증권	반도체, 원석, 금은보석, 핸드폰업, 조폐공사,보험사, 화장품
주식 배팅 좋은 나이	18, 22, 27, 30, 34, 39, 42, 46, 51, 54, 58, 63, 66, 70, 75, 78, 82
주식 배팅 나쁜 나이	19, 24, 28, 31, 36, 40, 43, 48, 52, 55, 60, 64, 67, 72, 76, 79, 84, 88
오늘 복권 사면 좋은 나이	18, 22, 27, 30, 34, 39, 42, 46, 51, 54, 58, 63, 66, 70, 75, 78, 82
오늘 복권 사면 나쁜 나이	19, 24, 28, 31, 36, 40, 43, 48, 52, 55, 60, 64, 67, 72, 76, 79, 84, 88
소개팅 • 맞선 • 데이트 • 친목	좋은 띠 ; 호랑띠 / 양띠 나쁜 띠 ; 소 / 개 / 뱀띠

시간에 만나는 사람 巳時은 사람은 이동수, 시끄러운 일, 충돌 | 午時은 사람은 의욕이 없고, 방해자가 있음 | 未時에 온 사람은 허가, 해결할 문제, 합격 件 | 申時은 사람은 의욕없는자, 색정사, 억울한일 | 酉時은 사람은 금전문제, 투자, 사업문제로 옴 | 戌時 에 온 사람은 단단히 꼬여있는 사람, 病, 고통

운세풀이

巳띠:이동수,우왕좌왕, 사고다툼	申띠: 점점 일이 꼬임, 관재구설	亥띠:최고운상승세, 두마음	寅띠: 만남,결실,화합,문서
午띠:매사불편, 방해자,배신	酉띠: 귀인상봉, 금전이득, 현금	子띠: 의욕과다, 스트레스큼	卯띠:이동수,이별수,변동 움직임
未띠:해결신,시험합격, 풀림	戌띠: 매사꼬임,과거고생, 病	丑띠: 시급한 일, 뜻대로 안됨	辰띠: 빈주머니,걱정근심,사기

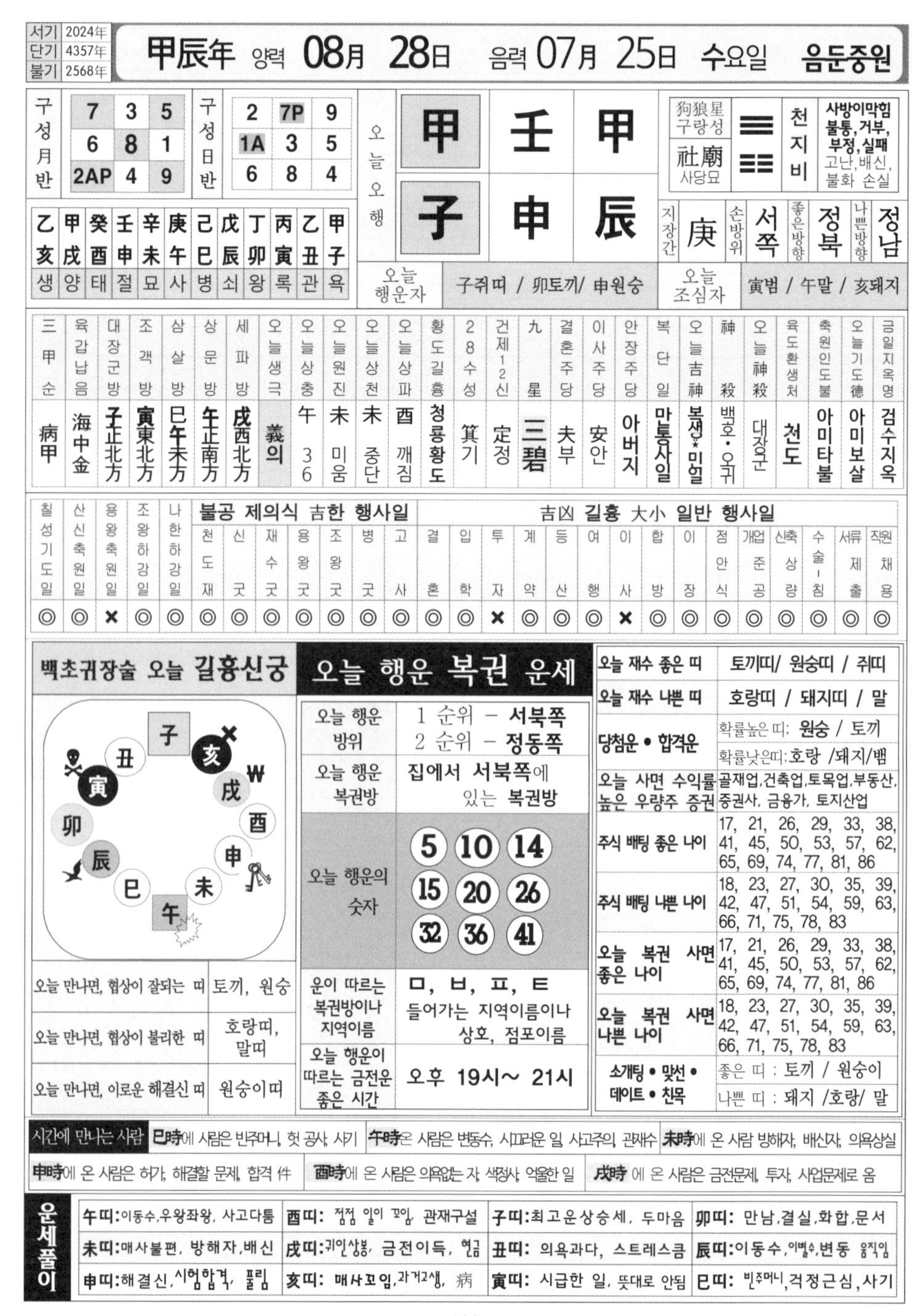

서기	2024年
단기	4357年
불기	2568年

甲辰年 양력 **08月 28日** 음력 **07月 25日** **수요일** **음둔중원**

구성月반		
7	3	5
6	8	1
2AP	4	9

구성日반		
2	7P	9
1A	3	5
6	8	4

乙亥	甲戌	癸酉	壬申	辛未	庚午	己巳	戊辰	丁卯	丙寅	乙丑	甲子
생	양	태	절	묘	사	병	쇠	왕	록	관	욕

오늘오행		
甲	壬	甲
子	申	辰

狗狼星 구랑성	☰	천지비	사방이막힘 불통,거부, 부정,실패 고난,배신, 불화 손실
社廟 사당묘	☷		

지장간	손방위	좋은방향	나쁜방향
庚	서쪽	정북	정남

오늘 행운자	子쥐띠 / 卯토끼/ 申원숭
오늘 조심자	寅범 / 午말 / 亥돼지

三甲순	육갑납음	대장군방	조객방	삼살방	상문방	세파방	오늘생극	오늘상충	오늘원진	오늘상천	오늘상파	황도길흉	28수성
病甲	海中金	子正北方	寅東北方	巳午未方	午正南方	戌西北方	義의	午 36	未 미움	未 중단	酉 깨짐	청룡황도	箕기

건제12신	九星	결혼주당	이사주당	안장주당	복단일	오늘吉神	神殺	오늘神殺	육도환생처	축원인도불	오늘기도德	금일지옥명
定정	三碧	夫부	安안	아버지	만통사일	복생*미얼	백호·오귀	대장군	천도	아미타불	아미보살	검수지옥

칠성기도일	산신축원일	용왕축원일	조왕하강일	나한하강일
◎	◎	×	◎	◎

불공 제의식 吉한 행사일						
천도재	신굿	재수굿	용왕굿	조왕굿	병굿	고사
◎	◎	◎	◎	◎	◎	◎

吉凶 길흉 大小 일반 행사일														
결혼	입학	투자	계약	등산	여행	이사	합방	이장	점안식	개업준공	신축상량	수술-침	서류제출	직원채용
◎	◎	×	◎	◎	◎	×	◎	◎	◎	◎	◎	◎	◎	◎

백초귀장술 오늘 길흉신궁

오늘 만나면, 협상이 잘되는 띠	토끼, 원숭
오늘 만나면, 협상이 불리한 띠	호랑띠, 말띠
오늘 만나면, 이로운 해결신 띠	원숭이띠

오늘 행운 복권 운세

오늘 행운 방위	1 순위 – 서북쪽 2 순위 – 정동쪽
오늘 행운 복권방	집에서 서북쪽에 있는 복권방
오늘 행운의 숫자	5 10 14 15 20 26 32 36 41
운이 따르는 복권방이나 지역이름	ㅁ, ㅂ, ㅍ, ㅌ 들어가는 지역이름이나 상호, 점포이름
오늘 행운이 따르는 금전운 좋은 시간	오후 19시~ 21시

오늘 재수 좋은 띠	토끼띠/ 원숭띠 / 쥐띠
오늘 재수 나쁜 띠	호랑띠 / 돼지띠 / 말
당첨운 • 합격운	확률높은 띠: 원숭 / 토끼 확률낮은띠:호랑 /돼지/뱀
오늘 사면 수익률 높은 우량주 증권	골재업,건축업,토목업,부동산, 중권사, 금융가, 토지산업
주식 배팅 좋은 나이	17, 21, 26, 29, 33, 38, 41, 45, 50, 53, 57, 62, 65, 69, 74, 77, 81, 86
주식 배팅 나쁜 나이	18, 23, 27, 30, 35, 39, 42, 47, 51, 54, 59, 63, 66, 71, 75, 78, 83
오늘 복권 사면 좋은 나이	17, 21, 26, 29, 33, 38, 41, 45, 50, 53, 57, 62, 65, 69, 74, 77, 81, 86
오늘 복권 사면 나쁜 나이	18, 23, 27, 30, 35, 39, 42, 47, 51, 54, 59, 63, 66, 71, 75, 78, 83
소개팅 • 맞선 • 데이트 • 친목	좋은 띠 : 토끼 / 원숭이 나쁜 띠 : 돼지 /호랑/ 말

시간에 만나는 사람	**巳時**에 사람은 빈주머니, 헛 공사, 사기	**午時**온 사람은 변동수, 시끄러운 일, 사고주의, 관재수	**未時**에 온 사람 방해자, 배신자, 의욕상실
申時에 온 사람은 허가, 해결할 문제, 합격 件	**酉時**에 온 사람은 의욕없는 자, 색정사, 억울한 일	**戌時** 에 온 사람은 금전문제, 투자, 사업문제로 옴	

운세풀이				
	午띠:이동수,우왕좌왕, 사고다툼	**酉띠:** 점점 일이 꼬임, 관재구설	**子띠:**최고운상승세, 두마음	**卯띠:** 만남,결실,화합,문서
	未띠:매사불편, 방해자,배신	**戌띠:**귀인상봉, 금전이득, 현금	**丑띠:** 의욕과다, 스트레스큼	**辰띠:**이동수,이별수,변동 움직임
	申띠:해결신,시험합격, 풀림	**亥띠:** 매사꼬임,과거고생, 病	**寅띠:** 시급한 일, 뜻대로 안됨	**巳띠:** 빈주머니,걱정근심,사기

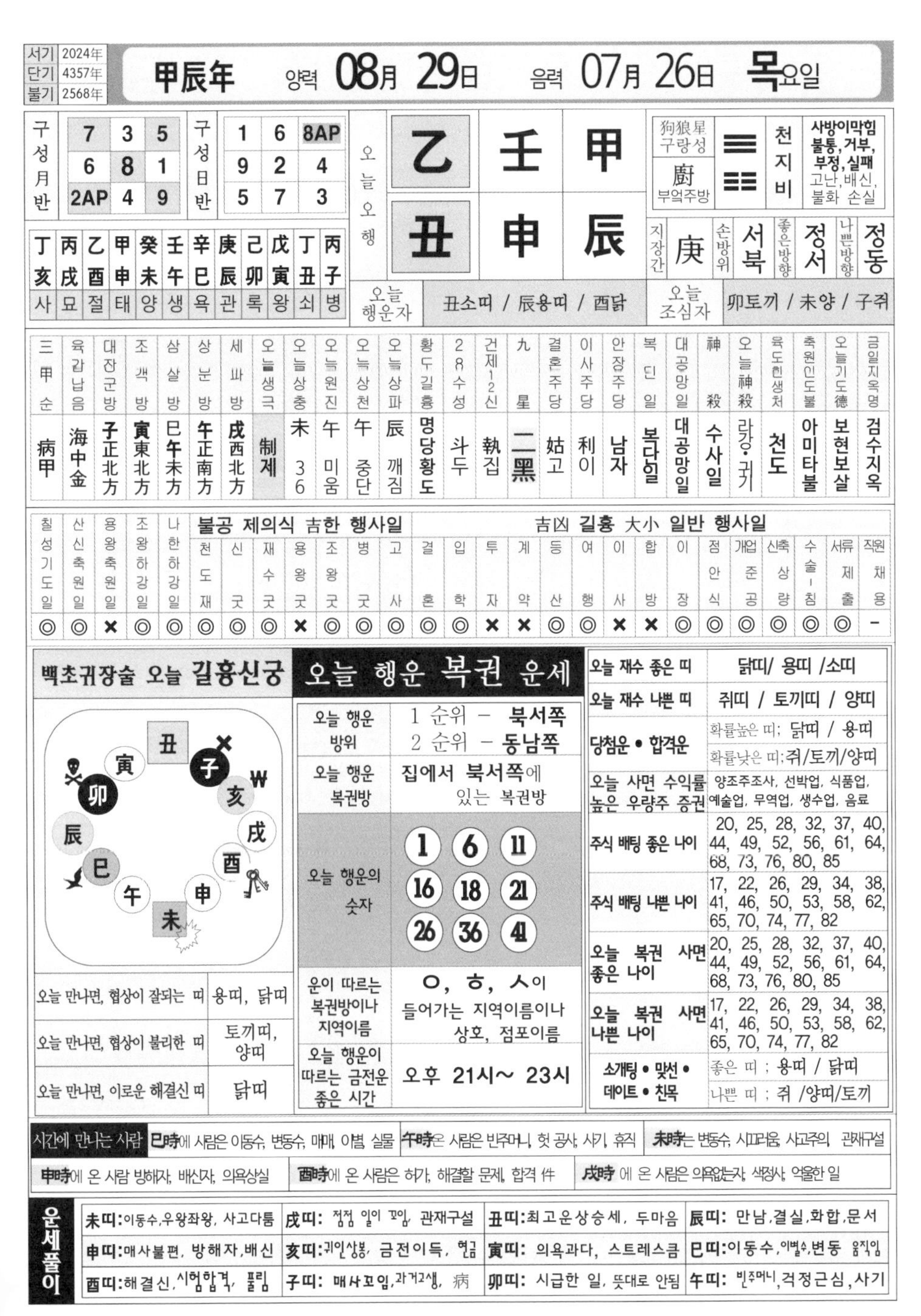

서기	2024年
단기	4357年
불기	2568年

甲辰年 양력 **08月 29日** 음력 **07月 26日** **목**요일

구성월반

7	3	5
6	8	1
2AP	4	9

구성일반

1	6	8AP
9	2	4
5	7	3

丁亥	丙戌	乙酉	甲申	癸未	壬午	辛巳	庚辰	己卯	戊寅	丁丑	丙子
사	묘	절	태	양	생	욕	관	록	왕	쇠	병

오늘오행

乙	壬	甲
丑	申	辰

狗狼星 구랑성	廚 부엌주방	☰ ☷	천지비	사방이막힘 불통, 거부, 부정, 실패 고난, 배신, 불화 손실

지장간	庚	손방위	서북	좋은방향	정서	나쁜방향	정동

오늘 행운자: 丑소띠 / 辰용띠 / 酉닭

오늘 조심자: 卯토끼 / 未양 / 子쥐

三甲순	육갑납음	대장군방	조객방	삼살방	상문방	세파방	오늘생극	오늘상충	오늘원진	오늘상천	오늘상파	황도길흉	28수성	건제12신	九星	결혼주당	이사주당	안장주당	복단일	대공망일	神殺	오늘神殺	육도환생처	축원인도불	오늘기도德	금일지옥명
病甲	海中金	子正北方	寅東北方	巳午未方	午正南方	戌西北方	制제	未 36	午 미움	午 중단	辰 깨짐	명당황도	斗두	執집	二黑	姑고	利이	남자	복단일	대공망일	수사일	라강·귀기	천도	아미타불	보현보살	검수지옥

불공 제의식 吉한 행사일 / 吉凶 길흉 大小 일반 행사일

칠성기도일	산신축원일	용왕축원일	조왕하강일	나한하강일	천도재	신굿	재수굿	용왕굿	조왕굿	병굿	고사	결혼	입학	투자	계약	등산	여행	이사	합방	이장	점안식	개업준공	신축상량	수술-침	서류제출	직원채용
◎	◎	×	◎	◎	◎	◎	◎	×	◎	◎	◎	◎	◎	×	×	◎	◎	×	×	◎	◎	◎	◎	◎	◎	−

백초귀장술 오늘 길흉신궁

오늘 만나면, 협상이 잘되는 띠	용띠, 닭띠
오늘 만나면, 협상이 불리한 띠	토끼띠, 양띠
오늘 만나면, 이로운 해결신 띠	닭띠

오늘 행운 복권 운세

오늘 행운 방위	1 순위 - 북서쪽 2 순위 - 동남쪽
오늘 행운 복권방	집에서 북서쪽에 있는 복권방
오늘 행운의 숫자	1, 6, 11, 16, 18, 21, 26, 36, 41
운이 따르는 복권방이나 지역이름	ㅇ, ㅎ, ㅅ이 들어가는 지역이름이나 상호, 점포이름
오늘 행운이 따르는 금전운 좋은 시간	오후 21시~ 23시

오늘 재수 좋은 띠	닭띠/ 용띠 /소띠
오늘 재수 나쁜 띠	쥐띠 / 토끼띠 / 양띠
당첨운 • 합격운	확률높은 띠; 닭띠 / 용띠 확률낮은 띠; 쥐/토끼/양띠
오늘 사면 수익률 높은 우량주 증권	양조주조사, 선박업, 식품업, 예술업, 무역업, 생수업, 음료
주식 배팅 좋은 나이	20, 25, 28, 32, 37, 40, 44, 49, 52, 56, 61, 64, 68, 73, 76, 80, 85
주식 배팅 나쁜 나이	17, 22, 26, 29, 34, 38, 41, 46, 50, 53, 58, 62, 65, 70, 74, 77, 82
오늘 복권 사면 좋은 나이	20, 25, 28, 32, 37, 40, 44, 49, 52, 56, 61, 64, 68, 73, 76, 80, 85
오늘 복권 사면 나쁜 나이	17, 22, 26, 29, 34, 38, 41, 46, 50, 53, 58, 62, 65, 70, 74, 77, 82
소개팅 • 맞선 • 데이트 • 친목	좋은 띠 ; 용띠 / 닭띠 나쁜 띠 ; 쥐 /양띠/토끼

시간에 만나는 사람 巳時에 사람은 이동수, 변동수, 매매, 이별, 실물 | 午時온 사람은 빈주머니, 헛 공사, 사기, 휴직 | 未時는 변동수, 시끄러움, 사고주의, 관재구설

申時에 온 사람 방해자, 배신자, 의욕상실 | 酉時에 온 사람은 허가, 해결할 문제, 합격 件 | 戌時 에 온 사람은 의욕없는자, 색정사, 억울한 일

운세풀이

未띠:이동수,우왕좌왕, 사고다툼	戌띠: 점점 일이 꼬임, 관재구설	丑띠:최고운상승세, 두마음	辰띠: 만남,결실,화합,문서
申띠:매사불편, 방해자,배신	亥띠:귀인상봉, 금전이득, 현금	寅띠: 의욕과다, 스트레스큼	巳띠:이동수,이별수,변동 움직임
酉띠:해결신,시험합격, 풀림	子띠: 매사꼬임,과거고생, 病	卯띠: 시급한 일, 뜻대로 안됨	午띠: 빈주머니,걱정근심,사기

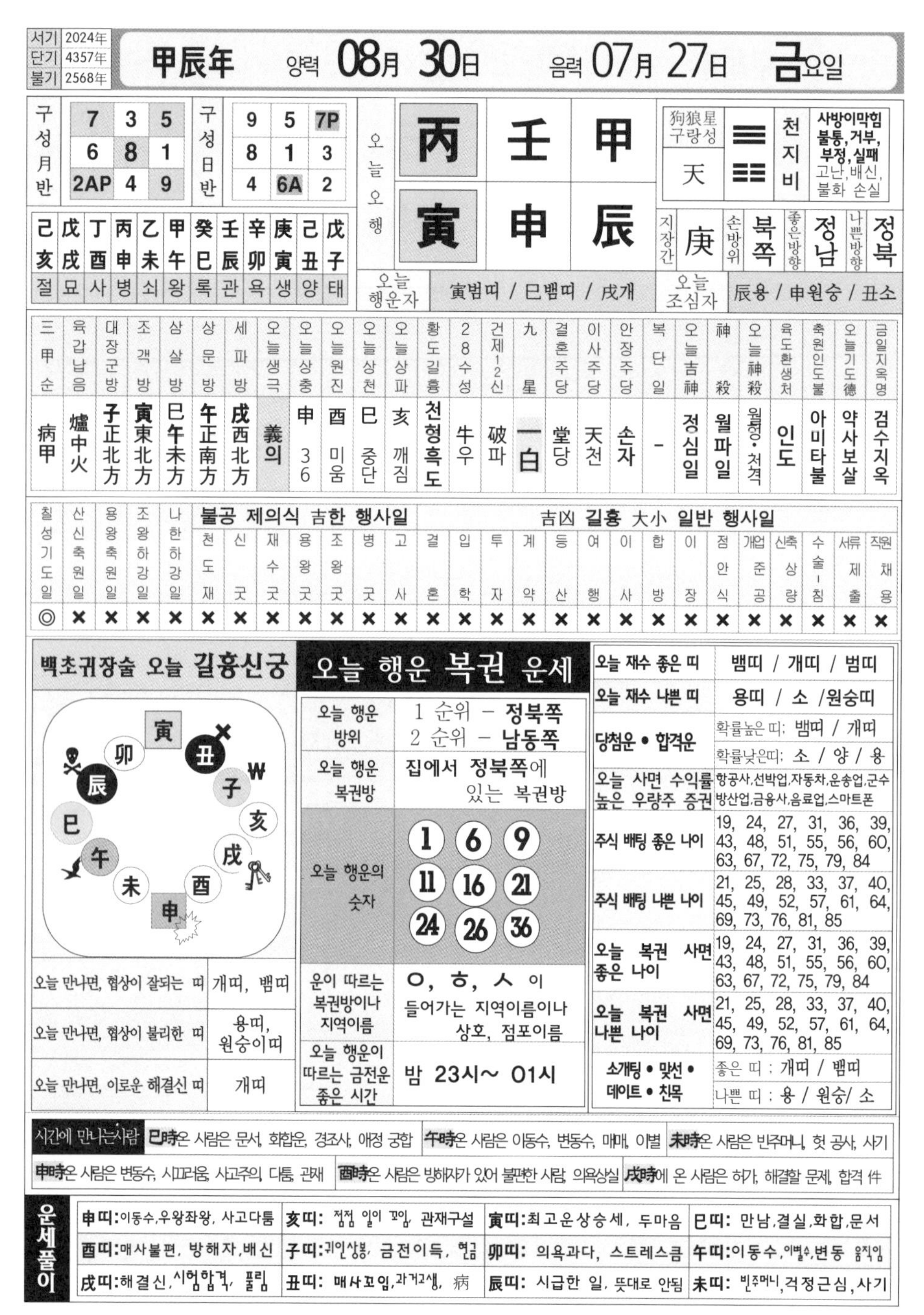

서기	2024年
단기	4357年
불기	2568年

甲辰年 양력 **08月 30日** 음력 **07月 27日** **금**요일

구성월반		
7	3	5
6	8	1
2AP	4	9

구성일반		
9	5	7P
8	1	3
4	6A	2

오늘오행		
丙	壬	甲
寅	申	辰

狗狼星 구랑성	天
천지비	사방이막힘 불통,거부, 부정,실패 고난,배신, 불화 손실

지장간	손방위	좋은방향	나쁜방향
庚	북쪽	정남	정북

己亥	戊戌	丁酉	丙申	乙未	甲午	癸巳	壬辰	辛卯	庚寅	己丑	戊子
절	묘	사	병	쇠	왕	록	관	욕	생	양	태

오늘 행운자	寅범띠 / 巳뱀띠 / 戌개
오늘 조심자	辰용 / 申원숭 / 丑소

三甲순	육갑납음	대장군방	조객방	삼살방	상문방	세파방	오늘생극	오늘상충	오늘원진	오늘상천	오늘상파	황도길흉	28수성	건제12신	九星	결혼주당	이사주당	안장주당	복단일	오늘吉神	神殺	오늘神殺	육도환생처	축원인도불	오늘기도德	금일지옥명
病甲	爐中火	子正北方	寅東北方	巳午未方	午正南方	戌西北方	義 의	申 36	酉 미움	巳 중단	亥 깨짐	천형흑도	牛 우	破 파	一白	堂 당	天 천	손 자	-	정심일	월파일	월형·천격	인도	아미타불	약사보살	검수지옥

칠성기도일	산신축원일	용왕축원일	조왕하강일	나한하강일	불공 제의식 吉한 행사일							吉凶 길흉 大小 일반 행사일														
					천도재	신굿	재수굿	용왕굿	조왕굿	병굿	고사	결혼	입학	투자	계약	등산	여행	이사	합방	이장	점안식	개업준공	신축상량	수술·침	서류제출	직원채용
◎	×	×	×	×	×	×	×	×	×	×	×	×	×	×	×	×	×	×	×	×	×	×	×	×	×	×

백초귀장술 오늘 길흉신궁

오늘 만나면, 협상이 잘되는 띠	개띠, 뱀띠
오늘 만나면, 협상이 불리한 띠	용띠, 원숭이띠
오늘 만나면, 이로운 해결신 띠	개띠

오늘 행운 복권 운세

오늘 행운 방위	1 순위 – 정북쪽 2 순위 – 남동쪽
오늘 행운 복권방	집에서 정북쪽에 있는 복권방
오늘 행운의 숫자	1 6 9 11 16 21 24 26 36
운이 따르는 복권방이나 지역이름	ㅇ, ㅎ, ㅅ 이 들어가는 지역이름이나 상호, 점포이름
오늘 행운이 따르는 금전운 좋은 시간	밤 23시~ 01시

오늘 재수 좋은 띠	뱀띠 / 개띠 / 범띠
오늘 재수 나쁜 띠	용띠 / 소 /원숭띠
당첨운 • 합격운	확률높은 띠: 뱀띠 / 개띠 확률낮은띠: 소 / 양 / 용
오늘 사면 수익률 높은 우량주 증권	항공사,선박업,자동차,운송업,군수 방산업,금융사,음료업,스마트폰
주식 배팅 좋은 나이	19, 24, 27, 31, 36, 39, 43, 48, 51, 55, 56, 60, 63, 67, 72, 75, 79, 84
주식 배팅 나쁜 나이	21, 25, 28, 33, 37, 40, 45, 49, 52, 57, 61, 64, 69, 73, 76, 81, 85
오늘 복권 사면 좋은 나이	19, 24, 27, 31, 36, 39, 43, 48, 51, 55, 56, 60, 63, 67, 72, 75, 79, 84
오늘 복권 사면 나쁜 나이	21, 25, 28, 33, 37, 40, 45, 49, 52, 57, 61, 64, 69, 73, 76, 81, 85
소개팅 • 맞선 • 데이트 • 친목	좋은 띠 : 개띠 / 뱀띠 나쁜 띠 : 용 / 원숭/ 소

시간에 만나는사람

巳時온 사람은 문서, 화합운, 경조사, 애정 궁합	午時온 사람은 이동수, 변동수, 매매, 이별	未時온 사람은 빈주머니, 헛 공사, 사기
申時온 사람은 변동수, 시끄러움, 사고주의, 다툼, 관재	酉時온 사람은 방해자가 있어 불편한 사람, 의욕상실	戌時에 온 사람은 허가, 해결할 문제, 합격 件

운세풀이

申띠:이동수,우왕좌왕, 사고다툼	亥띠: 점점 일이 꼬임, 관재구설	寅띠:최고운상승세, 두마음	巳띠: 만남,결실,화합,문서
酉띠:매사불편, 방해자,배신	子띠:귀인상봉, 금전이득, 현금	卯띠: 의욕과다, 스트레스큼	午띠:이동수,이별수,변동 움직임
戌띠:해결신,시험합격, 풀림	丑띠: 매사꼬임,과거고생, 病	辰띠: 시급한 일, 뜻대로 안됨	未띠: 빈주머니,걱정근심,사기

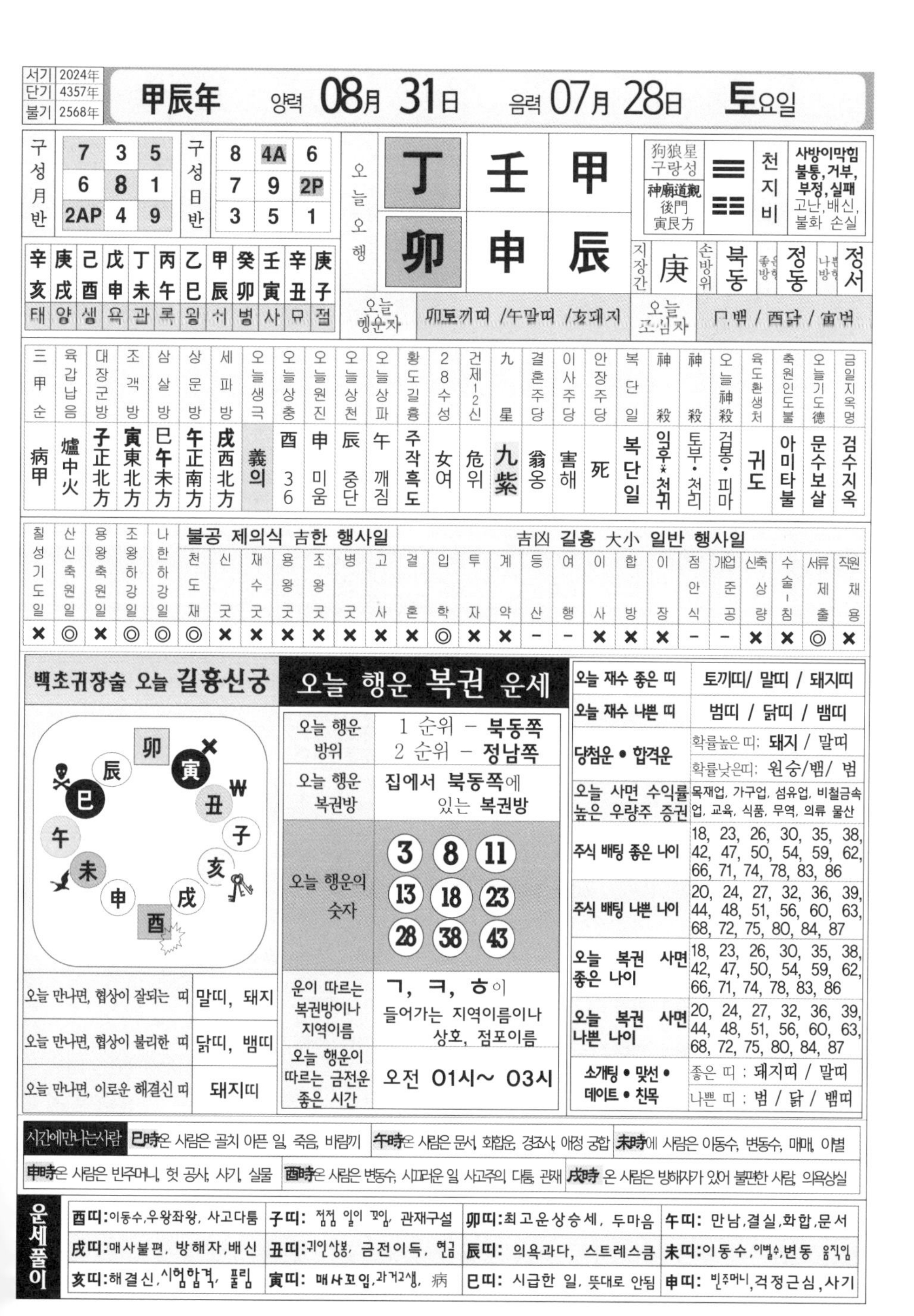

서기	2024年
단기	4357年
불기	2568年

甲辰年 양력 **08月 31日** 음력 **07月 28日** **토**요일

구성월반				구성일반			
	7	3	5		8	4A	6
	6	8	1		7	9	2P
	2AP	4	9		3	5	1

오늘오행		
丁	壬	甲
卯	申	辰

狗狼星 구랑성 / 神廟道觀 後門 寅艮方	☰☷	천지비	사방이막힘 불통,거부, 부정,실패 고난,배신, 불화 손실

지장간	손방위	좋은방향	나쁜방향
庚	북동	정동	정서

辛亥	庚戌	己酉	戊申	丁未	丙午	乙巳	甲辰	癸卯	壬寅	辛丑	庚子
태	양	생	욕	관	록	왕	쇠	병	사	묘	절

오늘 행운자	卯토끼띠 /午말띠 /亥돼지	오늘 조심자	巳뱀 / 酉닭 / 寅범

三甲순	육갑납음	대장군방	조객방	삼살방	상문방	세파방	오늘생극	오늘상충	오늘원진	오늘상천	오늘상파	황도길흉	28수성	건제12신	九星	결혼주당	이사주당	안장주당	복단일	神殺	神殺	오늘神殺	육도환생처	축원인도불	오늘기도德	금일지옥명
病甲	爐中火	子正北方	寅東北方	巳午未方	午正南方	戌西北方	義의	酉 36	申 미움	辰 중단	午 깨짐	주작흑도	女여	危위	九紫	翁옹	害해	死	복단일	익후*천귀	토부·천리	검봉·피마	귀도	아미타불	문수보살	검수지옥

칠성기도일	산신축원일	용왕축원일	조왕하강일	나한하강일	불공 제의식 吉한 행사일							吉凶 길흉 大小 일반 행사일														
					천도재	신굿	재수굿	용왕굿	조왕굿	병굿	고사	결혼	입학	투자	계약	등산	여행	이사	합방	이장	점안식	개업준공	신축상량	수술-침	서류제출	직원채용
×	◎	×	◎	◎	◎	×	×	×	×	×	×	×	◎	×	×	–	–	×	×	×	–	–	×	×	◎	×

백초귀장술 오늘 길흉신궁

오늘 만나면, 협상이 잘되는 띠	말띠, 돼지
오늘 만나면, 협상이 불리한 띠	닭띠, 뱀띠
오늘 만나면, 이로운 해결신 띠	돼지띠

오늘 행운 복권 운세

오늘 행운 방위	1 순위 – 북동쪽 2 순위 – 정남쪽
오늘 행운 복권방	집에서 북동쪽에 있는 복권방
오늘 행운의 숫자	3 8 11 13 18 23 28 38 43
운이 따르는 복권방이나 지역이름	ㄱ, ㅋ, ㅎ이 들어가는 지역이름이나 상호, 점포이름
오늘 행운이 따르는 금전운 좋은 시간	오전 01시~ 03시

오늘 재수 좋은 띠	토끼띠/ 말띠 / 돼지띠
오늘 재수 나쁜 띠	범띠 / 닭띠 / 뱀띠
당첨운 • 합격운	확률높은 띠: 돼지 / 말띠 확률낮은띠: 원숭/뱀/ 범
오늘 사면 수익률 높은 우량주 증권	목재업, 가구업, 섬유업, 비철금속업, 교육, 식품, 무역, 의류 물산
주식 배팅 좋은 나이	18, 23, 26, 30, 35, 38, 42, 47, 50, 54, 59, 62, 66, 71, 74, 78, 83, 86
주식 배팅 나쁜 나이	20, 24, 27, 32, 36, 39, 44, 48, 51, 56, 60, 63, 68, 72, 75, 80, 84, 87
오늘 복권 사면 좋은 나이	18, 23, 26, 30, 35, 38, 42, 47, 50, 54, 59, 62, 66, 71, 74, 78, 83, 86
오늘 복권 사면 나쁜 나이	20, 24, 27, 32, 36, 39, 44, 48, 51, 56, 60, 63, 68, 72, 75, 80, 84, 87
소개팅 • 맞선 • 데이트 • 친목	좋은 띠 : 돼지띠 / 말띠 나쁜 띠 : 범 / 닭 / 뱀띠

시간에만나는사람	巳時온 사람은 골치 아픈 일, 죽음, 바람끼	午時온 사람은 문서, 화합운, 경조사, 애정 궁합	未時에 사람은 이동수, 변동수, 매매, 이별
申時온 사람은 빈주머니, 헛 공사, 사기, 실물	酉時온 사람은 변동수, 시끄러운 일 사고주의, 다툼, 관재	戌時 온 사람은 방해자가 있어 불편한 사람, 의욕상실	

운세풀이			
酉띠:이동수,우왕좌왕, 사고다툼	子띠: 점점 일이 꼬임, 관재구설	卯띠:최고운상승세, 두마음	午띠: 만남,결실,화합,문서
戌띠:매사불편, 방해자,배신	丑띠:귀인상봉, 금전이득, 현금	辰띠: 의욕과다, 스트레스큼	未띠:이동수,이별수,변동 움직임
亥띠:해결신,시험합격, 풀림	寅띠: 매사꼬임,과거고생, 病	巳띠: 시급한 일, 뜻대로 안됨	申띠: 빈주머니,걱정근심,사기

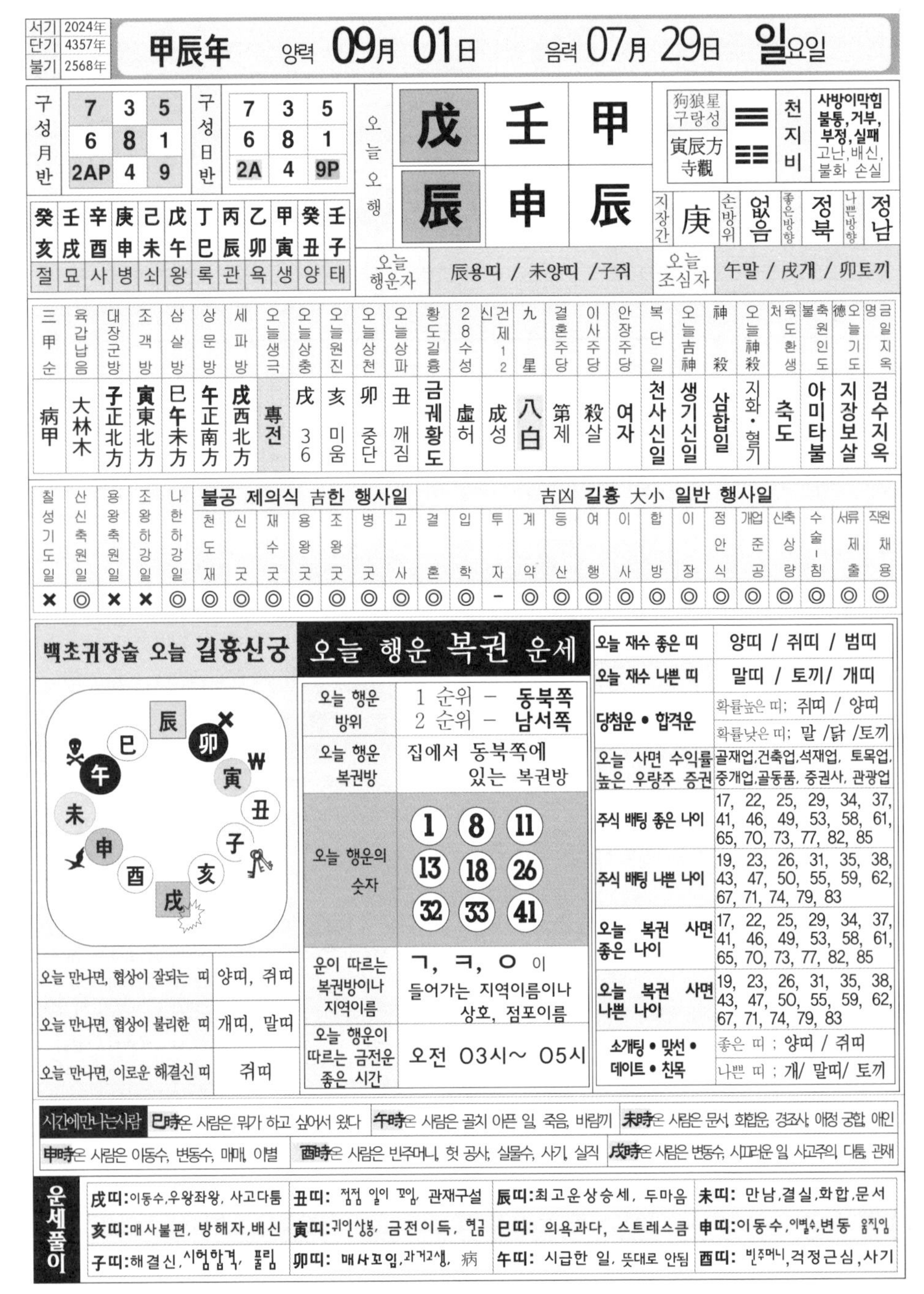

서기	2024年
단기	4357年
불기	2568年

甲辰年 양력 **09月 01日** 음력 **07月 29日** **일**요일

구성月반		
7	3	5
6	8	1
2AP	4	9

구성日반		
7	3	5
6	8	1
2A	4	9P

오늘오행		
戊	壬	甲
辰	申	辰

狗狼星 구랑성 寅辰方 寺觀 | 천지비 | 사방이막힘 불통, 거부, 부정, 실패 고난, 배신, 불화 손실

지장간 庚 | 손방위 없음 | 좋은방향 정북 | 나쁜방향 정남

癸亥	壬戌	辛酉	庚申	己未	戊午	丁巳	丙辰	乙卯	甲寅	癸丑	壬子
절	묘	사	병	쇠	왕	록	관	욕	생	양	태

오늘 행운자: 辰용띠 / 未양띠 /子쥐

오늘 조심자: 午말 / 戌개 / 卯토끼

三甲순	육갑납음	대장군방	조객방	삼살방	상문방	세파방	오늘생극	오늘상충	오늘원진	오늘상천	오늘상파	황도길흉	28수성	신건제12	九星	결혼주당	이사주당	안장주당	복단일	오늘吉神	神殺	오늘神殺	처육도환생	불축원인도	德오늘기도	명금일지옥
病甲	大林木	子正北方	寅東北方	巳午未方	午正南方	戌西北方	專전	戌 36	亥 미움	卯 중단	丑 깨짐	금궤황도	虛허	成성	八白	第제	殺살	여자	천사신일	생기신일	삼합일	지화·혈기	축도	아미타불	지장보살	검수지옥

칠성기도일	산신축원일	용왕축원일	조왕하강일	나한하강일	천도재	신굿	재수굿	용왕굿	조왕굿	병굿	고사	결혼	입학	투자	계약	등산	여행	이사	합방	이장	점안식	개업준공	신축상량	수술-침	서류제출	직원채용
×	◎	×	×	◎	◎	◎	◎	◎	◎	◎	◎	◎	◎	–	◎	◎	◎	◎	◎	◎	◎	◎	◎	◎	◎	◎

(불공 제의식 吉한 행사일: 천도재 ~ 고사 / 吉凶 길흉 大小 일반 행사일: 결혼 ~ 직원채용)

백초귀장술 오늘 길흉신궁

오늘 만나면, 협상이 잘되는 띠	양띠, 쥐띠
오늘 만나면, 협상이 불리한 띠	개띠, 말띠
오늘 만나면, 이로운 해결신 띠	쥐띠

오늘 행운 복권 운세

오늘 행운 방위	1 순위 – 동북쪽 2 순위 – 남서쪽
오늘 행운 복권방	집에서 동북쪽에 있는 복권방
오늘 행운의 숫자	1 8 11 13 18 26 32 33 41
운이 따르는 복권방이나 지역이름	ㄱ, ㅋ, ㅇ 이 들어가는 지역이름이나 상호, 점포이름
오늘 행운이 따르는 금전운 좋은 시간	오전 03시~ 05시

오늘 재수 좋은 띠	양띠 / 쥐띠 / 범띠
오늘 재수 나쁜 띠	말띠 / 토끼/ 개띠
당첨운 • 합격운	확률높은 띠; 쥐띠 / 양띠 확률낮은 띠; 말 /닭 /토끼
오늘 사면 수익률 높은 우량주 증권	골재업,건축업,석재업, 토목업, 중개업,골동품, 증권사, 관광업
주식 배팅 좋은 나이	17, 22, 25, 29, 34, 37, 41, 46, 49, 53, 58, 61, 65, 70, 73, 77, 82, 85
주식 배팅 나쁜 나이	19, 23, 26, 31, 35, 38, 43, 47, 50, 55, 59, 62, 67, 71, 74, 79, 83
오늘 복권 사면 좋은 나이	17, 22, 25, 29, 34, 37, 41, 46, 49, 53, 58, 61, 65, 70, 73, 77, 82, 85
오늘 복권 사면 나쁜 나이	19, 23, 26, 31, 35, 38, 43, 47, 50, 55, 59, 62, 67, 71, 74, 79, 83
소개팅 • 맞선 • 데이트 • 친목	좋은 띠 ; 양띠 / 쥐띠 나쁜 띠 ; 개/ 말띠/ 토끼

시간에만나는사람 **巳時**은 사람은 뭔가 하고 싶어서 왔다 **午時**은 사람은 골치 아픈 일, 죽음, 바람끼 **未時**은 사람은 문서, 화합운, 경조사, 애정 궁합, 애인

申時은 사람은 이동수, 변동수, 매매, 이별 **酉時**은 사람은 빈주머니, 헛 공사, 실물수, 사기, 실직 **戌時**은 사람은 변동수, 시끄러운 일 사고주의, 다툼, 관재

운세풀이

戌띠: 이동수,우왕좌왕, 사고다툼	**丑띠:** 점점 일이 꼬임, 관재구설	**辰띠:** 최고운상승세, 두마음	**未띠:** 만남,결실,화합,문서
亥띠: 매사불편, 방해자,배신	**寅띠:** 귀인상봉, 금전이득, 현금	**巳띠:** 의욕과다, 스트레스큼	**申띠:** 이동수, 이별수,변동 움직임
子띠: 해결신, 시험합격, 풀림	**卯띠:** 매사꼬임,과거고생, 病	**午띠:** 시급한 일, 뜻대로 안됨	**酉띠:** 빈주머니,걱정근심,사기

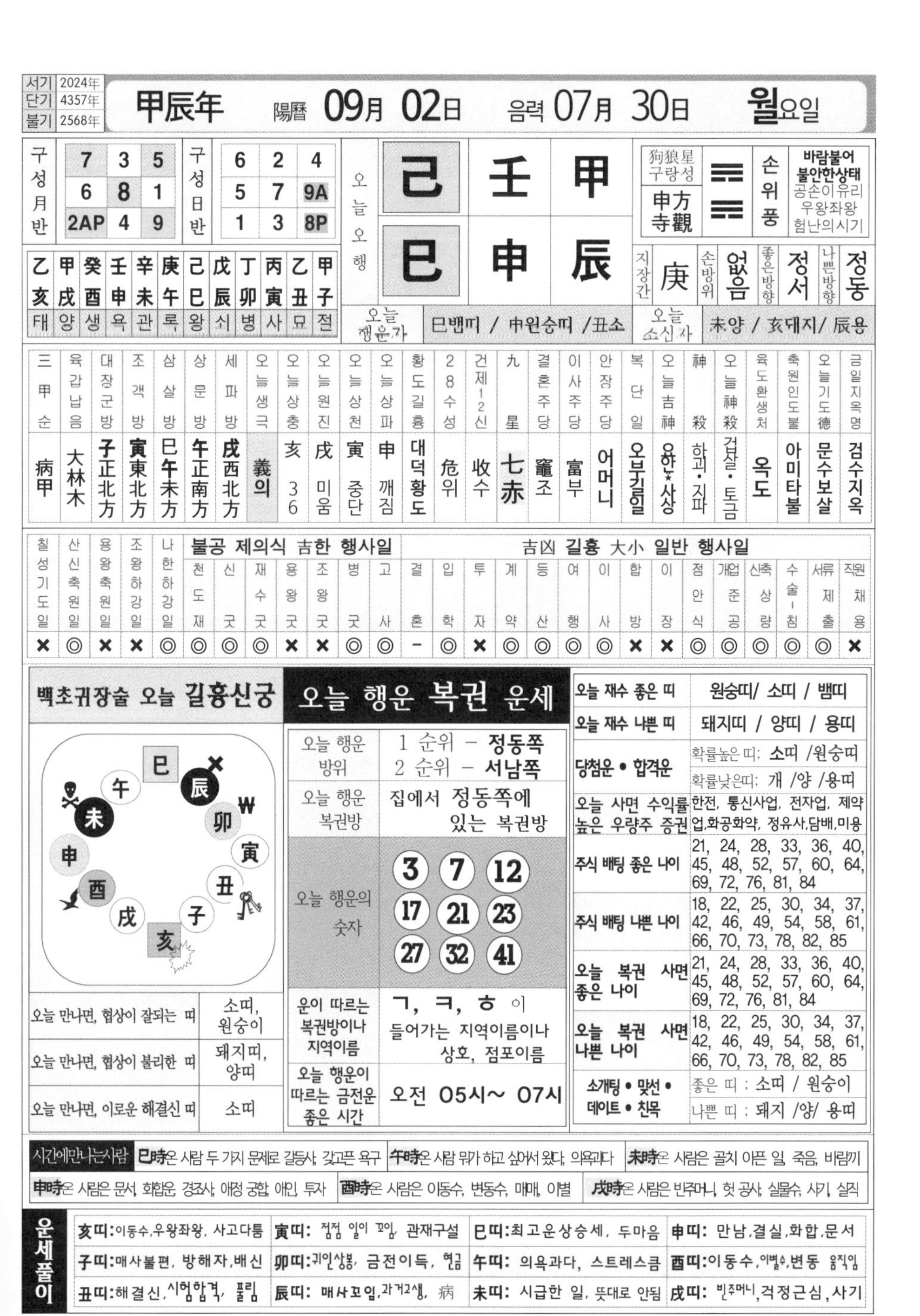

서기	2024年
단기	4357年
불기	2568年

甲辰年 陽曆 **09月 02日** 음력 **07月 30日** **월**요일

구성월반		
7	3	5
6	8	1
2AP	4	9

구성일반		
6	2	4
5	7	9A
1	3	8P

오늘오행		
己	壬	甲
巳	申	辰

狗狼星 구랑성	申方 寺觀	☴	손 위 풍	바람불어 불안한상태 공손이유리 우왕좌왕 험난의시기

지장간	庚	손방위	없음	좋은방향	정서	나쁜방향	정동

乙亥	甲戌	癸酉	壬申	辛未	庚午	己巳	戊辰	丁卯	丙寅	乙丑	甲子
태	양	생	욕	관	록	왕	쇠	병	사	묘	절

오늘 행운가	巳뱀띠 / 申원숭띠 / 丑소	오늘 소신사	未양 / 亥돼지 / 辰용

三甲순	육갑납음	대장군방	조객방	삼살방	상문방	세파방	오늘생극	오늘상충	오늘원진	오늘상천	오늘상파	황도길흉	28수성	건제12신	九星	결혼주당	이사주당	안장주당	복단일	오늘吉神	神殺	오늘神殺	육도환생처	축원인도불	오늘기도德	금일지옥명
病甲	大林木	子正北方	寅東北方	巳午未方	午正南方	戌西北方	義의	亥 36	戌 미움	寅 중단	申 깨짐	대덕황도	危위	收수	七赤	竈조	富부	어머니	오부길일	육합·사상	하괴·지파	겁살·토금	옥도	아미타불	문수보살	검수지옥

칠성기도일	산신축원일	용왕축원일	조왕하강일	나한하강일	불공 제의식 吉한 행사일: 천도재	신굿	재수굿	용왕굿	조왕굿	병굿	고사	吉凶 길흉 大小 일반 행사일: 결혼	입학	투자	계약	등산	여행	이사	합방	이장	점안식	개업준공	신축상량	수술-침	서류제출	직원채용
×	◎	×	×	◎	◎	◎	◎	×	×	◎	◎	-	◎	×	◎	◎	◎	◎	×	×	◎	◎	◎	◎	◎	×

백초귀장술 오늘 길흉신궁

오늘 만나면, 협상이 잘되는 띠	소띠, 원숭이
오늘 만나면, 협상이 불리한 띠	돼지띠, 양띠
오늘 만나면, 이로운 해결신 띠	소띠

오늘 행운 복권 운세

오늘 행운 방위	1 순위 - 정동쪽 2 순위 - 서남쪽
오늘 행운 복권방	집에서 정동쪽에 있는 복권방
오늘 행운의 숫자	3 7 12 17 21 23 27 32 41
운이 따르는 복권방이나 지역이름	ㄱ, ㅋ, ㅎ 이 들어가는 지역이름이나 상호, 점포이름
오늘 행운이 따르는 금전운 좋은 시간	오전 05시~ 07시

오늘 재수 좋은 띠	원숭띠/ 소띠 / 뱀띠
오늘 재수 나쁜 띠	돼지띠 / 양띠 / 용띠
당첨운 • 합격운	확률높은 띠: 소띠 /원숭띠 확률낮은띠: 개 /양 /용띠
오늘 사면 수익률 높은 우량주 증권	한전, 통신사업, 전자업, 제약업,화공화약, 정유사,담배,미용
주식 배팅 좋은 나이	21, 24, 28, 33, 36, 40, 45, 48, 52, 57, 60, 64, 69, 72, 76, 81, 84
주식 배팅 나쁜 나이	18, 22, 25, 30, 34, 37, 42, 46, 49, 54, 58, 61, 66, 70, 73, 78, 82, 85
오늘 복권 사면 좋은 나이	21, 24, 28, 33, 36, 40, 45, 48, 52, 57, 60, 64, 69, 72, 76, 81, 84
오늘 복권 사면 나쁜 나이	18, 22, 25, 30, 34, 37, 42, 46, 49, 54, 58, 61, 66, 70, 73, 78, 82, 85
소개팅 • 맞선 • 데이트 • 친목	좋은 띠 : 소띠 / 원숭이 나쁜 띠 : 돼지 /양/ 용띠

시간에만나는사람	巳時은 사람 두 가지 문제로 갈등사, 갖고픈 욕구	午時은 사람 뭐가 하고 싶어서 왔다, 의욕과다	未時은 사람은 골치 아픈 일, 죽음, 비람끼
申時은 사람은 문서, 화합운, 경조사, 애정 궁합, 애인, 투자	酉時은 사람은 이동수, 변동수, 매매, 이별	戌時은 사람은 빈주머니, 헛 공사, 실물수, 사기, 실직	

운세풀이				
	亥띠: 이동수,우왕좌왕, 사고다툼	寅띠: 점점 일이 꼬임, 관재구설	巳띠: 최고운상승세, 두마음	申띠: 만남,결실,화합,문서
	子띠: 매사불편, 방해자,배신	卯띠: 귀인상봉, 금전이득, 현금	午띠: 의욕과다, 스트레스큼	酉띠: 이동수,이별수,변동 움직임
	丑띠: 해결신,시험합격, 풀림	辰띠: 매사꼬임,과거고생, 病	未띠: 시급한 일, 뜻대로 안됨	戌띠: 빈주머니,걱정근심,사기

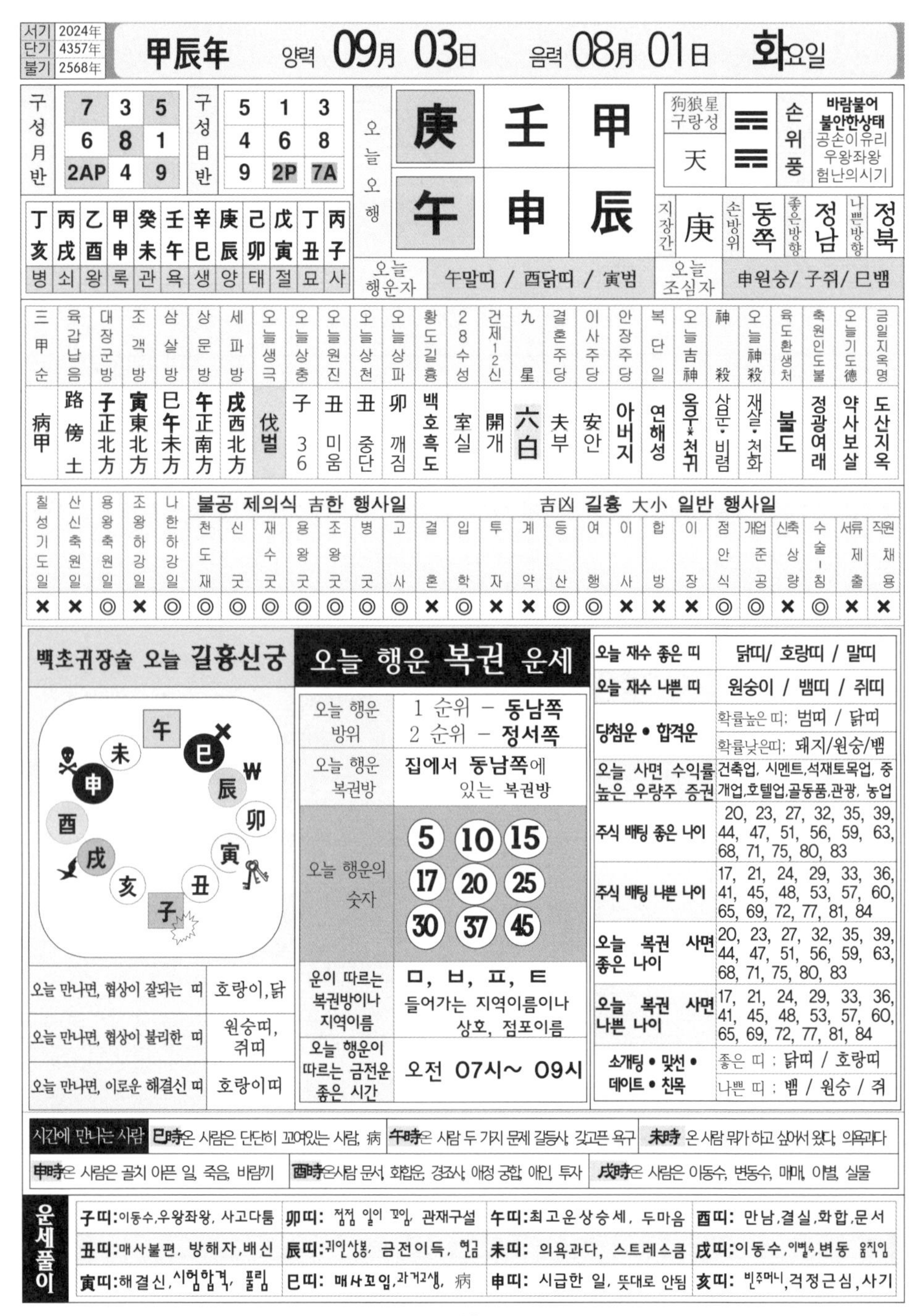

서기	2024年
단기	4357年
불기	2568年

甲辰年 양력 **09月 03日** 음력 **08月 01日** **화**요일

구성월반			구성일반		
7	3	5	5	1	3
6	8	1	4	6	8
2AP	4	9	9	2P	7A

오늘오행		
庚	壬	甲
午	申	辰

狗狼星 구랑성	天
손위풍	바람불어 불안한상태 공손이유리 우왕좌왕 험난의시기
지장간	庚
손방위	동쪽
좋은방향	정남
나쁜방향	정북

丁亥	丙戌	乙酉	甲申	癸未	壬午	辛巳	庚辰	己卯	戊寅	丁丑	丙子
병	쇠	왕	록	관	욕	생	양	태	절	묘	사

오늘 행운자	午말띠 / 酉닭띠 / 寅범
오늘 조심자	申원숭/ 子쥐/ 巳뱀

三甲순	육갑납음	대장군방	조객방	삼살방	상문방	세파방	오늘생극	오늘상충	오늘원진	오늘상천	오늘상파	황도길흉	28수성	건제12신	九星	결혼주당	이사주당	안장주당	복단일	오늘吉神	神殺	오늘神殺	육도환생처	축원인도불	오늘기도德	금일지옥명
病甲	路傍土	子正北方	寅東北方	巳午未方	午正南方	戌西北方	伐벌	子 36	丑 미움	丑 중단	卯 깨짐	백호흑도	室실	開개	六白	夫부	安안	아버지	연해성	옹우*천귀	삼문•비렴	재살•천화	불도	정광여래	약사보살	도산지옥

칠성기도일	산신축원일	용왕축원일	조왕하강일	나한하강일	불공 제의식 吉한 행사일: 천도재	신굿	재수굿	용왕굿	조왕굿	병굿	고사	吉凶 길흉 大小 일반 행사일: 결혼	입학	투자	계약	등산	여행	이사	합방	이장	점안식	개업준공	신축상량	수술-침	서류제출	직원채용
×	×	◎	×	◎	◎	◎	◎	◎	◎	◎	◎	×	◎	×	×	◎	◎	×	×	×	◎	◎	×	◎	×	×

백초귀장술 오늘 길흉신궁

午 未 巳 申 辰 酉 卯 戌 寅 亥 丑 子

오늘 만나면, 협상이 잘되는 띠	호랑이, 닭
오늘 만나면, 협상이 불리한 띠	원숭띠, 쥐띠
오늘 만나면, 이로운 해결신 띠	호랑이띠

오늘 행운 복권 운세

오늘 행운 방위	1 순위 – 동남쪽 2 순위 – 정서쪽
오늘 행운 복권방	집에서 동남쪽에 있는 복권방
오늘 행운의 숫자	5 10 15 17 20 25 30 37 45
운이 따르는 복권방이나 지역이름	ㅁ, ㅂ, ㅍ, ㅌ 들어가는 지역이름이나 상호, 점포이름
오늘 행운이 따르는 금전운 좋은 시간	오전 07시~ 09시

오늘 재수 좋은 띠	닭띠/ 호랑띠 / 말띠
오늘 재수 나쁜 띠	원숭이 / 뱀띠 / 쥐띠
당첨운 • 합격운	확률높은 띠: 범띠 / 닭띠 확률낮은띠: 돼지/원숭/뱀
오늘 사면 수익률 높은 우량주 증권	건축업, 시멘트,석재토목업, 중개업,호텔업,골동품,관광, 농업
주식 배팅 좋은 나이	20, 23, 27, 32, 35, 39, 44, 47, 51, 56, 59, 63, 68, 71, 75, 80, 83
주식 배팅 나쁜 나이	17, 21, 24, 29, 33, 36, 41, 45, 48, 53, 57, 60, 65, 69, 72, 77, 81, 84
오늘 복권 사면 좋은 나이	20, 23, 27, 32, 35, 39, 44, 47, 51, 56, 59, 63, 68, 71, 75, 80, 83
오늘 복권 사면 나쁜 나이	17, 21, 24, 29, 33, 36, 41, 45, 48, 53, 57, 60, 65, 69, 72, 77, 81, 84
소개팅 • 맞선 • 데이트 • 친목	좋은 띠 : 닭띠 / 호랑띠 나쁜 띠 : 뱀 / 원숭 / 쥐

시간에 만나는 사람

巳時온 사람은 단단히 꼬여있는 사람, 病 **午時**온 사람 두 가지 문제 갈등사, 갖고픈 욕구 **未時** 온 사람 뭐가 하고 싶어서 왔다, 의욕과다

申時온 사람은 골치 아픈 일, 죽음, 바람끼 **酉時**온사람 문서, 화합운, 경조사, 애정 궁합, 애인, 투자 **戌時**온 사람은 이동수, 변동수, 매매, 이별, 실물

운세풀이

子띠: 이동수,우왕좌왕, 사고다툼	**卯띠:** 점점 일이 꼬임, 관재구설	**午띠:** 최고운상승세, 두마음	**酉띠:** 만남,결실,화합,문서
丑띠: 매사불편, 방해자,배신	**辰띠:** 귀인상봉, 금전이득, 현금	**未띠:** 의욕과다, 스트레스큼	**戌띠:** 이동수, 이별수,변동 움직임
寅띠: 해결신, 시험합격, 풀림	**巳띠:** 매사꼬임,과거고생, 病	**申띠:** 시급한 일, 뜻대로 안됨	**亥띠:** 빈주머니, 걱정근심, 사기

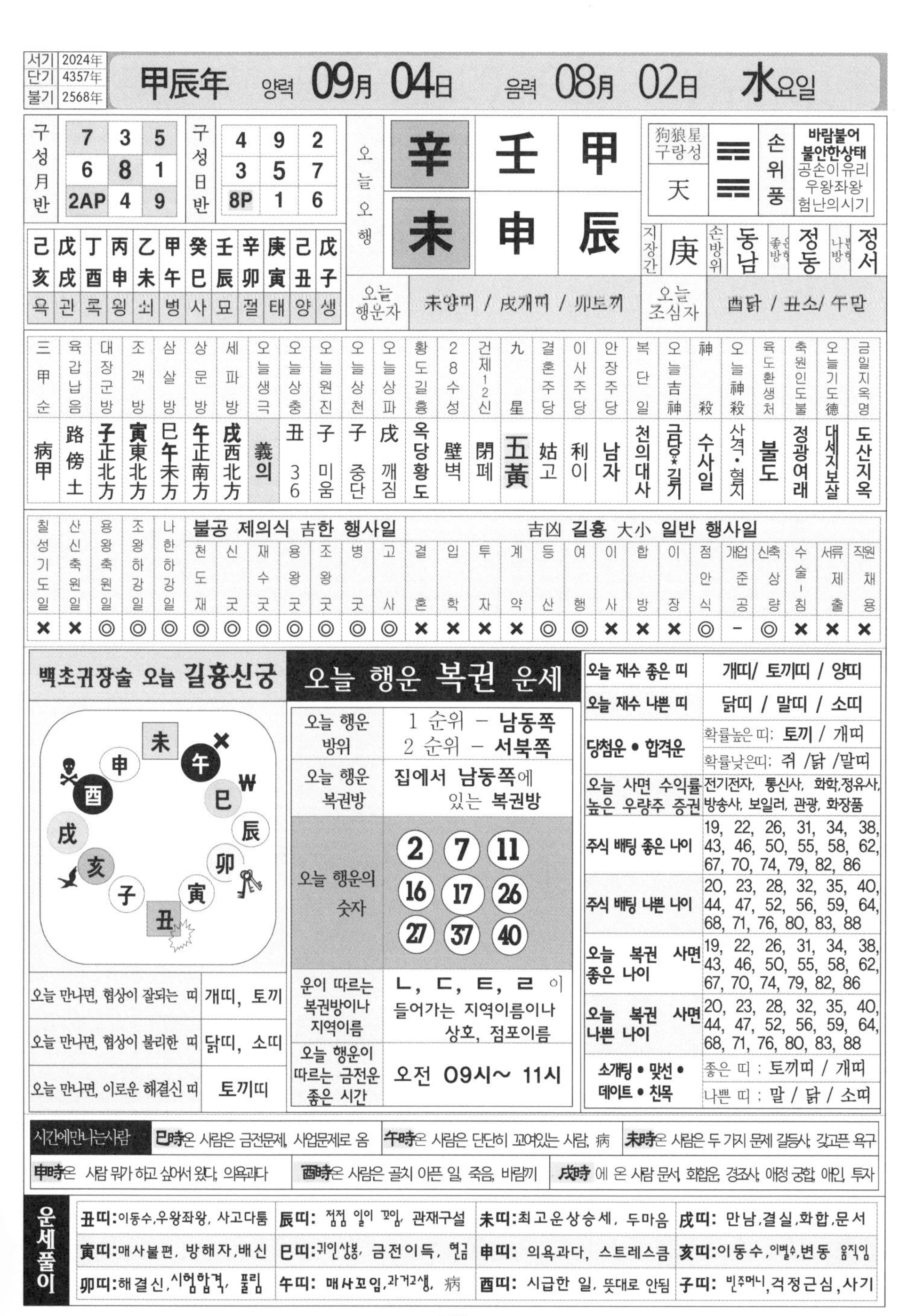

서기	2024年
단기	4357年
불기	2568年

甲辰年 양력 09月 04日 음력 08月 02日 水요일

구성月반		
7	3	5
6	8	1
2AP	4	9

구성日반		
4	9	2
3	5	7
8P	1	6

오늘오행		
辛	壬	甲
未	申	辰

狗狼星 구랑성	괘	손위풍	바람불어 불안한상태
天	☴		공손이유리 우왕좌왕 험난의시기

지장간	손방위	좋은방향	나쁜방향
庚	동남	정동	정서

己亥	戊戌	丁酉	丙申	乙未	甲午	癸巳	壬辰	辛卯	庚寅	己丑	戊子
욕	관	록	왕	쇠	병	사	묘	절	태	양	생

오늘 행운자	未양띠 / 戌개띠 / 卯토끼
오늘 조심자	酉닭 / 丑소/ 午말

三甲순	육갑납음	대장군방	조객방	삼살방	상문방	세파방	오늘생극	오늘상충	오늘원진	오늘상천	오늘상파	황도길흉	28수성	건제12신	九星	결혼주당	이사주당	안장주당	복단일	오늘吉神	神殺	오늘神殺	육도환생처	축원인도불	오늘기도德	금일지옥명
病甲	路傍土	子正北方	寅東北方	巳午未方	午正南方	戌西北方	義의	丑 36	子 미움	子 중단	戌 깨짐	옥당황도	壁벽	閉폐	五黃	姑고	利이	남자	천의대사	금당*길기	수사일	사격·혈지	불도	정광여래	대세지보살	도산지옥

칠성기도일	산신축원일	용왕축원일	조왕하강일	나한하강일	불공 제의식 吉한 행사일							吉凶 길흉 大小 일반 행사일														
					천도재	신굿	재수굿	용왕굿	조왕굿	병굿	고사	결혼	입학	투자	계약	등산	여행	이사	합방	이장	점안식	개업준공	신축상량	수술-침	서류제출	직원채용
×	×	◎	◎	◎	◎	◎	◎	◎	◎	◎	◎	×	×	×	×	◎	◎	×	×	×	◎	–	◎	×	×	×

백초귀장술 오늘 길흉신궁

오늘 만나면, 협상이 잘되는 띠	개띠, 토끼
오늘 만나면, 협상이 불리한 띠	닭띠, 소띠
오늘 만나면, 이로운 해결신 띠	토끼띠

오늘 행운 복권 운세

오늘 행운 방위	1 순위 – 남동쪽 2 순위 – 서북쪽
오늘 행운 복권방	집에서 남동쪽에 있는 복권방
오늘 행운의 숫자	2 7 11 16 17 26 27 37 40
운이 따르는 복권방이나 지역이름	ㄴ, ㄷ, ㅌ, ㄹ 이 들어가는 지역이름이나 상호, 점포이름
오늘 행운이 따르는 금전운 좋은 시간	오전 09시~ 11시

오늘 재수 좋은 띠	개띠/ 토끼띠 / 양띠
오늘 재수 나쁜 띠	닭띠 / 말띠 / 소띠
당첨운 • 합격운	확률높은 띠; 토끼 / 개띠 확률낮은띠; 쥐 /닭 /말띠
오늘 사면 수익률 높은 우량주 증권	전기전자, 통신사, 화학,정유사, 방송사, 보일러, 관광, 화장품
주식 배팅 좋은 나이	19, 22, 26, 31, 34, 38, 43, 46, 50, 55, 58, 62, 67, 70, 74, 79, 82, 86
주식 배팅 나쁜 나이	20, 23, 28, 32, 35, 40, 44, 47, 52, 56, 59, 64, 68, 71, 76, 80, 83, 88
오늘 복권 사면 좋은 나이	19, 22, 26, 31, 34, 38, 43, 46, 50, 55, 58, 62, 67, 70, 74, 79, 82, 86
오늘 복권 사면 나쁜 나이	20, 23, 28, 32, 35, 40, 44, 47, 52, 56, 59, 64, 68, 71, 76, 80, 83, 88
소개팅 • 맞선 • 데이트 • 친목	좋은 띠 ; 토끼띠 / 개띠 나쁜 띠 ; 말 / 닭 / 소띠

시간에만나는사람	巳時온 사람은 금전문제, 사업문제로 옴	午時온 사람은 단단히 꼬여있는 사람, 病	未時온 사람은 두 가지 문제 갈등사, 갖고픈 욕구
申時온 사람 뭐가 하고 싶어서 왔다, 의욕과다	酉時온 사람은 골치 아픈 일, 죽음, 바람끼	戌時 에 온 사람 문서, 화합운, 경조사, 애정 궁합, 애인, 투자	

운세풀이

丑띠:이동수,우왕좌왕, 사고다툼	辰띠: 점점 일이 꼬임, 관재구설	未띠:최고운상승세, 두마음	戌띠: 만남,결실,화합,문서
寅띠:매사불편, 방해자,배신	巳띠:귀인상봉, 금전이득, 현금	申띠: 의욕과다, 스트레스큼	亥띠:이동수,이별수,변동 움직임
卯띠:해결신,시험합격, 풀림	午띠: 매사꼬임,과거고생, 病	酉띠: 시급한 일, 뜻대로 안됨	子띠: 빈주머니,걱정근심,사기

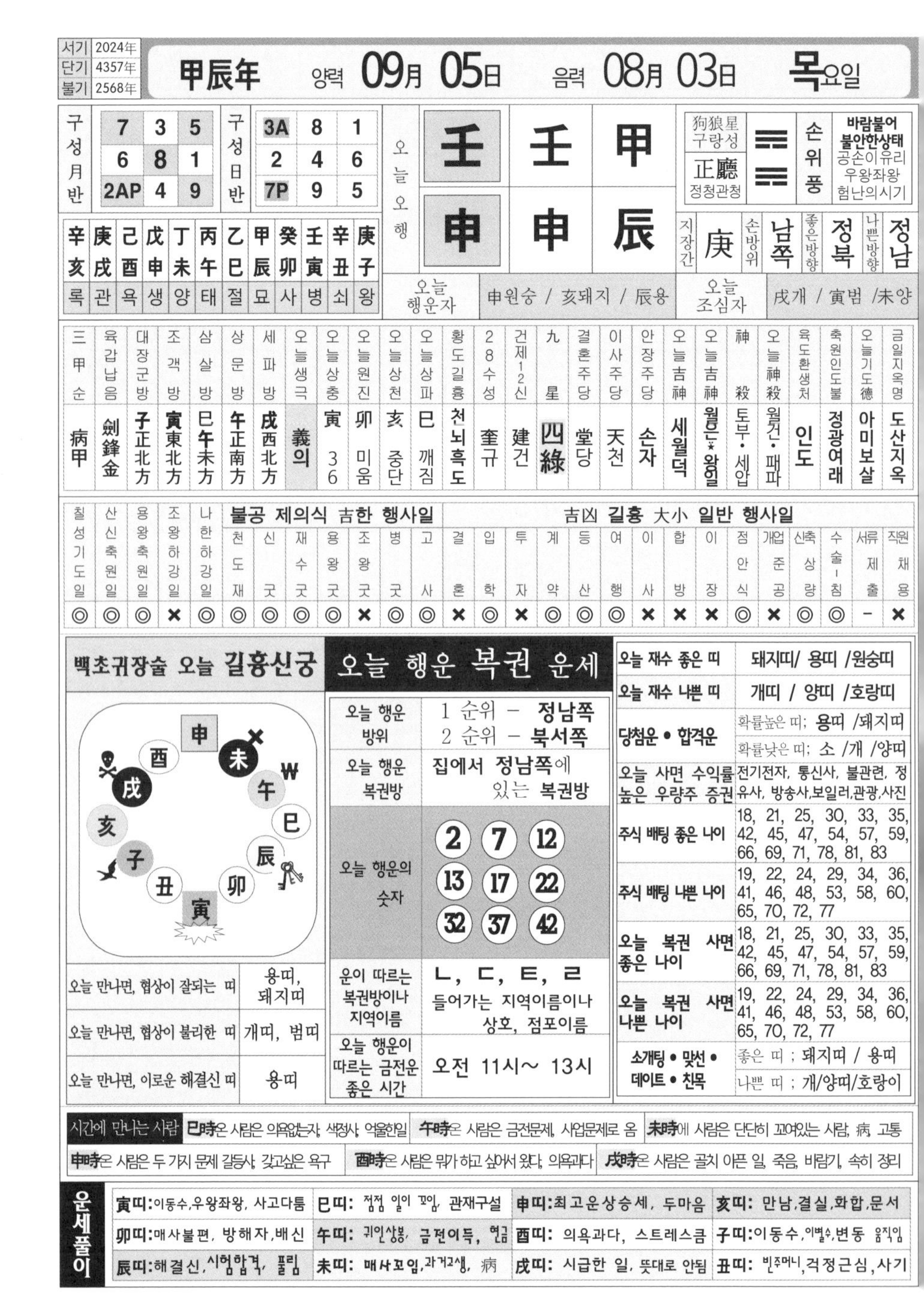

서기	2024年
단기	4357年
불기	2568年

甲辰年 양력 **09月 05日** 음력 **08月 03日** **목**요일

구성月반		
7	3	5
6	8	1
2AP	4	9

구성日반		
3A	8	1
2	4	6
7P	9	5

辛亥	庚戌	己酉	戊申	丁未	丙午	乙巳	甲辰	癸卯	壬寅	辛丑	庚子
록	관	욕	생	양	태	절	묘	사	병	쇠	왕

오늘오행			
	壬	壬	甲
	申	申	辰

狗狼星 구랑성	正廳 정청관청	손위풍	바람불어 불안한상태 공손이유리 우왕좌왕 험난의시기

지장간	庚	손방위	남쪽	좋은방향	정북	나쁜방향	정남

오늘 행운자	申원숭 / 亥돼지 / 辰용	오늘 조심자	戌개 / 寅범 /未양

三甲순	육갑납음	대장군방	조객방	삼살방	상문방	세파방	오늘생극	오늘상충	오늘원진	오늘상천	오늘상파	황도길흉	28수성	건제12신	九星	결혼주당	이사주당	안장주당	오늘吉神	오늘吉神	神殺	오늘神殺	육도환생처	축원인도불	오늘기도德	금일지옥명
病甲	劍鋒金	子正北方	寅東北方	巳午未方	午正南方	戌西北方	義의	寅 36	卯 미움	亥 중단	巳 깨짐	천뇌흑도	奎규	建건	四綠	堂당	天천	손자	세월덕	월은*왕일	토부·세압	월건·패파	인도	정광여래	아미보살	도산지옥

칠성기도일	산신축원일	용왕축원일	조왕하강일	나한하강일	불공 제의식 吉한 행사일							吉凶 길흉 大小 일반 행사일														
					천도재	신굿	재수굿	용왕굿	조왕굿	병굿	고사	결혼	입학	투자	계약	등산	여행	이사	합방	이장	점안식	개업준공	신축상량	수술-침	서류제출	직원채용
◎	◎	◎	×	◎	◎	◎	◎	◎	×	◎	◎	×	◎	×	◎	◎	◎	×	×	×	◎	×	◎	◎	–	×

백초귀장술 오늘 길흉신궁

오늘 만나면, 협상이 잘되는 띠	용띠, 돼지띠
오늘 만나면, 협상이 불리한 띠	개띠, 범띠
오늘 만나면, 이로운 해결신 띠	용띠

오늘 행운 복권 운세

오늘 행운 방위	1 순위 – 정남쪽 2 순위 – 북서쪽
오늘 행운 복권방	집에서 정남쪽에 있는 복권방
오늘 행운의 숫자	2 7 12 13 17 22 32 37 42
운이 따르는 복권방이나 지역이름	ㄴ, ㄷ, ㅌ, ㄹ 들어가는 지역이름이나 상호, 점포이름
오늘 행운이 따르는 금전운 좋은 시간	오전 11시~ 13시

오늘 재수 좋은 띠	돼지띠/ 용띠 /원숭띠
오늘 재수 나쁜 띠	개띠 / 양띠 /호랑띠
당첨운 • 합격운	확률높은 띠; 용띠 /돼지띠 확률낮은 띠; 소 /개 /양띠
오늘 사면 수익률 높은 우량주 증권	전기전자, 통신사, 불관련, 정유사, 방송사,보일러,관광,사진
주식 배팅 좋은 나이	18, 21, 25, 30, 33, 35, 42, 45, 47, 54, 57, 59, 66, 69, 71, 78, 81, 83
주식 배팅 나쁜 나이	19, 22, 24, 29, 34, 36, 41, 46, 48, 53, 58, 60, 65, 70, 72, 77
오늘 복권 사면 좋은 나이	18, 21, 25, 30, 33, 35, 42, 45, 47, 54, 57, 59, 66, 69, 71, 78, 81, 83
오늘 복권 사면 나쁜 나이	19, 22, 24, 29, 34, 36, 41, 46, 48, 53, 58, 60, 65, 70, 72, 77
소개팅 • 맞선 • 데이트 • 친목	좋은 띠 ; 돼지띠 / 용띠 나쁜 띠 ; 개/양띠/호랑이

시간에 만나는 사람	巳時은 사람은 의욕없는자, 색정사, 억울한일	午時은 사람은 금전문제, 사업문제로 옴	未時에 사람은 단단히 꼬여있는 사람, 病, 고통
	申時은 사람은 두 가지 문제 갈등사, 갖고싶은 욕구	酉時은 사람은 뭔가 하고 싶어서 왔다, 의욕과다	戌時은 사람은 골치 아픈 일, 죽음, 바람기, 속히 정리

운세풀이				
	寅띠:이동수,우왕좌왕, 사고다툼	巳띠: 점점 일이 꼬임, 관재구설	申띠:최고운상승세, 두마음	亥띠: 만남,결실,화합,문서
	卯띠:매사불편, 방해자,배신	午띠: 귀인상봉, 금전이득, 현금	酉띠: 의욕과다, 스트레스큼	子띠:이동수,이별수,변동 움직임
	辰띠:해결신,시험합격, 풀림	未띠: 매사꼬임,과거고생, 病	戌띠: 시급한 일, 뜻대로 안됨	丑띠: 빈주머니,걱정근심,사기

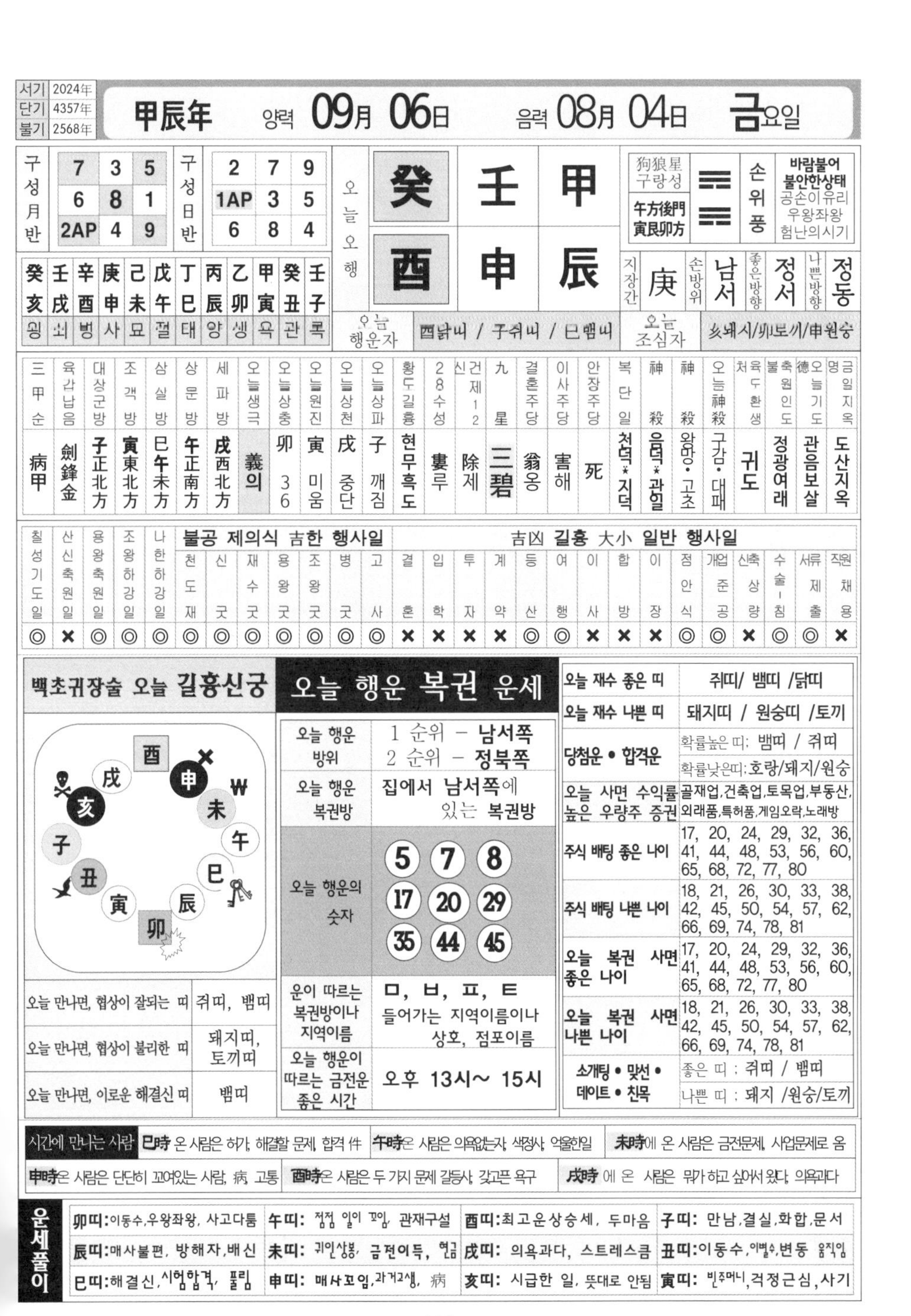

서기	2024年
단기	4357年
불기	2568年

甲辰年 양력 **09月 06日** 음력 **08月 04日** **금**요일

구성月반		
7	3	5
6	8	1
2AP	4	9

구성日반		
2	7	9
1AP	3	5
6	8	4

오늘오행		
癸	壬	甲
酉	申	辰

狗狼星 구랑성	午方後門 寅艮卯方	손위풍	바람불어 불안한상태 공손이유리 우왕좌왕 험난의시기

지장간	손방위	좋은방향	나쁜방향
庚	남서	정서	정동

癸亥	壬戌	辛酉	庚申	己未	戊午	丁巳	丙辰	乙卯	甲寅	癸丑	壬子
왕	쇠	병	사	묘	절	태	양	생	욕	관	록

오늘 행운자	酉닭띠 / 子쥐띠 / 巳뱀띠	오늘 조심자	亥돼지/卯토끼/申원숭

三甲순	육갑납음	대상군방	조객방	삼실방	상문방	세파방	오늘생극	오늘상충	오늘원진	오늘상천	오늘상파	황도길흉	28수성	건제12신	九星	결혼주당	이사주당	안장주당	복단일	神殺	神殺	오늘神殺	육도환생처	축원인도불	오늘기도德	금일지옥명
病甲	劍鋒金	子正北方	寅東北方	巳午未方	午正南方	戌西北方	義의	卯 36	寅 미움	戌 중단	子 깨짐	현무흑도	婁루	除제	三碧	翁옹	害해	死	천덕*지덕	음덕*관일	왕망·고초	구감·대패	귀도	정광여래	관음보살	도산지옥

칠성기도일	산신축원일	용왕축원일	조왕하강일	나한하강일	불공 제의식 吉한 행사일							吉凶 길흉 大小 일반 행사일														
					천도재	신굿	재수굿	용왕굿	조왕굿	병굿	고사	결혼	입학	투자	계약	등산	여행	이사	합방	이장	점안식	개업준공	신축상량	수술-침	서류제출	직원채용
◎	×	◎	◎	◎	◎	◎	◎	◎	◎	◎	◎	×	×	×	×	◎	◎	×	×	×	◎	◎	×	◎	◎	×

백초귀장술 오늘 길흉신궁

오늘 만나면, 협상이 잘되는 띠	쥐띠, 뱀띠
오늘 만나면, 협상이 불리한 띠	돼지띠, 토끼띠
오늘 만나면, 이로운 해결신 띠	뱀띠

오늘 행운 복권 운세

오늘 행운 방위	1 순위 – 남서쪽 2 순위 – 정북쪽
오늘 행운 복권방	집에서 남서쪽에 있는 복권방
오늘 행운의 숫자	5 7 8 17 20 29 35 44 45
운이 따르는 복권방이나 지역이름	ㅁ, ㅂ, ㅍ, ㅌ 들어가는 지역이름이나 상호, 점포이름
오늘 행운이 따르는 금전운 좋은 시간	오후 13시~ 15시

오늘 재수 좋은 띠	쥐띠/ 뱀띠 /닭띠
오늘 재수 나쁜 띠	돼지띠 / 원숭띠 /토끼
당첨운 • 합격운	확률높은 띠: 뱀띠 / 쥐띠 확률낮은띠: 호랑/돼지/원숭
오늘 사면 수익률 높은 우량주 증권	골재업,건축업,토목업,부동산,외래품,특허품,게임오락,노래방
주식 배팅 좋은 나이	17, 20, 24, 29, 32, 36, 41, 44, 48, 53, 56, 60, 65, 68, 72, 77, 80
주식 배팅 나쁜 나이	18, 21, 26, 30, 33, 38, 42, 45, 50, 54, 57, 62, 66, 69, 74, 78, 81
오늘 복권 사면 좋은 나이	17, 20, 24, 29, 32, 36, 41, 44, 48, 53, 56, 60, 65, 68, 72, 77, 80
오늘 복권 사면 나쁜 나이	18, 21, 26, 30, 33, 38, 42, 45, 50, 54, 57, 62, 66, 69, 74, 78, 81
소개팅 • 맞선 • 데이트 • 친목	좋은 띠 : 쥐띠 / 뱀띠 나쁜 띠 : 돼지 /원숭/토끼

시간에 만나는 사람	**巳時** 온 사람은 허가, 해결할 문제, 합격 件	**午時**온 사람은 의욕없는자, 색정사, 억울한일	**未時**에 온 사람은 금전문제, 사업문제로 옴
申時온 사람은 단단히 꼬여있는 사람, 病, 고통	**酉時**온 사람은 두 가지 문제 갈등사, 갖고픈 욕구	**戌時** 에 온 사람은 뭔가 하고 싶어서 왔다, 의욕과다	

운세풀이			
卯띠:이동수,우왕좌왕, 사고다툼	**午띠:** 점점 일이 꼬임, 관재구설	**酉띠:**최고운상승세, 두마음	**子띠:** 만남,결실,화합,문서
辰띠:매사불편, 방해자,배신	**未띠:** 귀인상봉, 금전이득, 현금	**戌띠:** 의욕과다, 스트레스큼	**丑띠:**이동수,이별수,변동 움직임
巳띠:해결신,시험합격, 풀림	**申띠:** 매사꼬임,과거고생, 病	**亥띠:** 시급한 일, 뜻대로 안됨	**寅띠:** 빈주머니,걱정근심,사기

서기	2024年
단기	4357年
불기	2568年

甲辰年 양력 09月 07日 음력 08月 05日 토요일

백로 白露 12 時 11分 入

구성月반		
6	2	4
5P	7	9A
1	3	8

구성日반		
1P	6	8A
9	2	4
5	7	3

오늘 오행

甲	癸	甲
戌	酉	辰

狗狼星 구랑성	神廟 州縣	☴	손위풍	바람불어 불안한상태 공손이유리 우왕좌왕 험난의시기

지장간	庚	손방위	서쪽	좋은방향	정남	나쁜방향	정북

乙亥	甲戌	癸酉	壬申	辛未	庚午	己巳	戊辰	丁卯	丙寅	乙丑	甲子
생	양	태	절	묘	사	병	쇠	왕	록	관	욕

오늘 행운자	戌개띠 / 丑소띠 / 午말띠	오늘 조심자	子쥐띠/ 辰용띠 /酉닭띠

三甲순	육갑납음	대장군방	조객방	삼살방	상문방	세파방	오늘생극	오늘상충	오늘원진	오늘상천	오늘상파	황도길흉	28수성	건제12신	九星	결혼주당	이사주당	안장주당	복단일	대공망일	神殺일	오늘神殺	육도환생처	축원인도불	오늘기도德	금일지옥명
生甲	山頭火	子正北方	寅東北方	巳午未方	午正南方	戌西北方	制제	辰 36	巳 미움	酉 중단	未 깨짐	천뇌흑도	胃위	除제	二黑	第제	殺살	여자	복단일	대공망일	월공*수일	혈기·도화	축도	정광여래	미륵보살	도산지옥

칠성기도일	산신축원일	용왕축원일	조왕하강일	나한하강일	불공 제의식 吉한 행사일							吉凶 길흉 大小 일반 행사일														
					천도재	신굿	재수굿	용왕굿	조왕굿	병굿	고사	결혼	입학	투자	계약	등산	여행	이사	합방	이장	점안식	개업준공	신축상량	수술-침	서류제출	직원채용
◎	◎	◎	◎	◎	◎	×	×	×	×	×	×	×	−	×	×	◎	◎	×	×	×	×	×	×	×	◎	×

백초귀장술 오늘 길흉신궁

戌 亥 酉 子 申 丑 未 寅 午 卯 巳 辰

오늘 만나면, 협상이 잘되는 띠	소띠, 말띠
오늘 만나면, 협상이 불리한 띠	쥐띠, 용띠
오늘 만나면, 이로운 해결신 띠	말띠

오늘 행운 복권 운세

오늘 행운 방위	1 순위 – 서남쪽 2 순위 – 북동쪽
오늘 행운 복권방	집에서 서남쪽에 있는 복권방
오늘 행운의 숫자	4, 9, 17, 18, 24, 25, 33, 35, 44
운이 따르는 복권방이나 지역이름	ㅅ, ㅈ, ㅊ, ㅂ 들어가는 지역이름이나 상호, 점포이름
오늘 행운이 따르는 금전운 좋은 시간	오후 15시~ 17시

오늘 재수 좋은 띠	소띠/ 말띠 / 개띠
오늘 재수 나쁜 띠	쥐띠 / 닭띠 / 용띠
당첨운 • 합격운	확률높은 띠: 말띠 / 소띠 확률낮은띠: 토끼/쥐띠/ 닭
오늘 사면 수익률 높은 우량주 증권	자동차, 중장비, 軍무기, 원석, 금은보석,철도업, 운송업, 음악
주식 배팅 좋은 나이	19, 23, 28, 31, 35, 40, 43, 47, 52, 55, 59, 64, 67, 71, 76, 79, 83
주식 배팅 나쁜 나이	17, 20, 25, 29, 32, 37, 41, 44, 49, 53, 56, 61, 65, 68, 73, 77, 80, 85
오늘 복권 사면 좋은 나이	19, 23, 28, 31, 35, 40, 43, 47, 52, 55, 59, 64, 67, 71, 76, 79, 83
오늘 복권 사면 나쁜 나이	17, 20, 25, 29, 32, 37, 41, 44, 49, 53, 56, 61, 65, 68, 73, 77, 80, 85
소개팅 • 맞선 • 데이트 • 친목	좋은 띠 : 소띠 / 말띠 나쁜 띠 : 쥐 / 닭 / 용띠

시간에 만나는 사람	巳時온 사람은 의욕이 없고, 방해자가 있음	午時온 사람은 허가, 해결할 문제, 합격 件	未時온 사람은 의욕없는자, 색정사, 억울한일
	申時 온 사람은 금전문제, 투자, 사업문제로 옴	酉時에 사람은 단단히 꼬여있는 사람, 病, 고통	戌時 에 온 사람은 두 가지 문제 갈등사, 갖고 싶은 욕구

운세풀이			
辰띠:이동수,우왕좌왕, 사고다툼	未띠: 점점 일이 꼬임, 관재구설	戌띠:최고운상승세, 두마음	丑띠: 만남,결실,화합,문서
巳띠:매사불편, 방해자,배신	申띠: 귀인상봉, 금전이득, 현금	亥띠: 의욕과다, 스트레스큼	寅띠:이동수,이별수,변동 움직임
午띠:해결신,시험합격, 풀림	酉띠: 매사꼬임,과거고생, 病	子띠: 시급한 일, 뜻대로 안됨	卯띠: 빈주머니,걱정근심,사기

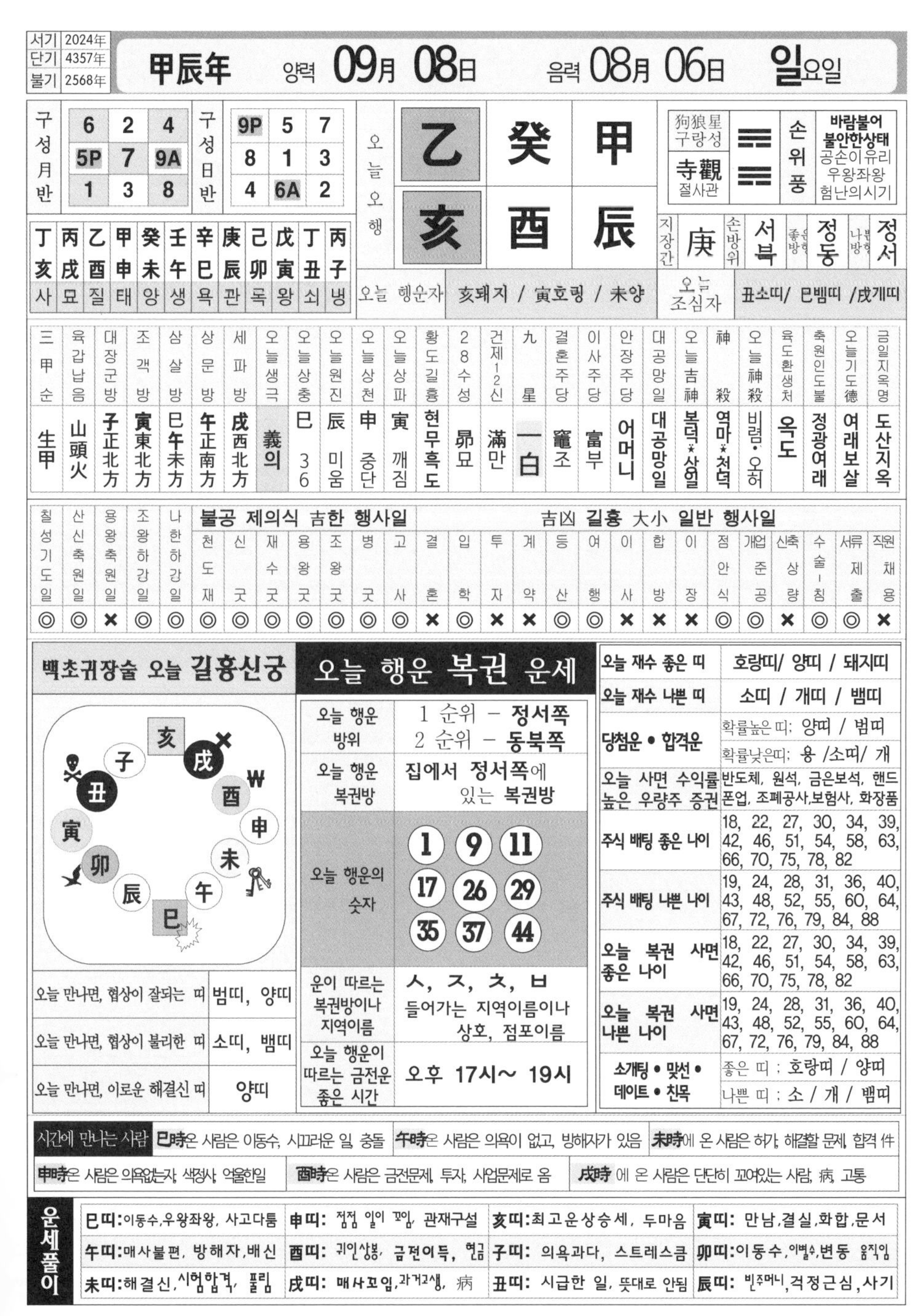

서기	2024年
단기	4357年
불기	2568年

甲辰年 양력 **09月 08日** 음력 **08月 06日** **일**요일

구성月반				구성日반		
	6	2	4	9P	5	7
	5P	7	9A	8	1	3
	1	3	8	4	6A	2

오늘오행		
乙	癸	甲
亥	酉	辰

狗狼星 구랑성	寺觀 절사관	손위풍	바람불어 불안한상태 공손이유리 우왕좌왕 험난의시기

지장간	손방위	좋은방향	나쁜방향
庚	서북	정동	정서

丁亥	丙戌	乙酉	甲申	癸未	壬午	辛巳	庚辰	己卯	戊寅	丁丑	丙子
사	묘	질	태	양	생	욕	관	록	왕	쇠	병

오늘 행운자	亥돼지 / 寅호랑 / 未양	오늘 조심자	丑소띠/ 巳뱀띠 /戌개띠

三甲순	육갑납음	대장군방	조객방	삼살방	상문방	세파방	오늘생극	오늘상충	오늘원진	오늘상천	오늘상파	황도길흉	28수성	건제12신	九星	결혼주당	이사주당	안장주당	대공망일	오늘吉神	神殺	오늘神殺	육도환생처	축원인도불	오늘기도德	금일지옥명
生甲	山頭火	子正北方	寅東北方	巳午未方	午正南方	戌西北方	義의	巳 36	辰 미움	申 중단	寅 깨짐	현무흑도	昴묘	滿만	一白	竈조	富부	어머니	대공망일	복덕*상일	역마*천덕	비렴·오허	옥도	정광여래	여래보살	도산지옥

칠성기도일	산신축원일	용왕축원일	조왕하강일	나한하강일	천도재	신굿	재수굿	용왕굿	조왕굿	병굿	고사	결혼	입학	투자	계약	등산	여행	이사	합방	이장	점안식	개업준공	신축상량	수술-침	서류제출	직원채용
					불공 제의식 吉한 행사일							吉凶 길흉 大小 일반 행사일														
◎	◎	×	◎	◎	◎	◎	◎	◎	◎	◎	◎	×	◎	×	×	◎	◎	×	×	×	◎	◎	×	◎	◎	×

백초귀장술 오늘 길흉신궁

亥 戌 酉 申 未 午 巳 辰 卯 寅 丑 子

오늘 만나면, 협상이 잘되는 띠	범띠, 양띠
오늘 만나면, 협상이 불리한 띠	소띠, 뱀띠
오늘 만나면, 이로운 해결신 띠	양띠

오늘 행운 복권 운세

오늘 행운 방위	1 순위 – 정서쪽 2 순위 – 동북쪽
오늘 행운 복권방	집에서 정서쪽에 있는 복권방
오늘 행운의 숫자	1 9 11 17 26 29 35 37 44
운이 따르는 복권방이나 지역이름	ㅅ, ㅈ, ㅊ, ㅂ 들어가는 지역이름이나 상호, 점포이름
오늘 행운이 따르는 금전운 좋은 시간	오후 17시~ 19시

오늘 재수 좋은 띠	호랑띠/ 양띠 / 돼지띠
오늘 재수 나쁜 띠	소띠 / 개띠 / 뱀띠
당첨운 • 합격운	확률높은 띠: 양띠 / 범띠 확률낮은띠: 용 /소띠/ 개
오늘 사면 수익률 높은 우량주 증권	반도체, 원석, 금은보석, 핸드폰업, 조폐공사,보험사, 화장품
주식 배팅 좋은 나이	18, 22, 27, 30, 34, 39, 42, 46, 51, 54, 58, 63, 66, 70, 75, 78, 82
주식 배팅 나쁜 나이	19, 24, 28, 31, 36, 40, 43, 48, 52, 55, 60, 64, 67, 72, 76, 79, 84, 88
오늘 복권 사면 좋은 나이	18, 22, 27, 30, 34, 39, 42, 46, 51, 54, 58, 63, 66, 70, 75, 78, 82
오늘 복권 사면 나쁜 나이	19, 24, 28, 31, 36, 40, 43, 48, 52, 55, 60, 64, 67, 72, 76, 79, 84, 88
소개팅 • 맞선 • 데이트 • 친목	좋은 띠 : 호랑띠 / 양띠 나쁜 띠 : 소 / 개 / 뱀띠

시간에 만나는 사람	巳時은 사람은 이동수, 시끄러운 일, 충돌	午時은 사람은 의욕이 없고, 방해자가 있음	未時에 온 사람은 허가, 해결할 문제, 합격 件
申時은 사람은 의욕없는자, 색정사, 억울한일	酉時은 사람은 금전문제, 투자, 사업문제로 옴	戌時 에 온 사람은 단단히 꼬여있는 사람, 病, 고통	

운세풀이			
巳띠:이동수,우왕좌왕, 사고다툼	申띠: 점점 일이 꼬임, 관재구설	亥띠:최고운상승세, 두마음	寅띠: 만남,결실,화합,문서
午띠:매사불편, 방해자,배신	酉띠: 귀인상봉, 금전이득, 현금	子띠: 의욕과다, 스트레스큼	卯띠:이동수,이별수,변동 움직임
未띠:해결신,시험합격, 풀림	戌띠: 매사꼬임,과거고생, 病	丑띠: 시급한 일, 뜻대로 안됨	辰띠: 빈주머니,걱정근심,사기

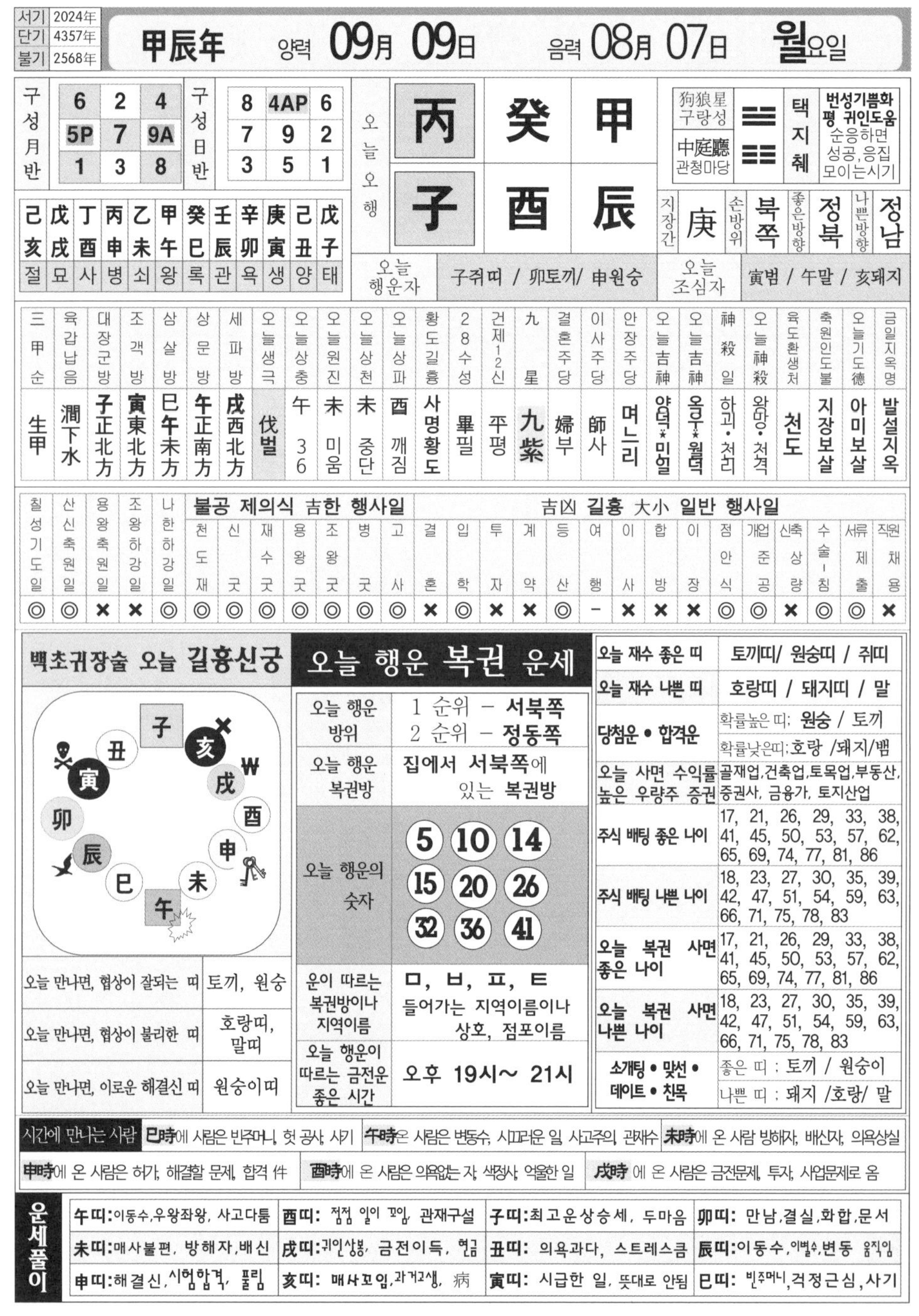

서기	2024年
단기	4357年
불기	2568年

甲辰年 양력 **09月 09日** 음력 **08月 07日** **월**요일

구성월반		
6	2	4
5P	7	9A
1	3	8

구성日반		
8	4AP	6
7	9	2
3	5	1

己亥	戊戌	丁酉	丙申	乙未	甲午	癸巳	壬辰	辛卯	庚寅	己丑	戊子
절	묘	사	병	쇠	왕	록	관	욕	생	양	태

오늘오행

丙	癸	甲
子	酉	辰

狗狼星 구랑성 中庭廳 관청마당 | 택지췌 | 번성기쁨화 평 귀인도움 순응하면 성공,응집 모이는시기

지장간	손방위	좋은방향	나쁜방향
庚	북쪽	정북	정남

오늘 행운자: 子쥐띠 / 卯토끼/ 申원숭

오늘 조심자: 寅범 / 午말 / 亥돼지

三甲순	육갑납음	대장군방	조객방	삼살방	상문방	세파방	오늘생극	오늘상충	오늘원진	오늘상천	오늘상파	황도길흉	28수성	건제12신	九星	결혼주당	이사주당	안장주당	오늘吉神	오늘吉神	神殺일	오늘神殺	육도환생처	축원인도불	오늘기도德	금일지옥명
生甲	潤下水	子正北方	寅東北方	巳午未方	午正南方	戌西北方	伐벌	午 36	未 미움	未 중단	酉 깨짐	사명황도	畢필	平평	九紫	婦부	師사	며느리	양덕*민일	옥우*월덕	하괴•천리	왕망•천격	천도	지장보살	아미보살	발설지옥

칠성기도일	산신축원일	용왕축원일	조왕하강일	나한하강일	불공 제의식 吉한 행사일: 천도재	신굿	재수굿	용왕굿	조왕굿	병굿	고사	吉凶 길흉 大小 일반 행사일: 결혼	입학	투자	계약	등산	여행	이사	합방	이장	점안식	개업준공	신축상량	수술·침	서류제출	직원채용
◎	◎	×	×	◎	◎	◎	◎	◎	◎	◎	◎	×	◎	×	×	◎	–	×	×	×	◎	◎	×	◎	◎	×

백초귀장술 오늘 길흉신궁

오늘 만나면, 협상이 잘되는 띠	토끼, 원숭
오늘 만나면, 협상이 불리한 띠	호랑띠, 말띠
오늘 만나면, 이로운 해결신 띠	원숭이띠

오늘 행운 복권 운세

오늘 행운 방위	1 순위 – 서북쪽 2 순위 – 정동쪽
오늘 행운 복권방	집에서 서북쪽에 있는 복권방
오늘 행운의 숫자	5 10 14 15 20 26 32 36 41
운이 따르는 복권방이나 지역이름	ㅁ, ㅂ, ㅍ, ㅌ 들어가는 지역이름이나 상호, 점포이름
오늘 행운이 따르는 금전운 좋은 시간	오후 19시~ 21시

오늘 재수 좋은 띠	토끼띠/ 원숭띠 / 쥐띠
오늘 재수 나쁜 띠	호랑띠 / 돼지띠 / 말
당첨운 • 합격운	확률높은 띠: 원숭 / 토끼 확률낮은띠: 호랑 /돼지/뱀
오늘 사면 수익률 높은 우량주 증권	골재업,건축업,토목업,부동산,증권사, 금융가, 토지산업
주식 배팅 좋은 나이	17, 21, 26, 29, 33, 38, 41, 45, 50, 53, 57, 62, 65, 69, 74, 77, 81, 86
주식 배팅 나쁜 나이	18, 23, 27, 30, 35, 39, 42, 47, 51, 54, 59, 63, 66, 71, 75, 78, 83
오늘 복권 사면 좋은 나이	17, 21, 26, 29, 33, 38, 41, 45, 50, 53, 57, 62, 65, 69, 74, 77, 81, 86
오늘 복권 사면 나쁜 나이	18, 23, 27, 30, 35, 39, 42, 47, 51, 54, 59, 63, 66, 71, 75, 78, 83
소개팅 • 맞선 • 데이트 • 친목	좋은 띠 : 토끼 / 원숭이 나쁜 띠 : 돼지 /호랑/ 말

시간에 만나는 사람

- **巳時**에 사람은 빈주머니, 헛 공사, 사기
- **午時**온 사람은 변동수, 시끄러운 일, 사고주의, 관재수
- **未時**에 온 사람 방해자, 배신자, 의욕상실
- **申時**에 온 사람은 허가, 해결할 문제, 합격 件
- **酉時**에 온 사람은 의욕없는 자, 색정사, 억울한 일
- **戌時** 에 온 사람은 금전문제, 투자, 사업문제로 옴

운세풀이

午띠:이동수,우왕좌왕, 사고다툼	**酉띠:** 점점 일이 꼬임, 관재구설	**子띠:**최고운상승세, 두마음	**卯띠:** 만남,결실,화합,문서
未띠:매사불편, 방해자,배신	**戌띠:**귀인상봉, 금전이득, 현금	**丑띠:** 의욕과다, 스트레스큼	**辰띠:**이동수,이별수,변동 움직임
申띠:해결신,시험합격, 풀림	**亥띠:** 매사꼬임,과거고생, 病	**寅띠:** 시급한 일, 뜻대로 안됨	**巳띠:** 빈주머니,걱정근심,사기

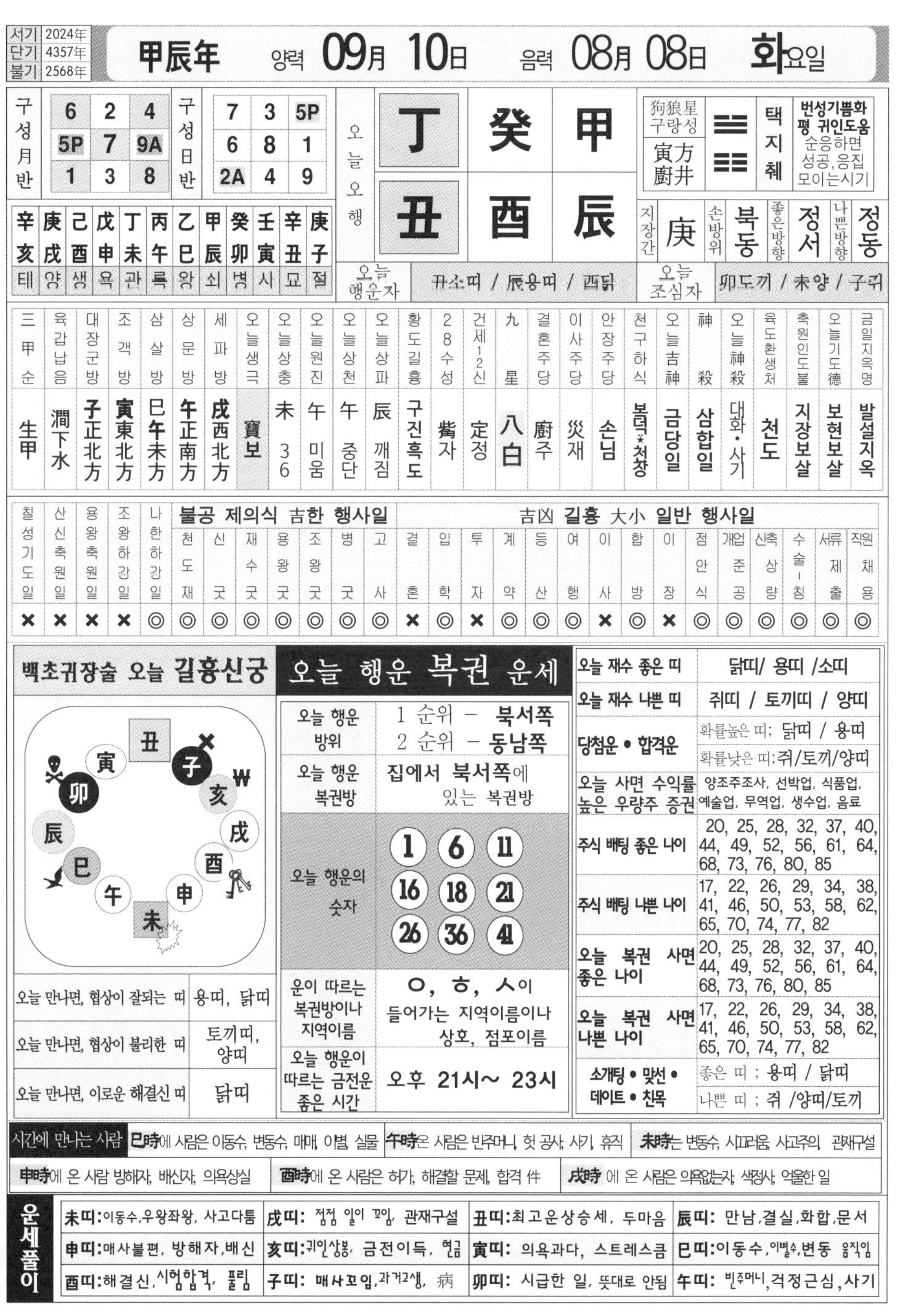

서기	2024年
단기	4357年
불기	2568年

甲辰年 양력 **09月 10日** 음력 **08月 08日** **화요일**

구성월반		
6	2	4
5P	7	9A
1	3	8

구성일반		
7	3	5P
6	8	1
2A	4	9

辛亥	庚戌	己酉	戊申	丁未	丙午	乙巳	甲辰	癸卯	壬寅	辛丑	庚子
태	양	생	욕	관	록	왕	쇠	병	사	묘	절

오늘오행			
	丁	癸	甲
	丑	酉	辰

狗狼星 구랑성	寅方 廚井	☱ ☷	택지췌	번성기쁨화평 귀인도움 순응하면 성공,응집 모이는시기

지장간	손방위	좋은방향	나쁜방향
庚	북동	정서	정동

오늘 행운자	丑소띠 / 辰용띠 / 酉닭
오늘 조심자	卯도끼 / 未양 / 子쥐

三甲순	육갑납음	대장군방	조객방	삼살방	상문방	세파방	오늘생극	오늘상충	오늘원진	오늘상천	오늘상파	황도길흉	28수성	건세12신	九星	결혼주당	이사주당	안장주당	천구하식	오늘吉神	神殺	오늘神殺	육도환생처	축원인도불	오늘기도德	금일지옥명
生甲	澗下水	子正北方	寅東北方	巳午未方	午正南方	戌西北方	寶보	未 36	午 미움	午 중단	辰 깨짐	구진흑도	觜자	定정	八白	廚주	災재	손님	복덕*천창	금당일	삼합일	대화·사기	천도	지장보살	보현보살	발설지옥

칠성기도일	산신축원일	용왕축원일	조왕하강일	나한하강일	불공 제의식 吉한 행사일							吉凶 길흉 大小 일반 행사일														
					천도재	신굿	재수굿	용왕굿	조왕굿	병굿	고사	결혼	입학	투자	계약	등산	여행	이사	합방	이장	점안식	개업준공	신축상량	수술-침	서류제출	직원채용
×	×	×	×	◎	◎	◎	◎	◎	◎	◎	◎	×	◎	×	◎	◎	◎	×	◎	×	◎	◎	◎	◎	◎	◎

백초귀장술 오늘 길흉신궁

오늘 만나면, 협상이 잘되는 띠	용띠, 닭띠
오늘 만나면, 협상이 불리한 띠	토끼띠, 양띠
오늘 만나면, 이로운 해결신 띠	닭띠

오늘 행운 복권 운세

오늘 행운 방위	1 순위 – 북서쪽 2 순위 – 동남쪽
오늘 행운 복권방	집에서 북서쪽에 있는 복권방
오늘 행운의 숫자	1 6 11 16 18 21 26 36 41
운이 따르는 복권방이나 지역이름	ㅇ, ㅎ, ㅅ이 들어가는 지역이름이나 상호, 점포이름
오늘 행운이 따르는 금전운 좋은 시간	오후 21시~ 23시

오늘 재수 좋은 띠	닭띠/ 용띠 /소띠
오늘 재수 나쁜 띠	쥐띠 / 토끼띠 / 양띠
당첨운 • 합격운	확률높은 띠; 닭띠 / 용띠 확률낮은 띠;쥐/토끼/양띠
오늘 사면 수익률 높은 우량주 증권	양조주조사, 선박업, 식품업, 예술업, 무역업, 생수업, 음료
주식 배팅 좋은 나이	20, 25, 28, 32, 37, 40, 44, 49, 52, 56, 61, 64, 68, 73, 76, 80, 85
주식 배팅 나쁜 나이	17, 22, 26, 29, 34, 38, 41, 46, 50, 53, 58, 62, 65, 70, 74, 77, 82
오늘 복권 사면 좋은 나이	20, 25, 28, 32, 37, 40, 44, 49, 52, 56, 61, 64, 68, 73, 76, 80, 85
오늘 복권 사면 나쁜 나이	17, 22, 26, 29, 34, 38, 41, 46, 50, 53, 58, 62, 65, 70, 74, 77, 82
소개팅 • 맞선 • 데이트 • 친목	좋은 띠 ; 용띠 / 닭띠 나쁜 띠 ; 쥐 /양띠/토끼

시간에 만나는 사람	巳時에 사람은 이동수, 변동수, 매매, 이별, 실물	午時온 사람은 빈주머니, 헛 공사, 사기, 휴직	未時는 변동수, 시끄러움, 사고주의, 관재구설
	申時에 온 사람 방해자, 배신자, 의욕상실	酉時에 온 사람은 허가, 해결할 문제, 합격 件	戌時 에 온 사람은 의욕없는자, 색정사, 억울한 일

운세풀이

未띠:이동수,우왕좌왕, 사고다툼	戌띠: 점점 일이 꼬임, 관재구설	丑띠:최고운상승세, 두마음	辰띠: 만남,결실,화합,문서
申띠:매사불편, 방해자,배신	亥띠:귀인상봉, 금전이득, 현금	寅띠: 의욕과다, 스트레스큼	巳띠:이동수,이별수,변동 움직임
酉띠:해결신,시험합격, 풀림	子띠: 매사꼬임,과거고생, 病	卯띠: 시급한 일, 뜻대로 안됨	午띠: 빈주머니,걱정근심,사기

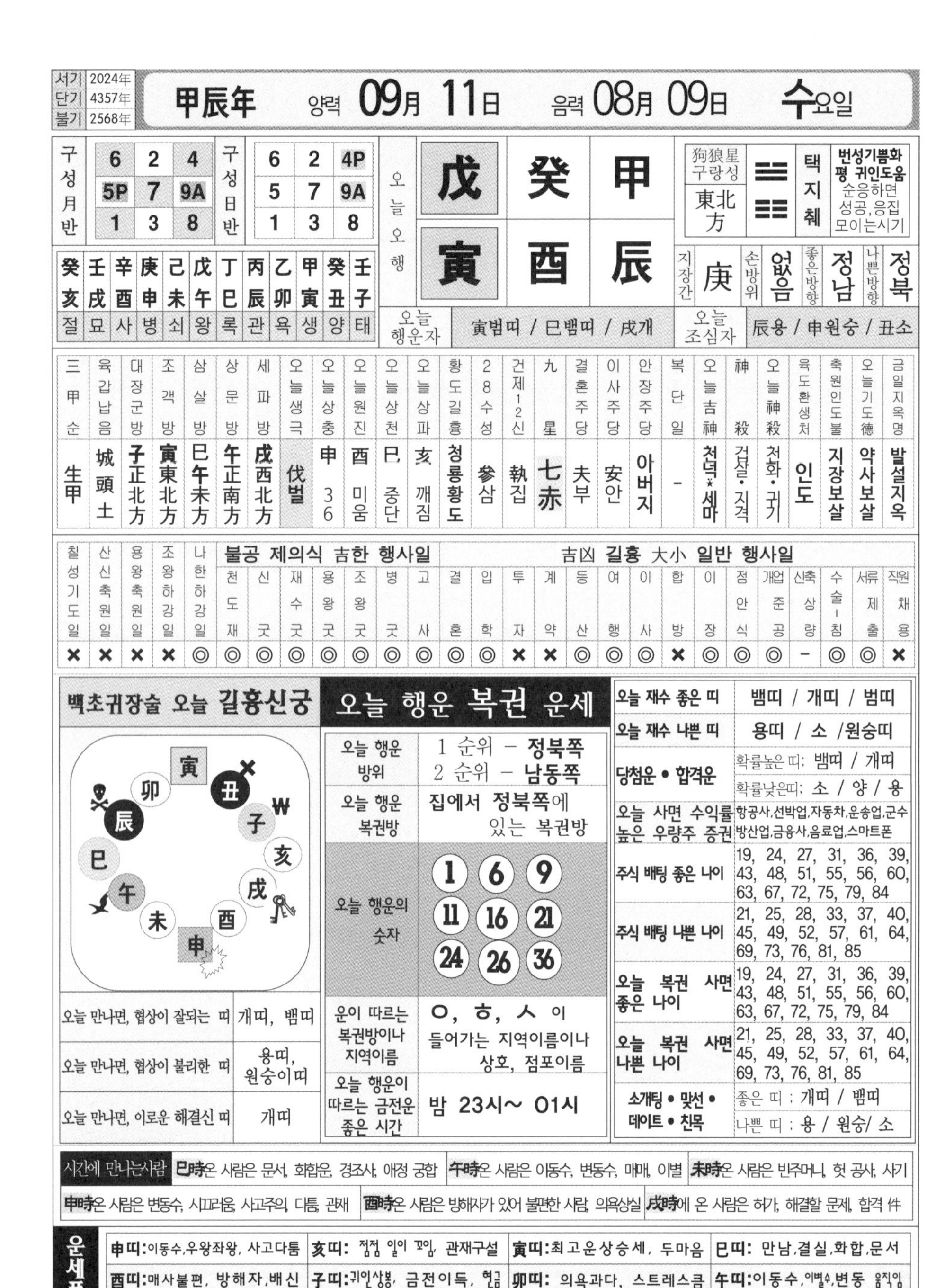

서기	2024年	甲辰年	양력 09月 11日	음력 08月 09日	수요일
단기	4357年				
불기	2568年				

구성月반			구성日반		
6	2	4	6	2	4P
5P	7	9A	5	7	9A
1	3	8	1	3	8

오늘오행		
戊	癸	甲
寅	酉	辰

狗狼星 구랑성	東北方
☱☷ 택지췌	번성기쁨화평 귀인도움 순응하면 성공,응집 모이는시기

癸亥	壬戌	辛酉	庚申	己未	戊午	丁巳	丙辰	乙卯	甲寅	癸丑	壬子
절	묘	사	병	쇠	왕	록	관	욕	생	양	태

지장간	손방위	좋은방향	나쁜방향
庚	없음	정남	정북

오늘 행운자	寅범띠 / 巳뱀띠 / 戌개
오늘 조심자	辰용 / 申원숭 / 丑소

三甲순	육갑납음	대장군방	조객방	삼살방	상문방	세파방	오늘생극	오늘상충	오늘원진	오늘상천	오늘상파	황도길흉	28수성	건제12신	九星	결혼주당	이사주당	안장주당	복단일	오늘吉神	神殺	오늘神殺	육도환생처	축원인도불	오늘기도德	금일지옥명
生甲	城頭土	子正北方	寅東北方	巳午未方	午正南方	戌西北方	伐벌	申 36	酉 미움	巳 중단	亥 깨짐	청룡황도	參삼	執집	七赤	夫부	安안	아버지	-	천덕*세마	겁살·지격	천화·귀기	인도	지장보살	약사보살	발설지옥

칠성기도일	산신축원일	용왕축원일	조왕하강일	나한하강일	천도재	신굿	재수굿	용왕굿	조왕굿	병굿	고사	결혼	입학	투자	계약	등산	여행	이사	합방	이장	점안식	개업준공	신축상량	수술-침	서류제출	직원채용
					불공 제의식 吉한 행사일							吉凶 길흉 大小 일반 행사일														
×	×	×	×	◎	◎	◎	◎	◎	◎	◎	◎	◎	◎	×	×	◎	◎	◎	×	◎	◎	◎	-	◎	◎	×

백초귀장술 오늘 길흉신궁

오늘 만나면, 협상이 잘되는 띠	개띠, 뱀띠
오늘 만나면, 협상이 불리한 띠	용띠, 원숭이띠
오늘 만나면, 이로운 해결신 띠	개띠

오늘 행운 복권 운세

오늘 행운 방위	1 순위 – 정북쪽 2 순위 – 남동쪽
오늘 행운 복권방	집에서 정북쪽에 있는 복권방
오늘 행운의 숫자	1 6 9 11 16 21 24 26 36
운이 따르는 복권방이나 지역이름	ㅇ, ㅎ, ㅅ 이 들어가는 지역이름이나 상호, 점포이름
오늘 행운이 따르는 금전운 좋은 시간	밤 23시~ 01시

오늘 재수 좋은 띠	뱀띠 / 개띠 / 범띠
오늘 재수 나쁜 띠	용띠 / 소 /원숭띠
당첨운 • 합격운	확률높은 띠: 뱀띠 / 개띠 확률낮은띠: 소 / 양 / 용
오늘 사면 수익률 높은 우량주 증권	항공사,선박업,자동차,운송업,군수방산업,금융사,음료업,스마트폰
주식 배팅 좋은 나이	19, 24, 27, 31, 36, 39, 43, 48, 51, 55, 56, 60, 63, 67, 72, 75, 79, 84
주식 배팅 나쁜 나이	21, 25, 28, 33, 37, 40, 45, 49, 52, 57, 61, 64, 69, 73, 76, 81, 85
오늘 복권 사면 좋은 나이	19, 24, 27, 31, 36, 39, 43, 48, 51, 55, 56, 60, 63, 67, 72, 75, 79, 84
오늘 복권 사면 나쁜 나이	21, 25, 28, 33, 37, 40, 45, 49, 52, 57, 61, 64, 69, 73, 76, 81, 85
소개팅 • 맞선 • 데이트 • 친목	좋은 띠 : 개띠 / 뱀띠 나쁜 띠 : 용 / 원숭/ 소

시간에 만나는사람 **巳時**온 사람은 문서, 화합운, 경조사, 애정 궁합 **午時**온 사람은 이동수, 변동수, 매매, 이별 **未時**온 사람은 빈주머니, 헛 공사, 사기
申時온 사람은 변동수, 시끄러움, 사고주의, 다툼, 관재 **酉時**온 사람은 방해자가 있어 불편한 사람, 의욕상실 **戌時**에 온 사람은 허가, 해결할 문제, 합격 件

운세풀이			
申띠: 이동수,우왕좌왕, 사고다툼	**亥띠:** 점점 일이 꼬임, 관재구설	**寅띠:** 최고운상승세, 두마음	**巳띠:** 만남,결실,화합,문서
酉띠: 매사불편, 방해자,배신	**子띠:** 귀인상봉, 금전이득, 현금	**卯띠:** 의욕과다, 스트레스큼	**午띠:** 이동수, 이별수,변동 움직임
戌띠: 해결신, 시험합격, 풀림	**丑띠:** 매사꼬임, 과거고생, 病	**辰띠:** 시급한 일, 뜻대로 안됨	**未띠:** 빈주머니, 걱정근심, 사기

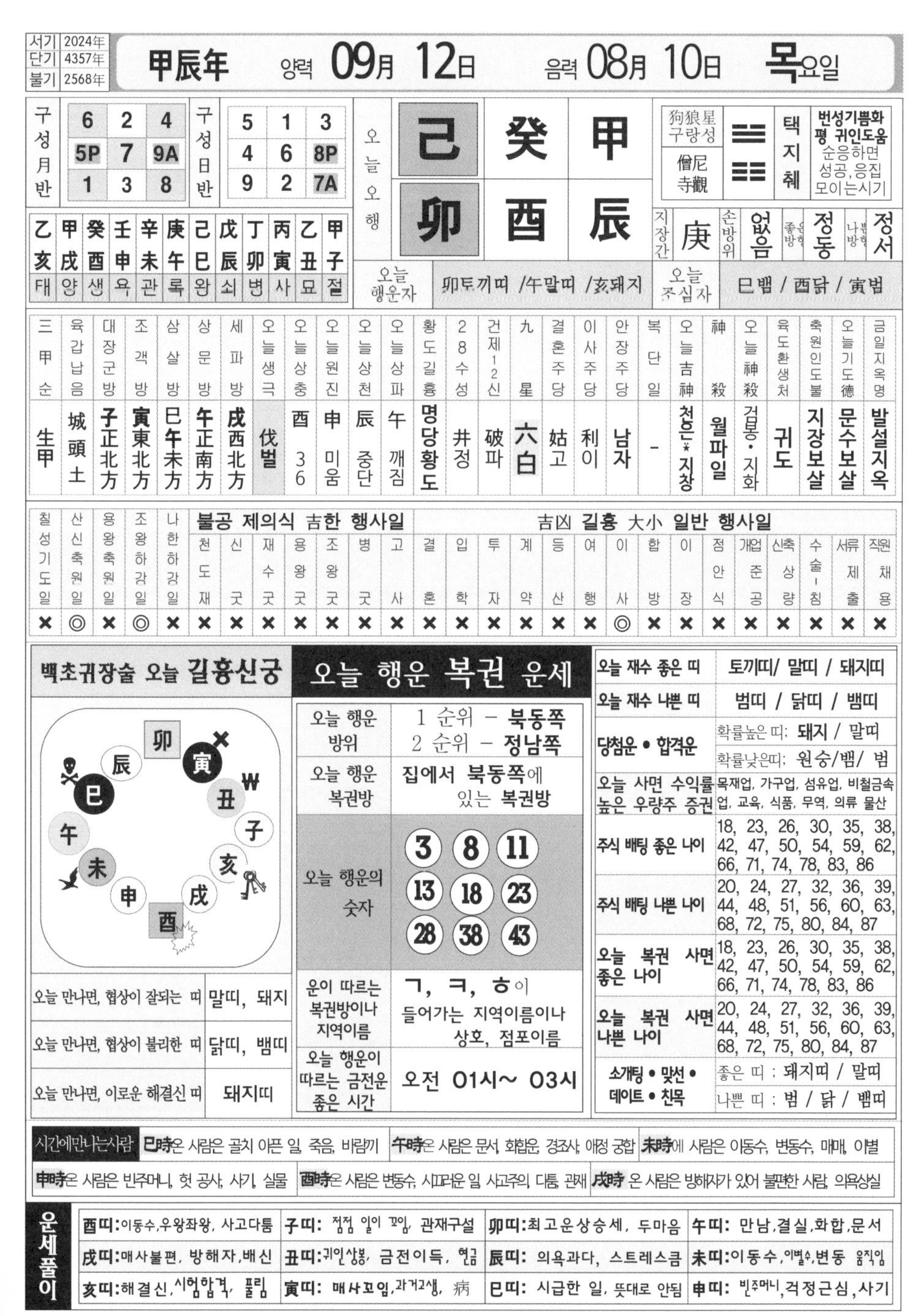

서기	2024年
단기	4357年
불기	2568年

甲辰年 양력 09月 12日 음력 08月 10日 목요일

구성월반

6	2	4
5P	7	9A
1	3	8

구성일반

5	1	3
4	6	8P
9	2	7A

오늘오행

己	癸	甲
卯	酉	辰

狗狼星 구랑성 / 僧尼寺觀	☱☱	택지췌	번성기쁨화평 귀인도움 순응하면 성공,응집 모이는시기

지장간	庚	손방위	없음	좋은방향	정동	나쁜방향	정서

乙亥	甲戌	癸酉	壬申	辛未	庚午	己巳	戊辰	丁卯	丙寅	乙丑	甲子
태	양	생	욕	관	록	왕	쇠	병	사	묘	절

오늘 행운자	卯토끼띠 /午말띠 /亥돼지	오늘 조심자	巳뱀 / 酉닭 / 寅범

三甲순	육갑납음	대장군방	조객방	삼살방	상문방	세파방	오늘생극	오늘상충	오늘원진	오늘상천	오늘상파	황도길흉	28수성	건제12신	九星	결혼주당	이사주당	안장주당	복단일	오늘吉神	神殺	오늘神殺	육도환생처	축원인도불	오늘기도德	금일지옥명
生甲	城頭土	子正北方	寅東北方	巳午未方	午正南方	戌西北方	伐벌	酉 36	申 미움	辰 중단	午 깨짐	명당황도	井정	破파	六白	姑고	利이	남자	-	천은*지창	월파일	검봉·지화	귀도	지장보살	문수보살	발설지옥

칠성기도일	산신축원일	용왕축원일	조왕하강일	나한하강일	불공 제의식 吉한 행사일							吉凶 길흉 大小 일반 행사일														
					천도재	신굿	재수굿	용왕굿	조왕굿	병굿	고사	결혼	입학	투자	계약	등산	여행	이사	합방	이장	점안식	개업준공	신축상량	수술·침	서류제출	직원채용
×	◎	×	◎	×	×	×	×	×	×	×	×	×	×	×	×	×	×	◎	×	×	×	×	×	×	×	×

백초귀장술 오늘 길흉신궁

오늘 만나면, 협상이 잘되는 띠	말띠, 돼지
오늘 만나면, 협상이 불리한 띠	닭띠, 뱀띠
오늘 만나면, 이로운 해결신 띠	돼지띠

오늘 행운 복권 운세

오늘 행운 방위	1 순위 – 북동쪽 2 순위 – 정남쪽
오늘 행운 복권방	집에서 북동쪽에 있는 복권방
오늘 행운의 숫자	3 8 11 13 18 23 28 38 43
운이 따르는 복권방이나 지역이름	ㄱ, ㅋ, ㅎ이 들어가는 지역이름이나 상호, 점포이름
오늘 행운이 따르는 금전운 좋은 시간	오전 01시~ 03시

오늘 재수 좋은 띠	토끼띠/ 말띠 / 돼지띠
오늘 재수 나쁜 띠	범띠 / 닭띠 / 뱀띠
당첨운 • 합격운	확률높은 띠: 돼지 / 말띠 확률낮은띠: 원숭/뱀/ 범
오늘 사면 수익률 높은 우량주 증권	목재업, 가구업, 섬유업, 비철금속업, 교육, 식품, 무역, 의류 물산
주식 배팅 좋은 나이	18, 23, 26, 30, 35, 38, 42, 47, 50, 54, 59, 62, 66, 71, 74, 78, 83, 86
주식 배팅 나쁜 나이	20, 24, 27, 32, 36, 39, 44, 48, 51, 56, 60, 63, 68, 72, 75, 80, 84, 87
오늘 복권 사면 좋은 나이	18, 23, 26, 30, 35, 38, 42, 47, 50, 54, 59, 62, 66, 71, 74, 78, 83, 86
오늘 복권 사면 나쁜 나이	20, 24, 27, 32, 36, 39, 44, 48, 51, 56, 60, 63, 68, 72, 75, 80, 84, 87
소개팅 • 맞선 • 데이트 • 친목	좋은 띠 ; 돼지띠 / 말띠 나쁜 띠 ; 범 / 닭 / 뱀띠

시간에만나는사람	巳時은 사람은 골치 아픈 일, 죽음, 바람끼	午時은 사람은 문서, 화합운, 경조사, 애정 궁합	未時에 사람은 이동수, 변동수, 매매, 이별
申時은 사람은 빈주머니, 헛 공사, 사기, 실물	酉時은 사람은 변동수, 시끄러운 일 사고주의, 다툼, 관재	戌時 온 사람은 방해자가 있어 불편한 사람, 의욕상실	

운세풀이				
	酉띠:이동수,우왕좌왕, 사고다툼	子띠: 점점 일이 꼬임, 관재구설	卯띠:최고운상승세, 두마음	午띠: 만남,결실,화합,문서
	戌띠:매사불편, 방해자,배신	丑띠:귀인상봉, 금전이득, 현금	辰띠: 의욕과다, 스트레스큼	未띠:이동수,이별수,변동 움직임
	亥띠:해결신,시험합격, 풀림	寅띠: 매사꼬임,과거고생, 病	巳띠: 시급한 일, 뜻대로 안됨	申띠: 빈주머니,걱정근심,사기

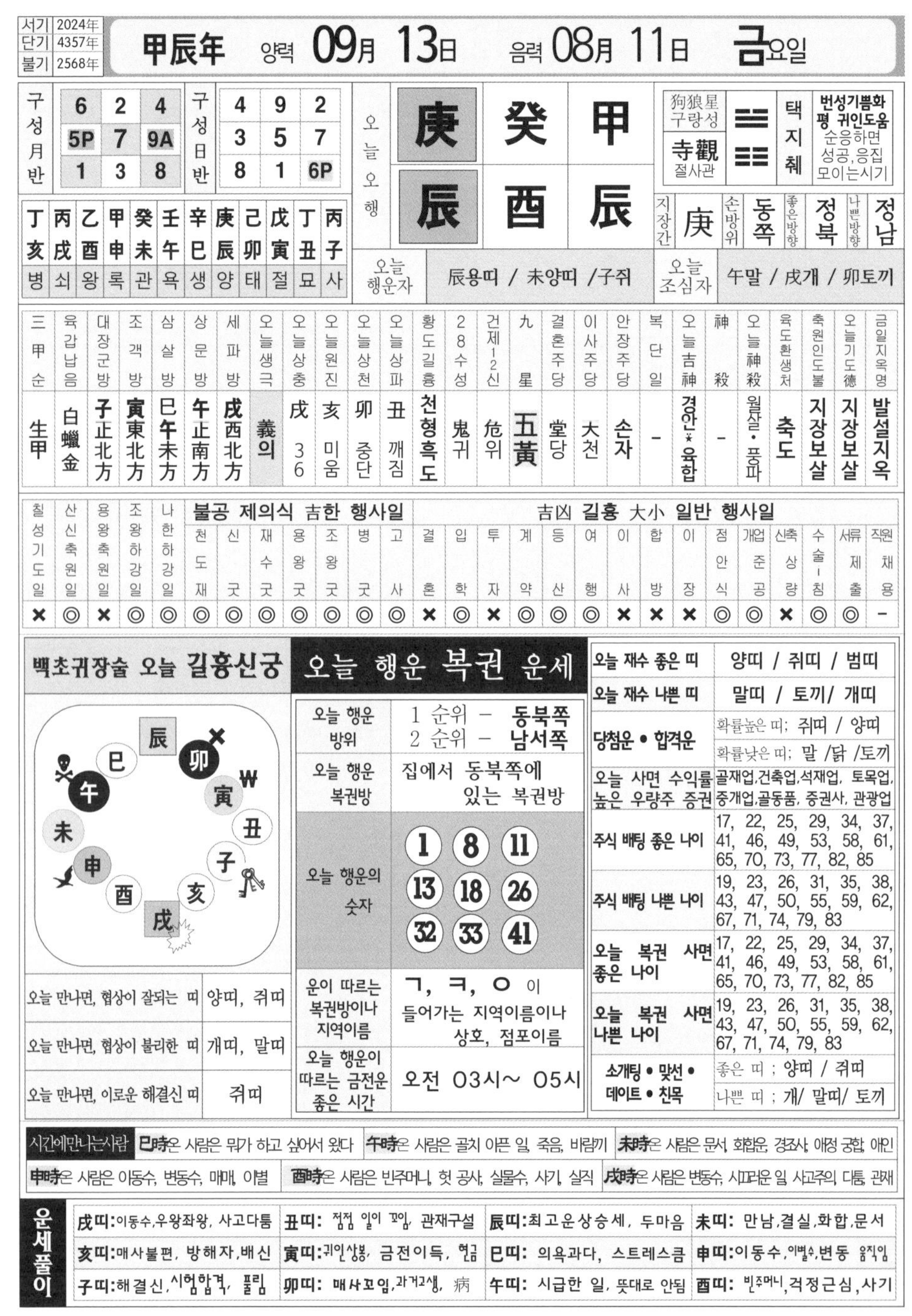

서기	2024年	甲辰年 양력 09月 13日 음력 08月 11日 금요일
단기	4357年	
불기	2568年	

구성월반

6	2	4
5P	7	9A
1	3	8

구성일반

4	9	2
3	5	7
8	1	6P

오늘오행

庚	癸	甲
辰	酉	辰

狗狼星 구랑성	☰☷	택지췌	번성기쁨화 평 귀인도움 순응하면 성공,응집 모이는시기
寺觀 절사관			

지장간	庚	손방위	동쪽	좋은방향	정북	나쁜방향	정남

丁	丙	乙	甲	癸	壬	辛	庚	己	戊	丁	丙
亥	戌	酉	申	未	午	巳	辰	卯	寅	丑	子
병	쇠	왕	록	관	욕	생	양	태	절	묘	사

오늘 행운자	辰용띠 / 未양띠 /子쥐	오늘 조심자	午말 / 戌개 / 卯토끼

三甲순	육갑납음	대장군방	조객방	삼살방	상문방	세파방	오늘생극	오늘상충	오늘원진	오늘상천	오늘상파	황도길흉	28수성	건제12신	九星	결혼주당	이사주당	안장주당	복단일	오늘吉神	神殺	오늘神殺	육도환생처	축원인도불	오늘기도德	금일지옥명
生甲	白蠟金	子正北方	寅東北方	巳午未方	午正南方	戌西北方	義의	戌 36	亥 미움	卯 중단	丑 깨짐	천형흑도	鬼귀	危위	五黃	堂당	大천	손자	–	경안*육합	–	월살·풍파	축도	지장보살	지장보살	발설지옥

칠성기도일	산신축원일	용왕축원일	조왕하강일	나한하강일	불공 제의식 吉한 행사일							吉凶 길흉 大小 일반 행사일														
					천도재	신굿	재수굿	용왕굿	조왕굿	병굿	고사	결혼	입학	투자	계약	등산	여행	이사	합방	이장	점안식	개업준공	신축상량	수술-침	서류제출	직원채용
×	◎	×	◎	◎	◎	◎	◎	◎	◎	◎	◎	×	◎	×	◎	◎	◎	×	×	×	◎	◎	×	◎	◎	–

백초귀장술 오늘 길흉신궁

오늘 만나면, 협상이 잘되는 띠	양띠, 쥐띠
오늘 만나면, 협상이 불리한 띠	개띠, 말띠
오늘 만나면, 이로운 해결신 띠	쥐띠

오늘 행운 복권 운세

오늘 행운 방위	1 순위 – 동북쪽 2 순위 – 남서쪽
오늘 행운 복권방	집에서 동북쪽에 있는 복권방
오늘 행운의 숫자	1 8 11 13 18 26 32 33 41
운이 따르는 복권방이나 지역이름	ㄱ, ㅋ, ㅇ 이 들어가는 지역이름이나 상호, 점포이름
오늘 행운이 따르는 금전운 좋은 시간	오전 03시~ 05시

오늘 재수 좋은 띠	양띠 / 쥐띠 / 범띠
오늘 재수 나쁜 띠	말띠 / 토끼/ 개띠
당첨운 • 합격운	확률높은 띠; 쥐띠 / 양띠 확률낮은 띠; 말 /닭 /토끼
오늘 사면 수익률 높은 우량주 증권	골재업,건축업,석재업, 토목업, 중개업,골동품, 증권사, 관광업
주식 배팅 좋은 나이	17, 22, 25, 29, 34, 37, 41, 46, 49, 53, 58, 61, 65, 70, 73, 77, 82, 85
주식 배팅 나쁜 나이	19, 23, 26, 31, 35, 38, 43, 47, 50, 55, 59, 62, 67, 71, 74, 79, 83
오늘 복권 사면 좋은 나이	17, 22, 25, 29, 34, 37, 41, 46, 49, 53, 58, 61, 65, 70, 73, 77, 82, 85
오늘 복권 사면 나쁜 나이	19, 23, 26, 31, 35, 38, 43, 47, 50, 55, 59, 62, 67, 71, 74, 79, 83
소개팅 • 맞선 • 데이트 • 친목	좋은 띠 ; 양띠 / 쥐띠 나쁜 띠 ; 개/ 말띠/ 토끼

시간에만나는사람 巳時은 사람은 뭐가 하고 싶어서 왔다 | 午時은 사람은 골치 아픈 일, 죽음, 바람끼 | 未時은 사람은 문서, 화합운, 경조사, 애정 궁합, 애인 | 申時은 사람은 이동수, 변동수, 매매, 이별 | 酉時은 사람은 빈주머니, 헛 공사, 실물수, 사기, 실직 | 戌時은 사람은 변동수, 시끄러운 일, 사고주의, 다툼, 관재

운세풀이

戌띠:이동수,우왕좌왕, 사고다툼	丑띠: 점점 일이 꼬임, 관재구설	辰띠:최고운상승세, 두마음	未띠: 만남,결실,화합,문서
亥띠:매사불편, 방해자,배신	寅띠:귀인상봉, 금전이득, 현금	巳띠: 의욕과다, 스트레스큼	申띠:이동수,이별수,변동 움직임
子띠:해결신,시험합격, 풀림	卯띠: 매사꼬임,과거고생, 病	午띠: 시급한 일, 뜻대로 안됨	酉띠: 빈주머니,걱정근심,사기

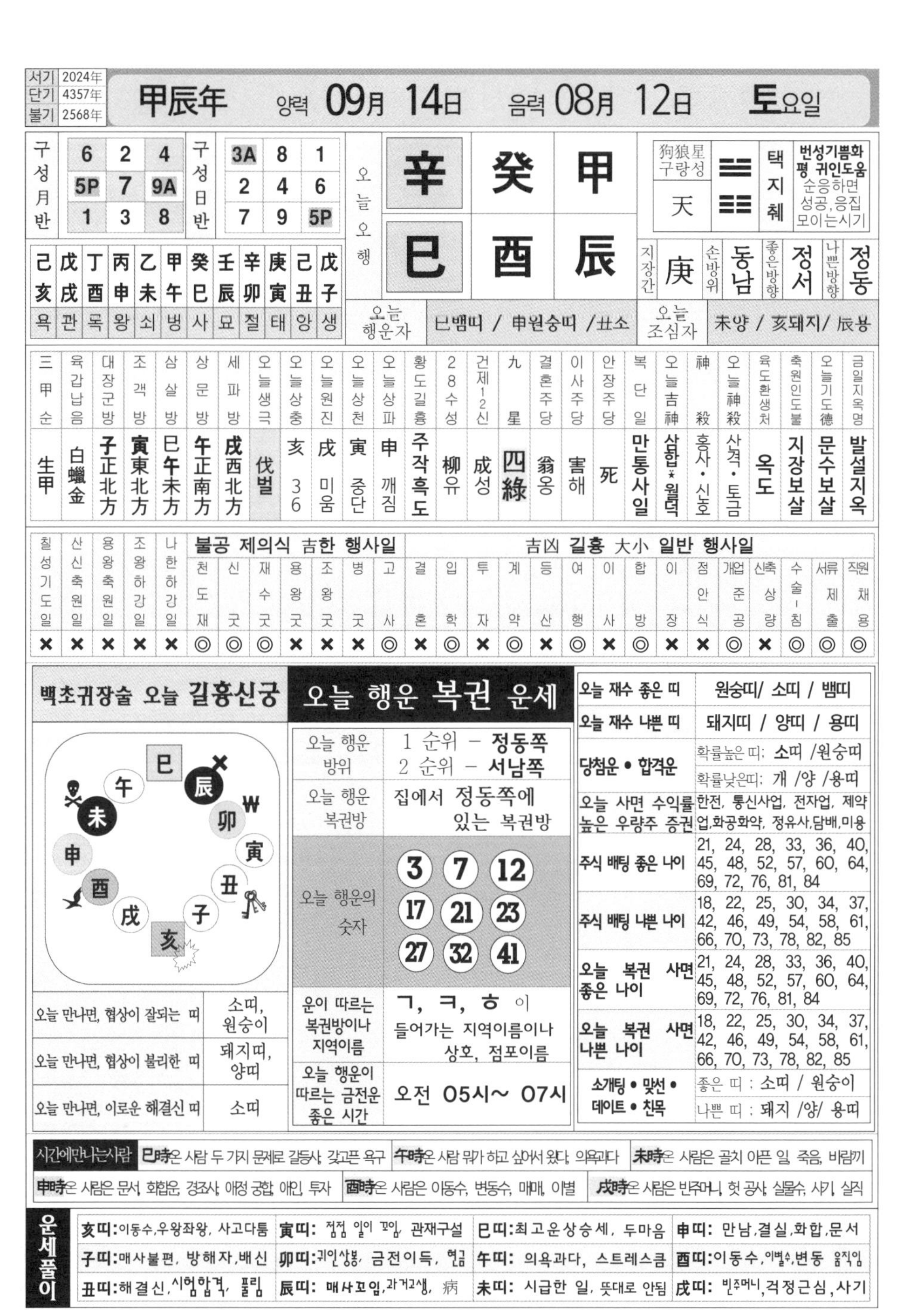

서기	2024年
단기	4357年
불기	2568年

甲辰年 양력 09月 14日 음력 08月 12日 **토**요일

구성월반			구성일반		
6	2	4	3A	8	1
5P	7	9A	2	4	6
1	3	8	7	9	5P

오늘오행		
辛	癸	甲
巳	酉	辰

狗狼星 구랑성	天	택지췌	번성기쁨화평 귀인도움 순응하면 성공,응집 모이는시기

지장간	손방위	좋은방향	나쁜방향
庚	동남	정서	정동

己亥	戊戌	丁酉	丙申	乙未	甲午	癸巳	壬辰	辛卯	庚寅	己丑	戊子
욕	관	록	왕	쇠	병	사	묘	절	태	양	생

오늘 행운자	巳뱀띠 / 申원숭띠 / 丑소	오늘 조심자	未양 / 亥돼지/ 辰용

三甲순	육갑납음	대장군방	조객방	삼살방	상문방	세파방	오늘생극	오늘상충	오늘원진	오늘상천	오늘상파	황도길흉	28수성	건제12신	九星	결혼주당	이사주당	안장주당	복단일	오늘吉神	神殺	오늘神殺	육도환생처	축원인도불	오늘기도德	금일지옥명
生甲	白蠟金	子正北方	寅東北方	巳午未方	午正南方	戌西北方	伐벌	亥 36	戌 미움	寅 중단	申 깨짐	주작흑도	柳유	成성	四綠	翁옹	害해	死	만통사일	삼합*월덕	홍사·신호	사격·토금	옥도	지장보살	문수보살	발설지옥

칠성기도일	산신축원일	용왕축원일	조왕하강일	나한하강일	불공 제의식 吉한 행사일: 천도재	신굿	재수굿	용왕굿	조왕굿	병굿	고사	吉凶 길흉 大小 일반 행사일: 결혼	입학	투자	계약	등산	여행	이사	합방	이장	점안식	개업준공	신축상량	수술-침	서류제출	직원채용
×	×	×	×	×	◎	◎	◎	×	×	×	◎	×	◎	×	◎	×	◎	×	◎	×	×	◎	×	◎	◎	◎

백초귀장술 오늘 길흉신궁

오늘 만나면, 협상이 잘되는 띠	소띠, 원숭이
오늘 만나면, 협상이 불리한 띠	돼지띠, 양띠
오늘 만나면, 이로운 해결신 띠	소띠

오늘 행운 복권 운세

오늘 행운 방위	1 순위 – 정동쪽 2 순위 – 서남쪽
오늘 행운 복권방	집에서 정동쪽에 있는 복권방
오늘 행운의 숫자	3 7 12 17 21 23 27 32 41
운이 따르는 복권방이나 지역이름	ㄱ, ㅋ, ㅎ 이 들어가는 지역이름이나 상호, 점포이름
오늘 행운이 따르는 금전운 좋은 시간	오전 05시~ 07시

오늘 재수 좋은 띠	원숭띠/ 소띠 / 뱀띠
오늘 재수 나쁜 띠	돼지띠 / 양띠 / 용띠
당첨운 • 합격운	확률높은 띠: 소띠 /원숭띠 확률낮은띠: 개 /양 /용띠
오늘 사면 수익률 높은 우량주 증권	한전, 통신사업, 전자업, 제약업,화공화약, 정유사,담배,미용
주식 배팅 좋은 나이	21, 24, 28, 33, 36, 40, 45, 48, 52, 57, 60, 64, 69, 72, 76, 81, 84
주식 배팅 나쁜 나이	18, 22, 25, 30, 34, 37, 42, 46, 49, 54, 58, 61, 66, 70, 73, 78, 82, 85
오늘 복권 사면 좋은 나이	21, 24, 28, 33, 36, 40, 45, 48, 52, 57, 60, 64, 69, 72, 76, 81, 84
오늘 복권 사면 나쁜 나이	18, 22, 25, 30, 34, 37, 42, 46, 49, 54, 58, 61, 66, 70, 73, 78, 82, 85
소개팅 • 맞선 • 데이트 • 친목	좋은 띠 : 소띠 / 원숭이 나쁜 띠 : 돼지 /양/ 용띠

시간에만나는사람	巳時은 사람 두 가지 문제로 갈등사, 갖고픈 욕구	午時은 사람 뭐가 하고 싶어서 왔다, 의욕과다	未時은 사람은 골치 아픈 일, 죽음, 바람끼
申時은 사람은 문서, 화합운, 경조사, 애정 궁합, 애인, 투자	酉時은 사람은 이동수, 변동수, 매매, 이별	戌時은 사람은 빈주머니, 헛 공사, 실물수, 사기, 실직	

운세풀이			
亥띠:이동수,우왕좌왕, 사고다툼	寅띠: 점점 일이 꼬임, 관재구설	巳띠:최고운상승세, 두마음	申띠: 만남,결실,화합,문서
子띠:매사불편, 방해자,배신	卯띠:귀인상봉, 금전이득, 현금	午띠: 의욕과다, 스트레스큼	酉띠:이동수,이별수,변동 움직임
丑띠:해결신,시험합격, 풀림	辰띠: 매사꼬임,과거고생, 病	未띠: 시급한 일, 뜻대로 안됨	戌띠: 빈주머니,걱정근심,사기

서기	2024年
단기	4357年
불기	2568年

甲辰年 양력 09月 15日 음력 08月 13日 일요일

구성월반		
6	2	4
5P	7	9A
1	3	8

구성日반		
2	7	9
1A	3	5
6	8P	4

오늘오행			
	壬	癸	甲
	午	酉	辰

狗狼星 구랑성	神廟 신사묘
☵☰	산천대축

금전운최상 큰사업확장 원대한 꿈 山처럼쌓임 무리는금물

辛亥	庚戌	己酉	戊申	丁未	丙午	乙巳	甲辰	癸卯	壬寅	辛丑	庚子
록	관	욕	생	양	태	절	묘	사	병	쇠	왕

지장간	손방위	좋은방향	나쁜방향
庚	남쪽	정남	정북

오늘 행운자	午말띠 / 酉닭띠 / 寅범
오늘 조심자	申원숭/ 子쥐/ 巳뱀

三甲순	육갑납음	대장군방	조객방	삼살방	상문방	세파방	오늘생극	오늘상충	오늘원진	오늘상천	오늘상파	황도길흉	28수성	건제12신	九星	결혼주당	이사주당	안장주당	복단일	대공망일	神殺	오늘神殺	육도환생처	축원인도불	오늘기도德	금일지옥명
生甲	楊柳木	子正北方	寅東北方	巳午未方	午正南方	戌西北方	制제	子 36	丑 미움	丑 중단	卯 깨짐	금궤황도	星성	收수	三碧	第제	殺살	여자	연해성	황는*복생	천강·멸몰	구감·구초	불도	헌겁천불	약사보살	한빙지옥

칠성기도일	산신축원일	용왕축원일	조왕하강일	나한하강일	천도재	신굿	재수굿	용왕굿	조왕굿	병굿	고사	결혼	입학	투자	계약	등산	여행	이사	합방	이장	점안식	개업준공	신축상량	수술-침	서류제출	직원채용
					불공 제의식 吉한 행사일						吉凶 길흉 大小 일반 행사일															
◎	×	×	×	×	◎	◎	◎	×	×	◎	◎	◎	◎	×	×	◎	◎	×	×	◎	◎	◎	◎	◎	◎	×

백초귀장술 오늘 길흉신궁

오늘 만나면, 협상이 잘되는 띠	호랑이,닭
오늘 만나면, 협상이 불리한 띠	원숭띠, 쥐띠
오늘 만나면, 이로운 해결신 띠	호랑이띠

오늘 행운 복권 운세

오늘 행운 방위	1 순위 – 동남쪽 2 순위 – 정서쪽
오늘 행운 복권방	집에서 동남쪽에 있는 복권방
오늘 행운의 숫자	5 10 15 17 20 25 30 37 45
운이 따르는 복권방이나 지역이름	ㅁ, ㅂ, ㅍ, ㅌ 들어가는 지역이름이나 상호, 점포이름
오늘 행운이 따르는 금전운 좋은 시간	오전 07시~ 09시

오늘 재수 좋은 띠	닭띠/ 호랑띠 / 말띠
오늘 재수 나쁜 띠	원숭이 / 뱀띠 / 쥐띠
당첨운 • 합격운	확률높은 띠: 범띠 / 닭띠 확률낮은띠: 돼지/원숭/뱀
오늘 사면 수익률 높은 우량주 증권	건축업, 시멘트,석재토목업, 중개업,호텔업,골동품,관광, 농업
주식 배팅 좋은 나이	20, 23, 27, 32, 35, 39, 44, 47, 51, 56, 59, 63, 68, 71, 75, 80, 83
주식 배팅 나쁜 나이	17, 21, 24, 29, 33, 36, 41, 45, 48, 53, 57, 60, 65, 69, 72, 77, 81, 84
오늘 복권 사면 좋은 나이	20, 23, 27, 32, 35, 39, 44, 47, 51, 56, 59, 63, 68, 71, 75, 80, 83
오늘 복권 사면 나쁜 나이	17, 21, 24, 29, 33, 36, 41, 45, 48, 53, 57, 60, 65, 69, 72, 77, 81, 84
소개팅 • 맞선 • 데이트 • 친목	좋은 띠 : 닭띠 / 호랑띠 나쁜 띠 : 뱀 / 원숭 / 쥐

시간에 만나는 사람	巳時은 사람은 단단히 꼬여있는 사람, 病	午時은 사람 두 가지 문제 갈등사, 갖고픈 욕구	未時 온 사람 뭔가 하고 싶어서 왔다, 의욕과다
	申時은 사람은 골치 아픈 일, 죽음, 바람끼	酉時은사람 문서, 화합운, 경조사, 애정 궁합, 애인, 투자	戌時은 사람은 이동수, 변동수, 매매, 이별, 실물

운세풀이			
子띠:이동수,우왕좌왕, 사고다툼	卯띠: 점점 일이 꼬임, 관재구설	午띠:최고운상승세, 두마음	酉띠: 만남,결실,화합,문서
丑띠:매사불편, 방해자,배신	辰띠:귀인상봉, 금전이득, 현금	未띠: 의욕과다, 스트레스큼	戌띠:이동수,이별수,변동 움직임
寅띠:해결신,시험합격, 풀림	巳띠: 매사꼬임,과거고생, 病	申띠: 시급한 일, 뜻대로 안됨	亥띠: 빈주머니,걱정근심,사기

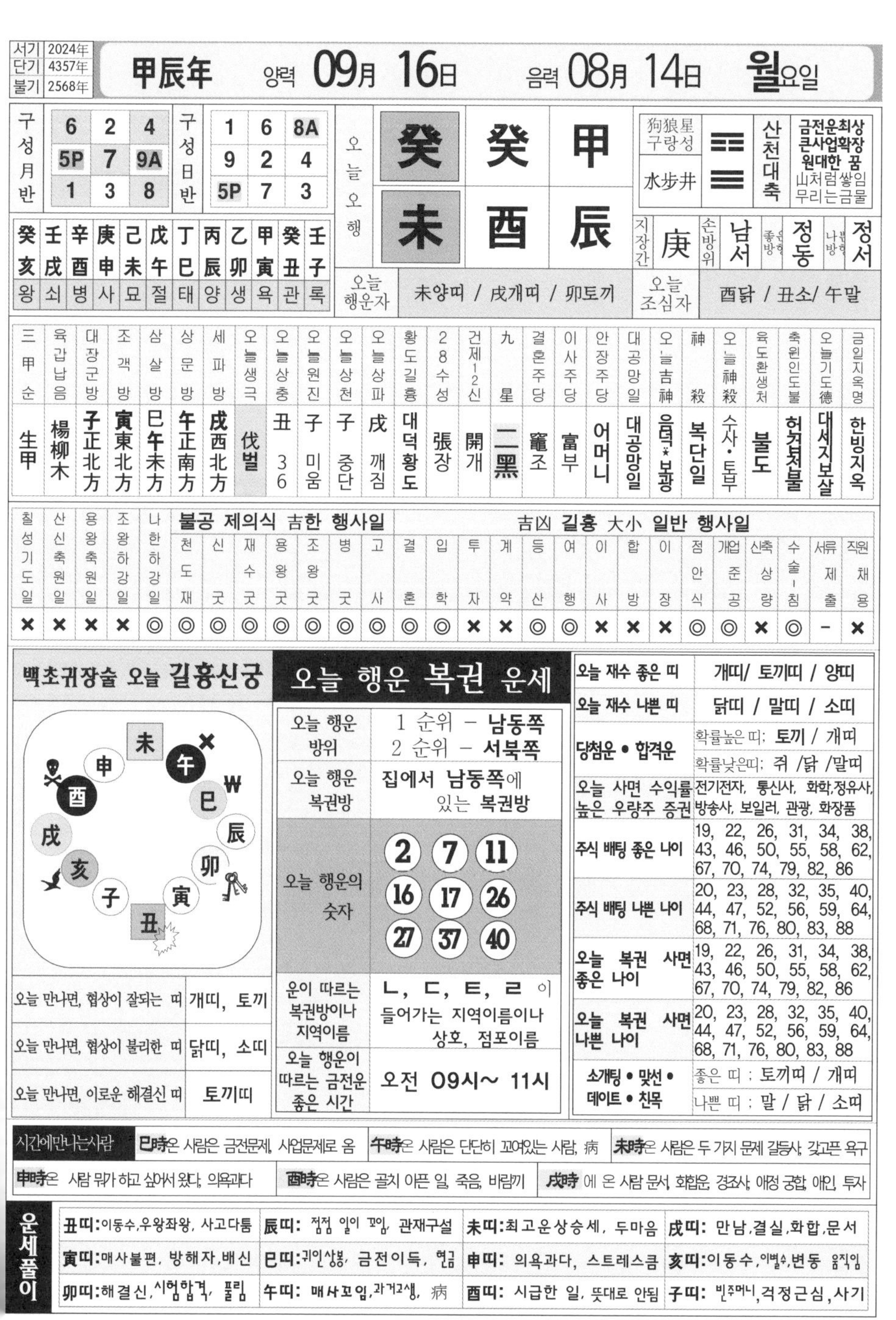

서기	2024年
단기	4357年
불기	2568年

甲辰年 양력 09月 16日 음력 08月 14日 월요일

구성월반				구성일반			
	6	2	4		1	6	8A
	5P	7	9A		9	2	4
	1	3	8		5P	7	3

오늘오행		
癸	癸	甲
未	酉	辰

狗狼星 구랑성	☰	산천대축	금전운최상 큰사업확장 원대한 꿈 산처럼쌓임 무리는금물
水步井	☷		

지장간	庚	손방위	남서	좋은방향	정동	나쁜방향	정서

癸亥	壬戌	辛酉	庚申	己未	戊午	丁巳	丙辰	乙卯	甲寅	癸丑	壬子
왕	쇠	병	사	묘	절	태	양	생	욕	관	록

오늘 행운자	未양띠 / 戌개띠 / 卯토끼	오늘 조심자	酉닭 / 丑소/ 午말

三甲순	육갑납음	대장군방	조객방	삼살방	상문방	세파방	오늘생극	오늘상충	오늘원진	오늘상천	오늘상파	황도길흉	28수성	건제12신	九星	결혼주당	이사주당	안장주당	대공망일	오늘吉神	神殺	오늘神殺	육도환생처	축원인도불	오늘기도德	금일지옥명
生甲	楊柳木	子正北方	寅東北方	巳午未方	午正南方	戌西北方	伐벌	丑 36	子 미움	子 중단	戌 깨짐	대덕황도	張장	開개	二黑	竈조	富부	어머니	대공망일	음덕*보광	복단일	수사·토부	불도	허겁처불	대세지보살	한빙지옥

칠성기도일	산신축원일	용왕축원일	조왕하강일	나한하강일	불공 제의식 吉한 행사일: 천도재	신굿	재수굿	용왕굿	조왕굿	병굿	고사	吉凶 길흉 大小 일반 행사일: 결혼	입학	투자	계약	등산	여행	이사	합방	이장	점안식	개업준공	신축상량	수술-침	서류제출	직원채용
×	×	×	×	◎	◎	◎	◎	◎	◎	◎	◎	◎	◎	×	×	◎	◎	×	×	×	◎	◎	×	◎	–	×

백초귀장술 오늘 길흉신궁

오늘 만나면, 협상이 잘되는 띠	개띠, 토끼
오늘 만나면, 협상이 불리한 띠	닭띠, 소띠
오늘 만나면, 이로운 해결신 띠	토끼띠

오늘 행운 복권 운세

오늘 행운 방위	1 순위 – 남동쪽 2 순위 – 서북쪽
오늘 행운 복권방	집에서 남동쪽에 있는 복권방
오늘 행운의 숫자	2 7 11 16 17 26 27 37 40
운이 따르는 복권방이나 지역이름	ㄴ, ㄷ, ㅌ, ㄹ 이 들어가는 지역이름이나 상호, 점포이름
오늘 행운이 따르는 금전운 좋은 시간	오전 09시~ 11시

오늘 재수 좋은 띠	개띠/ 토끼띠 / 양띠
오늘 재수 나쁜 띠	닭띠 / 말띠 / 소띠
당첨운 • 합격운	확률높은 띠: 토끼 / 개띠 확률낮은띠: 쥐 /닭 /말띠
오늘 사면 수익률 높은 우량주 증권	전기전자, 통신사, 화학,정유사, 방송사, 보일러, 관광, 화장품
주식 배팅 좋은 나이	19, 22, 26, 31, 34, 38, 43, 46, 50, 55, 58, 62, 67, 70, 74, 79, 82, 86
주식 배팅 나쁜 나이	20, 23, 28, 32, 35, 40, 44, 47, 52, 56, 59, 64, 68, 71, 76, 80, 83, 88
오늘 복권 사면 좋은 나이	19, 22, 26, 31, 34, 38, 43, 46, 50, 55, 58, 62, 67, 70, 74, 79, 82, 86
오늘 복권 사면 나쁜 나이	20, 23, 28, 32, 35, 40, 44, 47, 52, 56, 59, 64, 68, 71, 76, 80, 83, 88
소개팅 • 맞선 • 데이트 • 친목	좋은 띠 : 토끼띠 / 개띠 나쁜 띠 : 말 / 닭 / 소띠

시간에만나는사람	巳時은 사람은 금전문제, 사업문제로 옴	午時은 사람은 단단히 꼬여있는 사람, 病	未時은 사람은 두 가지 문제 갈등사, 갖고픈 욕구
申時은 사람 뭐가 하고 싶어서 왔다, 의욕과다	酉時은 사람은 골치 아픈 일, 죽음, 바람끼	戌時에 온 사람 문서, 화합운, 경조사, 애정 궁합, 애인, 투자	

운세풀이				
	丑띠:이동수,우왕좌왕, 사고다툼	辰띠: 점점 일이 꼬임, 관재구설	未띠:최고운상승세, 두마음	戌띠: 만남,결실,화합,문서
	寅띠:매사불편, 방해자,배신	巳띠:귀인상봉, 금전이득, 현금	申띠: 의욕과다, 스트레스큼	亥띠:이동수,이별수,변동 움직임
	卯띠:해결신,시험합격, 풀림	午띠: 매사꼬임,과거고생, 病	酉띠: 시급한 일, 뜻대로 안됨	子띠: 빈주머니,걱정근심,사기

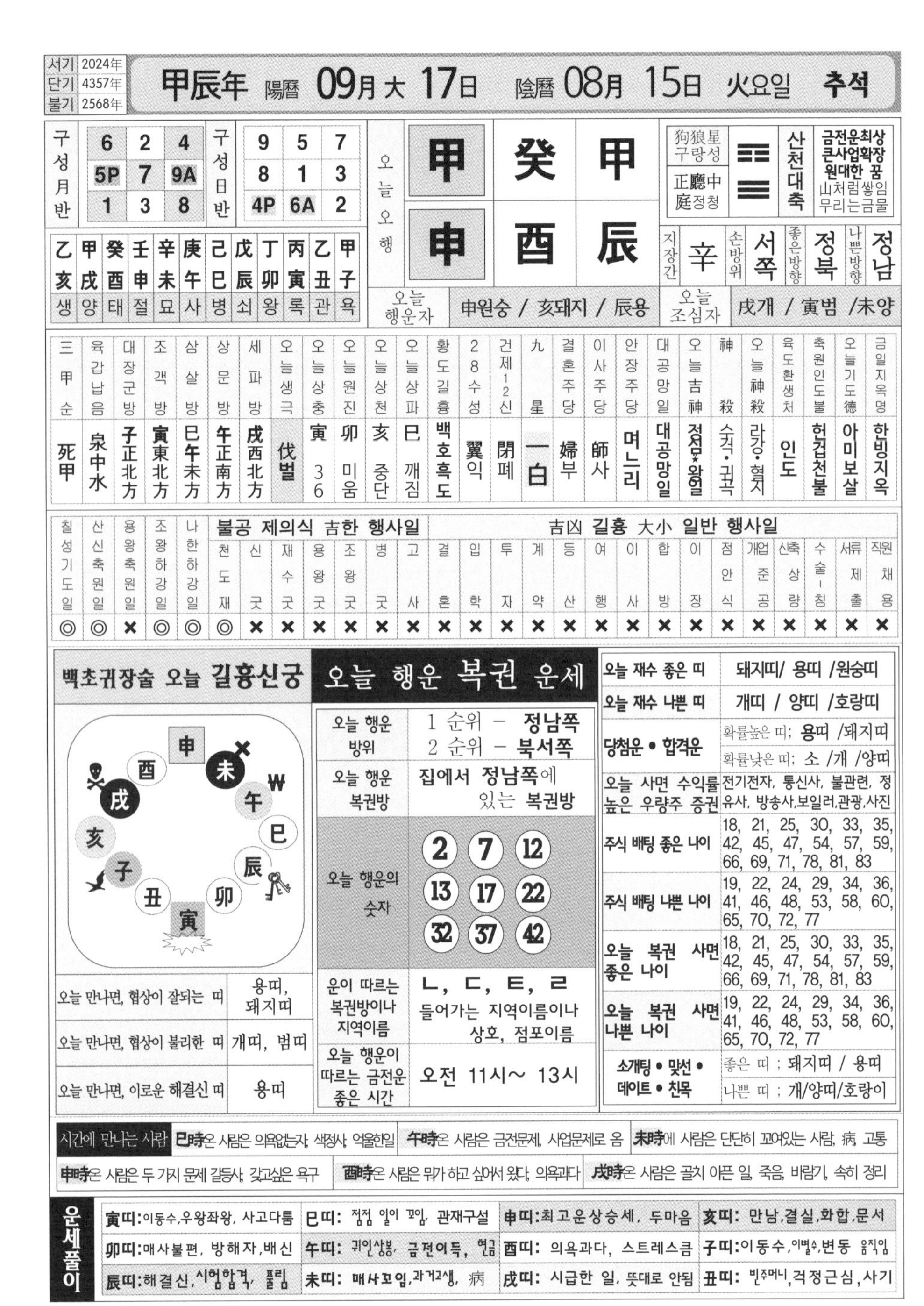

서기	2024年
단기	4357年
불기	2568年

甲辰年 陽曆 09月 大 17日 陰曆 08月 15日 火요일 추석

구성月반			구성日반		
6	2	4	9	5	7
5P	7	9A	8	1	3
1	3	8	4P	6A	2

오늘오행		
甲	癸	甲
申	酉	辰

狗狼星 구랑성	正廳中庭정청	산천대축	금전운최상 큰사업확장 원대한 꿈 山처럼쌓임 무리는금물

지장간	손방위	좋은방향	나쁜방향
辛	서쪽	정북	정남

乙亥	甲戌	癸酉	壬申	辛未	庚午	己巳	戊辰	丁卯	丙寅	乙丑	甲子
생	양	태	절	묘	사	병	쇠	왕	록	관	욕

오늘 행운자	申원숭 / 亥돼지 / 辰용	오늘 조심자	戌개 / 寅범 /未양

三甲순	육갑납음	대장군방	조객방	삼살방	상문방	세파방	오늘생극	오늘상충	오늘원진	오늘상천	오늘상파	황도길흉	28수성	건제12신	九星	결혼주당	이사주당	안장주당	대공망일	오늘吉神	神殺	오늘神殺	육도환생처	축원인도불	오늘기도德	금일지옥명
死甲	泉中水	子正北方	寅東北方	巳午未方	午正南方	戌西北方	伐벌	寅 36	卯 미움	亥 중단	巳 깨짐	백호흑도	翼익	閉폐	一白	婦부	師사	며느리	대공망일	정심★왕일	수격·귀곡	라강·혈지	인도	헌겁천불	아미보살	한빙지옥

칠성기도일	산신축원일	용왕축원일	조왕하강일	나한하강일	불공 제의식 吉한 행사일: 천도재	신굿	재수굿	용왕굿	조왕굿	병굿	고사	吉凶 길흉 大小 일반 행사일: 결혼	입학	투자	계약	등산	여행	이사	합방	이장	점안식	개업준공	신축상량	수술·침	서류제출	직원채용
◎	◎	×	◎	◎	◎	×	×	×	×	×	×	×	×	×	×	×	×	×	×	×	×	×	×	×	×	×

백초귀장술 오늘 길흉신궁

오늘 만나면, 협상이 잘되는 띠	용띠, 돼지띠
오늘 만나면, 협상이 불리한 띠	개띠, 범띠
오늘 만나면, 이로운 해결신 띠	용띠

오늘 행운 복권 운세

오늘 행운 방위	1 순위 - 정남쪽 2 순위 - 북서쪽
오늘 행운 복권방	집에서 정남쪽에 있는 복권방
오늘 행운의 숫자	2 7 12 13 17 22 32 37 42
운이 따르는 복권방이나 지역이름	ㄴ, ㄷ, ㅌ, ㄹ 들어가는 지역이름이나 상호, 점포이름
오늘 행운이 따르는 금전운 좋은 시간	오전 11시~ 13시

오늘 재수 좋은 띠	돼지띠/ 용띠 /원숭띠
오늘 재수 나쁜 띠	개띠 / 양띠 /호랑띠
당첨운 • 합격운	확률높은 띠; 용띠 /돼지띠 확률낮은 띠; 소 /개 /양띠
오늘 사면 수익률 높은 우량주 증권	전기전자, 통신사, 불관련, 정유사, 방송사,보일러,관광,사진
주식 배팅 좋은 나이	18, 21, 25, 30, 33, 35, 42, 45, 47, 54, 57, 59, 66, 69, 71, 78, 81, 83
주식 배팅 나쁜 나이	19, 22, 24, 29, 34, 36, 41, 46, 48, 53, 58, 60, 65, 70, 72, 77
오늘 복권 사면 좋은 나이	18, 21, 25, 30, 33, 35, 42, 45, 47, 54, 57, 59, 66, 69, 71, 78, 81, 83
오늘 복권 사면 나쁜 나이	19, 22, 24, 29, 34, 36, 41, 46, 48, 53, 58, 60, 65, 70, 72, 77
소개팅 • 맞선 • 데이트 • 친목	좋은 띠 ; 돼지띠 / 용띠 나쁜 띠 ; 개/양띠/호랑이

시간에 만나는 사람	巳時온 사람은 의욕없는자, 색정사, 억울한일	午時온 사람은 금전문제, 사업문제로 옴	未時에 사람은 단단히 꼬여있는 사람, 病, 고통
申時온 사람은 두 가지 문제 갈등사, 갖고싶은 욕구	酉時온 사람은 뭔가 하고 싶어서 왔다, 의욕과다	戌時온 사람은 골치 아픈 일, 죽음, 바람기, 속히 정리	

운세풀이			
寅띠:이동수,우왕좌왕, 사고다툼	巳띠: 점점 일이 꼬임, 관재구설	申띠:최고운상승세, 두마음	亥띠: 만남,결실,화합,문서
卯띠:매사불편, 방해자,배신	午띠: 귀인상봉, 금전이득, 현금	酉띠: 의욕과다, 스트레스큼	子띠:이동수,이별수,변동 움직임
辰띠:해결신,시험합격, 풀림	未띠: 매사꼬임,과거고생, 病	戌띠: 시급한 일, 뜻대로 안됨	丑띠: 빈주머니,걱정근심,사기

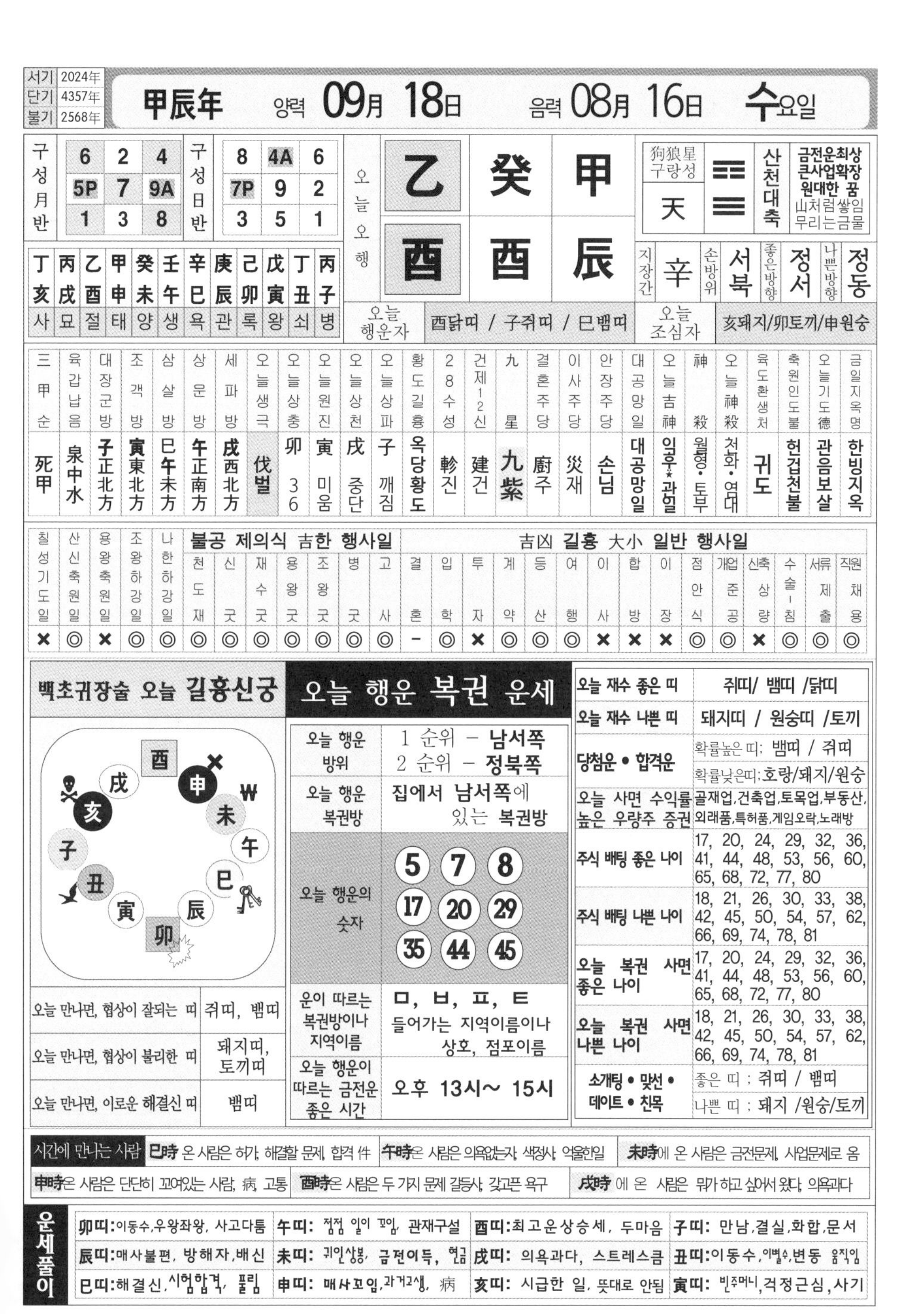

서기	2024年
단기	4357年
불기	2568年

甲辰年 양력 09月 18日 음력 08月 16日 수요일

구성月반		
6	2	4
5P	7	9A
1	3	8

구성日반		
8	4A	6
7P	9	2
3	5	1

오늘오행		
乙	癸	甲
酉	酉	辰

狗狼星 구랑성	괘	괘명	풀이
天	☶☰	산천대축	금전운최상 큰사업확장 원대한 꿈 山처럼쌓임 무리는금물

丁亥	丙戌	乙酉	甲申	癸未	壬午	辛巳	庚辰	己卯	戊寅	丁丑	丙子
사	묘	절	태	양	생	욕	관	록	왕	쇠	병

지장간	손방위	좋은방향	나쁜방향
辛	서북	정서	정동

오늘 행운자: 酉닭띠 / 子쥐띠 / 巳뱀띠

오늘 조심자: 亥돼지/卯토끼/申원숭

三甲순	육갑납음	대장군방	조객방	삼살방	상문방	세파방	오늘생극	오늘상충	오늘원진	오늘상천	오늘상파	황도길흉	28수성	건제12신	九星	결혼주당	이사주당	안장주당	대공망일	오늘吉神	神殺	오늘神殺	육도환생처	축원인도불	오늘기도德	금일지옥명
死甲	泉中水	子正北方	寅東北方	巳午未方	午正南方	戌西北方	伐벌	卯 36	寅 미움	戌 중단	子 깨짐	옥당황도	軫진	建건	九紫	廚주	災재	손님	대공망일	익후*관일	월형・토부	천화・연대	귀도	헌겁천불	관음보살	한빙지옥

칠성기도일	산신축원일	용왕축원일	조왕하강일	나한하강일	불공 제의식 吉한 행사일: 천도재	신굿	재수굿	용왕굿	조왕굿	병굿	고사	吉凶 길흉 大小 일반 행사일: 결혼	입학	투자	계약	등산	여행	이사	합방	이장	점안식	개업준공	신축상량	수술-침	서류제출	직원채용
×	◎	×	◎	◎	◎	◎	◎	◎	◎	◎	◎	-	◎	×	◎	◎	◎	×	×	×	◎	◎	×	◎	◎	◎

백초귀장술 오늘 길흉신궁

오늘 만나면, 협상이 잘되는 띠	쥐띠, 뱀띠
오늘 만나면, 협상이 불리한 띠	돼지띠, 토끼띠
오늘 만나면, 이로운 해결신 띠	뱀띠

오늘 행운 복권 운세

오늘 행운 방위	1 순위 – 남서쪽 2 순위 – 정북쪽
오늘 행운 복권방	집에서 남서쪽에 있는 복권방
오늘 행운의 숫자	5 7 8 17 20 29 35 44 45
운이 따르는 복권방이나 지역이름	ㅁ, ㅂ, ㅍ, ㅌ 들어가는 지역이름이나 상호, 점포이름
오늘 행운이 따르는 금전운 좋은 시간	오후 13시~ 15시

오늘 재수 좋은 띠	쥐띠/ 뱀띠 /닭띠
오늘 재수 나쁜 띠	돼지띠 / 원숭띠 /토끼
당첨운 • 합격운	확률높은 띠: 뱀띠 / 쥐띠 확률낮은띠: 호랑/돼지/원숭
오늘 사면 수익률 높은 우량주 증권	골재업,건축업,토목업,부동산,외래품,특허품,게임오락,노래방
주식 배팅 좋은 나이	17, 20, 24, 29, 32, 36, 41, 44, 48, 53, 56, 60, 65, 68, 72, 77, 80
주식 배팅 나쁜 나이	18, 21, 26, 30, 33, 38, 42, 45, 50, 54, 57, 62, 66, 69, 74, 78, 81
오늘 복권 사면 좋은 나이	17, 20, 24, 29, 32, 36, 41, 44, 48, 53, 56, 60, 65, 68, 72, 77, 80
오늘 복권 사면 나쁜 나이	18, 21, 26, 30, 33, 38, 42, 45, 50, 54, 57, 62, 66, 69, 74, 78, 81
소개팅 • 맞선 • 데이트 • 친목	좋은 띠 : 쥐띠 / 뱀띠 나쁜 띠 : 돼지 /원숭/토끼

시간에 만나는 사람 巳時 온 사람은 허가, 해결할 문제, 합격 件 | 午時온 사람은 의욕없는자, 색정사, 억울한일 | 未時에 온 사람은 금전문제, 사업문제로 옴 | 申時온 사람은 단단히 꼬여있는 사람, 病, 고통 | 酉時온 사람은 두 가지 문제 갈등사, 갖고픈 욕구 | 戌時 에 온 사람은 뭔가 하고 싶어서 왔다, 의욕과다

운세풀이

卯띠:이동수,우왕좌왕, 사고다툼	午띠: 점점 일이 꼬임, 관재구설	酉띠:최고운상승세, 두마음	子띠: 만남,결실,화합,문서
辰띠:매사불편, 방해자,배신	未띠: 귀인상봉, 금전이득, 현금	戌띠: 의욕과다, 스트레스큼	丑띠:이동수,이별수,변동 움직임
巳띠:해결신,시험합격, 풀림	申띠: 매사꼬임,과거고생, 病	亥띠: 시급한 일, 뜻대로 안됨	寅띠: 빈주머니,걱정근심,사기

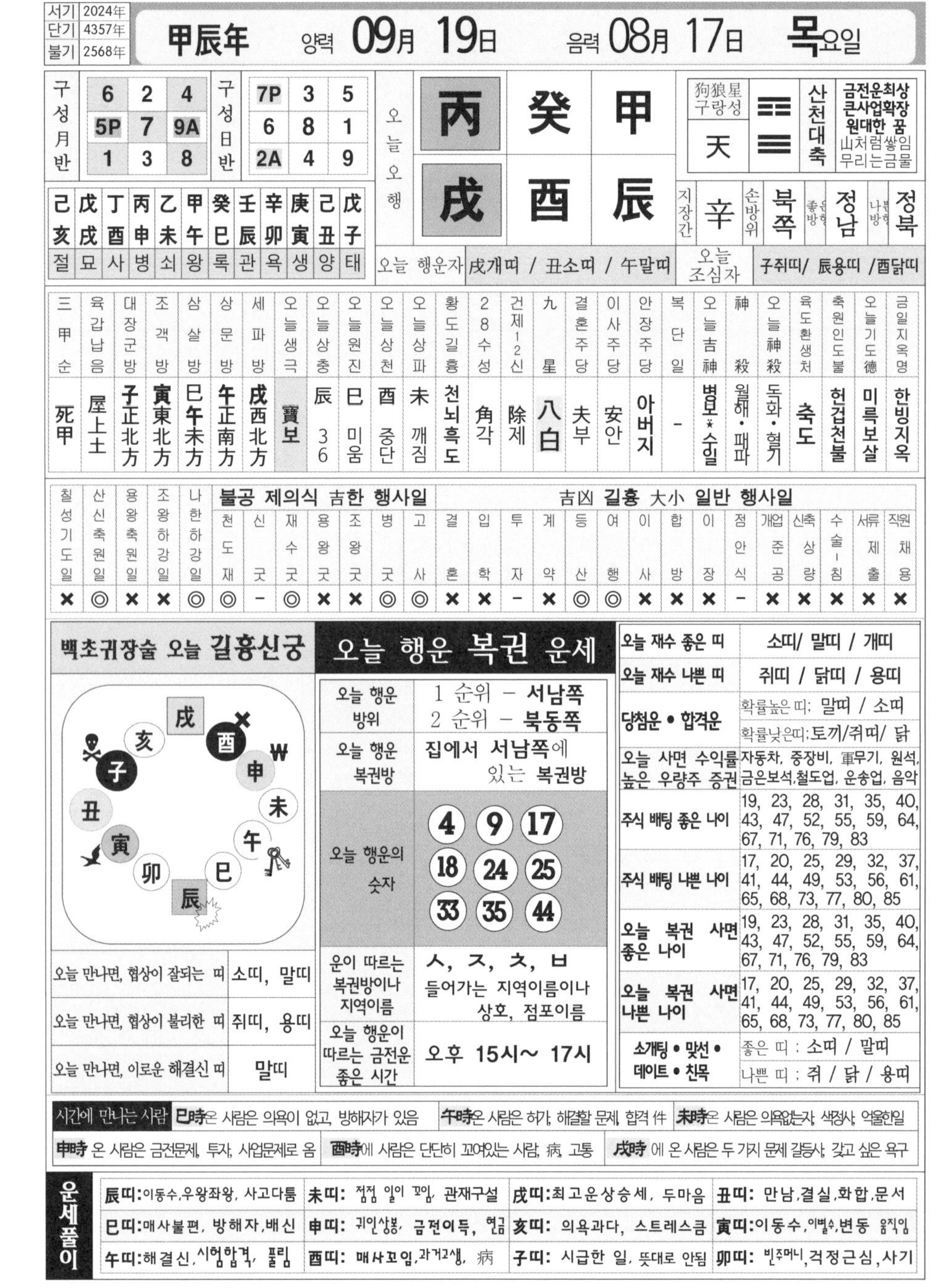

서기	2024年	甲辰年	양력 09月 19日	음력 08月 17日	목요일
단기	4357年				
불기	2568年				

구성월반			구성일반		
6	2	4	7P	3	5
5P	7	9A	6	8	1
1	3	8	2A	4	9

오늘오행		
丙	癸	甲
戊	酉	辰

狗狼星 구랑성	괘		
天	☰☷	산천대축	금전운최상 큰사업확장 원대한 꿈 山처럼쌓임 무리는금물

己亥	戊戌	丁酉	丙申	乙未	甲午	癸巳	壬辰	辛卯	庚寅	己丑	戊子
절	묘	사	병	쇠	왕	록	관	욕	생	양	태

지장간	손방위	좋은방향	나쁜방향
辛	북쪽	정남	정북

오늘 행운자: 戌개띠 / 丑소띠 / 午말띠

오늘 조심자: 子쥐띠/ 辰용띠 /酉닭띠

三甲순	육갑납음	대장군방	조객방	삼살방	상문방	세파방	오늘생극	오늘상충	오늘원진	오늘상천	오늘상파	황도길흉	28수성	건제12신	九星	결혼주당	이사주당	안장주당	복단일	오늘吉神	神殺	오늘神殺	육도환생처	축원인도불	오늘기도德	금일지옥명
死甲	屋上土	子正北方	寅東北方	巳午未方	午正南方	戌西北方	寶보	辰 36	巳 미움	酉 중단	未 깨짐	천뇌흑도	角각	除제	八白	夫부	安안	아버지	-	병보*순일	월해·패파	도화·혈기	축도	헌겁천불	미륵보살	한빙지옥

칠성기도일	산신축원일	용왕축원일	조왕하강일	나한하강일
×	◎	×	×	◎

불공 제의식 吉한 행사일

천도재	신굿	재수굿	용왕굿	조왕굿	병굿	고사
◎	-	◎	×	×	◎	◎

吉凶 길흉 大小 일반 행사일

결혼	입학	투자	계약	등산	여행	이사	합방	이장	점안식	개업준공	신축상량	수술-침	서류제출	직원채용
×	×	-	×	◎	◎	×	×	×	-	×	×	×	×	×

백초귀장술 오늘 길흉신궁

오늘 만나면, 협상이 잘되는 띠	소띠, 말띠
오늘 만나면, 협상이 불리한 띠	쥐띠, 용띠
오늘 만나면, 이로운 해결신 띠	말띠

오늘 행운 복권 운세

오늘 행운 방위	1 순위 - 서남쪽 2 순위 - 북동쪽
오늘 행운 복권방	집에서 서남쪽에 있는 복권방
오늘 행운의 숫자	4 9 17 18 24 25 33 35 44
운이 따르는 복권방이나 지역이름	ㅅ, ㅈ, ㅊ, ㅂ 들어가는 지역이름이나 상호, 점포이름
오늘 행운이 따르는 금전운 좋은 시간	오후 15시~ 17시

오늘 재수 좋은 띠	소띠/ 말띠 / 개띠
오늘 재수 나쁜 띠	쥐띠 / 닭띠 / 용띠
당첨운 • 합격운	확률높은 띠: 말띠 / 소띠 확률낮은띠: 토끼/쥐띠/ 닭
오늘 사면 수익률 높은 우량주 증권	자동차, 중장비, 軍무기, 원석, 금은보석,철도업, 운송업, 음악
주식 배팅 좋은 나이	19, 23, 28, 31, 35, 40, 43, 47, 52, 55, 59, 64, 67, 71, 76, 79, 83
주식 배팅 나쁜 나이	17, 20, 25, 29, 32, 37, 41, 44, 49, 53, 56, 61, 65, 68, 73, 77, 80, 85
오늘 복권 사면 좋은 나이	19, 23, 28, 31, 35, 40, 43, 47, 52, 55, 59, 64, 67, 71, 76, 79, 83
오늘 복권 사면 나쁜 나이	17, 20, 25, 29, 32, 37, 41, 44, 49, 53, 56, 61, 65, 68, 73, 77, 80, 85
소개팅 • 맞선 • 데이트 • 친목	좋은 띠 : 소띠 / 말띠 나쁜 띠 : 쥐 / 닭 / 용띠

시간에 만나는 사람

巳時은 사람은 의욕이 없고, 방해자가 있음	午時은 사람은 허가, 해결할 문제, 합격 件	未時은 사람은 의욕없는자, 색정사, 억울한일
申時 온 사람은 금전문제, 투자, 사업문제로 옴	酉時에 사람은 단단히 꼬여있는 사람, 病, 고통	戌時 에 온 사람은 두 가지 문제 갈등사, 갖고 싶은 욕구

운세풀이

辰띠:이동수,우왕좌왕, 사고다툼	未띠: 점점 일이 꼬임, 관재구설	戌띠:최고운상승세, 두마음	丑띠: 만남,결실,화합,문서
巳띠:매사불편, 방해자,배신	申띠: 귀인상봉, 금전이득, 현금	亥띠: 의욕과다, 스트레스큼	寅띠:이동수,이별수,변동 움직임
午띠:해결신,시험합격, 풀림	酉띠: 매사꼬임,과거고생, 病	子띠: 시급한 일, 뜻대로 안됨	卯띠: 빈주머니,걱정근심,사기

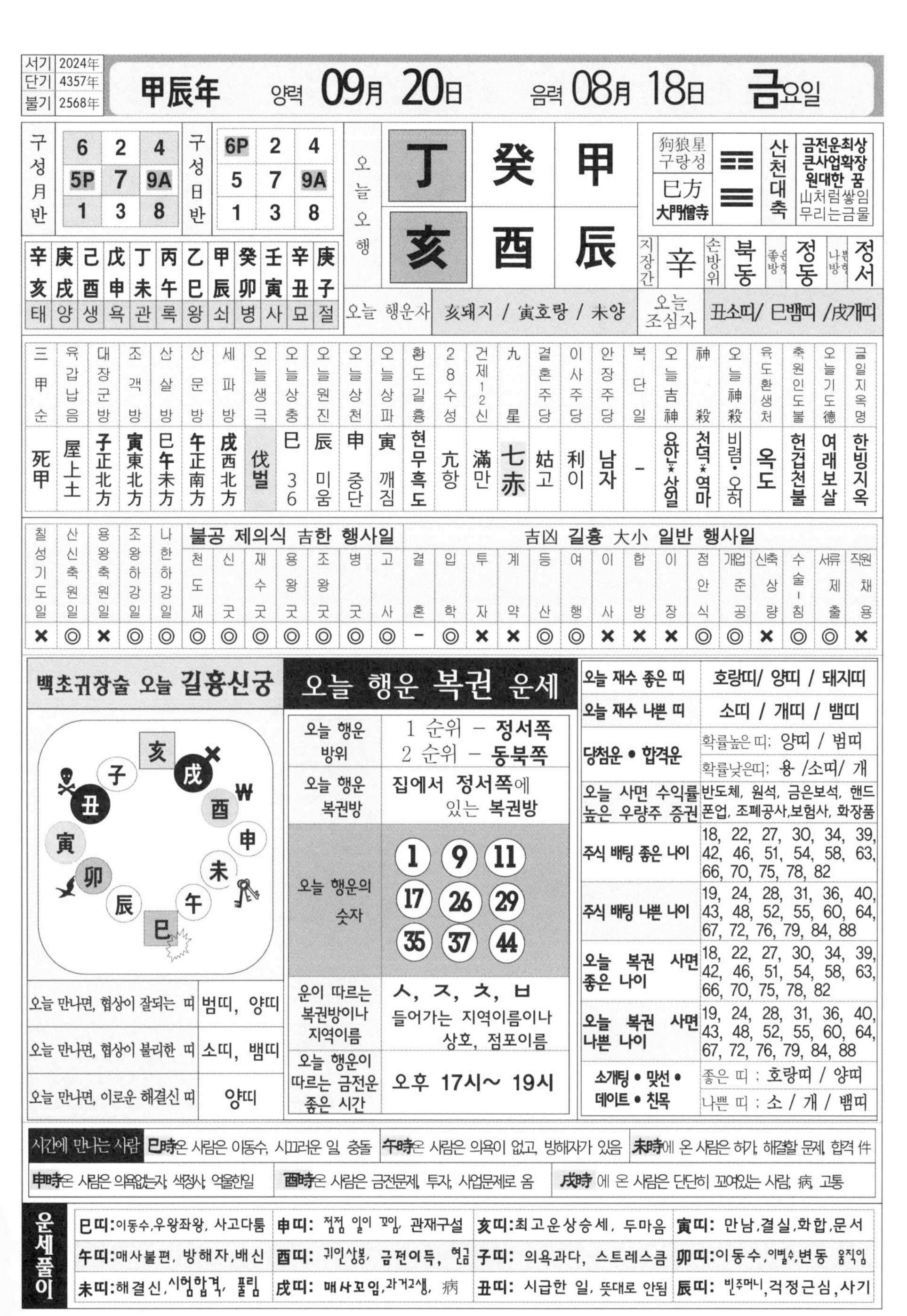

서기	2024年
단기	4357年
불기	2568年

甲辰年 양력 09月 20日 음력 08月 18日 금요일

구성월반				구성일반		
6	2	4		6P	2	4
5P	7	9A		5	7	9A
1	3	8		1	3	8

오늘오행			
	丁	癸	甲
	亥	酉	辰

狗狼星 구랑성	巳方 大門僧寺	산천대축	금전운최상 큰사업확장 원대한 꿈 山처럼쌓임 무리는금물

지장간	손방위	좋은방향	나쁜방향
辛	북동	정동	정서

辛亥	庚戌	己酉	戊申	丁未	丙午	乙巳	甲辰	癸卯	壬寅	辛丑	庚子
태	양	생	욕	관	록	왕	쇠	병	사	묘	절

오늘 행운사	亥돼지 / 寅호랑 / 未양	오늘 조심자	丑소띠/ 巳뱀띠 /戌개띠

三甲순	육갑납음	대장군방	조객방	산살방	산문방	세파방	오늘생극	오늘상충	오늘원진	오늘상천	오늘상파	황도길흉	28수성
死甲	屋上土	子正北方	寅東北方	巳午未方	午正南方	戌西北方	伐벌	巳 36	辰 미움	申 중단	寅 깨짐	현무흑도	亢항

건제12신	九星	결혼주당	이사주당	안장주당	복단일	오늘吉神	神殺	오늘神殺	육도환생처	축원인도불	오늘기도德	금일지옥명
滿만	七赤	姑고	利이	남자	–	요안*상일	천덕*역마	비렴·오허	옥도	헌겁천불	여래보살	한빙지옥

칠성기도일	산신축원일	용왕축원일	조왕하강일	나한하강일	불공 제의식 吉한 행사일						
					천도재	신굿	재수굿	용왕굿	조왕굿	병굿	고사
×	◎	×	◎	◎	◎	◎	◎	◎	◎	◎	◎

吉凶 길흉 大小 일반 행사일														
결혼	입학	투자	계약	등산	여행	이사	합방	이장	점안식	개업준공	신축상량	수술-침	서류제출	직원채용
–	◎	×	×	◎	◎	×	×	×	◎	◎	×	◎	◎	×

백초귀장술 오늘 길흉신궁

亥 子 戌 丑 酉 寅 申 卯 未 辰 午 巳 ₩

오늘 만나면, 협상이 잘되는 띠	범띠, 양띠
오늘 만나면, 협상이 불리한 띠	소띠, 뱀띠
오늘 만나면, 이로운 해결신 띠	양띠

오늘 행운 복권 운세

오늘 행운 방위	1 순위 – 정서쪽 2 순위 – 동북쪽
오늘 행운 복권방	집에서 정서쪽에 있는 복권방
오늘 행운의 숫자	1 9 11 17 26 29 35 37 44
운이 따르는 복권방이나 지역이름	ㅅ, ㅈ, ㅊ, ㅂ 들어가는 지역이름이나 상호, 점포이름
오늘 행운이 따르는 금전운 좋은 시간	오후 17시~ 19시

오늘 재수 좋은 띠	호랑띠/ 양띠 / 돼지띠
오늘 재수 나쁜 띠	소띠 / 개띠 / 뱀띠
당첨운 • 합격운	확률높은 띠: 양띠 / 범띠 확률낮은띠: 용 /소띠/ 개
오늘 사면 수익률 높은 우량주 증권	반도체, 원석, 금은보석, 핸드폰업, 조폐공사,보험사, 화장품
주식 배팅 좋은 나이	18, 22, 27, 30, 34, 39, 42, 46, 51, 54, 58, 63, 66, 70, 75, 78, 82
주식 배팅 나쁜 나이	19, 24, 28, 31, 36, 40, 43, 48, 52, 55, 60, 64, 67, 72, 76, 79, 84, 88
오늘 복권 사면 좋은 나이	18, 22, 27, 30, 34, 39, 42, 46, 51, 54, 58, 63, 66, 70, 75, 78, 82
오늘 복권 사면 나쁜 나이	19, 24, 28, 31, 36, 40, 43, 48, 52, 55, 60, 64, 67, 72, 76, 79, 84, 88
소개팅 • 맞선 • 데이트 • 친목	좋은 띠 ; 호랑띠 / 양띠 나쁜 띠 ; 소 / 개 / 뱀띠

시간에 만나는 사람	巳時은 사람은 이동수, 시끄러운 일, 충돌	午時은 사람은 의욕이 없고, 방해자가 있음	未時에 온 사람은 허가, 해결할 문제, 합격 件
	申時은 사람은 의욕없는자, 색정사, 억울한일	酉時은 사람은 금전문제, 투자, 사업문제로 옴	戌時 에 온 사람은 단단히 꼬여있는 사람, 病, 고통

운세풀이			
巳띠:이동수,우왕좌왕, 사고다툼	申띠: 점점 일이 꼬임, 관재구설	亥띠:최고운상승세, 두마음	寅띠: 만남,결실,화합,문서
午띠:매사불편, 방해자,배신	酉띠: 귀인상봉, 금전이득, 현금	子띠: 의욕과다, 스트레스큼	卯띠:이동수,이별수,변동 움직임
未띠:해결신,시험합격, 풀림	戌띠: 매사꼬임,과거고생, 病	丑띠: 시급한 일, 뜻대로 안됨	辰띠: 빈주머니,걱정근심,사기

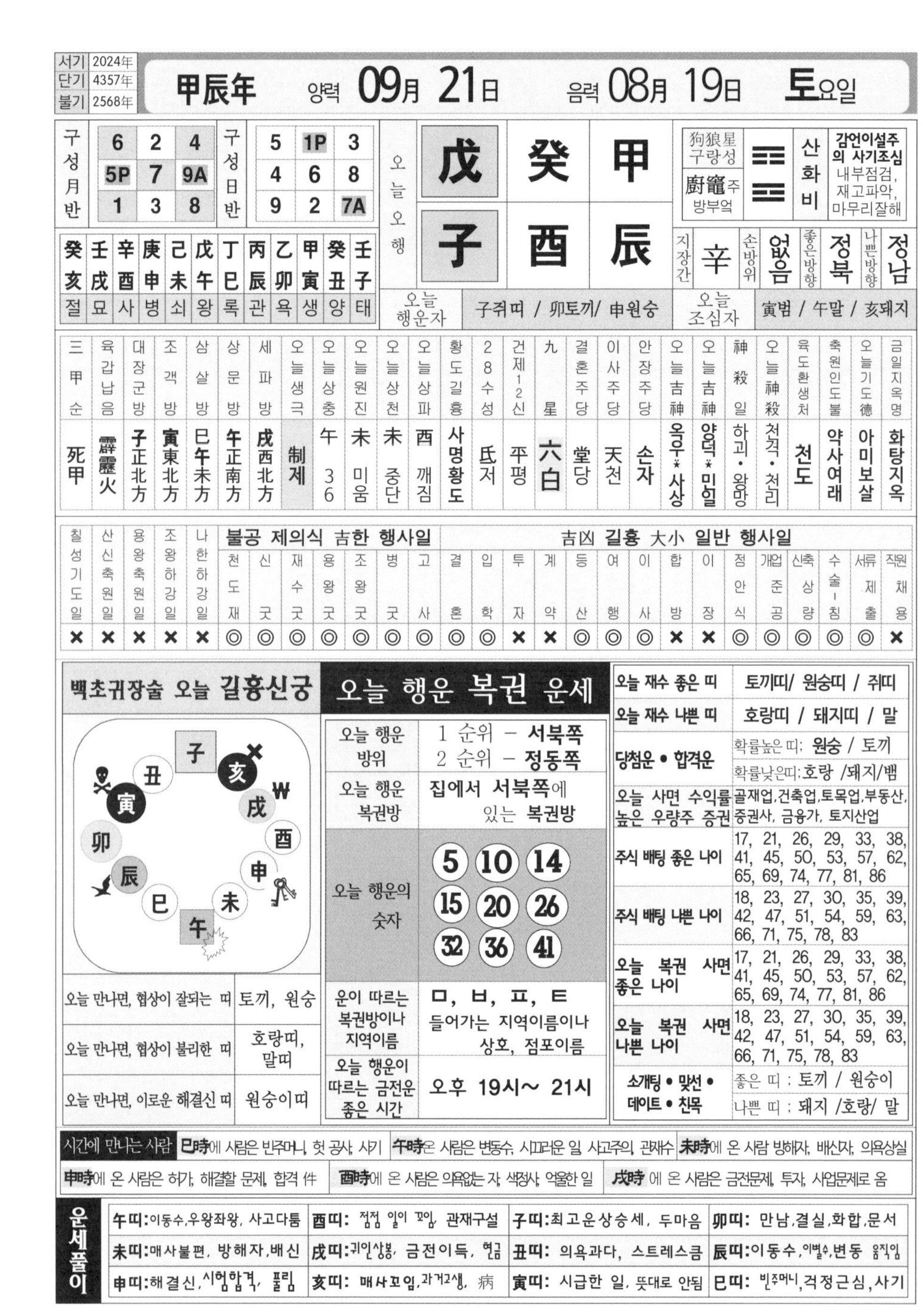

서기	2024年
단기	4357年
불기	2568年

甲辰年 양력 **09月 21日** 음력 **08月 19日** **토**요일

구성月반		
6	2	4
5P	7	9A
1	3	8

구성日반		
5	1P	3
4	6	8
9	2	7A

오늘오행		
戊	癸	甲
子	酉	辰

狗狼星 구랑성 廚竈주 방부엌 | 산화비 | 감언이설주의 사기조심 내부점검, 재고파악, 마무리잘해

지장간	손방위	좋은방향	나쁜방향
辛	없음	정북	정남

癸亥	壬戌	辛酉	庚申	己未	戊午	丁巳	丙辰	乙卯	甲寅	癸丑	壬子
절	묘	사	병	쇠	왕	록	관	욕	생	양	태

오늘 행운자: 子쥐띠 / 卯토끼/ 申원숭
오늘 조심자: 寅범 / 午말 / 亥돼지

三甲순	육갑납음	대장군방	조객방	삼살방	상문방	세파방	오늘생극	오늘상충	오늘원진	오늘상천	오늘상파	황도길흉	28수성	건제12신	九星	결혼주당	이사주당	안장주당	오늘吉神	오늘吉神	神殺일	오늘神殺	육도환생처	축원인도불	오늘기도德	금일지옥명
死甲	霹靂火	子正北方	寅東北方	巳午未方	午正南方	戌西北方	制제	午 36	未 미움	未 중단	酉 깨짐	사명황도	氐저	平평	六白	堂당	天천	손자	옥우*사상	양덕*민일	하괴·왕망	천격·천리	천도	약사여래	아미보살	화탕지옥

칠성기도일	산신축원일	용왕축원일	조왕하강일	나한하강일	불공 제의식 吉한 행사일: 천도재	신굿	재수굿	용왕굿	조왕굿	병굿	고사	吉凶 길흉 大小 일반 행사일: 결혼	입학	투자	계약	등산	여행	이사	합방	이장	점안식	개업준공	신축상량	수술-침	서류제출	직원채용
×	×	×	×	×	◎	◎	◎	◎	◎	◎	◎	◎	◎	×	×	◎	◎	◎	×	×	◎	◎	◎	◎	◎	×

백초귀장술 오늘 길흉신궁

오늘 만나면, 협상이 잘되는 띠	토끼, 원숭
오늘 만나면, 협상이 불리한 띠	호랑띠, 말띠
오늘 만나면, 이로운 해결신 띠	원숭이띠

오늘 행운 복권 운세

오늘 행운 방위	1 순위 – 서북쪽 2 순위 – 정동쪽
오늘 행운 복권방	집에서 서북쪽에 있는 복권방
오늘 행운의 숫자	5 10 14 15 20 26 32 36 41
운이 따르는 복권방이나 지역이름	ㅁ, ㅂ, ㅍ, ㅌ 들어가는 지역이름이나 상호, 점포이름
오늘 행운이 따르는 금전운 좋은 시간	오후 19시~ 21시

오늘 재수 좋은 띠	토끼띠/ 원숭띠 / 쥐띠
오늘 재수 나쁜 띠	호랑띠 / 돼지띠 / 말
당첨운 • 합격운	확률높은 띠: 원숭 / 토끼 확률낮은띠: 호랑 /돼지/뱀
오늘 사면 수익률 높은 우량주 증권	골재업,건축업,토목업,부동산, 증권사, 금융가, 토지산업
주식 배팅 좋은 나이	17, 21, 26, 29, 33, 38, 41, 45, 50, 53, 57, 62, 65, 69, 74, 77, 81, 86
주식 배팅 나쁜 나이	18, 23, 27, 30, 35, 39, 42, 47, 51, 54, 59, 63, 66, 71, 75, 78, 83
오늘 복권 사면 좋은 나이	17, 21, 26, 29, 33, 38, 41, 45, 50, 53, 57, 62, 65, 69, 74, 77, 81, 86
오늘 복권 사면 나쁜 나이	18, 23, 27, 30, 35, 39, 42, 47, 51, 54, 59, 63, 66, 71, 75, 78, 83
소개팅 • 맞선 • 데이트 • 친목	좋은 띠 : 토끼 / 원숭이 나쁜 띠 : 돼지 /호랑/ 말

시간에 만나는 사람 巳時에 사람은 빈주머니, 헛 공사, 사기 | 午時은 사람은 변동수, 시끄러운 일 사고주의, 관재수 | 未時에 온 사람 방해자, 배신자, 의욕상실
申時에 온 사람은 허가, 해결할 문제, 합격 件 | 酉時에 온 사람은 의욕없는 자, 색정사, 억울한 일 | 戌時 에 온 사람은 금전문제, 투자, 사업문제로 옴

운세풀이

午띠:이동수,우왕좌왕, 사고다툼	酉띠: 점점 일이 꼬임, 관재구설	子띠:최고운상승세, 두마음	卯띠: 만남,결실,화합,문서
未띠:매사불편, 방해자,배신	戌띠:귀인상봉, 금전이득, 현금	丑띠: 의욕과다, 스트레스큼	辰띠:이동수,이별수,변동 움직임
申띠:해결신,시험합격, 풀림	亥띠: 매사꼬임,과거고생, 病	寅띠: 시급한 일, 뜻대로 안됨	巳띠: 빈주머니,걱정근심,사기

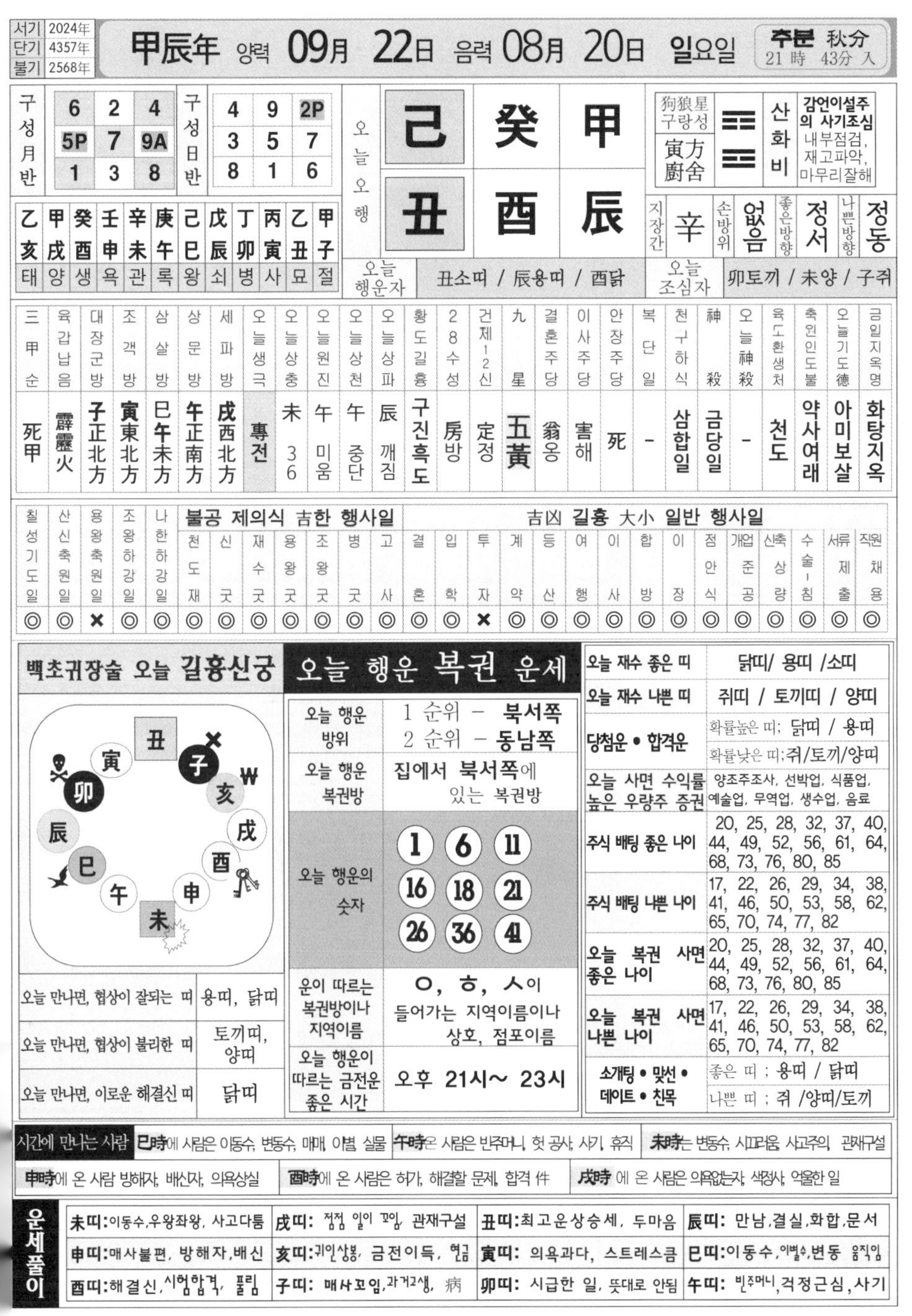

서기	2024年	甲辰年 양력 09月 22日 음력 08月 20日 일요일	추분 秋分 21時 43分 入
단기	4357年		
불기	2568年		

구성월반			구성일반		
6	2	4	4	9	2P
5P	7	9A	3	5	7
1	3	8	8	1	6

오늘오행		
己	癸	甲
丑	酉	辰

狗狼星 구랑성	寅方 廚舍	산화비	감언이설주의 사기조심 내부점검, 재고파악, 마무리잘해

지장간	손방위	좋은방향	나쁜방향
辛	없음	정서	정동

乙亥	甲戌	癸酉	壬申	辛未	庚午	己巳	戊辰	丁卯	丙寅	乙丑	甲子
태	양	생	욕	관	록	왕	쇠	병	사	묘	절

오늘 행운자	丑소띠 / 辰용띠 / 酉닭	오늘 조심자	卯토끼 / 未양 / 子쥐

三甲순	육갑납음	대장군방	조객방	삼살방	상문방	세파방	오늘생극	오늘상충	오늘원진	오늘상천	오늘상파	황도길흉
死甲	霹靂火	子正北方	寅東北方	巳午未方	午正南方	戌西北方	專전	未 36	午 미움	午 중단	辰 깨짐	구진흑도

28수성	건제12신	九星	결혼주당	이사주당	안장주당	복단일	천구하식	神殺	오늘神殺	육도환생처	축원인도불	오늘기도德	금일지옥명
房방	定정	五黃	翁옹	害해	死	-	삼합일	금당일	-	천도	약사여래	아미보살	화탕지옥

칠성기도일	산신축원일	용왕축원일	조왕하강일	나한하강일
◎	◎	×	◎	◎

불공 제의식 吉한 행사일						
천도재	신굿	재수굿	용왕굿	조왕굿	병굿	고사
◎	◎	◎	◎	◎	◎	◎

吉凶 길흉 大小 일반 행사일														
결혼	입학	투자	계약	등산	여행	이사	합방	이장	점안식	개업준공	신축상량	수술·침	서류제출	직원채용
◎	◎	×	◎	◎	◎	◎	◎	◎	◎	◎	◎	◎	◎	◎

백초귀장술 오늘 길흉신궁

오늘 만나면, 협상이 잘되는 띠	용띠, 닭띠
오늘 만나면, 협상이 불리한 띠	토끼띠, 양띠
오늘 만나면, 이로운 해결신 띠	닭띠

오늘 행운 복권 운세

오늘 행운 방위	1 순위 – 북서쪽 2 순위 – 동남쪽
오늘 행운 복권방	집에서 북서쪽에 있는 복권방
오늘 행운의 숫자	1, 6, 11, 16, 18, 21, 26, 36, 41
운이 따르는 복권방이나 지역이름	ㅇ, ㅎ, ㅅ이 들어가는 지역이름이나 상호, 점포이름
오늘 행운이 따르는 금전운 좋은 시간	오후 21시~ 23시

오늘 재수 좋은 띠	닭띠/ 용띠 /소띠
오늘 재수 나쁜 띠	쥐띠 / 토끼띠 / 양띠
당첨운 • 합격운	확률높은 띠; 닭띠 / 용띠 확률낮은 띠;쥐/토끼/양띠
오늘 사면 수익률 높은 우량주 증권	양조주조사, 선박업, 식품업, 예술업, 무역업, 생수업, 음료
주식 배팅 좋은 나이	20, 25, 28, 32, 37, 40, 44, 49, 52, 56, 61, 64, 68, 73, 76, 80, 85
주식 배팅 나쁜 나이	17, 22, 26, 29, 34, 38, 41, 46, 50, 53, 58, 62, 65, 70, 74, 77, 82
오늘 복권 사면 좋은 나이	20, 25, 28, 32, 37, 40, 44, 49, 52, 56, 61, 64, 68, 73, 76, 80, 85
오늘 복권 사면 나쁜 나이	17, 22, 26, 29, 34, 38, 41, 46, 50, 53, 58, 62, 65, 70, 74, 77, 82
소개팅 • 맞선 • 데이트 • 친목	좋은 띠 ; 용띠 / 닭띠 나쁜 띠 ; 쥐 /양띠/토끼

시간에 만나는 사람 巳時에 사람은 이동수, 변동수, 매매, 이별, 실물 | 午時온 사람은 빈주머니, 헛 공사, 사기, 휴직 | 未時는 변동수, 시끄러움, 사고주의, 관재구설 | 申時에 온 사람 방해자, 배신자, 의욕상실 | 酉時에 온 사람은 허가, 해결할 문제, 합격 件 | 戌時 에 온 사람은 의욕없는자, 색정사, 억울한 일

운세풀이			
未띠:이동수,우왕좌왕, 사고다툼	戌띠: 점점 일이 꼬임, 관재구설	丑띠:최고운상승세, 두마음	辰띠: 만남,결실,화합,문서
申띠:매사불편, 방해자,배신	亥띠:귀인상봉, 금전이득, 현금	寅띠: 의욕과다, 스트레스큼	巳띠:이동수,이별수,변동 움직임
酉띠:해결신,시험합격, 풀림	子띠: 매사꼬임,과거고생, 病	卯띠: 시급한 일, 뜻대로 안됨	午띠: 빈주머니,걱정근심,사기

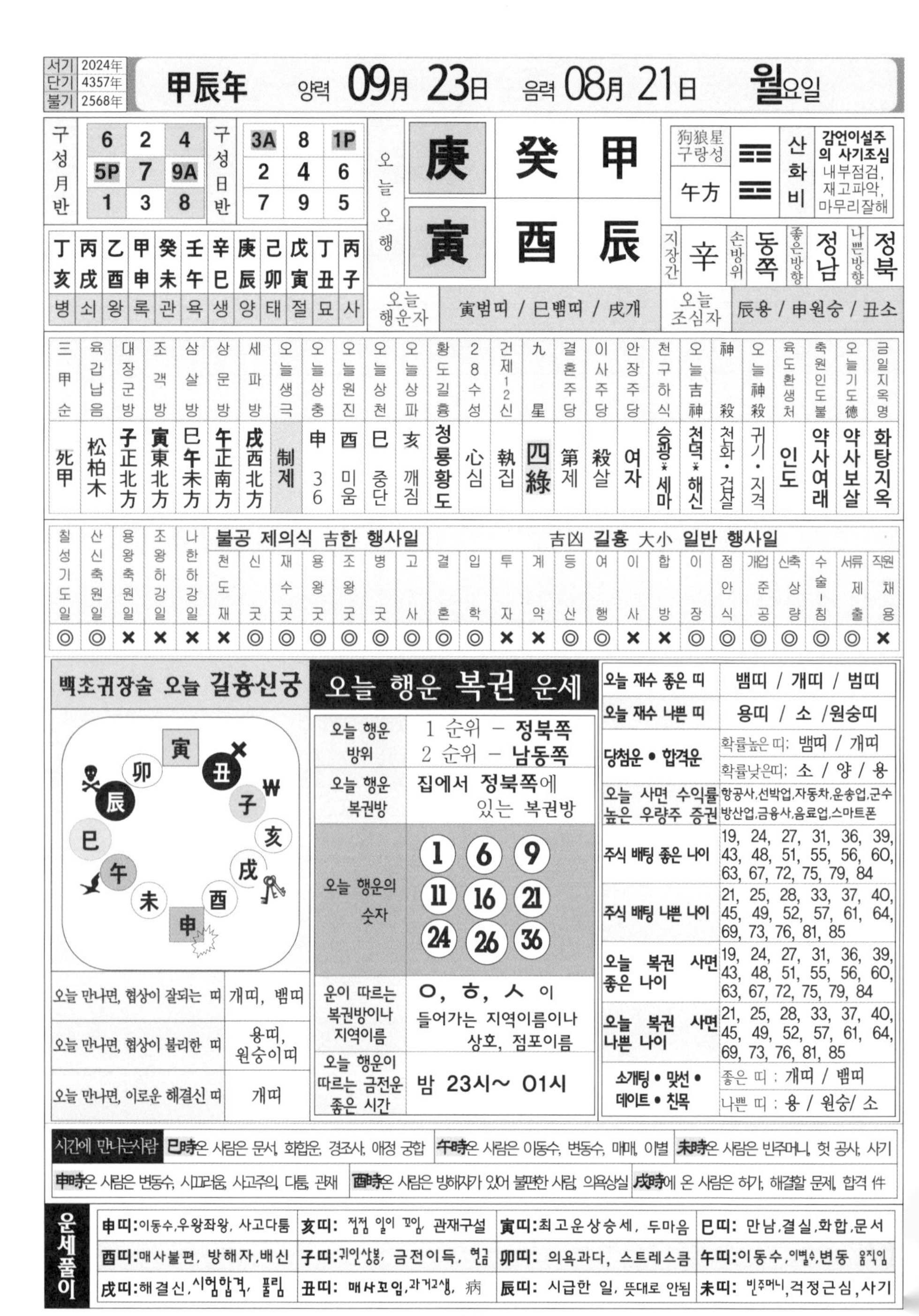

서기	2024年
단기	4357年
불기	2568年

甲辰年 양력 09月 23日 음력 08月 21日 월요일

구성月반			구성日반		
6	2	4	3A	8	1P
5P	7	9A	2	4	6
1	3	8	7	9	5

오늘오행		
庚	癸	甲
寅	酉	辰

狗狼星 구랑성	午方
산화비	감언이설주의 사기조심 내부점검, 재고파악, 마무리잘해
지장간	辛
손방위	동쪽
좋은방향	정남
나쁜방향	정북

丁亥	丙戌	乙酉	甲申	癸未	壬午	辛巳	庚辰	己卯	戊寅	丁丑	丙子
병	쇠	왕	록	관	욕	생	양	태	절	묘	사

오늘 행운자	寅범띠 / 巳뱀띠 / 戌개
오늘 조심자	辰용 / 申원숭 / 丑소

三甲순	육갑납음	대장군방	조객방	삼살방	상문방	세파방	오늘생극	오늘상충	오늘원진	오늘상천	오늘상파	황도길흉	28수성	건제12신	九星	결혼주당	이사주당	안장주당	천구하식	오늘吉神	神殺	오늘神殺	육도환생처	축원인도불	오늘기도德	금일지옥명
死甲	松柏木	子正北方	寅東北方	巳午未方	午正南方	戌西北方	制제	申 36	酉 미움	巳 중단	亥 깨짐	청룡황도	心심	執집	四綠	第제	殺살	여자	승광*세마	천덕*해신	천화·겁살	귀기·지격	인도	약사여래	약사보살	화탕지옥

칠성기도일	산신축원일	용왕축원일	조왕하강일	나한하강일	천도재	신굿	재수굿	용왕굿	조왕굿	병굿	고사
◎	◎	×	×	×	×	◎	◎	◎	◎	◎	◎

(천도재~고사: 불공 제의식 吉한 행사일)

吉凶 길흉 大小 일반 행사일

결혼	입학	투자	계약	등산	여행	이사	합방	이장	점안식	개업준공	신축상량	수술-침	서류제출	직원채용
◎	◎	×	×	◎	◎	×	×	◎	◎	◎	◎	◎	◎	×

백초귀장술 오늘 길흉신궁

오늘 만나면, 협상이 잘되는 띠	개띠, 뱀띠
오늘 만나면, 협상이 불리한 띠	용띠, 원숭이띠
오늘 만나면, 이로운 해결신 띠	개띠

오늘 행운 복권 운세

오늘 행운 방위	1 순위 – 정북쪽 2 순위 – 남동쪽
오늘 행운 복권방	집에서 정북쪽에 있는 복권방
오늘 행운의 숫자	1 6 9 11 16 21 24 26 36
운이 따르는 복권방이나 지역이름	ㅇ, ㅎ, ㅅ 이 들어가는 지역이름이나 상호, 점포이름
오늘 행운이 따르는 금전운 좋은 시간	밤 23시~ 01시

오늘 재수 좋은 띠	뱀띠 / 개띠 / 범띠
오늘 재수 나쁜 띠	용띠 / 소 /원숭띠
당첨운 • 합격운	확률높은 띠: 뱀띠 / 개띠 확률낮은띠: 소 / 양 / 용
오늘 사면 수익률 높은 우량주 증권	항공사,선박업,자동차,운송업,군수 방산업,금융사,음료업,스마트폰
주식 배팅 좋은 나이	19, 24, 27, 31, 36, 39, 43, 48, 51, 55, 56, 60, 63, 67, 72, 75, 79, 84
주식 배팅 나쁜 나이	21, 25, 28, 33, 37, 40, 45, 49, 52, 57, 61, 64, 69, 73, 76, 81, 85
오늘 복권 사면 좋은 나이	19, 24, 27, 31, 36, 39, 43, 48, 51, 55, 56, 60, 63, 67, 72, 75, 79, 84
오늘 복권 사면 나쁜 나이	21, 25, 28, 33, 37, 40, 45, 49, 52, 57, 61, 64, 69, 73, 76, 81, 85
소개팅 • 맞선 • 데이트 • 친목	좋은 띠 : 개띠 / 뱀띠 나쁜 띠 : 용 / 원숭/ 소

시간에 만나는사람 巳時온 사람은 문서, 화합운, 경조사, 애정 궁합 | 午時온 사람은 이동수, 변동수, 매매, 이별 | 未時온 사람은 빈주머니, 헛 공사, 사기 | 申時온 사람은 변동수, 시끄러움, 사고주의, 다툼, 관재 | 酉時온 사람은 방해자가 있어 불편한 사람, 의욕상실 | 戌時에 온 사람은 허가, 해결할 문제, 합격 件

운세풀이

申띠:이동수,우왕좌왕, 사고다툼	亥띠: 점점 일이 꼬임, 관재구설	寅띠:최고운상승세, 두마음	巳띠: 만남,결실,화합,문서
酉띠:매사불편, 방해자,배신	子띠:귀인상봉, 금전이득, 현금	卯띠: 의욕과다, 스트레스큼	午띠:이동수, 이별수,변동 움직임
戌띠:해결신,시험합격, 풀림	丑띠: 매사꼬임,과거고생, 病	辰띠: 시급한 일, 뜻대로 안됨	未띠: 빈주머니,걱정근심,사기

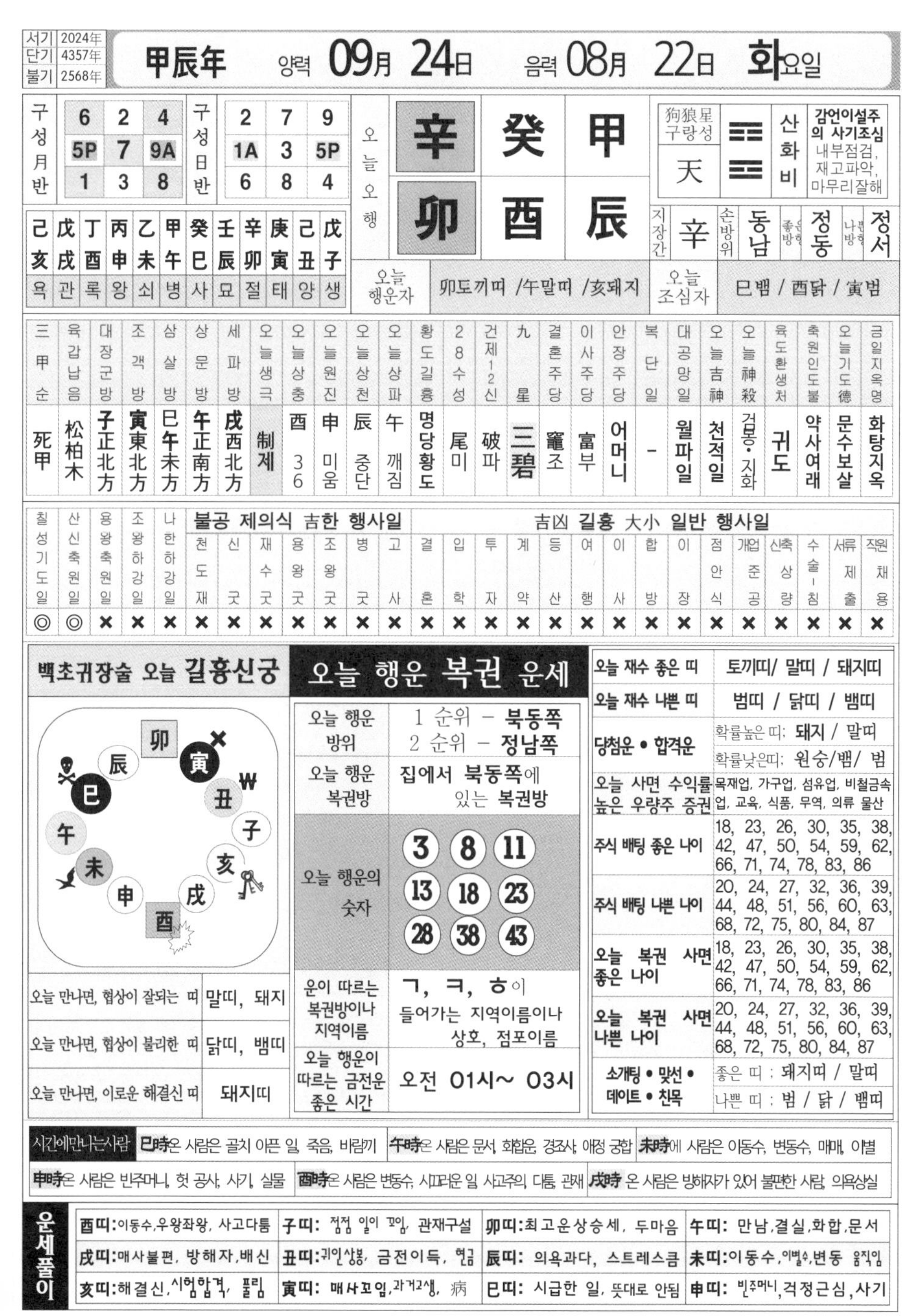

서기	2024年
단기	4357年
불기	2568年

甲辰年 양력 **09月 24日** 음력 **08月 22日** **화**요일

구성월반				구성일반			
	6	2	4		2	7	9
	5P	7	9A		1A	3	5P
	1	3	8		6	8	4

오늘오행			
	辛	癸	甲
	卯	酉	辰

狗狼星 구랑성	괘	산화비	감언이설주의 사기조심
天	☶☲		내부점검, 재고파악, 마무리잘해

지장간	손방위	좋은방향	나쁜방향
辛	동남	정동	정서

己亥	戊戌	丁酉	丙申	乙未	甲午	癸巳	壬辰	辛卯	庚寅	己丑	戊子
욕	관	록	왕	쇠	병	사	묘	절	태	양	생

오늘 행운자	卯도끼띠 /午말띠 /亥돼지	오늘 조심자	巳뱀 / 酉닭 / 寅범

三甲순	육갑납음	대장군방	조객방	삼살방	상문방	세파방	오늘생극	오늘상충	오늘원진	오늘상천	오늘상파	황도길흉	28수성	건제12신	九星	결혼주당	이사주당	안장주당	복단일	대공망일	오늘吉神	오늘神殺	육도환생처	축원인도불	오늘기도德	금일지옥명
死甲	松柏木	子正北方	寅東北方	巳午未方	午正南方	戌西北方	制제	酉 36	申 미움	辰 중단	午 깨짐	명당황도	尾미	破파	三碧	竈조	富부	어머니	-	월파일	천적일	검봉·지화	귀도	약사여래	문수보살	화탕지옥

칠성기도일	산신축원일	용왕축원일	조왕하강일	나한하강일	불공 제의식 吉한 행사일: 천도재	신굿	재수굿	용왕굿	조왕굿	병굿	고사	吉凶 길흉 大小 일반 행사일: 결혼	입학	투자	계약	등산	여행	이사	합방	이장	점안식	개업준공	신축상량	수술-침	서류제출	직원채용
◎	◎	×	×	×	×	×	×	×	×	×	×	×	×	×	×	×	×	×	×	×	×	×	×	×	×	×

백초귀장술 오늘 길흉신궁

오늘 만나면, 협상이 잘되는 띠	말띠, 돼지
오늘 만나면, 협상이 불리한 띠	닭띠, 뱀띠
오늘 만나면, 이로운 해결신 띠	돼지띠

오늘 행운 복권 운세

오늘 행운 방위	1 순위 – 북동쪽 2 순위 – 정남쪽
오늘 행운 복권방	집에서 북동쪽에 있는 복권방
오늘 행운의 숫자	3, 8, 11, 13, 18, 23, 28, 38, 43
운이 따르는 복권방이나 지역이름	ㄱ, ㅋ, ㅎ이 들어가는 지역이름이나 상호, 점포이름
오늘 행운이 따르는 금전운 좋은 시간	오전 01시~ 03시

오늘 재수 좋은 띠	토끼띠/ 말띠 / 돼지띠
오늘 재수 나쁜 띠	범띠 / 닭띠 / 뱀띠
당첨운 • 합격운	확률높은 띠: 돼지 / 말띠 확률낮은띠: 원숭/뱀/ 범
오늘 사면 수익률 높은 우량주 증권	목재업, 가구업, 섬유업, 비철금속업, 교육, 식품, 무역, 의류 물산
주식 배팅 좋은 나이	18, 23, 26, 30, 35, 38, 42, 47, 50, 54, 59, 62, 66, 71, 74, 78, 83, 86
주식 배팅 나쁜 나이	20, 24, 27, 32, 36, 39, 44, 48, 51, 56, 60, 63, 68, 72, 75, 80, 84, 87
오늘 복권 사면 좋은 나이	18, 23, 26, 30, 35, 38, 42, 47, 50, 54, 59, 62, 66, 71, 74, 78, 83, 86
오늘 복권 사면 나쁜 나이	20, 24, 27, 32, 36, 39, 44, 48, 51, 56, 60, 63, 68, 72, 75, 80, 84, 87
소개팅 • 맞선 • 데이트 • 친목	좋은 띠 : 돼지띠 / 말띠 나쁜 띠 : 범 / 닭 / 뱀띠

시간에만나는사람	巳時온 사람은 골치 아픈 일, 죽음, 바람끼	午時온 사람은 문서, 화합운, 경조사, 애정 궁합	未時에 사람은 이동수, 변동수, 매매, 이별
	申時온 사람은 빈주머니, 헛 공사, 사기, 실물	酉時온 사람은 변동수, 시끄러운 일, 사고주의, 다툼, 관재	戌時 온 사람은 방해자가 있어 불편한 사람, 의욕상실

운세풀이			
酉띠:이동수,우왕좌왕, 사고다툼	子띠: 점점 일이 꼬임, 관재구설	卯띠:최고운상승세, 두마음	午띠: 만남,결실,화합,문서
戌띠:매사불편, 방해자,배신	丑띠:귀인상봉, 금전이득, 현금	辰띠: 의욕과다, 스트레스큼	未띠:이동수,이별수,변동 움직임
亥띠:해결신,시험합격, 풀림	寅띠: 매사꼬임,과거고생, 病	巳띠: 시급한 일, 뜻대로 안됨	申띠: 빈주머니,걱정근심,사기

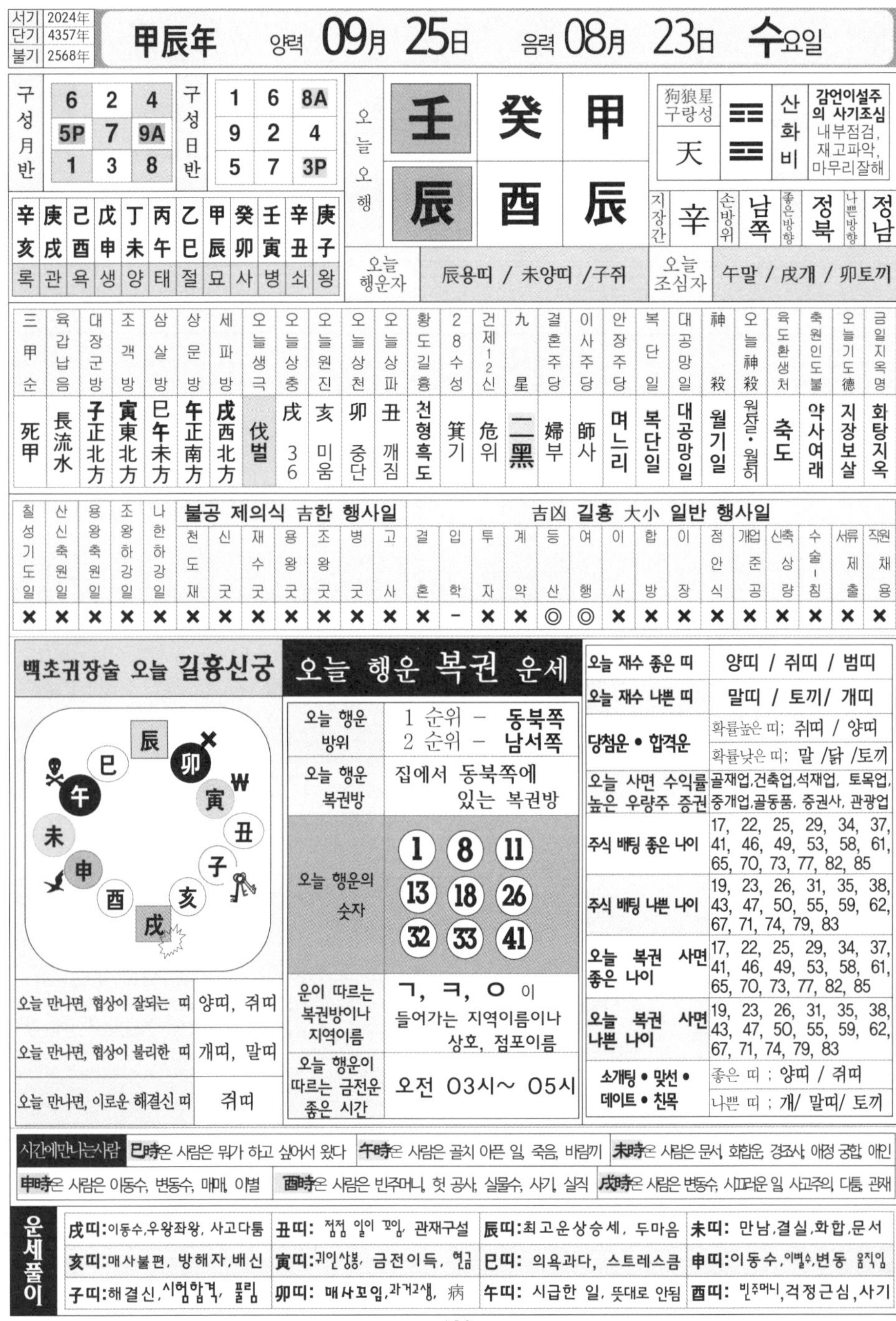

서기	2024年
단기	4357年
불기	2568年

甲辰年 양력 09月 25日 음력 08月 23日 수요일

구성월반				구성일반			
	6	2	4		1	6	8A
	5P	7	9A		9	2	4
	1	3	8		5	7	3P

오늘오행			
	壬	癸	甲
	辰	酉	辰

狗狼星 구랑성	天	☷☵	산화비	감언이설주의 사기조심 내부점검, 재고파악, 마무리잘해

지장간	辛	손방위	남쪽	좋은방향	정북	나쁜방향	정남

辛	庚	己	戊	丁	丙	乙	甲	癸	壬	辛	庚
亥	戌	酉	申	未	午	巳	辰	卯	寅	丑	子
록	관	욕	생	양	태	절	묘	사	병	쇠	왕

오늘 행운자	辰용띠 / 未양띠 /子쥐	오늘 조심자	午말 / 戌개 / 卯토끼

三甲순	육갑납음	대장군방	조객방	삼살방	상문방	세파방	오늘생극	오늘상충	오늘원진	오늘상천	오늘상파	황도길흉	28수성	건제12신	九星	결혼주당	이사주당	안장주당	복단일	대공망일	神殺	오늘神殺	육도환생처	축원인도불	오늘기도德	금일지옥명
死甲	長流水	子正北方	寅東北方	巳午未方	午正南方	戌西北方	伐벌	戌 36	亥 미움	卯 중단	丑 깨짐	천형흑도	箕기	危위	二黑	婦부	師사	며느리	복단일	대공망일	월기일	월살·월허	축도	약사여래	지장보살	화탕지옥

칠성기도일	산신축원일	용왕축원일	조왕하강일	나한하강일	불공 제의식 吉한 행사일							吉凶 길흉 大小 일반 행사일														
					천도재	신굿	재수굿	용왕굿	조왕굿	병굿	고사	결혼	입학	투자	계약	등산	여행	이사	합방	이장	점안식	개업준공	신축상량	수술-침	서류제출	직원채용
×	×	×	×	×	×	×	×	×	×	×	×	×	-	×	×	◎	◎	×	×	×	×	×	×	×	×	×

백초귀장술 오늘 길흉신궁

오늘 만나면, 협상이 잘되는 띠	양띠, 쥐띠
오늘 만나면, 협상이 불리한 띠	개띠, 말띠
오늘 만나면, 이로운 해결신 띠	쥐띠

오늘 행운 복권 운세

오늘 행운 방위	1 순위 – 동북쪽 2 순위 – 남서쪽
오늘 행운 복권방	집에서 동북쪽에 있는 복권방
오늘 행운의 숫자	1 8 11 13 18 26 32 33 41
운이 따르는 복권방이나 지역이름	ㄱ, ㅋ, ㅇ 이 들어가는 지역이름이나 상호, 점포이름
오늘 행운이 따르는 금전운 좋은 시간	오전 03시~ 05시

오늘 재수 좋은 띠	양띠 / 쥐띠 / 범띠
오늘 재수 나쁜 띠	말띠 / 토끼/ 개띠
당첨운 • 합격운	확률높은 띠; 쥐띠 / 양띠 확률낮은 띠; 말 /닭 /토끼
오늘 사면 수익률 높은 우량주 증권	골재업,건축업,석재업, 토목업, 중개업,골동품, 증권사, 관광업
주식 배팅 좋은 나이	17, 22, 25, 29, 34, 37, 41, 46, 49, 53, 58, 61, 65, 70, 73, 77, 82, 85
주식 배팅 나쁜 나이	19, 23, 26, 31, 35, 38, 43, 47, 50, 55, 59, 62, 67, 71, 74, 79, 83
오늘 복권 사면 좋은 나이	17, 22, 25, 29, 34, 37, 41, 46, 49, 53, 58, 61, 65, 70, 73, 77, 82, 85
오늘 복권 사면 나쁜 나이	19, 23, 26, 31, 35, 38, 43, 47, 50, 55, 59, 62, 67, 71, 74, 79, 83
소개팅 • 맞선 • 데이트 • 친목	좋은 띠 ; 양띠 / 쥐띠 나쁜 띠 ; 개/ 말띠/ 토끼

시간에만나는사람	巳時은 사람은 뭐가 하고 싶어서 왔다	午時은 사람은 골치 아픈 일, 죽음, 바람끼	未時은 사람은 문서, 화합운, 경조사, 애정 궁합, 애인
	申時은 사람은 이동수, 변동수, 매매, 이별	酉時은 사람은 빈주머니, 헛 공사, 실물수, 사기, 실직	戌時은 사람은 변동수, 시끄러운 일 사고주의, 다툼, 관재

운세풀이				
	戌띠:이동수,우왕좌왕, 사고다툼	丑띠: 점점 일이 꼬임, 관재구설	辰띠:최고운상승세, 두마음	未띠: 만남,결실,화합,문서
	亥띠:매사불편, 방해자,배신	寅띠:귀인상봉, 금전이득, 현금	巳띠: 의욕과다, 스트레스큼	申띠:이동수,이별수,변동 움직임
	子띠:해결신,시험합격, 풀림	卯띠: 매사꼬임,과거고생, 病	午띠: 시급한 일, 뜻대로 안됨	酉띠: 빈주머니,걱정근심,사기

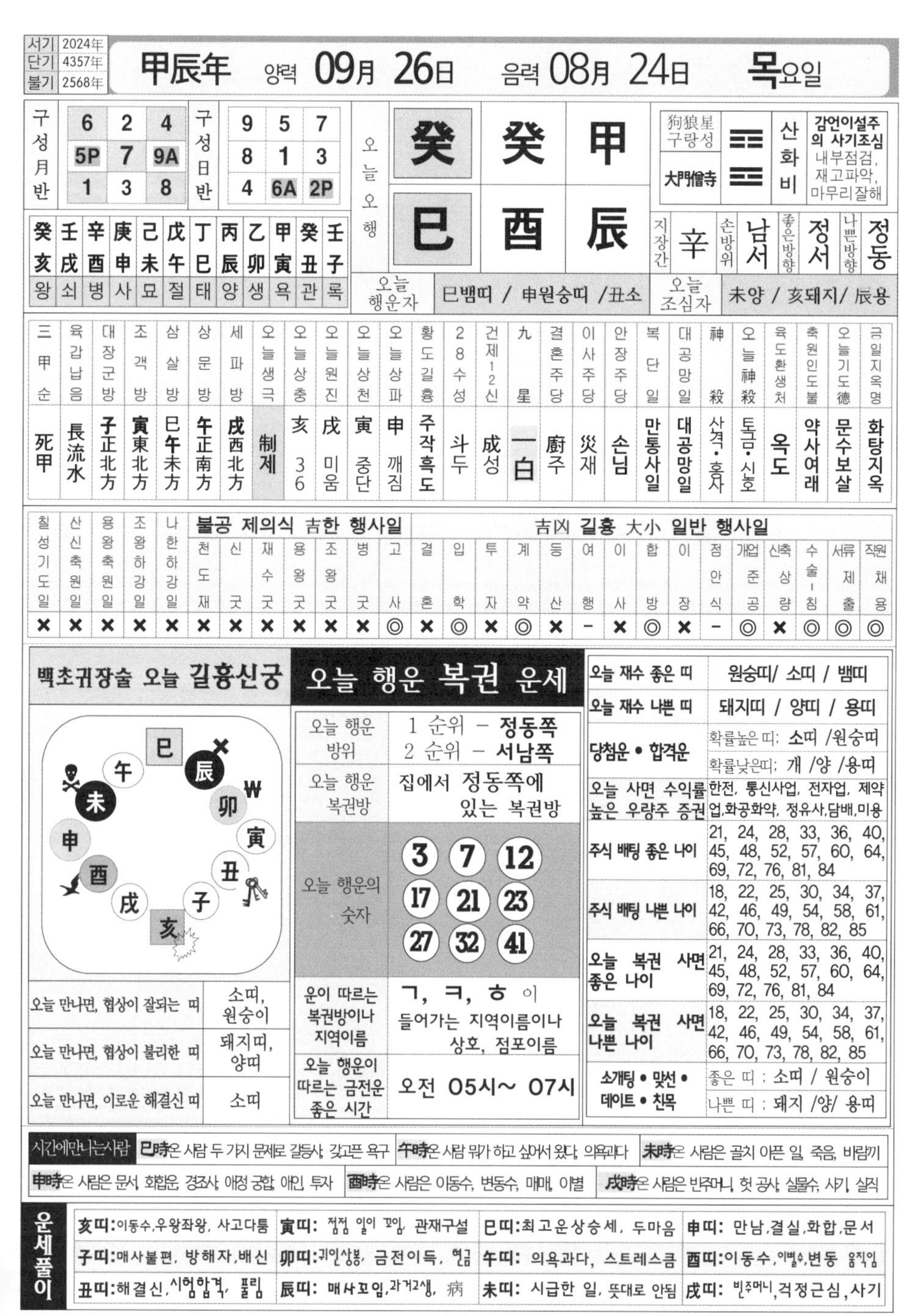

서기	2024年
단기	4357年
불기	2568年

甲辰年 양력 **09月 26日** 음력 **08月 24日** **목**요일

구성月반		
6	2	4
5P	7	9A
1	3	8

구성日반		
9	5	7
8	1	3
4	6A	2P

오늘오행		
癸	癸	甲
巳	酉	辰

狗狼星 구랑성	大門僧寺	산화비	감언이설주의 사기조심 내부점검, 재고파악, 마무리잘해

癸亥	壬戌	辛酉	庚申	己未	戊午	丁巳	丙辰	乙卯	甲寅	癸丑	壬子
왕	쇠	병	사	묘	절	태	양	생	욕	관	록

지장간	손방위	좋은방향	나쁜방향
辛	남서	정서	정동

오늘 행운자: 巳뱀띠 / 申원숭띠 /丑소

오늘 조심자: 未양 / 亥돼지/ 辰용

三甲순	육갑납음	대장군방	조객방	삼살방	상문방	세파방	오늘생극	오늘상충	오늘원진	오늘상천	오늘상파	황도길흉	28수성	건제12신	九星	결혼주당	이사주당	안장주당	복단일	대공망일	神殺	오늘神殺	육도환생처	축원인도불	오늘기도德	금일지옥명
死甲	長流水	子正北方	寅東北方	巳午未方	午正南方	戌西北方	制제	亥 36	戌 미움	寅 중단	申 깨짐	주작흑도	斗두	成성	一白	廚주	災재	손님	만통사일	대공망일	사격·흉사	토금·시노	옥도	약사여래	문수보살	화탕지옥

칠성기도일	산신축원일	용왕축원일	조왕하강일	나한하강일	불공 제의식 吉한 행사일							吉凶 길흉 大小 일반 행사일															
					천도재	신굿	재수굿	용왕굿	조왕굿	병굿	고사	결혼	입학	투자	계약	등산	여행	이사	합방	이장	점안식	개업준공	신축상량	수술-침	서류제출	직원채용	
×	×	×	×	×	×	×	×	×	×	×	◎	×	◎	×	◎	×	−	×	◎	×	−	◎	×	◎	◎	◎	

백초귀장술 오늘 길흉신궁

오늘 만나면, 협상이 잘되는 띠	소띠, 원숭이
오늘 만나면, 협상이 불리한 띠	돼지띠, 양띠
오늘 만나면, 이로운 해결신 띠	소띠

오늘 행운 복권 운세

오늘 행운 방위	1 순위 – **정동쪽** 2 순위 – **서남쪽**
오늘 행운 복권방	집에서 정동쪽에 있는 복권방
오늘 행운의 숫자	3 7 12 17 21 23 27 32 41
운이 따르는 복권방이나 지역이름	ㄱ, ㅋ, ㅎ 이 들어가는 지역이름이나 상호, 점포이름
오늘 행운이 따르는 금전운 좋은 시간	오전 05시~ 07시

오늘 재수 좋은 띠	원숭띠/ 소띠 / 뱀띠
오늘 재수 나쁜 띠	돼지띠 / 양띠 / 용띠
당첨운 • 합격운	확률높은 띠: 소띠 /원숭띠 확률낮은띠: 개 /양 /용띠
오늘 사면 수익률 높은 우량주 증권	한전, 통신사업, 전자업, 제약업,화공화약, 정유사,담배,미용
주식 배팅 좋은 나이	21, 24, 28, 33, 36, 40, 45, 48, 52, 57, 60, 64, 69, 72, 76, 81, 84
주식 배팅 나쁜 나이	18, 22, 25, 30, 34, 37, 42, 46, 49, 54, 58, 61, 66, 70, 73, 78, 82, 85
오늘 복권 사면 좋은 나이	21, 24, 28, 33, 36, 40, 45, 48, 52, 57, 60, 64, 69, 72, 76, 81, 84
오늘 복권 사면 나쁜 나이	18, 22, 25, 30, 34, 37, 42, 46, 49, 54, 58, 61, 66, 70, 73, 78, 82, 85
소개팅 • 맞선 • 데이트 • 친목	좋은 띠 ; 소띠 / 원숭이 나쁜 띠 ; 돼지 /양/ 용띠

시간에만나는사람

巳時은 사람 두 가지 문제로 갈등사, 갖고픈 욕구	午時은 사람 뭐가 하고 싶어서 왔다, 의욕과다	未時은 사람은 골치 아픈 일, 죽음, 바람끼
申時은 사람은 문서, 화합운, 경조사, 애정 궁합, 애인, 투자	酉時은 사람은 이동수, 변동수, 매매, 이별	戌時은 사람은 빈주머니, 헛 공사, 실물수, 사기, 실직

운세풀이

亥띠:이동수,우왕좌왕, 사고다툼	寅띠: 점점 일이 꼬임, 관재구설	巳띠:최고운상승세, 두마음	申띠: 만남,결실,화합,문서
子띠:매사불편, 방해자,배신	卯띠:귀인상봉, 금전이득, 현금	午띠: 의욕과다, 스트레스큼	酉띠:이동수,이별수,변동 움직임
丑띠:해결신,시험합격, 풀림	辰띠: 매사꼬임,과거고생, 病	未띠: 시급한 일, 뜻대로 안됨	戌띠: 빈주머니,걱정근심,사기

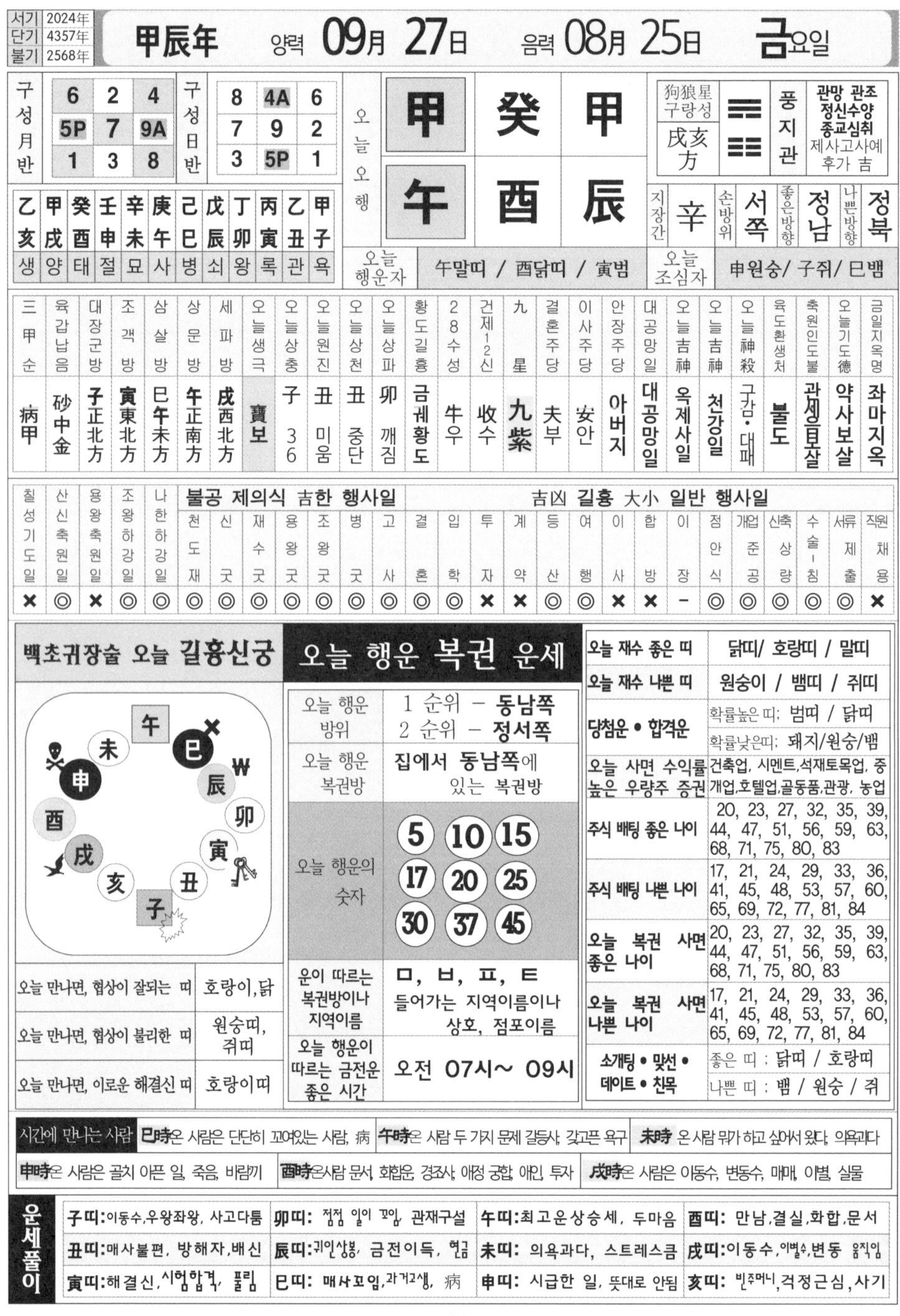

서기	2024年
단기	4357年
불기	2568年

甲辰年 양력 **09月 27日** 음력 **08月 25日** **금**요일

구성월반				구성일반			
	6	2	4		8	4A	6
	5P	7	9A		7	9	2
	1	3	8		3	5P	1

오늘오행			
天干	甲	癸	甲
地支	午	酉	辰

狗狼星 구랑성	戌亥方	☰ ☷	풍지관	관망 관조 정신수양 종교심취 제사고사예 후가 吉

지장간	손방위	좋은방향	나쁜방향
辛	서쪽	정남	정북

乙亥	甲戌	癸酉	壬申	辛未	庚午	己巳	戊辰	丁卯	丙寅	乙丑	甲子
생	양	태	절	묘	사	병	쇠	왕	록	관	욕

오늘 행운자	午말띠 / 酉닭띠 / 寅범	오늘 조심자	申원숭/ 子쥐/ 巳뱀

三甲순	육갑납음	대장군방	조객방	삼살방	상문방	세파방	오늘생극	오늘상충	오늘원진	오늘상천	오늘상파	황도길흉	28수성	건제12신	九星	결혼주당	이사주당	안장주당	대공망일	오늘吉神	오늘吉神	오늘神殺	육도환생처	축원인도불	오늘기도德	금일지옥명
病甲	砂中金	子正北方	寅東北方	巳午未方	午正南方	戌西北方	寶보	子 36	丑 미움	丑 중단	卯 깨짐	금궤황도	牛우	收수	九紫	夫부	安안	아버지	대공망일	옥제사일	천강일	구감·대패	불도	관세음보살	약사보살	좌마지옥

칠성기도일	산신축원일	용왕축원일	조왕하강일	나한하강일	불공 제의식 吉한 행사일							吉凶 길흉 大小 일반 행사일														
					천도재	신굿	재수굿	용왕굿	조왕굿	병굿	고사	결혼	입학	투자	계약	등산	여행	이사	합방	이장	점안식	개업준공	신축상량	수술-침	서류제출	직원채용
×	◎	×	◎	◎	◎	◎	◎	◎	◎	◎	◎	◎	◎	×	×	◎	◎	×	×	–	◎	◎	◎	◎	◎	×

백초귀장술 오늘 길흉신궁

오늘 만나면, 협상이 잘되는 띠	호랑이, 닭
오늘 만나면, 협상이 불리한 띠	원숭띠, 쥐띠
오늘 만나면, 이로운 해결신 띠	호랑이띠

오늘 행운 복권 운세

오늘 행운 방위	1 순위 – 동남쪽 2 순위 – 정서쪽
오늘 행운 복권방	집에서 동남쪽에 있는 복권방
오늘 행운의 숫자	5 10 15 17 20 25 30 37 45
운이 따르는 복권방이나 지역이름	ㅁ, ㅂ, ㅍ, ㅌ 들어가는 지역이름이나 상호, 점포이름
오늘 행운이 따르는 금전운 좋은 시간	오전 07시~ 09시

오늘 재수 좋은 띠	닭띠/ 호랑띠 / 말띠
오늘 재수 나쁜 띠	원숭이 / 뱀띠 / 쥐띠
당첨운 • 합격운	확률높은 띠: 범띠 / 닭띠 확률낮은띠: 돼지/원숭/뱀
오늘 사면 수익률 높은 우량주 증권	건축업, 시멘트,석재토목업, 중개업,호텔업,골동품,관광, 농업
주식 배팅 좋은 나이	20, 23, 27, 32, 35, 39, 44, 47, 51, 56, 59, 63, 68, 71, 75, 80, 83
주식 배팅 나쁜 나이	17, 21, 24, 29, 33, 36, 41, 45, 48, 53, 57, 60, 65, 69, 72, 77, 81, 84
오늘 복권 사면 좋은 나이	20, 23, 27, 32, 35, 39, 44, 47, 51, 56, 59, 63, 68, 71, 75, 80, 83
오늘 복권 사면 나쁜 나이	17, 21, 24, 29, 33, 36, 41, 45, 48, 53, 57, 60, 65, 69, 72, 77, 81, 84
소개팅 • 맞선 • 데이트 • 친목	좋은 띠 : 닭띠 / 호랑띠 나쁜 띠 : 뱀 / 원숭 / 쥐

시간에 만나는 사람	**巳時**온 사람은 단단히 꼬여있는 사람, 病	**午時**온 사람 두 가지 문제 갈등사, 갖고픈 욕구	**未時** 온 사람 뭐가 하고 싶어서 왔다, 의욕과다
申時온 사람은 골치 아픈 일, 죽음, 바람끼	**酉時**온사람 문서, 화합운, 경조사, 애정 궁합, 애인, 투자	**戌時**온 사람은 이동수, 변동수, 매매, 이별, 실물	

운세풀이			
子띠: 이동수,우왕좌왕, 사고다툼	**卯띠:** 점점 일이 꼬임, 관재구설	**午띠:** 최고운상승세, 두마음	**酉띠:** 만남,결실,화합,문서
丑띠: 매사불편, 방해자,배신	**辰띠:** 귀인상봉, 금전이득, 현금	**未띠:** 의욕과다, 스트레스큼	**戌띠:** 이동수,이별수,변동 움직임
寅띠: 해결신,시험합격, 풀림	**巳띠:** 매사꼬임,과거고생, 病	**申띠:** 시급한 일, 뜻대로 안됨	**亥띠:** 빈주머니,걱정근심,사기

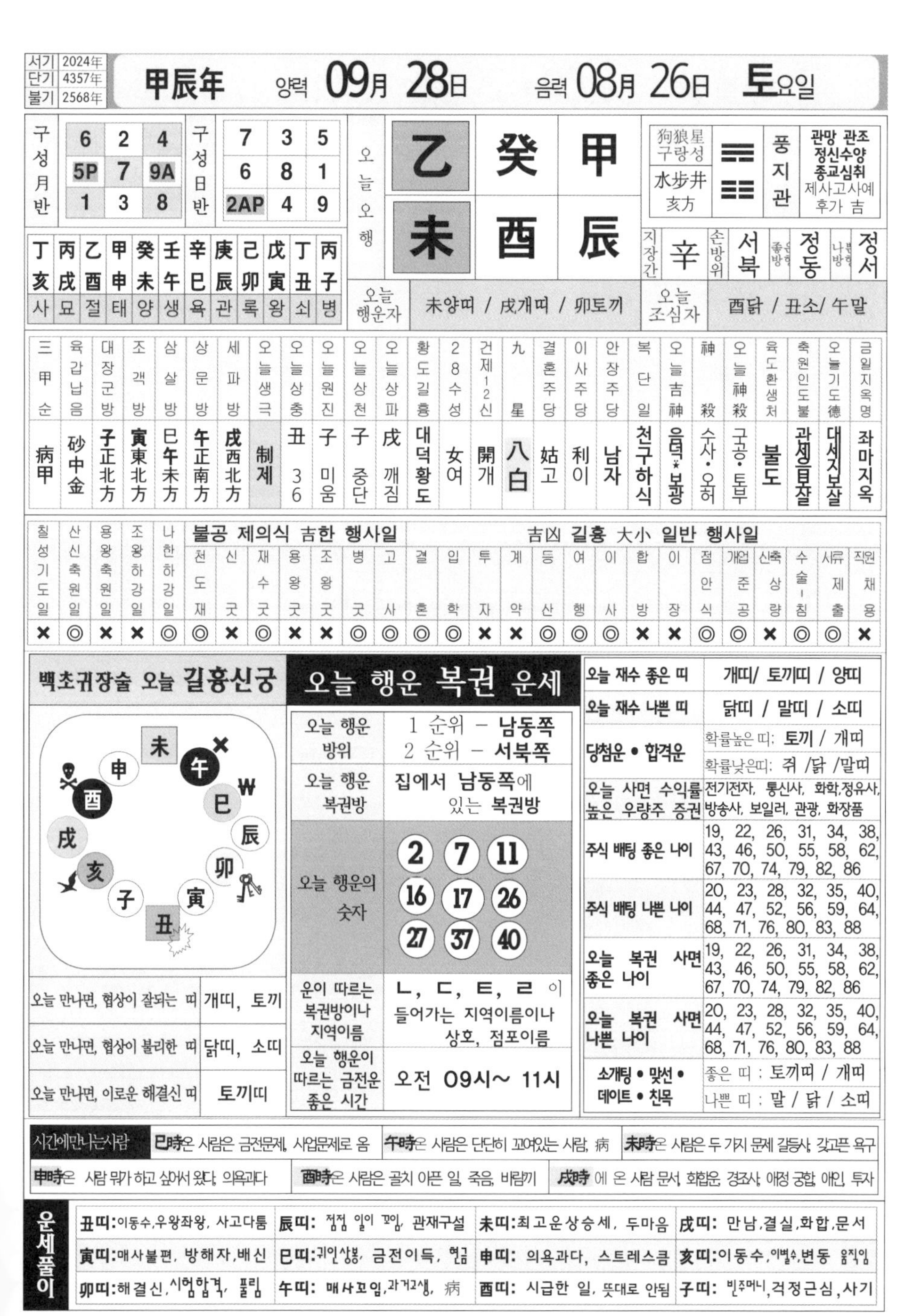

서기	2024年
단기	4357年
불기	2568年

甲辰年 양력 **09月 28日** 음력 **08月 26日** **토요일**

구성월반				구성일반			
	6	2	4		7	3	5
	5P	7	9A		6	8	1
	1	3	8		2AP	4	9

오늘오행			
	乙	癸	甲
	未	酉	辰

狗狼星 구랑성	☴☷	풍지관	관망 관조 정신수양 종교심취 제사고사예 후가 吉
水步井 亥方			

지장간	辛	손방위	서북	좋은방향	정동	나쁜방향	정서

丁	丙	乙	甲	癸	壬	辛	庚	己	戊	丁	丙
亥	戌	酉	申	未	午	巳	辰	卯	寅	丑	子
사	묘	절	태	양	생	욕	관	록	왕	쇠	병

오늘 행운자	未양띠 / 戌개띠 / 卯토끼	오늘 조심자	酉닭 / 丑소/ 午말

三甲순	육갑납음	대장군방	조객방	삼살방	상문방	세파방	오늘생극	오늘상충	오늘원진	오늘상천	오늘상파	황도길흉	28수성	건제12신	九星	결혼주당	이사주당	안장주당	복단일	오늘吉神	神殺	오늘神殺	육도환생처	축원인도불	오늘기도德	금일지옥명
病甲	砂中金	子正北方	寅東北方	巳午未方	午正南方	戌西北方	制제	丑 36	子 미움	子 중단	戌 깨짐	대덕황도	女여	開개	八白	姑고	利이	남자	천구하식	음덕*보광	수사•오허	구공•토부	불도	관세음보살	대세지보살	좌마지옥

칠성기도일	산신축원일	용왕축원일	조왕하강일	나한하강일	불공 제의식 吉한 행사일							吉凶 길흉 大小 일반 행사일														
					천도재	신굿	재수굿	용왕굿	조왕굿	병굿	고사	결혼	입학	투자	계약	등산	여행	이사	합방	이장	점안식	개업준공	신축상량	수술-침	서류제출	직원채용
×	◎	×	×	◎	◎	×	◎	×	×	◎	◎	◎	◎	×	×	◎	◎	◎	×	×	◎	◎	×	◎	◎	×

백초귀장술 오늘 길흉신궁

오늘 만나면, 협상이 잘되는 띠	개띠, 토끼
오늘 만나면, 협상이 불리한 띠	닭띠, 소띠
오늘 만나면, 이로운 해결신 띠	토끼띠

오늘 행운 복권 운세

오늘 행운 방위	1 순위 – 남동쪽 2 순위 – 서북쪽
오늘 행운 복권방	집에서 남동쪽에 있는 복권방
오늘 행운의 숫자	2 7 11 16 17 26 27 37 40
운이 따르는 복권방이나 지역이름	ㄴ, ㄷ, ㅌ, ㄹ 이 들어가는 지역이름이나 상호, 점포이름
오늘 행운이 따르는 금전운 좋은 시간	오전 09시~ 11시

오늘 재수 좋은 띠	개띠/ 토끼띠 / 양띠
오늘 재수 나쁜 띠	닭띠 / 말띠 / 소띠
당첨운 • 합격운	확률높은 띠: 토끼 / 개띠 확률낮은띠: 쥐 /닭 /말띠
오늘 사면 수익률 높은 우량주 증권	전기전자, 통신사, 화학,정유사, 방송사, 보일러, 관광, 화장품
주식 배팅 좋은 나이	19, 22, 26, 31, 34, 38, 43, 46, 50, 55, 58, 62, 67, 70, 74, 79, 82, 86
주식 배팅 나쁜 나이	20, 23, 28, 32, 35, 40, 44, 47, 52, 56, 59, 64, 68, 71, 76, 80, 83, 88
오늘 복권 사면 좋은 나이	19, 22, 26, 31, 34, 38, 43, 46, 50, 55, 58, 62, 67, 70, 74, 79, 82, 86
오늘 복권 사면 나쁜 나이	20, 23, 28, 32, 35, 40, 44, 47, 52, 56, 59, 64, 68, 71, 76, 80, 83, 88
소개팅 • 맞선 • 데이트 • 친목	좋은 띠 ; 토끼띠 / 개띠 나쁜 띠 ; 말 / 닭 / 소띠

시간에만나는사람	巳時온 사람은 금전문제, 사업문제로 옴	午時온 사람은 단단히 꼬여있는 사람, 病	未時온 사람은 두 가지 문제 갈등사, 갖고픈 욕구
申時온 사람 뭐가 하고 싶어서 왔다, 의욕과다	酉時온 사람은 골치 아픈 일, 죽음, 바람끼	戌時 에 온 사람 문서, 화합운, 경조사, 애정 궁합, 애인, 투자	

운세풀이				
	丑띠:이동수,우왕좌왕, 사고다툼	辰띠: 점점 일이 꼬임, 관재구설	未띠:최고운상승세, 두마음	戌띠: 만남,결실,화합,문서
	寅띠:매사불편, 방해자,배신	巳띠:귀인상봉, 금전이득, 현금	申띠: 의욕과다, 스트레스큼	亥띠:이동수,이별수,변동 움직임
	卯띠:해결신,시험합격, 풀림	午띠: 매사꼬임,과거고생, 病	酉띠: 시급한 일, 뜻대로 안됨	子띠: 빈주머니,걱정근심,사기

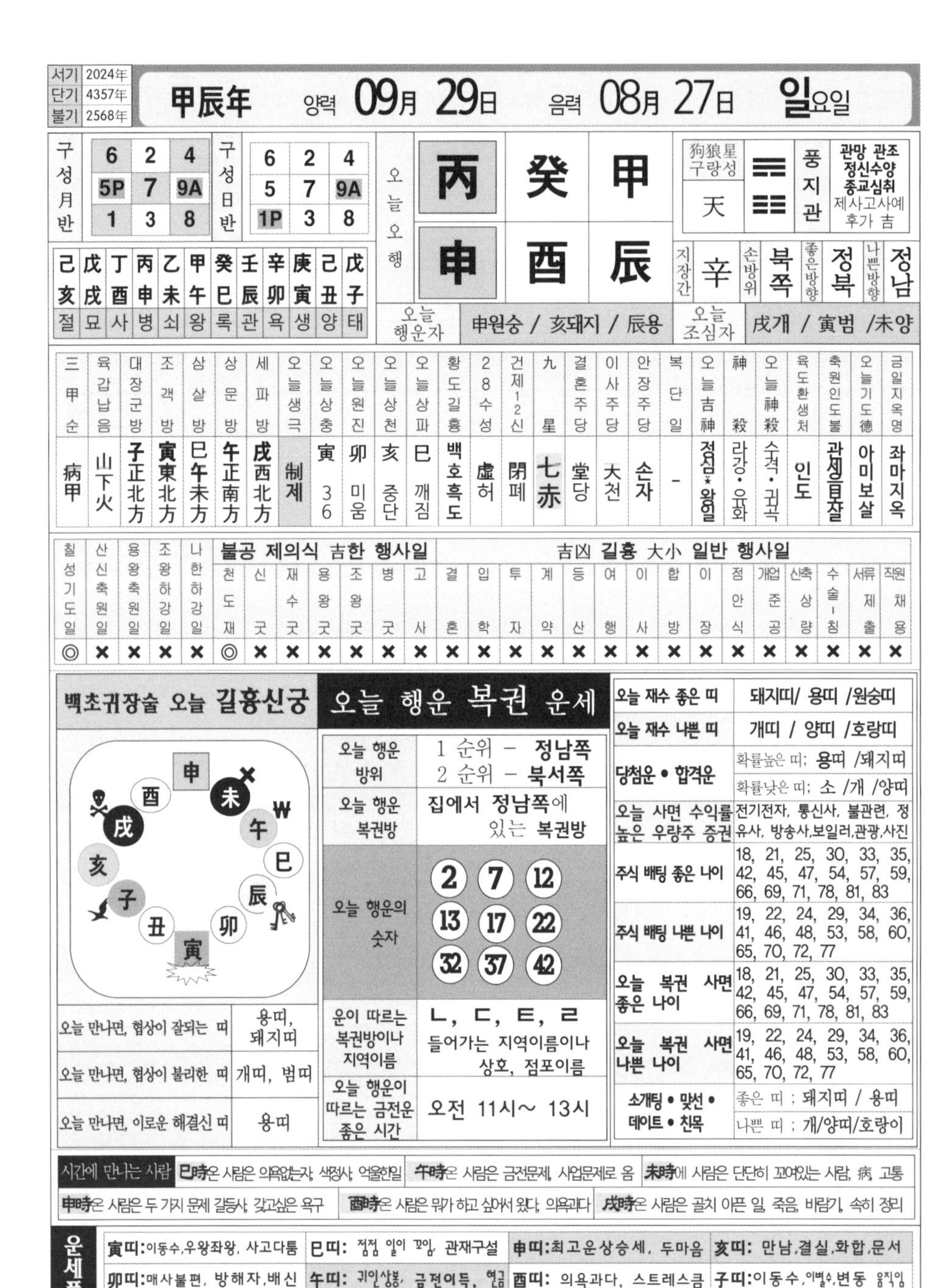

서기	2024年
단기	4357年
불기	2568年

甲辰年 양력 **09**月 **29**日 음력 **08**月 **27**日 **일**요일

구성月반		
6	2	4
5P	7	9A
1	3	8

구성日반		
6	2	4
5	7	9A
1P	3	8

오늘오행		
丙	癸	甲
申	酉	辰

狗狼星 구랑성		풍지관	관망 관조 정신수양 종교심취 제사고사예후가 吉
天	☴ ☷		

지장간	손방위	좋은방향	나쁜방향
辛	북쪽	정북	정남

己亥	戊戌	丁酉	丙申	乙未	甲午	癸巳	壬辰	辛卯	庚寅	己丑	戊子
절	묘	사	병	쇠	왕	록	관	욕	생	양	태

오늘 행운자	申원숭 / 亥돼지 / 辰용	오늘 조심자	戌개 / 寅범 /未양

三甲순	육갑납음	대장군방	조객방	삼살방	상문방	세파방	오늘생극	오늘상충	오늘원진	오늘상천	오늘상파	황도길흉	28수성	건제12신	九星	결혼주당	이사주당	안장주당	복단일	오늘吉神	神殺	오늘神殺	육도환생처	축원인도불	오늘기도德	금일지옥명
病甲	山下火	子正北方	寅東北方	巳午未方	午正南方	戌西北方	制제	寅 36	卯 미움	亥 중단	巳 깨짐	백호흑도	虛허	閉폐	七赤	堂당	大천	손자	-	정심*왕일	라강·유화	수격·귀곡	인도	관세음보살	아미보살	좌마지옥

칠성기도일	산신축원일	용왕축원일	조왕하강일	나한하강일	불공 제의식 吉한 행사일							吉凶 길흉 大小 일반 행사일														
					천도재	신굿	재수굿	용왕굿	조왕굿	병굿	고사	결혼	입학	투자	계약	등산	여행	이사	합방	이장	점안식	개업준공	신축상량	수술-침	서류제출	직원채용
◎	×	×	×	×	◎	×	×	×	×	×	×	×	×	×	×	×	×	×	×	×	×	×	×	×	×	×

백초귀장술 오늘 길흉신궁

오늘 만나면, 협상이 잘되는 띠	용띠, 돼지띠
오늘 만나면, 협상이 불리한 띠	개띠, 범띠
오늘 만나면, 이로운 해결신 띠	용띠

오늘 행운 복권 운세

오늘 행운 방위	1 순위 – 정남쪽 2 순위 – 북서쪽
오늘 행운 복권방	집에서 정남쪽에 있는 복권방
오늘 행운의 숫자	2 7 12 13 17 22 32 37 42
운이 따르는 복권방이나 지역이름	ㄴ, ㄷ, ㅌ, ㄹ 들어가는 지역이름이나 상호, 점포이름
오늘 행운이 따르는 금전운 좋은 시간	오전 11시~ 13시

오늘 재수 좋은 띠	돼지띠/ 용띠 /원숭띠
오늘 재수 나쁜 띠	개띠 / 양띠 /호랑띠
당첨운 • 합격운	확률높은 띠; 용띠 /돼지띠 확률낮은 띠; 소 /개 /양띠
오늘 사면 수익률 높은 우량주 증권	전기전자, 통신사, 불관련, 정유사, 방송사,보일러,관광,사진
주식 배팅 좋은 나이	18, 21, 25, 30, 33, 35, 42, 45, 47, 54, 57, 59, 66, 69, 71, 78, 81, 83
주식 배팅 나쁜 나이	19, 22, 24, 29, 34, 36, 41, 46, 48, 53, 58, 60, 65, 70, 72, 77
오늘 복권 사면 좋은 나이	18, 21, 25, 30, 33, 35, 42, 45, 47, 54, 57, 59, 66, 69, 71, 78, 81, 83
오늘 복권 사면 나쁜 나이	19, 22, 24, 29, 34, 36, 41, 46, 48, 53, 58, 60, 65, 70, 72, 77
소개팅 • 맞선 • 데이트 • 친목	좋은 띠 ; 돼지띠 / 용띠 나쁜 띠 ; 개/양띠/호랑이

시간에 만나는 사람	巳時은 사람은 의욕없는자, 색정사, 억울한일	午時은 사람은 금전문제, 사업문제로 옴	未時에 사람은 단단히 꼬여있는 사람, 病, 고통
	申時은 사람은 두 가지 문제 갈등사, 갖고싶은 욕구	酉時은 사람은 뭔가 하고 싶어서 왔다, 의욕과다	戌時은 사람은 골치 아픈 일, 죽음, 바람기, 속히 정리

운세풀이			
寅띠:이동수,우왕좌왕, 사고다툼	巳띠: 점점 일이 꼬임, 관재구설	申띠:최고운상승세, 두마음	亥띠: 만남,결실,화합,문서
卯띠:매사불편, 방해자,배신	午띠: 귀인상봉, 금전이득, 현금	酉띠: 의욕과다, 스트레스큼	子띠:이동수,이별수,변동 움직임
辰띠:해결신,시험합격, 풀림	未띠: 매사꼬임,과거고생, 病	戌띠: 시급한 일, 뜻대로 안됨	丑띠: 빈주머니,걱정근심,사기

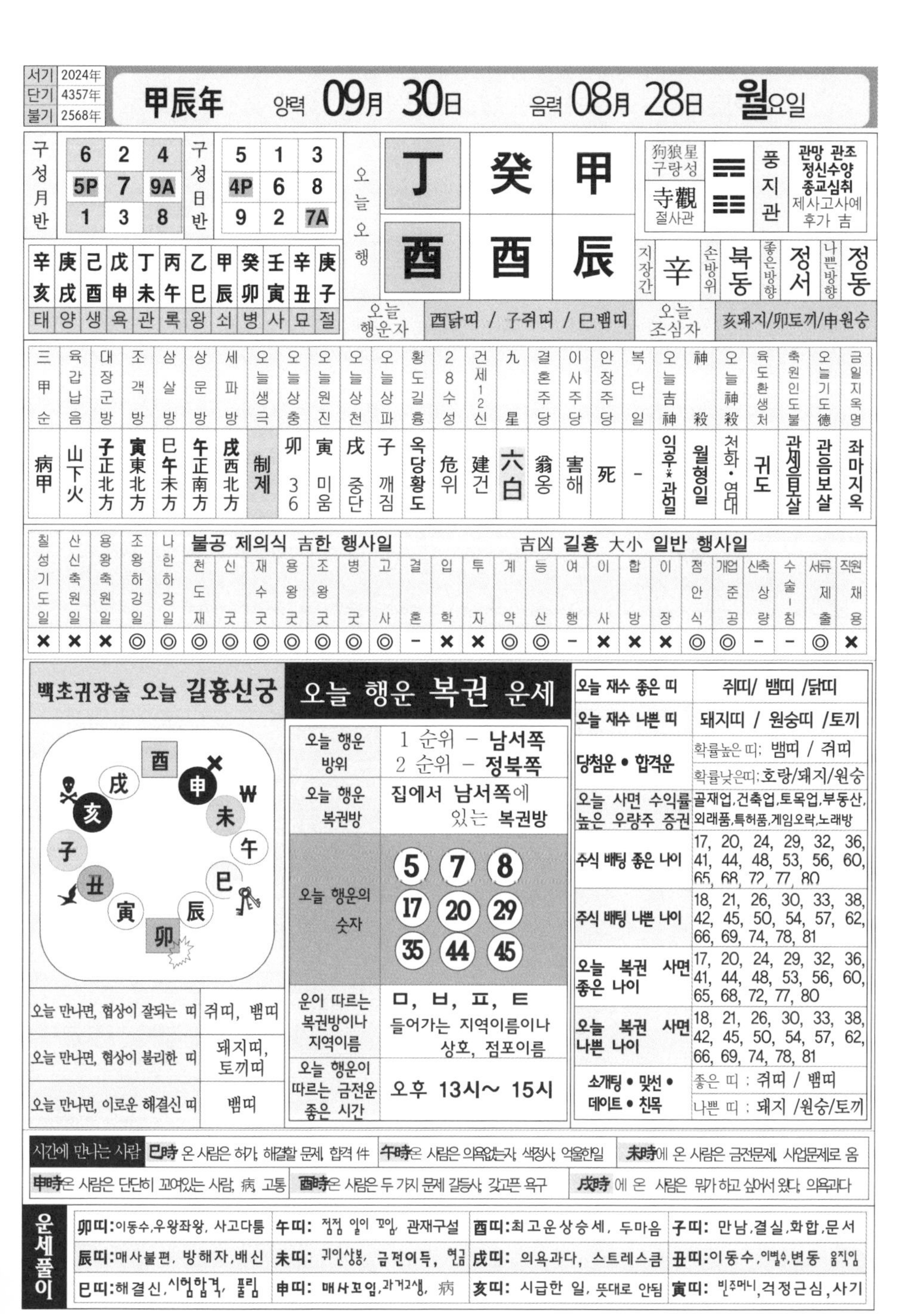

서기	2024年
단기	4357年
불기	2568年

甲辰年 양력 **09**月 **30**日 음력 **08**月 **28**日 **월**요일

구성월반		
6	2	4
5P	7	9A
1	3	8

구성日반		
5	1	3
4P	6	8
9	2	7A

오늘오행		
丁	癸	甲
酉	酉	辰

狗狼星 구랑성	寺觀 절사관	☴ ☷	풍지관	관망 관조 정신수양 종교심취 제사고사에 후가 吉

지장간	손방위	좋은방향	나쁜방향
辛	북동	정서	정동

辛亥	庚戌	己酉	戊申	丁未	丙午	乙巳	甲辰	癸卯	壬寅	辛丑	庚子
태	양	생	욕	관	록	왕	쇠	병	사	묘	절

오늘 행운자	酉닭띠 / 子쥐띠 / 巳뱀띠	오늘 조심자	亥돼지/卯토끼/申원숭

三甲순	육갑납음	대장군방	조객방	삼살방	상문방	세파방	오늘생극	오늘상충	오늘원진	오늘상천	오늘상파	황도길흉	28수성	건세12신	九星	결혼주당	이사주당	안장주당	복단일	오늘吉神	神殺	오늘神殺	육도환생처	축원인도불	오늘기도德	금일지옥명
病甲	山下火	子正北方	寅東北方	巳午未方	午正南方	戌西北方	制제	卯 36	寅 미움	戌 중단	子 깨짐	옥당황도	危위	建건	六白	翁옹	害해	死	-	익후*관일	월형일	천화·염대	귀도	관세음보살	관음보살	좌마지옥

칠성기도일	산신축원일	용왕축원일	조왕하강일	나한하강일	천도재	신굿	재수굿	용왕굿	조왕굿	병굿	고사	결혼	입학	투자	계약	등산	여행	이사	합방	이장	점안식	개업준공	신축상량	수술-침	서류제출	직원채용
×	×	×	◎	◎	◎	◎	◎	◎	◎	◎	◎	-	×	×	◎	◎	-	×	×	×	◎	◎	-	-	◎	×

(불공 제의식 吉한 행사일: 천도재 ~ 고사 / 吉凶 길흉 大小 일반 행사일: 결혼 ~ 직원채용)

백초귀장술 오늘 길흉신궁

酉 申 未 午 巳 辰 卯 寅 丑 子 亥 戌 W

오늘 만나면, 협상이 잘되는 띠	쥐띠, 뱀띠
오늘 만나면, 협상이 불리한 띠	돼지띠, 토끼띠
오늘 만나면, 이로운 해결신 띠	뱀띠

오늘 행운 복권 운세

오늘 행운 방위	1 순위 – 남서쪽 2 순위 – 정북쪽
오늘 행운 복권방	집에서 남서쪽에 있는 복권방
오늘 행운의 숫자	5 7 8 17 20 29 35 44 45
운이 따르는 복권방이나 지역이름	ㅁ, ㅂ, ㅍ, ㅌ 들어가는 지역이름이나 상호, 점포이름
오늘 행운이 따르는 금전운 좋은 시간	오후 13시~ 15시

오늘 재수 좋은 띠	쥐띠/ 뱀띠 /닭띠
오늘 재수 나쁜 띠	돼지띠 / 원숭띠 /토끼
당첨운 • 합격운	확률높은 띠: 뱀띠 / 쥐띠 확률낮은띠: 호랑/돼지/원숭
오늘 사면 수익률 높은 우량주 증권	골재업,건축업,토목업,부동산,외래품,특허품,게임오락,노래방
주식 배팅 좋은 나이	17, 20, 24, 29, 32, 36, 41, 44, 48, 53, 56, 60, 65, 68, 72, 77, 80
주식 배팅 나쁜 나이	18, 21, 26, 30, 33, 38, 42, 45, 50, 54, 57, 62, 66, 69, 74, 78, 81
오늘 복권 사면 좋은 나이	17, 20, 24, 29, 32, 36, 41, 44, 48, 53, 56, 60, 65, 68, 72, 77, 80
오늘 복권 사면 나쁜 나이	18, 21, 26, 30, 33, 38, 42, 45, 50, 54, 57, 62, 66, 69, 74, 78, 81
소개팅 • 맞선 • 데이트 • 친목	좋은 띠 : 쥐띠 / 뱀띠 나쁜 띠 : 돼지 /원숭/토끼

시간에 만나는 사람

- **巳時** 온 사람은 허가, 해결할 문제, 합격 件
- **午時**은 사람은 의욕없는자, 색정사, 억울한일
- **未時**에 온 사람은 금전문제, 사업문제로 옴
- **申時**은 사람은 단단히 꼬여있는 사람, 病, 고통
- **酉時**은 사람은 두 가지 문제 갈등사, 갖고픈 욕구
- **戌時** 에 온 사람은 뭔가 하고 싶어서 왔다, 의욕과다

운세풀이

卯띠: 이동수,우왕좌왕, 사고다툼	午띠: 점점 일이 꼬임, 관재구설	酉띠: 최고운상승세, 두마음	子띠: 만남,결실,화합,문서
辰띠: 매사불편, 방해자,배신	未띠: 귀인상봉, 금전이득, 현금	戌띠: 의욕과다, 스트레스큼	丑띠: 이동수,이별수,변동 움직임
巳띠: 해결신, 시험합격, 풀림	申띠: 매사꼬임,과거고생, 病	亥띠: 시급한 일, 뜻대로 안됨	寅띠: 빈주머니,걱정근심,사기

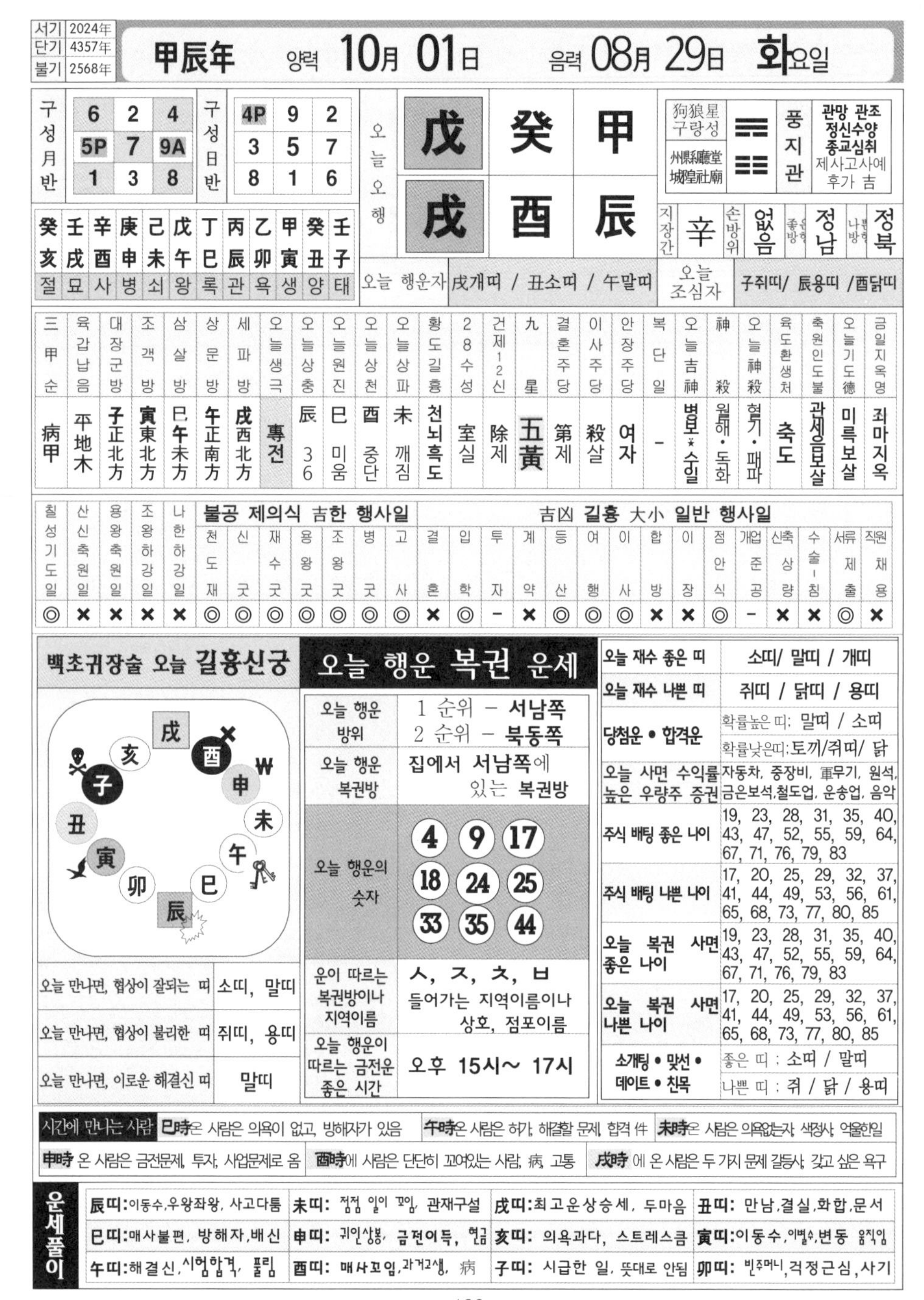

서기	2024年
단기	4357年
불기	2568年

甲辰年 양력 10月 01日 음력 08月 29日 화요일

구성月반		
6	2	4
5P	7	9A
1	3	8

구성日반		
4P	9	2
3	5	7
8	1	6

오늘오행		
戊	癸	甲
戊	酉	辰

狗狼星 구랑성	州縣廳堂 城隍社廟	풍지관	관망 관조 정신수양 종교심취 제사고사예후가 吉

癸亥	壬戌	辛酉	庚申	己未	戊午	丁巳	丙辰	乙卯	甲寅	癸丑	壬子
절	묘	사	병	쇠	왕	록	관	욕	생	양	태

지장간	손방위	좋은방향	나쁜방향
辛	없음	정남	정북

오늘 행운자	戌개띠 / 丑소띠 / 午말띠
오늘 조심자	子쥐띠/ 辰용띠 /酉닭띠

三甲순	육갑납음	대장군방	조객방	삼살방	상문방	세파방	오늘생극	오늘상충	오늘원진	오늘상천	오늘상파	황도길흉	28수성	건제12신	九星	결혼주당	이사주당	안장주당	복단일	오늘吉神	神殺	오늘神殺	육도환생처	축원인도불	오늘기도德	금일지옥명
病甲	平地木	子正北方	寅東北方	巳午未方	午正南方	戌西北方	專전	辰 36	巳 미움	酉 중단	未 깨짐	천뇌흑도	室실	除제	五黃	第제	殺살	여자	–	병보·수일	월해·도화	혈기·패파	축도	관세음보살	미륵보살	죄마지옥

칠성기도일	산신축원일	용왕축원일	조왕하강일	나한하강일	천도재	신굿	재수굿	용왕굿	조왕굿	병굿	고사	결혼	입학	투자	계약	등산	여행	이사	합방	이장	점안식	개업준공	신축상량	수술·침	서류제출	직원채용
◎	×	×	×	×	◎	◎	◎	◎	◎	◎	◎	×	◎	–	×	◎	◎	◎	×	×	◎	–	×	×	◎	×

(불공 제의식 吉한 행사일: 천도재 ~ 고사 / 吉凶 길흉 大小 일반 행사일: 결혼 ~ 직원채용)

백초귀장술 오늘 길흉신궁

戌 亥 酉 子 申 丑 未 寅 午 卯 巳 辰

오늘 만나면, 협상이 잘되는 띠	소띠, 말띠
오늘 만나면, 협상이 불리한 띠	쥐띠, 용띠
오늘 만나면, 이로운 해결신 띠	말띠

오늘 행운 복권 운세

오늘 행운 방위	1 순위 – 서남쪽 2 순위 – 북동쪽
오늘 행운 복권방	집에서 서남쪽에 있는 복권방
오늘 행운의 숫자	4, 9, 17, 18, 24, 25, 33, 35, 44
운이 따르는 복권방이나 지역이름	ㅅ, ㅈ, ㅊ, ㅂ 들어가는 지역이름이나 상호, 점포이름
오늘 행운이 따르는 금전운 좋은 시간	오후 15시~ 17시

오늘 재수 좋은 띠	소띠/ 말띠 / 개띠
오늘 재수 나쁜 띠	쥐띠 / 닭띠 / 용띠
당첨운 • 합격운	확률높은 띠: 말띠 / 소띠 확률낮은띠: 토끼/쥐띠/ 닭
오늘 사면 수익률 높은 우량주 증권	자동차, 중장비, 軍무기, 원석, 금은보석,철도업, 운송업, 음악
주식 배팅 좋은 나이	19, 23, 28, 31, 35, 40, 43, 47, 52, 55, 59, 64, 67, 71, 76, 79, 83
주식 배팅 나쁜 나이	17, 20, 25, 29, 32, 37, 41, 44, 49, 53, 56, 61, 65, 68, 73, 77, 80, 85
오늘 복권 사면 좋은 나이	19, 23, 28, 31, 35, 40, 43, 47, 52, 55, 59, 64, 67, 71, 76, 79, 83
오늘 복권 사면 나쁜 나이	17, 20, 25, 29, 32, 37, 41, 44, 49, 53, 56, 61, 65, 68, 73, 77, 80, 85
소개팅 • 맞선 • 데이트 • 친목	좋은 띠 : 소띠 / 말띠 나쁜 띠 : 쥐 / 닭 / 용띠

시간에 만나는 사람	巳時은 사람은 의욕이 없고, 방해자가 있음	午時온 사람은 허가, 해결할 문제, 합격 件	未時은 사람은 의욕없는자, 색정사, 억울한일
申時 온 사람은 금전문제, 투자, 사업문제로 옴	酉時에 사람은 단단히 꼬여있는 사람, 病, 고통	戌時 에 온 사람은 두 가지 문제 갈등사, 갖고 싶은 욕구	

운세풀이				
	辰띠:이동수,우왕좌왕, 사고다툼	未띠: 점점 일이 꼬임, 관재구설	戌띠:최고운상승세, 두마음	丑띠: 만남,결실,화합,문서
	巳띠:매사불편, 방해자,배신	申띠: 귀인상봉, 금전이득, 현금	亥띠: 의욕과다, 스트레스큼	寅띠:이동수,이별수,변동 움직임
	午띠:해결신,시험합격, 풀림	酉띠: 매사꼬임,과거고생, 病	子띠: 시급한 일, 뜻대로 안됨	卯띠: 빈주머니,걱정근심,사기

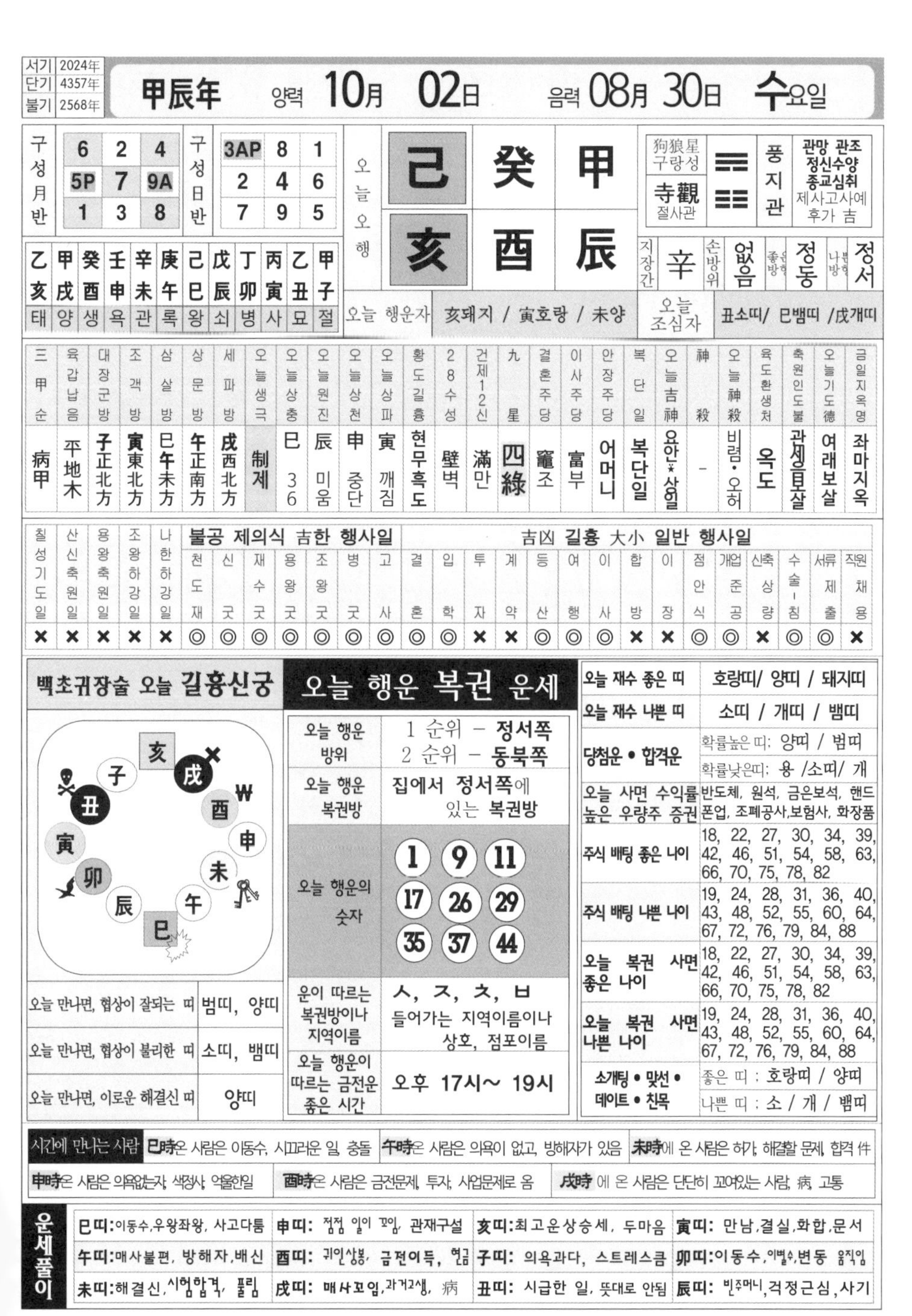

서기	2024年
단기	4357年
불기	2568年

甲辰年 양력 10月 02日 음력 08月 30日 수요일

구성月반			구성日반		
6	2	4	3AP	8	1
5P	7	9A	2	4	6
1	3	8	7	9	5

乙亥	甲戌	癸酉	壬申	辛未	庚午	己巳	戊辰	丁卯	丙寅	乙丑	甲子
태	양	생	욕	관	록	왕	쇠	병	사	묘	절

오늘 오행

己	癸	甲
亥	酉	辰

狗狼星 구랑성	寺觀 절사관	풍지관	관망 관조 정신수양 종교심취 제사고사예 후가 吉

지장간	辛	손방위	없음	좋은방향	정동	나쁜방향	정서

오늘 행운자	亥돼지 / 寅호랑 / 未양	오늘 조심자	丑소띠/ 巳뱀띠 /戌개띠

三甲순	육갑납음	대장군방	조객방	삼살방	상문방	세파방	오늘생극	오늘상충	오늘원진	오늘상천	오늘상파	황도길흉	28수성
病甲	平地木	子正北方	寅東北方	巳午未方	午正南方	戌西北方	制 제	巳 36	辰 미움	申 중단	寅 깨짐	현무흑도	壁 벽

건제12신	九星	결혼주당	이사주당	안장주당	복단일	오늘吉神	神殺	오늘神殺	육도환생처	축원인도불	오늘기도德	금일지옥명
滿 만	四綠	竈 조	富 부	어머니	복단일	요안*상일	-	비렴·오허	옥도	관세음보살	여래보살	좌마지옥

칠성기도일	산신축원일	용왕축원일	조왕하강일	나한하강일	불공 제의식 吉한 행사일							吉凶 길흉 大小 일반 행사일														
					천도재	신굿	재수굿	용왕굿	조왕굿	병굿	고사	결혼	입학	투자	계약	등산	여행	이사	합방	이장	점안식	개업준공	신축상량	수술-침	서류제출	직원채용
×	×	×	×	×	◎	◎	◎	◎	◎	◎	◎	◎	◎	×	×	◎	◎	◎	×	×	◎	◎	×	◎	◎	×

백초귀장술 오늘 길흉신궁

오늘 만나면, 협상이 잘되는 띠	범띠, 양띠
오늘 만나면, 협상이 불리한 띠	소띠, 뱀띠
오늘 만나면, 이로운 해결신 띠	양띠

오늘 행운 복권 운세

오늘 행운 방위	1 순위 - 정서쪽 2 순위 - 동북쪽
오늘 행운 복권방	집에서 정서쪽에 있는 복권방
오늘 행운의 숫자	1 9 11 17 26 29 35 37 44
운이 따르는 복권방이나 지역이름	ㅅ, ㅈ, ㅊ, ㅂ 들어가는 지역이름이나 상호, 점포이름
오늘 행운이 따르는 금전운 좋은 시간	오후 17시~ 19시

오늘 재수 좋은 띠	호랑띠/ 양띠 / 돼지띠
오늘 재수 나쁜 띠	소띠 / 개띠 / 뱀띠
당첨운 • 합격운	확률높은 띠: 양띠 / 범띠 확률낮은띠: 용 /소띠/ 개
오늘 사면 수익률 높은 우량주 증권	반도체, 원석, 금은보석, 핸드폰업, 조폐공사,보험사, 화장품
주식 배팅 좋은 나이	18, 22, 27, 30, 34, 39, 42, 46, 51, 54, 58, 63, 66, 70, 75, 78, 82
주식 배팅 나쁜 나이	19, 24, 28, 31, 36, 40, 43, 48, 52, 55, 60, 64, 67, 72, 76, 79, 84, 88
오늘 복권 사면 좋은 나이	18, 22, 27, 30, 34, 39, 42, 46, 51, 54, 58, 63, 66, 70, 75, 78, 82
오늘 복권 사면 나쁜 나이	19, 24, 28, 31, 36, 40, 43, 48, 52, 55, 60, 64, 67, 72, 76, 79, 84, 88
소개팅 • 맞선 • 데이트 • 친목	좋은 띠 : 호랑띠 / 양띠 나쁜 띠 : 소 / 개 / 뱀띠

시간에 만나는 사람	巳時은 사람은 이동수, 시끄러운 일, 충돌	午時은 사람은 의욕이 없고, 방해자가 있음	未時에 온 사람은 허가, 해결할 문제, 합격 件
	申時온 사람은 의욕없는자, 색정사, 억울한일	酉時온 사람은 금전문제, 투자, 사업문제로 옴	戌時 에 온 사람은 단단히 꼬여있는 사람, 病, 고통

운세풀이			
巳띠:이동수,우왕좌왕, 사고다툼	申띠: 점점 일이 꼬임, 관재구설	亥띠:최고운상승세, 두마음	寅띠: 만남,결실,화합,문서
午띠:매사불편, 방해자,배신	酉띠: 귀인상봉, 금전이득, 현금	子띠: 의욕과다, 스트레스큼	卯띠:이동수,이별수,변동 움직임
未띠:해결신,시험합격, 풀림	戌띠: 매사꼬임,과거고생, 病	丑띠: 시급한 일, 뜻대로 안됨	辰띠: 빈주머니,걱정근심,사기

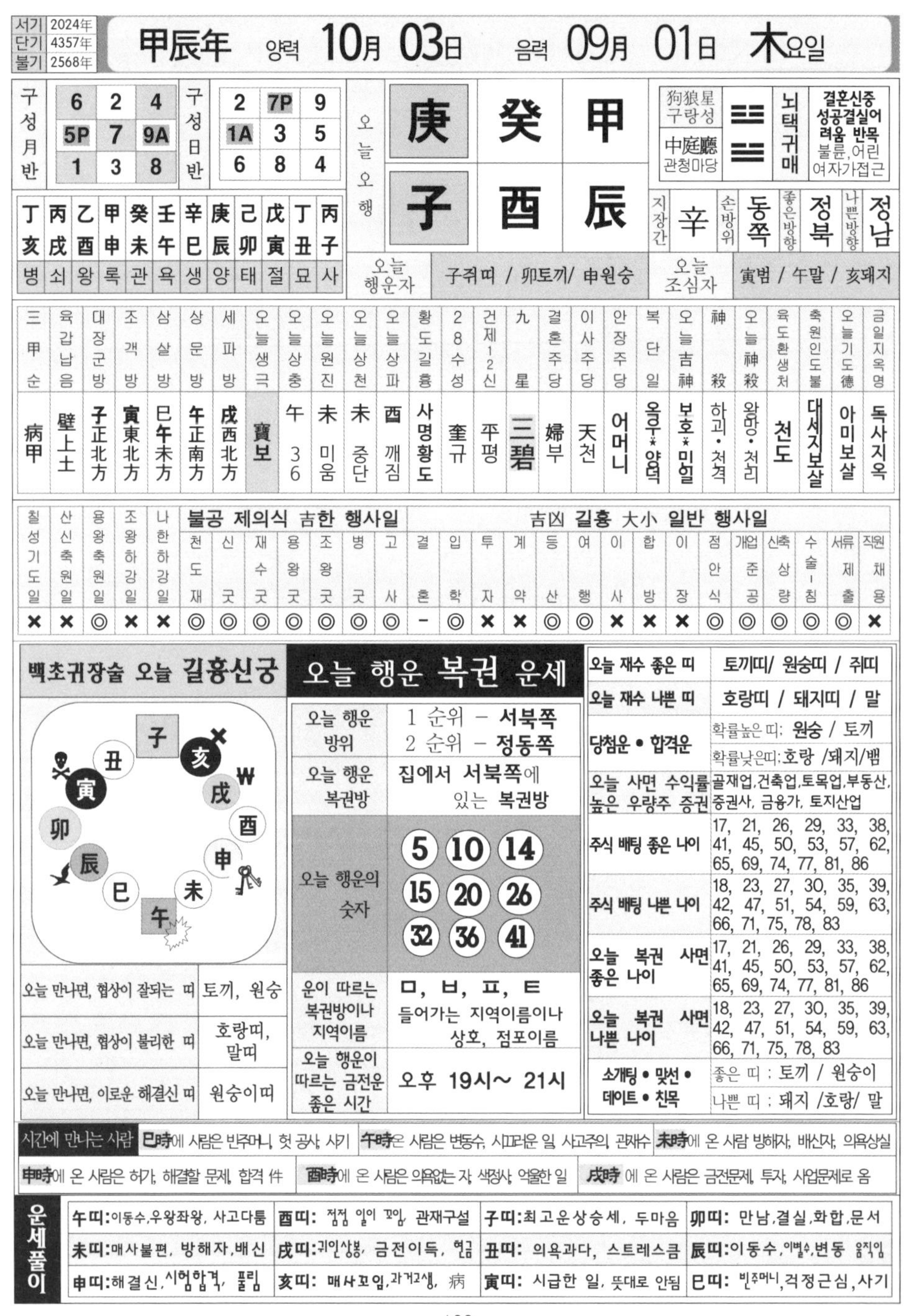

서기	2024年
단기	4357年
불기	2568年

甲辰年 양력 **10月 03日** 음력 **09月 01日** **木요일**

구성월반			구성일반		
6	2	4	2	7P	9
5P	7	9A	1A	3	5
1	3	8	6	8	4

오늘오행		
庚	癸	甲
子	酉	辰

狗狼星 구랑성	☳☱	뇌택귀매	결혼신중 성공결실어려움 반목 불륜,어린여자가접근
中庭廳 관청마당			

지장간	손방위	좋은방향	나쁜방향
辛	동쪽	정북	정남

丁亥	丙戌	乙酉	甲申	癸未	壬午	辛巳	庚辰	己卯	戊寅	丁丑	丙子
병	쇠	왕	록	관	욕	생	양	태	절	묘	사

오늘 행운자	子쥐띠 / 卯토끼/ 申원숭
오늘 조심자	寅범 / 午말 / 亥돼지

三甲순	육갑납음	대장군방	조객방	삼살방	상문방	세파방	오늘생극	오늘상충	오늘원진	오늘상천	오늘상파	황도길흉	28수성	건제12신	九星	결혼주당	이사주당	안장주당	복단일	오늘吉神	神殺	오늘神殺	육도환생처	축원인도불	오늘기도德	금일지옥명
病甲	壁上土	子正北方	寅東北方	巳午未方	午正南方	戌西北方	寶보	午 36	未 미움	未 중단	酉 깨짐	사명황도	奎규	平평	三碧	婦부	天천	어머니	옥우*양덕	보호*민일	하괴·천격	왕망·천리	천도	대세지보살	아미보살	독사지옥

칠성기도일	산신축원일	용왕축원일	조왕하강일	나한하강일	불공 제의식 吉한 행사일: 천도재	신굿	재수굿	용왕굿	조왕굿	병굿	고사	吉凶 길흉 大小 일반 행사일: 결혼	입학	투자	계약	등산	여행	이사	합방	이장	점안식	개업준공	신축상량	수술-침	서류제출	직원채용
×	×	◎	×	×	◎	◎	◎	◎	◎	◎	◎	-	◎	×	×	◎	◎	×	×	×	◎	◎	◎	◎	◎	×

백초귀장술 오늘 길흉신궁

오늘 만나면, 협상이 잘되는 띠	토끼, 원숭
오늘 만나면, 협상이 불리한 띠	호랑띠, 말띠
오늘 만나면, 이로운 해결신 띠	원숭이띠

오늘 행운 복권 운세

오늘 행운 방위	1 순위 – 서북쪽 2 순위 – 정동쪽
오늘 행운 복권방	집에서 서북쪽에 있는 복권방
오늘 행운의 숫자	5 10 14 15 20 26 32 36 41
운이 따르는 복권방이나 지역이름	ㅁ, ㅂ, ㅍ, ㅌ 들어가는 지역이름이나 상호, 점포이름
오늘 행운이 따르는 금전운 좋은 시간	오후 19시~ 21시

오늘 재수 좋은 띠	토끼띠/ 원숭띠 / 쥐띠
오늘 재수 나쁜 띠	호랑띠 / 돼지띠 / 말
당첨운 • 합격운	확률높은 띠: 원숭 / 토끼 확률낮은띠: 호랑 /돼지/뱀
오늘 사면 수익률 높은 우량주 증권	골재업,건축업,토목업,부동산,중권사, 금융가, 토지산업
주식 배팅 좋은 나이	17, 21, 26, 29, 33, 38, 41, 45, 50, 53, 57, 62, 65, 69, 74, 77, 81, 86
주식 배팅 나쁜 나이	18, 23, 27, 30, 35, 39, 42, 47, 51, 54, 59, 63, 66, 71, 75, 78, 83
오늘 복권 사면 좋은 나이	17, 21, 26, 29, 33, 38, 41, 45, 50, 53, 57, 62, 65, 69, 74, 77, 81, 86
오늘 복권 사면 나쁜 나이	18, 23, 27, 30, 35, 39, 42, 47, 51, 54, 59, 63, 66, 71, 75, 78, 83
소개팅 • 맞선 • 데이트 • 친목	좋은 띠 : 토끼 / 원숭이 나쁜 띠 : 돼지 /호랑/ 말

시간에 만나는 사람 巳時에 사람은 빈주머니, 헛 공사, 사기 | 午時온 사람은 변동수, 시끄러운 일, 사고주의, 관재수 | 未時에 온 사람 방해자, 배신자, 의욕상실 | 申時에 온 사람은 허가, 해결할 문제, 합격 件 | 酉時에 온 사람은 의욕없는 자, 색정사, 억울한 일 | 戌時 에 온 사람은 금전문제, 투자, 사업문제로 옴

운세풀이

午띠:이동수,우왕좌왕, 사고다툼	酉띠: 점점 일이 꼬임, 관재구설	子띠:최고운상승세, 두마음	卯띠: 만남,결실,화합,문서
未띠:매사불편, 방해자,배신	戌띠:귀인상봉, 금전이득, 현금	丑띠: 의욕과다, 스트레스큼	辰띠:이동수,이별수,변동 움직임
申띠:해결신,시험합격, 풀림	亥띠: 매사꼬임,과거고생, 病	寅띠: 시급한 일, 뜻대로 안됨	巳띠: 빈주머니,걱정근심,사기

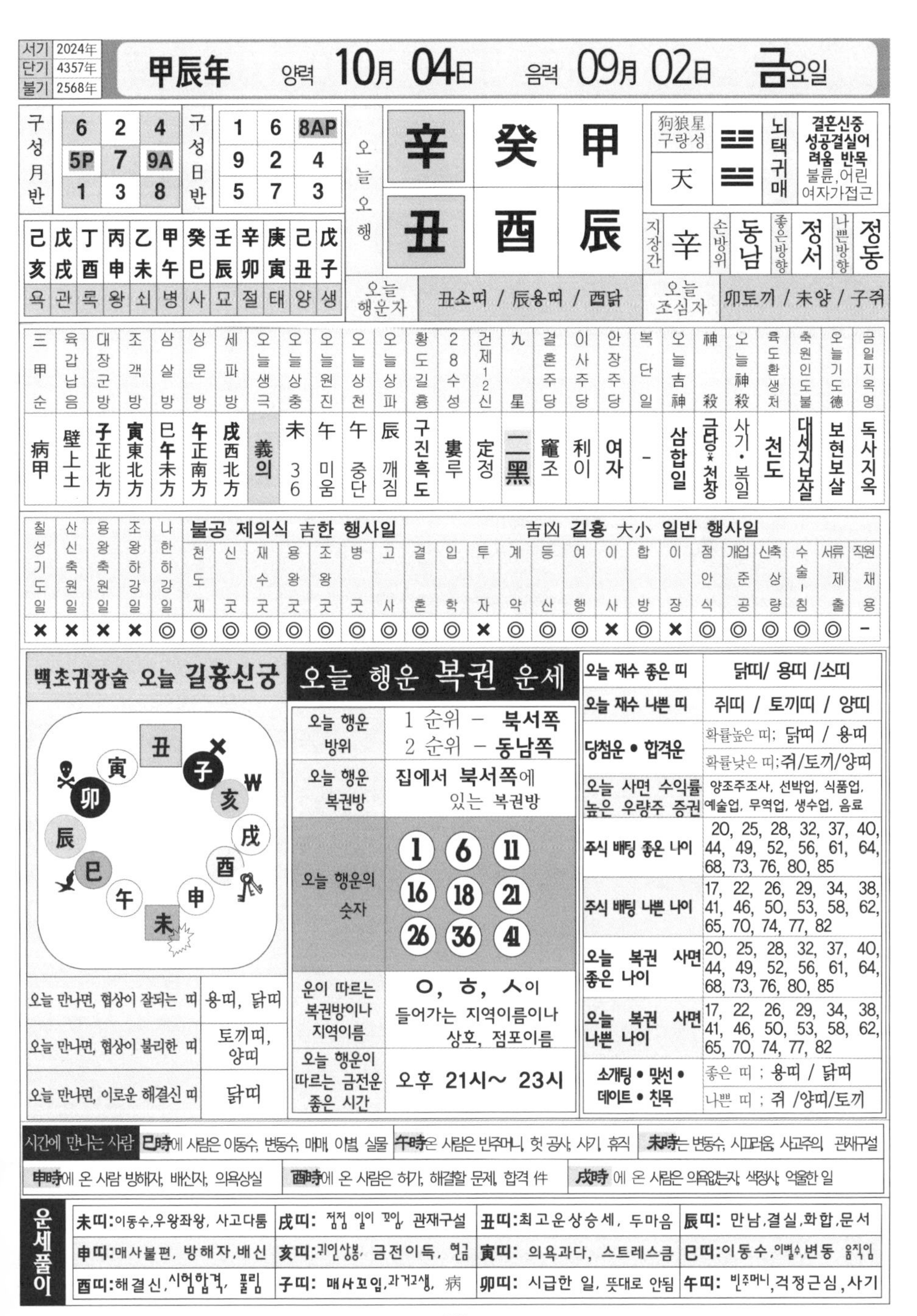

서기	2024年
단기	4357年
불기	2568年

甲辰年 양력 10月 04日 음력 09月 02日 금요일

구성月반		
6	2	4
5P	7	9A
1	3	8

구성日반		
1	6	8AP
9	2	4
5	7	3

己亥	戊戌	丁酉	丙申	乙未	甲午	癸巳	壬辰	辛卯	庚寅	己丑	戊子
욕	관	록	왕	쇠	병	사	묘	절	태	양	생

오늘오행

辛	癸	甲
丑	酉	辰

狗狼星 구랑성	괘	뇌택귀매	결혼신중 성공결실어려움 반목 불륜,어린 여자가접근
天	☳☱		

지장간	辛	손방위	동남	좋은방향	정서	나쁜방향	정동

오늘 행운자	丑소띠 / 辰용띠 / 酉닭	오늘 조심자	卯토끼 / 未양 / 子쥐

三甲순	육갑납음	대장군방	조객방	삼살방	상문방	세파방	오늘생극	오늘상충	오늘원진	오늘상천	오늘상파	황도길흉	28수성	건제12신	九星	결혼주당	이사주당	안장주당	복단일	오늘吉神	神殺	오늘神殺	육도환생처	축원인도불	오늘기도德	금일지옥명
病甲	壁上土	子正北方	寅東北方	巳午未方	午正南方	戌西北方	義의	未 36	午 미움	午 중단	辰 깨짐	구진흑도	婁루	定정	二黑	竈조	利이	여자	-	삼합일	금당*천창	사기·복일	천도	대세지보살	보현보살	독사지옥

칠성기도일	산신축원일	용왕축원일	조왕하강일	나한하강일	불공 제의식 吉한 행사일: 천도재	신굿	재수굿	용왕굿	조왕굿	병굿	吉凶 길흉 大小 일반 행사일: 고사	결혼	입학	투자	계약	등산	여행	이사	합방	이장	점안식	개업준공	신축상량	수술-침	서류제출	직원채용
×	×	×	×	◎	◎	◎	◎	◎	◎	◎	◎	◎	◎	×	◎	◎	◎	×	◎	×	◎	◎	◎	◎	◎	−

백초귀장술 오늘 길흉신궁

오늘 만나면, 협상이 잘되는 띠	용띠, 닭띠
오늘 만나면, 협상이 불리한 띠	토끼띠, 양띠
오늘 만나면, 이로운 해결신 띠	닭띠

오늘 행운 복권 운세

오늘 행운 방위	1 순위 − 북서쪽 2 순위 − 동남쪽
오늘 행운 복권방	집에서 북서쪽에 있는 복권방
오늘 행운의 숫자	1 6 11 16 18 21 26 36 41
운이 따르는 복권방이나 지역이름	ㅇ, ㅎ, ㅅ이 들어가는 지역이름이나 상호, 점포이름
오늘 행운이 따르는 금전운 좋은 시간	오후 21시~ 23시

오늘 재수 좋은 띠	닭띠/ 용띠 /소띠
오늘 재수 나쁜 띠	쥐띠 / 토끼띠 / 양띠
당첨운 • 합격운	확률높은 띠; 닭띠 / 용띠 확률낮은 띠;쥐/토끼/양띠
오늘 사면 수익률 높은 우량주 종목	양조주조사, 선박업, 식품업, 예술업, 무역업, 생수업, 음료
주식 배팅 좋은 나이	20, 25, 28, 32, 37, 40, 44, 49, 52, 56, 61, 64, 68, 73, 76, 80, 85
주식 배팅 나쁜 나이	17, 22, 26, 29, 34, 38, 41, 46, 50, 53, 58, 62, 65, 70, 74, 77, 82
오늘 복권 사면 좋은 나이	20, 25, 28, 32, 37, 40, 44, 49, 52, 56, 61, 64, 68, 73, 76, 80, 85
오늘 복권 사면 나쁜 나이	17, 22, 26, 29, 34, 38, 41, 46, 50, 53, 58, 62, 65, 70, 74, 77, 82
소개팅 • 맞선 • 데이트 • 친목	좋은 띠 ; 용띠 / 닭띠 나쁜 띠 ; 쥐 /양띠/토끼

시간에 만나는 사람

巳時에 사람은 이동수, 변동수, 매매, 이별, 실물	午時온 사람은 빈주머니, 헛 공사, 사기, 휴직	未時는 변동수, 시끄러움, 사고주의, 관재구설
申時에 온 사람 방해자, 배신자, 의욕상실	酉時에 온 사람은 허가, 해결할 문제, 합격 件	戌時 에 온 사람은 의욕없는자, 색정사, 억울한 일

운세풀이

未띠:이동수,우왕좌왕, 사고다툼	戌띠: 점점 일이 꼬임, 관재구설	丑띠:최고운상승세, 두마음	辰띠: 만남,결실,화합,문서
申띠:매사불편, 방해자,배신	亥띠:귀인상봉, 금전이득, 현금	寅띠: 의욕과다, 스트레스큼	巳띠:이동수,이별수,변동 움직임
酉띠:해결신,시험합격, 풀림	子띠: 매사꼬임,과거고생, 病	卯띠: 시급한 일, 뜻대로 안됨	午띠: 빈주머니,걱정근심,사기

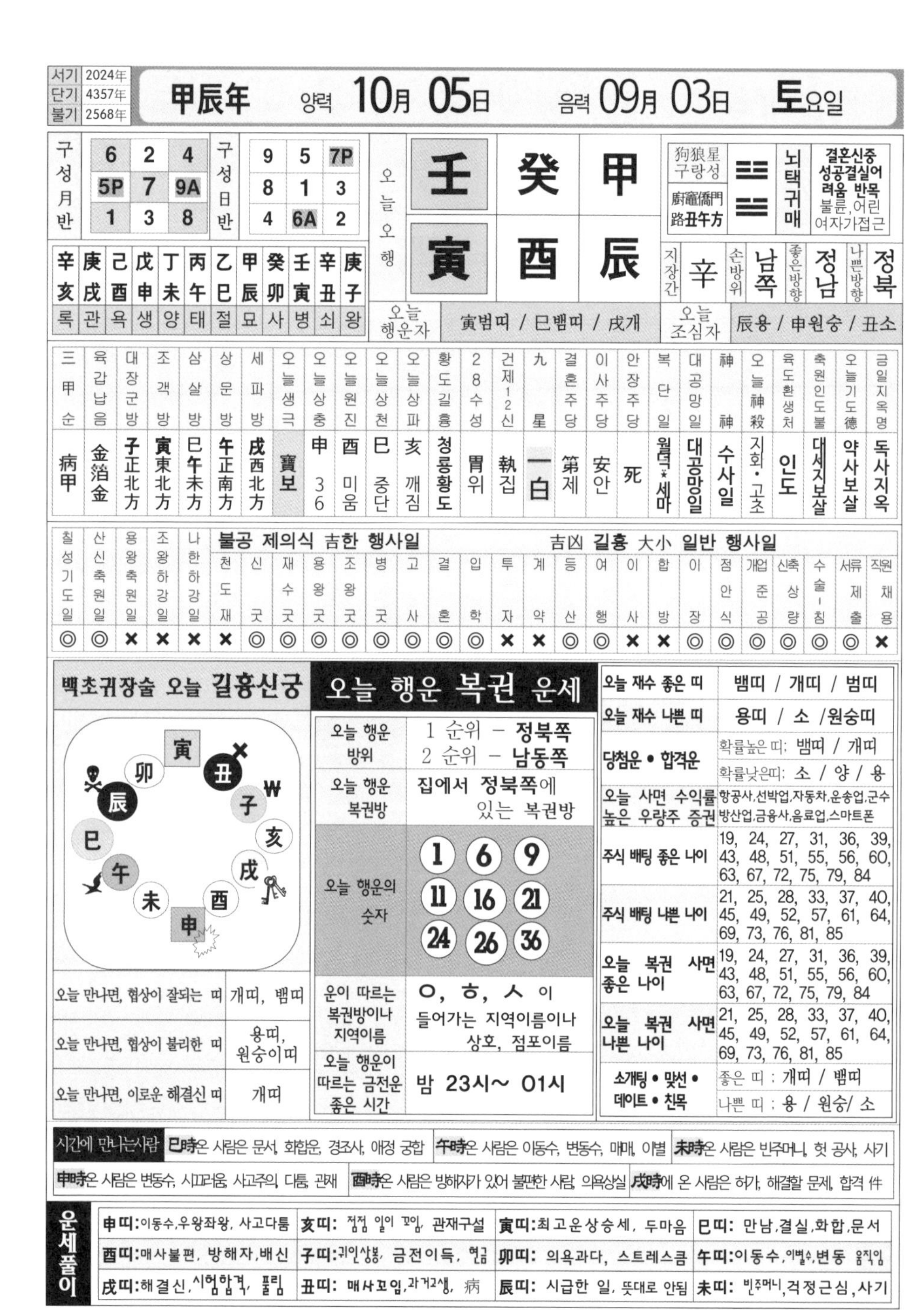

서기	2024年
단기	4357年
불기	2568年

甲辰年 양력 **10月 05日** 음력 **09月 03日** **토**요일

구성月반			구성日반		
6	2	4	9	5	7P
5P	7	9A	8	1	3
1	3	8	4	6A	2

辛亥	庚戌	己酉	戊申	丁未	丙午	乙巳	甲辰	癸卯	壬寅	辛丑	庚子
록	관	욕	생	양	태	절	묘	사	병	쇠	왕

오늘 오행

壬	癸	甲
寅	酉	辰

狗狼星 구랑성	廚竈僑門路丑午方	☳☱	뇌택귀매	결혼신중 성공결실어려움 반목 불륜, 어린 여자가접근

지장간	손방위	좋은방향	나쁜방향
辛	남쪽	정남	정북

오늘 행운자	寅범띠 / 巳뱀띠 / 戌개
오늘 조심자	辰용 / 申원숭 / 丑소

三甲순	육갑납음	대장군방	조객방	삼살방	상문방	세파방	오늘생극	오늘상충	오늘원진	오늘상천	오늘상파	황도길흉	28수성	건제12신	九星	결혼주당	이사주당	안장주당	복단일	대공망일	神神	오늘神殺	육도환생처	축원인도불	오늘기도德	금일지옥명
病甲	金箔金	子正北方	寅東北方	巳午未方	午正南方	戌西北方	寶보	申 36	酉 미움	巳 중단	亥 깨짐	청룡황도	胃위	執집	一白	第제	安안	死	월덕*세마	대공망일	수사일	지화·고초	인도	대세지보살	약사보살	독사지옥

칠성기도일	산신축원일	용왕축원일	조왕하강일	나한하강일	불공 제의식 吉한 행사일							吉凶 길흉 大小 일반 행사일														
					천도재	신굿	재수굿	용왕굿	조왕굿	병굿	고사	결혼	입학	투자	계약	등산	여행	이사	합방	이장	점안식	개업준공	신축상량	수술-침	서류제출	직원채용
◎	◎	×	×	×	×	◎	◎	◎	◎	◎	◎	◎	◎	×	×	◎	◎	×	×	◎	◎	◎	◎	◎	◎	×

백초귀장술 오늘 길흉신궁

오늘 만나면, 협상이 잘되는 띠	개띠, 뱀띠
오늘 만나면, 협상이 불리한 띠	용띠, 원숭이띠
오늘 만나면, 이로운 해결신 띠	개띠

오늘 행운 복권 운세

오늘 행운 방위	1 순위 - 정북쪽 2 순위 - 남동쪽
오늘 행운 복권방	집에서 정북쪽에 있는 복권방
오늘 행운의 숫자	1, 6, 9, 11, 16, 21, 24, 26, 36
운이 따르는 복권방이나 지역이름	ㅇ, ㅎ, ㅅ 이 들어가는 지역이름이나 상호, 점포이름
오늘 행운이 따르는 금전운 좋은 시간	밤 23시~ 01시

오늘 재수 좋은 띠	뱀띠 / 개띠 / 범띠
오늘 재수 나쁜 띠	용띠 / 소 /원숭띠
당첨운 • 합격운	확률높은 띠: 뱀띠 / 개띠 확률낮은띠: 소 / 양 / 용
오늘 사면 수익률 높은 우량주 증권	항공사,선박업,자동차,운송업,군수방산업,금융사,음료업,스마트폰
주식 배팅 좋은 나이	19, 24, 27, 31, 36, 39, 43, 48, 51, 55, 56, 60, 63, 67, 72, 75, 79, 84
주식 배팅 나쁜 나이	21, 25, 28, 33, 37, 40, 45, 49, 52, 57, 61, 64, 69, 73, 76, 81, 85
오늘 복권 사면 좋은 나이	19, 24, 27, 31, 36, 39, 43, 48, 51, 55, 56, 60, 63, 67, 72, 75, 79, 84
오늘 복권 사면 나쁜 나이	21, 25, 28, 33, 37, 40, 45, 49, 52, 57, 61, 64, 69, 73, 76, 81, 85
소개팅 • 맞선 • 데이트 • 친목	좋은 띠 : 개띠 / 뱀띠 나쁜 띠 : 용 / 원숭/ 소

시간에 만나는사람 **巳時**온 사람은 문서, 화합운, 경조사, 애정 궁합 **午時**온 사람은 이동수, 변동수, 매매, 이별 **未時**온 사람은 빈주머니, 헛 공사, 사기 **申時**온 사람은 변동수, 시끄러움, 사고주의, 다툼, 관재 **酉時**온 사람은 방해자가 있어 불편한 사람, 의욕상실 **戌時**에 온 사람은 허가, 해결할 문제, 합격 件

운세풀이

申띠: 이동수,우왕좌왕, 사고다툼	**亥띠:** 점점 일이 꼬임, 관재구설	**寅띠:** 최고운상승세, 두마음	**巳띠:** 만남,결실,화합,문서
酉띠: 매사불편, 방해자,배신	**子띠:** 귀인상봉, 금전이득, 현금	**卯띠:** 의욕과다, 스트레스큼	**午띠:** 이동수, 이별수,변동 움직임
戌띠: 해결신,시험합격, 풀림	**丑띠:** 매사꼬임,과거고생, 病	**辰띠:** 시급한 일, 뜻대로 안됨	**未띠:** 빈주머니,걱정근심,사기

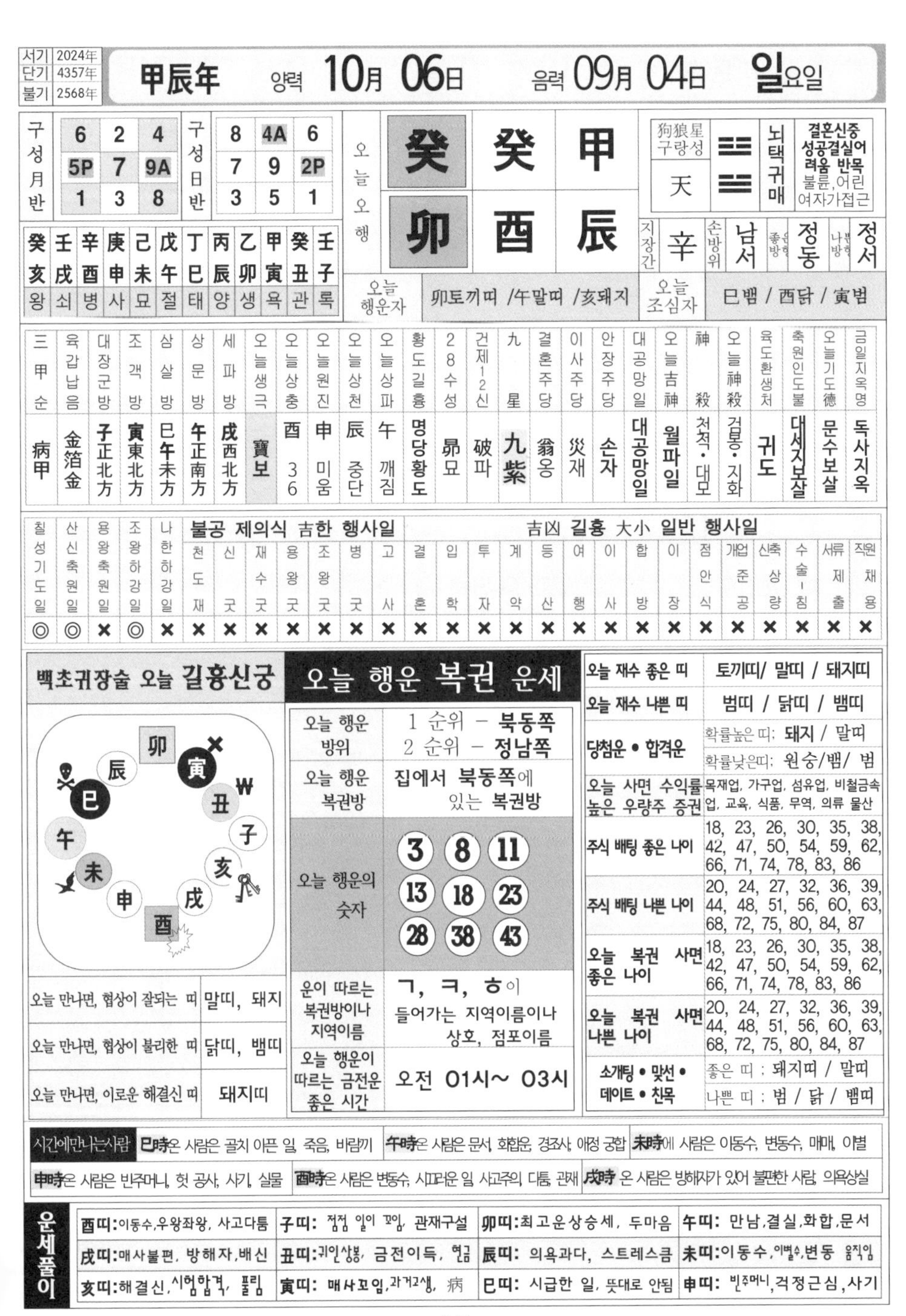

서기	2024年
단기	4357年
불기	2568年

甲辰年 양력 10月 06日 음력 09月 04日 일요일

구성月반		
6	2	4
5P	7	9A
1	3	8

구성日반		
8	4A	6
7	9	2P
3	5	1

오늘오행		
癸	癸	甲
卯	酉	辰

狗狼星 구랑성	天
☱☳	뇌택귀매
결혼신중 성공결실어려움 반목 불륜,어린 여자가접근	

지장간	손방위	좋은방향	나쁜방향
辛	남서	정동	정서

癸亥	壬戌	辛酉	庚申	己未	戊午	丁巳	丙辰	乙卯	甲寅	癸丑	壬子
왕	쇠	병	사	묘	절	태	양	생	욕	관	록

오늘 행운자	卯토끼띠 /午말띠 /亥돼지
오늘 조심자	巳뱀 / 酉닭 / 寅범

三甲순	육갑납음	대장군방	조객방	삼살방	상문방	세파방	오늘생극	오늘상충	오늘원진	오늘상천	오늘상파	황도길흉	28수성	건제12신	九星	결혼주당	이사주당	안장주당	대공망일	오늘吉神	神殺	오늘神殺	육도환생처	축원인도불	오늘기도德	금일지옥명
病甲	金箔金	子正北方	寅東北方	巳午未方	午正南方	戌西北方	寶보	酉 36	申 미움	辰 중단	午 깨짐	명당황도	昴 묘	破 파	九紫	翁 옹	災 재	손자	대공망일	월파일	천적·대모	검봉·지화	귀도	대세지보살	문수보살	독사지옥

칠성기도일	산신축원일	용왕축원일	조왕하강일	나한하강일	불공 제의식 吉한 행사일: 천도재	신굿	재수굿	용왕굿	조왕굿	병굿	고사	吉凶 길흉 大小 일반 행사일: 결혼	입학	투자	계약	등산	여행	이사	합방	이장	점안식	개업준공	신축상량	수술·침	서류제출	직원채용
◎	◎	×	◎	×	×	×	×	×	×	×	×	×	×	×	×	×	×	×	×	×	×	×	×	×	×	×

백초귀장술 오늘 길흉신궁

卯 辰 寅 巳 丑 W 子 午 亥 未 申 戌 酉

오늘 만나면, 협상이 잘되는 띠	말띠, 돼지
오늘 만나면, 협상이 불리한 띠	닭띠, 뱀띠
오늘 만나면, 이로운 해결신 띠	돼지띠

오늘 행운 복권 운세

오늘 행운 방위	1 순위 – 북동쪽 2 순위 – 정남쪽
오늘 행운 복권방	집에서 북동쪽에 있는 복권방
오늘 행운의 숫자	3 8 11 13 18 23 28 38 43
운이 따르는 복권방이나 지역이름	ㄱ, ㅋ, ㅎ이 들어가는 지역이름이나 상호, 점포이름
오늘 행운이 따르는 금전운 좋은 시간	오전 01시~ 03시

오늘 재수 좋은 띠	토끼띠/ 말띠 / 돼지띠
오늘 재수 나쁜 띠	범띠 / 닭띠 / 뱀띠
당첨운 • 합격운	확률높은 띠: 돼지 / 말띠 확률낮은띠: 원숭/뱀/ 범
오늘 사면 수익률 높은 우량주 증권	목재업, 가구업, 섬유업, 비철금속업, 교육, 식품, 무역, 의류 물산
주식 배팅 좋은 나이	18, 23, 26, 30, 35, 38, 42, 47, 50, 54, 59, 62, 66, 71, 74, 78, 83, 86
주식 배팅 나쁜 나이	20, 24, 27, 32, 36, 39, 44, 48, 51, 56, 60, 63, 68, 72, 75, 80, 84, 87
오늘 복권 사면 좋은 나이	18, 23, 26, 30, 35, 38, 42, 47, 50, 54, 59, 62, 66, 71, 74, 78, 83, 86
오늘 복권 사면 나쁜 나이	20, 24, 27, 32, 36, 39, 44, 48, 51, 56, 60, 63, 68, 72, 75, 80, 84, 87
소개팅 • 맞선 • 데이트 • 친목	좋은 띠 : 돼지띠 / 말띠 나쁜 띠 : 범 / 닭 / 뱀띠

시간에만나는사람 巳時온 사람은 골치 아픈 일, 죽음, 바람끼 午時온 사람은 문서, 화합운, 경조사, 애정 궁합 未時에 사람은 이동수, 변동수, 매매, 이별
申時온 사람은 빈주머니, 헛 공사, 사기, 실물 酉時온 사람은 변동수, 시끄러운 일 사고주의, 다툼, 관재 戌時 온 사람은 방해자가 있어 불편한 사람, 의욕상실

운세풀이

酉띠: 이동수,우왕좌왕, 사고다툼	子띠: 점점 일이 꼬임, 관재구설	卯띠: 최고운상승세, 두마음	午띠: 만남,결실,화합,문서
戌띠: 매사불편, 방해자,배신	丑띠: 귀인상봉, 금전이득, 현금	辰띠: 의욕과다, 스트레스큼	未띠: 이동수, 이별수,변동 움직임
亥띠: 해결신, 시험합격, 풀림	寅띠: 매사꼬임,과거고생, 病	巳띠: 시급한 일, 뜻대로 안됨	申띠: 빈주머니,걱정근심,사기

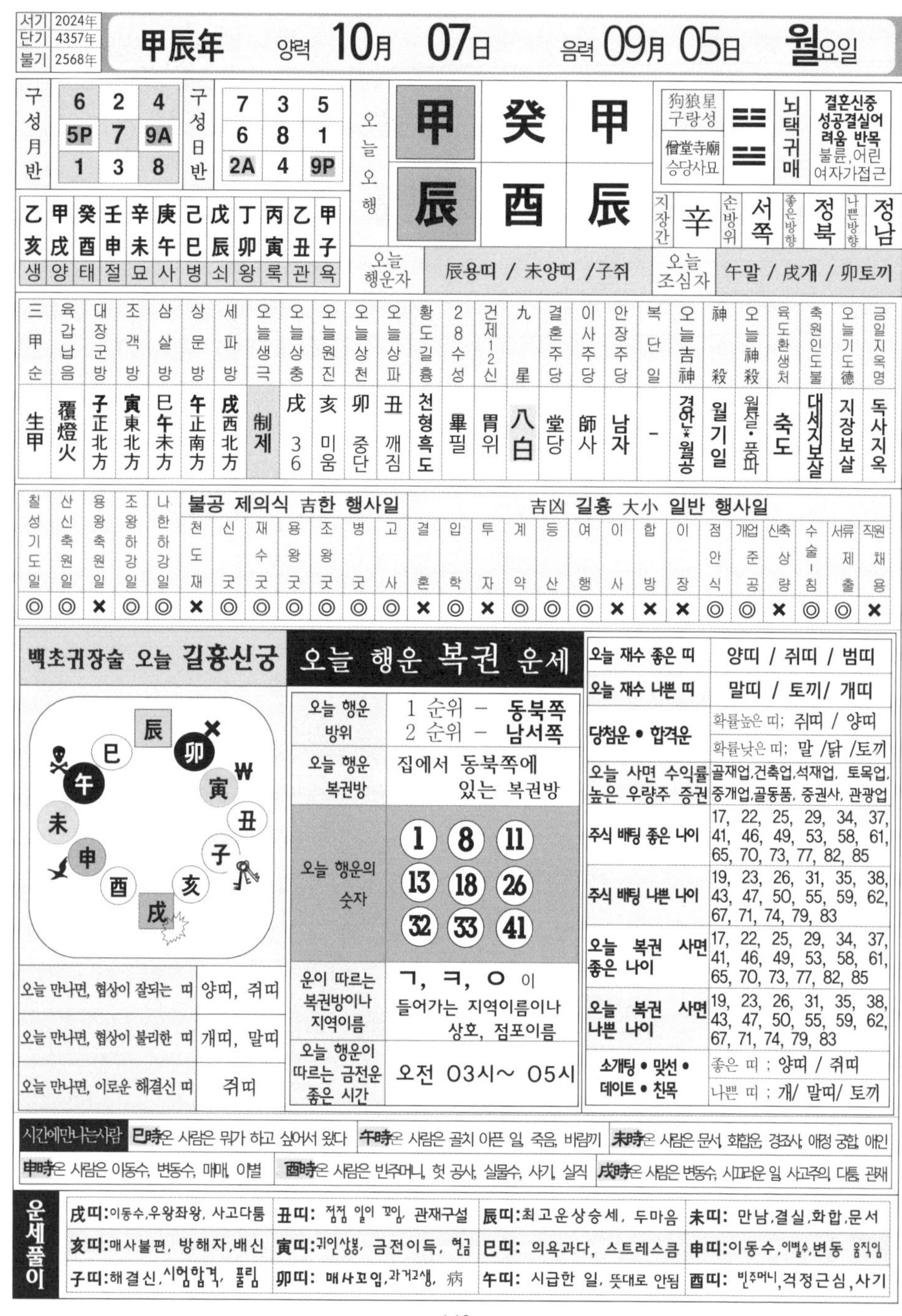

서기	2024年
단기	4357年
불기	2568年

甲辰年 양력 **10月 07日** 음력 **09月 05日** **월**요일

구성月반

6	2	4
5P	7	9A
1	3	8

구성日반

7	3	5
6	8	1
2A	4	9P

오늘오행

甲	癸	甲
辰	酉	辰

狗狼星 구랑성	☰	뇌택귀매	결혼신중 성공결실어려움 반목 불륜, 어린여자가접근
僧堂寺廟 승당사묘	☰		

지장간	辛	손방위	서쪽	좋은방향	정북	나쁜방향	정남

乙亥	甲戌	癸酉	壬申	辛未	庚午	己巳	戊辰	丁卯	丙寅	乙丑	甲子
생	양	태	절	묘	사	병	쇠	왕	록	관	욕

오늘 행운자	辰용띠 / 未양띠 /子쥐	오늘 조심자	午말 / 戌개 / 卯토끼

三甲순	육갑납음	대장군방	조객방	삼살방	상문방	세파방	오늘생극	오늘상충	오늘원진	오늘상천	오늘상파	황도길흉	28수성	건제12신	九星	결혼주당	이사주당	안장주당	복단일	오늘吉神	神殺	오늘神殺	육도환생처	축원인도불	오늘기도德	금일지옥명
生甲	覆燈火	子正北方	寅東北方	巳午未方	午正南方	戌西北方	制제	戌 36	亥 미움	卯 중단	丑 깨짐	천형흑도	畢필	胃위	八白	堂당	師사	남자	-	경안*월공	월기일	월살·풍파	축도	대세지보살	지장보살	독사지옥

칠성기도일	산신축원일	용왕축원일	조왕하강일	나한하강일	천도재	신굿	재수굿	용왕굿	조왕굿	병굿	고사	결혼	입학	투자	계약	등산	여행	이사	합방	이장	점안식	개업준공	신축상량	수술-침	서류제출	직원채용
◎	◎	×	◎	◎	×	◎	◎	◎	◎	◎	◎	×	◎	×	◎	◎	◎	×	×	×	◎	◎	×	◎	◎	×

(불공 제의식 吉한 행사일: 천도재 ~ 고사 / 吉凶 길흉 大小 일반 행사일: 결혼 ~ 직원채용)

백초귀장술 오늘 길흉신궁

오늘 만나면, 협상이 잘되는 띠	양띠, 쥐띠
오늘 만나면, 협상이 불리한 띠	개띠, 말띠
오늘 만나면, 이로운 해결신 띠	쥐띠

오늘 행운 복권 운세

오늘 행운 방위	1 순위 - 동북쪽 2 순위 - 남서쪽
오늘 행운 복권방	집에서 동북쪽에 있는 복권방
오늘 행운의 숫자	1 8 11 13 18 26 32 33 41
운이 따르는 복권방이나 지역이름	ㄱ, ㅋ, ㅇ 이 들어가는 지역이름이나 상호, 점포이름
오늘 행운이 따르는 금전운 좋은 시간	오전 03시~ 05시

오늘 재수 좋은 띠	양띠 / 쥐띠 / 범띠
오늘 재수 나쁜 띠	말띠 / 토끼/ 개띠
당첨운 • 합격운	확률높은 띠; 쥐띠 / 양띠 확률낮은 띠; 말 /닭 /토끼
오늘 사면 수익률 높은 우량주 증권	골재업,건축업,석재업, 토목업, 중개업,골동품, 중권사, 관광업
주식 배팅 좋은 나이	17, 22, 25, 29, 34, 37, 41, 46, 49, 53, 58, 61, 65, 70, 73, 77, 82, 85
주식 배팅 나쁜 나이	19, 23, 26, 31, 35, 38, 43, 47, 50, 55, 59, 62, 67, 71, 74, 79, 83
오늘 복권 사면 좋은 나이	17, 22, 25, 29, 34, 37, 41, 46, 49, 53, 58, 61, 65, 70, 73, 77, 82, 85
오늘 복권 사면 나쁜 나이	19, 23, 26, 31, 35, 38, 43, 47, 50, 55, 59, 62, 67, 71, 74, 79, 83
소개팅 • 맞선 • 데이트 • 친목	좋은 띠 ; 양띠 / 쥐띠 나쁜 띠 ; 개/ 말띠/ 토끼

시간에만나는사람 **巳時**은 사람은 뭔가 하고 싶어서 왔다 **午時**은 사람은 골치 아픈 일, 죽음, 바람끼 **未時**은 사람은 문서, 화합운, 경조사, 애정 궁합, 애인 **申時**은 사람은 이동수, 변동수, 매매, 이별 **酉時**은 사람은 빈주머니, 헛 공사, 실물수, 사기, 실직 **戌時**은 사람은 변동수, 시끄러운 일 사고주의, 다툼, 관재

운세풀이

戌띠:이동수,우왕좌왕, 사고다툼	**丑띠:** 점점 일이 꼬임, 관재구설	**辰띠:**최고운상승세, 두마음	**未띠:** 만남,결실,화합,문서
亥띠:매사불편, 방해자,배신	**寅띠:**귀인상봉, 금전이득, 현금	**巳띠:** 의욕과다, 스트레스큼	**申띠:**이동수,이별수,변동 움직임
子띠:해결신,시험합격, 풀림	**卯띠:** 매사꼬임,과거고생, 病	**午띠:** 시급한 일, 뜻대로 안됨	**酉띠:** 빈주머니,걱정근심,사기

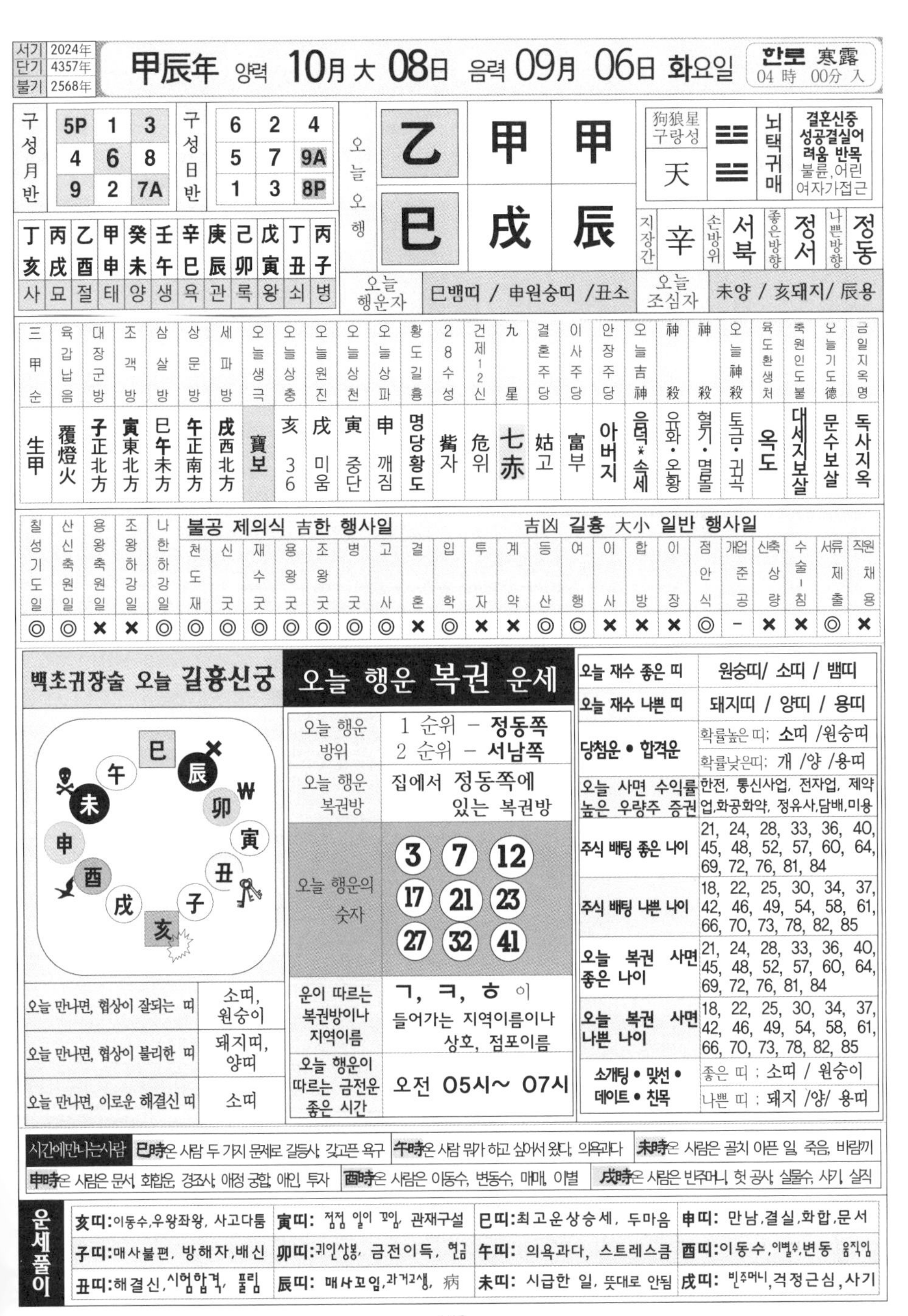

서기	2024年
단기	4357年
불기	2568年

甲辰年 양력 10月 大 08日 음력 09月 06日 화요일

한로 寒露 04時 00分 入

구성월반				구성일반			
	5P	1	3		6	2	4
	4	6	8		5	7	9A
	9	2	7A		1	3	8P

오늘오행		
乙	甲	甲
巳	戌	辰

狗狼星 구랑성	卦		
天	☱☳	뇌택귀매	결혼신중 성공결실어려움 반목 불륜,어린여자가접근

지장간	손방위	좋은방향	나쁜방향
辛	서북	정서	정동

丁亥	丙戌	乙酉	甲申	癸未	壬午	辛巳	庚辰	己卯	戊寅	丁丑	丙子
사	묘	절	태	양	생	욕	관	록	왕	쇠	병

오늘 행운자	巳뱀띠 / 申원숭띠 /丑소	오늘 조심자	未양 / 亥돼지/ 辰용

三甲순	육갑납음	대장군방	조객방	삼살방	상문방	세파방	오늘생극	오늘상충	오늘원진	오늘상천	오늘상파	황도길흉	28수성	건제12신	九星	결혼주당	이사주당	안장주당	오늘吉神	神殺	神殺	오늘神殺	육도환생처	축원인도불	오늘기도德	금일지옥명
生甲	覆燈火	子正北方	寅東北方	巳午未方	午正南方	戌西北方	寶보	亥 36	戌 미움	寅 중단	申 깨짐	명당황도	觜자	危위	七赤	姑고	富부	아버지	음덕*속세	유화·오황	혈기·멸몰	토금·귀곡	옥도	대세지보살	문수보살	독사지옥

칠성기도일	산신축원일	용왕축원일	조왕하강일	나한하강일	불공 제의식 吉한 행사일							吉凶 길흉 大小 일반 행사일														
					천도재	신굿	재수굿	용왕굿	조왕굿	병굿	고사	결혼	입학	투자	계약	등산	여행	이사	합방	이장	점안식	개업준공	신축상량	수술-침	서류제출	직원채용
◎	◎	×	×	◎	◎	◎	◎	◎	◎	◎	◎	×	◎	×	×	◎	◎	×	×	×	◎	–	×	×	◎	×

백초귀장술 오늘 길흉신궁

오늘 만나면, 협상이 잘되는 띠	소띠, 원숭이
오늘 만나면, 협상이 불리한 띠	돼지띠, 양띠
오늘 만나면, 이로운 해결신 띠	소띠

오늘 행운 복권 운세

오늘 행운 방위	1 순위 – 정동쪽 2 순위 – 서남쪽
오늘 행운 복권방	집에서 정동쪽에 있는 복권방
오늘 행운의 숫자	3 7 12 17 21 23 27 32 41
운이 따르는 복권방이나 지역이름	ㄱ, ㅋ, ㅎ 이 들어가는 지역이름이나 상호, 점포이름
오늘 행운이 따르는 금전운 좋은 시간	오전 05시~ 07시

오늘 재수 좋은 띠	원숭띠/ 소띠 / 뱀띠
오늘 재수 나쁜 띠	돼지띠 / 양띠 / 용띠
당첨운 • 합격운	확률높은 띠: 소띠 /원숭띠 확률낮은띠: 개 /양 /용띠
오늘 사면 수익률 높은 우량주 증권	한전, 통신사업, 전자업, 제약업,화공화약, 정유사,담배,미용
주식 배팅 좋은 나이	21, 24, 28, 33, 36, 40, 45, 48, 52, 57, 60, 64, 69, 72, 76, 81, 84
주식 배팅 나쁜 나이	18, 22, 25, 30, 34, 37, 42, 46, 49, 54, 58, 61, 66, 70, 73, 78, 82, 85
오늘 복권 사면 좋은 나이	21, 24, 28, 33, 36, 40, 45, 48, 52, 57, 60, 64, 69, 72, 76, 81, 84
오늘 복권 사면 나쁜 나이	18, 22, 25, 30, 34, 37, 42, 46, 49, 54, 58, 61, 66, 70, 73, 78, 82, 85
소개팅 • 맞선 • 데이트 • 친목	좋은 띠 : 소띠 / 원숭이 나쁜 띠 : 돼지 /양/ 용띠

시간에만나는사람	巳時온 사람 두 가지 문제로 갈등사, 갖고픈 욕구	午時온 사람 뭔가 하고 싶어서 왔다, 의욕과다	未時온 사람은 골치 아픈 일, 죽음, 바람끼
申時온 사람은 문서, 화합운, 경조사, 애정 궁합, 애인, 투자	酉時온 사람은 이동수, 변동수, 매매, 이별	戌時온 사람은 빈주머니, 헛 공사, 실물수, 사기, 실직	

운세풀이			
亥띠:이동수,우왕좌왕, 사고다툼	寅띠: 점점 일이 꼬임, 관재구설	巳띠:최고운상승세, 두마음	申띠: 만남,결실,화합,문서
子띠:매사불편, 방해자,배신	卯띠:귀인상봉, 금전이득, 현금	午띠: 의욕과다, 스트레스큼	酉띠:이동수,이별수,변동 움직임
丑띠:해결신,시험합격, 풀림	辰띠: 매사꼬임,과거고생, 病	未띠: 시급한 일, 뜻대로 안됨	戌띠: 빈주머니,걱정근심,사기

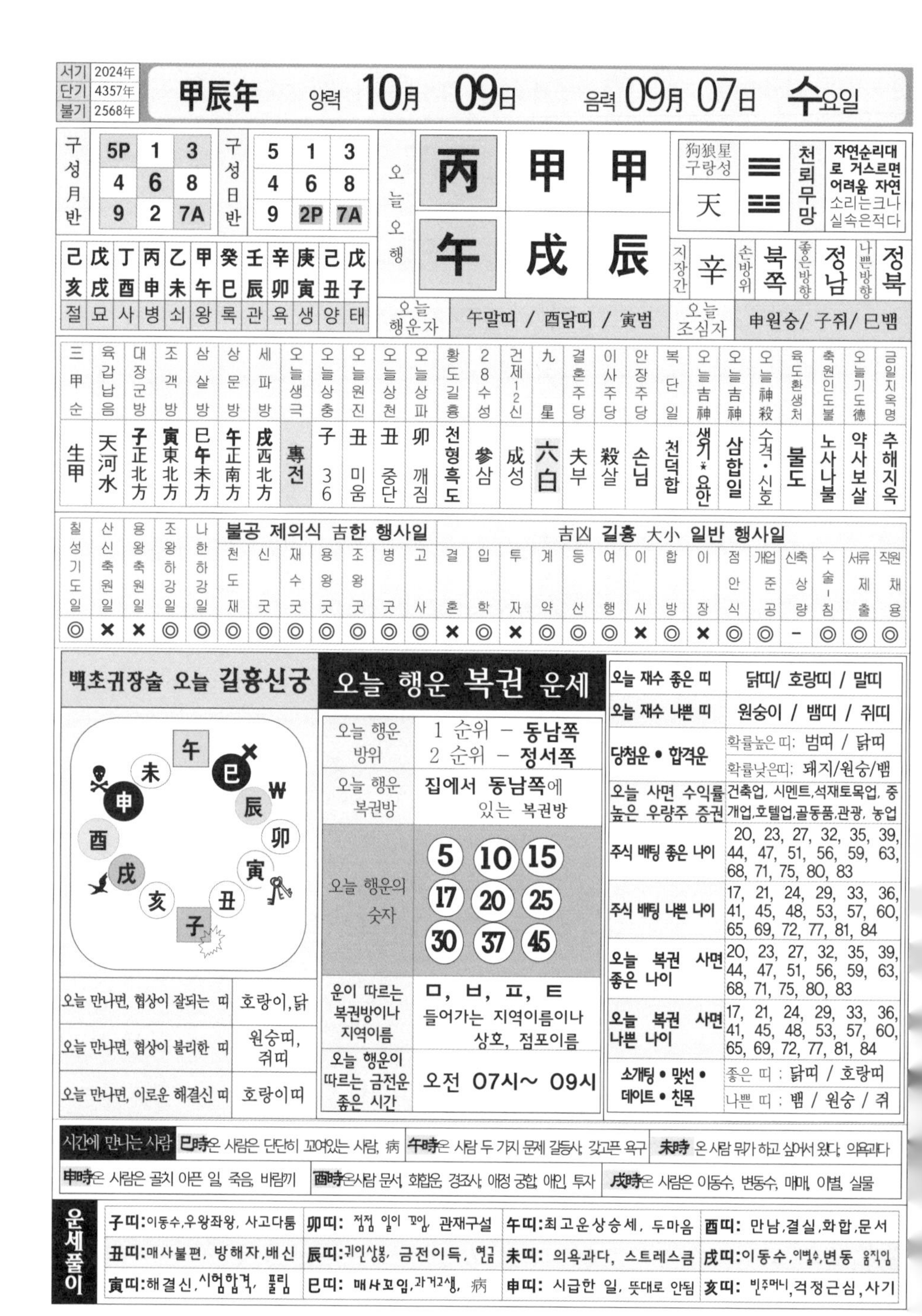

서기	2024年
단기	4357年
불기	2568年

甲辰年 양력 10月 09日 음력 09月 07日 수요일

구성月반		
5P	1	3
4	6	8
9	2	7A

구성日반		
5	1	3
4	6	8
9	2P	7A

오늘오행		
丙	甲	甲
午	戌	辰

狗狼星 구랑성	괘		
天	☳	천뢰무망	자연순리대로 거스르면 어려움 자연소리는크나 실속은적다

지장간	손방위	좋은방향	나쁜방향
辛	북쪽	정남	정북

己亥	戊戌	丁酉	丙申	乙未	甲午	癸巳	壬辰	辛卯	庚寅	己丑	戊子
절	묘	사	병	쇠	왕	록	관	욕	생	양	태

오늘 행운자	午말띠 / 酉닭띠 / 寅범
오늘 조심자	申원숭/ 子쥐/ 巳뱀

三甲순	육갑납음	대장군방	조객방	삼살방	상문방	세파방	오늘생극	오늘상충	오늘원진	오늘상천	오늘상파	황도길흉	28수성	건제12신	九星	결혼주당	이사주당	안장주당	복단일	오늘吉神	오늘吉神	오늘神殺	육도환생처	축원인도불	오늘기도德	금일지옥명
生甲	天河水	子正北方	寅東北方	巳午未方	午正南方	戌西北方	專전	子 36	丑 미움	丑 중단	卯 깨짐	천형흑도	參삼	成성	六白	夫부	殺살	손님	천덕합	생기・요안	삼합일	수격・신호	불도	노사나불	약사보살	추해지옥

칠성기도일	산신축원일	용왕축원일	조왕하강일	나한하강일	불공 제의식 吉한 행사일: 천도재	신굿	재수굿	용왕굿	조왕굿	병굿	고사	吉凶 길흉 大小 일반 행사일: 결혼	입학	투자	계약	등산	여행	이사	합방	이장	점안식	개업준공	신축상량	수술・침	서류제출	직원채용
◎	×	×	◎	◎	◎	◎	◎	◎	◎	◎	◎	×	◎	×	◎	◎	◎	×	◎	×	◎	◎	-	◎	◎	◎

백초귀장술 오늘 길흉신궁

오늘 만나면, 협상이 잘되는 띠	호랑이, 닭
오늘 만나면, 협상이 불리한 띠	원숭띠, 쥐띠
오늘 만나면, 이로운 해결신 띠	호랑이띠

오늘 행운 복권 운세

오늘 행운 방위	1 순위 - 동남쪽 2 순위 - 정서쪽
오늘 행운 복권방	집에서 동남쪽에 있는 복권방
오늘 행운의 숫자	5 10 15 17 20 25 30 37 45
운이 따르는 복권방이나 지역이름	ㅁ, ㅂ, ㅍ, ㅌ 들어가는 지역이름이나 상호, 점포이름
오늘 행운이 따르는 금전운 좋은 시간	오전 07시~ 09시

오늘 재수 좋은 띠	닭띠/ 호랑띠 / 말띠
오늘 재수 나쁜 띠	원숭이 / 뱀띠 / 쥐띠
당첨운 • 합격운	확률높은 띠: 범띠 / 닭띠 확률낮은띠: 돼지/원숭/뱀
오늘 사면 수익률 높은 우량주 증권	건축업, 시멘트,석재토목업, 중개업,호텔업,골동품,관광, 농업
주식 배팅 좋은 나이	20, 23, 27, 32, 35, 39, 44, 47, 51, 56, 59, 63, 68, 71, 75, 80, 83
주식 배팅 나쁜 나이	17, 21, 24, 29, 33, 36, 41, 45, 48, 53, 57, 60, 65, 69, 72, 77, 81, 84
오늘 복권 사면 좋은 나이	20, 23, 27, 32, 35, 39, 44, 47, 51, 56, 59, 63, 68, 71, 75, 80, 83
오늘 복권 사면 나쁜 나이	17, 21, 24, 29, 33, 36, 41, 45, 48, 53, 57, 60, 65, 69, 72, 77, 81, 84
소개팅 • 맞선 • 데이트 • 친목	좋은 띠 : 닭띠 / 호랑띠 나쁜 띠 : 뱀 / 원숭 / 쥐

시간에 만나는 사람	巳時은 사람은 단단히 꼬여있는 사람, 病	午時은 사람 두 가지 문제 갈등사, 갖고픈 욕구	未時 온 사람 뭐가 하고 싶어서 왔다, 의욕과다
	申時은 사람은 골치 아픈 일, 죽음, 바람끼	酉時은사람 문서, 화합운, 경조사, 애정 궁합, 애인, 투자	戌時은 사람은 이동수, 변동수, 매매, 이별, 실물

운세풀이				
	子띠:이동수,우왕좌왕, 사고다툼	卯띠: 점점 일이 꼬임, 관재구설	午띠:최고운상승세, 두마음	酉띠: 만남,결실,화합,문서
	丑띠:매사불편, 방해자,배신	辰띠:귀인상봉, 금전이득, 현금	未띠: 의욕과다, 스트레스큼	戌띠:이동수,이별수,변동 움직임
	寅띠:해결신,시험합격, 풀림	巳띠: 매사꼬임,과거고생, 病	申띠: 시급한 일, 뜻대로 안됨	亥띠: 빈주머니,걱정근심,사기

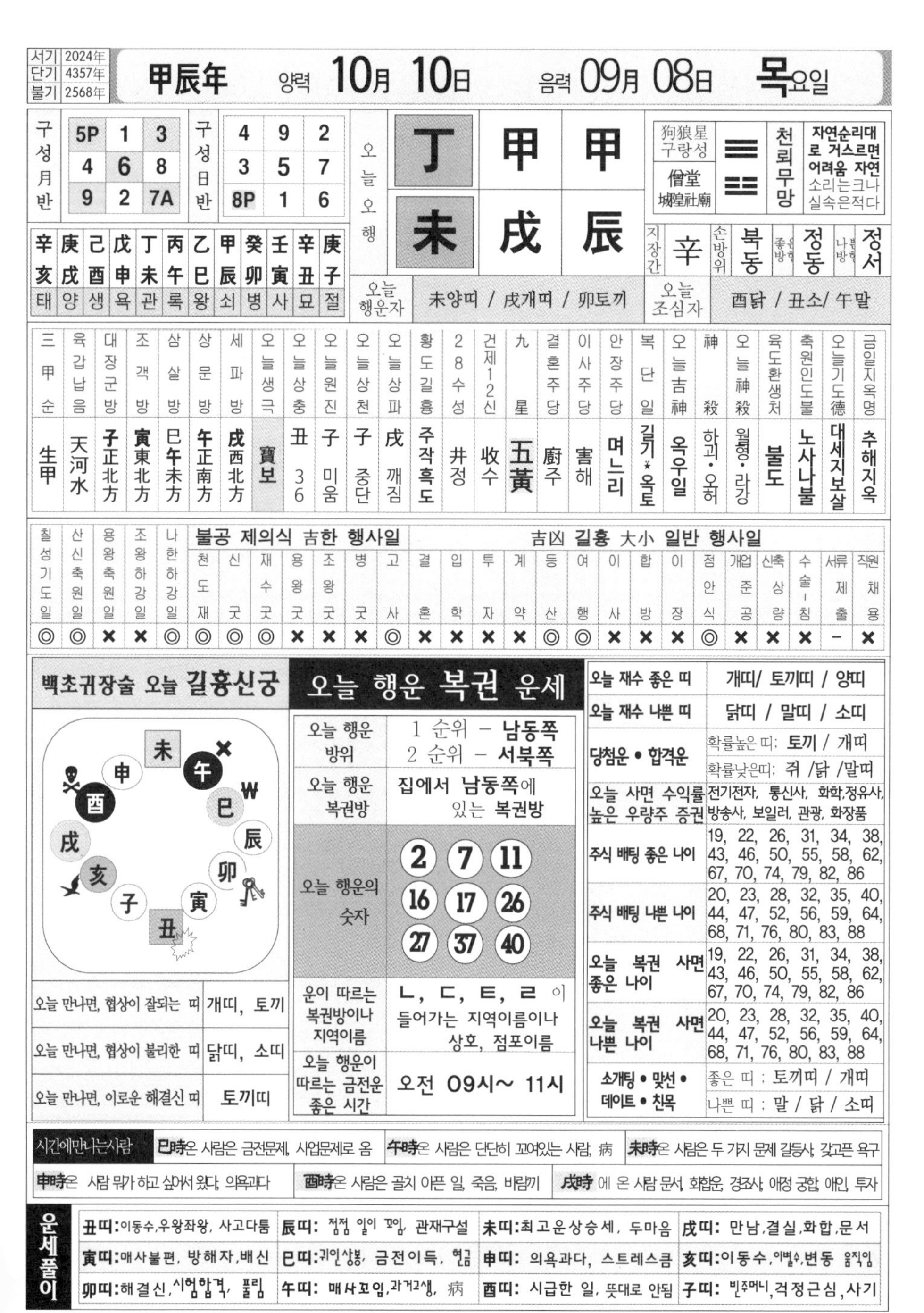

서기	2024年
단기	4357年
불기	2568年

甲辰年 양력 **10月 10日** 음력 **09月 08日** **목**요일

구성月반		
5P	1	3
4	6	8
9	2	7A

구성日반		
4	9	2
3	5	7
8P	1	6

오늘오행		
丁	甲	甲
未	戌	辰

狗狼星 구랑성	僧堂 城隍社廟	천뢰무망	자연순리대로 거스르면 어려움 자연소리는크나 실속은적다

지장간	손방위	좋은방향	나쁜방향
辛	북동	정동	정서

辛亥	庚戌	己酉	戊申	丁未	丙午	乙巳	甲辰	癸卯	壬寅	辛丑	庚子
태	양	생	욕	관	록	왕	쇠	병	사	묘	절

오늘 행운자	未양띠 / 戌개띠 / 卯토끼	오늘 조심자	酉닭 / 丑소/ 午말

三甲순	육갑납음	대장군방	조객방	삼살방	상문방	세파방	오늘생극	오늘상충	오늘원진	오늘상천	오늘상파	황도길흉	28수성
生甲	天河水	子正北方	寅東北方	巳午未方	午正南方	戌西北方	寶보	丑 36	子 미움	子 중단	戌 깨짐	주작흑도	井정

건제12신	九星	결혼주당	이사주당	안장주당	복단일	오늘吉神	神殺	오늘神殺	육도환생처	축원인도불	오늘기도德	금일지옥명
收수	五黃	廚주	害해	며느리	길기*옥토	옥우일	하괴·오허	월형·라강	불도	노사나불	대세지보살	추해지옥

칠성기도일	산신축원일	용왕축원일	조왕하강일	나한하강일	천도재	신굿	재수굿	용왕굿	조왕굿	병굿	고사
					불공 제의식 吉한 행사일						
◎	◎	×	×	◎	◎	◎	◎	×	×	×	◎

결혼	입학	투자	계약	등산	여행	이사	합방	이장	점안식	개업준공	신축상량	수술-침	서류제출	직원채용
吉凶 길흉 大小 일반 행사일														
×	×	×	×	◎	◎	×	×	×	◎	×	×	×	–	×

백초귀장술 오늘 길흉신궁

오늘 만나면, 협상이 잘되는 띠	개띠, 토끼
오늘 만나면, 협상이 불리한 띠	닭띠, 소띠
오늘 만나면, 이로운 해결신 띠	토끼띠

오늘 행운 복권 운세

오늘 행운 방위	1 순위 – 남동쪽 2 순위 – 서북쪽
오늘 행운 복권방	집에서 남동쪽에 있는 복권방
오늘 행운의 숫자	2, 7, 11, 16, 17, 26, 27, 37, 40
운이 따르는 복권방이나 지역이름	ㄴ, ㄷ, ㅌ, ㄹ 이 들어가는 지역이름이나 상호, 점포이름
오늘 행운이 따르는 금전운 좋은 시간	오전 09시~ 11시

오늘 재수 좋은 띠	개띠/ 토끼띠 / 양띠
오늘 재수 나쁜 띠	닭띠 / 말띠 / 소띠
당첨운 • 합격운	확률높은 띠: 토끼 / 개띠 확률낮은띠: 쥐 /닭 /말띠
오늘 사면 수익률 높은 우량주 증권	전기전자, 통신사, 화학,정유사, 방송사, 보일러, 관광, 화장품
주식 배팅 좋은 나이	19, 22, 26, 31, 34, 38, 43, 46, 50, 55, 58, 62, 67, 70, 74, 79, 82, 86
주식 배팅 나쁜 나이	20, 23, 28, 32, 35, 40, 44, 47, 52, 56, 59, 64, 68, 71, 76, 80, 83, 88
오늘 복권 사면 좋은 나이	19, 22, 26, 31, 34, 38, 43, 46, 50, 55, 58, 62, 67, 70, 74, 79, 82, 86
오늘 복권 사면 나쁜 나이	20, 23, 28, 32, 35, 40, 44, 47, 52, 56, 59, 64, 68, 71, 76, 80, 83, 88
소개팅 • 맞선 • 데이트 • 친목	좋은 띠 : 토끼띠 / 개띠 나쁜 띠 : 말 / 닭 / 소띠

시간에만나는사람	巳時온 사람은 금전문제, 사업문제로 옴	午時온 사람은 단단히 꼬여있는 사람, 病	未時온 사람은 두 가지 문제 갈등사, 갖고픈 욕구
申時온 사람 뭔가 하고 싶어서 왔다, 의욕과다	酉時온 사람은 골치 아픈 일, 죽음, 바람끼	戌時에 온 사람 문서, 화합운, 경조사, 애정 궁합, 애인, 투자	

운세풀이			
丑띠:이동수,우왕좌왕, 사고다툼	辰띠: 점점 일이 꼬임, 관재구설	未띠:최고운상승세, 두마음	戌띠: 만남,결실,화합,문서
寅띠:매사불편, 방해자,배신	巳띠:귀인상봉, 금전이득, 현금	申띠: 의욕과다, 스트레스큼	亥띠:이동수,이별수,변동 움직임
卯띠:해결신,시험합격, 풀림	午띠: 매사꼬임,과거고생, 病	酉띠: 시급한 일, 뜻대로 안됨	子띠: 빈주머니,걱정근심,사기

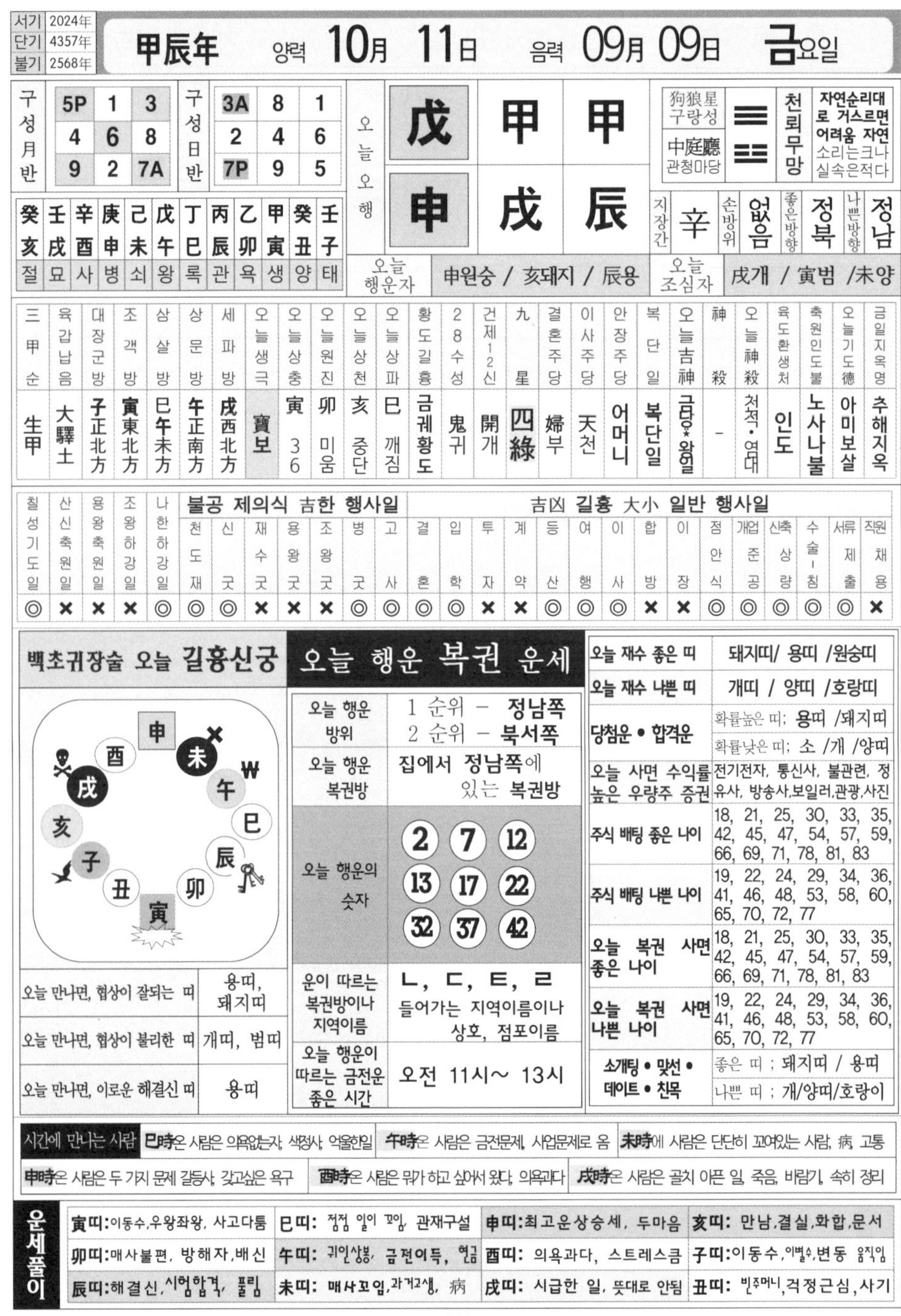

서기	2024年
단기	4357年
불기	2568年

甲辰年 양력 **10月 11日** 음력 **09月 09日** **금**요일

구성월반

5P	1	3
4	6	8
9	2	7A

구성일반

3A	8	1
2	4	6
7P	9	5

오늘오행

戊	甲	甲
申	戌	辰

狗狼星 구랑성	☰	천뢰무망	자연순리대로 거스르면 어려움 자연소리는크나 실속은적다
中庭廳 관청마당	☳		

지장간	손방위	좋은방향	나쁜방향
辛	없음	정북	정남

癸亥	壬戌	辛酉	庚申	己未	戊午	丁巳	丙辰	乙卯	甲寅	癸丑	壬子
절	묘	사	병	쇠	왕	록	관	욕	생	양	태

오늘 행운자	申원숭 / 亥돼지 / 辰용	오늘 조심자	戌개 / 寅범 /未양

三甲순	육갑납음	대장군방	조객방	삼살방	상문방	세파방	오늘생극	오늘상충	오늘원진	오늘상천	오늘상파	황도길흉	28수성	건제12신	九星	결혼주당	이사주당	안장주당	복단일	오늘吉神	神殺	오늘神殺	육도환생처	축원인도불	오늘기도德	금일지옥명
生甲	大驛土	子正北方	寅東北方	巳午未方	午正南方	戌西北方	寶보	寅 36	卯 미움	亥 중단	巳 깨짐	금궤황도	鬼귀	開개	四綠	婦부	天천	어머니	복단일	금당★왕일	-	천적·여대	인도	노사나불	아미보살	추해지옥

칠성기도일	산신축원일	용왕축원일	조왕하강일	나한하강일	불공 제의식 吉한 행사일							吉凶 길흉 大小 일반 행사일														
					천도재	신굿	재수굿	용왕굿	조왕굿	병굿	고사	결혼	입학	투자	계약	등산	여행	이사	합방	이장	점안식	개업준공	신축상량	수술-침	서류제출	직원채용
◎	×	×	×	◎	◎	◎	×	×	×	◎	◎	◎	◎	×	×	◎	◎	◎	×	×	◎	◎	◎	◎	◎	×

백초귀장술 오늘 길흉신궁

오늘 만나면, 협상이 잘되는 띠	용띠, 돼지띠
오늘 만나면, 협상이 불리한 띠	개띠, 범띠
오늘 만나면, 이로운 해결신 띠	용띠

오늘 행운 복권 운세

오늘 행운 방위	1 순위 – 정남쪽 2 순위 – 북서쪽
오늘 행운 복권방	집에서 정남쪽에 있는 복권방
오늘 행운의 숫자	2 7 12 13 17 22 32 37 42
운이 따르는 복권방이나 지역이름	ㄴ, ㄷ, ㅌ, ㄹ 들어가는 지역이름이나 상호, 점포이름
오늘 행운이 따르는 금전운 좋은 시간	오전 11시~ 13시

오늘 재수 좋은 띠	돼지띠/ 용띠 /원숭띠
오늘 재수 나쁜 띠	개띠 / 양띠 /호랑띠
당첨운 • 합격운	확률높은 띠; 용띠 /돼지띠 확률낮은 띠; 소 /개 /양띠
오늘 사면 수익률 높은 우량주 증권	전기전자, 통신사, 불관련, 정유사, 방송사,보일러,관광,사진
주식 배팅 좋은 나이	18, 21, 25, 30, 33, 35, 42, 45, 47, 54, 57, 59, 66, 69, 71, 78, 81, 83
주식 배팅 나쁜 나이	19, 22, 24, 29, 34, 36, 41, 46, 48, 53, 58, 60, 65, 70, 72, 77
오늘 복권 사면 좋은 나이	18, 21, 25, 30, 33, 35, 42, 45, 47, 54, 57, 59, 66, 69, 71, 78, 81, 83
오늘 복권 사면 나쁜 나이	19, 22, 24, 29, 34, 36, 41, 46, 48, 53, 58, 60, 65, 70, 72, 77
소개팅 • 맞선 • 데이트 • 친목	좋은 띠 ; 돼지띠 / 용띠 나쁜 띠 ; 개/양띠/호랑이

시간에 만나는 사람	巳時온 사람은 의욕없는자, 색정사, 억울한일	午時온 사람은 금전문제, 사업문제로 옴	未時에 사람은 단단히 꼬여있는 사람, 病, 고통
	申時온 사람은 두 가지 문제 갈등사, 갖고싶은 욕구	酉時온 사람은 뭔가 하고 싶어서 왔다, 의욕과다	戌時온 사람은 골치 아픈 일, 죽음, 바람기, 속히 정리

운세풀이			
寅띠:이동수,우왕좌왕, 사고다툼	巳띠: 점점 일이 꼬임, 관재구설	申띠:최고운상승세, 두마음	亥띠: 만남,결실,화합,문서
卯띠:매사불편, 방해자,배신	午띠: 귀인상봉, 금전이득, 현금	酉띠: 의욕과다, 스트레스큼	子띠:이동수,이별수,변동 움직임
辰띠:해결신,시험합격, 풀림	未띠: 매사꼬임,과거고생, 病	戌띠: 시급한 일, 뜻대로 안됨	丑띠: 빈주머니,걱정근심,사기

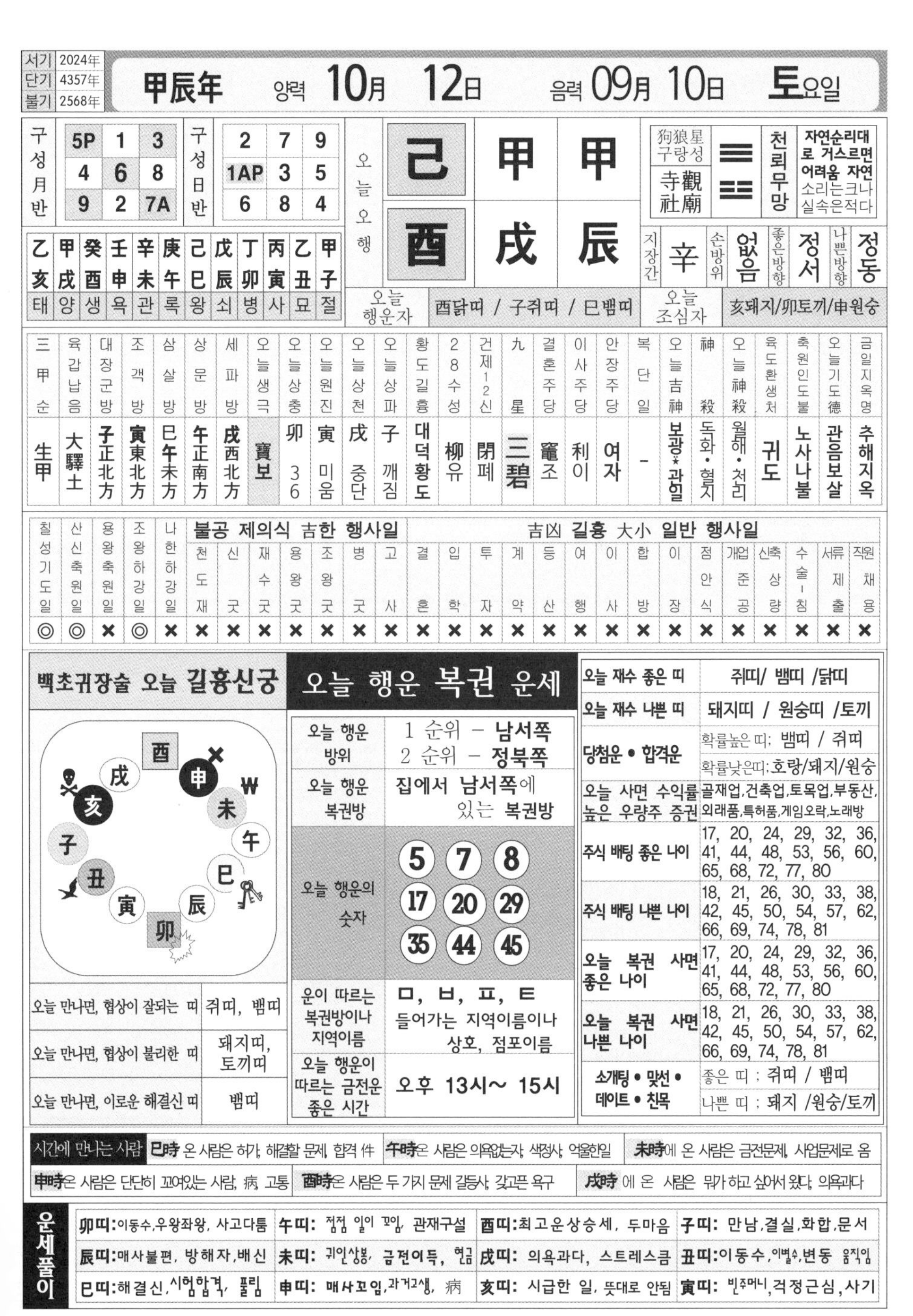

서기	2024年
단기	4357年
불기	2568年

甲辰年 양력 **10月 12日** 음력 **09月 10日** **토**요일

구성月반				구성日반			
	5P	1	3		2	7	9
	4	6	8		1AP	3	5
	9	2	7A		6	8	4

오늘오행			
	己	甲	甲
	酉	戌	辰

狗狼星 구랑성	寺觀社廟	☰ ☵	천뢰무망	자연순리대로 거스르면 어려움 자연소리는크나 실속은적다

지장간	辛	손방위	없음	좋은방향	정서	나쁜방향	정동

乙亥	甲戌	癸酉	壬申	辛未	庚午	己巳	戊辰	丁卯	丙寅	乙丑	甲子
태	양	생	욕	관	록	왕	쇠	병	사	묘	절

오늘 행운자	酉닭띠 / 子쥐띠 / 巳뱀띠	오늘 조심자	亥돼지/卯토끼/申원숭

三甲순	육갑납음	대장군방	조객방	삼살방	상문방	세파방	오늘생극	오늘상충	오늘원진	오늘상천	오늘상파	황도길흉	28수성	건제12신	九星	결혼주당	이사주당	안장주당	복단일	오늘吉神	神殺	오늘神殺	육도환생처	축원인도불	오늘기도德	금일지옥명
生甲	大驛土	子正北方	寅東北方	巳午未方	午正南方	戌西北方	寶보	卯 36	寅 미움	戌 중단	子 깨짐	대덕황도	柳유	閉폐	三碧	竈조	利이	여자	-	보광*관일	도화·혈지	월해·천리	귀도	노사나불	관음보살	추해지옥

칠성기도일	산신축원일	용왕축원일	조왕하강일	나한하강일	불공 제의식 吉한 행사일: 천도재	신굿	재수굿	용왕굿	조왕굿	병굿	吉凶 길흉 大小 일반 행사일: 고사	결혼	입학	투자	계약	등산	여행	이사	합방	이장	점안식	개업준공	신축상량	수술·침	서류제출	직원채용
◎	◎	×	◎	×	×	×	×	×	×	×	×	×	×	×	×	×	×	×	×	×	×	×	×	×	×	×

백초귀장술 오늘 길흉신궁

酉, 申, 未, 午, 巳, 辰, 卯, 寅, 丑, 子, 亥, 戌

오늘 만나면, 협상이 잘되는 띠	쥐띠, 뱀띠
오늘 만나면, 협상이 불리한 띠	돼지띠, 토끼띠
오늘 만나면, 이로운 해결신 띠	뱀띠

오늘 행운 복권 운세

오늘 행운 방위	1 순위 – 남서쪽 2 순위 – 정북쪽
오늘 행운 복권방	집에서 남서쪽에 있는 복권방
오늘 행운의 숫자	5 7 8 17 20 29 35 44 45
운이 따르는 복권방이나 지역이름	ㅁ, ㅂ, ㅍ, ㅌ 들어가는 지역이름이나 상호, 점포이름
오늘 행운이 따르는 금전운 좋은 시간	오후 13시~ 15시

오늘 재수 좋은 띠	쥐띠/ 뱀띠 /닭띠
오늘 재수 나쁜 띠	돼지띠 / 원숭띠 /토끼
당첨운 • 합격운	확률높은 띠: 뱀띠 / 쥐띠 확률낮은띠: 호랑/돼지/원숭
오늘 사면 수익률 높은 우량주 증권	골재업,건축업,토목업,부동산,외래품,특허품,게임오락,노래방
주식 배팅 좋은 나이	17, 20, 24, 29, 32, 36, 41, 44, 48, 53, 56, 60, 65, 68, 72, 77, 80
주식 배팅 나쁜 나이	18, 21, 26, 30, 33, 38, 42, 45, 50, 54, 57, 62, 66, 69, 74, 78, 81
오늘 복권 사면 좋은 나이	17, 20, 24, 29, 32, 36, 41, 44, 48, 53, 56, 60, 65, 68, 72, 77, 80
오늘 복권 사면 나쁜 나이	18, 21, 26, 30, 33, 38, 42, 45, 50, 54, 57, 62, 66, 69, 74, 78, 81
소개팅 • 맞선 • 데이트 • 친목	좋은 띠 ; 쥐띠 / 뱀띠 나쁜 띠 ; 돼지 /원숭/토끼

시간에 만나는 사람 **巳時** 온 사람은 허가, 해결할 문제, 합격 件 **午時**온 사람은 의욕없는자, 색정사, 억울한일 **未時**에 온 사람은 금전문제, 사업문제로 옴 **申時**온 사람은 단단히 꼬여있는 사람, 病, 고통 **酉時**온 사람은 두 가지 문제 갈등사, 갖고픈 욕구 **戌時** 에 온 사람은 뭔가 하고 싶어서 왔다, 의욕과다

운세풀이

卯띠: 이동수,우왕좌왕, 사고다툼	**午띠:** 점점 일이 꼬임, 관재구설	**酉띠:** 최고운상승세, 두마음	**子띠:** 만남,결실,화합,문서
辰띠: 매사불편, 방해자,배신	**未띠:** 귀인상봉, 금전이득, 현금	**戌띠:** 의욕과다, 스트레스큼	**丑띠:** 이동수, 이별수,변동 움직임
巳띠: 해결신, 시험합격, 풀림	**申띠:** 매사꼬임, 과거고생, 病	**亥띠:** 시급한 일, 뜻대로 안됨	**寅띠:** 빈주머니, 걱정근심, 사기

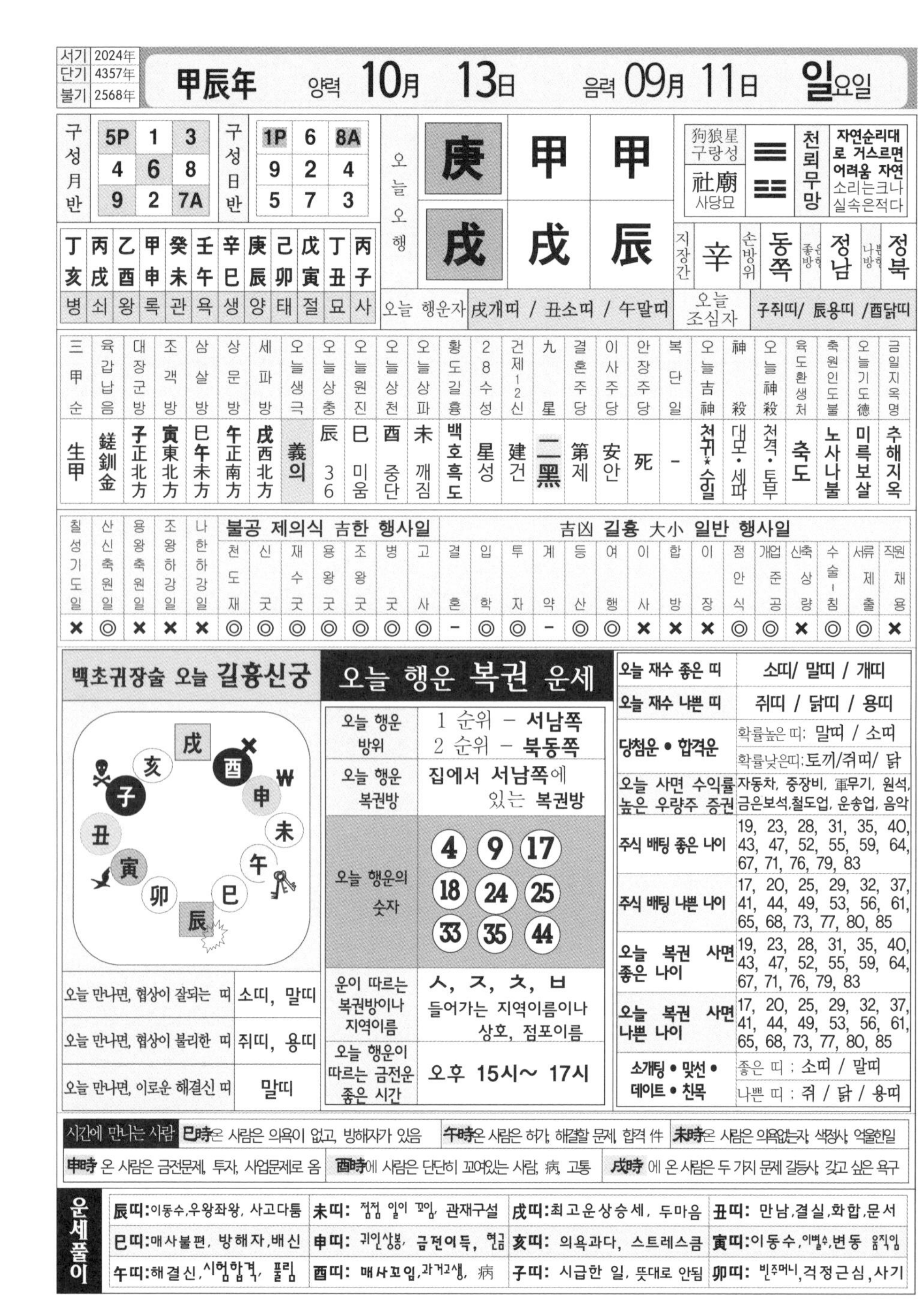

서기	2024年
단기	4357年
불기	2568年

甲辰年 양력 10月 13日 음력 09月 11日 일요일

구성월반		
5P	1	3
4	6	8
9	2	7A

구성日반		
1P	6	8A
9	2	4
5	7	3

오늘오행

庚	甲	甲
戊	戊	辰

狗狼星 구랑성 / 社廟 사당묘	☰ ☷	천뢰무망	자연순리대로 거스르면 어려움 자연소리는크나 실속은적다

지장간	辛	손방위	동쪽	좋은방향	정남	나쁜방향	정북

丁	丙	乙	甲	癸	壬	辛	庚	己	戊	丁	丙
亥	戌	酉	申	未	午	巳	辰	卯	寅	丑	子
병	쇠	왕	록	관	욕	생	양	태	절	묘	사

오늘 행운자: 戌개띠 / 丑소띠 / 午말띠

오늘 조심자: 子쥐띠/ 辰용띠 /酉닭띠

三甲순	육갑납음	대장군방	조객방	삼살방	상문방	세파방	오늘생극	오늘상충	오늘원진	오늘상천	오늘상파	황도길흉	28수성	건제12신	九星	결혼주당	이사주당	안장주당	복단일	오늘吉神	神殺	오늘神殺	육도환생처	축원인도불	오늘기도德	금일지옥명
生甲	鎈釧金	子正北方	寅東北方	巳午未方	午正南方	戌西北方	義의	辰 36	巳 미움	酉 중단	未 깨짐	백호흑도	星성	建건	二黑	第제	安안	死	-	천귀⋆순일	대모·세파	천격·토부	축도	노사나불	미륵보살	추해지옥

칠성기도일	산신축원일	용왕축원일	조왕하강일	나한하강일	불공 제의식 吉한 행사일							吉凶 길흉 大小 일반 행사일														
					천도재	신굿	재수굿	용왕굿	조왕굿	병굿	고사	결혼	입학	투자	계약	등산	여행	이사	합방	이장	점안식	개업준공	신축상량	수술-침	서류제출	직원채용
×	◎	×	×	×	◎	◎	◎	◎	◎	◎	◎	-	◎	◎	-	◎	◎	×	×	×	◎	◎	×	◎	◎	×

백초귀장술 오늘 길흉신궁

오늘 만나면, 협상이 잘되는 띠	소띠, 말띠
오늘 만나면, 협상이 불리한 띠	쥐띠, 용띠
오늘 만나면, 이로운 해결신 띠	말띠

오늘 행운 복권 운세

오늘 행운 방위	1 순위 – 서남쪽 2 순위 – 북동쪽
오늘 행운 복권방	집에서 서남쪽에 있는 복권방
오늘 행운의 숫자	4 9 17 18 24 25 33 35 44
운이 따르는 복권방이나 지역이름	ㅅ, ㅈ, ㅊ, ㅂ 들어가는 지역이름이나 상호, 점포이름
오늘 행운이 따르는 금전운 좋은 시간	오후 15시~ 17시

오늘 재수 좋은 띠	소띠/ 말띠 / 개띠
오늘 재수 나쁜 띠	쥐띠 / 닭띠 / 용띠
당첨운 • 합격운	확률높은 띠: 말띠 / 소띠 확률낮은띠:토끼/쥐띠/ 닭
오늘 사면 수익률 높은 우량주 증권	자동차, 중장비, 軍무기, 원석, 금은보석,철도업, 운송업, 음악
주식 배팅 좋은 나이	19, 23, 28, 31, 35, 40, 43, 47, 52, 55, 59, 64, 67, 71, 76, 79, 83
주식 배팅 나쁜 나이	17, 20, 25, 29, 32, 37, 41, 44, 49, 53, 56, 61, 65, 68, 73, 77, 80, 85
오늘 복권 사면 좋은 나이	19, 23, 28, 31, 35, 40, 43, 47, 52, 55, 59, 64, 67, 71, 76, 79, 83
오늘 복권 사면 나쁜 나이	17, 20, 25, 29, 32, 37, 41, 44, 49, 53, 56, 61, 65, 68, 73, 77, 80, 85
소개팅 • 맞선 • 데이트 • 친목	좋은 띠 : 소띠 / 말띠 나쁜 띠 : 쥐 / 닭 / 용띠

시간에 만나는 사람

- **巳時**온 사람은 의욕이 없고, 방해자가 있음
- **午時**온 사람은 허가, 해결할 문제, 합격 件
- **未時**온 사람은 의욕없는자, 색정사, 억울한일
- **申時** 온 사람은 금전문제, 투자, 사업문제로 옴
- **酉時**에 사람은 단단히 꼬여있는 사람, 病, 고통
- **戌時** 에 온 사람은 두 가지 문제 갈등사, 갖고 싶은 욕구

운세풀이

辰띠:이동수,우왕좌왕, 사고다툼	**未띠:** 점점 일이 꼬임, 관재구설	**戌띠:**최고운상승세, 두마음	**丑띠:** 만남,결실,화합,문서
巳띠:매사불편, 방해자,배신	**申띠:** 귀인상봉, 금전이득, 현금	**亥띠:** 의욕과다, 스트레스큼	**寅띠:**이동수,이별수,변동 움직임
午띠:해결신,시험합격, 풀림	**酉띠:** 매사꼬임,과거고생, 病	**子띠:** 시급한 일, 뜻대로 안됨	**卯띠:** 빈주머니,걱정근심,사기

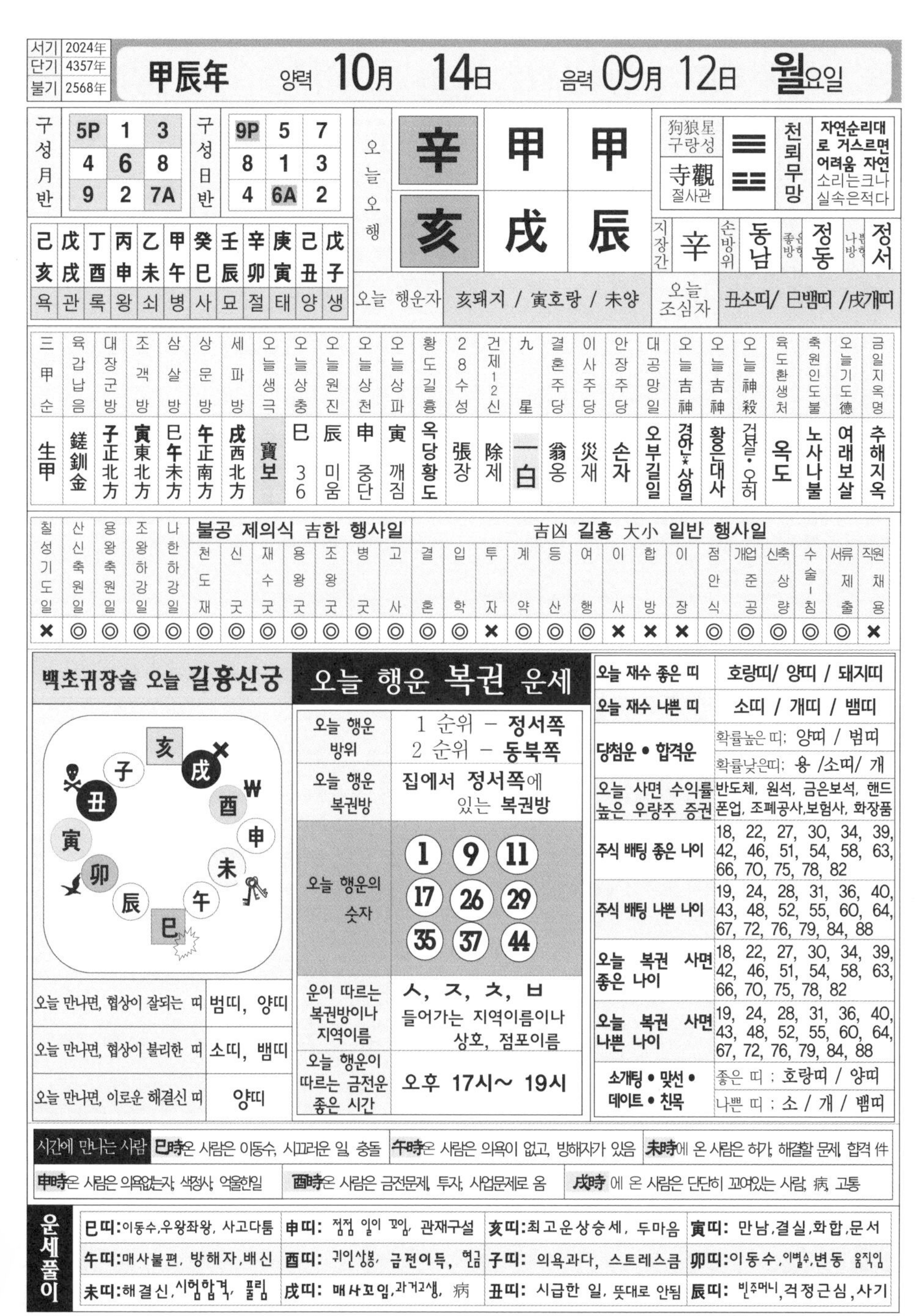

서기	2024年
단기	4357年
불기	2568年

甲辰年 양력 **10月 14日** 음력 **09月 12日** **월**요일

구성월반		
5P	1	3
4	6	8
9	2	7A

구성일반		
9P	5	7
8	1	3
4	6A	2

오늘오행		
辛	甲	甲
亥	戌	辰

狗狼星 구랑성	寺觀 절사관	천뢰무망	자연순리대로 거스르면 어려움 자연소리는크나 실속은적다

지장간	辛	손방위	동남	좋은방향	정동	나쁜방향	정서

己	戊	丁	丙	乙	甲	癸	壬	辛	庚	己	戊
亥	戌	酉	申	未	午	巳	辰	卯	寅	丑	子
욕	관	록	왕	쇠	병	사	묘	절	태	양	생

오늘 행운자	亥돼지 / 寅호랑 / 未양	오늘 조심자	丑소띠/ 巳뱀띠 /戌개띠

三甲순	육갑납음	대장군방	조객방	삼살방	상문방	세파방	오늘생극	오늘상충	오늘원진	오늘상천	오늘상파	황도길흉	28수성	건제12신	九星	결혼주당	이사주당	안장주당	대공망일	오늘吉神	오늘吉神	오늘神殺	육도환생처	축원인도불	오늘기도德	금일지옥명
生甲	鏟釧金	子正北方	寅東北方	巳午未方	午正南方	戌西北方	寶보	巳 36	辰 미움	申 중단	寅 깨짐	옥당황도	張장	除제	一白	翁옹	災재	손자	오부길일	경안★상월	황은대사	겁살·오허	옥도	노사나불	여래보살	추해지옥

칠성기도일	산신축원일	용왕축원일	조왕하강일	나한하강일	천도재	신굿	재수굿	용왕굿	조왕굿	병굿	고사	결혼	입학	투자	계약	등산	여행	이사	합방	이장	점안식	개업준공	신축상량	수술-침	서류제출	직원채용
					불공 제의식 吉한 행사일							吉凶 길흉 大小 일반 행사일														
✕	◎	◎	◎	◎	◎	◎	◎	◎	◎	◎	◎	◎	◎	✕	◎	◎	◎	✕	✕	✕	◎	◎	◎	◎	◎	✕

백초귀장술 오늘 길흉신궁

오늘 만나면, 협상이 잘되는 띠	범띠, 양띠
오늘 만나면, 협상이 불리한 띠	소띠, 뱀띠
오늘 만나면, 이로운 해결신 띠	양띠

오늘 행운 복권 운세

오늘 행운 방위	1 순위 – 정서쪽 2 순위 – 동북쪽
오늘 행운 복권방	집에서 정서쪽에 있는 복권방
오늘 행운의 숫자	1 9 11 17 26 29 35 37 44
운이 따르는 복권방이나 지역이름	ㅅ, ㅈ, ㅊ, ㅂ 들어가는 지역이름이나 상호, 점포이름
오늘 행운이 따르는 금전운 좋은 시간	오후 17시~ 19시

오늘 재수 좋은 띠	호랑띠/ 양띠 / 돼지띠
오늘 재수 나쁜 띠	소띠 / 개띠 / 뱀띠
당첨운 • 합격운	확률높은 띠; 양띠 / 범띠 확률낮은띠; 용 /소띠/ 개
오늘 사면 수익률 높은 우량주 증권	반도체, 원석, 금은보석, 핸드폰업, 조폐공사,보험사, 화장품
주식 배팅 좋은 나이	18, 22, 27, 30, 34, 39, 42, 46, 51, 54, 58, 63, 66, 70, 75, 78, 82
주식 배팅 나쁜 나이	19, 24, 28, 31, 36, 40, 43, 48, 52, 55, 60, 64, 67, 72, 76, 79, 84, 88
오늘 복권 사면 좋은 나이	18, 22, 27, 30, 34, 39, 42, 46, 51, 54, 58, 63, 66, 70, 75, 78, 82
오늘 복권 사면 나쁜 나이	19, 24, 28, 31, 36, 40, 43, 48, 52, 55, 60, 64, 67, 72, 76, 79, 84, 88
소개팅 • 맞선 • 데이트 • 친목	좋은 띠 : 호랑띠 / 양띠 나쁜 띠 : 소 / 개 / 뱀띠

시간에 만나는 사람

- **巳時**온 사람은 이동수, 시끄러운 일, 충돌
- **午時**온 사람은 의욕이 없고, 방해자가 있음
- **未時**에 온 사람은 허가, 해결할 문제, 합격 件
- **申時**온 사람은 의욕없는자, 색정사, 억울한일
- **酉時**온 사람은 금전문제, 투자, 사업문제로 옴
- **戌時** 에 온 사람은 단단히 꼬여있는 사람, 病, 고통

운세풀이

巳띠:이동수,우왕좌왕, 사고다툼	**申띠:** 점점 일이 꼬임, 관재구설	**亥띠:**최고운상승세, 두마음	**寅띠:** 만남,결실,화합,문서
午띠:매사불편, 방해자,배신	**酉띠:** 귀인상봉, 금전이득, 현금	**子띠:** 의욕과다, 스트레스큼	**卯띠:**이동수,이별수,변동 움직임
未띠:해결신,시험합격, 풀림	**戌띠:** 매사꼬임,과거고생, 病	**丑띠:** 시급한 일, 뜻대로 안됨	**辰띠:** 빈주머니,걱정근심,사기

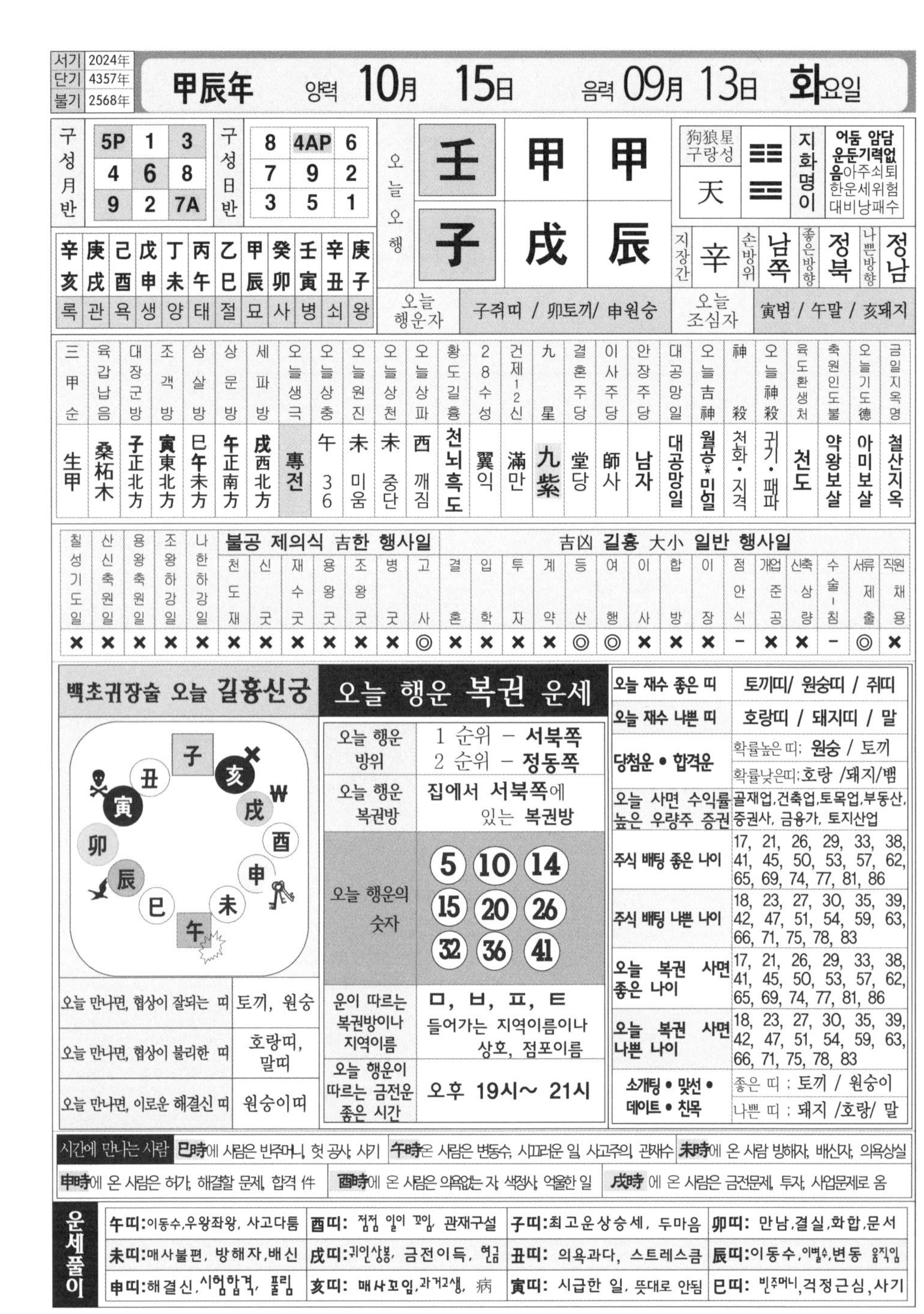

서기	2024年
단기	4357年
불기	2568年

甲辰年 양력 10月 15日 음력 09月 13日 화요일

구성월반

5P	1	3
4	6	8
9	2	7A

구성일반

8	4AP	6
7	9	2
3	5	1

辛	庚	己	戊	丁	丙	乙	甲	癸	壬	辛	庚
亥	戌	酉	申	未	午	巳	辰	卯	寅	丑	子
록	관	욕	생	양	태	절	묘	사	병	쇠	왕

오늘오행

壬	甲	甲
子	戌	辰

狗狼星 구랑성	天	☱☲	지화명이	어둠 암담 운둔기력없음 아주쇠퇴 한운세위험 대비낭패수

지장간	辛	손방위	남쪽	좋은방향	정북	나쁜방향	정남

오늘 행운자	子쥐띠 / 卯토끼/ 申원숭	오늘 조심자	寅범 / 午말 / 亥돼지

三甲순	육갑납음	대장군방	조객방	삼살방	상문방	세파방	오늘생극	오늘상충	오늘원진	오늘상천	오늘상파	황도길흉	28수성	건제12신	九星	결혼주당	이사주당	안장주당	대공망일	오늘吉神	神殺	오늘神殺	육도환생처	축원인도불	오늘기도德	금일지옥명
生甲	桑柘木	子正北方	寅東北方	巳午未方	午正南方	戌西北方	專전	午 36	未 미움	未 중단	酉 깨짐	천뇌흑도	翼익	滿만	九紫	堂당	師사	남자	대공망일	월공*미일	천화·지격	귀기·패파	천도	약왕보살	아미보살	철산지옥

칠성기도일	산신축원일	용왕축원일	조왕하강일	나한하강일	불공 제의식 吉한 행사일: 천도재	신굿	재수굿	용왕굿	조왕굿	병굿	고사	吉凶 길흉 大小 일반 행사일: 결혼	입학	투자	계약	등산	여행	이사	합방	이장	점안식	개업준공	신축상량	수술-침	서류제출	직원채용
×	×	×	×	×	×	×	×	×	×	×	◎	×	×	×	×	◎	◎	×	×	×	-	×	×	-	◎	×

백초귀장술 오늘 길흉신궁

오늘 만나면, 협상이 잘되는 띠	토끼, 원숭
오늘 만나면, 협상이 불리한 띠	호랑띠, 말띠
오늘 만나면, 이로운 해결신 띠	원숭이띠

오늘 행운 복권 운세

오늘 행운 방위	1 순위 – 서북쪽 2 순위 – 정동쪽
오늘 행운 복권방	집에서 서북쪽에 있는 복권방
오늘 행운의 숫자	5 10 14 15 20 26 32 36 41
운이 따르는 복권방이나 지역이름	ㅁ, ㅂ, ㅍ, ㅌ 들어가는 지역이름이나 상호, 점포이름
오늘 행운이 따르는 금전운 좋은 시간	오후 19시~ 21시

오늘 재수 좋은 띠	토끼띠/ 원숭띠 / 쥐띠
오늘 재수 나쁜 띠	호랑띠 / 돼지띠 / 말
당첨운 • 합격운	확률높은 띠: 원숭 / 토끼 확률낮은띠: 호랑 /돼지/뱀
오늘 사면 수익률 높은 우량주 증권	골재업,건축업,토목업,부동산,증권사, 금융가, 토지산업
주식 배팅 좋은 나이	17, 21, 26, 29, 33, 38, 41, 45, 50, 53, 57, 62, 65, 69, 74, 77, 81, 86
주식 배팅 나쁜 나이	18, 23, 27, 30, 35, 39, 42, 47, 51, 54, 59, 63, 66, 71, 75, 78, 83
오늘 복권 사면 좋은 나이	17, 21, 26, 29, 33, 38, 41, 45, 50, 53, 57, 62, 65, 69, 74, 77, 81, 86
오늘 복권 사면 나쁜 나이	18, 23, 27, 30, 35, 39, 42, 47, 51, 54, 59, 63, 66, 71, 75, 78, 83
소개팅 • 맞선 • 데이트 • 친목	좋은 띠 ; 토끼 / 원숭이 나쁜 띠 ; 돼지 /호랑/ 말

시간에 만나는 사람	巳時에 사람은 빈주머니, 헛 공사, 사기	午時온 사람은 변동수, 시끄러운 일, 사고주의, 관재수	未時에 온 사람 방해자, 배신자, 의욕상실
申時에 온 사람은 허가, 해결할 문제, 합격 件	酉時에 온 사람은 의욕없는 자, 색정사, 억울한 일	戌時 에 온 사람은 금전문제, 투자, 사업문제로 옴	

운세풀이

午띠:이동수,우왕좌왕, 사고다툼	酉띠: 점점 일이 꼬임, 관재구설	子띠:최고운상승세, 두마음	卯띠: 만남,결실,화합,문서
未띠:매사불편, 방해자,배신	戌띠:귀인상봉, 금전이득, 현금	丑띠: 의욕과다, 스트레스큼	辰띠:이동수,이별수,변동 움직임
申띠:해결신,시험합격, 풀림	亥띠: 매사꼬임,과거고생, 病	寅띠: 시급한 일, 뜻대로 안됨	巳띠: 빈주머니,걱정근심,사기

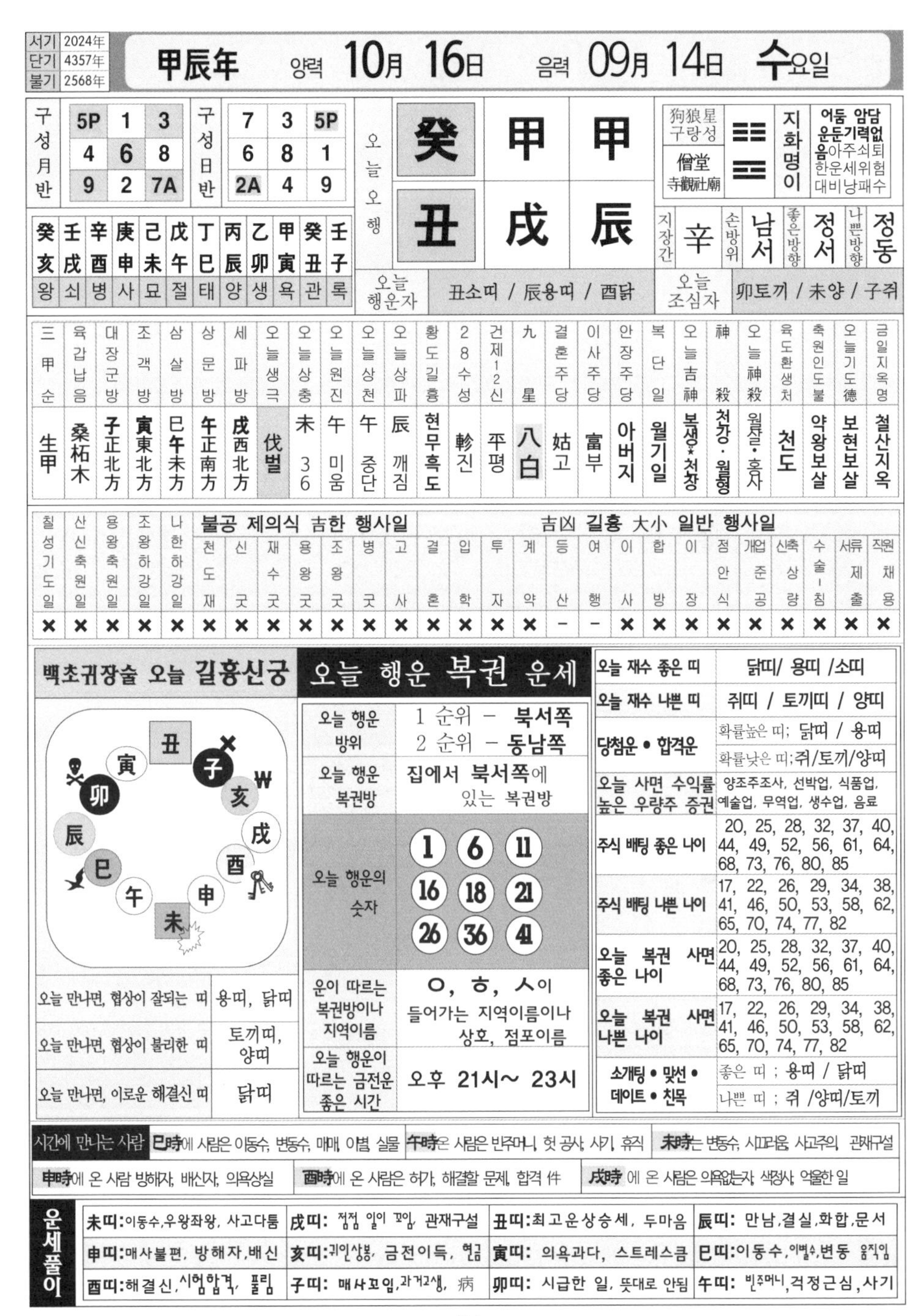

서기	2024年
단기	4357年
불기	2568年

甲辰年 양력 **10月 16日** 음력 **09月 14日** **水**요일

구성月반

5P	1	3
4	6	8
9	2	7A

구성日반

7	3	5P
6	8	1
2A	4	9

癸亥	壬戌	辛酉	庚申	己未	戊午	丁巳	丙辰	乙卯	甲寅	癸丑	壬子
왕	쇠	병	사	묘	절	태	양	생	욕	관	록

오늘오행

癸	甲	甲
丑	戊	辰

狗狼星 구랑성	☷ ☲	지화명이	어둠 암담 운둔기력없음아주쇠퇴한운세위험대비낭패수
僧堂 寺觀社廟			

지장간	辛	손방위	남서	좋은방향	정서	나쁜방향	정동

오늘 행운자	丑소띠 / 辰용띠 / 酉닭	오늘 조심자	卯토끼 / 未양 / 子쥐

三甲순	육갑납음	대장군방	조객방	삼살방	상문방	세파방	오늘생극	오늘상충	오늘원진	오늘상천	오늘상파	황도길흉	28수성	건제12신	九星	결혼주당	이사주당	안장주당	복단일	오늘吉神	神殺	오늘神殺	육도환생처	축원인도불	오늘기도德	금일지옥명
生甲	桑柘木	子正北方	寅東北方	巳午未方	午正南方	戌西北方	伐벌	未 36	午 미움	午 중단	辰 깨짐	현무흑도	軫진	平평	八白	姑고	富부	아버지	월기일	복생*천창	천강·월형	월살·홍사	천도	약왕보살	보현보살	철산지옥

칠성기도일	산신축원일	용왕축원일	조왕하강일	나한하강일	불공 제의식 吉한 행사일: 천도재	신굿	재수굿	용왕굿	조왕굿	병굿	고사	吉凶 길흉 大小 일반 행사일: 결혼	입학	투자	계약	등산	여행	이사	합방	이장	점안식	개업준공	신축상량	수술-침	서류제출	직원채용
×	×	×	×	×	×	×	×	×	×	×	×	×	×	×	×	–	–	×	×	×	×	×	×	×	×	×

백초귀장술 오늘 길흉신궁

오늘 만나면, 협상이 잘되는 띠	용띠, 닭띠
오늘 만나면, 협상이 불리한 띠	토끼띠, 양띠
오늘 만나면, 이로운 해결신 띠	닭띠

오늘 행운 복권 운세

오늘 행운 방위	1 순위 – 북서쪽 2 순위 – 동남쪽
오늘 행운 복권방	집에서 북서쪽에 있는 복권방
오늘 행운의 숫자	1, 6, 11, 16, 18, 21, 26, 36, 41
운이 따르는 복권방이나 지역이름	ㅇ, ㅎ, ㅅ이 들어가는 지역이름이나 상호, 점포이름
오늘 행운이 따르는 금전운 좋은 시간	오후 21시~ 23시

오늘 재수 좋은 띠	닭띠/ 용띠 /소띠
오늘 재수 나쁜 띠	쥐띠 / 토끼띠 / 양띠
당첨운 • 합격운	확률높은 띠; 닭띠 / 용띠 확률낮은 띠;쥐/토끼/양띠
오늘 사면 수익률 높은 우량주 증권	양조주조사, 선박업, 식품업, 예술업, 무역업, 생수업, 음료
주식 배팅 좋은 나이	20, 25, 28, 32, 37, 40, 44, 49, 52, 56, 61, 64, 68, 73, 76, 80, 85
주식 배팅 나쁜 나이	17, 22, 26, 29, 34, 38, 41, 46, 50, 53, 58, 62, 65, 70, 74, 77, 82
오늘 복권 사면 좋은 나이	20, 25, 28, 32, 37, 40, 44, 49, 52, 56, 61, 64, 68, 73, 76, 80, 85
오늘 복권 사면 나쁜 나이	17, 22, 26, 29, 34, 38, 41, 46, 50, 53, 58, 62, 65, 70, 74, 77, 82
소개팅 • 맞선 • 데이트 • 친목	좋은 띠 ; 용띠 / 닭띠 나쁜 띠 ; 쥐 /양띠/토끼

시간에 만나는 사람

巳時에 사람은 이동수, 변동수, 매매, 이별, 실물	午時온 사람은 빈주머니, 헛 공사, 사기, 휴직	未時는 변동수, 시끄러움, 사고주의, 관재구설
申時에 온 사람 방해자, 배신자, 의욕상실	酉時에 온 사람은 허가, 해결할 문제, 합격 件	戌時 에 온 사람은 의욕없는자, 색정사, 억울한 일

운세풀이

未띠:이동수,우왕좌왕, 사고다툼	戌띠: 점점 일이 꼬임, 관재구설	丑띠:최고운상승세, 두마음	辰띠: 만남,결실,화합,문서
申띠:매사불편, 방해자,배신	亥띠:귀인상봉, 금전이득, 현금	寅띠: 의욕과다, 스트레스큼	巳띠:이동수,이별수,변동 움직임
酉띠:해결신,시험합격, 풀림	子띠: 매사꼬임,과거고생, 病	卯띠: 시급한 일, 뜻대로 안됨	午띠: 빈주머니,걱정근심,사기

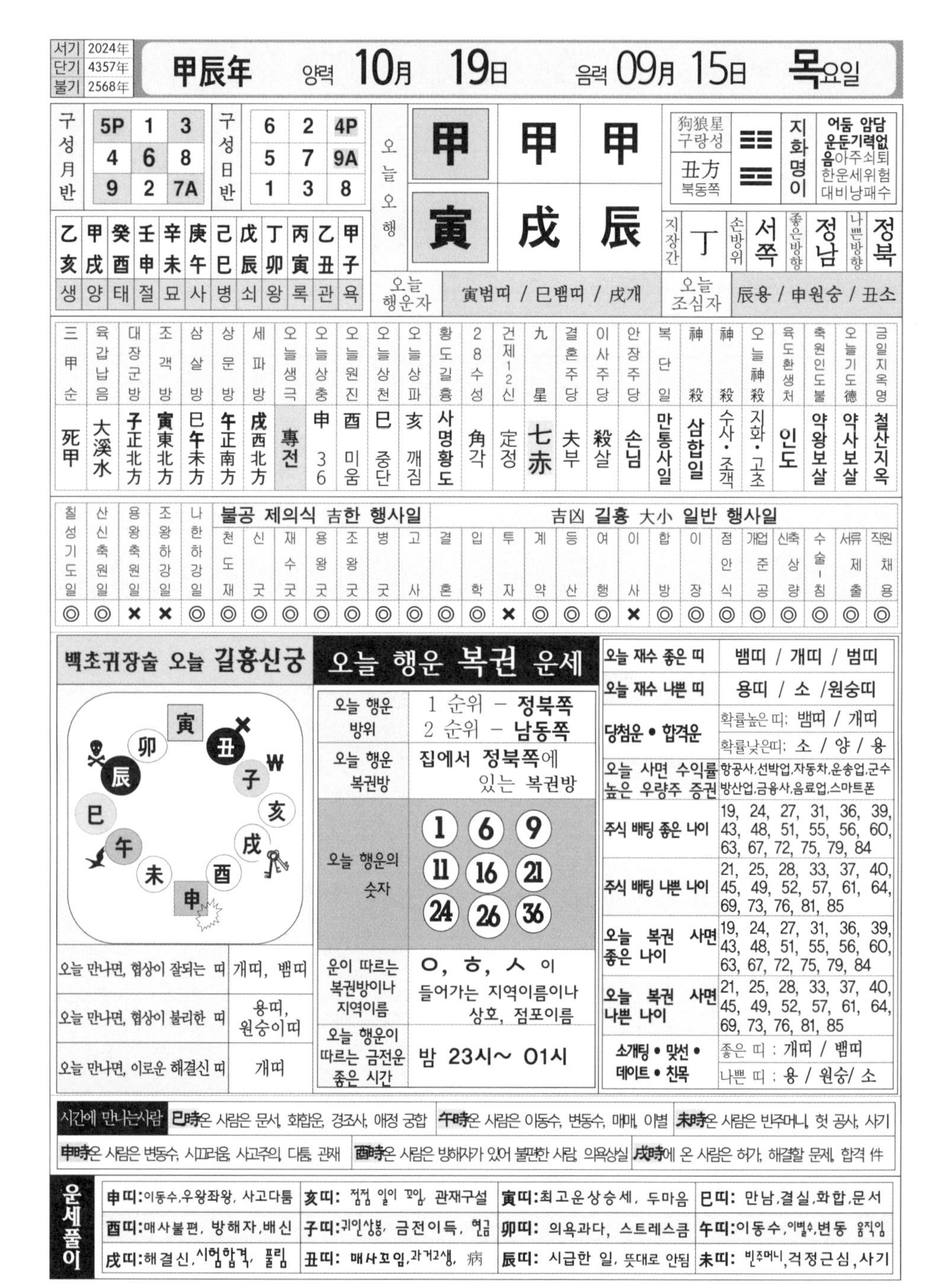

서기	2024年
단기	4357年
불기	2568年

甲辰年 양력 **10月 19日** 음력 **09月 15日** **목**요일

구성월반			구성일반		
5P	1	3	6	2	4P
4	6	8	5	7	9A
9	2	7A	1	3	8

오늘오행		
甲	甲	甲
寅	戌	辰

狗狼星 구랑성	丑方 북동쪽	지화명이	어둠 암담 운둔기력없음 아주쇠퇴 한운세위험 대비낭패수

지장간	丁	손방위	서쪽	좋은방향	정남	나쁜방향	정북

乙亥	甲戌	癸酉	壬申	辛未	庚午	己巳	戊辰	丁卯	丙寅	乙丑	甲子
생	양	태	절	묘	사	병	쇠	왕	록	관	욕

오늘 행운자	寅범띠 / 巳뱀띠 / 戌개
오늘 조심자	辰용 / 申원숭 / 丑소

三甲순	육갑납음	대장군방	조객방	삼살방	상문방	세파방	오늘생극	오늘상충	오늘원진	오늘상천	오늘상파	황도길흉	28수성	건제12신	九星	결혼주당	이사주당	안장주당	복단일	神殺	神殺	오늘神殺	육도환생처	축원인도불	오늘기도德	금일지옥명
死甲	大溪水	子正北方	寅東北方	巳午未方	午正南方	戌西北方	專전	申 36	酉 미움	巳 중단	亥 깨짐	사명황도	角각	定정	七赤	夫부	殺살	손님	만통사일	삼합일	수사·조객	지화·고초	인도	약왕보살	약사보살	철산지옥

칠성기도일	산신축원일	용왕축원일	조왕하강일	나한하강일	불공 제의식 吉한 행사일: 천도재	신굿	재수굿	용왕굿	조왕굿	병굿	고사	吉凶 길흉 大小 일반 행사일: 결혼	입학	투자	계약	등산	여행	이사	합방	이장	점안식	개업준공	신축상량	수술-침	서류제출	직원채용
◎	◎	×	×	◎	◎	◎	◎	◎	◎	◎	◎	◎	◎	×	◎	◎	◎	×	◎	◎	◎	◎	◎	◎	◎	◎

백초귀장술 오늘 길흉신궁

오늘 만나면, 협상이 잘되는 띠	개띠, 뱀띠
오늘 만나면, 협상이 불리한 띠	용띠, 원숭이띠
오늘 만나면, 이로운 해결신 띠	개띠

오늘 행운 복권 운세

오늘 행운 방위	1 순위 – 정북쪽 2 순위 – 남동쪽
오늘 행운 복권방	집에서 정북쪽에 있는 복권방
오늘 행운의 숫자	1 6 9 11 16 21 24 26 36
운이 따르는 복권방이나 지역이름	ㅇ, ㅎ, ㅅ 이 들어가는 지역이름이나 상호, 점포이름
오늘 행운이 따르는 금전운 좋은 시간	밤 23시~ 01시

오늘 재수 좋은 띠	뱀띠 / 개띠 / 범띠
오늘 재수 나쁜 띠	용띠 / 소 /원숭띠
당첨운 • 합격운	확률높은 띠: 뱀띠 / 개띠 확률낮은띠: 소 / 양 / 용
오늘 사면 수익률 높은 우량주 증권	항공사,선박업,자동차,운송업,군수방산업,금융사,음료업,스마트폰
주식 배팅 좋은 나이	19, 24, 27, 31, 36, 39, 43, 48, 51, 55, 56, 60, 63, 67, 72, 75, 79, 84
주식 배팅 나쁜 나이	21, 25, 28, 33, 37, 40, 45, 49, 52, 57, 61, 64, 69, 73, 76, 81, 85
오늘 복권 사면 좋은 나이	19, 24, 27, 31, 36, 39, 43, 48, 51, 55, 56, 60, 63, 67, 72, 75, 79, 84
오늘 복권 사면 나쁜 나이	21, 25, 28, 33, 37, 40, 45, 49, 52, 57, 61, 64, 69, 73, 76, 81, 85
소개팅 • 맞선 • 데이트 • 친목	좋은 띠 : 개띠 / 뱀띠 나쁜 띠 : 용 / 원숭/ 소

시간에 만나는사람 **巳時**온 사람은 문서, 화합운, 경조사, 애정 궁합 **午時**온 사람은 이동수, 변동수, 매매, 이별 **未時**온 사람은 빈주머니, 헛 공사, 사기 **申時**온 사람은 변동수, 시끄러움, 사고주의, 다툼, 관재 **酉時**온 사람은 방해자가 있어 불편한 사람, 의욕상실 **戌時**에 온 사람은 허가, 해결할 문제, 합격 件

운세풀이

申띠: 이동수,우왕좌왕, 사고다툼	**亥띠:** 점점 일이 꼬임, 관재구설	**寅띠:** 최고운상승세, 두마음	**巳띠:** 만남,결실,화합,문서
酉띠: 매사불편, 방해자,배신	**子띠:** 귀인상봉, 금전이득, 현금	**卯띠:** 의욕과다, 스트레스큼	**午띠:** 이동수,이별수,변동 움직임
戌띠: 해결신,시험합격, 풀림	**丑띠:** 매사꼬임,과거고생, 病	**辰띠:** 시급한 일, 뜻대로 안됨	**未띠:** 빈주머니,걱정근심,사기

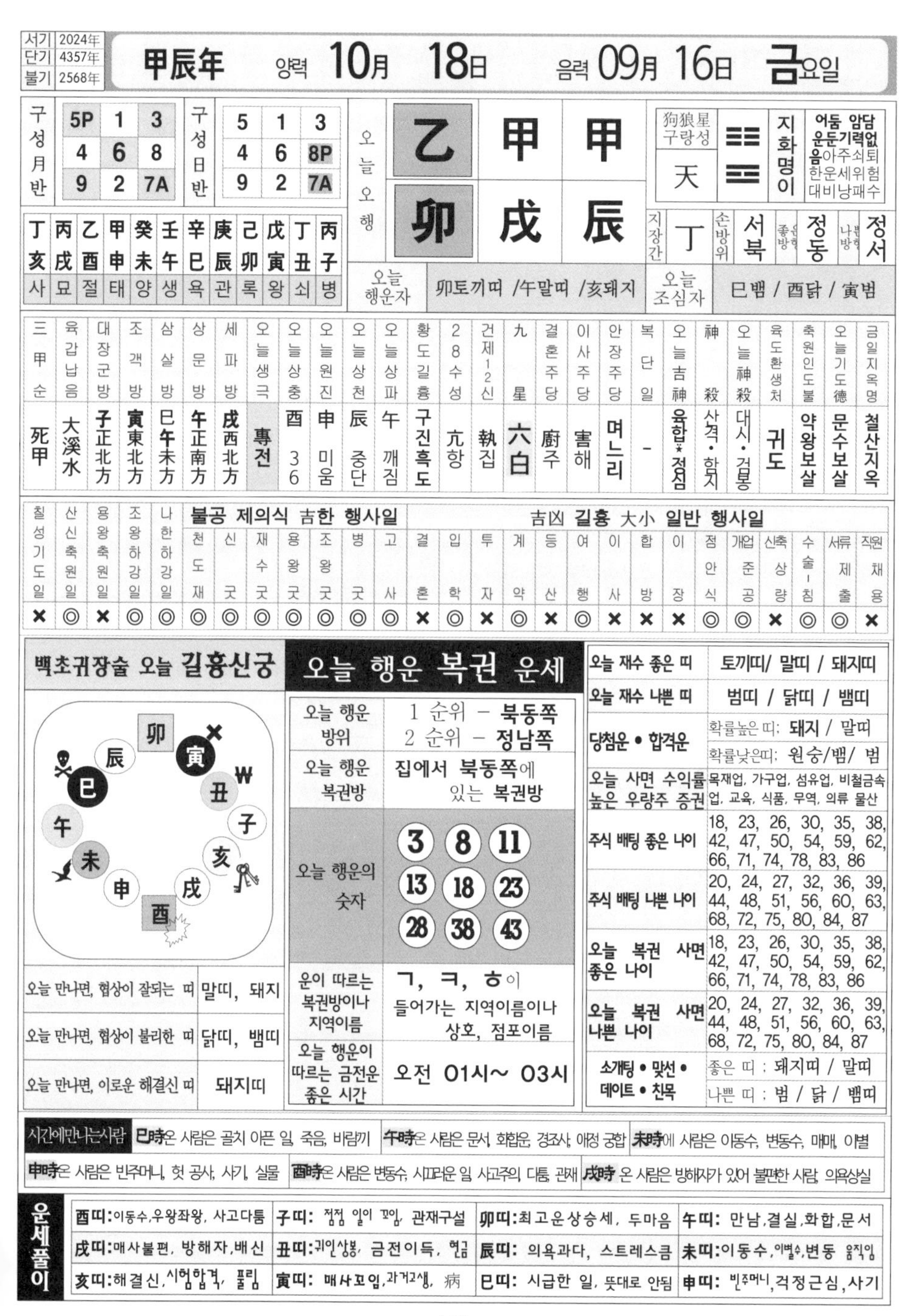

서기	2024年
단기	4357年
불기	2568年

甲辰年 양력 **10月 18日** 음력 **09月 16日 금요일**

구성월반		
5P	1	3
4	6	8
9	2	7A

구성일반		
5	1	3
4	6	8P
9	2	7A

오늘오행		
乙	甲	甲
卯	戌	辰

狗狼星 구랑성	天
괘	지화명이
풀이	어둠 암담 운둔기력없음 아주쇠퇴 한운세위험 대비낭패수
지장간	丁
손방위	서북
좋은방향	정동
나쁜방향	정서

丁亥	丙戌	乙酉	甲申	癸未	壬午	辛巳	庚辰	己卯	戊寅	丁丑	丙子
사	묘	절	태	양	생	욕	관	록	왕	쇠	병

오늘 행운자	卯토끼띠 /午말띠 /亥돼지
오늘 조심자	巳뱀 / 酉닭 / 寅범

三甲순	육갑납음	대장군방	조객방	삼살방	상문방	세파방	오늘생극	오늘상충	오늘원진	오늘상천	오늘상파	황도길흉	28수성	건제12신	九星	결혼주당	이사주당	안장주당	복단일	오늘吉神	神殺	오늘神殺	육도환생처	축원인도불	오늘기도德	금일지옥명
死甲	大溪水	子正北方	寅東北方	巳午未方	午正南方	戌西北方	専전	酉 36	申 미움	辰 중단	午 깨짐	구진흑도	亢항	執집	六白	廚주	害해	며느리	-	육합*정심	사격·함지	대시·검봉	귀도	약왕보살	문수보살	철산지옥

칠성기도일	산신축원일	용왕축원일	조왕하강일	나한하강일	불공 제의식 吉한 행사일: 천도재	신굿	재수굿	용왕굿	조왕굿	병굿	고사	吉凶 길흉 大小 일반 행사일: 결혼	입학	투자	계약	등산	여행	이사	합방	이장	점안식	개업준공	신축상량	수술-침	서류제출	직원채용
×	◎	×	◎	◎	◎	◎	◎	◎	◎	◎	◎	×	◎	×	◎	×	◎	×	×	×	◎	◎	×	◎	◎	×

백초귀장술 오늘 길흉신궁

오늘 만나면, 협상이 잘되는 띠	말띠, 돼지
오늘 만나면, 협상이 불리한 띠	닭띠, 뱀띠
오늘 만나면, 이로운 해결신 띠	돼지띠

오늘 행운 복권 운세

오늘 행운 방위	1 순위 – 북동쪽 2 순위 – 정남쪽
오늘 행운 복권방	집에서 북동쪽에 있는 복권방
오늘 행운의 숫자	3 8 11 13 18 23 28 38 43
운이 따르는 복권방이나 지역이름	ㄱ, ㅋ, ㅎ이 들어가는 지역이름이나 상호, 점포이름
오늘 행운이 따르는 금전운 좋은 시간	오전 01시~ 03시

오늘 재수 좋은 띠	토끼띠/ 말띠 / 돼지띠
오늘 재수 나쁜 띠	범띠 / 닭띠 / 뱀띠
당첨운 • 합격운	확률높은 띠: 돼지 / 말띠 확률낮은띠: 원숭/뱀/ 범
오늘 사면 수익률 높은 우량주 증권	목재업, 가구업, 섬유업, 비철금속업, 교육, 식품, 무역, 의류 물산
주식 배팅 좋은 나이	18, 23, 26, 30, 35, 38, 42, 47, 50, 54, 59, 62, 66, 71, 74, 78, 83, 86
주식 배팅 나쁜 나이	20, 24, 27, 32, 36, 39, 44, 48, 51, 56, 60, 63, 68, 72, 75, 80, 84, 87
오늘 복권 사면 좋은 나이	18, 23, 26, 30, 35, 38, 42, 47, 50, 54, 59, 62, 66, 71, 74, 78, 83, 86
오늘 복권 사면 나쁜 나이	20, 24, 27, 32, 36, 39, 44, 48, 51, 56, 60, 63, 68, 72, 75, 80, 84, 87
소개팅 • 맞선 • 데이트 • 친목	좋은 띠 : 돼지띠 / 말띠 나쁜 띠 : 범 / 닭 / 뱀띠

시간에만나는사람	巳時온 사람은 골치 아픈 일, 죽음, 바람끼	午時온 사람은 문서, 화합운, 경조사, 애정 궁합	未時에 사람은 이동수, 변동수, 매매, 이별
申時은 사람은 빈주머니, 헛 공사, 사기, 실물	酉時은 사람은 변동수, 시끄러운 일, 사고주의, 다툼, 관재	戌時 온 사람은 방해자가 있어 불편한 사람, 의욕상실	

운세풀이			
酉띠: 이동수,우왕좌왕, 사고다툼	子띠: 점점 일이 꼬임, 관재구설	卯띠: 최고운상승세, 두마음	午띠: 만남,결실,화합,문서
戌띠: 매사불편, 방해자,배신	丑띠: 귀인상봉, 금전이득, 현금	辰띠: 의욕과다, 스트레스큼	未띠: 이동수,이별수,변동 움직임
亥띠: 해결신,시험합격, 풀림	寅띠: 매사꼬임,과거고생, 病	巳띠: 시급한 일, 뜻대로 안됨	申띠: 빈주머니,걱정근심,사기

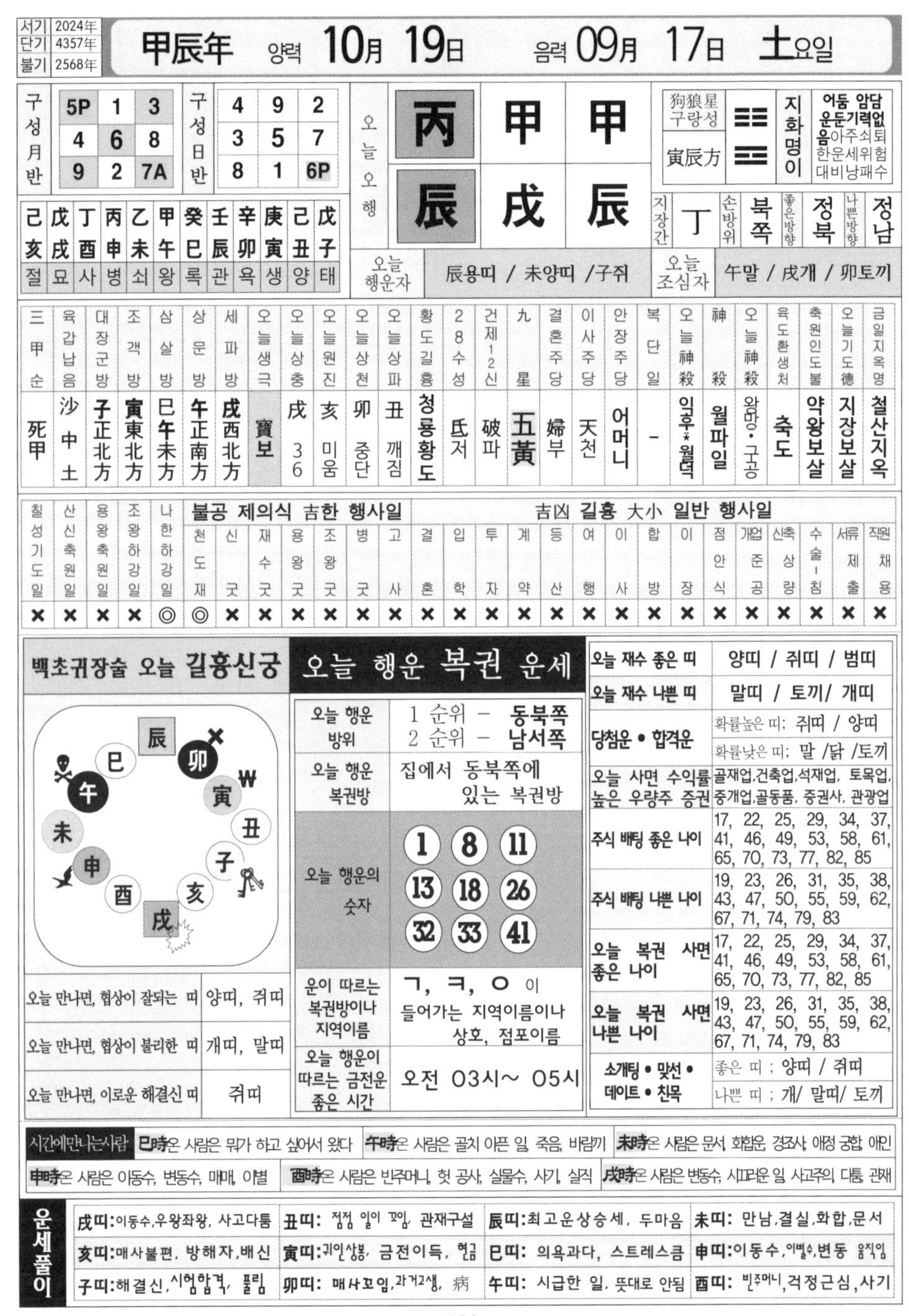

서기	2024年	甲辰年 양력 10月 19日 음력 09月 17日 土요일
단기	4357年	
불기	2568年	

구성月반			구성日반		
5P	1	3	4	9	2
4	6	8	3	5	7
9	2	7A	8	1	6P

己亥	戊戌	丁酉	丙申	乙未	甲午	癸巳	壬辰	辛卯	庚寅	己丑	戊子
절	묘	사	병	쇠	왕	록	관	욕	생	양	태

오늘오행		
丙	甲	甲
辰	戌	辰

狗狼星 구랑성	寅辰方	지화명이	어둠 암담 운둔기력없음 아주쇠퇴 한운세위험 대비낭패수

지장간	손방위	좋은방향	나쁜방향
丁	북쪽	정북	정남

오늘 행운자	辰용띠 / 未양띠 /子쥐
오늘 조심자	午말 / 戌개 / 卯토끼

三甲순	육갑납음	대장군방	조객방	삼살방	상문방	세파방	오늘생극	오늘상충	오늘원진	오늘상천	오늘상파	황도길흉	28수성	건제12신	九星	결혼주당	이사주당	안장주당	복단일	오늘神殺	神殺	오늘神殺	육도환생처	축원인도불	오늘기도德	금일지옥명
死甲	沙中土	子正北方	寅東北方	巳午未方	午正南方	戌西北方	寶보	戌 36	亥 미움	卯 중단	丑 깨짐	청룡황도	氐저	破파	五黃	婦부	天천	어머니	-	익후*월덕	월파일	왕망·구공	축도	약왕보살	지장보살	철산지옥

칠성기도일	산신축원일	용왕축원일	조왕하강일	나한하강일	불공 제의식 吉한 행사일: 천도재	신굿	재수굿	용왕굿	조왕굿	병굿	고사	吉凶 길흉 大小 일반 행사일: 결혼	입학	투자	계약	등산	여행	이사	합방	이장	점안식	개업준공	신축상량	수술-침	서류제출	직원채용
×	×	×	×	◎	◎	×	×	×	×	×	×	×	×	×	×	×	×	×	×	×	×	×	×	×	×	×

백초귀장술 오늘 길흉신궁

오늘 만나면, 협상이 잘되는 띠	양띠, 쥐띠
오늘 만나면, 협상이 불리한 띠	개띠, 말띠
오늘 만나면, 이로운 해결신 띠	쥐띠

오늘 행운 복권 운세

오늘 행운 방위	1 순위 - 동북쪽 2 순위 - 남서쪽
오늘 행운 복권방	집에서 동북쪽에 있는 복권방
오늘 행운의 숫자	1 8 11 13 18 26 32 33 41
운이 따르는 복권방이나 지역이름	ㄱ, ㅋ, ㅇ 이 들어가는 지역이름이나 상호, 점포이름
오늘 행운이 따르는 금전운 좋은 시간	오전 03시~ 05시

오늘 재수 좋은 띠	양띠 / 쥐띠 / 범띠
오늘 재수 나쁜 띠	말띠 / 토끼/ 개띠
당첨운 • 합격운	확률높은 띠; 쥐띠 / 양띠 확률낮은 띠; 말 /닭 /토끼
오늘 사면 수익률 높은 우량주 증권	골재업,건축업,석재업, 토목업, 중개업,골동품, 증권사, 관광업
주식 배팅 좋은 나이	17, 22, 25, 29, 34, 37, 41, 46, 49, 53, 58, 61, 65, 70, 73, 77, 82, 85
주식 배팅 나쁜 나이	19, 23, 26, 31, 35, 38, 43, 47, 50, 55, 59, 62, 67, 71, 74, 79, 83
오늘 복권 사면 좋은 나이	17, 22, 25, 29, 34, 37, 41, 46, 49, 53, 58, 61, 65, 70, 73, 77, 82, 85
오늘 복권 사면 나쁜 나이	19, 23, 26, 31, 35, 38, 43, 47, 50, 55, 59, 62, 67, 71, 74, 79, 83
소개팅 • 맞선 • 데이트 • 친목	좋은 띠 ; 양띠 / 쥐띠 나쁜 띠 ; 개/ 말띠/ 토끼

시간에만나는사람	巳時은 사람은 뭐가 하고 싶어서 왔다	午時은 사람은 골치 아픈 일, 죽음, 바람끼	未時은 사람은 문서, 화합운, 경조사, 애정 궁합, 애인
申時은 사람은 이동수, 변동수, 매매, 이별	酉時은 사람은 빈주머니, 헛 공사, 실물수, 사기, 실직	戌時은 사람은 변동수, 시끄러운 일, 사고주의, 다툼, 관재	

운세풀이			
戌띠:이동수,우왕좌왕, 사고다툼	丑띠: 점점 일이 꼬임, 관재구설	辰띠:최고운상승세, 두마음	未띠: 만남,결실,화합,문서
亥띠:매사불편, 방해자,배신	寅띠:귀인상봉, 금전이득, 현금	巳띠: 의욕과다, 스트레스금	申띠:이동수,이별수,변동 움직임
子띠:해결신,시험합격, 풀림	卯띠: 매사꼬임,과거고생, 病	午띠: 시급한 일, 뜻대로 안됨	酉띠: 빈주머니,걱정근심,사기

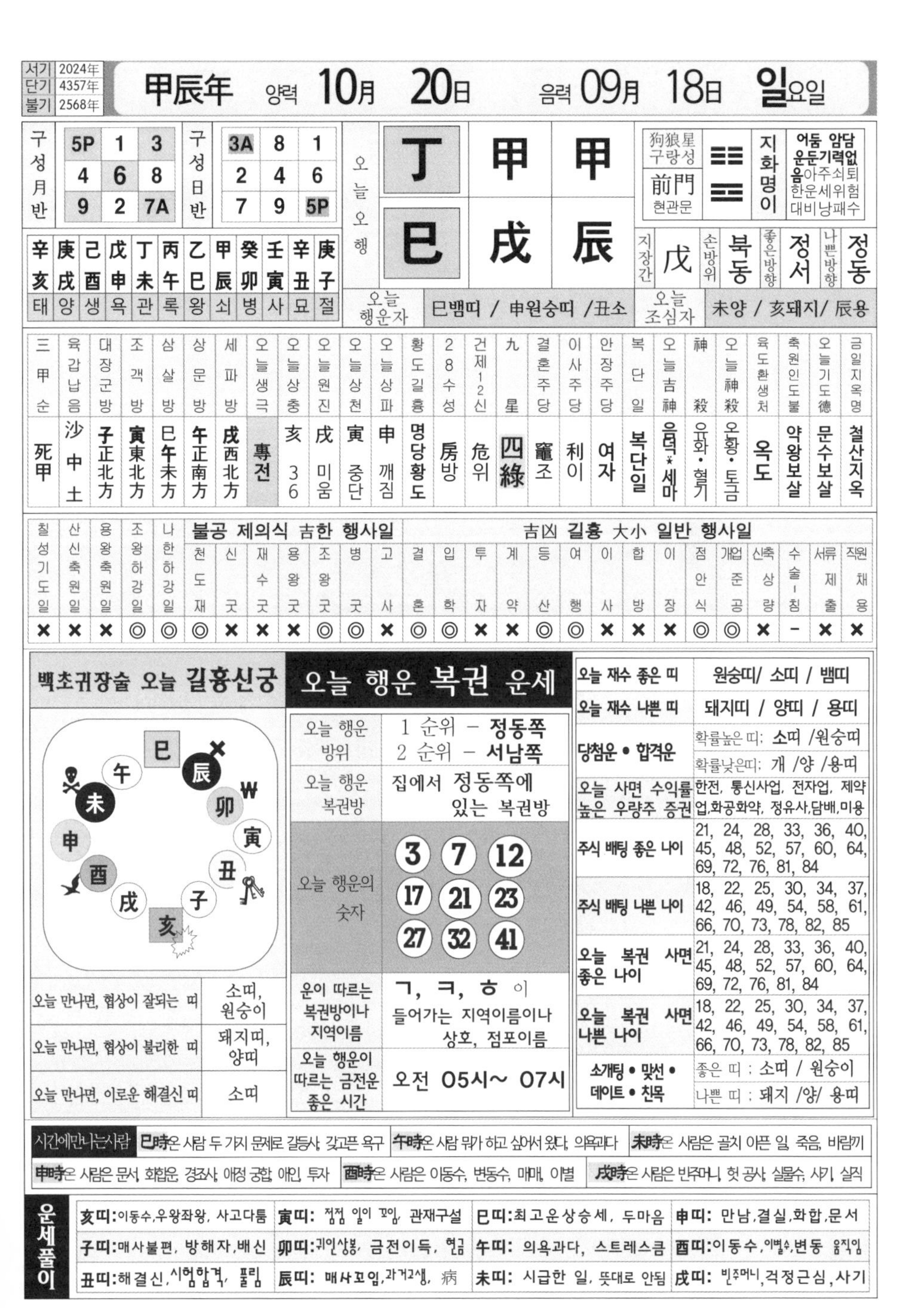

서기	2024年
단기	4357年
불기	2568年

甲辰年 양력 10月 20日 음력 09月 18日 일요일

구성月반		
5P	1	3
4	6	8
9	2	7A

구성日반		
3A	8	1
2	4	6
7	9	5P

오늘오행		
丁	甲	甲
巳	戌	辰

狗狼星 구랑성	前門 현관문
지화명이	어둠 암담 운둔기력없음 아주쇠퇴 한운세위험 대비낭패수

지장간	손방위	좋은방향	나쁜방향
戊	북동	정서	정동

辛亥	庚戌	己酉	戊申	丁未	丙午	乙巳	甲辰	癸卯	壬寅	辛丑	庚子
태	양	생	욕	관	록	왕	쇠	병	사	묘	절

오늘 행운자	巳뱀띠 / 申원숭띠 /丑소
오늘 조심자	未양 / 亥돼지/ 辰용

三甲순	육갑납음	대장군방	조객방	삼살방	상문방	세파방	오늘생극	오늘상충	오늘원진	오늘상천	오늘상파	황도길흉	28수성	건제12신	九星	결혼주당	이사주당	안장주당	복단일	오늘吉神	神殺	오늘神殺	육도환생처	축원인도불	오늘기도德	금일지옥명
死甲	沙中土	子正北方	寅東北方	巳午未方	午正南方	戌西北方	專전	亥 36	戌 미움	寅 중단	申 깨짐	명당황도	房방	危위	四綠	竈조	利이	여자	복단일	음덕*세마	유화·혈기	오황·토금	옥도	약왕보살	문수보살	철산지옥

칠성기도일	산신축원일	용왕축원일	조왕하강일	나한하강일	불공 제의식 吉한 행사일							吉凶 길흉 大小 일반 행사일														
					천도재	신굿	재수굿	용왕굿	조왕굿	병굿	고사	결혼	입학	투자	계약	등산	여행	이사	합방	이장	점안식	개업준공	신축상량	수술-침	서류제출	직원채용
×	×	×	◎	◎	◎	×	×	×	◎	◎	×	◎	◎	×	×	◎	◎	×	×	×	◎	◎	×	-	×	×

백초귀장술 오늘 길흉신궁

오늘 만나면, 협상이 잘되는 띠	소띠, 원숭이
오늘 만나면, 협상이 불리한 띠	돼지띠, 양띠
오늘 만나면, 이로운 해결신 띠	소띠

오늘 행운 복권 운세

오늘 행운 방위	1 순위 – 정동쪽 2 순위 – 서남쪽
오늘 행운 복권방	집에서 정동쪽에 있는 복권방
오늘 행운의 숫자	3 7 12 17 21 23 27 32 41
운이 따르는 복권방이나 지역이름	ㄱ, ㅋ, ㅎ 이 들어가는 지역이름이나 상호, 점포이름
오늘 행운이 따르는 금전운 좋은 시간	오전 05시~ 07시

오늘 재수 좋은 띠	원숭띠/ 소띠 / 뱀띠
오늘 재수 나쁜 띠	돼지띠 / 양띠 / 용띠
당첨운 • 합격운	확률높은 띠: 소띠 /원숭띠 확률낮은띠: 개 /양 /용띠
오늘 사면 수익률 높은 우량주 증권	한전, 통신사업, 전자업, 제약업,화공화약, 정유사,담배,미용
주식 배팅 좋은 나이	21, 24, 28, 33, 36, 40, 45, 48, 52, 57, 60, 64, 69, 72, 76, 81, 84
주식 배팅 나쁜 나이	18, 22, 25, 30, 34, 37, 42, 46, 49, 54, 58, 61, 66, 70, 73, 78, 82, 85
오늘 복권 사면 좋은 나이	21, 24, 28, 33, 36, 40, 45, 48, 52, 57, 60, 64, 69, 72, 76, 81, 84
오늘 복권 사면 나쁜 나이	18, 22, 25, 30, 34, 37, 42, 46, 49, 54, 58, 61, 66, 70, 73, 78, 82, 85
소개팅 • 맞선 • 데이트 • 친목	좋은 띠 ; 소띠 / 원숭이 나쁜 띠 ; 돼지 /양/ 용띠

시간에만나는사람		
巳時은 사람 두 가지 문제로 갈등사, 갖고픈 욕구	午時은 사람 뭐가 하고 싶어서 왔다, 의욕과다	未時은 사람은 골치 아픈 일, 죽음, 바람끼
申時은 사람은 문서, 화합운, 경조사, 애정 궁합, 애인, 투자	酉時은 사람은 이동수, 변동수, 매매, 이별	戌時은 사람은 빈주머니, 헛 공사, 실물수, 사기, 실직

운세풀이			
亥띠:이동수,우왕좌왕, 사고다툼	寅띠: 점점 일이 꼬임, 관재구설	巳띠:최고운상승세, 두마음	申띠: 만남,결실,화합,문서
子띠:매사불편, 방해자,배신	卯띠:귀인상봉, 금전이득, 현금	午띠: 의욕과다, 스트레스큼	酉띠:이동수,이별수,변동 움직임
丑띠:해결신,시험합격, 풀림	辰띠: 매사꼬임,과거고생, 病	未띠: 시급한 일, 뜻대로 안됨	戌띠: 빈주머니,걱정근심,사기

서기	2024年
단기	4357年
불기	2568年

甲辰年 양력 **10月 21日** 음력 **09月 19日** **월**요일

구성月반		
5P	1	3
4	6	8
9	2	7A

구성日반		
2	7	9
1A	3	5
6	8P	4

癸亥	壬戌	辛酉	庚申	己未	戊午	丁巳	丙辰	乙卯	甲寅	癸丑	壬子
절	묘	사	병	쇠	왕	록	관	욕	생	양	태

오늘오행		
戊	甲	甲
午	戌	辰

狗狼星 구랑성 / 併廚竈 戌亥方 — 택수곤: 최악의 난국 신변액란 큰손재수 불성사주변방 해로곤경빠짐

지장간	손방위	좋은방향	나쁜방향
戊	없음	정남	정북

오늘 행운자: 午말띠 / 酉닭띠 / 寅범
오늘 조심자: 申원숭/ 子쥐/ 巳뱀

三甲순	육갑납음	대장군방	조객방	삼살방	상문방	세파방	오늘생극	오늘상충	오늘원진	오늘상천	오늘상파	황도길흉	28수성	건제12신	九星	결혼주당	이사주당	안장주당	복단일	대공망일	오늘吉神	오늘神殺	육도환생처	축원인도불	오늘기도德	금일지옥명
死甲	天上火	子正北方	寅東北方	巳午未方	午正南方	戌西北方	義의	子 36	丑 미움	丑 중단	卯 깨짐	천형흑도	心심	成성	三碧	第제	安안	死	-	삼합일	생기·요안	수격·신호	불도	석가여래	약사보살	암흑지옥

칠성기도일	산신축원일	용왕축원일	조왕하강일	나한하강일	천도재	신굿	재수굿	용왕굿	조왕굿	병굿	고사	결혼	입학	투자	계약	등산	여행	이사	합방	이장	점안식	개업준공	신축상량	수술·침	서류제출	직원채용
◎	×	×	×	◎	◎	◎	×	×	×	◎	◎	◎	-	×	◎	◎	◎	◎	◎	×	◎	◎	◎	◎	◎	◎

(천도재~병굿: 불공 제의식 吉한 행사일 / 고사~직원채용: 吉凶 길흉 大小 일반 행사일)

백초귀장술 오늘 길흉신궁

오늘 만나면, 협상이 잘되는 띠	호랑이,닭
오늘 만나면, 협상이 불리한 띠	원숭띠, 쥐띠
오늘 만나면, 이로운 해결신 띠	호랑이띠

오늘 행운 복권 운세

오늘 행운 방위	1 순위 – 동남쪽 2 순위 – 정서쪽
오늘 행운 복권방	집에서 동남쪽에 있는 복권방
오늘 행운의 숫자	5 10 15 17 20 25 30 37 45
운이 따르는 복권방이나 지역이름	ㅁ, ㅂ, ㅍ, ㅌ 들어가는 지역이름이나 상호, 점포이름
오늘 행운이 따르는 금전운 좋은 시간	오전 07시~ 09시

오늘 재수 좋은 띠	닭띠/ 호랑띠 / 말띠
오늘 재수 나쁜 띠	원숭이 / 뱀띠 / 쥐띠
당첨운 • 합격운	확률높은 띠: 범띠 / 닭띠 확률낮은띠: 돼지/원숭/뱀
오늘 사면 수익률 높은 우량주 증권	건축업, 시멘트,석재토목업, 중개업,호텔업,골동품,관광, 농업
주식 배팅 좋은 나이	20, 23, 27, 32, 35, 39, 44, 47, 51, 56, 59, 63, 68, 71, 75, 80, 83
주식 배팅 나쁜 나이	17, 21, 24, 29, 33, 36, 41, 45, 48, 53, 57, 60, 65, 69, 72, 77, 81, 84
오늘 복권 사면 좋은 나이	20, 23, 27, 32, 35, 39, 44, 47, 51, 56, 59, 63, 68, 71, 75, 80, 83
오늘 복권 사면 나쁜 나이	17, 21, 24, 29, 33, 36, 41, 45, 48, 53, 57, 60, 65, 69, 72, 77, 81, 84
소개팅 • 맞선 • 데이트 • 친목	좋은 띠 : 닭띠 / 호랑띠 나쁜 띠 : 뱀 / 원숭 / 쥐

시간에 만나는 사람 **巳時**온 사람은 단단히 꼬여있는 사람, 病 **午時**온 사람 두 가지 문제 갈등사, 갖고픈 욕구 **未時** 온 사람 뭔가 하고 싶어서 왔다, 의욕과다
申時온 사람은 골치 아픈 일, 죽음, 바람끼 **酉時**온사람 문서, 화합운, 경조사, 애정 궁합, 애인, 투자 **戌時**온 사람은 이동수, 변동수, 매매, 이별, 실물

운세풀이

子띠:이동수,우왕좌왕, 사고다툼	**卯띠:** 점점 일이 꼬임, 관재구설	**午띠:**최고운상승세, 두마음	**酉띠:** 만남,결실,화합,문서
丑띠:매사불편, 방해자,배신	**辰띠:**귀인상봉, 금전이득, 현금	**未띠:** 의욕과다, 스트레스큼	**戌띠:**이동수, 이별수,변동 움직임
寅띠:해결신,시험합격, 풀림	**巳띠:** 매사꼬임,과거고생, 病	**申띠:** 시급한 일, 뜻대로 안됨	**亥띠:** 빈주머니,걱정근심,사기

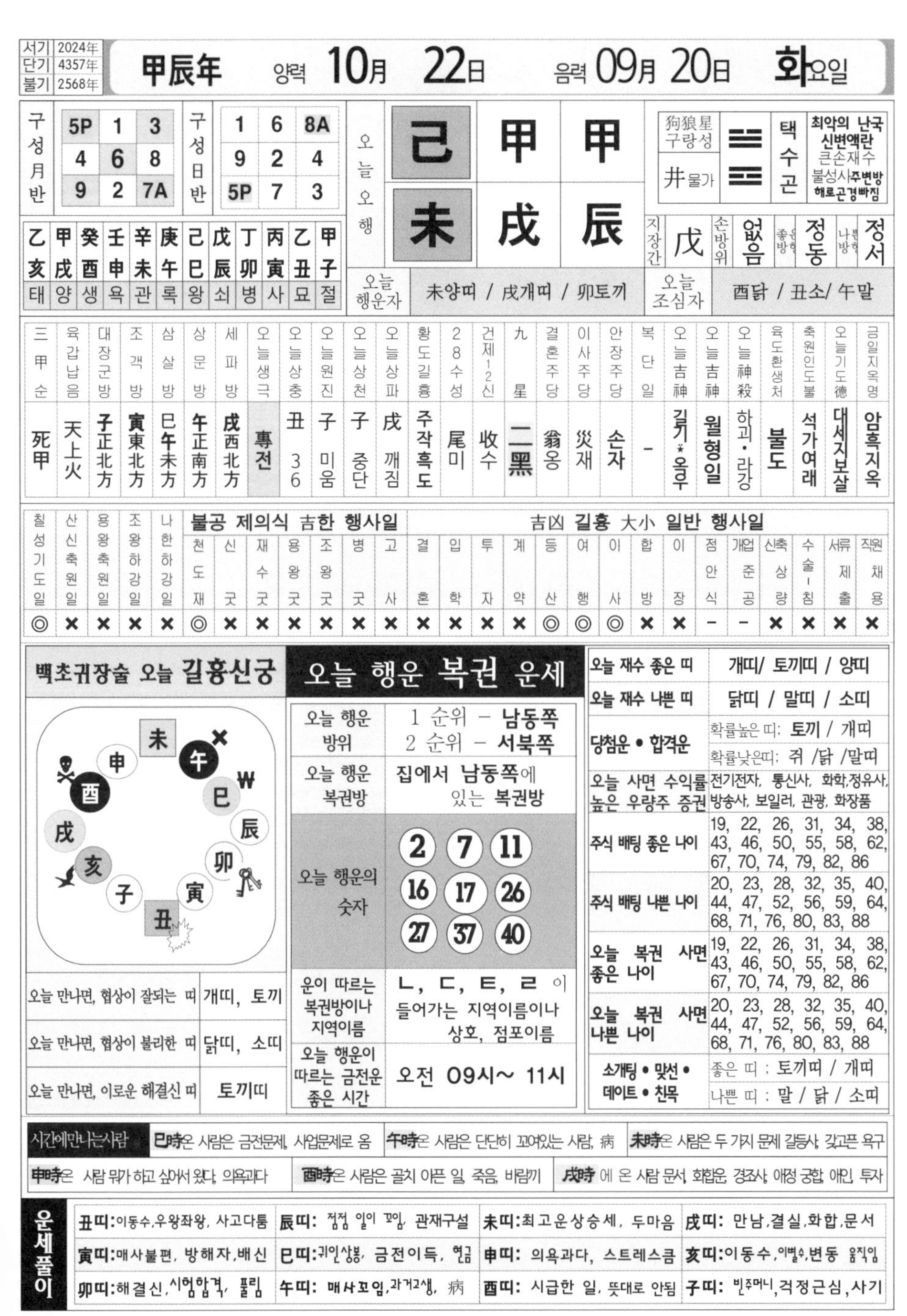

서기	2024年	甲辰年	양력 10月 22日	음력 09月 20日	화요일
단기	4357年				
불기	2568年				

구성월반			구성일반		
5P	1	3	1	6	8A
4	6	8	9	2	4
9	2	7A	5P	7	3

오늘오행		
己	甲	甲
未	戌	辰

狗狼星 구랑성	井 물가	택수곤	최악의 난국 신변액란 큰손재수 불성사 주변방 해로곤경빠짐

지장간	손방위	좋은방향	나쁜방향
戊	없음	정동	정서

乙亥	甲戌	癸酉	壬申	辛未	庚午	己巳	戊辰	丁卯	丙寅	乙丑	甲子
태	양	생	욕	관	록	왕	쇠	병	사	묘	절

오늘 행운자	未양띠 / 戌개띠 / 卯토끼	오늘 조심자	酉닭 / 丑소/ 午말

三甲순	육갑납음	대장군방	조객방	삼살방	상문방	세파방	오늘생극	오늘상충	오늘원진	오늘상천	오늘상파	황도길흉	28수성	건제12신	九星	결혼주당	이사주당	안장주당	복단일	오늘吉神	오늘吉神	오늘神殺	육도환생처	축원인도불	오늘기도德	금일지옥명
死甲	天上火	子正北方	寅東北方	巳午未方	午正南方	戌西北方	專전	丑 36	子 미움	子 중단	戌 깨짐	주작흑도	尾미	收수	二黑	翁옹	災재	손자	–	길기*옥우	월형일	하괴·라강	불도	석가여래	대세지보살	암흑지옥

칠성기도일	산신축원일	용왕축원일	조왕하강일	나한하강일	불공 제의식 吉한 행사일: 천도재	신굿	재수굿	용왕굿	조왕굿	병굿	고사	吉凶 길흉 大小 일반 행사일: 결혼	입학	투자	계약	등산	여행	이사	합방	이장	점안식	개업준공	신축상량	수술-침	서류제출	직원채용
◎	×	×	×	×	◎	×	×	×	×	×	×	×	×	×	×	◎	◎	◎	×	×	–	–	×	×	×	×

백초귀장술 오늘 길흉신궁

오늘 만나면, 협상이 잘되는 띠	개띠, 토끼
오늘 만나면, 협상이 불리한 띠	닭띠, 소띠
오늘 만나면, 이로운 해결신 띠	토끼띠

오늘 행운 복권 운세

오늘 행운 방위	1 순위 – 남동쪽 2 순위 – 서북쪽
오늘 행운 복권방	집에서 남동쪽에 있는 복권방
오늘 행운의 숫자	2 7 11 16 17 26 27 37 40
운이 따르는 복권방이나 지역이름	ㄴ, ㄷ, ㅌ, ㄹ 이 들어가는 지역이름이나 상호, 점포이름
오늘 행운이 따르는 금전운 좋은 시간	오전 09시~ 11시

오늘 재수 좋은 띠	개띠/ 토끼띠 / 양띠
오늘 재수 나쁜 띠	닭띠 / 말띠 / 소띠
당첨운 • 합격운	확률높은 띠: 토끼 / 개띠 확률낮은띠: 쥐 /닭 /말띠
오늘 사면 수익률 높은 우량주 증권	전기전자, 통신사, 화학,정유사, 방송사, 보일러, 관광, 화장품
주식 배팅 좋은 나이	19, 22, 26, 31, 34, 38, 43, 46, 50, 55, 58, 62, 67, 70, 74, 79, 82, 86
주식 배팅 나쁜 나이	20, 23, 28, 32, 35, 40, 44, 47, 52, 56, 59, 64, 68, 71, 76, 80, 83, 88
오늘 복권 사면 좋은 나이	19, 22, 26, 31, 34, 38, 43, 46, 50, 55, 58, 62, 67, 70, 74, 79, 82, 86
오늘 복권 사면 나쁜 나이	20, 23, 28, 32, 35, 40, 44, 47, 52, 56, 59, 64, 68, 71, 76, 80, 83, 88
소개팅 • 맞선 • 데이트 • 친목	좋은 띠 : 토끼띠 / 개띠 나쁜 띠 : 말 / 닭 / 소띠

시간에만나는사람	巳時은 사람은 금전문제, 사업문제로 옴	午時은 사람은 단단히 꼬여있는 사람, 病	未時은 사람은 두 가지 문제 갈등사, 갖고픈 욕구
申時은 사람 뭐가 하고 싶어서 왔다, 의욕과다	酉時은 사람은 골치 아픈 일, 죽음, 바람끼	戌時에 온 사람 문서, 화합운, 경조사, 애정 궁합, 애인, 투자	

운세풀이			
丑띠: 이동수,우왕좌왕, 사고다툼	辰띠: 점점 일이 꼬임, 관재구설	未띠: 최고운상승세, 두마음	戌띠: 만남,결실,화합,문서
寅띠: 매사불편, 방해자,배신	巳띠: 귀인상봉, 금전이득, 현금	申띠: 의욕과다, 스트레스큼	亥띠: 이동수,이별수,변동 움직임
卯띠: 해결신,시험합격, 풀림	午띠: 매사꼬임,과거고생, 病	酉띠: 시급한 일, 뜻대로 안됨	子띠: 빈주머니,걱정근심,사기

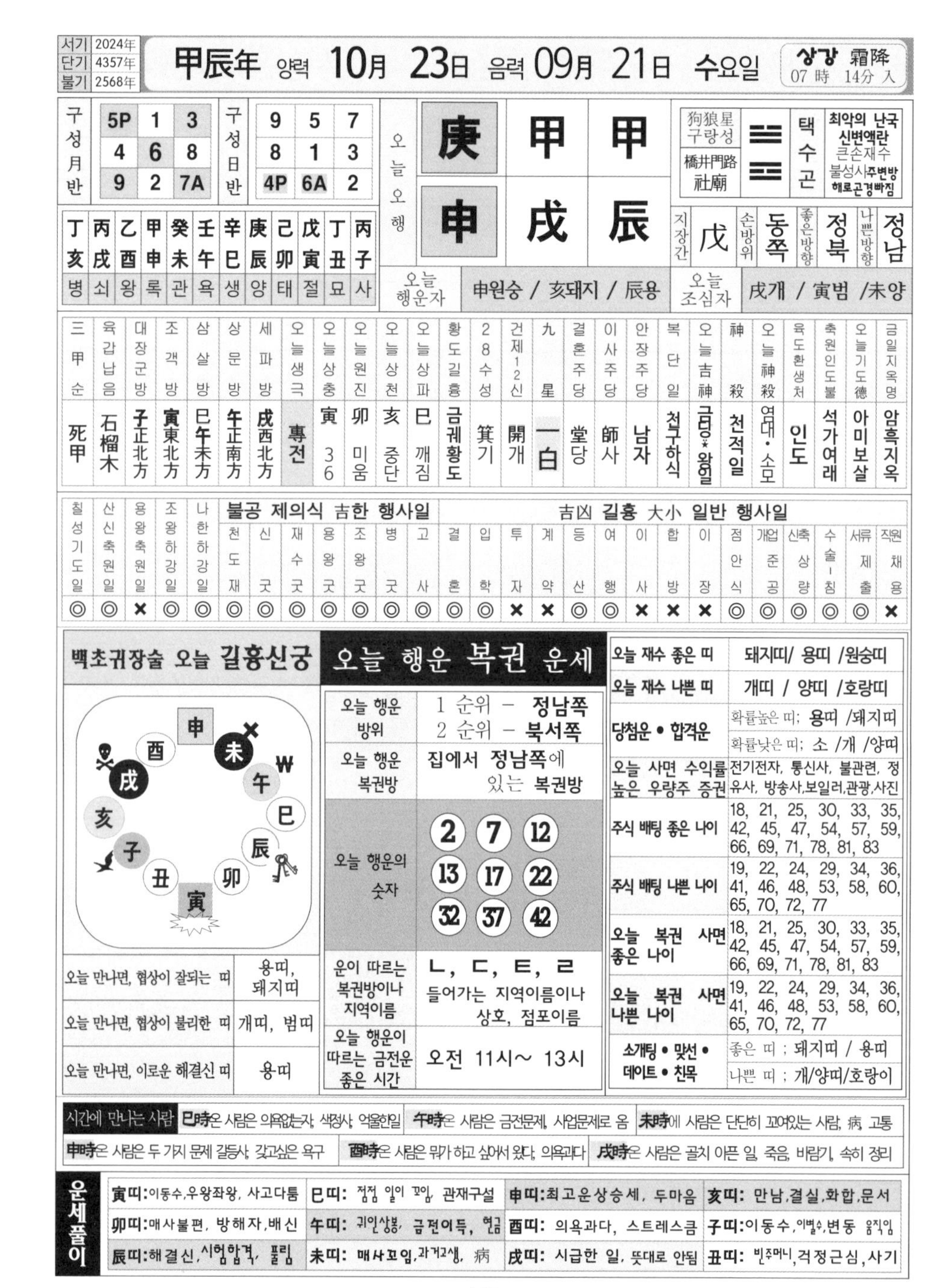

서기	2024年
단기	4357年
불기	2568年

甲辰年 양력 10月 23日 음력 09月 21日 수요일

상강 霜降 07 時 14分 入

구성월반		
5P	1	3
4	6	8
9	2	7A

구성일반		
9	5	7
8	1	3
4P	6A	2

오늘오행

庚	甲	甲
申	戌	辰

狗狼星 구랑성: 橋井門路 社廟

택수곤 — 최악의 난국 신변액란 큰손재수 불성사주변방 해로곤경빠짐

丁亥	丙戌	乙酉	甲申	癸未	壬午	辛巳	庚辰	己卯	戊寅	丁丑	丙子
병	쇠	왕	록	관	욕	생	양	태	절	묘	사

지장간	손방위	좋은방향	나쁜방향
戊	동쪽	정북	정남

오늘 행운자	申원숭 / 亥돼지 / 辰용
오늘 조심자	戌개 / 寅범 /未양

三甲순	육갑납음	대장군방	조객방	삼살방	상문방	세파방	오늘생극	오늘상충	오늘원진	오늘상천	오늘상파	황도길흉	28수성	건제12신	九星	결혼주당	이사주당	안장주당	복단일	오늘吉神	神殺	오늘神殺	육도환생처	축원인도불	오늘기도德	금일지옥명
死甲	石榴木	子正北方	寅東北方	巳午未方	午正南方	戌西北方	專전	寅 36	卯 미움	亥 중단	巳 깨짐	금궤황도	箕기	開개	一白	堂당	師사	남자	천구하식	금당*왕일	천적일	염대·소모	인도	석가여래	아미보살	암흑지옥

칠성기도일	산신축원일	용왕축원일	조왕하강일	나한하강일	불공 제의식 吉한 행사일: 천도재	신굿	재수굿	용왕굿	조왕굿	병굿	고사	吉凶 길흉 大小 일반 행사일: 결혼	입학	투자	계약	등산	여행	이사	합방	이장	점안식	개업준공	신축상량	수술-침	서류제출	직원채용
◎	◎	×	◎	◎	◎	◎	◎	◎	◎	◎	◎	◎	◎	×	×	◎	◎	×	×	×	◎	◎	◎	◎	◎	×

백초귀장술 오늘 길흉신궁

오늘 만나면, 협상이 잘되는 띠	용띠, 돼지띠
오늘 만나면, 협상이 불리한 띠	개띠, 범띠
오늘 만나면, 이로운 해결신 띠	용띠

오늘 행운 복권 운세

오늘 행운 방위	1 순위 – 정남쪽 2 순위 – 북서쪽
오늘 행운 복권방	집에서 정남쪽에 있는 복권방
오늘 행운의 숫자	2 7 12 13 17 22 32 37 42
운이 따르는 복권방이나 지역이름	ㄴ, ㄷ, ㅌ, ㄹ 들어가는 지역이름이나 상호, 점포이름
오늘 행운이 따르는 금전운 좋은 시간	오전 11시~ 13시

오늘 재수 좋은 띠	돼지띠/ 용띠 /원숭띠
오늘 재수 나쁜 띠	개띠 / 양띠 /호랑띠
당첨운 • 합격운	확률높은 띠; 용띠 /돼지띠 확률낮은 띠; 소 /개 /양띠
오늘 사면 수익률 높은 우량주 증권	전기전자, 통신사, 불관련, 정유사, 방송사,보일러,관광,사진
주식 배팅 좋은 나이	18, 21, 25, 30, 33, 35, 42, 45, 47, 54, 57, 59, 66, 69, 71, 78, 81, 83
주식 배팅 나쁜 나이	19, 22, 24, 29, 34, 36, 41, 46, 48, 53, 58, 60, 65, 70, 72, 77
오늘 복권 사면 좋은 나이	18, 21, 25, 30, 33, 35, 42, 45, 47, 54, 57, 59, 66, 69, 71, 78, 81, 83
오늘 복권 사면 나쁜 나이	19, 22, 24, 29, 34, 36, 41, 46, 48, 53, 58, 60, 65, 70, 72, 77
소개팅 • 맞선 • 데이트 • 친목	좋은 띠 ; 돼지띠 / 용띠 나쁜 띠 ; 개/양띠/호랑이

시간에 만나는 사람

- 巳時은 사람은 의욕없는자, 색정사, 억울한일
- 午時은 사람은 금전문제, 사업문제로 옴
- 未時에 사람은 단단히 꼬여있는 사람, 病, 고통
- 申時은 사람은 두 가지 문제 갈등사, 갖고싶은 욕구
- 酉時은 사람은 뭔가 하고 싶어서 왔다, 의욕과다
- 戌時은 사람은 골치 아픈 일, 죽음, 바람기, 속히 정리

운세풀이

寅띠:이동수,우왕좌왕, 사고다툼	巳띠: 점점 일이 꼬임, 관재구설	申띠:최고운상승세, 두마음	亥띠: 만남,결실,화합,문서
卯띠:매사불편, 방해자,배신	午띠: 귀인상봉, 금전이득, 현금	酉띠: 의욕과다, 스트레스큼	子띠:이동수,이별수,변동 움직임
辰띠:해결신,시험합격, 풀림	未띠: 매사꼬임,과거고생, 病	戌띠: 시급한 일, 뜻대로 안됨	丑띠: 빈주머니,걱정근심,사기

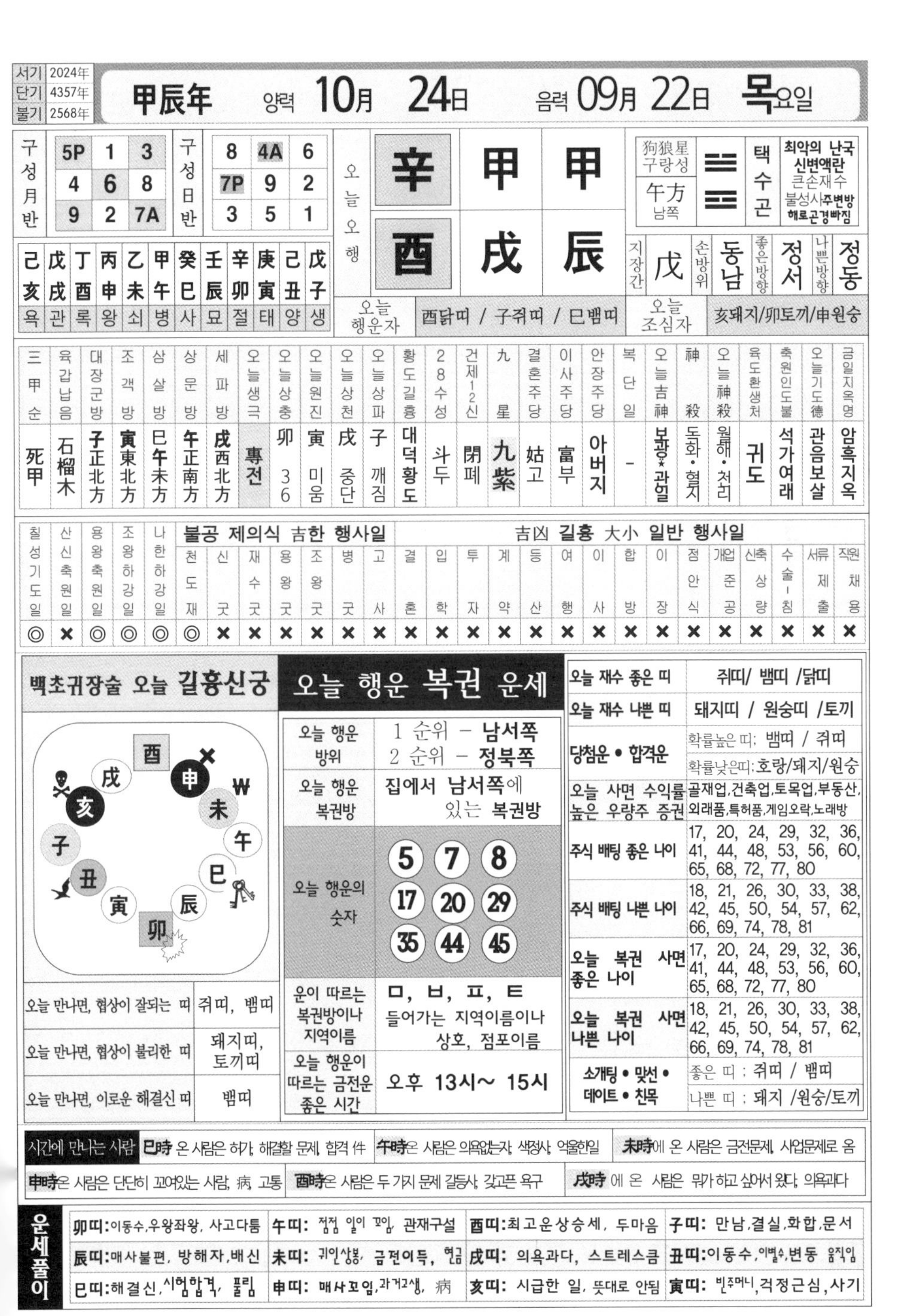

서기	2024年
단기	4357年
불기	2568年

甲辰年 양력 10月 24日 음력 09月 22日 목요일

구성월반

5P	1	3
4	6	8
9	2	7A

구성일반

8	4A	6
7P	9	2
3	5	1

오늘오행

辛	甲	甲
酉	戌	辰

狗狼星 구랑성 午方 남쪽 | 택수곤 | 최악의 난국 신변액란 큰손재수 불성사주변방 해로곤경빠짐

己亥	戊戌	丁酉	丙申	乙未	甲午	癸巳	壬辰	辛卯	庚寅	己丑	戊子
욕	관	록	왕	쇠	병	사	묘	절	태	양	생

지장간	손방위	좋은방향	나쁜방향
戊	동남	정서	정동

오늘 행운자: 酉닭띠 / 子쥐띠 / 巳뱀띠

오늘 조심자: 亥돼지/卯토끼/申원숭

三甲순	육갑납음	대장군방	조객방	삼살방	상문방	세파방	오늘생극	오늘상충	오늘원진	오늘상천	오늘상파	황도길흉	28수성	건제12신	九星	결혼주당	이사주당	안장주당	복단일	오늘吉神	神殺	오늘神殺	육도환생처	축원인도불	오늘기도德	금일지옥명
死甲	石榴木	子正北方	寅東北方	巳午未方	午正南方	戌西北方	專전	卯 36	寅 미움	戌 중단	子 깨짐	대덕황도	斗두	閉폐	九紫	姑고	富부	아버지	-	보광*관일	도화·혈지	월해·천리	귀도	석가여래	관음보살	암흑지옥

칠성기도일	산신축원일	용왕축원일	조왕하강일	나한하강일	불공 제의식 吉한 행사일: 천도재	신굿	재수굿	용왕굿	조왕굿	병굿	고사	吉凶 길흉 大小 일반 행사일: 결혼	입학	투자	계약	등산	여행	이사	합방	이장	점안식	개업준공	신축상량	수술-침	서류제출	직원채용
◎	×	◎	◎	◎	◎	×	×	×	×	×	×	×	×	×	×	×	×	×	×	×	×	×	×	×	×	×

백초귀장술 오늘 길흉신궁

오늘 만나면, 협상이 잘되는 띠	쥐띠, 뱀띠
오늘 만나면, 협상이 불리한 띠	돼지띠, 토끼띠
오늘 만나면, 이로운 해결신 띠	뱀띠

오늘 행운 복권 운세

오늘 행운 방위	1 순위 – 남서쪽 2 순위 – 정북쪽
오늘 행운 복권방	집에서 남서쪽에 있는 복권방
오늘 행운의 숫자	5, 7, 8, 17, 20, 29, 35, 44, 45
운이 따르는 복권방이나 지역이름	ㅁ, ㅂ, ㅍ, ㅌ 들어가는 지역이름이나 상호, 점포이름
오늘 행운이 따르는 금전운 좋은 시간	오후 13시~ 15시

오늘 재수 좋은 띠	쥐띠/ 뱀띠 /닭띠
오늘 재수 나쁜 띠	돼지띠 / 원숭띠 /토끼
당첨운 • 합격운	확률높은 띠: 뱀띠 / 쥐띠 확률낮은띠: 호랑/돼지/원숭
오늘 사면 수익률 높은 우량주 증권	골재업,건축업,토목업,부동산,외래품,특허품,게임오락,노래방
주식 배팅 좋은 나이	17, 20, 24, 29, 32, 36, 41, 44, 48, 53, 56, 60, 65, 68, 72, 77, 80
주식 배팅 나쁜 나이	18, 21, 26, 30, 33, 38, 42, 45, 50, 54, 57, 62, 66, 69, 74, 78, 81
오늘 복권 사면 좋은 나이	17, 20, 24, 29, 32, 36, 41, 44, 48, 53, 56, 60, 65, 68, 72, 77, 80
오늘 복권 사면 나쁜 나이	18, 21, 26, 30, 33, 38, 42, 45, 50, 54, 57, 62, 66, 69, 74, 78, 81
소개팅 • 맞선 • 데이트 • 친목	좋은 띠 : 쥐띠 / 뱀띠 나쁜 띠 : 돼지 /원숭/토끼

시간에 만나는 사람 巳時 온 사람은 허가, 해결할 문제, 합격 件 | 午時온 사람은 의욕없는자, 색정사, 억울한일 | 未時에 온 사람은 금전문제, 사업문제로 옴

申時온 사람은 단단히 꼬여있는 사람, 病, 고통 | 酉時온 사람은 두 가지 문제 갈등사, 갖고픈 욕구 | 戌時 에 온 사람은 뭔가 하고 싶어서 왔다, 의욕과다

운세풀이

卯띠:이동수,우왕좌왕, 사고다툼	午띠: 점점 일이 꼬임, 관재구설	酉띠:최고운상승세, 두마음	子띠: 만남,결실,화합,문서
辰띠:매사불편, 방해자,배신	未띠: 귀인상봉, 금전이득, 현금	戌띠: 의욕과다, 스트레스큼	丑띠:이동수,이별수,변동 움직임
巳띠:해결신,시험합격, 풀림	申띠: 매사꼬임,과거고생, 病	亥띠: 시급한 일, 뜻대로 안됨	寅띠: 빈주머니,걱정근심,사기

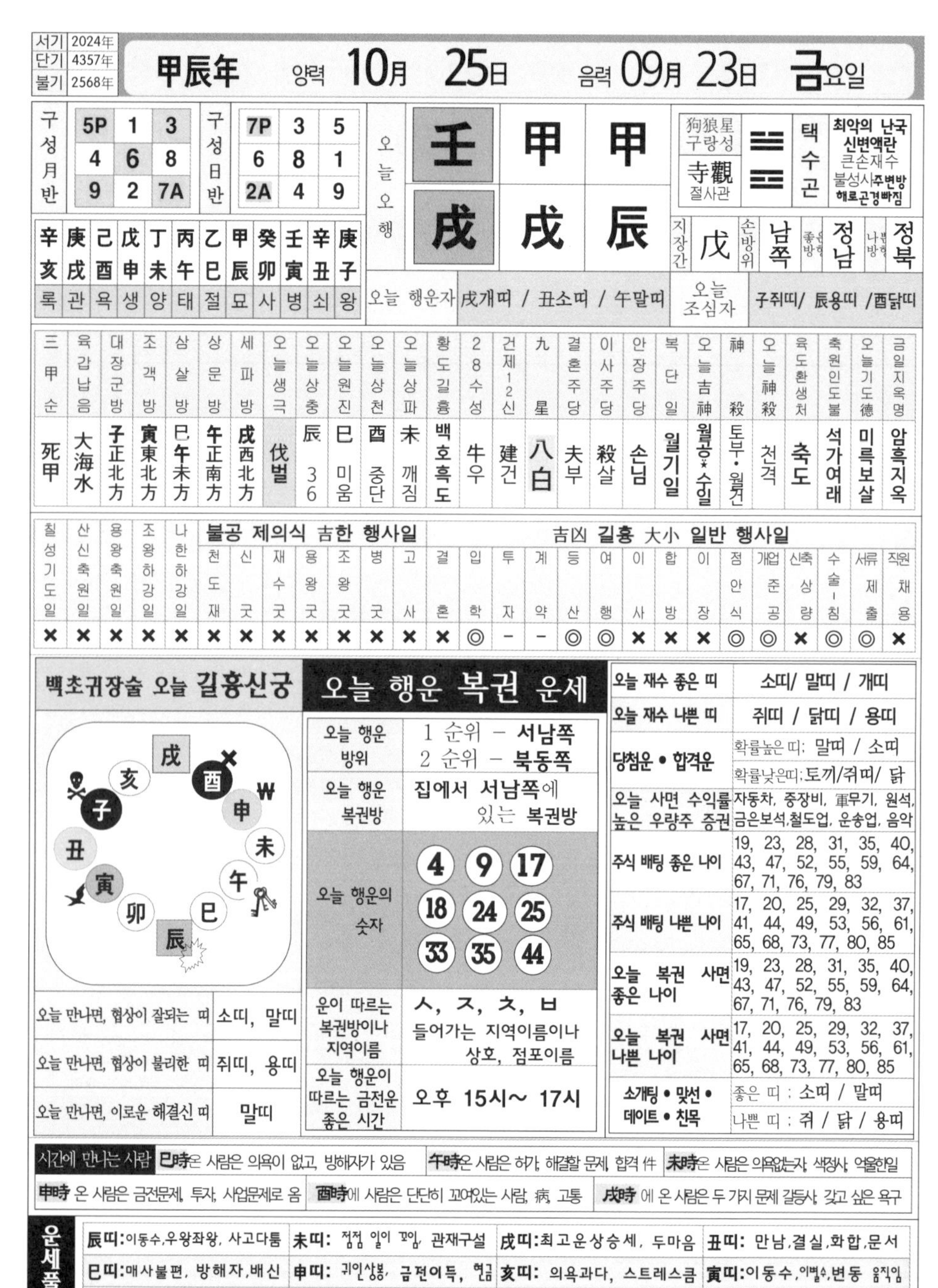

서기	2024年
단기	4357年
불기	2568年

甲辰年 양력 10月 25日 음력 09月 23日 금요일

구성월반			구성일반		
5P	1	3	7P	3	5
4	6	8	6	8	1
9	2	7A	2A	4	9

오늘오행		
壬	甲	甲
戊	戌	辰

狗狼星 구랑성	寺觀 절사관	택수곤	최악의 난국 신변액란 큰손재수 불성사주변방 해로곤경빠짐

지장간	손방위	좋은방향	나쁜방향
戊	남쪽	정남	정북

辛亥	庚戌	己酉	戊申	丁未	丙午	乙巳	甲辰	癸卯	壬寅	辛丑	庚子
록	관	욕	생	양	태	절	묘	사	병	쇠	왕

오늘 행운자	戌개띠 / 丑소띠 / 午말띠	오늘 조심자	子쥐띠/ 辰용띠 /酉닭띠

三甲순	육갑납음	대장군방	조객방	삼살방	상문방	세파방	오늘생극	오늘상충	오늘원진	오늘상천	오늘상파	황도길흉	28수성	건제12신	九星	결혼주당	이사주당	안장주당	복단일	오늘吉神	神殺	오늘神殺	육도환생처	축원인도불	오늘기도德	금일지옥명
死甲	大海水	子正北方	寅東北方	巳午未方	午正南方	戌西北方	伐벌	辰 36	巳 미움	酉 중단	未 깨짐	백호흑도	牛우	建건	八白	夫부	殺살	손님	월기일	월공*수일	토부·월건	천격	축도	석가여래	미륵보살	암흑지옥

칠성기도일	산신축원일	용왕축원일	조왕하강일	나한하강일	불공 제의식 吉한 행사일: 천도재	신굿	재수굿	용왕굿	조왕굿	병굿	고사	吉凶 길흉 大小 일반 행사일: 결혼	입학	투자	계약	등산	여행	이사	합방	이장	점안식	개업준공	신축상량	수술·침	서류제출	직원채용
×	×	×	×	×	×	×	×	×	×	×	×	×	◎	−	−	◎	◎	×	×	×	◎	◎	×	◎	◎	×

백초귀장술 오늘 길흉신궁

오늘 만나면, 협상이 잘되는 띠	소띠, 말띠
오늘 만나면, 협상이 불리한 띠	쥐띠, 용띠
오늘 만나면, 이로운 해결신 띠	말띠

오늘 행운 복권 운세

오늘 행운 방위	1 순위 − 서남쪽 2 순위 − 북동쪽
오늘 행운 복권방	집에서 서남쪽에 있는 복권방
오늘 행운의 숫자	4 9 17 18 24 25 33 35 44
운이 따르는 복권방이나 지역이름	ㅅ, ㅈ, ㅊ, ㅂ 들어가는 지역이름이나 상호, 점포이름
오늘 행운이 따르는 금전운 좋은 시간	오후 15시~ 17시

오늘 재수 좋은 띠	소띠/ 말띠 / 개띠
오늘 재수 나쁜 띠	쥐띠 / 닭띠 / 용띠
당첨운 • 합격운	확률높은 띠: 말띠 / 소띠 확률낮은띠: 토끼/쥐띠/ 닭
오늘 사면 수익률 높은 우량주 증권	자동차, 중장비, 軍무기, 원석, 금은보석,철도업, 운송업, 음악
주식 배팅 좋은 나이	19, 23, 28, 31, 35, 40, 43, 47, 52, 55, 59, 64, 67, 71, 76, 79, 83
주식 배팅 나쁜 나이	17, 20, 25, 29, 32, 37, 41, 44, 49, 53, 56, 61, 65, 68, 73, 77, 80, 85
오늘 복권 사면 좋은 나이	19, 23, 28, 31, 35, 40, 43, 47, 52, 55, 59, 64, 67, 71, 76, 79, 83
오늘 복권 사면 나쁜 나이	17, 20, 25, 29, 32, 37, 41, 44, 49, 53, 56, 61, 65, 68, 73, 77, 80, 85
소개팅 • 맞선 • 데이트 • 친목	좋은 띠 : 소띠 / 말띠 나쁜 띠 : 쥐 / 닭 / 용띠

시간에 만나는 사람	巳時은 사람은 의욕이 없고, 방해자가 있음	午時온 사람은 허가, 해결할 문제, 합격 件	未時온 사람은 의욕없는자, 색정사, 억울한일
申時 온 사람은 금전문제, 투자, 사업문제로 옴	酉時에 사람은 단단히 꼬여있는 사람, 病, 고통	戌時 에 온 사람은 두 가지 문제 갈등사, 갖고 싶은 욕구	

운세풀이				
	辰띠:이동수,우왕좌왕, 사고다툼	未띠: 점점 일이 꼬임, 관재구설	戌띠:최고운상승세, 두마음	丑띠: 만남,결실,화합,문서
	巳띠:매사불편, 방해자,배신	申띠: 귀인상봉, 금전이득, 현금	亥띠: 의욕과다, 스트레스큼	寅띠:이동수,이별수,변동 움직임
	午띠:해결신,시험합격, 풀림	酉띠: 매사꼬임,과거고생, 病	子띠: 시급한 일, 뜻대로 안됨	卯띠: 빈주머니,걱정근심,사기

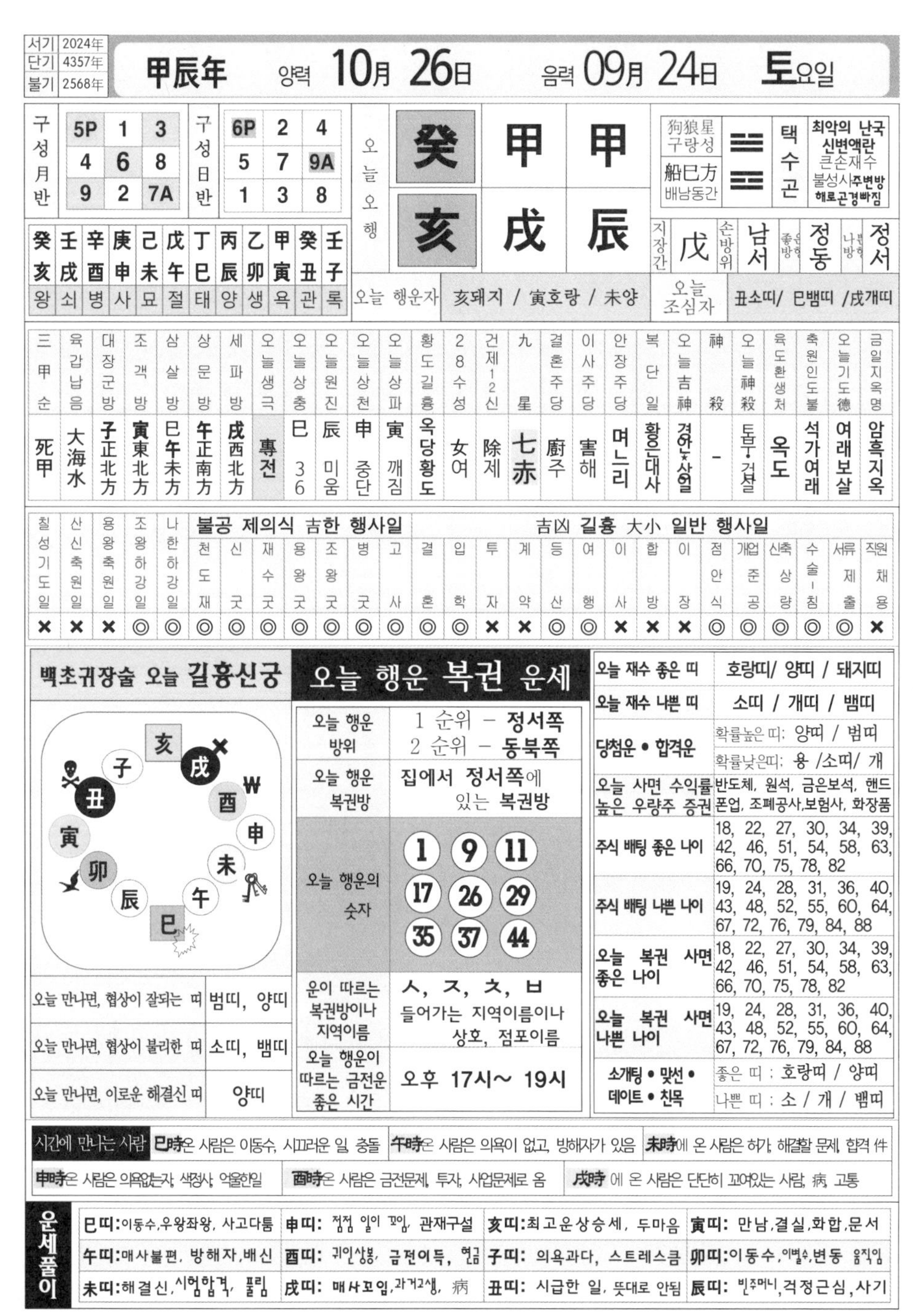

서기	2024年
단기	4357年
불기	2568年

甲辰年 양력 **10月 26日** 음력 **09月 24日** **토**요일

구성月반

5P	1	3
4	6	8
9	2	7A

구성日반

6P	2	4
5	7	9A
1	3	8

癸	壬	辛	庚	己	戊	丁	丙	乙	甲	癸	壬
亥	戌	酉	申	未	午	巳	辰	卯	寅	丑	子
왕	쇠	병	사	묘	절	태	양	생	욕	관	록

오늘오행

癸	甲	甲
亥	戊	辰

狗狼星 구랑성	☱☵	택수곤	최악의 난국 신변액란 큰손재수 불성시주변방 해로곤경빠짐
船巳方 배남동간			

지장간	戊	손방위	남서	좋은방향	정동	나쁜방향	정서

오늘 행운자	亥돼지 / 寅호랑 / 未양	오늘 조심자	丑소띠/ 巳뱀띠 /戌개띠

三甲순	육갑납음	대장군방	조객방	삼살방	상문방	세파방	오늘생극	오늘상충	오늘원진	오늘상천	오늘상파	황도길흉	28수성	건제12신	九星	결혼주당	이사주당	안장주당	복단일	오늘吉神	神殺	오늘神殺	육도환생처	축원인도불	오늘기도德	금일지옥명
死甲	大海水	子正北方	寅東北方	巳午未方	午正南方	戌西北方	專전	巳 36	辰 미움	申 중단	寅 깨짐	옥당황도	女여	除제	七赤	廚주	害해	며느리	황은대사	경안★상일	-	토부·겁살	옥도	석가여래	여래보살	암흑지옥

칠성기도일	산신축원일	용왕축원일	조왕하강일	나한하강일	불공 제의식 吉한 행사일							吉凶 길흉 大小 일반 행사일														
					천도재	신굿	재수굿	용왕굿	조왕굿	병굿	고사	결혼	입학	투자	계약	등산	여행	이사	합방	이장	점안식	개업준공	신축상량	수술-침	서류제출	직원채용
×	×	×	◎	◎	◎	◎	◎	◎	◎	◎	◎	◎	◎	×	×	◎	◎	×	×	×	◎	◎	◎	◎	◎	×

백초귀장술 오늘 길흉신궁

오늘 만나면, 협상이 잘되는 띠	범띠, 양띠
오늘 만나면, 협상이 불리한 띠	소띠, 뱀띠
오늘 만나면, 이로운 해결신 띠	양띠

오늘 행운 복권 운세

오늘 행운 방위	1 순위 – 정서쪽 2 순위 – 동북쪽
오늘 행운 복권방	집에서 정서쪽에 있는 복권방
오늘 행운의 숫자	1 9 11 17 26 29 35 37 44
운이 따르는 복권방이나 지역이름	ㅅ, ㅈ, ㅊ, ㅂ 들어가는 지역이름이나 상호, 점포이름
오늘 행운이 따르는 금전운 좋은 시간	오후 17시~ 19시

오늘 재수 좋은 띠	호랑띠/ 양띠 / 돼지띠
오늘 재수 나쁜 띠	소띠 / 개띠 / 뱀띠
당첨운 • 합격운	확률높은 띠: 양띠 / 범띠 확률낮은띠: 용 /소띠/ 개
오늘 사면 수익률 높은 우량주 증권	반도체, 원석, 금은보석, 핸드폰업, 조폐공사,보험사, 화장품
주식 배팅 좋은 나이	18, 22, 27, 30, 34, 39, 42, 46, 51, 54, 58, 63, 66, 70, 75, 78, 82
주식 배팅 나쁜 나이	19, 24, 28, 31, 36, 40, 43, 48, 52, 55, 60, 64, 67, 72, 76, 79, 84, 88
오늘 복권 사면 좋은 나이	18, 22, 27, 30, 34, 39, 42, 46, 51, 54, 58, 63, 66, 70, 75, 78, 82
오늘 복권 사면 나쁜 나이	19, 24, 28, 31, 36, 40, 43, 48, 52, 55, 60, 64, 67, 72, 76, 79, 84, 88
소개팅 • 맞선 • 데이트 • 친목	좋은 띠 : 호랑띠 / 양띠 나쁜 띠 : 소 / 개 / 뱀띠

시간에 만나는 사람	巳時온 사람은 이동수, 시끄러운 일, 충돌	午時온 사람은 의욕이 없고, 방해자가 있음	未時에 온 사람은 허가, 해결할 문제, 합격 件
	申時온 사람은 의욕없는자, 색정사, 억울한일	酉時온 사람은 금전문제, 투자, 사업문제로 옴	戌時 에 온 사람은 단단히 꼬여있는 사람, 病, 고통

운세풀이			
巳띠:이동수,우왕좌왕, 사고다툼	申띠: 점점 일이 꼬임, 관재구설	亥띠:최고운상승세, 두마음	寅띠: 만남,결실,화합,문서
午띠:매사불편, 방해자,배신	酉띠: 귀인상봉, 금전이득, 현금	子띠: 의욕과다, 스트레스큼	卯띠:이동수,이별수,변동 움직임
未띠:해결신,시험합격, 풀림	戌띠: 매사꼬임,과거고생, 病	丑띠: 시급한 일, 뜻대로 안됨	辰띠: 빈주머니,걱정근심,사기

서기	2024年
단기	4357年
불기	2568年

甲辰年 양력 10月 27日 음력 09月 25日 토요일 음둔하원

구성월반			구성일반		
5P	1	3	5	1P	3
4	6	8	4	6	8
9	2	7A	9	2	7A

오늘오행		
甲	甲	甲
子	戌	辰

狗狼星 구랑성 / 社廟 사당묘	☷☶	산지박	풍비박산 첩첩산중 은신자중할 때신변다급 한위험닥침

지장간	손방위	좋은방향	나쁜방향
戊	서쪽	정북	정남

乙亥	甲戌	癸酉	壬申	辛未	庚午	己巳	戊辰	丁卯	丙寅	乙丑	甲子
생	양	태	절	묘	사	병	쇠	왕	록	관	욕

오늘 행운자	子쥐띠 / 卯토끼/ 申원숭	오늘 조심자	寅범 / 午말 / 亥돼지

三甲순	육갑납음	대장군방	조객방	삼살방	상문방	세파방	오늘생극	오늘상충	오늘원진	오늘상천	오늘상파	황도길흉	28수성	건제12신	九星	결혼주당	이사주당	안장주당	복단일	오늘吉神	神殺	오늘神殺	육도환생처	축원인도불	오늘기도德	금일지옥명
病甲	海中金	子正北方	寅東北方	巳午未方	午正南方	戌西北方	義의	午 36	未 미움	未 중단	酉 깨짐	천뇌흑도	虛허	滿만	六白	婦부	大천	어머니	-	보호*민일	천화·패파	귀기·지격	천도	아미타불	아미보살	검수지옥

칠성기도일	산신축원일	용왕축원일	조왕하강일	나한하강일	불공 제의식 吉한 행사일: 천도재	신굿	재수굿	용왕굿	조왕굿	병굿	고사	吉凶 길흉 大小 일반 행사일: 결혼	입학	투자	계약	등산	여행	이사	합방	이장	점안식	개업준공	신축상량	수술-침	서류제출	직원채용
×	◎	×	◎	◎	◎	◎	◎	◎	◎	◎	◎	×	◎	×	×	◎	−	×	×	×	◎	◎	◎	◎	◎	×

백초귀장술 오늘 길흉신궁

子 丑 寅 卯 辰 巳 午 未 申 酉 戌 亥 ₩

오늘 만나면, 협상이 잘되는 띠	토끼, 원숭
오늘 만나면, 협상이 불리한 띠	호랑띠, 말띠
오늘 만나면, 이로운 해결신 띠	원숭이띠

오늘 행운 복권 운세

오늘 행운 방위	1 순위 – 서북쪽 2 순위 – 정동쪽
오늘 행운 복권방	집에서 서북쪽에 있는 복권방
오늘 행운의 숫자	5 10 14 15 20 26 32 36 45
운이 따르는 복권방이나 지역이름	ㅁ, ㅂ, ㅍ, ㅌ 들어가는 지역이름이나 상호, 점포이름
오늘 행운이 따르는 금전운 좋은 시간	오후 19시~ 21시

오늘 재수 좋은 띠	토끼띠/ 원숭띠 / 쥐띠
오늘 재수 나쁜 띠	호랑띠 / 돼지띠 / 말
당첨운 • 합격운	확률높은 띠: 원숭 / 토끼 확률낮은띠:호랑 /돼지/뱀
오늘 사면 수익률 높은 우량주 증권	골재업,건축업,토목업,부동산, 증권사, 금융가, 토지산업
주식 배팅 좋은 나이	17, 21, 26, 29, 33, 38, 41, 45, 50, 53, 57, 62, 65, 69, 74, 77, 81, 86
주식 배팅 나쁜 나이	18, 23, 27, 30, 35, 39, 42, 47, 51, 54, 59, 63, 66, 71, 75, 78, 83
오늘 복권 사면 좋은 나이	17, 21, 26, 29, 33, 38, 41, 45, 50, 53, 57, 62, 65, 69, 74, 77, 81, 86
오늘 복권 사면 나쁜 나이	18, 23, 27, 30, 35, 39, 42, 47, 51, 54, 59, 63, 66, 71, 75, 78, 83
소개팅 • 맞선 • 데이트 • 친목	좋은 띠 : 토끼 / 원숭이 나쁜 띠 : 돼지 /호랑/ 말

시간에 만나는 사람	巳時에 사람은 빈주머니, 헛 공사, 사기	午時은 사람은 변동수, 시끄러운 일, 사고주의, 관재수	未時에 온 사람 방해자, 배신자, 의욕상실
	申時에 온 사람은 허가, 해결할 문제, 합격 件	酉時에 온 사람은 의욕없는 자, 색정사, 억울한 일	戌時 에 온 사람은 금전문제, 투자, 사업문제로 옴

운세풀이				
	午띠:이동수,우왕좌왕, 사고다툼	酉띠: 점점 일이 꼬임, 관재구설	子띠:최고운상승세, 두마음	卯띠: 만남,결실,화합,문서
	未띠:매사불편, 방해자,배신	戌띠:귀인상봉, 금전이득, 현금	丑띠: 의욕과다, 스트레스큼	辰띠:이동수,이별수,변동 움직임
	申띠:해결신,시험합격, 풀림	亥띠: 매사꼬임,과거고생, 病	寅띠: 시급한 일, 뜻대로 안됨	巳띠: 빈주머니,걱정근심,사기

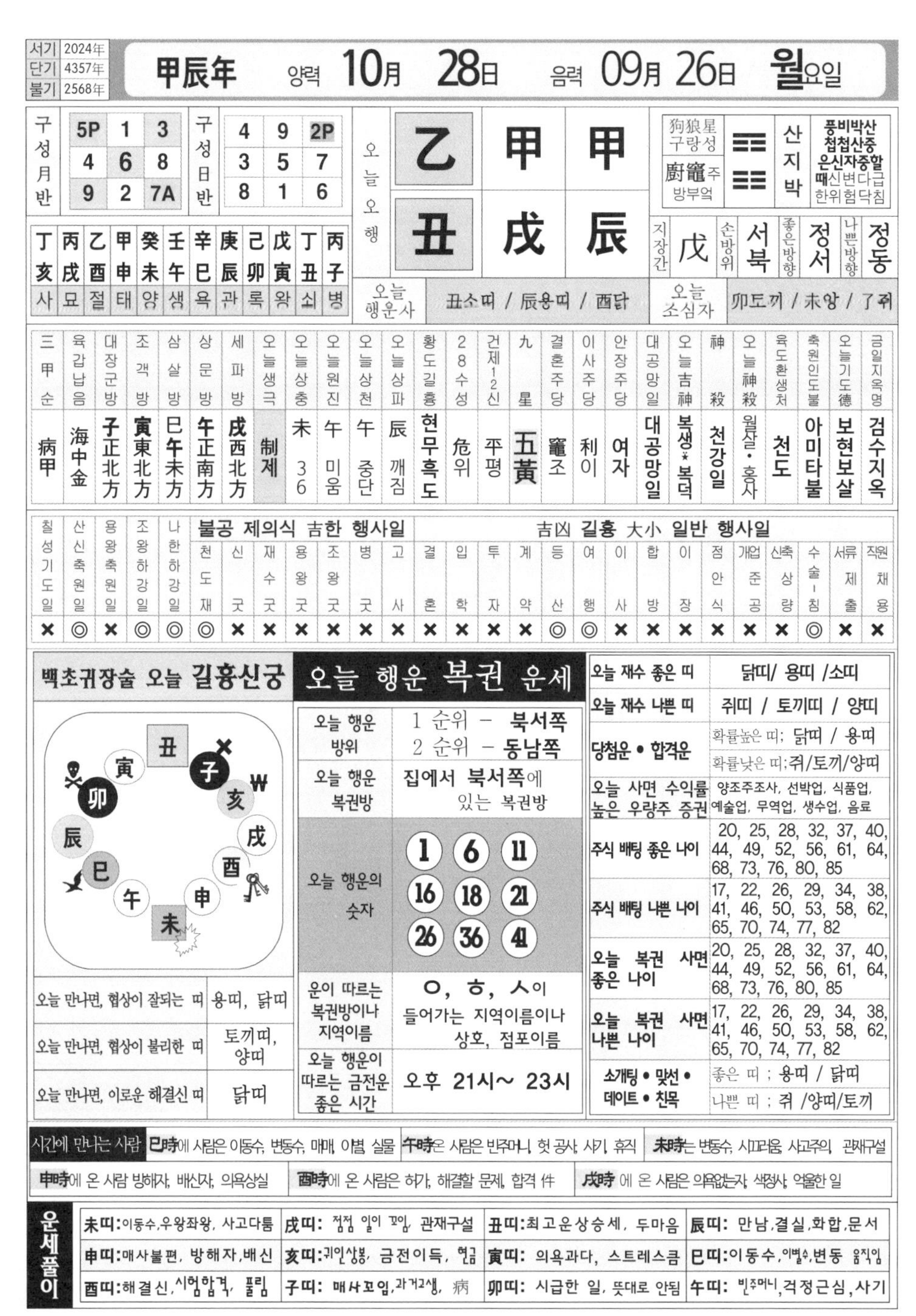

서기	2024年
단기	4357年
불기	2568年

甲辰年 양력 **10月 28日** 음력 **09月 26日** **월**요일

구성월반

5P	1	3
4	6	8
9	2	7A

구성일반

4	9	2P
3	5	7
8	1	6

오늘오행

乙	甲	甲
丑	戊	辰

狗狼星 구랑성	☷	산지박	풍비박산 첩첩산중 은신자중할 때 신변다급 한위험닥침
廚竈주 방부엌	☷		

지장간	戊	손방위	서북	좋은방향	정서	나쁜방향	정동

丁亥	丙戌	乙酉	甲申	癸未	壬午	辛巳	庚辰	己卯	戊寅	丁丑	丙子
사	묘	절	태	양	생	욕	관	록	왕	쇠	병

오늘 행운사	丑소띠 / 辰용띠 / 酉닭	오늘 조심자	卯토끼 / 未양 / 子쥐

三甲순	육갑납음	대장군방	조객방	삼살방	상문방	세파방	오늘생극	오늘상충	오늘원진	오늘상천	오늘상파	황도길흉	28수성	건제12신	九星	결혼주당	이사주당	안장주당	대공망일	오늘吉神	神殺	오늘神殺	육도환생처	축원인도불	오늘기도德	금일지옥명
病甲	海中金	子正北方	寅東北方	巳午未方	午正南方	戌西北方	制제	未 36	午 미움	午 중단	辰 깨짐	현무흑도	危위	平평	五黃	竈조	利이	여자	대공망일	복생*복덕	천강일	월살·홍사	천도	아미타불	보현보살	검수지옥

칠성기도일	산신축원일	용왕축원일	조왕하강일	나한하강일	불공 제의식 吉한 행사일: 천도재	신굿	재수굿	용왕굿	조왕굿	병굿	고사	吉凶 길흉 大小 일반 행사일: 결혼	입학	투자	계약	등산	여행	이사	합방	이장	점안식	개업준공	신축상량	수술·침	서류제출	직원채용
×	◎	×	◎	◎	◎	×	×	×	×	×	×	×	×	×	×	◎	◎	×	×	×	×	×	×	◎	×	×

백초귀장술 오늘 길흉신궁

丑 子 亥 戌 酉 申 未 午 巳 辰 卯 寅

오늘 만나면, 협상이 잘되는 띠	용띠, 닭띠
오늘 만나면, 협상이 불리한 띠	토끼띠, 양띠
오늘 만나면, 이로운 해결신 띠	닭띠

오늘 행운 복권 운세

오늘 행운 방위	1 순위 – 북서쪽 2 순위 – 동남쪽
오늘 행운 복권방	집에서 북서쪽에 있는 복권방
오늘 행운의 숫자	1 6 11 16 18 21 26 36 41
운이 따르는 복권방이나 지역이름	ㅇ, ㅎ, ㅅ이 들어가는 지역이름이나 상호, 점포이름
오늘 행운이 따르는 금전운 좋은 시간	오후 21시~ 23시

오늘 재수 좋은 띠	닭띠/ 용띠 /소띠
오늘 재수 나쁜 띠	쥐띠 / 토끼띠 / 양띠
당첨운 • 합격운	확률높은 띠; 닭띠 / 용띠 확률낮은 띠;쥐/토끼/양띠
오늘 사면 수익률 높은 우량주 증권	양조주조사, 선박업, 식품업, 예술업, 무역업, 생수업, 음료
주식 배팅 좋은 나이	20, 25, 28, 32, 37, 40, 44, 49, 52, 56, 61, 64, 68, 73, 76, 80, 85
주식 배팅 나쁜 나이	17, 22, 26, 29, 34, 38, 41, 46, 50, 53, 58, 62, 65, 70, 74, 77, 82
오늘 복권 사면 좋은 나이	20, 25, 28, 32, 37, 40, 44, 49, 52, 56, 61, 64, 68, 73, 76, 80, 85
오늘 복권 사면 나쁜 나이	17, 22, 26, 29, 34, 38, 41, 46, 50, 53, 58, 62, 65, 70, 74, 77, 82
소개팅 • 맞선 • 데이트 • 친목	좋은 띠 ; 용띠 / 닭띠 나쁜 띠 ; 쥐 /양띠/토끼

시간에 만나는 사람

- **巳時**에 사람은 이동수, 변동수, 매매, 이별, 실물
- **午時**온 사람은 빈주머니, 헛 공사, 사기, 휴직
- **未時**는 변동수, 시끄러움, 사고주의, 관재구설
- **申時**에 온 사람 방해자, 배신자, 의욕상실
- **酉時**에 온 사람은 허가, 해결할 문제, 합격 件
- **戌時** 에 온 사람은 의욕없는자, 색정사, 억울한 일

운세풀이

未띠: 이동수,우왕좌왕, 사고다툼	戌띠: 점점 일이 꼬임, 관재구설	丑띠: 최고운상승세, 두마음	辰띠: 만남,결실,화합,문서
申띠: 매사불편, 방해자,배신	亥띠: 귀인상봉, 금전이득, 현금	寅띠: 의욕과다, 스트레스큼	巳띠: 이동수,이별수,변동 움직임
酉띠: 해결신,시험합격, 풀림	子띠: 매사꼬임,과거고생, 病	卯띠: 시급한 일, 뜻대로 안됨	午띠: 빈주머니,걱정근심,사기

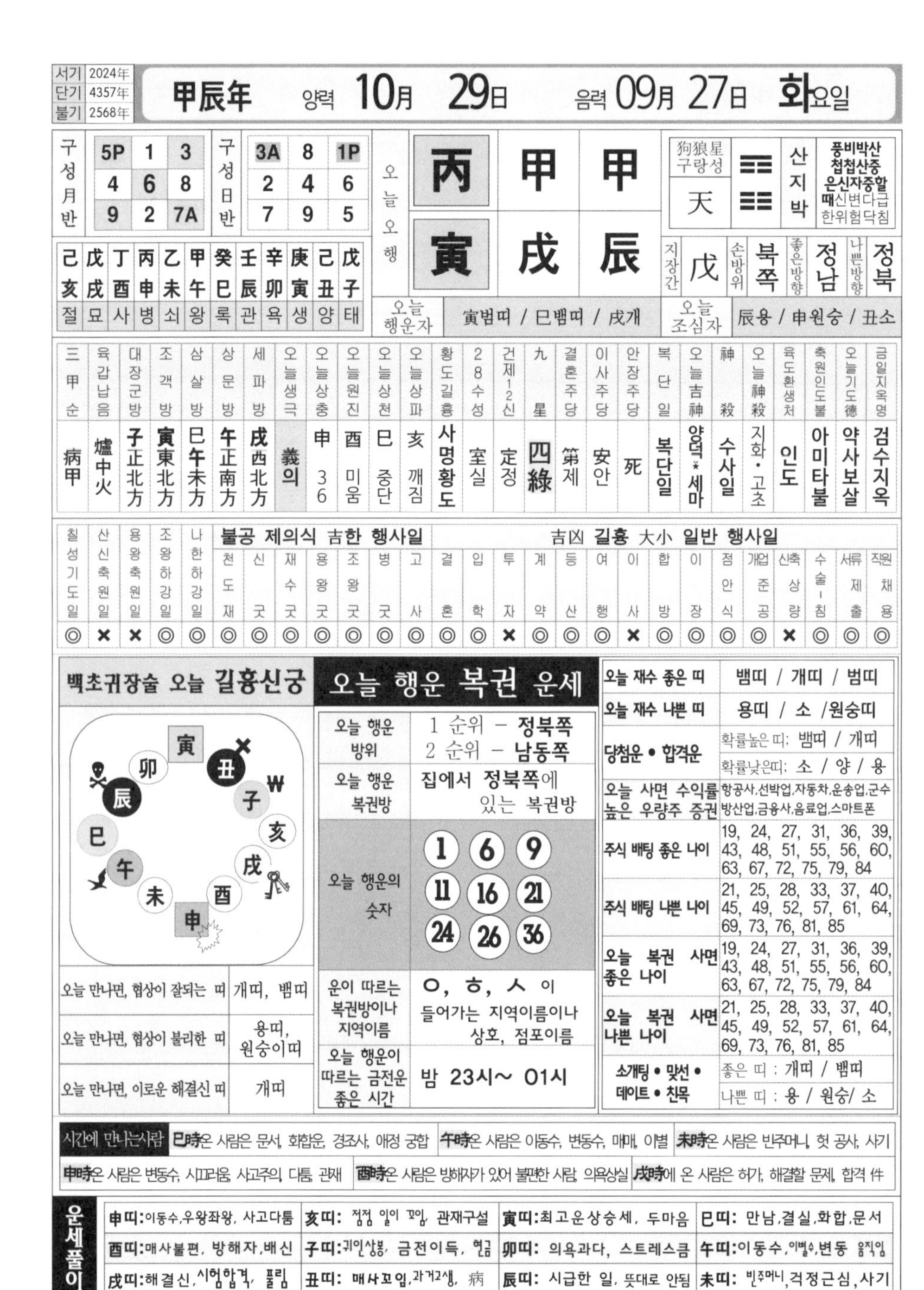

서기	2024年
단기	4357年
불기	2568年

甲辰年 양력 **10月 29日** 음력 **09月 27日** **화**요일

구성월반

5P	1	3
4	6	8
9	2	7A

구성일반

3A	8	1P
2	4	6
7	9	5

오늘오행

丙	甲	甲
寅	戌	辰

狗狼星 구랑성	天	☷☶	산지박	풍비박산 첩첩산중 은신자중할 때신변다급 한위험닥침

己	戊	丁	丙	乙	甲	癸	壬	辛	庚	己	戊
亥	戌	酉	申	未	午	巳	辰	卯	寅	丑	子
절	묘	사	병	쇠	왕	록	관	욕	생	양	태

지장간	손방위	좋은방향	나쁜방향
戊	북쪽	정남	정북

오늘 행운자: 寅범띠 / 巳뱀띠 / 戌개

오늘 조심자: 辰용 / 申원숭 / 丑소

三甲순	육갑납음	대장군방	조객방	삼살방	상문방	세파방	오늘생극	오늘상충	오늘원진	오늘상천	오늘상파	황도길흉	28수성
病甲	爐中火	子正北方	寅東北方	巳午未方	午正南方	戌西北方	義의	申 36	酉 미움	巳 중단	亥 깨짐	사명황도	室실

건제12신	九星	결혼주당	이사주당	안장주당	복단일	오늘吉神	神殺	오늘神殺	육도환생처	축원인도불	오늘기도德	금일지옥명
定정	四綠	第제	安안	死	복단일	양덕*세마	수사일	지화·고초	인도	아미타불	약사보살	검수지옥

칠성기도일	산신축원일	용왕축원일	조왕하강일	나한하강일	불공 제의식 吉한 행사일						
					천도재	신굿	재수굿	용왕굿	조왕굿	병굿	고사
◎	×	×	◎	◎	◎	◎	◎	◎	◎	◎	◎

吉凶 길흉 大小 일반 행사일														
결혼	입학	투자	계약	등산	여행	이사	합방	이장	점안식	개업준공	신축상량	수술-침	서류제출	직원채용
◎	◎	×	◎	◎	◎	×	◎	◎	◎	◎	×	◎	◎	◎

백초귀장술 오늘 길흉신궁

오늘 만나면, 협상이 잘되는 띠	개띠, 뱀띠
오늘 만나면, 협상이 불리한 띠	용띠, 원숭이띠
오늘 만나면, 이로운 해결신 띠	개띠

오늘 행운 복권 운세

오늘 행운 방위	1 순위 – 정북쪽 2 순위 – 남동쪽
오늘 행운 복권방	집에서 정북쪽에 있는 복권방
오늘 행운의 숫자	1, 6, 9, 11, 16, 21, 24, 26, 36
운이 따르는 복권방이나 지역이름	ㅇ, ㅎ, ㅅ 이 들어가는 지역이름이나 상호, 점포이름
오늘 행운이 따르는 금전운 좋은 시간	밤 23시~ 01시

오늘 재수 좋은 띠	뱀띠 / 개띠 / 범띠
오늘 재수 나쁜 띠	용띠 / 소 /원숭띠
당첨운 • 합격운	확률높은 띠: 뱀띠 / 개띠 확률낮은띠: 소 / 양 / 용
오늘 사면 수익률 높은 우량주 증권	항공사,선박업,자동차,운송업,군수방산업,금융사,음료업,스마트폰
주식 배팅 좋은 나이	19, 24, 27, 31, 36, 39, 43, 48, 51, 55, 56, 60, 63, 67, 72, 75, 79, 84
주식 배팅 나쁜 나이	21, 25, 28, 33, 37, 40, 45, 49, 52, 57, 61, 64, 69, 73, 76, 81, 85
오늘 복권 사면 좋은 나이	19, 24, 27, 31, 36, 39, 43, 48, 51, 55, 56, 60, 63, 67, 72, 75, 79, 84
오늘 복권 사면 나쁜 나이	21, 25, 28, 33, 37, 40, 45, 49, 52, 57, 61, 64, 69, 73, 76, 81, 85
소개팅 • 맞선 • 데이트 • 친목	좋은 띠 : 개띠 / 뱀띠 나쁜 띠 : 용 / 원숭/ 소

시간에 만나는사람	巳時온 사람은 문서, 화합운, 경조사, 애정 궁합	午時온 사람은 이동수, 변동수, 매매, 이별	未時온 사람은 빈주머니, 헛 공사, 사기
	申時온 사람은 변동수, 시끄러움, 사고주의, 다툼, 관재	酉時온 사람은 방해자가 있어 불편한 사람, 의욕상실	戌時에 온 사람은 허가, 해결할 문제, 합격 件

운세풀이			
申띠:이동수,우왕좌왕, 사고다툼	亥띠: 점점 일이 꼬임, 관재구설	寅띠:최고운상승세, 두마음	巳띠: 만남,결실,화합,문서
酉띠:매사불편, 방해자,배신	子띠:귀인상봉, 금전이득, 현금	卯띠: 의욕과다, 스트레스큼	午띠:이동수,이별수,변동 움직임
戌띠:해결신,시험합격, 풀림	丑띠: 매사꼬임,과거고생, 病	辰띠: 시급한 일, 뜻대로 안됨	未띠: 빈주머니,걱정근심,사기

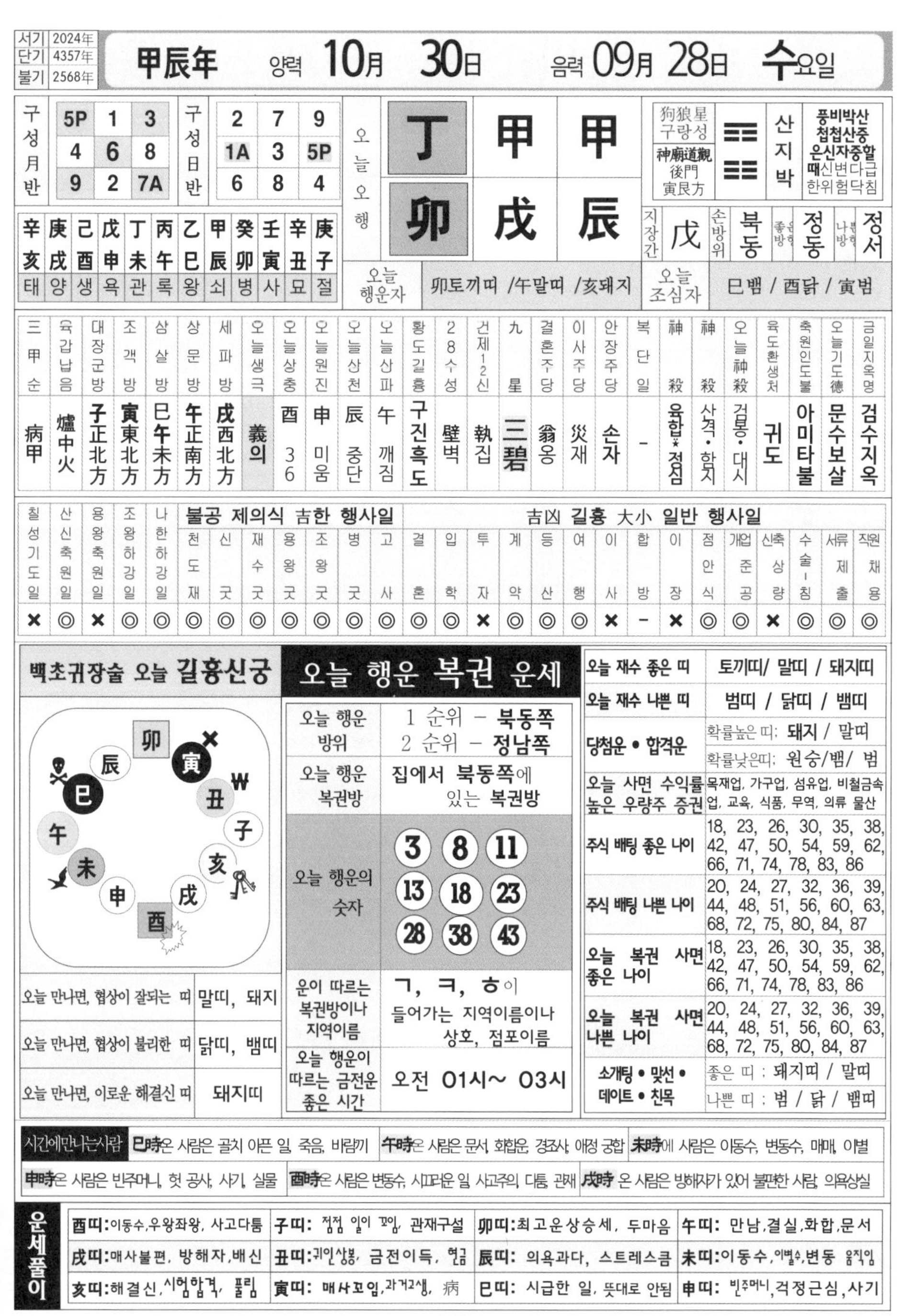

서기	2024年
단기	4357年
불기	2568年

甲辰年 양력 10月 30日 음력 09月 28日 수요일

구성月반			구성日반		
5P	1	3	2	7	9
4	6	8	1A	3	5P
9	2	7A	6	8	4

오늘오행		
丁	甲	甲
卯	戌	辰

狗狼星 구랑성	神廟道觀 後門 寅艮方	☷☶	산지박	풍비박산 첩첩산중 은신자중할 때신변다급 한위험닥침

지장간	戊	손방위	북동	좋은방향	정동	나쁜방향	정서

辛	庚	己	戊	丁	丙	乙	甲	癸	壬	辛	庚
亥	戌	酉	申	未	午	巳	辰	卯	寅	丑	子
태	양	생	욕	관	록	왕	쇠	병	사	묘	절

오늘 행운자	卯토끼띠 /午말띠 /亥돼지	오늘 조심자	巳뱀 / 酉닭 / 寅범

三甲순	육갑납음	대장군방	조객방	삼살방	상문방	세파방	오늘생극	오늘상충	오늘원진	오늘상천	오늘상파	황도길흉	28수성	건제12신	九星	결혼주당	이사주당	안장주당	복단일	神殺	神殺	오늘神殺	육도환생처	축원인도불	오늘기도德	금일지옥명
病甲	爐中火	子正北方	寅東北方	巳午未方	午正南方	戌西北方	義의	酉 36	申 미움	辰 중단	午 깨짐	구진흑도	壁벽	執집	三碧	翁옹	災재	손자	-	육합*정심	사격·함지	검봉·대시	귀도	아미타불	문수보살	검수지옥

칠성기도일	산신축원일	용왕축원일	조왕하강일	나한하강일	천도재	신굿	재수굿	용왕굿	조왕굿	병굿	고사	결혼	입학	투자	계약	등산	여행	이사	합방	이장	점안식	개업준공	신축상량	수술-침	서류제출	직원채용
					불공 제의식 吉한 행사일							吉凶 길흉 大小 일반 행사일														
×	◎	×	◎	◎	◎	◎	◎	◎	◎	◎	◎	◎	◎	×	◎	◎	◎	×	-	×	◎	◎	×	◎	◎	◎

백초귀장술 오늘 길흉신궁

卯 辰 寅 巳 丑 ₩ 午 子 亥 未 申 戌 酉

오늘 만나면, 협상이 잘되는 띠	말띠, 돼지
오늘 만나면, 협상이 불리한 띠	닭띠, 뱀띠
오늘 만나면, 이로운 해결신 띠	돼지띠

오늘 행운 복권 운세

오늘 행운 방위	1 순위 – 북동쪽 2 순위 – 정남쪽
오늘 행운 복권방	집에서 북동쪽에 있는 복권방
오늘 행운의 숫자	3 8 11 13 18 23 28 38 43
운이 따르는 복권방이나 지역이름	ㄱ, ㅋ, ㅎ이 들어가는 지역이름이나 상호, 점포이름
오늘 행운이 따르는 금전운 좋은 시간	오전 01시~ 03시

오늘 재수 좋은 띠	토끼띠/ 말띠 / 돼지띠
오늘 재수 나쁜 띠	범띠 / 닭띠 / 뱀띠
당첨운 • 합격운	확률높은 띠: 돼지 / 말띠 확률낮은띠: 원숭/뱀/ 범
오늘 사면 수익률 높은 우량주 증권	목재업, 가구업, 섬유업, 비철금속업, 교육, 식품, 무역, 의류 물산
주식 배팅 좋은 나이	18, 23, 26, 30, 35, 38, 42, 47, 50, 54, 59, 62, 66, 71, 74, 78, 83, 86
주식 배팅 나쁜 나이	20, 24, 27, 32, 36, 39, 44, 48, 51, 56, 60, 63, 68, 72, 75, 80, 84, 87
오늘 복권 사면 좋은 나이	18, 23, 26, 30, 35, 38, 42, 47, 50, 54, 59, 62, 66, 71, 74, 78, 83, 86
오늘 복권 사면 나쁜 나이	20, 24, 27, 32, 36, 39, 44, 48, 51, 56, 60, 63, 68, 72, 75, 80, 84, 87
소개팅 • 맞선 • 데이트 • 친목	좋은 띠 : 돼지띠 / 말띠 나쁜 띠 : 범 / 닭 / 뱀띠

시간에만나는사람	巳時은 사람은 골치 아픈 일, 죽음, 바람끼	午時은 사람은 문서, 화합운, 경조사, 애정 궁합	未時에 사람은 이동수, 변동수, 매매, 이별
	申時은 사람은 빈주머니, 헛 공사, 사기, 실물	酉時은 사람은 변동수, 시끄러운 일 사고주의, 다툼, 관재	戌時 온 사람은 방해자가 있어 불편한 사람, 의욕상실

운세풀이			
酉띠:이동수,우왕좌왕, 사고다툼	子띠: 점점 일이 꼬임, 관재구설	卯띠:최고운상승세, 두마음	午띠: 만남,결실,화합,문서
戌띠:매사불편, 방해자,배신	丑띠:귀인상봉, 금전이득, 현금	辰띠: 의욕과다, 스트레스큼	未띠:이동수,이별수,변동 움직임
亥띠:해결신,시험합격, 풀림	寅띠: 매사꼬임,과거고생, 病	巳띠: 시급한 일, 뜻대로 안됨	申띠: 빈주머니,걱정근심,사기

서기	2024年
단기	4357年
불기	2568年

甲辰年 양력 10月 31日 음력 09月 29日 목요일

구성月반		
5P	1	3
4	6	8
9	2	7A

구성日반		
1	6	8A
9	2	4
5	7	3P

오늘오행		
戊	甲	甲
辰	戊	辰

狗狼星 구랑성	☷ ☶	산지박	풍비박산 첩첩산중 은신자중할 때신변다급 한위험닥침
寅辰方 寺觀			

지장간	손방위	좋은방향	나쁜방향
戊	없음	정북	정남

癸亥	壬戌	辛酉	庚申	己未	戊午	丁巳	丙辰	乙卯	甲寅	癸丑	壬子
절	묘	사	병	쇠	왕	록	관	욕	생	양	태

오늘 행운자	辰용띠 / 未양띠 /子쥐	오늘 조심자	午말 / 戌개 / 卯토끼

三甲순	육갑납음	대장군방	조객방	삼살방	상문방	세파방	오늘생극	오늘상충	오늘원진	오늘상천	오늘상파	황도길흉	28수성
病甲	大林木	子正北方	寅東北方	巳午未方	午正南方	戌西北方	專전	戌 36	亥 미움	卯 중단	丑 깨짐	청룡황도	奎규

건제12신	九星	결혼주당	이사주당	안장주당	복단일	오늘吉神	神殺	오늘神殺	처 육도환생	불 축원인도	德 오늘기도	명 금일지옥
破파	二黑	堂당	師사	남자	-	-	월파일	왕망·구공	축도	아미타불	지장보살	검수지옥

칠성기도일	산신축원일	용왕축원일	조왕하강일	나한하강일	불공 제의식 吉한 행사일: 천도재	신굿	재수굿	용왕굿	조왕굿	병굿	고사
×	◎	×	×	×	×	×	×	×	×	×	×

吉凶 길흉 大小 일반 행사일: 결혼	입학	투자	계약	등산	여행	이사	합방	이장	점안식	개업준공	신축상량	수술-침	서류제출	직원채용
×	×	×	×	×	×	×	×	×	×	×	×	×	×	×

백초귀장술 오늘 길흉신궁

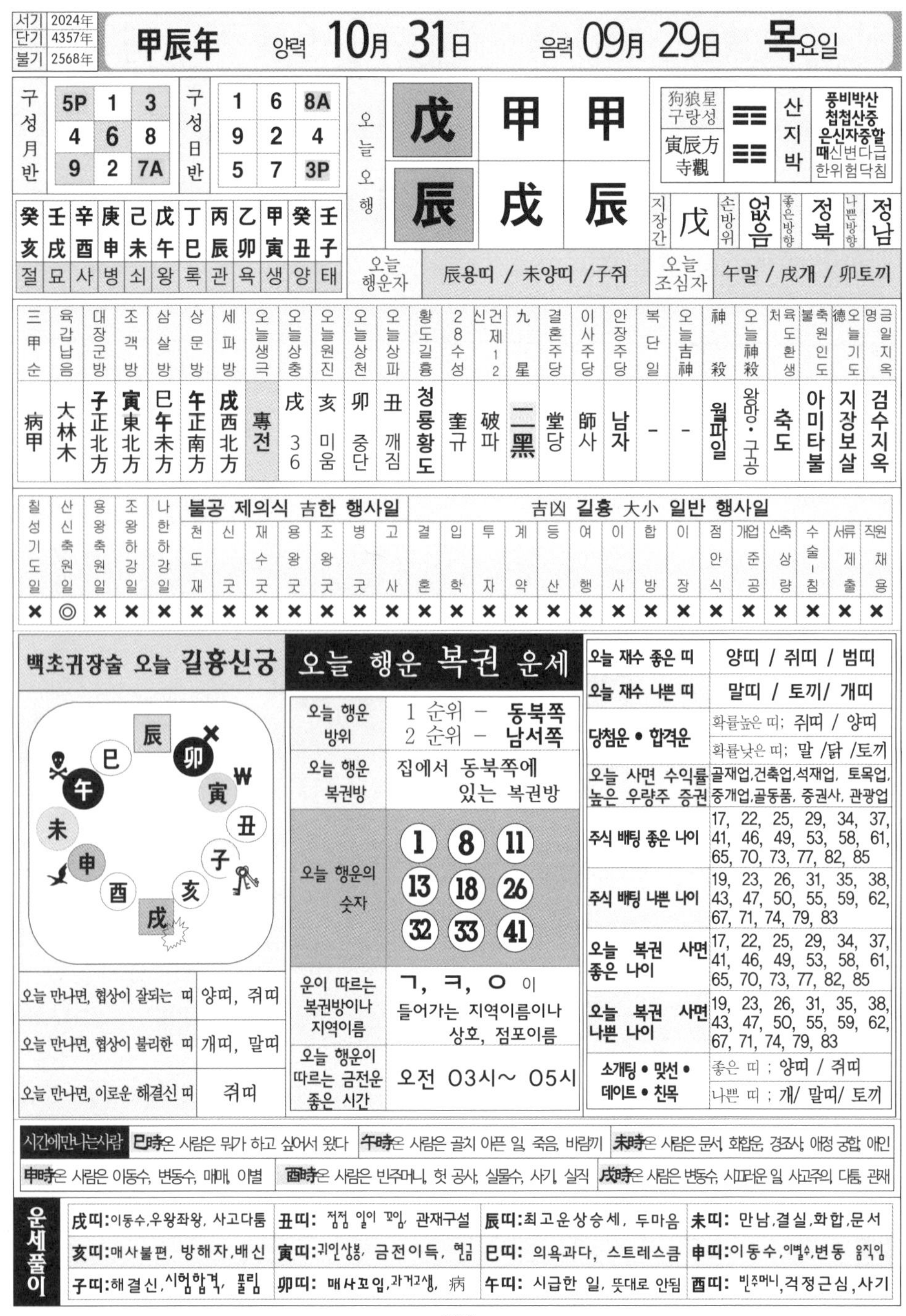

오늘 만나면, 협상이 잘되는 띠	양띠, 쥐띠
오늘 만나면, 협상이 불리한 띠	개띠, 말띠
오늘 만나면, 이로운 해결신 띠	쥐띠

오늘 행운 복권 운세

오늘 행운 방위	1 순위 - 동북쪽 2 순위 - 남서쪽
오늘 행운 복권방	집에서 동북쪽에 있는 복권방
오늘 행운의 숫자	1 8 11 13 18 26 32 33 41
운이 따르는 복권방이나 지역이름	ㄱ, ㅋ, ㅇ 이 들어가는 지역이름이나 상호, 점포이름
오늘 행운이 따르는 금전운 좋은 시간	오전 03시~ 05시

오늘 재수 좋은 띠	양띠 / 쥐띠 / 범띠
오늘 재수 나쁜 띠	말띠 / 토끼/ 개띠
당첨운 • 합격운	확률높은 띠; 쥐띠 / 양띠 확률낮은 띠; 말 /닭 /토끼
오늘 사면 수익률 높은 우량주 증권	골재업,건축업,석재업, 토목업, 중개업,골동품, 증권사, 관광업
주식 배팅 좋은 나이	17, 22, 25, 29, 34, 37, 41, 46, 49, 53, 58, 61, 65, 70, 73, 77, 82, 85
주식 배팅 나쁜 나이	19, 23, 26, 31, 35, 38, 43, 47, 50, 55, 59, 62, 67, 71, 74, 79, 83
오늘 복권 사면 좋은 나이	17, 22, 25, 29, 34, 37, 41, 46, 49, 53, 58, 61, 65, 70, 73, 77, 82, 85
오늘 복권 사면 나쁜 나이	19, 23, 26, 31, 35, 38, 43, 47, 50, 55, 59, 62, 67, 71, 74, 79, 83
소개팅 • 맞선 • 데이트 • 친목	좋은 띠 ; 양띠 / 쥐띠 나쁜 띠 ; 개/ 말띠/ 토끼

시간에만나는사람	巳時은 사람은 뭐가 하고 싶어서 왔다	午時은 사람은 골치 아픈 일, 죽음, 바람끼	未時은 사람은 문서, 화합운, 경조사, 애정 궁합, 애인
	申時은 사람은 이동수, 변동수, 매매, 이별	酉時은 사람은 빈주머니, 헛 공사, 실물수, 사기, 실직	戌時은 사람은 변동수, 시끄러운 일, 사고주의, 다툼, 관재

운세풀이			
戌띠:이동수,우왕좌왕, 사고다툼	丑띠: 점점 일이 꼬임, 관재구설	辰띠:최고운상승세, 두마음	未띠: 만남,결실,화합,문서
亥띠:매사불편, 방해자,배신	寅띠:귀인상봉, 금전이득, 현금	巳띠: 의욕과다, 스트레스큼	申띠:이동수,이별수,변동 움직임
子띠:해결신,시험합격, 풀림	卯띠: 매사꼬임,과거고생, 病	午띠: 시급한 일, 뜻대로 안됨	酉띠: 빈주머니,걱정근심,사기

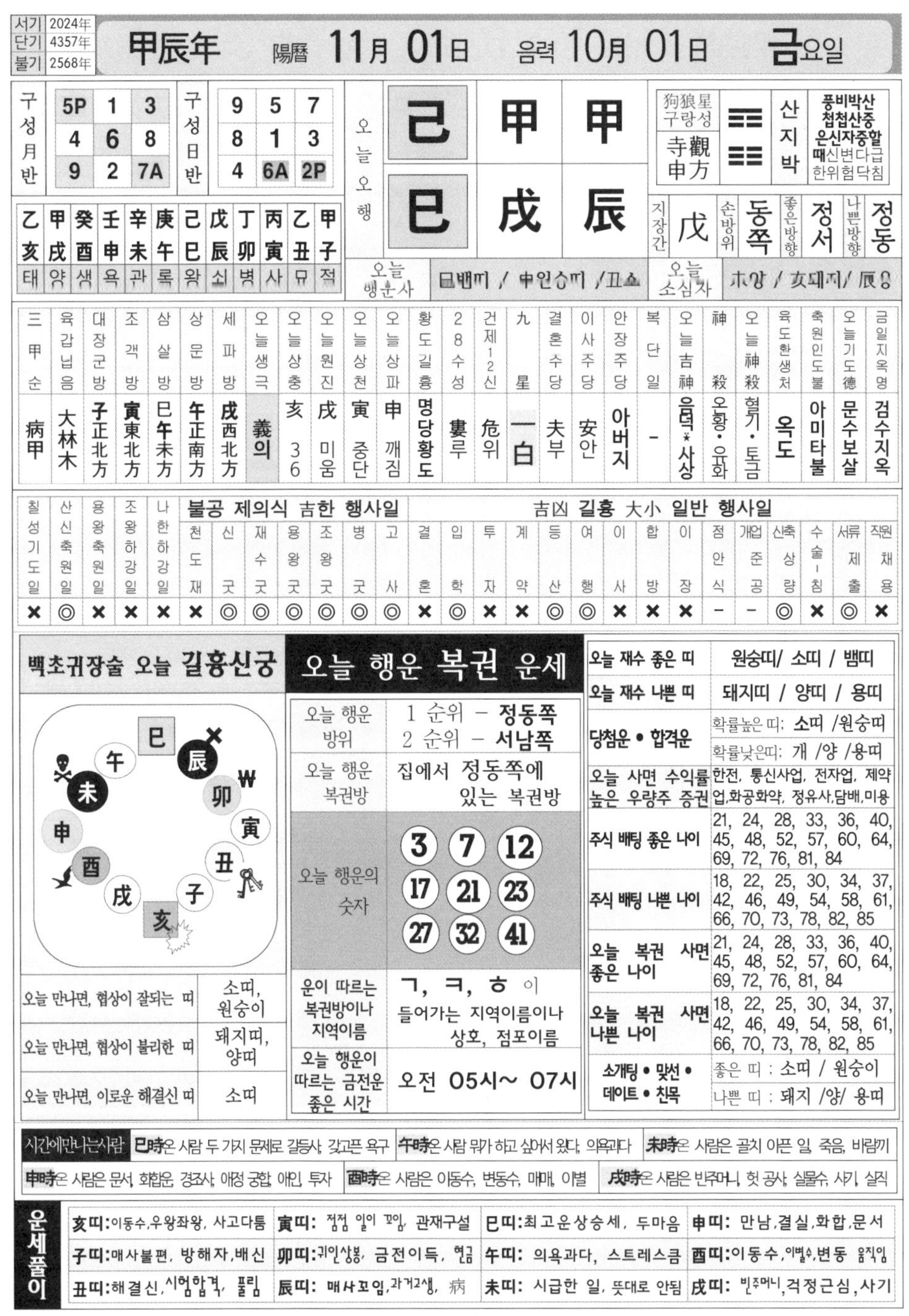

서기 2024年	甲辰年	陽曆 11月 01日	음력 10月 01日	금요일
단기 4357年				
불기 2568年				

구성月반			구성日반		
5P	1	3	9	5	7
4	6	8	8	1	3
9	2	7A	4	6A	2P

오늘오행		
己	甲	甲
巳	戌	辰

狗狼星 구랑성	寺觀 申方	☷☶	산지박	풍비박산 첩첩산중 은신자중할 때신변다급 한위험닥침

지장간	손방위	좋은방향	나쁜방향
戊	동쪽	정서	정동

乙亥	甲戌	癸酉	壬申	辛未	庚午	己巳	戊辰	丁卯	丙寅	乙丑	甲子
태	양	생	욕	관	록	왕	쇠	병	사	묘	절

오늘 행운사: 巳뱀띠 / 申원숭띠 / 丑소

오늘 소심자: 未양 / 亥돼지 / 辰용

三甲순	육갑납음	대장군방	조객방	삼살방	상문방	세파방	오늘생극	오늘상충	오늘원진	오늘상천	오늘상파	황도길흉	28수성	건제12신	九星	결혼수당	이사주당	안장주당	복단일	오늘吉神	神殺	오늘神殺	육도환생처	축원인도불	오늘기도德	금일지옥명
病甲	大林木	子正北方	寅東北方	巳午未方	午正南方	戌西北方	義의	亥 36	戌 미움	寅 중단	申 깨짐	명당황도	婁루	危위	一白	夫부	安안	아버지	-	음덕*사상	오황·육화	혈기·토금	옥도	아미타불	문수보살	검수지옥

칠성기도일	산신축원일	용왕축원일	조왕하강일	나한하강일	천도재	신굿	재수굿	용왕굿	조왕굿	병굿	고사	결혼	입학	투자	계약	등산	여행	이사	합방	이장	점안식	개업준공	신축상량	수술·침	서류제출	직원채용
×	◎	×	×	×	×	◎	◎	◎	◎	◎	◎	×	◎	×	×	◎	◎	×	×	×	-	-	◎	×	◎	×

(불공 제의식 吉한 행사일: 천도재 ~ 고사 / 吉凶 길흉 大小 일반 행사일: 결혼 ~ 직원채용)

백초귀장술 오늘 길흉신궁

오늘 만나면, 협상이 잘되는 띠	소띠, 원숭이
오늘 만나면, 협상이 불리한 띠	돼지띠, 양띠
오늘 만나면, 이로운 해결신 띠	소띠

오늘 행운 복권 운세

오늘 행운 방위	1 순위 – 정동쪽 2 순위 – 서남쪽
오늘 행운 복권방	집에서 정동쪽에 있는 복권방
오늘 행운의 숫자	3, 7, 12, 17, 21, 23, 27, 32, 41
운이 따르는 복권방이나 지역이름	ㄱ, ㅋ, ㅎ 이 들어가는 지역이름이나 상호, 점포이름
오늘 행운이 따르는 금전운 좋은 시간	오전 05시~ 07시

오늘 재수 좋은 띠	원숭띠/ 소띠 / 뱀띠
오늘 재수 나쁜 띠	돼지띠 / 양띠 / 용띠
당첨운 • 합격운	확률높은 띠: 소띠 /원숭띠 확률낮은띠: 개 /양 /용띠
오늘 사면 수익률 높은 우량주 증권	한전, 통신사업, 전자업, 제약업,화공화약, 정유사,담배,미용
주식 배팅 좋은 나이	21, 24, 28, 33, 36, 40, 45, 48, 52, 57, 60, 64, 69, 72, 76, 81, 84
주식 배팅 나쁜 나이	18, 22, 25, 30, 34, 37, 42, 46, 49, 54, 58, 61, 66, 70, 73, 78, 82, 85
오늘 복권 사면 좋은 나이	21, 24, 28, 33, 36, 40, 45, 48, 52, 57, 60, 64, 69, 72, 76, 81, 84
오늘 복권 사면 나쁜 나이	18, 22, 25, 30, 34, 37, 42, 46, 49, 54, 58, 61, 66, 70, 73, 78, 82, 85
소개팅 • 맞선 • 데이트 • 친목	좋은 띠 : 소띠 / 원숭이 나쁜 띠 : 돼지 /양/ 용띠

시간에만나는사람 **巳時**은 사람 두 가지 문제로 갈등사, 갖고픈 욕구 **午時**은 사람 뭐가 하고 싶어서 왔다, 의욕과다 **未時**은 사람은 골치 아픈 일, 죽음, 바람끼

申時은 사람은 문서, 화합운, 경조사, 애정 궁합, 애인, 투자 **酉時**은 사람은 이동수, 변동수, 매매, 이별 **戌時**은 사람은 빈주머니, 헛 공사, 실물수, 사기, 실직

운세풀이

亥띠: 이동수,우왕좌왕, 사고다툼	**寅띠:** 점점 일이 꼬임, 관재구설	**巳띠:** 최고운상승세, 두마음	**申띠:** 만남,결실,화합,문서
子띠: 매사불편, 방해자,배신	**卯띠:** 귀인상봉, 금전이득, 현금	**午띠:** 의욕과다, 스트레스큼	**酉띠:** 이동수,이별수,변동 움직임
丑띠: 해결신,시험합격, 풀림	**辰띠:** 매사꼬임,과거고생, 病	**未띠:** 시급한 일, 뜻대로 안됨	**戌띠:** 빈주머니,걱정근심,사기

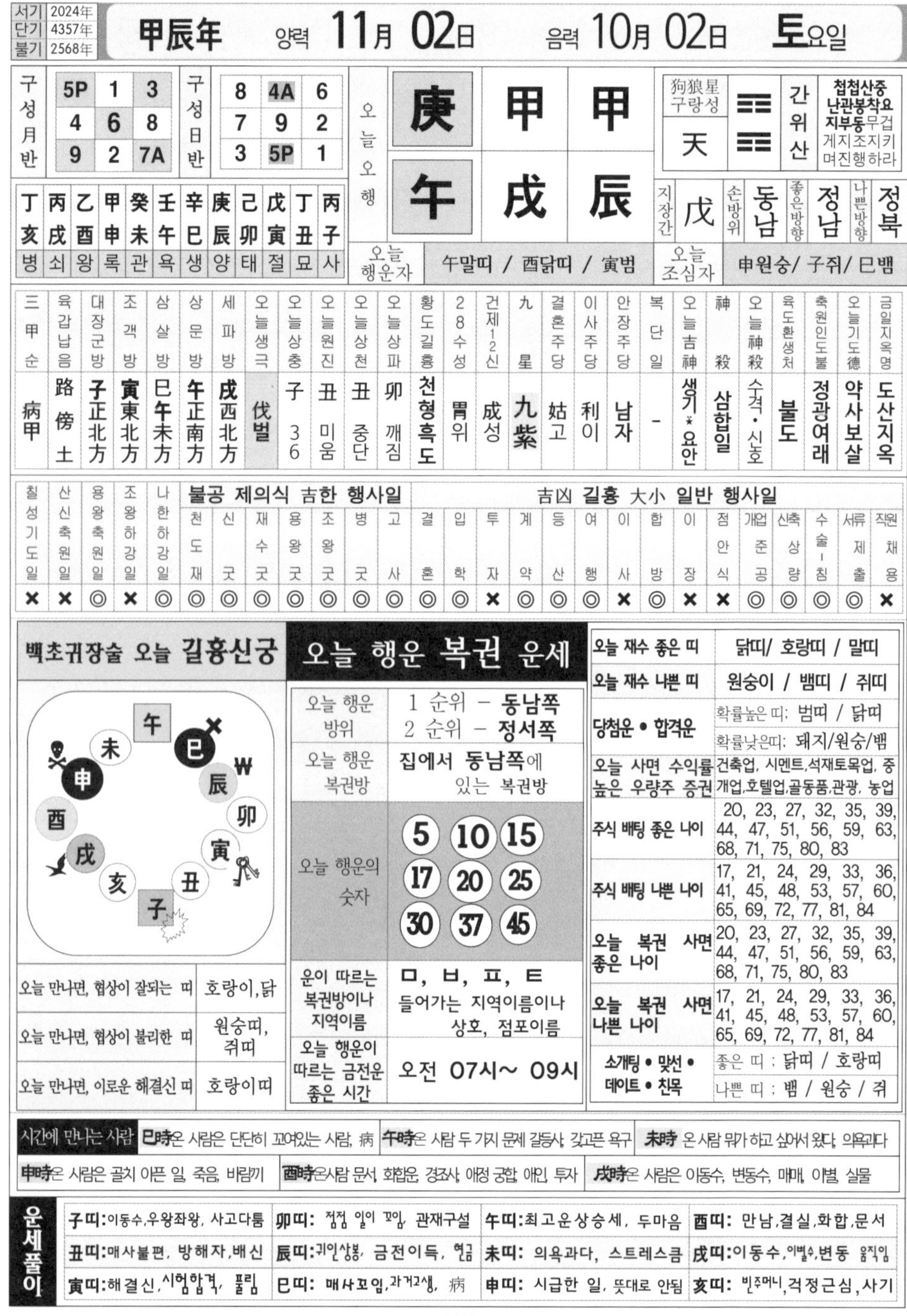

서기	2024年
단기	4357年
불기	2568年

甲辰年 양력 **11月 02日** 음력 **10月 02日** **토**요일

구성월반		
5P	1	3
4	6	8
9	2	7A

구성일반		
8	4A	6
7	9	2
3	5P	1

丁亥	丙戌	乙酉	甲申	癸未	壬午	辛巳	庚辰	己卯	戊寅	丁丑	丙子
병	쇠	왕	록	관	욕	생	양	태	절	묘	사

오늘오행

庚	甲	甲
午	戌	辰

狗狼星 구랑성	天	☰☷	간위산	첩첩산중 난관봉착요 지부동무겁 게지조지키 며진행하라

지장간	戊	손방위	동남	좋은방향	정남	나쁜방향	정북

오늘 행운자	午말띠 / 酉닭띠 / 寅범	오늘 조심자	申원숭/ 子쥐/ 巳뱀

三甲순	육갑납음	대장군방	조객방	삼살방	상문방	세파방	오늘생극	오늘상충	오늘원진	오늘상천	오늘상파	황도길흉	28수성	건제12신	九星	결혼주당	이사주당	안장주당	복단일	오늘吉神	神殺	오늘神殺	육도환생처	축원인도불	오늘기도德	금일지옥명
病甲	路傍土	子正北方	寅東北方	巳午未方	午正南方	戌西北方	伐벌	子 36	丑 미움	丑 중단	卯 깨짐	천형흑도	胃위	成성	九紫	姑고	利이	남자	-	생기*요안	삼합일	수격·신농	불도	정광여래	약사보살	도산지옥

칠성기도일	산신축원일	용왕축원일	조왕하강일	나한하강일	불공 제의식 吉한 행사일							吉凶 길흉 大小 일반 행사일														
					천도재	신굿	재수굿	용왕굿	조왕굿	병굿	고사	결혼	입학	투자	계약	등산	여행	이사	합방	이장	점안식	개업준공	신축상량	수술-침	서류제출	직원채용
×	×	◎	×	◎	◎	◎	◎	◎	◎	◎	◎	◎	◎	×	◎	◎	◎	×	◎	×	×	◎	◎	◎	◎	×

백초귀장술 오늘 길흉신궁

오늘 만나면, 협상이 잘되는 띠	호랑이,닭
오늘 만나면, 협상이 불리한 띠	원숭띠, 쥐띠
오늘 만나면, 이로운 해결신 띠	호랑이띠

오늘 행운 복권 운세

오늘 행운 방위	1 순위 – 동남쪽 2 순위 – 정서쪽
오늘 행운 복권방	집에서 동남쪽에 있는 복권방
오늘 행운의 숫자	5 10 15 17 20 25 30 37 45
운이 따르는 복권방이나 지역이름	ㅁ, ㅂ, ㅍ, ㅌ 들어가는 지역이름이나 상호, 점포이름
오늘 행운이 따르는 금전운 좋은 시간	오전 07시~ 09시

오늘 재수 좋은 띠	닭띠/ 호랑띠 / 말띠
오늘 재수 나쁜 띠	원숭이 / 뱀띠 / 쥐띠
당첨운 • 합격운	확률높은 띠: 범띠 / 닭띠 확률낮은띠: 돼지/원숭/뱀
오늘 사면 수익률 높은 우량주 증권	건축업, 시멘트,석재토목업, 중개업,호텔업,골동품,관광, 농업
주식 배팅 좋은 나이	20, 23, 27, 32, 35, 39, 44, 47, 51, 56, 59, 63, 68, 71, 75, 80, 83
주식 배팅 나쁜 나이	17, 21, 24, 29, 33, 36, 41, 45, 48, 53, 57, 60, 65, 69, 72, 77, 81, 84
오늘 복권 사면 좋은 나이	20, 23, 27, 32, 35, 39, 44, 47, 51, 56, 59, 63, 68, 71, 75, 80, 83
오늘 복권 사면 나쁜 나이	17, 21, 24, 29, 33, 36, 41, 45, 48, 53, 57, 60, 65, 69, 72, 77, 81, 84
소개팅 • 맞선 • 데이트 • 친목	좋은 띠 : 닭띠 / 호랑띠 나쁜 띠 : 뱀 / 원숭 / 쥐

시간에 만나는 사람	**巳時**온 사람은 단단히 꼬여있는 사람, 病	**午時**온 사람 두 가지 문제 갈등사, 갖고픈 욕구	**未時** 온 사람 뭐가 하고 싶어서 왔다, 의욕과다
申時온 사람은 골치 아픈 일, 죽음, 바람끼	**酉時**온사람 문서, 화합운, 경조사, 애정 궁합, 애인, 투자	**戌時**온 사람은 이동수, 변동수, 매매, 이별, 실물	

운세풀이			
子띠:이동수,우왕좌왕, 사고다툼	**卯띠:** 점점 일이 꼬임, 관재구설	**午띠:**최고운상승세, 두마음	**酉띠:** 만남,결실,화합,문서
丑띠:매사불편, 방해자,배신	**辰띠:**귀인상봉, 금전이득, 현금	**未띠:** 의욕과다, 스트레스큼	**戌띠:**이동수,이별수,변동 움직임
寅띠:해결신,시험합격, 풀림	**巳띠:** 매사꼬임,과거고생, 病	**申띠:** 시급한 일, 뜻대로 안됨	**亥띠:** 빈주머니,걱정근심,사기

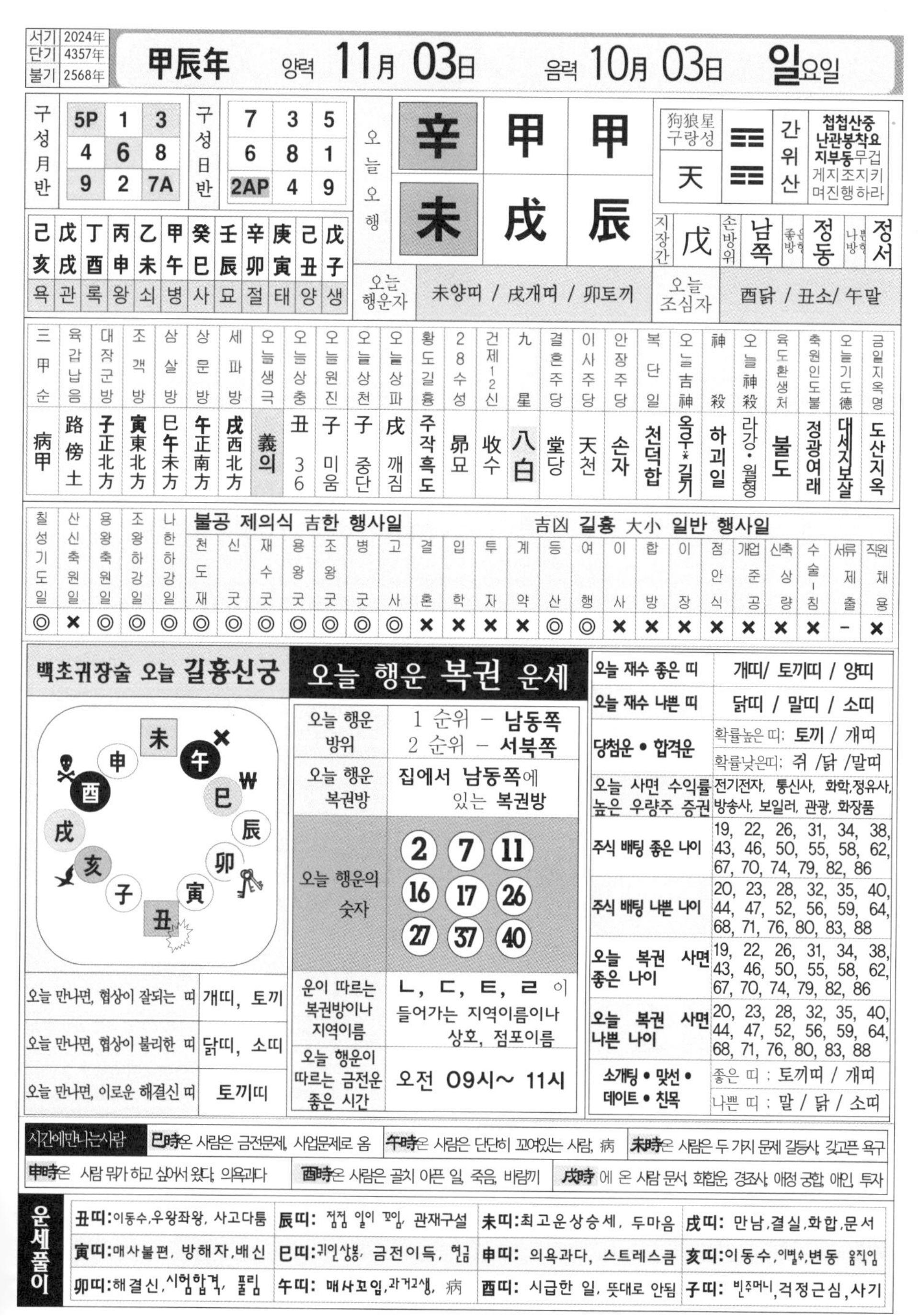

서기	2024年
단기	4357年
불기	2568年

甲辰年 양력 11月 03日 음력 10月 03日 일요일

구성月반			구성日반		
5P	1	3	7	3	5
4	6	8	6	8	1
9	2	7A	2AP	4	9

오늘오행		
辛	甲	甲
未	戊	辰

狗狼星 구랑성	天
간위산	첩첩산중 난관봉착요지부동무겁게지조지키며진행하라
지장간	戊
손방위	남쪽
좋은방향	정동
나쁜방향	정서

己亥	戊戌	丁酉	丙申	乙未	甲午	癸巳	壬辰	辛卯	庚寅	己丑	戊子
욕	관	록	왕	쇠	병	사	묘	절	태	양	생

오늘 행운자	未양띠 / 戌개띠 / 卯토끼
오늘 조심자	酉닭 / 丑소/ 午말

三甲순	육갑납음	대장군방	조객방	삼살방	상문방	세파방	오늘생극	오늘상충	오늘원진	오늘상천	오늘상파	황도길흉	28수성	건제12신	九星	결혼주당	이사주당	안장주당	복단일	오늘吉神	神殺	오늘神殺	육도환생처	축원인도불	오늘기도德	금일지옥명
病甲	路傍土	子正北方	寅東北方	巳午未方	午正南方	戌西北方	義의	丑 36	子 미움	子 중단	戌 깨짐	주작흑도	昴묘	收수	八白	堂당	天천	손자	천덕합	옥우*길기	하괴일	라강·월형	불도	정광여래	대세지보살	도산지옥

칠성기도일	산신축원일	용왕축원일	조왕하강일	나한하강일	불공 제의식 吉한 행사일: 천도재	신굿	재수굿	용왕굿	조왕굿	병굿	고사	吉凶 길흉 大小 일반 행사일: 결혼	입학	투자	계약	등산	여행	이사	합방	이장	점안식	개업준공	신축상량	수술-침	서류제출	직원채용
◎	×	◎	◎	◎	◎	◎	◎	◎	◎	◎	◎	×	×	×	×	◎	◎	×	×	×	×	×	×	×	-	×

백초귀장술 오늘 길흉신궁

오늘 만나면, 협상이 잘되는 띠	개띠, 토끼
오늘 만나면, 협상이 불리한 띠	닭띠, 소띠
오늘 만나면, 이로운 해결신 띠	토끼띠

오늘 행운 복권 운세

오늘 행운 방위	1 순위 – 남동쪽 2 순위 – 서북쪽
오늘 행운 복권방	집에서 남동쪽에 있는 복권방
오늘 행운의 숫자	2 7 11 16 17 26 27 37 40
운이 따르는 복권방이나 지역이름	ㄴ, ㄷ, ㅌ, ㄹ 이 들어가는 지역이름이나 상호, 점포이름
오늘 행운이 따르는 금전운 좋은 시간	오전 09시~ 11시

오늘 재수 좋은 띠	개띠/ 토끼띠 / 양띠
오늘 재수 나쁜 띠	닭띠 / 말띠 / 소띠
당첨운 • 합격운	확률높은 띠: 토끼 / 개띠 확률낮은띠: 쥐 /닭 /말띠
오늘 사면 수익률 높은 우량주 증권	전기전자, 통신사, 화학,정유사, 방송사, 보일러, 관광, 화장품
주식 배팅 좋은 나이	19, 22, 26, 31, 34, 38, 43, 46, 50, 55, 58, 62, 67, 70, 74, 79, 82, 86
주식 배팅 나쁜 나이	20, 23, 28, 32, 35, 40, 44, 47, 52, 56, 59, 64, 68, 71, 76, 80, 83, 88
오늘 복권 사면 좋은 나이	19, 22, 26, 31, 34, 38, 43, 46, 50, 55, 58, 62, 67, 70, 74, 79, 82, 86
오늘 복권 사면 나쁜 나이	20, 23, 28, 32, 35, 40, 44, 47, 52, 56, 59, 64, 68, 71, 76, 80, 83, 88
소개팅 • 맞선 • 데이트 • 친목	좋은 띠 : 토끼띠 / 개띠 나쁜 띠 : 말 / 닭 / 소띠

시간에만나는사람	巳時온 사람은 금전문제, 사업문제로 옴	午時온 사람은 단단히 꼬여있는 사람, 病	未時온 사람은 두 가지 문제 갈등사, 갖고픈 욕구
	申時온 사람 뭐가 하고 싶어서 왔다, 의욕과다	酉時온 사람은 골치 아픈 일, 죽음, 바람끼	戌時 에 온 사람 문서, 화합운, 경조사, 애정 궁합, 애인, 투자

운세풀이			
丑띠:이동수,우왕좌왕, 사고다툼	辰띠: 점점 일이 꼬임, 관재구설	未띠:최고운상승세, 두마음	戌띠: 만남,결실,화합,문서
寅띠:매사불편, 방해자,배신	巳띠:귀인상봉, 금전이득, 현금	申띠: 의욕과다, 스트레스큼	亥띠:이동수,이별수,변동 움직임
卯띠:해결신,시험합격, 풀림	午띠: 매사꼬임,과거고생, 病	酉띠: 시급한 일, 뜻대로 안됨	子띠: 빈주머니,걱정근심,사기

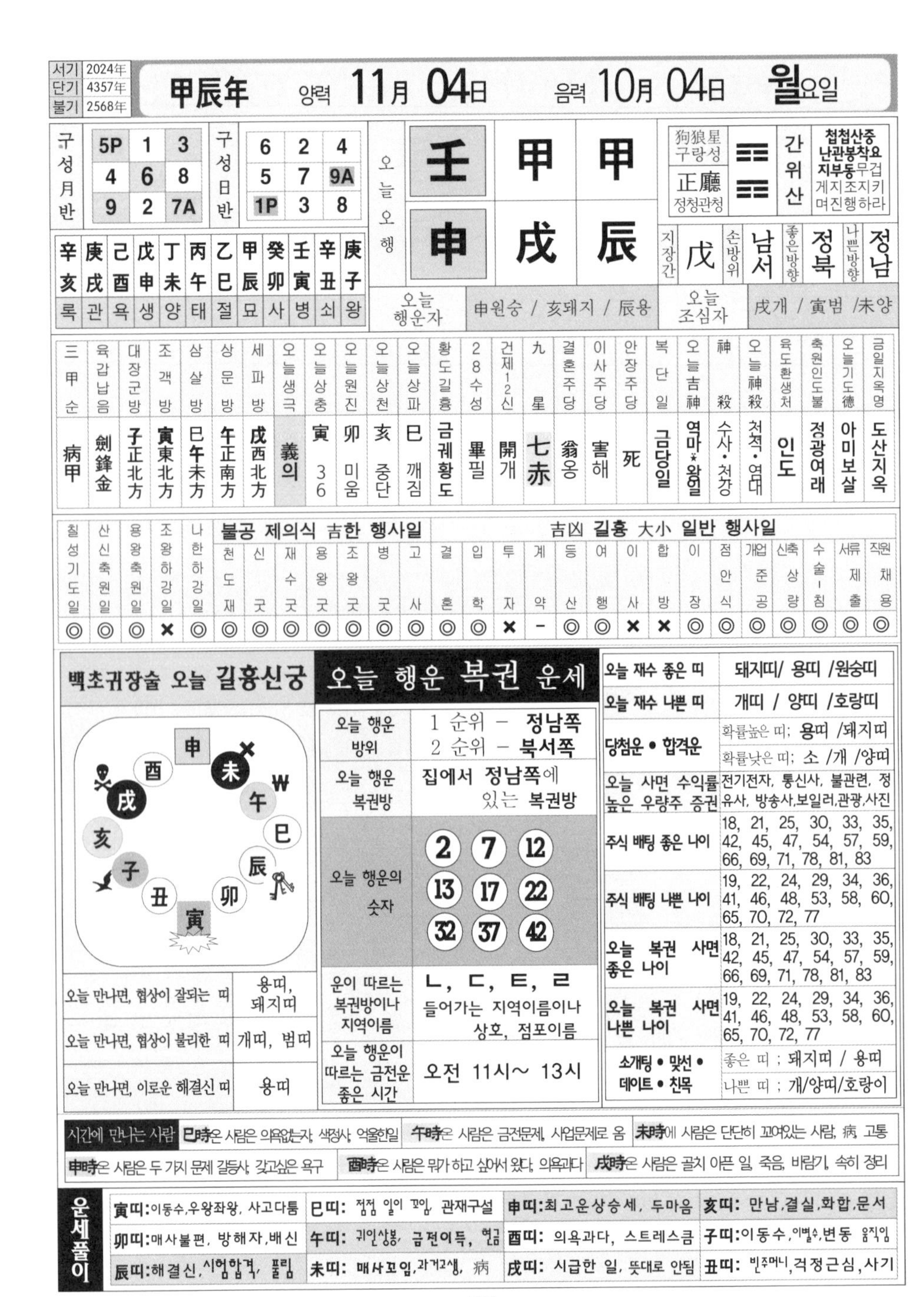

서기	2024年
단기	4357年
불기	2568年

甲辰年 양력 **11月 04日** 음력 **10月 04日** **월**요일

구성月반

5P	1	3
4	6	8
9	2	7A

구성日반

6	2	4
5	7	9A
1P	3	8

오늘 오행

壬	甲	甲
申	戌	辰

狗狼星 구랑성	☰	간위산	첩첩산중 난관봉착요 지부동무겁 게지조지키 며진행하라
正廳 정청관청	☷		

지장간	戊	손방위	남서	좋은방향	정북	나쁜방향	정남

辛亥	庚戌	己酉	戊申	丁未	丙午	乙巳	甲辰	癸卯	壬寅	辛丑	庚子
록	관	욕	생	양	태	절	묘	사	병	쇠	왕

오늘 행운자	申원숭 / 亥돼지 / 辰용	오늘 조심자	戌개 / 寅범 /未양

三甲순	육갑납음	대장군방	조객방	삼살방	상문방	세파방	오늘생극	오늘상충	오늘원진	오늘상천	오늘상파	황도길흉	28수성	건제12신	九星	결혼주당	이사주당	안장주당	복단일	오늘吉神	神殺	오늘神殺	육도환생처	축원인도불	오늘기도德	금일지옥명
病甲	劍鋒金	子正北方	寅東北方	巳午未方	午正南方	戌西北方	義의	寅 36	卯 미움	亥 중단	巳 깨짐	금궤황도	畢필	開개	七赤	翁옹	害해	死	금당일	역마*왕얼	수사·천강	천적·여대	인도	정광여래	아미보살	도산지옥

칠성기도일	산신축원일	용왕축원일	조왕하강일	나한하강일	불공 제의식 吉한 행사일							吉凶 길흉 大小 일반 행사일														
					천도재	신굿	재수굿	용왕굿	조왕굿	병굿	고사	결혼	입학	투자	계약	등산	여행	이사	합방	이장	점안식	개업준공	신축상량	수술·침	서류제출	직원채용
◎	◎	◎	×	◎	◎	◎	◎	◎	◎	◎	◎	◎	◎	×	-	◎	◎	×	×	◎	◎	◎	◎	◎	◎	◎

백초귀장술 오늘 길흉신궁

오늘 만나면, 협상이 잘되는 띠	용띠, 돼지띠
오늘 만나면, 협상이 불리한 띠	개띠, 범띠
오늘 만나면, 이로운 해결신 띠	용띠

오늘 행운 복권 운세

오늘 행운 방위	1 순위 – 정남쪽 2 순위 – 북서쪽
오늘 행운 복권방	집에서 정남쪽에 있는 복권방
오늘 행운의 숫자	2 7 12 13 17 22 32 37 42
운이 따르는 복권방이나 지역이름	ㄴ, ㄷ, ㅌ, ㄹ 들어가는 지역이름이나 상호, 점포이름
오늘 행운이 따르는 금전운 좋은 시간	오전 11시~ 13시

오늘 재수 좋은 띠	돼지띠/ 용띠 /원숭띠
오늘 재수 나쁜 띠	개띠 / 양띠 /호랑띠
당첨운 • 합격운	확률높은 띠; 용띠 /돼지띠 확률낮은 띠; 소 /개 /양띠
오늘 사면 수익률 높은 우량주 증권	전기전자, 통신사, 불관련, 정유사, 방송사,보일러,관광,사진
주식 배팅 좋은 나이	18, 21, 25, 30, 33, 35, 42, 45, 47, 54, 57, 59, 66, 69, 71, 78, 81, 83
주식 배팅 나쁜 나이	19, 22, 24, 29, 34, 36, 41, 46, 48, 53, 58, 60, 65, 70, 72, 77
오늘 복권 사면 좋은 나이	18, 21, 25, 30, 33, 35, 42, 45, 47, 54, 57, 59, 66, 69, 71, 78, 81, 83
오늘 복권 사면 나쁜 나이	19, 22, 24, 29, 34, 36, 41, 46, 48, 53, 58, 60, 65, 70, 72, 77
소개팅 • 맞선 • 데이트 • 친목	좋은 띠 ; 돼지띠 / 용띠 나쁜 띠 ; 개/양띠/호랑이

시간에 만나는 사람 **巳時**은 사람은 의욕없는자, 색정사, 억울한일 | **午時**은 사람은 금전문제, 사업문제로 옴 | **未時**에 사람은 단단히 꼬여있는 사람, 病, 고통 | **申時**은 사람은 두 가지 문제 갈등사, 갖고싶은 욕구 | **酉時**은 사람은 뭔가 하고 싶어서 왔다, 의욕과다 | **戌時**은 사람은 골치 아픈 일, 죽음, 바람기, 속히 정리

운세풀이

寅띠:이동수,우왕좌왕, 사고다툼	巳띠: 점점 일이 꼬임, 관재구설	申띠:최고운상승세, 두마음	亥띠: 만남,결실,화합,문서
卯띠:매사불편, 방해자,배신	午띠: 귀인상봉, 금전이득, 현금	酉띠: 의욕과다, 스트레스큼	子띠:이동수,이별수,변동 움직임
辰띠:해결신,시험합격, 풀림	未띠: 매사꼬임,과거고생, 病	戌띠: 시급한 일, 뜻대로 안됨	丑띠: 빈주머니,걱정근심,사기

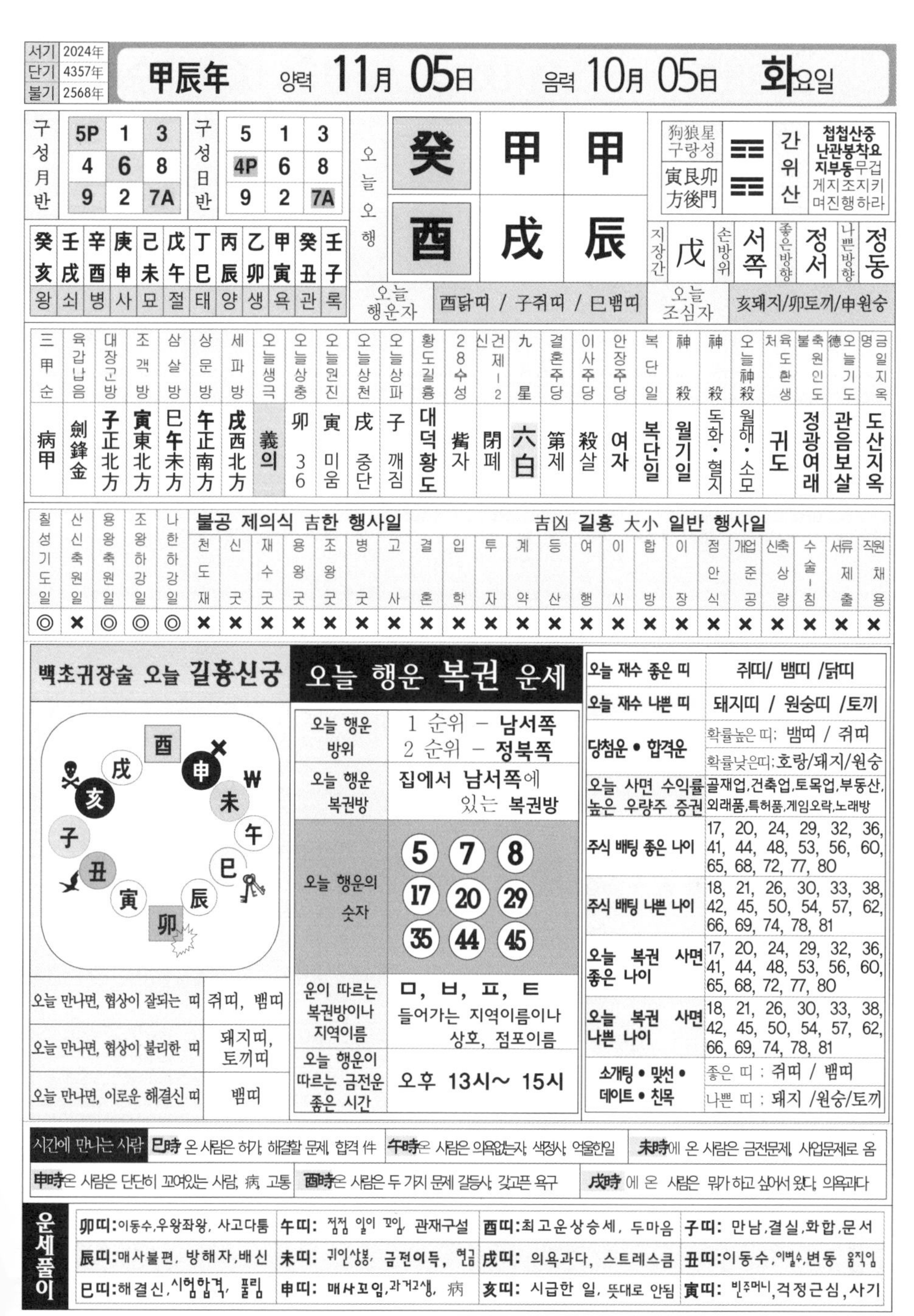

서기	2024年
단기	4357年
불기	2568年

甲辰年 양력 11月 05日 음력 10月 05日 화요일

구성월반		
5P	1	3
4	6	8
9	2	7A

구성日반		
5	1	3
4P	6	8
9	2	7A

癸亥	壬戌	辛酉	庚申	己未	戊午	丁巳	丙辰	乙卯	甲寅	癸丑	壬子
왕	쇠	병	사	묘	절	태	양	생	욕	관	록

오늘오행		
癸	甲	甲
酉	戌	辰

狗狼星 구랑성	寅艮卯 方後門	☰☷	간위산	첩첩산중 난관봉착요 지부동무겁 게지조지키 며진행하라

지장간	손방위	좋은방향	나쁜방향
戊	서쪽	정서	정동

오늘 행운자	酉닭띠 / 子쥐띠 / 巳뱀띠	오늘 조심자	亥돼지/卯토끼/申원숭

三甲순	육갑납음	대장군방	조객방	삼살방	상문방	세파방	오늘생극	오늘상충	오늘원진	오늘상천	오늘상파	황도길흉
病甲	劍鋒金	子正北方	寅東北方	巳午未方	午正南方	戌西北方	義의	卯 36	寅 미움	戌 중단	子 깨짐	대덕황도

28수성	건제12신	九星	결혼주당	이사주당	안장주당	복단일	神殺	神殺	오늘神殺	육도환생처	축원인도불	오늘기도德	금일지옥명
觜자	閉폐	六白	第제	殺살	여자	복단일	월기일	도화·혈지	월해·소모	귀도	정광여래	관음보살	도산지옥

칠성기도일	산신축원일	용왕축원일	조왕하강일	나한하강일	불공 제의식 吉한 행사일							吉凶 길흉 大小 일반 행사일														
					천도재	신굿	재수굿	용왕굿	조왕굿	병굿	고사	결혼	입학	투자	계약	등산	여행	이사	합방	이장	점안식	개업준공	신축상량	수술-침	서류제출	직원채용
◎	×	◎	◎	◎	×	×	×	×	×	×	×	×	×	×	×	×	×	×	×	×	×	×	×	×	×	×

백초귀장술 오늘 길흉신궁

오늘 만나면, 협상이 잘되는 띠	쥐띠, 뱀띠
오늘 만나면, 협상이 불리한 띠	돼지띠, 토끼띠
오늘 만나면, 이로운 해결신 띠	뱀띠

오늘 행운 복권 운세

오늘 행운 방위	1 순위 – 남서쪽 2 순위 – 정북쪽
오늘 행운 복권방	집에서 남서쪽에 있는 복권방
오늘 행운의 숫자	5 7 8 17 20 29 35 44 45
운이 따르는 복권방이나 지역이름	ㅁ, ㅂ, ㅍ, ㅌ 들어가는 지역이름이나 상호, 점포이름
오늘 행운이 따르는 금전운 좋은 시간	오후 13시~ 15시

오늘 재수 좋은 띠	쥐띠/ 뱀띠 /닭띠
오늘 재수 나쁜 띠	돼지띠 / 원숭띠 /토끼
당첨운 • 합격운	확률높은 띠: 뱀띠 / 쥐띠 확률낮은띠: 호랑/돼지/원숭
오늘 사면 수익률 높은 우량주 증권	골재업,건축업,토목업,부동산,외래품,특허품,게임오락,노래방
주식 배팅 좋은 나이	17, 20, 24, 29, 32, 36, 41, 44, 48, 53, 56, 60, 65, 68, 72, 77, 80
주식 배팅 나쁜 나이	18, 21, 26, 30, 33, 38, 42, 45, 50, 54, 57, 62, 66, 69, 74, 78, 81
오늘 복권 사면 좋은 나이	17, 20, 24, 29, 32, 36, 41, 44, 48, 53, 56, 60, 65, 68, 72, 77, 80
오늘 복권 사면 나쁜 나이	18, 21, 26, 30, 33, 38, 42, 45, 50, 54, 57, 62, 66, 69, 74, 78, 81
소개팅 • 맞선 • 데이트 • 친목	좋은 띠 : 쥐띠 / 뱀띠 나쁜 띠 : 돼지 /원숭/토끼

시간에 만나는 사람	巳時 온 사람은 허가, 해결할 문제, 합격 件	午時온 사람은 의욕없는자, 색정사, 억울한일	未時에 온 사람은 금전문제, 사업문제로 옴
申時온 사람은 단단히 꼬여있는 사람, 病, 고통	酉時온 사람은 두 가지 문제 갈등사, 갖고픈 욕구	戌時 에 온 사람은 뭔가 하고 싶어서 왔다, 의욕과다	

운세풀이				
	卯띠:이동수,우왕좌왕, 사고다툼	午띠: 점점 일이 꼬임, 관재구설	酉띠:최고운상승세, 두마음	子띠: 만남,결실,화합,문서
	辰띠:매사불편, 방해자,배신	未띠: 귀인상봉, 금전이득, 현금	戌띠: 의욕과다, 스트레스큼	丑띠:이동수,이별수,변동 움직임
	巳띠:해결신,시험합격, 풀림	申띠: 매사꼬임,과거고생, 病	亥띠: 시급한 일, 뜻대로 안됨	寅띠: 빈주머니,걱정근심,사기

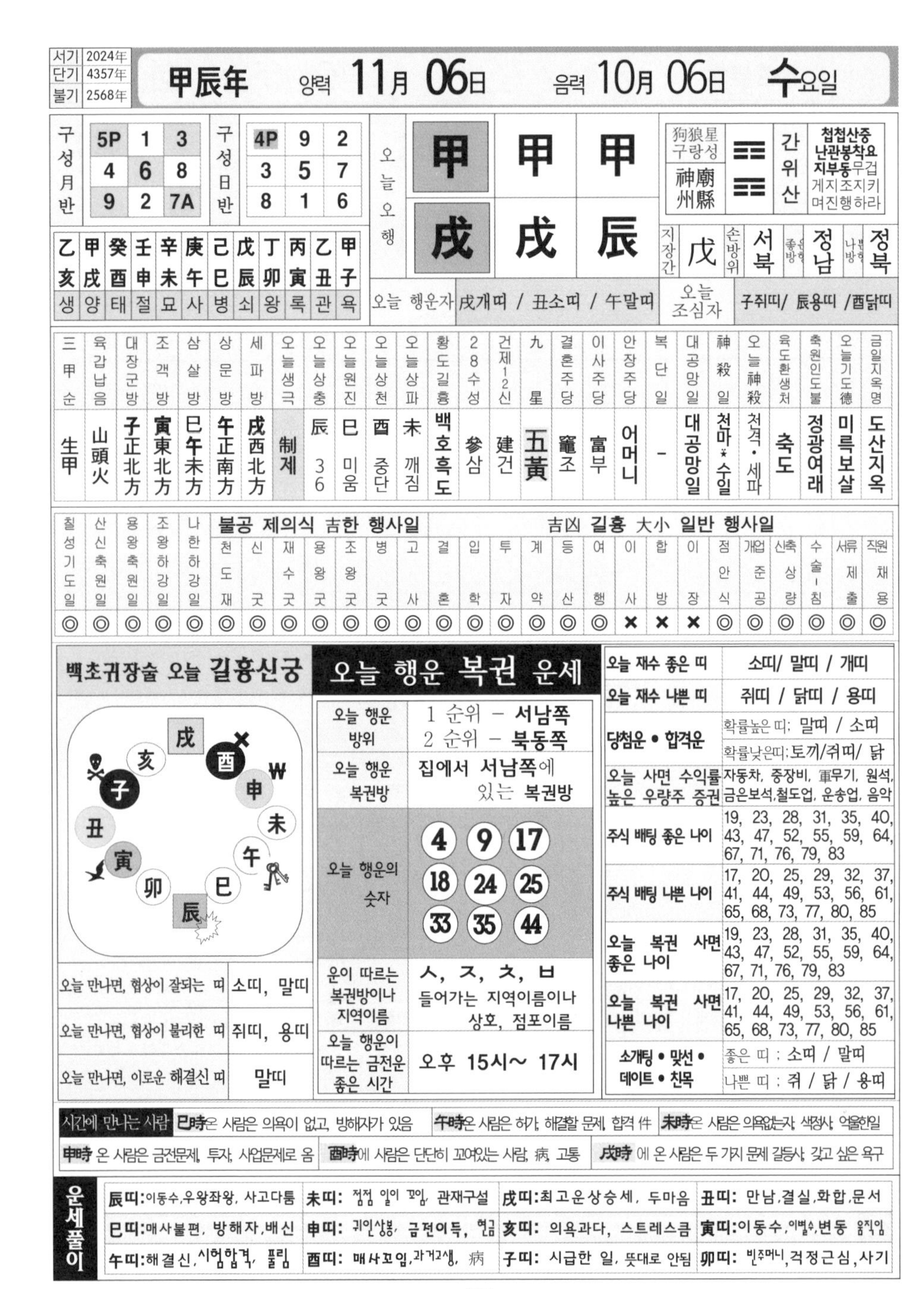

서기	2024年
단기	4357年
불기	2568年

甲辰年 양력 **11月 06日** 음력 **10月 06日** **수**요일

구성월반				구성일반			
	5P	1	3		4P	9	2
	4	6	8		3	5	7
	9	2	7A		8	1	6

乙亥	甲戌	癸酉	壬申	辛未	庚午	己巳	戊辰	丁卯	丙寅	乙丑	甲子
생	양	태	절	묘	사	병	쇠	왕	록	관	욕

오늘오행			
	甲	甲	甲
	戊	戊	辰

狗狼星 구랑성	☷	간위산	첩첩산중 난관봉착요 지부동무겁 게지조지키 며진행하라
神廟 州縣	☶		

지장간	손방위	좋은방향	나쁜방향
戊	서북	정남	정북

오늘 행운자	戌개띠 / 丑소띠 / 午말띠	오늘 조심자	子쥐띠/ 辰용띠 /酉닭띠

三甲순	육갑납음	대장군방	조객방	삼살방	상문방	세파방	오늘생극	오늘상충	오늘원진	오늘상천	오늘상파	황도길흉	28수성	건제12신	九星	결혼주당	이사주당	안장주당	복단일	대공망일	神殺일	오늘神殺	육도환생처	축원인도불	오늘기도德	금일지옥명
生甲	山頭火	子正北方	寅東北方	巳午未方	午正南方	戌西北方	制 제	辰 36	巳 미움	酉 중단	未 깨짐	백호흑도	參 삼	建 건	五黃	竈 조	富 부	어머니	-	대공망일	천마*수일	천격·세파	축도	정광여래	미륵보살	도산지옥

칠성기도일	산신축원일	용왕축원일	조왕하강일	나한하강일	불공 제의식 吉한 행사일							吉凶 길흉 大小 일반 행사일															
					천도재	신굿	재수굿	용왕굿	조왕굿	병굿	고사	결혼	입학	투자	계약	등산	여행	이사	합방	이장	점안식	개업준공	신축상량	수술-침	서류제출	직원채용
◎	◎	◎	◎	◎	◎	◎	◎	◎	◎	◎	◎	◎	◎	◎	◎	◎	◎	×	×	×	◎	◎	◎	◎	◎	◎

백초귀장술 오늘 길흉신궁

오늘 만나면, 협상이 잘되는 띠	소띠, 말띠
오늘 만나면, 협상이 불리한 띠	쥐띠, 용띠
오늘 만나면, 이로운 해결신 띠	말띠

오늘 행운 복권 운세

오늘 행운 방위	1 순위 – 서남쪽 2 순위 – 북동쪽
오늘 행운 복권방	집에서 서남쪽에 있는 복권방
오늘 행운의 숫자	4 9 17 18 24 25 33 35 44
운이 따르는 복권방이나 지역이름	ㅅ, ㅈ, ㅊ, ㅂ 들어가는 지역이름이나 상호, 점포이름
오늘 행운이 따르는 금전운 좋은 시간	오후 15시~ 17시

오늘 재수 좋은 띠	소띠/ 말띠 / 개띠
오늘 재수 나쁜 띠	쥐띠 / 닭띠 / 용띠
당첨운 • 합격운	확률높은 띠: 말띠 / 소띠 확률낮은띠: 토끼/쥐띠/ 닭
오늘 사면 수익률 높은 우량주 증권	자동차, 중장비, 重무기, 원석, 금은보석,철도업, 운송업, 음악
주식 배팅 좋은 나이	19, 23, 28, 31, 35, 40, 43, 47, 52, 55, 59, 64, 67, 71, 76, 79, 83
주식 배팅 나쁜 나이	17, 20, 25, 29, 32, 37, 41, 44, 49, 53, 56, 61, 65, 68, 73, 77, 80, 85
오늘 복권 사면 좋은 나이	19, 23, 28, 31, 35, 40, 43, 47, 52, 55, 59, 64, 67, 71, 76, 79, 83
오늘 복권 사면 나쁜 나이	17, 20, 25, 29, 32, 37, 41, 44, 49, 53, 56, 61, 65, 68, 73, 77, 80, 85
소개팅 • 맞선 • 데이트 • 친목	좋은 띠 : 소띠 / 말띠 나쁜 띠 : 쥐 / 닭 / 용띠

시간에 만나는 사람	巳時온 사람은 의욕이 없고, 방해자가 있음	午時온 사람은 허가, 해결할 문제, 합격 件	未時온 사람은 의욕없는자, 색정사, 억울한일
	申時 온 사람은 금전문제, 투자, 사업문제로 옴	酉時에 사람은 단단히 꼬여있는 사람, 病, 고통	戌時 에 온 사람은 두 가지 문제 갈등사, 갖고 싶은 욕구

운세풀이				
	辰띠:이동수,우왕좌왕, 사고다툼	未띠: 점점 일이 꼬임, 관재구설	戌띠:최고운상승세, 두마음	丑띠: 만남,결실,화합,문서
	巳띠:매사불편, 방해자,배신	申띠: 귀인상봉, 금전이득, 현금	亥띠: 의욕과다, 스트레스큼	寅띠:이동수,이별수,변동 움직임
	午띠:해결신,시험합격, 풀림	酉띠: 매사꼬임,과거고생, 病	子띠: 시급한 일, 뜻대로 안됨	卯띠: 빈주머니,걱정근심,사기

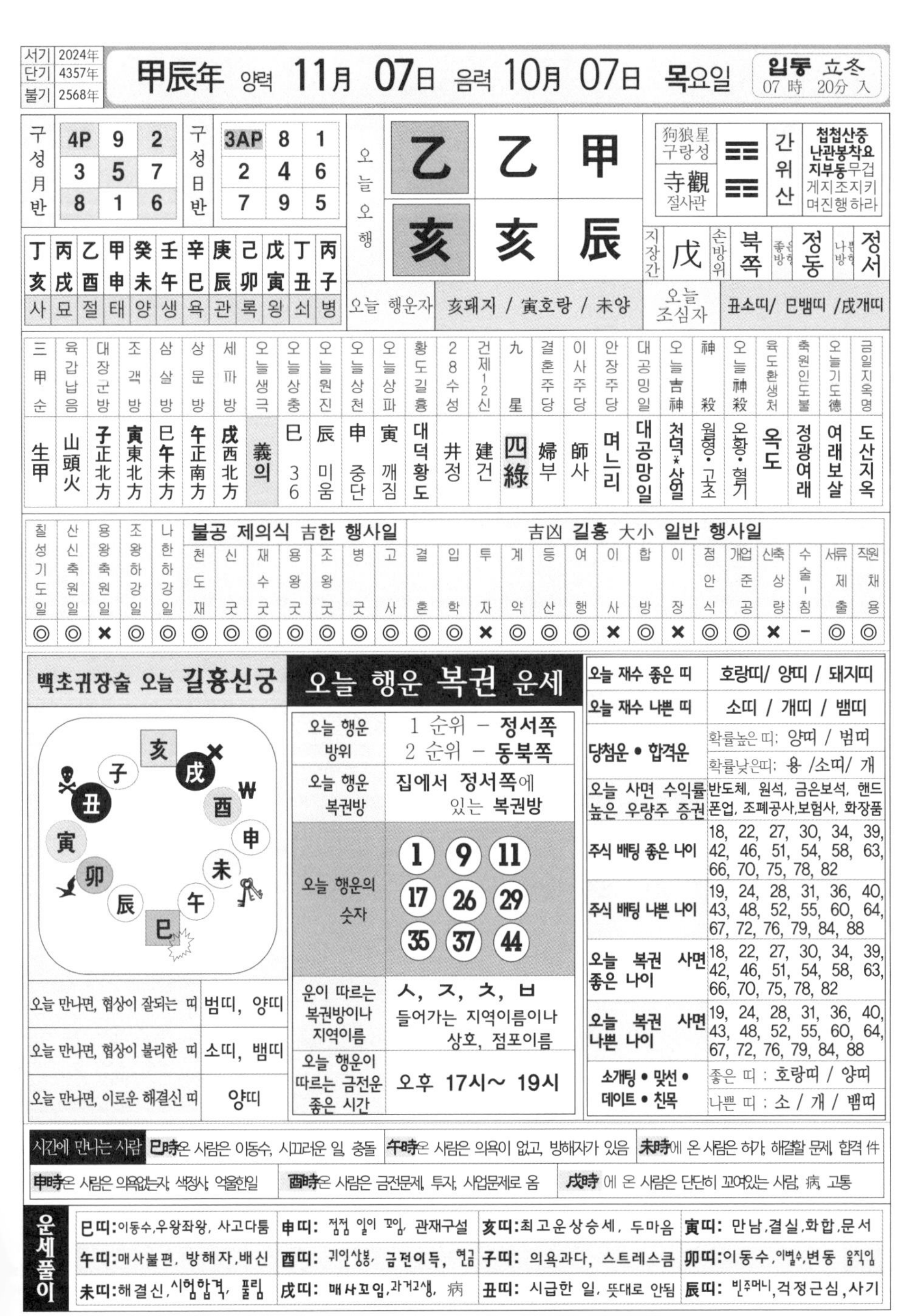

서기	2024年
단기	4357年
불기	2568年

甲辰年 양력 **11月 07日** 음력 **10月 07日** **목요일**

입동 立冬 07時 20分 入

구성月반				구성日반				오늘오행			
	4P	9	2		3AP	8	1		乙	乙	甲
	3	5	7		2	4	6		亥	亥	辰
	8	1	6		7	9	5				

狗狼星 구랑성	寺觀 절사관	간위산	첩첩산중 난관봉착요 지부동무겁 게지조지키 며진행하라

지장간	손방위	좋은방향	나쁜방향
戊	북쪽	정동	정서

丁亥	丙戌	乙酉	甲申	癸未	壬午	辛巳	庚辰	己卯	戊寅	丁丑	丙子
사	묘	절	태	양	생	욕	관	록	왕	쇠	병

오늘 행운자	亥돼지 / 寅호랑 / 未양	오늘 조심자	丑소띠/ 巳뱀띠 /戌개띠

三甲순	육갑납음	대장군방	조객방	삼살방	상문방	세파방	오늘생극	오늘상충	오늘원진	오늘상천	오늘상파	황도길흉	28수성	건제12신	九星	결혼주당	이사주당	안장주당	대공망일	오늘吉神	神殺	오늘神殺	육도환생처	축원인도불	오늘기도德	금일지옥명
生甲	山頭火	子正北方	寅東北方	巳午未方	午正南方	戌西北方	義의	巳 36	辰 미움	申 중단	寅 깨짐	대덕황도	井정	建건	四綠	婦부	師사	며느리	대공망일	천덕*상일	월형·고초	오황·혈기	옥도	정광여래	여래보살	도산지옥

칠성기도일	산신축원일	용왕축원일	조왕하강일	나한하강일	불공 제의식 吉한 행사일							吉凶 길흉 大小 일반 행사일														
					천도재	신굿	재수굿	용왕굿	조왕굿	병굿	고사	결혼	입학	투자	계약	등산	여행	이사	합방	이장	점안식	개업준공	신축상량	수술-침	서류제출	직원채용
◎	◎	×	◎	◎	◎	◎	◎	◎	◎	◎	◎	◎	◎	×	◎	◎	◎	×	◎	×	◎	◎	×	–	◎	◎

백초귀장술 오늘 길흉신궁

亥 子 戌 酉 申 未 午 巳 辰 卯 寅 丑

오늘 만나면, 협상이 잘되는 띠	범띠, 양띠
오늘 만나면, 협상이 불리한 띠	소띠, 뱀띠
오늘 만나면, 이로운 해결신 띠	양띠

오늘 행운 복권 운세

오늘 행운 방위	1 순위 – 정서쪽 2 순위 – 동북쪽
오늘 행운 복권방	집에서 정서쪽에 있는 복권방
오늘 행운의 숫자	1 9 11 17 26 29 35 37 44
운이 따르는 복권방이나 지역이름	ㅅ, ㅈ, ㅊ, ㅂ 들어가는 지역이름이나 상호, 점포이름
오늘 행운이 따르는 금전운 좋은 시간	오후 17시~ 19시

오늘 재수 좋은 띠	호랑띠/ 양띠 / 돼지띠
오늘 재수 나쁜 띠	소띠 / 개띠 / 뱀띠
당첨운 • 합격운	확률높은 띠: 양띠 / 범띠 확률낮은띠: 용 /소띠/ 개
오늘 사면 수익률 높은 우량주 증권	반도체, 원석, 금은보석, 핸드폰업, 조폐공사,보험사, 화장품
주식 배팅 좋은 나이	18, 22, 27, 30, 34, 39, 42, 46, 51, 54, 58, 63, 66, 70, 75, 78, 82
주식 배팅 나쁜 나이	19, 24, 28, 31, 36, 40, 43, 48, 52, 55, 60, 64, 67, 72, 76, 79, 84, 88
오늘 복권 사면 좋은 나이	18, 22, 27, 30, 34, 39, 42, 46, 51, 54, 58, 63, 66, 70, 75, 78, 82
오늘 복권 사면 나쁜 나이	19, 24, 28, 31, 36, 40, 43, 48, 52, 55, 60, 64, 67, 72, 76, 79, 84, 88
소개팅 • 맞선 • 데이트 • 친목	좋은 띠 : 호랑띠 / 양띠 나쁜 띠 : 소 / 개 / 뱀띠

시간에 만나는 사람	巳時온 사람은 이동수, 시끄러운 일, 충돌	午時온 사람은 의욕이 없고, 방해자가 있음	未時에 온 사람은 허가, 해결할 문제, 합격 件
申時온 사람은 의욕없는자, 색정사, 억울한일	酉時온 사람은 금전문제, 투자, 사업문제로 옴	戌時 에 온 사람은 단단히 꼬여있는 사람, 病, 고통	

운세풀이			
巳띠:이동수,우왕좌왕, 사고다툼	申띠: 점점 일이 꼬임, 관재구설	亥띠:최고운상승세, 두마음	寅띠: 만남,결실,화합,문서
午띠:매사불편, 방해자,배신	酉띠: 귀인상봉, 금전이득, 현금	子띠: 의욕과다, 스트레스큼	卯띠:이동수,이별수,변동 움직임
未띠:해결신,시험합격, 풀림	戌띠: 매사꼬임,과거고생, 病	丑띠: 시급한 일, 뜻대로 안됨	辰띠: 빈주머니,걱정근심,사기

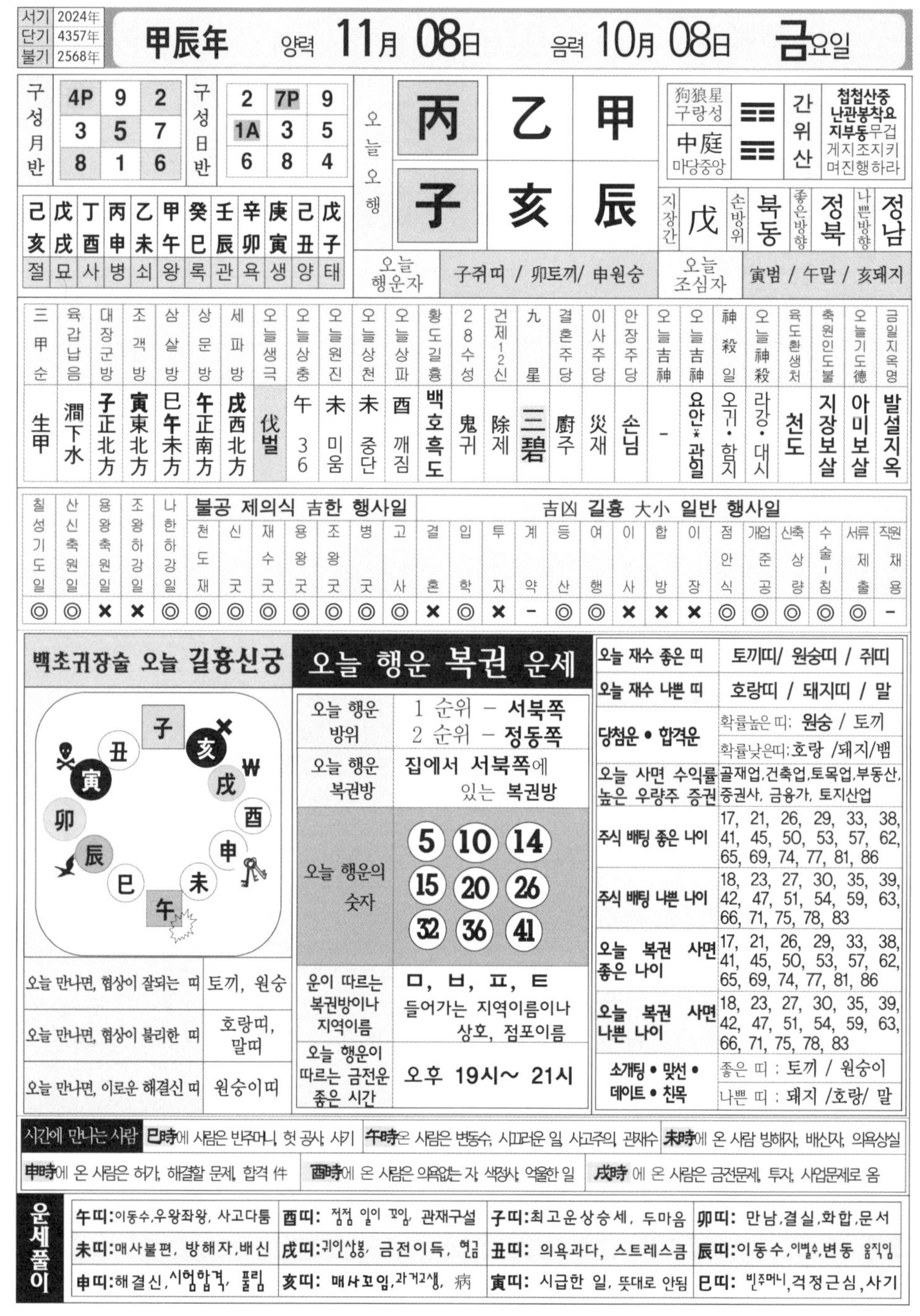

서기	2024年
단기	4357年
불기	2568年

甲辰年 양력 **11月 08日** 음력 **10月 08日** **금**요일

구성월반		
4P	9	2
3	5	7
8	1	6

구성일반		
2	7P	9
1A	3	5
6	8	4

오늘오행		
丙	乙	甲
子	亥	辰

狗狼星 구랑성	☷	간위산	첩첩산중 난관봉착요 지부동무겁 게지조지키 며진행하라
中庭 마당중앙	☷		

지장간	손방위	좋은방향	나쁜방향
戊	북동	정북	정남

己亥	戊戌	丁酉	丙申	乙未	甲午	癸巳	壬辰	辛卯	庚寅	己丑	戊子
절	묘	사	병	쇠	왕	록	관	욕	생	양	태

오늘 행운자	子쥐띠 / 卯토끼/ 申원숭	오늘 조심자	寅범 / 午말 / 亥돼지

三甲순	육갑납음	대장군방	조객방	삼살방	상문방	세파방	오늘생극	오늘상충	오늘원진	오늘상천	오늘상파	황도길흉	28수성	건제12신	九星	결혼주당	이사주당	안장주당	오늘吉神	오늘吉神	神殺일	오늘神殺	육도환생처	축원인도불	오늘기도德	금일지옥명
生甲	澗下水	子正北方	寅東北方	巳午未方	午正南方	戌西北方	伐벌	午 36	未 미움	未 중단	酉 깨짐	백호흑도	鬼귀	除제	三碧	廚주	災재	손님	-	요안*관일	오귀·함지	라강·대시	천도	지장보살	아미보살	발설지옥

칠성기도일	산신축원일	용왕축원일	조왕하강일	나한하강일	천도재	신굿	재수굿	용왕굿	조왕굿	병굿	고사	결혼	입학	투자	계약	등산	여행	이사	합방	이장	점안식	개업준공	신축상량	수술·침	서류제출	직원채용
					불공 제의식 吉한 행사일							吉凶 길흉 大小 일반 행사일														
◎	◎	×	×	◎	◎	◎	◎	◎	◎	◎	◎	×	◎	×	-	◎	◎	×	×	×	◎	◎	◎	◎	◎	-

백초귀장술 오늘 길흉신궁

오늘 만나면, 협상이 잘되는 띠	토끼, 원숭
오늘 만나면, 협상이 불리한 띠	호랑띠, 말띠
오늘 만나면, 이로운 해결신 띠	원숭이띠

오늘 행운 복권 운세

오늘 행운 방위	1 순위 – 서북쪽 2 순위 – 정동쪽
오늘 행운 복권방	집에서 서북쪽에 있는 복권방
오늘 행운의 숫자	5 10 14 15 20 26 32 36 41
운이 따르는 복권방이나 지역이름	ㅁ, ㅂ, ㅍ, ㅌ 들어가는 지역이름이나 상호, 점포이름
오늘 행운이 따르는 금전운 좋은 시간	오후 19시~ 21시

오늘 재수 좋은 띠	토끼띠/ 원숭띠 / 쥐띠
오늘 재수 나쁜 띠	호랑띠 / 돼지띠 / 말
당첨운 • 합격운	확률높은 띠: 원숭 / 토끼 확률낮은띠: 호랑 /돼지/뱀
오늘 사면 수익률 높은 우량주 증권	골재업,건축업,토목업,부동산, 증권사, 금융가, 토지산업
주식 배팅 좋은 나이	17, 21, 26, 29, 33, 38, 41, 45, 50, 53, 57, 62, 65, 69, 74, 77, 81, 86
주식 배팅 나쁜 나이	18, 23, 27, 30, 35, 39, 42, 47, 51, 54, 59, 63, 66, 71, 75, 78, 83
오늘 복권 사면 좋은 나이	17, 21, 26, 29, 33, 38, 41, 45, 50, 53, 57, 62, 65, 69, 74, 77, 81, 86
오늘 복권 사면 나쁜 나이	18, 23, 27, 30, 35, 39, 42, 47, 51, 54, 59, 63, 66, 71, 75, 78, 83
소개팅 • 맞선 • 데이트 • 친목	좋은 띠 : 토끼 / 원숭이 나쁜 띠 : 돼지 /호랑/ 말

시간에 만나는 사람	巳時에 사람은 빈주머니, 헛 공사, 사기	午時온 사람은 변동수, 시끄러운 일, 사고주의, 관재수	未時에 온 사람 방해자, 배신자, 의욕상실
申時에 온 사람은 허가, 해결할 문제, 합격 件	酉時에 온 사람은 의욕없는 자, 색정사, 억울한 일	戌時 에 온 사람은 금전문제, 투자, 사업문제로 옴	

운세풀이			
午띠:이동수,우왕좌왕, 사고다툼	酉띠: 점점 일이 꼬임, 관재구설	子띠:최고운상승세, 두마음	卯띠: 만남,결실,화합,문서
未띠:매사불편, 방해자,배신	戌띠:귀인상봉, 금전이득, 현금	丑띠: 의욕과다, 스트레스큼	辰띠:이동수,이별수,변동 움직임
申띠:해결신,시험합격, 풀림	亥띠: 매사꼬임,과거고생, 病	寅띠: 시급한 일, 뜻대로 안됨	巳띠: 빈주머니,걱정근심,사기

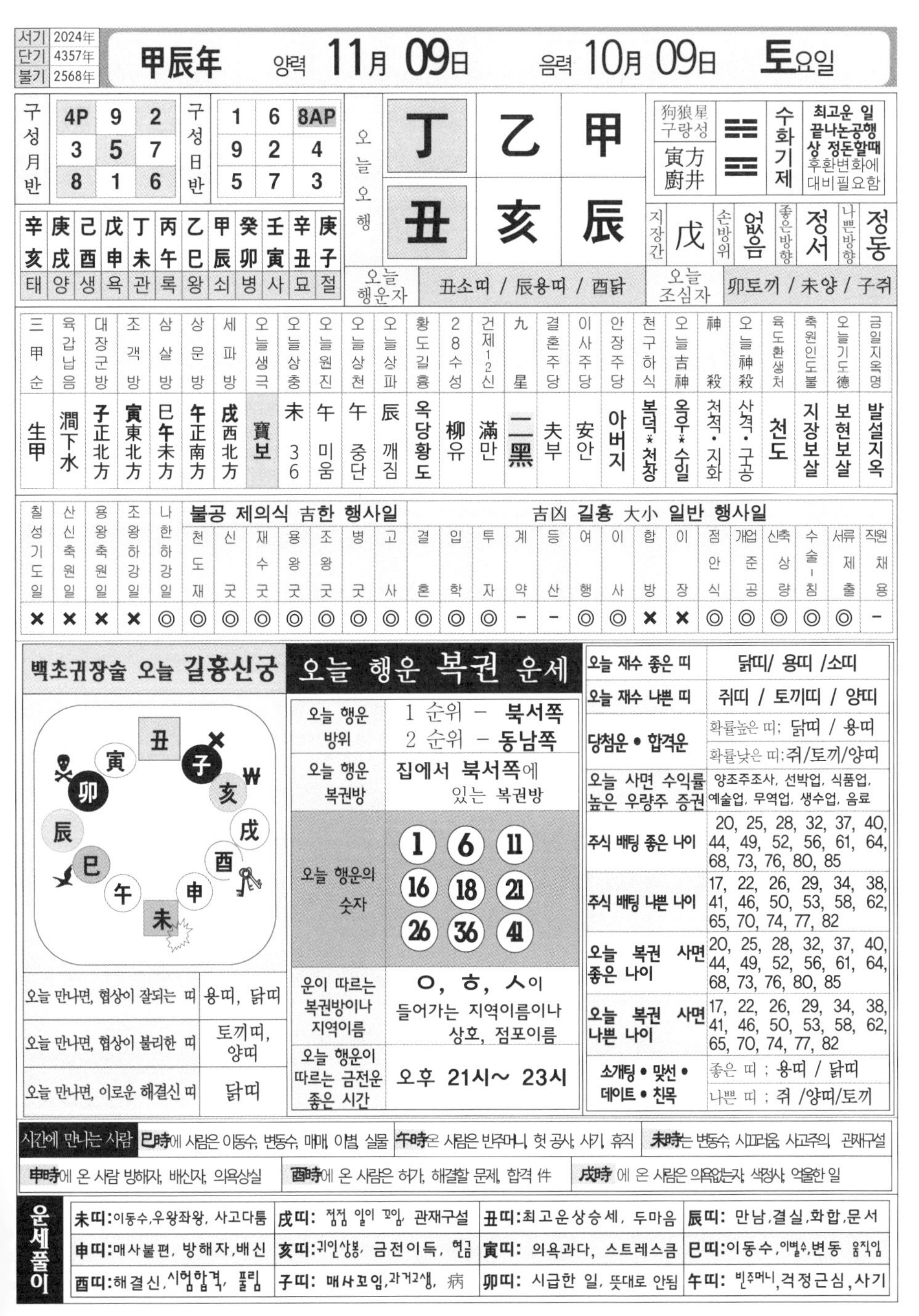

서기	2024年
단기	4357年
불기	2568年

甲辰年 양력 **11月 09日** 음력 **10月 09日** **토**요일

구성월반		
4P	9	2
3	5	7
8	1	6

구성일반		
1	6	8AP
9	2	4
5	7	3

오늘오행		
丁	乙	甲
丑	亥	辰

狗狼星 구랑성	寅方 廚井	수화기제	최고운 일 끝나논공행상 정돈할때 후환변화에 대비필요함

지장간	손방위	좋은방향	나쁜방향
戊	없음	정서	정동

辛亥	庚戌	己酉	戊申	丁未	丙午	乙巳	甲辰	癸卯	壬寅	辛丑	庚子
태	양	생	욕	관	록	왕	쇠	병	사	묘	절

오늘 행운자	丑소띠 / 辰용띠 / 酉닭	오늘 조심자	卯토끼 / 未양 / 子쥐

三甲순	육갑납음	대장군방	조객방	삼살방	상문방	세파방	오늘생극	오늘상충	오늘원진	오늘상천	오늘상파	황도길흉	28수성	건제12신	九星	결혼주당	이사주당	안장주당	천구하식	오늘吉神	神殺	오늘神殺	육도환생처	축원인도불	오늘기도德	금일지옥명
生甲	澗下水	子正北方	寅東北方	巳午未方	午正南方	戌西北方	寶보	未 36	午 미움	午 중단	辰 깨짐	옥당황도	柳유	滿만	二黑	夫부	安안	아버지	복덕*천창	옥우*수일	천적·지화	사격·구공	천도	지장보살	보현보살	발설지옥

칠성기도일	산신축원일	용왕축원일	조왕하강일	나한하강일	불공 제의식 吉한 행사일							吉凶 길흉 大小 일반 행사일														
					천도재	신굿	재수굿	용왕굿	조왕굿	병굿	고사	결혼	입학	투자	계약	등산	여행	이사	합방	이장	점안식	개업준공	신축상량	수술-침	서류제출	직원채용
×	×	×	×	◎	◎	◎	◎	◎	◎	◎	◎	◎	◎	◎	–	–	◎	◎	×	×	◎	◎	◎	◎	◎	–

백초귀장술 오늘 길흉신궁

丑 子 亥 戌 酉 申 未 午 巳 辰 卯 寅

오늘 만나면, 협상이 잘되는 띠	용띠, 닭띠
오늘 만나면, 협상이 불리한 띠	토끼띠, 양띠
오늘 만나면, 이로운 해결신 띠	닭띠

오늘 행운 복권 운세

오늘 행운 방위	1 순위 – 북서쪽 2 순위 – 동남쪽
오늘 행운 복권방	집에서 북서쪽에 있는 복권방
오늘 행운의 숫자	1, 6, 11, 16, 18, 21, 26, 36, 41
운이 따르는 복권방이나 지역이름	ㅇ, ㅎ, ㅅ이 들어가는 지역이름이나 상호, 점포이름
오늘 행운이 따르는 금전운 좋은 시간	오후 21시~ 23시

오늘 재수 좋은 띠	닭띠/ 용띠 /소띠
오늘 재수 나쁜 띠	쥐띠 / 토끼띠 / 양띠
당첨운 • 합격운	확률높은 띠; 닭띠 / 용띠 확률낮은 띠;쥐/토끼/양띠
오늘 사면 수익률 높은 우량주 증권	양조주조사, 선박업, 식품업, 예술업, 무역업, 생수업, 음료
주식 배팅 좋은 나이	20, 25, 28, 32, 37, 40, 44, 49, 52, 56, 61, 64, 68, 73, 76, 80, 85
주식 배팅 나쁜 나이	17, 22, 26, 29, 34, 38, 41, 46, 50, 53, 58, 62, 65, 70, 74, 77, 82
오늘 복권 사면 좋은 나이	20, 25, 28, 32, 37, 40, 44, 49, 52, 56, 61, 64, 68, 73, 76, 80, 85
오늘 복권 사면 나쁜 나이	17, 22, 26, 29, 34, 38, 41, 46, 50, 53, 58, 62, 65, 70, 74, 77, 82
소개팅 • 맞선 • 데이트 • 친목	좋은 띠 ; 용띠 / 닭띠 나쁜 띠 ; 쥐 /양띠/토끼

시간에 만나는 사람	巳時에 사람은 이동수, 변동수, 매매, 이별, 실물	午時은 사람은 빈주머니, 헛 공사, 사기, 휴직	未時는 변동수, 시끄러움, 사고주의, 관재구설
	申時에 온 사람 방해자, 배신자, 의욕상실	酉時에 온 사람은 허가, 해결할 문제, 합격 件	戌時 에 온 사람은 의욕없는자, 색정사, 억울한 일

운세풀이			
未띠:이동수,우왕좌왕, 사고다툼	戌띠: 점점 일이 꼬임, 관재구설	丑띠:최고운상승세, 두마음	辰띠: 만남,결실,화합,문서
申띠:매사불편, 방해자,배신	亥띠:귀인상봉, 금전이득, 현금	寅띠: 의욕과다, 스트레스큼	巳띠:이동수,이별수,변동 움직임
酉띠:해결신,시험합격, 풀림	子띠: 매사꼬임,과거고생, 病	卯띠: 시급한 일, 뜻대로 안됨	午띠: 빈주머니,걱정근심,사기

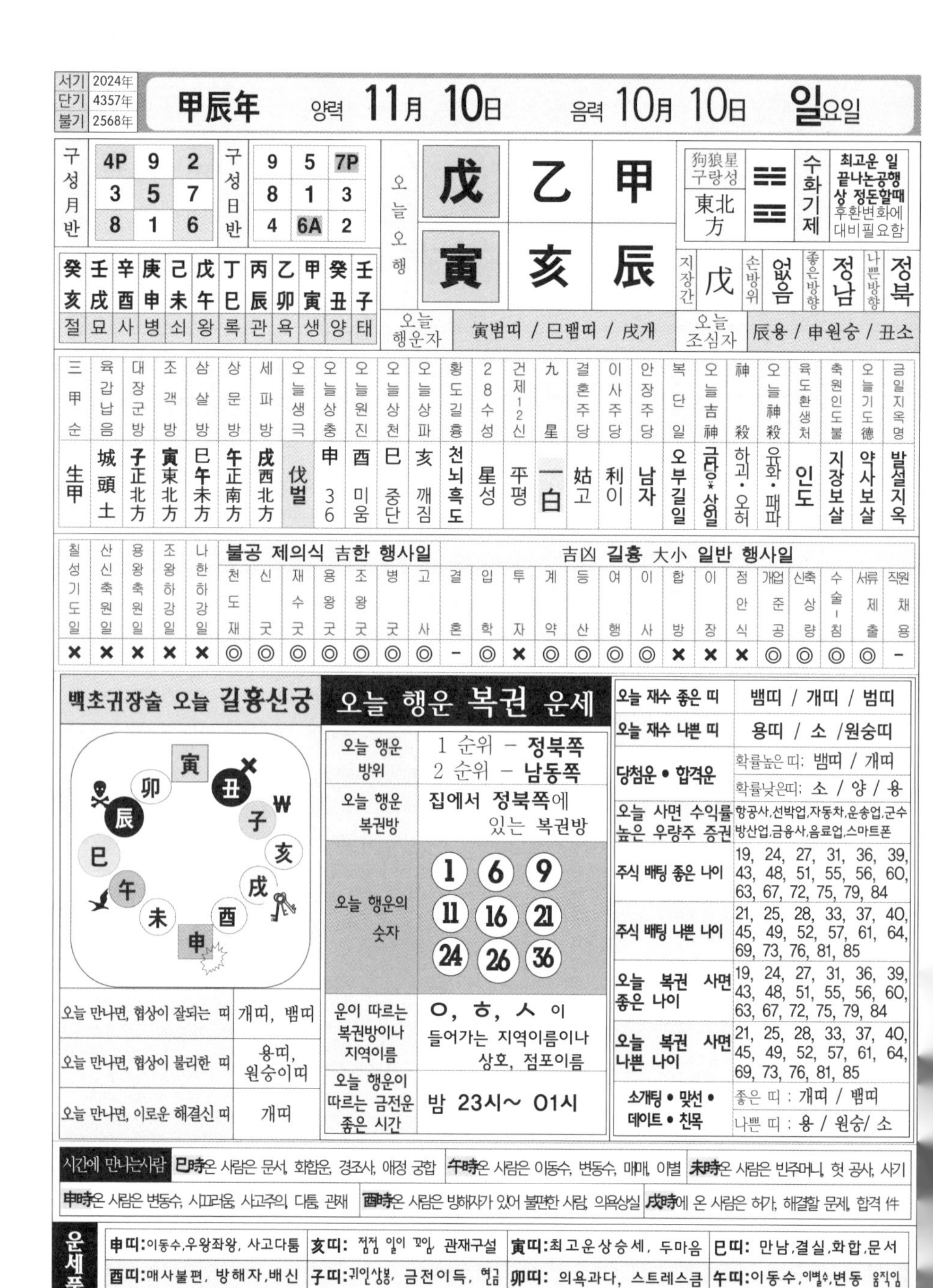

서기 2024年	단기 4357年	불기 2568年

甲辰年 양력 **11月 10日** 음력 **10月 10日** **일**요일

구성월반

4P	9	2
3	5	7
8	1	6

구성일반

9	5	7P
8	1	3
4	6A	2

癸亥	壬戌	辛酉	庚申	己未	戊午	丁巳	丙辰	乙卯	甲寅	癸丑	壬子
절	묘	사	병	쇠	왕	록	관	욕	생	양	태

오늘오행

戊	乙	甲
寅	亥	辰

狗狼星 구랑성	東北方
수화기제	최고운 일 끝나는공행상 정돈할때 후환변화에 대비필요함
지장간	戊
손방위	없음
좋은방향	정남
나쁜방향	정북

오늘 행운자	寅범띠 / 巳뱀띠 / 戌개
오늘 조심자	辰용 / 申원숭 / 丑소

三甲순	육갑납음	대장군방	조객방	삼살방	상문방	세파방	오늘생극	오늘상충	오늘원진	오늘상천	오늘상파	황도길흉	28수성	건제12신	九星	결혼주당	이사주당	안장주당	복단일	오늘吉神	神殺	오늘神殺	육도환생처	축원인도불	오늘기도德	금일지옥명
生甲	城頭土	子正北方	寅東北方	巳午未方	午正南方	戌西北方	伐벌	申 36	酉 미움	巳 중단	亥 깨짐	천뇌흑도	星성	平평	一白	姑고	利이	남자	오부길일	금당*상일	하괴·오허	유화·패파	인도	지장보살	약사보살	발설지옥

칠성기도일	산신축원일	용왕축원일	조왕하강일	나한하강일	천도재	신굿	재수굿	용왕굿	조왕굿	병굿	고사	결혼	입학	투자	계약	등산	여행	이사	합방	이장	점안식	개업준공	신축상량	수술-침	서류제출	직원채용
					불공 제의식 吉한 행사일							吉凶 길흉 大小 일반 행사일														
×	×	×	×	×	◎	◎	◎	◎	◎	◎	◎	-	◎	×	◎	◎	◎	◎	×	×	×	◎	◎	◎	◎	-

백초귀장술 오늘 길흉신궁

오늘 만나면, 협상이 잘되는 띠	개띠, 뱀띠
오늘 만나면, 협상이 불리한 띠	용띠, 원숭이띠
오늘 만나면, 이로운 해결신 띠	개띠

오늘 행운 복권 운세

오늘 행운 방위	1 순위 – 정북쪽 2 순위 – 남동쪽
오늘 행운 복권방	집에서 정북쪽에 있는 복권방
오늘 행운의 숫자	1, 6, 9, 11, 16, 21, 24, 26, 36
운이 따르는 복권방이나 지역이름	ㅇ, ㅎ, ㅅ 이 들어가는 지역이름이나 상호, 점포이름
오늘 행운이 따르는 금전운 좋은 시간	밤 23시~ 01시

오늘 재수 좋은 띠	뱀띠 / 개띠 / 범띠
오늘 재수 나쁜 띠	용띠 / 소 /원숭띠
당첨운 • 합격운	확률높은 띠: 뱀띠 / 개띠 확률낮은띠: 소 / 양 / 용
오늘 사면 수익률 높은 우량주 증권	항공사,선박업,자동차,운송업,군수방산업,금융사,음료업,스마트폰
주식 배팅 좋은 나이	19, 24, 27, 31, 36, 39, 43, 48, 51, 55, 56, 60, 63, 67, 72, 75, 79, 84
주식 배팅 나쁜 나이	21, 25, 28, 33, 37, 40, 45, 49, 52, 57, 61, 64, 69, 73, 76, 81, 85
오늘 복권 사면 좋은 나이	19, 24, 27, 31, 36, 39, 43, 48, 51, 55, 56, 60, 63, 67, 72, 75, 79, 84
오늘 복권 사면 나쁜 나이	21, 25, 28, 33, 37, 40, 45, 49, 52, 57, 61, 64, 69, 73, 76, 81, 85
소개팅 • 맞선 • 데이트 • 친목	좋은 띠 : 개띠 / 뱀띠 나쁜 띠 : 용 / 원숭/ 소

시간에 만나는사람		
巳時은 사람은 문서, 화합운, 경조사, 애정 궁합	午時은 사람은 이동수, 변동수, 매매, 이별	未時은 사람은 빈주머니, 헛 공사, 사기
申時은 사람은 변동수, 시끄러움, 사고주의, 다툼, 관재	酉時은 사람은 방해자가 있어 불편한 사람, 의욕상실	戌時에 온 사람은 허가, 해결할 문제, 합격 件

운세풀이			
申띠:이동수,우왕좌왕, 사고다툼	亥띠: 점점 일이 꼬임, 관재구설	寅띠:최고운상승세, 두마음	巳띠: 만남,결실,화합,문서
酉띠:매사불편, 방해자,배신	子띠:귀인상봉, 금전이득, 현금	卯띠: 의욕과다, 스트레스큼	午띠:이동수,이별수,변동 움직임
戌띠:해결신,시험합격, 풀림	丑띠: 매사꼬임,과거고생, 病	辰띠: 시급한 일, 뜻대로 안됨	未띠: 빈주머니,걱정근심,사기

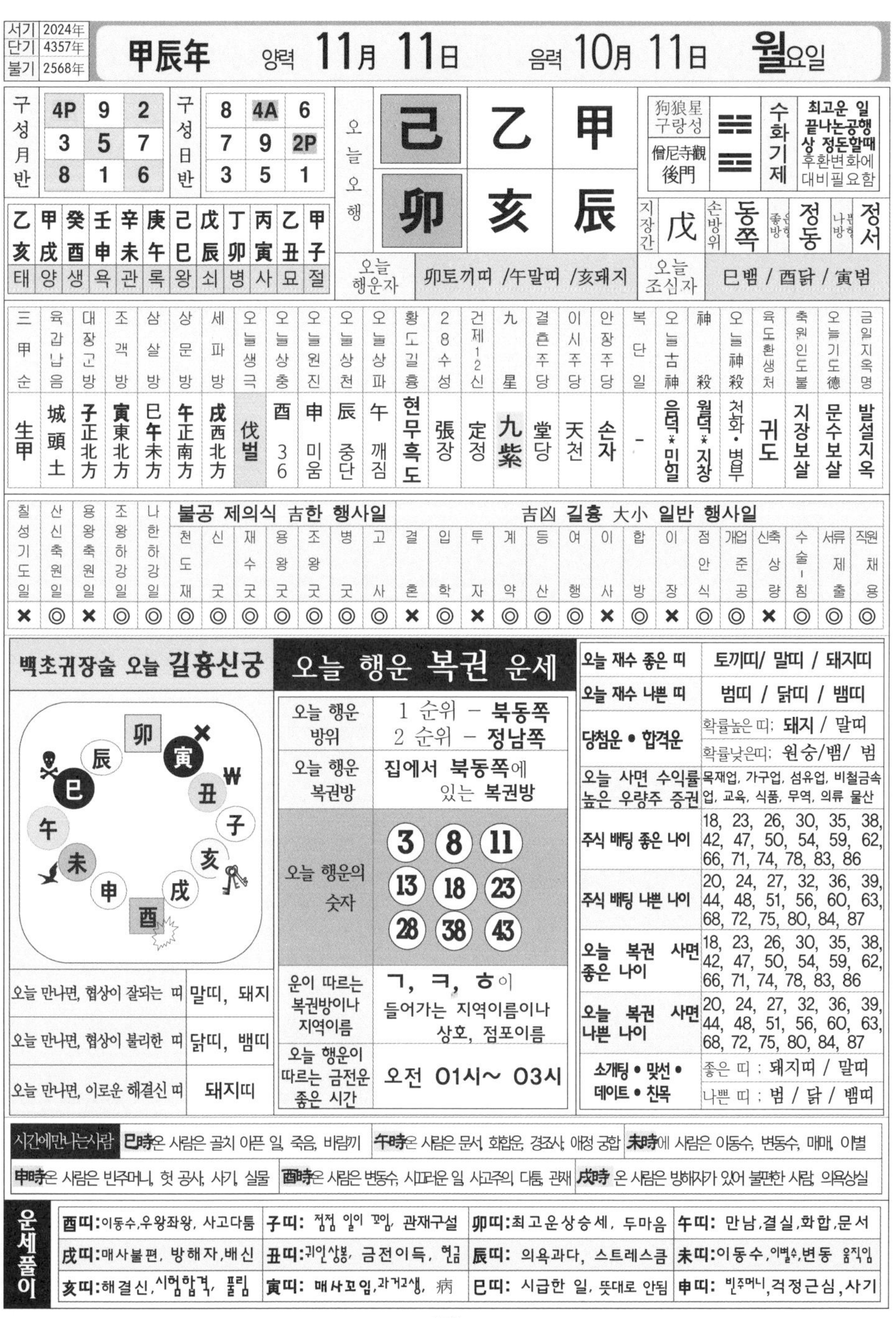

서기	2024年
단기	4357年
불기	2568年

甲辰年 양력 11月 11日 음력 10月 11日 월요일

구성월반			구성일반		
4P	9	2	8	4A	6
3	5	7	7	9	2P
8	1	6	3	5	1

오늘오행		
己	乙	甲
卯	亥	辰

狗狼星 구랑성	僧尼寺觀 後門	수화기제	최고운 일 끝나는공행 상 정돈할때 후환변화에 대비필요함

지장간	손방위	좋은방향	나쁜방향
戊	동쪽	정동	정서

乙亥	甲戌	癸酉	壬申	辛未	庚午	己巳	戊辰	丁卯	丙寅	乙丑	甲子
태	양	생	욕	관	록	왕	쇠	병	사	묘	절

오늘 행운자: 卯토끼띠 /午말띠 /亥돼지

오늘 조심자: 巳뱀 / 酉닭 / 寅범

三甲순	육갑납음	대장군방	조객방	삼살방	상문방	세파방	오늘생극	오늘상충	오늘원진	오늘상천	오늘상파	황도길흉	28수성	건제12신	九星	결혼주당	이사주당	안장주당	복단일	오늘吉神	神殺	오늘神殺	육도환생처	축원인도불	오늘기도德	금일지옥명
生甲	城頭土	子正北方	寅東北方	巳午未方	午正南方	戌西北方	伐벌	酉 36	申 미움	辰 중단	午 깨짐	현무흑도	張장	定정	九紫	堂당	天천	손자	–	음덕*미일	월덕*지창	천화·병부	귀도	지장보살	문수보살	발설지옥

칠성기도일	산신축원일	용왕축원일	조왕하강일	나한하강일	불공 제의식 吉한 행사일: 천도재	신굿	재수굿	용왕굿	조왕굿	병굿	고사	吉凶 길흉 大小 일반 행사일: 결혼	입학	투자	계약	등산	여행	이사	합방	이장	점안식	개업준공	신축상량	수술-침	서류제출	직원채용
×	◎	×	◎	◎	◎	◎	◎	◎	◎	◎	◎	×	◎	×	◎	◎	◎	×	◎	×	◎	◎	×	◎	◎	◎

백초귀장술 오늘 길흉신궁

오늘 만나면, 협상이 잘되는 띠	말띠, 돼지
오늘 만나면, 협상이 불리한 띠	닭띠, 뱀띠
오늘 만나면, 이로운 해결신 띠	돼지띠

오늘 행운 복권 운세

오늘 행운 방위	1 순위 – 북동쪽 2 순위 – 정남쪽
오늘 행운 복권방	집에서 북동쪽에 있는 복권방
오늘 행운의 숫자	3, 8, 11, 13, 18, 23, 28, 38, 43
운이 따르는 복권방이나 지역이름	ㄱ, ㅋ, ㅎ이 들어가는 지역이름이나 상호, 점포이름
오늘 행운이 따르는 금전운 좋은 시간	오전 01시~ 03시

오늘 재수 좋은 띠	토끼띠/ 말띠 / 돼지띠
오늘 재수 나쁜 띠	범띠 / 닭띠 / 뱀띠
당첨운 • 합격운	확률높은 띠: 돼지 / 말띠 확률낮은띠: 원숭/뱀/ 범
오늘 사면 수익률 높은 우량주 증권	목재업, 가구업, 섬유업, 비철금속업, 교육, 식품, 무역, 의류 물산
주식 배팅 좋은 나이	18, 23, 26, 30, 35, 38, 42, 47, 50, 54, 59, 62, 66, 71, 74, 78, 83, 86
주식 배팅 나쁜 나이	20, 24, 27, 32, 36, 39, 44, 48, 51, 56, 60, 63, 68, 72, 75, 80, 84, 87
오늘 복권 사면 좋은 나이	18, 23, 26, 30, 35, 38, 42, 47, 50, 54, 59, 62, 66, 71, 74, 78, 83, 86
오늘 복권 사면 나쁜 나이	20, 24, 27, 32, 36, 39, 44, 48, 51, 56, 60, 63, 68, 72, 75, 80, 84, 87
소개팅 • 맞선 • 데이트 • 친목	좋은 띠 : 돼지띠 / 말띠 나쁜 띠 : 범 / 닭 / 뱀띠

시간에만나는사람 **巳時**온 사람은 골치 아픈 일, 죽음, 바람끼 **午時**온 사람은 문서, 화합운, 경조사, 애정 궁합 **未時**에 사람은 이동수, 변동수, 매매, 이별 **申時**온 사람은 빈주머니, 헛 공사, 사기, 실물 **酉時**온 사람은 변동수, 시끄러운 일 사고주의, 다툼, 관재 **戌時** 온 사람은 방해자가 있어 불편한 사람, 의욕상실

운세풀이

酉띠: 이동수,우왕좌왕, 사고다툼	子띠: 점점 일이 꼬임, 관재구설	卯띠: 최고운상승세, 두마음	午띠: 만남,결실,화합,문서
戌띠: 매사불편, 방해자,배신	丑띠: 귀인상봉, 금전이득, 현금	辰띠: 의욕과다, 스트레스큼	未띠: 이동수,이별수,변동 움직임
亥띠: 해결신,시험합격, 풀림	寅띠: 매사꼬임,과거고생, 病	巳띠: 시급한 일, 뜻대로 안됨	申띠: 빈주머니,걱정근심,사기

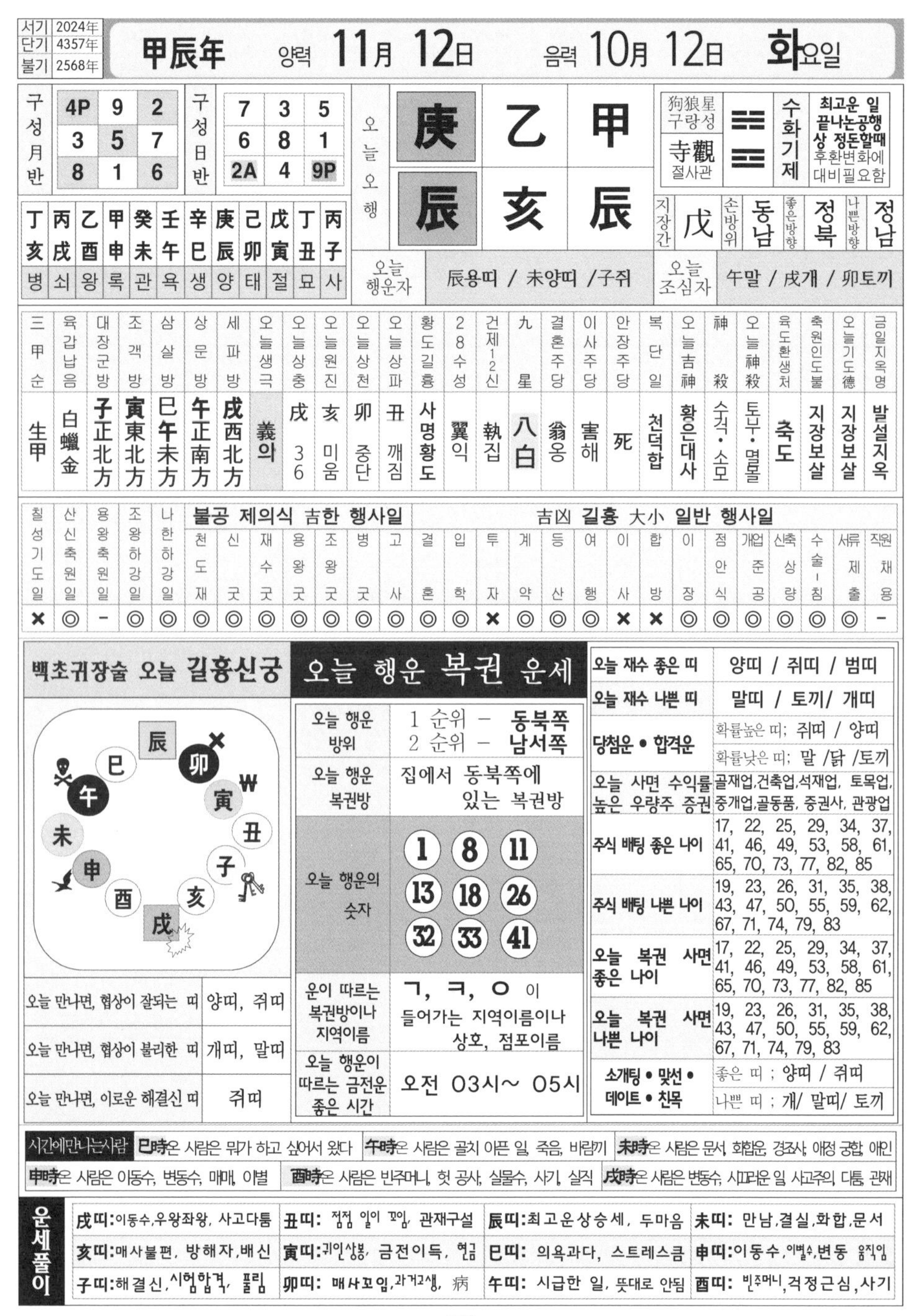

서기	2024年
단기	4357年
불기	2568年

甲辰年 양력 11月 12日 음력 10月 12日 화요일

구성월반		
4P	9	2
3	5	7
8	1	6

구성일반		
7	3	5
6	8	1
2A	4	9P

오늘오행		
庚	乙	甲
辰	亥	辰

狗狼星 구랑성 / 寺觀 절사관 / 수화기제 / 최고운 일 끝나는공행상 정돈할때 후환변화에 대비필요함

丁亥	丙戌	乙酉	甲申	癸未	壬午	辛巳	庚辰	己卯	戊寅	丁丑	丙子
병	쇠	왕	록	관	욕	생	양	태	절	묘	사

지장간	손방위	좋은방향	나쁜방향
戊	동남	정북	정남

오늘 행운자: 辰용띠 / 未양띠 /子쥐
오늘 조심자: 午말 / 戌개 / 卯토끼

三甲순	육갑납음	대장군방	조객방	삼살방	상문방	세파방	오늘생극	오늘상충	오늘원진	오늘상천	오늘상파	황도길흉	28수성	건제12신	九星	결혼주당	이사주당	안장주당	복단일	오늘吉神	神殺	오늘神殺	육도환생처	축원인도불	오늘기도德	금일지옥명
生甲	白蠟金	子正北方	寅東北方	巳午未方	午正南方	戌西北方	義의	戌 36	亥 미움	卯 중단	丑 깨짐	사명황도	翼익	執집	八白	翁옹	害해	死	천덕합	황은대사	수격·소모	토부·멸몰	축도	지장보살	지장보살	발설지옥

칠성기도일	산신축원일	용왕축원일	조왕하강일	나한하강일	불공 제의식 吉한 행사일							吉凶 길흉 大小 일반 행사일														
					천도재	신굿	재수굿	용왕굿	조왕굿	병굿	고사	결혼	입학	투자	계약	등산	여행	이사	합방	이장	점안식	개업준공	신축상량	수술-침	서류제출	직원채용
×	◎	-	◎	◎	◎	◎	◎	◎	◎	◎	◎	◎	◎	×	◎	◎	◎	×	×	◎	◎	◎	◎	◎	◎	-

백초귀장술 오늘 길흉신궁

오늘 만나면, 협상이 잘되는 띠	양띠, 쥐띠
오늘 만나면, 협상이 불리한 띠	개띠, 말띠
오늘 만나면, 이로운 해결신 띠	쥐띠

오늘 행운 복권 운세

오늘 행운 방위	1 순위 - 동북쪽 2 순위 - 남서쪽
오늘 행운 복권방	집에서 동북쪽에 있는 복권방
오늘 행운의 숫자	1, 8, 11, 13, 18, 26, 32, 33, 41
운이 따르는 복권방이나 지역이름	ㄱ, ㅋ, ㅇ 이 들어가는 지역이름이나 상호, 점포이름
오늘 행운이 따르는 금전운 좋은 시간	오전 03시~ 05시

오늘 재수 좋은 띠	양띠 / 쥐띠 / 범띠
오늘 재수 나쁜 띠	말띠 / 토끼/ 개띠
당첨운 • 합격운	확률높은 띠; 쥐띠 / 양띠 확률낮은 띠; 말 /닭 /토끼
오늘 사면 수익률 높은 우량주 증권	골재업,건축업,석재업, 토목업, 중개업,골동품, 증권사, 관광업
주식 배팅 좋은 나이	17, 22, 25, 29, 34, 37, 41, 46, 49, 53, 58, 61, 65, 70, 73, 77, 82, 85
주식 배팅 나쁜 나이	19, 23, 26, 31, 35, 38, 43, 47, 50, 55, 59, 62, 67, 71, 74, 79, 83
오늘 복권 사면 좋은 나이	17, 22, 25, 29, 34, 37, 41, 46, 49, 53, 58, 61, 65, 70, 73, 77, 82, 85
오늘 복권 사면 나쁜 나이	19, 23, 26, 31, 35, 38, 43, 47, 50, 55, 59, 62, 67, 71, 74, 79, 83
소개팅 • 맞선 • 데이트 • 친목	좋은 띠 ; 양띠 / 쥐띠 나쁜 띠 ; 개/ 말띠/ 토끼

시간에만나는사람
- 巳時은 사람은 뭐가 하고 싶어서 왔다
- 午時은 사람은 골치 아픈 일, 죽음, 바람끼
- 未時은 사람은 문서, 화합운, 경조사, 애정 궁합, 애인
- 申時은 사람은 이동수, 변동수, 매매, 이별
- 酉時은 사람은 빈주머니, 헛 공사, 실물수, 사기, 실직
- 戌時은 사람은 변동수, 시끄러운 일 사고주의, 다툼, 관재

운세풀이

戌띠: 이동수,우왕좌왕, 사고다툼	丑띠: 점점 일이 꼬임, 관재구설	辰띠: 최고운상승세, 두마음	未띠: 만남,결실,화합,문서
亥띠: 매사불편, 방해자,배신	寅띠: 귀인상봉, 금전이득, 현금	巳띠: 의욕과다, 스트레스큼	申띠: 이동수,이별수,변동 움직임
子띠: 해결신,시험합격, 풀림	卯띠: 매사꼬임,과거고생, 病	午띠: 시급한 일, 뜻대로 안됨	酉띠: 빈주머니,걱정근심,사기

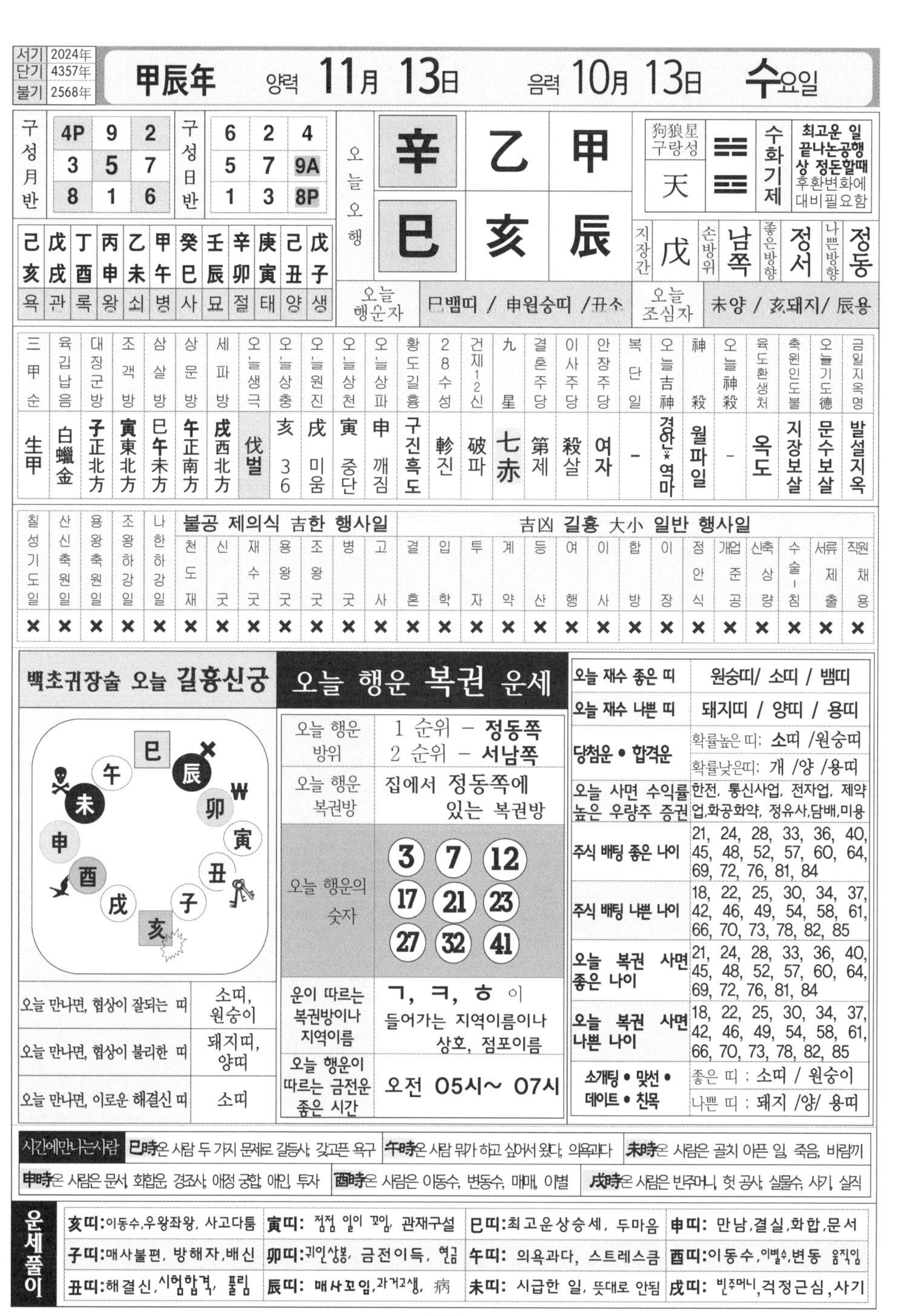

서기	2024年
단기	4357年
불기	2568年

甲辰年 양력 11月 13日 음력 10月 13日 수요일

구성월반		
4P	9	2
3	5	7
8	1	6

구성일반		
6	2	4
5	7	9A
1	3	8P

오늘오행		
辛	乙	甲
巳	亥	辰

狗狼星 구랑성	괘	수화기제	
天	☵☲	수화기제	최고운 일 끝나는공행상 정돈할때 후환변화에 대비필요함

지장간	손방위	좋은방향	나쁜방향
戊	남쪽	정서	정동

己亥	戊戌	丁酉	丙申	乙未	甲午	癸巳	壬辰	辛卯	庚寅	己丑	戊子
욕	관	록	왕	쇠	병	사	묘	절	태	양	생

오늘 행순자	巳뱀띠 / 申원숭띠 /丑소
오늘 조심자	未양 / 亥돼지/ 辰용

三甲순	육갑납음	대장군방	조객방	삼살방	상문방	세파방	오늘생극	오늘상충	오늘원진	오늘상천	오늘상파	황도길흉	28수성	건제12신	九星	결혼주당	이사주당	안장주당	복단일	오늘吉神	神殺	오늘神殺	육도환생처	축원인도불	오늘기도德	금일지옥명
生甲	白蠟金	子正北方	寅東北方	巳午未方	午正南方	戌西北方	伐벌	亥 36	戌 미움	寅 중단	申 깨짐	구진흑도	軫진	破파	七赤	第제	殺살	여자	–	경안*역마	월파일	–	옥도	지장보살	문수보살	발설지옥

칠성기도일	산신축원일	용왕축원일	조왕하강일	나한하강일	불공 제의식 吉한 행사일: 천도재	신굿	재수굿	용왕굿	조왕굿	병굿	고사	吉凶 길흉 大小 일반 행사일: 결혼	입학	투자	계약	등산	여행	이사	합방	이장	점안식	개업준공	신축상량	수술·침	서류제출	직원채용
×	×	×	×	×	×	×	×	×	×	×	×	×	×	×	×	×	×	×	×	×	×	×	×	×	×	×

백초귀장술 오늘 길흉신궁

巳 辰 卯 寅 丑 子 亥 戌 酉 申 未 午 ₩

오늘 만나면, 협상이 잘되는 띠	소띠, 원숭이
오늘 만나면, 협상이 불리한 띠	돼지띠, 양띠
오늘 만나면, 이로운 해결신 띠	소띠

오늘 행운 복권 운세

오늘 행운 방위	1 순위 – 정동쪽 2 순위 – 서남쪽
오늘 행운 복권방	집에서 정동쪽에 있는 복권방
오늘 행운의 숫자	3 7 12 17 21 23 27 32 41
운이 따르는 복권방이나 지역이름	ㄱ, ㅋ, ㅎ 이 들어가는 지역이름이나 상호, 점포이름
오늘 행운이 따르는 금전운 좋은 시간	오전 05시~ 07시

오늘 재수 좋은 띠	원숭띠/ 소띠 / 뱀띠
오늘 재수 나쁜 띠	돼지띠 / 양띠 / 용띠
당첨운 • 합격운	확률높은 띠: 소띠 /원숭띠 확률낮은띠: 개 /양 /용띠
오늘 사면 수익률 높은 우량주 증권	한전, 통신사업, 전자업, 제약업,화공화약, 정유사,담배,미용
주식 배팅 좋은 나이	21, 24, 28, 33, 36, 40, 45, 48, 52, 57, 60, 64, 69, 72, 76, 81, 84
주식 배팅 나쁜 나이	18, 22, 25, 30, 34, 37, 42, 46, 49, 54, 58, 61, 66, 70, 73, 78, 82, 85
오늘 복권 사면 좋은 나이	21, 24, 28, 33, 36, 40, 45, 48, 52, 57, 60, 64, 69, 72, 76, 81, 84
오늘 복권 사면 나쁜 나이	18, 22, 25, 30, 34, 37, 42, 46, 49, 54, 58, 61, 66, 70, 73, 78, 82, 85
소개팅 • 맞선 • 데이트 • 친목	좋은 띠 : 소띠 / 원숭이 나쁜 띠 : 돼지 /양/ 용띠

시간에만나는사람	巳時은 사람 두 가지 문제로 갈등사, 갖고픈 욕구	午時은 사람 뭐가 하고 싶어서 왔다, 의욕과다	未時은 사람은 골치 아픈 일, 죽음, 바람끼
申時은 사람은 문서, 화합운, 경조사, 애정 궁합, 애인, 투자	酉時은 사람은 이동수, 변동수, 매매, 이별	戌時은 사람은 빈주머니, 헛 공사, 실물수, 사기, 실직	

운세풀이

亥띠:이동수,우왕좌왕, 사고다툼	寅띠: 점점 일이 꼬임, 관재구설	巳띠:최고운상승세, 두마음	申띠: 만남,결실,화합,문서
子띠:매사불편, 방해자,배신	卯띠:귀인상봉, 금전이득, 현금	午띠: 의욕과다, 스트레스큼	酉띠:이동수,이별수,변동 움직임
丑띠:해결신,시험합격, 풀림	辰띠: 매사꼬임,과거고생, 病	未띠: 시급한 일, 뜻대로 안됨	戌띠: 빈주머니,걱정근심,사기

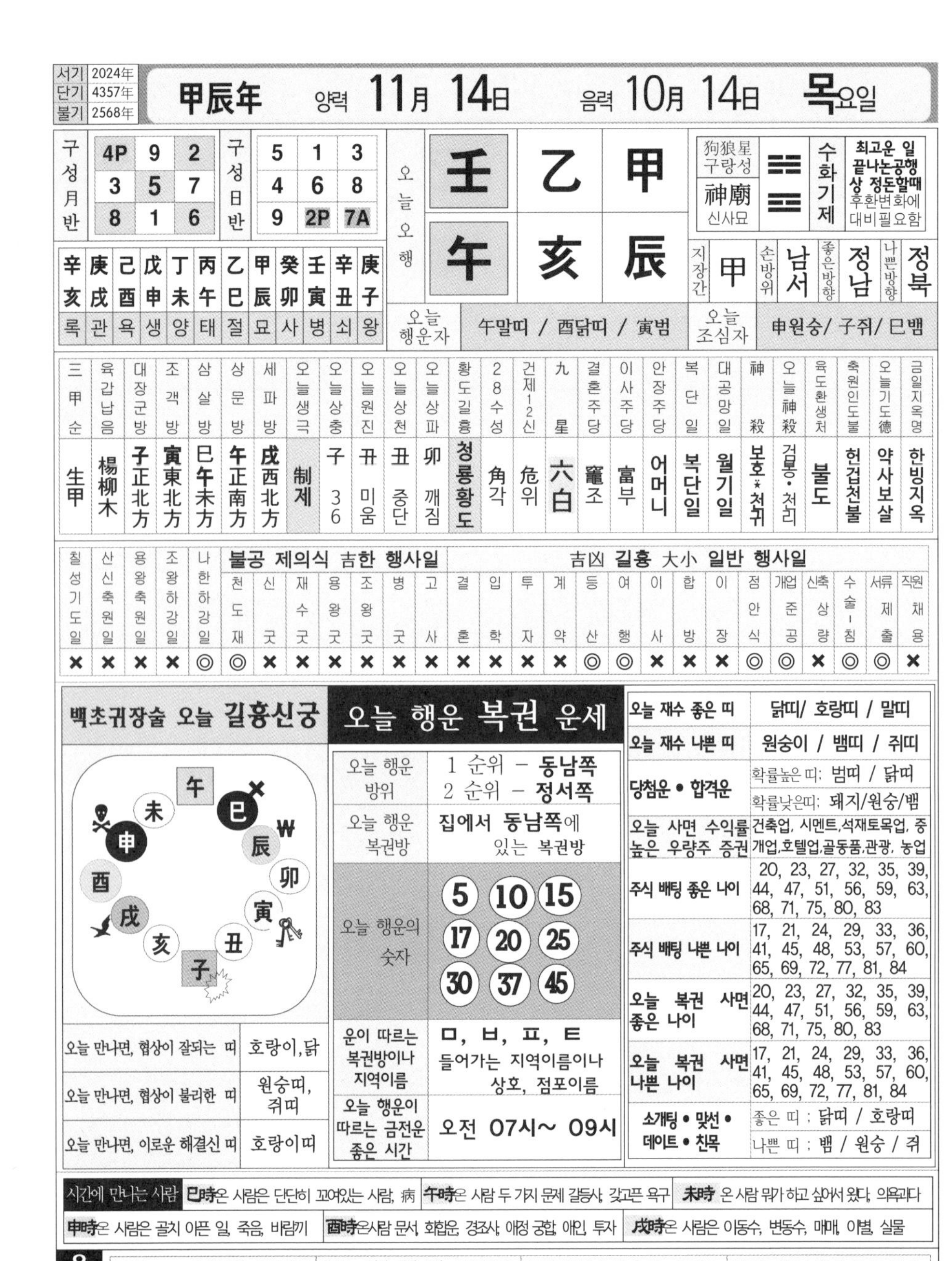

서기	2024年
단기	4357年
불기	2568年

甲辰年 양력 11月 14日 음력 10月 14日 목요일

구성月반

4P	9	2
3	5	7
8	1	6

구성日반

5	1	3
4	6	8
9	2P	7A

辛亥	庚戌	己酉	戊申	丁未	丙午	乙巳	甲辰	癸卯	壬寅	辛丑	庚子
록	관	욕	생	양	태	절	묘	사	병	쇠	왕

오늘오행

壬	乙	甲
午	亥	辰

狗狼星 구랑성	☵	수화기제	최고운 일 끝나는공행상 정돈할때 후환변화에 대비필요함
神廟 신사묘	☲		

지장간	甲	손방위	남서	좋은방향	정남	나쁜방향	정북

오늘 행운자	午말띠 / 酉닭띠 / 寅범	오늘 조심자	申원숭/ 子쥐/ 巳뱀

三甲순	육갑납음	대장군방	조객방	삼살방	상문방	세파방	오늘생극	오늘상충	오늘원진	오늘상천	오늘상파	황도길흉	28수성	건제12신	九星	결혼주당	이사주당	안장주당	복단일	대공망일	神殺	오늘神殺	육도환생처	축원인도불	오늘기도德	금일지옥명
生甲	楊柳木	子正北方	寅東北方	巳午未方	午正南方	戌西北方	制제	子 36	丑 미움	丑 중단	卯 깨짐	청룡황도	角각	危위	六白	竈조	富부	어머니	복단일	월기일	보호*천귀	검봉·천리	불도	헌겁천불	약사보살	한빙지옥

칠성기도일	산신축원일	용왕축원일	조왕하강일	나한하강일	불공 제의식 吉한 행사일: 천도재	신굿	재수굿	용왕굿	조왕굿	병굿	고사	吉凶 길흉 大小 일반 행사일: 결혼	입학	투자	계약	등산	여행	이사	합방	이장	점안식	개업준공	신축상량	수술-침	서류제출	직원채용
×	×	×	×	◎	◎	×	×	×	×	×	×	×	×	×	×	◎	◎	×	×	×	◎	◎	×	◎	◎	×

백초귀장술 오늘 길흉신궁

오늘 만나면, 협상이 잘되는 띠	호랑이,닭
오늘 만나면, 협상이 불리한 띠	원숭띠, 쥐띠
오늘 만나면, 이로운 해결신 띠	호랑이띠

오늘 행운 복권 운세

오늘 행운 방위	1 순위 – 동남쪽 2 순위 – 정서쪽
오늘 행운 복권방	집에서 동남쪽에 있는 복권방
오늘 행운의 숫자	5 10 15 17 20 25 30 37 45
운이 따르는 복권방이나 지역이름	ㅁ, ㅂ, ㅍ, ㅌ 들어가는 지역이름이나 상호, 점포이름
오늘 행운이 따르는 금전운 좋은 시간	오전 07시~ 09시

오늘 재수 좋은 띠	닭띠/ 호랑띠 / 말띠
오늘 재수 나쁜 띠	원숭이 / 뱀띠 / 쥐띠
당첨운 • 합격운	확률높은 띠: 범띠 / 닭띠 확률낮은띠: 돼지/원숭/뱀
오늘 사면 수익률 높은 우량주 증권	건축업, 시멘트,석재토목업, 중개업,호텔업,골동품,관광, 농업
주식 배팅 좋은 나이	20, 23, 27, 32, 35, 39, 44, 47, 51, 56, 59, 63, 68, 71, 75, 80, 83
주식 배팅 나쁜 나이	17, 21, 24, 29, 33, 36, 41, 45, 48, 53, 57, 60, 65, 69, 72, 77, 81, 84
오늘 복권 사면 좋은 나이	20, 23, 27, 32, 35, 39, 44, 47, 51, 56, 59, 63, 68, 71, 75, 80, 83
오늘 복권 사면 나쁜 나이	17, 21, 24, 29, 33, 36, 41, 45, 48, 53, 57, 60, 65, 69, 72, 77, 81, 84
소개팅 • 맞선 • 데이트 • 친목	좋은 띠 : 닭띠 / 호랑띠 나쁜 띠 : 뱀 / 원숭 / 쥐

시간에 만나는 사람	巳時온 사람은 단단히 꼬여있는 사람, 病	午時온 사람 두 가지 문제 갈등사, 갖고픈 욕구	未時 온 사람 뭔가 하고 싶어서 왔다, 의욕과다
申時온 사람은 골치 아픈 일, 죽음, 바람끼	酉時온사람 문서, 화합운, 경조사, 애정 궁합, 애인, 투자	戌時온 사람은 이동수, 변동수, 매매, 이별, 실물	

운세풀이			
子띠:이동수,우왕좌왕, 사고다툼	卯띠: 점점 일이 꼬임, 관재구설	午띠:최고운상승세, 두마음	酉띠: 만남,결실,화합,문서
丑띠:매사불편, 방해자,배신	辰띠:귀인상봉, 금전이득, 현금	未띠: 의욕과다, 스트레스큼	戌띠:이동수,이별수,변동 움직임
寅띠:해결신,시험합격, 풀림	巳띠: 매사꼬임,과거고생, 病	申띠: 시급한 일, 뜻대로 안됨	亥띠: 빈주머니,걱정근심,사기

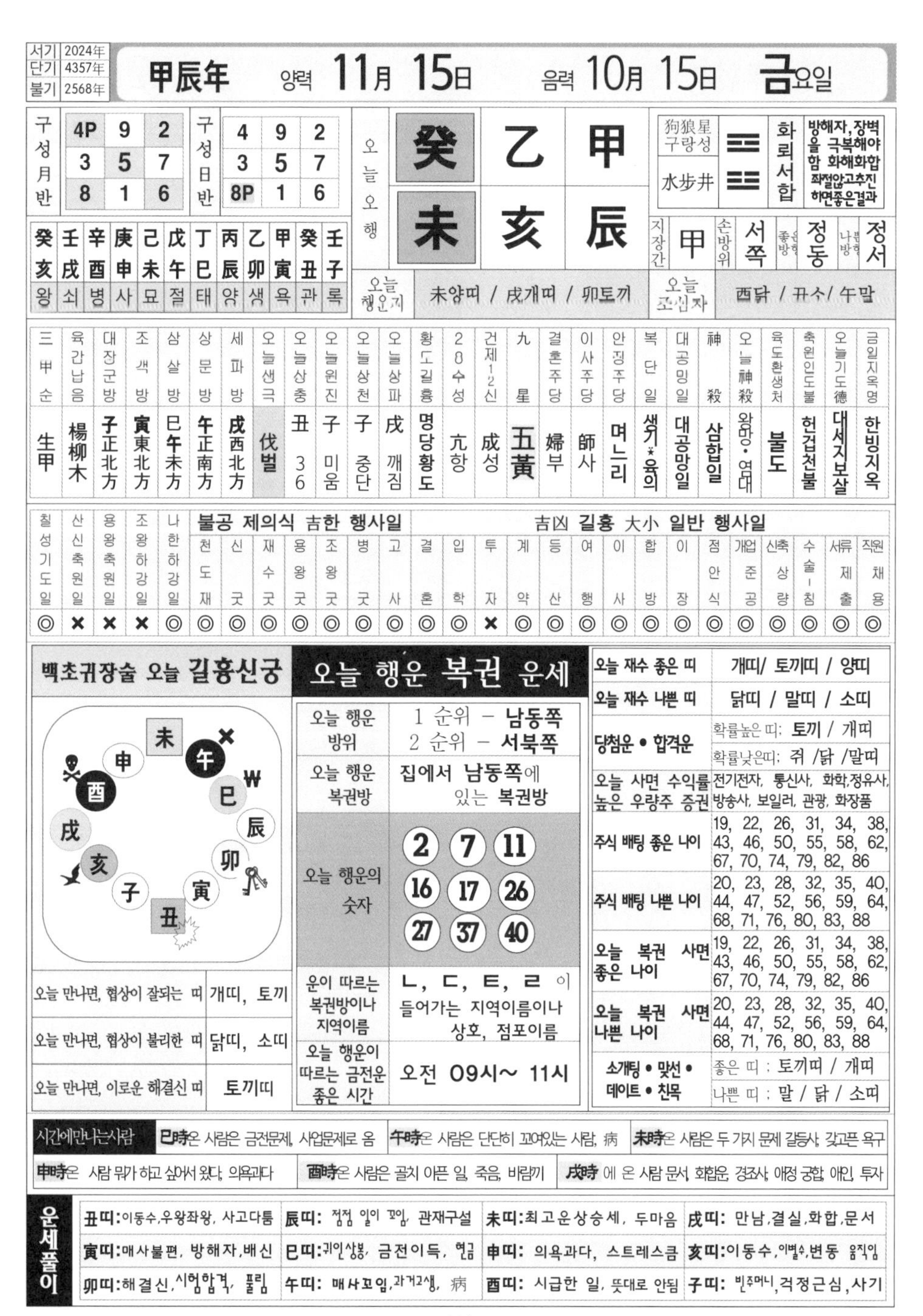

서기	2024年
단기	4357年
불기	2568年

甲辰年 양력 **11月 15日** 음력 **10月 15日** **금**요일

구성月반		
4P	9	2
3	5	7
8	1	6

구성日반		
4	9	2
3	5	7
8P	1	6

오늘오행			
	癸	乙	甲
	未	亥	辰

狗狼星 구랑성	☰	화뢰서합	방해자,장벽을 극복해야함 화해화합 좌절않고추진하면좋은결과
水步井	☷		

지장간	甲	손방위	서쪽	좋은방향	정동	나쁜방향	정서

癸亥	壬戌	辛酉	庚申	己未	戊午	丁巳	丙辰	乙卯	甲寅	癸丑	壬子
왕	쇠	병	사	묘	절	태	양	생	욕	관	록

오늘 행운지	未양띠 / 戌개띠 / 卯토끼	오늘 조심자	酉닭 / 丑소 / 午말

三甲순	육갑납음	대장군방	조객방	삼살방	상문방	세파방	오늘생극	오늘상충	오늘원진	오늘상천	오늘상파	황도길흉	28수성	건제12신	九星	결혼주당	이사주당	안장주당	복단일	대공망일	神殺	오늘神殺	육도환생처	축원인도불	오늘기도德	금일지옥명
生甲	楊柳木	子正北方	寅東北方	巳午未方	午正南方	戌西北方	伐벌	丑 36	子 미움	子 중단	戌 깨짐	명당황도	亢항	成성	五黃	婦부	師사	며느리	생기*육의	대공망일	삼합일	왕망•염대	불도	헌겁천불	대세지보살	한빙지옥

칠성기도일	산신축원일	용왕축원일	조왕하강일	나한하강일	불공 제의식 吉한 행사일: 천도재	신굿	재수굿	용왕굿	조왕굿	병굿	고사	吉凶 길흉 大小 일반 행사일: 결혼	입학	투자	계약	등산	여행	이사	합방	이장	점안식	개업준공	신축상량	수술-침	서류제출	직원채용
◎	×	×	×	◎	◎	◎	◎	◎	◎	◎	◎	◎	◎	×	◎	◎	◎	◎	◎	◎	◎	◎	◎	◎	◎	◎

백초귀장술 오늘 길흉신궁

오늘 만나면, 협상이 잘되는 띠	개띠, 토끼
오늘 만나면, 협상이 불리한 띠	닭띠, 소띠
오늘 만나면, 이로운 해결신 띠	토끼띠

오늘 행운 복권 운세

오늘 행운 방위	1 순위 – 남동쪽 2 순위 – 서북쪽
오늘 행운 복권방	집에서 남동쪽에 있는 복권방
오늘 행운의 숫자	2 7 11 16 17 26 27 37 40
운이 따르는 복권방이나 지역이름	ㄴ, ㄷ, ㅌ, ㄹ 이 들어가는 지역이름이나 상호, 점포이름
오늘 행운이 따르는 금전운 좋은 시간	오전 09시~ 11시

오늘 재수 좋은 띠	개띠/ 토끼띠 / 양띠
오늘 재수 나쁜 띠	닭띠 / 말띠 / 소띠
당첨운 • 합격운	확률높은 띠: 토끼 / 개띠 확률낮은띠: 쥐 /닭 /말띠
오늘 사면 수익률 높은 우량주 증권	전기전자, 통신사, 화학,정유사, 방송사, 보일러, 관광, 화장품
주식 배팅 좋은 나이	19, 22, 26, 31, 34, 38, 43, 46, 50, 55, 58, 62, 67, 70, 74, 79, 82, 86
주식 배팅 나쁜 나이	20, 23, 28, 32, 35, 40, 44, 47, 52, 56, 59, 64, 68, 71, 76, 80, 83, 88
오늘 복권 사면 좋은 나이	19, 22, 26, 31, 34, 38, 43, 46, 50, 55, 58, 62, 67, 70, 74, 79, 82, 86
오늘 복권 사면 나쁜 나이	20, 23, 28, 32, 35, 40, 44, 47, 52, 56, 59, 64, 68, 71, 76, 80, 83, 88
소개팅 • 맞선 • 데이트 • 친목	좋은 띠 : 토끼띠 / 개띠 나쁜 띠 : 말 / 닭 / 소띠

시간에만나는사람

巳時은 사람은 금전문제, 사업문제로 옴 | **午時**은 사람은 단단히 꼬여있는 사람, 病 | **未時**은 사람은 두 가지 문제 갈등사, 갖고픈 욕구

申時은 사람 뭐가 하고 싶어서 왔다, 의욕과다 | **酉時**은 사람은 골치 아픈 일, 죽음, 바람끼 | **戌時** 에 온 사람 문서, 화합운, 경조사, 애정 궁합, 애인, 투자

운세풀이

丑띠: 이동수,우왕좌왕, 사고다툼	**辰띠:** 점점 일이 꼬임, 관재구설	**未띠:** 최고운상승세, 두마음	**戌띠:** 만남,결실,화합,문서
寅띠: 매사불편, 방해자,배신	**巳띠:** 귀인상봉, 금전이득, 현금	**申띠:** 의욕과다, 스트레스큼	**亥띠:** 이동수,이별수,변동 움직임
卯띠: 해결신,시험합격, 풀림	**午띠:** 매사꼬임,과거고생, 病	**酉띠:** 시급한 일, 뜻대로 안됨	**子띠:** 빈주머니,걱정근심,사기

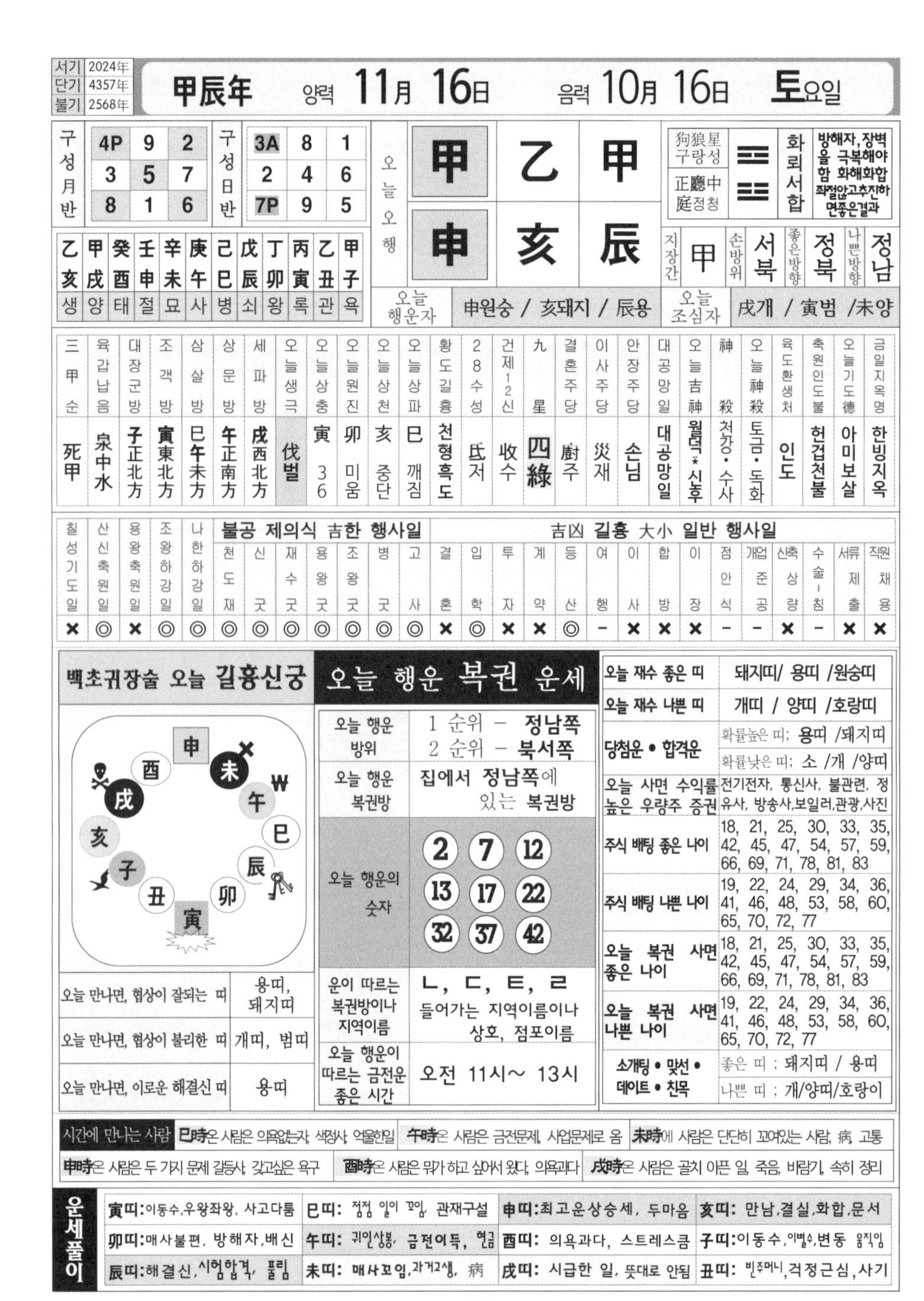

서기	2024年
단기	4357年
불기	2568年

甲辰年 양력 **11月 16日** 음력 **10月 16日** **토**요일

구성月반		
4P	9	2
3	5	7
8	1	6

구성日반		
3A	8	1
2	4	6
7P	9	5

오늘오행

甲	乙	甲
申	亥	辰

狗狼星 구랑성 / 正廳中庭 정청 — 화뢰서합 — 방해자, 장벽을 극복해야 함 화해화합 작절않고추진하면좋은결과

乙亥	甲戌	癸酉	壬申	辛未	庚午	己巳	戊辰	丁卯	丙寅	乙丑	甲子
생	양	태	절	묘	사	병	쇠	왕	록	관	욕

지장간: 甲 | 손방위: 서북 | 좋은방향: 정북 | 나쁜방향: 정남

오늘 행운자: 申원숭 / 亥돼지 / 辰용
오늘 조심자: 戌개 / 寅범 /未양

三甲순	육갑납음	대장군방	조객방	삼살방	상문방	세파방	오늘생극	오늘상충	오늘원진	오늘상천	오늘상파	황도길흉	28수성	건제12신	九星	결혼주당	이사주당	안장주당	대공망일	오늘吉神	神殺	오늘神殺	육도환생처	축원인도불	오늘기도德	금일지옥명
死甲	泉中水	子正北方	寅東北方	巳午未方	午正南方	戌西北方	伐벌	寅 36	卯 미움	亥 중단	巳 깨짐	천형흑도	氐저	收수	四綠	廚주	災재	손님	대공망일	월덕*신후	천강·수사	토금·도화	인도	헌겁천불	아미보살	한빙지옥

칠성기도일	산신축원일	용왕축원일	조왕하강일	나한하강일	천도재	신굿	재수굿	용왕굿	조왕굿	병굿	고사	결혼	입학	투자	계약	등산	여행	이사	합방	이장	점안식	개업준공	신축상량	수술-침	서류제출	직원채용
×	◎	×	◎	◎	◎	◎	◎	◎	◎	◎	◎	×	◎	×	×	◎	−	×	×	×	−	−	×	−	×	×

(불공 제의식 吉한 행사일: 천도재 ~ 고사 / 吉凶 길흉 大小 일반 행사일: 결혼 ~ 직원채용)

백초귀장술 오늘 길흉신궁

오늘 만나면, 협상이 잘되는 띠	용띠, 돼지띠
오늘 만나면, 협상이 불리한 띠	개띠, 범띠
오늘 만나면, 이로운 해결신 띠	용띠

오늘 행운 복권 운세

오늘 행운 방위	1 순위 – 정남쪽 2 순위 – 북서쪽
오늘 행운 복권방	집에서 정남쪽에 있는 복권방
오늘 행운의 숫자	2, 7, 12, 13, 17, 22, 32, 37, 42
운이 따르는 복권방이나 지역이름	ㄴ, ㄷ, ㅌ, ㄹ 들어가는 지역이름이나 상호, 점포이름
오늘 행운이 따르는 금전운 좋은 시간	오전 11시~ 13시

오늘 재수 좋은 띠	돼지띠/ 용띠 /원숭띠
오늘 재수 나쁜 띠	개띠 / 양띠 /호랑띠
당첨운 • 합격운	확률높은 띠; 용띠 /돼지띠 확률낮은 띠; 소 /개 /양띠
오늘 사면 수익률 높은 우량주 증권	전기전자, 통신사, 불관련, 정유사, 방송사,보일러,관광,사진
주식 배팅 좋은 나이	18, 21, 25, 30, 33, 35, 42, 45, 47, 54, 57, 59, 66, 69, 71, 78, 81, 83
주식 배팅 나쁜 나이	19, 22, 24, 29, 34, 36, 41, 46, 48, 53, 58, 60, 65, 70, 72, 77
오늘 복권 사면 좋은 나이	18, 21, 25, 30, 33, 35, 42, 45, 47, 54, 57, 59, 66, 69, 71, 78, 81, 83
오늘 복권 사면 나쁜 나이	19, 22, 24, 29, 34, 36, 41, 46, 48, 53, 58, 60, 65, 70, 72, 77
소개팅 • 맞선 • 데이트 • 친목	좋은 띠 ; 돼지띠 / 용띠 나쁜 띠 ; 개/양띠/호랑이

시간에 만나는 사람 巳時온 사람은 의욕없는자, 색정사, 억울한일 | 午時온 사람은 금전문제, 사업문제로 옴 | 未時에 사람은 단단히 꼬여있는 사람, 病, 고통
申時온 사람은 두 가지 문제 갈등사, 갖고싶은 욕구 | 酉時온 사람은 뭔가 하고 싶어서 왔다, 의욕과다 | 戌時온 사람은 골치 아픈 일, 죽음, 바람기, 속히 정리

운세풀이

寅띠:이동수,우왕좌왕, 사고다툼	巳띠: 점점 일이 꼬임, 관재구설	申띠:최고운상승세, 두마음	亥띠: 만남,결실,화합,문서
卯띠:매사불편, 방해자,배신	午띠: 귀인상봉, 금전이득, 현금	酉띠: 의욕과다, 스트레스큼	子띠:이동수,이별수,변동 움직임
辰띠:해결신,시험합격, 풀림	未띠: 매사꼬임,과거고생, 病	戌띠: 시급한 일, 뜻대로 안됨	丑띠: 빈주머니,걱정근심,사기

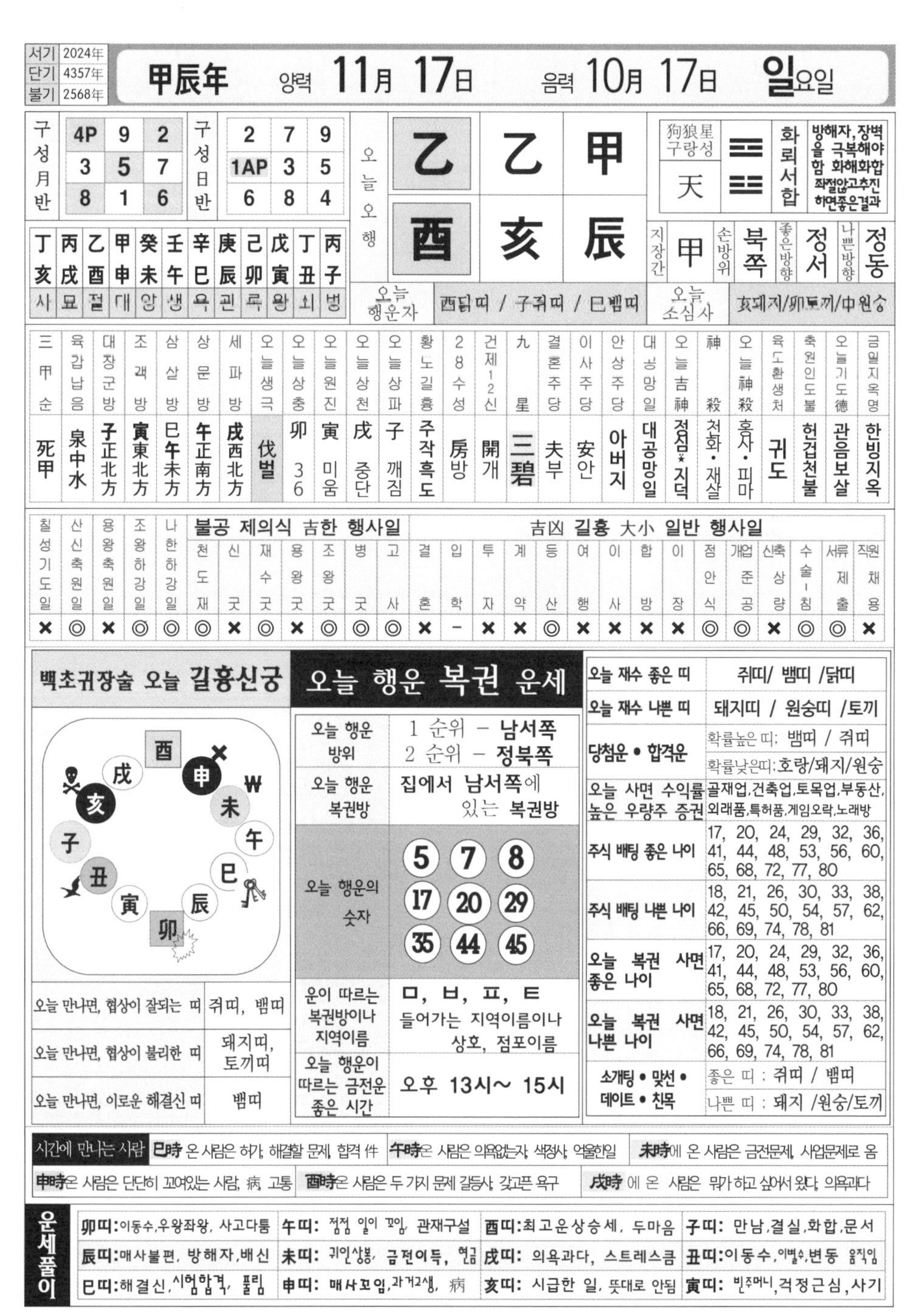

서기	2024年
단기	4357年
불기	2568年

甲辰年 양력 **11月 17日** 음력 **10月 17日** **일**요일

구성월반		
4P	9	2
3	5	7
8	1	6

구성일반		
2	7	9
1AP	3	5
6	8	4

오늘오행			
	乙	乙	甲
	酉	亥	辰

狗狼星 구랑성	天	☰ ☷	화뢰서합	방해자, 장벽을 극복해야 함 화해화합 좌절않고추진하면좋은결과

지장간	손방위	좋은방향	나쁜방향
甲	북쪽	정서	정동

丁亥	丙戌	乙酉	甲申	癸未	壬午	辛巳	庚辰	己卯	戊寅	丁丑	丙子
사	묘	절	대	양	생	욕	관	록	왕	쇠	병

오늘 행운자	酉닭띠 / 子쥐띠 / 巳뱀띠
오늘 소심사	亥돼지/卯토끼/申원숭

三甲순	육갑납음	대장군방	조객방	삼살방	상문방	세파방	오늘생극	오늘상충	오늘원진	오늘상천	오늘상파	황노길흉	28수성	건제12신	九星	결혼주당	이사주당	안상주당	대공망일	오늘吉神	神殺	오늘神殺	육도환생처	축원인도불	오늘기도德	금일지옥명
死甲	泉中水	子正北方	寅東北方	巳午未方	午正南方	戌西北方	伐벌	卯 36	寅 미움	戌 중단	子 깨짐	주작흑도	房방	開개	三碧	夫부	安안	아버지	대공망일	정심*지덕	천화·재살	홍사·피마	귀도	헌겁천불	관음보살	한빙지옥

칠성기도일	산신축원일	용왕축원일	조왕하강일	나한하강일	불공 제의식 吉한 행사일: 천도재	신굿	재수굿	용왕굿	조왕굿	병굿	고사	吉凶 길흉 大小 일반 행사일: 결혼	입학	투자	계약	등산	여행	이사	합방	이장	점안식	개업준공	신축상량	수술-침	서류제출	직원채용
×	◎	×	◎	◎	◎	×	◎	×	◎	◎	◎	×	–	×	×	◎	×	×	×	×	◎	◎	×	◎	◎	×

백초귀장술 오늘 길흉신궁

오늘 만나면, 협상이 잘되는 띠	쥐띠, 뱀띠
오늘 만나면, 협상이 불리한 띠	돼지띠, 토끼띠
오늘 만나면, 이로운 해결신 띠	뱀띠

오늘 행운 복권 운세

오늘 행운 방위	1 순위 – 남서쪽 2 순위 – 정북쪽
오늘 행운 복권방	집에서 남서쪽에 있는 복권방
오늘 행운의 숫자	5 7 8 17 20 29 35 44 45
운이 따르는 복권방이나 지역이름	ㅁ, ㅂ, ㅍ, ㅌ 들어가는 지역이름이나 상호, 점포이름
오늘 행운이 따르는 금전운 좋은 시간	오후 13시~ 15시

오늘 재수 좋은 띠	쥐띠/ 뱀띠 /닭띠
오늘 재수 나쁜 띠	돼지띠 / 원숭띠 /토끼
당첨운 • 합격운	확률높은 띠: 뱀띠 / 쥐띠 확률낮은띠: 호랑/돼지/원숭
오늘 사면 수익률 높은 우량주 증권	골재업,건축업,토목업,부동산,외래품,특허품,게임오락,노래방
주식 배팅 좋은 나이	17, 20, 24, 29, 32, 36, 41, 44, 48, 53, 56, 60, 65, 68, 72, 77, 80
주식 배팅 나쁜 나이	18, 21, 26, 30, 33, 38, 42, 45, 50, 54, 57, 62, 66, 69, 74, 78, 81
오늘 복권 사면 좋은 나이	17, 20, 24, 29, 32, 36, 41, 44, 48, 53, 56, 60, 65, 68, 72, 77, 80
오늘 복권 사면 나쁜 나이	18, 21, 26, 30, 33, 38, 42, 45, 50, 54, 57, 62, 66, 69, 74, 78, 81
소개팅 • 맞선 • 데이트 • 친목	좋은 띠 : 쥐띠 / 뱀띠 나쁜 띠 : 돼지 /원숭/토끼

시간에 만나는 사람	**巳時** 온 사람은 허가, 해결할 문제, 합격 件	**午時**온 사람은 의욕없는자, 색정사, 억울한일	**未時**에 온 사람은 금전문제, 사업문제로 옴
	申時온 사람은 단단히 꼬여있는 사람, 病, 고통	**酉時**온 사람은 두 가지 문제 갈등사, 갖고픈 욕구	**戌時** 에 온 사람은 뭔가 하고 싶어서 왔다, 의욕과다

운세풀이			
卯띠: 이동수,우왕좌왕, 사고다툼	**午띠:** 점점 일이 꼬임, 관재구설	**酉띠:** 최고운상승세, 두마음	**子띠:** 만남,결실,화합,문서
辰띠: 매사불편, 방해자,배신	**未띠:** 귀인상봉, 금전이득, 현금	**戌띠:** 의욕과다, 스트레스큼	**丑띠:** 이동수,이별수,변동 움직임
巳띠: 해결신,시험합격, 풀림	**申띠:** 매사꼬임,과거고생, 病	**亥띠:** 시급한 일, 뜻대로 안됨	**寅띠:** 빈주머니,걱정근심,사기

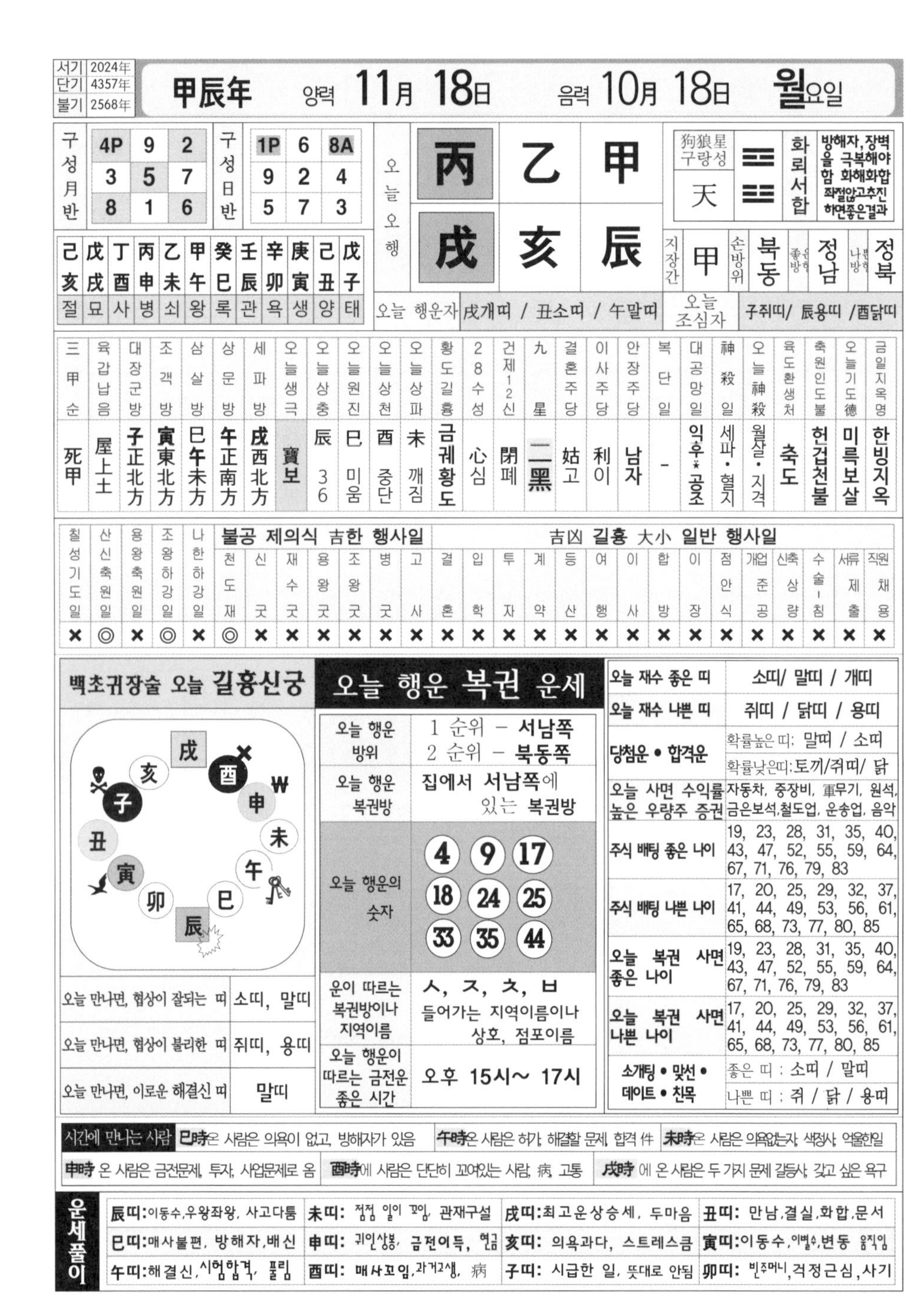

서기	2024年
단기	4357年
불기	2568年

甲辰年 양력 **11月 18日** 음력 **10月 18日** **월**요일

구성月반		
4P	9	2
3	5	7
8	1	6

구성日반		
1P	6	8A
9	2	4
5	7	3

己亥	戊戌	丁酉	丙申	乙未	甲午	癸巳	壬辰	辛卯	庚寅	己丑	戊子
절	묘	사	병	쇠	왕	록	관	욕	생	양	태

오늘오행			
	丙	乙	甲
	戊	亥	辰

狗狼星 구랑성	☷☰	화뢰서합	방해자, 장벽을 극복해야 함 화해화합 좌절않고추진 하면좋은결과
天			

지장간	甲	손방위	북동	좋은방향	정남	나쁜방향	정북

오늘 행운자	戌개띠 / 丑소띠 / 午말띠	오늘 조심자	子쥐띠/ 辰용띠 /酉닭띠

三甲순	육갑납음	대장군방	조객방	삼살방	상문방	세파방	오늘생극	오늘상충	오늘원진	오늘상천	오늘상파	황도길흉	28수성	건제12신	九星	결혼주당	이사주당	안장주당	복단일	대공망일	神殺일	오늘神殺	육도환생처	축원인도불	오늘기도德	금일지옥명
死甲	屋上土	子正北方	寅東北方	巳午未方	午正南方	戌西北方	寶보	辰 36	巳 미움	酉 중단	未 깨짐	금궤황도	心심	閉폐	二黑	姑고	利이	남자	-	익후☆공조	세파·혈지	월살·지격	축도	헌겁천불	미륵보살	한빙지옥

칠성기도일	산신축원일	용왕축원일	조왕하강일	나한하강일	불공 제의식 吉한 행사일							吉凶 길흉 大小 일반 행사일														
					천도재	신굿	재수굿	용왕굿	조왕굿	병굿	고사	결혼	입학	투자	계약	등산	여행	이사	합방	이장	점안식	개업준공	신축상량	수술-침	서류제출	직원채용
×	◎	×	◎	×	◎	×	×	×	×	×	×	×	×	×	×	×	×	×	×	×	×	×	×	×	×	×

백초귀장술 오늘 길흉신궁

오늘 만나면, 협상이 잘되는 띠	소띠, 말띠
오늘 만나면, 협상이 불리한 띠	쥐띠, 용띠
오늘 만나면, 이로운 해결신 띠	말띠

오늘 행운 복권 운세

오늘 행운 방위	1 순위 - 서남쪽 2 순위 - 북동쪽
오늘 행운 복권방	집에서 서남쪽에 있는 복권방
오늘 행운의 숫자	4 9 17 18 24 25 33 35 44
운이 따르는 복권방이나 지역이름	ㅅ, ㅈ, ㅊ, ㅂ 들어가는 지역이름이나 상호, 점포이름
오늘 행운이 따르는 금전운 좋은 시간	오후 15시~ 17시

오늘 재수 좋은 띠	소띠/ 말띠 / 개띠
오늘 재수 나쁜 띠	쥐띠 / 닭띠 / 용띠
당첨운 • 합격운	확률높은 띠: 말띠 / 소띠 확률낮은띠: 토끼/쥐띠/ 닭
오늘 사면 수익률 높은 우량주 증권	자동차, 중장비, 軍무기, 원석, 금은보석,철도업, 운송업, 음악
주식 배팅 좋은 나이	19, 23, 28, 31, 35, 40, 43, 47, 52, 55, 59, 64, 67, 71, 76, 79, 83
주식 배팅 나쁜 나이	17, 20, 25, 29, 32, 37, 41, 44, 49, 53, 56, 61, 65, 68, 73, 77, 80, 85
오늘 복권 사면 좋은 나이	19, 23, 28, 31, 35, 40, 43, 47, 52, 55, 59, 64, 67, 71, 76, 79, 83
오늘 복권 사면 나쁜 나이	17, 20, 25, 29, 32, 37, 41, 44, 49, 53, 56, 61, 65, 68, 73, 77, 80, 85
소개팅 • 맞선 • 데이트 • 친목	좋은 띠 : 소띠 / 말띠 나쁜 띠 : 쥐 / 닭 / 용띠

시간에 만나는 사람	巳時온 사람은 의욕이 없고, 방해자가 있음	午時온 사람은 허가, 해결할 문제, 합격 件	未時온 사람은 의욕없는자, 색정사, 억울한일
	申時 온 사람은 금전문제, 투자, 사업문제로 옴	酉時에 사람은 단단히 꼬여있는 사람, 病, 고통	戌時 에 온 사람은 두 가지 문제 갈등사, 갖고 싶은 욕구

운세풀이				
	辰띠:이동수,우왕좌왕, 사고다툼	未띠: 점점 일이 꼬임, 관재구설	戌띠:최고운상승세, 두마음	丑띠: 만남,결실,화합,문서
	巳띠:매사불편, 방해자,배신	申띠: 귀인상봉, 금전이득, 현금	亥띠: 의욕과다, 스트레스큼	寅띠:이동수,이별수,변동 움직임
	午띠:해결신,시험합격, 풀림	酉띠: 매사꼬임,과거고생, 病	子띠: 시급한 일, 뜻대로 안됨	卯띠: 빈주머니,걱정근심,사기

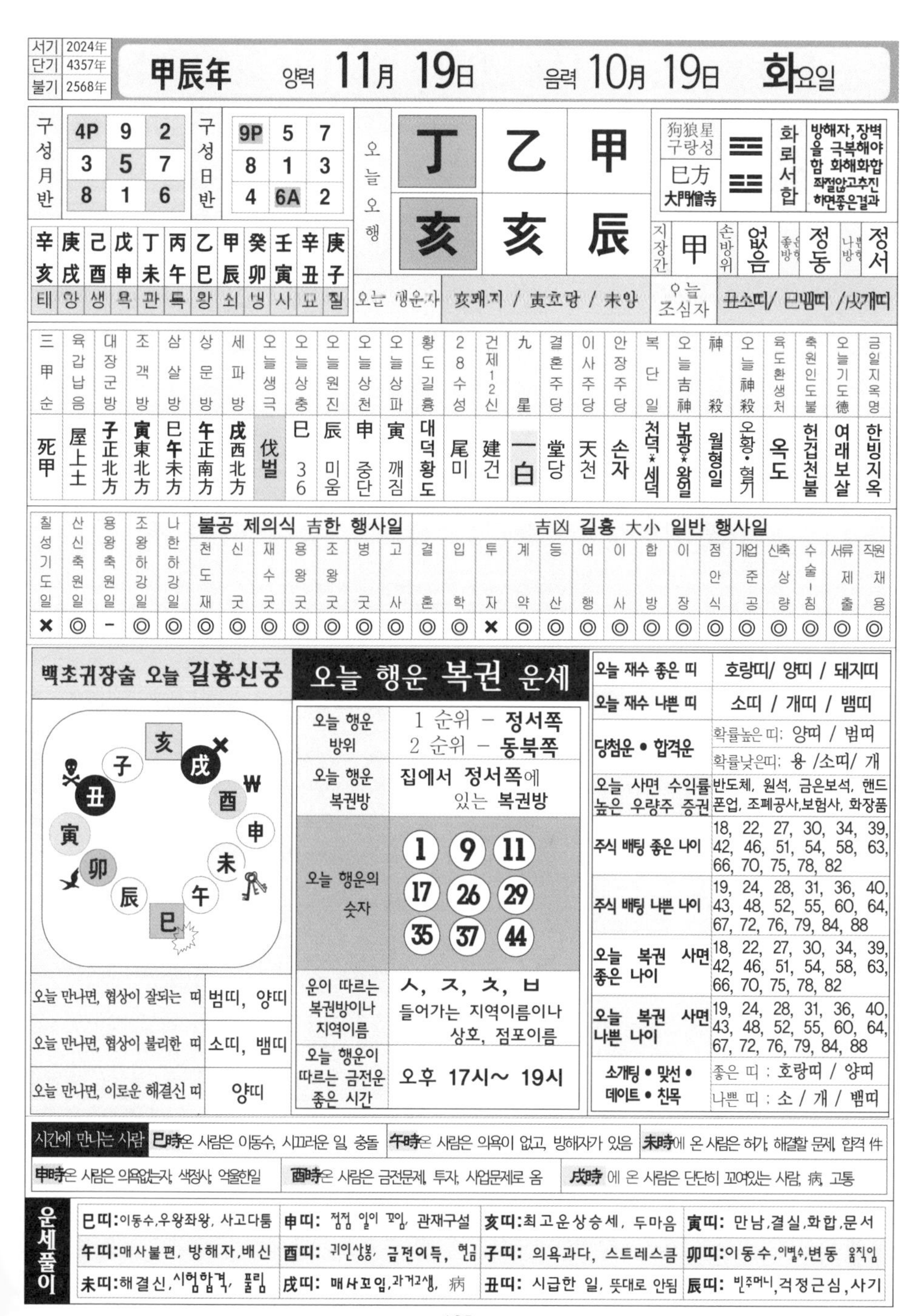

서기	2024年
단기	4357年
불기	2568年

甲辰年 양력 **11月 19日** 음력 **10月 19日** **화**요일

구성月반		
4P	9	2
3	5	7
8	1	6

구성日반		
9P	5	7
8	1	3
4	6A	2

오늘오행		
丁	乙	甲
亥	亥	辰

狗狼星 구랑성	巳方 大門僧寺	☰ ☷	화뢰서합	방해자, 장벽을 극복해야 함 화해화합 좌절않고추진하면좋은결과

지장간	손방위	좋은방향	나쁜방향
甲	없음	정동	정서

辛	庚	己	戊	丁	丙	乙	甲	癸	壬	辛	庚
亥	戌	酉	申	未	午	巳	辰	卯	寅	丑	子
태	양	생	욕	관	록	왕	쇠	병	사	묘	절

오늘 행운자	亥돼지 / 寅호랑 / 未양
오늘 조심자	丑소띠/ 巳뱀띠 /戌개띠

三甲순	육갑납음	대장군방	조객방	삼살방	상문방	세파방	오늘생극	오늘상충	오늘원진	오늘상천	오늘상파	황도길흉	28수성	건제12신	九星	결혼주당	이사주당	안장주당	복단일	오늘吉神	神殺	오늘神殺	육도환생처	축원인도불	오늘기도德	금일지옥명
死甲	屋上土	子正北方	寅東北方	巳午未方	午正南方	戌西北方	伐벌	巳 36	辰 미움	申 중단	寅 깨짐	대덕황도	尾미	建건	一白	堂당	天천	손자	천덕*세덕	보광*왕얼	월형일	오황·혈기	옥도	헌겁천불	여래보살	한빙지옥

칠성기도일	산신축원일	용왕축원일	조왕하강일	나한하강일	불공 제의식 吉한 행사일							吉凶 길흉 大小 일반 행사일													
					천도재	신굿	재수굿	용왕굿	조왕굿	병굿	고사	결혼	입학	투자	계약	등산	여행	이사	합방	이장	점안식	개업준공	신축상량	수술-침	서류제출	직원채용
×	◎	-	◎	◎	◎	◎	◎	◎	◎	◎	◎	◎	◎	×	◎	◎	◎	◎	◎	◎	◎	◎	◎	◎	◎	◎

백초귀장술 오늘 길흉신궁

亥 戌 酉 申 未 午 巳 辰 卯 寅 丑 子 ₩

오늘 만나면, 협상이 잘되는 띠	범띠, 양띠
오늘 만나면, 협상이 불리한 띠	소띠, 뱀띠
오늘 만나면, 이로운 해결신 띠	양띠

오늘 행운 복권 운세

오늘 행운 방위	1 순위 - 정서쪽 2 순위 - 동북쪽
오늘 행운 복권방	집에서 정서쪽에 있는 복권방
오늘 행운의 숫자	1 9 11 17 26 29 35 37 44
운이 따르는 복권방이나 지역이름	ㅅ, ㅈ, ㅊ, ㅂ 들어가는 지역이름이나 상호, 점포이름
오늘 행운이 따르는 금전운 좋은 시간	오후 17시~ 19시

오늘 재수 좋은 띠	호랑띠/ 양띠 / 돼지띠
오늘 재수 나쁜 띠	소띠 / 개띠 / 뱀띠
당첨운 • 합격운	확률높은 띠: 양띠 / 범띠 확률낮은띠: 용 /소띠/ 개
오늘 사면 수익률 높은 우량주 증권	반도체, 원석, 금은보석, 핸드폰업, 조폐공사,보험사, 화장품
주식 배팅 좋은 나이	18, 22, 27, 30, 34, 39, 42, 46, 51, 54, 58, 63, 66, 70, 75, 78, 82
주식 배팅 나쁜 나이	19, 24, 28, 31, 36, 40, 43, 48, 52, 55, 60, 64, 67, 72, 76, 79, 84, 88
오늘 복권 사면 좋은 나이	18, 22, 27, 30, 34, 39, 42, 46, 51, 54, 58, 63, 66, 70, 75, 78, 82
오늘 복권 사면 나쁜 나이	19, 24, 28, 31, 36, 40, 43, 48, 52, 55, 60, 64, 67, 72, 76, 79, 84, 88
소개팅 • 맞선 • 데이트 • 친목	좋은 띠 : 호랑띠 / 양띠 나쁜 띠 : 소 / 개 / 뱀띠

시간에 만나는 사람	巳時은 사람은 이동수, 시끄러운 일, 충돌	午時은 사람은 의욕이 없고, 방해자가 있음	未時에 온 사람은 허가, 해결할 문제, 합격 件
	申時은 사람은 의욕없는자, 색정사, 억울한일	酉時은 사람은 금전문제, 투자, 사업문제로 옴	戌時 에 온 사람은 단단히 꼬여있는 사람, 病, 고통

운세풀이			
巳띠:이동수,우왕좌왕, 사고다툼	申띠: 점점 일이 꼬임, 관재구설	亥띠:최고운상승세, 두마음	寅띠: 만남,결실,화합,문서
午띠:매사불편, 방해자,배신	酉띠: 귀인상봉, 금전이득, 현금	子띠: 의욕과다, 스트레스큼	卯띠:이동수,이별수,변동 움직임
未띠:해결신,시험합격, 풀림	戌띠: 매사꼬임,과거고생, 病	丑띠: 시급한 일, 뜻대로 안됨	辰띠: 빈주머니,걱정근심,사기

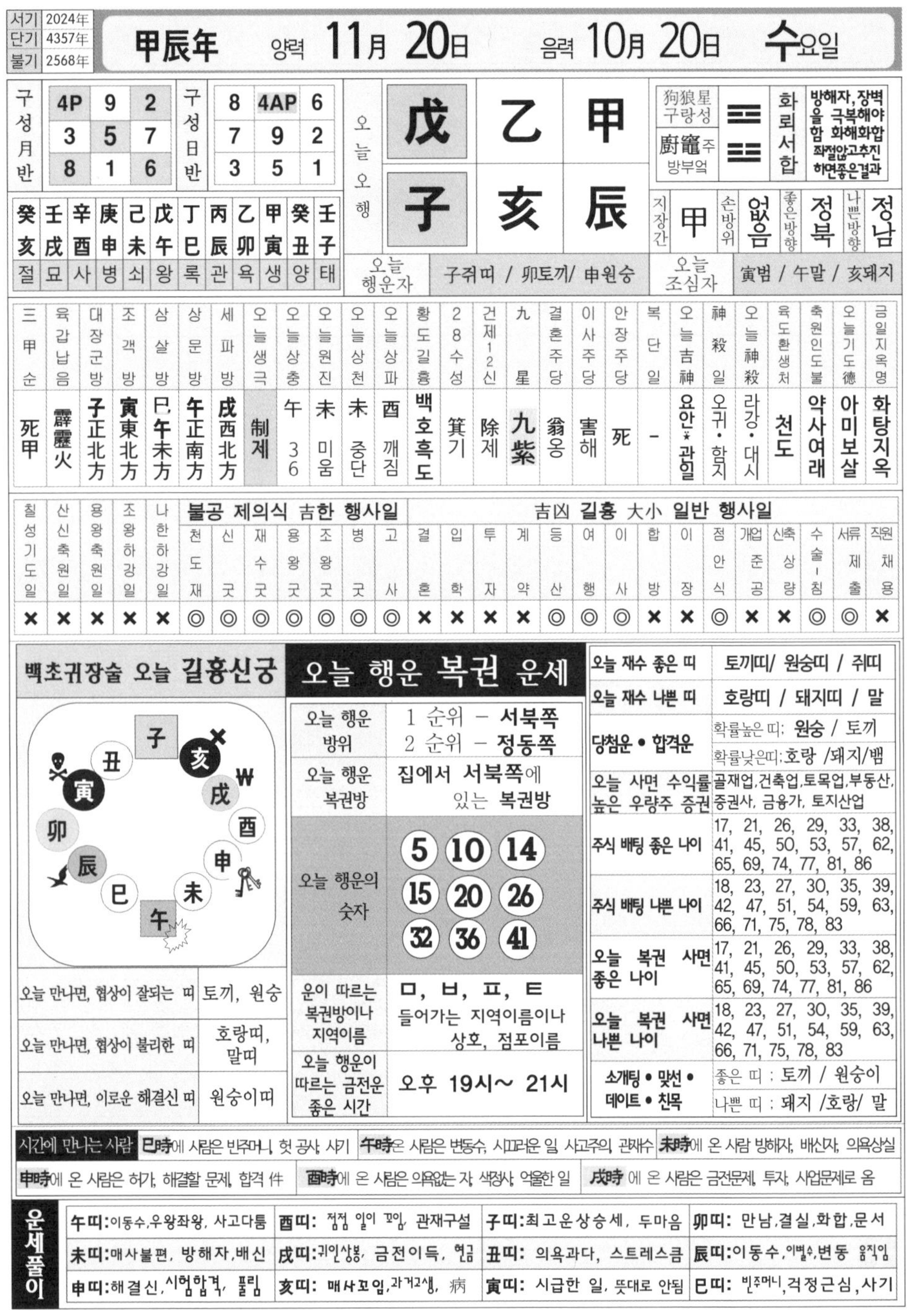

서기	2024年
단기	4357年
불기	2568年

甲辰年 양력 11月 20日 음력 10月 20日 수요일

구성月반

4P	9	2
3	5	7
8	1	6

구성日반

8	4AP	6
7	9	2
3	5	1

오늘오행

戊	乙	甲
子	亥	辰

狗狼星 구랑성	廚竈주 방부엌	☰☷	화뢰서합	방해자, 장벽을 극복해야 함 화해화합 좌절않고추진하면좋은결과

지장간	손방위	좋은방향	나쁜방향
甲	없음	정북	정남

癸亥	壬戌	辛酉	庚申	己未	戊午	丁巳	丙辰	乙卯	甲寅	癸丑	壬子
절	묘	사	병	쇠	왕	록	관	욕	생	양	태

오늘 행운자	子쥐띠 / 卯토끼/ 申원숭	오늘 조심자	寅범 / 午말 / 亥돼지

三甲순	육갑납음	대장군방	조객방	삼살방	상문방	세파방	오늘생극	오늘상충	오늘원진	오늘상천	오늘상파	황도길흉	28수성	건제12신	九星	결혼주당	이사주당	안장주당	복단일	오늘吉神	神殺일	오늘神殺	육도환생처	축원인도불	오늘기도德	금일지옥명
死甲	霹靂火	子正北方	寅東北方	巳午未方	午正南方	戌西北方	制제	午 36	未 미움	未 중단	酉 깨짐	백호흑도	箕기	除제	九紫	翁옹	害해	死	-	요안*관일	오귀·함지	라강·대시	천도	약사여래	아미보살	화탕지옥

칠성기도일	산신축원일	용왕축원일	조왕하강일	나한하강일	불공 제의식 吉한 행사일							吉凶 길흉 大小 일반 행사일														
					천도재	신굿	재수굿	용왕굿	조왕굿	병굿	고사	결혼	입학	투자	계약	등산	여행	이사	합방	이장	점안식	개업준공	신축상량	수술-침	서류제출	직원채용
×	×	×	×	×	◎	◎	◎	◎	◎	◎	◎	×	×	×	×	◎	◎	◎	×	×	◎	×	×	◎	◎	×

백초귀장술 오늘 길흉신궁

오늘 만나면, 협상이 잘되는 띠	토끼, 원숭
오늘 만나면, 협상이 불리한 띠	호랑띠, 말띠
오늘 만나면, 이로운 해결신 띠	원숭이띠

오늘 행운 복권 운세

오늘 행운 방위	1 순위 – 서북쪽 2 순위 – 정동쪽
오늘 행운 복권방	집에서 서북쪽에 있는 복권방
오늘 행운의 숫자	5 10 14 15 20 26 32 36 41
운이 따르는 복권방이나 지역이름	ㅁ, ㅂ, ㅍ, ㅌ 들어가는 지역이름이나 상호, 점포이름
오늘 행운이 따르는 금전운 좋은 시간	오후 19시~ 21시

오늘 재수 좋은 띠	토끼띠/ 원숭띠 / 쥐띠
오늘 재수 나쁜 띠	호랑띠 / 돼지띠 / 말
당첨운 • 합격운	확률높은 띠: 원숭 / 토끼 확률낮은띠: 호랑 /돼지/뱀
오늘 사면 수익률 높은 우량주 증권	골재업,건축업,토목업,부동산, 증권사, 금융가, 토지산업
주식 배팅 좋은 나이	17, 21, 26, 29, 33, 38, 41, 45, 50, 53, 57, 62, 65, 69, 74, 77, 81, 86
주식 배팅 나쁜 나이	18, 23, 27, 30, 35, 39, 42, 47, 51, 54, 59, 63, 66, 71, 75, 78, 83
오늘 복권 사면 좋은 나이	17, 21, 26, 29, 33, 38, 41, 45, 50, 53, 57, 62, 65, 69, 74, 77, 81, 86
오늘 복권 사면 나쁜 나이	18, 23, 27, 30, 35, 39, 42, 47, 51, 54, 59, 63, 66, 71, 75, 78, 83
소개팅 • 맞선 • 데이트 • 친목	좋은 띠 : 토끼 / 원숭이 나쁜 띠 : 돼지 /호랑/ 말

시간에 만나는 사람	巳時에 사람은 빈주머니, 헛 공사, 사기	午時온 사람은 변동수, 시끄러운 일, 사고주의, 관재수	未時에 온 사람 방해자, 배신자, 의욕상실
	申時에 온 사람은 허가, 해결할 문제, 합격 件	酉時에 온 사람은 의욕없는 자, 색정사, 억울한 일	戌時 에 온 사람은 금전문제, 투자, 사업문제로 옴

운세풀이

午띠:이동수,우왕좌왕, 사고다툼	酉띠: 점점 일이 꼬임, 관재구설	子띠:최고운상승세, 두마음	卯띠: 만남,결실,화합,문서
未띠:매사불편, 방해자,배신	戌띠:귀인상봉, 금전이득, 현금	丑띠: 의욕과다, 스트레스큼	辰띠:이동수,이별수,변동 움직임
申띠:해결신,시험합격, 풀림	亥띠: 매사꼬임,과거고생, 病	寅띠: 시급한 일, 뜻대로 안됨	巳띠: 빈주머니,걱정근심,사기

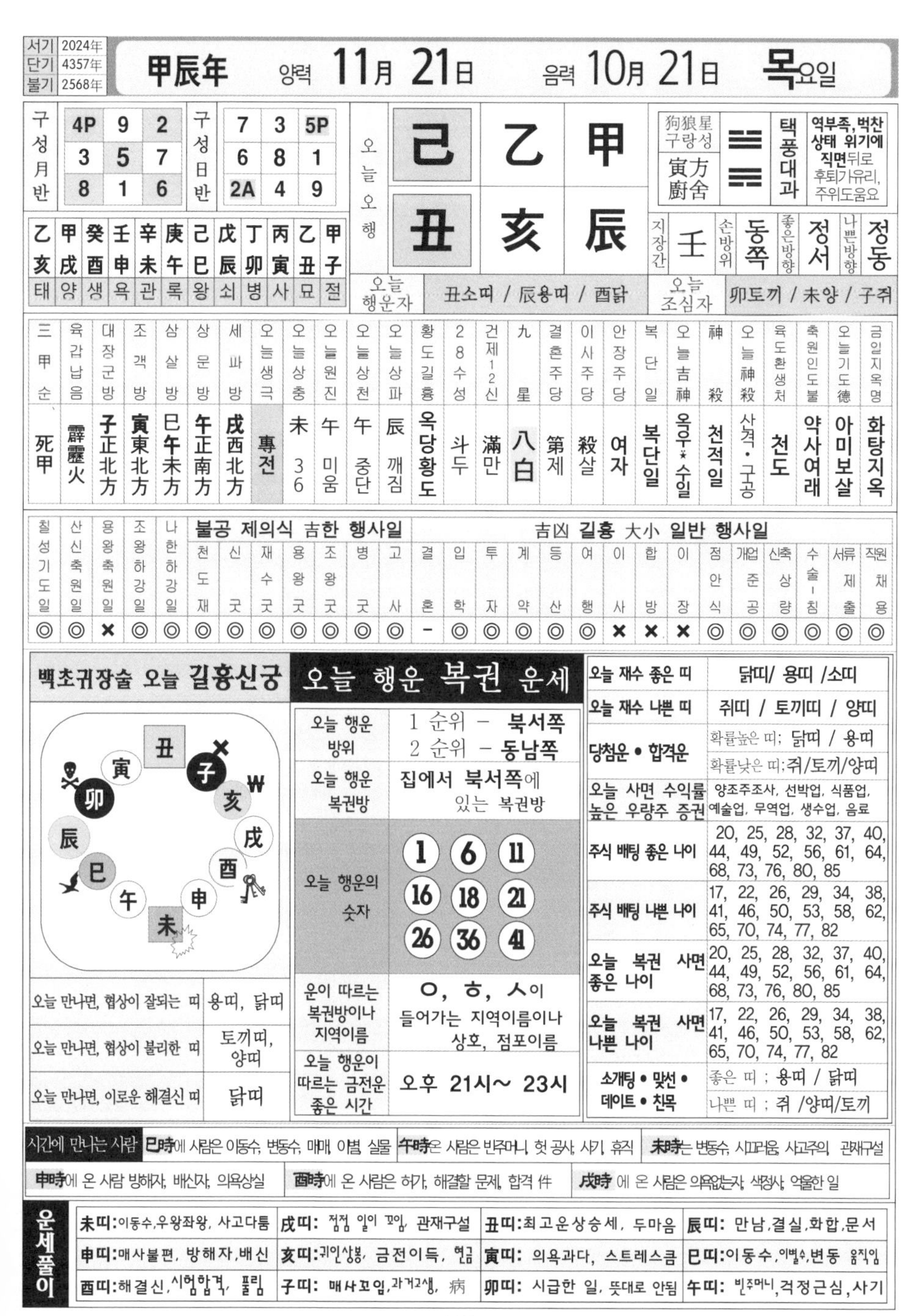

서기	2024年
단기	4357年
불기	2568年

甲辰年 양력 11月 21日 음력 10月 21日 목요일

구성月반			구성日반		
4P	9	2	7	3	5P
3	5	7	6	8	1
8	1	6	2A	4	9

오늘오행		
己	乙	甲
丑	亥	辰

狗狼星 구랑성	寅方 廚舍	☱☴	택풍대과	역부족, 벅찬 상태 위기에 직면뒤로 후퇴가유리, 주위도움요

지장간	손방위	좋은방향	나쁜방향
壬	동쪽	정서	정동

乙亥	甲戌	癸酉	壬申	辛未	庚午	己巳	戊辰	丁卯	丙寅	乙丑	甲子
태	양	생	욕	관	록	왕	쇠	병	사	묘	절

오늘 행운자: 丑소띠 / 辰용띠 / 酉닭
오늘 조심자: 卯토끼 / 未양 / 子쥐

三甲순	육갑납음	대장군방	조객방	삼살방	상문방	세파방	오늘생극	오늘상충	오늘원진	오늘상천	오늘상파	황도길흉	28수성	건제12신	九星	결혼주당	이사주당	안장주당	복단일	오늘吉神	神殺	오늘神殺	육도환생처	축원인도불	오늘기도德	금일지옥명
死甲	霹靂火	子正北方	寅東北方	巳午未方	午正南方	戌西北方	專전	未 36	午 미움	午 중단	辰 깨짐	옥당황도	斗 두	滿 만	八白	第 제	殺 살	여자	복단일	옥우*수일	천적일	사격·구공	천도	약사여래	아미보살	화탕지옥

칠성기도일	산신축원일	용왕축원일	조왕하강일	나한하강일	불공 제의식 吉한 행사일: 천도재	신굿	재수굿	용왕굿	조왕굿	병굿	고사	吉凶 길흉 大小 일반 행사일: 결혼	입학	투자	계약	등산	여행	이사	합방	이장	점안식	개업준공	신축상량	수술-침	서류제출	직원채용
◎	◎	×	◎	◎	◎	◎	◎	◎	◎	◎	◎	–	◎	◎	◎	◎	◎	×	×	×	◎	◎	◎	◎	◎	◎

백초귀장술 오늘 길흉신궁

오늘 만나면, 협상이 잘되는 띠	용띠, 닭띠
오늘 만나면, 협상이 불리한 띠	토끼띠, 양띠
오늘 만나면, 이로운 해결신 띠	닭띠

오늘 행운 복권 운세

오늘 행운 방위	1 순위 – 북서쪽 2 순위 – 동남쪽
오늘 행운 복권방	집에서 북서쪽에 있는 복권방
오늘 행운의 숫자	1 6 11 16 18 21 26 36 41
운이 따르는 복권방이나 지역이름	ㅇ, ㅎ, ㅅ이 들어가는 지역이름이나 상호, 점포이름
오늘 행운이 따르는 금전운 좋은 시간	오후 21시~ 23시

오늘 재수 좋은 띠	닭띠/ 용띠 /소띠
오늘 재수 나쁜 띠	쥐띠 / 토끼띠 / 양띠
당첨운 • 합격운	확률높은 띠; 닭띠 / 용띠 확률낮은 띠; 쥐/토끼/양띠
오늘 사면 수익률 높은 우량주 증권	양조주조사, 선박업, 식품업, 예술업, 무역업, 생수업, 음료
주식 배팅 좋은 나이	20, 25, 28, 32, 37, 40, 44, 49, 52, 56, 61, 64, 68, 73, 76, 80, 85
주식 배팅 나쁜 나이	17, 22, 26, 29, 34, 38, 41, 46, 50, 53, 58, 62, 65, 70, 74, 77, 82
오늘 복권 사면 좋은 나이	20, 25, 28, 32, 37, 40, 44, 49, 52, 56, 61, 64, 68, 73, 76, 80, 85
오늘 복권 사면 나쁜 나이	17, 22, 26, 29, 34, 38, 41, 46, 50, 53, 58, 62, 65, 70, 74, 77, 82
소개팅 • 맞선 • 데이트 • 친목	좋은 띠 ; 용띠 / 닭띠 나쁜 띠 ; 쥐 /양띠/토끼

시간에 만나는 사람

巳時에 사람은 이동수, 변동수, 매매, 이별, 실물	午時은 사람은 빈주머니, 헛 공사, 사기, 휴직	未時는 변동수, 시끄러움, 사고주의, 관재구설
申時에 온 사람 방해자, 배신자, 의욕상실	酉時에 온 사람은 허가, 해결할 문제, 합격 件	戌時 에 온 사람은 의욕없는자, 색정사, 억울한 일

운세풀이

未띠:이동수,우왕좌왕, 사고다툼	戌띠: 점점 일이 꼬임, 관재구설	丑띠:최고운상승세, 두마음	辰띠: 만남,결실,화합,문서
申띠:매사불편, 방해자,배신	亥띠:귀인상봉, 금전이득, 현금	寅띠: 의욕과다, 스트레스큼	巳띠:이동수,이별수,변동 움직임
酉띠:해결신,시험합격, 풀림	子띠: 매사꼬임,과거고생, 病	卯띠: 시급한 일, 뜻대로 안됨	午띠: 빈주머니,걱정근심,사기

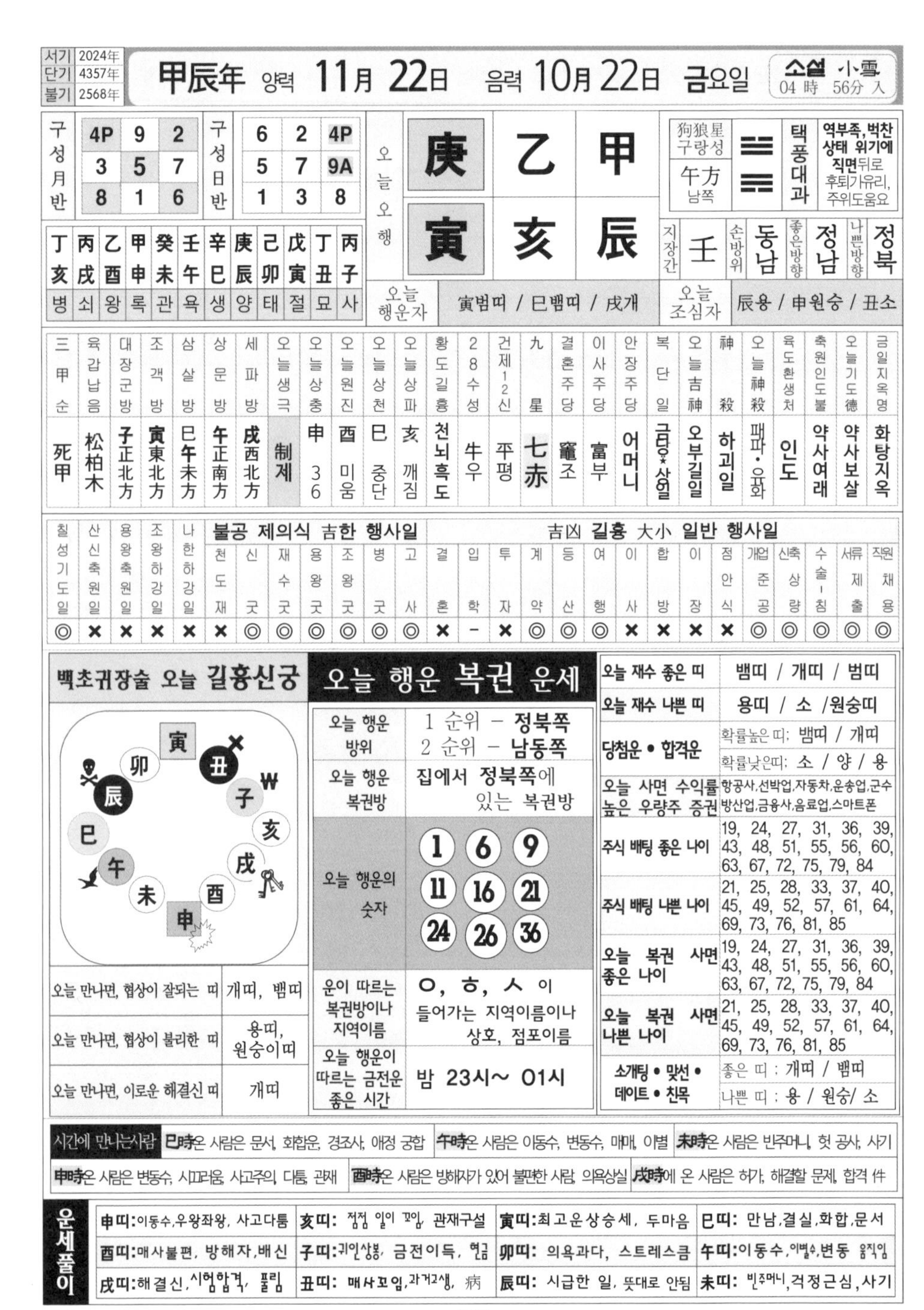

서기	2024年
단기	4357年
불기	2568年

甲辰年 양력 11月 22日 음력 10月 22日 금요일

소설 小雪 04時 56分 入

구성월반		
4P	9	2
3	5	7
8	1	6

구성日반		
6	2	4P
5	7	9A
1	3	8

오늘오행		
庚	乙	甲
寅	亥	辰

狗狼星 구랑성	午方 남쪽	☱☴	택풍대과	**역부족, 벅찬 상태 위기에 직면**뒤로 후퇴가유리, 주위도움요

지장간	손방위	좋은방향	나쁜방향
壬	동남	정남	정북

丁亥	丙戌	乙酉	甲申	癸未	壬午	辛巳	庚辰	己卯	戊寅	丁丑	丙子
병	쇠	왕	록	관	욕	생	양	태	절	묘	사

오늘 행운자	寅범띠 / 巳뱀띠 / 戌개	오늘 조심자	辰용 / 申원숭 / 丑소

三甲순	육갑납음	대장군방	조객방	삼살방	상문방	세파방	오늘생극	오늘상충	오늘원진	오늘상천	오늘상파	황도길흉	28수성	건제12신	九星	결혼주당	이사주당	안장주당	복단일	오늘吉神	神殺	오늘神殺	육도환생처	축원인도불	오늘기도德	금일지옥명
死甲	松柏木	子正北方	寅東北方	巳午未方	午正南方	戌西北方	制제	申 36	酉 미움	巳 중단	亥 깨짐	천뇌흑도	牛우	平평	七赤	竈조	富부	어머니	금당*상일	오부길일	하괴일	패파·유화	인도	약사여래	약사보살	화탕지옥

칠성기도일	산신축원일	용왕축원일	조왕하강일	나한하강일	불공 제의식 吉한 행사일: 천도재	신굿	재수굿	용왕굿	조왕굿	병굿	고사	吉凶 길흉 大小 일반 행사일: 결혼	입학	투자	계약	등산	여행	이사	합방	이장	점안식	개업준공	신축상량	수술-침	서류제출	직원채용
◎	×	×	×	×	×	◎	◎	◎	◎	◎	◎	×	–	×	◎	◎	◎	×	×	×	×	◎	◎	◎	◎	◎

백초귀장술 오늘 길흉신궁

오늘 만나면, 협상이 잘되는 띠	개띠, 뱀띠
오늘 만나면, 협상이 불리한 띠	용띠, 원숭이띠
오늘 만나면, 이로운 해결신 띠	개띠

오늘 행운 복권 운세

오늘 행운 방위	1 순위 – **정북쪽** 2 순위 – **남동쪽**
오늘 행운 복권방	집에서 **정북쪽**에 있는 복권방
오늘 행운의 숫자	1 6 9 11 16 21 24 26 36
운이 따르는 복권방이나 지역이름	ㅇ, ㅎ, ㅅ 이 들어가는 지역이름이나 상호, 점포이름
오늘 행운이 따르는 금전운 좋은 시간	밤 23시~ 01시

오늘 재수 좋은 띠	뱀띠 / 개띠 / 범띠
오늘 재수 나쁜 띠	용띠 / 소 /원숭띠
당첨운 • 합격운	확률높은 띠: 뱀띠 / 개띠 확률낮은띠: 소 / 양 / 용
오늘 사면 수익률 높은 우량주 증권	항공사,선박업,자동차,운송업,군수방산업,금융사,음료업,스마트폰
주식 배팅 좋은 나이	19, 24, 27, 31, 36, 39, 43, 48, 51, 55, 56, 60, 63, 67, 72, 75, 79, 84
주식 배팅 나쁜 나이	21, 25, 28, 33, 37, 40, 45, 49, 52, 57, 61, 64, 69, 73, 76, 81, 85
오늘 복권 사면 좋은 나이	19, 24, 27, 31, 36, 39, 43, 48, 51, 55, 56, 60, 63, 67, 72, 75, 79, 84
오늘 복권 사면 나쁜 나이	21, 25, 28, 33, 37, 40, 45, 49, 52, 57, 61, 64, 69, 73, 76, 81, 85
소개팅 • 맞선 • 데이트 • 친목	좋은 띠 : 개띠 / 뱀띠 나쁜 띠 : 용 / 원숭/ 소

시간에 만나는사람 **巳時**온 사람은 문서, 화합운, 경조사, 애정 궁합 **午時**온 사람은 이동수, 변동수, 매매, 이별 **未時**온 사람은 빈주머니, 헛 공사, 사기 **申時**온 사람은 변동수, 시끄러움, 사고주의, 다툼, 관재 **酉時**온 사람은 방해자가 있어 불편한 사람, 의욕상실 **戌時**에 온 사람은 허가, 해결할 문제, 합격 件

운세풀이

申띠:이동수,우왕좌왕, 사고다툼	**亥띠:** 점점 일이 꼬임, 관재구설	**寅띠:**최고운상승세, 두마음	**巳띠:** 만남,결실,화합,문서
酉띠:매사불편, 방해자,배신	**子띠:**귀인상봉, 금전이득, 현금	**卯띠:** 의욕과다, 스트레스큼	**午띠:**이동수,이별수,변동 움직임
戌띠:해결신,시험합격, 풀림	**丑띠:** 매사꼬임,과거고생, 病	**辰띠:** 시급한 일, 뜻대로 안됨	**未띠:** 빈주머니,걱정근심,사기

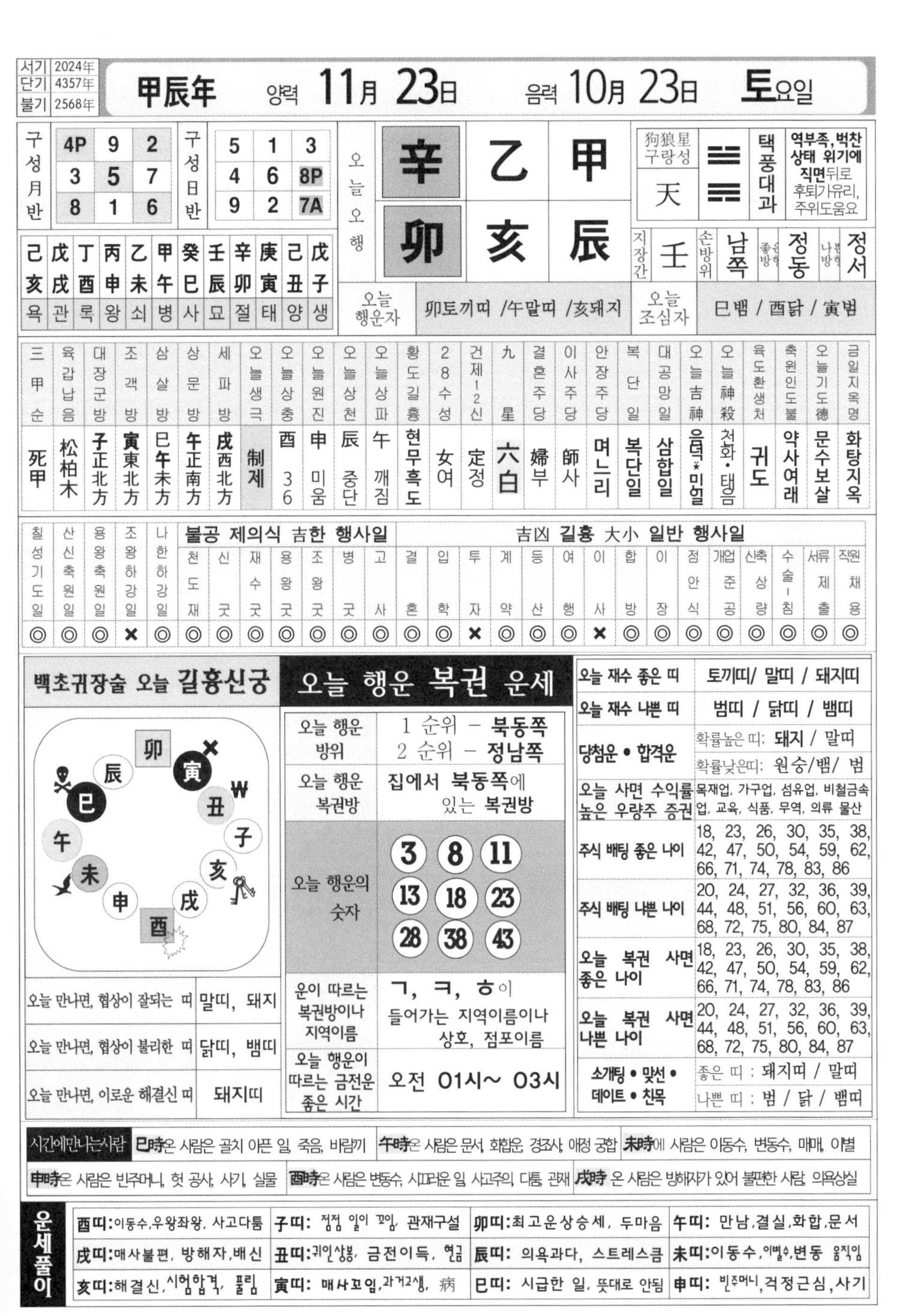

서기	2024年
단기	4357年
불기	2568年

甲辰年 양력 11月 23日 음력 10月 23日 土요일

구성월반		
4P	9	2
3	5	7
8	1	6

구성일반		
5	1	3
4	6	8P
9	2	7A

오늘오행		
辛	乙	甲
卯	亥	辰

狗狼星 구랑성	괘		
天	☱☴	택풍대과	**역부족, 벅찬 상태 위기에 직면**뒤로 후퇴가유리, 주위도움요

지장간	손방위	좋은방향	나쁜방향
壬	남쪽	정동	정서

己亥	戊戌	丁酉	丙申	乙未	甲午	癸巳	壬辰	辛卯	庚寅	己丑	戊子
욕	관	록	왕	쇠	병	사	묘	절	태	양	생

오늘 행운자	卯토끼띠 /午말띠 /亥돼지	오늘 조심자	巳뱀 / 酉닭 / 寅범

三甲순	육갑납음	대장군방	조객방	삼살방	상문방	세파방	오늘생극	오늘상충	오늘원진	오늘상천	오늘상파	황도길흉	28수성	건제12신	九星	결혼주당	이사주당	안장주당	복단일	대공망일	오늘吉神	오늘神殺	육도환생처	축원인도불	오늘기도德	금일지옥명
死甲	松柏木	子正北方	寅東北方	巳午未方	午正南方	戌西北方	制제	酉 36	申 미움	辰 중단	午 깨짐	현무흑도	女여	定정	六白	婦부	師사	며느리	복단일	삼합일	음덕⋆민얼	천화·탱음	귀도	약사여래	문수보살	화탕지옥

칠성기도일	산신축원일	용왕축원일	조왕하강일	나한하강일	불공 제의식 吉한 행사일: 천도재	신굿	재수굿	용왕굿	조왕굿	병굿	고사	吉凶 길흉 大小 일반 행사일: 결혼	입학	투자	계약	등산	여행	이사	합방	이장	점안식	개업준공	신축상량	수술·침	서류제출	직원채용
◎	◎	◎	×	◎	◎	◎	◎	◎	◎	◎	◎	◎	◎	×	◎	◎	◎	×	◎	◎	◎	◎	◎	◎	◎	◎

백초귀장술 오늘 길흉신궁

오늘 만나면, 협상이 잘되는 띠	말띠, 돼지
오늘 만나면, 협상이 불리한 띠	닭띠, 뱀띠
오늘 만나면, 이로운 해결신 띠	돼지띠

오늘 행운 복권 운세

오늘 행운 방위	1 순위 – **북동쪽** 2 순위 – **정남쪽**
오늘 행운 복권방	집에서 **북동쪽**에 있는 **복권방**
오늘 행운의 숫자	3, 8, 11, 13, 18, 23, 28, 38, 43
운이 따르는 복권방이나 지역이름	ㄱ, ㅋ, ㅎ이 들어가는 지역이름이나 상호, 점포이름
오늘 행운이 따르는 금전운 좋은 시간	오전 01시~ 03시

오늘 재수 좋은 띠	토끼띠/ 말띠 / 돼지띠
오늘 재수 나쁜 띠	범띠 / 닭띠 / 뱀띠
당첨운 • 합격운	확률높은 띠: 돼지 / 말띠 확률낮은띠: 원숭/뱀/ 범
오늘 사면 수익률 높은 우량주 증권	목재업, 가구업, 섬유업, 비철금속업, 교육, 식품, 무역, 의류 물산
주식 배팅 좋은 나이	18, 23, 26, 30, 35, 38, 42, 47, 50, 54, 59, 62, 66, 71, 74, 78, 83, 86
주식 배팅 나쁜 나이	20, 24, 27, 32, 36, 39, 44, 48, 51, 56, 60, 63, 68, 72, 75, 80, 84, 87
오늘 복권 사면 좋은 나이	18, 23, 26, 30, 35, 38, 42, 47, 50, 54, 59, 62, 66, 71, 74, 78, 83, 86
오늘 복권 사면 나쁜 나이	20, 24, 27, 32, 36, 39, 44, 48, 51, 56, 60, 63, 68, 72, 75, 80, 84, 87
소개팅 • 맞선 • 데이트 • 친목	좋은 띠 : 돼지띠 / 말띠 나쁜 띠 : 범 / 닭 / 뱀띠

시간에만나는사람	**巳時**은 사람은 골치 아픈 일, 죽음, 바람끼	**午時**은 사람은 문서, 화합운, 경조사, 애정 궁합	**未時**에 사람은 이동수, 변동수, 매매, 이별
	申時은 사람은 빈주머니, 헛 공사, 사기, 실물	**酉時**은 사람은 변동수, 시끄러운 일, 사고주의, 다툼, 관재	**戌時** 온 사람은 방해자가 있어 불편한 사람, 의욕상실

운세풀이			
酉띠:이동수,우왕좌왕, 사고다툼	**子띠:** 점점 일이 꼬임, 관재구설	**卯띠:**최고운상승세, 두마음	**午띠:** 만남,결실,화합,문서
戌띠:매사불편, 방해자,배신	**丑띠:**귀인상봉, 금전이득, 현금	**辰띠:** 의욕과다, 스트레스큼	**未띠:**이동수,이별수,변동 움직임
亥띠:해결신,시험합격, 풀림	**寅띠:** 매사꼬임,과거고생, 病	**巳띠:** 시급한 일, 뜻대로 안됨	**申띠:** 빈주머니,걱정근심,사기

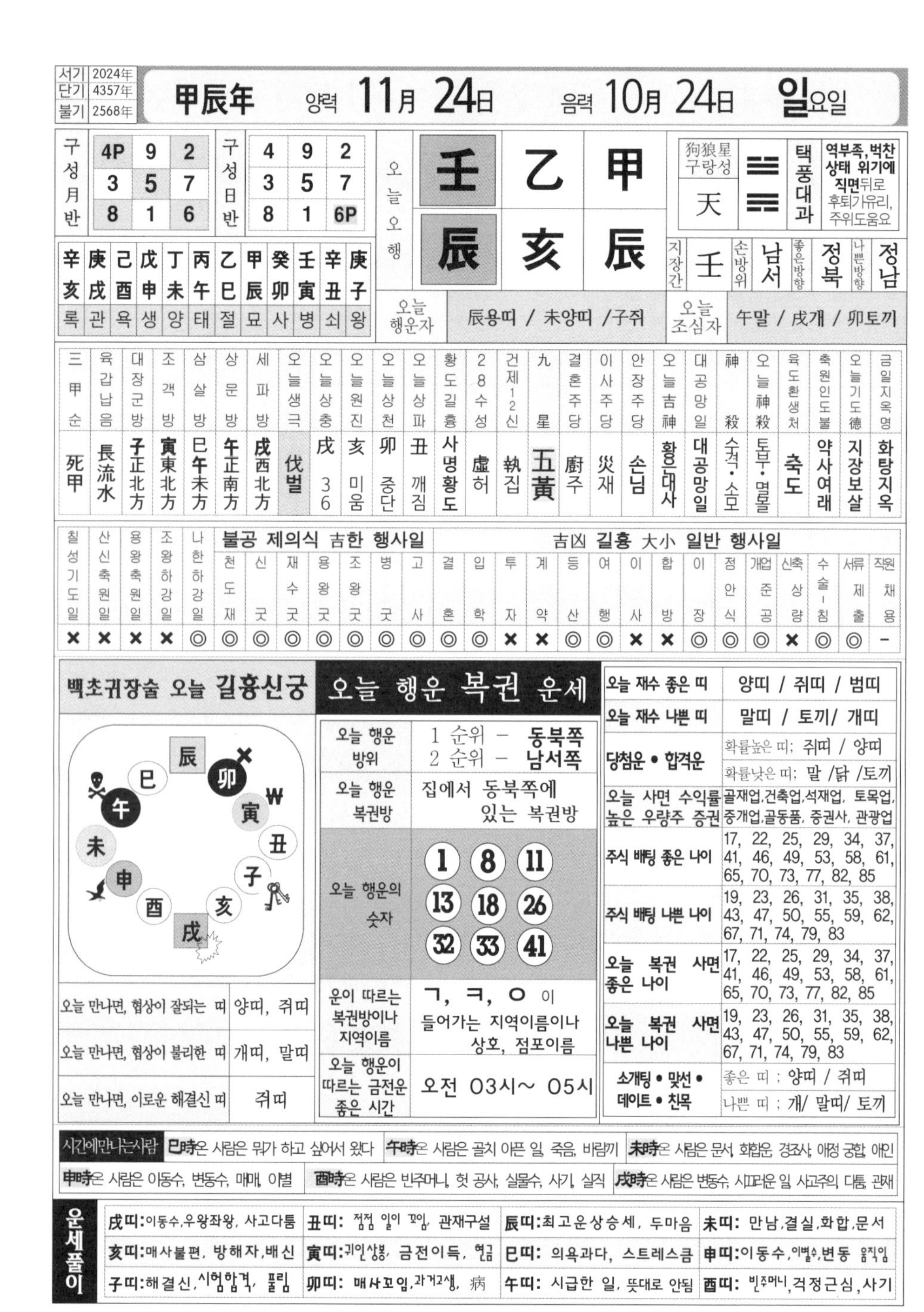

서기	2024年
단기	4357年
불기	2568年

甲辰年 양력 11月 24日 음력 10月 24日 일요일

구성月반				구성日반		
4P	9	2		4	9	2
3	5	7		3	5	7
8	1	6		8	1	6P

辛亥	庚戌	己酉	戊申	丁未	丙午	乙巳	甲辰	癸卯	壬寅	辛丑	庚子
록	관	욕	생	양	태	절	묘	사	병	쇠	왕

오늘오행		
壬	乙	甲
辰	亥	辰

狗狼星 구랑성	괘	택풍대과	역부족, 벅찬 상태 위기에 직면뒤로 후퇴가유리, 주위도움요
天			

지장간	壬	손방위	남서	좋은방향	정북	나쁜방향	정남

오늘 행운자	辰용띠 / 未양띠 /子쥐	오늘 조심자	午말 / 戌개 / 卯토끼

三甲순	육갑납음	대장군방	조객방	삼살방	상문방	세파방	오늘생극	오늘상충	오늘원진	오늘상천	오늘상파	황도길흉	28수성	건제12신	九星	결혼주당	이사주당	안장주당	오늘吉神	대공망일	神殺	오늘神殺	육도환생처	축원인도불	오늘기도德	금일지옥명
死甲	長流水	子正北方	寅東北方	巳午未方	午正南方	戌西北方	伐벌	戌 36	亥 미움	卯 중단	丑 깨짐	사명황도	虛허	執집	五黃	廚주	災재	손님	황은대사	대공망일	수격·손모	토부·멸몰	축도	약사여래	지장보살	화탕지옥

칠성기도일	산신축원일	용왕축원일	조왕하강일	나한하강일	불공 제의식 吉한 행사일							吉凶 길흉 大小 일반 행사일														
					천도재	신굿	재수굿	용왕굿	조왕굿	병굿	고사	결혼	입학	투자	계약	등산	여행	이사	합방	이장	점안식	개업준공	신축상량	수술-침	서류제출	직원채용
×	×	×	×	◎	◎	◎	◎	◎	◎	◎	◎	◎	◎	×	×	◎	◎	×	×	◎	◎	◎	×	◎	◎	–

백초귀장술 오늘 길흉신궁

오늘 만나면, 협상이 잘되는 띠	양띠, 쥐띠
오늘 만나면, 협상이 불리한 띠	개띠, 말띠
오늘 만나면, 이로운 해결신 띠	쥐띠

오늘 행운 복권 운세

오늘 행운 방위	1 순위 – 동북쪽 2 순위 – 남서쪽
오늘 행운 복권방	집에서 동북쪽에 있는 복권방
오늘 행운의 숫자	1, 8, 11, 13, 18, 26, 32, 33, 41
운이 따르는 복권방이나 지역이름	ㄱ, ㅋ, ㅇ 이 들어가는 지역이름이나 상호, 점포이름
오늘 행운이 따르는 금전운 좋은 시간	오전 03시~ 05시

오늘 재수 좋은 띠	양띠 / 쥐띠 / 범띠
오늘 재수 나쁜 띠	말띠 / 토끼/ 개띠
당첨운 • 합격운	확률높은 띠; 쥐띠 / 양띠 확률낮은 띠; 말 /닭 /토끼
오늘 사면 수익률 높은 우량주 증권	골재업,건축업,석재업, 토목업, 중개업,골동품, 증권사, 관광업
주식 배팅 좋은 나이	17, 22, 25, 29, 34, 37, 41, 46, 49, 53, 58, 61, 65, 70, 73, 77, 82, 85
주식 배팅 나쁜 나이	19, 23, 26, 31, 35, 38, 43, 47, 50, 55, 59, 62, 67, 71, 74, 79, 83
오늘 복권 사면 좋은 나이	17, 22, 25, 29, 34, 37, 41, 46, 49, 53, 58, 61, 65, 70, 73, 77, 82, 85
오늘 복권 사면 나쁜 나이	19, 23, 26, 31, 35, 38, 43, 47, 50, 55, 59, 62, 67, 71, 74, 79, 83
소개팅 • 맞선 • 데이트 • 친목	좋은 띠 ; 양띠 / 쥐띠 나쁜 띠 ; 개/ 말띠/ 토끼

시간에만나는사람

巳時은 사람은 뭐가 하고 싶어서 왔다	午時은 사람은 골치 아픈 일, 죽음, 바람끼	未時은 사람은 문서, 화합운, 경조사, 애정 궁합, 애인
申時은 사람은 이동수, 변동수, 매매, 이별	酉時은 사람은 빈주머니, 헛 공사, 실물수, 사기, 실직	戌時은 사람은 변동수, 시끄러운 일 사고주의, 다툼, 관재

운세풀이

戌띠:이동수,우왕좌왕, 사고다툼	丑띠: 점점 일이 꼬임, 관재구설	辰띠:최고운상승세, 두마음	未띠: 만남,결실,화합,문서
亥띠:매사불편, 방해자,배신	寅띠:귀인상봉, 금전이득, 현금	巳띠: 의욕과다, 스트레스큼	申띠:이동수,이별수,변동 움직임
子띠:해결신,시험합격, 풀림	卯띠: 매사꼬임,과거고생, 病	午띠: 시급한 일, 뜻대로 안됨	酉띠: 빈주머니,걱정근심,사기

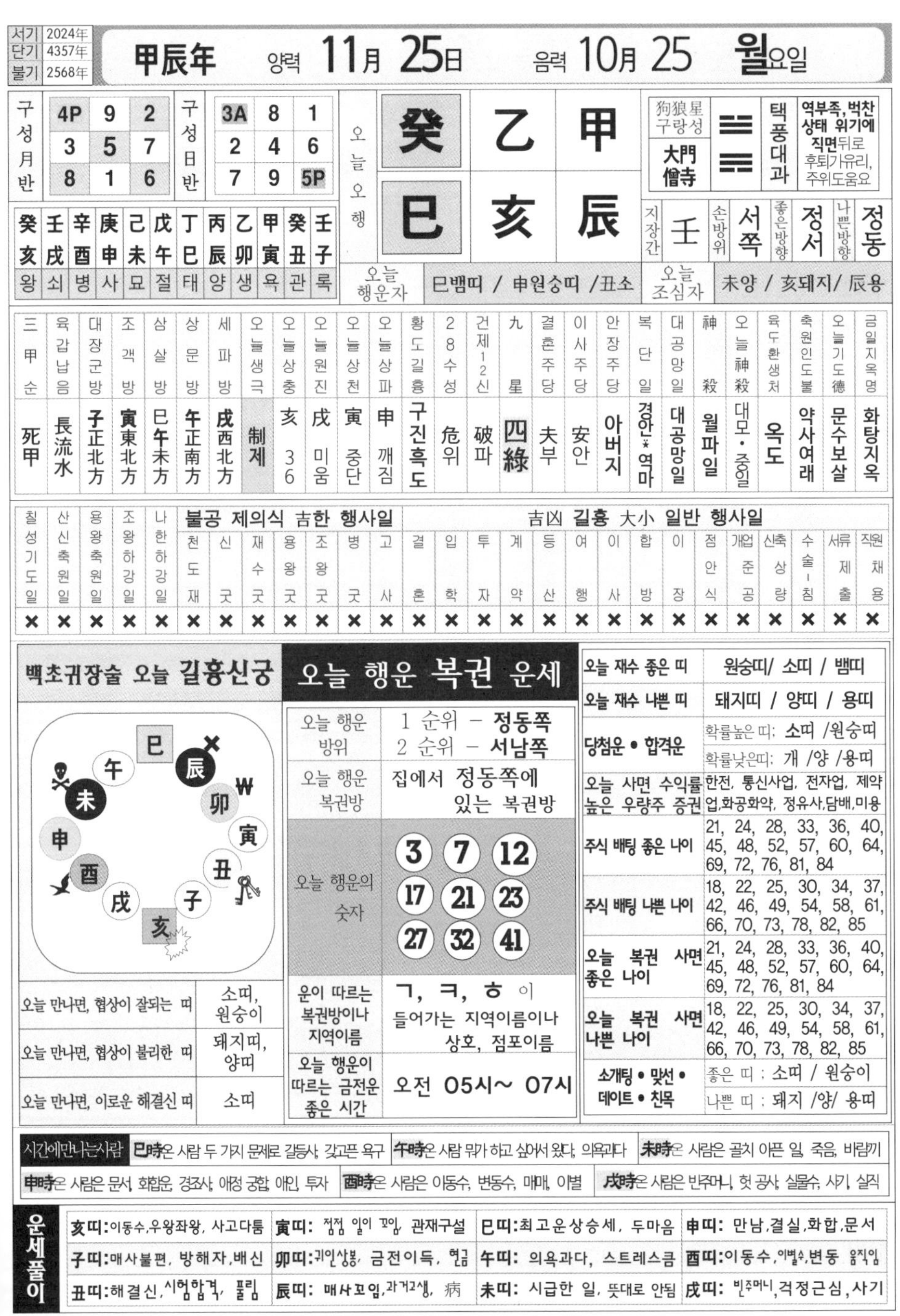

서기	2024年
단기	4357年
불기	2568年

甲辰年 양력 **11月 25日** 음력 **10月 25** **월**요일

구성월반

4P	9	2
3	5	7
8	1	6

구성일반

3A	8	1
2	4	6
7	9	5P

癸亥	壬戌	辛酉	庚申	己未	戊午	丁巳	丙辰	乙卯	甲寅	癸丑	壬子
왕	쇠	병	사	묘	절	태	양	생	욕	관	록

오늘오행

癸	乙	甲
巳	亥	辰

오늘행운자: 巳뱀띠 / 申원숭띠 /丑소

狗狼星 구랑성: 大門 僧寺

택풍대과: **역부족, 벽찬 상태 위기에 직면**뒤로 후퇴기유리, 주위도움요

지장간: 壬 | 손방위: 서쪽 | 좋은방향: 정서 | 나쁜방향: 정동

오늘조심자: 未양 / 亥돼지/ 辰용

三甲순	육갑납음	대장군방	조객방	삼살방	상문방	세파방	오늘생극	오늘상충	오늘원진	오늘상천	오늘상파	황도길흉	28수성	건제12신	九星	결혼주당	이사주당	안장주당	복단일	대공망일	神殺	오늘神殺	육두환생처	축원인도불	오늘기도德	금일지옥명
死甲	長流水	子正北方	寅東北方	巳午未方	午正南方	戌西北方	制제	亥 36	戌 미움	寅 중단	申 깨짐	구진흑도	危위	破파	四綠	夫부	安안	아버지	경안*역마	대공망일	월파일	대모·중일	옥도	약사여래	문수보살	화탕지옥

칠성기도일	산신축원일	용왕축원일	조왕하강일	나한하강일	천도재	신굿	재수굿	용왕굿	조왕굿	병굿	고사	결혼	입학	투자	계약	등산	여행	이사	합방	이장	점안식	개업준공	신축상량	수술-침	서류제출	직원채용
×	×	×	×	×	×	×	×	×	×	×	×	×	×	×	×	×	×	×	×	×	×	×	×	×	×	×

(불공 제의식 吉한 행사일: 천도재 ~ 고사 / 吉凶 길흉 大小 일반 행사일: 결혼 ~ 직원채용)

백초귀장술 오늘 길흉신궁

巳 辰 卯 寅 丑 子 亥 戌 酉 申 未 午

오늘 만나면, 협상이 잘되는 띠	소띠, 원숭이
오늘 만나면, 협상이 불리한 띠	돼지띠, 양띠
오늘 만나면, 이로운 해결신 띠	소띠

오늘 행운 복권 운세

오늘 행운 방위	1 순위 – **정동쪽** 2 순위 – **서남쪽**
오늘 행운 복권방	집에서 정동쪽에 있는 복권방
오늘 행운의 숫자	3 7 12 17 21 23 27 32 41
운이 따르는 복권방이나 지역이름	ㄱ, ㅋ, ㅎ 이 들어가는 지역이름이나 상호, 점포이름
오늘 행운이 따르는 금전운 좋은 시간	오전 05시~ 07시

오늘 재수 좋은 띠	원숭띠/ 소띠 / 뱀띠
오늘 재수 나쁜 띠	돼지띠 / 양띠 / 용띠
당첨운 • 합격운	확률높은 띠: 소띠 /원숭띠 확률낮은띠: 개 /양 /용띠
오늘 사면 수익률 높은 우량주 증권	한전, 통신사업, 전자업, 제약업,화공화약, 정유사,담배,미용
주식 배팅 좋은 나이	21, 24, 28, 33, 36, 40, 45, 48, 52, 57, 60, 64, 69, 72, 76, 81, 84
주식 배팅 나쁜 나이	18, 22, 25, 30, 34, 37, 42, 46, 49, 54, 58, 61, 66, 70, 73, 78, 82, 85
오늘 복권 사면 좋은 나이	21, 24, 28, 33, 36, 40, 45, 48, 52, 57, 60, 64, 69, 72, 76, 81, 84
오늘 복권 사면 나쁜 나이	18, 22, 25, 30, 34, 37, 42, 46, 49, 54, 58, 61, 66, 70, 73, 78, 82, 85
소개팅 • 맞선 • 데이트 • 친목	좋은 띠 : 소띠 / 원숭이 나쁜 띠 : 돼지 /양/ 용띠

시간에만나는사람

- **巳時**온 사람 두 가지 문제로 갈등사, 갖고픈 욕구
- **午時**온 사람 뭔가 하고 싶어서 왔다, 의욕과다
- **未時**온 사람은 골치 아픈 일, 죽음, 바람끼
- **申時**온 사람은 문서, 화합운, 경조사, 애정 궁합, 애인, 투자
- **酉時**온 사람은 이동수, 변동수, 매매, 이별
- **戌時**온 사람은 빈주머니, 헛 공사, 실물수, 사기, 실직

운세풀이

亥띠:이동수,우왕좌왕, 사고다툼	**寅띠:** 점점 일이 꼬임, 관재구설	**巳띠:**최고운상승세, 두마음	**申띠:** 만남,결실,화합,문서
子띠:매사불편, 방해자,배신	**卯띠:**귀인상봉, 금전이득, 현금	**午띠:** 의욕과다, 스트레스큼	**酉띠:**이동수,이별수,변동 움직임
丑띠:해결신,시험합격, 풀림	**辰띠:** 매사꼬임,과거고생, 病	**未띠:** 시급한 일, 뜻대로 안됨	**戌띠:** 빈주머니,걱정근심,사기

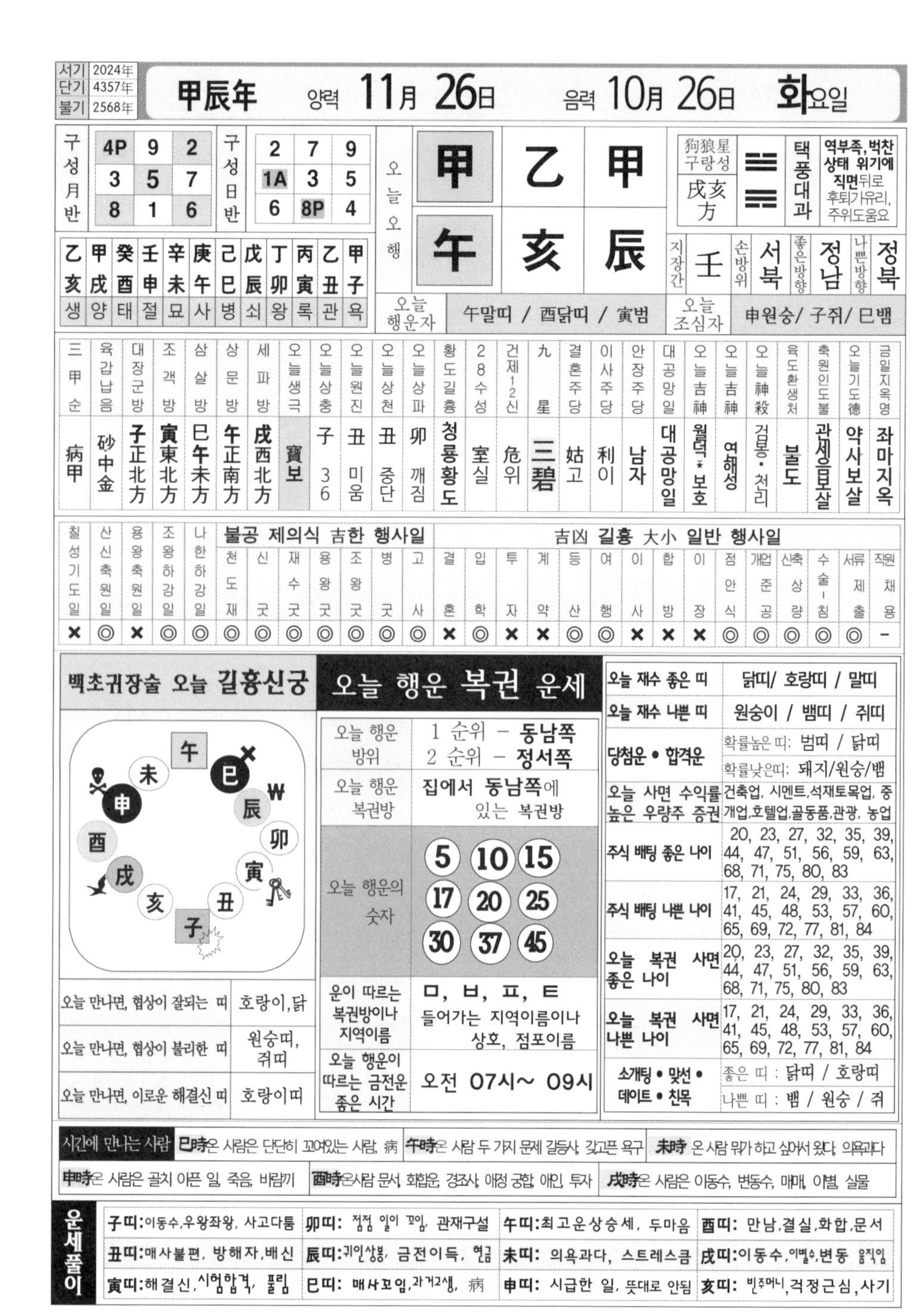

서기	2024年
단기	4357年
불기	2568年

甲辰年 양력 11月 26日 음력 10月 26日 화요일

구성月반		
4P	9	2
3	5	7
8	1	6

구성日반		
2	7	9
1A	3	5
6	8P	4

乙亥	甲戌	癸酉	壬申	辛未	庚午	己巳	戊辰	丁卯	丙寅	乙丑	甲子
생	양	태	절	묘	사	병	쇠	왕	록	관	욕

오늘오행

甲	乙	甲
午	亥	辰

狗狼星 구랑성	戌亥方
택풍대과	역부족, 벅찬 상태 위기에 직면뒤로 후퇴가유리, 주위도움요

지장간	손방위	좋은방향	나쁜방향
壬	서북	정남	정북

오늘 행운자	午말띠 / 酉닭띠 / 寅범
오늘 조심자	申원숭/ 子쥐/ 巳뱀

三甲순	육갑납음	대장군방	조객방	삼살방	상문방	세파방	오늘생극	오늘상충	오늘원진	오늘상천	오늘상파	황도길흉	28수성	건제12신	九星	결혼주당	이사주당	안장주당	대공망일	오늘吉神	오늘吉神	오늘神殺	육도환생처	축원인도불	오늘기도德	금일지옥명
病甲	砂中金	子正北方	寅東北方	巳午未方	午正南方	戌西北方	寶보	子 36	丑 미움	丑 중단	卯 깨짐	청룡황도	室실	危위	三碧	姑고	利이	남자	대공망일	월덕*보호	여해성	검봉·천리	불도	관세음보살	약사보살	좌마지옥

칠성기도일	산신축원일	용왕축원일	조왕하강일	나한하강일	불공 제의식 吉한 행사일: 천도재	신굿	재수굿	용왕굿	조왕굿	병굿	고사	吉凶 길흉 大小 일반 행사일: 결혼	입학	투자	계약	등산	여행	이사	합방	이장	점안식	개업준공	신축상량	수술-침	서류제출	직원채용
×	◎	×	◎	◎	◎	◎	◎	◎	◎	◎	◎	×	◎	×	×	◎	◎	×	×	×	◎	◎	◎	◎	◎	–

백초귀장술 오늘 길흉신궁

오늘 만나면, 협상이 잘되는 띠	호랑이, 닭
오늘 만나면, 협상이 불리한 띠	원숭띠, 쥐띠
오늘 만나면, 이로운 해결신 띠	호랑이띠

오늘 행운 복권 운세

오늘 행운 방위	1 순위 – 동남쪽 2 순위 – 정서쪽
오늘 행운 복권방	집에서 동남쪽에 있는 복권방
오늘 행운의 숫자	5 10 15 17 20 25 30 37 45
운이 따르는 복권방이나 지역이름	ㅁ, ㅂ, ㅍ, ㅌ 들어가는 지역이름이나 상호, 점포이름
오늘 행운이 따르는 금전운 좋은 시간	오전 07시~ 09시

오늘 재수 좋은 띠	닭띠/ 호랑띠 / 말띠
오늘 재수 나쁜 띠	원숭이 / 뱀띠 / 쥐띠
당첨운 • 합격운	확률높은 띠: 범띠 / 닭띠 확률낮은띠: 돼지/원숭/뱀
오늘 사면 수익률 높은 우량주 증권	건축업, 시멘트,석재토목업, 중개업,호텔업,골동품,관광, 농업
주식 배팅 좋은 나이	20, 23, 27, 32, 35, 39, 44, 47, 51, 56, 59, 63, 68, 71, 75, 80, 83
주식 배팅 나쁜 나이	17, 21, 24, 29, 33, 36, 41, 45, 48, 53, 57, 60, 65, 69, 72, 77, 81, 84
오늘 복권 사면 좋은 나이	20, 23, 27, 32, 35, 39, 44, 47, 51, 56, 59, 63, 68, 71, 75, 80, 83
오늘 복권 사면 나쁜 나이	17, 21, 24, 29, 33, 36, 41, 45, 48, 53, 57, 60, 65, 69, 72, 77, 81, 84
소개팅 • 맞선 • 데이트 • 친목	좋은 띠 : 닭띠 / 호랑띠 나쁜 띠 : 뱀 / 원숭 / 쥐

시간에 만나는 사람	巳時온 사람은 단단히 꼬여있는 사람, 病	午時온 사람 두 가지 문제 갈등사, 갖고픈 욕구	未時 온 사람 뭔가 하고 싶어서 왔다, 의욕과다
	申時온 사람은 골치 아픈 일, 죽음, 바람끼	酉時온사람 문서, 화합운, 경조사, 애정 궁합, 애인, 투자	戌時온 사람은 이동수, 변동수, 매매, 이별, 실물

운세풀이			
子띠: 이동수,우왕좌왕, 사고다툼	卯띠: 점점 일이 꼬임, 관재구설	午띠: 최고운상승세, 두마음	酉띠: 만남,결실,화합,문서
丑띠: 매사불편, 방해자,배신	辰띠: 귀인상봉, 금전이득, 현금	未띠: 의욕과다, 스트레스큼	戌띠: 이동수,이별수,변동 움직임
寅띠: 해결신,시험합격, 풀림	巳띠: 매사꼬임,과거고생, 病	申띠: 시급한 일, 뜻대로 안됨	亥띠: 빈주머니,걱정근심,사기

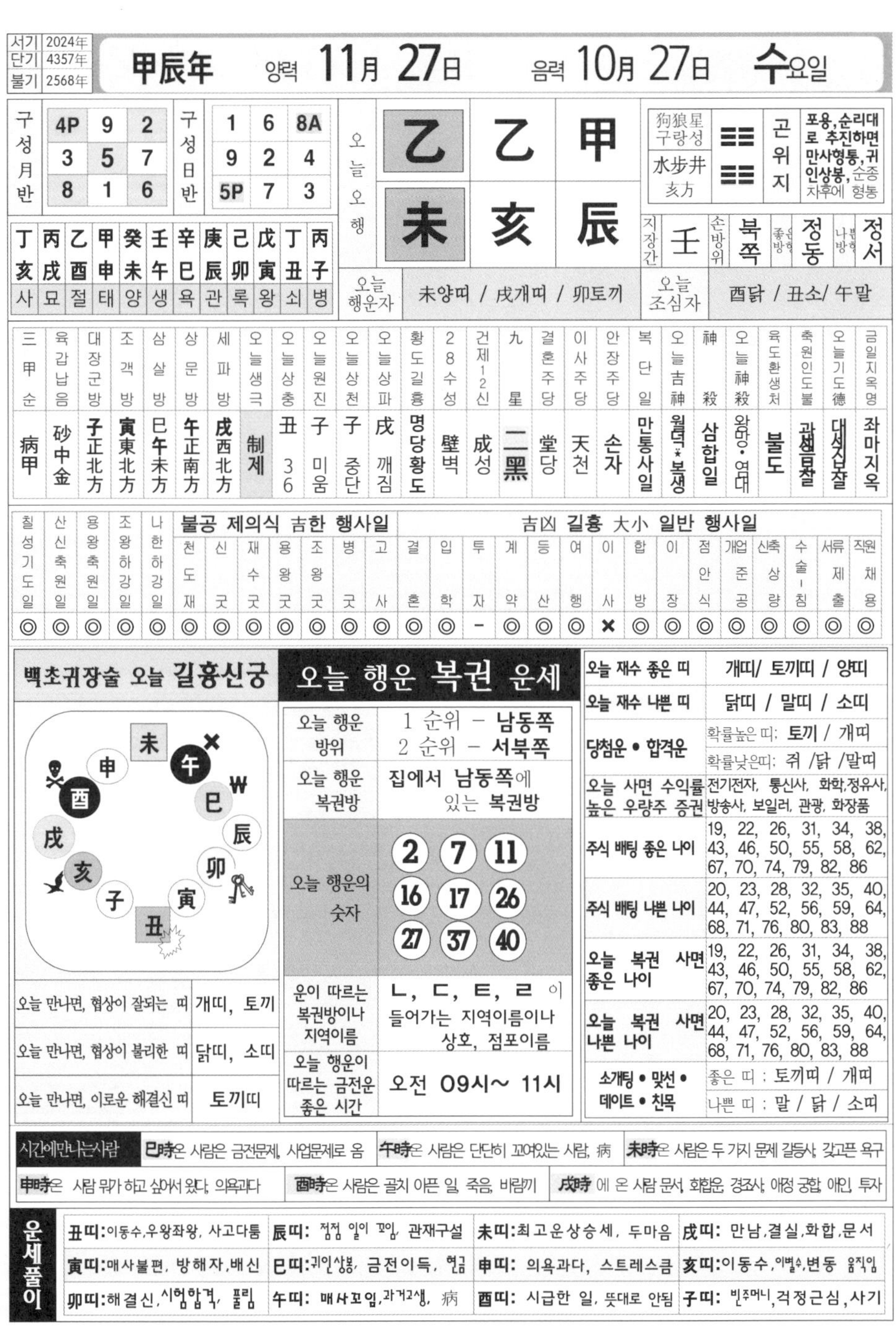

서기	2024年
단기	4357年
불기	2568年

甲辰年 양력 **11月 27日** 음력 **10月 27日** **수**요일

구성月반				구성日반			
	4P	9	2		1	6	8A
	3	5	7		9	2	4
	8	1	6		5P	7	3

丁	丙	乙	甲	癸	壬	辛	庚	己	戊	丁	丙
亥	戌	酉	申	未	午	巳	辰	卯	寅	丑	子
사	묘	절	태	양	생	욕	관	록	왕	쇠	병

오늘오행			
	乙	乙	甲
	未	亥	辰

狗狼星 구랑성	☷	곤위지	포용,순리대로 추진하면 만사형통,귀인상봉,순종자후에 형통
水步井 亥方	☷		

지장간	壬	손방위	북쪽	좋은방향	정동	나쁜방향	정서

오늘 행운자	未양띠 / 戌개띠 / 卯토끼	오늘 조심자	酉닭 / 丑소/ 午말

三甲순	육갑납음	대장군방	조객방	삼살방	상문방	세파방	오늘생극	오늘상충	오늘원진	오늘상천	오늘상파	황도길흉	28수성	건제12신	九星	결혼주당	이사주당	안장주당	복단일	오늘吉神	神殺	오늘神殺	육도환생처	축원인도불	오늘기도德	금일지옥명
病甲	砂中金	子正北方	寅東北方	巳午未方	午正南方	戌西北方	制제	丑 36	子 미움	子 중단	戌 깨짐	명당황도	壁벽	成성	二黑	堂당	天천	손자	만통사일	월덕*복생	삼합일	왕망·염대	불도	관세음보살	대세지보살	좌마지옥

칠성기도일	산신축원일	용왕축원일	조왕하강일	나한하강일	불공 제의식 吉한 행사일							吉凶 길흉 大小 일반 행사일													
					천도재	신굿	재수굿	용왕굿	조왕굿	병굿	고사	결혼	입학	투자	계약	등산	여행	이사	합방	이장	점안식	개업준공	신축상량	수술-침	서류제출	직원채용
◎	◎	◎	◎	◎	◎	◎	◎	◎	◎	◎	◎	◎	◎	-	◎	◎	◎	×	◎	◎	◎	◎	◎	◎	◎	◎

백초귀장술 오늘 길흉신궁

未 午 申 巳 ₩ 酉 辰 戌 卯 亥 寅 子 丑

오늘 만나면, 협상이 잘되는 띠	개띠, 토끼
오늘 만나면, 협상이 불리한 띠	닭띠, 소띠
오늘 만나면, 이로운 해결신 띠	토끼띠

오늘 행운 복권 운세

오늘 행운 방위	1 순위 – **남동쪽** 2 순위 – **서북쪽**
오늘 행운 복권방	집에서 **남동쪽**에 있는 **복권방**
오늘 행운의 숫자	2 7 11 16 17 26 27 37 40
운이 따르는 복권방이나 지역이름	ㄴ, ㄷ, ㅌ, ㄹ 이 들어가는 지역이름이나 상호, 점포이름
오늘 행운이 따르는 금전운 좋은 시간	오전 09시~ 11시

오늘 재수 좋은 띠	개띠/ 토끼띠 / 양띠
오늘 재수 나쁜 띠	닭띠 / 말띠 / 소띠
당첨운 • 합격운	확률높은 띠: 토끼 / 개띠 확률낮은띠: 쥐 /닭 /말띠
오늘 사면 수익률 높은 우량주 증권	전기전자, 통신사, 화학,정유사, 방송사, 보일러, 관광, 화장품
주식 배팅 좋은 나이	19, 22, 26, 31, 34, 38, 43, 46, 50, 55, 58, 62, 67, 70, 74, 79, 82, 86
주식 배팅 나쁜 나이	20, 23, 28, 32, 35, 40, 44, 47, 52, 56, 59, 64, 68, 71, 76, 80, 83, 88
오늘 복권 사면 좋은 나이	19, 22, 26, 31, 34, 38, 43, 46, 50, 55, 58, 62, 67, 70, 74, 79, 82, 86
오늘 복권 사면 나쁜 나이	20, 23, 28, 32, 35, 40, 44, 47, 52, 56, 59, 64, 68, 71, 76, 80, 83, 88
소개팅 • 맞선 • 데이트 • 친목	좋은 띠 : 토끼띠 / 개띠 나쁜 띠 : 말 / 닭 / 소띠

시간에만나는사람		
巳時은 사람은 금전문제, 사업문제로 옴	午時은 사람은 단단히 꼬여있는 사람, 病	未時은 사람은 두 가지 문제 갈등사, 갖고픈 욕구
申時은 사람 뭐가 하고 싶어서 왔다, 의욕과다	酉時은 사람은 골치 아픈 일, 죽음, 바람끼	戌時 에 온 사람 문서, 화합운, 경조사, 애정 궁합, 애인, 투자

운세풀이			
丑띠:이동수,우왕좌왕, 사고다툼	辰띠: 점점 일이 꼬임, 관재구설	未띠:최고운상승세, 두마음	戌띠: 만남,결실,화합,문서
寅띠:매사불편, 방해자,배신	巳띠:귀인상봉, 금전이득, 현금	申띠: 의욕과다, 스트레스큼	亥띠:이동수,이별수,변동 움직임
卯띠:해결신,시험합격, 풀림	午띠: 매사꼬임,과거고생, 病	酉띠: 시급한 일, 뜻대로 안됨	子띠: 빈주머니,걱정근심,사기

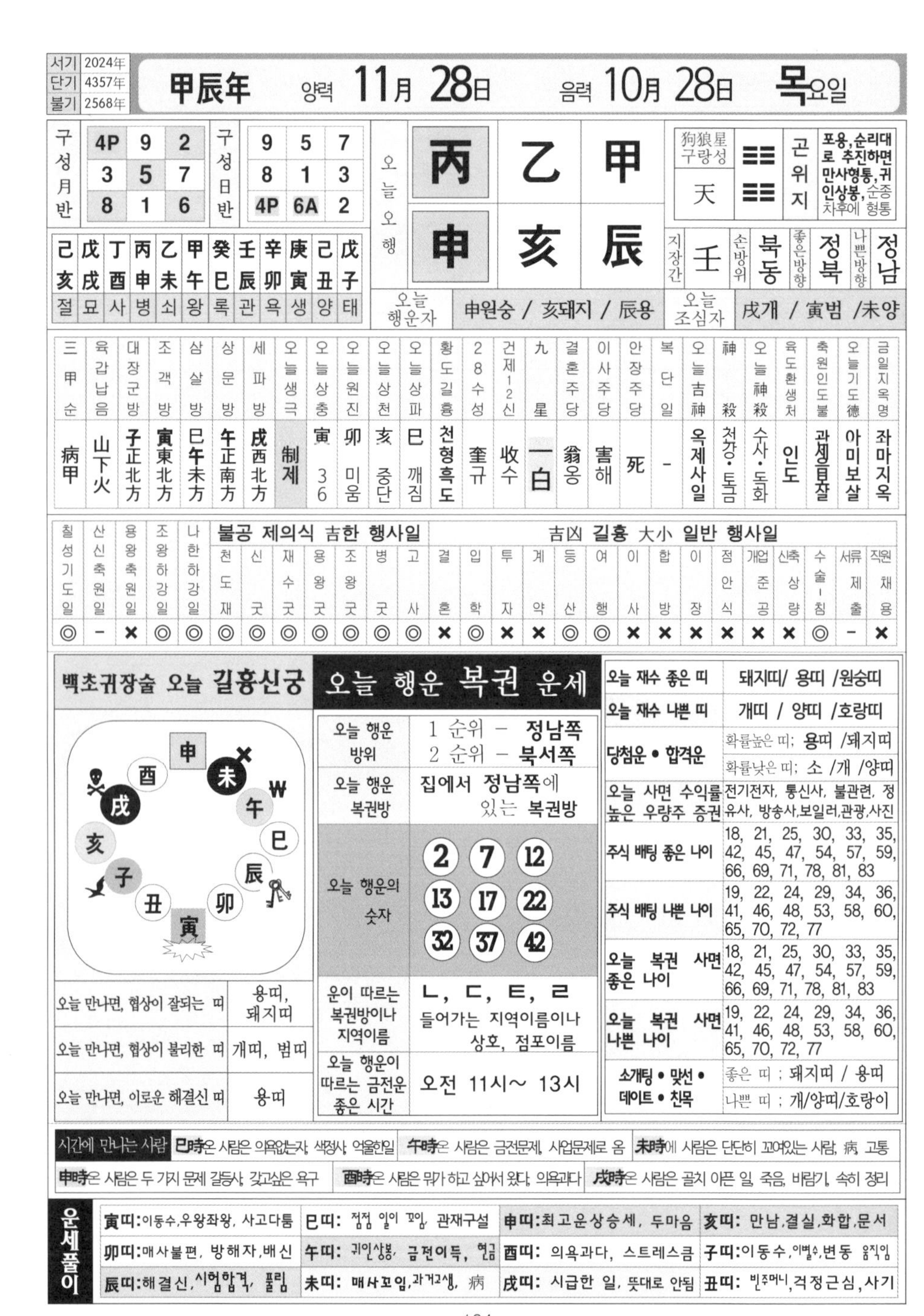

서기	2024年
단기	4357年
불기	2568年

甲辰年 양력 **11月 28日** 음력 **10月 28日** **목**요일

구성월반		
4P	9	2
3	5	7
8	1	6

구성일반		
9	5	7
8	1	3
4P	6A	2

己	戊	丁	丙	乙	甲	癸	壬	辛	庚	己	戊
亥	戌	酉	申	未	午	巳	辰	卯	寅	丑	子
절	묘	사	병	쇠	왕	록	관	욕	생	양	태

오늘오행			
	丙	乙	甲
	申	亥	辰

狗狼星 구랑성	天	☷ ☷	곤위지	포용,순리대로 추진하면 만사형통,귀인상봉,순종 차후에 형통

지장간	壬	손방위	북동	좋은방향	정북	나쁜방향	정남

오늘 행운자	申원숭 / 亥돼지 / 辰용	오늘 조심자	戌개 / 寅범 /未양

三甲순	육갑납음	대장군방	조객방	삼살방	상문방	세파방	오늘생극	오늘상충	오늘원진	오늘상천	오늘상파	황도길흉	28수성	건제12신	九星	결혼주당	이사주당	안장주당	복단일	오늘吉神	神殺	오늘神殺	육도환생처	축원인도불	오늘기도德	금일지옥명
病甲	山下火	子正北方	寅東北方	巳午未方	午正南方	戌西北方	制제	寅 36	卯 미움	亥 중단	巳 깨짐	천형흑도	奎규	收수	一白	翁옹	害해	死	-	옥제사일	천강·토금	수사·도화	인도	관세음보살	아미보살	좌마지옥

칠성기도일	산신축원일	용왕축원일	조왕하강일	나한하강일	불공 제의식 吉한 행사일							吉凶 길흉 大小 일반 행사일														
					천도재	신굿	재수굿	용왕굿	조왕굿	병굿	고사	결혼	입학	투자	계약	등산	여행	이사	합방	이장	점안식	개업준공	신축상량	수술·침	서류제출	직원채용
◎	-	×	◎	◎	◎	◎	◎	◎	◎	◎	◎	×	◎	×	×	◎	◎	×	×	×	×	×	×	◎	-	×

백초귀장술 오늘 길흉신궁

申, 未, 午, 巳, 辰, 卯, 寅, 丑, 子, 亥, 戌, 酉

오늘 만나면, 협상이 잘되는 띠	용띠, 돼지띠
오늘 만나면, 협상이 불리한 띠	개띠, 범띠
오늘 만나면, 이로운 해결신 띠	용띠

오늘 행운 복권 운세

오늘 행운 방위	1 순위 – **정남쪽** 2 순위 – **북서쪽**
오늘 행운 복권방	집에서 **정남쪽**에 있는 복권방
오늘 행운의 숫자	2, 7, 12, 13, 17, 22, 32, 37, 42
운이 따르는 복권방이나 지역이름	ㄴ, ㄷ, ㅌ, ㄹ 들어가는 지역이름이나 상호, 점포이름
오늘 행운이 따르는 금전운 좋은 시간	오전 11시~ 13시

오늘 재수 좋은 띠		돼지띠/ 용띠 /원숭띠
오늘 재수 나쁜 띠		개띠 / 양띠 /호랑띠
당첨운 • 합격운	확률높은 띠;	용띠 /돼지띠
	확률낮은 띠;	소 /개 /양띠
오늘 사면 수익률 높은 우량주 증권		전기전자, 통신사, 불관련, 정유사, 방송사,보일러,관광,사진
주식 배팅 좋은 나이		18, 21, 25, 30, 33, 35, 42, 45, 47, 54, 57, 59, 66, 69, 71, 78, 81, 83
주식 배팅 나쁜 나이		19, 22, 24, 29, 34, 36, 41, 46, 48, 53, 58, 60, 65, 70, 72, 77
오늘 복권 사면 좋은 나이		18, 21, 25, 30, 33, 35, 42, 45, 47, 54, 57, 59, 66, 69, 71, 78, 81, 83
오늘 복권 사면 나쁜 나이		19, 22, 24, 29, 34, 36, 41, 46, 48, 53, 58, 60, 65, 70, 72, 77
소개팅 • 맞선 • 데이트 • 친목	좋은 띠 ;	돼지띠 / 용띠
	나쁜 띠 ;	개/양띠/호랑이

시간에 만나는 사람	巳時은 사람은 의욕없는자, 색정사, 억울한일	午時은 사람은 금전문제, 사업문제로 옴	未時에 사람은 단단히 꼬여있는 사람, 病, 고통
	申時은 사람은 두 가지 문제 갈등사, 갖고싶은 욕구	酉時은 사람은 뭔가 하고 싶어서 왔다, 의욕과다	戌時은 사람은 골치 아픈 일, 죽음, 바람기, 속히 정리

운세풀이				
	寅띠:이동수,우왕좌왕, 사고다툼	巳띠: 점점 일이 꼬임, 관재구설	申띠:최고운상승세, 두마음	亥띠: 만남,결실,화합,문서
	卯띠:매사불편, 방해자,배신	午띠: 귀인상봉, 금전이득, 현금	酉띠: 의욕과다, 스트레스큼	子띠:이동수,이별수,변동 움직임
	辰띠:해결신,시험합격, 풀림	未띠: 매사꼬임,과거고생, 病	戌띠: 시급한 일, 뜻대로 안됨	丑띠: 빈주머니,걱정근심,사기

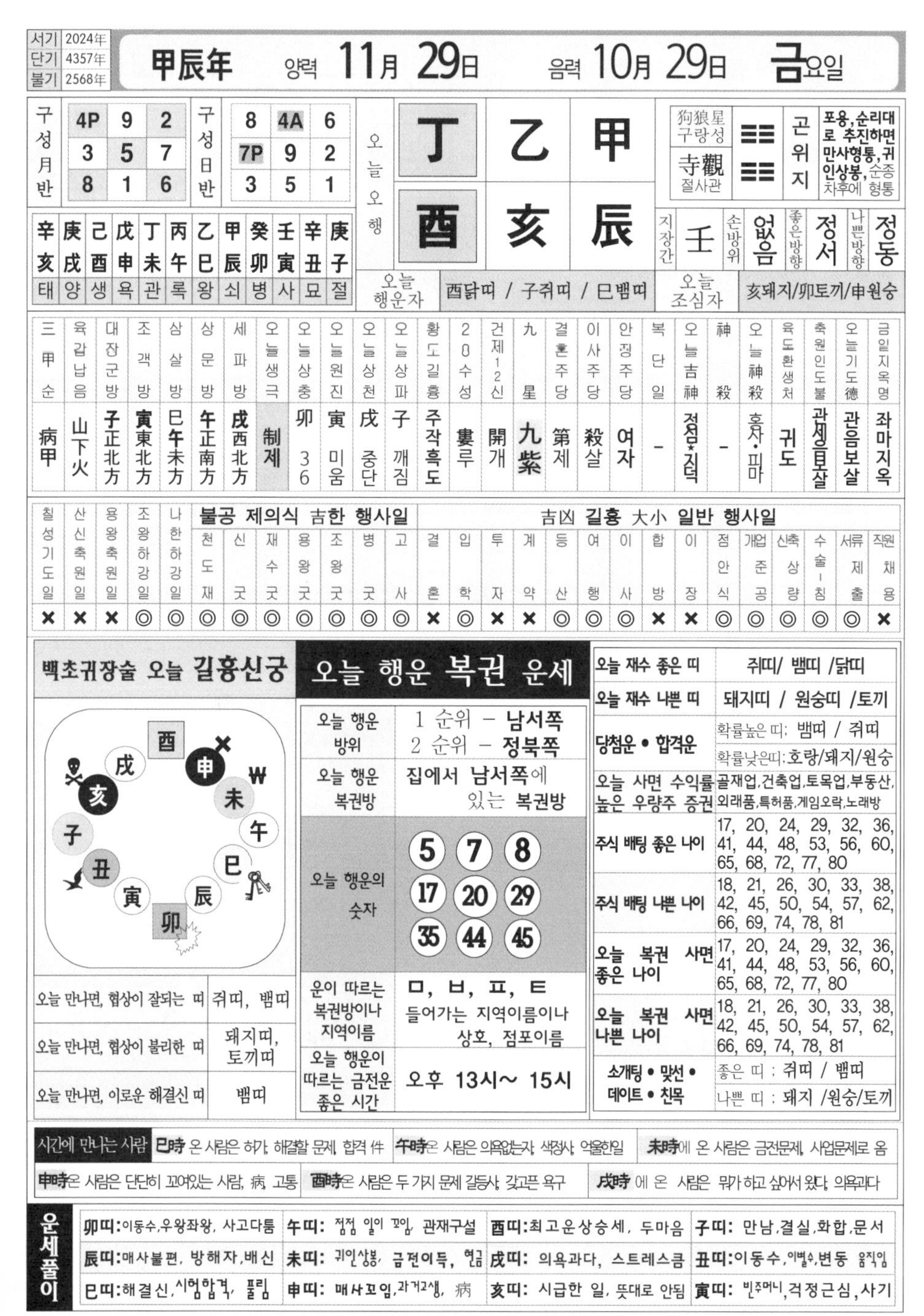

서기	2024年
단기	4357年
불기	2568年

甲辰年 양력 11月 29日 음력 10月 29日 금요일

구성월반

4P	9	2
3	5	7
8	1	6

구성일반

8	4A	6
7P	9	2
3	5	1

오늘오행

丁	乙	甲
酉	亥	辰

狗狼星 구랑성	寺觀 절사관	☷ ☷	곤위지	포용, 순리대로 추진하면 만사형통, 귀인상봉, 순종차후에 형통

辛亥	庚戌	己酉	戊申	丁未	丙午	乙巳	甲辰	癸卯	壬寅	辛丑	庚子
태	양	생	욕	관	록	왕	쇠	병	사	묘	절

지장간	손방위	좋은방향	나쁜방향
壬	없음	정서	정동

오늘 행운자	酉닭띠 / 子쥐띠 / 巳뱀띠	오늘 조심자	亥돼지/卯토끼/申원숭

三甲순	육갑납음	대장군방	조객방	상살방	상문방	세파방	오늘생극	오늘상충	오늘원진	오늘상천	오늘상파	황도길흉	20수성	건제12신	九星	결혼주당	이사주당	안장주당	복단일	오늘吉神	神殺	오늘神殺	육도환생처	축원인도불	오늘기도德	금일지옥명
病甲	山下火	子正北方	寅東北方	巳午未方	午正南方	戌西北方	制제	卯 36	寅 미움	戌 중단	子 깨짐	주작흑도	婁루	開개	九紫	第제	殺살	여자	–	정성·지덕	–	홍사·피마	귀도	관세음보살	관음보살	좌마지옥

불공 제의식 吉한 행사일 / 吉凶 길흉 大小 일반 행사일

칠성기도일	산신축원일	용왕축원일	조왕하강일	나한하강일	천도재	신굿	재수굿	용왕굿	조왕굿	병굿	고사	결혼	입학	투자	계약	등산	여행	이사	합방	이장	점안식	개업준공	신축상량	수술-침	서류제출	직원채용
×	×	×	◎	◎	◎	◎	◎	◎	◎	◎	◎	×	◎	×	×	◎	◎	◎	×	×	◎	◎	◎	◎	◎	×

백초귀장술 오늘 길흉신궁

오늘 만나면, 협상이 잘되는 띠	쥐띠, 뱀띠
오늘 만나면, 협상이 불리한 띠	돼지띠, 토끼띠
오늘 만나면, 이로운 해결신 띠	뱀띠

오늘 행운 복권 운세

오늘 행운 방위	1 순위 – 남서쪽 2 순위 – 정북쪽
오늘 행운 복권방	집에서 남서쪽에 있는 복권방
오늘 행운의 숫자	5 7 8 17 20 29 35 44 45
운이 따르는 복권방이나 지역이름	ㅁ, ㅂ, ㅍ, ㅌ 들어가는 지역이름이나 상호, 점포이름
오늘 행운이 따르는 금전운 좋은 시간	오후 13시~ 15시

오늘 재수 좋은 띠	쥐띠/ 뱀띠 /닭띠
오늘 재수 나쁜 띠	돼지띠 / 원숭띠 /토끼
당첨운 • 합격운	확률높은 띠: 뱀띠 / 쥐띠 확률낮은띠: 호랑/돼지/원숭
오늘 사면 수익률 높은 우량주 증권	골재업,건축업,토목업,부동산,외래품,특허품,게임오락,노래방
주식 배팅 좋은 나이	17, 20, 24, 29, 32, 36, 41, 44, 48, 53, 56, 60, 65, 68, 72, 77, 80
주식 배팅 나쁜 나이	18, 21, 26, 30, 33, 38, 42, 45, 50, 54, 57, 62, 66, 69, 74, 78, 81
오늘 복권 사면 좋은 나이	17, 20, 24, 29, 32, 36, 41, 44, 48, 53, 56, 60, 65, 68, 72, 77, 80
오늘 복권 사면 나쁜 나이	18, 21, 26, 30, 33, 38, 42, 45, 50, 54, 57, 62, 66, 69, 74, 78, 81
소개팅 • 맞선 • 데이트 • 친목	좋은 띠 ; 쥐띠 / 뱀띠 나쁜 띠 ; 돼지 /원숭/토끼

시간에 만나는 사람

- 巳時 온 사람은 허가, 해결할 문제, 합격 件
- 午時온 사람은 의욕없는자, 색정사, 억울한일
- 未時에 온 사람은 금전문제, 사업문제로 옴
- 申時온 사람은 단단히 꼬여있는 사람, 病, 고통
- 酉時온 사람은 두 가지 문제 갈등사, 갖고픈 욕구
- 戌時 에 온 사람은 뭔가 하고 싶어서 왔다, 의욕과다

운세풀이

卯띠:이동수,우왕좌왕, 사고다툼	午띠: 점점 일이 꼬임, 관재구설	酉띠:최고운상승세, 두마음	子띠: 만남,결실,화합,문서
辰띠:매사불편, 방해자,배신	未띠: 귀인상봉, 금전이득, 현금	戌띠: 의욕과다, 스트레스큼	丑띠:이동수,이별수,변동 움직임
巳띠:해결신,시험합격, 풀림	申띠: 매사꼬임,과거고생, 病	亥띠: 시급한 일, 뜻대로 안됨	寅띠: 빈주머니,걱정근심,사기

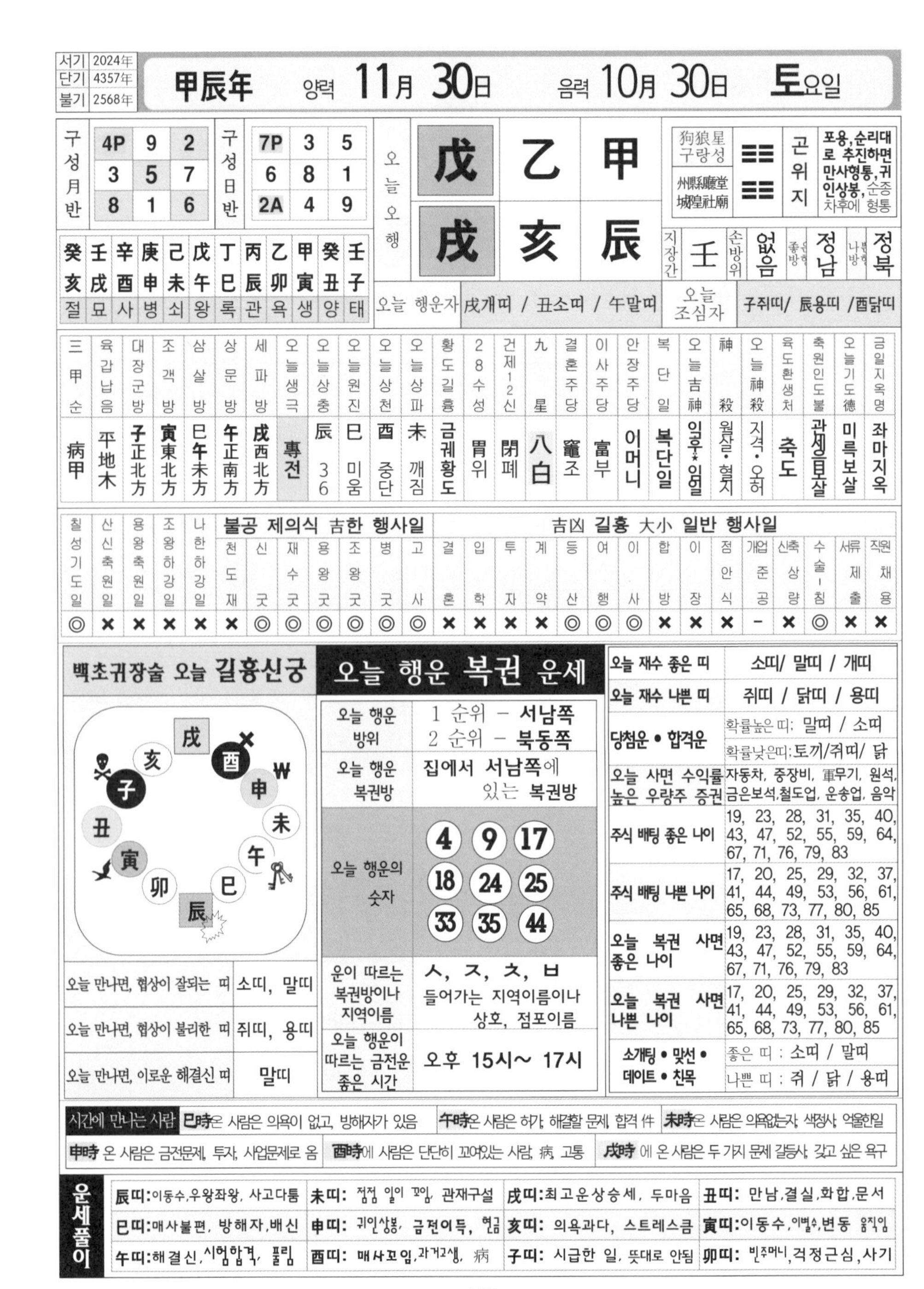

서기 2024年	단기 4357年	불기 2568年

甲辰年 양력 11月 30日 음력 10月 30日 土요일

구성월반

4P	9	2
3	5	7
8	1	6

구성日반

7P	3	5
6	8	1
2A	4	9

오늘오행

戊	乙	甲
戊	亥	辰

狗狼星 구랑성	州縣縣廳堂 城隍社廟	곤위지	포용,순리대로 추진하면 만사형통,귀인상봉,순종 차후에 형통

지장간	손방위	좋은방향	나쁜방향
壬	없음	정남	정북

癸亥	壬戌	辛酉	庚申	己未	戊午	丁巳	丙辰	乙卯	甲寅	癸丑	壬子
절	묘	사	병	쇠	왕	록	관	욕	생	양	태

오늘 행운자	戌개띠 / 丑소띠 / 午말띠	오늘 조심자	子쥐띠/ 辰용띠 /酉닭띠

三甲순	육갑납음	대장군방	조객방	삼살방	상문방	세파방	오늘생극	오늘상충	오늘원진	오늘상천	오늘상파	황도길흉	28수성	건제12신	九星	결혼주당	이사주당	안장주당	복단일	오늘吉神	神殺	오늘神殺	육도환생처	축원인도불	오늘기도德	금일지옥명
病甲	平地木	子正北方	寅東北方	巳午未方	午正南方	戌西北方	專전	辰 36	巳 미움	酉 중단	未 깨짐	금궤황도	胃위	閉폐	八白	竈조	富부	어머니	복단일	익후*일월	월살·혈지	지격·오허	축도	관세음보살	미륵보살	좌마지옥

칠성기도일	산신축원일	용왕축원일	조왕하강일	나한하강일	불공 제의식 吉한 행사일: 천도재	신굿	재수굿	용왕굿	조왕굿	병굿	고사	吉凶 길흉 大小 일반 행사일: 결혼	입학	투자	계약	등산	여행	이사	합방	이장	점안식	개업준공	신축상량	수술-침	서류제출	직원채용
◎	×	×	×	×	×	◎	◎	◎	◎	◎	◎	×	×	×	×	◎	◎	◎	×	×	×	-	×	◎	×	×

백초귀장술 오늘 길흉신궁

오늘 만나면, 협상이 잘되는 띠	소띠, 말띠
오늘 만나면, 협상이 불리한 띠	쥐띠, 용띠
오늘 만나면, 이로운 해결신 띠	말띠

오늘 행운 복권 운세

오늘 행운 방위	1 순위 – 서남쪽 2 순위 – 북동쪽
오늘 행운 복권방	집에서 서남쪽에 있는 복권방
오늘 행운의 숫자	4 9 17 18 24 25 33 35 44
운이 따르는 복권방이나 지역이름	ㅅ, ㅈ, ㅊ, ㅂ 들어가는 지역이름이나 상호, 점포이름
오늘 행운이 따르는 금전운 좋은 시간	오후 15시~ 17시

오늘 재수 좋은 띠	소띠/ 말띠 / 개띠
오늘 재수 나쁜 띠	쥐띠 / 닭띠 / 용띠
당첨운 • 합격운	확률높은 띠: 말띠 / 소띠 확률낮은띠: 토끼/쥐띠/ 닭
오늘 사면 수익률 높은 우량주 증권	자동차, 중장비, 軍무기, 원석, 금은보석,철도업, 운송업, 음악
주식 배팅 좋은 나이	19, 23, 28, 31, 35, 40, 43, 47, 52, 55, 59, 64, 67, 71, 76, 79, 83
주식 배팅 나쁜 나이	17, 20, 25, 29, 32, 37, 41, 44, 49, 53, 56, 61, 65, 68, 73, 77, 80, 85
오늘 복권 사면 좋은 나이	19, 23, 28, 31, 35, 40, 43, 47, 52, 55, 59, 64, 67, 71, 76, 79, 83
오늘 복권 사면 나쁜 나이	17, 20, 25, 29, 32, 37, 41, 44, 49, 53, 56, 61, 65, 68, 73, 77, 80, 85
소개팅 • 맞선 • 데이트 • 친목	좋은 띠 : 소띠 / 말띠 나쁜 띠 : 쥐 / 닭 / 용띠

시간에 만나는 사람		
巳時온 사람은 의욕이 없고, 방해자가 있음	午時온 사람은 허가, 해결할 문제, 합격 件	未時온 사람은 의욕없는자, 색정사, 억울한일
申時 온 사람은 금전문제, 투자, 사업문제로 옴	酉時에 사람은 단단히 꼬여있는 사람, 病, 고통	戌時 에 온 사람은 두 가지 문제 갈등사, 갖고 싶은 욕구

운세풀이

辰띠:이동수,우왕좌왕, 사고다툼	未띠: 점점 일이 꼬임, 관재구설	戌띠:최고운상승세, 두마음	丑띠: 만남,결실,화합,문서
巳띠:매사불편, 방해자,배신	申띠: 귀인상봉, 금전이득, 현금	亥띠: 의욕과다, 스트레스큼	寅띠:이동수,이별수,변동 움직임
午띠:해결신,시험합격, 풀림	酉띠: 매사꼬임,과거고생, 病	子띠: 시급한 일, 뜻대로 안됨	卯띠: 빈주머니,걱정근심,사기

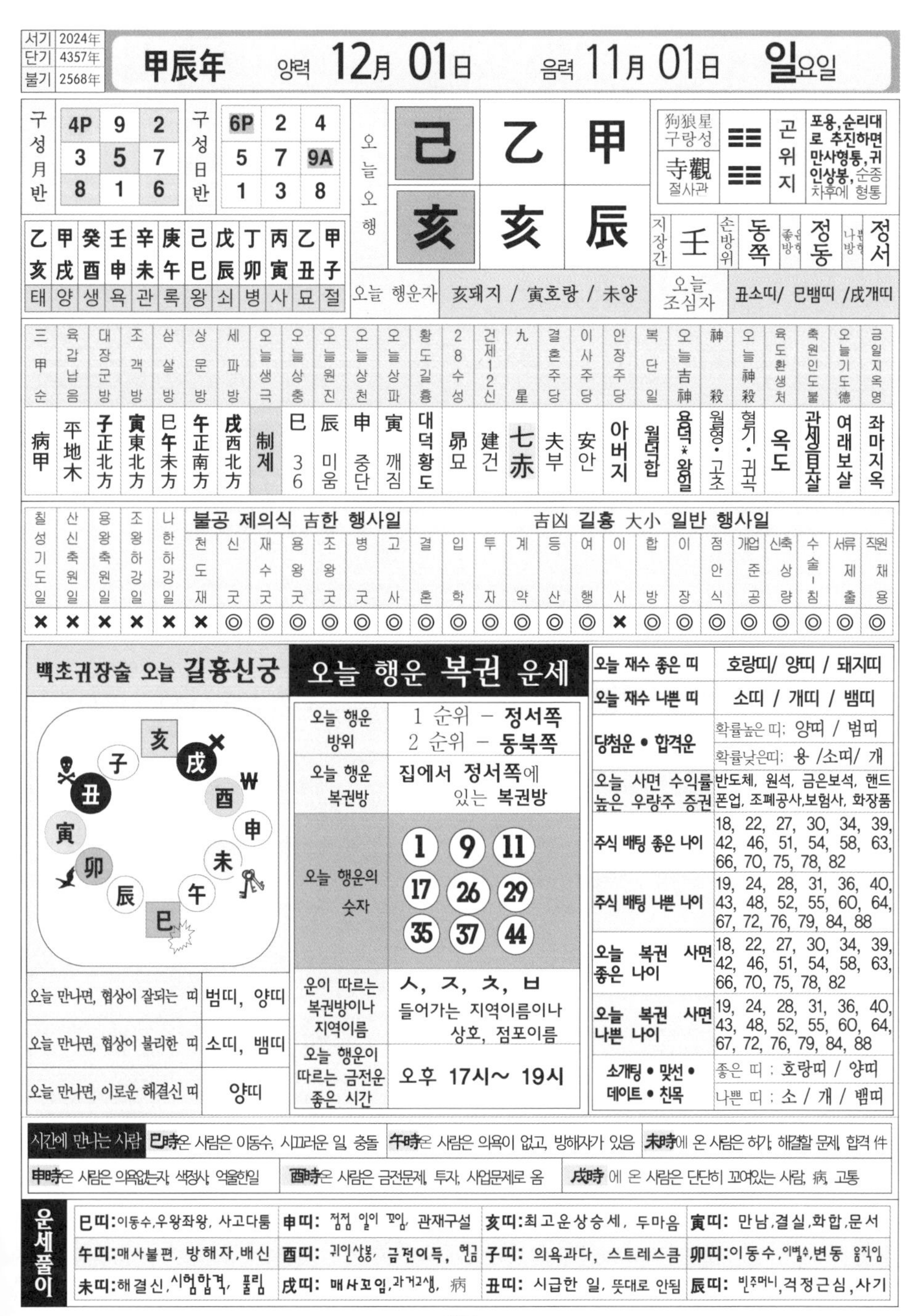

서기	2024年
단기	4357年
불기	2568年

甲辰年 양력 **12月 01日** 음력 **11月 01日** **일**요일

구성月반		
4P	9	2
3	5	7
8	1	6

구성日반		
6P	2	4
5	7	9A
1	3	8

오늘오행		
己	乙	甲
亥	亥	辰

狗狼星 구랑성	寺觀 절사관	☷☷	곤위지	포용,순리대로 추진하면 만사형통,귀인상봉,순종 차후에 형통

지장간	壬	손방위	동쪽	좋은방향	정동	나쁜방향	정서

乙亥	甲戌	癸酉	壬申	辛未	庚午	己巳	戊辰	丁卯	丙寅	乙丑	甲子
태	양	생	욕	관	록	왕	쇠	병	사	묘	절

오늘 행운자	亥돼지 / 寅호랑 / 未양	오늘 조심자	丑소띠/ 巳뱀띠 /戌개띠

三甲순	육갑납음	대장군방	조객방	삼살방	상문방	세파방	오늘생극	오늘상충	오늘원진	오늘상천	오늘상파	황도길흉	28수성	건제12신	九星	결혼주당	이사주당	안장주당	복단일	오늘吉神	神殺	오늘神殺	육도환생처	축원인도불	오늘기도德	금일지옥명
病甲	平地木	子正北方	寅東北方	巳午未方	午正南方	戌西北方	制제	巳 36	辰 미움	申 중단	寅 깨짐	대덕황도	昴묘	建건	七赤	夫부	安안	아버지	월덕합	용덕*왕일	월영·고초	혈기·귀곡	옥도	관세음보살	여래보살	좌마지옥

칠성기도일	산신축원일	용왕축원일	조왕하강일	나한하강일	불공 제의식 吉한 행사일							吉凶 길흉 大小 일반 행사일														
					천도재	신굿	재수굿	용왕굿	조왕굿	병굿	고사	결혼	입학	투자	계약	등산	여행	이사	합방	이장	점안식	개업준공	신축상량	수술-침	서류제출	직원채용
×	×	×	×	×	×	◎	◎	◎	◎	◎	◎	◎	◎	◎	◎	◎	◎	×	◎	◎	◎	◎	◎	◎	◎	◎

백초귀장술 오늘 길흉신궁

오늘 만나면, 협상이 잘되는 띠	범띠, 양띠
오늘 만나면, 협상이 불리한 띠	소띠, 뱀띠
오늘 만나면, 이로운 해결신 띠	양띠

오늘 행운 복권 운세

오늘 행운 방위	1 순위 – 정서쪽 2 순위 – 동북쪽
오늘 행운 복권방	집에서 정서쪽에 있는 복권방
오늘 행운의 숫자	1, 9, 11, 17, 26, 29, 35, 37, 44
운이 따르는 복권방이나 지역이름	ㅅ, ㅈ, ㅊ, ㅂ 들어가는 지역이름이나 상호, 점포이름
오늘 행운이 따르는 금전운 좋은 시간	오후 17시~ 19시

오늘 재수 좋은 띠	호랑띠/ 양띠 / 돼지띠
오늘 재수 나쁜 띠	소띠 / 개띠 / 뱀띠
당첨운 • 합격운	확률높은 띠: 양띠 / 범띠 확률낮은띠: 용 /소띠/ 개
오늘 사면 수익률 높은 우량주 증권	반도체, 원석, 금은보석, 핸드폰업, 조폐공사,보험사, 화장품
주식 배팅 좋은 나이	18, 22, 27, 30, 34, 39, 42, 46, 51, 54, 58, 63, 66, 70, 75, 78, 82
주식 배팅 나쁜 나이	19, 24, 28, 31, 36, 40, 43, 48, 52, 55, 60, 64, 67, 72, 76, 79, 84, 88
오늘 복권 사면 좋은 나이	18, 22, 27, 30, 34, 39, 42, 46, 51, 54, 58, 63, 66, 70, 75, 78, 82
오늘 복권 사면 나쁜 나이	19, 24, 28, 31, 36, 40, 43, 48, 52, 55, 60, 64, 67, 72, 76, 79, 84, 88
소개팅 • 맞선 • 데이트 • 친목	좋은 띠 : 호랑띠 / 양띠 나쁜 띠 : 소 / 개 / 뱀띠

시간에 만나는 사람 巳時온 사람은 이동수, 시끄러운 일, 충돌 | 午時온 사람은 의욕이 없고, 방해자가 있음 | 未時에 온 사람은 허가, 해결할 문제, 합격 件

申時온 사람은 의욕없는자, 색정사, 억울한일 | 酉時온 사람은 금전문제, 투자, 사업문제로 옴 | 戌時 에 온 사람은 단단히 꼬여있는 사람, 病, 고통

운세풀이

巳띠:이동수,우왕좌왕, 사고다툼	申띠: 점점 일이 꼬임, 관재구설	亥띠:최고운상승세, 두마음	寅띠: 만남,결실,화합,문서
午띠:매사불편, 방해자,배신	酉띠: 귀인상봉, 금전이득, 현금	子띠: 의욕과다, 스트레스큼	卯띠:이동수,이별수,변동 움직임
未띠:해결신,시험합격, 풀림	戌띠: 매사꼬임,과거고생, 病	丑띠: 시급한 일, 뜻대로 안됨	辰띠: 빈주머니,걱정근심,사기

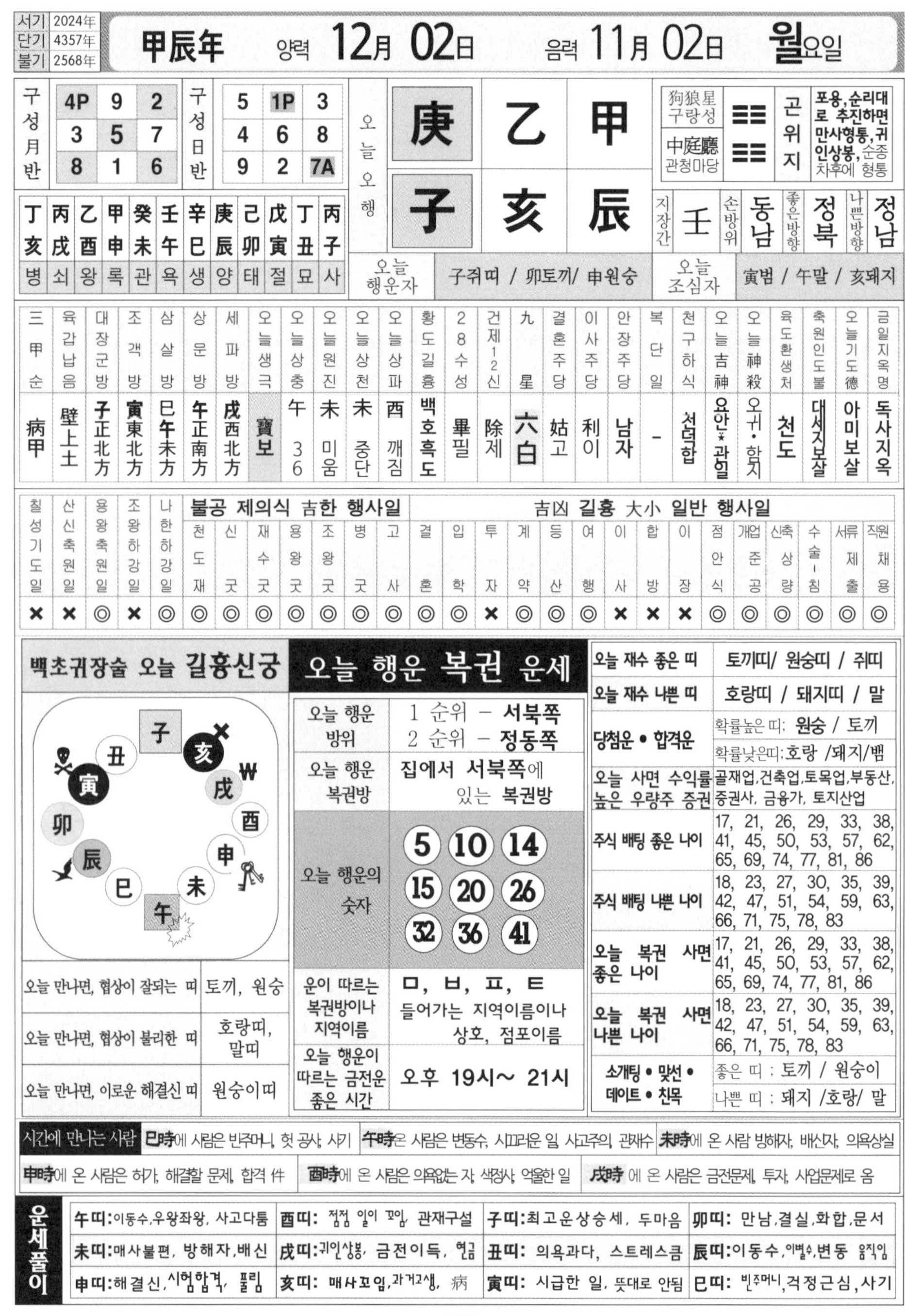

서기	2024年
단기	4357年
불기	2568年

甲辰年 양력 12月 02日 음력 11月 02日 월요일

구성월반

4P	9	2
3	5	7
8	1	6

구성일반

5	1P	3
4	6	8
9	2	7A

丁亥	丙戌	乙酉	甲申	癸未	壬午	辛巳	庚辰	己卯	戊寅	丁丑	丙子
병	쇠	왕	록	관	욕	생	양	태	절	묘	사

오늘오행

庚	乙	甲
子	亥	辰

狗狼星 구랑성 / 中庭廳 관청마당	☰☰	곤위지	포용, 순리대로 추진하면 만사형통, 귀인상봉, 순종 차후에 형통

지장간	壬	손방위	동남	좋은방향	정북	나쁜방향	정남

오늘 행운자	子쥐띠 / 卯토끼/ 申원숭	오늘 조심자	寅범 / 午말 / 亥돼지

三甲순	육갑납음	대장군방	조객방	삼살방	상문방	세파방	오늘생극	오늘상충	오늘원진	오늘상천	오늘상파	황도길흉	28수성
病甲	壁上土	子正北方	寅東北方	巳午未方	午正南方	戌西北方	寶보	午 36	未 미움	未 중단	酉 깨짐	백호흑도	畢필

건제12신	九星	결혼주당	이사주당	안장주당	복단일	천구하식	오늘吉神	오늘神殺	육도환생처	축원인도불	오늘기도德	금일지옥명
除제	六白	姑고	利이	남자	-	천덕합	요안*관일	오귀·함지	천도	대세지보살	아미보살	독사지옥

칠성기도일	산신축원일	용왕축원일	조왕하강일	나한하강일	불공 제의식 吉한 행사일						
					천도재	신굿	재수굿	용왕굿	조왕굿	병굿	고사
×	×	◎	×	◎	◎	◎	◎	◎	◎	◎	◎

吉凶 길흉 大小 일반 행사일														
결혼	입학	투자	계약	등산	여행	이사	합방	이장	점안식	개업준공	신축상량	수술-침	서류제출	직원채용
◎	◎	×	◎	◎	◎	×	×	×	◎	◎	◎	◎	◎	◎

백초귀장술 오늘 길흉신궁

오늘 만나면, 협상이 잘되는 띠	토끼, 원숭
오늘 만나면, 협상이 불리한 띠	호랑띠, 말띠
오늘 만나면, 이로운 해결신 띠	원숭이띠

오늘 행운 복권 운세

오늘 행운 방위	1 순위 – 서북쪽 2 순위 – 정동쪽
오늘 행운 복권방	집에서 서북쪽에 있는 복권방
오늘 행운의 숫자	5 10 14 15 20 26 32 36 41
운이 따르는 복권방이나 지역이름	ㅁ, ㅂ, ㅍ, ㅌ 들어가는 지역이름이나 상호, 점포이름
오늘 행운이 따르는 금전운 좋은 시간	오후 19시~ 21시

오늘 재수 좋은 띠	토끼띠/ 원숭띠 / 쥐띠
오늘 재수 나쁜 띠	호랑띠 / 돼지띠 / 말
당첨운 • 합격운	확률높은 띠: 원숭 / 토끼 확률낮은띠: 호랑 /돼지/뱀
오늘 사면 수익률 높은 우량주 증권	골재업, 건축업, 토목업, 부동산, 증권사, 금융가, 토지산업
주식 배팅 좋은 나이	17, 21, 26, 29, 33, 38, 41, 45, 50, 53, 57, 62, 65, 69, 74, 77, 81, 86
주식 배팅 나쁜 나이	18, 23, 27, 30, 35, 39, 42, 47, 51, 54, 59, 63, 66, 71, 75, 78, 83
오늘 복권 사면 좋은 나이	17, 21, 26, 29, 33, 38, 41, 45, 50, 53, 57, 62, 65, 69, 74, 77, 81, 86
오늘 복권 사면 나쁜 나이	18, 23, 27, 30, 35, 39, 42, 47, 51, 54, 59, 63, 66, 71, 75, 78, 83
소개팅 • 맞선 • 데이트 • 친목	좋은 띠 : 토끼 / 원숭이 나쁜 띠 : 돼지 /호랑/ 말

시간에 만나는 사람 巳時에 사람은 빈주머니, 헛 공사, 사기 / 午時온 사람은 변동수, 시끄러운 일, 사고주의, 관재수 / 未時에 온 사람 방해자, 배신자, 의욕상실 / 申時에 온 사람은 허가, 해결할 문제, 합격 件 / 酉時에 온 사람은 의욕없는 자, 색정사, 억울한 일 / 戌時 에 온 사람은 금전문제, 투자, 사업문제로 옴

운세풀이

午띠: 이동수, 우왕좌왕, 사고다툼	酉띠: 점점 일이 꼬임, 관재구설	子띠: 최고운상승세, 두마음	卯띠: 만남, 결실, 화합, 문서
未띠: 매사불편, 방해자, 배신	戌띠: 귀인상봉, 금전이득, 현금	丑띠: 의욕과다, 스트레스큼	辰띠: 이동수, 이별수, 변동 움직임
申띠: 해결신, 시험합격, 풀림	亥띠: 매사꼬임, 과거고생, 病	寅띠: 시급한 일, 뜻대로 안됨	巳띠: 빈주머니, 걱정근심, 사기

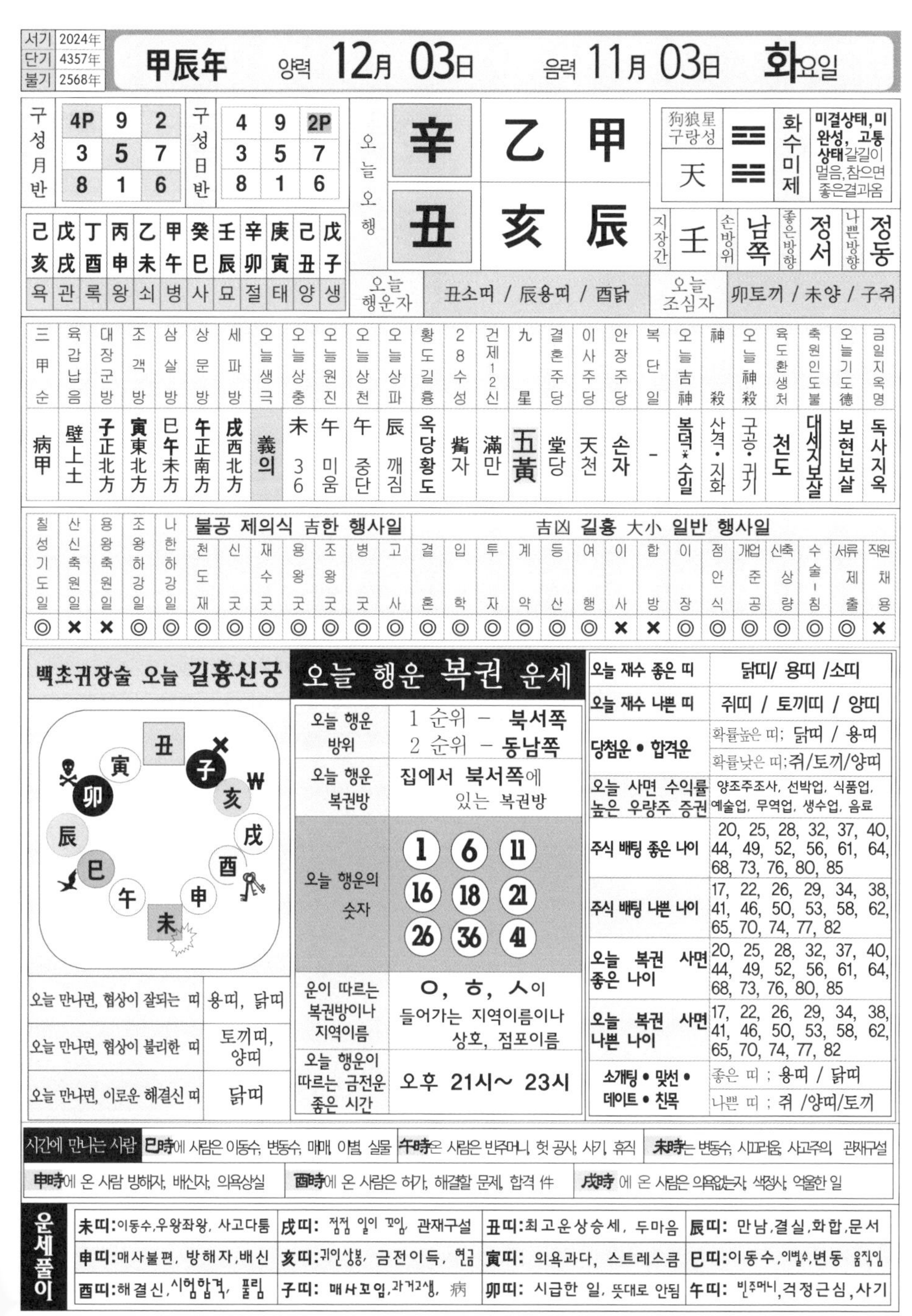

서기	2024年
단기	4357年
불기	2568年

甲辰年 양력 **12月 03日** 음력 **11月 03日** **화**요일

구성月반		
4P	9	2
3	5	7
8	1	6

구성日반		
4	9	2P
3	5	7
8	1	6

오늘오행		
辛	乙	甲
丑	亥	辰

狗狼星 구랑성	괘	괘명	풀이
天	☲☵	화수미제	미결상태, 미완성, 고통상태 갈길이 멀음, 참으면 좋은결과옴

지장간	손방위	좋은방향	나쁜방향
壬	남쪽	정서	정동

己亥	戊戌	丁酉	丙申	乙未	甲午	癸巳	壬辰	辛卯	庚寅	己丑	戊子
욕	관	록	왕	쇠	병	사	묘	절	태	양	생

오늘 행운자	丑소띠 / 辰용띠 / 酉닭
오늘 조심자	卯토끼 / 未양 / 子쥐

三甲순	육갑납음	대장군방	조객방	삼살방	상문방	세파방	오늘생극	오늘상충	오늘원진	오늘상천	오늘상파	황도길흉	28수성	건제12신	九星	결혼주당	이사주당	안장주당	복단일	오늘吉神	神殺	오늘神殺	육도환생처	축원인도불	오늘기도德	금일지옥명
病甲	壁上土	子正北方	寅東北方	巳午未方	午正南方	戌西北方	義의	未 36	午 미움	午 중단	辰 깨짐	옥당황도	觜자	滿만	五黃	堂당	天천	손자	-	복덕·순일	사격·지화	구공·귀기	천도	대세지보살	보현보살	독사지옥

칠성기도일	산신축원일	용왕축원일	조왕하강일	나한하강일	불공 제의식 吉한 행사일							吉凶 길흉 大小 일반 행사일														
					천도재	신굿	재수굿	용왕굿	조왕굿	병굿	고사	결혼	입학	투자	계약	등산	여행	이사	합방	이장	점안식	개업준공	신축상량	수술-침	서류제출	직원채용
◎	×	×	◎	◎	◎	◎	◎	◎	◎	◎	◎	◎	◎	◎	◎	◎	◎	×	×	◎	◎	◎	◎	◎	◎	×

백초귀장술 오늘 길흉신궁

오늘 만나면, 협상이 잘되는 띠	용띠, 닭띠
오늘 만나면, 협상이 불리한 띠	토끼띠, 양띠
오늘 만나면, 이로운 해결신 띠	닭띠

오늘 행운 복권 운세

오늘 행운 방위	1 순위 – 북서쪽 2 순위 – 동남쪽
오늘 행운 복권방	집에서 북서쪽에 있는 복권방
오늘 행운의 숫자	1, 6, 11, 16, 18, 21, 26, 36, 41
운이 따르는 복권방이나 지역이름	ㅇ, ㅎ, ㅅ이 들어가는 지역이름이나 상호, 점포이름
오늘 행운이 따르는 금전운 좋은 시간	오후 21시~ 23시

오늘 재수 좋은 띠	닭띠/ 용띠 /소띠
오늘 재수 나쁜 띠	쥐띠 / 토끼띠 / 양띠
당첨운 • 합격운	확률높은 띠; 닭띠 / 용띠 확률낮은 띠;쥐/토끼/양띠
오늘 사면 수익률 높은 우량주 증권	양조주조사, 선박업, 식품업, 예술업, 무역업, 생수업, 음료
주식 배팅 좋은 나이	20, 25, 28, 32, 37, 40, 44, 49, 52, 56, 61, 64, 68, 73, 76, 80, 85
주식 배팅 나쁜 나이	17, 22, 26, 29, 34, 38, 41, 46, 50, 53, 58, 62, 65, 70, 74, 77, 82
오늘 복권 사면 좋은 나이	20, 25, 28, 32, 37, 40, 44, 49, 52, 56, 61, 64, 68, 73, 76, 80, 85
오늘 복권 사면 나쁜 나이	17, 22, 26, 29, 34, 38, 41, 46, 50, 53, 58, 62, 65, 70, 74, 77, 82
소개팅 • 맞선 • 데이트 • 친목	좋은 띠 ; 용띠 / 닭띠 나쁜 띠 ; 쥐 /양띠/토끼

시간에 만나는 사람 **巳時**에 사람은 이동수, 변동수, 매매, 이별, 실물 **午時**온 사람은 빈주머니, 헛 공사, 사기, 휴직 **未時**는 변동수, 시끄러움, 사고주의, 관재구설

申時에 온 사람 방해자, 배신자, 의욕상실 **酉時**에 온 사람은 허가, 해결할 문제, 합격 件 **戌時** 에 온 사람은 의욕없는자, 색정사, 억울한 일

운세풀이			
未띠: 이동수,우왕좌왕, 사고다툼	**戌띠:** 점점 일이 꼬임, 관재구설	**丑띠:** 최고운상승세, 두마음	**辰띠:** 만남,결실,화합,문서
申띠: 매사불편, 방해자,배신	**亥띠:** 귀인상봉, 금전이득, 현금	**寅띠:** 의욕과다, 스트레스큼	**巳띠:** 이동수,이별수,변동 움직임
酉띠: 해결신, 시험합격, 풀림	**子띠:** 매사꼬임, 과거고생, 病	**卯띠:** 시급한 일, 뜻대로 안됨	**午띠:** 빈주머니,걱정근심,사기

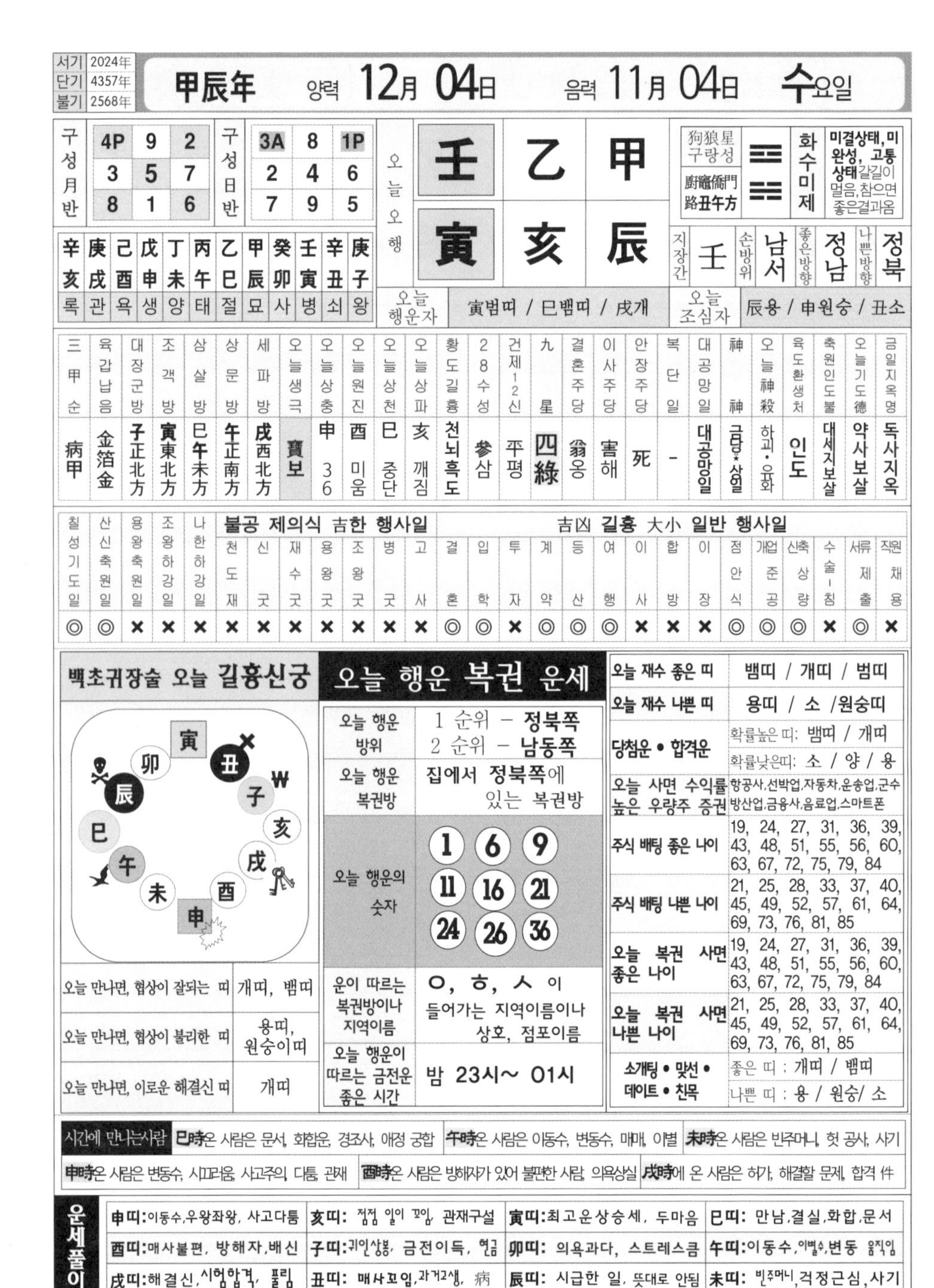

서기	2024年
단기	4357年
불기	2568年

甲辰年 양력 12月 04日 음력 11月 04日 수요일

구성월반		
4P	9	2
3	5	7
8	1	6

구성일반		
3A	8	1P
2	4	6
7	9	5

辛亥	庚戌	己酉	戊申	丁未	丙午	乙巳	甲辰	癸卯	壬寅	辛丑	庚子
록	관	욕	생	양	태	절	묘	사	병	쇠	왕

오늘오행

壬	乙	甲
寅	亥	辰

狗狼星 구랑성	廚竈僑門 路丑午方

☲ ☵ 화수미제 — 미결상태, 미완성, 고통상태 갈길이 멀음, 참으면 좋은결과옴

지장간	손방위	좋은방향	나쁜방향
壬	남서	정남	정북

오늘 행운자: 寅범띠 / 巳뱀띠 / 戌개

오늘 조심자: 辰용 / 申원숭 / 丑소

三甲순	육갑납음	대장군방	조객방	삼살방	상문방	세파방	오늘생극	오늘상충	오늘원진	오늘상천	오늘상파	황도길흉	28수성	건제12신	九星	결혼주당	이사주당	안장주당	복단일	대공망일	神神	오늘神殺	육도환생처	축원인도불	오늘기도德	금일지옥명
病甲	金箔金	子正北方	寅東北方	巳午未方	午正南方	戌西北方	寶보	申 36	酉 미움	巳 중단	亥 깨짐	천뇌흑도	參삼	平평	四綠	翁옹	害해	死	-	대공망일	금당☆상월	하괴·유화	인도	대세지보살	약사보살	독사지옥

칠성기도일	산신축원일	용왕축원일	조왕하강일	나한하강일	불공 제의식 吉한 행사일							吉凶 길흉 大小 일반 행사일														
					천도재	신굿	재수굿	용왕굿	조왕굿	병굿	고사	결혼	입학	투자	계약	등산	여행	이사	합방	이장	점안식	개업준공	신축상량	수술·침	서류제출	직원채용
◎	◎	×	×	×	×	×	×	×	×	×	×	◎	◎	×	◎	◎	◎	×	×	×	◎	◎	◎	×	◎	×

백초귀장술 오늘 길흉신궁

寅 丑 卯 子 ₩ 辰 亥 巳 戌 午 酉 未 申

오늘 만나면, 협상이 잘되는 띠	개띠, 뱀띠
오늘 만나면, 협상이 불리한 띠	용띠, 원숭이띠
오늘 만나면, 이로운 해결신 띠	개띠

오늘 행운 복권 운세

오늘 행운 방위	1 순위 – 정북쪽 2 순위 – 남동쪽
오늘 행운 복권방	집에서 정북쪽에 있는 복권방
오늘 행운의 숫자	1 6 9 11 16 21 24 26 36
운이 따르는 복권방이나 지역이름	ㅇ, ㅎ, ㅅ 이 들어가는 지역이름이나 상호, 점포이름
오늘 행운이 따르는 금전운 좋은 시간	밤 23시~ 01시

오늘 재수 좋은 띠	뱀띠 / 개띠 / 범띠
오늘 재수 나쁜 띠	용띠 / 소 /원숭띠
당첨운 • 합격운	확률높은 띠: 뱀띠 / 개띠 확률낮은띠: 소 / 양 / 용
오늘 사면 수익률 높은 우량주 증권	항공사,선박업,자동차,운송업,군수방산업,금융사,음료업,스마트폰
주식 배팅 좋은 나이	19, 24, 27, 31, 36, 39, 43, 48, 51, 55, 56, 60, 63, 67, 72, 75, 79, 84
주식 배팅 나쁜 나이	21, 25, 28, 33, 37, 40, 45, 49, 52, 57, 61, 64, 69, 73, 76, 81, 85
오늘 복권 사면 좋은 나이	19, 24, 27, 31, 36, 39, 43, 48, 51, 55, 56, 60, 63, 67, 72, 75, 79, 84
오늘 복권 사면 나쁜 나이	21, 25, 28, 33, 37, 40, 45, 49, 52, 57, 61, 64, 69, 73, 76, 81, 85
소개팅 • 맞선 • 데이트 • 친목	좋은 띠 : 개띠 / 뱀띠 나쁜 띠 : 용 / 원숭/ 소

시간에 만나는사람 巳時온 사람은 문서, 화합운, 경조사, 애정 궁합 | 午時온 사람은 이동수, 변동수, 매매, 이별 | 未時온 사람은 빈주머니, 헛 공사, 사기 | 申時온 사람은 변동수, 시끄러움, 사고주의, 다툼, 관재 | 酉時온 사람은 방해자가 있어 불편한 사람, 의욕상실 | 戌時에 온 사람은 허가, 해결할 문제, 합격 件

운세풀이

申띠:이동수,우왕좌왕, 사고다툼	亥띠: 점점 일이 꼬임, 관재구설	寅띠:최고운상승세, 두마음	巳띠: 만남,결실,화합,문서
酉띠:매사불편, 방해자,배신	子띠:귀인상봉, 금전이득, 현금	卯띠: 의욕과다, 스트레스큼	午띠:이동수,이별수,변동 움직임
戌띠:해결신,시험합격, 풀림	丑띠: 매사꼬임,과거고생, 病	辰띠: 시급한 일, 뜻대로 안됨	未띠: 빈주머니,걱정근심,사기

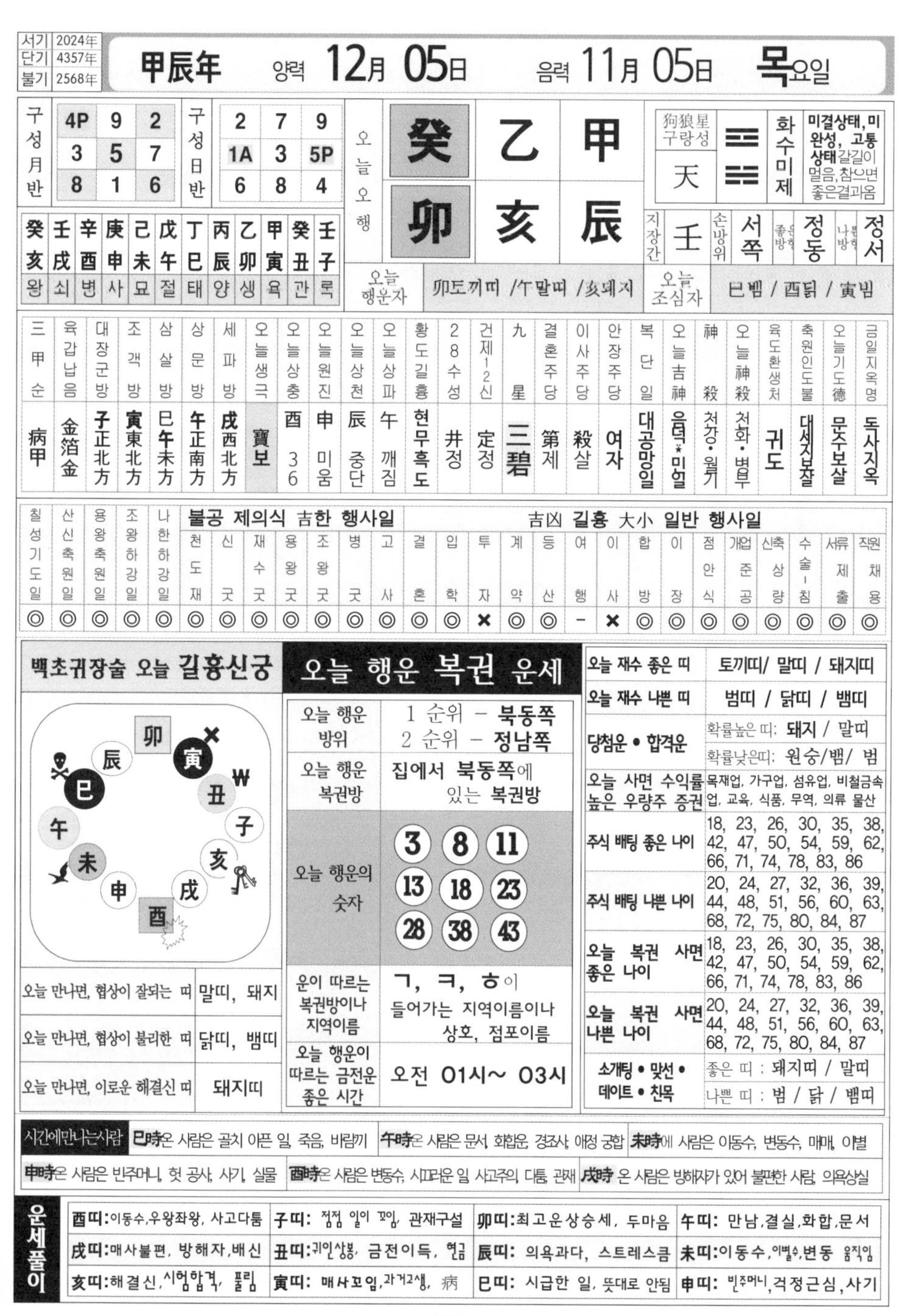

서기	2024年
단기	4357年
불기	2568年

甲辰年 양력 12月 05日 음력 11月 05日 목요일

구성월반				구성일반			
	4P	9	2		2	7	9
	3	5	7		1A	3	5P
	8	1	6		6	8	4

오늘오행			
천간	癸	乙	甲
지지	卯	亥	辰

狗狼星 구랑성	天	䷿	화수미제	미결상태, 미완성, 고통상태갈길이 멀음,참으면 좋은결과옴

지장간	壬	손방위	서쪽	좋은방향	정동	나쁜방향	정서

癸亥	壬戌	辛酉	庚申	己未	戊午	丁巳	丙辰	乙卯	甲寅	癸丑	壬子
왕	쇠	병	사	묘	절	태	양	생	욕	관	록

오늘 행운자	卯토끼띠 /午말띠 /亥돼지	오늘 조심자	巳뱀 / 酉닭 / 寅범

三甲순	육갑납음	대장군방	조객방	삼살방	상문방	세파방	오늘생극	오늘상충	오늘원진	오늘상천	오늘상파	황도길흉	28수성	건제12신	九星	결혼주당	이사주당	안장주당	복단일	오늘吉神	神殺	오늘神殺	육도환생처	축원인도불	오늘기도德	금일지옥명
病甲	金箔金	子正北方	寅東北方	巳午未方	午正南方	戌西北方	寶보	酉 36	申 미움	辰 중단	午 깨짐	현무흑도	井정	定정	三碧	第제	殺살	여자	대공망일	음덕*민일	천강·월기	천화·병부	귀도	대세지보살	문수보살	독사지옥

칠성기도일	산신축원일	용왕축원일	조왕하강일	나한하강일	천도재	신굿	재수굿	용왕굿	조왕굿	병굿	고사	결혼	입학	투자	계약	등산	여행	이사	합방	이장	점안식	개업준공	신축상량	수술-침	서류제출	직원채용
					불공 제의식 吉한 행사일						吉凶 길흉 大小 일반 행사일															
◎	◎	◎	◎	◎	◎	◎	◎	◎	◎	◎	◎	◎	◎	×	◎	◎	-	×	◎	◎	◎	◎	◎	◎	◎	◎

백초귀장술 오늘 길흉신궁

오늘 만나면, 협상이 잘되는 띠	말띠, 돼지
오늘 만나면, 협상이 불리한 띠	닭띠, 뱀띠
오늘 만나면, 이로운 해결신 띠	돼지띠

오늘 행운 복권 운세

오늘 행운 방위	1 순위 - 북동쪽 2 순위 - 정남쪽
오늘 행운 복권방	집에서 북동쪽에 있는 복권방
오늘 행운의 숫자	3 8 11 13 18 23 28 38 43
운이 따르는 복권방이나 지역이름	ㄱ, ㅋ, ㅎ이 들어가는 지역이름이나 상호, 점포이름
오늘 행운이 따르는 금전운 좋은 시간	오전 01시~ 03시

오늘 재수 좋은 띠	토끼띠/ 말띠 / 돼지띠
오늘 재수 나쁜 띠	범띠 / 닭띠 / 뱀띠
당첨운 • 합격운	확률높은 띠: 돼지 / 말띠 확률낮은띠: 원숭/뱀/ 범
오늘 사면 수익률 높은 우량주 증권	목재업, 가구업, 섬유업, 비철금속업, 교육, 식품, 무역, 의류 물산
주식 배팅 좋은 나이	18, 23, 26, 30, 35, 38, 42, 47, 50, 54, 59, 62, 66, 71, 74, 78, 83, 86
주식 배팅 나쁜 나이	20, 24, 27, 32, 36, 39, 44, 48, 51, 56, 60, 63, 68, 72, 75, 80, 84, 87
오늘 복권 사면 좋은 나이	18, 23, 26, 30, 35, 38, 42, 47, 50, 54, 59, 62, 66, 71, 74, 78, 83, 86
오늘 복권 사면 나쁜 나이	20, 24, 27, 32, 36, 39, 44, 48, 51, 56, 60, 63, 68, 72, 75, 80, 84, 87
소개팅 • 맞선 • 데이트 • 친목	좋은 띠 : 돼지띠 / 말띠 나쁜 띠 : 범 / 닭 / 뱀띠

시간에만나는사람	巳時온 사람은 골치 아픈 일, 죽음, 바람끼	午時온 사람은 문서, 화합운, 경조사, 애정 궁합	未時에 사람은 이동수, 변동수, 매매, 이별
	申時온 사람은 빈주머니, 헛 공사, 사기, 실물	酉時온 사람은 변동수, 시끄러운 일 사고주의, 다툼, 관재	戌時 온 사람은 방해자가 있어 불편한 사람, 의욕상실

운세풀이				
	酉띠:이동수,우왕좌왕, 사고다툼	子띠: 점점 일이 꼬임, 관재구설	卯띠:최고운상승세, 두마음	午띠: 만남,결실,화합,문서
	戌띠:매사불편, 방해자,배신	丑띠:귀인상봉, 금전이득, 현금	辰띠: 의욕과다, 스트레스큼	未띠:이동수,이별수,변동 움직임
	亥띠:해결신,시험합격, 풀림	寅띠: 매사꼬임,과거고생, 病	巳띠: 시급한 일, 뜻대로 안됨	申띠: 빈주머니,걱정근심,사기

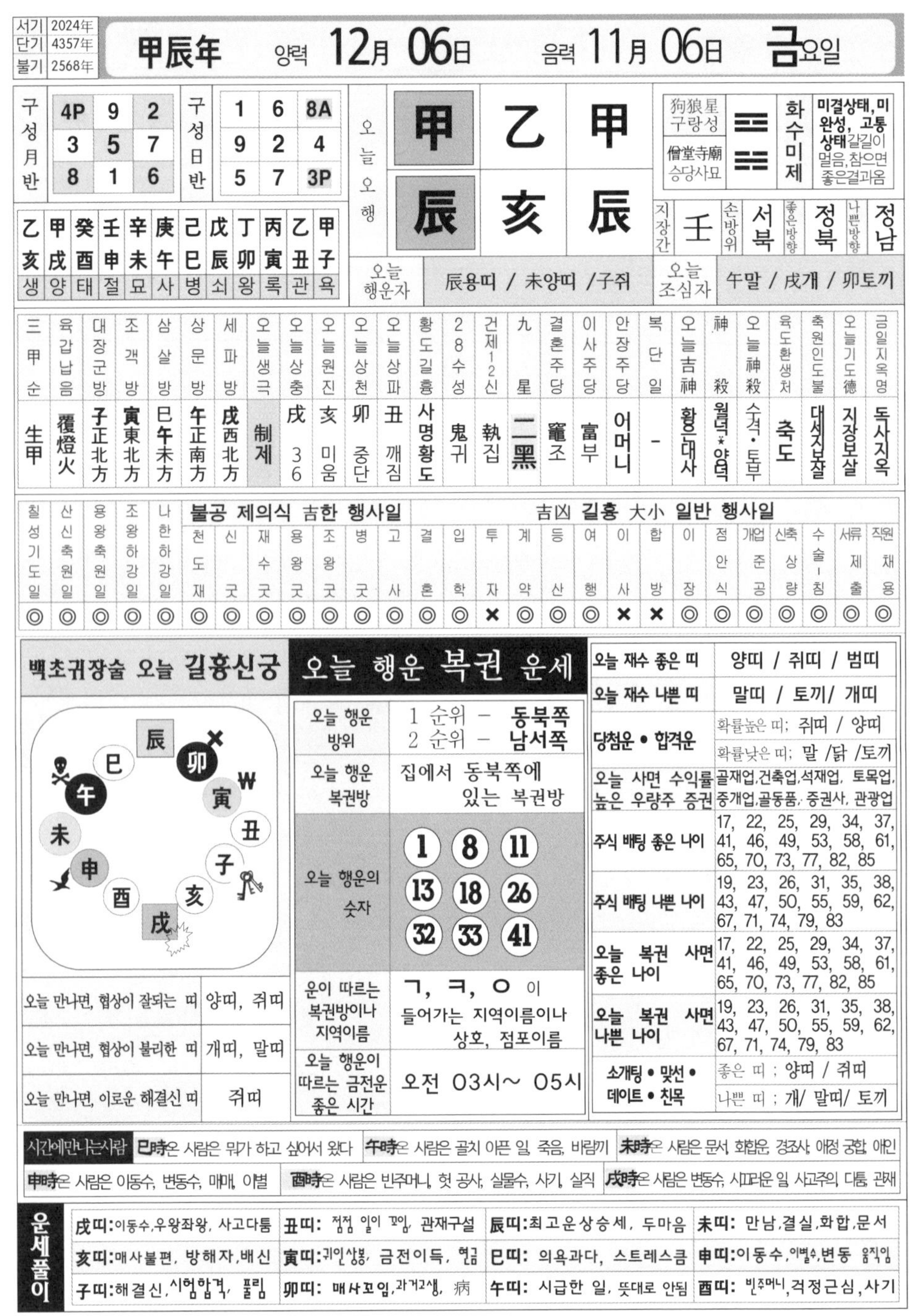

서기	2024年
단기	4357年
불기	2568年

甲辰年 양력 **12月 06日** 음력 **11月 06日** **금**요일

구성月반		
4P	9	2
3	5	7
8	1	6

구성日반		
1	6	8A
9	2	4
5	7	3P

乙	甲	癸	壬	辛	庚	己	戊	丁	丙	乙	甲
亥	戌	酉	申	未	午	巳	辰	卯	寅	丑	子
생	양	태	절	묘	사	병	쇠	왕	록	관	욕

오늘오행		
甲	乙	甲
辰	亥	辰

狗狼星 구랑성	☰	화수미제	미결상태, 미완성, 고통상태 갈길이 멀음, 참으면 좋은결과옴
僧堂寺廟 승당사묘	☲		

지장간	손방위	좋은방향	나쁜방향
壬	서북	정북	정남

오늘 행운자	辰용띠 / 未양띠 /子쥐	오늘 조심자	午말 / 戌개 / 卯토끼

三甲순	육갑납음	대장군방	조객방	삼살방	상문방	세파방	오늘생극	오늘상충	오늘원진	오늘상천	오늘상파	황도길흉	28수성	건제12신	九星	결혼주당	이사주당	안장주당	복단일	오늘吉神	神殺	오늘神殺	육도환생처	축원인도불	오늘기도德	금일지옥명
生甲	覆燈火	子正北方	寅東北方	巳午未方	午正南方	戌西北方	制제	戌 36	亥 미움	卯 중단	丑 깨짐	사명황도	鬼귀	執집	二黑	竈조	富부	어머니	-	황은대사	월덕*양덕	수격·토부	축도	대세지보살	지장보살	독사지옥

칠성기도일	산신축원일	용왕축원일	조왕하강일	나한하강일	불공 제의식 吉한 행사일							吉凶 길흉 大小 일반 행사일														
					천도재	신굿	재수굿	용왕굿	조왕굿	병굿	고사	결혼	입학	투자	계약	등산	여행	이사	합방	이장	점안식	개업준공	신축상량	수술-침	서류제출	직원채용
◎	◎	◎	◎	◎	◎	◎	◎	◎	◎	◎	◎	◎	◎	×	◎	◎	◎	×	×	◎	◎	◎	◎	◎	◎	◎

백초귀장술 오늘 길흉신궁

오늘 만나면, 협상이 잘되는 띠	양띠, 쥐띠
오늘 만나면, 협상이 불리한 띠	개띠, 말띠
오늘 만나면, 이로운 해결신 띠	쥐띠

오늘 행운 복권 운세

오늘 행운 방위	1 순위 - 동북쪽 2 순위 - 남서쪽
오늘 행운 복권방	집에서 동북쪽에 있는 복권방
오늘 행운의 숫자	1, 8, 11, 13, 18, 26, 32, 33, 41
운이 따르는 복권방이나 지역이름	ㄱ, ㅋ, ㅇ 이 들어가는 지역이름이나 상호, 점포이름
오늘 행운이 따르는 금전운 좋은 시간	오전 03시~ 05시

오늘 재수 좋은 띠	양띠 / 쥐띠 / 범띠
오늘 재수 나쁜 띠	말띠 / 토끼/ 개띠
당첨운 • 합격운	확률높은 띠; 쥐띠 / 양띠 확률낮은 띠; 말 /닭 /토끼
오늘 사면 수익률 높은 우량주 증권	골재업,건축업,석재업, 토목업, 중개업,골동품, 중권사, 관광업
주식 배팅 좋은 나이	17, 22, 25, 29, 34, 37, 41, 46, 49, 53, 58, 61, 65, 70, 73, 77, 82, 85
주식 배팅 나쁜 나이	19, 23, 26, 31, 35, 38, 43, 47, 50, 55, 59, 62, 67, 71, 74, 79, 83
오늘 복권 사면 좋은 나이	17, 22, 25, 29, 34, 37, 41, 46, 49, 53, 58, 61, 65, 70, 73, 77, 82, 85
오늘 복권 사면 나쁜 나이	19, 23, 26, 31, 35, 38, 43, 47, 50, 55, 59, 62, 67, 71, 74, 79, 83
소개팅 • 맞선 • 데이트 • 친목	좋은 띠 ; 양띠 / 쥐띠 나쁜 띠 ; 개/ 말띠/ 토끼

시간에만나는사람	**巳時**은 사람은 뭐가 하고 싶어서 왔다	**午時**은 사람은 골치 아픈 일, 죽음, 바람끼	**未時**은 사람은 문서, 화합운, 경조사, 애정 궁합, 애인
	申時은 사람은 이동수, 변동수, 매매, 이별	**酉時**은 사람은 빈주머니, 헛 공사, 실물수, 사기, 실직	**戌時**은 사람은 변동수, 시끄러운 일 사고주의, 다툼, 관재

운세풀이			
戌띠:이동수,우왕좌왕, 사고다툼	**丑띠:** 점점 일이 꼬임, 관재구설	**辰띠:**최고운상승세, 두마음	**未띠:** 만남,결실,화합,문서
亥띠:매사불편, 방해자,배신	**寅띠:**귀인상봉, 금전이득, 현금	**巳띠:** 의욕과다, 스트레스큼	**申띠:**이동수,이별수,변동 움직임
子띠:해결신,시험합격, 풀림	**卯띠:** 매사꼬임,과거고생, 病	**午띠:** 시급한 일, 뜻대로 안됨	**酉띠:** 빈주머니,걱정근심,사기

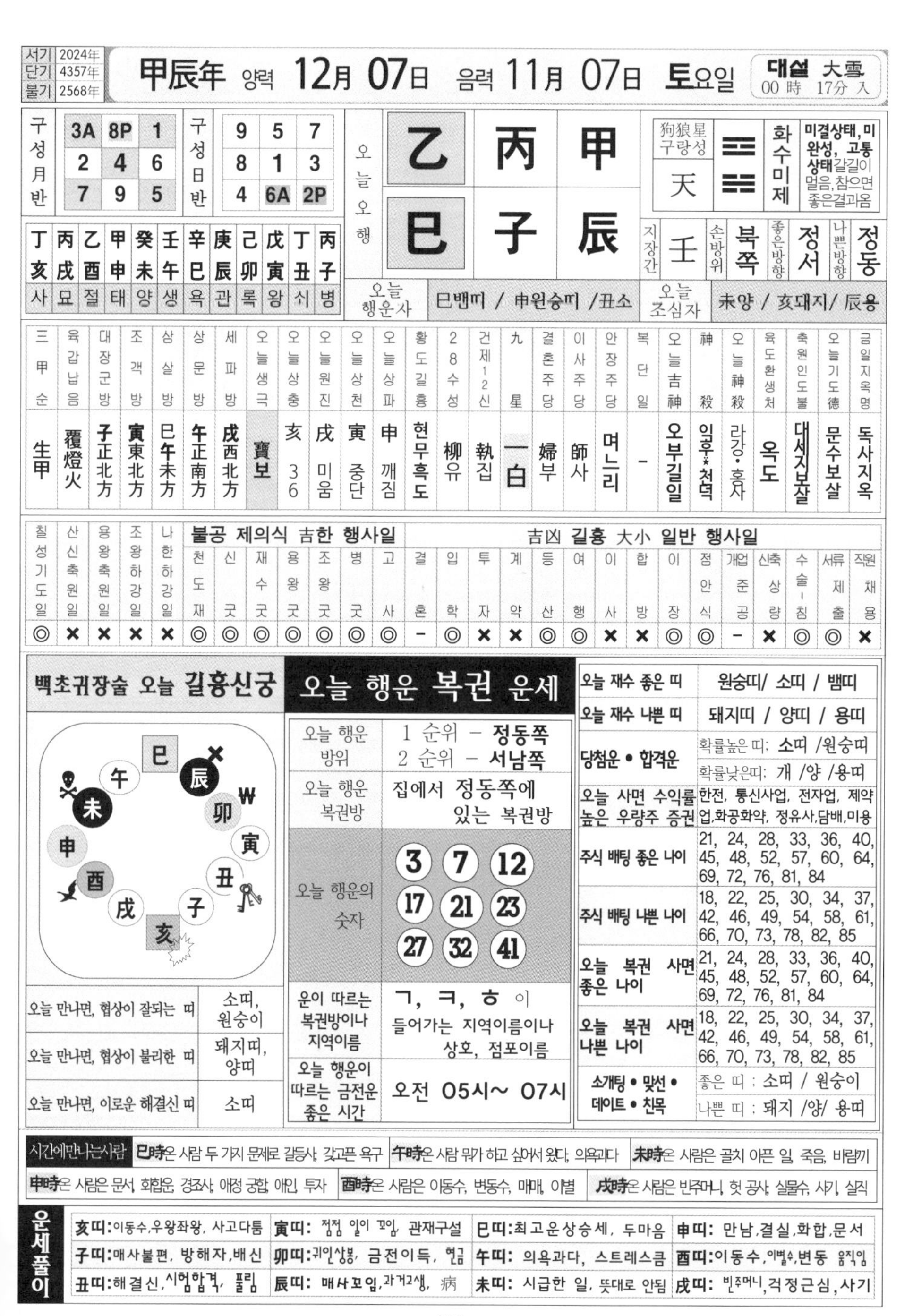

서기	2024年
단기	4357年
불기	2568年

甲辰年 양력 **12月 07日** 음력 **11月 07日** **토요일**

대설 大雪 00 時 17分 入

구성월반		
3A	8P	1
2	4	6
7	9	5

구성일반		
9	5	7
8	1	3
4	6A	2P

오늘오행		
乙	丙	甲
巳	子	辰

狗狼星 구랑성	卦	화수미제	
天	☲☵	화수미제	미결상태, 미완성, 고통상태 갈길이 멀음, 참으면 좋은결과옴

지장간	손방위	좋은방향	나쁜방향
壬	북쪽	정서	정동

丁亥	丙戌	乙酉	甲申	癸未	壬午	辛巳	庚辰	己卯	戊寅	丁丑	丙子
사	묘	절	태	양	생	욕	관	록	왕	쇠	병

오늘 행운사: 巳뱀띠 / 申원숭띠 /丑소

오늘 조심자: 未양 / 亥돼지/ 辰용

三甲순	육갑납음	대장군방	조객방	삼살방	상문방	세파방	오늘생극	오늘상충	오늘원진	오늘상천	오늘상파	황도길흉	28수성	건제12신	九星	결혼주당	이사주당	안장주당	복단일	오늘吉神	神殺	오늘神殺	육도환생처	축원인도불	오늘기도德	금일지옥명
生甲	覆燈火	子正北方	寅東北方	巳午未方	午正南方	戌西北方	寶보	亥 36	戌 미움	寅 중단	申 깨짐	현무흑도	柳유	執집	一白	婦부	師사	며느리	-	오부길일	일공*천덕	라강·홍사	옥도	대세지보살	문수보살	독사지옥

칠성기도일	산신축원일	용왕축원일	조왕하강일	나한하강일	불공 제의식 吉한 행사일: 천도재	신굿	재수굿	용왕굿	조왕굿	병굿	고사	吉凶 길흉 大小 일반 행사일: 결혼	입학	투자	계약	등산	여행	이사	합방	이장	점안식	개업준공	신축상량	수술-침	서류제출	직원채용
◎	×	×	×	×	◎	◎	◎	◎	◎	◎	◎	-	◎	×	×	◎	◎	×	×	◎	◎	-	×	◎	◎	×

백초귀장술 오늘 길흉신궁

오늘 만나면, 협상이 잘되는 띠	소띠, 원숭이
오늘 만나면, 협상이 불리한 띠	돼지띠, 양띠
오늘 만나면, 이로운 해결신 띠	소띠

오늘 행운 복권 운세

오늘 행운 방위	1 순위 – 정동쪽 2 순위 – 서남쪽
오늘 행운 복권방	집에서 정동쪽에 있는 복권방
오늘 행운의 숫자	3 7 12 17 21 23 27 32 41
운이 따르는 복권방이나 지역이름	ㄱ, ㅋ, ㅎ 이 들어가는 지역이름이나 상호, 점포이름
오늘 행운이 따르는 금전운 좋은 시간	오전 05시~ 07시

오늘 재수 좋은 띠	원숭띠/ 소띠 / 뱀띠
오늘 재수 나쁜 띠	돼지띠 / 양띠 / 용띠
당첨운 • 합격운	확률높은 띠: 소띠 /원숭띠 확률낮은띠: 개 /양 /용띠
오늘 사면 수익률 높은 우량주 증권	한전, 통신사업, 전자업, 제약업,화공화약, 정유사,담배,미용
주식 배팅 좋은 나이	21, 24, 28, 33, 36, 40, 45, 48, 52, 57, 60, 64, 69, 72, 76, 81, 84
주식 배팅 나쁜 나이	18, 22, 25, 30, 34, 37, 42, 46, 49, 54, 58, 61, 66, 70, 73, 78, 82, 85
오늘 복권 사면 좋은 나이	21, 24, 28, 33, 36, 40, 45, 48, 52, 57, 60, 64, 69, 72, 76, 81, 84
오늘 복권 사면 나쁜 나이	18, 22, 25, 30, 34, 37, 42, 46, 49, 54, 58, 61, 66, 70, 73, 78, 82, 85
소개팅 • 맞선 • 데이트 • 친목	좋은 띠 : 소띠 / 원숭이 나쁜 띠 : 돼지 /양/ 용띠

시간에만나는사람 **巳時**온 사람 두 가지 문제로 갈등사, 갖고픈 욕구 | **午時**온 사람 뭔가 하고 싶어서 왔다, 의욕과다 | **未時**온 사람은 골치 아픈 일, 죽음, 바람끼

申時온 사람은 문서, 회합운, 경조사, 애정 궁합, 애인, 투자 | **酉時**온 사람은 이동수, 변동수, 매매, 이별 | **戌時**온 사람은 빈주머니, 헛 공사, 실물수, 사기, 실직

운세풀이

亥띠: 이동수,우왕좌왕, 사고다툼	**寅띠:** 점점 일이 꼬임, 관재구설	**巳띠:** 최고운상승세, 두마음	**申띠:** 만남,결실,화합,문서
子띠: 매사불편, 방해자,배신	**卯띠:** 귀인상봉, 금전이득, 현금	**午띠:** 의욕과다, 스트레스큼	**酉띠:** 이동수,이별수,변동 움직임
丑띠: 해결신,시험합격, 풀림	**辰띠:** 매사꼬임,과거고생, 病	**未띠:** 시급한 일, 뜻대로 안됨	**戌띠:** 빈주머니,걱정근심,사기

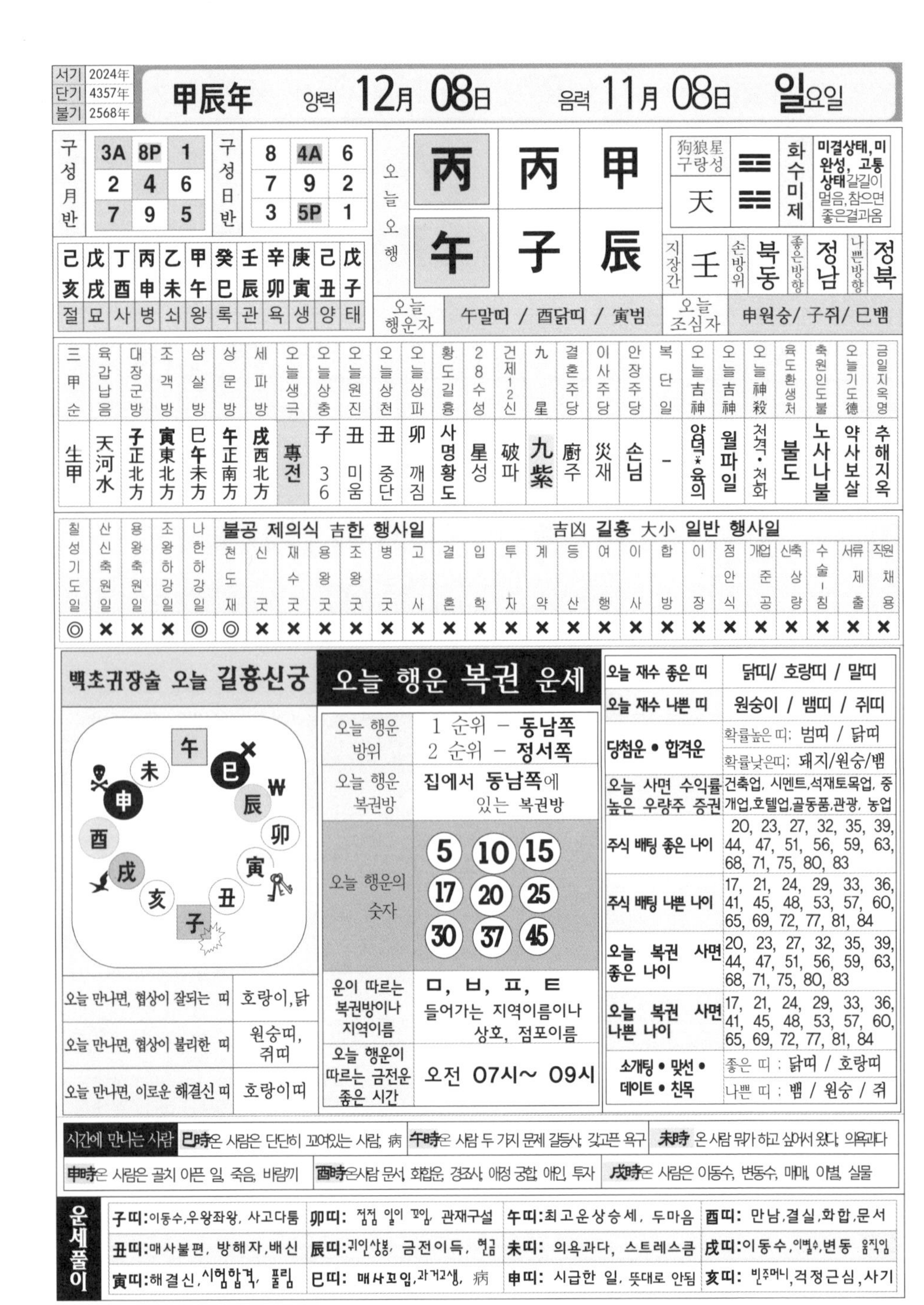

서기	2024年
단기	4357年
불기	2568年

甲辰年 양력 12月 08日 음력 11月 08日 **일**요일

구성月반		
3A	8P	1
2	4	6
7	9	5

구성日반		
8	4A	6
7	9	2
3	5P	1

己亥	戊戌	丁酉	丙申	乙未	甲午	癸巳	壬辰	辛卯	庚寅	己丑	戊子
절	묘	사	병	쇠	왕	록	관	욕	생	양	태

오늘오행		
丙	丙	甲
午	子	辰

狗狼星 구랑성	天
화수미제	**미결상태, 미완성, 고통상태** 갈길이 멀음, 참으면 좋은결과옴

지장간	손방위	좋은방향	나쁜방향
壬	북동	정남	정북

오늘 행운자: 午말띠 / 酉닭띠 / 寅범

오늘 조심자: 申원숭/ 子쥐/ 巳뱀

三甲순	육갑납음	대장군방	조객방	삼살방	상문방	세파방	오늘생극	오늘상충	오늘원진	오늘상천	오늘상파	황도길흉	28수성	건제12신	九星	결혼주당	이사주당	안장주당	복단일	오늘吉神	오늘吉神	오늘神殺	육도환생처	축원인도불	오늘기도德	금일지옥명
生甲	天河水	子正北方	寅東北方	巳午未方	午正南方	戌西北方	専전	子 36	丑 미움	丑 중단	卯 깨짐	사명황도	星성	破파	九紫	廚주	災재	손님	-	양덕*육의	월파일	천격·천화	불도	노사나불	약사보살	추해지옥

칠성기도일	산신축원일	용왕축원일	조왕하강일	나한하강일	불공 제의식 吉한 행사일							吉凶 길흉 大小 일반 행사일														
					천도재	신굿	재수굿	용왕굿	조왕굿	병굿	고사	결혼	입학	투자	계약	등산	여행	이사	합방	이장	점안식	개업준공	신축상량	수술-침	서류제출	직원채용
◎	×	×	×	◎	◎	×	×	×	×	×	×	×	×	×	×	×	×	×	×	×	×	×	×	×	×	×

백초귀장술 오늘 길흉신궁

오늘 만나면, 협상이 잘되는 띠	호랑이, 닭
오늘 만나면, 협상이 불리한 띠	원숭띠, 쥐띠
오늘 만나면, 이로운 해결신 띠	호랑이띠

오늘 행운 복권 운세

오늘 행운 방위	1 순위 – **동남쪽** 2 순위 – **정서쪽**
오늘 행운 복권방	**집에서 동남쪽**에 있는 복권방
오늘 행운의 숫자	5, 10, 15, 17, 20, 25, 30, 37, 45
운이 따르는 복권방이나 지역이름	ㅁ, ㅂ, ㅍ, ㅌ 들어가는 지역이름이나 상호, 점포이름
오늘 행운이 따르는 금전운 좋은 시간	오전 07시~ 09시

오늘 재수 좋은 띠	닭띠/ 호랑띠 / 말띠	
오늘 재수 나쁜 띠	원숭이 / 뱀띠 / 쥐띠	
당첨운 • 합격운	확률높은 띠:	범띠 / 닭띠
	확률낮은띠:	돼지/원숭/뱀
오늘 사면 수익률 높은 우량주 증권	건축업, 시멘트,석재토목업, 중개업,호텔업,골동품,관광, 농업	
주식 배팅 좋은 나이	20, 23, 27, 32, 35, 39, 44, 47, 51, 56, 59, 63, 68, 71, 75, 80, 83	
주식 배팅 나쁜 나이	17, 21, 24, 29, 33, 36, 41, 45, 48, 53, 57, 60, 65, 69, 72, 77, 81, 84	
오늘 복권 사면 좋은 나이	20, 23, 27, 32, 35, 39, 44, 47, 51, 56, 59, 63, 68, 71, 75, 80, 83	
오늘 복권 사면 나쁜 나이	17, 21, 24, 29, 33, 36, 41, 45, 48, 53, 57, 60, 65, 69, 72, 77, 81, 84	
소개팅 • 맞선 • 데이트 • 친목	좋은 띠 :	닭띠 / 호랑띠
	나쁜 띠 :	뱀 / 원숭 / 쥐

시간에 만나는 사람

巳時은 사람은 단단히 꼬여있는 사람, 病 | **午時**은 사람 두 가지 문제 갈등사, 갖고픈 욕구 | **未時** 온 사람 뭔가 하고 싶어서 왔다, 의욕과다

申時온 사람은 골치 아픈 일, 죽음, 바람끼 | **酉時**온사람 문서, 화합운, 경조사, 애정 궁합, 애인, 투자 | **戌時**온 사람은 이동수, 변동수, 매매, 이별, 실물

운세풀이

子띠: 이동수,우왕좌왕, 사고다툼	**卯띠:** 점점 일이 꼬임, 관재구설	**午띠:** 최고운상승세, 두마음	**酉띠:** 만남,결실,화합,문서
丑띠: 매사불편, 방해자,배신	**辰띠:** 귀인상봉, 금전이득, 협조	**未띠:** 의욕과다, 스트레스큼	**戌띠:** 이동수, 이별수,변동 움직임
寅띠: 해결신, 시험합격, 풀림	**巳띠:** 매사꼬임, 과거고생, 病	**申띠:** 시급한 일, 뜻대로 안됨	**亥띠:** 빈주머니,걱정근심,사기

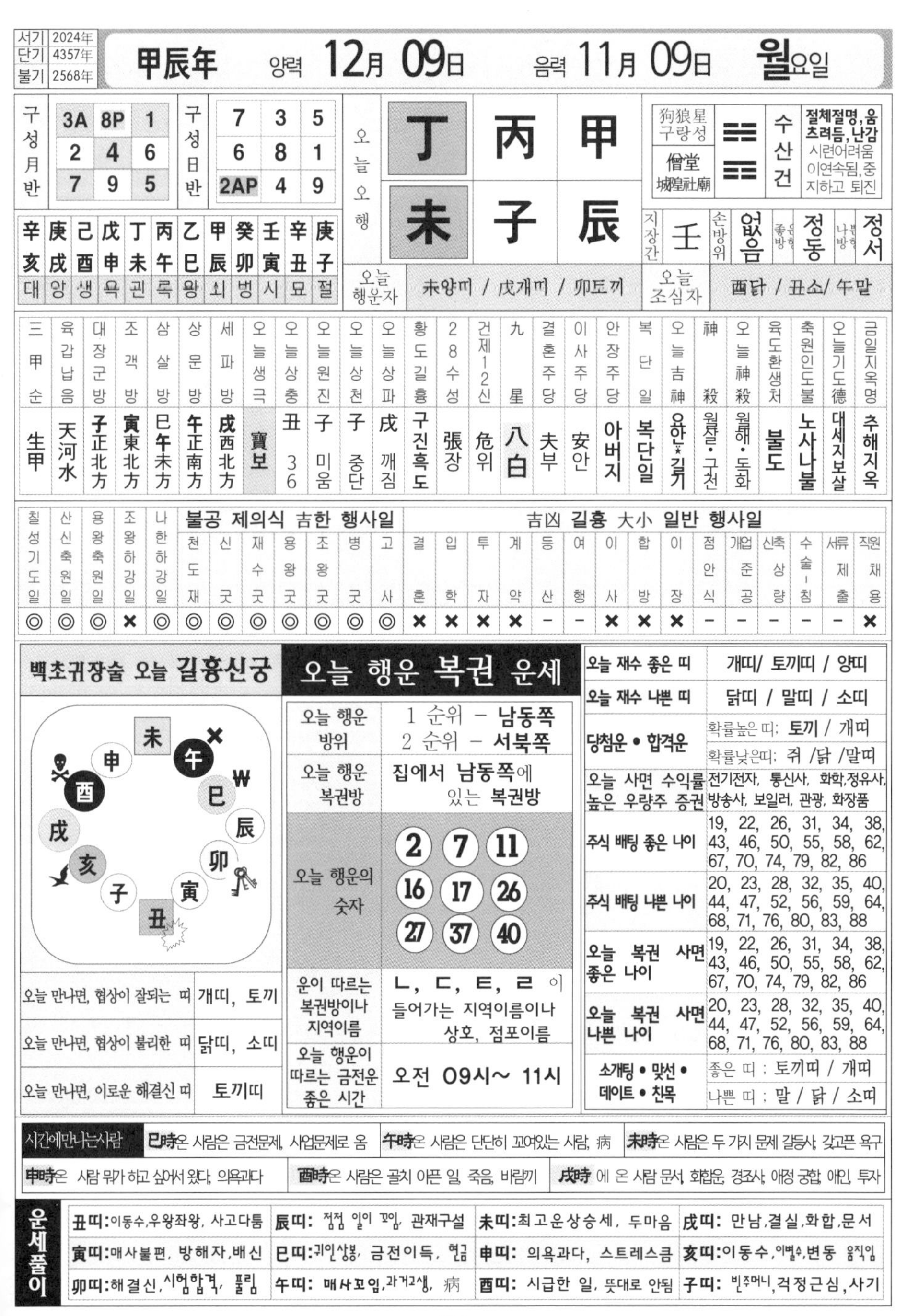

서기	2024年
단기	4357年
불기	2568年

甲辰年 양력 12月 09日 음력 11月 09日 월요일

구성月반		
3A	8P	1
2	4	6
7	9	5

구성日반		
7	3	5
6	8	1
2AP	4	9

辛亥	庚戌	己酉	戊申	丁未	丙午	乙巳	甲辰	癸卯	壬寅	辛丑	庚子
대	양	생	욕	관	록	왕	쇠	병	시	묘	절

오늘오행

丁	丙	甲
未	子	辰

狗狼星 구랑성	☶	수산건	절체절명, 움츠려듬, 난감 시련어려움 이연속됨, 중지하고 퇴진
僧堂 城隍社廟	☵		

지장간	손방위	좋은방향	나쁜방향
壬	없음	정동	정서

오늘 행운자	未양띠 / 戌개띠 / 卯토끼
오늘 조심자	酉닭 / 丑소/ 午말

三甲순	육갑납음	대장군방	조객방	삼살방	상문방	세파방	오늘생극	오늘상충	오늘원진	오늘상천	오늘상파	황도길흉	28수성
生甲	天河水	子正北方	寅東北方	巳午未方	午正南方	戌西北方	寶보	丑 36	子 미움	子 중단	戌 깨짐	구진흑도	張장

건제12신	九星	결혼주당	이사주당	안장주당	복단일	오늘吉神	神殺	오늘神殺	육도환생처	축원인도불	오늘기도德	금일지옥명
危위	八白	夫부	安안	아버지	복단일	요안*길기	월살·구천	월해·도화	불도	노사나불	대세지보살	추해지옥

칠성기도일	산신축원일	용왕축원일	조왕하강일	나한하강일
◎	◎	◎	×	◎

불공 제의식 吉한 행사일						
천도재	신굿	재수굿	용왕굿	조왕굿	병굿	고사
◎	◎	◎	◎	◎	◎	◎

吉凶 길흉 大小 일반 행사일														
결혼	입학	투자	계약	등산	여행	이사	합방	이장	점안식	개업준공	신축상량	수술-침	서류제출	직원채용
×	×	×	×	–	–	×	×	×	–	–	–	–	–	×

백초귀장술 오늘 길흉신궁

未 午 巳 辰 卯 寅 丑 子 亥 戌 酉 申

오늘 만나면, 협상이 잘되는 띠	개띠, 토끼
오늘 만나면, 협상이 불리한 띠	닭띠, 소띠
오늘 만나면, 이로운 해결신 띠	토끼띠

오늘 행운 복권 운세

오늘 행운 방위	1 순위 – 남동쪽 2 순위 – 서북쪽
오늘 행운 복권방	집에서 남동쪽에 있는 복권방
오늘 행운의 숫자	2 7 11 16 17 26 27 37 40
운이 따르는 복권방이나 지역이름	ㄴ, ㄷ, ㅌ, ㄹ 이 들어가는 지역이름이나 상호, 점포이름
오늘 행운이 따르는 금전운 좋은 시간	오전 09시~ 11시

오늘 재수 좋은 띠	개띠/ 토끼띠 / 양띠
오늘 재수 나쁜 띠	닭띠 / 말띠 / 소띠
당첨운 • 합격운	확률높은 띠: 토끼 / 개띠 확률낮은띠: 쥐 /닭 /말띠
오늘 사면 수익률 높은 우량주 증권	전기전자, 통신사, 화학,정유사, 방송사, 보일러, 관광, 화장품
주식 배팅 좋은 나이	19, 22, 26, 31, 34, 38, 43, 46, 50, 55, 58, 62, 67, 70, 74, 79, 82, 86
주식 배팅 나쁜 나이	20, 23, 28, 32, 35, 40, 44, 47, 52, 56, 59, 64, 68, 71, 76, 80, 83, 88
오늘 복권 사면 좋은 나이	19, 22, 26, 31, 34, 38, 43, 46, 50, 55, 58, 62, 67, 70, 74, 79, 82, 86
오늘 복권 사면 나쁜 나이	20, 23, 28, 32, 35, 40, 44, 47, 52, 56, 59, 64, 68, 71, 76, 80, 83, 88
소개팅 • 맞선 • 데이트 • 친목	좋은 띠 : 토끼띠 / 개띠 나쁜 띠 : 말 / 닭 / 소띠

시간에만나는사람	巳時온 사람은 금전문제, 사업문제로 옴	午時온 사람은 단단히 꼬여있는 사람, 病	未時온 사람은 두 가지 문제 갈등사, 갖고픈 욕구
申時온 사람 뭐가 하고 싶어서 왔다, 의욕과다	酉時온 사람은 골치 아픈 일, 죽음, 바람끼	戌時에 온 사람 문서, 화합운, 경조사, 애정 궁합, 애인, 투자	

운세풀이			
丑띠:이동수,우왕좌왕, 사고다툼	辰띠: 점점 일이 꼬임, 관재구설	未띠:최고운상승세, 두마음	戌띠: 만남,결실,화합,문서
寅띠:매사불편, 방해자,배신	巳띠:귀인상봉, 금전이득, 현금	申띠: 의욕과다, 스트레스큼	亥띠:이동수,이별수,변동 움직임
卯띠:해결신,시험합격, 풀림	午띠: 매사꼬임,과거고생, 病	酉띠: 시급한 일, 뜻대로 안됨	子띠: 빈주머니,걱정근심,사기

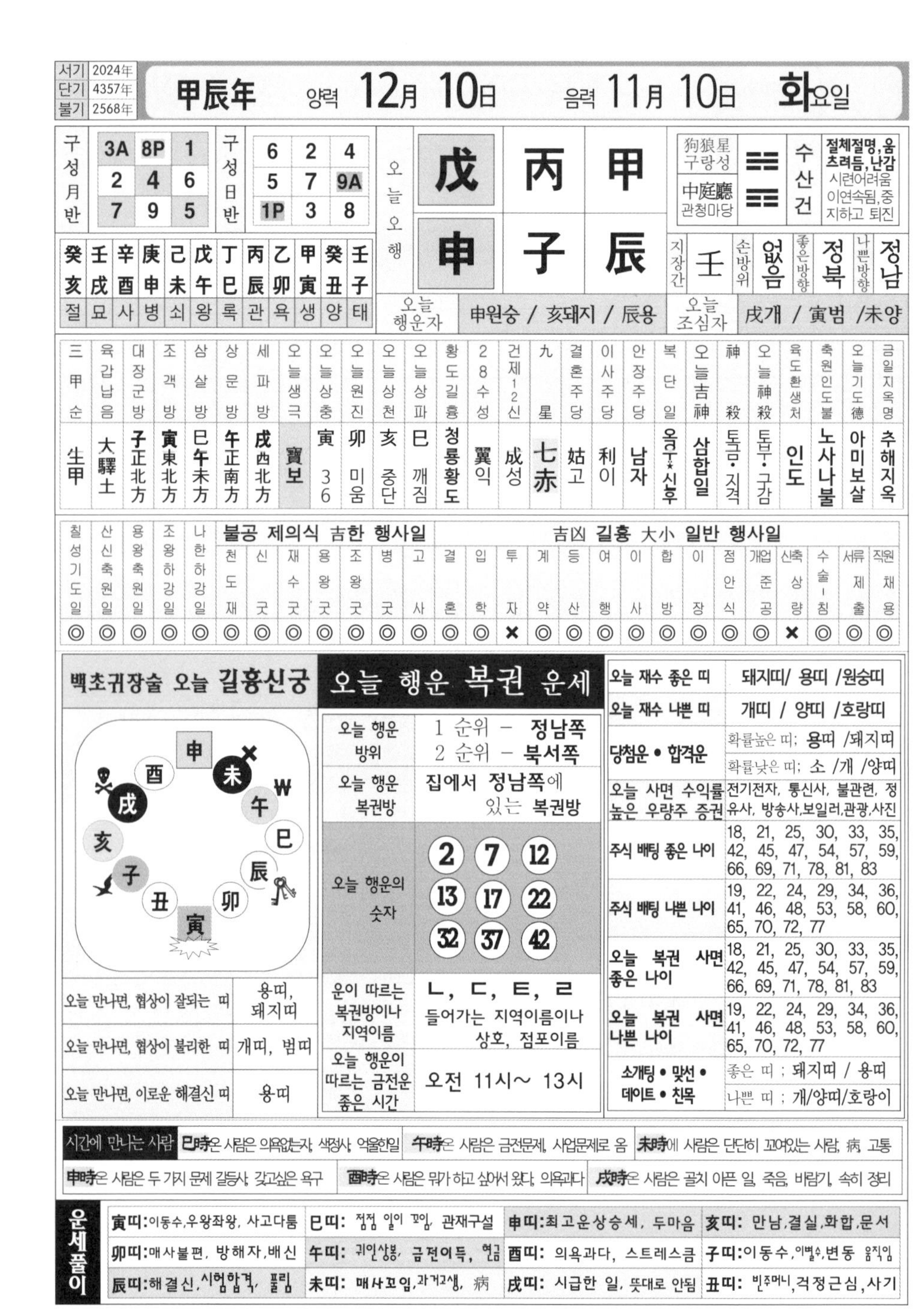

서기	2024年
단기	4357年
불기	2568年

甲辰年 양력 12月 10日 음력 11月 10日 화요일

구성월반				구성일반		
3A	8P	1		6	2	4
2	4	6		5	7	9A
7	9	5		1P	3	8

癸亥	壬戌	辛酉	庚申	己未	戊午	丁巳	丙辰	乙卯	甲寅	癸丑	壬子
절	묘	사	병	쇠	왕	록	관	욕	생	양	태

오늘 오행

戊	丙	甲
申	子	辰

狗狼星 구랑성	☳	수산건	절체절명, 움츠려듬, 난감 시련어려움 이연속됨, 중지하고 퇴진
中庭廳 관청마당	☶		

지장간	손방위	좋은방향	나쁜방향
壬	없음	정북	정남

오늘 행운자: 申원숭 / 亥돼지 / 辰용

오늘 조심자: 戌개 / 寅범 /未양

三甲순	육갑납음	대장군방	조객방	삼살방	상문방	세파방	오늘생극	오늘상충	오늘원진	오늘상천	오늘상파	황도길흉	28수성
生甲	大驛土	子正北方	寅東北方	巳午未方	午正南方	戌西北方	寶보	寅 36	卯 미움	亥 중단	巳 깨짐	청룡황도	翼익

건제12신	九星	결혼주당	이사주당	안장주당	복단일	오늘吉神	神殺	오늘神殺	육도환생처	축원인도불	오늘기도德	금일지옥명
成성	七赤	姑고	利이	남자	옥우★신후	삼합일	토금·지격	토부·구감	인도	노사나불	아미보살	추해지옥

칠성기도일	산신축원일	용왕축원일	조왕하강일	나한하강일	불공 제의식 吉한 행사일: 천도재	신굿	재수굿	용왕굿	조왕굿	병굿	고사	결혼	입학
◎	◎	◎	◎	◎	◎	◎	◎	◎	◎	◎	◎	◎	◎

吉凶 길흉 大小 일반 행사일: 투자	계약	등산	여행	이사	합방	이장	점안식	개업준공	신축상량	수술-침	서류제출	직원채용
×	◎	◎	◎	◎	◎	◎	◎	◎	×	◎	◎	◎

백초귀장술 오늘 길흉신궁

申 未 午 巳 辰 卯 寅 丑 子 亥 戌 酉

오늘 만나면, 협상이 잘되는 띠	용띠, 돼지띠
오늘 만나면, 협상이 불리한 띠	개띠, 범띠
오늘 만나면, 이로운 해결신 띠	용띠

오늘 행운 복권 운세

오늘 행운 방위	1 순위 – 정남쪽 2 순위 – 북서쪽
오늘 행운 복권방	집에서 정남쪽에 있는 복권방
오늘 행운의 숫자	2 7 12 13 17 22 32 37 42
운이 따르는 복권방이나 지역이름	ㄴ, ㄷ, ㅌ, ㄹ 들어가는 지역이름이나 상호, 점포이름
오늘 행운이 따르는 금전운 좋은 시간	오전 11시~ 13시

오늘 재수 좋은 띠	돼지띠/ 용띠 /원숭띠
오늘 재수 나쁜 띠	개띠 / 양띠 /호랑띠
당첨운 • 합격운	확률높은 띠; 용띠 /돼지띠 확률낮은 띠; 소 /개 /양띠
오늘 사면 수익률 높은 우량주 증권	전기전자, 통신사, 불관련, 정유사, 방송사,보일러,관광,사진
주식 배팅 좋은 나이	18, 21, 25, 30, 33, 35, 42, 45, 47, 54, 57, 59, 66, 69, 71, 78, 81, 83
주식 배팅 나쁜 나이	19, 22, 24, 29, 34, 36, 41, 46, 48, 53, 58, 60, 65, 70, 72, 77
오늘 복권 사면 좋은 나이	18, 21, 25, 30, 33, 35, 42, 45, 47, 54, 57, 59, 66, 69, 71, 78, 81, 83
오늘 복권 사면 나쁜 나이	19, 22, 24, 29, 34, 36, 41, 46, 48, 53, 58, 60, 65, 70, 72, 77
소개팅 • 맞선 • 데이트 • 친목	좋은 띠 ; 돼지띠 / 용띠 나쁜 띠 ; 개/양띠/호랑이

시간에 만나는 사람

巳時은 사람은 의욕없는자, 색정사, 억울한일 **午時**은 사람은 금전문제, 사업문제로 옴 **未時**에 사람은 단단히 꼬여있는 사람, 病, 고통

申時은 사람은 두 가지 문제 갈등사, 갖고싶은 욕구 **酉時**은 사람은 뭔가 하고 싶어서 왔다, 의욕과다 **戌時**은 사람은 골치 아픈 일, 죽음, 바람기, 속히 정리

운세풀이

寅띠: 이동수,우왕좌왕, 사고다툼	**巳띠:** 점점 일이 꼬임, 관재구설	**申띠:** 최고운상승세, 두마음	**亥띠:** 만남,결실,화합,문서
卯띠: 매사불편, 방해자,배신	**午띠:** 귀인상봉, 금전이득, 현금	**酉띠:** 의욕과다, 스트레스큼	**子띠:** 이동수, 이별수,변동 움직임
辰띠: 해결신, 시험합격, 풀림	**未띠:** 매사꼬임, 과거고생, 病	**戌띠:** 시급한 일, 뜻대로 안됨	**丑띠:** 빈주머니, 걱정근심, 사기

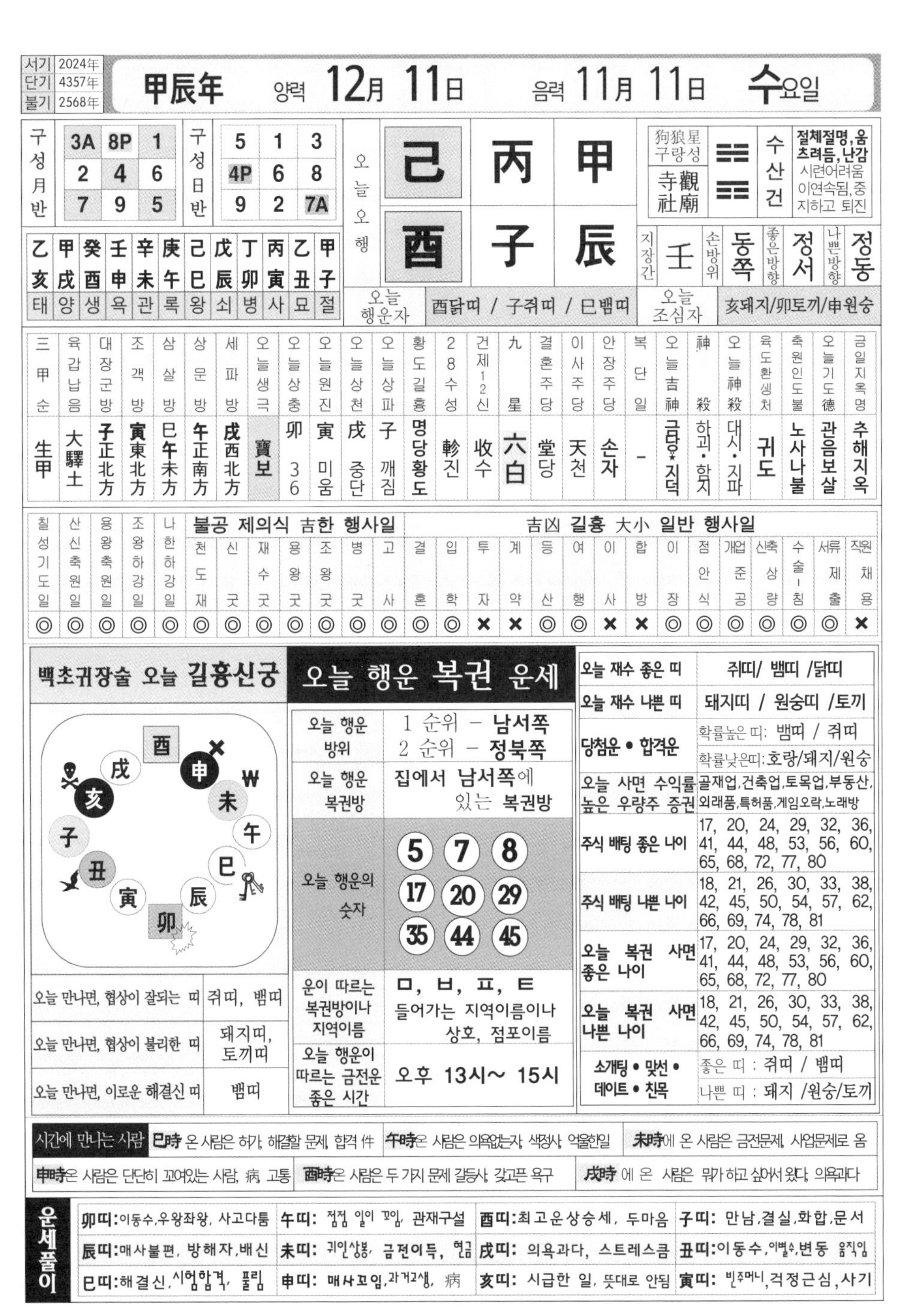

서기	2024年
단기	4357年
불기	2568年

甲辰年 양력 **12月 11日** 음력 **11月 11日** **수**요일

구성月반		
3A	8P	1
2	4	6
7	9	5

구성日반		
5	1	3
4P	6	8
9	2	7A

乙亥	甲戌	癸酉	壬申	辛未	庚午	己巳	戊辰	丁卯	丙寅	乙丑	甲子
태	양	생	욕	관	록	왕	쇠	병	사	묘	절

오늘오행			
	己	丙	甲
	酉	子	辰

狗狼星 구랑성 / 寺觀社廟	䷦	수산건	**절체절명, 움츠려듬, 난감** 시련어려움이연속됨, 중지하고 퇴진

지장간	壬	손방위	동쪽	좋은방향	정서	나쁜방향	정동

오늘 행운자	酉닭띠 / 子쥐띠 / 巳뱀띠	오늘 조심자	亥돼지/卯토끼/申원숭

三甲순	육갑납음	대장군방	조객방	삼살방	상문방	세파방	오늘생극	오늘상충	오늘원진	오늘상천	오늘상파	황도길흉	28수성	건제12신	九星	결혼주당	이사주당	안장주당	복단일	오늘吉神	神殺	오늘神殺	육도환생처	축원인도불	오늘기도德	금일지옥명
生甲	大驛土	子正北方	寅東北方	巳午未方	午正南方	戌西北方	寶보	卯 36	寅 미움	戌 중단	子 깨짐	명당황도	軫진	收수	六白	堂당	天천	손자	–	금당*지덕	하괴·함지	대시·지파	귀도	노사나불	관음보살	추해지옥

칠성기도일	산신축원일	용왕축원일	조왕하강일	나한하강일	불공 제의식 吉한 행사일							吉凶 길흉 大小 일반 행사일														
					천도재	신굿	재수굿	용왕굿	조왕굿	병굿	고사	결혼	입학	투자	계약	등산	여행	이사	합방	이장	점안식	개업준공	신축상량	수술·침	서류제출	직원채용
◎	◎	◎	◎	◎	◎	◎	◎	◎	◎	◎	◎	◎	◎	×	×	◎	◎	×	×	◎	◎	◎	◎	◎	◎	×

백초귀장술 오늘 길흉신궁

酉 申 未 午 巳 辰 卯 寅 丑 子 亥 戌

오늘 만나면, 협상이 잘되는 띠	쥐띠, 뱀띠
오늘 만나면, 협상이 불리한 띠	돼지띠, 토끼띠
오늘 만나면, 이로운 해결신 띠	뱀띠

오늘 행운 복권 운세

오늘 행운 방위	1 순위 – 남서쪽 2 순위 – 정북쪽
오늘 행운 복권방	집에서 남서쪽에 있는 복권방
오늘 행운의 숫자	5 7 8 17 20 29 35 44 45
운이 따르는 복권방이나 지역이름	ㅁ, ㅂ, ㅍ, ㅌ 들어가는 지역이름이나 상호, 점포이름
오늘 행운이 따르는 금전운 좋은 시간	오후 13시~ 15시

오늘 재수 좋은 띠	쥐띠/ 뱀띠 /닭띠
오늘 재수 나쁜 띠	돼지띠 / 원숭띠 /토끼
당첨운 • 합격운	확률높은 띠: 뱀띠 / 쥐띠 확률낮은띠: 호랑/돼지/원숭
오늘 사면 수익률 높은 우량주 증권	골재업,건축업,토목업,부동산,외래품,특허품,게임오락,노래방
주식 배팅 좋은 나이	17, 20, 24, 29, 32, 36, 41, 44, 48, 53, 56, 60, 65, 68, 72, 77, 80
주식 배팅 나쁜 나이	18, 21, 26, 30, 33, 38, 42, 45, 50, 54, 57, 62, 66, 69, 74, 78, 81
오늘 복권 사면 좋은 나이	17, 20, 24, 29, 32, 36, 41, 44, 48, 53, 56, 60, 65, 68, 72, 77, 80
오늘 복권 사면 나쁜 나이	18, 21, 26, 30, 33, 38, 42, 45, 50, 54, 57, 62, 66, 69, 74, 78, 81
소개팅 • 맞선 • 데이트 • 친목	좋은 띠 : 쥐띠 / 뱀띠 나쁜 띠 : 돼지 /원숭/토끼

시간에 만나는 사람	**巳時** 온 사람은 허가, 해결할 문제, 합격 件	**午時**온 사람은 의욕없는자, 색정사, 억울한일	**未時**에 온 사람은 금전문제, 사업문제로 옴
申時온 사람은 단단히 꼬여있는 사람, 病, 고통	**酉時**온 사람은 두 가지 문제 갈등사, 갖고픈 욕구	**戌時** 에 온 사람은 뭔가 하고 싶어서 왔다, 의욕과다	

운세풀이			
卯띠: 이동수,우왕좌왕, 사고다툼	**午띠:** 점점 일이 꼬임, 관재구설	**酉띠:** 최고운상승세, 두마음	**子띠:** 만남,결실,화합,문서
辰띠: 매사불편, 방해자,배신	**未띠:** 귀인상봉, 금전이득, 현금	**戌띠:** 의욕과다, 스트레스큼	**丑띠:** 이동수,이별수,변동 움직임
巳띠: 해결신,시험합격, 풀림	**申띠:** 매사꼬임,과거고생, 病	**亥띠:** 시급한 일, 뜻대로 안됨	**寅띠:** 빈주머니,걱정근심,사기

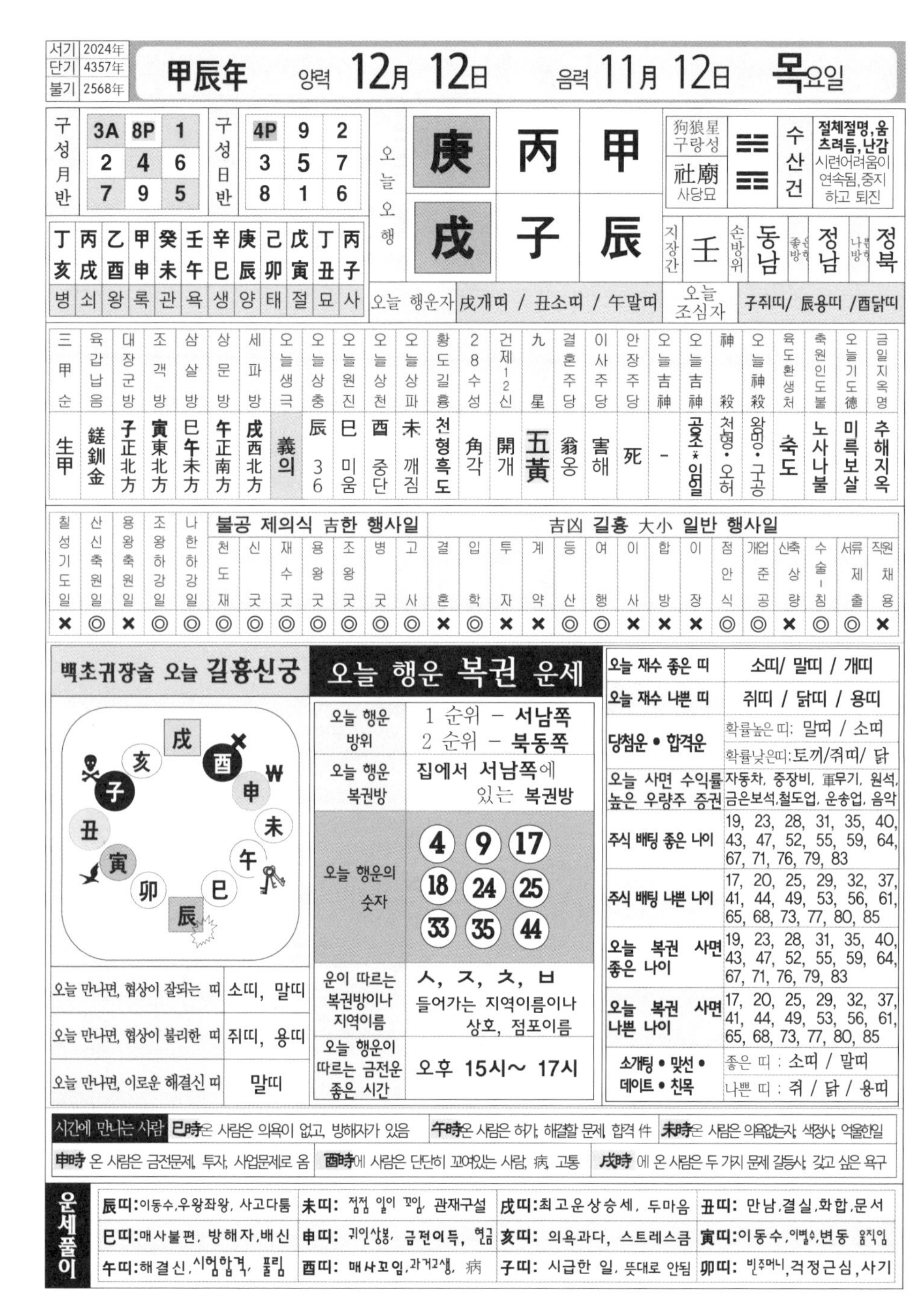

서기	2024年
단기	4357年
불기	2568年

甲辰年 양력 **12月 12日** 음력 **11月 12日** **목**요일

구성월반		
3A	8P	1
2	4	6
7	9	5

구성일반		
4P	9	2
3	5	7
8	1	6

오늘오행		
庚	丙	甲
戊	子	辰

狗狼星 구랑성	社廟 사당묘
수산건	절체절명, 움츠려듬, 난감 시련어려움이 연속됨, 중지하고 퇴진

丁亥	丙戌	乙酉	甲申	癸未	壬午	辛巳	庚辰	己卯	戊寅	丁丑	丙子
병	쇠	왕	록	관	욕	생	양	태	절	묘	사

지장간	손방위	좋은방향	나쁜방향
壬	동남	정남	정북

오늘 행운자: 戌개띠 / 丑소띠 / 午말띠

오늘 조심자: 子쥐띠/ 辰용띠 /酉닭띠

三甲순	육갑납음	대장군방	조객방	삼살방	상문방	세파방	오늘생극	오늘상충	오늘원진	오늘상천	오늘상파	황도길흉	28수성	건제12신	九星	결혼주당	이사주당	안장주당	오늘吉神	오늘吉神	神殺	오늘神殺	육도환생처	축원인도불	오늘기도德	금일지옥명
生甲	鏟釧金	子正北方	寅東北方	巳午未方	午正南方	戌西北方	義의	辰 36	巳 미움	酉 중단	未 깨짐	천형흑도	角각	開개	五黃	翁옹	害해	死	-	공조·일덕	천형·오허	왕망·구공	축도	노사나불	미륵보살	추해지옥

칠성기도일	산신축원일	용왕축원일	조왕하강일	나한하강일	천도재	신굿	재수굿	용왕굿	조왕굿	병굿	고사	결혼	입학	투자	계약	등산	여행	이사	합방	이장	점안식	개업준공	신축상량	수술-침	서류제출	직원채용
					불공 제의식 吉한 행사일							吉凶 길흉 大小 일반 행사일														
×	◎	×	◎	◎	◎	◎	◎	◎	◎	◎	◎	×	◎	×	×	◎	◎	×	×	×	◎	◎	×	◎	◎	×

백초귀장술 오늘 길흉신궁

오늘 만나면, 협상이 잘되는 띠	소띠, 말띠
오늘 만나면, 협상이 불리한 띠	쥐띠, 용띠
오늘 만나면, 이로운 해결신 띠	말띠

오늘 행운 복권 운세

오늘 행운 방위	1 순위 – 서남쪽 2 순위 – 북동쪽
오늘 행운 복권방	집에서 서남쪽에 있는 복권방
오늘 행운의 숫자	4 9 17 18 24 25 33 35 44
운이 따르는 복권방이나 지역이름	ㅅ, ㅈ, ㅊ, ㅂ 들어가는 지역이름이나 상호, 점포이름
오늘 행운이 따르는 금전운 좋은 시간	오후 15시~ 17시

오늘 재수 좋은 띠	소띠/ 말띠 / 개띠
오늘 재수 나쁜 띠	쥐띠 / 닭띠 / 용띠
당첨운 • 합격운	확률높은 띠: 말띠 / 소띠 확률낮은띠: 토끼/쥐띠/ 닭
오늘 사면 수익률 높은 우량주 증권	자동차, 중장비, 軍무기, 원석, 금은보석,철도업, 운송업, 음악
주식 배팅 좋은 나이	19, 23, 28, 31, 35, 40, 43, 47, 52, 55, 59, 64, 67, 71, 76, 79, 83
주식 배팅 나쁜 나이	17, 20, 25, 29, 32, 37, 41, 44, 49, 53, 56, 61, 65, 68, 73, 77, 80, 85
오늘 복권 사면 좋은 나이	19, 23, 28, 31, 35, 40, 43, 47, 52, 55, 59, 64, 67, 71, 76, 79, 83
오늘 복권 사면 나쁜 나이	17, 20, 25, 29, 32, 37, 41, 44, 49, 53, 56, 61, 65, 68, 73, 77, 80, 85
소개팅 • 맞선 • 데이트 • 친목	좋은 띠 : 소띠 / 말띠 나쁜 띠 : 쥐 / 닭 / 용띠

시간에 만나는 사람 **巳時**온 사람은 의욕이 없고, 방해자가 있음 **午時**온 사람은 허가, 해결할 문제, 합격 件 **未時**온 사람은 의욕없는자, 색정사, 억울한일 **申時** 온 사람은 금전문제, 투자, 사업문제로 옴 **酉時**에 사람은 단단히 꼬여있는 사람, 病, 고통 **戌時** 에 온 사람은 두 가지 문제 갈등사, 갖고 싶은 욕구

운세풀이

辰띠:이동수,우왕좌왕, 사고다툼	**未띠:** 점점 일이 꼬임, 관재구설	**戌띠:**최고운상승세, 두마음	**丑띠:** 만남,결실,화합,문서
巳띠:매사불편, 방해자,배신	**申띠:** 귀인상봉, 금전이득, 현금	**亥띠:** 의욕과다, 스트레스큼	**寅띠:**이동수,이별수,변동 움직임
午띠:해결신,시험합격, 풀림	**酉띠:** 매사꼬임,과거고생, 病	**子띠:** 시급한 일, 뜻대로 안됨	**卯띠:** 빈주머니,걱정근심,사기

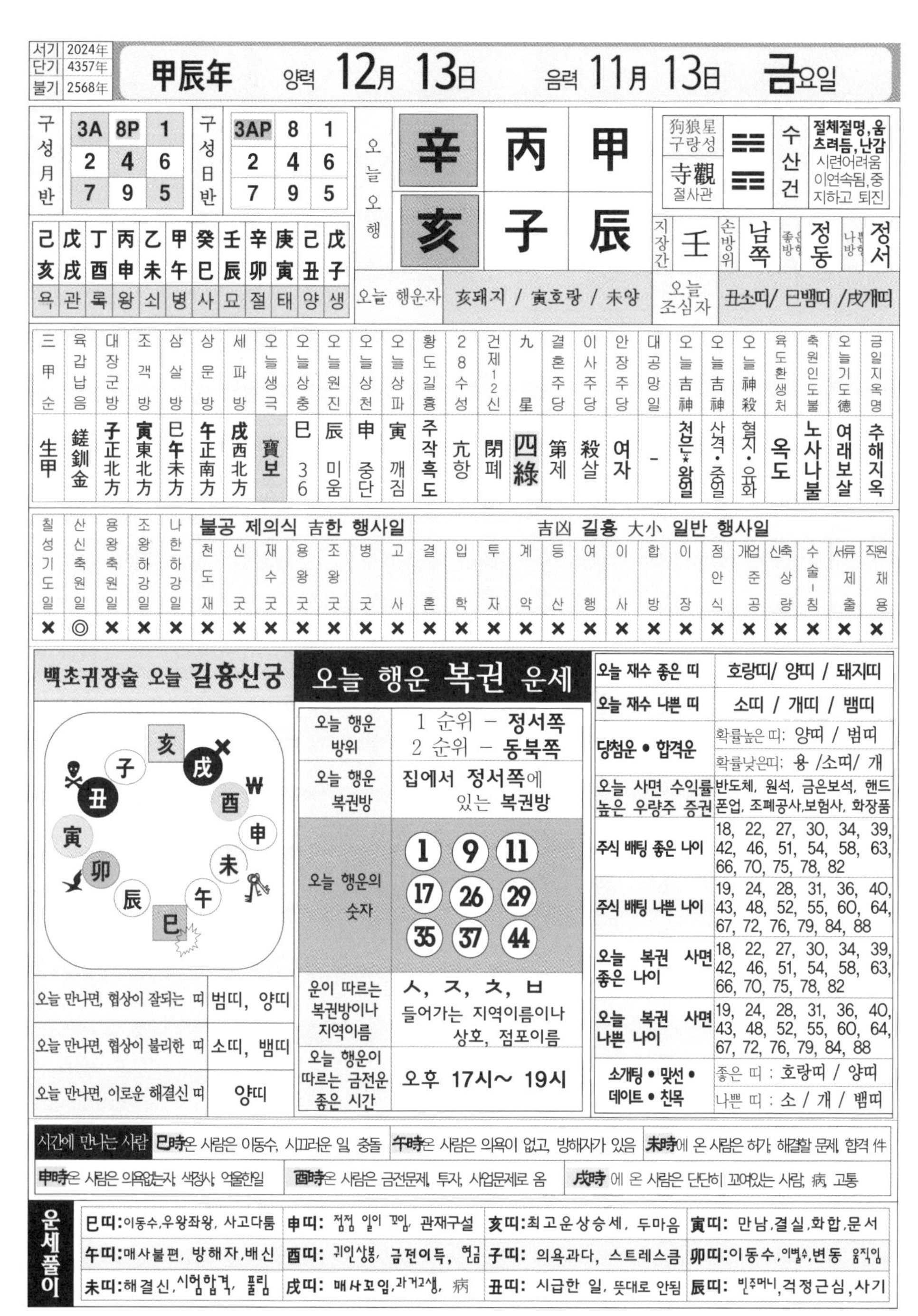

서기	2024年	甲辰年	양력 12月 13日	음력 11月 13日	금요일
단기	4357年				
불기	2568年				

구성월반			구성일반		
3A	8P	1	3AP	8	1
2	4	6	2	4	6
7	9	5	7	9	5

오늘오행		
辛	丙	甲
亥	子	辰

狗狼星 구랑성	寺觀 절사관	수산건	절체절명,움츠려듬,난감 시련어려움 이연속됨,중지하고 퇴진

지장간	壬	손방위	남쪽	좋은방향	정동	나쁜방향	정서

己	戊	丁	丙	乙	甲	癸	壬	辛	庚	己	戊
亥	戌	酉	申	未	午	巳	辰	卯	寅	丑	子
욕	관	록	왕	쇠	병	사	묘	절	태	양	생

오늘 행운자	亥돼지 / 寅호랑 / 未양	오늘 조심자	丑소띠/ 巳뱀띠 /戌개띠

三甲순	육갑납음	대장군방	조객방	삼살방	상문방	세파방	오늘생극	오늘상충	오늘원진	오늘상천	오늘상파	황도길흉	28수성	건제12신	九星	결혼주당	이사주당	안장주당	대공망일	오늘吉神	오늘吉神	오늘神殺	육도환생처	축원인도불	오늘기도德	금일지옥명
生甲	鏟釧金	子正北方	寅東北方	巳午未方	午正南方	戌西北方	寶보	巳 36	辰 미움	申 중단	寅 깨짐	주작흑도	亢항	閉폐	四綠	第제	殺살	여자	-	천은*왕일	사격·중일	혈지·유화	옥도	노사나불	여래보살	추해지옥

칠성기도일	산신축원일	용왕축원일	조왕하강일	나한하강일	불공 제의식 吉한 행사일: 천도재	신굿	재수굿	용왕굿	조왕굿	병굿	고사	吉凶 길흉 大小 일반 행사일: 결혼	입학	투자	계약	등산	여행	이사	합방	이장	점안식	개업준공	신축상량	수술-침	서류제출	직원채용
×	◎	×	×	×	×	×	×	×	×	×	×	×	×	×	×	×	×	×	×	×	×	×	×	×	×	×

백초귀장술 오늘 길흉신궁

오늘 만나면, 협상이 잘되는 띠	범띠, 양띠
오늘 만나면, 협상이 불리한 띠	소띠, 뱀띠
오늘 만나면, 이로운 해결신 띠	양띠

오늘 행운 복권 운세

오늘 행운 방위	1 순위 – 정서쪽 2 순위 – 동북쪽
오늘 행운 복권방	집에서 정서쪽에 있는 복권방
오늘 행운의 숫자	1, 9, 11, 17, 26, 29, 35, 37, 44
운이 따르는 복권방이나 지역이름	ㅅ, ㅈ, ㅊ, ㅂ 들어가는 지역이름이나 상호, 점포이름
오늘 행운이 따르는 금전운 좋은 시간	오후 17시~ 19시

오늘 재수 좋은 띠	호랑띠/ 양띠 / 돼지띠
오늘 재수 나쁜 띠	소띠 / 개띠 / 뱀띠
당첨운 • 합격운	확률높은 띠: 양띠 / 범띠 확률낮은띠: 용 /소띠/ 개
오늘 사면 수익률 높은 우량주 증권	반도체, 원석, 금은보석, 핸드폰업, 조폐공사,보험사, 화장품
주식 배팅 좋은 나이	18, 22, 27, 30, 34, 39, 42, 46, 51, 54, 58, 63, 66, 70, 75, 78, 82
주식 배팅 나쁜 나이	19, 24, 28, 31, 36, 40, 43, 48, 52, 55, 60, 64, 67, 72, 76, 79, 84, 88
오늘 복권 사면 좋은 나이	18, 22, 27, 30, 34, 39, 42, 46, 51, 54, 58, 63, 66, 70, 75, 78, 82
오늘 복권 사면 나쁜 나이	19, 24, 28, 31, 36, 40, 43, 48, 52, 55, 60, 64, 67, 72, 76, 79, 84, 88
소개팅 • 맞선 • 데이트 • 친목	좋은 띠 : 호랑띠 / 양띠 나쁜 띠 : 소 / 개 / 뱀띠

시간에 만나는 사람	巳時은 사람은 이동수, 시끄러운 일, 충돌	午時은 사람은 의욕이 없고, 방해자가 있음	未時에 온 사람은 허가, 해결할 문제, 합격 件
	申時은 사람은 의욕없는자, 색정사, 억울한일	酉時은 사람은 금전문제, 투자, 사업문제로 옴	戌時 에 온 사람은 단단히 꼬여있는 사람, 病, 고통

운세풀이			
巳띠:이동수,우왕좌왕, 사고다툼	申띠: 점점 일이 꼬임, 관재구설	亥띠:최고운상승세, 두마음	寅띠: 만남,결실,화합,문서
午띠:매사불편, 방해자,배신	酉띠: 귀인상봉, 금전이득, 현금	子띠: 의욕과다, 스트레스큼	卯띠:이동수,이별수,변동 움직임
未띠:해결신,시험합격, 풀림	戌띠: 매사꼬임,과거고생, 病	丑띠: 시급한 일, 뜻대로 안됨	辰띠: 빈주머니,걱정근심,사기

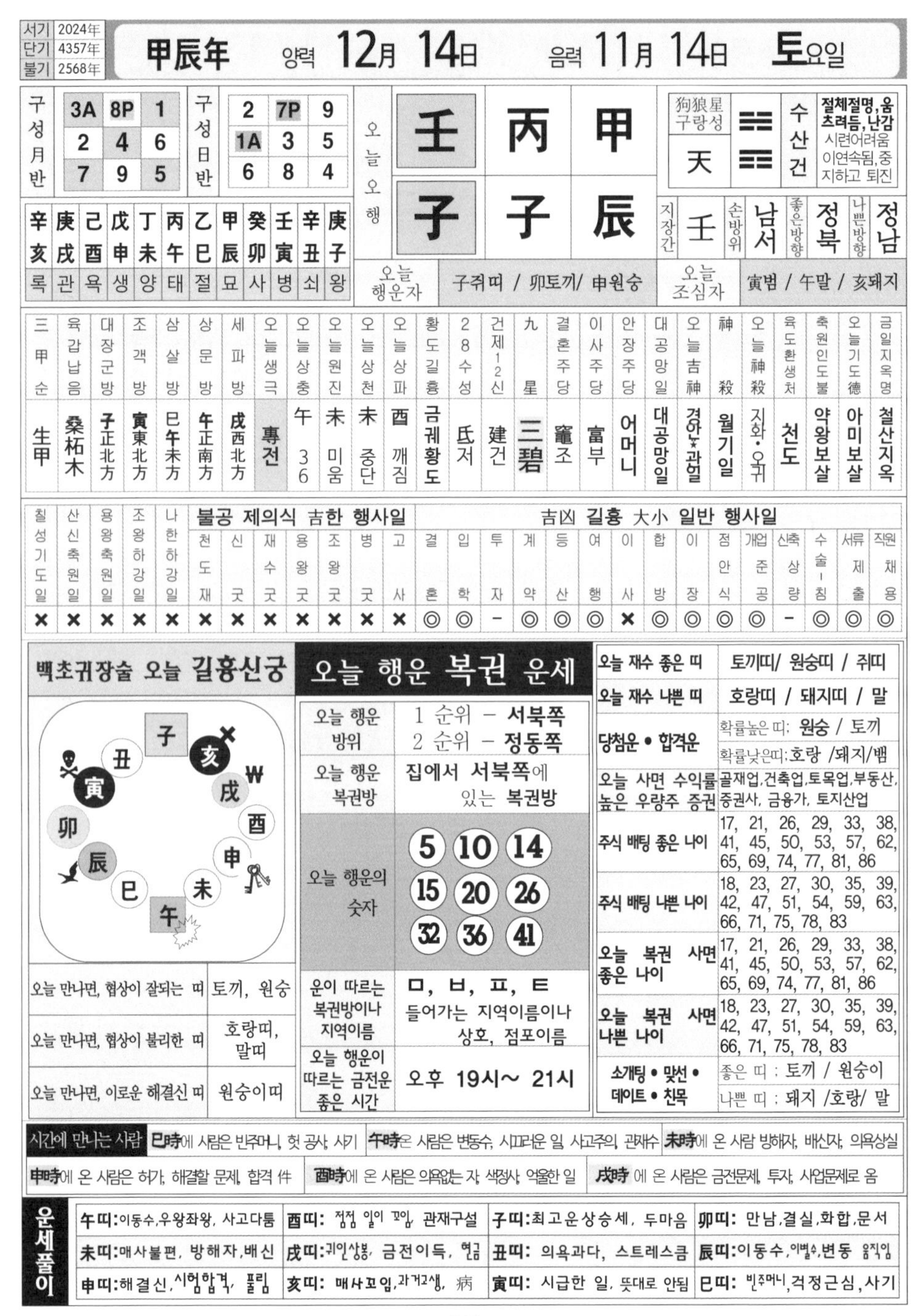

서기	2024年
단기	4357年
불기	2568年

甲辰年 양력 **12月 14日** 음력 **11月 14日** **토요일**

구성月반			구성日반		
3A	8P	1	2	7P	9
2	4	6	1A	3	5
7	9	5	6	8	4

辛亥	庚戌	己酉	戊申	丁未	丙午	乙巳	甲辰	癸卯	壬寅	辛丑	庚子
록	관	욕	생	양	태	절	묘	사	병	쇠	왕

오늘오행		
壬	丙	甲
子	子	辰

狗狼星 구랑성	수산건	
天	☵☶	절체절명,움츠려듬,난감 시련어려움 이연속됨,중지하고 퇴진

지장간	손방위	좋은방향	나쁜방향
壬	남서	정북	정남

오늘 행운자	子쥐띠 / 卯토끼/ 申원숭
오늘 조심자	寅범 / 午말 / 亥돼지

三甲순	육갑납음	대장군방	조객방	삼살방	상문방	세파방	오늘생극	오늘상충	오늘원진	오늘상천	오늘상파	황도길흉	28수성	건제12신	九星	결혼주당	이사주당	안장주당	대공망일	오늘吉神	神殺	오늘神殺	육도환생처	축원인도불	오늘기도德	금일지옥명
生甲	桑柘木	子正北方	寅東北方	巳午未方	午正南方	戌西北方	專전	午 36	未 미움	未 중단	酉 깨짐	금궤황도	氐저	建건	三碧	竈조	富부	어머니	대공망일	경안·관업	월기일	지화·오귀	천도	약왕보살	아미보살	철산지옥

칠성기도일	산신축원일	용왕축원일	조왕하강일	나한하강일	불공 제의식 吉한 행사일							吉凶 길흉 大小 일반 행사일														
					천도재	신굿	재수굿	용왕굿	조왕굿	병굿	고사	결혼	입학	투자	계약	등산	여행	이사	합방	이장	점안식	개업준공	신축상량	수술·침	서류제출	직원채용
×	×	×	×	×	×	×	×	×	×	×	×	◎	◎	-	◎	◎	◎	×	◎	◎	◎	◎	-	◎	◎	◎

백초귀장술 오늘 길흉신궁

오늘 만나면, 협상이 잘되는 띠	토끼, 원숭
오늘 만나면, 협상이 불리한 띠	호랑띠, 말띠
오늘 만나면, 이로운 해결신 띠	원숭이띠

오늘 행운 복권 운세

오늘 행운 방위	1 순위 – 서북쪽 2 순위 – 정동쪽
오늘 행운 복권방	집에서 서북쪽에 있는 복권방
오늘 행운의 숫자	5 10 14 15 20 26 32 36 41
운이 따르는 복권방이나 지역이름	ㅁ, ㅂ, ㅍ, ㅌ 들어가는 지역이름이나 상호, 점포이름
오늘 행운이 따르는 금전운 좋은 시간	오후 19시~ 21시

오늘 재수 좋은 띠	토끼띠/ 원숭띠 / 쥐띠
오늘 재수 나쁜 띠	호랑띠 / 돼지띠 / 말
당첨운 • 합격운	확률높은 띠: 원숭 / 토끼 확률낮은띠:호랑 /돼지/뱀
오늘 사면 수익률 높은 우량주 증권	골재업,건축업,토목업,부동산,증권사, 금융가, 토지산업
주식 배팅 좋은 나이	17, 21, 26, 29, 33, 38, 41, 45, 50, 53, 57, 62, 65, 69, 74, 77, 81, 86
주식 배팅 나쁜 나이	18, 23, 27, 30, 35, 39, 42, 47, 51, 54, 59, 63, 66, 71, 75, 78, 83
오늘 복권 사면 좋은 나이	17, 21, 26, 29, 33, 38, 41, 45, 50, 53, 57, 62, 65, 69, 74, 77, 81, 86
오늘 복권 사면 나쁜 나이	18, 23, 27, 30, 35, 39, 42, 47, 51, 54, 59, 63, 66, 71, 75, 78, 83
소개팅 • 맞선 • 데이트 • 친목	좋은 띠 : 토끼 / 원숭이 나쁜 띠 : 돼지 /호랑/ 말

시간에 만나는 사람	巳時에 사람은 빈주머니, 헛 공사, 사기	午時온 사람은 변동수, 시끄러운 일, 사고주의, 관재수	未時에 온 사람 방해자, 배신자, 의욕상실
	申時에 온 사람은 허가, 해결할 문제, 합격 件	酉時에 온 사람은 의욕없는 자, 색정사, 억울한 일	戌時 에 온 사람은 금전문제, 투자, 사업문제로 옴

운세풀이				
	午띠:이동수,우왕좌왕, 사고다툼	酉띠: 점점 일이 꼬임, 관재구설	子띠:최고운상승세, 두마음	卯띠: 만남,결실,화합,문서
	未띠:매사불편, 방해자,배신	戌띠:귀인상봉, 금전이득, 현금	丑띠: 의욕과다, 스트레스큼	辰띠:이동수,이별수,변동 움직임
	申띠:해결신,시험합격, 풀림	亥띠: 매사꼬임,과거고생, 病	寅띠: 시급한 일, 뜻대로 안됨	巳띠: 빈주머니,걱정근심,사기

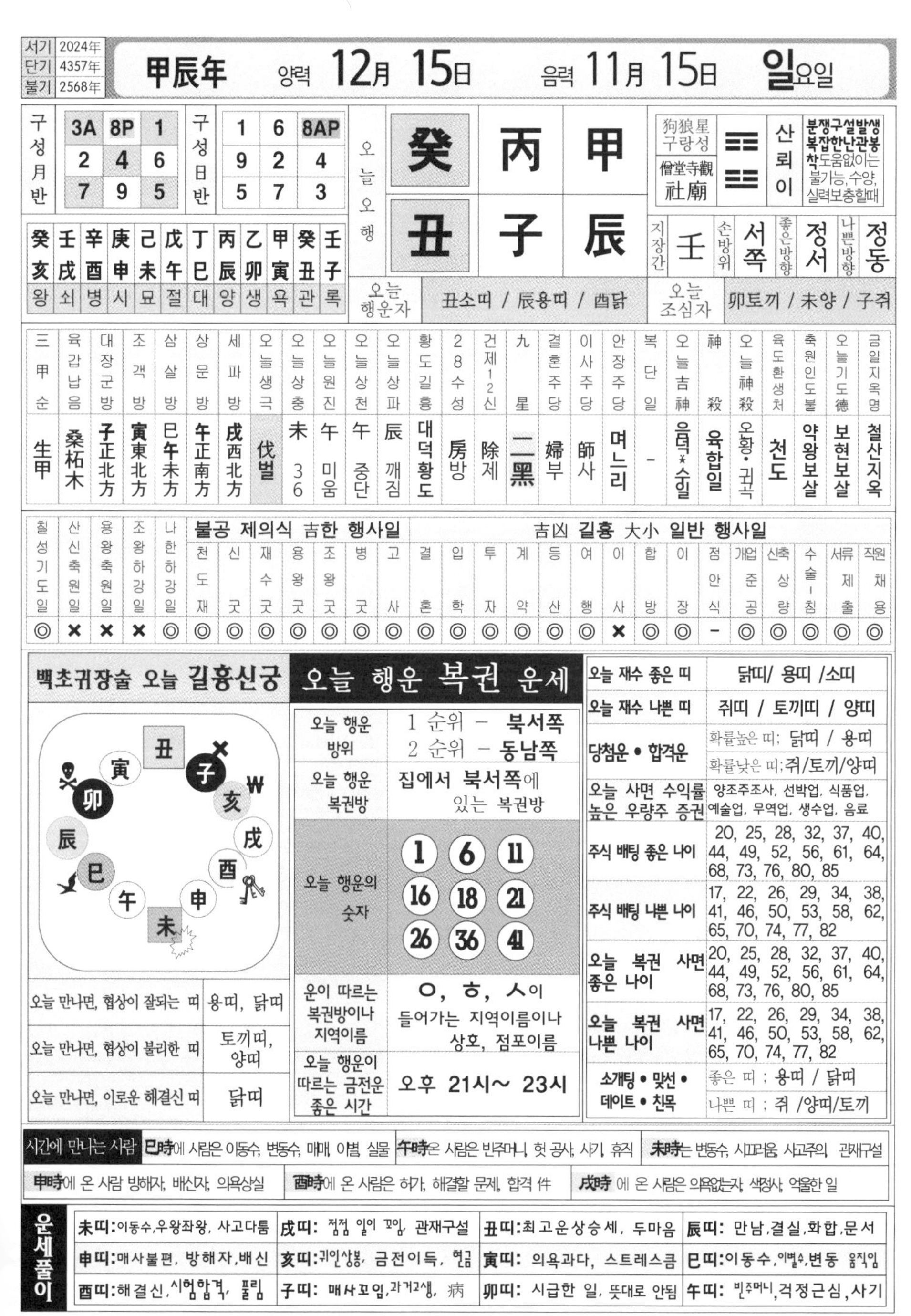

서기	2024年
단기	4357年
불기	2568年

甲辰年 양력 **12月 15日** 음력 **11月 15日** **일**요일

구성月반		
3A	8P	1
2	4	6
7	9	5

구성日반		
1	6	8AP
9	2	4
5	7	3

오늘오행		
癸	丙	甲
丑	子	辰

狗狼星 구랑성	僧堂寺觀 社廟	산뢰이	분쟁구설발생 복잡한난관봉착도움없이는 불가능, 수양, 실력보충할때

지장간	손방위	좋은방향	나쁜방향
壬	서쪽	정서	정동

癸亥	壬戌	辛酉	庚申	己未	戊午	丁巳	丙辰	乙卯	甲寅	癸丑	壬子
왕	쇠	병	시	묘	절	대	양	생	욕	관	록

오늘 행운자	丑소띠 / 辰용띠 / 酉닭
오늘 조심자	卯토끼 / 未양 / 子쥐

三甲순	육갑납음	대장군방	조객방	삼살방	상문방	세파방	오늘생극	오늘상충	오늘원진	오늘상천	오늘상파	황도길흉	28수성	건제12신	九星	결혼주당	이사주당	안장주당	복단일	오늘吉神	神殺	오늘神殺	육도환생처	축원인도불	오늘기도德	금일지옥명
生甲	桑柘木	子正北方	寅東北方	巳午未方	午正南方	戌西北方	伐벌	未 36	午 미움	午 중단	辰 깨짐	대덕황도	房방	除제	二黑	婦부	師사	며느리	-	음덕*순일	육합일	오황·귀곡	천도	약왕보살	보현보살	철산지옥

칠성기도일	산신축원일	용왕축원일	조왕하강일	나한하강일	불공 제의식 吉한 행사일: 천도재	신굿	재수굿	용왕굿	조왕굿	병굿	고사	吉凶 길흉 大小 일반 행사일: 결혼	입학	투자	계약	등산	여행	이사	합방	이장	점안식	개업준공	신축상량	수술-침	서류제출	직원채용
◎	×	×	×	◎	◎	◎	◎	◎	◎	◎	◎	◎	◎	◎	◎	◎	◎	×	◎	◎	-	◎	◎	◎	◎	◎

백초귀장술 오늘 길흉신궁

오늘 만나면, 협상이 잘되는 띠	용띠, 닭띠
오늘 만나면, 협상이 불리한 띠	토끼띠, 양띠
오늘 만나면, 이로운 해결신 띠	닭띠

오늘 행운 복권 운세

오늘 행운 방위	1 순위 – 북서쪽 2 순위 – 동남쪽
오늘 행운 복권방	집에서 북서쪽에 있는 복권방
오늘 행운의 숫자	1, 6, 11, 16, 18, 21, 26, 36, 41
운이 따르는 복권방이나 지역이름	ㅇ, ㅎ, ㅅ이 들어가는 지역이름이나 상호, 점포이름
오늘 행운이 따르는 금전운 좋은 시간	오후 21시~ 23시

오늘 재수 좋은 띠	닭띠/ 용띠 /소띠
오늘 재수 나쁜 띠	쥐띠 / 토끼띠 / 양띠
당첨운 • 합격운	확률높은 띠; 닭띠 / 용띠 확률낮은 띠; 쥐/토끼/양띠
오늘 사면 수익률 높은 우량주 증권	양조주조사, 선박업, 식품업, 예술업, 무역업, 생수업, 음료
주식 배팅 좋은 나이	20, 25, 28, 32, 37, 40, 44, 49, 52, 56, 61, 64, 68, 73, 76, 80, 85
주식 배팅 나쁜 나이	17, 22, 26, 29, 34, 38, 41, 46, 50, 53, 58, 62, 65, 70, 74, 77, 82
오늘 복권 사면 좋은 나이	20, 25, 28, 32, 37, 40, 44, 49, 52, 56, 61, 64, 68, 73, 76, 80, 85
오늘 복권 사면 나쁜 나이	17, 22, 26, 29, 34, 38, 41, 46, 50, 53, 58, 62, 65, 70, 74, 77, 82
소개팅 • 맞선 • 데이트 • 친목	좋은 띠 ; 용띠 / 닭띠 나쁜 띠 ; 쥐 /양띠/토끼

시간에 만나는 사람
- **巳時**에 사람은 이동수, 변동수, 매매, 이별, 실물
- **午時**온 사람은 빈주머니, 헛 공사, 사기, 휴직
- **未時**는 변동수, 시끄러움, 사고주의, 관재구설
- **申時**에 온 사람 방해자, 배신자, 의욕상실
- **酉時**에 온 사람은 허가, 해결할 문제, 합격 件
- **戌時** 에 온 사람은 의욕없는자, 색정사, 억울한 일

운세풀이

未띠: 이동수, 우왕좌왕, 사고다툼	**戌띠:** 점점 일이 꼬임, 관재구설	**丑띠:** 최고운상승세, 두마음	**辰띠:** 만남, 결실, 화합, 문서
申띠: 매사불편, 방해자, 배신	**亥띠:** 귀인상봉, 금전이득, 현금	**寅띠:** 의욕과다, 스트레스큼	**巳띠:** 이동수, 이별수, 변동 움직임
酉띠: 해결신, 시험합격, 풀림	**子띠:** 매사꼬임, 과거고생, 病	**卯띠:** 시급한 일, 뜻대로 안됨	**午띠:** 빈주머니, 걱정근심, 사기

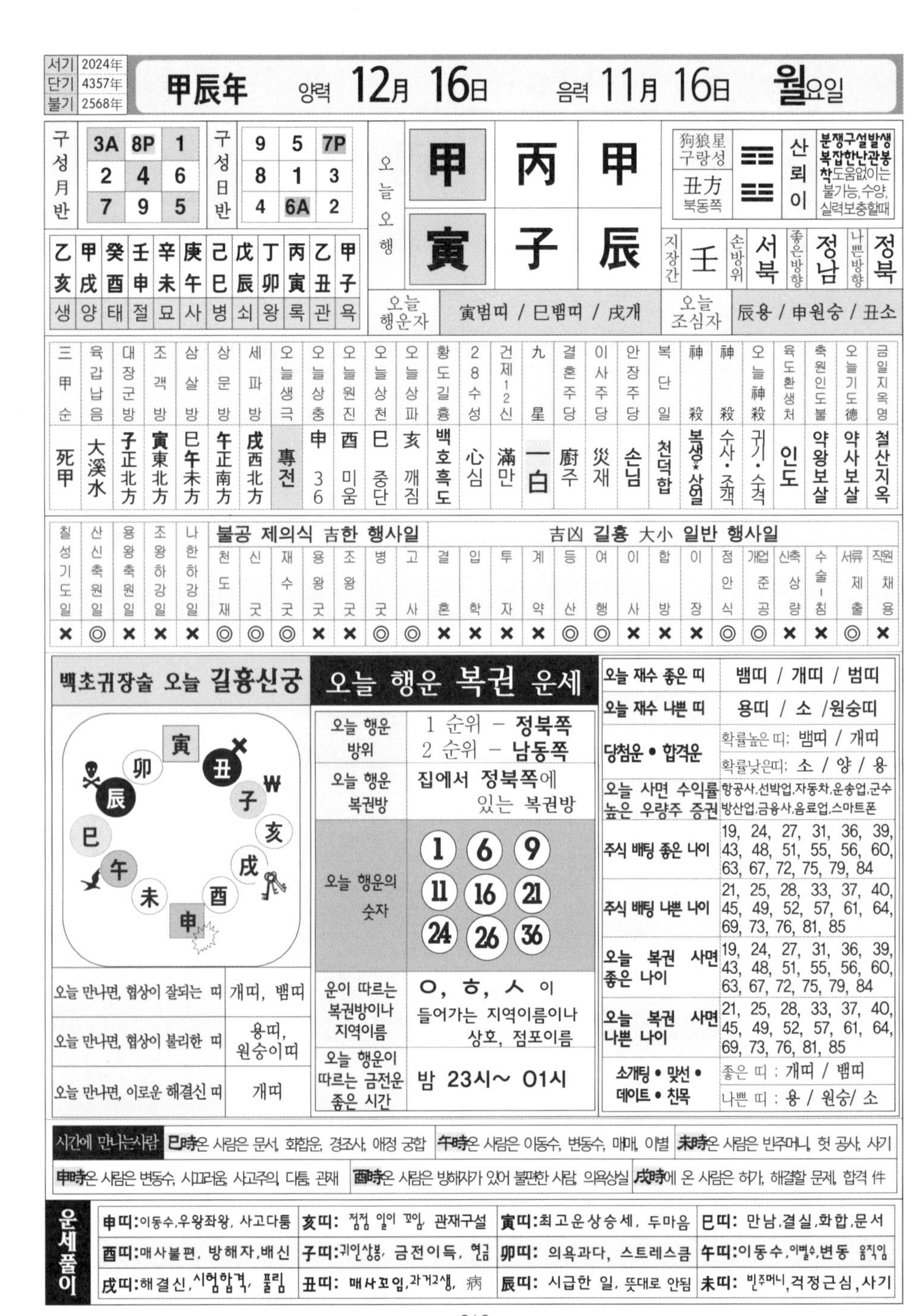

서기	2024年
단기	4357年
불기	2568年

甲辰年 양력 **12月 16日** 음력 **11月 16日** **월**요일

구성월반

3A	8P	1
2	4	6
7	9	5

구성일반

9	5	7P
8	1	3
4	6A	2

乙亥	甲戌	癸酉	壬申	辛未	庚午	己巳	戊辰	丁卯	丙寅	乙丑	甲子
생	양	태	절	묘	사	병	쇠	왕	록	관	욕

오늘오행

甲	丙	甲
寅	子	辰

狗狼星 구랑성	丑方 북동쪽	산뢰이	분쟁구설발생 복잡한난관봉착도움없이는 불가능,수양,실력보충할때

지장간	壬	손방위	서북	좋은방향	정남	나쁜방향	정북

오늘 행운자	寅범띠 / 巳뱀띠 / 戌개	오늘 조심자	辰용 / 申원숭 / 丑소

三甲순	육갑납음	대장군방	조객방	삼살방	상문방	세파방	오늘생극	오늘상충	오늘원진	오늘상천	오늘상파	황도길흉	28수성	건제12신	九星	결혼주당	이사주당	안장주당	복단일	神殺	神殺	오늘神殺	육도환생처	축원인도불	오늘기도德	금일지옥명
死甲	大溪水	子正北方	寅東北方	巳午未方	午正南方	戌西北方	專전	申 36	酉 미움	巳 중단	亥 깨짐	백호흑도	心심	滿만	一白	廚주	災재	손님	천덕합	복생*상일	수사·조객	귀기·수격	인도	약왕보살	약사보살	철산지옥

칠성기도일	산신축원일	용왕축원일	조왕하강일	나한하강일	불공 제의식 吉한 행사일							吉凶 길흉 大小 일반 행사일														
					천도재	신굿	재수굿	용왕굿	조왕굿	병굿	고사	결혼	입학	투자	계약	등산	여행	이사	합방	이장	점안식	개업준공	신축상량	수술-침	서류제출	직원채용
×	◎	×	×	×	◎	◎	◎	×	×	◎	◎	×	×	×	×	◎	◎	×	×	×	◎	◎	×	×	◎	×

백초귀장술 오늘 길흉신궁

오늘 만나면, 협상이 잘되는 띠	개띠, 뱀띠
오늘 만나면, 협상이 불리한 띠	용띠, 원숭이띠
오늘 만나면, 이로운 해결신 띠	개띠

오늘 행운 복권 운세

오늘 행운 방위	1 순위 – **정북쪽** 2 순위 – **남동쪽**
오늘 행운 복권방	집에서 **정북쪽**에 있는 복권방
오늘 행운의 숫자	1, 6, 9, 11, 16, 21, 24, 26, 36
운이 따르는 복권방이나 지역이름	ㅇ, ㅎ, ㅅ 이 들어가는 지역이름이나 상호, 점포이름
오늘 행운이 따르는 금전운 좋은 시간	밤 23시~ 01시

오늘 재수 좋은 띠	뱀띠 / 개띠 / 범띠
오늘 재수 나쁜 띠	용띠 / 소 /원숭띠
당첨운 • 합격운	확률높은 띠: 뱀띠 / 개띠 확률낮은띠: 소 / 양 / 용
오늘 사면 수익률 높은 우량주 증권	항공사,선박업,자동차,운송업,군수방산업,금융사,음료업,스마트폰
주식 배팅 좋은 나이	19, 24, 27, 31, 36, 39, 43, 48, 51, 55, 56, 60, 63, 67, 72, 75, 79, 84
주식 배팅 나쁜 나이	21, 25, 28, 33, 37, 40, 45, 49, 52, 57, 61, 64, 69, 73, 76, 81, 85
오늘 복권 사면 좋은 나이	19, 24, 27, 31, 36, 39, 43, 48, 51, 55, 56, 60, 63, 67, 72, 75, 79, 84
오늘 복권 사면 나쁜 나이	21, 25, 28, 33, 37, 40, 45, 49, 52, 57, 61, 64, 69, 73, 76, 81, 85
소개팅 • 맞선 • 데이트 • 친목	좋은 띠 : 개띠 / 뱀띠 나쁜 띠 : 용 / 원숭/ 소

시간에 만나는사람 **巳時**온 사람은 문서, 화합운, 경조사, 애정 궁합 **午時**온 사람은 이동수, 변동수, 매매, 이별 **未時**온 사람은 빈주머니, 헛 공사, 사기 **申時**온 사람은 변동수, 시끄러움, 사고주의, 다툼, 관재 **酉時**온 사람은 방해자가 있어 불편한 사람, 의욕상실 **戌時**에 온 사람은 허가, 해결할 문제, 합격 件

운세풀이

申띠:이동수,우왕좌왕, 사고다툼	**亥띠:** 점점 일이 꼬임, 관재구설	**寅띠:**최고운상승세, 두마음	**巳띠:** 만남,결실,화합,문서
酉띠:매사불편, 방해자,배신	**子띠:**귀인상봉, 금전이득, 현금	**卯띠:** 의욕과다, 스트레스큼	**午띠:**이동수,이별수,변동 움직임
戌띠:해결신,시험합격, 풀림	**丑띠:** 매사꼬임,과거고생, 病	**辰띠:** 시급한 일, 뜻대로 안됨	**未띠:** 빈주머니,걱정근심,사기

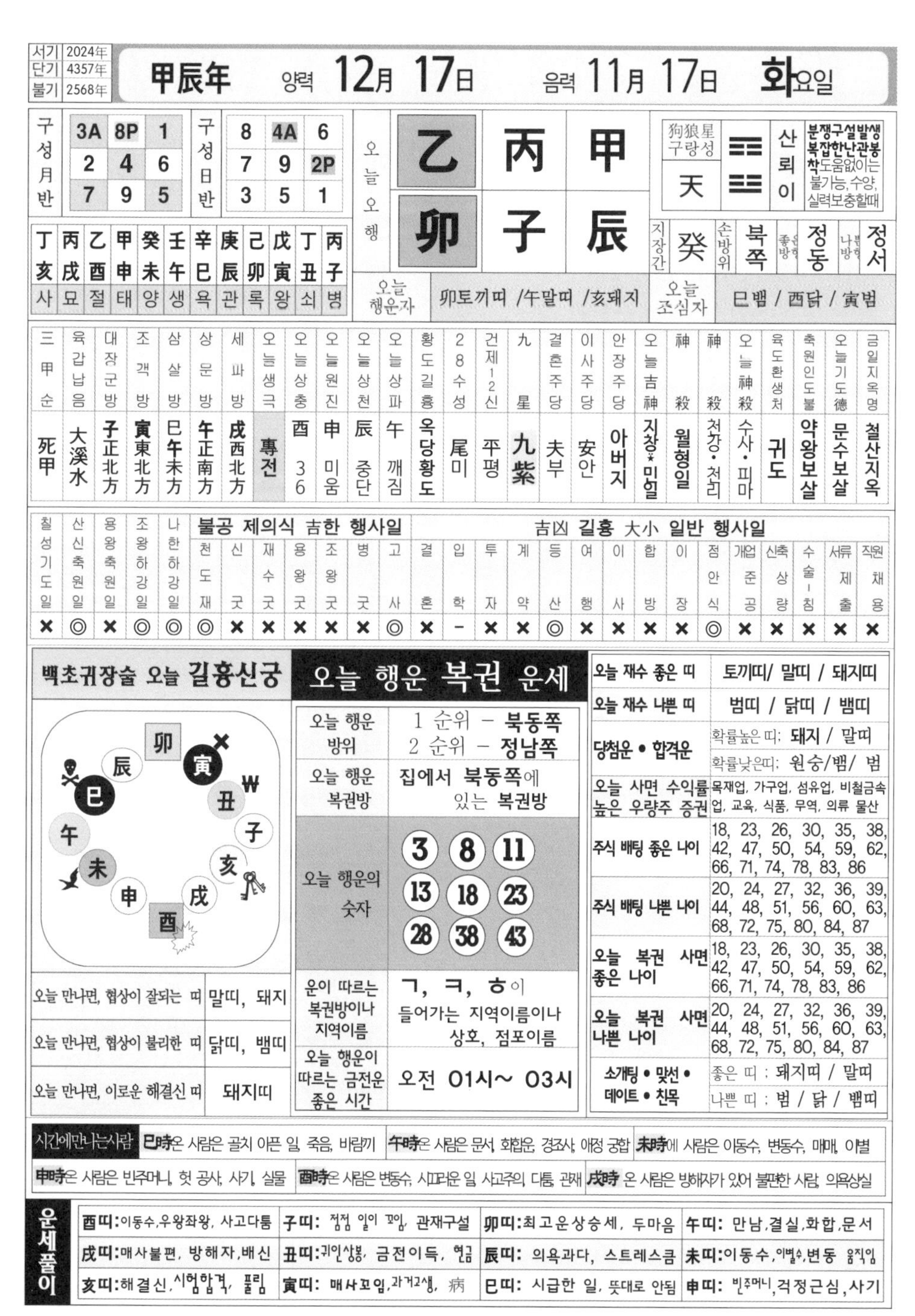

서기 2024年 / 단기 4357年 / 불기 2568年	甲辰年	양력 12月 17日	음력 11月 17日	화요일

구성월반			구성일반		
3A	8P	1	8	4A	6
2	4	6	7	9	2P
7	9	5	3	5	1

오늘오행: 乙 丙 甲 / 卯 子 辰

狗狼星 구랑성: 天 | 산뢰이 | 분쟁구설발생 복잡한난관봉착 도움없이는 불가능, 수양, 실력보충할때

지장간: 癸 | 손방위: 북쪽 | 좋은방향: 정동 | 나쁜방향: 정서

丁亥	丙戌	乙酉	甲申	癸未	壬午	辛巳	庚辰	己卯	戊寅	丁丑	丙子
사	묘	절	태	양	생	욕	관	록	왕	쇠	병

오늘 행운자: 卯토끼띠 /午말띠 /亥돼지

오늘 조심자: 巳뱀 / 酉닭 / 寅범

三甲순	육갑납음	대장군방	조객방	삼살방	상문방	세파방	오늘생극	오늘상충	오늘원진	오늘상천	오늘상파	황도길흉	28수성	건제12신	九星	결혼주당	이사주당	안장주당	오늘吉神	神殺	神殺	오늘神殺	육도환생처	축원인도불	오늘기도德	금일지옥명
死甲	大溪水	子正北方	寅東北方	巳午未方	午正南方	戌西北方	專전	酉 36	申 미움	辰 중단	午 깨짐	옥당황도	尾미	平평	九紫	夫부	安안	아버지	지창★미얼	월형일	천강·천리	수사·피마	귀도	약왕보살	문수보살	철산지옥

칠성기도일	산신축원일	용왕축원일	조왕하강일	나한하강일	불공 제의식 吉한 행사일: 천도재	신굿	재수굿	용왕굿	조왕굿	병굿	고사	吉凶 길흉 大小 일반 행사일: 결혼	입학	투자	계약	등산	여행	이사	합방	이장	점안식	개업준공	신축상량	수술-침	서류제출	직원채용
×	◎	×	◎	◎	◎	×	×	×	×	×	◎	×	–	×	×	◎	×	×	×	×	◎	×	×	×	×	×

백초귀장술 오늘 길흉신궁

오늘 만나면, 협상이 잘되는 띠	말띠, 돼지
오늘 만나면, 협상이 불리한 띠	닭띠, 뱀띠
오늘 만나면, 이로운 해결신 띠	돼지띠

오늘 행운 복권 운세

오늘 행운 방위	1 순위 – 북동쪽 2 순위 – 정남쪽
오늘 행운 복권방	집에서 북동쪽에 있는 복권방
오늘 행운의 숫자	3 8 11 13 18 23 28 38 43
운이 따르는 복권방이나 지역이름	ㄱ, ㅋ, ㅎ이 들어가는 지역이름이나 상호, 점포이름
오늘 행운이 따르는 금전운 좋은 시간	오전 01시~ 03시

오늘 재수 좋은 띠	토끼띠/ 말띠 / 돼지띠
오늘 재수 나쁜 띠	범띠 / 닭띠 / 뱀띠
당첨운 • 합격운	확률높은 띠: 돼지 / 말띠 확률낮은띠: 원숭/뱀/ 범
오늘 사면 수익률 높은 우량주 증권	목재업, 가구업, 섬유업, 비철금속업, 교육, 식품, 무역, 의류 물산
주식 배팅 좋은 나이	18, 23, 26, 30, 35, 38, 42, 47, 50, 54, 59, 62, 66, 71, 74, 78, 83, 86
주식 배팅 나쁜 나이	20, 24, 27, 32, 36, 39, 44, 48, 51, 56, 60, 63, 68, 72, 75, 80, 84, 87
오늘 복권 사면 좋은 나이	18, 23, 26, 30, 35, 38, 42, 47, 50, 54, 59, 62, 66, 71, 74, 78, 83, 86
오늘 복권 사면 나쁜 나이	20, 24, 27, 32, 36, 39, 44, 48, 51, 56, 60, 63, 68, 72, 75, 80, 84, 87
소개팅 • 맞선 • 데이트 • 친목	좋은 띠 : 돼지띠 / 말띠 나쁜 띠 : 범 / 닭 / 뱀띠

시간에만나는사람 巳時온 사람은 골치 아픈 일, 죽음, 바람끼 | 午時온 사람은 문서, 화합운, 경조사, 애정 궁합 | 未時에 사람은 이동수, 변동수, 매매, 이별
申時온 사람은 빈주머니, 헛 공사, 사기, 실물 | 酉時온 사람은 변동수, 시끄러운 일, 사고주의, 다툼, 관재 | 戌時 온 사람은 방해자가 있어 불편한 사람, 의욕상실

운세풀이			
酉띠:이동수,우왕좌왕, 사고다툼	子띠: 점점 일이 꼬임, 관재구설	卯띠:최고운상승세, 두마음	午띠: 만남,결실,화합,문서
戌띠:매사불편, 방해자,배신	丑띠:귀인상봉, 금전이득, 현금	辰띠: 의욕과다, 스트레스큼	未띠:이동수,이별수,변동 움직임
亥띠:해결신,시험합격, 풀림	寅띠: 매사꼬임,과거고생, 病	巳띠: 시급한 일, 뜻대로 안됨	申띠: 빈주머니,걱정근심,사기

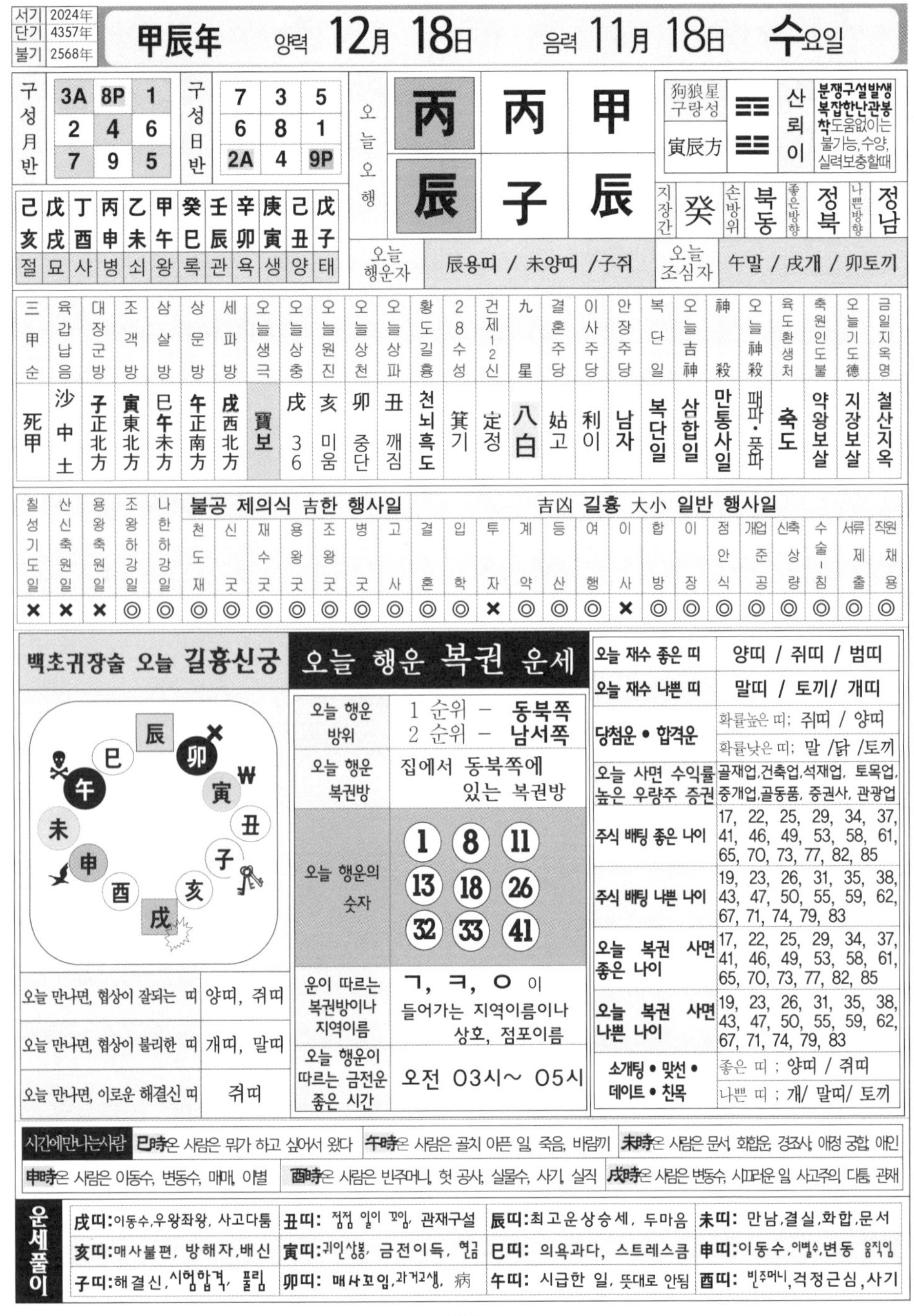

서기	2024年
단기	4357年
불기	2568年

甲辰年 양력 **12月 18日** 음력 **11月 18日** **수**요일

구성月반		
3A	8P	1
2	4	6
7	9	5

구성日반		
7	3	5
6	8	1
2A	4	9P

오늘오행		
丙	丙	甲
辰	子	辰

狗狼星 구랑성	寅辰方	산뢰이	분쟁구설발생 복잡한난관봉착도움없이는 불기능,수양,실력보충할때

지장간	손방위	좋은방향	나쁜방향
癸	북동	정북	정남

己亥	戊戌	丁酉	丙申	乙未	甲午	癸巳	壬辰	辛卯	庚寅	己丑	戊子
절	묘	사	병	쇠	왕	록	관	욕	생	양	태

오늘 행운자	辰용띠 / 未양띠 /子쥐	오늘 조심자	午말 / 戌개 / 卯토끼

三甲순	육갑납음	대장군방	조객방	삼살방	상문방	세파방	오늘생극	오늘상충	오늘원진	오늘상천	오늘상파	황도길흉	28수성	건제12신	九星	결혼주당	이사주당	안장주당	복단일	오늘吉神	神殺	오늘神殺	육도환생처	축원인도불	오늘기도德	금일지옥명
死甲	沙中土	子正北方	寅東北方	巳午未方	午正南方	戌西北方	寶보	戌 36	亥 미움	卯 중단	丑 깨짐	천뇌흑도	箕기	定정	八白	姑고	利이	남자	복단일	삼합일	만통사일	패파·풍파	축도	약왕보살	지장보살	철산지옥

칠성기도일	산신축원일	용왕축원일	조왕하강일	나한하강일	불공 제의식 吉한 행사일							吉凶 길흉 大小 일반 행사일														
					천도재	신굿	재수굿	용왕굿	조왕굿	병굿	고사	결혼	입학	투자	계약	등산	여행	이사	합방	이장	점안식	개업준공	신축상량	수술·침	서류제출	직원채용
×	×	×	◎	◎	◎	◎	◎	◎	◎	◎	◎	◎	◎	×	◎	◎	◎	×	◎	◎	◎	◎	◎	◎	◎	◎

백초귀장술 오늘 길흉신궁

오늘 만나면, 협상이 잘되는 띠	양띠, 쥐띠
오늘 만나면, 협상이 불리한 띠	개띠, 말띠
오늘 만나면, 이로운 해결신 띠	쥐띠

오늘 행운 복권 운세

오늘 행운 방위	1 순위 – 동북쪽 2 순위 – 남서쪽
오늘 행운 복권방	집에서 동북쪽에 있는 복권방
오늘 행운의 숫자	1 8 11 13 18 26 32 33 41
운이 따르는 복권방이나 지역이름	ㄱ, ㅋ, ㅇ 이 들어가는 지역이름이나 상호, 점포이름
오늘 행운이 따르는 금전운 좋은 시간	오전 03시~ 05시

오늘 재수 좋은 띠	양띠 / 쥐띠 / 범띠
오늘 재수 나쁜 띠	말띠 / 토끼/ 개띠
당첨운 • 합격운	확률높은 띠; 쥐띠 / 양띠 확률낮은 띠; 말 /닭 /토끼
오늘 사면 수익률 높은 우량주 증권	골재업,건축업,석재업, 토목업, 중개업,골동품, 증권사, 관광업
주식 배팅 좋은 나이	17, 22, 25, 29, 34, 37, 41, 46, 49, 53, 58, 61, 65, 70, 73, 77, 82, 85
주식 배팅 나쁜 나이	19, 23, 26, 31, 35, 38, 43, 47, 50, 55, 59, 62, 67, 71, 74, 79, 83
오늘 복권 사면 좋은 나이	17, 22, 25, 29, 34, 37, 41, 46, 49, 53, 58, 61, 65, 70, 73, 77, 82, 85
오늘 복권 사면 나쁜 나이	19, 23, 26, 31, 35, 38, 43, 47, 50, 55, 59, 62, 67, 71, 74, 79, 83
소개팅 • 맞선 • 데이트 • 친목	좋은 띠 ; 양띠 / 쥐띠 나쁜 띠 ; 개/ 말띠/ 토끼

시간에만나는사람	**巳時**은 사람은 뭐가 하고 싶어서 왔다	**午時**은 사람은 골치 아픈 일, 죽음, 바람끼	**未時**은 사람은 문서, 화합운, 경조사, 애정 궁합, 애인
申時은 사람은 이동수, 변동수, 매매, 이별	**酉時**은 사람은 빈주머니, 헛 공사, 실물수, 사기, 실직	**戌時**은 사람은 변동수, 시끄러운 일, 사고주의, 다툼, 관재	

운세풀이				
	戌띠: 이동수,우왕좌왕, 사고다툼	**丑띠:** 점점 일이 꼬임, 관재구설	**辰띠:** 최고운상승세, 두마음	**未띠:** 만남,결실,화합,문서
	亥띠: 매사불편, 방해자,배신	**寅띠:** 귀인상봉, 금전이득, 현금	**巳띠:** 의욕과다, 스트레스큼	**申띠:** 이동수, 이별수,변동 움직임
	子띠: 해결신, 시험합격, 풀림	**卯띠:** 매사꼬임,과거고생, 病	**午띠:** 시급한 일, 뜻대로 안됨	**酉띠:** 빈주머니,걱정근심,사기

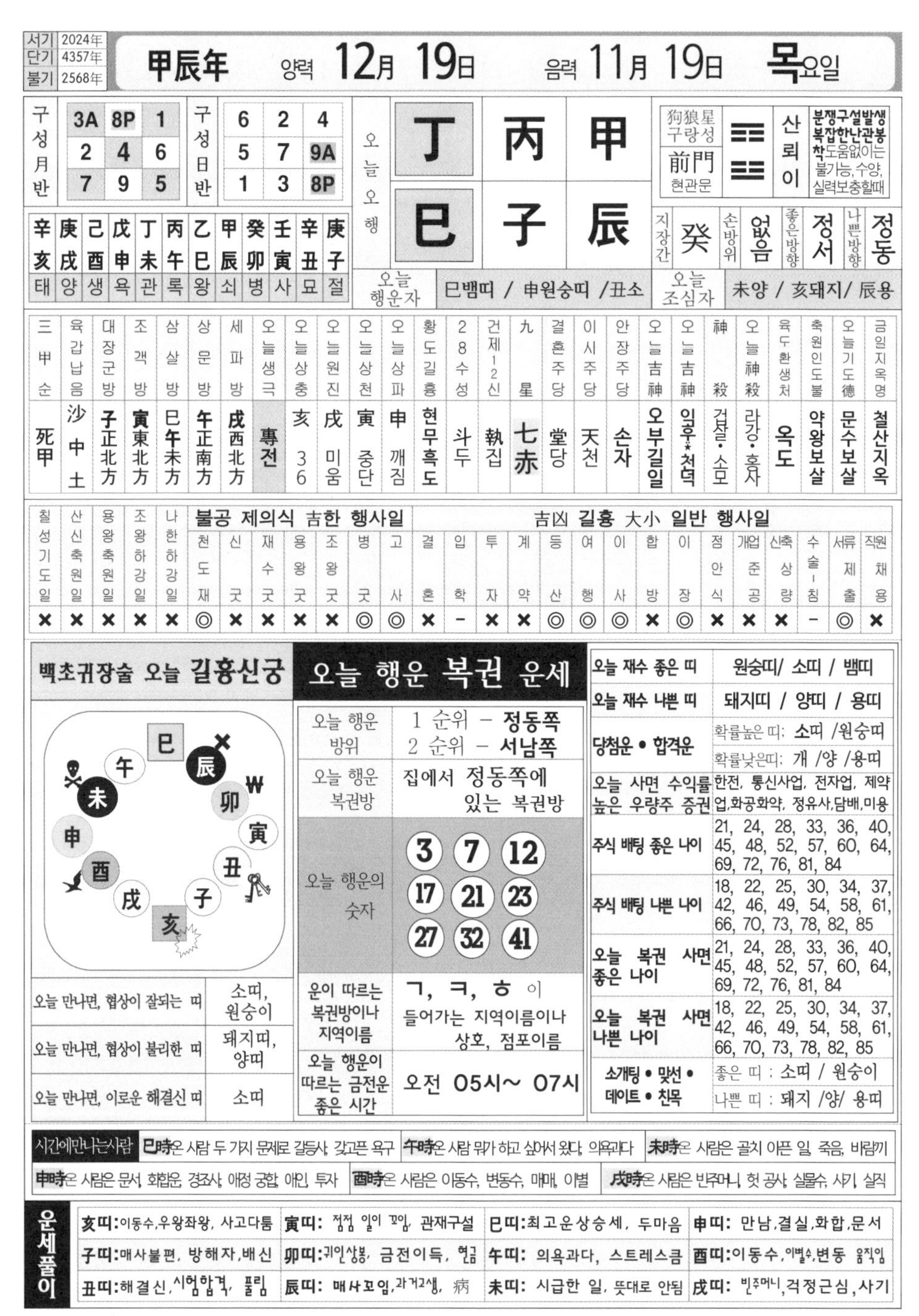

서기	2024年
단기	4357年
불기	2568年

甲辰年 양력 **12月 19日** 음력 **11月 19日** **목**요일

구성월반

3A	8P	1
2	4	6
7	9	5

구성일반

6	2	4
5	7	9A
1	3	8P

오늘오행

丁	丙	甲
巳	子	辰

狗狼星 구랑성 前門 현관문 ☰☷ 산뢰이 분쟁구설발생 복잡한난관봉착도움없이는 불가능,수양, 실력보충할때

辛亥	庚戌	己酉	戊申	丁未	丙午	乙巳	甲辰	癸卯	壬寅	辛丑	庚子
태	양	생	욕	관	록	왕	쇠	병	사	묘	절

지장간	손방위	좋은방향	나쁜방향
癸	없음	정서	정동

오늘 행운자: 巳뱀띠 / 申원숭띠 /丑소

오늘 조심자: 未양 / 亥돼지/ 辰용

三甲순	육갑납음	대장군방	조객방	삼살방	상문방	세파방	오늘생극	오늘상충	오늘원진	오늘상천	오늘상파	황도길흉	28수성	건제12신	九星	결혼주당	이사주당	안장주당	오늘吉神	오늘吉神	神殺	오늘神殺	육두환생처	축원인도불	오늘기도德	금일지옥명
死甲	沙中土	子正北方	寅東北方	巳午未方	午正南方	戌西北方	專전	亥 36	戌 미움	寅 중단	申 깨짐	현무흑도	斗두	執집	七赤	堂당	天천	손자	오부길일	익후*천덕	겁살·소모	라강·홍사	옥도	약왕보살	문수보살	철산지옥

칠성기도일	산신축원일	용왕축원일	조왕하강일	나한하강일	천도재	신굿	재수굿	용왕굿	조왕굿	병굿	고사	결혼	입학	투자	계약	등산	여행	이사	합방	이장	점안식	개업준공	신축상량	수술-침	서류제출	직원채용
					불공 제의식 吉한 행사일							吉凶 길흉 大小 일반 행사일														
×	×	×	×	×	◎	×	×	×	×	◎	◎	×	–	×	×	◎	◎	◎	×	◎	×	×	×	–	◎	×

백초귀장술 오늘 길흉신궁

오늘 만나면, 협상이 잘되는 띠	소띠, 원숭이
오늘 만나면, 협상이 불리한 띠	돼지띠, 양띠
오늘 만나면, 이로운 해결신 띠	소띠

오늘 행운 복권 운세

오늘 행운 방위	1 순위 – **정동쪽** 2 순위 – **서남쪽**
오늘 행운 복권방	집에서 정동쪽에 있는 복권방
오늘 행운의 숫자	3 7 12 17 21 23 27 32 41
운이 따르는 복권방이나 지역이름	ㄱ, ㅋ, ㅎ 이 들어가는 지역이름이나 상호, 점포이름
오늘 행운이 따르는 금전운 좋은 시간	오전 05시~ 07시

오늘 재수 좋은 띠	원숭띠/ 소띠 / 뱀띠
오늘 재수 나쁜 띠	돼지띠 / 양띠 / 용띠
당첨운 • 합격운	확률높은 띠: 소띠 /원숭띠 확률낮은띠: 개 /양 /용띠
오늘 사면 수익률 높은 우량주 증권	한전, 통신사업, 전자업, 제약업,화공화약, 정유사,담배,미용
주식 배팅 좋은 나이	21, 24, 28, 33, 36, 40, 45, 48, 52, 57, 60, 64, 69, 72, 76, 81, 84
주식 배팅 나쁜 나이	18, 22, 25, 30, 34, 37, 42, 46, 49, 54, 58, 61, 66, 70, 73, 78, 82, 85
오늘 복권 사면 좋은 나이	21, 24, 28, 33, 36, 40, 45, 48, 52, 57, 60, 64, 69, 72, 76, 81, 84
오늘 복권 사면 나쁜 나이	18, 22, 25, 30, 34, 37, 42, 46, 49, 54, 58, 61, 66, 70, 73, 78, 82, 85
소개팅 • 맞선 • 데이트 • 친목	좋은 띠 : 소띠 / 원숭이 나쁜 띠 : 돼지 /양/ 용띠

시간에만나는사람
巳時온 사람 두 가지 문제로 갈등사, 갖고픈 욕구 **午時**온 사람 뭐가 하고 싶어서 왔다, 의욕과다 **未時**온 사람은 골치 아픈 일, 죽음, 바람끼
申時온 사람은 문서, 화합운, 경조사, 애정 궁합, 애인, 투자 **酉時**온 사람은 이동수, 변동수, 매매, 이별 **戌時**온 사람은 빈주머니, 헛 공사, 실물수, 사기, 실직

운세풀이

亥띠: 이동수,우왕좌왕, 사고다툼	**寅띠:** 점점 일이 꼬임, 관재구설	**巳띠:** 최고운상승세, 두마음	**申띠:** 만남,결실,화합,문서
子띠: 매사불편, 방해자,배신	**卯띠:** 귀인상봉, 금전이득, 현금	**午띠:** 의욕과다, 스트레스큼	**酉띠:** 이동수,이별수,변동 움직임
丑띠: 해결신,시험합격, 풀림	**辰띠:** 매사꼬임,과거고생, 病	**未띠:** 시급한 일, 뜻대로 안됨	**戌띠:** 빈주머니,걱정근심,사기

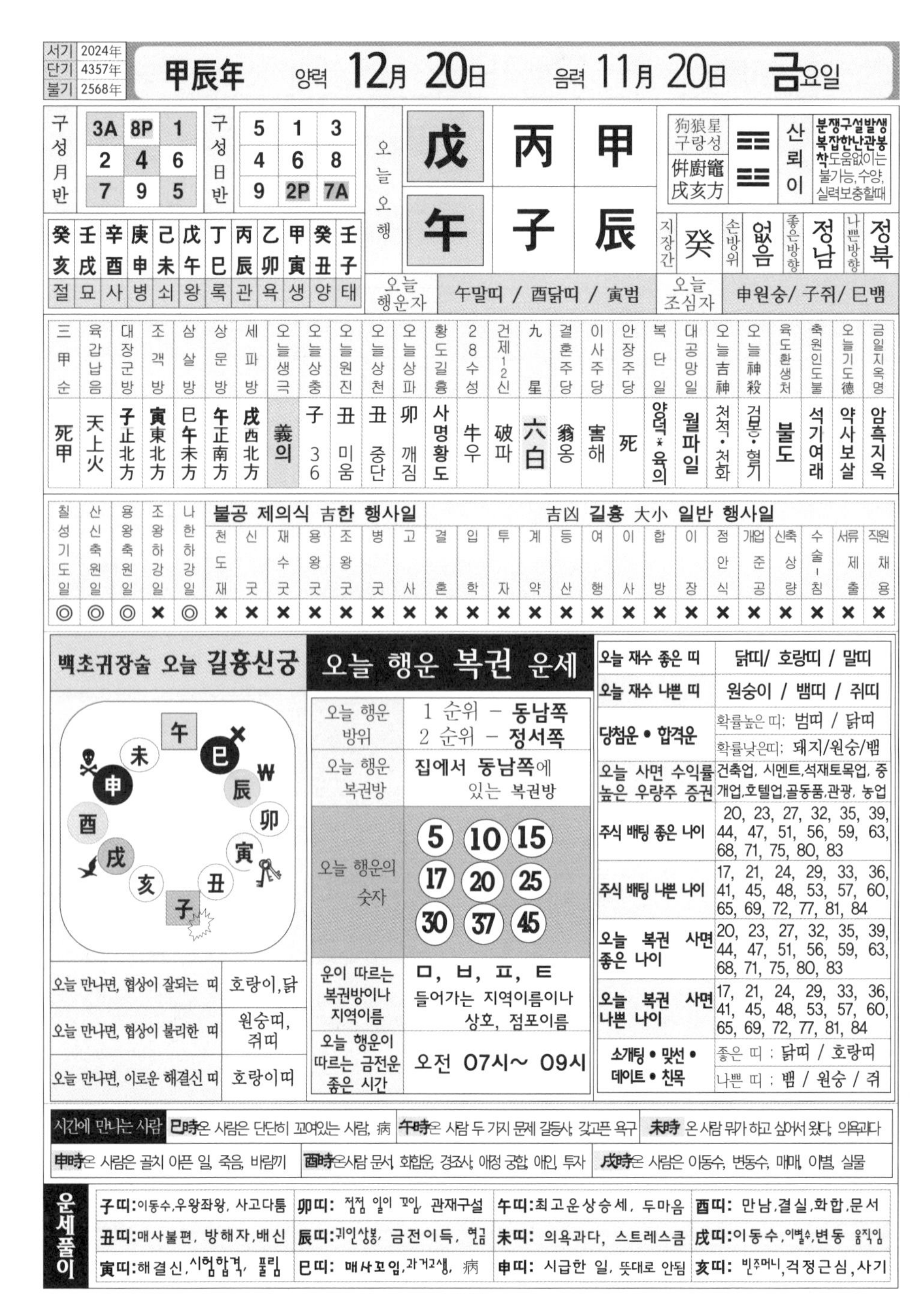

서기	2024年
단기	4357年
불기	2568年

甲辰年 양력 **12月 20日** 음력 **11月 20日** **금**요일

구성월반		
3A	8P	1
2	4	6
7	9	5

구성日반		
5	1	3
4	6	8
9	2P	7A

오늘오행		
戊	丙	甲
午	子	辰

狗狼星 구랑성 / 倂廚竈 戌亥方 — 산뢰이 — **분쟁구설발생 복잡한난관봉착**도움없이는 불가능,수양, 실력보충할때

지장간	손방위	좋은방향	나쁜방향
癸	없음	정남	정북

癸亥	壬戌	辛酉	庚申	己未	戊午	丁巳	丙辰	乙卯	甲寅	癸丑	壬子
절	묘	사	병	쇠	왕	록	관	욕	생	양	태

오늘 행운자	午말띠 / 酉닭띠 / 寅범
오늘 조심자	申원숭/ 子쥐/ 巳뱀

三甲순	육갑납음	대장군방	조객방	삼살방	상문방	세파방	오늘생극	오늘상충	오늘원진	오늘상천	오늘상파	황도길흉	28수성	건제12신	九星	결혼주당	이사주당	안장주당	복단일	대공망일	오늘吉神	오늘神殺	육도환생처	축원인도불	오늘기도德	금일지옥명
死甲	天上火	子止北方	寅東北方	巳午未方	午正南方	戌西北方	義의	子 36	丑 미움	丑 중단	卯 깨짐	사명황도	牛우	破파	六白	翁옹	害해	死	양덕*육의	월파일	천적·천화	검봉·혈기	불도	석기여래	약사보살	암흑지옥

칠성기도일	산신축원일	용왕축원일	조왕하강일	나한하강일	불공 제의식 吉한 행사일: 천도재	신굿	재수굿	용왕굿	조왕굿	병굿	고사	吉凶 길흉 大小 일반 행사일: 결혼	입학	투자	계약	등산	여행	이사	합방	이장	점안식	개업준공	신축상량	수술-침	서류제출	직원채용
◎	◎	◎	×	◎	×	×	×	×	×	×	×	×	×	×	×	×	×	×	×	×	×	×	×	×	×	×

백초귀장술 오늘 길흉신궁

午 未 巳 申 辰 酉 卯 戌 寅 亥 丑 子

오늘 만나면, 협상이 잘되는 띠	호랑이,닭
오늘 만나면, 협상이 불리한 띠	원숭띠, 쥐띠
오늘 만나면, 이로운 해결신 띠	호랑이띠

오늘 행운 복권 운세

오늘 행운 방위	1 순위 – 동남쪽 2 순위 – 정서쪽
오늘 행운 복권방	집에서 동남쪽에 있는 복권방
오늘 행운의 숫자	5, 10, 15, 17, 20, 25, 30, 37, 45
운이 따르는 복권방이나 지역이름	ㅁ, ㅂ, ㅍ, ㅌ 들어가는 지역이름이나 상호, 점포이름
오늘 행운이 따르는 금전운 좋은 시간	오전 07시~ 09시

오늘 재수 좋은 띠	닭띠/ 호랑띠 / 말띠
오늘 재수 나쁜 띠	원숭이 / 뱀띠 / 쥐띠
당첨운 • 합격운	확률높은 띠: 범띠 / 닭띠 확률낮은띠: 돼지/원숭/뱀
오늘 사면 수익률 높은 우량주 증권	건축업, 시멘트,석재토목업, 중개업,호텔업,골동품,관광, 농업
주식 배팅 좋은 나이	20, 23, 27, 32, 35, 39, 44, 47, 51, 56, 59, 63, 68, 71, 75, 80, 83
주식 배팅 나쁜 나이	17, 21, 24, 29, 33, 36, 41, 45, 48, 53, 57, 60, 65, 69, 72, 77, 81, 84
오늘 복권 사면 좋은 나이	20, 23, 27, 32, 35, 39, 44, 47, 51, 56, 59, 63, 68, 71, 75, 80, 83
오늘 복권 사면 나쁜 나이	17, 21, 24, 29, 33, 36, 41, 45, 48, 53, 57, 60, 65, 69, 72, 77, 81, 84
소개팅 • 맞선 • 데이트 • 친목	좋은 띠 : 닭띠 / 호랑띠 나쁜 띠 : 뱀 / 원숭 / 쥐

시간에 만나는 사람 **巳時**온 사람은 단단히 꼬여있는 사람, 病 **午時**온 사람 두 가지 문제 갈등사, 갖고픈 욕구 **未時** 온 사람 뭐가 하고 싶어서 왔다, 의욕과다
申時온 사람은 골치 아픈 일, 죽음, 비람끼 **酉時**온사람 문서, 화합운, 경조사, 애정 궁합, 애인, 투자 **戌時**온 사람은 이동수, 변동수, 매매, 이별, 실물

운세풀이

子띠:이동수,우왕좌왕, 사고다툼	**卯띠:** 점점 일이 꼬임, 관재구설	**午띠:**최고운상승세, 두마음	**酉띠:** 만남,결실,화합,문서
丑띠:매사불편, 방해자,배신	**辰띠:**귀인상봉, 금전이득, 현금	**未띠:** 의욕과다, 스트레스큼	**戌띠:**이동수,이별수,변동 움직임
寅띠:해결신,시험합격, 풀림	**巳띠:** 매사꼬임,과거고생, 病	**申띠:** 시급한 일, 뜻대로 안됨	**亥띠:** 빈주머니,걱정근심,사기

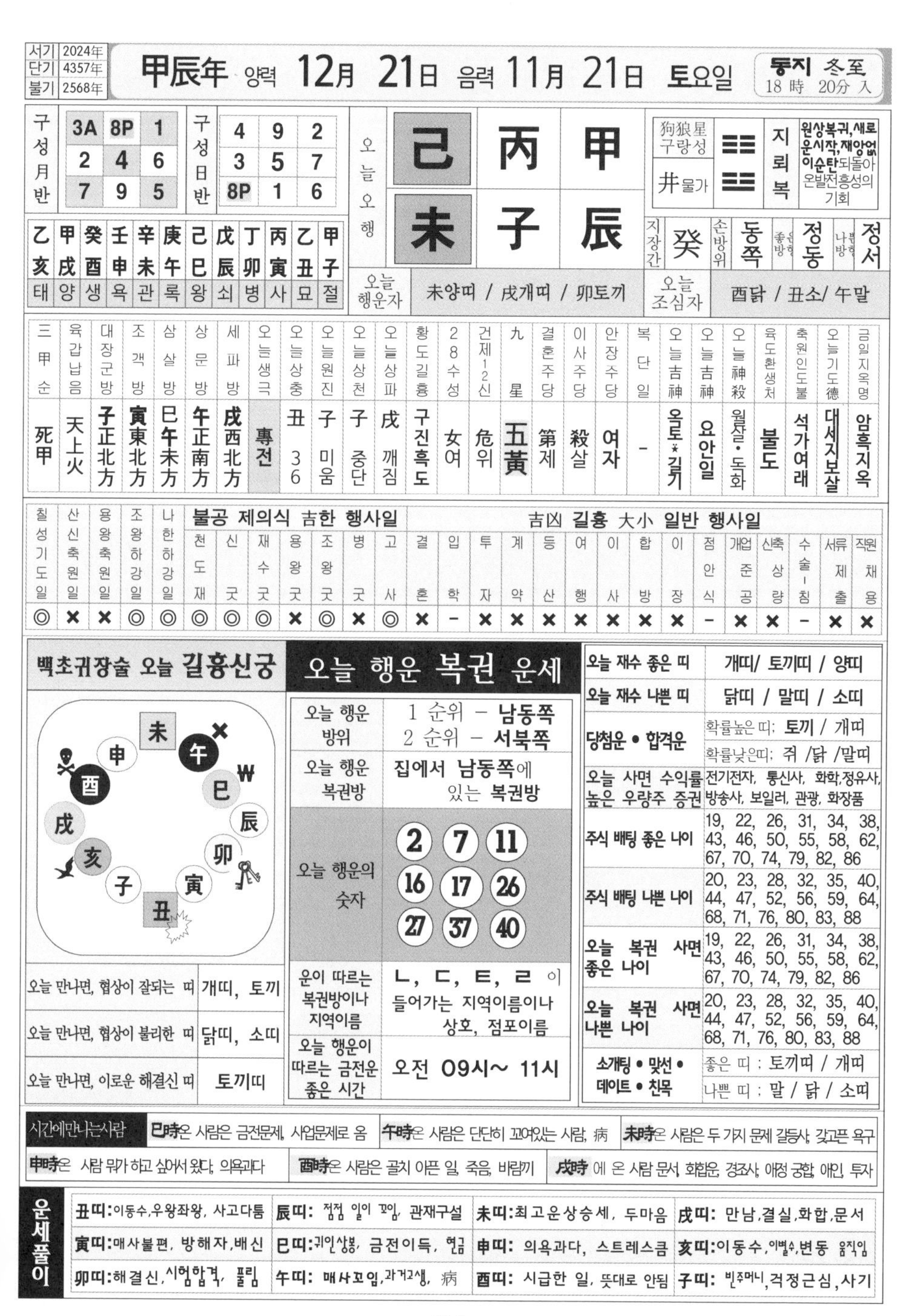

서기	2024年
단기	4357年
불기	2568年

甲辰年 양력 12月 21日 음력 11月 21日 토요일

동지 冬至 18 時 20分 入

구성월반		
3A	8P	1
2	4	6
7	9	5

구성일반		
4	9	2
3	5	7
8P	1	6

乙亥	甲戌	癸酉	壬申	辛未	庚午	己巳	戊辰	丁卯	丙寅	乙丑	甲子
태	양	생	욕	관	록	왕	쇠	병	사	묘	절

오늘오행		
己	丙	甲
未	子	辰

狗狼星 구랑성	☷	지뢰복	원상복귀, 새로운시작, 재앙없이순탄 되돌아온발전흥성의 기회
井 물가	☳		

지장간	癸	손방위	동쪽	좋은방향	정동	나쁜방향	정서

오늘 행운자	未양띠 / 戌개띠 / 卯토끼	오늘 조심자	酉닭 / 丑소/ 午말

三甲순	육갑납음	대장군방	조객방	삼살방	상문방	세파방	오늘생극	오늘상충	오늘원진	오늘상천	오늘상파	황도길흉	28수성	건제12신	九星	결혼주당	이사주당	안장수당	복단일	오늘吉神	오늘吉神	오늘神殺	육도환생처	축원인도불	오늘기도德	금일지옥명
死甲	天上火	子正北方	寅東北方	巳午未方	午正南方	戌西北方	專전	丑 36	子 미움	子 중단	戌 깨짐	구진흑도	女여	危위	五黃	第제	殺살	여자	-	올토*길기	요안일	월살·도화	불도	석가여래	대세지보살	암흑지옥

칠성기도일	산신축원일	용왕축원일	조왕하강일	나한하강일	불공 제의식 吉한 행사일							吉凶 길흉 大小 일반 행사일														
					천도재	신굿	재수굿	용왕굿	조왕굿	병굿	고사	결혼	입학	투자	계약	등산	여행	이사	합방	이장	점안식	개업준공	신축상량	수술-침	서류제출	직원채용
◎	×	×	◎	◎	◎	◎	◎	×	◎	×	◎	×	-	×	×	×	×	×	×	×	-	×	×	-	×	×

백초귀장술 오늘 길흉신궁

오늘 만나면, 협상이 잘되는 띠	개띠, 토끼
오늘 만나면, 협상이 불리한 띠	닭띠, 소띠
오늘 만나면, 이로운 해결신 띠	토끼띠

오늘 행운 복권 운세

오늘 행운 방위	1 순위 – 남동쪽 2 순위 – 서북쪽
오늘 행운 복권방	집에서 남동쪽에 있는 복권방
오늘 행운의 숫자	2 7 11 16 17 26 27 37 40
운이 따르는 복권방이나 지역이름	ㄴ, ㄷ, ㅌ, ㄹ 이 들어가는 지역이름이나 상호, 점포이름
오늘 행운이 따르는 금전운 좋은 시간	오전 09시~ 11시

오늘 재수 좋은 띠	개띠/ 토끼띠 / 양띠
오늘 재수 나쁜 띠	닭띠 / 말띠 / 소띠
당첨운 • 합격운	확률높은 띠: 토끼 / 개띠 확률낮은띠: 쥐 /닭 /말띠
오늘 사면 수익률 높은 우량주 증권	전기전자, 통신사, 화학,정유사, 방송사, 보일러, 관광, 화장품
주식 배팅 좋은 나이	19, 22, 26, 31, 34, 38, 43, 46, 50, 55, 58, 62, 67, 70, 74, 79, 82, 86
주식 배팅 나쁜 나이	20, 23, 28, 32, 35, 40, 44, 47, 52, 56, 59, 64, 68, 71, 76, 80, 83, 88
오늘 복권 사면 좋은 나이	19, 22, 26, 31, 34, 38, 43, 46, 50, 55, 58, 62, 67, 70, 74, 79, 82, 86
오늘 복권 사면 나쁜 나이	20, 23, 28, 32, 35, 40, 44, 47, 52, 56, 59, 64, 68, 71, 76, 80, 83, 88
소개팅 • 맞선 • 데이트 • 친목	좋은 띠 : 토끼띠 / 개띠 나쁜 띠 : 말 / 닭 / 소띠

시간에만나는사람	巳時은 사람은 금전문제, 사업문제로 옴	午時은 사람은 단단히 꼬여있는 사람, 病	未時은 사람은 두 가지 문제 갈등사, 갖고픈 욕구
申時은 사람 뭐가 하고 싶어서 왔다, 의욕과다	酉時은 사람은 골치 아픈 일, 죽음, 바람끼	戌時 에 온 사람 문서, 화합운, 경조사, 애정 궁합, 애인, 투자	

운세풀이			
丑띠:이동수,우왕좌왕, 사고다툼	辰띠: 점점 일이 꼬임, 관재구설	未띠:최고운상승세, 두마음	戌띠: 만남,결실,화합,문서
寅띠:매사불편, 방해자,배신	巳띠:귀인상봉, 금전이득, 현금	申띠: 의욕과다, 스트레스큼	亥띠:이동수,이별수,변동 움직임
卯띠:해결신,시험합격, 풀림	午띠: 매사꼬임,과거고생, 病	酉띠: 시급한 일, 뜻대로 안됨	子띠: 빈주머니,걱정근심,사기

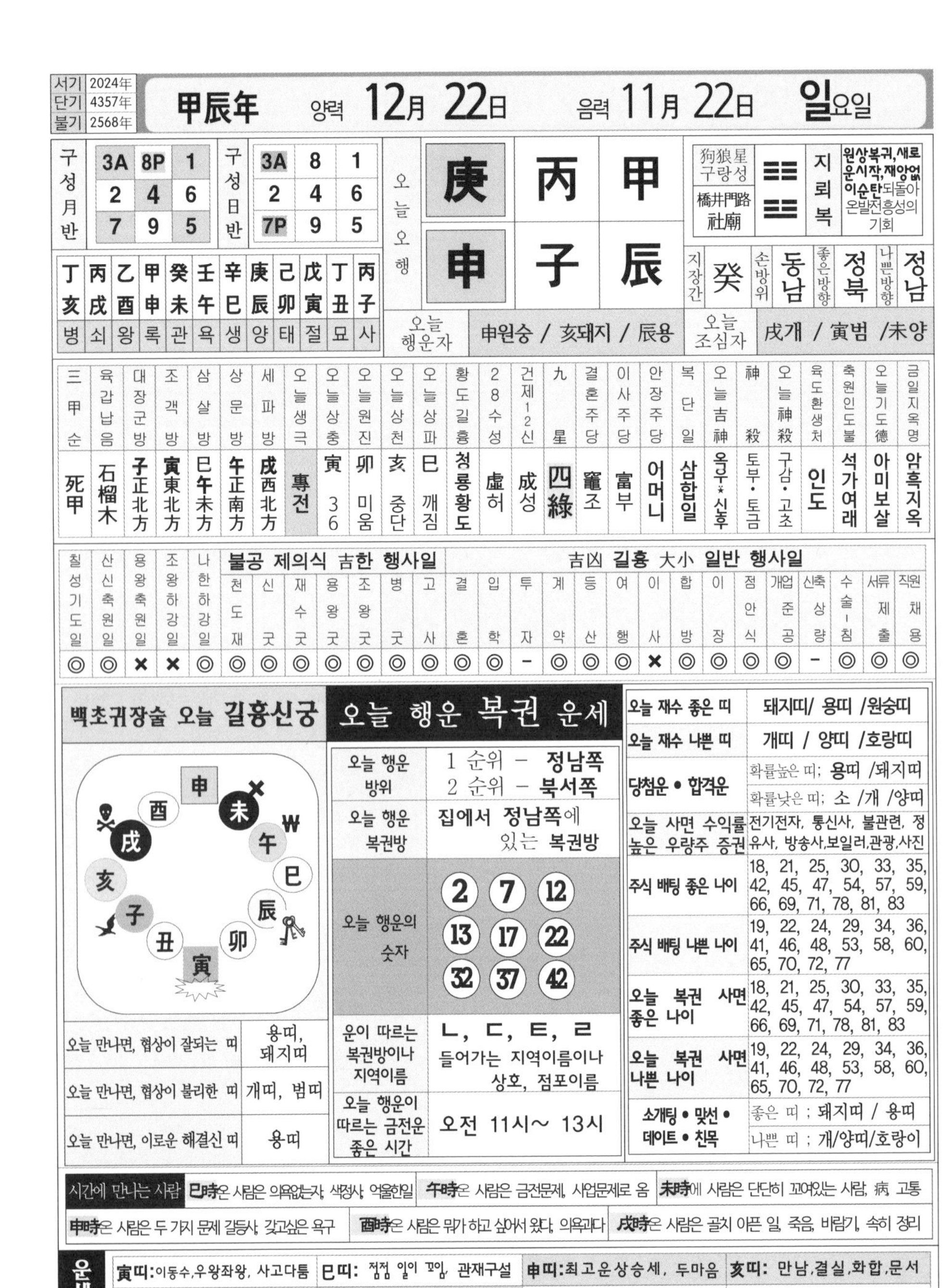

서기	2024年
단기	4357年
불기	2568年

甲辰年 양력 12月 22日 음력 11月 22日 일요일

구성月반		
3A	8P	1
2	4	6
7	9	5

구성日반		
3A	8	1
2	4	6
7P	9	5

丁亥	丙戌	乙酉	甲申	癸未	壬午	辛巳	庚辰	己卯	戊寅	丁丑	丙子
병	쇠	왕	록	관	욕	생	양	태	절	묘	사

오늘오행			
	庚	丙	甲
	申	子	辰

狗狼星 구랑성	☷	지뢰복	원상복귀, 새로운시작, 재앙없이순탄되돌아온발전흥성의 기회
橋井門路 社廟	☳		

지장간	癸	손방위	동남	좋은방향	정북	나쁜방향	정남

오늘 행운자	申원숭 / 亥돼지 / 辰용	오늘 조심자	戌개 / 寅범 /未양

三甲순	육갑납음	대장군방	조객방	삼살방	상문방	세파방	오늘생극	오늘상충	오늘원진	오늘상천	오늘상파	황도길흉	28수성	건제12신	九星	결혼주당	이사주당	안장주당	복단일	오늘吉神	神殺	오늘神殺	육도환생처	축원인도불	오늘기도德	금일지옥명
死甲	石榴木	子正北方	寅東北方	巳午未方	午正南方	戌西北方	專전	寅 36	卯 미움	亥 중단	巳 깨짐	청룡황도	虛허	成성	四綠	竈조	富부	어머니	삼합일	옥우*신후	토부·토금	구감·고초	인도	석가여래	아미보살	암흑지옥

					불공 제의식 吉한 행사일							吉凶 길흉 大小 일반 행사일														
칠성기도일	산신축원일	용왕축원일	조왕하강일	나한하강일	천도재	신굿	재수굿	용왕굿	조왕굿	병굿	고사	결혼	입학	투자	계약	등산	여행	이사	합방	이장	점안식	개업준공	신축상량	수술-침	서류제출	직원채용
◎	◎	×	×	◎	◎	◎	◎	◎	◎	◎	◎	◎	◎	-	◎	◎	◎	×	◎	◎	◎	◎	-	◎	◎	◎

백초귀장술 오늘 길흉신궁

申 未 午 巳 辰 卯 寅 丑 子 亥 戌 酉

오늘 만나면, 협상이 잘되는 띠	용띠, 돼지띠
오늘 만나면, 협상이 불리한 띠	개띠, 범띠
오늘 만나면, 이로운 해결신 띠	용띠

오늘 행운 복권 운세

오늘 행운 방위	1 순위 – 정남쪽 2 순위 – 북서쪽
오늘 행운 복권방	집에서 정남쪽에 있는 복권방
오늘 행운의 숫자	2, 7, 12, 13, 17, 22, 32, 37, 42
운이 따르는 복권방이나 지역이름	ㄴ, ㄷ, ㅌ, ㄹ 들어가는 지역이름이나 상호, 점포이름
오늘 행운이 따르는 금전운 좋은 시간	오전 11시~ 13시

오늘 재수 좋은 띠	돼지띠/ 용띠 /원숭띠
오늘 재수 나쁜 띠	개띠 / 양띠 /호랑띠
당첨운 • 합격운	확률높은 띠; 용띠 /돼지띠 확률낮은 띠; 소 /개 /양띠
오늘 사면 수익률 높은 우량주 증권	전기전자, 통신사, 불관련, 정유사, 방송사,보일러,관광,사진
주식 배팅 좋은 나이	18, 21, 25, 30, 33, 35, 42, 45, 47, 54, 57, 59, 66, 69, 71, 78, 81, 83
주식 배팅 나쁜 나이	19, 22, 24, 29, 34, 36, 41, 46, 48, 53, 58, 60, 65, 70, 72, 77
오늘 복권 사면 좋은 나이	18, 21, 25, 30, 33, 35, 42, 45, 47, 54, 57, 59, 66, 69, 71, 78, 81, 83
오늘 복권 사면 나쁜 나이	19, 22, 24, 29, 34, 36, 41, 46, 48, 53, 58, 60, 65, 70, 72, 77
소개팅 • 맞선 • 데이트 • 친목	좋은 띠 ; 돼지띠 / 용띠 나쁜 띠 ; 개/양띠/호랑이

시간에 만나는 사람	巳時은 사람은 의욕없는자, 색정사, 억울한일	午時은 사람은 금전문제, 사업문제로 옴	未時에 사람은 단단히 꼬여있는 사람, 病, 고통
	申時은 사람은 두 가지 문제 갈등사, 갖고싶은 욕구	酉時은 사람은 뭔가 하고 싶어서 왔다, 의욕과다	戌時은 사람은 골치 아픈 일, 죽음, 비람기, 속히 정리

운세풀이				
	寅띠:이동수,우왕좌왕, 사고다툼	巳띠: 점점 일이 꼬임, 관재구설	申띠:최고운상승세, 두마음	亥띠: 만남,결실,화합,문서
	卯띠:매사불편, 방해자,배신	午띠: 귀인상봉, 금전이득, 현금	酉띠: 의욕과다, 스트레스큼	子띠:이동수,이별수,변동 움직임
	辰띠:해결신,시험합격, 풀림	未띠: 매사꼬임,과거고생, 病	戌띠: 시급한 일, 뜻대로 안됨	丑띠: 빈주머니,걱정근심,사기

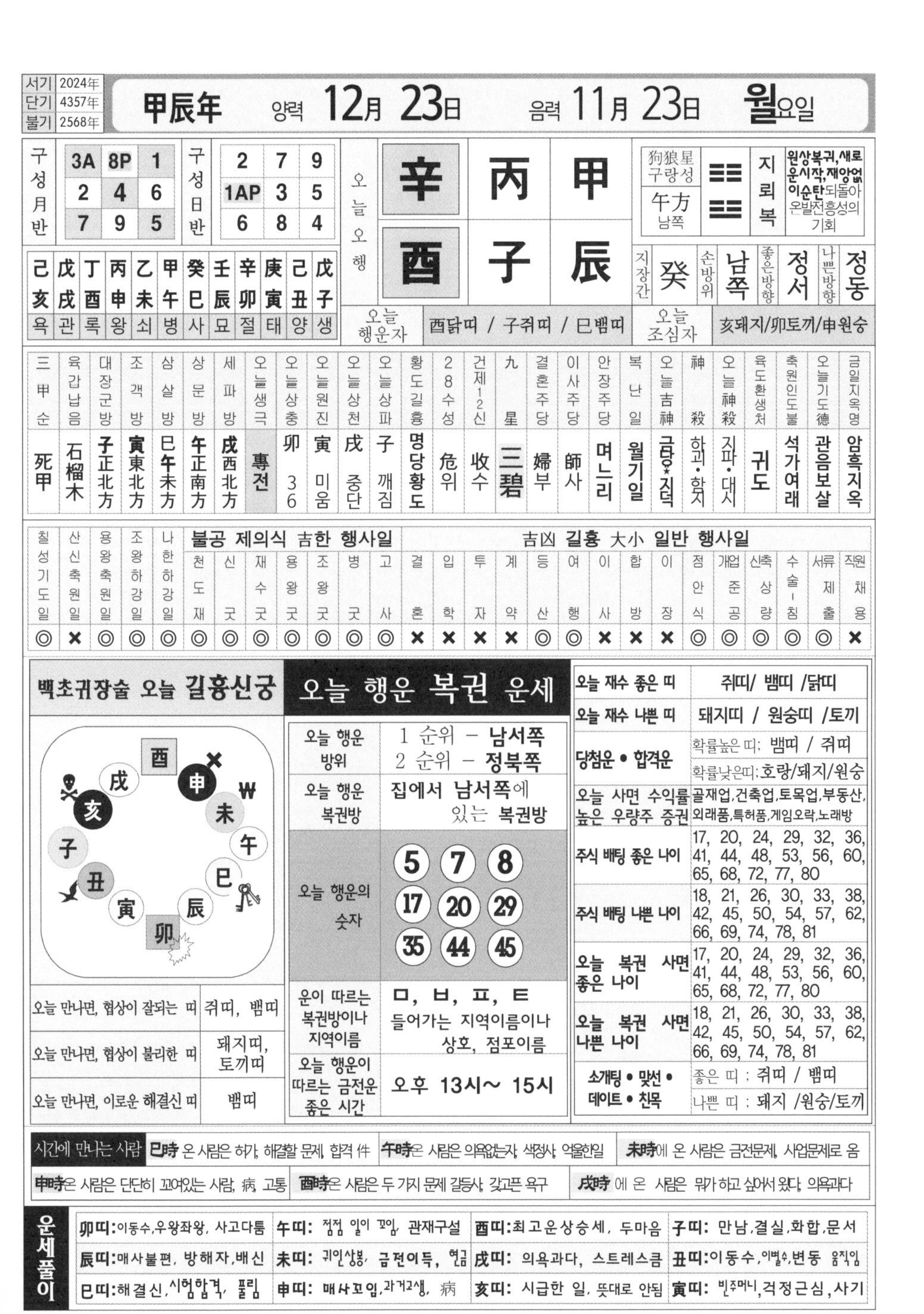

서기	2024年
단기	4357年
불기	2568年

甲辰年 양력 **12月 23日** 음력 **11月 23日** **월**요일

구성月반				구성日반			
	3A	8P	1		2	7	9
	2	4	6		1AP	3	5
	7	9	5		6	8	4

오늘오행			
천간	辛	丙	甲
지지	酉	子	辰

狗狼星 구랑성	午方 남쪽	지뢰복	원상복귀, 새로운시작, 재앙없이순탄되돌아온발전흥성의 기회

지장간	손방위	좋은방향	나쁜방향
癸	남쪽	정서	정동

己亥	戊戌	丁酉	丙申	乙未	甲午	癸巳	壬辰	辛卯	庚寅	己丑	戊子
욕	관	록	왕	쇠	병	사	묘	절	태	양	생

오늘 행운자	酉닭띠 / 子쥐띠 / 巳뱀띠	오늘 조심자	亥돼지/卯토끼/申원숭

三甲순	육갑납음	대장군방	조객방	삼살방	상문방	세파방	오늘생극	오늘상충	오늘원진	오늘상천	오늘상파	황도길흉	28수성	건제12신	九星	결혼주당	이사주당	안장주당	복난일	오늘吉神	神殺	오늘神殺	육도환생처	축원인도불	오늘기도德	금일지옥명
死甲	石榴木	子正北方	寅東北方	巳午未方	午正南方	戌西北方	專전	卯 36	寅 미움	戌 중단	子 깨짐	명당황도	危위	收수	三碧	婦부	師사	며느리	월기일	금당☆지덕	하괴·함지	지파·대시	귀도	석가여래	관음보살	암흑지옥

칠성기도일	산신축원일	용왕축원일	조왕하강일	나한하강일	불공 제의식 吉한 행사일							吉凶 길흉 大小 일반 행사일														
					천도재	신굿	재수굿	용왕굿	조왕굿	병굿	고사	결혼	입학	투자	계약	등산	여행	이사	합방	이장	점안식	개업준공	신축상량	수술-침	서류제출	직원채용
◎	×	◎	◎	◎	◎	◎	◎	◎	◎	◎	◎	×	×	×	×	◎	◎	×	×	×	◎	◎	◎	◎	◎	×

백초귀장술 오늘 길흉신궁

오늘 만나면, 협상이 잘되는 띠	쥐띠, 뱀띠
오늘 만나면, 협상이 불리한 띠	돼지띠, 토끼띠
오늘 만나면, 이로운 해결신 띠	뱀띠

오늘 행운 복권 운세

오늘 행운 방위	1 순위 – 남서쪽 2 순위 – 정북쪽
오늘 행운 복권방	집에서 남서쪽에 있는 복권방
오늘 행운의 숫자	5, 7, 8, 17, 20, 29, 35, 44, 45
운이 따르는 복권방이나 지역이름	ㅁ, ㅂ, ㅍ, ㅌ 들어가는 지역이름이나 상호, 점포이름
오늘 행운이 따르는 금전운 좋은 시간	오후 13시~ 15시

오늘 재수 좋은 띠	쥐띠/ 뱀띠 /닭띠
오늘 재수 나쁜 띠	돼지띠 / 원숭띠 /토끼
당첨운 • 합격운	확률높은 띠: 뱀띠 / 쥐띠 확률낮은띠: 호랑/돼지/원숭
오늘 사면 수익률 높은 우량주 증권	골재업,건축업,토목업,부동산,외래품,특허품,게임오락,노래방
주식 배팅 좋은 나이	17, 20, 24, 29, 32, 36, 41, 44, 48, 53, 56, 60, 65, 68, 72, 77, 80
주식 배팅 나쁜 나이	18, 21, 26, 30, 33, 38, 42, 45, 50, 54, 57, 62, 66, 69, 74, 78, 81
오늘 복권 사면 좋은 나이	17, 20, 24, 29, 32, 36, 41, 44, 48, 53, 56, 60, 65, 68, 72, 77, 80
오늘 복권 사면 나쁜 나이	18, 21, 26, 30, 33, 38, 42, 45, 50, 54, 57, 62, 66, 69, 74, 78, 81
소개팅 • 맞선 • 데이트 • 친목	좋은 띠 : 쥐띠 / 뱀띠 나쁜 띠 : 돼지 /원숭/토끼

시간에 만나는 사람	**巳時** 온 사람은 허가, 해결할 문제, 합격 件	**午時**온 사람은 의욕없는자, 색정사, 억울한일	**未時**에 온 사람은 금전문제, 사업문제로 옴
	申時온 사람은 단단히 꼬여있는 사람, 病, 고통	**酉時**온 사람은 두 가지 문제 갈등사, 갖고픈 욕구	**戌時** 에 온 사람은 뭔가 하고 싶어서 왔다, 의욕과다

운세풀이				
	卯띠:이동수,우왕좌왕, 사고다툼	**午띠:** 점점 일이 꼬임, 관재구설	**酉띠:**최고운상승세, 두마음	**子띠:** 만남,결실,화합,문서
	辰띠:매사불편, 방해자,배신	**未띠:** 귀인상봉, 금전이득, 현금	**戌띠:** 의욕과다, 스트레스큼	**丑띠:**이동수,이별수,변동 움직임
	巳띠:해결신,시험합격, 풀림	**申띠:** 매사꼬임,과거고생, 病	**亥띠:** 시급한 일, 뜻대로 안됨	**寅띠:** 빈주머니,걱정근심,사기

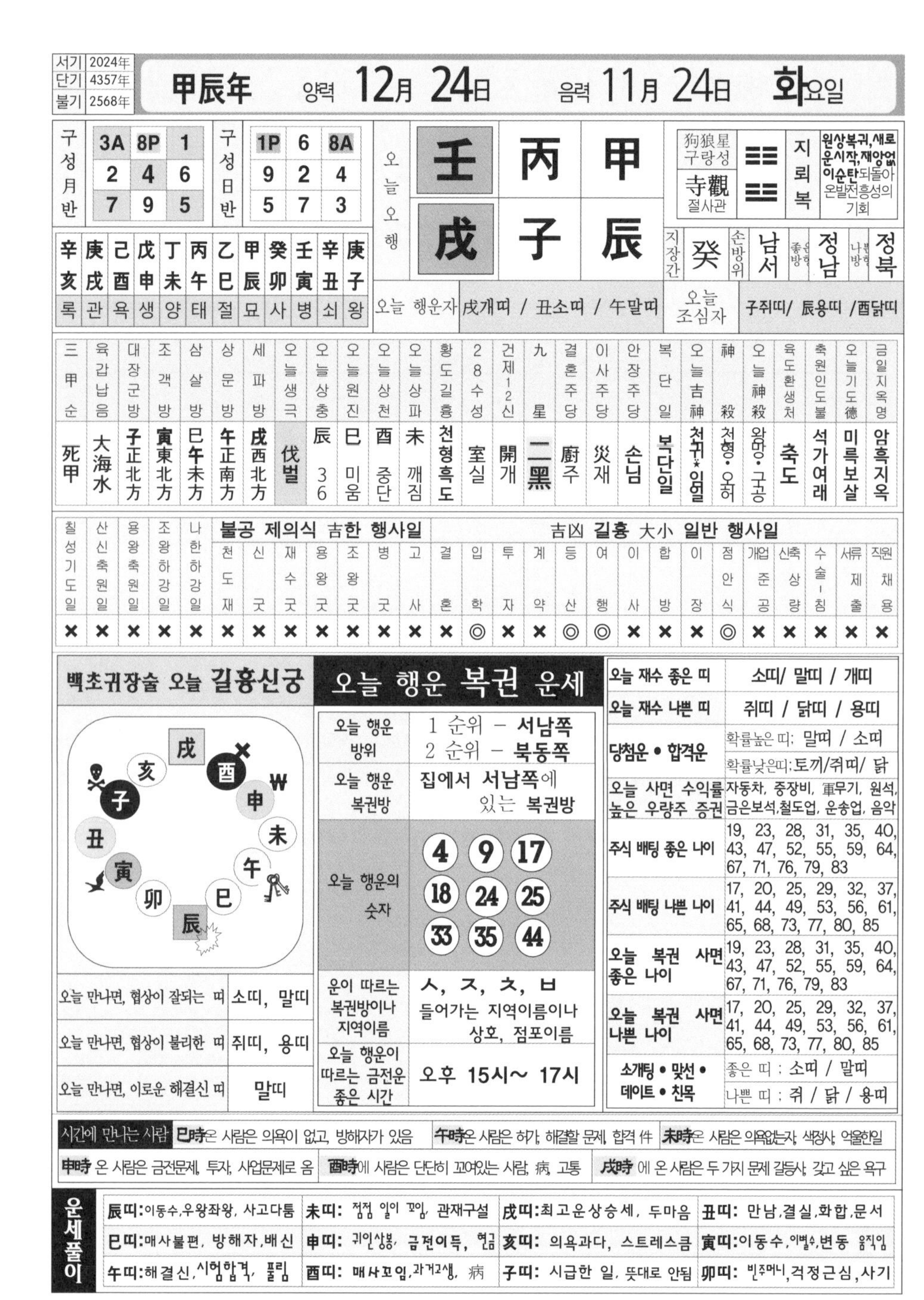

서기	2024年
단기	4357年
불기	2568年

甲辰年 양력 **12月 24日** 음력 **11月 24日** **화**요일

구성월반		
3A	8P	1
2	4	6
7	9	5

구성일반		
1P	6	8A
9	2	4
5	7	3

辛亥	庚戌	己酉	戊申	丁未	丙午	乙巳	甲辰	癸卯	壬寅	辛丑	庚子
록	관	욕	생	양	태	절	묘	사	병	쇠	왕

오늘오행

壬	丙	甲
戊	子	辰

狗狼星 구랑성	☷	지뢰복	원상복귀, 새로운시작, 재앙없이순탄 되돌아온발전흥성의 기회
寺觀 절사관	☳		

지장간	癸	손방위	남서	좋은방향	정남	나쁜방향	정북

오늘 행운자	戌개띠 / 丑소띠 / 午말띠	오늘 조심자	子쥐띠/ 辰용띠 /酉닭띠

三甲순	육갑납음	대장군방	조객방	삼살방	상문방	세파방	오늘생극	오늘상충	오늘원진	오늘상천	오늘상파	황도길흉	28수성	건제12신	九星	결혼주당	이사주당	안장주당	복단일	오늘吉神	神殺	오늘神殺	육도환생처	축원인도불	오늘기도德	금일지옥명
死甲	大海水	子正北方	寅東北方	巳午未方	午正南方	戌西北方	伐벌	辰 36	巳 미움	酉 중단	未 깨짐	천형흑도	室실	開개	二黑	廚주	災재	손님	복단일	천귀*일월	천형·오허	왕망·구공	축도	석가여래	미륵보살	암흑지옥

칠성기도일	산신축원일	용왕축원일	조왕하강일	나한하강일	불공 제의식 吉한 행사일							吉凶 길흉 大小 일반 행사일														
					천도재	신굿	재수굿	용왕굿	조왕굿	병굿	고사	결혼	입학	투자	계약	등산	여행	이사	합방	이장	점안식	개업준공	신축상량	수술·침	서류제출	직원채용
×	×	×	×	×	×	×	×	×	×	×	×	×	◎	×	×	◎	◎	×	×	×	◎	×	×	×	×	×

백초귀장술 오늘 길흉신궁

오늘 만나면, 협상이 잘되는 띠	소띠, 말띠
오늘 만나면, 협상이 불리한 띠	쥐띠, 용띠
오늘 만나면, 이로운 해결신 띠	말띠

오늘 행운 복권 운세

오늘 행운 방위	1 순위 – 서남쪽 2 순위 – 북동쪽
오늘 행운 복권방	집에서 서남쪽에 있는 복권방
오늘 행운의 숫자	4 9 17 18 24 25 33 35 44
운이 따르는 복권방이나 지역이름	ㅅ, ㅈ, ㅊ, ㅂ 들어가는 지역이름이나 상호, 점포이름
오늘 행운이 따르는 금전운 좋은 시간	오후 15시~ 17시

오늘 재수 좋은 띠	소띠/ 말띠 / 개띠
오늘 재수 나쁜 띠	쥐띠 / 닭띠 / 용띠
당첨운 • 합격운	확률높은 띠: 말띠 / 소띠 확률낮은띠: 토끼/쥐띠/ 닭
오늘 사면 수익률 높은 우량주 증권	자동차, 중장비, 重무기, 원석, 금은보석,철도업, 운송업, 음악
주식 배팅 좋은 나이	19, 23, 28, 31, 35, 40, 43, 47, 52, 55, 59, 64, 67, 71, 76, 79, 83
주식 배팅 나쁜 나이	17, 20, 25, 29, 32, 37, 41, 44, 49, 53, 56, 61, 65, 68, 73, 77, 80, 85
오늘 복권 사면 좋은 나이	19, 23, 28, 31, 35, 40, 43, 47, 52, 55, 59, 64, 67, 71, 76, 79, 83
오늘 복권 사면 나쁜 나이	17, 20, 25, 29, 32, 37, 41, 44, 49, 53, 56, 61, 65, 68, 73, 77, 80, 85
소개팅 • 맞선 • 데이트 • 친목	좋은 띠 : 소띠 / 말띠 나쁜 띠 : 쥐 / 닭 / 용띠

시간에 만나는 사람	巳時온 사람은 의욕이 없고, 방해자가 있음	午時온 사람은 허가, 해결할 문제, 합격 件	未時온 사람은 의욕없는자, 색정사, 억울한일
	申時 온 사람은 금전문제, 투자, 사업문제로 옴	酉時에 사람은 단단히 꼬여있는 사람, 病, 고통	戌時 에 온 사람은 두 가지 문제 갈등사, 갖고 싶은 욕구

운세풀이				
	辰띠:이동수,우왕좌왕, 사고다툼	未띠: 점점 일이 꼬임, 관재구설	戌띠:최고운상승세, 두마음	丑띠: 만남,결실,화합,문서
	巳띠:매사불편, 방해자,배신	申띠: 귀인상봉, 금전이득, 현금	亥띠: 의욕과다, 스트레스큼	寅띠:이동수,이별수,변동 움직임
	午띠:해결신,시험합격, 풀림	酉띠: 매사꼬임,과거고생, 病	子띠: 시급한 일, 뜻대로 안됨	卯띠: 빈주머니,걱정근심,사기

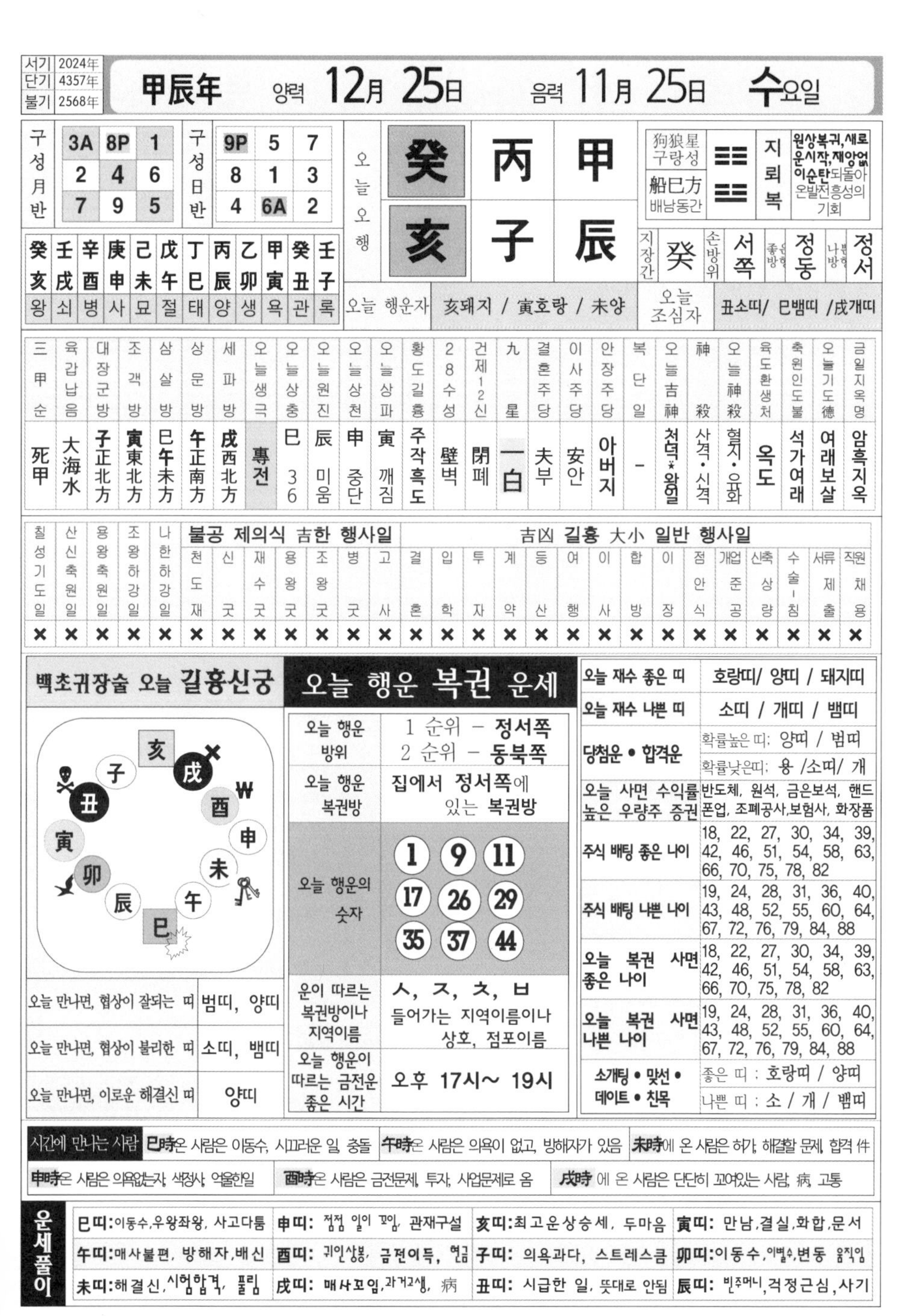

서기	2024年
단기	4357年
불기	2568年

甲辰年 양력 **12月 25日** 음력 **11月 25日** **수**요일

구성月반			
	3A	8P	1
	2	4	6
	7	9	5

구성日반			
	9P	5	7
	8	1	3
	4	6A	2

癸亥	壬戌	辛酉	庚申	己未	戊午	丁巳	丙辰	乙卯	甲寅	癸丑	壬子
왕	쇠	병	사	묘	절	태	양	생	욕	관	록

오늘오행			
	癸	丙	甲
	亥	子	辰

狗狼星 구랑성 / 船巳方 배남동간	☷☳	지뢰복	원상복귀, 새로운시작, 재앙없이순탄되돌아온발전흥성의 기회

지장간	癸	손방위	서쪽	좋은방향	정동	나쁜방향	정서

오늘 행운자	亥돼지 / 寅호랑 / 未양	오늘 조심자	丑소띠/ 巳뱀띠 /戌개띠

三甲순	육갑납음	대장군방	조객방	삼살방	상문방	세파방	오늘생극	오늘상충	오늘원진	오늘상천	오늘상파	황도길흉	28수성	건제12신	九星	결혼주당	이사주당	안장주당	복단일	오늘吉神	神殺	오늘神殺	육도환생처	축원인도불	오늘기도德	금일지옥명
死甲	大海水	子正北方	寅東北方	巳午未方	午正南方	戌西北方	專전	巳 36	辰 미움	申 중단	寅 깨짐	주작흑도	壁벽	閉폐	一白	夫부	安안	아버지	-	천덕*왕일	사격·시격	혈지·유화	옥도	석가여래	여래보살	암흑지옥

칠성기도일	산신축원일	용왕축원일	조왕하강일	나한하강일	불공 제의식 吉한 행사일							吉凶 길흉 大小 일반 행사일														
					천도재	신굿	재수굿	용왕굿	조왕굿	병굿	고사	결혼	입학	투자	계약	등산	여행	이사	합방	이장	점안식	개업준공	신축상량	수술·침	서류제출	직원채용
×	×	×	×	×	×	×	×	×	×	×	×	×	×	×	×	×	×	×	×	×	×	×	×	×	×	×

백초귀장술 오늘 길흉신궁

오늘 만나면, 협상이 잘되는 띠	범띠, 양띠
오늘 만나면, 협상이 불리한 띠	소띠, 뱀띠
오늘 만나면, 이로운 해결신 띠	양띠

오늘 행운 복권 운세

오늘 행운 방위	1 순위 – 정서쪽 2 순위 – 동북쪽
오늘 행운 복권방	집에서 정서쪽에 있는 복권방
오늘 행운의 숫자	1 9 11 17 26 29 35 37 44
운이 따르는 복권방이나 지역이름	ㅅ, ㅈ, ㅊ, ㅂ 들어가는 지역이름이나 상호, 점포이름
오늘 행운이 따르는 금전운 좋은 시간	오후 17시~ 19시

오늘 재수 좋은 띠	호랑띠/ 양띠 / 돼지띠
오늘 재수 나쁜 띠	소띠 / 개띠 / 뱀띠
당첨운 • 합격운	확률높은 띠: 양띠 / 범띠 확률낮은띠: 용 /소띠/ 개
오늘 사면 수익률 높은 우량주 증권	반도체, 원석, 금은보석, 핸드폰업, 조폐공사,보험사, 화장품
주식 배팅 좋은 나이	18, 22, 27, 30, 34, 39, 42, 46, 51, 54, 58, 63, 66, 70, 75, 78, 82
주식 배팅 나쁜 나이	19, 24, 28, 31, 36, 40, 43, 48, 52, 55, 60, 64, 67, 72, 76, 79, 84, 88
오늘 복권 사면 좋은 나이	18, 22, 27, 30, 34, 39, 42, 46, 51, 54, 58, 63, 66, 70, 75, 78, 82
오늘 복권 사면 나쁜 나이	19, 24, 28, 31, 36, 40, 43, 48, 52, 55, 60, 64, 67, 72, 76, 79, 84, 88
소개팅 • 맞선 • 데이트 • 친목	좋은 띠 : 호랑띠 / 양띠 나쁜 띠 : 소 / 개 / 뱀띠

시간에 만나는 사람		
巳時은 사람은 이동수, 시끄러운 일, 충돌	午時은 사람은 의욕이 없고, 방해자가 있음	未時에 온 사람은 허가, 해결할 문제, 합격 件
申時은 사람은 의욕없는자, 색정사, 억울한일	酉時은 사람은 금전문제, 투자, 사업문제로 옴	戌時 에 온 사람은 단단히 꼬여있는 사람, 病, 고통

운세풀이			
巳띠:이동수,우왕좌왕, 사고다툼	申띠: 점점 일이 꼬임, 관재구설	亥띠:최고운상승세, 두마음	寅띠: 만남,결실,화합,문서
午띠:매사불편, 방해자,배신	酉띠: 귀인상봉, 금전이득, 현금	子띠: 의욕과다, 스트레스큼	卯띠:이동수,이별수,변동 움직임
未띠:해결신,시험합격, 풀림	戌띠: 매사꼬임,과거고생, 病	丑띠: 시급한 일, 뜻대로 안됨	辰띠: 빈주머니,걱정근심,사기

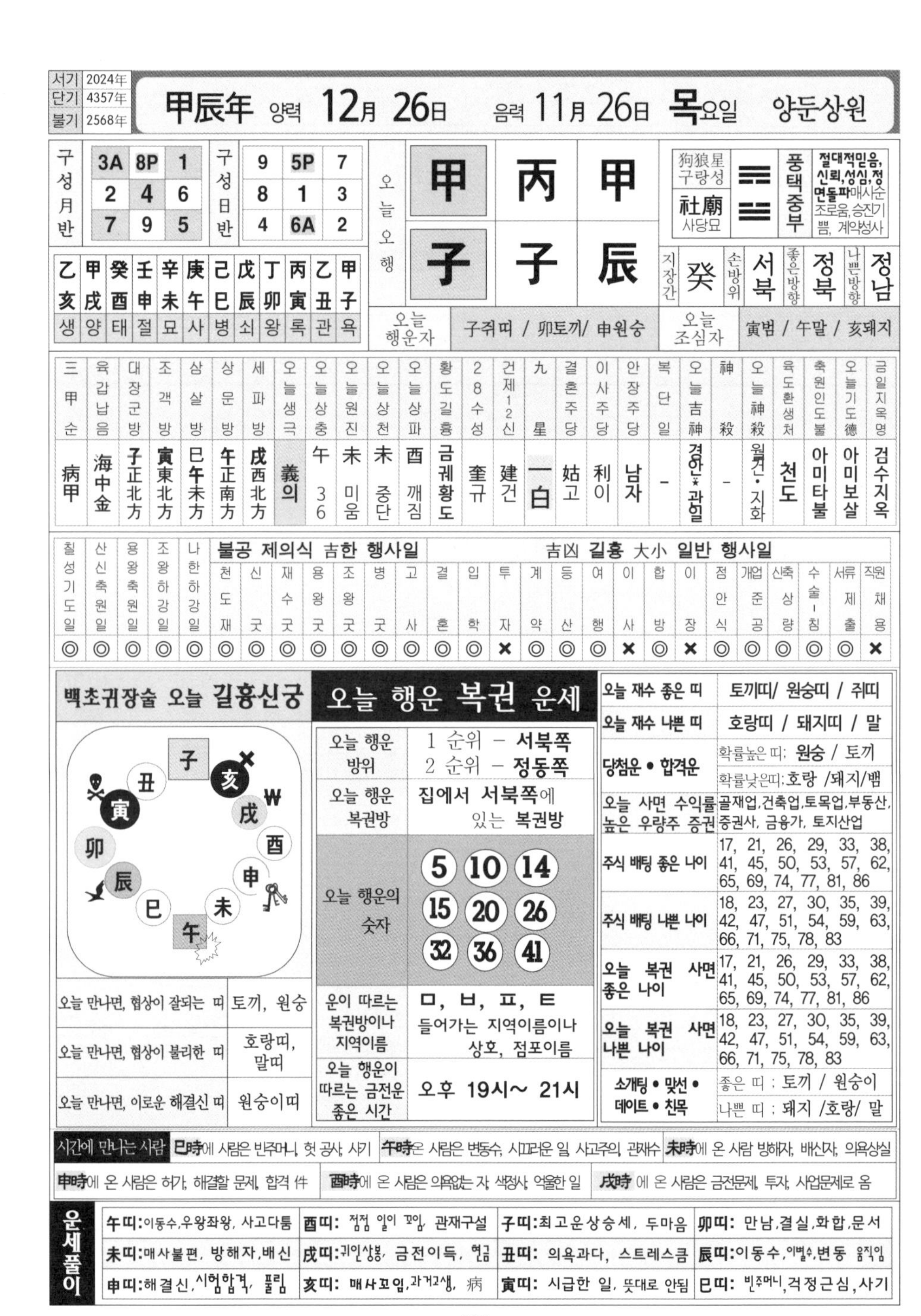

서기	2024年
단기	4357年
불기	2568年

甲辰年 양력 **12月 26日** 음력 **11月 26日** **목**요일 양둔상원

구성月반		
3A	8P	1
2	4	6
7	9	5

구성日반		
9	5P	7
8	1	3
4	6A	2

乙亥	甲戌	癸酉	壬申	辛未	庚午	己巳	戊辰	丁卯	丙寅	乙丑	甲子
생	양	태	절	묘	사	병	쇠	왕	록	관	욕

오늘오행

甲	丙	甲
子	子	辰

狗狼星 구랑성	☴	풍택중부	절대적믿음, 신뢰,성심,정면돌파매사순조로움,승진기쁨, 계약성사
社廟 사당묘	☱		

지장간	손방위	좋은방향	나쁜방향
癸	서북	정북	정남

오늘 행운자	子쥐띠 / 卯토끼/ 申원숭	오늘 조심자	寅범 / 午말 / 亥돼지

三甲순	육갑납음	대장군방	조객방	삼살방	상문방	세파방	오늘생극	오늘상충	오늘원진	오늘상천	오늘상파	황도길흉	28수성	건제12신	九星	결혼주당	이사주당	안장주당	복단일	오늘吉神	神殺	오늘神殺	육도환생처	축원인도불	오늘기도德	금일지옥명
病甲	海中金	子正北方	寅東北方	巳午未方	午正南方	戌西北方	義의	午 36	未 미움	未 중단	酉 깨짐	금궤황도	奎규	建건	一白	姑고	利이	남자	-	경안*관일	-	월건·지화	천도	아미타불	아미보살	검수지옥

칠성기도일	산신축원일	용왕축원일	조왕하강일	나한하강일	불공 제의식 吉한 행사일: 천도재	신굿	재수굿	용왕굿	조왕굿	병굿	고사	吉凶 길흉 大小 일반 행사일: 결혼	입학	투자	계약	등산	여행	이사	합방	이장	점안식	개업준공	신축상량	수술-침	서류제출	직원채용
◎	◎	◎	◎	◎	◎	◎	◎	◎	◎	◎	◎	◎	◎	×	◎	◎	◎	×	◎	×	◎	◎	◎	◎	◎	×

백초귀장술 오늘 길흉신궁

오늘 만나면, 협상이 잘되는 띠	토끼, 원숭
오늘 만나면, 협상이 불리한 띠	호랑띠, 말띠
오늘 만나면, 이로운 해결신 띠	원숭이띠

오늘 행운 복권 운세

오늘 행운 방위	1 순위 - 서북쪽 2 순위 - 정동쪽
오늘 행운 복권방	집에서 서북쪽에 있는 복권방
오늘 행운의 숫자	5 10 14 15 20 26 32 36 41
운이 따르는 복권방이나 지역이름	ㅁ, ㅂ, ㅍ, ㅌ 들어가는 지역이름이나 상호, 점포이름
오늘 행운이 따르는 금전운 좋은 시간	오후 19시~ 21시

오늘 재수 좋은 띠	토끼띠/ 원숭띠 / 쥐띠
오늘 재수 나쁜 띠	호랑띠 / 돼지띠 / 말
당첨운 • 합격운	확률높은 띠: 원숭 / 토끼 확률낮은띠: 호랑 /돼지/뱀
오늘 사면 수익률 높은 우량주 증권	골재업,건축업,토목업,부동산,증권사, 금융가, 토지산업
주식 배팅 좋은 나이	17, 21, 26, 29, 33, 38, 41, 45, 50, 53, 57, 62, 65, 69, 74, 77, 81, 86
주식 배팅 나쁜 나이	18, 23, 27, 30, 35, 39, 42, 47, 51, 54, 59, 63, 66, 71, 75, 78, 83
오늘 복권 사면 좋은 나이	17, 21, 26, 29, 33, 38, 41, 45, 50, 53, 57, 62, 65, 69, 74, 77, 81, 86
오늘 복권 사면 나쁜 나이	18, 23, 27, 30, 35, 39, 42, 47, 51, 54, 59, 63, 66, 71, 75, 78, 83
소개팅 • 맞선 • 데이트 • 친목	좋은 띠 : 토끼 / 원숭이 나쁜 띠 : 돼지 /호랑/ 말

시간에 만나는 사람 **巳時**에 사람은 빈주머니, 헛 공사, 사기 | **午時**온 사람은 변동수, 시끄러운 일, 사고주의, 관재수 | **未時**에 온 사람 방해자, 배신자, 의욕상실

申時에 온 사람은 허가, 해결할 문제, 합격 件 | **酉時**에 온 사람은 의욕없는 자, 색정사, 억울한 일 | **戌時** 에 온 사람은 금전문제, 투자, 사업문제로 옴

운세풀이

午띠:이동수,우왕좌왕, 사고다툼	**酉띠:** 점점 일이 꼬임, 관재구설	**子띠:**최고운상승세, 두마음	**卯띠:** 만남,결실,화합,문서
未띠:매사불편, 방해자,배신	**戌띠:**귀인상봉, 금전이득, 현금	**丑띠:** 의욕과다, 스트레스큼	**辰띠:**이동수,이별수,변동 움직임
申띠:해결신,시험합격, 풀림	**亥띠:** 매사꼬임,과거고생, 病	**寅띠:** 시급한 일, 뜻대로 안됨	**巳띠:** 빈주머니,걱정근심,사기

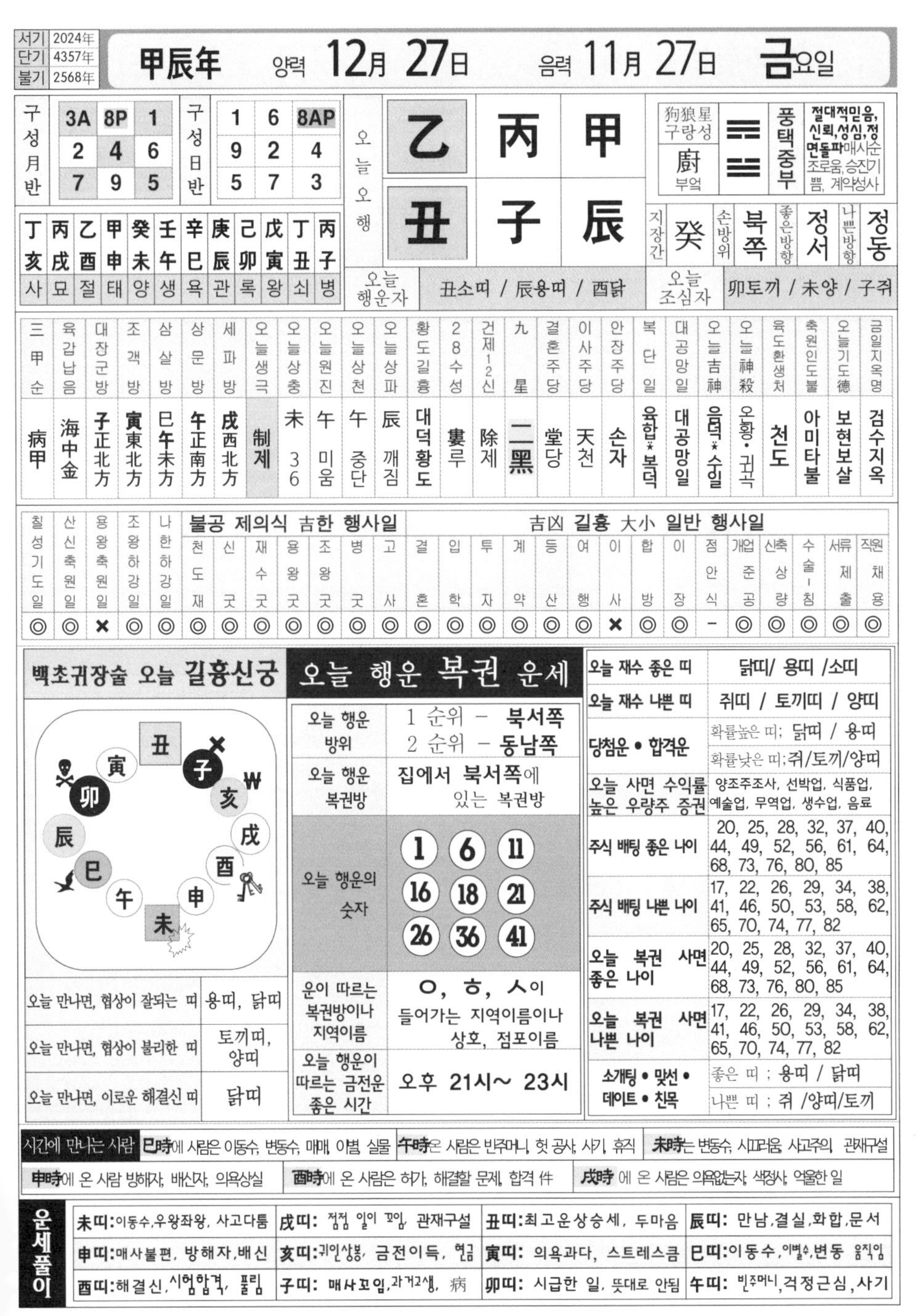

서기	2024年
단기	4357年
불기	2568年

甲辰年 양력 **12月 27日** 음력 **11月 27日** **금**요일

구성월반		
3A	8P	1
2	4	6
7	9	5

구성일반		
1	6	8AP
9	2	4
5	7	3

오늘오행		
乙	丙	甲
丑	子	辰

狗狼星 구랑성	괘	괘명	풀이
廚 부엌	☴☱	풍택중부	절대적믿음, 신뢰,성심,정면돌파 매사순조로움,승진기쁨, 계약성사

지장간	손방위	좋은방향	나쁜방향
癸	북쪽	정서	정동

丁亥	丙戌	乙酉	甲申	癸未	壬午	辛巳	庚辰	己卯	戊寅	丁丑	丙子
사	묘	절	태	양	생	욕	관	록	왕	쇠	병

오늘 행운자	丑소띠 / 辰용띠 / 酉닭
오늘 조심자	卯토끼 / 未양 / 子쥐

三甲순	육갑납음	대장군방	조객방	삼살방	상문방	세파방	오늘생극	오늘상충	오늘원진	오늘상천	오늘상파	황도길흉	28수성	건제12신	九星	결혼주당	이사주당	안장주당	복단일	대공망일	오늘吉神	오늘神殺	육도환생처	축원인도불	오늘기도德	금일지옥명
病甲	海中金	子正北方	寅東北方	巳午未方	午正南方	戌西北方	制 제	未 36	午 미움	午 중단	辰 깨짐	대덕황도	婁 루	除 제	二黑	堂 당	天 천	손자	육합*복덕	대공망일	음덕*수일	온황·귀곡	천도	아미타불	보현보살	검수지옥

칠성기도일	산신축원일	용왕축원일	조왕하강일	나한하강일	불공 제의식 吉한 행사일: 천도재	신굿	재수굿	용왕굿	조왕굿	병굿	고사	吉凶 길흉 大小 일반 행사일: 결혼	입학	투자	계약	등산	여행	이사	합방	이장	점안식	개업준공	신축상량	수술-침	서류제출	직원채용
◎	◎	×	◎	◎	◎	◎	◎	◎	◎	◎	◎	◎	◎	◎	◎	◎	◎	×	◎	◎	–	◎	◎	◎	◎	◎

백초귀장술 오늘 길흉신궁

오늘 만나면, 협상이 잘되는 띠	용띠, 닭띠
오늘 만나면, 협상이 불리한 띠	토끼띠, 양띠
오늘 만나면, 이로운 해결신 띠	닭띠

오늘 행운 복권 운세

오늘 행운 방위	1 순위 – 북서쪽 2 순위 – 동남쪽
오늘 행운 복권방	집에서 북서쪽에 있는 복권방
오늘 행운의 숫자	1 6 11 16 18 21 26 36 41
운이 따르는 복권방이나 지역이름	ㅇ, ㅎ, ㅅ이 들어가는 지역이름이나 상호, 점포이름
오늘 행운이 따르는 금전운 좋은 시간	오후 21시~ 23시

오늘 재수 좋은 띠	닭띠/ 용띠 /소띠
오늘 재수 나쁜 띠	쥐띠 / 토끼띠 / 양띠
당첨운 • 합격운	확률높은 띠; 닭띠 / 용띠 확률낮은 띠; 쥐/토끼/양띠
오늘 사면 수익률 높은 우량주 증권	양조주조사, 선박업, 식품업, 예술업, 무역업, 생수업, 음료
주식 배팅 좋은 나이	20, 25, 28, 32, 37, 40, 44, 49, 52, 56, 61, 64, 68, 73, 76, 80, 85
주식 배팅 나쁜 나이	17, 22, 26, 29, 34, 38, 41, 46, 50, 53, 58, 62, 65, 70, 74, 77, 82
오늘 복권 사면 좋은 나이	20, 25, 28, 32, 37, 40, 44, 49, 52, 56, 61, 64, 68, 73, 76, 80, 85
오늘 복권 사면 나쁜 나이	17, 22, 26, 29, 34, 38, 41, 46, 50, 53, 58, 62, 65, 70, 74, 77, 82
소개팅 • 맞선 • 데이트 • 친목	좋은 띠 ; 용띠 / 닭띠 나쁜 띠 ; 쥐 /양띠/토끼

시간에 만나는 사람		
巳時에 사람은 이동수, 변동수, 매매, 이별, 실물	**午時**온 사람은 빈주머니, 헛 공사, 사기, 휴직	**未時**는 변동수, 시끄러움, 사고주의, 관재구설
申時에 온 사람 방해자, 배신자, 의욕상실	**酉時**에 온 사람은 허가, 해결할 문제, 합격 件	**戌時** 에 온 사람은 의욕없는자, 색정사, 억울한 일

운세풀이			
未띠: 이동수,우왕좌왕, 사고다툼	**戌띠:** 점점 일이 꼬임, 관재구설	**丑띠:** 최고운상승세, 두마음	**辰띠:** 만남,결실,화합,문서
申띠: 매사불편, 방해자,배신	**亥띠:** 귀인상봉, 금전이득, 현금	**寅띠:** 의욕과다, 스트레스큼	**巳띠:** 이동수, 이별수,변동 움직임
酉띠: 해결신, 시험합격, 풀림	**子띠:** 매사꼬임, 과거고생, 病	**卯띠:** 시급한 일, 뜻대로 안됨	**午띠:** 빈주머니,걱정근심,사기

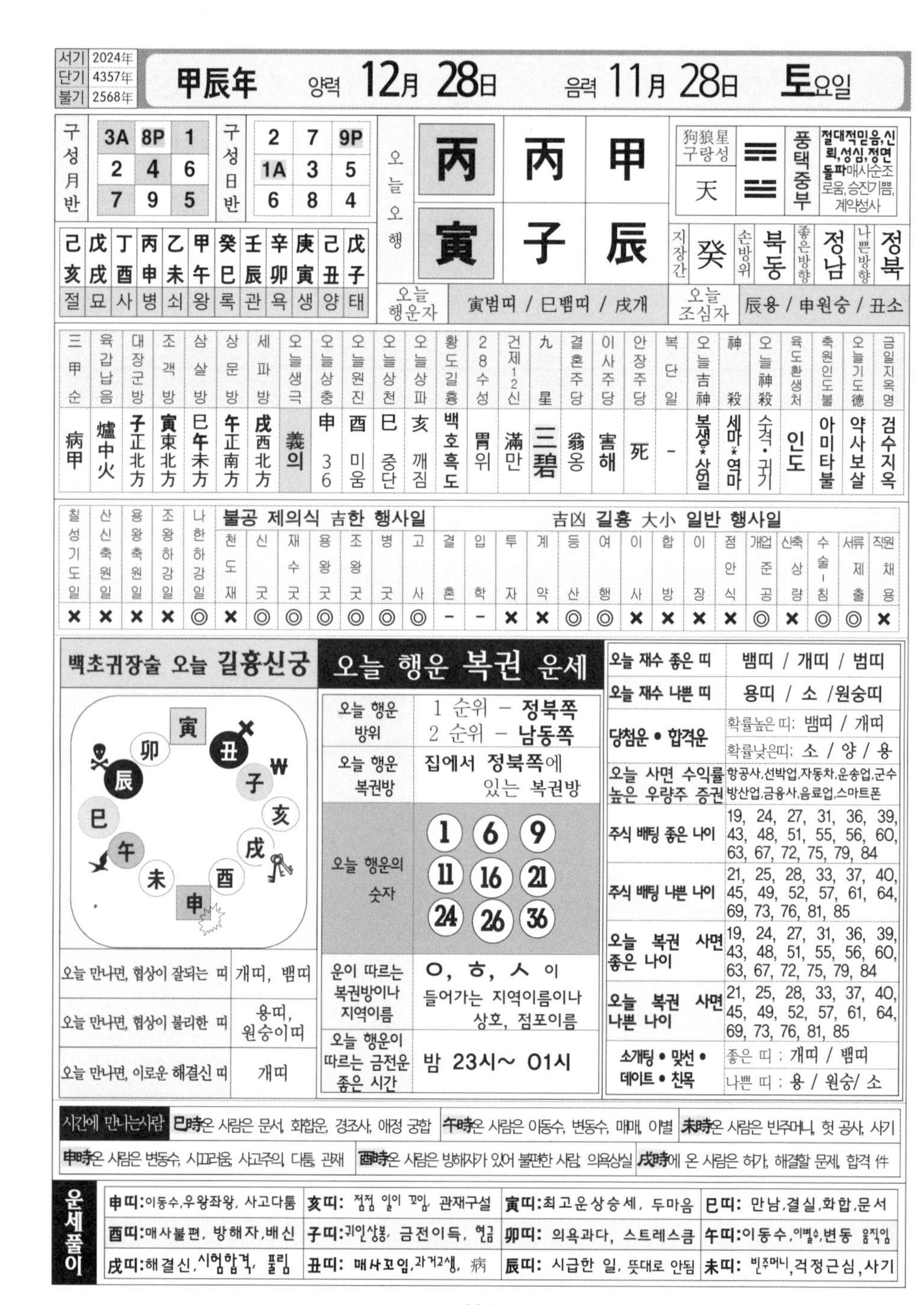

서기	2024年
단기	4357年
불기	2568年

甲辰年 양력 **12月 28日** 음력 **11月 28日** **토**요일

구성月반

3A	8P	1
2	4	6
7	9	5

구성日반

2	7	9P
1A	3	5
6	8	4

己亥	戊戌	丁酉	丙申	乙未	甲午	癸巳	壬辰	辛卯	庚寅	己丑	戊子
절	묘	사	병	쇠	왕	록	관	욕	생	양	태

오늘오행

丙	丙	甲
寅	子	辰

狗狼星 구랑성	天	☴☱	풍택중부	**절대적믿음,신뢰,성심,정면돌파**매사순조로움,승진기쁨,계약성사

지장간	손방위	좋은방향	나쁜방향
癸	북동	정남	정북

오늘 행운자: 寅범띠 / 巳뱀띠 / 戌개

오늘 조심자: 辰용 / 申원숭 / 丑소

三甲순	육갑납음	대장군방	조객방	삼살방	상문방	세파방	오늘생극	오늘상충	오늘원진	오늘상천	오늘상파	황도길흉	28수성	건제12신	九星	결혼주당	이사주당	안장주당	복단일	오늘吉神	神殺	오늘神殺	육도환생처	축원인도불	오늘기도德	금일지옥명
病甲	爐中火	子正北方	寅東北方	巳午未方	午正南方	戌西北方	義의	申 36	酉 미움	巳 중단	亥 깨짐	백호흑도	胃위	滿만	三碧	翁옹	害해	死	-	복생*상일	세마*역마	수격·귀기	인도	아미타불	약사보살	검수지옥

칠성기도일	산신축원일	용왕축원일	조왕하강일	나한하강일	불공 제의식 吉한 행사일							吉凶 길흉 大小 일반 행사일															
					천도재	신굿	재수굿	용왕굿	조왕굿	병굿	고사	결혼	입학	투자	계약	등산	여행	이사	합방	이장	점안식	개업준공	신축상량	수술-침	서류제출	직원채용	
×	×	×	×	◎	×	◎	◎	◎	◎	◎	◎	-	-	×	×	◎	◎	×	×	×	×	◎	×	◎	◎	×	

백초귀장술 오늘 길흉신궁

오늘 만나면, 협상이 잘되는 띠	개띠, 뱀띠
오늘 만나면, 협상이 불리한 띠	용띠, 원숭이띠
오늘 만나면, 이로운 해결신 띠	개띠

오늘 행운 복권 운세

오늘 행운 방위	1 순위 - **정북쪽** 2 순위 - **남동쪽**
오늘 행운 복권방	집에서 **정북쪽**에 있는 복권방
오늘 행운의 숫자	1 6 9 11 16 21 24 26 36
운이 따르는 복권방이나 지역이름	ㅇ, ㅎ, ㅅ 이 들어가는 지역이름이나 상호, 점포이름
오늘 행운이 따르는 금전운 좋은 시간	밤 23시~ 01시

오늘 재수 좋은 띠	뱀띠 / 개띠 / 범띠
오늘 재수 나쁜 띠	용띠 / 소 /원숭띠
당첨운 • 합격운	확률높은 띠: 뱀띠 / 개띠 확률낮은띠: 소 / 양 / 용
오늘 사면 수익률 높은 우량주 증권	항공사,선박업,자동차,운송업,군수방산업,금융사,음료업,스마트폰
주식 배팅 좋은 나이	19, 24, 27, 31, 36, 39, 43, 48, 51, 55, 56, 60, 63, 67, 72, 75, 79, 84
주식 배팅 나쁜 나이	21, 25, 28, 33, 37, 40, 45, 49, 52, 57, 61, 64, 69, 73, 76, 81, 85
오늘 복권 사면 좋은 나이	19, 24, 27, 31, 36, 39, 43, 48, 51, 55, 56, 60, 63, 67, 72, 75, 79, 84
오늘 복권 사면 나쁜 나이	21, 25, 28, 33, 37, 40, 45, 49, 52, 57, 61, 64, 69, 73, 76, 81, 85
소개팅 • 맞선 • 데이트 • 친목	좋은 띠 : 개띠 / 뱀띠 나쁜 띠 : 용 / 원숭/ 소

시간에 만나는사람 **巳時**온 사람은 문서, 화합운, 경조사, 애정 궁합 **午時**온 사람은 이동수, 변동수, 매매, 이별 **未時**온 사람은 빈주머니, 헛 공사, 사기 **申時**온 사람은 변동수, 시끄러움, 사고주의, 다툼, 관재 **酉時**온 사람은 방해자가 있어 불편한 사람, 의욕상실 **戌時**에 온 사람은 허가, 해결할 문제, 합격 件

운세풀이

申띠:이동수,우왕좌왕, 사고다툼	**亥띠:** 점점 일이 꼬임, 관재구설	**寅띠:**최고운상승세, 두마음	**巳띠:** 만남,결실,화합,문서
酉띠:매사불편, 방해자,배신	**子띠:**귀인상봉, 금전이득, 현금	**卯띠:** 의욕과다, 스트레스큼	**午띠:**이동수,이별수,변동 움직임
戌띠:해결신,시험합격, 풀림	**丑띠:** 매사꼬임,과거고생, 病	**辰띠:** 시급한 일, 뜻대로 안됨	**未띠:** 빈주머니,걱정근심,사기

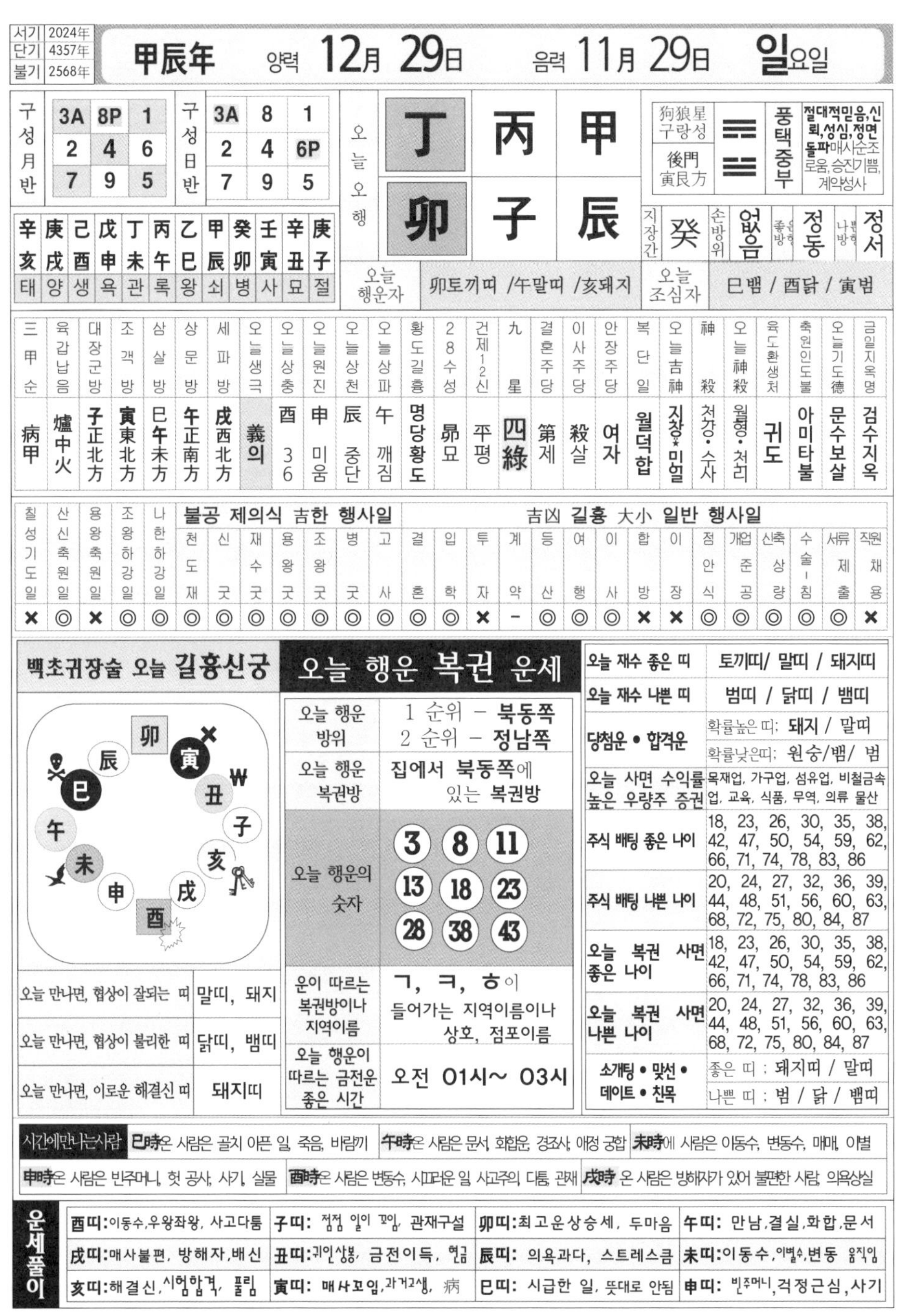

서기	2024年
단기	4357年
불기	2568年

甲辰年 양력 12月 29日 음력 11月 29日 일요일

구성月반			구성日반		
3A	8P	1	3A	8	1
2	4	6	2	4	6P
7	9	5	7	9	5

오늘오행			
	丁	丙	甲
	卯	子	辰

狗狼星 구랑성	後門 寅艮方	풍택중부	절대적믿음,신뢰,성실,정면돌파 매사순조로움, 승진기쁨, 계약성사

지장간	손방위	좋은방향	나쁜방향
癸	없음	정동	정서

辛亥	庚戌	己酉	戊申	丁未	丙午	乙巳	甲辰	癸卯	壬寅	辛丑	庚子
태	양	생	욕	관	록	왕	쇠	병	사	묘	절

오늘 행운자	卯토끼띠 /午말띠 /亥돼지	오늘 조심자	巳뱀 / 酉닭 / 寅범

三甲순	육갑납음	대장군방	조객방	삼살방	상문방	세파방	오늘생극	오늘상충	오늘원진	오늘상천	오늘상파	황도길흉	28수성	건제12신	九星	결혼주당	이사주당	안장주당	복단일	오늘吉神	神殺	오늘神殺	육도환생처	축원인도불	오늘기도德	금일지옥명
病甲	爐中火	子正北方	寅東北方	巳午未方	午正南方	戌西北方	義의	酉 36	申 미움	辰 중단	午 깨짐	명당황도	昴묘	平평	四綠	第제	殺살	여자	월덕합	지창*미얼	천강·수사	월형·천리	귀도	아미타불	문수보살	검수지옥

칠성기도일	산신축원일	용왕축원일	조왕하강일	나한하강일	불공 제의식 吉한 행사일							吉凶 길흉 大小 일반 행사일														
					천도재	신굿	재수굿	용왕굿	조왕굿	병굿	고사	결혼	입학	투자	계약	등산	여행	이사	합방	이장	점안식	개업준공	신축상량	수술-침	서류제출	직원채용
×	◎	×	◎	◎	◎	◎	◎	◎	◎	◎	◎	◎	◎	×	–	◎	◎	◎	×	×	◎	◎	◎	◎	◎	×

백초귀장술 오늘 길흉신궁

오늘 만나면, 협상이 잘되는 띠	말띠, 돼지
오늘 만나면, 협상이 불리한 띠	닭띠, 뱀띠
오늘 만나면, 이로운 해결신 띠	돼지띠

오늘 행운 복권 운세

오늘 행운 방위	1 순위 – 북동쪽 2 순위 – 정남쪽
오늘 행운 복권방	집에서 북동쪽에 있는 복권방
오늘 행운의 숫자	3 8 11 13 18 23 28 38 43
운이 따르는 복권방이나 지역이름	ㄱ, ㅋ, ㅎ이 들어가는 지역이름이나 상호, 점포이름
오늘 행운이 따르는 금전운 좋은 시간	오전 01시~ 03시

오늘 재수 좋은 띠	토끼띠/ 말띠 / 돼지띠
오늘 재수 나쁜 띠	범띠 / 닭띠 / 뱀띠
당첨운 • 합격운	확률높은 띠: 돼지 / 말띠 확률낮은띠: 원숭/뱀/ 범
오늘 사면 수익률 높은 우량주 증권	목재업, 가구업, 섬유업, 비철금속업, 교육, 식품, 무역, 의류 물산
주식 배팅 좋은 나이	18, 23, 26, 30, 35, 38, 42, 47, 50, 54, 59, 62, 66, 71, 74, 78, 83, 86
주식 배팅 나쁜 나이	20, 24, 27, 32, 36, 39, 44, 48, 51, 56, 60, 63, 68, 72, 75, 80, 84, 87
오늘 복권 사면 좋은 나이	18, 23, 26, 30, 35, 38, 42, 47, 50, 54, 59, 62, 66, 71, 74, 78, 83, 86
오늘 복권 사면 나쁜 나이	20, 24, 27, 32, 36, 39, 44, 48, 51, 56, 60, 63, 68, 72, 75, 80, 84, 87
소개팅 • 맞선 • 데이트 • 친목	좋은 띠 : 돼지띠 / 말띠 나쁜 띠 : 범 / 닭 / 뱀띠

시간에만나는사람 **巳時**온 사람은 골치 아픈 일, 죽음, 바람끼 **午時**온 사람은 문서, 화합운, 경조사, 애정 궁합 **未時**에 사람은 이동수, 변동수, 매매, 이별
申時온 사람은 빈주머니, 헛 공사, 사기, 실물 **酉時**온 사람은 변동수, 시끄러운 일, 사고주의, 다툼, 관재 **戌時** 온 사람은 방해자가 있어 불편한 사람, 의욕상실

운세풀이

酉띠: 이동수,우왕좌왕, 사고다툼	**子띠:** 점점 일이 꼬임, 관재구설	**卯띠:** 최고운상승세, 두마음	**午띠:** 만남,결실,화합,문서
戌띠: 매사불편, 방해자,배신	**丑띠:** 귀인상봉, 금전이득, 현금	**辰띠:** 의욕과다, 스트레스큼	**未띠:** 이동수,이별수,변동 움직임
亥띠: 해결신, 시험합격, 풀림	**寅띠:** 매사꼬임, 과거고생, 病	**巳띠:** 시급한 일, 뜻대로 안됨	**申띠:** 빈주머니,걱정근심,사기

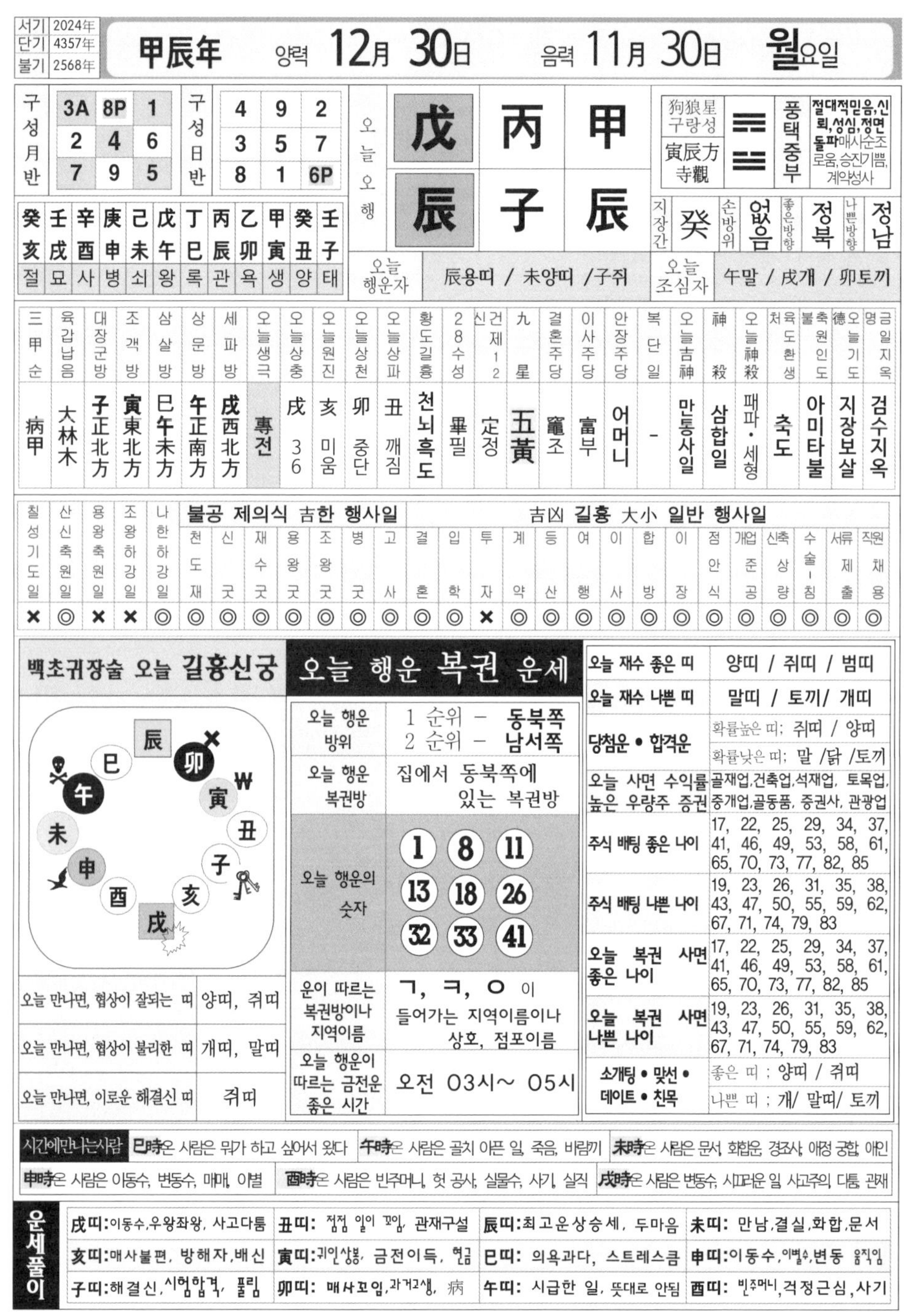

서기	2024年
단기	4357年
불기	2568年

甲辰年 양력 **12月 30日** 음력 **11月 30日** **월**요일

구성월반		
3A	8P	1
2	4	6
7	9	5

구성일반		
4	9	2
3	5	7
8	1	6P

오늘오행			
	戊	丙	甲
	辰	子	辰

狗狼星 구랑성	괘	풍택중부	절대적믿음,신뢰,성심,정면돌파매사순조로움,승진기쁨,계약성사
寅辰方 寺觀			

지장간	癸	손방위	없음	좋은방향	정북	나쁜방향	정남

癸	壬	辛	庚	己	戊	丁	丙	乙	甲	癸	壬
亥	戌	酉	申	未	午	巳	辰	卯	寅	丑	子
절	묘	사	병	쇠	왕	록	관	욕	생	양	태

오늘 행운자	辰용띠 / 未양띠 /子쥐	오늘 조심자	午말 / 戌개 / 卯토끼

三甲순	육갑납음	대장군방	조객방	삼살방	상문방	세파방	오늘생극	오늘상충	오늘원진	오늘상천	오늘상파	황도길흉	28수성
病甲	大林木	子正北方	寅東北方	巳午未方	午正南方	戌西北方	專전	戌 36	亥 미움	卯 중단	丑 깨짐	천뇌흑도	畢필

건제12신	九星	결혼주당	이사주당	안장주당	복단일	오늘吉神	神殺	오늘神殺	육도환생처	축원불인도	오늘기도德	금일지옥명
定정	五黃	竈조	富부	어머니	-	만통사일	삼합일	패파·세형	축도	아미타불	지장보살	검수지옥

칠성기도일	산신축원일	용왕축원일	조왕하강일	나한하강일	불공 제의식 吉한 행사일						
					천도재	신굿	재수굿	용왕굿	조왕굿	병굿	고사
×	◎	×	×	◎	◎	◎	◎	◎	◎	◎	◎

吉凶 길흉 大小 일반 행사일														
결혼	입학	투자	계약	등산	여행	이사	합방	이장	점안식	개업준공	신축상량	수술-침	서류제출	직원채용
◎	◎	×	◎	◎	◎	◎	◎	◎	◎	◎	◎	◎	◎	◎

백초귀장술 오늘 길흉신궁

오늘 만나면, 협상이 잘되는 띠	양띠, 쥐띠
오늘 만나면, 협상이 불리한 띠	개띠, 말띠
오늘 만나면, 이로운 해결신 띠	쥐띠

오늘 행운 복권 운세

오늘 행운 방위	1 순위 - 동북쪽 2 순위 - 남서쪽
오늘 행운 복권방	집에서 동북쪽에 있는 복권방
오늘 행운의 숫자	1, 8, 11, 13, 18, 26, 32, 33, 41
운이 따르는 복권방이나 지역이름	ㄱ, ㅋ, ㅇ 이 들어가는 지역이름이나 상호, 점포이름
오늘 행운이 따르는 금전운 좋은 시간	오전 03시~ 05시

오늘 재수 좋은 띠	양띠 / 쥐띠 / 범띠
오늘 재수 나쁜 띠	말띠 / 토끼/ 개띠
당첨운 • 합격운	확률높은 띠: 쥐띠 / 양띠 확률낮은 띠: 말 /닭 /토끼
오늘 사면 수익률 높은 우량주 증권	골재업,건축업,석재업, 토목업,중개업,골동품, 증권사, 관광업
주식 배팅 좋은 나이	17, 22, 25, 29, 34, 37, 41, 46, 49, 53, 58, 61, 65, 70, 73, 77, 82, 85
주식 배팅 나쁜 나이	19, 23, 26, 31, 35, 38, 43, 47, 50, 55, 59, 62, 67, 71, 74, 79, 83
오늘 복권 사면 좋은 나이	17, 22, 25, 29, 34, 37, 41, 46, 49, 53, 58, 61, 65, 70, 73, 77, 82, 85
오늘 복권 사면 나쁜 나이	19, 23, 26, 31, 35, 38, 43, 47, 50, 55, 59, 62, 67, 71, 74, 79, 83
소개팅 • 맞선 • 데이트 • 친목	좋은 띠 ; 양띠 / 쥐띠 나쁜 띠 ; 개/ 말띠/ 토끼

시간에만나는사람	**巳時**은 사람은 뭐가 하고 싶어서 왔다	**午時**은 사람은 골치 아픈 일, 죽음, 바람끼	**未時**은 사람은 문서, 화합운, 경조사, 애정 궁합, 애인
申時은 사람은 이동수, 변동수, 매매, 이별	**酉時**은 사람은 빈주머니, 헛 공사, 실물수, 사기, 실직	**戌時**은 사람은 변동수, 시끄러운 일 사고주의, 다툼, 관재	

운세풀이			
戌띠: 이동수,우왕좌왕, 사고다툼	**丑띠:** 점점 일이 꼬임, 관재구설	**辰띠:** 최고운상승세, 두마음	**未띠:** 만남,결실,화합,문서
亥띠: 매사불편, 방해자,배신	**寅띠:** 귀인상봉, 금전이득, 현금	**巳띠:** 의욕과다, 스트레스큼	**申띠:** 이동수,이별수,변동 움직임
子띠: 해결신,시험합격, 풀림	**卯띠:** 매사꼬임,과거고생, 病	**午띠:** 시급한 일, 뜻대로 안됨	**酉띠:** 빈주머니,걱정근심,사기

서기	2024年
단기	4357年
불기	2568年

甲辰年 양력 12月 31日 음력 12月 01日 화요일

구성월반		
3A	8P	1
2	4	6
7	9	5

구성일반		
5	1	3
4	6	8
9	2	7AP

오늘오행		
己	丙	甲
巳	子	辰

狗狼星 구랑성 / 申方寺觀 신방사관 / 풍택중부 / 절대적믿음,신뢰,성실,정면돌파 매사순조로움,승진기쁨,계약성사

지장간	손방위	좋은방향	나쁜방향
癸	동쪽	정서	정동

乙亥	甲戌	癸酉	壬申	辛未	庚午	己巳	戊辰	丁卯	丙寅	乙丑	甲子
태	양	생	욕	관	록	왕	쇠	병	사	묘	절

오늘 행운자: 巳뱀띠 / 申원숭띠 /丑소

오늘 조심자: 未양 / 亥돼지/ 辰용

三甲순	육갑납음	대장군방	조객방	삼살방	상문방	세파방	오늘생극	오늘상충	오늘원진	오늘상천	오늘상파	황도길흉	28수성	건제12신	九星	결혼주당	이사주당	안장주당	복단일	오늘吉神	神殺	오늘神殺	육도환생처	축원인도불	오늘기도德	금일지옥명
病甲	大林木	子正北方	寅東北方	巳午未方	午正南方	戌西北方	義의	亥 36	戌 미움	寅 중단	申 깨짐	옥당황도	觜자	執집	六白	婦부	天천	어머니	오부길일	익후*천덕	겁살·소모	라강·홍사	옥도	아미타불	문수보살	검수지옥

칠성기도일	산신축원일	용왕축원일	조왕하강일	나한하강일	불공 제의식 吉한 행사일							吉凶 길흉 大小 일반 행사일														
					천도재	신굿	재수굿	용왕굿	조왕굿	병굿	고사	결혼	입학	투자	계약	등산	여행	이사	합방	이장	점안식	개업준공	신축상량	수술·침	서류제출	직원채용
×	◎	×	×	◎	◎	◎	◎	◎	◎	◎	◎	×	×	×	×	◎	◎	×	×	◎	◎	×	×	◎	×	×

백초귀장술 오늘 길흉신궁

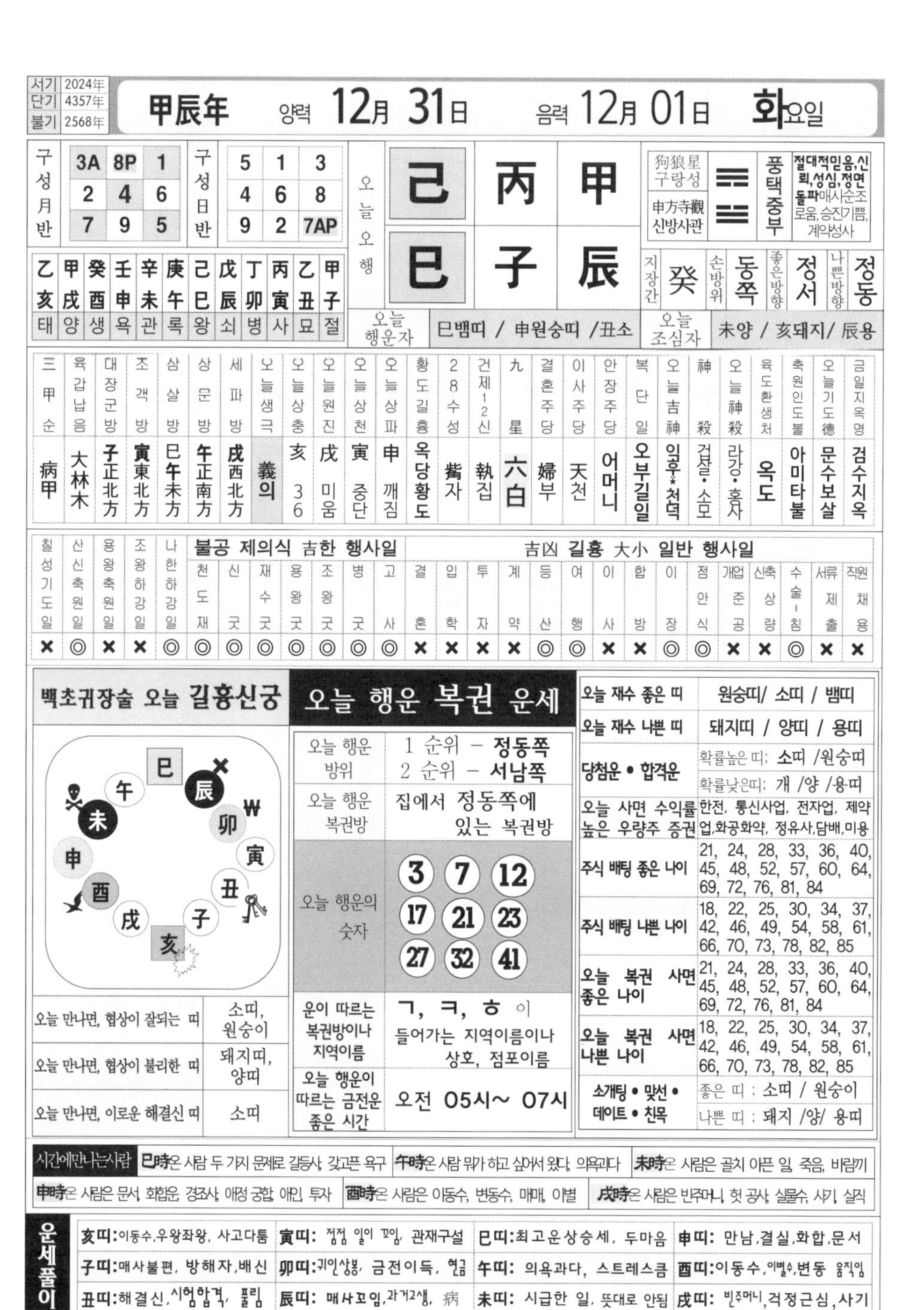

오늘 만나면, 협상이 잘되는 띠	소띠, 원숭이
오늘 만나면, 협상이 불리한 띠	돼지띠, 양띠
오늘 만나면, 이로운 해결신 띠	소띠

오늘 행운 복권 운세

오늘 행운 방위	1 순위 – 정동쪽 2 순위 – 서남쪽
오늘 행운 복권방	집에서 정동쪽에 있는 복권방
오늘 행운의 숫자	3, 7, 12, 17, 21, 23, 27, 32, 41
운이 따르는 복권방이나 지역이름	ㄱ, ㅋ, ㅎ 이 들어가는 지역이름이나 상호, 점포이름
오늘 행운이 따르는 금전운 좋은 시간	오전 05시~ 07시

오늘 재수 좋은 띠	원숭띠/ 소띠 / 뱀띠
오늘 재수 나쁜 띠	돼지띠 / 양띠 / 용띠
당첨운 • 합격운	확률높은 띠: 소띠 /원숭띠 확률낮은띠: 개 /양 /용띠
오늘 사면 수익률 높은 우량주 증권	한전, 통신사업, 전자업, 제약업,화공화약, 정유사,담배,미용
주식 배팅 좋은 나이	21, 24, 28, 33, 36, 40, 45, 48, 52, 57, 60, 64, 69, 72, 76, 81, 84
주식 배팅 나쁜 나이	18, 22, 25, 30, 34, 37, 42, 46, 49, 54, 58, 61, 66, 70, 73, 78, 82, 85
오늘 복권 사면 좋은 나이	21, 24, 28, 33, 36, 40, 45, 48, 52, 57, 60, 64, 69, 72, 76, 81, 84
오늘 복권 사면 나쁜 나이	18, 22, 25, 30, 34, 37, 42, 46, 49, 54, 58, 61, 66, 70, 73, 78, 82, 85
소개팅 • 맞선 • 데이트 • 친목	좋은 띠 ; 소띠 / 원숭이 나쁜 띠 ; 돼지 /양/ 용띠

시간에만나는사람
- 巳時은 사람 두 가지 문제로 갈등사, 갈고픈 욕구
- 午時은 사람 뭐가 하고 싶어서 왔다, 의욕과다
- 未時은 사람은 골치 아픈 일, 죽음, 바람끼
- 申時은 사람은 문서, 회합운, 경조사, 애정 궁합, 애인, 투자
- 酉時은 사람은 이동수, 변동수, 매매, 이별
- 戌時은 사람은 빈주머니, 헛 공사, 실물수, 사기, 실직

운세풀이

亥띠:이동수,우왕좌왕, 사고다툼	寅띠: 점점 일이 꼬임, 관재구설	巳띠:최고운상승세, 두마음	申띠: 만남,결실,화합,문서
子띠:매사불편, 방해자,배신	卯띠:귀인상봉, 금전이득, 현금	午띠: 의욕과다, 스트레스큼	酉띠:이동수,이별수,변동 움직임
丑띠:해결신,시험합격, 풀림	辰띠: 매사꼬임,과거고생, 病	未띠: 시급한 일, 뜻대로 안됨	戌띠: 빈주머니,걱정근심,사기

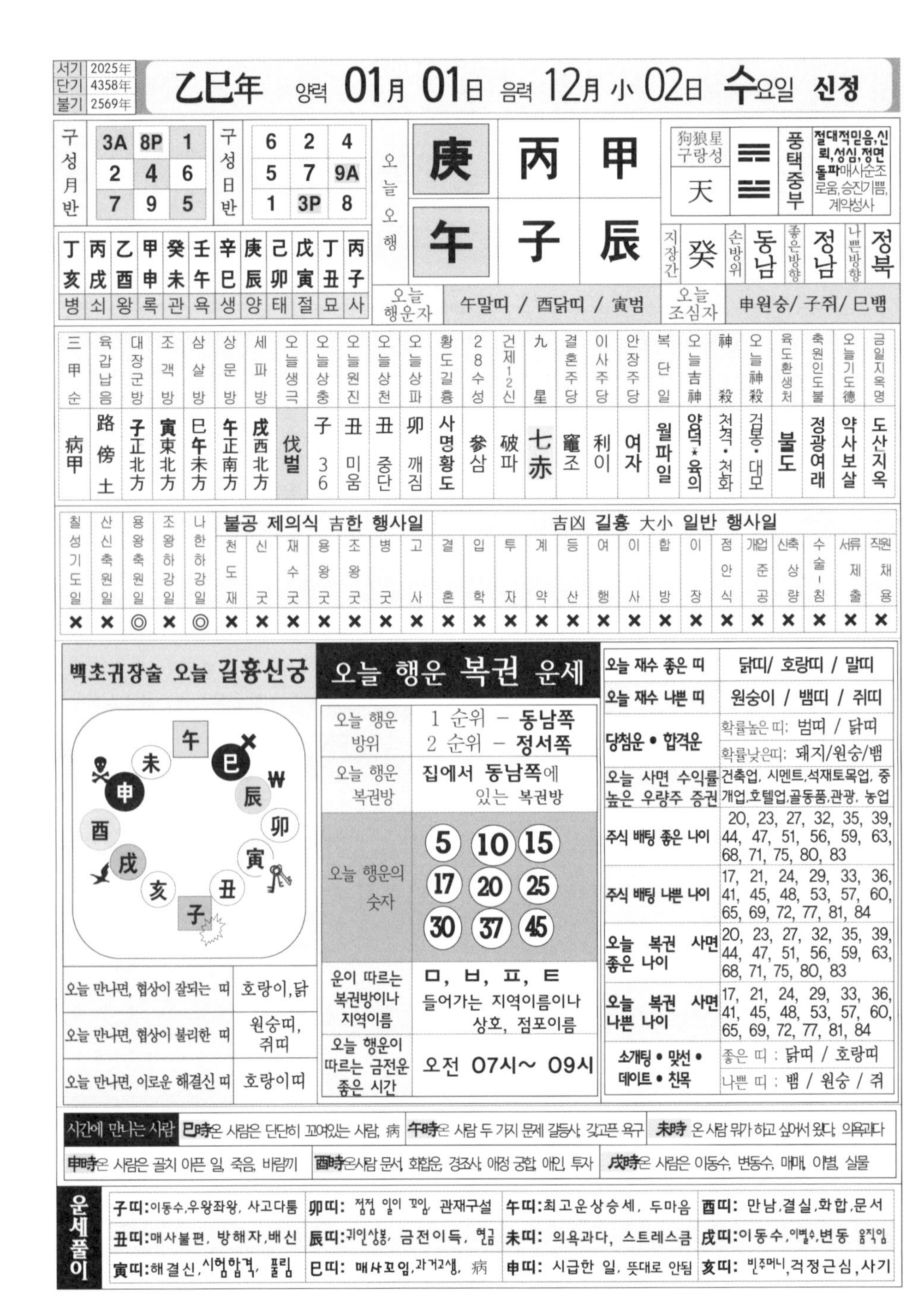

서기	2025年
단기	4358年
불기	2569年

乙巳年 양력 01月 01日 음력 12月 小 02日 수요일 신정

구성월반				구성일반			
	3A	8P	1		6	2	4
	2	4	6		5	7	9A
	7	9	5		1	3P	8

丁亥	丙戌	乙酉	甲申	癸未	壬午	辛巳	庚辰	己卯	戊寅	丁丑	丙子
병	쇠	왕	록	관	욕	생	양	태	절	묘	사

오늘 오행: 庚 丙 甲 / 午 子 辰

狗狼星 구랑성: 天

풍택중부: **절대적믿음,신뢰,성심,정면돌파** 매사순조로움,승진기쁨,계약성사

지장간: 癸 | 손방위: 동남 | 좋은방향: 정남 | 나쁜방향: 정북

오늘 행운자: 午말띠 / 酉닭띠 / 寅범

오늘 조심자: 申원숭/ 子쥐/ 巳뱀

三甲순	육갑납음	대장군방	조객방	삼살방	상문방	세파방	오늘생극	오늘상충	오늘원진	오늘상천	오늘상파	황도길흉	28수성	건제12신	九星	결혼주당	이사주당	안장주당	복단일	오늘吉神	神殺	오늘神殺	육도환생처	축원인도불	오늘기도德	금일지옥명
病甲	路傍土	子正北方	寅東北方	巳午未方	午正南方	戌西北方	伐벌	子 36	丑 미움	丑 중단	卯 깨짐	사명황도	參삼	破파	七赤	竈조	利이	여자	월파일	양덕·육의	천격·천화	검봉·대모	불도	정광여래	약사보살	도산지옥

칠성기도일	산신축원일	용왕축원일	조왕하강일	나한하강일	천도재	신굿	재수굿	용왕굿	조왕굿	병굿	고사	결혼	입학	투자	계약	등산	여행	이사	합방	이장	점안식	개업준공	신축상량	수술-침	서류제출	직원채용
×	×	◎	×	◎	×	×	×	×	×	×	×	×	×	×	×	×	×	×	×	×	×	×	×	×	×	×

(천도재~고사: 불공 제의식 吉한 행사일 / 결혼~직원채용: 吉凶 길흉 大小 일반 행사일)

백초귀장술 오늘 길흉신궁

오늘 만나면, 협상이 잘되는 띠	호랑이,닭
오늘 만나면, 협상이 불리한 띠	원숭띠, 쥐띠
오늘 만나면, 이로운 해결신 띠	호랑이띠

오늘 행운 복권 운세

오늘 행운 방위	1 순위 - **동남쪽** 2 순위 - **정서쪽**
오늘 행운 복권방	**집에서 동남쪽**에 있는 복권방
오늘 행운의 숫자	5 10 15 17 20 25 30 37 45
운이 따르는 복권방이나 지역이름	ㅁ, ㅂ, ㅍ, ㅌ 들어가는 지역이름이나 상호, 점포이름
오늘 행운이 따르는 금전운 좋은 시간	오전 07시~ 09시

오늘 재수 좋은 띠	닭띠/ 호랑띠 / 말띠
오늘 재수 나쁜 띠	원숭이 / 뱀띠 / 쥐띠
당첨운 • 합격운	확률높은 띠: 범띠 / 닭띠 확률낮은띠: 돼지/원숭/뱀
오늘 사면 수익률 높은 우량주 증권	건축업, 시멘트,석재토목업, 중개업,호텔업,골동품,관광, 농업
주식 배팅 좋은 나이	20, 23, 27, 32, 35, 39, 44, 47, 51, 56, 59, 63, 68, 71, 75, 80, 83
주식 배팅 나쁜 나이	17, 21, 24, 29, 33, 36, 41, 45, 48, 53, 57, 60, 65, 69, 72, 77, 81, 84
오늘 복권 사면 좋은 나이	20, 23, 27, 32, 35, 39, 44, 47, 51, 56, 59, 63, 68, 71, 75, 80, 83
오늘 복권 사면 나쁜 나이	17, 21, 24, 29, 33, 36, 41, 45, 48, 53, 57, 60, 65, 69, 72, 77, 81, 84
소개팅 • 맞선 • 데이트 • 친목	좋은 띠 : 닭띠 / 호랑띠 나쁜 띠 : 뱀 / 원숭 / 쥐

시간에 만나는 사람

- **巳時**은 사람은 단단히 꼬여있는 사람, 病
- **午時**온 사람 두 가지 문제 갈등사, 갖고픈 욕구
- **未時** 온 사람 뭐가 하고 싶어서 왔다, 의욕과다
- **申時**온 사람은 골치 아픈 일, 죽음, 바람끼
- **酉時**온사람 문서, 화합운, 경조사, 애정 궁합, 애인, 투자
- **戌時**온 사람은 이동수, 변동수, 매매, 이별, 실물

운세풀이

子띠:이동수,우왕좌왕, 사고다툼	**卯띠:** 점점 일이 꼬임, 관재구설	**午띠:**최고운상승세, 두마음	**酉띠:** 만남,결실,화합,문서
丑띠:매사불편, 방해자,배신	**辰띠:**귀인상봉, 금전이득, 현금	**未띠:** 의욕과다, 스트레스큼	**戌띠:**이동수,이별수,변동 움직임
寅띠:해결신,시험합격, 풀림	**巳띠:** 매사꼬임,과거고생, 病	**申띠:** 시급한 일, 뜻대로 안됨	**亥띠:** 빈주머니,걱정근심,사기

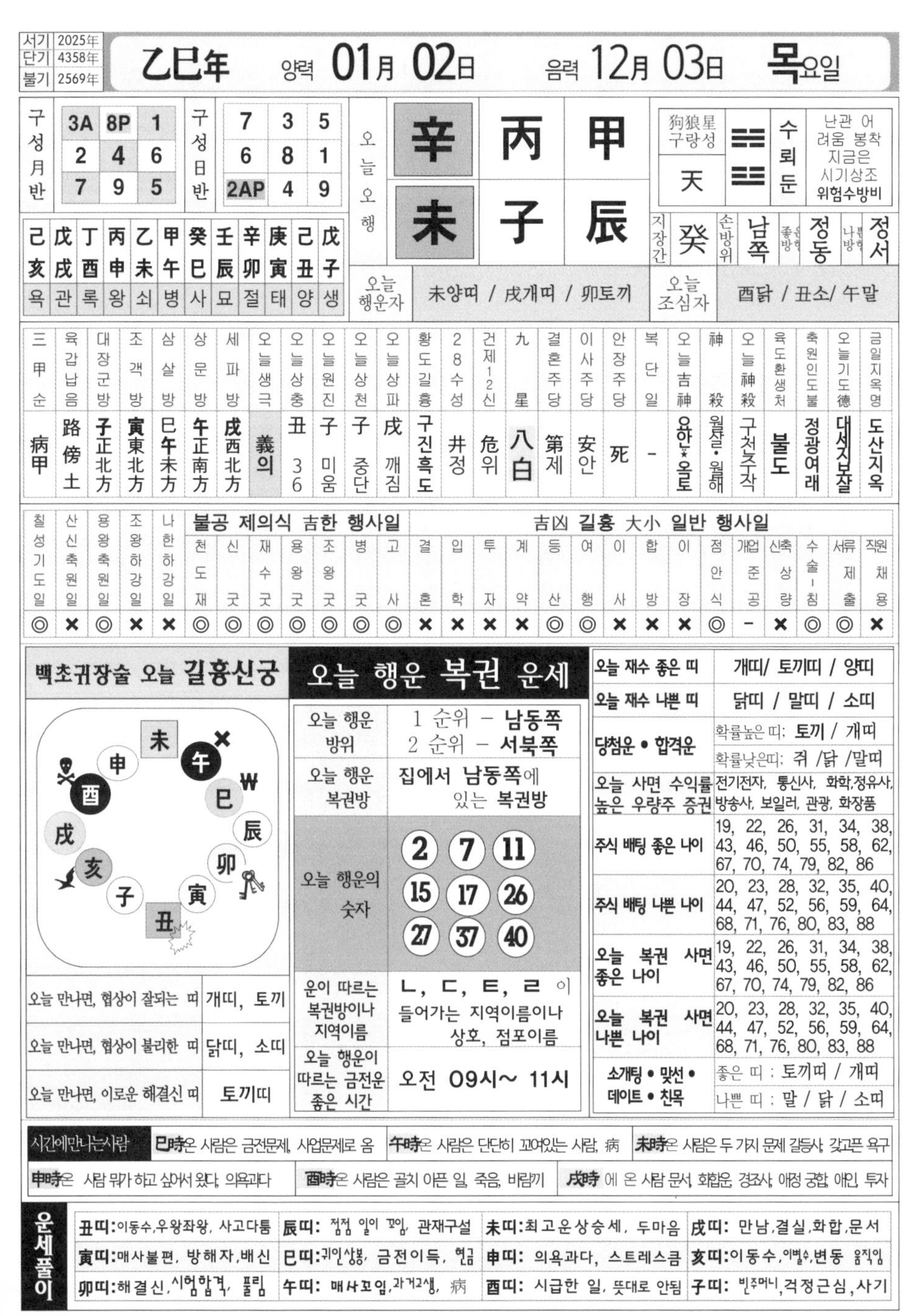

서기	2025年
단기	4358年
불기	2569年

乙巳年 양력 01月 02日 음력 12月 03日 목요일

구성月반		
3A	8P	1
2	4	6
7	9	5

구성日반		
7	3	5
6	8	1
2AP	4	9

己亥	戊戌	丁酉	丙申	乙未	甲午	癸巳	壬辰	辛卯	庚寅	己丑	戊子
욕	관	록	왕	쇠	병	사	묘	절	태	양	생

오늘오행		
辛	丙	甲
未	子	辰

狗狼星 구랑성	天
수뢰둔	난관 어려움 봉착 지금은 시기상조 위험수방비
지장간	癸
손방위	남쪽
좋은방향	정동
나쁜방향	정서
오늘 행운자	未양띠 / 戌개띠 / 卯토끼
오늘 조심자	酉닭 / 丑소/ 午말

三甲순	육갑납음	대장군방	조객방	삼살방	상문방	세파방	오늘생극	오늘상충	오늘원진	오늘상천	오늘상파	황도길흉	28수성	건제12신	九星	결혼주당	이사주당	안장주당	복단일	오늘吉神	神殺	오늘神殺	육도환생처	축원인도불	오늘기도德	금일지옥명
病甲	路傍土	子正北方	寅東北方	巳午未方	午正南方	戌西北方	義 의	丑 36	子 미움	子 중단	戌 깨짐	구진흑도	井 정	危 위	八白	第 제	安 안	死	-	요한★올토	월살·월해	구천주작	불도	정광여래	대세지보살	도산지옥

칠성기도일	산신축원일	용왕축원일	조왕하강일	나한하강일	불공 제의식 吉한 행사일: 천도재	신굿	재수굿	용왕굿	조왕굿	병굿	고사	吉凶 길흉 大小 일반 행사일: 결혼	입학	투자	계약	등산	여행	이사	합방	이장	점안식	개업준공	신축상량	수술-침	서류제출	직원채용
◎	×	◎	×	×	◎	◎	◎	◎	◎	◎	◎	×	×	×	×	◎	◎	×	×	×	◎	-	×	◎	◎	×

백초귀장술 오늘 길흉신궁

오늘 만나면, 협상이 잘되는 띠	개띠, 토끼
오늘 만나면, 협상이 불리한 띠	닭띠, 소띠
오늘 만나면, 이로운 해결신 띠	토끼띠

오늘 행운 복권 운세

오늘 행운 방위	1 순위 – 남동쪽 2 순위 – 서북쪽
오늘 행운 복권방	집에서 남동쪽에 있는 복권방
오늘 행운의 숫자	2 7 11 15 17 26 27 37 40
운이 따르는 복권방이나 지역이름	ㄴ, ㄷ, ㅌ, ㄹ 이 들어가는 지역이름이나 상호, 점포이름
오늘 행운이 따르는 금전운 좋은 시간	오전 09시~ 11시

오늘 재수 좋은 띠	개띠/ 토끼띠 / 양띠
오늘 재수 나쁜 띠	닭띠 / 말띠 / 소띠
당첨운 • 합격운	확률높은 띠: 토끼 / 개띠 확률낮은띠: 쥐 /닭 /말띠
오늘 사면 수익률 높은 우량주 증권	전기전자, 통신사, 화학,정유사, 방송사, 보일러, 관광, 화장품
주식 배팅 좋은 나이	19, 22, 26, 31, 34, 38, 43, 46, 50, 55, 58, 62, 67, 70, 74, 79, 82, 86
주식 배팅 나쁜 나이	20, 23, 28, 32, 35, 40, 44, 47, 52, 56, 59, 64, 68, 71, 76, 80, 83, 88
오늘 복권 사면 좋은 나이	19, 22, 26, 31, 34, 38, 43, 46, 50, 55, 58, 62, 67, 70, 74, 79, 82, 86
오늘 복권 사면 나쁜 나이	20, 23, 28, 32, 35, 40, 44, 47, 52, 56, 59, 64, 68, 71, 76, 80, 83, 88
소개팅 • 맞선 • 데이트 • 친목	좋은 띠 : 토끼띠 / 개띠 나쁜 띠 : 말 / 닭 / 소띠

시간에만나는사람	巳時은 사람은 금전문제, 사업문제로 옴	午時은 사람은 단단히 꼬여있는 사람, 病	未時은 사람은 두 가지 문제 갈등사, 갖고픈 욕구
申時은 사람 뭐가 하고 싶어서 왔다, 의욕과다	酉時은 사람은 골치 아픈 일, 죽음, 바람끼	戌時 에 온 사람 문서, 화합운, 경조사, 애정 궁합, 애인, 투자	

운세풀이			
丑띠:이동수,우왕좌왕, 사고다툼	辰띠: 점점 일이 꼬임, 관재구설	未띠:최고운상승세, 두마음	戌띠: 만남,결실,화합,문서
寅띠:매사불편, 방해자,배신	巳띠:귀인상봉, 금전이득, 현금	申띠: 의욕과다, 스트레스큼	亥띠:이동수,이별수,변동 움직임
卯띠:해결신,시험합격, 풀림	午띠: 매사꼬임,과거고생, 病	酉띠: 시급한 일, 뜻대로 안됨	子띠: 빈주머니,걱정근심,사기

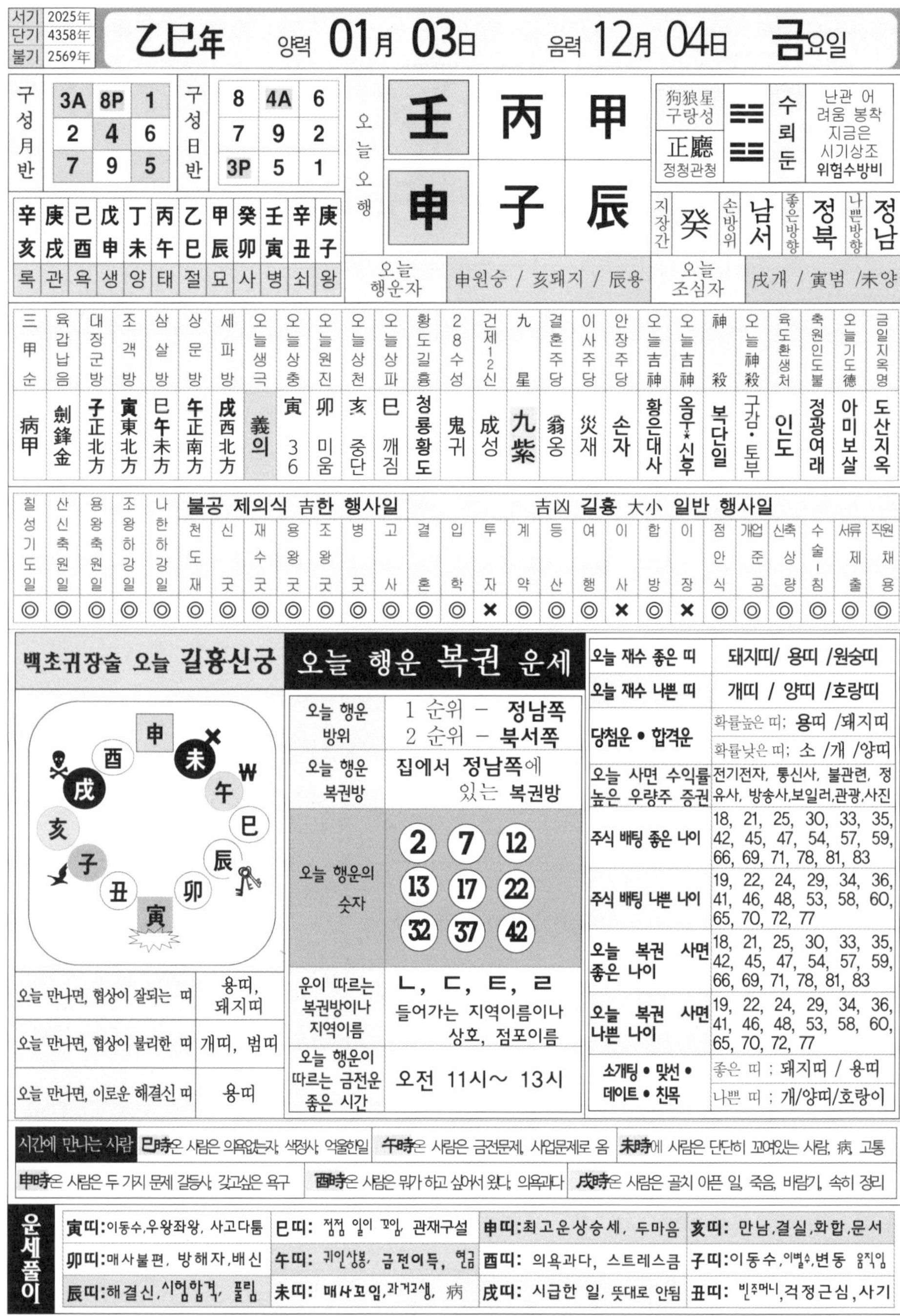

서기	2025年
단기	4358年
불기	2569年

乙巳年 양력 01月 03日 음력 12月 04日 금요일

구성月반			구성日반		
3A	8P	1	8	4A	6
2	4	6	7	9	2
7	9	5	3P	5	1

오늘오행		
壬	丙	甲
申	子	辰

狗狼星 구랑성	☵ ☳	수뢰둔	난관 어려움 봉착 지금은 시기상조 위험수방비
正廳 정청관청			

지장간	손방위	좋은방향	나쁜방향
癸	남서	정북	정남

辛亥	庚戌	己酉	戊申	丁未	丙午	乙巳	甲辰	癸卯	壬寅	辛丑	庚子
록	관	욕	생	양	태	절	묘	사	병	쇠	왕

오늘 행운자	申원숭 / 亥돼지 / 辰용
오늘 조심자	戌개 / 寅범 /未양

三甲순	육갑납음	대장군방	조객방	삼살방	상문방	세파방	오늘생극	오늘상충	오늘원진	오늘상천	오늘상파	황도길흉	28수성	건제12신	九星	결혼주당	이사주당	안장주당	오늘吉神	오늘吉神	神殺	오늘神殺	육도환생처	축원인도불	오늘기도德	금일지옥명
病甲	劍鋒金	子正北方	寅東北方	巳午未方	午正南方	戌西北方	義의	寅 36	卯 미움	亥 중단	巳 깨짐	청룡황도	鬼귀	成성	九紫	翁옹	災재	손자	황은대사	옥우*신후	복단일	구감·토부	인도	정광여래	아미보살	도산지옥

칠성기도일	산신축원일	용왕축원일	조왕하강일	나한하강일	천도재	신굿	재수굿	용왕굿	조왕굿	병굿	고사	결혼	입학	투자	계약	등산	여행	이사	합방	이장	점안식	개업준공	신축상량	수술-침	서류제출	직원채용
					불공 제의식 吉한 행사일							吉凶 길흉 大小 일반 행사일														
◎	◎	◎	◎	◎	◎	◎	◎	◎	◎	◎	◎	◎	◎	×	◎	◎	◎	×	◎	×	◎	◎	◎	◎	◎	◎

백초귀장술 오늘 길흉신궁

오늘 만나면, 협상이 잘되는 띠	용띠, 돼지띠
오늘 만나면, 협상이 불리한 띠	개띠, 범띠
오늘 만나면, 이로운 해결신 띠	용띠

오늘 행운 복권 운세

오늘 행운 방위	1 순위 – 정남쪽 2 순위 – 북서쪽
오늘 행운 복권방	집에서 정남쪽에 있는 복권방
오늘 행운의 숫자	2, 7, 12, 13, 17, 22, 32, 37, 42
운이 따르는 복권방이나 지역이름	ㄴ, ㄷ, ㅌ, ㄹ 들어가는 지역이름이나 상호, 점포이름
오늘 행운이 따르는 금전운 좋은 시간	오전 11시~ 13시

오늘 재수 좋은 띠	돼지띠/ 용띠 /원숭띠
오늘 재수 나쁜 띠	개띠 / 양띠 /호랑띠
당첨운 • 합격운	확률높은 띠; 용띠 /돼지띠 확률낮은 띠; 소 /개 /양띠
오늘 사면 수익률 높은 우량주 증권	전기전자, 통신사, 불관련, 정유사, 방송사,보일러,관광,사진
주식 배팅 좋은 나이	18, 21, 25, 30, 33, 35, 42, 45, 47, 54, 57, 59, 66, 69, 71, 78, 81, 83
주식 배팅 나쁜 나이	19, 22, 24, 29, 34, 36, 41, 46, 48, 53, 58, 60, 65, 70, 72, 77
오늘 복권 사면 좋은 나이	18, 21, 25, 30, 33, 35, 42, 45, 47, 54, 57, 59, 66, 69, 71, 78, 81, 83
오늘 복권 사면 나쁜 나이	19, 22, 24, 29, 34, 36, 41, 46, 48, 53, 58, 60, 65, 70, 72, 77
소개팅 • 맞선 • 데이트 • 친목	좋은 띠 ; 돼지띠 / 용띠 나쁜 띠 ; 개/양띠/호랑이

시간에 만나는 사람 巳時온 사람은 의욕없는자, 색정사, 억울한일 | 午時온 사람은 금전문제, 사업문제로 옴 | 未時에 사람은 단단히 꼬여있는 사람, 病, 고통 | 申時온 사람은 두 가지 문제 갈등사, 갖고싶은 욕구 | 酉時온 사람은 뭔가 하고 싶어서 왔다, 의욕과다 | 戌時온 사람은 골치 아픈 일, 죽음, 바람기, 속히 정리

운세풀이

寅띠: 이동수,우왕좌왕, 사고다툼	巳띠: 점점 일이 꼬임, 관재구설	申띠: 최고운상승세, 두마음	亥띠: 만남,결실,화합,문서
卯띠: 매사불편, 방해자,배신	午띠: 귀인상봉, 금전이득, 현금	酉띠: 의욕과다, 스트레스금	子띠: 이동수, 이별수,변동 움직임
辰띠: 해결신, 시험합격, 풀림	未띠: 매사꼬임, 과거고생, 病	戌띠: 시급한 일, 뜻대로 안됨	丑띠: 빈주머니,걱정근심,사기

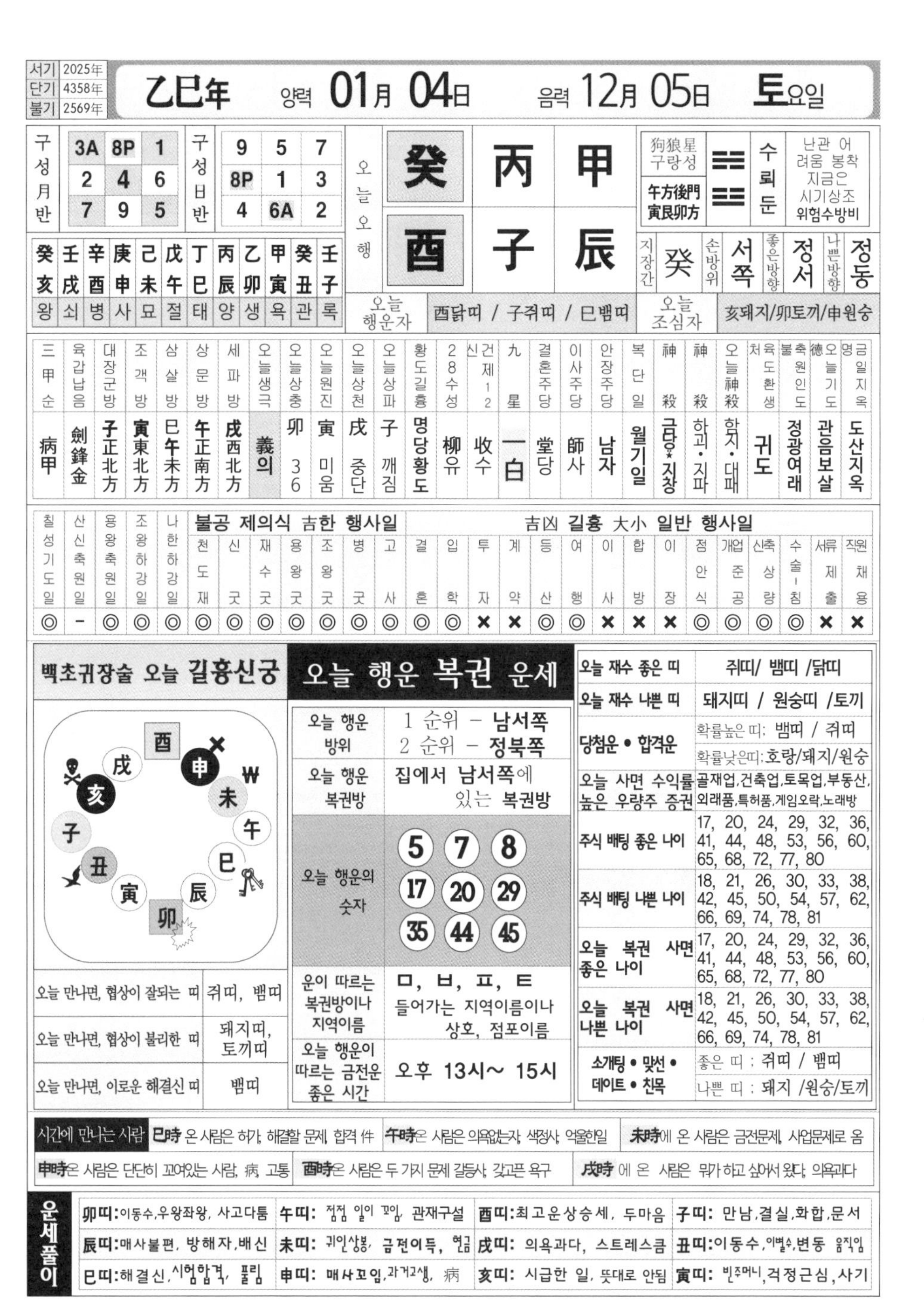

서기	2025年
단기	4358年
불기	2569年

乙巳年 양력 **01月 04日** 음력 **12月 05日** **토**요일

구성월반			
	3A	8P	1
	2	4	6
	7	9	5

구성일반			
	9	5	7
	8P	1	3
	4	6A	2

오늘오행			
	癸	丙	甲
	酉	子	辰

狗狼星 구랑성	午方後門 寅艮卯方	수뢰둔	난관 어려움 봉착 지금은 시기상조 위험수방비

지장간	손방위	좋은방향	나쁜방향
癸	서쪽	정서	정동

癸亥	壬戌	辛酉	庚申	己未	戊午	丁巳	丙辰	乙卯	甲寅	癸丑	壬子
왕	쇠	병	사	묘	절	태	양	생	욕	관	록

오늘 행운자	酉닭띠 / 子쥐띠 / 巳뱀띠	오늘 조심자	亥돼지/卯토끼/申원숭

三甲순	육갑납음	대장군방	조객방	삼살방	상문방	세파방	오늘생극	오늘상충	오늘원진	오늘상천	오늘상파	황도길흉	28수성	건제12신	九星	결혼주당	이사주당	안장주당	복단일	神殺	神殺	오늘神殺	육도환생처	불축원인도	德오늘기도	금일지옥명
病甲	劍鋒金	子正北方	寅東北方	巳午未方	午正南方	戌西北方	義의	卯 36	寅 미움	戌 중단	子 깨짐	명당황도	柳유	收수	一白	堂당	師사	남자	월기일	금당*지창	하괴·지파	함지·대패	귀도	정광여래	관음보살	도산지옥

칠성기도일	산신축원일	용왕축원일	조왕하강일	나한하강일	불공 제의식 吉한 행사일: 천도재	신굿	재수굿	용왕굿	조왕굿	병굿	고사	吉凶 길흉 大小 일반 행사일: 결혼	입학	투자	계약	등산	여행	이사	합방	이장	점안식	개업준공	신축상량	수술-침	서류제출	직원채용
◎	–	◎	◎	◎	◎	◎	◎	◎	◎	◎	◎	◎	◎	×	×	◎	◎	×	×	×	◎	◎	◎	◎	×	×

백초귀장술 오늘 길흉신궁

酉 申 戌 亥 未 W 午 子 巳 丑 寅 辰 卯

오늘 만나면, 협상이 잘되는 띠	쥐띠, 뱀띠
오늘 만나면, 협상이 불리한 띠	돼지띠, 토끼띠
오늘 만나면, 이로운 해결신 띠	뱀띠

오늘 행운 복권 운세

오늘 행운 방위	1 순위 – 남서쪽 2 순위 – 정북쪽
오늘 행운 복권방	집에서 남서쪽에 있는 복권방
오늘 행운의 숫자	5 7 8 17 20 29 35 44 45
운이 따르는 복권방이나 지역이름	ㅁ, ㅂ, ㅍ, ㅌ 들어가는 지역이름이나 상호, 점포이름
오늘 행운이 따르는 금전운 좋은 시간	오후 13시~ 15시

오늘 재수 좋은 띠	쥐띠/ 뱀띠 /닭띠
오늘 재수 나쁜 띠	돼지띠 / 원숭띠 /토끼
당첨운 • 합격운	확률높은 띠: 뱀띠 / 쥐띠 확률낮은띠: 호랑/돼지/원숭
오늘 사면 수익률 높은 우량주 증권	골재업,건축업,토목업,부동산, 외래품,특허품,게임오락,노래방
주식 배팅 좋은 나이	17, 20, 24, 29, 32, 36, 41, 44, 48, 53, 56, 60, 65, 68, 72, 77, 80
주식 배팅 나쁜 나이	18, 21, 26, 30, 33, 38, 42, 45, 50, 54, 57, 62, 66, 69, 74, 78, 81
오늘 복권 사면 좋은 나이	17, 20, 24, 29, 32, 36, 41, 44, 48, 53, 56, 60, 65, 68, 72, 77, 80
오늘 복권 사면 나쁜 나이	18, 21, 26, 30, 33, 38, 42, 45, 50, 54, 57, 62, 66, 69, 74, 78, 81
소개팅 • 맞선 • 데이트 • 친목	좋은 띠 : 쥐띠 / 뱀띠 나쁜 띠 : 돼지 /원숭/토끼

시간에 만나는 사람

- **巳時** 온 사람은 허가, 해결할 문제, 합격 件
- **午時**온 사람은 의욕없는자, 색정사, 억울한일
- **未時**에 온 사람은 금전문제, 사업문제로 옴
- **申時**온 사람은 단단히 꼬여있는 사람, 病, 고통
- **酉時**온 사람은 두 가지 문제 갈등사, 갖고픈 욕구
- **戌時** 에 온 사람은 뭔가 하고 싶어서 왔다, 의욕과다

운세풀이

卯띠: 이동수,우왕좌왕, 사고다툼	午띠: 점점 일이 꼬임, 관재구설	酉띠: 최고운상승세, 두마음	子띠: 만남,결실,화합,문서
辰띠: 매사불편, 방해자,배신	未띠: 귀인상봉, 금전이득, 현금	戌띠: 의욕과다, 스트레스큼	丑띠: 이동수,이별수,변동 움직임
巳띠: 해결신,시험합격, 풀림	申띠: 매사꼬임,과거고생, 病	亥띠: 시급한 일, 뜻대로 안됨	寅띠: 빈주머니,걱정근심,사기

서기	2025年
단기	4358年
불기	2569年

乙巳年 양력 01月 05日 음력 12月 06日 일요일

소한 小寒 11時 32分 入

구성月반				구성日반			
	2	7	9P		1P	6	8A
	1A	3	5		9	2	4
	6	8	4		5	7	3

乙亥	甲戌	癸酉	壬申	辛未	庚午	己巳	戊辰	丁卯	丙寅	乙丑	甲子
생	양	태	절	묘	사	병	쇠	왕	록	관	욕

오늘오행			
	甲	丁	甲
	戊	丑	辰

狗狼星 구랑성 / 神廟州縣

수뢰둔: 난관 어려움 봉착 지금은 시기상조 위험수방비

지장간	癸	손방위	서북	좋은방향	정남	나쁜방향	정북

오늘 행운자	戊개띠 / 丑소띠 / 午말띠	오늘 조심자	子쥐띠/ 辰용띠 /酉닭띠

三甲순	육갑납음	대장군방	조객방	삼살방	상문방	세파방	오늘생극	오늘상충	오늘원진	오늘상천	오늘상파	황도길흉	28수성	건제12신	九星	결혼주당	이사주당	안장주당	복단일	대공망일	神殺일	오늘神殺	육도환생처	축원인도불	오늘기도德	금일지옥명
生甲	山頭火	子正北方	寅東北方	巳午未方	午正南方	戌西北方	制제	辰 36	巳 미움	酉 중단	未 깨짐	청룡황도	星성	收수	二黑	姑고	富부	아버지	-	대공망일	월형·천강	지파·오허	축도	정광여래	미륵보살	도산지옥

칠성기도일	산신축원일	용왕축원일	조왕하강일	나한하강일	천도재	신굿	재수굿	용왕굿	조왕굿	병굿	고사	결혼	입학	투자	계약	등산	여행	이사	합방	이장	점안식	개업준공	신축상량	수술-침	서류제출	직원채용
					불공 제의식 吉한 행사일							吉凶 길흉 大小 일반 행사일														
◎	◎	◎	◎	◎	◎	◎	◎	◎	◎	◎	◎	◎	◎	×	×	◎	◎	×	×	×	◎	◎	×	×	◎	×

백초귀장술 오늘 길흉신궁

오늘 만나면, 협상이 잘되는 띠	소띠, 말띠
오늘 만나면, 협상이 불리한 띠	쥐띠, 용띠
오늘 만나면, 이로운 해결신 띠	말띠

오늘 행운 복권 운세

오늘 행운 방위	1 순위 - 서남쪽 2 순위 - 북동쪽
오늘 행운 복권방	집에서 서남쪽에 있는 복권방
오늘 행운의 숫자	4, 9, 17, 18, 24, 25, 33, 35, 44
운이 따르는 복권방이나 지역이름	ㅅ, ㅈ, ㅊ, ㅂ 들어가는 지역이름이나 상호, 점포이름
오늘 행운이 따르는 금전운 좋은 시간	오후 15시~ 17시

오늘 재수 좋은 띠	소띠/ 말띠 / 개띠
오늘 재수 나쁜 띠	쥐띠 / 닭띠 / 용띠
당첨운 • 합격운	확률높은 띠: 말띠 / 소띠 확률낮은띠: 토끼/쥐띠/ 닭
오늘 사면 수익률 높은 우량주 증권	자동차, 중장비, 軍무기, 원석, 금은보석,철도업, 운송업, 음악
주식 배팅 좋은 나이	19, 23, 28, 31, 35, 40, 43, 47, 52, 55, 59, 64, 67, 71, 76, 79, 83
주식 배팅 나쁜 나이	17, 20, 25, 29, 32, 37, 41, 44, 49, 53, 56, 61, 65, 68, 73, 77, 80, 85
오늘 복권 사면 좋은 나이	19, 23, 28, 31, 35, 40, 43, 47, 52, 55, 59, 64, 67, 71, 76, 79, 83
오늘 복권 사면 나쁜 나이	17, 20, 25, 29, 32, 37, 41, 44, 49, 53, 56, 61, 65, 68, 73, 77, 80, 85
소개팅 • 맞선 • 데이트 • 친목	좋은 띠 : 소띠 / 말띠 나쁜 띠 : 쥐 / 닭 / 용띠

시간에 만나는 사람	巳時은 사람은 의욕이 없고, 방해자가 있음	午時온 사람은 허가, 해결할 문제, 합격 件	未時온 사람은 의욕없는자, 색정사, 억울한일
	申時 온 사람은 금전문제, 투자, 사업문제로 옴	酉時에 사람은 단단히 꼬여있는 사람, 病, 고통	戌時 에 온 사람은 두 가지 문제 갈등사, 갖고 싶은 욕구

운세풀이				
	辰띠:이동수,우왕좌왕, 사고다툼	未띠: 점점 일이 꼬임, 관재구설	戌띠:최고운상승세, 두마음	丑띠: 만남,결실,화합,문서
	巳띠:매사불편, 방해자,배신	申띠: 귀인상봉, 금전이득, 현금	亥띠: 의욕과다, 스트레스큼	寅띠:이동수,이별수,변동 움직임
	午띠:해결신,시험합격, 풀림	酉띠: 매사꼬임,과거고생, 病	子띠: 시급한 일, 뜻대로 안됨	卯띠: 빈주머니,걱정근심,사기

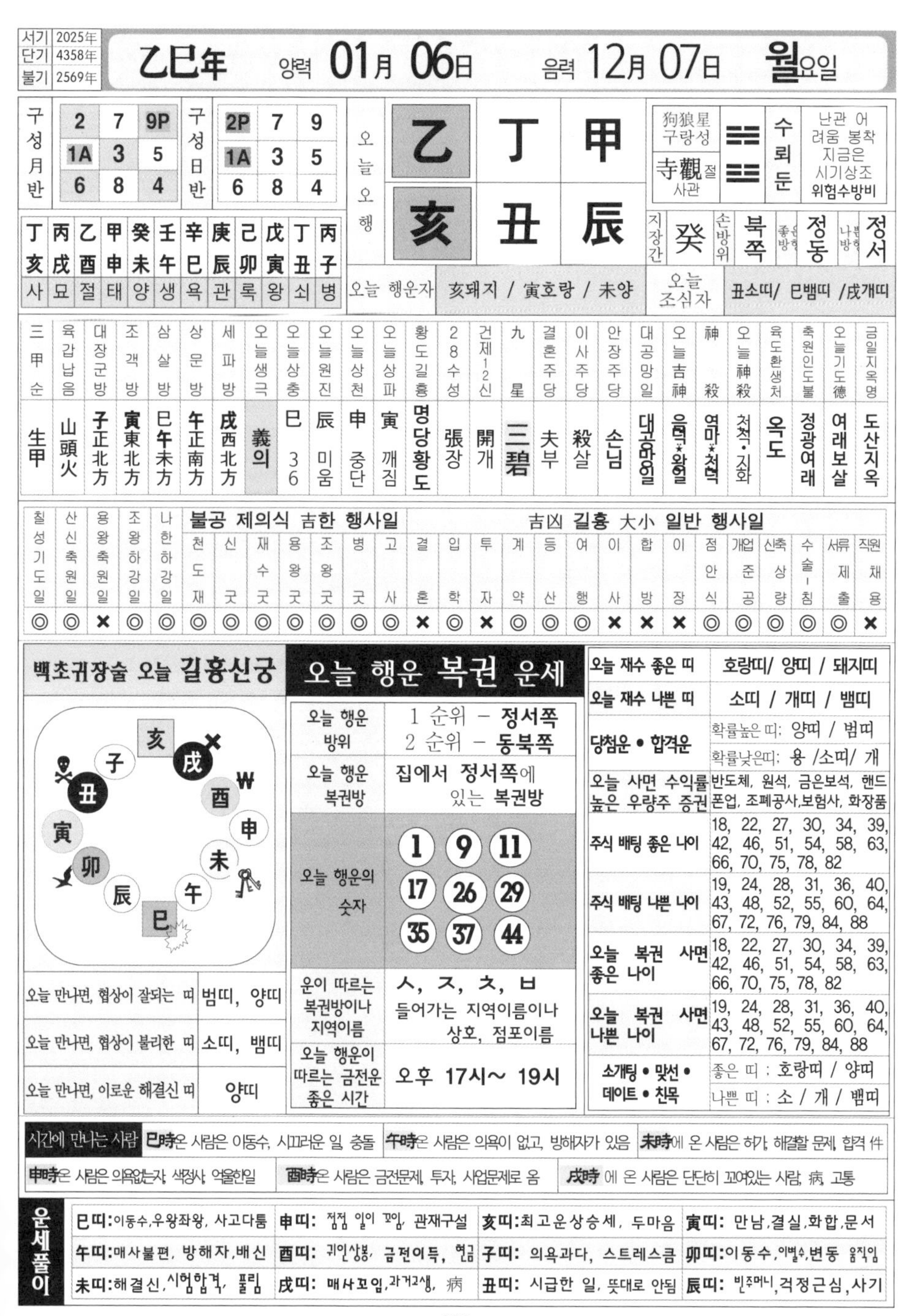

서기	2025年
단기	4358年
불기	2569年

乙巳年 양력 01月 06日 음력 12月 07日 월요일

구성月반			구성日반		
2	7	9P	2P	7	9
1A	3	5	1A	3	5
6	8	4	6	8	4

오늘오행		
乙	丁	甲
亥	丑	辰

狗狼星 구랑성	寺觀 절 사관	수뢰둔	난관 어려움 봉착 지금은 시기상조 위험수방비

지장간	손방위	좋은방향	나쁜방향
癸	북쪽	정동	정서

丁亥	丙戌	乙酉	甲申	癸未	壬午	辛巳	庚辰	己卯	戊寅	丁丑	丙子
사	묘	절	태	양	생	욕	관	록	왕	쇠	병

오늘 행운자	亥돼지 / 寅호랑 / 未양	오늘 조심자	丑소띠/ 巳뱀띠 /戌개띠

三甲순	육갑납음	대장군방	조객방	삼살방	상문방	세파방	오늘생극	오늘상충	오늘원진	오늘상천	오늘상파	황도길흉	28수성	건제12신	九星	결혼주당	이사주당	안장주당	대공망일	오늘吉神	神殺	오늘神殺	육도환생처	축원인도불	오늘기도德	금일지옥명
生甲	山頭火	子正北方	寅東北方	巳午未方	午正南方	戌西北方	義의	巳 36	辰 미움	申 중단	寅 깨짐	명당황도	張장	開개	三碧	夫부	殺살	손님	대공망일	음덕*왕일	염마*천적	천적·지화	옥도	정광여래	여래보살	도산지옥

칠성기도일	산신축원일	용왕축원일	조왕하강일	나한하강일	불공 제의식 吉한 행사일							吉凶 길흉 大小 일반 행사일														
					천도재	신굿	재수굿	용왕굿	조왕굿	병굿	고사	결혼	입학	투자	계약	등산	여행	이사	합방	이장	점안식	개업준공	신축상량	수술-침	서류제출	직원채용
◎	◎	×	◎	◎	◎	◎	◎	◎	◎	◎	◎	×	◎	×	◎	◎	◎	×	×	×	◎	◎	◎	◎	◎	×

백초귀장술 오늘 길흉신궁

亥 子 戌 丑 酉 寅 申 卯 未 辰 午 巳

오늘 만나면, 협상이 잘되는 띠	범띠, 양띠
오늘 만나면, 협상이 불리한 띠	소띠, 뱀띠
오늘 만나면, 이로운 해결신 띠	양띠

오늘 행운 복권 운세

오늘 행운 방위	1 순위 – 정서쪽 2 순위 – 동북쪽
오늘 행운 복권방	집에서 정서쪽에 있는 복권방
오늘 행운의 숫자	1, 9, 11, 17, 26, 29, 35, 37, 44
운이 따르는 복권방이나 지역이름	ㅅ, ㅈ, ㅊ, ㅂ 들어가는 지역이름이나 상호, 점포이름
오늘 행운이 따르는 금전운 좋은 시간	오후 17시~ 19시

오늘 재수 좋은 띠	호랑띠/ 양띠 / 돼지띠
오늘 재수 나쁜 띠	소띠 / 개띠 / 뱀띠
당첨운 • 합격운	확률높은 띠: 양띠 / 범띠 확률낮은띠: 용 /소띠/ 개
오늘 사면 수익률 높은 우량주 증권	반도체, 원석, 금은보석, 핸드폰업, 조폐공사,보험사, 화장품
주식 배팅 좋은 나이	18, 22, 27, 30, 34, 39, 42, 46, 51, 54, 58, 63, 66, 70, 75, 78, 82
주식 배팅 나쁜 나이	19, 24, 28, 31, 36, 40, 43, 48, 52, 55, 60, 64, 67, 72, 76, 79, 84, 88
오늘 복권 사면 좋은 나이	18, 22, 27, 30, 34, 39, 42, 46, 51, 54, 58, 63, 66, 70, 75, 78, 82
오늘 복권 사면 나쁜 나이	19, 24, 28, 31, 36, 40, 43, 48, 52, 55, 60, 64, 67, 72, 76, 79, 84, 88
소개팅 • 맞선 • 데이트 • 친목	좋은 띠 : 호랑띠 / 양띠 나쁜 띠 : 소 / 개 / 뱀띠

시간에 만나는 사람	巳時은 사람은 이동수, 시끄러운 일, 충돌	午時은 사람은 의욕이 없고, 방해자가 있음	未時에 온 사람은 허가, 해결할 문제, 합격 件
	申時은 사람은 의욕없는자, 색정사, 억울한일	酉時은 사람은 금전문제, 투자, 사업문제로 옴	戌時 에 온 사람은 단단히 꼬여있는 사람, 病, 고통

운세풀이				
	巳띠: 이동수,우왕좌왕, 사고다툼	申띠: 점점 일이 꼬임, 관재구설	亥띠: 최고운상승세, 두마음	寅띠: 만남,결실,화합,문서
	午띠: 매사불편, 방해자,배신	酉띠: 귀인상봉, 금전이득, 현금	子띠: 의욕과다, 스트레스큼	卯띠: 이동수,이별수,변동 움직임
	未띠: 해결신,시험합격, 풀림	戌띠: 매사꼬임,과거고생, 病	丑띠: 시급한 일, 뜻대로 안됨	辰띠: 빈주머니,걱정근심,사기

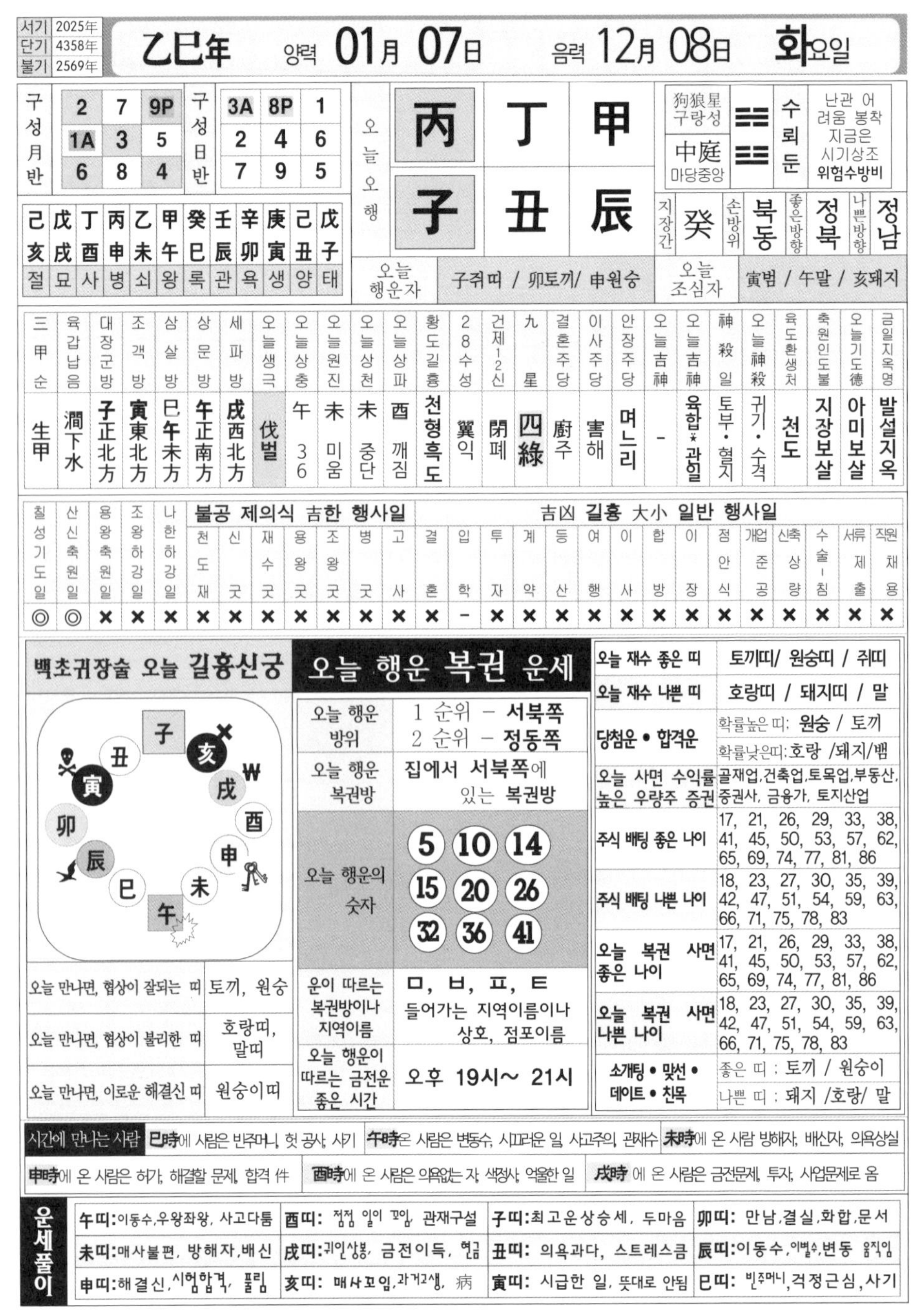

서기	2025年
단기	4358年
불기	2569年

乙巳年 양력 01月 07日 음력 12月 08日 화요일

구성월반		
2	7	9P
1A	3	5
6	8	4

구성日반		
3A	8P	1
2	4	6
7	9	5

오늘오행		
丙	丁	甲
子	丑	辰

狗狼星 구랑성	中庭 마당중앙
수뢰둔	난관 어려움 봉착 지금은 시기상조 위험수방비
지장간	癸
손방위	북동
좋은방향	정북
나쁜방향	정남

己亥	戊戌	丁酉	丙申	乙未	甲午	癸巳	壬辰	辛卯	庚寅	己丑	戊子
절	묘	사	병	쇠	왕	록	관	욕	생	양	태

오늘 행운자	子쥐띠 / 卯토끼/ 申원숭
오늘 조심자	寅범 / 午말 / 亥돼지

三甲순	육갑납음	대장군방	조객방	삼살방	상문방	세파방	오늘생극	오늘상충	오늘원진	오늘상천	오늘상파	황도길흉	28수성	건제12신	九星	결혼주당	이사주당	안장주당	오늘吉神	오늘吉神	神殺일	오늘神殺	육도환생처	축원인도불	오늘기도德	금일지옥명
生甲	澗下水	子正北方	寅東北方	巳午未方	午正南方	戌西北方	伐벌	午 36	未 미움	未 중단	酉 깨짐	천형흑도	翼익	閉폐	四綠	廚주	害해	며느리	-	육합*관일	토부·혈지	귀기·수격	천도	지장보살	아미보살	발설지옥

칠성기도일	산신축원일	용왕축원일	조왕하강일	나한하강일	불공 제의식 吉한 행사일: 천도재	신굿	재수굿	용왕굿	조왕굿	병굿	고사	吉凶 길흉 大小 일반 행사일: 결혼	입학	투자	계약	등산	여행	이사	합방	이장	점안식	개업준공	신축상량	수술-침	서류제출	직원채용
◎	◎	×	×	×	×	×	×	×	×	×	×	×	-	×	×	×	×	×	×	×	×	×	×	×	×	×

백초귀장술 오늘 길흉신궁

오늘 만나면, 협상이 잘되는 띠	토끼, 원숭
오늘 만나면, 협상이 불리한 띠	호랑띠, 말띠
오늘 만나면, 이로운 해결신 띠	원숭이띠

오늘 행운 복권 운세

오늘 행운 방위	1 순위 – 서북쪽 2 순위 – 정동쪽
오늘 행운 복권방	집에서 서북쪽에 있는 복권방
오늘 행운의 숫자	5 10 14 15 20 26 32 36 41
운이 따르는 복권방이나 지역이름	ㅁ, ㅂ, ㅍ, ㅌ 들어가는 지역이름이나 상호, 점포이름
오늘 행운이 따르는 금전운 좋은 시간	오후 19시~ 21시

오늘 재수 좋은 띠	토끼띠/ 원숭띠 / 쥐띠
오늘 재수 나쁜 띠	호랑띠 / 돼지띠 / 말
당첨운 • 합격운	확률높은 띠: 원숭 / 토끼 확률낮은띠: 호랑 /돼지/뱀
오늘 사면 수익률 높은 우량주 증권	골재업,건축업,토목업,부동산,중권사, 금융가, 토지산업
주식 배팅 좋은 나이	17, 21, 26, 29, 33, 38, 41, 45, 50, 53, 57, 62, 65, 69, 74, 77, 81, 86
주식 배팅 나쁜 나이	18, 23, 27, 30, 35, 39, 42, 47, 51, 54, 59, 63, 66, 71, 75, 78, 83
오늘 복권 사면 좋은 나이	17, 21, 26, 29, 33, 38, 41, 45, 50, 53, 57, 62, 65, 69, 74, 77, 81, 86
오늘 복권 사면 나쁜 나이	18, 23, 27, 30, 35, 39, 42, 47, 51, 54, 59, 63, 66, 71, 75, 78, 83
소개팅 • 맞선 • 데이트 • 친목	좋은 띠 : 토끼 / 원숭이 나쁜 띠 : 돼지 /호랑/ 말

시간에 만나는 사람 巳時에 사람은 빈주머니, 헛 공사, 사기 | 午時온 사람은 변동수, 시끄러운 일, 사고주의, 관재수 | 未時에 온 사람 방해자, 배신자, 의욕상실 | 申時에 온 사람은 허가, 해결할 문제, 합격 件 | 酉時에 온 사람은 의욕없는 자, 색정사, 억울한 일 | 戌時 에 온 사람은 금전문제, 투자, 사업문제로 옴

운세풀이			
午띠:이동수,우왕좌왕, 사고다툼	酉띠: 점점 일이 꼬임, 관재구설	子띠:최고운상승세, 두마음	卯띠: 만남,결실,화합,문서
未띠:매사불편, 방해자,배신	戌띠:귀인상봉, 금전이득, 현금	丑띠: 의욕과다, 스트레스큼	辰띠:이동수,이별수,변동 움직임
申띠:해결신,시험합격, 풀림	亥띠: 매사꼬임,과거고생, 病	寅띠: 시급한 일, 뜻대로 안됨	巳띠: 빈주머니,걱정근심,사기

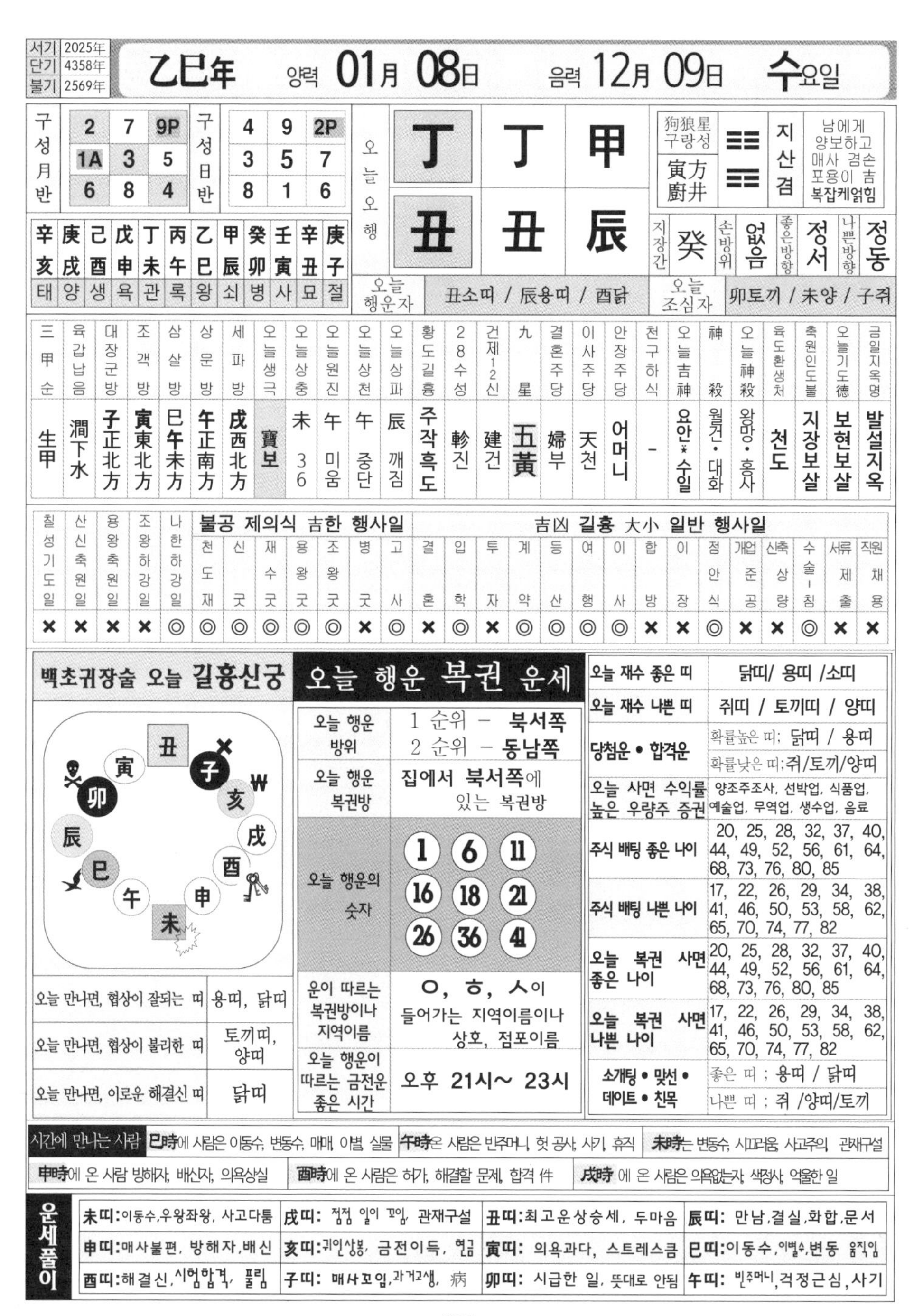

서기	2025年
단기	4358年
불기	2569年

乙巳年 양력 **01月 08日** 음력 **12月 09日** **수**요일

구성월반			구성일반		
2	7	9P	4	9	2P
1A	3	5	3	5	7
6	8	4	8	1	6

오늘오행		
丁	丁	甲
丑	丑	辰

狗狼星 구랑성	寅方 廚井	☷☶	지산겸	남에게 양보하고 매사 겸손 포용이 吉 복잡케얽힘

지장간	손방위	좋은방향	나쁜방향
癸	없음	정서	정동

辛亥	庚戌	己酉	戊申	丁未	丙午	乙巳	甲辰	癸卯	壬寅	辛丑	庚子
태	양	생	욕	관	록	왕	쇠	병	사	묘	절

오늘 행운자	丑소띠 / 辰용띠 / 酉닭	오늘 조심자	卯토끼 / 未양 / 子쥐

三甲순	육갑납음	대장군방	조객방	삼살방	상문방	세파방	오늘생극	오늘상충	오늘원진	오늘상천	오늘상파	황도길흉	28수성	건제12신	九星	결혼주당	이사주당	안장주당	천구하식	오늘吉神	神殺	오늘神殺	육도환생처	축원인도불	오늘기도德	금일지옥명
生甲	澗下水	子正北方	寅東北方	巳午未方	午正南方	戌西北方	寶보	未 36	午 미움	午 중단	辰 깨짐	주작흑도	軫진	建건	五黃	婦부	天천	어머니	-	요안*수일	월건·대화	왕망·홍사	천도	지장보살	보현보살	발설지옥

칠성기도일	산신축원일	용왕축원일	조왕하강일	나한하강일	불공 제의식 吉한 행사일: 천도재	신굿	재수굿	용왕굿	조왕굿	병굿	고사	吉凶 길흉 大小 일반 행사일: 결혼	입학	투자	계약	등산	여행	이사	합방	이장	점안식	개업준공	신축상량	수술-침	서류제출	직원채용
×	×	×	×	◎	◎	◎	◎	◎	◎	×	◎	×	◎	×	◎	◎	◎	◎	×	×	◎	×	×	◎	×	×

백초귀장술 오늘 길흉신궁

오늘 만나면, 협상이 잘되는 띠	용띠, 닭띠
오늘 만나면, 협상이 불리한 띠	토끼띠, 양띠
오늘 만나면, 이로운 해결신 띠	닭띠

오늘 행운 복권 운세

오늘 행운 방위	1 순위 – 북서쪽 2 순위 – 동남쪽
오늘 행운 복권방	집에서 북서쪽에 있는 복권방
오늘 행운의 숫자	1 6 11 16 18 21 26 36 41
운이 따르는 복권방이나 지역이름	ㅇ, ㅎ, ㅅ이 들어가는 지역이름이나 상호, 점포이름
오늘 행운이 따르는 금전운 좋은 시간	오후 21시~ 23시

오늘 재수 좋은 띠	닭띠/ 용띠 /소띠
오늘 재수 나쁜 띠	쥐띠 / 토끼띠 / 양띠
당첨운 • 합격운	확률높은 띠; 닭띠 / 용띠 확률낮은 띠; 쥐/토끼/양띠
오늘 사면 수익률 높은 우량주 증권	양조주조사, 선박업, 식품업, 예술업, 무역업, 생수업, 음료
주식 배팅 좋은 나이	20, 25, 28, 32, 37, 40, 44, 49, 52, 56, 61, 64, 68, 73, 76, 80, 85
주식 배팅 나쁜 나이	17, 22, 26, 29, 34, 38, 41, 46, 50, 53, 58, 62, 65, 70, 74, 77, 82
오늘 복권 사면 좋은 나이	20, 25, 28, 32, 37, 40, 44, 49, 52, 56, 61, 64, 68, 73, 76, 80, 85
오늘 복권 사면 나쁜 나이	17, 22, 26, 29, 34, 38, 41, 46, 50, 53, 58, 62, 65, 70, 74, 77, 82
소개팅 • 맞선 • 데이트 • 친목	좋은 띠 ; 용띠 / 닭띠 나쁜 띠 ; 쥐 /양띠/토끼

시간에 만나는 사람 **巳時**에 사람은 이동수, 변동수, 매매, 이별, 실물 **午時**온 사람은 빈주머니, 헛 공사, 사기, 휴직 **未時**는 변동수, 시끄러움, 사고주의, 관재구설
申時에 온 사람 방해자, 배신자, 의욕상실 **酉時**에 온 사람은 허가, 해결할 문제, 합격 件 **戌時** 에 온 사람은 의욕없는자, 색정사, 억울한 일

운세풀이

未띠: 이동수,우왕좌왕, 사고다툼	**戌띠:** 점점 일이 꼬임, 관재구설	**丑띠:** 최고운상승세, 두마음	**辰띠:** 만남,결실,화합,문서
申띠: 매사불편, 방해자,배신	**亥띠:** 귀인상봉, 금전이득, 현금	**寅띠:** 의욕과다, 스트레스큼	**巳띠:** 이동수, 이별수,변동 움직임
酉띠: 해결신, 시험합격, 풀림	**子띠:** 매사꼬임,과거고생, 病	**卯띠:** 시급한 일, 뜻대로 안됨	**午띠:** 빈주머니,걱정근심,사기

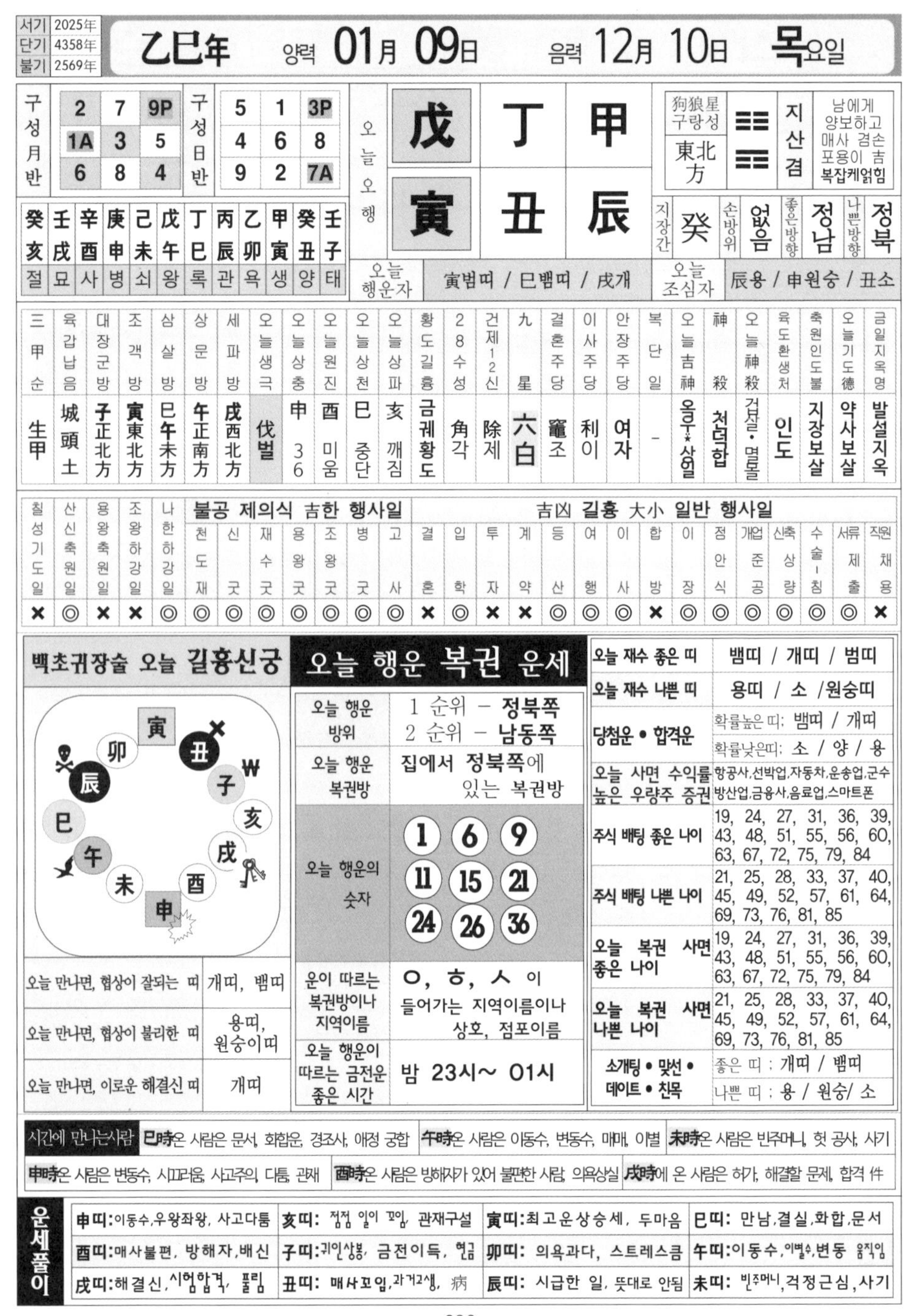

서기	2025年
단기	4358年
불기	2569年

乙巳年 양력 **01月 09日** 음력 **12月 10日** **목**요일

구성월반				구성일반			
	2	7	9P		5	1	3P
	1A	3	5		4	6	8
	6	8	4		9	2	7A

癸亥	壬戌	辛酉	庚申	己未	戊午	丁巳	丙辰	乙卯	甲寅	癸丑	壬子
절	묘	사	병	쇠	왕	록	관	욕	생	양	태

오늘오행			
	戊	丁	甲
	寅	丑	辰

狗狼星 구랑성	東北方	☷☶	지산겸	남에게 양보하고 매사 겸손 포용이 吉 복잡케얽힘

지장간	癸	손방위	없음	좋은방향	정남	나쁜방향	정북

오늘 행운자	寅범띠 / 巳뱀띠 / 戌개	오늘 조심자	辰용 / 申원숭 / 丑소

三甲순	육갑납음	대장군방	조객방	삼살방	상문방	세파방	오늘생극	오늘상충	오늘원진	오늘상천	오늘상파	황도길흉	28수성	건제12신	九星	결혼주당	이사주당	안장주당	복단일	오늘吉神	神殺	오늘神殺	육도환생처	축원인도불	오늘기도德	금일지옥명
生甲	城頭土	子正北方	寅東北方	巳午未方	午正南方	戌西北方	伐벌	申 36	酉 미움	巳 중단	亥 깨짐	금궤황도	角각	除제	六白	竈조	利이	여자	-	옥우*상일	천덕합	겁살·멸몰	인도	지장보살	약사보살	발설지옥

칠성기도일	산신축원일	용왕축원일	조왕하강일	나한하강일	불공 제의식 吉한 행사일							吉凶 길흉 大小 일반 행사일														
					천도재	신굿	재수굿	용왕굿	조왕굿	병굿	고사	결혼	입학	투자	계약	등산	여행	이사	합방	이장	점안식	개업준공	신축상량	수술-침	서류제출	직원채용
×	◎	×	×	◎	◎	◎	◎	◎	◎	◎	◎	×	◎	×	×	◎	◎	◎	×	◎	◎	◎	◎	◎	◎	×

백초귀장술 오늘 길흉신궁

오늘 만나면, 협상이 잘되는 띠	개띠, 뱀띠
오늘 만나면, 협상이 불리한 띠	용띠, 원숭이띠
오늘 만나면, 이로운 해결신 띠	개띠

오늘 행운 복권 운세

오늘 행운 방위	1 순위 – 정북쪽 2 순위 – 남동쪽
오늘 행운 복권방	집에서 정북쪽에 있는 복권방
오늘 행운의 숫자	1 6 9 11 15 21 24 26 36
운이 따르는 복권방이나 지역이름	ㅇ, ㅎ, ㅅ 이 들어가는 지역이름이나 상호, 점포이름
오늘 행운이 따르는 금전운 좋은 시간	밤 23시~ 01시

오늘 재수 좋은 띠	뱀띠 / 개띠 / 범띠
오늘 재수 나쁜 띠	용띠 / 소 /원숭띠
당첨운 • 합격운	확률높은 띠: 뱀띠 / 개띠 확률낮은띠: 소 / 양 / 용
오늘 사면 수익률 높은 우량주 증권	항공사,선박업,자동차,운송업,군수 방산업,금융사,음료업,스마트폰
주식 배팅 좋은 나이	19, 24, 27, 31, 36, 39, 43, 48, 51, 55, 56, 60, 63, 67, 72, 75, 79, 84
주식 배팅 나쁜 나이	21, 25, 28, 33, 37, 40, 45, 49, 52, 57, 61, 64, 69, 73, 76, 81, 85
오늘 복권 사면 좋은 나이	19, 24, 27, 31, 36, 39, 43, 48, 51, 55, 56, 60, 63, 67, 72, 75, 79, 84
오늘 복권 사면 나쁜 나이	21, 25, 28, 33, 37, 40, 45, 49, 52, 57, 61, 64, 69, 73, 76, 81, 85
소개팅 • 맞선 • 데이트 • 친목	좋은 띠 : 개띠 / 뱀띠 나쁜 띠 : 용 / 원숭/ 소

시간에 만나는사람 **巳時**온 사람은 문서, 화합운, 경조사, 애정 궁합 **午時**온 사람은 이동수, 변동수, 매매, 이별 **未時**온 사람은 빈주머니, 헛 공사, 사기 **申時**온 사람은 변동수, 시끄러움, 사고주의, 다툼, 관재 **酉時**온 사람은 방해자가 있어 불편한 사람, 의욕상실 **戌時**에 온 사람은 허가, 해결할 문제, 합격 件

운세풀이				
	申띠:이동수,우왕좌왕, 사고다툼	**亥띠:** 점점 일이 꼬임, 관재구설	**寅띠:**최고운상승세, 두마음	**巳띠:** 만남,결실,화합,문서
	酉띠:매사불편, 방해자,배신	**子띠:**귀인상봉, 금전이득, 현금	**卯띠:** 의욕과다, 스트레스큼	**午띠:**이동수,이별수,변동 움직임
	戌띠:해결신,시험합격, 풀림	**丑띠:** 매사꼬임,과거고생, 病	**辰띠:** 시급한 일, 뜻대로 안됨	**未띠:** 빈주머니,걱정근심,사기

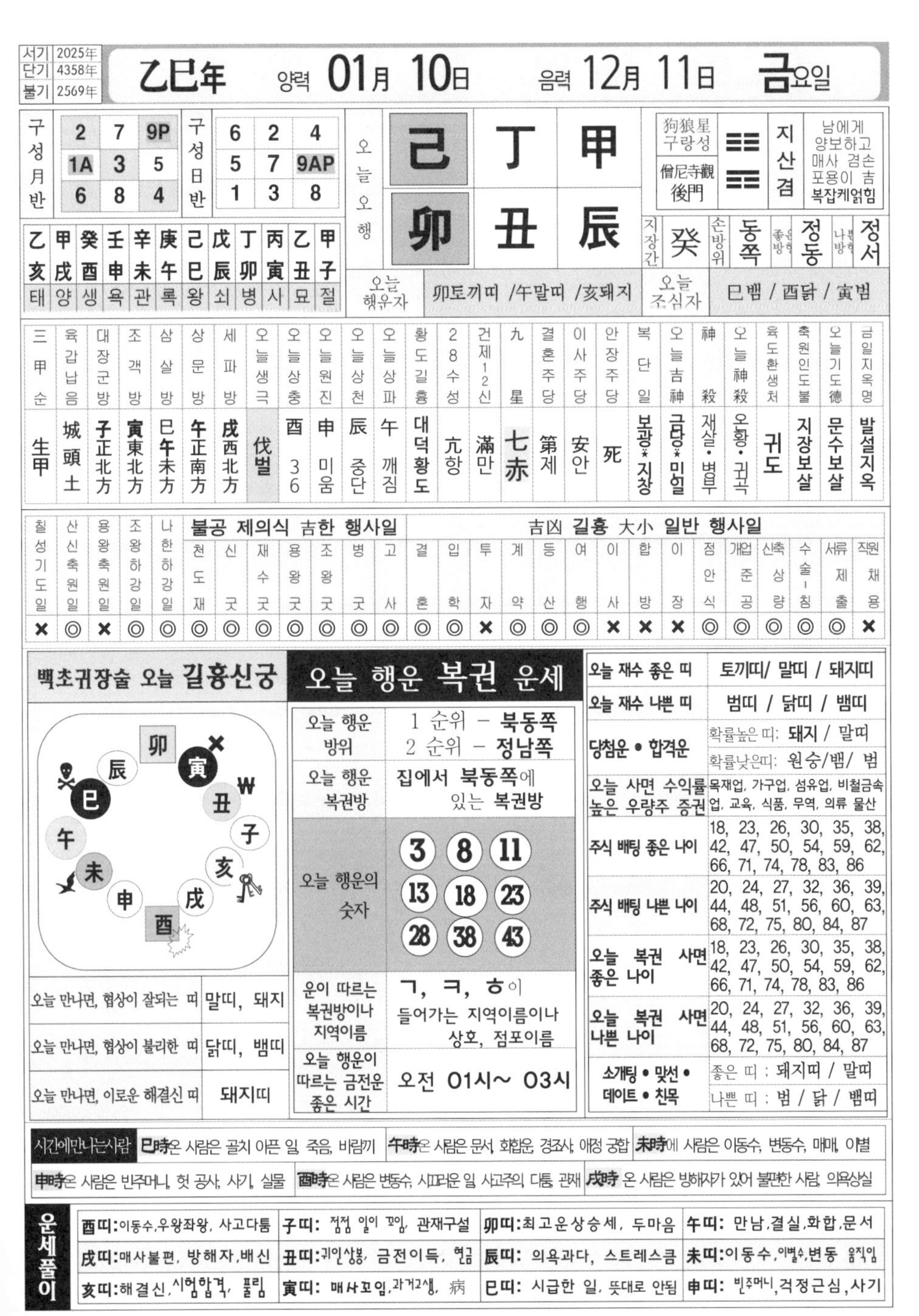

서기	2025年
단기	4358年
불기	2569年

乙巳年 양력 01月 10日 음력 12月 11日 금요일

구성월반				구성일반			
	2	7	9P		6	2	4
	1A	3	5		5	7	9AP
	6	8	4		1	3	8

乙亥	甲戌	癸酉	壬申	辛未	庚午	己巳	戊辰	丁卯	丙寅	乙丑	甲子
태	양	생	욕	관	록	왕	쇠	병	사	묘	절

오늘오행		
己	丁	甲
卯	丑	辰

狗狼星 구랑성	僧尼寺觀後門
괘	지산겸
	남에게 양보하고 매사 겸손 포용이 吉 복잡케얽힘

지장간	손방위	좋은방향	나쁜방향
癸	동쪽	정동	정서

오늘 행운자	卯토끼띠 /午말띠 /亥돼지
오늘 조심자	巳뱀 / 酉닭 / 寅범

三甲순	육갑납음	대장군방	조객방	삼살방	상문방	세파방	오늘생극	오늘상충	오늘원진	오늘상천	오늘상파	황도길흉	28수성	건제12신	九星	결혼주당	이사주당	안장주당	복단일	오늘吉神	神殺	오늘神殺	육도환생처	축원인도불	오늘기도德	금일지옥명
生甲	城頭土	子正北方	寅東北方	巳午未方	午正南方	戌西北方	伐벌	酉 36	申 미움	辰 중단	午 깨짐	대덕황도	亢항	滿만	七赤	第제	安안	死	보광*지창	금당*미일	재살·병부	오황·귀곡	귀도	지장보살	문수보살	발설지옥

칠성기도일	산신축원일	용왕축원일	조왕하강일	나한하강일	불공 제의식 吉한 행사일							吉凶 길흉 大小 일반 행사일														
					천도재	신굿	재수굿	용왕굿	조왕굿	병굿	고사	결혼	입학	투자	계약	등산	여행	이사	합방	이장	점안식	개업준공	신축상량	수술·침	서류제출	직원채용
×	◎	×	◎	◎	◎	◎	◎	◎	◎	◎	◎	◎	◎	×	◎	◎	◎	×	×	×	◎	◎	◎	◎	◎	×

백초귀장술 오늘 길흉신궁

卯 寅 丑 子 亥 戌 酉 申 未 午 巳 辰 W

오늘 만나면, 협상이 잘되는 띠	말띠, 돼지
오늘 만나면, 협상이 불리한 띠	닭띠, 뱀띠
오늘 만나면, 이로운 해결신 띠	돼지띠

오늘 행운 복권 운세

오늘 행운 방위	1 순위 – 북동쪽 2 순위 – 정남쪽
오늘 행운 복권방	집에서 북동쪽에 있는 복권방
오늘 행운의 숫자	3 8 11 13 18 23 28 38 43
운이 따르는 복권방이나 지역이름	ㄱ, ㅋ, ㅎ이 들어가는 지역이름이나 상호, 점포이름
오늘 행운이 따르는 금전운 좋은 시간	오전 01시~ 03시

오늘 재수 좋은 띠	토끼띠/ 말띠 / 돼지띠
오늘 재수 나쁜 띠	범띠 / 닭띠 / 뱀띠
당첨운 • 합격운	확률높은 띠: 돼지 / 말띠 확률낮은띠: 원숭/뱀/ 범
오늘 사면 수익률 높은 우량주 증권	목재업, 가구업, 섬유업, 비철금속업, 교육, 식품, 무역, 의류 물산
주식 배팅 좋은 나이	18, 23, 26, 30, 35, 38, 42, 47, 50, 54, 59, 62, 66, 71, 74, 78, 83, 86
주식 배팅 나쁜 나이	20, 24, 27, 32, 36, 39, 44, 48, 51, 56, 60, 63, 68, 72, 75, 80, 84, 87
오늘 복권 사면 좋은 나이	18, 23, 26, 30, 35, 38, 42, 47, 50, 54, 59, 62, 66, 71, 74, 78, 83, 86
오늘 복권 사면 나쁜 나이	20, 24, 27, 32, 36, 39, 44, 48, 51, 56, 60, 63, 68, 72, 75, 80, 84, 87
소개팅 • 맞선 • 데이트 • 친목	좋은 띠 : 돼지띠 / 말띠 나쁜 띠 : 범 / 닭 / 뱀띠

시간에만나는사람	巳時온 사람은 골치 아픈 일, 죽음, 바람끼	午時온 사람은 문서, 화합운, 경조사, 애정 궁합	未時에 사람은 이동수, 변동수, 매매, 이별
	申時온 사람은 빈주머니, 헛 공사, 사기, 실물	酉時온 사람은 변동수, 시끄러운 일 사고주의, 다툼, 관재	戌時 온 사람은 방해자가 있어 불편한 사람, 의욕상실

운세풀이				
	酉띠:이동수,우왕좌왕, 사고다툼	子띠: 점점 일이 꼬임, 관재구설	卯띠:최고운상승세, 두마음	午띠: 만남,결실,화합,문서
	戌띠:매사불편, 방해자,배신	丑띠:귀인상봉, 금전이득, 현금	辰띠: 의욕과다, 스트레스큼	未띠:이동수,이별수,변동 움직임
	亥띠:해결신,시험합격, 풀림	寅띠: 매사꼬임,과거고생, 病	巳띠: 시급한 일, 뜻대로 안됨	申띠: 빈주머니,걱정근심,사기

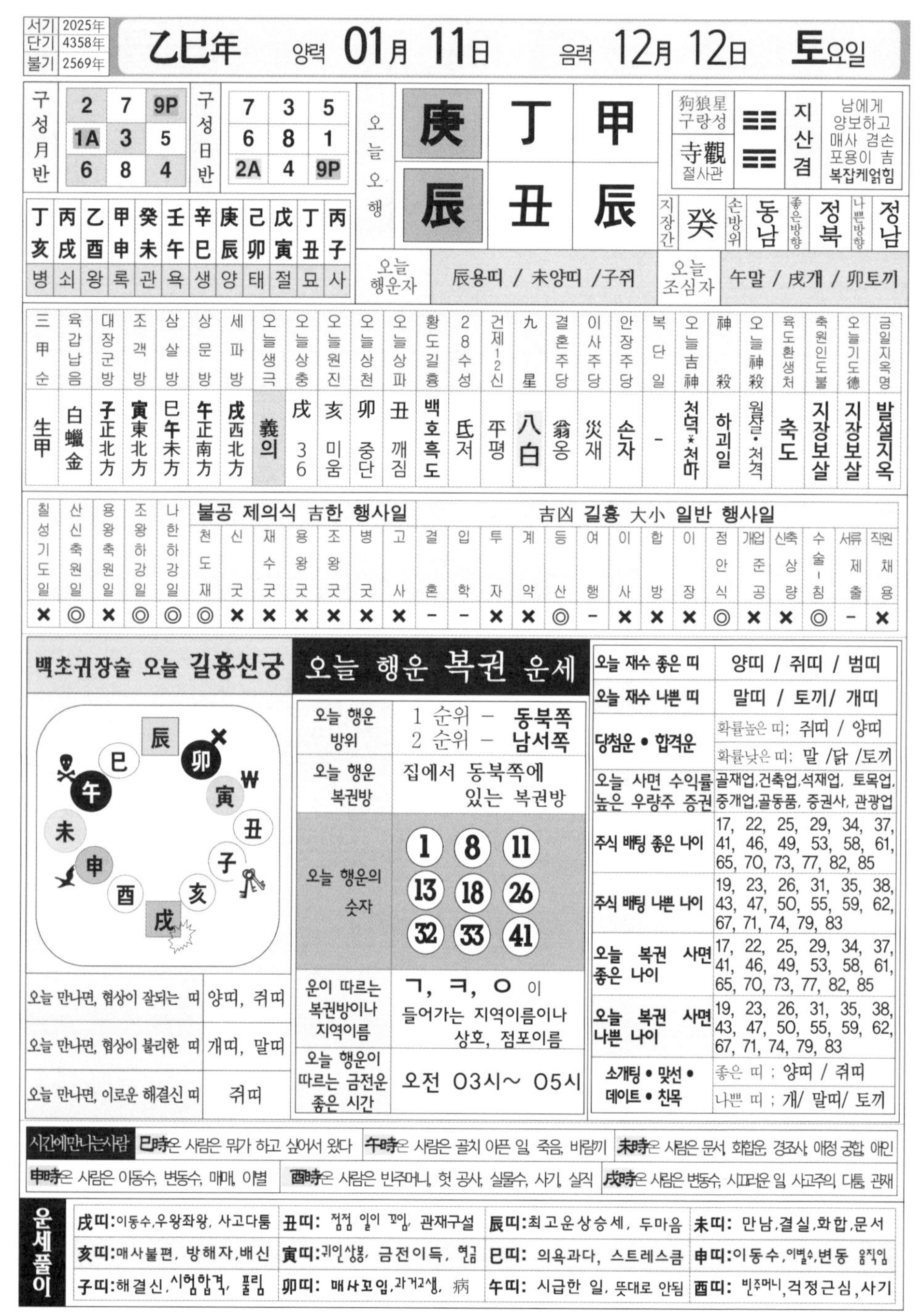

서기	2025年
단기	4358年
불기	2569年

乙巳年 양력 01月 11日 음력 12月 12日 토요일

구성月반		
2	7	9P
1A	3	5
6	8	4

구성日반		
7	3	5
6	8	1
2A	4	9P

丁	丙	乙	甲	癸	壬	辛	庚	己	戊	丁	丙
亥	戌	酉	申	未	午	巳	辰	卯	寅	丑	子
병	쇠	왕	록	관	욕	생	양	태	절	묘	사

오늘오행

庚	丁	甲
辰	丑	辰

狗狼星 구랑성	☶	지산겸	남에게 양보하고 매사 겸손 포용이 吉 복잡케얽힘
寺觀 절사관	☷		

지장간	癸	손방위	동남	좋은방향	정북	나쁜방향	정남

오늘 행운자	辰용띠 / 未양띠 /子쥐	오늘 조심자	午말 / 戌개 / 卯토끼

三甲순	육갑납음	대장군방	조객방	삼살방	상문방	세파방	오늘생극	오늘상충	오늘원진	오늘상천	오늘상파	황도길흉	28수성	건제12신	九星	결혼주당	이사주당	안장주당	복단일	오늘吉神	神殺	오늘神殺	육도환생처	축원인도불	오늘기도德	금일지옥명
生甲	白蠟金	子正北方	寅東北方	巳午未方	午正南方	戌西北方	義의	戊 36	亥 미움	卯 중단	丑 깨짐	백호흑도	氐저	平평	八白	翁옹	災재	손자	-	천덕*천마	하괴일	월살·천격	축도	지장보살	지장보살	발설지옥

칠성기도일	산신축원일	용왕축원일	조왕하강일	나한하강일	불공 제의식 吉한 행사일 천도재	신굿	재수굿	용왕굿	조왕굿	병굿	고사	吉凶 길흉 大小 일반 행사일 결혼	입학	투자	계약	등산	여행	이사	합방	이장	점안식	개업준공	신축상량	수술-침	서류제출	직원채용
×	◎	×	◎	◎	◎	×	×	×	×	×	×	–	–	×	×	◎	–	×	×	×	◎	×	×	◎	–	×

백초귀장술 오늘 길흉신궁

오늘 만나면, 협상이 잘되는 띠	양띠, 쥐띠
오늘 만나면, 협상이 불리한 띠	개띠, 말띠
오늘 만나면, 이로운 해결신 띠	쥐띠

오늘 행운 복권 운세

오늘 행운 방위	1 순위 – 동북쪽 2 순위 – 남서쪽
오늘 행운 복권방	집에서 동북쪽에 있는 복권방
오늘 행운의 숫자	1 8 11 13 18 26 32 33 41
운이 따르는 복권방이나 지역이름	ㄱ, ㅋ, ㅇ 이 들어가는 지역이름이나 상호, 점포이름
오늘 행운이 따르는 금전운 좋은 시간	오전 03시~ 05시

오늘 재수 좋은 띠	양띠 / 쥐띠 / 범띠
오늘 재수 나쁜 띠	말띠 / 토끼/ 개띠
당첨운 • 합격운	확률높은 띠; 쥐띠 / 양띠 확률낮은 띠; 말 /닭 /토끼
오늘 사면 수익률 높은 우량주 증권	골재업,건축업,석재업, 토목업, 중개업,골동품, 증권사, 관광업
주식 배팅 좋은 나이	17, 22, 25, 29, 34, 37, 41, 46, 49, 53, 58, 61, 65, 70, 73, 77, 82, 85
주식 배팅 나쁜 나이	19, 23, 26, 31, 35, 38, 43, 47, 50, 55, 59, 62, 67, 71, 74, 79, 83
오늘 복권 사면 좋은 나이	17, 22, 25, 29, 34, 37, 41, 46, 49, 53, 58, 61, 65, 70, 73, 77, 82, 85
오늘 복권 사면 나쁜 나이	19, 23, 26, 31, 35, 38, 43, 47, 50, 55, 59, 62, 67, 71, 74, 79, 83
소개팅 • 맞선 • 데이트 • 친목	좋은 띠 ; 양띠 / 쥐띠 나쁜 띠 ; 개/ 말띠/ 토끼

시간에만나는사람	巳時은 사람은 뭐가 하고 싶어서 왔다	午時은 사람은 골치 아픈 일, 죽음, 바람끼	未時은 사람은 문서, 화합운, 경조사, 애정 궁합, 애인
	申時은 사람은 이동수, 변동수, 매매, 이별	酉時은 사람은 빈주머니, 헛 공사, 실물수, 사기, 실직	戌時은 사람은 변동수, 시끄러운 일, 사고주의, 다툼, 관재

운세풀이				
	戌띠:이동수,우왕좌왕, 사고다툼	丑띠: 점점 일이 꼬임, 관재구설	辰띠:최고운상승세, 두마음	未띠: 만남,결실,화합,문서
	亥띠:매사불편, 방해자,배신	寅띠:귀인상봉, 금전이득, 현금	巳띠: 의욕과다, 스트레스큼	申띠:이동수,이별수,변동 움직임
	子띠:해결신,시험합격, 풀림	卯띠: 매사꼬임,과거고생, 病	午띠: 시급한 일, 뜻대로 안됨	酉띠: 빈주머니,걱정근심,사기

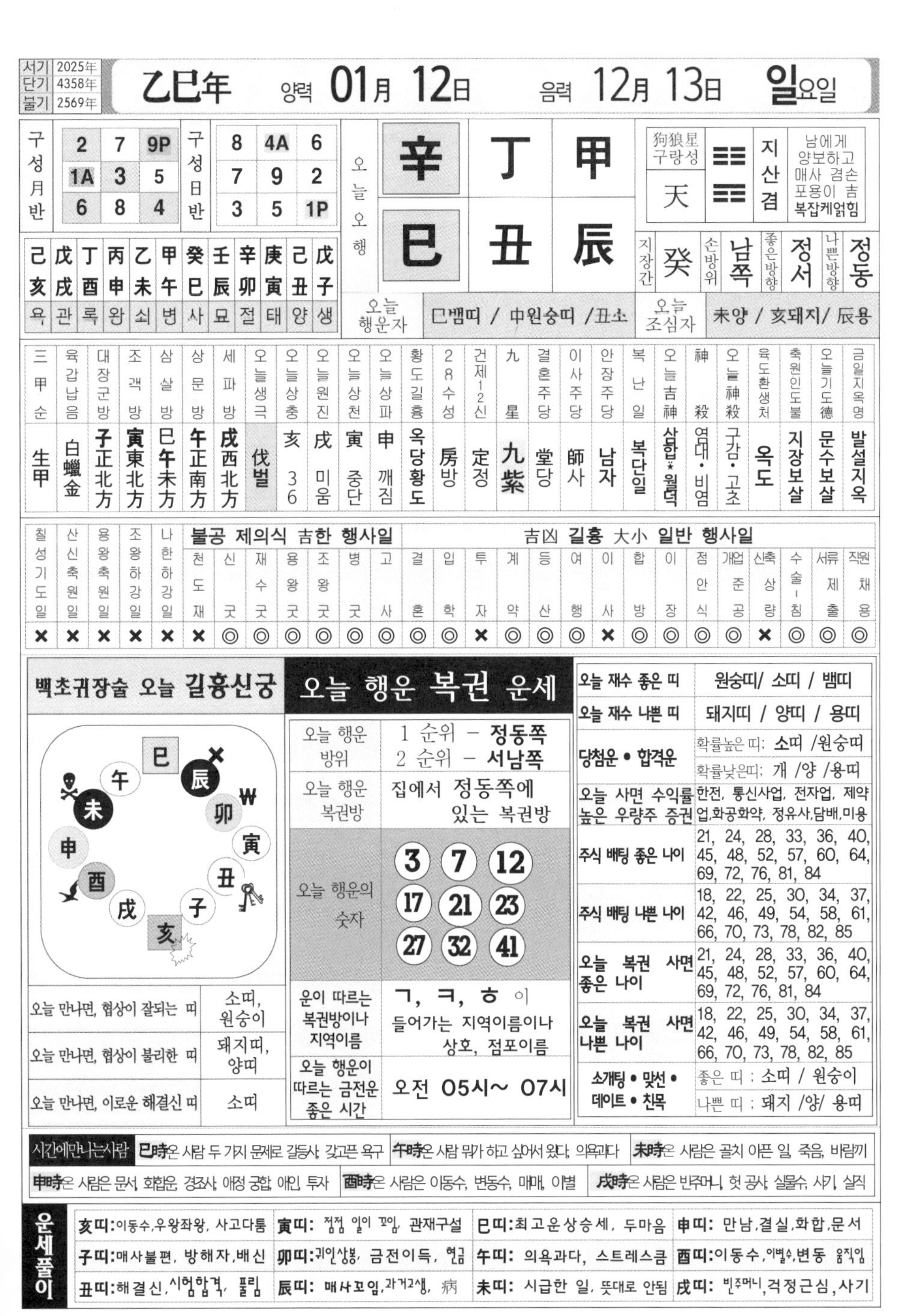

서기	2025年
단기	4358年
불기	2569年

乙巳年 양력 **01月 12日** 음력 **12月 13日** **일**요일

구성月반			구성日반		
2	7	9P	8	4A	6
1A	3	5	7	9	2
6	8	4	3	5	1P

오늘오행		
辛	丁	甲
巳	丑	辰

狗狼星 구랑성	天
지산겸	남에게 양보하고 매사 겸손 포용이 참 복잡케얽힘

지장간	손방위	좋은방향	나쁜방향
癸	남쪽	정서	정동

己亥	戊戌	丁酉	丙申	乙未	甲午	癸巳	壬辰	辛卯	庚寅	己丑	戊子
욕	관	록	왕	쇠	병	사	묘	절	태	양	생

오늘 행운자	巳뱀띠 / 申원숭띠 /丑소
오늘 조심자	未양 / 亥돼지/ 辰용

三甲순	육갑납음	대장군방	조객방	삼살방	상문방	세파방	오늘생극	오늘상충	오늘원진	오늘상천	오늘상파	황도길흉	28수성	건제12신	九星	결혼주당	이사주당	안장주당	복난일	오늘吉神	神殺	오늘神殺	육도환생처	축원인도불	오늘기도德	금일지옥명
生甲	白蠟金	子正北方	寅東北方	巳午未方	午正南方	戌西北方	伐벌	亥 36	戌 미움	寅 중단	申 깨짐	옥당황도	房방	定정	九紫	堂당	師사	남자	복단일	삼합*월덕	염대·비염	구감·고초	옥도	지장보살	문수보살	발설지옥

칠성기도일	산신축원일	용왕축원일	조왕하강일	나한하강일	불공 제의식 吉한 행사일							吉凶 길흉 大小 일반 행사일														
					천도재	신굿	재수굿	용왕굿	조왕굿	병굿	고사	결혼	입학	투자	계약	등산	여행	이사	합방	이장	점안식	개업준공	신축상량	수술-침	서류제출	직원채용
×	×	×	×	×	×	◎	◎	◎	◎	◎	◎	◎	◎	×	◎	◎	◎	×	◎	◎	◎	◎	×	◎	◎	◎

백초귀장술 오늘 길흉신궁

巳 辰 卯 寅 丑 子 亥 戌 酉 申 未 午

오늘 만나면, 협상이 잘되는 띠	소띠, 원숭이
오늘 만나면, 협상이 불리한 띠	돼지띠, 양띠
오늘 만나면, 이로운 해결신 띠	소띠

오늘 행운 복권 운세

오늘 행운 방위	1 순위 – 정동쪽 2 순위 – 서남쪽
오늘 행운 복권방	집에서 정동쪽에 있는 복권방
오늘 행운의 숫자	3 7 12 17 21 23 27 32 41
운이 따르는 복권방이나 지역이름	ㄱ, ㅋ, ㅎ 이 들어가는 지역이름이나 상호, 점포이름
오늘 행운이 따르는 금전운 좋은 시간	오전 05시~ 07시

오늘 재수 좋은 띠	원숭띠/ 소띠 / 뱀띠
오늘 재수 나쁜 띠	돼지띠 / 양띠 / 용띠
당첨운 • 합격운	확률높은 띠: 소띠 /원숭띠 확률낮은띠: 개 /양 /용띠
오늘 사면 수익률 높은 우량주 증권	한전, 통신사업, 전자업, 제약업,화공화약, 정유사,담배,미용
주식 배팅 좋은 나이	21, 24, 28, 33, 36, 40, 45, 48, 52, 57, 60, 64, 69, 72, 76, 81, 84
주식 배팅 나쁜 나이	18, 22, 25, 30, 34, 37, 42, 46, 49, 54, 58, 61, 66, 70, 73, 78, 82, 85
오늘 복권 사면 좋은 나이	21, 24, 28, 33, 36, 40, 45, 48, 52, 57, 60, 64, 69, 72, 76, 81, 84
오늘 복권 사면 나쁜 나이	18, 22, 25, 30, 34, 37, 42, 46, 49, 54, 58, 61, 66, 70, 73, 78, 82, 85
소개팅 • 맞선 • 데이트 • 친목	좋은 띠 : 소띠 / 원숭이 나쁜 띠 : 돼지 /양/ 용띠

시간에만나는사람	**巳時**온 사람 두 가지 문제로 갈등사, 갖고픈 욕구	**午時**온 사람 뭔가 하고 싶어서 왔다, 의욕과다	**未時**온 사람은 골치 아픈 일, 죽음, 바람끼
	申時온 사람은 문서, 회합운, 경조사, 애정 궁합, 애인, 투자	**酉時**온 사람은 이동수, 변동수, 매매, 이별	**戌時**온 사람은 빈주머니, 헛 공사, 실물수, 사기, 실직

운세풀이				
	亥띠: 이동수,우왕좌왕, 사고다툼	**寅띠:** 점점 일이 꼬임, 관재구설	**巳띠:** 최고운상승세, 두마음	**申띠:** 만남,결실,화합,문서
	子띠: 매사불편, 방해자,배신	**卯띠:** 귀인상봉, 금전이득, 현금	**午띠:** 의욕과다, 스트레스큼	**酉띠:** 이동수,이별수,변동 움직임
	丑띠: 해결신,시험합격, 풀림	**辰띠:** 매사꼬임,과거고생, 病	**未띠:** 시급한 일, 뜻대로 안됨	**戌띠:** 빈주머니,걱정근심,사기

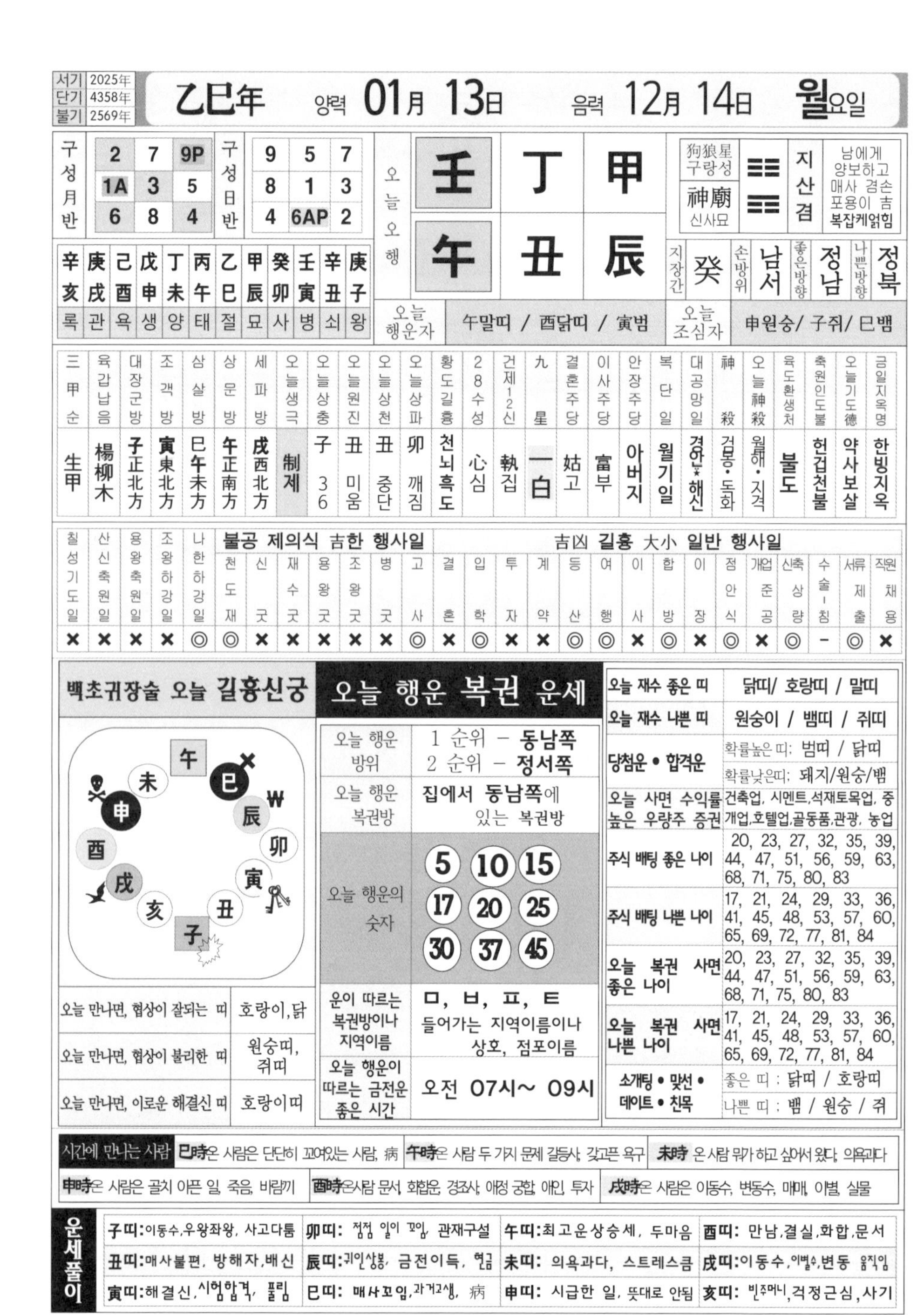

서기	2025年
단기	4358年
불기	2569年

乙巳年 양력 **01月 13日** 음력 **12月 14日** **월**요일

구성月반				구성日반			
	2	7	9P		9	5	7
	1A	3	5		8	1	3
	6	8	4		4	6AP	2

辛	庚	己	戊	丁	丙	乙	甲	癸	壬	辛	庚
亥	戌	酉	申	未	午	巳	辰	卯	寅	丑	子
록	관	욕	생	양	태	절	묘	사	병	쇠	왕

오늘오행			
	壬	丁	甲
	午	丑	辰

狗狼星 구랑성	神廟 신사묘	☷☶	지산겸	남에게 양보하고 매사 겸손 포용이 큼 복잡케얽힘

지장간	癸	손방위	남서	좋은방향	정남	나쁜방향	정북

오늘 행운자	午말띠 / 酉닭띠 / 寅범	오늘 조심자	申원숭/ 子쥐/ 巳뱀

三甲순	육갑납음	대장군방	조객방	삼살방	상문방	세파방	오늘생극	오늘상충	오늘원진	오늘상천	오늘상파	황도길흉	28수성	건제12신	九星	결혼주당	이사주당	안장주당	복단일	대공망일	神殺	오늘神殺	육도환생처	축원인도불	오늘기도德	금일지옥명
生甲	楊柳木	子正北方	寅東北方	巳午未方	午正南方	戌西北方	制제	子 36	丑 미움	丑 중단	卯 깨짐	천뇌흑도	心심	執집	一白	姑고	富부	아버지	월기일	경안★해신	검봉·도화	월해·지격	불도	헌겁천불	약사보살	한빙지옥

칠성기도일	산신축원일	용왕축원일	조왕하강일	나한하강일	불공 제의식 吉한 행사일							吉凶 길흉 大小 일반 행사일															
					천도재	신굿	재수굿	용왕굿	조왕굿	병굿	고사	결혼	입학	투자	계약	등산	여행	이사	합방	이장	점안식	개업준공	신축상량	수술-침	서류제출	직원채용
×	×	×	×	◎	◎	×	×	×	×	×	◎	×	◎	×	×	◎	◎	×	◎	×	◎	×	◎	-	◎	×

백초귀장술 오늘 길흉신궁

오늘 만나면, 협상이 잘되는 띠	호랑이,닭
오늘 만나면, 협상이 불리한 띠	원숭띠, 쥐띠
오늘 만나면, 이로운 해결신 띠	호랑이띠

오늘 행운 복권 운세

오늘 행운 방위	1 순위 – 동남쪽 2 순위 – 정서쪽
오늘 행운 복권방	집에서 동남쪽에 있는 복권방
오늘 행운의 숫자	5 10 15 17 20 25 30 37 45
운이 따르는 복권방이나 지역이름	ㅁ, ㅂ, ㅍ, ㅌ 들어가는 지역이름이나 상호, 점포이름
오늘 행운이 따르는 금전운 좋은 시간	오전 07시~ 09시

오늘 재수 좋은 띠	닭띠/ 호랑띠 / 말띠
오늘 재수 나쁜 띠	원숭이 / 뱀띠 / 쥐띠
당첨운 • 합격운	확률높은 띠: 범띠 / 닭띠 확률낮은띠: 돼지/원숭/뱀
오늘 사면 수익률 높은 우량주 증권	건축업, 시멘트,석재토목업, 중개업,호텔업,골동품,관광, 농업
주식 배팅 좋은 나이	20, 23, 27, 32, 35, 39, 44, 47, 51, 56, 59, 63, 68, 71, 75, 80, 83
주식 배팅 나쁜 나이	17, 21, 24, 29, 33, 36, 41, 45, 48, 53, 57, 60, 65, 69, 72, 77, 81, 84
오늘 복권 사면 좋은 나이	20, 23, 27, 32, 35, 39, 44, 47, 51, 56, 59, 63, 68, 71, 75, 80, 83
오늘 복권 사면 나쁜 나이	17, 21, 24, 29, 33, 36, 41, 45, 48, 53, 57, 60, 65, 69, 72, 77, 81, 84
소개팅 • 맞선 • 데이트 • 친목	좋은 띠 : 닭띠 / 호랑띠 나쁜 띠 : 뱀 / 원숭 / 쥐

시간에 만나는 사람	**巳時**온 사람은 단단히 꼬여있는 사람, 病	**午時**온 사람 두 가지 문제 갈등사, 갖고픈 욕구	**未時** 온 사람 뭐가 하고 싶어서 왔다, 의욕과다
申時온 사람은 골치 아픈 일, 죽음, 바람끼	**酉時**온사람 문서, 화합운, 경조사, 애정 궁합, 애인, 투자	**戌時**온 사람은 이동수, 변동수, 매매, 이별, 실물	

운세풀이			
子띠:이동수,우왕좌왕, 사고다툼	**卯띠:** 점점 일이 꼬임, 관재구설	**午띠:**최고운상승세, 두마음	**酉띠:** 만남,결실,화합,문서
丑띠:매사불편, 방해자,배신	**辰띠:**귀인상봉, 금전이득, 현금	**未띠:** 의욕과다, 스트레스큼	**戌띠:**이동수,이별수,변동 움직임
寅띠:해결신,시험합격, 풀림	**巳띠:** 매사꼬임,과거고생, 病	**申띠:** 시급한 일, 뜻대로 안됨	**亥띠:** 빈주머니,걱정근심,사기

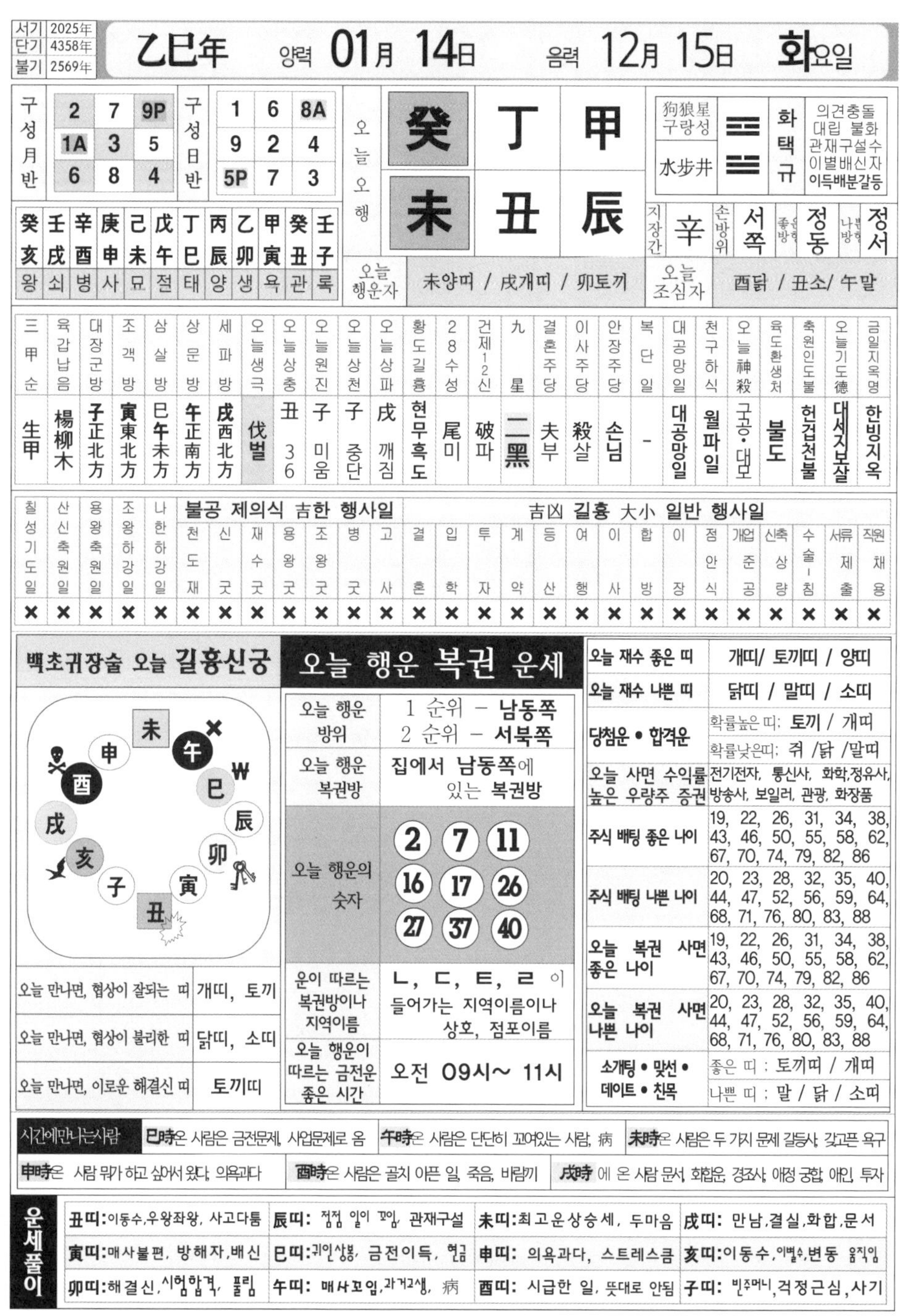

서기	2025年
단기	4358年
불기	2569年

乙巳年 양력 01月 14日 음력 12月 15日 화요일

구성월반			구성일반		
2	7	9P	1	6	8A
1A	3	5	9	2	4
6	8	4	5P	7	3

오늘오행		
癸	丁	甲
未	丑	辰

狗狼星 구랑성	水步井	화택규	의견충돌 대립 불화 관재구설수 이별배신자 이득배분갈등

지장간	손방위	좋은방향	나쁜방향
辛	서쪽	정동	정서

癸亥	壬戌	辛酉	庚申	己未	戊午	丁巳	丙辰	乙卯	甲寅	癸丑	壬子
왕	쇠	병	사	묘	절	태	양	생	욕	관	록

오늘 행운자	未양띠 / 戌개띠 / 卯토끼	오늘 조심자	酉닭 / 丑소/ 午말

三甲순	육갑납음	대장군방	조객방	삼살방	상문방	세파방	오늘생극	오늘상충	오늘원진	오늘상천	오늘상파	황도길흉	28수성	건제12신	九星	결혼주당	이사주당	안장주당	복단일	대공망일	천구하식	오늘神殺	육도환생처	축원인도불	오늘기도德	금일지옥명
生甲	楊柳木	子正北方	寅東北方	巳午未方	午正南方	戌西北方	伐벌	丑 36	子 미움	子 중단	戌 깨짐	현무흑도	尾미	破파	二黑	夫부	殺살	손님	-	대공망일	월파일	궁공·대모	불도	헌겁천불	대세지보살	한빙지옥

칠성기도일	산신축원일	용왕축원일	조왕하강일	나한하강일	불공 제의식 吉한 행사일							吉凶 길흉 大小 일반 행사일														
					천도재	신굿	재수굿	용왕굿	조왕굿	병굿	고사	결혼	입학	투자	계약	등산	여행	이사	합방	이장	점안식	개업준공	신축상량	수술-침	서류제출	직원채용
×	×	×	×	×	×	×	×	×	×	×	×	×	×	×	×	×	×	×	×	×	×	×	×	×	×	×

백초귀장술 오늘 길흉신궁

오늘 만나면, 협상이 잘되는 띠	개띠, 토끼
오늘 만나면, 협상이 불리한 띠	닭띠, 소띠
오늘 만나면, 이로운 해결신 띠	토끼띠

오늘 행운 복권 운세

오늘 행운 방위	1 순위 – 남동쪽 2 순위 – 서북쪽
오늘 행운 복권방	집에서 남동쪽에 있는 복권방
오늘 행운의 숫자	2, 7, 11, 16, 17, 26, 27, 37, 40
운이 따르는 복권방이나 지역이름	ㄴ, ㄷ, ㅌ, ㄹ 이 들어가는 지역이름이나 상호, 점포이름
오늘 행운이 따르는 금전운 좋은 시간	오전 09시~ 11시

오늘 재수 좋은 띠	개띠/ 토끼띠 / 양띠
오늘 재수 나쁜 띠	닭띠 / 말띠 / 소띠
당첨운 • 합격운	확률높은 띠: 토끼 / 개띠 확률낮은띠: 쥐 /닭 /말띠
오늘 사면 수익률 높은 우량주 증권	전기전자, 통신사, 화학,정유사, 방송사, 보일러, 관광, 화장품
주식 배팅 좋은 나이	19, 22, 26, 31, 34, 38, 43, 46, 50, 55, 58, 62, 67, 70, 74, 79, 82, 86
주식 배팅 나쁜 나이	20, 23, 28, 32, 35, 40, 44, 47, 52, 56, 59, 64, 68, 71, 76, 80, 83, 88
오늘 복권 사면 좋은 나이	19, 22, 26, 31, 34, 38, 43, 46, 50, 55, 58, 62, 67, 70, 74, 79, 82, 86
오늘 복권 사면 나쁜 나이	20, 23, 28, 32, 35, 40, 44, 47, 52, 56, 59, 64, 68, 71, 76, 80, 83, 88
소개팅 • 맞선 • 데이트 • 친목	좋은 띠 : 토끼띠 / 개띠 나쁜 띠 : 말 / 닭 / 소띠

시간에만나는사람	巳時온 사람은 금전문제, 사업문제로 옴	午時온 사람은 단단히 꼬여있는 사람, 病	未時온 사람은 두 가지 문제 갈등사, 갖고픈 욕구
申時온 사람 뭔가 하고 싶어서 왔다, 의욕과다	酉時온 사람은 골치 아픈 일, 죽음, 바람끼	戌時 에 온 사람 문서, 화합운, 경조사, 애정 궁합, 애인, 투자	

운세풀이			
丑띠:이동수,우왕좌왕, 사고다툼	辰띠: 점점 일이 꼬임, 관재구설	未띠:최고운상승세, 두마음	戌띠: 만남,결실,화합,문서
寅띠:매사불편, 방해자,배신	巳띠:귀인상봉, 금전이득, 현금	申띠: 의욕과다, 스트레스큼	亥띠:이동수,이별수,변동 움직임
卯띠:해결신,시험합격, 풀림	午띠: 매사꼬임,과거고생, 病	酉띠: 시급한 일, 뜻대로 안됨	子띠: 빈주머니,걱정근심,사기

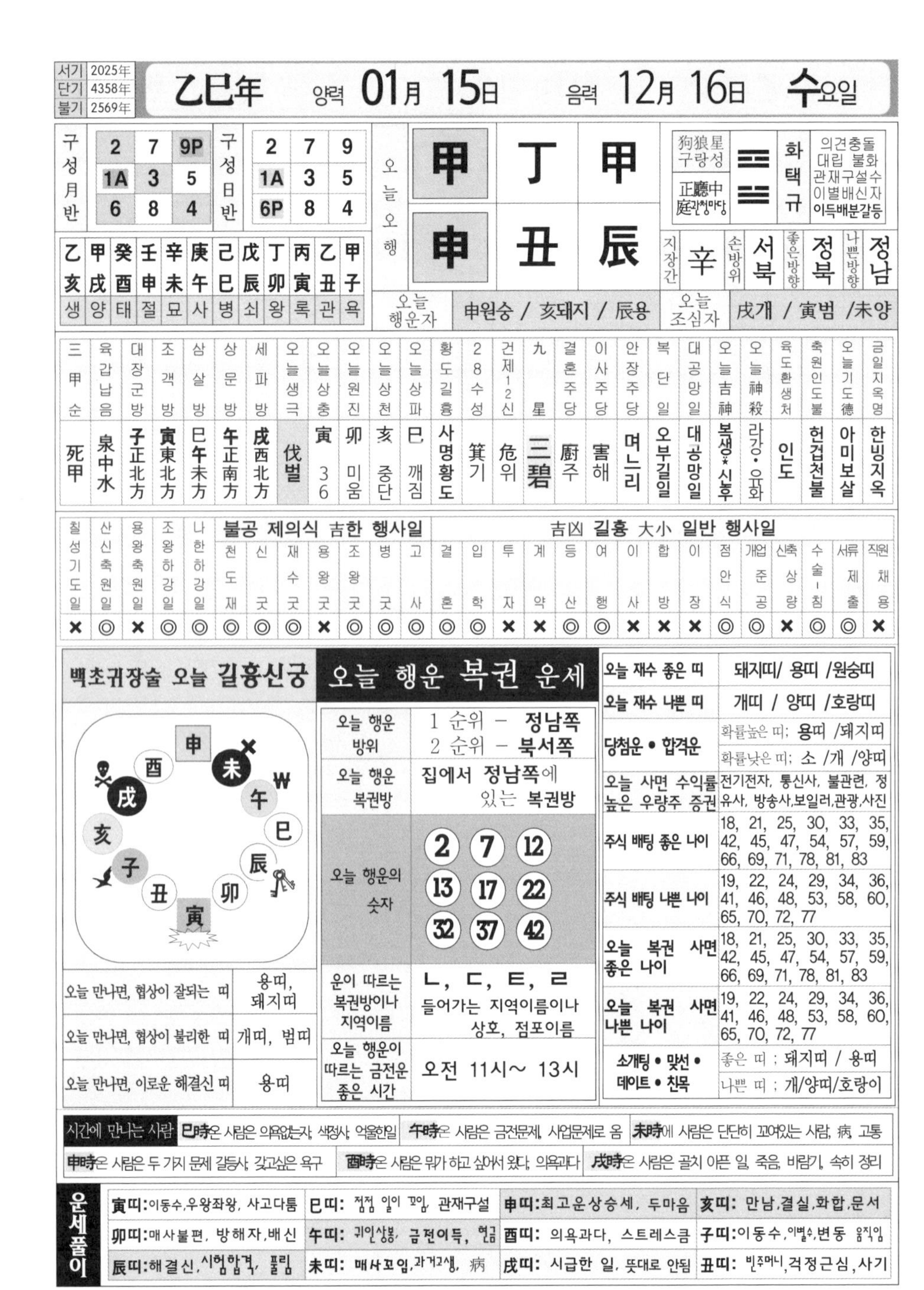

서기	2025年
단기	4358年
불기	2569年

乙巳年 양력 01月 15日 음력 12月 16日 수요일

구성月반

2	7	9P
1A	3	5
6	8	4

구성日반

2	7	9
1A	3	5
6P	8	4

오늘오행

甲	丁	甲
申	丑	辰

狗狼星 구랑성	正廳中庭 관청마당	화택규	의견충돌 대립 불화 관재구설수 이별배신자 이득배분갈등

지장간	손방위	좋은방향	나쁜방향
辛	서북	정북	정남

乙亥	甲戌	癸酉	壬申	辛未	庚午	己巳	戊辰	丁卯	丙寅	乙丑	甲子
생	양	태	절	묘	사	병	쇠	왕	록	관	욕

오늘 행운자: 申원숭 / 亥돼지 / 辰용

오늘 조심자: 戌개 / 寅범 /未양

三甲순	육갑납음	대장군방	조객방	삼살방	상문방	세파방	오늘생극	오늘상충	오늘원진	오늘상천	오늘상파	황도길흉	28수성	건제12신	九星	결혼주당	이사주당	안장주당	복단일	대공망일	오늘吉神	오늘神殺	육도환생처	축원인도불	오늘기도德	금일지옥명
死甲	泉中水	子正北方	寅東北方	巳午未方	午正南方	戌西北方	伐벌	寅 36	卯 미움	亥 중단	巳 깨짐	사명황도	箕기	危위	三碧	廚주	害해	며느리	오부길일	대공망일	복생* 신후	라강•유화	인도	헌겁천불	아미보살	한빙지옥

칠성기도일	산신축원일	용왕축원일	조왕하강일	나한하강일	불공 제의식 吉한 행사일							吉凶 길흉 大小 일반 행사일														
					천도재	신굿	재수굿	용왕굿	조왕굿	병굿	고사	결혼	입학	투자	계약	등산	여행	이사	합방	이장	점안식	개업준공	신축상량	수술-침	서류제출	직원채용
×	◎	×	◎	◎	◎	◎	◎	×	◎	◎	◎	◎	◎	×	×	◎	◎	×	×	×	◎	◎	×	◎	◎	×

백초귀장술 오늘 길흉신궁

오늘 만나면, 협상이 잘되는 띠	용띠, 돼지띠
오늘 만나면, 협상이 불리한 띠	개띠, 범띠
오늘 만나면, 이로운 해결신 띠	용띠

오늘 행운 복권 운세

오늘 행운 방위	1 순위 – 정남쪽 2 순위 – 북서쪽
오늘 행운 복권방	집에서 정남쪽에 있는 복권방
오늘 행운의 숫자	2 7 12 13 17 22 32 37 42
운이 따르는 복권방이나 지역이름	ㄴ, ㄷ, ㅌ, ㄹ 들어가는 지역이름이나 상호, 점포이름
오늘 행운이 따르는 금전운 좋은 시간	오전 11시~ 13시

오늘 재수 좋은 띠	돼지띠/ 용띠 /원숭띠
오늘 재수 나쁜 띠	개띠 / 양띠 /호랑띠
당첨운 • 합격운	확률높은 띠; 용띠 /돼지띠 확률낮은 띠; 소 /개 /양띠
오늘 사면 수익률 높은 우량주 증권	전기전자, 통신사, 불관련, 정유사, 방송사,보일러,관광,사진
주식 배팅 좋은 나이	18, 21, 25, 30, 33, 35, 42, 45, 47, 54, 57, 59, 66, 69, 71, 78, 81, 83
주식 배팅 나쁜 나이	19, 22, 24, 29, 34, 36, 41, 46, 48, 53, 58, 60, 65, 70, 72, 77
오늘 복권 사면 좋은 나이	18, 21, 25, 30, 33, 35, 42, 45, 47, 54, 57, 59, 66, 69, 71, 78, 81, 83
오늘 복권 사면 나쁜 나이	19, 22, 24, 29, 34, 36, 41, 46, 48, 53, 58, 60, 65, 70, 72, 77
소개팅 • 맞선 • 데이트 • 친목	좋은 띠 ; 돼지띠 / 용띠 나쁜 띠 ; 개/양띠/호랑이

시간에 만나는 사람 巳時온 사람은 의욕없는자, 색정사, 억울한일 | 午時온 사람은 금전문제, 사업문제로 옴 | 未時에 사람은 단단히 꼬여있는 사람, 病, 고통

申時온 사람은 두 가지 문제 갈등사, 갖고싶은 욕구 | 酉時온 사람은 뭔가 하고 싶어서 왔다, 의욕과다 | 戌時온 사람은 골치 아픈 일, 죽음, 바람기, 속히 정리

운세풀이

寅띠:이동수,우왕좌왕, 사고다툼	巳띠: 점점 일이 꼬임, 관재구설	申띠:최고운상승세, 두마음	亥띠: 만남,결실,화합,문서
卯띠:매사불편, 방해자,배신	午띠: 귀인상봉, 금전이득, 현금	酉띠: 의욕과다, 스트레스큼	子띠:이동수,이별수,변동 움직임
辰띠:해결신,시험합격, 풀림	未띠: 매사꼬임,과거고생, 病	戌띠: 시급한 일, 뜻대로 안됨	丑띠: 빈주머니,걱정근심,사기

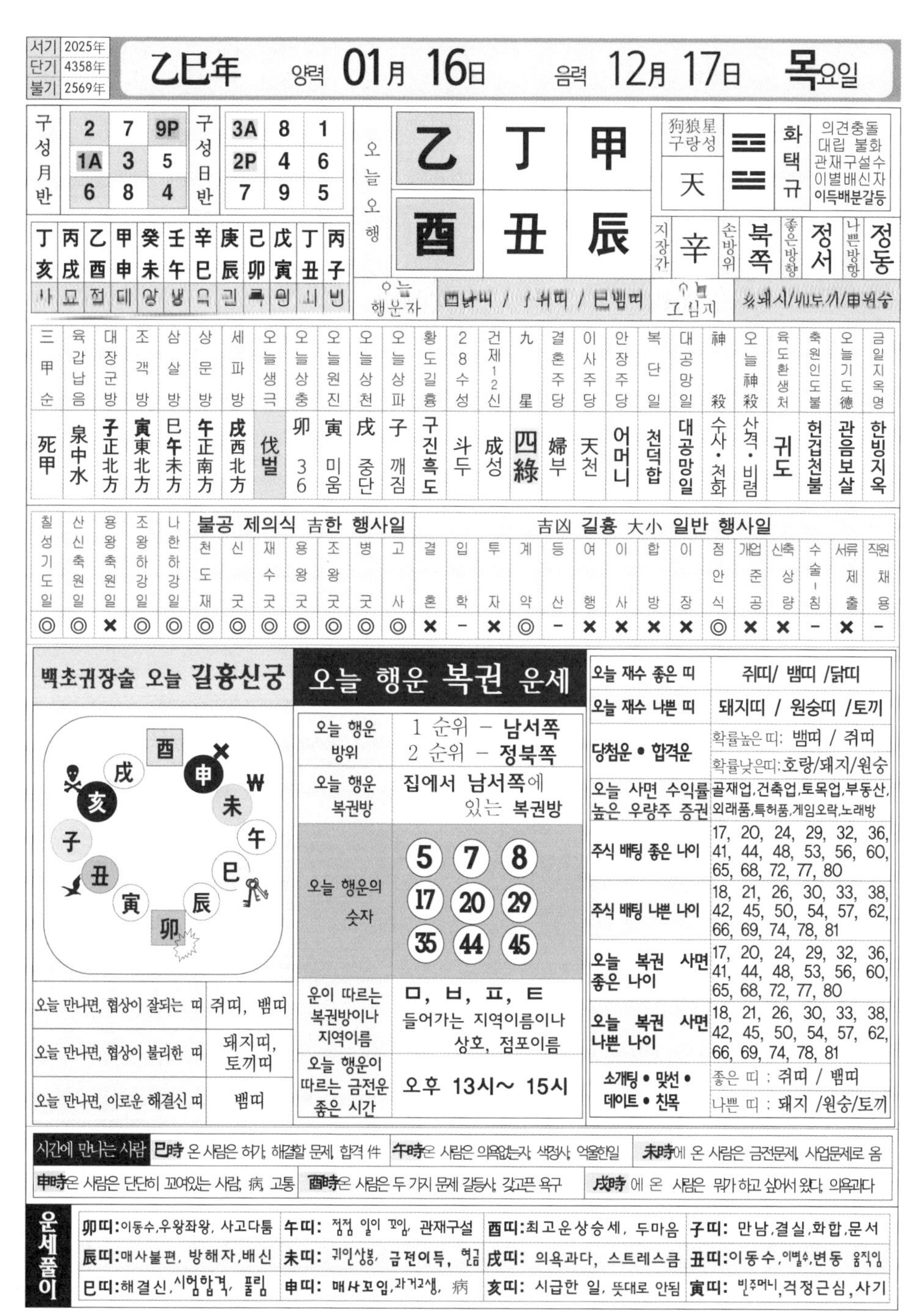

서기	2025年
단기	4358年
불기	2569年

乙巳年 양력 01月 16日 음력 12月 17日 목요일

구성월반				구성일반			
	2	7	9P		3A	8	1
	1A	3	5		2P	4	6
	6	8	4		7	9	5

丁亥	丙戌	乙酉	甲申	癸未	壬午	辛巳	庚辰	己卯	戊寅	丁丑	丙子
사	묘	절	태	양	생	욕	관	록	왕	쇠	병

오늘 오행			
천간	乙	丁	甲
지지	酉	丑	辰

狗狼星 구랑성	天	☱☲	화택규	의견충돌 대립 불화 관재구설수 이별배신자 이득배분갈등

지장간	손방위	좋은방향	나쁜방향
辛	북쪽	정서	정동

오늘 행운자: 酉닭띠 / 丑소띠 / 巳뱀띠

오늘 고심지: 亥돼지/卯토끼/申원숭

三甲순	육갑납음	대장군방	조객방	삼살방	상문방	세파방	오늘생극	오늘상충	오늘원진	오늘상천	오늘상파	황도길흉	28수성	건제12신	九星	결혼주당	이사주당	안장주당	복단일	대공망일	神殺	오늘神殺	육도환생처	축원인도불	오늘기도德	금일지옥명
死甲	泉中水	子正北方	寅東北方	巳午未方	午正南方	戌西北方	伐벌	卯 36	寅 미움	戌 중단	子 깨짐	구진흑도	斗두	成성	四綠	婦부	天천	어머니	천덕합	대공망일	수사·천화	사격·비렴	귀도	헌겁천불	관음보살	한빙지옥

					불공 제의식 吉한 행사일							吉凶 길흉 大小 일반 행사일														
칠성기도일	산신축원일	용왕축원일	조왕하강일	나한하강일	천도재	신굿	재수굿	용왕굿	조왕굿	병굿	고사	결혼	입학	투자	계약	등산	여행	이사	합방	이장	점안식	개업준공	신축상량	수술-침	서류제출	직원채용
◎	◎	×	◎	◎	◎	◎	◎	◎	◎	◎	◎	×	–	×	◎	–	×	×	×	×	◎	×	×	–	×	–

백초귀장술 오늘 길흉신궁

오늘 만나면, 협상이 잘되는 띠	쥐띠, 뱀띠
오늘 만나면, 협상이 불리한 띠	돼지띠, 토끼띠
오늘 만나면, 이로운 해결신 띠	뱀띠

오늘 행운 복권 운세

오늘 행운 방위	1 순위 – 남서쪽 2 순위 – 정북쪽
오늘 행운 복권방	집에서 남서쪽에 있는 복권방
오늘 행운의 숫자	5 7 8 17 20 29 35 44 45
운이 따르는 복권방이나 지역이름	ㅁ, ㅂ, ㅍ, ㅌ 들어가는 지역이름이나 상호, 점포이름
오늘 행운이 따르는 금전운 좋은 시간	오후 13시~ 15시

오늘 재수 좋은 띠	쥐띠/ 뱀띠 /닭띠
오늘 재수 나쁜 띠	돼지띠 / 원숭띠 /토끼
당첨운 • 합격운	확률높은 띠: 뱀띠 / 쥐띠 확률낮은띠: 호랑/돼지/원숭
오늘 사면 수익률 높은 우량주 증권	골재업,건축업,토목업,부동산,외래품,특허품,게임오락,노래방
주식 배팅 좋은 나이	17, 20, 24, 29, 32, 36, 41, 44, 48, 53, 56, 60, 65, 68, 72, 77, 80
주식 배팅 나쁜 나이	18, 21, 26, 30, 33, 38, 42, 45, 50, 54, 57, 62, 66, 69, 74, 78, 81
오늘 복권 사면 좋은 나이	17, 20, 24, 29, 32, 36, 41, 44, 48, 53, 56, 60, 65, 68, 72, 77, 80
오늘 복권 사면 나쁜 나이	18, 21, 26, 30, 33, 38, 42, 45, 50, 54, 57, 62, 66, 69, 74, 78, 81
소개팅 • 맞선 • 데이트 • 친목	좋은 띠 : 쥐띠 / 뱀띠 나쁜 띠 : 돼지 /원숭/토끼

시간에 만나는 사람		
巳時 온 사람은 허가, 해결할 문제, 합격 件	午時은 사람은 의욕없는자, 색정사, 억울한일	未時에 온 사람은 금전문제, 사업문제로 옴
申時은 사람은 단단히 꼬여있는 사람, 病, 고통	酉時은 사람은 두 가지 문제 갈등사, 갖고픈 욕구	戌時 에 온 사람은 뭐가 하고 싶어서 왔다, 의욕과다

운세풀이			
卯띠:이동수,우왕좌왕, 사고다툼	午띠: 점점 일이 꼬임, 관재구설	酉띠:최고운상승세, 두마음	子띠: 만남,결실,화합,문서
辰띠:매사불편, 방해자,배신	未띠: 귀인상봉, 금전이득, 현금	戌띠: 의욕과다, 스트레스큼	丑띠:이동수,이별수,변동 움직임
巳띠:해결신,시험합격, 풀림	申띠: 매사꼬임,과거고생, 病	亥띠: 시급한 일, 뜻대로 안됨	寅띠: 빈주머니,걱정근심,사기

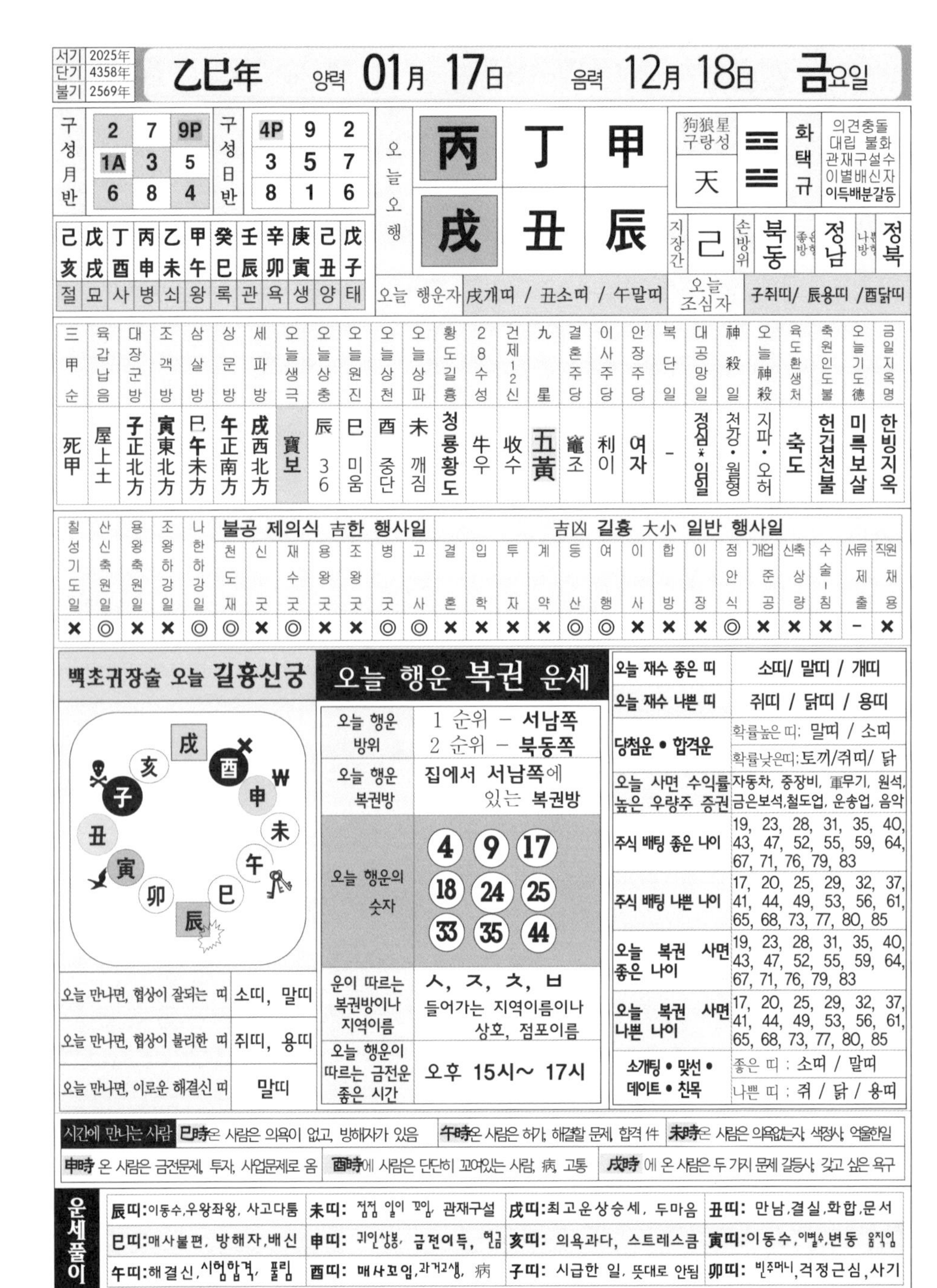

서기	2025年	乙巳年	양력 01月 17日	음력 12月 18日	금요일
단기	4358年				
불기	2569年				

구성월반

2	7	9P
1A	3	5
6	8	4

구성일반

4P	9	2
3	5	7
8	1	6

오늘오행

丙	丁	甲
戊	丑	辰

狗狼星 구랑성	☰☷	화택규	의견충돌 대립 불화 관재구설수 이별배신자 이득배분갈등
天			

지장간	己	손방위	북동	좋은방향	정남	나쁜방향	정북

己亥	戊戌	丁酉	丙申	乙未	甲午	癸巳	壬辰	辛卯	庚寅	己丑	戊子
절	묘	사	병	쇠	왕	록	관	욕	생	양	태

오늘 행운자	戊개띠 / 丑소띠 / 午말띠	오늘 조심자	子쥐띠/ 辰용띠 /酉닭띠

三甲순	육갑납음	대장군방	조객방	삼살방	상문방	세파방	오늘생극	오늘상충	오늘원진	오늘상천	오늘상파	황도길흉	28수성	건제12신	九星	결혼주당	이사주당	안장주당	복단일	대공망일	神殺일	오늘神殺	육도환생처	축원인도불	오늘기도德	금일지옥명
死甲	屋上土	子正北方	寅東北方	巳午未方	午正南方	戌西北方	寶보	辰 36	巳 미움	酉 중단	未 깨짐	청룡황도	牛우	收수	五黃	竈조	利이	여자	-	정심＊임일	천강·월형	지파·오허	축도	헌깁천불	미륵보살	한빙지옥

칠성기도일	산신축원일	용왕축원일	조왕하강일	나한하강일	천도재	신굿	재수굿	용왕굿	조왕굿	병굿	고사	결혼	입학	투자	계약	등산	여행	이사	합방	이장	점안식	개업준공	신축상량	수술·침	서류제출	직원채용
×	◎	×	×	◎	◎	×	◎	×	×	◎	◎	×	×	×	×	◎	◎	×	×	×	◎	×	×	×	-	×

(천도재~고사: 불공 제의식 吉한 행사일 / 결혼~직원채용: 吉凶 길흉 大小 일반 행사일)

백초귀장술 오늘 길흉신궁

오늘 만나면, 협상이 잘되는 띠	소띠, 말띠
오늘 만나면, 협상이 불리한 띠	쥐띠, 용띠
오늘 만나면, 이로운 해결신 띠	말띠

오늘 행운 복권 운세

오늘 행운 방위	1 순위 – 서남쪽 2 순위 – 북동쪽
오늘 행운 복권방	집에서 서남쪽에 있는 복권방
오늘 행운의 숫자	4, 9, 17, 18, 24, 25, 33, 35, 44
운이 따르는 복권방이나 지역이름	ㅅ, ㅈ, ㅊ, ㅂ 들어가는 지역이름이나 상호, 점포이름
오늘 행운이 따르는 금전운 좋은 시간	오후 15시~ 17시

오늘 재수 좋은 띠	소띠/ 말띠 / 개띠
오늘 재수 나쁜 띠	쥐띠 / 닭띠 / 용띠
당첨운 • 합격운	확률높은 띠: 말띠 / 소띠 확률낮은띠:토끼/쥐띠/ 닭
오늘 사면 수익률 높은 우량주 증권	자동차, 중장비, 軍무기, 원석, 금은보석,철도업, 운송업, 음악
주식 배팅 좋은 나이	19, 23, 28, 31, 35, 40, 43, 47, 52, 55, 59, 64, 67, 71, 76, 79, 83
주식 배팅 나쁜 나이	17, 20, 25, 29, 32, 37, 41, 44, 49, 53, 56, 61, 65, 68, 73, 77, 80, 85
오늘 복권 사면 좋은 나이	19, 23, 28, 31, 35, 40, 43, 47, 52, 55, 59, 64, 67, 71, 76, 79, 83
오늘 복권 사면 나쁜 나이	17, 20, 25, 29, 32, 37, 41, 44, 49, 53, 56, 61, 65, 68, 73, 77, 80, 85
소개팅 • 맞선 • 데이트 • 친목	좋은 띠 : 소띠 / 말띠 나쁜 띠 : 쥐 / 닭 / 용띠

시간에 만나는 사람	巳時은 사람은 의욕이 없고, 방해자가 있음	午時온 사람은 허가, 해결할 문제, 합격 件	未時은 사람은 의욕없는자, 색정사, 억울한일
申時 온 사람은 금전문제, 투자, 사업문제로 옴	酉時에 사람은 단단히 꼬여있는 사람, 病, 고통	戌時 에 온 사람은 두 가지 문제 갈등사, 갖고 싶은 욕구	

운세풀이				
	辰띠:이동수,우왕좌왕, 사고다툼	未띠: 점점 일이 꼬임, 관재구설	戌띠:최고운상승세, 두마음	丑띠: 만남,결실,화합,문서
	巳띠:매사불편, 방해자,배신	申띠: 귀인상봉, 금전이득, 현금	亥띠: 의욕과다, 스트레스금	寅띠:이동수,이별수,변동 움직임
	午띠:해결신,시험합격, 풀림	酉띠: 매사꼬임,과거고생, 病	子띠: 시급한 일, 뜻대로 안됨	卯띠: 빈주머니,걱정근심,사기

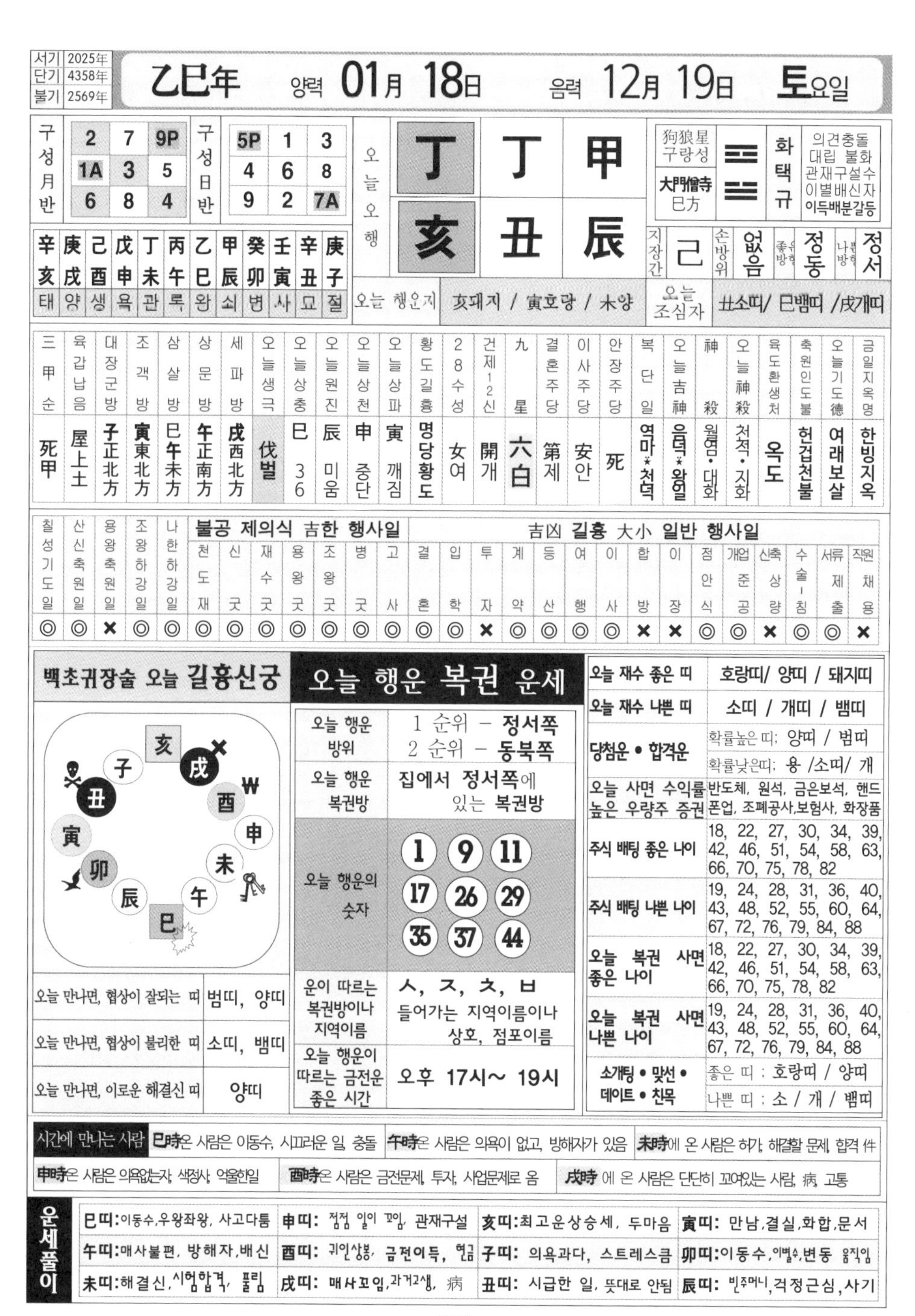

서기	2025年	乙巳年	양력 01月 18日	음력 12月 19日	토요일
단기	4358年				
불기	2569年				

구성월반			구성일반		
2	7	9P	5P	1	3
1A	3	5	4	6	8
6	8	4	9	2	7A

오늘오행		
丁	丁	甲
亥	丑	辰

狗狼星 구랑성	大門僧寺 巳方	화택규	의견충돌 대립 불화 관재구설수 이별배신자 이득배분갈등

辛亥	庚戌	己酉	戊申	丁未	丙午	乙巳	甲辰	癸卯	壬寅	辛丑	庚子
태	양	생	욕	관	록	왕	쇠	병	사	묘	절

지장간	손방위	좋은방향	나쁜방향
己	없음	정동	정서

오늘 행운지: 亥돼지 / 寅호랑 / 未양

오늘 조심자: 丑소띠/ 巳뱀띠 /戌개띠

삼갑순	육갑납음	대장군방	조객방	삼살방	상문방	세파방	오늘생극	오늘상충	오늘원진	오늘상천	오늘상파	황도길흉	28수성	건제12신	九星	결혼주당	이사주당	안장주당	복단일	오늘吉神	神殺	오늘神殺	육도환생처	축원인도불	오늘기도德	금일지옥명
死甲	屋上土	子正北方	寅東北方	巳午未方	午正南方	戌西北方	伐벌	巳 36	辰 미움	申 중단	寅 깨짐	명당황도	女여	開개	六白	第제	安안	死	역마*천덕	음덕*왕일	월염·대화	천적·지화	옥도	헌겁천불	여래보살	한빙지옥

칠성기도일	산신축원일	용왕축원일	조왕하강일	나한하강일	불공 제의식 吉한 행사일: 천도재	신굿	재수굿	용왕굿	조왕굿	병굿	고사
◎	◎	×	◎	◎	◎	◎	◎	◎	◎	◎	◎

吉凶 길흉 大小 일반 행사일: 결혼	입학	투자	계약	등산	여행	이사	합방	이장	점안식	개업준공	신축상량	수술-침	서류제출	직원채용
◎	◎	×	◎	◎	◎	◎	×	×	◎	◎	×	◎	◎	×

백초귀장술 오늘 길흉신궁

오늘 만나면, 협상이 잘되는 띠	범띠, 양띠
오늘 만나면, 협상이 불리한 띠	소띠, 뱀띠
오늘 만나면, 이로운 해결신 띠	양띠

오늘 행운 복권 운세

오늘 행운 방위	1 순위 – 정서쪽 2 순위 – 동북쪽
오늘 행운 복권방	집에서 정서쪽에 있는 복권방
오늘 행운의 숫자	1 9 11 17 26 29 35 37 44
운이 따르는 복권방이나 지역이름	ㅅ, ㅈ, ㅊ, ㅂ 들어가는 지역이름이나 상호, 점포이름
오늘 행운이 따르는 금전운 좋은 시간	오후 17시~ 19시

오늘 재수 좋은 띠	호랑띠/ 양띠 / 돼지띠
오늘 재수 나쁜 띠	소띠 / 개띠 / 뱀띠
당첨운 • 합격운	확률높은 띠: 양띠 / 범띠 확률낮은띠: 용 /소띠/ 개
오늘 사면 수익률 높은 우량주 증권	반도체, 원석, 금은보석, 핸드폰업, 조폐공사,보험사, 화장품
주식 배팅 좋은 나이	18, 22, 27, 30, 34, 39, 42, 46, 51, 54, 58, 63, 66, 70, 75, 78, 82
주식 배팅 나쁜 나이	19, 24, 28, 31, 36, 40, 43, 48, 52, 55, 60, 64, 67, 72, 76, 79, 84, 88
오늘 복권 사면 좋은 나이	18, 22, 27, 30, 34, 39, 42, 46, 51, 54, 58, 63, 66, 70, 75, 78, 82
오늘 복권 사면 나쁜 나이	19, 24, 28, 31, 36, 40, 43, 48, 52, 55, 60, 64, 67, 72, 76, 79, 84, 88
소개팅 • 맞선 • 데이트 • 친목	좋은 띠 : 호랑띠 / 양띠 나쁜 띠 : 소 / 개 / 뱀띠

시간에 만나는 사람
- 巳時온 사람은 이동수, 시끄러운 일, 충돌
- 午時온 사람은 의욕이 없고, 방해자가 있음
- 未時에 온 사람은 허가, 해결할 문제, 합격 件
- 申時온 사람은 의욕없는자, 색정사, 억울한일
- 酉時온 사람은 금전문제, 투자, 사업문제로 옴
- 戌時 에 온 사람은 단단히 꼬여있는 사람, 病, 고통

운세풀이

巳띠:이동수,우왕좌왕, 사고다툼	申띠: 점점 일이 꼬임, 관재구설	亥띠:최고운상승세, 두마음	寅띠: 만남,결실,화합,문서
午띠:매사불편, 방해자,배신	酉띠: 귀인상봉, 금전이득, 현금	子띠: 의욕과다, 스트레스큼	卯띠:이동수, 이별수,변동 움직임
未띠:해결신,시험합격, 풀림	戌띠: 매사꼬임,과거고생, 病	丑띠: 시급한 일, 뜻대로 안됨	辰띠: 빈주머니,걱정근심,사기

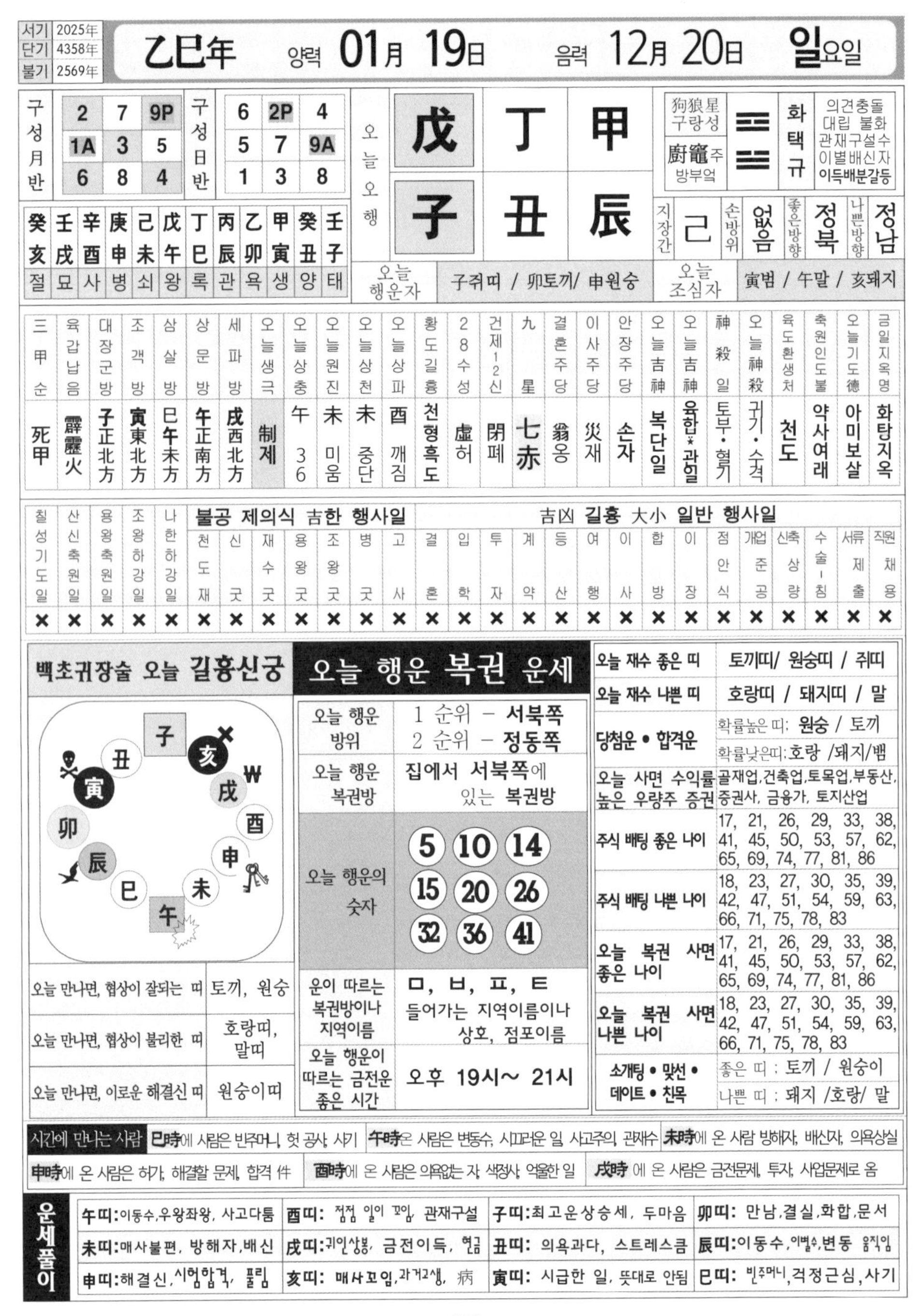

서기	2025年
단기	4358年
불기	2569年

乙巳年 양력 **01月 19日** 음력 **12月 20日** **일**요일

구성月반				구성日반			
	2	7	9P		6	2P	4
	1A	3	5		5	7	9A
	6	8	4		1	3	8

오늘오행			
	戊	丁	甲
	子	丑	辰

狗狼星 구랑성	廚竈주 방부엌	화택규	의견충돌 대립 불화 관재구설수 이별배신자 이득배분갈등

지장간	손방위	좋은방향	나쁜방향
己	없음	정북	정남

癸亥	壬戌	辛酉	庚申	己未	戊午	丁巳	丙辰	乙卯	甲寅	癸丑	壬子
절	묘	사	병	쇠	왕	록	관	욕	생	양	태

오늘 행운자	子쥐띠 / 卯토끼/ 申원숭	오늘 조심자	寅범 / 午말 / 亥돼지

三甲순	육갑납음	대장군방	조객방	삼살방	상문방	세파방	오늘생극	오늘상충	오늘원진	오늘상천	오늘상파	황도길흉	28수성	건제12신	九星	결혼주당	이사주당	안장주당	오늘吉神	오늘吉神	神殺일	오늘神殺	육도환생처	축원인도불	오늘기도德	금일지옥명
死甲	霹靂火	子正北方	寅東北方	巳午未方	午正南方	戌西北方	制제	午 36	未 미움	未 중단	酉 깨짐	천형흑도	虛허	閉폐	七赤	翁옹	災재	손자	복단일	육합*관일	토부·혈기	귀기·수격	천도	약사여래	아미보살	화탕지옥

칠성기도일	산신축원일	용왕축원일	조왕하강일	나한하강일	불공 제의식 吉한 행사일							吉凶 길흉 大小 일반 행사일														
					천도재	신굿	재수굿	용왕굿	조왕굿	병굿	고사	결혼	입학	투자	계약	등산	여행	이사	합방	이장	점안식	개업준공	신축상량	수술-침	서류제출	직원채용
×	×	×	×	×	×	×	×	×	×	×	×	×	×	×	×	×	×	×	×	×	×	×	×	×	×	×

백초귀장술 오늘 길흉신궁

오늘 만나면, 협상이 잘되는 띠	토끼, 원숭
오늘 만나면, 협상이 불리한 띠	호랑띠, 말띠
오늘 만나면, 이로운 해결신 띠	원숭이띠

오늘 행운 복권 운세

오늘 행운 방위	1 순위 – 서북쪽 2 순위 – 정동쪽
오늘 행운 복권방	집에서 서북쪽에 있는 복권방
오늘 행운의 숫자	5 10 14 15 20 26 32 36 41
운이 따르는 복권방이나 지역이름	ㅁ, ㅂ, ㅍ, ㅌ 들어가는 지역이름이나 상호, 점포이름
오늘 행운이 따르는 금전운 좋은 시간	오후 19시~ 21시

오늘 재수 좋은 띠	토끼띠/ 원숭띠 / 쥐띠
오늘 재수 나쁜 띠	호랑띠 / 돼지띠 / 말
당첨운 • 합격운	확률높은 띠: 원숭 / 토끼 확률낮은띠: 호랑 /돼지/뱀
오늘 사면 수익률 높은 우량주 증권	골재업,건축업,토목업,부동산,증권사, 금융가, 토지산업
주식 배팅 좋은 나이	17, 21, 26, 29, 33, 38, 41, 45, 50, 53, 57, 62, 65, 69, 74, 77, 81, 86
주식 배팅 나쁜 나이	18, 23, 27, 30, 35, 39, 42, 47, 51, 54, 59, 63, 66, 71, 75, 78, 83
오늘 복권 사면 좋은 나이	17, 21, 26, 29, 33, 38, 41, 45, 50, 53, 57, 62, 65, 69, 74, 77, 81, 86
오늘 복권 사면 나쁜 나이	18, 23, 27, 30, 35, 39, 42, 47, 51, 54, 59, 63, 66, 71, 75, 78, 83
소개팅 • 맞선 • 데이트 • 친목	좋은 띠 : 토끼 / 원숭이 나쁜 띠 : 돼지 /호랑/ 말

시간에 만나는 사람	巳時에 사람은 빈주머니, 헛 공사, 사기	午時온 사람은 변동수, 시끄러운 일 사고주의, 관재수	未時에 온 사람 방해자, 배신자, 의욕상실
申時에 온 사람은 허가, 해결할 문제, 합격 件	酉時에 온 사람은 의욕없는 자, 색정사, 억울한 일	戌時 에 온 사람은 금전문제, 투자, 사업문제로 옴	

운세풀이				
	午띠:이동수,우왕좌왕, 사고다툼	酉띠: 점점 일이 꼬임, 관재구설	子띠:최고운상승세, 두마음	卯띠: 만남,결실,화합,문서
	未띠:매사불편, 방해자,배신	戌띠:귀인상봉, 금전이득, 현금	丑띠: 의욕과다, 스트레스큼	辰띠:이동수,이별수,변동 움직임
	申띠:해결신,시험합격, 풀림	亥띠: 매사꼬임,과거고생, 病	寅띠: 시급한 일, 뜻대로 안됨	巳띠: 빈주머니,걱정근심,사기

서기	2025年
단기	4358年
불기	2569年

乙巳年 양력 01月 20日 음력 12月 21日 월요일

대한 大寒 05時 00分 入

구성월반		
2	7	9P
1A	3	5
6	8	4

구성일반		
7	3	5P
6	8	1
2A	4	9

오늘오행		
己	丁	甲
丑	丑	辰

狗狼星 구랑성	寅方 廚舍

지풍승 — 소원성취됨 幸運이 따름 귀인상봉 위로 상승운

지장간	손방위	좋은방향	나쁜방향
己	동쪽	정서	정동

乙亥	甲戌	癸酉	壬申	辛未	庚午	己巳	戊辰	丁卯	丙寅	乙丑	甲子
태	양	생	욕	관	록	왕	쇠	병	사	묘	절

오늘 행운띠: 丑소띠 / 辰용띠 / 酉닭

오늘 소심자: 卯토끼 / 未양 / 子쥐

三甲순	육갑납음	대장군방	조객방	삼살방	상문방	세파방	오늘생극	오늘상충	오늘원진	오늘상천	오늘상파	황도길흉	28수성	건제12신	九星	결혼주당	이사주당	안장주당	복단일	오늘吉神	神殺	오늘神殺	육도환생처	축원인도불	오늘기도德	금일지옥명
死甲	霹靂火	子正北方	寅東北方	巳午未方	午正南方	戌西北方	專전	未 36	午 미움	午 중단	辰 깨짐	주작흑도	危위	建건	八白	堂당	師사	남자	–	요안*수일	월형일	왕망·홍사	천도	약사여래	아미보살	화탕지옥

칠성기도일	산신축원일	용왕축원일	조왕하강일	나한하강일	불공 제의식 吉한 행사일: 천도재	신굿	재수굿	용왕굿	조왕굿	병굿	고사	吉凶 길흉 大小 일반 행사일: 결혼	입학	투자	계약	등산	여행	이사	합방	이장	점안식	개업준공	신축상량	수술-침	서류제출	직원채용
◎	×	×	◎	◎	◎	×	×	×	×	×	×	×	◎	–	–	◎	◎	×	×	×	◎	×	×	×	◎	×

백초귀장술 오늘 길흉신궁

丑 寅 子 亥 卯 辰 戌 酉 巳 午 申 未

오늘 만나면, 협상이 잘되는 띠	용띠, 닭띠
오늘 만나면, 협상이 불리한 띠	토끼띠, 양띠
오늘 만나면, 이로운 해결신 띠	닭띠

오늘 행운 복권 운세

오늘 행운 방위	1 순위 – 북서쪽 2 순위 – 동남쪽
오늘 행운 복권방	집에서 북서쪽에 있는 복권방
오늘 행운의 숫자	1, 6, 11, 16, 18, 21, 26, 36, 41
운이 따르는 복권방이나 지역이름	ㅇ, ㅎ, ㅅ이 들어가는 지역이름이나 상호, 점포이름
오늘 행운이 따르는 금전운 좋은 시간	오후 21시~ 23시

오늘 재수 좋은 띠	닭띠/ 용띠 /소띠
오늘 재수 나쁜 띠	쥐띠 / 토끼띠 / 양띠
당첨운 • 합격운	확률높은 띠; 닭띠 / 용띠 확률낮은 띠;쥐/토끼/양띠
오늘 사면 수익률 높은 우량주 증권	양조주조사, 선박업, 식품업, 예술업, 무역업, 생수업, 음료
주식 배팅 좋은 나이	20, 25, 28, 32, 37, 40, 44, 49, 52, 56, 61, 64, 68, 73, 76, 80, 85
주식 배팅 나쁜 나이	17, 22, 26, 29, 34, 38, 41, 46, 50, 53, 58, 62, 65, 70, 74, 77, 82
오늘 복권 사면 좋은 나이	20, 25, 28, 32, 37, 40, 44, 49, 52, 56, 61, 64, 68, 73, 76, 80, 85
오늘 복권 사면 나쁜 나이	17, 22, 26, 29, 34, 38, 41, 46, 50, 53, 58, 62, 65, 70, 74, 77, 82
소개팅 • 맞선 • 데이트 • 친목	좋은 띠 ; 용띠 / 닭띠 나쁜 띠 ; 쥐 /양띠/토끼

시간에 만나는 사람	**巳時**에 사람은 이동수, 변동수, 매매, 이별, 실물	**午時**온 사람은 빈주머니, 헛 공사, 사기, 휴직	**未時**는 변동수, 시끄러움, 사고주의, 관재구설
	申時에 온 사람 방해자, 배신자, 의욕상실	**酉時**에 온 사람은 허가, 해결할 문제, 합격 件	**戌時** 에 온 사람은 의욕없는자, 색정사, 억울한 일

운세풀이			
未띠: 이동수,우왕좌왕, 사고다툼	**戌띠:** 점점 일이 꼬임, 관재구설	**丑띠:** 최고운상승세, 두마음	**辰띠:** 만남,결실,화합,문서
申띠: 매사불편, 방해자,배신	**亥띠:** 귀인상봉, 금전이득, 현금	**寅띠:** 의욕과다, 스트레스큼	**巳띠:** 이동수,이별수,변동 움직임
酉띠: 해결신,시험합격, 풀림	**子띠:** 매사꼬임,과거고생, 病	**卯띠:** 시급한 일, 뜻대로 안됨	**午띠:** 빈주머니,걱정근심,사기

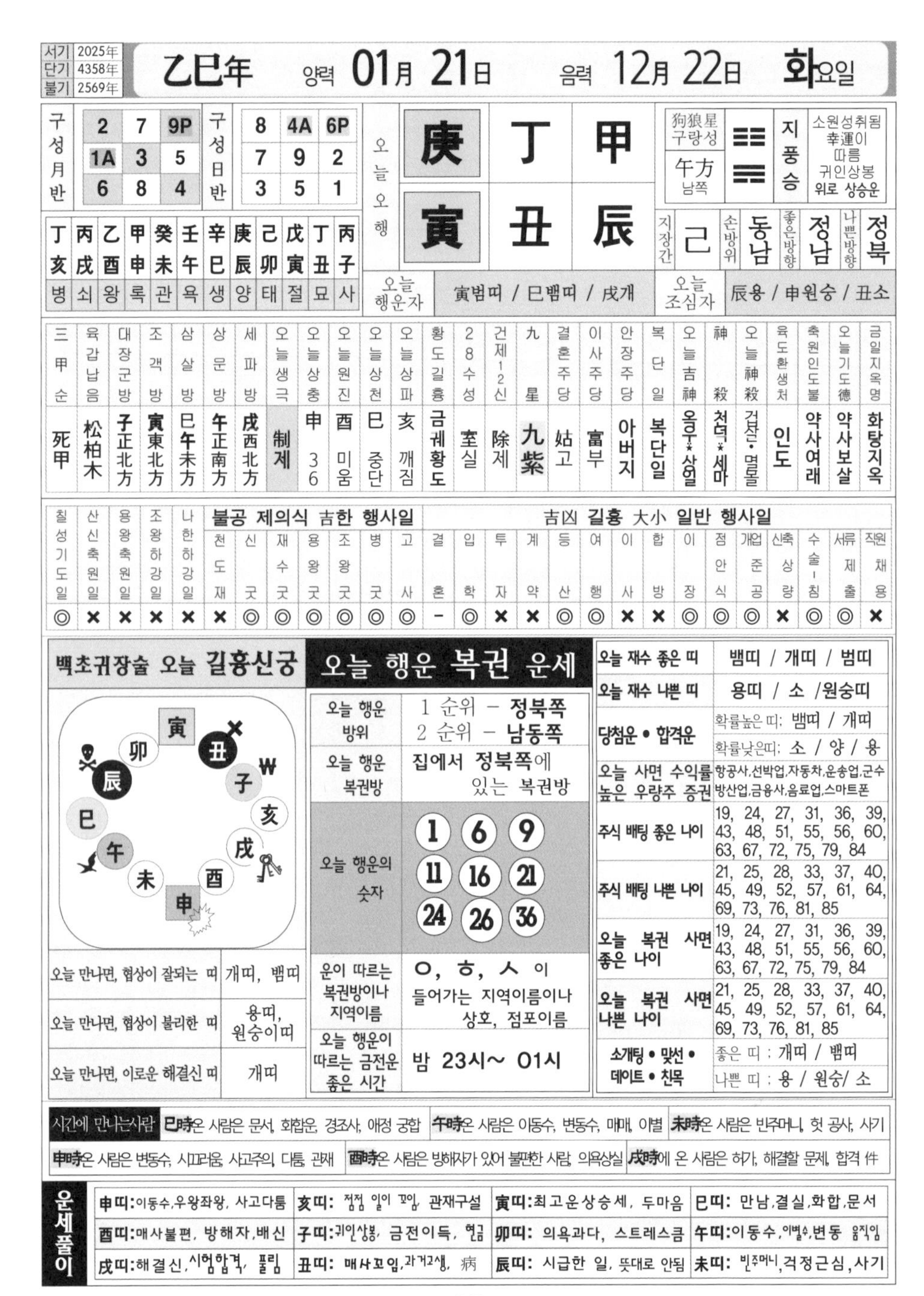

서기	2025年
단기	4358年
불기	2569年

乙巳年 양력 01月 21日 음력 12月 22日 화요일

구성월반		
2	7	9P
1A	3	5
6	8	4

구성일반		
8	4A	6P
7	9	2
3	5	1

오늘오행		
庚	丁	甲
寅	丑	辰

狗狼星 구랑성	午方 남쪽	☷ ☵	지풍승	소원성취됨 幸運이 따름 귀인상봉 위로 상승운

지장간	己	손방위	동남	좋은방향	정남	나쁜방향	정북

丁亥	丙戌	乙酉	甲申	癸未	壬午	辛巳	庚辰	己卯	戊寅	丁丑	丙子
병	쇠	왕	록	관	욕	생	양	태	절	묘	사

오늘 행운자	寅범띠 / 巳뱀띠 / 戌개	오늘 조심자	辰용 / 申원숭 / 丑소

三甲순	육갑납음	대장군방	조객방	삼살방	상문방	세파방	오늘생극	오늘상충	오늘원진	오늘상천	오늘상파	황도길흉	28수성
死甲	松柏木	子正北方	寅東北方	巳午未方	午正南方	戌西北方	制제	申 36	酉 미움	巳 중단	亥 깨짐	금궤황도	室실

건제12신	九星	결혼주당	이사주당	안장주당	복단일	오늘吉神	神殺	오늘神殺	육도환생처	축원인도불	오늘기도德	금일지옥명
除제	九紫	姑고	富부	아버지	복단일	옥우*상일	천덕*세마	겁살·멸몰	인도	약사여래	약사보살	화탕지옥

칠성기도일	산신축원일	용왕축원일	조왕하강일	나한하강일	불공 제의식 吉한 행사일						
					천도재	신굿	재수굿	용왕굿	조왕굿	병굿	고사
◎	×	×	×	×	×	◎	◎	◎	◎	◎	◎

吉凶 길흉 大小 일반 행사일														
결혼	입학	투자	계약	등산	여행	이사	합방	이장	점안식	개업준공	신축상량	수술-침	서류제출	직원채용
-	◎	×	×	◎	◎	×	×	◎	◎	◎	×	◎	◎	×

백초귀장술 오늘 길흉신궁

오늘 만나면, 협상이 잘되는 띠	개띠, 뱀띠
오늘 만나면, 협상이 불리한 띠	용띠, 원숭이띠
오늘 만나면, 이로운 해결신 띠	개띠

오늘 행운 복권 운세

오늘 행운 방위	1 순위 – 정북쪽 2 순위 – 남동쪽
오늘 행운 복권방	집에서 정북쪽에 있는 복권방
오늘 행운의 숫자	1, 6, 9, 11, 16, 21, 24, 26, 36
운이 따르는 복권방이나 지역이름	ㅇ, ㅎ, ㅅ 이 들어가는 지역이름이나 상호, 점포이름
오늘 행운이 따르는 금전운 좋은 시간	밤 23시~ 01시

오늘 재수 좋은 띠	뱀띠 / 개띠 / 범띠
오늘 재수 나쁜 띠	용띠 / 소 /원숭띠
당첨운 • 합격운	확률높은 띠: 뱀띠 / 개띠 확률낮은띠: 소 / 양 / 용
오늘 사면 수익률 높은 우량주 증권	항공사,선박업,자동차,운송업,군수방산업,금융사,음료업,스마트폰
주식 배팅 좋은 나이	19, 24, 27, 31, 36, 39, 43, 48, 51, 55, 56, 60, 63, 67, 72, 75, 79, 84
주식 배팅 나쁜 나이	21, 25, 28, 33, 37, 40, 45, 49, 52, 57, 61, 64, 69, 73, 76, 81, 85
오늘 복권 사면 좋은 나이	19, 24, 27, 31, 36, 39, 43, 48, 51, 55, 56, 60, 63, 67, 72, 75, 79, 84
오늘 복권 사면 나쁜 나이	21, 25, 28, 33, 37, 40, 45, 49, 52, 57, 61, 64, 69, 73, 76, 81, 85
소개팅 • 맞선 • 데이트 • 친목	좋은 띠 : 개띠 / 뱀띠 나쁜 띠 : 용 / 원숭/ 소

시간에 만나는사람	巳時온 사람은 문서, 화합운, 경조사, 애정 궁합	午時온 사람은 이동수, 변동수, 매매, 이별	未時온 사람은 빈주머니, 헛 공사, 사기
申時온 사람은 변동수, 시끄러움, 사고주의, 다툼, 관재	酉時온 사람은 방해자가 있어 불편한 사람, 의욕상실	戌時에 온 사람은 허가, 해결할 문제, 합격 件	

운세풀이			
申띠:이동수,우왕좌왕, 사고다툼	亥띠: 점점 일이 꼬임, 관재구설	寅띠:최고운상승세, 두마음	巳띠: 만남,결실,화합,문서
酉띠:매사불편, 방해자,배신	子띠:귀인상봉, 금전이득, 현금	卯띠: 의욕과다, 스트레스큼	午띠:이동수,이별수,변동 움직임
戌띠:해결신,시험합격, 풀림	丑띠: 매사꼬임,과거고생, 病	辰띠: 시급한 일, 뜻대로 안됨	未띠: 빈주머니,걱정근심,사기

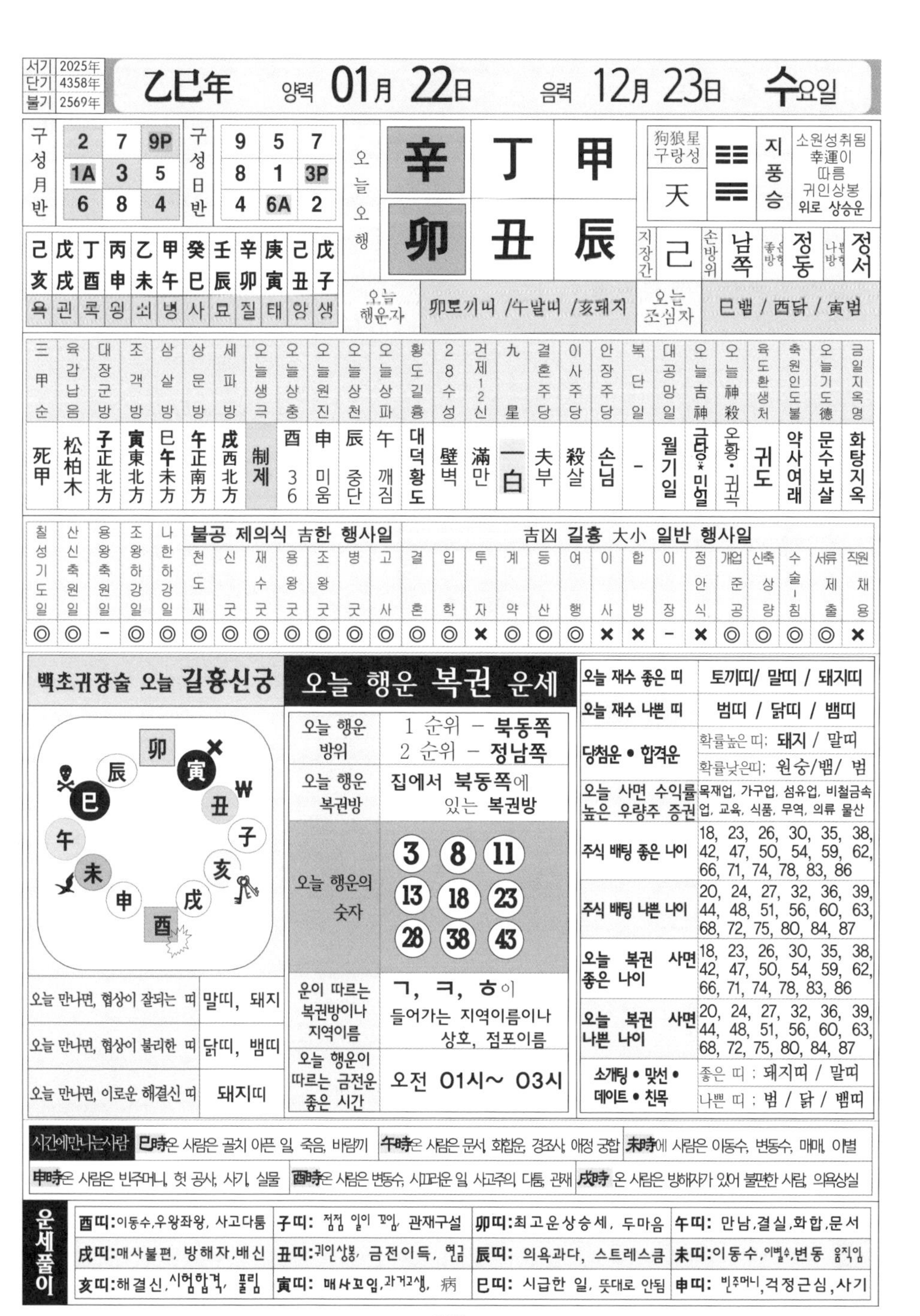

서기	2025年
단기	4358年
불기	2569年

乙巳年 양력 01月 22日 음력 12月 23日 수요일

구성월반				구성일반			
	2	7	9P		9	5	7
	1A	3	5		8	1	3P
	6	8	4		4	6A	2

오늘오행		
辛	丁	甲
卯	丑	辰

狗狼星 구랑성	지풍승	소원성취됨 幸運이 따름 귀인상봉 위로 상승운
天		

지장간	손방위	좋은방향	나쁜방향
己	남쪽	정동	정서

己亥	戊戌	丁酉	丙申	乙未	甲午	癸巳	壬辰	辛卯	庚寅	己丑	戊子
욕	관	록	왕	쇠	병	사	묘	질	태	양	생

오늘 행운자	卯토끼띠 /午말띠 /亥돼지	오늘 조심자	巳뱀 / 酉닭 / 寅범

三甲순	육갑납음	대장군방	조객방	삼살방	상문방	세파방	오늘생극	오늘상충	오늘원진	오늘상천	오늘상파	황도길흉	28수성
死甲	松柏木	子正北方	寅東北方	巳午未方	午正南方	戌西北方	制제	酉 36	申 미움	辰 중단	午 깨짐	대덕황도	壁벽

건제12신	九星	결혼주당	이사주당	안장주당	복단일	대공망일	오늘吉神	오늘神殺	육도환생처	축원인도불	오늘기도德	금일지옥명
滿만	一白	夫부	殺살	손님	-	월기일	금당*미일	오황·귀곡	귀도	약사여래	문수보살	화탕지옥

칠성기도일	산신축원일	용왕축원일	조왕하강일	나한하강일	불공 제의식 길한 행사일: 천도재	신굿	재수굿	용왕굿	조왕굿	병굿	고사
◎	◎	-	◎	◎	◎	◎	◎	◎	◎	◎	◎

吉凶 길흉 大小 일반 행사일: 결혼	입학	투자	계약	등산	여행	이사	합방	이장	점안식	개업준공	신축상량	수술-침	서류제출	직원채용
◎	◎	×	◎	◎	◎	×	×	-	×	◎	◎	◎	◎	×

백초귀장술 오늘 길흉신궁

오늘 만나면, 협상이 잘되는 띠	말띠, 돼지
오늘 만나면, 협상이 불리한 띠	닭띠, 뱀띠
오늘 만나면, 이로운 해결신 띠	돼지띠

오늘 행운 복권 운세

오늘 행운 방위	1 순위 – 북동쪽 2 순위 – 정남쪽
오늘 행운 복권방	집에서 북동쪽에 있는 복권방
오늘 행운의 숫자	3, 8, 11, 13, 18, 23, 28, 38, 43
운이 따르는 복권방이나 지역이름	ㄱ, ㅋ, ㅎ이 들어가는 지역이름이나 상호, 점포이름
오늘 행운이 따르는 금전운 좋은 시간	오전 01시~ 03시

오늘 재수 좋은 띠	토끼띠/ 말띠 / 돼지띠
오늘 재수 나쁜 띠	범띠 / 닭띠 / 뱀띠
당첨운 • 합격운	확률높은 띠: 돼지 / 말띠 확률낮은띠: 원숭/뱀/ 범
오늘 사면 수익률 높은 우량주 증권	목재업, 가구업, 섬유업, 비철금속업, 교육, 식품, 무역, 의류 물산
주식 배팅 좋은 나이	18, 23, 26, 30, 35, 38, 42, 47, 50, 54, 59, 62, 66, 71, 74, 78, 83, 86
주식 배팅 나쁜 나이	20, 24, 27, 32, 36, 39, 44, 48, 51, 56, 60, 63, 68, 72, 75, 80, 84, 87
오늘 복권 사면 좋은 나이	18, 23, 26, 30, 35, 38, 42, 47, 50, 54, 59, 62, 66, 71, 74, 78, 83, 86
오늘 복권 사면 나쁜 나이	20, 24, 27, 32, 36, 39, 44, 48, 51, 56, 60, 63, 68, 72, 75, 80, 84, 87
소개팅 • 맞선 • 데이트 • 친목	좋은 띠 : 돼지띠 / 말띠 나쁜 띠 : 범 / 닭 / 뱀띠

시간에만나는사람	巳時은 사람은 골치 아픈 일, 죽음, 바람끼	午時은 사람은 문서, 화합운, 경조사, 애정 궁합	未時에 사람은 이동수, 변동수, 매매, 이별
申時은 사람은 빈주머니, 헛 공사, 사기, 실물	酉時은 사람은 변동수, 시끄러운 일, 사고주의, 다툼, 관재	戌時 온 사람은 방해자가 있어 불편한 사람, 의욕상실	

운세풀이				
	酉띠:이동수,우왕좌왕, 사고다툼	子띠: 점점 일이 꼬임, 관재구설	卯띠:최고운상승세, 두마음	午띠: 만남,결실,화합,문서
	戌띠:매사불편, 방해자,배신	丑띠:귀인상봉, 금전이득, 현금	辰띠: 의욕과다, 스트레스큼	未띠:이동수,이별수,변동 움직임
	亥띠:해결신,시험합격, 풀림	寅띠: 매사꼬임,과거고생, 病	巳띠: 시급한 일, 뜻대로 안됨	申띠: 빈주머니,걱정근심,사기

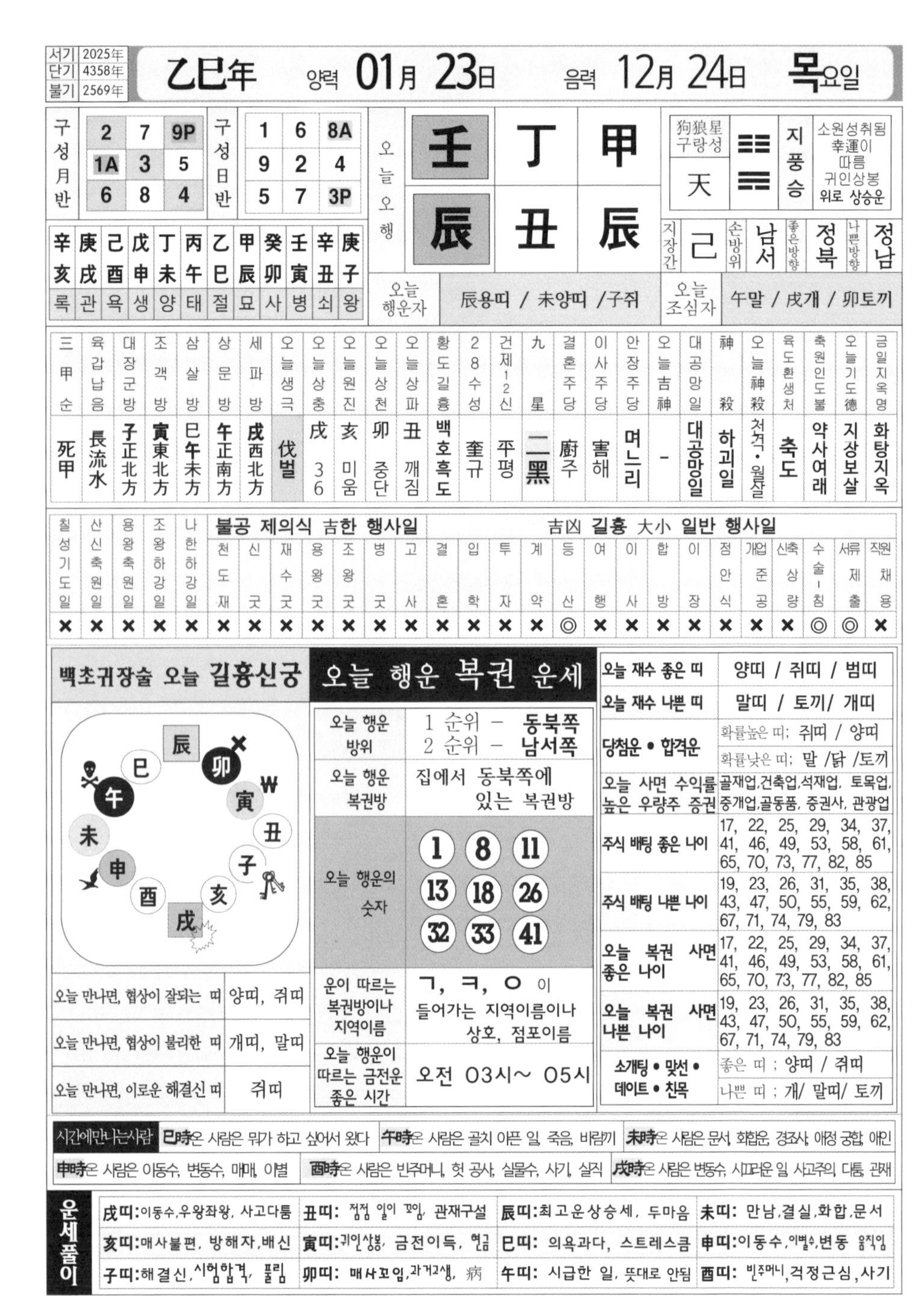

서기	2025年
단기	4358年
불기	2569年

乙巳年 양력 **01月 23日** 음력 **12月 24日** **목**요일

구성월반

2	7	9P
1A	3	5
6	8	4

구성일반

1	6	8A
9	2	4
5	7	3P

오늘오행

壬	丁	甲
辰	丑	辰

狗狼星 구랑성 天 ☷ 지풍승 — 소원성취됨 幸運이 따름 귀인상봉 위로 상승운

지장간 己 | 손방위 남서 | 좋은방향 정북 | 나쁜방향 정남

辛	庚	己	戊	丁	丙	乙	甲	癸	壬	辛	庚
亥	戌	酉	申	未	午	巳	辰	卯	寅	丑	子
록	관	욕	생	양	태	절	묘	사	병	쇠	왕

오늘 행운자: 辰용띠 / 未양띠 /子쥐

오늘 조심자: 午말 / 戌개 / 卯토끼

三甲순	육갑납음	대장군방	조객방	삼살방	상문방	세파방	오늘생극	오늘상충	오늘원진	오늘상천	오늘상파	황도길흉	28수성	건제12신	九星	결혼주당	이사주당	안장주당	오늘吉神	대공망일	神殺	오늘神殺	육도환생처	축원인도불	오늘기도德	금일지옥명
死甲	長流水	子正北方	寅東北方	巳午未方	午正南方	戌西北方	伐벌	戌 36	亥 미움	卯 중단	丑 깨짐	백호흑도	奎규	平평	二黑	廚주	害해	며느리	-	대공망일	하괴일	천격·월살	축도	약사여래	지장보살	화탕지옥

칠성기도일	산신축원일	용왕축원일	조왕하강일	나한하강일	천도재	신굿	재수굿	용왕굿	조왕굿	병굿	고사	결혼	입학	투자	계약	등산	여행	이사	합방	이장	점안식	개업준공	신축상량	수술-침	서류제출	직원채용
×	×	×	×	×	×	×	×	×	×	×	×	×	×	×	×	◎	×	×	×	×	×	×	×	◎	◎	×

(천도재~고사: 불공 제의식 吉한 행사일 / 결혼~직원채용: 吉凶 길흉 大小 일반 행사일)

백초귀장술 오늘 길흉신궁

오늘 만나면, 협상이 잘되는 띠	양띠, 쥐띠
오늘 만나면, 협상이 불리한 띠	개띠, 말띠
오늘 만나면, 이로운 해결신 띠	쥐띠

오늘 행운 복권 운세

오늘 행운 방위	1 순위 – 동북쪽 2 순위 – 남서쪽
오늘 행운 복권방	집에서 동북쪽에 있는 복권방
오늘 행운의 숫자	1 8 11 13 18 26 32 33 41
운이 따르는 복권방이나 지역이름	ㄱ, ㅋ, ㅇ 이 들어가는 지역이름이나 상호, 점포이름
오늘 행운이 따르는 금전운 좋은 시간	오전 03시~ 05시

오늘 재수 좋은 띠	양띠 / 쥐띠 / 범띠
오늘 재수 나쁜 띠	말띠 / 토끼/ 개띠
당첨운 • 합격운	확률높은 띠; 쥐띠 / 양띠 확률낮은 띠; 말 /닭 /토끼
오늘 사면 수익률 높은 우량주 증권	골재업,건축업,석재업, 토목업, 중개업,골동품, 증권사, 관광업
주식 배팅 좋은 나이	17, 22, 25, 29, 34, 37, 41, 46, 49, 53, 58, 61, 65, 70, 73, 77, 82, 85
주식 배팅 나쁜 나이	19, 23, 26, 31, 35, 38, 43, 47, 50, 55, 59, 62, 67, 71, 74, 79, 83
오늘 복권 사면 좋은 나이	17, 22, 25, 29, 34, 37, 41, 46, 49, 53, 58, 61, 65, 70, 73, 77, 82, 85
오늘 복권 사면 나쁜 나이	19, 23, 26, 31, 35, 38, 43, 47, 50, 55, 59, 62, 67, 71, 74, 79, 83
소개팅 • 맞선 • 데이트 • 친목	좋은 띠 ; 양띠 / 쥐띠 나쁜 띠 ; 개/ 말띠/ 토끼

시간에만나는사람 **巳時**은 사람은 뭐가 하고 싶어서 왔다 **午時**은 사람은 골치 아픈 일, 죽음, 바람끼 **未時**은 사람은 문서, 화합운, 경조사, 애정 궁합, 애인 **申時**은 사람은 이동수, 변동수, 매매, 이별 **酉時**은 사람은 빈주머니, 헛 공사, 실물수, 사기, 실직 **戌時**은 사람은 변동수, 시끄러운 일, 사고주의, 다툼, 관재

운세풀이

戌띠: 이동수,우왕좌왕, 사고다툼	**丑띠:** 점점 일이 꼬임, 관재구설	**辰띠:** 최고운상승세, 두마음	**未띠:** 만남,결실,화합,문서
亥띠: 매사불편, 방해자,배신	**寅띠:** 귀인상봉, 금전이득, 현금	**巳띠:** 의욕과다, 스트레스큼	**申띠:** 이동수,이별수,변동 움직임
子띠: 해결신,시험합격, 풀림	**卯띠:** 매사꼬임,과거고생, 病	**午띠:** 시급한 일, 뜻대로 안됨	**酉띠:** 빈주머니,걱정근심,사기

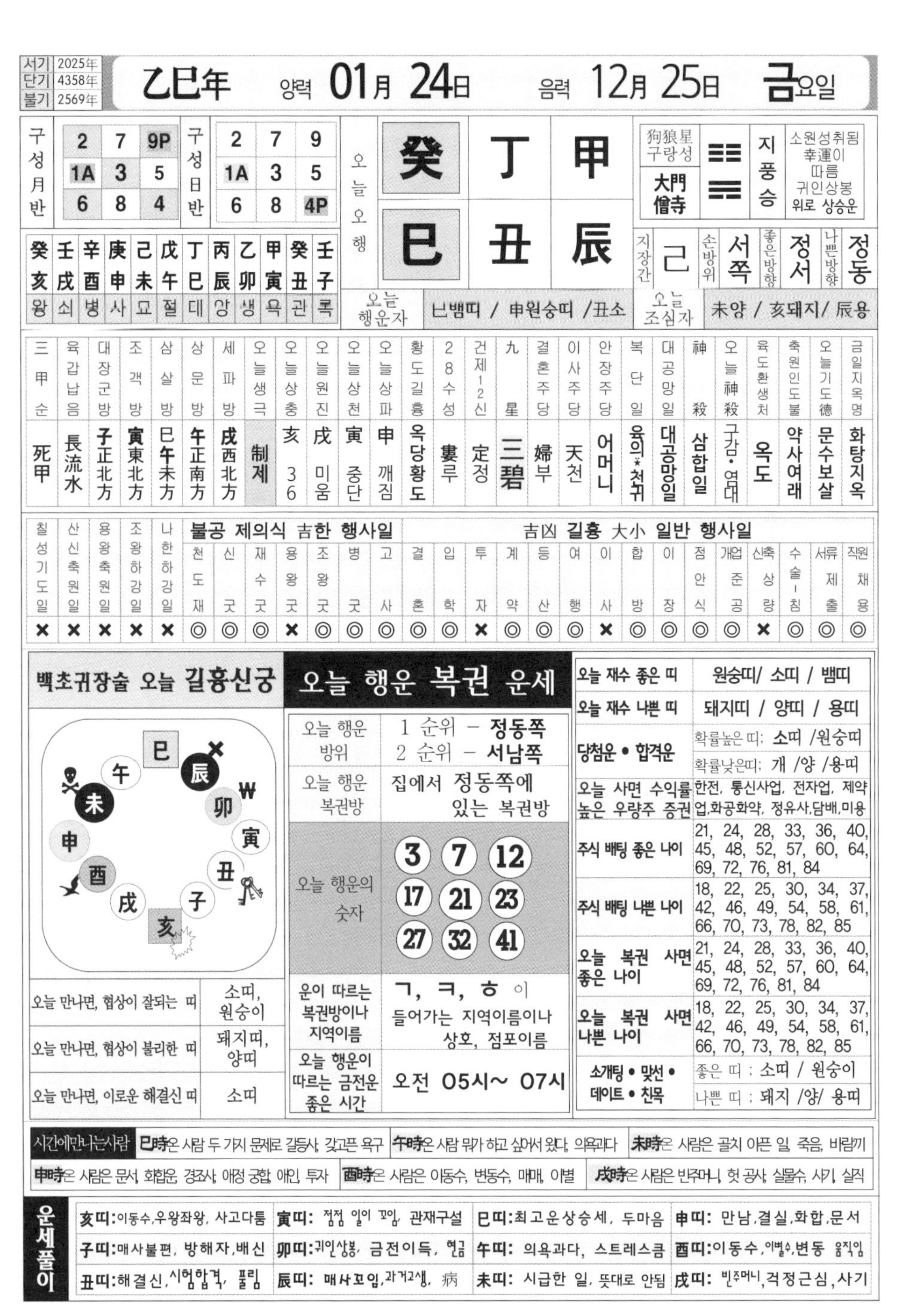

서기	2025年
단기	4358年
불기	2569年

乙巳年 양력 01月 24日 음력 12月 25日 금요일

구성월반				구성일반		
2	7	9P		2	7	9
1A	3	5		1A	3	5
6	8	4		6	8	4P

오늘오행			
	癸	丁	甲
	巳	丑	辰

狗狼星 구랑성	大門 僧寺	☰ ☰	지풍승	소원성취됨 幸運이 따름 귀인상봉 위로 상승운

지장간	己	손방위	서쪽	좋은방향	정서	나쁜방향	정동

癸亥	壬戌	辛酉	庚申	己未	戊午	丁巳	丙辰	乙卯	甲寅	癸丑	壬子
왕	쇠	병	사	묘	절	태	양	생	욕	관	록

오늘 행운자: 巳뱀띠 / 申원숭띠 / 丑소

오늘 조심자: 未양 / 亥돼지 / 辰용

三甲순	육갑납음	대장군방	조객방	삼살방	상문방	세파방	오늘생극	오늘상충	오늘원진	오늘상천	오늘상파	황도길흉	28수성	건제12신	九星	결혼주당	이사주당	안장주당	복단일	대공망일	神殺	오늘神殺	육도환생처	축원인도불	오늘기도德	금일지옥명
死甲	長流水	子正北方	寅東北方	巳午未方	午正南方	戌西北方	制제	亥 36	戌 미움	寅 중단	申 깨짐	옥당황도	婁루	定정	三碧	婦부	天천	어머니	육의·천귀	대공망일	삼합일	구감·여대	옥도	약사여래	문수보살	화탕지옥

칠성기도일	산신축원일	용왕축원일	조왕하강일	나한하강일	천도재	신굿	재수굿	용왕굿	조왕굿	병굿	고사	결혼	입학	투자	계약	등산	여행	이사	합방	이장	점안식	개업준공	신축상량	수술·침	서류제출	직원채용
×	×	×	×	×	◎	◎	◎	×	◎	◎	◎	◎	◎	×	◎	◎	◎	×	◎	◎	◎	◎	×	◎	◎	◎

(불공 제의식 吉한 행사일: 천도재 ~ 고사 / 吉凶 길흉 大小 일반 행사일: 결혼 ~ 직원채용)

백초귀장술 오늘 길흉신궁

오늘 만나면, 협상이 잘되는 띠	소띠, 원숭이
오늘 만나면, 협상이 불리한 띠	돼지띠, 양띠
오늘 만나면, 이로운 해결신 띠	소띠

오늘 행운 복권 운세

오늘 행운 방위	1 순위 – 정동쪽 2 순위 – 서남쪽
오늘 행운 복권방	집에서 정동쪽에 있는 복권방
오늘 행운의 숫자	3 7 12 17 21 23 27 32 41
운이 따르는 복권방이나 지역이름	ㄱ, ㅋ, ㅎ 이 들어가는 지역이름이나 상호, 점포이름
오늘 행운이 따르는 금전운 좋은 시간	오전 05시~ 07시

오늘 재수 좋은 띠	원숭띠/ 소띠 / 뱀띠
오늘 재수 나쁜 띠	돼지띠 / 양띠 / 용띠
당첨운 • 합격운	확률높은 띠: 소띠 /원숭띠 확률낮은띠: 개 /양 /용띠
오늘 사면 수익률 높은 우량주 증권	한전, 통신사업, 전자업, 제약업,화공화약, 정유사,담배,미용
주식 배팅 좋은 나이	21, 24, 28, 33, 36, 40, 45, 48, 52, 57, 60, 64, 69, 72, 76, 81, 84
주식 배팅 나쁜 나이	18, 22, 25, 30, 34, 37, 42, 46, 49, 54, 58, 61, 66, 70, 73, 78, 82, 85
오늘 복권 사면 좋은 나이	21, 24, 28, 33, 36, 40, 45, 48, 52, 57, 60, 64, 69, 72, 76, 81, 84
오늘 복권 사면 나쁜 나이	18, 22, 25, 30, 34, 37, 42, 46, 49, 54, 58, 61, 66, 70, 73, 78, 82, 85
소개팅 • 맞선 • 데이트 • 친목	좋은 띠 : 소띠 / 원숭이 나쁜 띠 : 돼지 /양/ 용띠

시간에만나는사람 巳時온 사람 두 가지 문제로 갈등사, 갖고픈 욕구 / 午時온 사람 뭔가 하고 싶어서 왔다, 의욕과다 / 未時온 사람은 골치 아픈 일, 죽음, 바람끼 / 申時온 사람은 문서, 화합운, 경조사, 애정 궁합, 애인, 투자 / 酉時온 사람은 이동수, 변동수, 매매, 이별 / 戌時온 사람은 빈주머니, 헛 공사, 실물수, 사기, 실직

운세풀이			
亥띠:이동수,우왕좌왕, 사고다툼	寅띠: 점점 일이 꼬임, 관재구설	巳띠:최고운상승세, 두마음	申띠: 만남,결실,화합,문서
子띠:매사불편, 방해자,배신	卯띠:귀인상봉, 금전이득, 현금	午띠: 의욕과다, 스트레스큼	酉띠:이동수,이별수,변동 움직임
丑띠:해결신,시험합격, 풀림	辰띠: 매사꼬임,과거고생, 病	未띠: 시급한 일, 뜻대로 안됨	戌띠: 빈주머니,걱정근심,사기

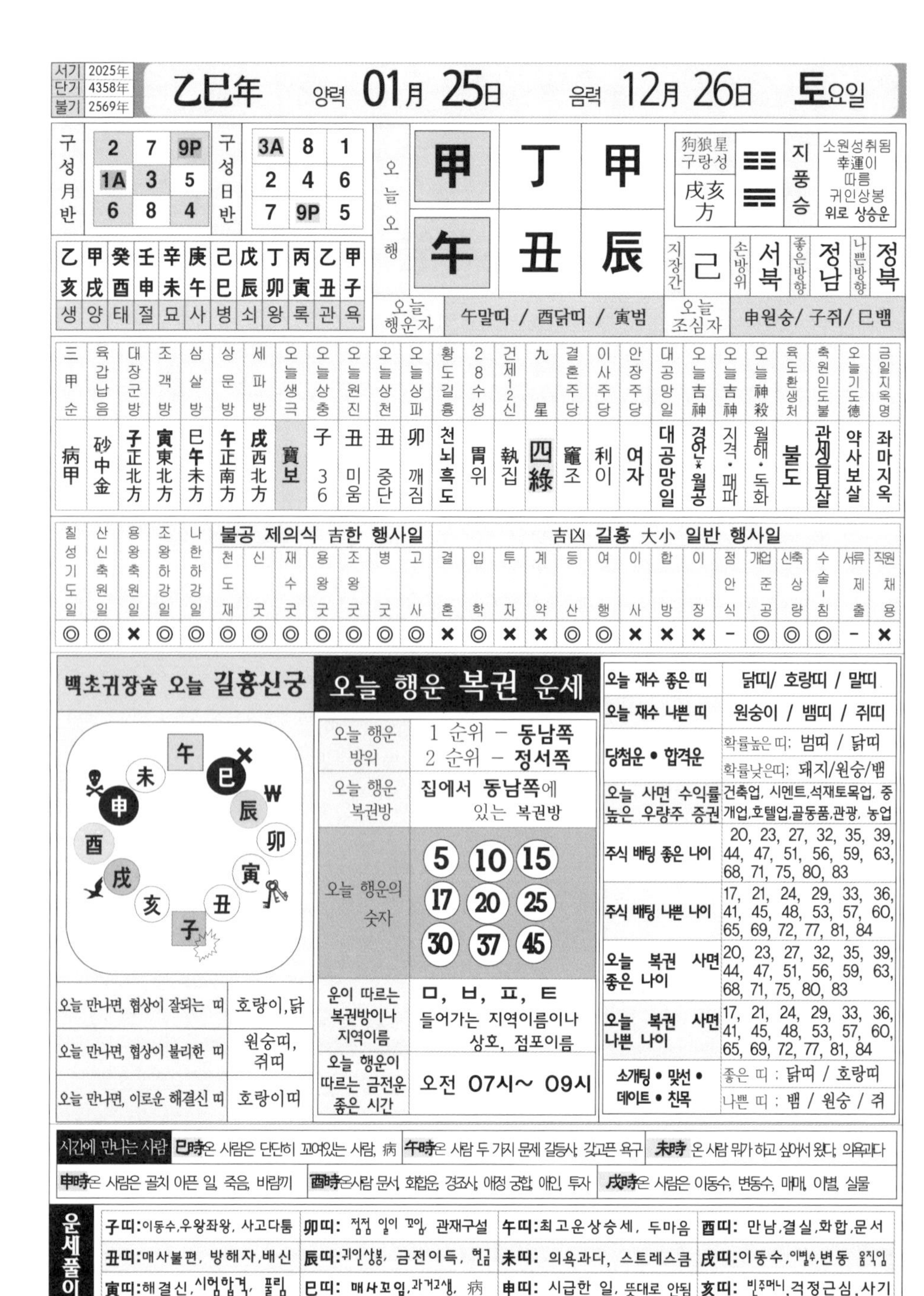

서기	2025年
단기	4358年
불기	2569年

乙巳年 양력 01月 25日 음력 12月 26日 토요일

구성月반

2	7	9P
1A	3	5
6	8	4

구성日반

3A	8	1
2	4	6
7	9P	5

乙	甲	癸	壬	辛	庚	己	戊	丁	丙	乙	甲
亥	戌	酉	申	未	午	巳	辰	卯	寅	丑	子
생	양	태	절	묘	사	병	쇠	왕	록	관	욕

오늘오행

甲	丁	甲
午	丑	辰

狗狼星 구랑성	戊亥方	☰☷	지풍승	소원성취됨 幸運이 따름 귀인상봉 위로 상승운

지장간	己	손방위	서북	좋은방향	정남	나쁜방향	정북

오늘 행운자	午말띠 / 酉닭띠 / 寅범	오늘 조심자	申원숭/ 子쥐/ 巳뱀

三甲순	육갑납음	대장군방	조객방	삼살방	상문방	세파방	오늘생극	오늘상충	오늘원진	오늘상천	오늘상파	황도길흉	28수성	건제12신	九星	결혼주당	이사주당	안장주당	대공망일	오늘吉神	오늘吉神	오늘神殺	육도환생처	축원인도불	오늘기도德	금일지옥명
病甲	砂中金	子正北方	寅東北方	巳午未方	午正南方	戌西北方	寶보	子 36	丑 미움	丑 중단	卯 깨짐	천뇌흑도	胃위	執집	四綠	竈조	利이	여자	대공망일	경안*월공	지격·패파	월해·도화	불도	관세음보살	약사보살	좌마지옥

칠성기도일	산신축원일	용왕축원일	조왕하강일	나한하강일	불공 제의식 吉한 행사일: 천도재	신굿	재수굿	용왕굿	조왕굿	병굿	고사	吉凶 길흉 大小 일반 행사일: 결혼	입학	투자	계약	등산	여행	이사	합방	이장	점안식	개업준공	신축상량	수술-침	서류제출	직원채용
◎	◎	×	◎	◎	◎	◎	◎	◎	◎	◎	◎	×	◎	×	×	◎	◎	×	×	×	-	◎	◎	◎	-	×

백초귀장술 오늘 길흉신궁

午 未 巳 申 辰 酉 卯 戌 寅 亥 丑 子

오늘 만나면, 협상이 잘되는 띠	호랑이,닭
오늘 만나면, 협상이 불리한 띠	원숭띠, 쥐띠
오늘 만나면, 이로운 해결신 띠	호랑이띠

오늘 행운 복권 운세

오늘 행운 방위	1 순위 – 동남쪽 2 순위 – 정서쪽
오늘 행운 복권방	집에서 동남쪽에 있는 복권방
오늘 행운의 숫자	5 10 15 17 20 25 30 37 45
운이 따르는 복권방이나 지역이름	ㅁ, ㅂ, ㅍ, ㅌ 들어가는 지역이름이나 상호, 점포이름
오늘 행운이 따르는 금전운 좋은 시간	오전 07시~ 09시

오늘 재수 좋은 띠	닭띠/ 호랑띠 / 말띠
오늘 재수 나쁜 띠	원숭이 / 뱀띠 / 쥐띠
당첨운 • 합격운	확률높은 띠: 범띠 / 닭띠 확률낮은띠: 돼지/원숭/뱀
오늘 사면 수익률 높은 우량주 증권	건축업, 시멘트,석재토목업, 중개업,호텔업,골동품,관광, 농업
주식 배팅 좋은 나이	20, 23, 27, 32, 35, 39, 44, 47, 51, 56, 59, 63, 68, 71, 75, 80, 83
주식 배팅 나쁜 나이	17, 21, 24, 29, 33, 36, 41, 45, 48, 53, 57, 60, 65, 69, 72, 77, 81, 84
오늘 복권 사면 좋은 나이	20, 23, 27, 32, 35, 39, 44, 47, 51, 56, 59, 63, 68, 71, 75, 80, 83
오늘 복권 사면 나쁜 나이	17, 21, 24, 29, 33, 36, 41, 45, 48, 53, 57, 60, 65, 69, 72, 77, 81, 84
소개팅 • 맞선 • 데이트 • 친목	좋은 띠 : 닭띠 / 호랑띠 나쁜 띠 : 뱀 / 원숭 / 쥐

시간에 만나는 사람	巳時온 사람은 단단히 꼬여있는 사람, 病	午時온 사람 두 가지 문제 갈등사, 갖고픈 욕구	未時 온 사람 뭔가 하고 싶어서 왔다, 의욕과다
申時온 사람은 골치 아픈 일, 죽음, 바람끼	酉時온사람 문서, 화합운, 경조사, 애정 궁합, 애인, 투자	戌時온 사람은 이동수, 변동수, 매매, 이별, 실물	

운세풀이			
子띠:이동수,우왕좌왕, 사고다툼	卯띠: 점점 일이 꼬임, 관재구설	午띠:최고운상승세, 두마음	酉띠: 만남,결실,화합,문서
丑띠:매사불편, 방해자,배신	辰띠:귀인상봉, 금전이득, 현금	未띠: 의욕과다, 스트레스큼	戌띠:이동수,이별수,변동 움직임
寅띠:해결신,시험합격, 풀림	巳띠: 매사꼬임,과거고생, 病	申띠: 시급한 일, 뜻대로 안됨	亥띠: 빈주머니,걱정근심,사기

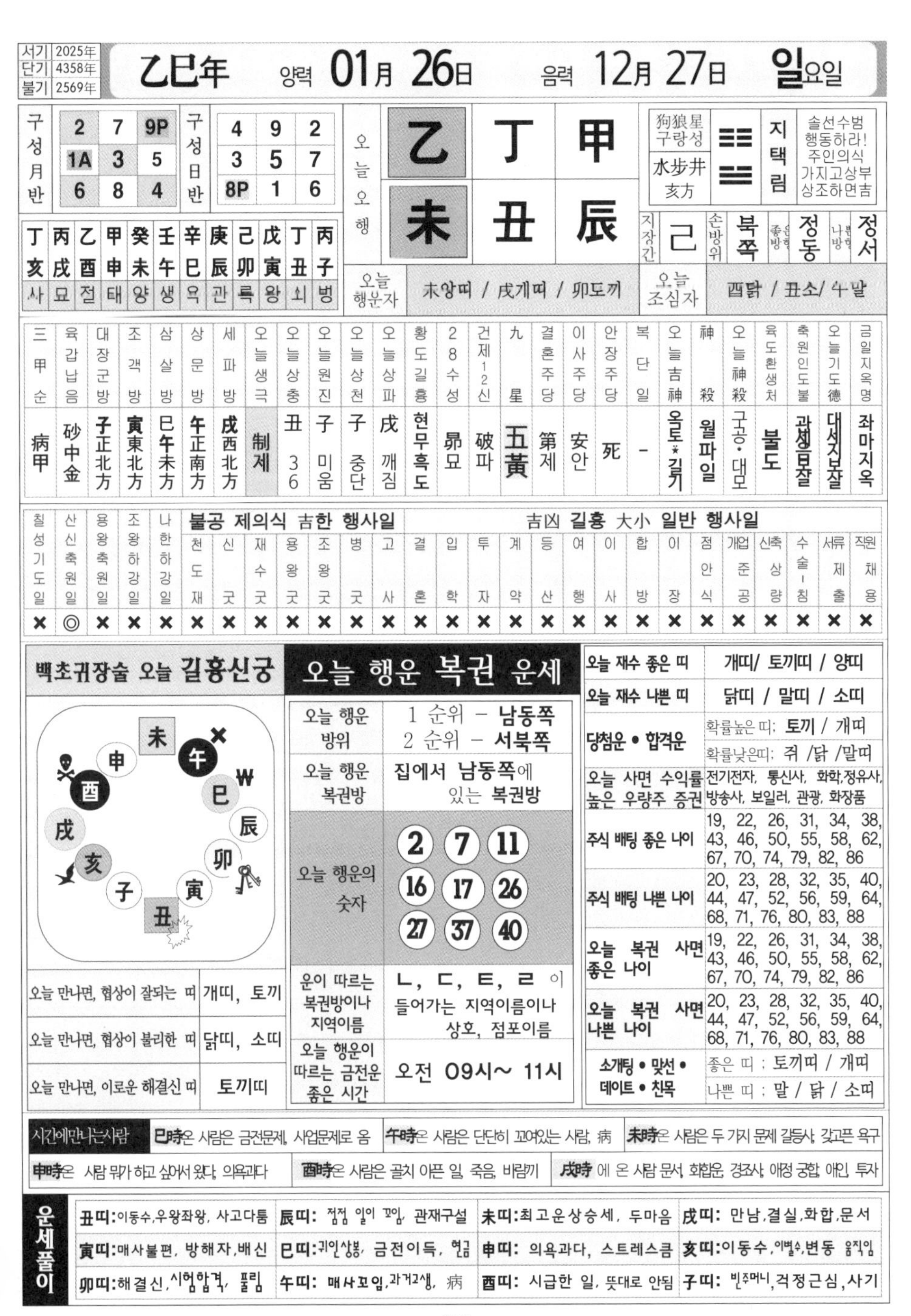

서기	2025年
단기	4358年
불기	2569年

乙巳年 양력 **01月 26日** 음력 **12月 27日** **일**요일

구성월반

2	7	9P
1A	3	5
6	8	4

구성일반

4	9	2
3	5	7
8P	1	6

오늘오행

乙	丁	甲
未	丑	辰

狗狼星 구랑성	☷	지택림	솔선수범 행동하라! 주인의식 가지고상부 상조하면흉
水步井 亥方	☱		

지장간	己	손방위	북쪽	좋은방향	정동	나쁜방향	정서

丁	丙	乙	甲	癸	壬	辛	庚	己	戊	丁	丙
亥	戌	酉	申	未	午	巳	辰	卯	寅	丑	子
사	묘	절	태	양	생	욕	관	록	왕	쇠	병

오늘 행운자	未양띠 / 戌개띠 / 卯도끼	오늘 조심자	酉닭 / 丑소/ 午말

三甲순	육갑납음	대장군방	조객방	삼살방	상문방	세파방	오늘생극	오늘상충	오늘원진	오늘상천	오늘상파	황도길흉	28수성	건제12신	九星	결혼주당	이사주당	안장주당	복단일	오늘吉神	神殺	오늘神殺	육도환생처	축원인도불	오늘기도德	금일지옥명
病甲	砂中金	子正北方	寅東北方	巳午未方	午正南方	戌西北方	制제	丑 36	子 미움	子 중단	戌 깨짐	현무흑도	昴묘	破파	五黃	第제	安안	死	-	올토*길기	월파일	구공·대모	불도	관세음보살	대세지보살	좌마지옥

칠성기도일	산신축원일	용왕축원일	조왕하강일	나한하강일	천도재	신굿	재수굿	용왕굿	조왕굿	병굿	고사	결혼	입학	투자	계약	등산	여행	이사	합방	이장	점안식	개업준공	신축상량	수술-침	서류제출	직원채용
					불공 제의식 吉한 행사일							吉凶 길흉 大小 일반 행사일														
×	◎	×	×	×	×	×	×	×	×	×	×	×	×	×	×	×	×	×	×	×	×	×	×	×	×	×

백초귀장술 오늘 길흉신궁

未 午 巳 辰 卯 寅 丑 子 亥 戌 酉 申 ₩

오늘 만나면, 협상이 잘되는 띠	개띠, 토끼
오늘 만나면, 협상이 불리한 띠	닭띠, 소띠
오늘 만나면, 이로운 해결신 띠	토끼띠

오늘 행운 복권 운세

오늘 행운 방위	1 순위 – 남동쪽 2 순위 – 서북쪽
오늘 행운 복권방	집에서 남동쪽에 있는 복권방
오늘 행운의 숫자	2 7 11 16 17 26 27 37 40
운이 따르는 복권방이나 지역이름	ㄴ, ㄷ, ㅌ, ㄹ 이 들어가는 지역이름이나 상호, 점포이름
오늘 행운이 따르는 금전운 좋은 시간	오전 09시~ 11시

오늘 재수 좋은 띠	개띠/ 토끼띠 / 양띠
오늘 재수 나쁜 띠	닭띠 / 말띠 / 소띠
당첨운 • 합격운	확률높은 띠: 토끼 / 개띠 확률낮은띠: 쥐 /닭 /말띠
오늘 사면 수익률 높은 우량주 증권	전기전자, 통신사, 화학,정유사, 방송사, 보일러, 관광, 화장품
주식 배팅 좋은 나이	19, 22, 26, 31, 34, 38, 43, 46, 50, 55, 58, 62, 67, 70, 74, 79, 82, 86
주식 배팅 나쁜 나이	20, 23, 28, 32, 35, 40, 44, 47, 52, 56, 59, 64, 68, 71, 76, 80, 83, 88
오늘 복권 사면 좋은 나이	19, 22, 26, 31, 34, 38, 43, 46, 50, 55, 58, 62, 67, 70, 74, 79, 82, 86
오늘 복권 사면 나쁜 나이	20, 23, 28, 32, 35, 40, 44, 47, 52, 56, 59, 64, 68, 71, 76, 80, 83, 88
소개팅 • 맞선 • 데이트 • 친목	좋은 띠 ; 토끼띠 / 개띠 나쁜 띠 ; 말 / 닭 / 소띠

시간에만나는사람	巳時온 사람은 금전문제, 사업문제로 옴	午時온 사람은 단단히 꼬여있는 사람, 病	未時온 사람은 두 가지 문제 갈등사, 갖고픈 욕구
申時온 사람 뭔가 하고 싶어서 왔다, 의욕과다	酉時온 사람은 골치 아픈 일, 죽음, 바람끼	戌時 에 온 사람 문서, 화합운, 경조사, 애정 궁합, 애인, 투자	

운세풀이				
	丑띠:이동수,우왕좌왕, 사고다툼	辰띠: 점점 일이 꼬임, 관재구설	未띠:최고운상승세, 두마음	戌띠: 만남,결실,화합,문서
	寅띠:매사불편, 방해자,배신	巳띠:귀인상봉, 금전이득, 현금	申띠: 의욕과다, 스트레스큼	亥띠:이동수,이별수,변동 움직임
	卯띠:해결신,시험합격, 풀림	午띠: 매사꼬임,과거고생, 病	酉띠: 시급한 일, 뜻대로 안됨	子띠: 빈주머니,걱정근심,사기

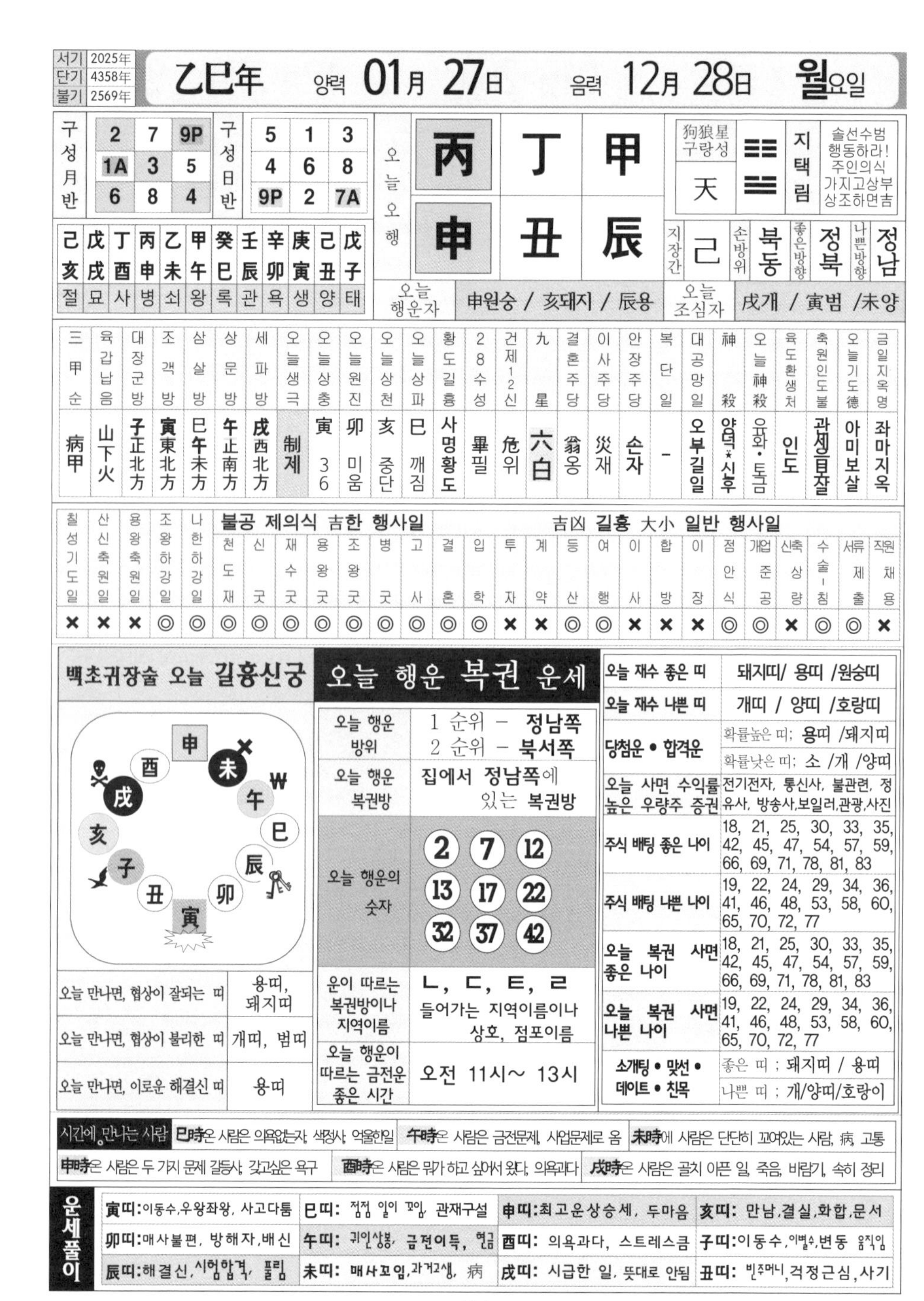

서기	2025年
단기	4358年
불기	2569年

乙巳年 양력 **01月 27日** 음력 **12月 28日** **월**요일

구성月반			구성日반		
2	7	9P	5	1	3
1A	3	5	4	6	8
6	8	4	9P	2	7A

己亥	戊戌	丁酉	丙申	乙未	甲午	癸巳	壬辰	辛卯	庚寅	己丑	戊子
절	묘	사	병	쇠	왕	록	관	욕	생	양	태

오늘오행

丙	丁	甲
申	丑	辰

狗狼星 구랑성	☰☷	지택림	솔선수범 행동하라! 주인의식 가지고상부 상조하면흠
天			

지장간	己	손방위	북동	좋은방향	정북	나쁜방향	정남

오늘 행운자	申원숭 / 亥돼지 / 辰용	오늘 조심자	戌개 / 寅범 /未양

三甲순	육갑납음	대장군방	조객방	삼살방	상문방	세파방	오늘생극	오늘상충	오늘원진	오늘상천	오늘상파	황도길흉	28수성	건제12신	九星	결혼주당	이사주당	안장주당	복단일	대공망일	神殺	오늘神殺	육도환생처	축원인도불	오늘기도德	금일지옥명
病甲	山下火	子正北方	寅東北方	巳午未方	午正南方	戌西北方	制제	寅 36	卯 미움	亥 중단	巳 깨짐	사명황도	畢필	危위	六白	翁옹	災재	손자	-	오부길일	양덕*시후	유화·토금	인도	관세음보살	아미보살	좌마지옥

칠성기도일	산신축원일	용왕축원일	조왕하강일	나한하강일	천도재	신굿	재수굿	용왕굿	조왕굿	병굿	고사	결혼	입학	투자	계약	등산	여행	이사	합방	이장	점안식	개업준공	신축상량	수술-침	서류제출	직원채용
					불공 제의식 吉한 행사일						吉凶 길흉 大小 일반 행사일															
×	×	×	◎	◎	◎	◎	◎	◎	◎	◎	◎	◎	◎	×	×	◎	◎	×	×	×	◎	◎	×	◎	◎	×

백초귀장술 오늘 길흉신궁

오늘 만나면, 협상이 잘되는 띠	용띠, 돼지띠
오늘 만나면, 협상이 불리한 띠	개띠, 범띠
오늘 만나면, 이로운 해결신 띠	용띠

오늘 행운 복권 운세

오늘 행운 방위	1 순위 - **정남쪽** 2 순위 - **북서쪽**
오늘 행운 복권방	집에서 **정남쪽**에 있는 **복권방**
오늘 행운의 숫자	2 7 12 13 17 22 32 37 42
운이 따르는 복권방이나 지역이름	ㄴ, ㄷ, ㅌ, ㄹ 들어가는 지역이름이나 상호, 점포이름
오늘 행운이 따르는 금전운 좋은 시간	오전 11시~ 13시

오늘 재수 좋은 띠	돼지띠/ 용띠 /원숭띠
오늘 재수 나쁜 띠	개띠 / 양띠 /호랑띠
당첨운 • 합격운	확률높은 띠; 용띠 /돼지띠
	확률낮은 띠; 소 /개 /양띠
오늘 사면 수익률 높은 우량주 증권	전기전자, 통신사, 불관련, 정유사, 방송사,보일러,관광,사진
주식 배팅 좋은 나이	18, 21, 25, 30, 33, 35, 42, 45, 47, 54, 57, 59, 66, 69, 71, 78, 81, 83
주식 배팅 나쁜 나이	19, 22, 24, 29, 34, 36, 41, 46, 48, 53, 58, 60, 65, 70, 72, 77
오늘 복권 사면 좋은 나이	18, 21, 25, 30, 33, 35, 42, 45, 47, 54, 57, 59, 66, 69, 71, 78, 81, 83
오늘 복권 사면 나쁜 나이	19, 22, 24, 29, 34, 36, 41, 46, 48, 53, 58, 60, 65, 70, 72, 77
소개팅 • 맞선 • 데이트 • 친목	좋은 띠 ; 돼지띠 / 용띠
	나쁜 띠 ; 개/양띠/호랑이

시간에 만나는 사람	巳時은 사람은 의욕없는자, 색정사, 억울한일	午時은 사람은 금전문제, 사업문제로 옴	未時에 사람은 단단히 꼬여있는 사람, 病, 고통
申時은 사람은 두 가지 문제 갈등사, 갖고싶은 욕구	酉時은 사람은 뭔가 하고 싶어서 왔다, 의욕과다	戌時은 사람은 골치 아픈 일, 죽음, 바람기, 속히 정리	

운세풀이			
寅띠:이동수,우왕좌왕, 사고다툼	巳띠: 점점 일이 꼬임, 관재구설	申띠:최고운상승세, 두마음	亥띠: 만남,결실,화합,문서
卯띠:매사불편, 방해자,배신	午띠: 귀인상봉, 금전이득, 현금	酉띠: 의욕과다, 스트레스큼	子띠:이동수,이별수,변동 움직임
辰띠:해결신,시험합격, 풀림	未띠: 매사꼬임,과거고생, 病	戌띠: 시급한 일, 뜻대로 안됨	丑띠: 빈주머니,걱정근심,사기

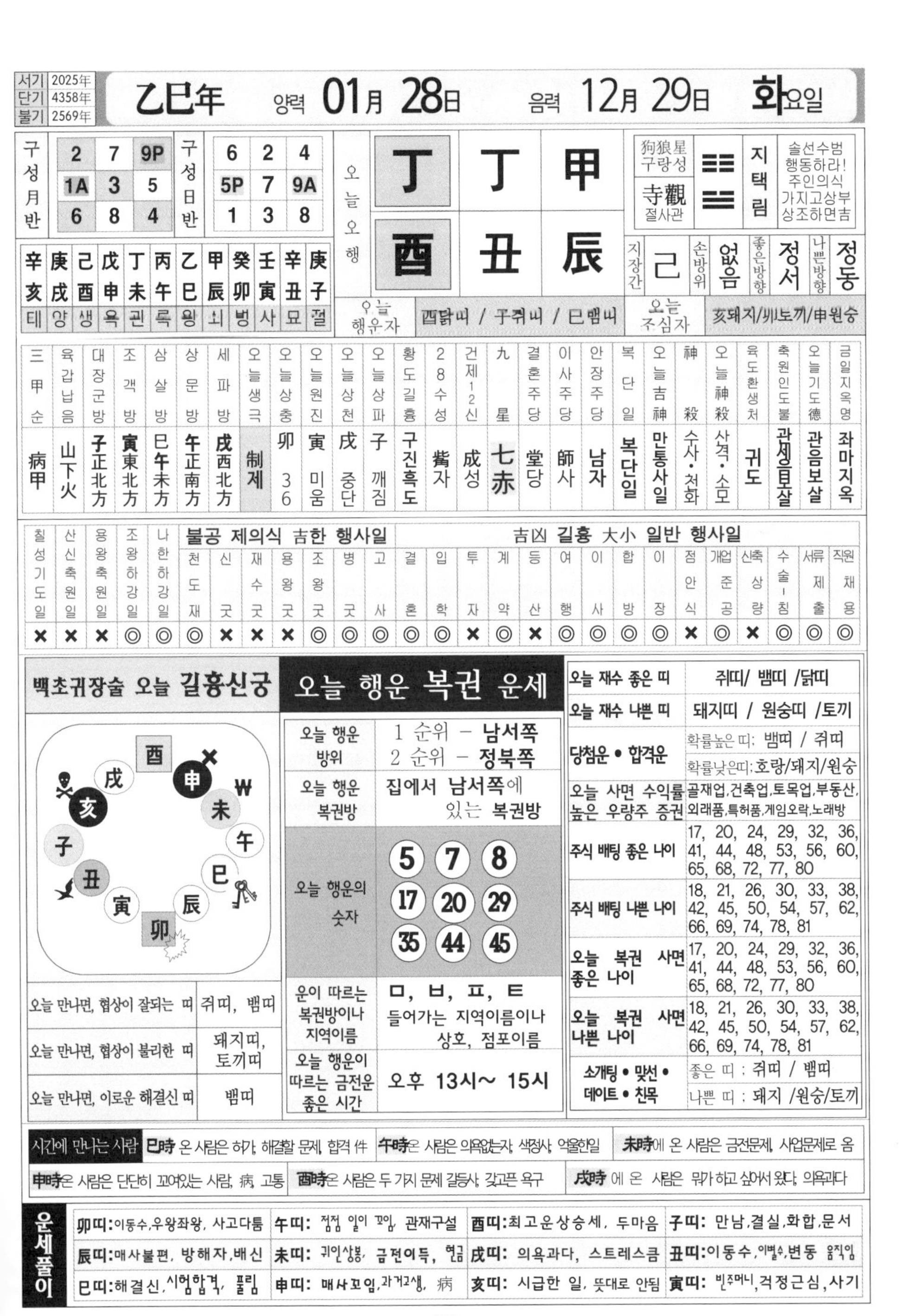

서기	2025年
단기	4358年
불기	2569年

乙巳年 양력 01月 28日 음력 12月 29日 화요일

구성월반		
2	7	9P
1A	3	5
6	8	4

구성일반		
6	2	4
5P	7	9A
1	3	8

辛	庚	己	戊	丁	丙	乙	甲	癸	壬	辛	庚
亥	戌	酉	申	未	午	巳	辰	卯	寅	丑	子
태	양	생	욕	관	록	왕	쇠	병	사	묘	절

오늘오행		
丁	丁	甲
酉	丑	辰

狗狼星 구랑성	寺觀 절사관	지택림	솔선수범 행동하라! 주인의식 가지고상부 상조하면吉

지장간	손방위	좋은방향	나쁜방향
己	없음	정서	정동

오늘 행운자: 酉닭띠 / 子쥐띠 / 巳뱀띠

오늘 주심자: 亥돼지/卯토끼/申원숭

三甲순	육갑납음	대장군방	조객방	삼살방	상문방	세파방	오늘생극	오늘상충	오늘원진	오늘상천	오늘상파	황도길흉	28수성
病甲	山下火	子正北方	寅東北方	巳午未方	午正南方	戌西北方	制제	卯 36	寅 미움	戌 중단	子 깨짐	구진흑도	觜자

건제12신	九星	결혼주당	이사주당	안장주당	복단일	오늘吉神	神殺	오늘神殺	육도환생처	축원인도불	오늘기도德	금일지옥명
成성	七赤	堂당	師사	남자	복단일	만통사일	수사·천화	사격·소모	귀도	관세음보살	관음보살	좌마지옥

칠성기도일	산신축원일	용왕축원일	조왕하강일	나한하강일	불공 제의식 吉한 행사일						
					천도재	신굿	재수굿	용왕굿	조왕굿	병굿	고사
✕	✕	✕	◎	◎	◎	✕	✕	✕	◎	◎	◎

吉凶 길흉 大小 일반 행사일														
결혼	입학	투자	계약	등산	여행	이사	합방	이장	점안식	개업준공	신축상량	수술-침	서류제출	직원채용
◎	◎	✕	◎	✕	◎	◎	◎	◎	✕	◎	✕	◎	◎	◎

백초귀장술 오늘 길흉신궁

오늘 만나면, 협상이 잘되는 띠	쥐띠, 뱀띠
오늘 만나면, 협상이 불리한 띠	돼지띠, 토끼띠
오늘 만나면, 이로운 해결신 띠	뱀띠

오늘 행운 복권 운세

오늘 행운 방위	1 순위 – 남서쪽 2 순위 – 정북쪽
오늘 행운 복권방	집에서 남서쪽에 있는 복권방
오늘 행운의 숫자	5 7 8 17 20 29 35 44 45
운이 따르는 복권방이나 지역이름	ㅁ, ㅂ, ㅍ, ㅌ 들어가는 지역이름이나 상호, 점포이름
오늘 행운이 따르는 금전운 좋은 시간	오후 13시~ 15시

오늘 재수 좋은 띠	쥐띠/ 뱀띠 /닭띠
오늘 재수 나쁜 띠	돼지띠 / 원숭띠 /토끼
당첨운 • 합격운	확률높은 띠: 뱀띠 / 쥐띠 확률낮은띠: 호랑/돼지/원숭
오늘 사면 수익률 높은 우량주 증권	골재업,건축업,토목업,부동산,외래품,특허품,게임오락,노래방
주식 배팅 좋은 나이	17, 20, 24, 29, 32, 36, 41, 44, 48, 53, 56, 60, 65, 68, 72, 77, 80
주식 배팅 나쁜 나이	18, 21, 26, 30, 33, 38, 42, 45, 50, 54, 57, 62, 66, 69, 74, 78, 81
오늘 복권 사면 좋은 나이	17, 20, 24, 29, 32, 36, 41, 44, 48, 53, 56, 60, 65, 68, 72, 77, 80
오늘 복권 사면 나쁜 나이	18, 21, 26, 30, 33, 38, 42, 45, 50, 54, 57, 62, 66, 69, 74, 78, 81
소개팅 • 맞선 • 데이트 • 친목	좋은 띠 : 쥐띠 / 뱀띠 나쁜 띠 : 돼지 /원숭/토끼

시간에 만나는 사람		
巳時 온 사람은 허가, 해결할 문제, 합격 件	午時은 사람은 의욕없는자, 색정사, 억울한일	未時에 온 사람은 금전문제, 사업문제로 옴
申時은 사람은 단단히 꼬여있는 사람, 病, 고통	酉時은 사람은 두 가지 문제 갈등사, 갖고픈 욕구	戌時 에 온 사람은 뭔가 하고 싶어서 왔다, 의욕과다

운세풀이			
卯띠:이동수,우왕좌왕, 사고다툼	午띠: 점점 일이 꼬임, 관재구설	酉띠:최고운상승세, 두마음	子띠: 만남,결실,화합,문서
辰띠:매사불편, 방해자,배신	未띠: 귀인상봉, 금전이득, 현금	戌띠: 의욕과다, 스트레스큼	丑띠:이동수,이별수,변동 움직임
巳띠:해결신,시험합격, 풀림	申띠: 매사꼬임,과거고생, 病	亥띠: 시급한 일, 뜻대로 안됨	寅띠: 빈주머니,걱정근심,사기

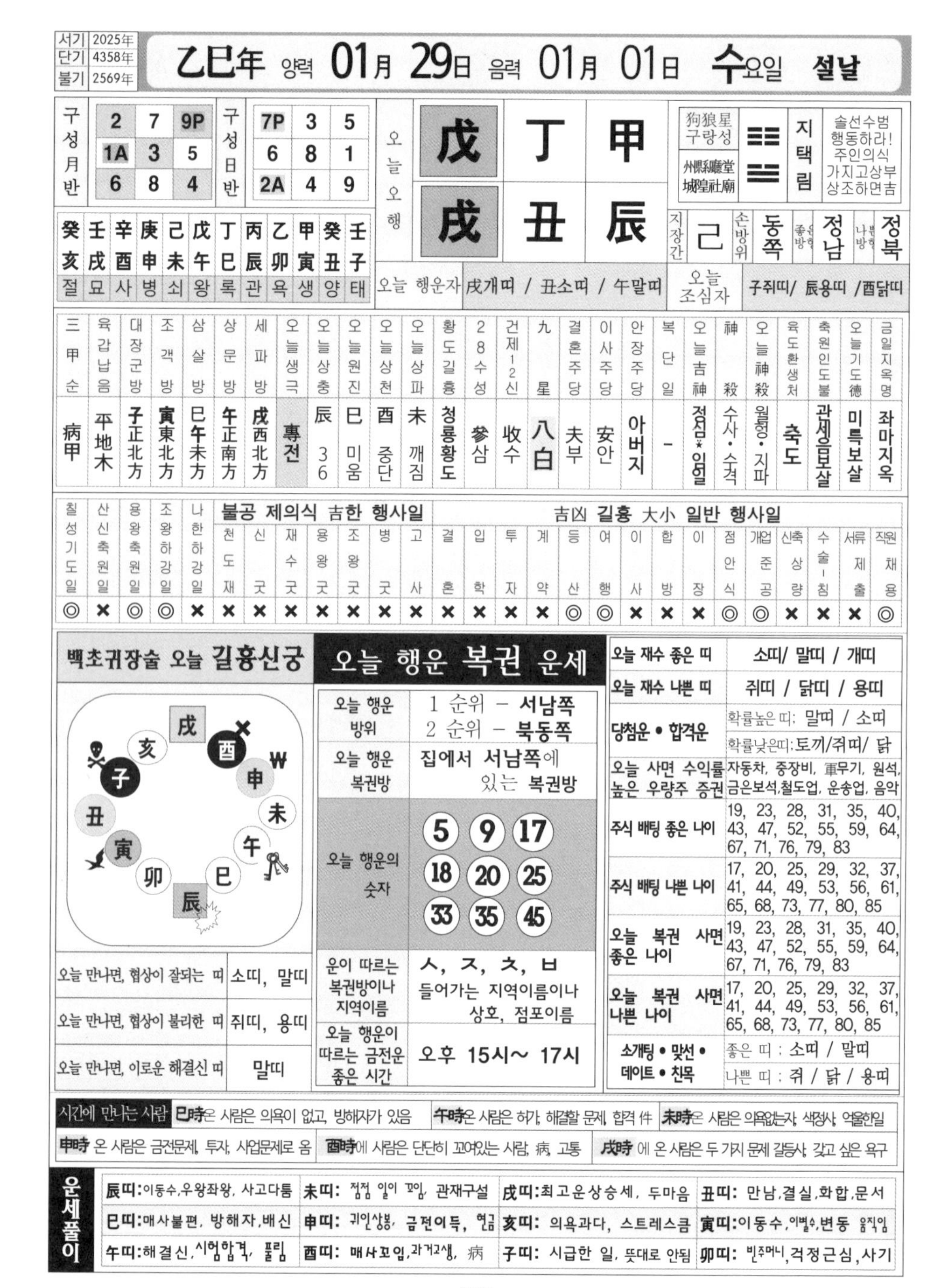

서기	2025年
단기	4358年
불기	2569年

乙巳年 양력 **01月 29日** 음력 **01月 01日** **수**요일 **설날**

구성월반		
2	7	9P
1A	3	5
6	8	4

구성일반		
7P	3	5
6	8	1
2A	4	9

오늘오행		
戊	丁	甲
戊	丑	辰

狗狼星 구랑성 / 州縣廳堂 城隍社廟 / 지택림 / 솔선수범 행동하라! 주인의식 가지고상부상조하면吉

지장간	손방위	좋은방향	나쁜방향
己	동쪽	정남	정북

癸亥	壬戌	辛酉	庚申	己未	戊午	丁巳	丙辰	乙卯	甲寅	癸丑	壬子
절	묘	사	병	쇠	왕	록	관	욕	생	양	태

오늘 행운자: 戌개띠 / 丑소띠 / 午말띠

오늘 조심자: 子쥐띠/ 辰용띠 /酉닭띠

三甲순	육갑납음	대장군방	조객방	삼살방	상문방	세파방	오늘생극	오늘상충	오늘원진	오늘상천	오늘상파	황도길흉	28수성	건제12신	九星	결혼주당	이사주당	안장주당	복단일	오늘吉神	神殺	오늘神殺	육도환생처	축원인도불	오늘기도德	금일지옥명
病甲	平地木	子正北方	寅東北方	巳午未方	午正南方	戌西北方	專전	辰 36	巳 미움	酉 중단	未 깨짐	청룡황도	參삼	收수	八白	夫부	安안	아버지	-	정심*일월	수사·수격	월형·지파	축도	관세음보살	미륵보살	좌마지옥

칠성기도일	산신축원일	용왕축원일	조왕하강일	나한하강일	불공 제의식 吉한 행사일: 천도재	신굿	재수굿	용왕굿	조왕굿	병굿	고사	吉凶 길흉 大小 일반 행사일: 결혼	입학	투자	계약	등산	여행	이사	합방	이장	점안식	개업준공	신축상량	수술-침	서류제출	직원채용
◎	×	◎	◎	×	×	×	×	×	×	×	×	×	×	×	×	◎	◎	×	×	×	◎	◎	×	×	×	◎

백초귀장술 오늘 길흉신궁

오늘 만나면, 협상이 잘되는 띠	소띠, 말띠
오늘 만나면, 협상이 불리한 띠	쥐띠, 용띠
오늘 만나면, 이로운 해결신 띠	말띠

오늘 행운 복권 운세

오늘 행운 방위	1 순위 – 서남쪽 2 순위 – 북동쪽
오늘 행운 복권방	집에서 서남쪽에 있는 복권방
오늘 행운의 숫자	5 9 17 18 20 25 33 35 45
운이 따르는 복권방이나 지역이름	ㅅ, ㅈ, ㅊ, ㅂ 들어가는 지역이름이나 상호, 점포이름
오늘 행운이 따르는 금전운 좋은 시간	오후 15시~ 17시

오늘 재수 좋은 띠	소띠/ 말띠 / 개띠
오늘 재수 나쁜 띠	쥐띠 / 닭띠 / 용띠
당첨운 • 합격운	확률높은 띠: 말띠 / 소띠 확률낮은띠: 토끼/쥐띠/ 닭
오늘 사면 수익률 높은 우량주 증권	자동차, 중장비, 重무기, 원석, 금은보석,철도업, 운송업, 음악
주식 배팅 좋은 나이	19, 23, 28, 31, 35, 40, 43, 47, 52, 55, 59, 64, 67, 71, 76, 79, 83
주식 배팅 나쁜 나이	17, 20, 25, 29, 32, 37, 41, 44, 49, 53, 56, 61, 65, 68, 73, 77, 80, 85
오늘 복권 사면 좋은 나이	19, 23, 28, 31, 35, 40, 43, 47, 52, 55, 59, 64, 67, 71, 76, 79, 83
오늘 복권 사면 나쁜 나이	17, 20, 25, 29, 32, 37, 41, 44, 49, 53, 56, 61, 65, 68, 73, 77, 80, 85
소개팅 • 맞선 • 데이트 • 친목	좋은 띠 : 소띠 / 말띠 나쁜 띠 : 쥐 / 닭 / 용띠

시간에 만나는 사람

- **巳時**은 사람은 의욕이 없고, 방해자가 있음
- **午時**은 사람은 허가, 해결할 문제, 합격 件
- **未時**은 사람은 의욕없는자, 색정사, 억울한일
- **申時** 온 사람은 금전문제, 투자, 사업문제로 옴
- **酉時**에 사람은 단단히 꼬여있는 사람, 病, 고통
- **戌時** 에 온 사람은 두 가지 문제 갈등사, 갖고 싶은 욕구

운세풀이

辰띠: 이동수,우왕좌왕, 사고다툼	**未띠:** 점점 일이 꼬임, 관재구설	**戌띠:** 최고운상승세, 두마음	**丑띠:** 만남,결실,화합,문서
巳띠: 매사불편, 방해자,배신	**申띠:** 귀인상봉, 금전이득, 현금	**亥띠:** 의욕과다, 스트레스큼	**寅띠:** 이동수,이별수,변동 움직임
午띠: 해결신,시험합격, 풀림	**酉띠:** 매사꼬임,과거고생, 病	**子띠:** 시급한 일, 뜻대로 안됨	**卯띠:** 빈주머니,걱정근심,사기

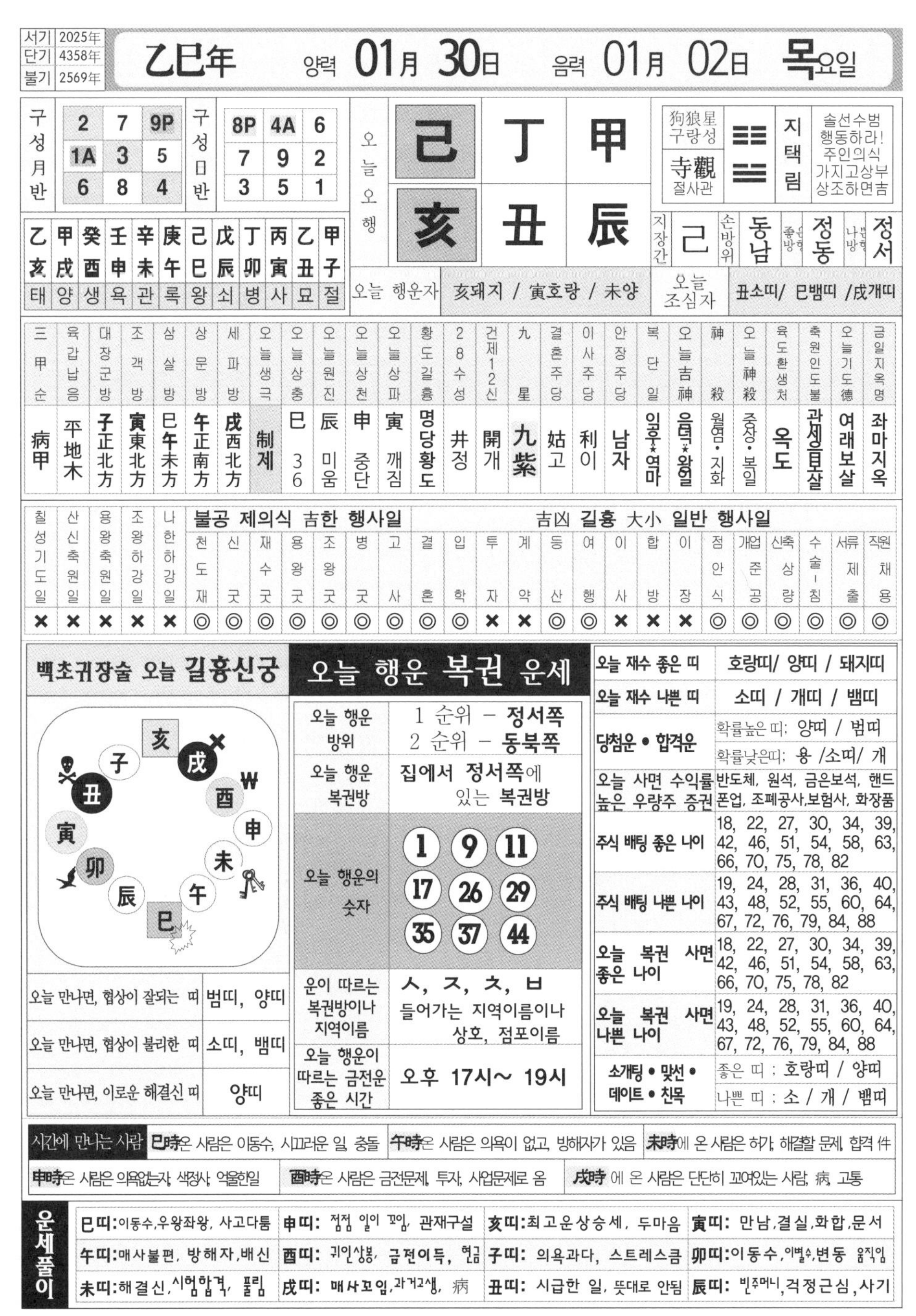

서기	2025年
단기	4358年
불기	2569年

乙巳年 양력 01月 30日 음력 01月 02日 목요일

구성月반		
2	7	9P
1A	3	5
6	8	4

구성日반		
8P	4A	6
7	9	2
3	5	1

오늘오행		
己	丁	甲
亥	丑	辰

狗狼星 구랑성	☷ 지택림	솔선수범 행동하라! 주인의식 가지고상부 상조하면吉
寺觀 절사관	☱	

지장간	손방위	좋은방향	나쁜방향
己	동남	정동	정서

乙亥	甲戌	癸酉	壬申	辛未	庚午	己巳	戊辰	丁卯	丙寅	乙丑	甲子
태	양	생	욕	관	록	왕	쇠	병	사	묘	절

오늘 행운자	亥돼지 / 寅호랑 / 未양	오늘 조심자	丑소띠/ 巳뱀띠 /戌개띠

三甲순	육갑납음	대장군방	조객방	삼살방	상문방	세파방	오늘생극	오늘상충	오늘원진	오늘상천	오늘상파	황도길흉	28수성	건제12신	九星	결혼주당	이사주당	안장주당	복단일	오늘吉神	神殺	오늘神殺	육도환생처	축원인도불	오늘기도德	금일지옥명
病甲	平地木	子正北方	寅東北方	巳午未方	午正南方	戌西北方	制제	巳 36	辰 미움	申 중단	寅 깨짐	명당황도	井정	開개	九紫	姑고	利이	남자	일공우*역마	음덕*왕일	월염·지화	중상·복일	옥도	관세음보살	여래보살	좌마지옥

칠성기도일	산신축원일	용왕축원일	조왕하강일	나한하강일	불공 제의식 吉한 행사일							吉凶 길흉 大小 일반 행사일														
					천도재	신굿	재수굿	용왕굿	조왕굿	병굿	고사	결혼	입학	투자	계약	등산	여행	이사	합방	이장	점안식	개업준공	신축상량	수술-침	서류제출	직원채용
×	×	×	×	×	◎	◎	◎	◎	◎	◎	◎	◎	◎	×	×	◎	◎	×	×	×	◎	◎	◎	◎	◎	◎

백초귀장술 오늘 길흉신궁

오늘 만나면, 협상이 잘되는 띠	범띠, 양띠
오늘 만나면, 협상이 불리한 띠	소띠, 뱀띠
오늘 만나면, 이로운 해결신 띠	양띠

오늘 행운 복권 운세

오늘 행운 방위	1 순위 – 정서쪽 2 순위 – 동북쪽
오늘 행운 복권방	집에서 정서쪽에 있는 복권방
오늘 행운의 숫자	1, 9, 11, 17, 26, 29, 35, 37, 44
운이 따르는 복권방이나 지역이름	ㅅ, ㅈ, ㅊ, ㅂ 들어가는 지역이름이나 상호, 점포이름
오늘 행운이 따르는 금전운 좋은 시간	오후 17시~ 19시

오늘 재수 좋은 띠	호랑띠/ 양띠 / 돼지띠
오늘 재수 나쁜 띠	소띠 / 개띠 / 뱀띠
당첨운 • 합격운	확률높은 띠: 양띠 / 범띠 확률낮은띠: 용 /소띠/ 개
오늘 사면 수익률 높은 우량주 증권	반도체, 원석, 금은보석, 핸드폰업, 조폐공사,보험사, 화장품
주식 배팅 좋은 나이	18, 22, 27, 30, 34, 39, 42, 46, 51, 54, 58, 63, 66, 70, 75, 78, 82
주식 배팅 나쁜 나이	19, 24, 28, 31, 36, 40, 43, 48, 52, 55, 60, 64, 67, 72, 76, 79, 84, 88
오늘 복권 사면 좋은 나이	18, 22, 27, 30, 34, 39, 42, 46, 51, 54, 58, 63, 66, 70, 75, 78, 82
오늘 복권 사면 나쁜 나이	19, 24, 28, 31, 36, 40, 43, 48, 52, 55, 60, 64, 67, 72, 76, 79, 84, 88
소개팅 • 맞선 • 데이트 • 친목	좋은 띠 : 호랑띠 / 양띠 나쁜 띠 : 소 / 개 / 뱀띠

시간에 만나는 사람

- **巳時**온 사람은 이동수, 시끄러운 일, 충돌
- **午時**온 사람은 의욕이 없고, 방해자가 있음
- **未時**에 온 사람은 허가, 해결할 문제, 합격 件
- **申時**온 사람은 의욕없는자, 색정사, 억울한일
- **酉時**온 사람은 금전문제, 투자, 사업문제로 옴
- **戌時** 에 온 사람은 단단히 꼬여있는 사람, 病, 고통

운세풀이

巳띠:이동수,우왕좌왕, 사고다툼	**申띠:** 점점 일이 꼬임, 관재구설	**亥띠:**최고운상승세, 두마음	**寅띠:** 만남,결실,화합,문서
午띠:매사불편, 방해자,배신	**酉띠:** 귀인상봉, 금전이득, 현금	**子띠:** 의욕과다, 스트레스큼	**卯띠:**이동수,이별수,변동 움직임
未띠:해결신,시험합격, 풀림	**戌띠:** 매사꼬임,과거고생, 病	**丑띠:** 시급한 일, 뜻대로 안됨	**辰띠:** 빈주머니,걱정근심,사기

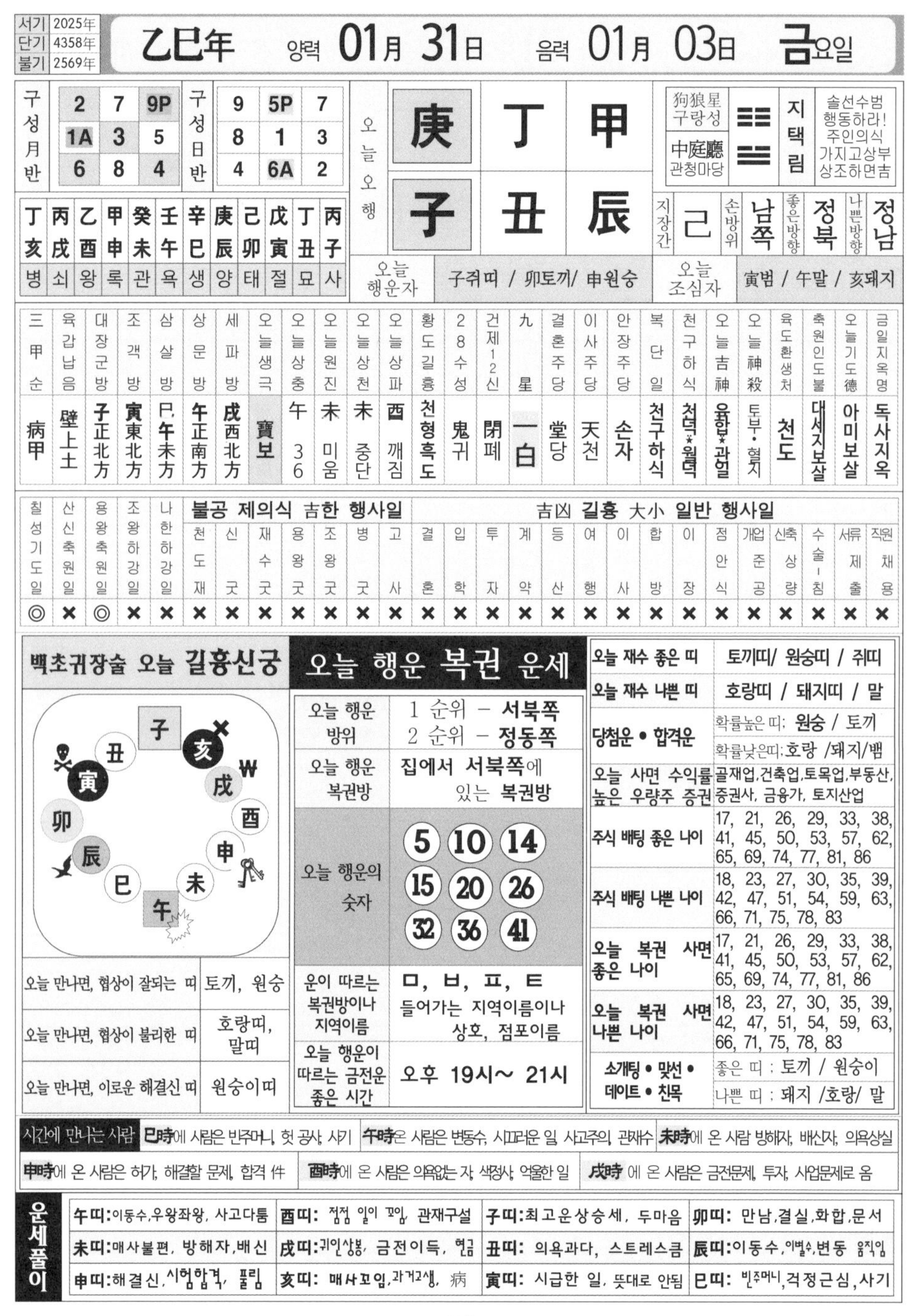

서기	2025年
단기	4358年
불기	2569年

乙巳年 양력 **01月 31日** 음력 **01月 03日** **금**요일

구성月반		
2	7	9P
1A	3	5
6	8	4

구성日반		
9	5P	7
8	1	3
4	6A	2

丁亥	丙戌	乙酉	甲申	癸未	壬午	辛巳	庚辰	己卯	戊寅	丁丑	丙子
병	쇠	왕	록	관	욕	생	양	태	절	묘	사

오늘오행			
	庚	丁	甲
	子	丑	辰

狗狼星 구랑성	中庭廳 관청마당
지택림	솔선수범 행동하라! 주인의식 가지고상부 상조하면흡

지장간	손방위	좋은방향	나쁜방향
己	남쪽	정북	정남

오늘 행운자	子쥐띠 / 卯토끼/ 申원숭
오늘 조심자	寅범 / 午말 / 亥돼지

三甲순	육갑납음	대장군방	조객방	삼살방	상문방	세파방	오늘생극	오늘상충	오늘원진	오늘상천	오늘상파	황도길흉	28수성	건제12신	九星	결혼주당	이사주당	안장주당	복단일	천구하식	오늘吉神	오늘神殺	육도환생처	축원인도불	오늘기도德	금일지옥명
病甲	壁上土	子正北方	寅東北方	巳午未方	午正南方	戌西北方	寶보	午 36	未 미움	未 중단	酉 깨짐	천형흑도	鬼귀	閉폐	一白	堂당	天천	손자	천구하식	천덕*월덕	육합*관일	토부·혈지	천도	대세지보살	아미보살	독사지옥

칠성기도일	산신축원일	용왕축원일	조왕하강일	나한하강일	불공 제의식 吉한 행사일: 천도재	신굿	재수굿	용왕굿	조왕굿	병굿	고사	吉凶 길흉 大小 일반 행사일: 결혼	입학	투자	계약	등산	여행	이사	합방	이장	점안식	개업준공	신축상량	수술·침	서류제출	직원채용
◎	×	◎	×	×	×	×	×	×	×	×	×	×	×	×	×	×	×	×	×	×	×	×	×	×	×	×

백초귀장술 오늘 길흉신궁

오늘 만나면, 협상이 잘되는 띠	토끼, 원숭
오늘 만나면, 협상이 불리한 띠	호랑띠, 말띠
오늘 만나면, 이로운 해결신 띠	원숭이띠

오늘 행운 복권 운세

오늘 행운 방위	1 순위 – 서북쪽 2 순위 – 정동쪽
오늘 행운 복권방	집에서 서북쪽에 있는 복권방
오늘 행운의 숫자	5, 10, 14, 15, 20, 26, 32, 36, 41
운이 따르는 복권방이나 지역이름	ㅁ, ㅂ, ㅍ, ㅌ 들어가는 지역이름이나 상호, 점포이름
오늘 행운이 따르는 금전운 좋은 시간	오후 19시~ 21시

오늘 재수 좋은 띠	토끼띠/ 원숭띠 / 쥐띠
오늘 재수 나쁜 띠	호랑띠 / 돼지띠 / 말
당첨운 • 합격운	확률높은 띠: 원숭 / 토끼 확률낮은띠: 호랑 /돼지/뱀
오늘 사면 수익률 높은 우량주 증권	골재업,건축업,토목업,부동산, 증권사, 금융가, 토지산업
주식 배팅 좋은 나이	17, 21, 26, 29, 33, 38, 41, 45, 50, 53, 57, 62, 65, 69, 74, 77, 81, 86
주식 배팅 나쁜 나이	18, 23, 27, 30, 35, 39, 42, 47, 51, 54, 59, 63, 66, 71, 75, 78, 83
오늘 복권 사면 좋은 나이	17, 21, 26, 29, 33, 38, 41, 45, 50, 53, 57, 62, 65, 69, 74, 77, 81, 86
오늘 복권 사면 나쁜 나이	18, 23, 27, 30, 35, 39, 42, 47, 51, 54, 59, 63, 66, 71, 75, 78, 83
소개팅 • 맞선 • 데이트 • 친목	좋은 띠 : 토끼 / 원숭이 나쁜 띠 : 돼지 /호랑/ 말

시간에 만나는 사람 巳時에 사람은 빈주머니, 헛 공사, 사기 | 午時은 사람은 변동수, 시끄러운 일, 사고주의, 관재수 | 未時에 온 사람 방해자, 배신자, 의욕상실 | 申時에 온 사람은 허가, 해결할 문제, 합격 件 | 酉時에 온 사람은 의욕없는 자, 색정사, 억울한 일 | 戌時 에 온 사람은 금전문제, 투자, 사업문제로 옴

운세풀이

午띠:이동수,우왕좌왕, 사고다툼	酉띠: 점점 일이 꼬임, 관재구설	子띠:최고운상승세, 두마음	卯띠: 만남,결실,화합,문서
未띠:매사불편, 방해자,배신	戌띠:귀인상봉, 금전이득, 현금	丑띠: 의욕과다, 스트레스큼	辰띠:이동수,이별수,변동 움직임
申띠:해결신,시험합격, 풀림	亥띠: 매사꼬임,과거고생, 病	寅띠: 시급한 일, 뜻대로 안됨	巳띠: 빈주머니,걱정근심,사기

우주에는 운이 흐르고
금전·돈은 운에 따라 흐르며
돈 에너지는 당일 금조건
운 시간에 몰려 있다!!!

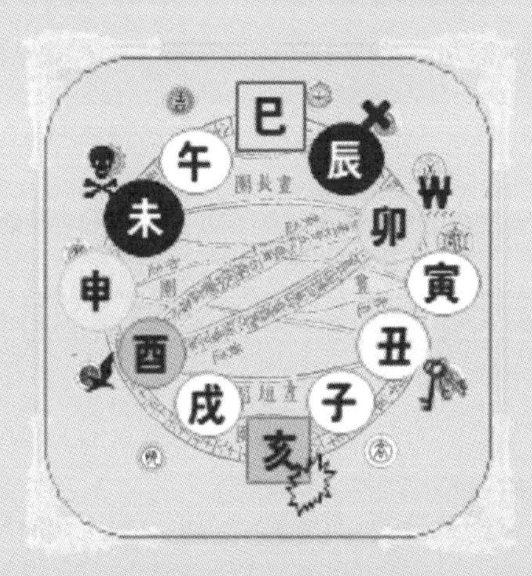

로또복권 번호도 운에 따라 정해진다!

남녀 천간 대조 궁합 보는법

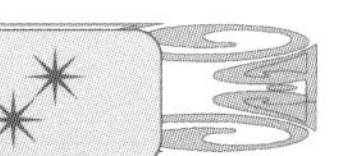

구 분		천간 合합이 되는 대길궁합	천간 沖충이 되는 불길궁합
겉궁합	남녀 생년 천간대조 궁합 年년	♡ 남녀 **생년** 천간끼리 대조하여 아래와 같이 [천간합]이 되는 짝이면 : ♝ **조상과 연이 깊고 실패수가 없고 자수성가 한다.**	♡ 남녀 생년 천간끼리 대조하여 아래와 같이 [천간충]이 되는 짝이면 : ♝ **조상의 德덕이 없고 실패수가 많아 고생한다.**
	남녀 생월 천간대조 궁합 月월	♡ 남녀 **생월** 천간끼리 대조하여 아래와 같이 [천간합]이 되는 짝이면 : ♝ **부모형제간에 우애가 있고, 가정이 화목하다.**	♡ 남녀 생월 천간끼리 대조하여 아래와 같이 [천간충]이 되는 짝이면 : ♝ **부모형제간에 우애가 없고, 가정에 불화가 많다.**
속궁합	남녀 생일 천간대조 궁합 日일	♡ 남녀 **생일** 천간끼리 대조하여 아래와 같이 [천간합]이 되는 짝이면 : ♝ **부부간에 불화나 다툼이 없고, 잉꼬부부로 백년해로 한다.**	♡ 남녀 생일 천간끼리 대조하여 아래와 같이 [천간충]이 되는 짝이면 : ♝ **부부간에 불화와 다툼이 있고, 백년해로하기 어렵다.**
	남녀 생시 천간대조 궁합 時시	♡ 남녀 **생시** 천간끼리 대조하여 아래와 같이 [천간합]이 되는 짝이면 : ♝ **자손이 번창하고 효도하며, 노후까지 자식과 인연이 깊다.**	♡ 남녀 생시 천간끼리 대조하여 아래와 같이 [천간충]이 되는 짝이면 : ♝ **자식이 불효하며, 인연도 없고, 헤어지게 된다.**

천간 合합의 종류

甲己	乙庚	丙辛	丁壬	戊癸
合土	合金	合水	合木	合火

천간 沖충의 종류

양간충	甲庚 沖	丙壬 沖	戊甲 沖	庚丙 沖	壬戊 沖
음간충	乙辛 沖	丁癸 沖	己乙 沖	辛丁 沖	癸己 沖

남자 천생연분 궁합 찾기

합이 되는 여자 띠	출생년도	나이	육갑	띠	궁합이 안 좋은 여자 띠
원숭이띠 / 용띠 / 소띠	2008	17	무자	쥐띠	말띠 / 양띠 / 토끼띠 / 닭띠
토끼띠 / 양띠 / 범띠 / 소띠	2007	18	정해	돼지	뱀띠 / 닭띠 / 용띠 / 원숭이띠
범띠 / 말띠 / 토끼띠	2006	19	병술	개띠	뱀띠 / 돼지띠 / 용띠 / 양띠
뱀띠 / 소띠 / 용띠	2005	20	을유	닭띠	토끼띠 / 양띠 / 범띠 / 쥐띠
쥐띠 / 용띠 / 소띠	2004	21	갑신	원숭이	범띠 / 토끼띠 / 돼지띠
돼지띠 / 토끼띠 / 말띠	2003	22	계미	양띠	쥐띠 / 소띠 / 닭띠
범띠 / 개띠 / 양띠	2002	23	임오	말띠	쥐띠 / 소띠 / 토끼띠
뱀띠 / 소띠 / 쥐띠	2001	24	신사	뱀띠	돼지띠 / 범띠 / 개띠
원숭이띠 / 쥐띠 / 닭띠	2000	25	경진	용띠	돼지띠 / 양띠 / 개띠 / 소띠
돼지띠 / 양띠 / 개띠	1999	26	기묘	토끼	쥐띠 / 용띠 / 닭띠 / 원숭이띠
말띠 / 개띠 / 돼지띠	1998	27	무인	범띠	원숭이띠 / 뱀띠 / 닭띠
뱀띠 / 닭띠 / 쥐띠	1997	28	정축	소띠	말띠 / 양띠 / 용띠 / 개띠
원숭이띠 / 용띠 / 소띠	1996	29	병자	쥐띠	말띠 / 양띠 / 토끼띠 / 닭띠
토끼띠 / 양띠 / 범띠 / 소띠	1995	30	을해	돼지	뱀띠 / 닭띠 / 용띠 / 원숭이띠
범띠 / 말띠 / 토끼띠	1994	31	갑술	개띠	뱀띠 / 돼지띠 / 용띠 / 양띠
뱀띠 / 소띠 / 용띠	1993	32	계유	닭띠	토끼띠 / 양띠 / 범띠 / 쥐띠
쥐띠 / 용띠 / 소띠	1992	33	임신	원숭이	범띠 / 토끼띠 / 돼지띠
돼지띠 / 토끼띠 / 말띠	1991	34	신미	양띠	쥐띠 / 소띠 / 닭띠
범띠 / 개띠 / 양띠	1990	35	경오	말띠	쥐띠 / 소띠 / 토끼띠
뱀띠 / 소띠 / 쥐띠	1989	36	기사	뱀띠	돼지띠 / 범띠 / 개띠
원숭이띠 / 쥐띠 / 닭띠	1988	37	무진	용띠	돼지띠 / 양띠 / 개띠 / 소띠
돼지띠 / 양띠 / 개띠	1987	38	정묘	토끼	쥐띠 / 용띠 / 닭띠 / 원숭이띠
말띠 / 개띠 / 돼지띠	1986	39	병인	범띠	원숭이띠 / 뱀띠 / 닭띠
뱀띠 / 닭띠 / 쥐띠	1985	40	을축	소띠	말띠 / 양띠 / 용띠 / 개띠
원숭이띠 / 용띠 / 소띠	1984	41	갑자	쥐띠	말띠 / 양띠 / 토끼띠 / 닭띠
토끼띠 / 양띠 / 범띠 / 소띠	1983	42	계해	돼지	뱀띠 / 닭띠 / 용띠 / 원숭이띠
범띠 / 말띠 / 토끼띠	1982	43	임술	개띠	뱀띠 / 돼지띠 / 용띠 / 양띠

합이 되는 여자 띠	출생년도	나이	육갑	띠	합이 안 되는 여자 띠
뱀띠 / 소띠 / 용띠	1981	44	신유	닭띠	토끼띠 / 양띠 / 범띠 / 쥐띠
쥐띠 / 용띠 / 소띠	1980	45	경신	원숭이	범띠 / 토끼띠 / 돼지띠
돼지띠 / 토끼띠 / 말띠	1979	46	기미	양띠	쥐띠 / 소띠 / 닭띠
범띠 / 개띠 / 양띠	1978	47	무오	말띠	쥐띠 / 소띠 / 토끼띠
닭띠 / 소띠 / 쥐띠	1977	48	정사	뱀띠	돼지띠 / 범띠 / 개띠
원숭이띠 / 쥐띠 / 닭띠	1976	49	병진	용띠	돼지띠 / 양띠 / 개띠 / 소띠
돼지띠 / 양띠 / 개띠	1975	50	을묘	토끼	쥐띠 / 용띠 / 닭띠 / 원숭이띠
말띠 / 개띠 / 돼지띠	1974	51	갑인	범띠	원숭이띠 / 뱀띠 / 닭띠
뱀띠 / 닭띠 / 쥐띠	1973	52	계축	소띠	말띠 / 양띠 / 용띠 / 개띠
원숭이띠 / 용띠 / 소띠	1972	53	임자	쥐띠	말띠 / 양띠 / 토끼띠 / 닭띠
토끼띠 / 양띠 / 범띠 / 소띠	1971	54	신해	돼지	뱀띠 / 닭띠 / 용띠 / 원숭이띠
범띠 / 말띠 / 토끼띠	1970	55	경술	개띠	뱀띠 / 돼지띠 / 용띠 / 양띠
뱀띠 / 소띠 / 용띠	1969	56	기유	닭띠	토끼띠 / 양띠 / 범띠 / 쥐띠
쥐띠 / 용띠 / 소띠	1968	57	무신	원숭이	범띠 / 토끼띠 / 돼지띠
돼지띠 / 토끼띠 / 말띠	1967	58	정미	양띠	쥐띠 / 소띠 / 닭띠
범띠 / 개띠 / 양띠	1966	59	병오	말띠	쥐띠 / 소띠 / 토끼띠
닭띠 / 소띠 / 쥐띠	1965	60	을사	뱀띠	돼지띠 / 범띠 / 개띠
원숭이띠 / 쥐띠 / 닭띠	1964	61	갑진	용띠	돼지띠 / 양띠 / 개띠 / 소띠
돼지띠 / 양띠 / 개띠	1963	62	계묘	토끼	쥐띠 / 용띠 / 닭띠 / 원숭이띠
말띠 / 개띠 / 돼지띠	1962	63	임인	범띠	원숭이띠 / 뱀띠 / 닭띠
뱀띠 / 닭띠 / 쥐띠	1961	64	신축	소띠	말띠 / 양띠 / 용띠 / 개띠
원숭이띠 / 용띠 / 소띠	1960	65	경자	쥐띠	말띠 / 양띠 / 토끼띠 / 닭띠
토끼띠 / 양띠 / 범띠 / 소띠	1959	66	기해	돼지	뱀띠 / 닭띠 / 용띠 / 원숭이띠
범띠 / 말띠 / 토끼띠	1958	67	무술	개띠	뱀띠 / 돼지띠 / 용띠 / 양띠
뱀띠 / 소띠 / 용띠	1957	68	정유	닭띠	토끼띠 / 양띠 / 범띠 / 쥐띠
쥐띠 / 용띠 / 소띠	1956	69	병신	원숭이	범띠 / 토끼띠 / 돼지띠
돼지띠 / 토끼띠 / 말띠	1955	70	을미	양띠	쥐띠 / 소띠 / 닭띠

여자 천생연분 궁합 찾기

합이 되는 남자 띠	출생년도	나이	육갑	띠	궁합이 안 좋은 남자 띠
원숭이띠 / 용띠 / 뱀띠 / 소띠	2008	17	무자	쥐띠	말띠 / 양띠 / 토끼띠 / 닭띠
토끼띠 / 양띠 / 범띠 / 소띠	2007	18	정해	돼지	뱀띠 / 닭띠 / 용띠 / 돼지띠
범띠 / 말띠 / 토끼띠	2006	19	병술	개띠	뱀띠 / 돼지띠 / 용띠 / 양띠
뱀띠 / 소띠 / 용띠	2005	20	을유	닭띠	토끼띠 / 양띠 / 범띠 / 쥐띠
쥐띠 / 용띠 / 소띠	2004	21	갑신	원숭이	범띠 / 토끼띠 / 돼지띠 / 뱀띠
돼지띠 / 토끼띠 / 말띠	2003	22	계미	양띠	쥐띠 / 소띠 / 닭띠 / 개띠
범띠 / 개띠 / 양띠	2002	23	임오	말띠	쥐띠 / 소띠 / 토끼띠
닭띠 / 소띠 / 쥐띠	2001	24	신사	뱀띠	돼지띠 / 범띠 / 개띠
원숭이띠 / 쥐띠 / 닭띠	2000	25	경진	용띠	돼지띠 / 양띠 / 개띠 / 소띠
돼지띠 / 양띠 / 개띠	1999	26	기묘	토끼	원숭이띠 / 쥐띠 / 용띠 / 닭띠
말띠 / 개띠 / 돼지띠	1998	27	무인	범띠	원숭이띠 / 뱀띠 / 닭띠 / 돼지띠
뱀띠 / 닭띠 / 원숭이띠	1997	28	정축	소띠	말띠 / 양띠 / 용띠 / 개띠
원숭이띠 / 용띠 / 뱀띠 / 소띠	1996	29	병자	쥐띠	말띠 / 양띠 / 토끼띠 / 닭띠
토끼띠 / 양띠 / 범띠 / 소띠	1995	30	을해	돼지	뱀띠 / 닭띠 / 용띠 / 돼지띠
범띠 / 말띠 / 토끼띠	1994	31	갑술	개띠	뱀띠 / 돼지띠 / 용띠 / 양띠
뱀띠 / 소띠 / 용띠	1993	32	계유	닭띠	토끼띠 / 양띠 / 범띠 / 쥐띠
쥐띠 / 용띠 / 소띠	1992	33	임신	원숭이	범띠 / 토끼띠 / 돼지띠 / 뱀띠
돼지띠 / 토끼띠 / 말띠	1991	34	신미	양띠	쥐띠 / 소띠 / 닭띠 / 개띠
범띠 / 개띠 / 양띠	1990	35	경오	말띠	쥐띠 / 소띠 / 토끼띠
닭띠 / 소띠 / 쥐띠	1989	36	기사	뱀띠	돼지띠 / 범띠 / 개띠
원숭이띠 / 쥐띠 / 닭띠	1988	37	무진	용띠	돼지띠 / 양띠 / 개띠 / 소띠
돼지띠 / 양띠 / 개띠	1987	38	정묘	토끼	원숭이띠 / 쥐띠 / 용띠 / 닭띠
말띠 / 개띠 / 돼지띠	1986	39	병인	범띠	원숭이띠 / 뱀띠 / 닭띠 / 돼지띠
뱀띠 / 닭띠 / 원숭이띠	1985	40	을축	소띠	말띠 / 양띠 / 용띠 / 개띠
원숭이띠 / 용띠 / 뱀띠 / 소띠	1984	41	갑자	쥐띠	말띠 / 양띠 / 토끼띠 / 닭띠
토끼띠 / 양띠 / 범띠 / 소띠	1983	42	계해	돼지	뱀띠 / 닭띠 / 용띠 / 돼지띠
범띠 / 말띠 / 토끼띠	1982	43	임술	개띠	뱀띠 / 돼지띠 / 용띠 / 양띠

합이 되는 남자 띠	출생년도	나이	육갑	띠	합이 안 되는 남자 띠
뱀띠 / 소띠 / 용띠	1981	44	신유	닭띠	토끼띠 / 양띠 / 범띠 / 쥐띠
쥐띠 / 용띠 / 소띠	1980	45	경신	원숭이	범띠 / 토끼띠 / 돼지띠
돼지띠 / 토끼띠 / 말띠	1979	46	기미	양띠	쥐띠 / 소띠 / 닭띠
범띠 / 개띠 / 양띠	1978	47	무오	말띠	쥐띠 / 소띠 / 토끼띠
닭띠 / 소띠 / 쥐띠	1977	48	정사	뱀띠	돼지띠 / 범띠 / 개띠
원숭이띠 / 쥐띠 / 닭띠	1976	49	병진	용띠	돼지띠 / 양띠 / 개띠 / 소띠
돼지띠 / 양띠 / 개띠	1975	50	을묘	토끼	쥐띠 / 용띠 / 닭띠 / 원숭이띠
말띠 / 개띠 / 돼지띠	1974	51	갑인	범띠	원숭이띠 / 뱀띠 / 닭띠
뱀띠 / 닭띠 / 쥐띠	1973	52	계축	소띠	말띠 / 양띠 / 용띠 / 개띠
원숭이띠 / 용띠 / 소띠	1972	53	임자	쥐띠	말띠 / 양띠 / 토끼띠 / 닭띠
토끼띠 / 양띠 / 범띠 / 소띠	1971	54	신해	돼지	뱀띠 / 닭띠 / 용띠 / 원숭이띠
범띠 / 말띠 / 토끼띠	1970	55	경술	개띠	뱀띠 / 돼지띠 / 용띠 / 양띠
뱀띠 / 소띠 / 용띠	1969	56	기유	닭띠	토끼띠 / 양띠 / 범띠 / 쥐띠
쥐띠 / 용띠 / 소띠	1968	57	무신	원숭이	범띠 / 토끼띠 / 돼지띠
돼지띠 / 토끼띠 / 말띠	1967	58	정미	양띠	쥐띠 / 소띠 / 닭띠
범띠 / 개띠 / 양띠	1966	59	병오	말띠	쥐띠 / 소띠 / 토끼띠
닭띠 / 소띠 / 쥐띠	1965	60	을사	뱀띠	돼지띠 / 범띠 / 개띠
원숭이띠 / 쥐띠 / 닭띠	1964	61	갑진	용띠	돼지띠 / 양띠 / 개띠 / 소띠
돼지띠 / 양띠 / 개띠	1963	62	계묘	토끼	쥐띠 / 용띠 / 닭띠 / 원숭이띠
말띠 / 개띠 / 돼지띠	1962	63	임인	범띠	원숭이띠 / 뱀띠 / 닭띠
뱀띠 / 닭띠 / 쥐띠	1961	64	신축	소띠	말띠 / 양띠 / 용띠 / 개띠
원숭이띠 / 용띠 / 소띠	1960	65	경자	쥐띠	말띠 / 양띠 / 토끼띠 / 닭띠
토끼띠 / 양띠 / 범띠 / 소띠	1959	66	기해	돼지	뱀띠 / 닭띠 / 용띠 / 원숭이띠
범띠 / 말띠 / 토끼띠	1958	67	무술	개띠	뱀띠 / 돼지띠 / 용띠 / 양띠
뱀띠 / 소띠 / 용띠	1957	68	정유	닭띠	토끼띠 / 양띠 / 범띠 / 쥐띠
쥐띠 / 용띠 / 소띠	1956	69	병신	원숭이	범띠 / 토끼띠 / 돼지띠
돼지띠 / 토끼띠 / 말띠	1955	70	을미	양띠	쥐띠 / 소띠 / 닭띠

속궁합과 겉궁합 찾는법

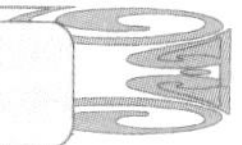

<table>
<tr><th colspan="4">合 합의종류</th></tr>
<tr><td colspan="2">地支지지 삼합</td><td colspan="2">申子辰신자진 · 巳酉丑사유축 · 寅午戌인오술 · 亥卯未해묘미</td></tr>
<tr><td colspan="2">地支지지 반합</td><td colspan="2">申子신자 · 巳酉사유 · 寅午인오 · 亥卯해묘
申辰신진 · 巳丑사축 · 寅戌인술 · 亥未해미
子辰자진 · 酉丑유축 · 午戌오술 · 卯未묘미</td></tr>
<tr><td colspan="2">地支지지 육합</td><td colspan="2">子丑자축 · 寅亥인해 · 卯戌묘술 · 辰酉진유
巳申사신 · 午未오미</td></tr>
<tr><td rowspan="4">속
궁
합</td><td rowspan="2">남녀 생일 지지끼리 삼합이나 육합 될 때</td><td>남녀 생일 지지가 위와 같이 삼합이나 반합 되는 사주</td><td>남녀 생일 지지가 위와 같이 육합 되는 사주</td></tr>
<tr><td colspan="2">♣ 부부간에 금실이 좋아 잉꼬부부로 백년해로 한다.</td></tr>
<tr><td rowspan="2">남녀 생시 지지끼리 삼합이나 육합 될 때</td><td>남녀 생시 지지가 위와 같이 삼합이나 반합 되는 사주</td><td>남녀 생시 지지가 위와 같이 육합 되는 사주</td></tr>
<tr><td colspan="2">♣ 부부간도 불화 없고 자손이 번창하여 말년까지 효도한다.</td></tr>
<tr><td rowspan="4">겉
궁
합</td><td rowspan="2">남녀 생년 지지끼리 삼합이나 육합 될 때</td><td>남녀 생년 지지가 위와 같이 삼합이나 반합 되는 사주</td><td>남녀 생년 지지가 위와 같이 육합 되는 사주</td></tr>
<tr><td colspan="2">♣ 조상과 전생에서부터 인연이 깊고, 실패수가 적다.</td></tr>
<tr><td rowspan="2">남녀 생월 지지끼리 삼합이나 육합 될 때</td><td>남녀 생월 지지가 위와 같이 삼합이나 반합 되는 사주</td><td>남녀 생월 지지가 위와 같이 육합 되는 사주</td></tr>
<tr><td colspan="2">♣ 부모형제간에 우애 있게 단란하고 화목한 가정이 된다.</td></tr>
</table>

원진살 나쁜 궁합 찾는법

		원진살이 만났을 때	상파살이 만났을 때	육해살이 만났을 때	상충살이 만났을 때
속궁합	남자 **생일** 지지와 여자 **생일** 지지가 만날 때	남녀 생일 지지가 서로 원진관계가 되면 : ➢ 부부간에 서로 미워하고 이별수가 생김.	남녀 생일 지지가 서로 상파관계가 되면 : ➢ 부부간에 몸을 다치거나 상처를 주고 풍파를 겪는다.	남녀 생일 지지가 서로 육해관계가 되면 : ➢ 부부에게 몹쓸 병이 생기거나 상해를 입히던지 생이별하기도 함.	남녀 생일 지지가 서로 상충관계가 되면 : ➢ 부부간에 뜻이 잘 안 맞아 불화하고, 이별수가 있다.
	남자 **생시** 지지와 여자 **생시** 지지가 만날 때	남녀 생일 지지가 서로 원진관계가 되면 : ➢ 가정이 자식으로 인해 늘 시끄럽고 원망함.	남녀 생시 지지가 서로 상파관계가 되면 : ➢ 자식이 허약하거나 박약아거나 속태운다.	남녀 생시 지지가 서로 육해관계가 되면 : ➢ 부모 자식 간에 다정다감하지 못하고 대면대면한다.	남녀 생시 지지가 서로 상충관계가 되면 : ➢ 자식이 연이 없고, 헤어지며, 백년해로가 어렵다.
겉궁합	남자 **생년** 지지와 여자 **생년** 지지가 만날 때	남녀 생년 지지가 서로 원진관계가 되면 : ➢ 부모와 인연이 없어 떨어져 살고 조상덕이 없다.	남녀 생년 지지가 서로 상파관계가 되면 : ➢ 부모가 허약체질병을 얻어 고부갈등 부부가 다투게 됨.	남녀 생년 지지가 서로 육해관계가 되면 : ➢ 부모와 뜻이 맞지 않고 서로 상처주고 멀리 떨어져 살게 된다.	남녀 생년 지지가 서로 상충관계가 되면 : ➢ 조상 덕이 없어 일생 풍파수, 실패수가 많아 힘들다.
	남자 **생월** 지지와 여자 **생월** 지지가 만날 때	남녀 생월 지지가 서로 원진관계가 되면 : ➢ 부모형제 친척간에 서로 미워하며 원수가 됨.	남녀 생월 지지가 서로 상파관계가 되면 : ➢ 부모형제, 친척간에 마음이 안맞아 등 돌리고 지낸다.	남녀 생월 지지가 서로 육해관계가 되면 : ➢ 형제자매, 일가친척 간에 다툼이 많고, 화목하지 못하다.	남녀 생월 지지가 서로 상충관계가 되면 : ➢ 부모형제간에 화목치 못하고, 늘 만나면 다툼이 많다.

원진살의 종류	子未**자미원진** · 丑午**축오원진** · 寅酉**인유원진** · 卯申**묘신원진** 辰亥**진해원진**· 巳戌**사술원진**
상파살의 종류	子酉**자유파** · 丑辰**축진파** · 寅亥**인해파** · 卯午**묘오파** 巳申**사신파** · 未戌**미술파**
육해살의 종류	子未**자미육해** · 丑午**축오육해** · 寅巳**인사육해** 卯辰**묘진육해** · 申亥**신해육해** · 酉戌**유술육해**
상충살의 종류	子午**자오충** · 丑未**축미충** · 寅申**인신충** · 卯酉**묘유충** · 辰戌**진술충** · 巳亥**사해충**

과부살 홀아비살 찾는법

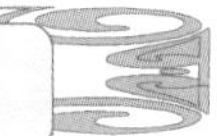

과부살

일명 여자 과숙살

년 지	인묘진	사오미	신유술	해자축
과숙살	丑축	辰진	未미	戌술

- 여자가 사주에 어디라도 있으면 과부가 되는 살이다.
  그 인자가 용신이 되면 반대로 좋게 작용한다.
- 방합국의 첫 자의 바로 앞 글자이다.

홀아비살

일명 남자 고신살

년 지	인묘진	사오미	신유술	해자축
고신살	巳사	申신	亥해	寅인

- 남자가 고독해지는 살로 부인은 힘들게 고통을 주고,
  부부간에 생사이별수가 있어 사별이나 헤어져 독수공방하는 살이다.
- 방합국의 맨 끝 자의 바로 다음 글자이다.

다음으로 나쁜 사주 刑殺**형살** 에 대하여

형살종류 / 구분	지세지형	무은지형	무례지형	자형
刑殺**형살**	寅巳**인사** 巳申**사신** 寅申**인신**	丑戌**축술** 戌未**술미** 丑未**축미**	子卯**자묘** 卯子**묘자**	**자자, 진진** **오오, 유유** **해해**
의 미	서로 잘났다고 세력다툼으로 불평불화가 많고 하는 일마다 방해가 되어 마음이 괴로움.	부부간에 무뚝뚝하게 다정치 못하고 떽대거려 정이 떨어져 같이 살기 힘들다.	부부간에 합심되지 못하고, 각자 서로 잘났다고 고집만 내세워 다툼이 많고, 불륜으로 깨지기도 한다.	부부간에 서로 마음이 다르고 대화가 안되어 각자 멋대로 일을 처리하여 불화가 심해 배신한다.

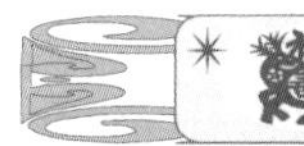

결혼에 피해야하는 금기사항

궁합 嫁娶滅門法가취멸문법

여자생월(음력)	남자생월(음력)	예상 발생하는 일
정월 1월	9월	**집안에 우환이 들끓고 남편이 부인 역할을 하고, 재산이 줄어든다.**
2월	8월	**부부간에 다툼이 끊이지 않아 이별하고 재혼하게 된다.**
3월	5월	**둘 중 한 사람이 건강이 좋지 못하여 별거하거나 이별하게 된다.**
4월	6월	**서로에게 등을 돌리고 지내다가 바람이 난다.**
5월	1월	**부인의 건강이 나빠지고 남편은 밖으로 나돌아 다닌다.**
6월	12월	**서로를 원망하고 미워하다가 이별하거나 별거하게 된다.**
7월	3월	**남편을 무서워하거나 서로 불만이 많아 부부간에 원수가 된다.**
8월	10월	**서로 자신의 이익만 챙기다가 별거하거나 남자가 일찍 사망한다.**
9월	4월	**서로를 미워하고, 재수가 없어 평생 가난하게 산다.**
10월	11월	**남편을 많이 의심하다가, 무자식이던가, 재산이 줄어든다.**
11월	2월	**자손의 근심이 생기고 단명 하게 된다.**
12월	7월	**무자식이나 자식일 때문에 평생 속 태운다.**

- 위와 같이 **여자가 태어난 달과 남자가 태어난 달의 악연은 피해야 좋다.**
- 남녀의 성장한 환경이나 가정의 빈부차이가 클 때 안 좋다.
- 남녀 학벌 차이가 크게 나도 안 좋다.
- 남녀 간에 서로의 건강상태(진단서첨부) 확인해야 한다. 고질병은 안 좋다.
- 조상 중에 유전적 병이 있거나 자결한 조상이 있으면 안 좋다.
- 혈액형이 안 맞거나 궁합이 나빠 성격 결함이 있을 때
- 남자나 여자 중 술을 폭음하거나 노름 도박성이 있으면 안 좋다.
- 성격이 모가나 별나거나 신경질적이고 반항심이 많으면 안 좋다.
- 부모의 간섭이 심한지 안 심한지 상대의 어른에게 사랑 받을 수 있는지.
- 종교가 같은지 다른지 이점도 신경 써서 문제가 없는 것이 좋다.

결혼 혼인 택일의 요령 6단계

단 계	결혼식 날 선택 요령
1단계	⇛ 남녀 결혼나이 좋은 시기는 **대개운◉**의 나이로 결정한다.
2단계	⇛ 결혼 달은 결혼 대길한 **대리월**로 정한다.
3단계	⇛ 결혼 달이 결정되면 **생갑순**을 찾는다.
4단계	⇛ 생갑순 중에서 **황도일**을 찾은 다음 男女 **생기복덕**의 좋은 날로 택일하여야 한다.
5단계	⇛ 결혼주당을 피하고, 각종 결혼 凶흉살을 피한다.
6단계	⇛ 결혼식의 時間은 **黃道황도 時**로 정하면 대길하며, 황도 時가 적당치 않을 때는 **천을귀인 時**로 선택일하면 행운이 오고 순탄하다.

♣ 약혼식 좋은 날

	甲 日	乙 日	丙 日	丁 日	戊 日	己 日	庚 日	辛 日	壬 日	癸 日
납채 문명일	甲寅	乙丑 乙卯	丙寅 丙午 丙辰	丁卯 丁未 丁巳	戊寅 戊子 戊戌 戊午	己卯 己丑 己未	庚辰 庚戌	辛未 辛丑	壬辰 壬寅 壬子	癸卯 癸巳
대입법	※ 약혼日과 약혼時를 택일하려면 3갑중 생갑순에서 **황도日**을 택하여 신랑 신부의 생기법에 맞추어 택일하면 된다.									

♣ 결혼나이 가리는 요령

합혼개폐법	대개운◉	반개운△	폐개운⊗
子午卯酉生	17, 20, 23, 26, 29, 32, 35	18, 21, 24, 27, 30, 33, 36	19, 22, 25, 28, 31, 34, 37
寅申巳亥生	16, 19, 27, 25, 28, 31, 34	17, 20, 23, 26, 29, 32, 35	18, 21, 24, 27, 30, 33, 36
辰戌丑未生	15, 18, 21, 24, 27, 30, 33	16, 19, 22, 25, 28, 31, 34	17, 20, 23, 26, 29, 32, 35
해설	**대개운 나이에 결혼하면 대길하다.**	**반개운 나이에 결혼하면 평길하다.**	**폐개운 나이에 결혼하면 대흉하다**

결혼식 올리는 달 가리는 요령

女子生年	子午生	丑未生	寅申生	卯酉生	辰戌生	巳亥生
결혼 대길한 달 (大利月)	6, 12월	5, 11월	2 , 8월	1 , 7월	4, 10월	3 , 9월
결혼 평길한 달 (방매모씨月)	1 , 7월	4, 10월	3 , 9월	6 , 12월	5, 11월	2 8월
시부모가 해로운 달 (방옹고月✖)	2 , 8월	3 , 9월	4, 10월	5 , 11월	6, 12월	1 , 7월
친정부모가 해로운 달 (방녀부모月✖)	3 , 9월	2 , 8월	5, 11월	4 , 10월	1, 7월	6, 12월
신랑신부가 해로운 달 (방부주月, 방녀신月✖)	4, 10월 5, 11월	1, 7월 6, 12월	6, 12월 1, 7월	3, 9월 2, 8월	2, 8월 3, 9월	5, 11월 4, 10월
해 설	✻ 쥐띠여자가 6월과 12월에 결혼하면 매우 좋고, 1월과 7월에 결혼하면 보통으로 좋으며, 2월과 8월에는 시부모가 나쁘나 시부모가 없으면 무방하며, 3월과 9월에 결혼하면 친정부모가 나쁘나 친정부모가 없으면 무방한 날이며, 4월, 10월, 5월, 11월에는 당사자들이 나쁜 달이 된다.					

♣ 결혼식 하면 흉한 년도

남녀 띠	子	丑	寅	卯	辰	巳	午	未	申	酉	戌	亥
男子 凶한 年	未	申	酉	戌	亥	子	丑	寅	卯	辰	巳	午
女子 凶한 年	卯	寅	丑	子	亥	戌	酉	申	未	午	巳	辰
해설	✻ 子生 男子는 未年에 결혼하면 凶하므로 결혼을 피한다. ✻ 子生 女子는 卯年에 결혼하면 凶하므로 결혼을 피한다.											

♣ 殺夫大忌月 살부대기월 흉한 달

여자의 띠	쥐띠	소띠	호랑	토끼	용띠	뱀띠	말띠	양띠	원숭	닭띠	개띠	돼지
나쁜 달月	1월 2월	4월	7월	11월	4월	5월	8월 12월	6월 7월	6월 7월	8월	12월	無

⇨ **이 달에 결혼식을 올리면 남편이 일찍 죽는다는 속설이 전한다.**

결혼식 달로 좋은 날 [혼인 음양불장길일]

정월	丙寅, 丁卯, 丙子, 戊寅, 己卯, 戊子, 己丑, 庚寅, 辛卯, 庚子, 辛丑日
2월	乙丑, 丙寅, 丙子, 戊寅, 戊子, 己丑, 庚寅, 戊戌, 庚子, 庚戌日
3월	甲子, 乙丑, 甲戌, 丙子, 乙酉, 戊子, 己丑, 丁酉, 戊戌, 己酉日
4월	甲子, 甲戌, 丙子, 甲申, 乙酉, 戊子, 丙申, 丁酉, 戊戌, 戊申, 己酉日
5월	癸酉, 甲戌, 癸未, 甲申, 乙酉, 丙申, 戊戌, 戊申日
6월	壬申, 癸酉, 甲戌, 壬午, 癸未, 甲申, 乙酉, 甲午日
7월	壬申, 癸酉, 壬午, 癸未, 甲申, 乙酉, 癸巳, 甲午, 乙巳日
8월	辛未, 壬申, 辛巳, 壬午, 癸未, 甲申, 壬辰, 癸巳, 甲午日
9월	庚午, 辛未, 庚辰, 辛巳, 壬午, 癸未, 辛卯, 壬辰, 癸巳, 癸卯日
10월	庚午, 庚辰, 辛巳, 壬午, 庚寅, 辛卯, 壬辰, 癸巳, 壬寅, 癸卯日
11월	丁卯, 己巳, 己卯, 庚辰, 辛巳, 己丑, 庚寅, 辛卯, 壬辰, 辛丑, 壬寅, 丁巳日
12월	丙寅, 丁卯, 戊辰, 丙子, 戊寅, 己卯, 庚辰, 戊子, 己丑, 庚寅, 辛卯, 庚子, 辛丑, 丙辰, 丁巳, 己巳, 辛巳日

♣ 결혼식 하면 좋은 날, 結婚十全大吉日결혼십전대길일

	사용할 날
음양불장길일 중에서 마땅한 날이 없을 때 십전대길일을 사용한다.	**乙丑, 丁卯, 丙子, 丁丑, 辛卯, 乙巳, 壬子, 癸丑, 己丑**

♣ 결혼 오합일

五 合 日	일월합	음양합	인민합	금석합	강하합
일 진	甲乙, 寅卯	丙寅, 丁卯	戊寅, 己卯	庚寅, 辛卯	壬寅, 癸卯
해 설	* 음양 불장 길일과 오합일이 合하면 더욱 大吉하다.				

♣ 오합일과 음양불장길일이 合一합일 되면 영원히 대길하다.

명 칭	날 짜	해 석
일월합 日月合	해와 달이 만난 것처럼 좋은 합이다.	甲寅일과 乙卯일의 만남
음양합 陰陽合	음과 양이 만나 태극을 이뤄진 듯 좋다.	丙寅일과 丁卯일의 만남
인민합 人民合	사람들이 모여 큰 뜻을 이룬 듯이 좋다.	戊寅일과 己卯일의 만남
금석합 金石合	금과 돌이 어울리듯 좋은 합이다.	庚寅일과 辛卯일의 만남
강하합 江河合	강물들이 모여 큰물을 이루듯 좋은 합이다	壬寅일과 癸卯일의 만남

결혼식 올리는 날 四大吉日사대길일

4대 길일	만사형통, 행운의 날	
천은상길일	甲子, 乙丑, 丙寅, 丁卯, 戊辰, 乙卯, 庚辰, 辛巳, 壬午, 癸未, 乙酉, 庚戌, 辛亥, 壬子, 癸丑日	
대명상길일	辛未, 壬申, 癸酉, 丁丑, 乙卯, 壬午, 甲申, 丁亥, 壬辰, 乙未, 壬寅, 甲辰, 乙巳, 丙午, 乙酉, 庚戌, 辛亥日	
천사상길일	立春 後 立夏 前 -- 戊寅日	立夏 後 立秋 前 -- 甲午日
	立秋 後 立冬 前 -- 戊辰日	立冬 後 立春 前 -- 甲子日
모창상길일	立春 後 立夏 前 -- 亥了日	立夏 後 立秋 前 -- 寅卯日
	立秋 後 立冬 前 --辰戌丑未日	立冬 後 立春 前 -- 辛酉日

♣ 기린성봉황길일 좋은 날

년도	甲年	乙年	丙年	丁年	戊年	己年	庚年	辛年	壬年	癸年
봉 황 길 일	申日	戌日	乙日	辰日	壬日	癸日	丁日	未日	亥日	壬日

月	1월	2월	3월	4월	5월	6월	7월	8월	9월	10월	11월	12월
봉 황 길 일	戌日	子日	寅日	辰日	午日	申日	戌日	子日	寅日	辰日	午日	申日

사계절	봄	여름	가을	겨울
봉 황 28숙 길일	정위숙	미묘숙	오위숙	벽필숙

♣ 三地不受法삼지불수법 ⇨ 신행에 피하는 방위

생년(띠)	피해야할 방위	해 설
申子辰 生	亥 子 丑 方 - 北쪽	✻ 피하는 방위를 안고 들어오면, 오는 사람과 신랑이 흉하다.
寅午戌 生	巳 午 未 方 - 南쪽	
巳酉丑 生	申 酉 戌 方 - 西쪽	✻ 등지고 들어오면, 시댁집안과 신부에게 흉하다.
亥卯未 生	寅 卯 辰 方 - 東쪽	

♣ 결혼식 거행할 때 좋은 시간 선택법

	甲日	乙日	丙日	丁日	戊日	己日	庚日	辛日	壬日	癸日
吉한 時間 좋은 시간	오전 1 ~3	오전 11 ~ 1	오전 9 ~ 11	오전11 ~ 오후1	오전 1 ~3	오후11 ~ 오전1	오전 1 ~3	오후11 ~ 오전1	오후11 ~ 오전1	오전 5 ~ 7
	오전 3 ~ 5	오전 5 ~ 7	오후 5 ~ 7	오후 3 ~ 5	오후 1 ~3	오후 1 ~3	오후 1 ~3	오후 3 ~ 5	오전 5 ~ 7	오전 9 ~ 11
	오후 1 ~ 3	오후 3 ~ 5	오후 9 ~ 11	오후 9 ~ 11	오후 7 ~ 9	오후 3 ~ 5	오후 3 ~ 5	오후 7 ~ 9	오전 9 ~ 11	오후 9 ~ 11

결혼식 날로 흉한 날 結婚忌日

명칭	결 혼 하 면 나 쁜 날
월 기 일	매월 5일, 14일, 23일
인 동 일	매월 - 3일, 8일, 10일, 13일, 23일, 24일
복 단 일	복단일은 매사 끊어지고 잘리고 엎어진다는 날.
매 월 亥 日	돼지날로서 매월의 乙亥日, 丁亥日, 己亥日, 辛亥日, 癸亥日
가 취 大 凶 日	봄 3개월은 甲子日, 乙丑日, 여름 3개월은 丙子日, 丁丑日 가을 3개월은 庚子日, 辛丑日, 겨울 3개월은 壬子日, 癸丑日
24절후일과 단오초팔일	입춘, 경칩, 청명, 입하, 망종, 소서, 입추, 백로, 한로, 입동, 대설, 소한, 우수, 추분, 곡우, 소만, 하지, 대서, 처서, 추분, 상강, 소설, 동지, 대한, 단오, 구정, 유두, 칠석

고 진 살과 과 숙 살의 日 辰

生年 띠	남자 고진살 일진	여자 과숙살 일진
亥子丑生	寅日	戌日
寅卯辰生	巳日	丑日
巳午未生	申日	辰日
申酉戌生	亥日	未日

상부상처의 日 辰

殺 名	1, 2, 3 月	10, 11, 12 月
女子 상부살	-	임자일, 계해일
남자 상부살	병오일, 정미일	-

혼인주당일

부엌	신랑	시모
신부	☯	방안
조왕	집안	시부

※ 혼인주당 보는 법은 ①음력 큰달에 결혼時에는 신랑에서 시어머니 방안 방향으로 순행하여 짚어 나가고, ②음력 작은 달에 결혼時에는 신부에서 조왕 집안 방향 순으로 역행하여 짚는 것으로, 집안, 방안, 부엌, 조왕이 닿는 날이 혼인 좋은 날이 되며, 신부와 신랑에 닿는 날에 절대로 안 되며, 시아버지와 시어머니가 닿는 날은 시부모가 안계시면 무방하고 살아계시면 혼인식 순간만 잠시 피하면 된다.

다만, 신랑이 신부 집에 가서 혼인 時에는 시부모를 친정 부모로 보면 된다.

십악대패일

년도	3월	4월	6월	7월	9월	10월	11월
甲己年	戊戌日	-	-	癸亥日	-	丙申日	丁亥日
乙庚年	-	壬申日	-	-	乙巳日	-	-
丙辛年	辛巳日	-	-	-	庚辰日	-	-
丁壬年	-	-	-	-	-	-	-
戊癸年	-	-	丑日	-	-	-	-

명칭	내용
화 해 절 명 일	※ 남녀 생기복덕 길흉표를 참조한다.
男 女 本 命 日	※자기가 출생한 띠와 같은 날, 가령 甲午生이면 甲午日, 丁卯生이면 丁卯日
男女生年 띠가 沖하는 날	※ 신랑 日辰과 신부 日辰이 결혼당일 일진지지와 沖하는 날은 피한다.
死甲日 病甲日	※ 死甲日, 病甲日에는 결혼식하는 것을 피한다.
복 단 일	子日허숙, 丑日두숙, 寅日실숙, 卯日여숙, 巳日방숙, 午日각숙, 未日장숙, 申日귀숙, 酉日각숙, 戌日귀숙, 亥日辰에 벽숙이 만나면 복단일이 된다. 작측(作厠), 색혈(塞穴), 단봉(斷蜂), 작파단(作破壇)에는 吉하고 기조, 장매, 혼인, 상관, 부임, 출행, 여행, 불공, 기도, 고사, 교역, 동토에는 大凶.

결혼에 인연되는 姓氏성씨

❀ 인연因緣이 되는 성씨姓氏란,
사회생활이나 인간사 어떤 일에서도 인연되어 만나는 사람과 서로 잘 맞아 좋은 성씨를 의미한다. (궁합은 물론이고, 직장상사나 동료, 부하직원, 친구, 종업원 등)

木生火	火生土	土生金	金生水	水生木 의 관계로 길하다.
木克土	土克水	水克火	火克金	金克木 의 관계는 흉하다.

목木성씨	간(簡)	강(康)	고(高)	고(固)	공(孔)	기(奇)	동(董)	렴(廉)
	박(朴)	연(延)	우(虞)	유(劉)	유(兪)	육(陸)	전(全)	정(鼎)
	주(朱)	주(周)	조(曺)	조(趙)	차(車)	최(崔)	추(秋)	화(火)
	홍(洪)							
화火성씨	강(姜)	구(具)	길(吉)	단(段)	당(唐)	등(鄧)	라(羅)	변(邊)
	석(石)	선(宣)	설(薛)	신(辛)	신(愼)	옥(玉)	윤(尹)	이(李)
	전(田)	정(丁)	정(鄭)	지(池)	진(秦)	진(陳)	진(晋)	채(蔡)
	탁(卓)	피(皮)	함(咸)					
토土성씨	감(甘)	공(貢)	구(丘)	구(仇)	권(權)	도(都)	도(陶)	동(童)
	명(明)	목(睦)	민(憫)	봉(奉)	손(孫)	송(宋)	심(沈)	엄(嚴)
	염(苒)	우(牛)	음(陰)	임(林)	임(任)	현(玄)		
금金성씨	강(康)	곽(郭)	김(金)	남(南)	노(盧)	두(科)	류(柳)	문(文)
	반(班)	방(方)	배(裵)	백(白)	서(徐)	성(成)	소(邵)	신(申)
	안(安)	여(余)	양(楊)	양(梁)	왕(王)	원(元)	장(張)	장(蔣)
	편(片)	하(河)	한(韓)	황(黃)				
수水성씨	고(皐)	경(庚)	노(魯)	마(馬)	매(梅)	맹(孟)	모(毛)	모(牟)
	변(卞)	상(尙)	소(蘇)	야(也)	어(魚)	여(呂)	오(吳)	용(龍)
	우(禹)	천(千)	허(許)	남궁(南宮)	동방(東方)	서문(西門)		
	선우(鮮于)	을지(을지)	사마(司馬)	황보(皇甫)				

*사업자나 학생이 앉으면 재수좋은 방향표

연령	출생년도	간지	책상놓는 방향	의자앉는 방향	연령	출생년도	간지	책상놓는 방향	의자앉는 방향
5세	2020년	庚子	정서향	정동좌	37세	1988년	戊辰	정남향	정북좌
6세	2019년	己亥	정남향	정북좌	38세	1987년	丁卯	정동향	정서좌
7세	2018년	戊戌	정남향	정북좌	39세	1986년	丙寅	정동향	정서좌
8세	2017년	丁酉	정동향	정서좌	40세	1985년	乙丑	서북향	동남좌
9세	2016년	丙申	정동향	정서좌	41세	1984년	甲子	서북향	동남좌
10세	2015년	乙未	서북향	동남좌	42세	1983년	癸亥	동북향	서남좌
11세	2014년	甲午	서북향	동남좌	43세	1982년	壬戌	정북향	정남좌
12세	2013년	癸巳	정북향	정남좌	44세	1981년	辛酉	정서향	정동좌
13세	2012년	壬辰	정북향	정남좌	45세	1980년	庚申	정서향	정동좌
14세	2011년	辛卯	정서향	정동좌	46세	1979년	己未	정남향	정북좌
15세	2010년	庚寅	정서향	정동좌	47세	1978년	戊午	정남향	정북좌
16세	2009년	己丑	정남향	정북좌	48세	1977년	丁巳	정동향	정서좌
17세	2008년	戊子	정남향	정북좌	49세	1976년	丙辰	정동향	정서좌
18세	2007년	丁亥	정동향	정서좌	50세	1975년	乙卯	서북향	동남좌
19세	2006년	丙戌	정동향	정서좌	51세	1974년	甲寅	서북향	동남좌
20세	2005년	乙酉	서북향	동남좌	52세	1973년	癸丑	정북향	정남좌
21세	2004년	甲申	서북향	동남좌	53세	1972년	壬子	서북향	동남좌
22세	2003년	癸未	정북향	정남좌	54세	1971년	辛亥	정서향	정동좌
23세	2002년	壬午	정북향	정남좌	55세	1970년	庚戌	정서향	정동좌
24세	2001년	辛巳	정북향	정남좌	56세	1969년	己酉	정남향	정북좌
25세	2000년	庚辰	정서향	정동좌	57세	1968년	戊申	정남향	정북좌
26세	1999년	己卯	정남향	정북좌	58세	1967년	丁未	동남향	서북좌
27세	1998년	戊寅	정서향	정동좌	59세	1966년	丙午	정동향	정서좌
28세	1997년	丁丑	정남향	정북좌	60세	1965년	乙巳	서북향	동남좌
29세	1996년	丙子	정동향	정서좌	61세	1964년	甲辰	서북향	동남좌
30세	1995년	乙亥	서북향	동남좌	62세	1963년	癸卯	정북향	정남좌
31세	1994년	甲戌	서북향	동남좌	63세	1962년	壬寅	정북향	정남좌
32세	1993년	癸酉	정북향	정남좌	64세	1961년	辛丑	정서향	정동좌
33세	1992년	壬申	정북향	정남좌	65세	1960년	庚子	정서향	정동좌
34세	1991년	辛未	정북향	정남좌	66세	1959년	己亥	정남향	정북좌
35세	1990년	庚午	정서향	정동좌	67세	1958년	戊戌	정남향	정북좌
36세	1989년	己巳	정남향	정북좌	68세	1957년	丁酉	정동향	정서좌

출산 위한 교합 상식법

♠1. 좋은 자녀를 낳기 위한 부모의 마음가짐

※ 우리나라는 남아선호사상으로 인하여 아들을 선호하는 예부터 조상들은 아들을 낳기 위해서라면 여러 가지 비과학적인 방법까지 사용해가며 애를 써왔다.
동의보감 기록에 의하면 임신을 원하는 부인이 모르게끔 신랑의 머리카락이나 손톱발톱을 임산부의 침대 밑에 숨겨 놓기도 하고 심지어 도끼를 숨겨놓거나 활줄 한 개를 임산부의 허리에 둘러차고 다니거나, 성옹왕· 선남초 같은 한약재를 몸에 지니고 다니면 아들을 낳는다고 믿고 행해왔다고 전한다.

※ 전해 내려오는 구전에 의하면 부부간의 나이를 합한 수에다가 당년 출산은 1을 더하고, 다음해의 출산은 2를 합하여 나온 숫자를 3으로 나누기를 해서 나머지가 0이나 짝수가 나오면 딸이고, 홀수가 나오면 아들이 된다고 하여 아이 낳을 시기를 선택하는 방법은 지금까지도 활용하는 사람이 있다.

※ 월경이 끝난 후에 음력으로 陽日양일 陽時양시를 선택하는데, 즉 甲 丙 戊 庚 壬의 일진에 子 寅 辰 午 申 戌時에 부부가 교합하면 아들이 되고, 陰日음일 陰時음시에 짝수 날 즉 乙, 丁, 己, 辛, 癸의 일진에 丑, 卯, 巳, 未, 酉, 亥時에 교합하면 딸을 낳는다는 음양설도 있다.

**※ 임신한 부인의 좌측 난소에서 배란이 되어 수정되면 아들이요, 우측 난소에서 배란이 되어 수정되면 딸이라는 男左女右남좌여우설도 전한다. 최근까지만 해도 여성의 질액을 알카리성으로 바꾸어주는 약을 복용하면 아들이 된다고 하여 약을 먹는 부인들이 많았다.
한의학에서는 임신한지 3개월 이내에 전남탕(아들 낳는 약)을 복용하면 아들을 낳는다고 하여 복용시켜오고 있다.**

※ 현대의학계의 세포학연구의 염색체설에서 논하기로는 난자와 정자의 수정시기에 바로 성별이 이미 결정된다고 말하고 있다. 인간은 남녀 똑같이 48개의 염색체를 가지고 있는데 그중에서 여자는 XX이고, 남자는 XY라는 성염색체로 이루어진다고 한다.
정자와 난자의 수정시기에 남자의 X염색체가 난자와 결합하면 딸이 되고, 남자의 Y염색체가 결합하면 아들이 된다는 것이 최근 의학계의 정설이 되어왔다.
그러나 최근 미국에서의 연구에 의하면 사람의 모든 태아는 초기 단계에서는 모두 여자로 시작되었다가 다만 남자가 될 아기만 임신 35일~40일 정도부터 남성으로의 생물학적 변화가 시작된다고 주장한다. 그것에 관여하는 것은, 남성의 성염색체(XY)내에 있는 SRY라는 유전자에 의하여 수정된 시기의 기존 여성적 염색체 부분이 제거되고 점차 남성으로의 탈바꿈이 시작된다고 하여 지금까지의 염색체 학설을 뒤엎어서 오는 것이 현재의 상황이다.

※ 그렇다면 생명공학의 눈부신 발전에도 불구하고 남녀의 성별이 어떻게 결정되어지는 가는 아직도 미지수이다. 아들이나 딸을 마음대로 가려서 낳고 싶은 것은 아득한 옛날부터 우리 인간들이 지니고 있는, 버릴수 없는 소망이지만 만물의 성별이 어떻게 마음대로 선택하고 조정할 수 있을까라는 문제는 큰 숙제이다. 하지만 그래도 열망하고 있다.

※ 불교의 부처님 법에 의하면 그것은 정자 난자로 단정 짓는, 눈에 보이는 물질세계의 문제가 아니라 인간의 육체에 깃든 영혼의 문제로 보면 이해하기 쉽다. 남자로 태어나는 것이나 여자로 태어나는 것이나 이 모두가 부모와 나 사이에 과거 현재 미래 삼세를 통하는 연결된 因緣課業인연과업의 이치가 아니겠는가?
그렇다면 현대적인 약물에 의존하기 보다는 부부의 올바른 행실이 우선이겠고, 나쁘다는 것도 피해야 하겠고, 하지 말라는 삼가법은 지키는 것이 옳을 듯하다.

♠2. 좋은 자녀를 낳기 위한 교합 상식법

※ 다음과 같은 날에 수정 잉태가 되면 부모에게 재앙과 재난이 생기고, 아이에게는 白痴백치아(어리석거나 미치광이)나 聾啞롱아(벙어리나 귀머거리)나 盲人맹인(눈먼소경) 또는 不具(뇌성마비)로 온진치 못한 아이가 태어난다고 하고, 단명하거나 불효자식이 된다는 흉한 날이니 피하는 것이 좋다.

피해야 좋은 흉한 日	피해야 좋은 흉한 日	피해야 좋은 흉한 日
丙, 丁日 (병 정일)	人風日 (대풍일)	暴雨日 (폭우일)
霧中日 (무중일)	猛寒日 (맹한일)	猛暑日(맹서일)
雷天日 (뢰천일)	日蝕日 (일식일)	月蝕日 (월식일)
紅日 (홍일 - 무지개)	매월 초하루(음력 01일)	매월 보름날(음력 15일)
매월 그믐날(음력 30일)	월파일(음력 월건과일진이 충)	破日(건제12신의 破파 일)
매월 음력 28일	立春, 立夏, 立秋, 立冬의 전후로 5일간씩	

봄의 (甲寅, 乙卯日)	여름의 (丙午, 丁巳)	가을의 (庚申, 辛酉)	겨울의 (壬子, 癸亥)
음력 1월 11일	음력 2월 9일	음력 3월 7일	음력 4월 5일
음력 5월 3일	음력 6월 11일	음력 7월 25일	음력 8월 22일
음력 9월 20일	음력 10월 18일	음력 11월 15일	음력 12월 13일

- ✪ 해가 중천에 있는 정오에 교합하여 잉태되어 태어난 자식은 구토나 설사를 한다.
- ✪ 소란한 한밤중에 교합하여 잉태되어 태어난 자식은 맹인, 귀머거리, 벙어리가 된다.
- ✪ 천둥번개, 뇌성벽력일 때 교합하여 잉태되어 태어난 자식은 미치광이, 간질병자가 된다.
- ✪ 일식, 월식일 때 교합하여 잉태되어 태어난 자식은 흉한 운을 타고나고 병신이 된다.
- ✪ 하지나 동짓날에 교합하여 잉태되어 태어난 자식은 부모에게 애물단지이며 손해를 끼친다.
- ✪ 만월 음력15일이나 16일에 교합하여 잉태되어 태어난 자식은 사형수가 된다.
- ✪ 심한 피로나 심신이 초조할 때 교합하여 잉태되어 태어난 자식은 요통과 요절한다.
- ✪ 취중이나 과식 후에 교합하여 잉태되어 태어난 자식은 간질병이나 종기병으로 고생한다.
- ✪ 소변 직후에 교합하여 잉태되어 태어난 자식은 요절한다.
- ✪ 목욕 직후나 몸에 물기가 있을 때 교합하여 잉태되어 태어난 자식은 명이 약해 고생한다.
- ✪ 월경 중에 교합하여 잉태되어 태어난 자식은 불효하고 망나니가 된다.
- ✪ 초상 중 상복을 입고 있는 동안 교합하여 잉태되어 태어난 자식은 광인이나 동물에게 물린다.
- ✪ 달빛아래 우물, 변소, 굴뚝, 관 옆에서 교합하여 잉태되어 태어난 자식은 우환, 변고, 단명한다.
- ✪ 법당이나 신당에서 교합하여 잉태되어 태어난 자식은 신체에 부상입어 단명한다.
- ✪ 부모에게 종기병이 있을 때 교합하여 잉태되어 태어난 자식은 허약하고 병고를 달고 산다.
- ✪ 신경이 날카로울 때 교합하여 잉태되어 태어난 자식은 불의의 사고를 당하고 단명하다.
- ✪ 누군가와 심하게 싸우고 난 후에 교합하여 잉태되어 태어난 자식은 경기를 심하게 하고 단명하다
- ✪ 동물을 살생하고 나서 교합하여 잉태되어 태어난 자식은 미치광이가 되고 단명한다.

♠3. 올바르고 건강한 자녀를 낳기 위한 교합 상식법

✪ 다음과 같은 방법으로 교합 잉태하면 좋은 징조로 바꿀 수 있다.

✪ 한밤중에 한잠을 푹 자고나서 밤중을 지나 피로가 풀리고 완전히 생기를 찾았을 때 교합을 하면 총명하고 귀하게 될 자식을 얻게 되고, 남아이고 현명하고 장수한다.

✪ 자식을 갖고 싶다면 월경이 끝난 바로가 좋은데 1~2일 후에 잉태된 아기는 아들이고, 2~4일 후에 잉태된 아기는 딸이고, 5일 이 후에는 쾌락뿐이고 정력낭비이다.

✪ 월경이 끝난 3일 후, 밤중을 지나 첫닭이 우는 이른 새벽에 부부가 한마음이 되어 행복한 마음으로 즐겁게 교합하여 잉태된 자식은 밝고 건강하고 현명한 아이이다.

✪ 월경이 끝난 15일 후에 위와같은 방법으로 교합하여 얻은 자식은 총명하고 출세한다

♠4. 아무리 애를 써도 아기가 잉태되지 않는 여자는 이런 방법을 써보아라!

✪ 임신을 원하는 여자의 왼손에 팥을 24개 쥐고, 오른손으로는 남자의 귀두를 꼭 쥐고 있는 상태에서 교합을 하는데 이때 왼손의 팥알을 입안에 넣는 동시에 여자가 자기 스스로 남자의 남근을 옥문 속으로 쑥 밀어 넣는다. 팥을 입안에 물고 있다가 남근에서 정액이 사출되는 순간에, 입안에 있는 팥알을 꿀꺽 삼키면 된다.

이런 방법으로 아기를 낳은 효과를 본 사례가 많이 있다고 민간풍습에 전해오고 있다.

♠5. 아기가 생겼다면 임신 중에 꼭 지켜야 할 행실이 다음과 같다.

✪ 나쁜 빛을 보지도 말고 가까이 하지도 말아야 한다.
✪ 나쁜 말은 하지도 말고 듣지도 말아야 한다.
✪ 남을 욕하거나 미워하거나 시기, 질투하면 안 된다.
✪ 놀라거나 두려워하지 말 것이며, 화를 내도 안 된다.
✪ 고민하거나 슬퍼하거나 통곡하면 안 된다.
✪ 신경을 예민하게 쓰거나 피로하거나 함부로 약을 복용하면 안 된다.
✪ 음욕을 절제하고 좋은 것만 보고 행복한 마음만 갖는다.
✪ 높은 곳에 오르거나 깊은 곳에 내려가지 않는다.
✪ 몸을 항상 깨끗이 하고 악취를 피해야 한다.
✪ 매사 바르게 앉고, 힘들다고 누워서 몸을 함부로 하지 말 것이다.
✪ 과음과식을 피해야 하고, 모양이 예쁜 것만 먹고, 흉한 음식(꽃게, 보신탕)은 피한다.
✪ 담배나 술 또는 마약 등 마취성 약품이나 금기 물질들은 절대 가까이 하면 안 된다.
✪ 수레나 승마, 마차, 극심한 놀이기구는 절대 타면 안 된다.
✪ 도로를 지나다가 교통사고가 났을 때 흉직한 사고 장소가 있으면 보지말고 곧 피한다.
✪ 당연히 남의 물건을 탐하거나 손대서도 안 되고, 범죄를 저질러서도 안 된다.
✪ 항상 좋은 것만 보고, 좋은 소리만 듣고, 좋은 것만 입고, 좋은 것만 먹고, 좋은 것만 생각해야 하고, 올바르게 행동해야만 올바르고 똑똑하고 현명하고 건강하고 성공 출세하는 자식을 얻을 수있는 것이니 나쁘다는 것은 꼭 피하고 노력해야 한다.

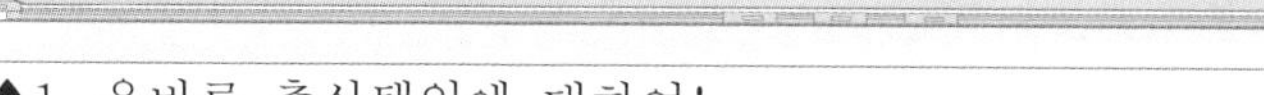

♠1. 올바른 출산택일에 대하여!

✪ 건강하고 훌륭한 자녀를 얻고자하는 것은 모든 부모의 희망이니 이런 자녀를 얻기 위해 부모는 출산 택일도 좋은 날로 정하려고 선호하는 것이 당연하다. 잘 못 낳고 나서 서로가 불행하고 인생이 고난 속에서 허덕이게 된다면 이처럼 안타까운 일이 또 어디 있겠는가! 미리 대처하여 막을 수 있고 피할 만 있다면, 할 수 있는 데까지 해보는 것이 인간으로서 현명한 최선일 것이다.

☞ **택일에서 좋은 날과 좋은 時를 잡아서 출산하면 아이의 운명이 정말로 좋아지는가?**

✪ 그렇다!

인간은 태어나면서 그 해年의 氣運기운과 그 달月의 기운과 그 날日의 기운과 그 時間의 기운을 모두 받게 되니 이것이 곧 한사람의 사주가 정해지고 운명이 달라진다. (여기에 물론 유전적인 요소나 주변 환경적 요소의 문제는 제외이다.)

☞ **택일하여 출산을 제왕절개를 하는 것이 옳은 일인가?**

✪ 그렇지 않다!

단지 좋은 자녀를 낳겠다는 욕심으로 몸에 칼을 대고 개복하여 제왕절개를 하는 것은 하늘의 뜻을 거스르는 일이다. 하지만 아기의 사주가 나쁘려면 아무리 좋은 시간에 택일하 려 해도 잡히지 않고 사정이 생긴다. 부득이 제왕절개를 하여야 할 상황이라면 출산택일하 여 좋은 날을 받아 수술하는 것은 당연하니 비난할 일은 아니다.

☞ 택일한 日時일시에 맞춰서 출산을 할 수 있는가?

✪ 그렇지 않다!

아기의 부모나 주변사람들이 간곡하게 부탁하므로 日時를 선택하여 주었으나 대부분의 아기들이 그 시간에 딱 맞추어서 태어나는 확률은 30% 밖에 안 된다.

☞ **좋은 출산택일 일에 골라서 태어난다면 진정으로 좋은 사주명조인가?**

✪ 그렇지 않다!

억지스레 하늘을 뜻을 거역하고 이 세상에 나왔다면 그 댓가가 분명히 치러질 것이다. 가령 여아의 명조를 뽑는다면 우주의 循環相生순환상생의 기운을 받아 명조를 이루는데, 食傷식상과 財官재관이 모두 있는 명조가 가장 좋을 것 같으나 그러한 명조는 하늘에서 내려오기 때문에 잘 잡기 어렵고 시간이 마땅하지 않다.

☞ **좋은 출산택일 일시日時를 택하기가 쉬운가?**

✪ 그렇지 않다!

정해진 예정일에서 20여일 내에서 좋은 日時를 잡으려면 족히 260여개의 명조를 살피고 풀어보고 따져봐야 한다.

♠2. 올바른 출산택일을 한다는 것은 태어나는 아기사주의 貴賤귀천과 淸濁청탁을 알고, 格局격국과 用神용신에 대한 명확한 이해가 있어야 하고, 八字 間의 刑冲會合형충회합의 변화를 읽어야 하고, 暗藏암장의 변화를 바르게 알아야 하며, 또한 神殺신살과 운성의 흐름도 완벽하게 이해되어야 가능하다.

✪ 과연 위와 같이 모든 조건을 제대로 갖춘 명리학자가 몇 명이나 되겠는가!?
사정이 이러하니 좋은 일시로 택일하는 것이 결코 쉬운 일은 아니다.
한 사람의 인생운명이 담긴 출산택일은 함부로 쉽게 잡아서는 안 될 일이다.
어찌 보면 죄악으로 연결된다. 유전적인 요인이나 불가항력적인 천재지변으로 아기에게 문제가 생기어도 차후에 모든 비난은 택일해준 명리학자가 원망을 받게 된다.
그러하니 출산택일을 정한다는 것은 매우 신중해야 할 일이고, 두려운 일이기도 하다.

★ 그렇다고 이렇게 어렵게 잡은 올바른 택일한 날에 제왕절개를 하려해도 묘한 것은 역시 인간의 出生출생은 여전히 하늘에서 다스리기 때문에 그 일시에 딱 맞추어서 출생하기란 매우 어려운 일이다.

♠3. 신생아 出産時출산시 가장 나쁜 날을 구분하는 법

1] 제왕절개가 피 보는 일이라고 일진이 백호살이 되는 날을 출산택일로 잡으면 절대 안 된다. 백호살이란 (甲辰, 戊辰, 丙戌, 壬戌, 丁丑, 癸丑, 乙未日)을 말하는데 이 날에 아기가 태어나게 되면 태어나는 아기의 사주에 백호살이 끼기 때문에 그 아기의 몸에 흉하고 피 볼 일이 생기게 되므로 일평생이 풍파에 편안치 못하게 된다.

2] 백호살로 출산시간을 잡거나 보는 사람이 있는데 이것은 음력 正月과 二月에는 申時와 酉時, 三月과 四月에는 戌時와 亥時, 五月과 六月에는 丑時와 卯時, 八月과 十月에는 卯時에 출생하게 되면 어려서 잔병치레가 많고 질병으로 인해 수술 등으로 몸을 다치게 되니 필히 피해야 한다.

3] 괴강살이 일진이 되는 날(庚辰日, 庚戌日, 壬辰日, 戊戌日)을 출산택일하여 아기가 태어나면 그 아가가 아들이면 한평생 직장문제, 직업문제로 어려움을 겪게 되니 사는 동안 고난과 어려움을 겪게 되고, 그 아기가 딸이라면 성격도 거칠고 성장하여 결혼 후에 시집이 망하게 되는 풍파를 많이 겪게 되는 꼴이 된다.

4] 출산 日이나 時가 귀문관살이 되면 출생한 아기에게 고질병이나 정신병이 생길 수 있는 나쁜 殺鬼가 씌우게 되니 피해야 한다. 神氣신기가 쎄던지, 神病신병을 앓게 되어 팔자가 세어지고 혹간 무속인이 되는 경우도 있다.

생년	子	丑	寅	卯	辰	巳	午	未	申	酉	戌	亥
월,일시	酉	午	未	申	亥	戌	丑	寅	卯	子	巳	辰

5] 출산 日이나 時가 과숙살이나 고신살에 해당하는 날과 時에 출생하게 되는 아기는 남자는 홀아비가 되고, 여자는 청상과부가 되어 외롭고 고독한 팔자가 된다.

생년	子	丑	寅	卯	辰	巳	午	未	申	酉	戌	亥
과숙살	戌	戌	丑	丑	丑	辰	辰	辰	未	未	未	戌
고신살	寅	寅	巳	巳	巳	申	申	申	亥	亥	亥	寅

✪ 보는 법은 남자아기는 고신살만 보고, 과숙살은 해당되지 않고, 여자아기는 과숙살만 본다. 日과 時가 모두 해당되면 더욱 나쁘니 한가지라도 피하는 것이 좋다.

6] 출산 日이나 時가 병신살이나 맹아살에 해당되면 출생한 아기가 몸이 불구가 된다는 살이 있는 날이니 이날 또한 피하는 것이 좋다.

이 외에도 각종 신살은 해설대로 영향력이 있으니 참고하고, 피할 수 있으면 피해야한다.

♠4. 십이지범살 (생년에 생월로 보는 법)

생월	子띠	丑띠	寅띠	卯띠	辰띠	巳띠	午띠	未띠	申띠	酉띠	戌띠	亥띠
중혼살	4	5	6	7	8	9	10	11	12	1	2	3
재혼살	5	6	7	8	9	10	11	12	1	2	3	4
대패살	4	7	10	10	4	4	10	1	7	7	1	1
팔패살	6	9	12	12	3	3	6	6	9	9	2	3
망신살	10	7	4	1	10	7	4	1	10	7	4	1
파쇠살	4	12	8	4	12	8	4	12	8	4	12	8
극해패살	4	8	10	4	4	10	6	8	8	2	2	10
대낭적살	5	8	11	11	5	5	11	2	8	8	2	2
흉격살	4	1	10	7	4	1	10	7	4	1	10	7
충돌살	8	9	10	11	12	1	2	3	4	5	6	7
산액살	2	3	4	5	6	7	2	3	4	5	6	7
인패살	5	6	7	8	9	10	11	12	1	2	3	4
각답살	4	5	6	7	8	9	10	11	12	1	2	3
함지살	8	5	2	11	8	5	2	11	8	5	2	11
철소추살	12	9	7	8	12	9	7	8	12	9	7	8
극패살	9	10	12	9	9	12	6	10	11	6	6	11
절방살	11	2	7	11	2	7	11	2	7	11	2	7
화개살	3	12	9	6	3	12	9	6	3	12	9	6
원진살	6	5	8	7	10	9	12	11	2	1	4	3
구신살	2	3	4	5	6	7	8	9	10	11	12	1
교신살	8	9	10	11	12	1	2	3	4	5	6	7
천액살	6	7	8	9	10	11	12	1	2	3	4	5
처가패살	3	3	10	5	12	1	8	9	4	10	6	7
시가패살	6	4	3	1	6	4	3	1	6	4	3	1

좋은 이사 입주 택일요령

➢ 좋은 이사길일을 택일하는 법은 많은 방법이 있는데, 대개 손<태백살> 없는 날을 피하고, 이사하는 집 가장의 띠를 가지고 <생기복덕길흉표>에서 생기·복덕·천의, 일을 선택하고 거기에 황도일이 겹치면 吉 한 날이다.

Ⅰ. '손'없는 날은 태백살을 피한 날로서, 지혜로운 옛 선조들은 이날을 선택하여 이사를 하면 집안의 나쁜 흉사를 피할 수 있다고 전하고 있다.

날 짜	방향	날 짜	방향	날 짜	방향
1, 11, 21	정동쪽 東	4, 14, 24	서남쪽 西南	7, 17, 27	정북쪽 北
2, 12, 22	동남쪽 東南	5, 15, 25	정서쪽 西	8, 18, 28	북동쪽 北東
3, 13, 23	정남쪽 南	6, 16, 26	서북쪽 西北	9 , 10	上天方

Ⅱ. 이사하는 집에 家長가장의 띠에 따라 피해야하는 방향이 있는데, 만약 이 방향으로 이사를 하면 가세가 기울고 재수가 없으며 재난을 당한다.

가장의 生年 띠	申 子 辰	巳 酉 丑	寅 午 戌	亥 卯 未
꼭 피해야 할 방향	未方 서남쪽	辰方 동남쪽	丑方 동북쪽	戌方 서북쪽

Ⅲ. 이사방향도 중요하지만 이사할 새 집의 출입문이 어느 쪽으로 나 있는가도 필히 엄수해야한다. 만약 출입문이 나쁜 방향으로 나있는 집에 살게 되면 집안의 가장 윗사람의 운이 쇠약해지면서 악운과 재앙이 닥치고, 급기야 바람이 나기도한다.

가장의 生年 띠	申 子 辰	巳 酉 丑	寅 午 戌	亥 卯 未
나쁜 방향	子方 정북쪽	酉方 정서쪽	午方 정남쪽	卯方 정동쪽

Ⅳ. 이사하는 날이 三支方삼지방에 해당하는 것도 해로운 방향으로 본다. 삼지방이란 年은 年마다, 月은 달마다, 日은 날마다 나쁜 방향이 있다는 것이다.

년삼지 해당 年	申 子 辰 년	巳 酉 丑 년	寅 午 戌 년	亥 卯 未 년
해로운 방향	북쪽 亥子丑方	서쪽 申酉戌方	남쪽 巳午未方	동쪽 寅卯辰方

월삼지 달	정월	2월	3월	4월	5월	6월	7월	8월	9월	10월	11월	12월
해로운 방향	寅卯辰 東方	丑辰 中央	酉 西方	子 北方	卯 東方	戌 中央	申 西方	子 北方	卯 東方	午 南方	巳 南方	子 北方

日삼지 해당 날	申 子 辰 날	巳 酉 丑 날	寅 午 戌 날	亥 卯 未 날
해로운 방향	서북쪽 申子辰方	북쪽 亥子丑方	서쪽 申酉戌方	남쪽 巳午未方

Ⅴ. 新신가옥 이사, 입주길흉일

해 당 吉 日	甲子, 乙丑, 丙寅, 丁卯, 己巳, 庚午, 辛未, 甲戌, 乙亥, 丁丑, 癸未, 甲申, 庚寅 壬辰, 乙未, 庚子, 壬寅, 癸卯, 丙午, 丁未, 庚戌, 癸丑, 乙卯, 己未, 庚申, 辛酉 天德日, 月德日, 天恩日, 黃道日, 母倉上吉日, 天德合, 月德合, 滿, 成, 開日 역
불 길 不 吉 日	歸忌日, 복단일, 受死日, 天賊日, 正沖日, 建, 破, 平, 收日, 家主本命日

Ⅵ. 舊구가옥 이사, 입주길흉일 – 아주 오래된 옛날집이나 살던 집으로 다시 들어갈 때 :

春 봄 – 甲寅日	夏 여름 – 丙寅日	秋 가을 – 庚寅日	冬 겨울 – 壬寅日

起造日 기조일	甲日	乙日	丙日	丁日	戊日	己日	庚日	辛日	壬日	癸日
	甲子 甲寅 甲戌 甲申	乙丑 乙未 乙卯 乙亥	丙寅 丙子 丙戌 丙辰 丙午	丁丑 丁未 丁酉	-	己巳	庚子 庚寅 庚午	-	壬寅 壬辰	癸酉 癸卯 癸未
	＊ 집을 짓고, 건물 증개축, 신축 등에 吉하다.									
	凶日	黑道, 死甲, 天賊日, 天罡日, 受死日, 河魁日, 大將軍, 官符, 正陰符, 灸退, 山家血刃, 羅候, 天官符, 地官符, 朱雀, 向殺, 三殺, 歲破, 太歲, 지랑, 지격, 토신, 토금, 도기일								

基地日 기지일	甲日	乙日	丙日	丁日	戊日	己日	庚日	辛日	壬日	癸日
	甲子 甲寅 甲申	乙丑 乙未 乙卯	丙午	丁卯 丁未 丁酉	戊辰	己卯	庚申	辛酉 辛未	壬子	癸丑
	＊ 건물을 세우거나 집을 짓기 위해 터를 고를 때, 평평하게 다지기 吉한 날									
	凶日	현무흑도, 天賊日, 受死日, 土瘟, 土禁, 土忌, 土符, 正四廢, 天地轅殺, 天轅地轅, 地破, 지랑일, 建日, 破日, 平日, 收日,								

상량日	甲日	乙日	丙日	丁日	戊日	己日	庚日	辛日	壬日	癸日
	甲子 甲申 甲午 甲戌	乙丑 乙卯 乙巳	丙子 丙戌 丙申	丁卯 丁未 丁酉 丁巳	戊子 戊寅 戊辰 戊戌	己巳 己未 己酉 己亥	庚子 庚寅 庚辰 庚午	辛丑 辛未 辛亥	壬寅 壬午 壬申	癸丑 癸卯 癸亥
	凶日	天賊日, 受死日, 河魁日, 天罡日, 朱雀日, 빙소와해, 복단일, 天地轅殺, 正四廢, 月破日, 月建日, 火星日, 大小耗日								

빙소와해	1월	2월	3월	4월	5월	6월	7월	8월	9월	10월	11월	12월
	巳	子	丑	申	卯	戌	亥	午	未	寅	酉	辰

月三日	1, 5, 9 月	2, 6, 10 月	3, 7, 11 月	4, 8, 12 月
	亥子丑日과 방향	申酉戌日과 방향	巳午未日과 방향	寅卯辰日과 방향
	＊ 건물을 세우거나 집수리를 할 때 흉하고 초상날 수도 있는 일진과 방향이다.			

旺日	1, 2, 3 月	4, 5, 6 月	7, 8, 9 月	10, 11, 12月
	寅日	巳日	申日	亥日
	＊ 흙 다루고 파는 일에 동토가 있어 안장, 이장, 매장에 불리하다.			

定礎日		
	吉日	＊ 집 짓기 위해 주춧돌이나 머릿돌을 놓을 때 좋은 날. 甲子, 乙丑, 丙寅, 戊辰, 己巳, 庚午, 辛未, 甲戌, 乙亥, 戊寅, 己未, 辛巳, 壬午, 癸未 , 甲申, 丁亥, 戊子, 己丑, 庚寅, 癸巳, 乙未, 丁酉, 戊戌, 己亥, 庚申, 辛酉, 황도일, 천덕, 월덕, 定日, 成日
	凶日	正四廢日, 天賊日, 建日, 破日

造門日		
	吉日	＊ 집에 대문이나 출입문, 방문 등 문을 달을 때 길한 날. 甲子, 乙丑, 辛未, 癸酉, 甲戌, 壬午, 甲申, 乙酉, 戊子, 己丑, 辛卯, 癸巳, 乙未, 己亥, 庚子, 壬寅, 戊申, 壬子, 甲寅, 丙辰, 戊午, 황도일, 천덕, 월덕, 생기, 滿日, 成日, 開日
	凶日	1, 2, 3 月-東향, 4, 5, 6 月-南향, 7, 8, 9 月-西향, 10, 11, 12月-北향

作則日	＊ 화장실, 변소를 증개축 吉日 : 庚辰, 丙戌, 癸巳, 壬子, 己未, 복단일, 천롱일, 지아일

전길일 全吉日	※ 황제와 구천현녀의 택일에 대한 대화에서 언급한 좋은 날로 기조전길일이라고도 한다. 건축, 건물수리, 터닦기, 주춧돌 놓기, 입주, 상량을 하는데 사용하면 좋다. 生氣 福德日의 화해 · 절명일을 피하고, 三甲旬의 生甲日이 겹치면 더욱 길하다.
	甲子, 乙丑, 丙寅, 己巳, 庚午, 辛未, 癸酉, 甲戌, 乙亥, 丙子, 丁丑, 癸未, 甲申, 丙戌 庚寅, 壬辰, 乙未, 丁酉, 庚子, 壬寅, 癸卯, 丙午, 丁未, 癸丑, 甲寅, 丙辰, 己未日
십전대길일 통용길일	※ 축월음양부장길일 다음으로 吉길한 날이다. 음양부장길일에서 택일하기가 어려우면 이날에 맞추어 날을 정해서 사용한다. 황도일, 천은일, 모창일, 월덕합, 오합일 등 길신이 두세개이상 겹치면 대길한 날이다.
	乙丑, 丁丑, 癸丑, 己丑, 丙子, 壬子, 丁卯, 辛卯, 癸卯, 乙巳日이다.

백기일 百忌日		※ 백기일에 해당되는 날에는 무슨 일이든 행하면 불길하다고 하니 되도록 금하는 것이 좋다.
	天干百忌日	갑불개창 甲不開倉 - 갑일엔 곡간 창고의 물건을 출고하거나 개문, 개업을 피하라.
		을불재식 乙不栽植 - 을일엔 씨뿌리기나 화초 • 나무 등을 심기를 피하라.
		병불수조 丙不修造 - 병일엔 부엌의 아궁이나 부뚜막 • 구들장을 만들거나 고치지마라
		정불삭발 丁不削髮 - 정일엔 머리를 깎거나 이발 • 삭발을 하지마라.
		무불수전 戊不受田 - 무일엔 토지 • 전답문서를 상속하거나 매매하지마라.
		기불파권 己不破券 - 기일엔 문서나 어음, 책등을 파기하거나 계약취소를 피한다.
		경불경락 庚不經絡 - 경일엔 질병치료나 수술 • 침 • 뜸을 피하라.
		신불합장 辛不合醬 - 신일엔 醬 된장 •간장 • 고추장 담그기를 피하라.
		임불결수 壬不決水 - 임일엔 방류를 피하고, 논에 물을 대거나 물을 빼지마라.
		계불송사 癸不訟事 - 계일엔 재판, 시비, 고소나 송사를 피하라.
	地支百忌日	자불문복 子不問卜 - 자일엔 점 占을 치는 것을 피하라.
		축불관대 丑不冠帶 - 축일엔 부임 • 취임식이나 약혼식 • 성인식 등을 피하라.
		인불제사 寅不祭祀 - 인일엔 고사 • 제사를 지내지 마라.
		묘불천정 卯不穿井 - 묘일엔 우물을 파거나 수도설치하거나 고치기를 피하라.
		진불곡읍 辰不哭泣 - 진일엔 억울하거나 서러운 일이 있어도 소리내어 울기 피하라.
		사불원행 巳不遠行 - 사일엔 해외여행이나 먼 여행을 피하며, 이사 • 입주도 피하라.
		오불점개 午不苫蓋 - 오일엔 지붕을 덮거나 기와를 올리기를 피하라. 사냥도 금물.
		미불복약 未不服藥 - 미일엔 질병치료 약을 먹거나 입원하기를 피하라.
		신불안상 申不安牀 - 신일엔 편안하게 평상에 눕거나, 침대•가구 등을 사 들이지마라
		유불회객 酉不會客 - 유일엔 손님초대를 피하고, 연회접대도 피하라.
		술불걸구 戌不乞狗 - 술일엔 동물, 개를 집안에 들이기를 피하라.
		해불가취 亥不嫁娶 - 해일엔 결혼식, 혼인을 피하라.

오합일 五合日	※ 이 날은 무엇을 行해도 福이 있는 날이 다시 福 있는 날을 만난다는, 특별한 福을 원할 때 사용한다.		
	合의명칭	해석	해당날짜
	일월합 日月合	해와 달이 만난 것처럼 기쁘다.	甲寅日 • 乙卯日
	음양합 陰陽合	음과 양이 만나 태극을 이루듯이 좋다.	丙寅日 • 丁卯日
	인민합 人民合	사람들이 모여 큰뜻을 이루듯이 이롭다.	戊寅日 • 己卯日
	금석합 金石合	금과 돌이 서로 조화되듯 잘 어울린다.	庚寅日 • 辛卯日
	강하합 江河合	강물이 모여 큰 바다를 이루듯이 원대하다	壬寅日 • 癸卯日

天地轉殺 凶日	春月의 묘 卯日	夏月의 오 午日
	秋月의 유 酉日	冬月의 자 子日

※ 天地轉殺 천지전살이란 동토가 나는 날로 터를 닦는 일, 기둥을 세우는 일, 상량일, 우물을 파거나 수도를 놓는 일에는 아주 불길하고 흉한 날이니 피한다. 산소 건드리는 일도 대흉이고, 종시월가로서 파종, 즉 투자, 씨뿌리기를 금한다.

2023~24年 생기 복덕 길흉표

손하절	이허중	곤삼절
진하련	☯	태상절
간상련	감중련	건상련

손하절	이허중	곤삼절
진하련	☯	태상절
간상련	감중련	건상련

男子 연령 본명	◉			△			✖		女子 연령 본명
	생기	천의	복덕	절체	유혼	귀혼	화해	절명	
1 8 16 24 32 40 48 56 64 72 80 88 96	卯	酉	辰巳	子	未申	午	丑寅	戌亥	5 12 20 28 36 44 52 60 68 76 84 92 100
9 17 25 33 41 49 57 65 73 81 89 97	丑寅	辰巳	酉	戌亥	午	未申	卯	子	4 11 19 27 35 43 51 59 67 75 83 91 99
2 10 18 26 34 42 50 58 66 74 82 90 98	戌亥	午	未申	丑寅	辰巳	酉	子	卯	3 10 18 26 34 42 50 58 66 74 82 90 98
3 11 19 27 35 43 51 59 67 75 83 91 99	酉	卯	丑寅	未申	子	戌亥	辰巳	午	29 17 25 33 41 49 57 65 73 81 89 97
4 12 20 28 36 44 52 60 68 76 84 92	辰巳	丑寅	卯	午	戌亥	子	酉	未申	18 16 24 32 40 48 56 64 72 80 88 96
5 13 21 29 37 45 53 61 69 77 85 93	未申	子	戌亥	酉	卯	丑寅	午	辰巳	15 23 31 39 47 55 63 71 79 87 95
6 14 22 30 38 46 54 62 70 78 86 94	午	戌亥	子	辰巳	丑寅	卯	未申	酉	7 14 22 30 38 46 54 62 70 78 86 94
7 15 23 31 39 47 55 63 71 79 87 95	子	未申	午	卯	酉	辰巳	戌亥	丑寅	6 13 21 29 37 45 53 61 69 77 85 93

男女 生氣福德 吉凶풀이

대길 ◉	생기生氣	결혼 구직 서류제출 개업 약속 시험 계약 상담 청탁 투자 등 **每事大吉 한날.**
	천의天醫	수술 침 질병치료 상담 구재 수금 섭외거래 계약 매매 청탁 등 **每事大吉 한날.**
	복덕福德	약혼 창업 재수고사 교제 연회 거래계약 투자 청탁 여행 등 **每事大吉 한날.**
보통 △	절체絶體	吉하지도 凶하지도 않은 平날. 우환 사고, 과로 과음과식 분주 스트레스 피로 무리는 조심
	유혼遊魂	吉하지도 凶하지도 않은 平날. 허사 허송 헛수고 실수 방황 좌절 실물 등 조심한다.
	귀혼歸魂	吉하지도 凶하지도 않은 平날. 허위 실의 낭패 사기 주저 뒤틀림 방해 등 조심한다.
대흉 ⊗	화해禍害	**크게 凶한 날.** 서류제출 관재구설 송사 도난 실물 시비 사고 울화 등이 따르니 피할 것.
	절명絶命	**크게 凶한 날.** 교통사고 부상 수술 낙망사고 절망 무리 낭패 등이 따르니 피하는 것이 상책.

2023~24年 이사 방위 길흉표

천록	안손	식신	증파	오귀	합식	진귀	관인	퇴식		해당나이
◉	✖	◉	✖	△	◉	△	◉	✖		
東	南東	중앙	西北	西	北東	南	北	南西	남자나이	1 10 19 28 37 46 55 64 73 82 91
南西	東	南東	중앙	北西	西	北東	南	北	남자나이	2 11 20 29 38 47 56 65 74 83 92
北	南西	東	南東	중앙	北西	西	北東	南	남자나이	3 12 21 30 39 48 57 66 75 84 93
南	北	南西	東	南東	중앙	西北	西	北東	남자나이	4 13 22 31 40 49 58 67 76 85 94
東北	南	北	南西	東	南東	중앙	西北	西	남자나이	5 14 23 32 41 50 59 68 77 86 95
西	東	南	北	西南	東	東南	중앙	西北	남자나이	6 15 24 33 42 51 60 69 78 87 96
西北	西	東北	南	北	西南	東	東南	중앙	남자나이	7 16 25 34 43 52 61 70 79 88 97
중앙	西北	서	東北	南	北	西南	東	東南	남자나이	8 17 26 35 44 53 62 71 80 89 98
南東	중앙	西北	西	東北	南	北	西南	東	남자나이	9 18 27 36 45 54 63 72 81 90 99
南東	중앙	西北	西	東北	南	北	西南	東	여자나이	1 10 19 28 37 46 55 64 73 82 91
東	南東	중앙	西北	西	東北	南	北	西南	여자나이	2 11 20 29 38 47 56 65 74 83 92
西南	東	南東	중앙	西北	西	東北	南	北	여자나이	3 12 21 30 39 48 57 66 75 84 93
北	西南	東	南東	중앙	西北	西	東北	南	여자나이	4 13 22 31 40 49 58 67 76 85 94
南	北	西南	東	南東	중앙	西北	西	東北	여자나이	5 14 23 32 41 50 59 68 77 86 95
東	南	北	西南	東	南東	중앙	西北	西	여자나이	6 15 24 33 42 51 60 69 78 87 96
西	東	南	北	西南	東	南東	중앙	西北	여자나이	7 16 25 34 43 52 61 70 79 88 97
西北	西	東	南	北	西南	東	南東	중앙	여자나이	8 17 26 35 44 53 62 71 80 89 98
중앙	西北	西	東	南	北	西南	東	南東	여자나이	9 18 27 36 45 54 63 72 81 90 99

남녀 입주 이사 길흉풀이

구분	방위	풀이
대길 ◉	천록天祿	귀인을 만나고 관록 식록이 더해지고 매사 재수있고 재물이 쌓이는 吉방향, 직장승진, 월급상승
대길 ◉	관인官印	관직이나 공직의 합격 승진 승전해 지위가 발전되어 자손창성과 태평성대의 方,직장 취업, 명예
대길 ◉	식신食神	가내번성 사업번창 재수가 좋고 소원성취 되며 금전과 재물이 쌓이고 의식주가 풍족해지는 方,
대길 ◉	합식合食	금은보화 식록이 쌓이고 만사형통이며 사업이 왕성해지고 귀인상봉으로 소원성취에 吉방향
보통 △	오귀五鬼	오방, 東西南北中央으로 요귀가 출입하여 집안에 우환질병 재앙과 풍파로 불안한 일이 생긴다.
보통 △	진귀進鬼	항상 殺귀신이 따라붙어 손재수 우환 교통사고 관재구설이 연이어 풍파가 심한 고달픈 삶이 됨.
대흉 ✖	안손眼損	실물 도둑 손재수로 가내가 평탄치 못하며, 자녀걱정 늘 불안하고 눈병 안질로 눈이 나빠진다.
대흉 ✖	증파甑破	가정풍파와 사업부진, 재산이 줄고 손재수 도둑수 우환 횡액수, 실패수가 이어고 궁핍해진다.
대흉 ✖	퇴식退食	가내가 풍지박산, 가족이 흩어지고,, 재산이 줄어들고 매사 꼬이고 퇴보하는 흉한 삶이된다.

혼인길흉 황흑도정국표

黃黑道 吉凶 택일할 年 月 日 時 대입	청룡황도	명당황도	천형흑도	주작흑도	금궤황도	대덕황도	백호흑도	옥당황도	천뇌흑도	현무흑도	사명황도	구진흑도
	天魔星	紫薇星	동토凶	동토凶	天寶天慶	天隊明堂	동토凶	天王天成	동토凶	동토凶	천부천관	이장凶
1, 7 寅 申	子	丑	寅	卯	辰	巳	午	未	申	酉	戌	亥
2, 8 卯 酉	寅	卯	辰	巳	午	未	申	酉	戌	亥	子	丑
3, 9 辰 戌	辰	巳	午	未	申	酉	戌	亥	子	丑	寅	卯
4, 10 巳 亥	午	未	申	酉	戌	亥	子	丑	寅	卯	辰	巳
11, 5 子 午	申	酉	戌	亥	子	丑	寅	卯	辰	巳	午	未
12, 6 丑 未	戌	亥	子	丑	寅	卯	辰	巳	午	未	申	酉

➢ 고대 중국의 曆記學은 數千年의 歷史를 가지고 있고, 방대한 체계를 가지고 있다.
이는 歷代의 많은 지략가들에게 신비감을 조성했지만 사실 그 根本을 분석해보면 曆記學역기학은 曆法과 술수가 결합되어 만들어 진 것이다. 이것을 토대로 청나라시절에 「협기변방서」라는 책이 나옴으로써 역기학에 대한 총정리가 이루어졌다. 이때부터 본격적으로 나라의 大小事에 吉凶日을 택일하여 활용하기 시작했는데 특히 집을 짓거나 옮기는 일등 집안의 애경사에 쓰였다.

* 이 황도길흉일은 吉曜時法이니, 일이 급하면 다만 黃道日만을 택일하여 써도 큰 탈 없이 좋다. 특히, 결혼, 이사, 개업, 고사, 상량식, 기공식, 고사, 조장, 안장, 사초, 입비, 장례행사 등.
* 생기복덕으로 吉日이더라도 흑도가 되는 날은 흉한 날이므로 이사, 이장, 안장, 사초, 입비를 피한다.
* 黃道가 되는 날에 결혼, 이사, 개업, 고사, 상량식, 기공식, 천도재 등 기도하면 아주 좋다.
* 좋은 黃道日로 年을 정한 후에, 그 줄에서 月도 황도 月을 택일한 후, 다시 그 줄에서 황도일로 日을 정한다. 時도 마찬가지로 정한 黃道 日 그 줄에서 黃道時를 찾아 時로 정하면 된다.

[예를 들어보면, 갑오년 3월달에 결혼날짜를 잡으려 한다면: 午오년 줄에서 辰글자는 천뇌흑도이다. 흑도일은 흉한 날이니 3월달은 피해서 다른 달을 골라야 한다. 寅 卯 申 戌 亥가 황도월에 속한다. 그래서 申월을 택했다고 해보자, 다시 맨위의 申글자 줄에서 다시 황도일을 고른다. 子 丑 卯 午 申 酉날을 선택한다. 巳는 뱀날이라 좋지 않다.
子일을 선택했다면 다시 子글자 줄에서 같은 방법으로 時間도 정하면 된다.

별자리 28수 길흉정국표

28수	방위	계절	별자리 구성	요일		吉 한 일	凶 한 일
각角	木 동방※청룡	봄	4성 동남12도	목	이무기	결혼, 청탁, 출행, 개업, 의류매장, 건축, 증개축	매장, 안장, 이장, 산소일은 불리 凶
항亢			4성 동남9도	금	용	씨뿌리기, 매매, 계약투자, 수익, 수입, 문서	제사, 그믐날-상문달-공망달-윤달의 혼인은 凶하다. 별이 어두우면 전염병이 돈다.
저氐			4성 동남16도	토	담비	성조, 결혼, 개업, 사업확장, 입시입문, 건축, 증축, 약혼, 질병을 일으키는 별. 자수성가	분묘개수, 매장, 안장, 수리는 凶하다
방房			7성 동 6도	일	토끼	출행, 분가, 건축, 모든 일에 대길하다. 평온 안락	장례행사, 안장, 매장은 불리.
심心			3성 동 6도	월	박쥐	천도제, 제사, 고사에 길일. 부녀창성, 女權伸長	모든 일에 다 凶하다. 특히 조장, 방류, 문開
미尾			9성 동북19도	화	호랑이	결혼, 개업, 건축, 안장, 부탁의뢰, 매사대길. 문開	별이 빛나면 오곡이 풍성함하고, 어두우면 홍수 수액난을 조심.
기箕			4성 동북11도	수	표범	결혼, 개업, 건축, 안장, 부탁의뢰, 방류, 매사대길	南箕, 風雨와 오곡의 풍성함을 상징한다.
두斗	水 북방※현무	겨울	6성 북동24도	목	게	건축수리, 토굴, 분묘개수, 안장, 매사대길	北斗, 천하태평과 국부민안을 상징. 주색상납, 여 색정사 주의
우牛			7성 북동7도	금	소	천존기도	살신귀가 작용, 매사불리 (조심)
여女			4성 북동10도	토	여우	愛敬宿애경수라고 함. 재물을 주관, 이발, 목욕	건축, 수리, 개조, 조장, 안장, 개문, 방류불리.
허虛			2성 북 9도	일	쥐	결혼, 입학, 입사, 증개축, 매사대길	조작, 연담, 장례행사, 안장은 凶하다. 戰爭危機
위危			3성 북 16도	월	제비	양조, 주조, 소망달성.	결혼, 이전, 등산, 건축, 개문, 방류, 장례, 안장은 불리.
실室			8성 북서17도	화	돼지	결혼, 건축, 개문, 개업, 축제, 복약, 삭발, 출행 매사대길	장례행사, 안장은 凶하다.
벽壁			2성 북서9도	수	신선	결혼, 출행, 건축수리, 개문, 개조, 방류, 장사, 안장	작명, 상호, 택호, 아호 짓기는 凶.흉하다.
규奎	金 서방※백호	가을	17성 서북16도	목	이리	입산, 벌목, 제사, 개문, 가옥건축, 증축수리, 주방수리, 방류. 文이 번창을 의미.	이장, 안장, 개업, 개점, 개장은 凶하다.
루婁			3성 서북11도	금	개	결혼, 개업, 부탁청탁, 개문, 이장, 조장, 방류, 대길	그믐날이면 이장, 안장, 개문 등 대흉하다.
위胃			3성 서 14도	토	꿩	결혼, 개업, 관청일, 서류제출, 이장, 안장, 吉	위장병 조심, 과음과식 금물.
묘昴			7성 서 11도	일	닭	결혼, 장례행사, 방류, 안장, 개문은 吉	건축, 증개축, 수리, 신앙, 기원, 천도재, 고사는 凶
필畢			9성 서남17도	월	새	결혼, 제작, 섭외, 대화, 화해, 개토, 개문, 방수, 건축, 가옥수리, 매장, 안장, 매사대길	兵馬병마, 武力무력을 상징. 增財宿에 속함.
자觜			3성 서남半도	화	원숭이	매장, 이장, 안장, 입학시험에 吉	제사, 매사불리 凶, 빛을 잃으면 兵馬가 난동.
삼參			7성 서남半도	수	유인원	제조, 제품제작, 출행, 건축증개축, 조작에 吉	장례행사, 안장, 결혼, 개문, 방류에 凶흉하다.
정井	火 남방※주작	여름	7성 남서33도	목	큰사슴	가옥건축, 우물파기, 개문, 基調, 방류에 吉	장례행사, 안장.
귀鬼			4성 남서 2도	금	양	이장, 매장, 장례행사만 吉, 매사불리	건축, 결혼, 고사, 개문, 방류는 凶흉하다.
유柳			8성 남서14도	토	노루	파종, 화단정리, 캐고파내는 일, 절단하는,일	결혼, 창업, 건립, 개업, 개문, 방류, 장례행사, 매장, 조장은 불길하다.
성星			7성 남 7도	일	말	신방꾸미기에 대길, 결혼, 입원, 치료시작, 개보수에 吉	매사불길
장張			6성 남 17도	월	사슴	결혼, 개업, 개점, 개문, 출행, 입학, 입사, 상관, 불공, 고사, 천도재, 섭외, 이장, 안장에 吉	이 별이 빛나는 경우에는 나라가 부강하고 국민이 풍요하다.
익翼			22성 남동19도	화	뱀	입학, 입사, 경작, 씨뿌리기, 일시작, 구직, 이장, 안장 매우 吉	결혼, 건축증개축, 제작, 개문, 방류에 凶흉하다.
진軫			6성 남동18도	수	지렁이	결혼, 매입, 건축, 출행, 섭외, 분가, 배 만들기, 官服만들기, 이장, 안장, 매장에 吉	제의불길(옷 만들기), 별이 빛나면 風雨가 조절되고 천하가 태평하다.

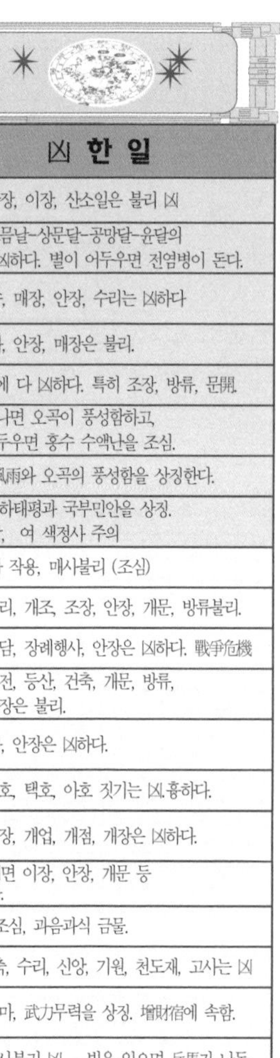

건제 12신 길흉정국표

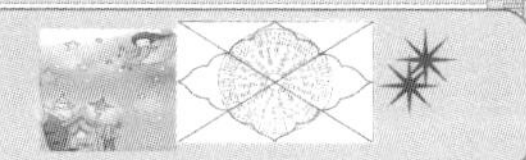

	1월	2월	3월	4월	5월	6월	7월	8월	9월	10월	11월	12월
12神	입춘 後	경칩 後	청명 後	입하 後	망종 後	소서 後	입추 後	백로 後	한로 後	입동 後	대설 後	소한 後
建 **건**	寅	卯	辰	巳	午	未	申	酉	戌	亥	子	丑
除 **제**	卯	辰	巳	午	未	申	酉	戌	亥	子	丑	寅
滿 **만**	辰	巳	午	未	申	酉	戌	亥	子	丑	寅	卯
平 **평**	巳	午	未	申	酉	戌	亥	子	丑	寅	卯	辰
定 **정**	午	未	申	酉	戌	亥	子	丑	寅	卯	辰	巳
執 **집**	未	申	酉	戌	亥	子	丑	寅	卯	辰	巳	午
破 **파**	申	酉	戌	亥	子	丑	寅	卯	辰	巳	午	未
危 **위**	酉	戌	亥	子	丑	寅	卯	辰	巳	午	未	申
成 **성**	戌	亥	子	丑	寅	卯	辰	巳	午	未	申	酉
收 **수**	亥	子	丑	寅	卯	辰	巳	午	未	申	酉	戌
開 **개**	子	丑	寅	卯	辰	巳	午	未	申	酉	戌	亥
閉 **폐**	丑	寅	卯	辰	巳	午	未	申	酉	戌	亥	子

➢ 건제 12神이란 우주가 子會하면서 생겨난 광대한 신비로운 神力으로서 建, 際, 滿, 平, 定, 執, 破, 危, 成, 收, 開, 閉를 절기가 바뀔 때마다 順行的으로 바뀌면서 宇宙의 天, 地, 人 모든 萬物을 순리적으로 다스리고 통치해왔던 吉凶事를 택일하던 方法이다.

해설	吉 **길한 일**	凶 **흉한 일**
建 **건**	문서, 서류제출, 상장上章, 입학, 입주, 상량, 섭외, 면접, 구인, 관대冠帶, 해외여행, 출장, 출행, 청소, 귀한손님초대.	결혼, 동토, 건축수리, 안장, 파토, 수조, 벌초
除 **제**	안택고사, 제사, 기도, 상장, 면접, 소장제출, 원서제출, 계약, 여행, 질병치료, 파종, 접목.	출산, 지출, 구직, 취임식, 투자, 이사, 물건구입
滿 **만**	제사, 청소, 여행, 입양, 직원채용, 접목, 옷 지어입기.	입주, 동토, 이사, 불공, 고사, 기둥세우기.
平 **평**	길 내기, 집터 닦기, 축담, 장 담그기, 제사, 결혼, 이사.	벌초, 파종, 재종, 파토, 개울치기.
定 **정**	제사, 불공, 안택고사. 결혼, 매장, 안장, 집들이, 입주, 입양, 동물들이기, 친목회, 회의개최.	질병치료, 침, 소송, 여행, 파종.
執 **집**	제사, 개업, 상장, 입권, 이력서제출, 소장제출, 건물증개축, 집수리, 매장, 안장.	해외여행, 출행, 입주, 이사, 水防방류.
破 **파**	집 개조, 가옥파괴, 질병치료, 성형수술, 건물철거, 인연 끊기.	결혼, 여행, 이사, 파토, 동토, 벌초, 안장, 개업, 공장건립, 외출
危 **위**	제사, 결혼, 상장, 서류제출, 소장제출, 입권, 집수리, 건물증개축	입산, 벌목, 사냥, 수렵, 승선, 낚시, 어로작업.
成 **성**	제사, 결혼, 불공, 안택고사, 소장제출, 원서제출, 구재, 이사, 환가, 집수리, 접화목, 상표등록, 매매,	소송이나 송사
收 **수**	제사, 결혼, 納采납채, 입학, 직원채용, 불공, 안택고사, 수금회수, 수렵, 동물들이기, 파종, 식목. 등 거두어들이는 일에 吉.	개문, 벌초, 파토, 봉묘, 출행, 하관, 안장
開 **개**	제사, 결혼, 개업, 입원, 불공, 안택고사, 재종, 집수리, 입권, 출행, 건물증개축, 우물파기, 파종.	동토, 매장, 안장. 子午卯酉월에는 무방하다.
閉 **폐**	제사, 안장, 立券입권공증, 접목, 접화, 폐문, 물 막는 일, 길 막는 일, 화장실 짓기	이사, 출행, 해외여행, 먼 여행, 수조, 동토, 가내귀환, 건축수리.

태세 월별 길신吉神조견표

	1월	2월	3월	4월	5월	6월	7월	8월	9월	10월	11월	12월	당일 좋은 행사
옥제사일	丁巳	甲子	乙丑	丙寅	辛卯	壬辰	丁亥	甲午	乙未	丙申	辛酉	壬戌	옥제신의 죄 소멸, 용서를 해주시니 임의대로 행해도 좋다.
황은대사	丑	戌	寅	巳	寅	卯	子	午	亥	辰	申	未	업장소멸, 심중안정, 나쁜기운 감소됨.
만통사일	午	亥	申	丑	戌	卯	子	巳	寅	未	辰	酉	모든 일에 대길 함. 전화위복이 된다.
회가제성	午	子	寅	戌	子	寅	辰	子	寅	子	寅	辰	귀인상봉으로 대길. 만사형통이다.
천사신일	戌	丑	辰	未	戌	丑	辰	未	戌	丑	辰	未	몸의 죄 소멸, 모든 잘못 용서해 줌.
생기신일	戌	亥	子	丑	寅	卯	辰	巳	午	未	申	酉	결혼, 이사, 여행에 길
천의대사	丑	寅	卯	辰	巳	午	未	申	酉	戌	亥	子	수술, 입원, 침, 질병 치료에 吉.
오부길일	亥	寅	巳	申	亥	寅	巳	申	亥	寅	巳	申	건축, 기공식, 창고, 모든 일 시작
요안일	寅	申	卯	酉	辰	戌	巳	亥	午	子	未	丑	이사, 입주, 가족상속권, 福들어오는 날
해신일	申	申	戌	戌	子	子	寅	寅	辰	辰	午	午	일체 殺鬼 퇴치에 吉 한 날.
금당일	辰	戌	巳	亥	午	子	未	丑	申	寅	酉	卯	상량, 집터 닦는데 길일, 건물증개축
양덕일	戌	子	寅	辰	午	申	戌	子	寅	辰	午	申	결혼, 연회, 교역에 길
음덕일	酉	未	巳	卯	丑	亥	酉	未	巳	卯	丑	亥	귀인의 도움, 청탁 상장
경안일	未	丑	申	寅	酉	卯	戌	辰	亥	巳	子	午	윗사람 문안, 상관접견
육합일	亥	戌	酉	申	未	午	巳	辰	卯	寅	丑	子	약혼, 결혼, 연회, 입사
보호일	寅	申	酉	卯	戌	辰	亥	巳	子	午	丑	未	승선, 출항, 수술, 입원, 출행에 吉
복생일	酉	卯	戌	辰	亥	巳	子	午	丑	未	寅	申	집짓기, 구직, 기복, 고사, 불공에 길
병보일	卯	辰	巳	午	未	申	酉	戌	亥	子	丑	寅	입대, 군경, 관 행사대길
왕(旺)일	寅	寅	寅	巳	巳	巳	申	申	申	亥	亥	亥	승패, 경기, 시합에 吉. 상량이나 하관
관(官)일	卯	卯	卯	午	午	午	酉	酉	酉	子	子	子	관청에 청탁, 입사서류 제출, 부임.
상(相)일	巳	巳	巳	申	申	申	亥	亥	亥	寅	寅	寅	상량, 섭외, 교역, 청탁에 대길.
민(民)일	午	午	午	酉	酉	酉	子	子	子	卯	卯	卯	민원신청, 서류왕래에 길. 고소나 송사
수(守)일	辰	辰	辰	未	未	未	戌	戌	戌	丑	丑	丑	모든 일에 길, 재산증식, 지키는 일.
익후일	子	午	丑	未	寅	申	卯	酉	辰	戌	巳	亥	결혼, 문서, 후계자상속, 입양, 초대
속세일	丑	未	寅	申	卯	酉	辰	戌	巳	亥	午	子	결혼, 연회, 제사, 불공
육의일	辰	卯	寅	丑	子	亥	戌	酉	申	未	午	巳	귀인접대, 모든 행사의식거행에 吉.
청룡일	子	寅	辰	午	申	戌	子	寅	辰	午	申	戌	입사, 구직, 승진, 벼슬길, 외출에 吉
보광일	巳	未	酉	亥	丑	卯	巳	未	酉	亥	丑	卯	제사, 고사, 불공, 회합
정심일	亥	巳	子	午	丑	未	寅	申	卯	酉	辰	戌	정성, 베풂, 봉사, 문병, 보시에 德
시덕일	午	午	午	辰	辰	辰	子	子	子	寅	寅	寅	결혼, 친목회, 연회 모든 일에 대길
옥우일	卯	酉	辰	戌	巳	亥	午	子	未	丑	申	寅	약혼, 제사, 고사, 불공, 회합, 친목회
역마일	申	巳	寅	亥	申	巳	寅	亥	申	巳	寅	亥	이사, 입주, 매매, 여행
월공月空	壬	庚	丙	甲	壬	庚	丙	甲	壬	庚	丙	甲	집수리, 문서, 상장, 서류왕래, 취토
월은月恩	丙	丁	庚	己	戊	辛	壬	癸	庚	乙	甲	申	건축, 장례행사, 매사대길. 하늘의 은혜
사상四相	丙丁	丙丁	丙丁	戊己	戊己	戊己	壬癸	壬癸	壬癸	甲乙	甲乙	甲乙	혼인, 모든 일에 大吉.
천귀天貴	甲乙	甲乙	甲乙	丙丁	丙丁	丙丁	庚辛	庚辛	庚辛	壬癸	壬癸	壬癸	제사, 구직, 취임, 벼슬, 취임, 입학 손님초대, 윗사람 접견에 吉.
천덕天德	丁	申	壬	辛	亥	甲	癸	寅	丙	乙	巳	庚	모든 일에 대길. 조장, 이장, 상관부임
월덕月德	丙	甲	壬	庚	丙	甲	壬	庚	丙	甲	壬	庚	모든 일에 대길. 이 방향이 吉 方向 福
天德合	壬	巳	丁	丙	寅	己	戊	亥	辛	庚	申	乙	모든 일에 대길. 조장, 이장, 상관부임
月德合	辛	己	丁	乙	辛	己	丁	乙	辛	己	丁	乙	모든 일에 대길. 이 방향이 吉 方向 福

태세 월별 흉신 凶神조견표

	1월	2월	3월	4월	5월	6월	7월	8월	9월	10월	11월	12월	당일 피해야할 행사
천적 天賊	辰	酉	寅	未	子	巳	戌	卯	申	丑	午	亥	모든 일에 大凶하다. 개점개업, 신제, 수렵, 출행, 투자
천강 天罡	巳	子	未	寅	酉	辰	亥	午	丑	申	卯	戌	모든 일에 凶, 황도 겹치면 무방하다.
왕망 旺亡	寅	巳	申	亥	卯	午	酉	子	辰	未	戌	丑	모든 일에 大凶. 출행, 이사, 입주, 부임, 취임식.
피마 彼麻	子	酉	卯	午	子	酉	卯	午	子	酉	卯	午	결혼, 입주, 이사에 凶
하괴 河魁	亥	午	丑	申	卯	戌	巳	子	未	寅	酉	辰	모든 일에 凶, 황도 겹치면 무방하다.
라강 羅綱	子	申	巳	辰	戌	亥	丑	申	未	子	巳	中	결혼, 출행, 소송 등 凶
수사 受死	戌	辰	亥	巳	子	午	丑	未	寅	申	卯	酉	이사, 결혼 백사 흉 // 수렵, 도살, 사냥, 낚시는 吉
멸몰 滅沒	丑	子	亥	戌	酉	申	未	午	巳	辰	卯	寅	혼인, 기조, 취임, 출산, 고사, 소송, 건축 凶
귀기 歸忌	丑	寅	子	丑	寅	子	丑	寅	子	丑	寅	子	이사, 혼인, 취직, 입택, 인원채용, 출행, 출장
홍사 紅死	酉	巳	丑	酉	巳	丑	酉	巳	丑	酉	巳	丑	약혼, 결혼식은 대흉.
천화 天火	子	卯	午	酉	子	卯	午	酉	子	卯	午	酉	옷 재단, 상량식, 지붕 덮기, 수조는 凶
유화 遊火	巳	寅	亥	申	巳	寅	亥	申	巳	寅	亥	申	수술, 침, 질병치료, 복약은 꺼린다.
지화 地火	戌	酉	申	未	午	巳	辰	卯	寅	丑	子	亥	주방과 지붕고치기는 일은 凶
독화 獨火	巳	辰	卯	寅	丑	子	亥	戌	酉	申	未	午	상량식, 제작, 지붕 덮는 일은 凶
온황 瘟肓	未	戌	辰	寅	午	子	酉	申	巳	亥	丑	卯	질병치료, 요병, 수조, 이사, 문병은 凶
토금 土禁	亥	亥	亥	寅	寅	寅	巳	巳	巳	申	申	申	흙 다루고, 땅 파는 일은 凶
토부 土府	丑	巳	酉	寅	午	戌	卯	未	亥	辰	申	子	흙 다루고, 땅 파는 일은 凶
지파 地破	亥	子	丑	寅	卯	辰	巳	午	未	申	酉	戌	흙 다루고, 땅 파는 일, 우물파기 등은 凶
혈기 血忌	丑	未	寅	申	卯	酉	辰	戌	巳	亥	午	子	수술, 도살, 수혈, 채혈, 침, 살생은 금지
혈지 血支	丑	寅	卯	辰	巳	午	未	申	酉	戌	亥	子	수술, 도살, 수혈, 채혈, 침, 살생은 금지
월파 月破	申	酉	戌	亥	子	丑	寅	卯	辰	巳	午	未	매사불리/ 성형수술 단교, 파혼, 파하는 일은 吉
월형 月形	巳	子	辰	申	午	丑	寅	酉	未	亥	卯	戌	질병치료, 입사, 취임은 凶
월해 月害	巳	辰	卯	寅	丑	子	亥	戌	酉	申	未	午	매사 해롭고 불리
천격 天隔	寅	子	戌	申	午	辰	寅	子	戌	申	午	辰	구직, 구인, 해외여행, 항공주의, 여행은 凶
수격 水隔	戌	申	午	辰	寅	子	戌	申	午	辰	寅	子	어로작업, 낚시, 입수, 승선, 출항, 물놀이는 凶
지격 地隔	辰	寅	子	戌	申	午	辰	寅	子	戌	申	午	흙 파는 일凶, 이장, 안장大凶
산격 山隔	未	巳	卯	丑	亥	酉	未	巳	卯	丑	亥	酉	입산, 등산, 벌목, 사냥, 수렵은 凶
대시 大時	卯	子	酉	午	卯	子	酉	午	卯	子	酉	午	매사에 다소불리
반지 反支	5	5	4	4	3	3	2	2	1	1	6	6	결혼, 상장, 포상, 당선, 서류관, 제출 등은 凶
귀곡 鬼哭	未	戌	辰	寅	午	子	酉	申	巳	亥	丑	卯	점안식, 神物 佛象안치에 凶
신호 神毫	戌	亥	子	丑	寅	卯	辰	巳	午	未	申	酉	점안식, 神物 佛象안치에 凶
고초 枯焦	辰	丑	戌	未	卯	子	酉	午	寅	亥	申	巳	옷 재단, 고사, 제사, 불공, 기도는 凶
검봉 劍鋒	酉	酉	酉	子	子	子	卯	卯	卯	午	午	午	출장, 여행, 이장, 안장에 凶
패파 敗破	申	戌	子	寅	辰	午	申	戌	子	寅	辰	午	기계수리, 집수리, 약혼은 凶
월살 月殺	丑	戌	未	辰	丑	戌	未	辰	丑	戌	未	辰	상량식, 건축수리, 결혼식, 입주에 凶
비렴 脾炎	戌	巳	午	未	寅	卯	辰	亥	子	丑	申	酉	약혼, 축사 짓는 일은 凶, 육축을 금하면 손재
천사 天史	酉	午	卯	子	酉	午	卯	子	酉	午	卯	子	원행, 해외여행, 취임, 입사 凶
염대 厭對	辰	卯	寅	丑	子	亥	戌	酉	申	未	午	巳	결혼식, 이사, 건축수리에 불리
구공 九空	辰	丑	戌	未	辰	丑	戌	未	辰	丑	戌	未	지출, 출고, 출판에 凶
구감 九坎	辰	丑	戌	未	卯	子	酉	午	寅	亥	申	巳	조선, 배 제조, 승선은 凶
중상 重喪	甲	乙	己	丙	丁	己	庚	申	己	壬	癸	己	장례행사, 산소행사는 凶
복일 復日	甲 庚	乙 辛	己 戊	丙 壬	丁 癸	己 戊	庚 甲	辛 乙	己 戊	壬 丙	癸 丁	戊 己	장례행사, 산소행사는 凶
정사폐 四廢	春月의 庚申, 辛酉/ 夏月의 壬子,癸亥/ 秋月의 甲寅, 乙卯/ 冬月의 丙午, 丁巳日												결혼,수조,산소,수목,문폐,오리알안치기,우물,축사,상량

태세 월별 흉신 凶神조견표

	子年	丑年	寅年	卯年	辰年	巳年	午年	未年	申年	酉年	戌年	亥年	당일 피해야 할 행사
구천주작	卯	戌	巳	子	未	寅	酉	辰	亥	午	丑	申	건축수리에 불리, 상량식, 기둥세우기
라천대퇴	4	7	1	1	1	1	6	6	2	2	9	9	묘비석 세우기, 이장, 안장大凶
황천구퇴	卯	子	酉	午	卯	子	酉	午	卯	子	酉	午	묘비석 세우기, 이장, 안장大凶
타겁해인	2	8	6	9	2	4	2	8	6	9	2	4	비석 세우기, 이장, 조장하면 동토 남.
좌산라후	6	8	3	9	7	2	6	8	3	9	7	2	**조장개기**造葬皆忌 **장 담그기는 흉함**
순산라후	乙	壬	艮	甲	巽	丙	丁	坤	辛	庚	癸	庚	**조장개기**造葬皆忌 **장 담그기는 흉함**
금신살	巳	酉	丑	巳	酉	丑	巳	酉	丑	巳	酉	丑	**조장대길**造葬大 **장 담그기 길일**
태음살	亥	子	丑	寅	卯	辰	巳	午	未	申	酉	戌	묘비석 세우기, 이장, 안장, 산소일大凶
태세방	子	丑	寅	卯	辰	巳	午	未	申	酉	戌	亥	비석 세우기, 이장, 조장하면 동토 남.
천관부	亥	申	巳	寅	亥	申	巳	寅	亥	申	巳	寅	이장, 안장, 산소일大凶
지관부	辰	巳	午	未	申	酉	戌	亥	子	丑	寅	卯	이장, 안장, 산소일大凶
대장군	酉	酉	子	子	子	卯	卯	卯	午	午	午	酉	비석 세우기, 이장, 조장하면 동토 남.
상문살	寅	卯	辰	巳	午	未	申	酉	戌	亥	子	丑	묘비석 세우기, 이장, 안장大凶
조객살	戌	亥	子	丑	寅	卯	辰	巳	午	未	申	酉	묘비석 세우기, 이장, 안장大凶
대모살	午	未	申	酉	戌	亥	子	丑	寅	卯	辰	巳	출재동토기出財動土忌
소모살	巳	午	未	申	酉	戌	亥	子	丑	寅	卯	辰	이사, 건축수리에 불리, 부동산매매
백호살	申	酉	戌	亥	子	丑	寅	卯	辰	巳	午	未	매사 해롭고 불리.
세파살	午	未	申	酉	戌	亥	子	丑	寅	卯	辰	巳	건축증개축, 집수리에 불리, 상량식
세형살	卯	戌	巳	子	辰	申	午	丑	巳	酉	未	亥	출장, 해외여행, 항공주의, 여행은 凶
세압살	子	亥	戌	酉	申	未	午	巳	辰	卯	寅	丑	출장, 해외여행, 항공주의, 여행은 凶
신격살	巳	卯	丑	亥	酉	未	巳	卯	丑	亥	酉	未	어로작업, 낚시, 입수, 승선, 출항, 물놀이
비염살	申	酉	戌	巳	午	未	寅	卯	辰	亥	丑	子	축사 짓는 일은 凶, 육축을 금하면 손재
오귀살	辰	卯	寅	丑	子	亥	戌	酉	申	未	午	巳	출장, 해외여행, 항공주의, 여행은 凶
대화	丁	乙	癸	辛	丁	乙	癸	辛	丁	乙	癸	辛	이사, 건축수리에 불리, 부동산매매
황번	辰	丑	戌	未	辰	丑	戌	未	辰	丑	戌	未	이사, 건축수리에 불리, 부동산매매
표미	戌	未	辰	丑	戌	未	辰	丑	戌	未	辰	丑	취임식, 해외여행, 항공주의, 출장
전송	申	未	午	巳	辰	卯	寅	丑	子	亥	戌	酉	취임식, 해외여행, 항공주의, 출장
잠관	未	未	戌	戌	戌	丑	丑	丑	辰	辰	辰	未	누에고치 사육거두기, 잠업시작하기
잠실	坤	坤	乾	乾	乾	艮	艮	艮	巽	巽	巽	坤	누에고치 사육거두기, 잠업시작하기
잠명	申	申	亥	亥	亥	寅	寅	寅	巳	巳	巳	申	누에고치 사육거두기, 잠업시작하기
풍파	丑	子	寅	卯	辰	巳	午	未	申	酉	戌	亥	어로작업, 낚시, 입수, 승선, 출항, 물놀이
천해	未	午	巳	辰	卯	寅	丑	子	亥	戌	酉	申	犯則犯罪 법규위반, 범죄유발, 성희롱
하백	亥	子	丑	寅	卯	辰	巳	午	未	申	酉	戌	어로작업, 낚시, 입수, 승선, 출항, 물놀이
복병	丙	甲	寅	庚	丙	甲	寅	庚	丙	甲	寅	庚	출장, 해외여행, 항공주의, 여행은 凶
병부	亥	子	丑	寅	卯	辰	巳	午	未	申	酉	戌	질병치료, 문병, 건강검진, 수혈, 수술
사부	巳	午	未	申	酉	戌	亥	子	丑	寅	卯	辰	질병치료, 문병, 건강검진, 수혈, 수술
빙소화해	巳	子	丑	申	卯	戌	亥	午	未	寅	酉	辰	재방쌓기, 담 쌓기, 담장수리은 흉.

오행 12시간 과 간지생극 관계

시계 정 시간	地支시간	옛 시간
오후 11시부터 ~ 오전 01시 까지	子 자시	夜半야반
오전 01시부터 ~ 오전 03시 까지	丑 축시	鷄鳴계명
오진 03시부터 ~ 오전 05시 까지	寅 인시	平旦평단
오전 05시부터 ~ 오전 07시 까지	卯 묘시	日出일출
오전 07시부터 ~ 오전 09시 까지	辰 신시	食時식시
오전 09시부터 ~ 오전 11시 까지	巳 사시	偶中우중
오전 11시부터 ~ 오후 01시 까지	午 오시	日中일중
오후 01시부터 ~ 오후 03시 까지	未 미시	日昳일질
오후 03시부터 ~ 오후 05시 까지	申 신시	哺時포시
오후 05시부터 ~ 오후 07시 까지	酉 유시	日入일입
오후 07시부터 ~ 오후 09시 까지	戌 술시	黃昏황혼
오후 09시부터 ~ 오후 11시 까지	亥 해시	人定인정

원 진 살	
子 쥐띠	未 양띠
丑 소띠	午 말띠
寅 범띠	酉 닭띠
卯 토끼	申 원숭이띠
辰 용띠	亥 돼지띠
巳 뱀띠	戌 개띠

상 충 살	
子 쥐띠	午 말띠
丑 소띠	未 양띠
寅 범띠	申 원숭이띠
卯 토끼	酉 닭띠
辰 용띠	戌 개띠
巳 뱀띠	亥 돼지띠

☯ 음양오행은 서로 상생도 하고 상극을 함으로 좋고 나쁨과 길흉이 발생한다.

相生(상생)	木生火(목생화)	火生土(화생토)	土生金(토생금)	金生水(금생수)	水生木(수생목)
相剋(상극)	金克木(금극목)	木克土(목극토)	土克水(토극수)	水克火(수극화)	火克金(화극금)

☯ 모든 육갑납음의 干支(간지)는 干(간)과 支(지) 사이의 生剋생극관계에 따라 다음과 같이 구분하여 의미를 갖는다.

	六甲육갑 納音납음 의 生剋 생극 의미
義日(의일)	甲子와 같이 위로 支生干을 한다. < 부하, 아랫사람과 일을 도모하기에 좋은 날이기도 하고, 상대에게 부탁, 호응을 얻기 위할 때 이로운 날이다.>
伐日(벌일)	甲申과 같이 支克干을 한다. <상대에게 원했던 일은 무산되고, 오히려 공격을 되받게 된다. 아랫사람과의 상담이나 윗사람에게 청탁, 범인체포, 인원보충 문제는 흉한 날이다. 특히 이런 날 운명상담을 하게 되면 상대가 나를 무시한다.>
專日(전일)	甲寅과 같이 支同干이다. <상대가 나와 같은 마음이다. 사이가 막역하게 팽팽하다. 타협은 안된다. 윗사람 방문이나 친구나 지인모임, 계약서 작성은 좋은 날>
寶日(보일)	甲午와 같이 干生支한다. <내가 상대에게 양보해야하고, 베풀어야 한다. 윗사람 방문이나 봉사활동, 문병 등 청탁 등에 좋은 날이다.>
制日(제일)	甲辰과 같이 干克支를 한다. <내가 상대를 괴롭히거나 힘들게 한다. 상대를 제압하기에 유리한 날이다. 아랫사람에게 훈시하거나 도둑을 체포하거나 직원교육 등에 좋은 날이다.>

사계길일 四季吉日

	1월	2월	3월	4월	5월	6월	7월	8월	9월	10월	11월	12월
사계길일 四季 吉日	乙丑 丙子 丁丑 壬午 己丑 乙未 壬子 癸丑			乙丑 丁卯 己丑 丁卯 癸巳 乙未 癸卯 乙巳			辛卯 癸巳 乙丑 乙未 丙子 丁丑 壬午 壬子 癸丑 癸卯			丁卯 辛卯 癸巳 乙巳 乙卯 癸卯		
	✻ 결혼 약혼 연회행사 입주 이사 등에 길한 날											

매매 계약에 吉日

매매 계약 교환		
	길일	甲子, 辛未, 甲戌, 丙子, 丁丑, 庚辰, 辛巳, 壬午, 癸未, 甲申, 辛卯, 壬辰, 癸巳, 乙未, 庚子 , 癸卯, 丁未, 戊申, 壬子, 甲寅, 乙卯, 己未, 辛酉, 천덕합, 월덕합, 삼합, 오합, 육합, 執日, 成日
	흉일	천적일, 공망일, 복단일, 平日, 收日

영업 개업 오픈에 吉日

	甲 日	乙 日	丙 日	丁 日	戊 日	己 日	庚 日	辛 日	壬 日	癸 日
영업 개업 개업식 길일	甲子 甲寅 甲申 甲戌	乙丑 乙卯 乙未 乙亥	丙子 丙寅 丙午	-	-	己巳 己卯 己未 己亥	庚子 庚寅 庚申 庚戌	辛卯 辛未 辛酉	壬子 壬午	癸卯 癸未
개업식 凶일	대모(大耗) 소모(小耗) 태허일(太虛日) 허숙(虛宿) 천적일(天賊日)									

月財吉日 월재길일			
	寅月, 申月에는 9일	卯月, 酉月에는 3일	辰月, 戌月에는 4일
	巳月, 亥月에는 2일	五月, 子月에는 3일	未月, 丑月에는 6일

흉한 날	子	丑	寅	卯	辰	巳	午	未	申	酉	戌	亥
나이별 피해야할 개업일	午日	未日	申日	酉日	戌日	亥日	子日	丑日	寅日	卯日	辰日	巳日
	✻ 위의 띠에 사람은 해당하는 일진에 개업, 개업식을 하면 흉하다.											

✻ 개업일을 택일 할 때에는 위의 영업개업 길일과 월재길일에서 골라 사용하면 되고, 여기에 생기복덕길흉표에서 생기일이나 복덕일, 천의일과 겹친 날을 고르면 더욱 좋다.

官 관공소의 事 吉日 관청 민원접수 서류접수

	봄 3개월	여름 3개월	가을 3개월	겨울 3개월
官 **관공소의** 事 吉日	卯日	午日	酉日	子日

청탁 부탁事 吉日 청탁에 좋은날

청탁 음덕일	1월	2월	3월	4월	5월	6월	7월	8월	9월	10월	11월	12월
	酉	未	巳	卯	丑	亥	酉	未	巳	卯	丑	亥

여행 해외여행 출장 길일

출행길일	甲子,乙丑,丙寅,丁卯,戊辰,庚午,辛未,甲戌,乙亥,丁丑,癸未,甲申,庚寅,壬辰,乙未,庚子,壬寅,癸卯,丙午,丁未,庚戌,癸丑,甲寅.乙卯,庚申,辛酉,壬戌,癸亥,역마,천마,사상, 建 , 滿 , 成 , 開일 → 여행, 해외여행, 원행, 출장에 길한 날.
출행불길일	왕망일, 수사일, 귀기일, 천적일, 멸몰일, 巳日, 破일, 평일, 수일.
행선길일	乙丑, 丙寅, 丁卯, 戊辰, 丁丑, 戊寅, 壬午, 乙酉, 辛卯, 甲午, 乙未, 庚子, 辛丑 壬寅, 辛亥, 丙辰, 戊午, 己未, 辛酉, 천은, 천우, 보호, 복일, 滿, 成, 開日 → 진수식이나 선박이 출항이나 입수할 때 아주 좋은 날이다.
행선불길일	풍파일, 하배일, 백랑일, 천적일, 수사일, 월파일, 수석일, 팔풍일, 복단일, 귀기일, 왕망일, 建 , 破 , 危 , 長, 箕, 宿日,

	甲 日	乙 日	丙 日	丁 日	戊 日	己 日	庚 日	辛 日	壬 日	癸 日
여행 원행에 길일	甲子 甲寅 甲申 甲戌	乙丑 乙卯 乙未 乙亥	丙午 丙寅 丙戌	丁卯 丁丑 丁未	戊辰	己丑 己卯 己酉	庚子 庚寅 庚申 庚午	辛丑 辛卯 辛未 辛酉	壬子 壬寅 壬戌	癸丑 癸卯 癸亥
	＊ 역마, 천마, 사상, 建日, 際日, 成日, 開日									

이사 입주에 吉日

	甲 日	乙 日	丙 日	己 日	庚 日	辛 日	壬 日	癸 日
이사 입주에 좋은 날	甲子 甲寅 甲申 甲申	乙亥 乙丑 乙卯 乙未	丙子 丙寅 丙午	己巳 己卯 己亥	庚子 庚寅 庚午 庚申	辛未 辛卯 辛酉	壬午 壬子	癸未 癸卯
새집 입주에 吉	甲子 乙丑 戊辰 庚午 癸酉 庚寅 癸巳 庚子 癸丑							

	봄 3개월	여름 3개월	가을 3개월	겨울 3개월
헌집 입주에 吉	甲寅日	丙寅日	庚寅日	壬寅日

웃사람 초대事 귀한손님 초청 吉日

육의일	1월	2월	3월	4월	5월	6월	7월	8월	9월	10월	11월	12월
六儀日	辰	卯	寅	丑	子	亥	戌	酉	申	未	丑	子

수술 입원 침 병치료 吉凶日

吉 日	기유, 병진, 임술, 생기일, 천의일, 제일, 파일, 개일.
凶 日	수사일, 건일, 평일, 수일, 만일, 상현일, 하현일, 초하루 망일.
복약 日	을축, 임신, 계유, 을해, 병자, 정축, 임오, 갑신, 병술, 기축, 임진, 계사, 갑오, 병신, 정유, 무술, 기해, 경자, 신축, 무신, 기유일

	甲日	乙日	丙日	丁日	戊日	己日	庚日	辛日	壬日	癸日
선 보기 약혼에 길 일	甲辰 甲寅	乙丑 乙卯 乙未	丙午 丙寅 丙戌 丙辰	丁卯 丁巳 丁未	戊子 戊寅 戊午 戊戌	己丑 己卯 己酉	庚辰 庚戌	辛丑 辛未	壬子 壬辰 壬寅	癸巳 癸卯 癸丑
	황도일, 삼합일, 오합일, 육합일, 양덕일, 속세, 육의, 월은, 천희, 定, 成, 開日									

성심일 사주단자 채단 예물 보내는 길 일	1월	2월	3월	4월	5월	6월	7월	8월	9월	10월	11월	12월
	亥	巳	子	午	丑	酉	寅	申	卯	酉	辰	戌
	己卯, 庚寅, 辛卯, 壬辰, 癸巳, 己亥, 庚子, 辛丑, 乙巳, 丁巳, 庚申, 천의일											

익후일	1월	2월	3월	4월	5월	6월	7월	8월	9월	10월	11월	12월
	子	午	丑	未	寅	申	卯	酉	辰	戌	巳	亥
양덕일	戌	子	寅	辰	午	申	戌	子	寅	辰	午	申
혼 인 길 일	생기, 복덕, 천의, 음양부장길일, 오합, 십전일, 사대길일, 사계길일, 황도일, 생갑순, 세덕, 천덕, 월덕, 천월덕합일, 삼합일, 육합일, 庚寅, 癸巳, 乙未, 壬午, 丙辰, 辛酉日											

※ 간장이나 된장, 고추장 또 메주 쓰기에 좋은 날.

조 장 길 일	병인, 정묘. 무오일이나 천덕합, 월덕합, 말날午日, 건제12신의 만일, 성일, 개일(단, 辛日과 멸몰일은 제외)

재수운이 좋아지는 잠잘 때 베개 놓는 방향

편안하고 운과 재수가 좋아지는 頭枕두침 잠자리 머리 방향법	申子辰 生 쥐/원숭이/용	巳酉丑 生 닭/ 뱀 / 소	寅午戌 生 범 / 말 / 개	亥卯未 生 돼지/토끼/양
	丑方 북동쪽 1시방향	**戌方** 서북쪽 10시방향	**未方** 남서쪽 7시방향	**辰方** 동남쪽 4시방향

나쁜 흉액운 퇴치 방법

ॐ 아무리 최첨단 컴퓨터가 발달한 현대에 살더라도 상황이 여의치 않아서 라든지 아니면 몰라서 나쁘다는걸 알면서도 할 수 밖에 없는 택일 들이 많다. 바쁜 현대인들은 결혼식과 이사날은 토요일, 일요일, 공휴일을 선택해서 치러야 하는데 사정이 그렇치 못하다. 어쩔 수없이 나쁜 줄 알면서도 그 날밖에 없기 때문에 대사를 치루고 본다. 행여나 '나는 안 그러겠지.' '나는 괜찮을 거야.' 하고... 그리고 차후에 지내다보면 아프다던가, 손해를 본다던가, 관재구 설로 고통을 받게 되든지, 이별을 하게 되고, 사고가 나고, 심하면 죽기까지 하게 된다. 순탄 하게 살던 삶에 큰 걸림돌에 걸려 고통 속에 빠지게 되는 이것이 흉액운의 결과이나. 이럴 때 참 인간의 힘으로 어쩌지 못할 때가 많아 쩔쩔 매게 되고 팔자려니 하고 참고 살게 되지만 고통을 주는 흉액운을 떨쳐버리던가 풀 수 있다면 풀어버리고 편히 살고 싶은 게 누구나의 마음일 것이다. 여기에 구전으로 전해지는 민간양법, 액운 퇴치하는 비방법을 몇 가지 소개하겠다.

명예나 권력을 잡고 싶을 때

◈ 코끼리 조각상을 거실에 장식해 놓는다.

◈ 스투파만달옴청을 거실에 걸어 놓는다.

◈ 용이나 호랑이 그림 중 한 가지만 걸어 둔다.

◈ 질주하는 말 그림을 거실에 걸어 놓는다.

◈ 천승목단청자를 거실에 놓는다.

◈ 태백동복목부적을 선영의 묘 사방(50cm 주변)에 묻은 다음, 살고있는 집안 네구석에도 같이 놓아둔다.

◈ 108금강저염주를 거실에 비치해 놓는다.

◈ 옹제신에 이름을 써서 7일간 깨트린다.

◈ 제일 먼저 조상의 선영에 정성을 다 한다. 천승목단청자를 1개 준비하여 자신의 생년월일과 이름과 원하는 지위의 자리직책 등을 써서 넣고, 자신의 해결신날 조상의 묘에 찾아가 상석 앞쪽 밑에 파고 묻는다. 높은 최고위자라라면 사방 네 곳에 묻는 것이 좋다.

사업 금전재수를 받고 싶을 때

◈ 스투파만달옴청을 안방에 걸어 놓는다.

◈ 프라나옴청을 거실에 걸어 놓는다.

◈ 말이 달리는 그림이나 조각상을 거실에 소장한다.

◈ 코끼리 그림이나 조각상을 거실에 소장한다.

◈ 천승목단청자 속에다 자신의 이름을 100번 적어서 넣고 거실에 소장한다.

◈ 팔길상다라니를 사업장이나 거실에 걸어 놓는다.

◈ 태백동복목부적을 속옷서랍에 넣어둔다.

자손대대 부귀영화 고관대작 창성을 원할 때

◈ 무량광달마황금불화를 거실에 걸어둔다.

◈ 오동나무로 청제장군(왼쪽)과 적제장군(오른쪽)을 조각하여 거실에 잘 모셔 놓고, 매년 5월5일 단오날 정성껏 예후하면 좋다.

◈ 암여우생식기를 구해서 베개 속이나 이불 속에 넣는다.

◈ 천승목단청자 속에다 창호지에 증조부 → 조부 → 부친 → 자신 → 손자의 이름을 순서대로 내려 쓴 다음, 가훈과 소망하는 글귀를 쓴 것을 꼭꼭 접어서 천승목단청자 속에 넣고, 가족이 항상 모이는 거실에 잘 모셔놓는다.

◈ 태백동복목부적을 선영의 묘 사방(50cm 주변)에 묻은 다음, 살고있는 집안 네구석에도 같이 놓아둔다.

재물이 점점 늘어나게 하는 양법

◈ 목화씨를 배게 속에 넣거나 몸에 지니고 다닌다.

◈ 건해삼을 주머니에 넣어 조왕에 걸어둔다.

◈ 황제달마금분 속에다 백수정각 108개와 자신의 이름을 108번 적어서 넣고 거실에 소장한다.

◈ 스투파만달옴청을 안방에 걸어 놓는다.

◈ 꿩깃털 부채를 구해서 거실에 장식해 놓는다.

◈ 호골퇴볼을 나이 수만큼 구해서 노란주머니에 넣어 침대 머리맡에 놓는다.

◈ 암여우생식기를 구해서 베개 속이나 이불 속에 넣는다.

◈ 백수정각을 108개 빨간주머니에 넣어 속옷서랍에 둔다

행운을 잡고 싶을 때

◈ 거북이나 두꺼비 형상의 열쇠고리나 핸드폰 고리를 가지고 다닌다.

◈ 네잎클로버를 지갑 속에 넣고 다닌다.

◈ 자신의 띠 동물형상을 순금으로 만들어 늘 몸에 지니고 다니면 좋다.

◈ 팔보륜양말을 매일 신고 다닌다.

◈ 슬지인목을 늘 주머니 속에 넣고 다닌다.

◈ 금강저108염주를 노란 한지에 싸서 금고안에 넣어둔다.

◈ 108금강저염주와 백수정각을 108개 빨간주머니에 넣어 속옷서랍에 둔다.

◈ 배냇저고리에 성취원키를 7개 싸서 속옷서랍에 넣는다.

◈ 뱀 껍질을 구해서 옷깃에 넣어 꿰매고 다닌다.

애인에게 사랑받고 싶을 때

◈ 깃털달린 부채나 장식품을 방에 놓거나 뱀피 무늬 옷을 자주 입고 다닌다.

◈ 성취원키를 주머니 속에 넣고 늘 만지며 다닌다.

◈ 색동천 1마를 구해서 연모하는 사람의 생년월일 · 이름을 붉은 글씨로 써 넣은 뒤, 만통구 7개를 넣고 꼭꼭 싼 다음, 그 사람 집 앞에 옹제신(자신의 이름을 써서)과 함께 밤 11시에 남모르게 묻는다.

◈ 호법태극망에 두 사람의 생년월일· 이름을 써서 두 집 사이에 있는 산에 묻어둔다.

◈ 나비촙 팬티를 자신도 입고, 애인에게 선물한다.

◈ 자신이 신던 헌 신발에 좋아하는 사람의 이름을 써서 버드나무가지에 던져서 걸어두면 좋다.

연예인이 되고 싶을 때

◈ 차크라위킬루 목걸이를 걸고 다닌다.

◈ 나비촙팬티를 매일 입고 다닌다.

◈ 호법태극망을 7개 준비하여 각각 자신의 이름을 쓴 뒤, 칠 일간 새벽 동틀 무렵 동쪽을 향하여 세 번 이름을 부르면서 재량껏 태운다.

◈ 옹제신을 12개 준비하여 동서남북 방향에 세 개씩 깨버리는 방법인데, 옹제신 뒷면에 자신의 생일· 이름을 쓴 뒤, 3일간 밤12시에 링첸향수로 목욕을 한 뒤, 집에서 동쪽으로 가서 번화한 곳에 깨버리고, 서쪽과 남쪽, 북쪽의 큰 사거리에 가서 각각 깨버린다. 이때 깨버리면서 '모든 인기는 내게 오라' 라고 외친다.

◈ 천승목단청자 속에 연예인이 되고 싶은 사람의 생년월일과 이름을 노란종이에 108번 쓴 것과 백수정각 108개를 함께 넣어 거실에 소장한다. 하지만 속에 내용물을 남이 모르도록 해야 한다.

변심한 사람 마음 되돌리고자 할 때

◈ 오래된 산소 앞에 까마귀 포나 까치 포와 은행, 소금, 술을 어두운 밤에 올리고 상대방 이름을 세 번 부른다.

◈ 경자일에 은행나무를 판을 만들어 경면주사에 녹각교를 섞어 합의부적을 그려 상대방 집앞에 묻는다.

◈ 나비촙팬티에 상대방 생일과 이름을 7번 써서 매일 입고 다닌다.

부부 금실이 좋아지게 하고 싶을 때

◈ 암여우생식기를 구해서 부부의 베개 속이나 이불 속에 성취원키와 함께 넣어둔다.

◈ 호법태극망에 부부의 사주와 이름을 쓰고, 만통구를 두 사람 나이를 더한 숫자만큼 넣어 침대 밑에 깔고 잔다. 1년에 1번씩, 이것을 세 번 바꾸어서 넣으면 평생 탈이 없고 부부 백년해로하게 된다.

◈ 태백동복목부적을 침실 방 네 구석에 놓아둔다.

◈ 상대방의 음모를 흰 한지에 싸서 지갑에 넣고 다니면 애정이 깊어진다.

◈ 부부애정상생동체부를 침대 밑에 넣고 잔다.

◈ 방에 있는 거울을 정성들여 언제나 번쩍번쩍 빛이 나게 닦아놓으면 애정이 깊어진다.

싫은 사람을 떼어 내는 양법

◈ 빈 조개껍데기 안에 싫은 사람의 생년월일, 이름을 빨간 매직펜으로 쓴 뒤, 날이 새기 전에 바닷물 속으로 던져버리면 곧 헤어지게 된다.

◈ 복숭아나무 잎사귀를 77개 따다가 잎 하나하나마다 싫은 사람의 이름을 빨간 매직펜으로 쓴 뒤, 보름달이 훤한 밤 11시에서 12시 사이에 링첸향수로 목욕을 하고 난후, 자동차가 많이 다니는 곳에 뿌려버린다.

◈ 은장도나 도끼모양의 액세서리에 싫은 사람의 이름을 써서 더러운 곳에 버린다.

전생 비밀
PREVIOUS
Previous life
Secret

전생투시론
십자성래점술
전생투시론

백초율력학당 편집부

▣ 저 서

- 무자년 핵심래정택일지~ 기해년 핵심래정택일지
- 경자년 핵심래정택일지~ 갑진년 핵심래정택일지
- 백초귀장술[개정판] 上·下
- 백초귀장술특비판
  [십자성래점술과 전생투시론]
- 핵심인연래정비법서
- 신묘부주밀법총해
- 백초귀장술탐미판
- 방토비방부적
- 방편비책
- 운세처방백과
- 금전운 끌어 들이는법
- 철학관역술원 개업할 때 꼭 읽어야할 지침서

갑진년 복권행운택일지 下

- 초판인쇄 : 2024년 05월 24일
- 저 자 : 백초율력학당편집부
- 발 행 : 상상신화북스
- 발 행 처 : 상상신화북스

- 주 소 : 충남 청양군 대치면 주전로 338-106
- 홈페이지 : Naver cafe 백초율력학당
- 전 화 : (041) 943-6882
- E-mall : begcho49@naver.com

값 19800원

- 여러분이 지불하신 책값은 좋은 책을 만드는데 쓰입니다.

- ISBN 978-89-6863-007-1(03590)